CONSTANTES FUNDAMENTAIS

Constante	Símbolo	Valor		Unidades
			Potência de 10	
Velocidade da luz	c	2,997 924 58*	10^{8}	m s^{-1}
Carga elementar	e	1,602 176 565	10^{-19}	C
Constante de Planck	h	6,626 069 57	10^{-34}	J s
	$\hbar = h/2\pi$	1,054 571 726	10^{-34}	J s
Constante de Boltzmann	k	1,380 6488	10^{-23}	J K^{-1}
Constante de Avogadro	N_A	6,022 141 29	10^{23}	mol^{-1}
Constante dos gases	$R = N_A k$	8,314 4621		J K^{-1} mol^{-1}
Constante de Faraday	$F = N_A e$	9,648 533 65	10^{4}	C mol^{-1}
Massa				
Elétron	m_e	9,109 382 91	10^{-31}	kg
Próton	m_p	1,672 621 777	10^{-27}	kg
Nêutron	m_n	1,674 927 351	10^{-27}	kg
Constante de massa atômica	m_u	1,660 538 921	10^{-27}	kg
Permeabilidade do vácuo	μ_0	4π*	10^{-7}	J s^{2} C^{-2} m^{-1}
Permissividade do vácuo	$\varepsilon_0 = 1/\mu_0 c^2$	8,854 187 817	10^{-12}	J^{-1} C^{2} m^{-1}
	$4\pi\varepsilon_0$	1,112 650 056	10^{-10}	J^{-1} C^{2} m^{-1}
Magnéton de Bohr	$\mu_B = e\hbar/2m_e$	9,274 009 68	10^{-24}	J T^{-1}
Magnéton nuclear	$\mu_N = e\hbar/2m_p$	5,050 783 53	10^{-27}	J T^{-1}
Momento magnético do próton	μ_p	1,410 606 743	10^{-26}	J T^{-1}
Valor g do elétron	g_e	2,002 319 304		
Razão magnetogírica				
Elétron	$\gamma_e = -g_e e/2m_e$	-1,001 159 652	10^{10}	C kg^{-1}
Próton	$\gamma_p = 2\mu_p/\hbar$	2,675 222 004	10^{8}	C kg^{-1}
Raio de Bohr	$a_0 = 4\pi\varepsilon_0\hbar^2/e^2 m_e$	5,291 772 109	10^{-11}	m
Constante de Rydberg	$\tilde{R}_\infty = m_e e^4/8h^3 c\varepsilon_0^2$	1,097 373 157	10^{5}	cm^{-1}
	$hc\tilde{R}_\infty/e$	13,605 692 53		eV
Constante de estrutura fina	$\alpha = \mu_0 e^2 c/2h$	7,297 352 5698	10^{-3}	
	α^{-1}	1,370 359 990 74	10^{2}	
Segunda constante de radiação	$c_2 = hc/k$	1,438 777 0	10^{-2}	m K
Constante de Stefan-Boltzmann	$\sigma = 2\pi^5 k^4/15h^3c^2$	5,670 373	10^{-8}	W m^{-2} K^{-4}
Aceleração padrão de queda livre	g	9,806 65*		m s^{-2}
Constante gravitacional	G	6,673 84	10^{-11}	N m^{2} kg^{-2}

* Valor exato. Para valores atuais, veja a página do National Institute of Standards and Technology (NIST) na Internet.

FÍSICO-QUÍMICA

10ª EDIÇÃO

Volume 1

gen
Grupo
Editorial
Nacional

FÍSICO-QUÍMICA

10ª EDIÇÃO

Volume 1

Peter Atkins

Fellow of Lincoln College,
University of Oxford,
Oxford, UK

Julio de Paula

Professor de Química do
Lewis & Clark College,
Portland, Oregon, USA

Tradução e Revisão Técnica

Edilson Clemente da Silva

Doutor em Ciências – Instituto de Química, UFRJ

Márcio José Estillac de Mello Cardoso

Doutor em Ciências – Instituto de Química, UFRJ

Oswaldo Esteves Barcia

Doutor em Ciências – Instituto de Química, UFRJ

Atendimento ao cliente: (11) 5080-0751 | faleconosco@grupogen.com.br

Travessa do Ouvidor, 11
Rio de Janeiro, RJ – CEP 20040-040
www.grupogen.com.br

Designer de capa: Bruno Sales
Imagens de capa: © stMax 89/iStockphoto.com
© gresei/iStockphoto.com
Editoração Eletrônica: IO Design

CIP-BRASIL. CATALOGAÇÃO NA PUBLICAÇÃO
SINDICATO NACIONAL DOS EDITORES DE LIVROS, RJ

A574f
10. ed.
v. 1

Atkins, Peter
Físico-química, volume 1 / Peter Atkins, Julio de Paula ; tradução e revisão técnica Edilson Clemente da Silva, Márcio José Estillac de Mello Cardoso, Oswaldo Esteves Barcia. – 10. ed. – [Reimpr.] – Rio de Janeiro : LTC, 2021.
; 28 cm.

Tradução de: Physical chemistry
Inclui bibliografia e índice
ISBN 978-85-216-3462-1

1. Físico-química. I. Silva, Edilson Clemente da. II. Cardoso, Márcio José Estillac de Mello. III. Barcia, Oswaldo Esteves. IV. Título.

17-44846 CDD: 541
CDU: 544

PREFÁCIO

Esta nova edição é o produto de uma revisão completa dos conteúdos e de sua apresentação. Nosso objetivo é tornar este livro ainda mais acessível aos estudantes e útil aos professores, aumentando sua flexibilidade. Esperamos que ambas as categorias de usuários percebam e desfrutem da vitalidade renovada do texto e da apresentação deste assunto difícil e estimulante.

O livro ainda se divide em três partes, porém cada capítulo é agora apresentado como uma série de pequenas *Seções*, mais facilmente assimiláveis. Essa nova estrutura permite que o professor adapte o texto conforme os limites de tempo do curso, facilitando as omissões, dando ênfase a conteúdos mais satisfatórios e permitindo que o caminho pelos temas seja modificado mais facilmente. Por exemplo, é mais fácil agora fazer uma abordagem do material de uma perspectiva "inicialmente quântica", ou "inicialmente termodinâmica", pois não é mais necessário seguir um caminho linear ao longo dos capítulos. Em vez disso, os estudantes e professores podem adaptar a escolha das seções a seus objetivos de aprendizado. Tivemos muito cuidado de não pressupor ou impor uma sequência particular, exceto quando ela for exigida pelo bom senso.

Iniciamos com um capítulo de *Fundamentos*, que faz uma revisão dos conceitos básicos de química e de física que são usados ao longo do texto. A Parte 1 tem, agora, o título de *Termodinâmica*. A novidade nesta edição é a inclusão de diagramas de fase ternários, que são importantes nas aplicações da físico-química à engenharia e à ciência dos materiais. A Parte 2 (*Estrutura*) continua a cobrir a teoria quântica, a estrutura atômica e molecular, a espectroscopia, os agregados moleculares e a termodinâmica estatística. A Parte 3 (*Processos*) perdeu o capítulo dedicado à catálise, mas não o material. As reações catalisadas por enzimas estão agora no Capítulo 20, e a catálise heterogênea é agora parte do Capítulo 22, que contempla a estrutura e os processos em superfícies.

Como sempre, dedicamos atenção especial em ajudar os estudantes a acessar e dominar o material. Cada capítulo começa com um breve resumo de suas seções. Cada seção começa com três perguntas: "Por que você precisa saber este assunto?", "Qual é a ideia fundamental?" e "O que você já deve saber?". As respostas à última pergunta remetem a outras seções que consideramos apropriado que tenham sido estudadas ou, pelo menos, que sirvam de base para a seção em consideração. Os *Conceitos importantes* e as *Equações importantes* ao final de cada seção são compilações úteis dos conceitos e equações mais importantes que aparecem na exposição.

Continuamos a desenvolver estratégias para fazer com que a matemática, que é tão importante no desenvolvimento da físico-química, seja acessível aos estudantes. Além de associarmos as seções de *Revisão de matemática* aos capítulos adequados, auxiliamos ainda mais o desenvolvimento das equações: damos a elas uma motivação, uma justificativa, e comentamos as etapas necessárias à sua dedução. Adicionamos ainda um novo recurso: *Ferramentas do químico*, que oferecem ajuda rápida e imediata sobre conceitos de matemática e física.

Esta edição tem mais *Exemplos* resolvidos, que exigem que o estudante organize seu pensamento sobre como proceder em cálculos complicados, e também mais *Breves ilustrações*, que mostram facilmente como usar uma equação ou aplicar um conceito. Ambos possuem *Exercícios propostos* que permitem ao estudante avaliar sua compreensão do material. Estruturamos as *Questões teóricas*, os *Exercícios* e os *Problemas* para se ajustarem às seções, mas acrescentamos as *Atividades integradas*, que unem seções e capítulos, para mostrar que, muitas vezes, são necessárias diversas seções para resolver um único problema. A *Seção de dados* foi reestruturada e ampliada pela adição de uma lista de integrais que são úteis (e referenciadas) ao longo do texto.

Estamos, é claro, cientes do desenvolvimento de recursos eletrônicos e nos esforçamos especialmente nesta edição a encorajar o uso de ferramentas *online*, identificadas nos *Materiais suplementares*, disponíveis no GEN-IO, ambiente virtual de aprendizado do GEN. Entre os recursos importantes estão as seções chamadas *Impacto*, que disponibilizam exemplos de como os tópicos dos capítulos são empregados em áreas diversas como bioquímica, medicina, ciência ambiental e ciência dos materiais.

De modo geral, tivemos a oportunidade de renovar todo o texto, tornando-o mais flexível, útil e atualizado. Como sempre, esperamos o seu contato com suas sugestões visando ao contínuo aprimoramento deste livro.

PWA, Oxford
JdeP, Portland

SOBRE O LIVRO

Para a décima edição de *Físico-Química de Atkins*, adaptamos o texto ainda mais às necessidades dos estudantes. Primeiro, o material em cada capítulo foi reorganizado em seções distintas a fim de aumentar a acessibilidade, a clareza e a flexibilidade. Depois, além da variedade de recursos didáticos já presentes, ampliamos significativamente a base matemática com a adição dos boxes de *Ferramentas do químico*, e com as listas de conceitos importantes apresentados ao final de cada seção.

Organizando as informações

➤ Estrutura inovadora

Cada capítulo foi reorganizado em seções curtas, tornando o texto mais legível para os estudantes e mais flexível para o professor. Cada seção começa com um comentário sobre sua importância, qual é a ideia fundamental que a permeia e um breve resumo da base necessária para a sua compreensão.

> ➤ **Por que você precisa saber este assunto?**
> Porque a química diz respeito à matéria e às transformações que ela sofre, tanto física como quimicamente, e as propriedades da matéria permeiam toda a discussão neste livro.
>
> ➤ **Qual é a ideia fundamental?**
> As propriedades macroscópicas da matéria estão relacio-

➤ Notas sobre a boa prática

Nossas *Notas sobre a boa prática* ajudarão o leitor a evitar erros comuns. Elas estimulam a conformidade com a linguagem internacional da ciência, estabelecendo as convenções e os procedimentos adotados pela União Internacional de Química Pura e Aplicada (International Union of Pure and Applied Chemistry, IUPAC).

> somente aos gases perfeitos (e outros sistemas idealizados) são marcadas, como aqui, com um número em azul.
>
> *Uma nota sobre a boa prática* Embora o termo "gás ideal" seja quase que universalmente usado no lugar de "gás perfeito", há razões para se preferir esse último. Em um sistema ideal, as interações entre as moléculas em uma mistura são todas iguais. Em um gás perfeito, não só essas interações são as mesmas como são também nulas. Apesar disso, poucos fazem essa distinção.
>
> A Eq. A.5, a **equação do gás perfeito**, é um resumo de três conclusões empíricas, ou seja, a lei de Boyle ($p \propto 1/V$ a temperatura

➤ Seção de dados

Uma *Seção de dados* de fácil compreensão, ao final do livro, contém uma tabela de integrais, tabelas de dados, um resumo das convenções sobre unidades e tabelas de caracteres. Pequenos extratos dessas tabelas aparecem com frequência nas seções, principalmente para dar uma ideia dos valores típicos das grandezas físicas apresentadas.

> SEÇÃO DE DADOS
>
> Tópicos
>

➤ Conceitos importantes

Uma lista de *Conceitos importantes* é dada ao final de cada seção, para que você possa marcar aqueles conceitos que acredita já ter dominado.

Conceitos importantes

☐ 1. A **entropia** atua como um sinalizador da mudança espontânea.
☐ 2. A variação de entropia é definida em termos das forças de calor (a **definição de Clausius**).
☐ 3. A **fórmula de Boltzmann** define a entropia absoluta em termos do número de maneiras de atingir uma

Apresentando a matemática

➤ Justificativas

O desenvolvimento matemático é uma parte intrínseca da físico-química. Para compreender completamente, você precisa verificar como dada expressão é obtida e se foram feitas suposições, quaisquer que sejam. As *Justificativas* estão destacadas do texto para permitir que você ajuste o nível de detalhe compatível com suas necessidades, e para tornar mais fácil a revisão do material.

Justificativa 3A.1 Variação de temperatura que acompanha uma expansão adiabática reversível

Esta *Justificativa* é baseada em dois aspectos do ciclo. O primeiro é que as duas temperaturas T_h e T_c na Eq. 3A.7 residem na mesma adiabática na Fig. 3A.7. O segundo aspecto é que a energia transferida como calor durante as duas etapas isotérmicas é

$$q_h = nRT_h \ln\frac{V_B}{V_A} \qquad q_c = nRT_c \ln\frac{V_D}{V_C}$$

Mostramos agora que as razões entre os dois volumes estão relacionadas de uma forma muito simples. Da relação entre temperatura e volume para um processo adiabático reversível (VT^c = constante, Seção 2D):

➤ Ferramentas do químico

Como uma novidade da décima edição, as *Ferramentas do químico* são lembretes sucintos dos conceitos e técnicas matemáticas de que você vai precisar para entender uma dedução específica que está sendo descrita no corpo do texto.

Ferramentas do químico A.1 Grandezas e unidades

A medida de uma **propriedade física** é expressa como um múltiplo numérico de uma unidade:

propriedade física = valor numérico × unidade

Unidades podem ser tratadas como quantidades algébricas e ser multiplicadas, divididas e canceladas. Assim, a expressão (grandeza física)/unidade é o valor numérico (uma grandeza adimensional) da medida nas unidades especificadas.

➤ Revisões de matemática

Há seis seções de *Revisão de matemática* distribuídas ao longo do livro. Elas cobrem em detalhe os conceitos matemáticos que você precisa compreender a fim de ser capaz de dominar a físico-química. Cada uma está localizada ao final do capítulo para o qual ela é mais relevante.

Revisão de Matemática 1 Diferenciação

Duas das técnicas matemáticas mais importantes na ciência física são a diferenciação e a integração. Elas ocorrem em toda essa ciência, e é essencial conhecer os procedimentos envolvidos.

RM1.1 Diferenciação: definições

A diferenciação, ou derivação, trata as inclinações, ou coeficientes angulares, das funções, como a velocidade de mudança de uma variável com o tempo. A definição formal de **derivada**, df/dx, de uma função $f(x)$ é

➤ Equações com anotações e marcadores de equações

Fizemos anotações em muitas equações para ajudá-lo a seguir o seu desenvolvimento. Uma anotação pode levá-lo através de um sinal de igual: é um lembrete de uma substituição realizada, de uma aproximação feita, dos termos que se admitiram como constantes, da integral usada etc. Uma anotação também pode ser um lembrete do significado de um termo individual em uma expressão. Às vezes indicamos com cores um conjunto de números ou símbolos para mostrar que eles são transportados de uma linha para a seguinte. Muitas equações são marcadas para destacar a sua significância.

$$w = -nRT\int_{V_i}^{V_f}\frac{dV}{V} \overset{\text{Integral A.2}}{=} -nRT\ln\frac{V_f}{V_i}$$

Gás perfeito, reversível, isotérmica | Trabalho de expansão | (2A.9)

➤ Equações importantes

Você não precisa memorizar todas as equações do texto. Uma lista ao final de cada seção faz um resumo das equações mais importantes e das condições às quais elas se aplicam.

Equações importantes

Propriedade	Equação
Fator de compressibilidade	$Z = V_m/V_m^\circ$
Equação de estado do virial	$pV_m = RT(1 + B/V_m + C/V_m^2 + \cdots)$
Equação de van der Waals	$p = nRT/(V - nb) - a(n/V)^2$
Variáveis reduzidas	$X_r = X/X_c$

Montagem e resolução de problemas

➤ Breves ilustrações

As *Breves ilustrações* mostram como você pode usar equações ou conceitos que acabaram de ser apresentados no livro. Elas o ajudam a aprender como usar os dados, manipular corretamente as unidades e se familiarizar com o valor das grandezas. Todas são seguidas de um *Exercício proposto* que permite que você acompanhe seu progresso.

Breve ilustração 1C.5 Estados correspondentes

As constantes críticas do argônio e do dióxido de carbono são dadas na Tabela 1C.2. Suponha que o argônio esteja a 23 atm e 200 K; ele tem pressão e temperatura reduzidas

$$p_r = \frac{23\,\text{atm}}{48{,}0\,\text{atm}} = 0{,}48 \qquad T_r = \frac{200\,\text{K}}{150{,}7\,\text{K}} = 1{,}33$$

Para o dióxido de carbono estar em um estado correspondente, sua pressão e temperatura teriam que ser

$$p = 0{,}48 \times (72{,}9\,\text{atm}) = 35\,\text{atm} \qquad T = 1{,}33 \times 304{,}2\,\text{K} = 405\,\text{K}$$

Exercício proposto 1C.6 Qual seria o estado correspondente da amônia?

Resposta: 53 atm, 539 K

➤ Exemplos resolvidos

Os *Exemplos* resolvidos são ilustrações mais detalhadas da aplicação da matéria, que requerem que você reúna e desenvolva conceitos e equações. Sugerimos um método para a resolução do problema e, então, o aplicamos para obter a resposta. Os exemplos resolvidos também são acompanhados de *Exercícios propostos*.

Exemplo 3A.2 **Cálculo da variação de entropia em processos compostos**

Calcule a variação de entropia do argônio, que está inicialmente a 25 °C e 1,00 bar, num recipiente de 0,500 dm^3 de volume e que se expande até o volume de 1,000 dm^3, sendo simultaneamente aquecido até 100 °C.

Método Como descrito no texto, usamos uma expansão isotérmica reversível até o volume final, seguida de um aquecimento reversível, a volume constante, até a temperatura final. A variação de entropia na primeira etapa do processo é dada

➤ Questões teóricas

As *Questões teóricas* ficam no final de cada capítulo e são organizadas por seção. Essas questões foram concebidas para estimulá-lo a refletir sobre o material que você acabou de ler e visualizá-lo conceitualmente.

➤ Exercícios e Problemas

Os *Exercícios* e os *Problemas* também aparecem, organizados por seção, no final de cada capítulo. Eles vão motivá-lo a testar sua compreensão das seções daquele capítulo. Os exercícios são concebidos como testes numéricos relativamente simples, ao passo que os problemas apresentam mais desafios. Os exercícios aparecem em pares relacionados. As respostas dos exercícios indicados com a letra "a" e dos problemas ímpares estão disponíveis *online* nos *Materiais suplementares*.

➤ Atividades integradas

Ao final da maioria dos capítulos você vai encontrar questões que misturam diversas seções e capítulos. Elas foram concebidas para ajudá-lo a usar seu conhecimento de forma criativa em diversas maneiras.

SEÇÃO 3A Entropia

Questões teóricas

3A.1 A evolução da vida necessita da organização de um número muito grande de moléculas para a formação das células biológicas. A formação dos organismos vivos viola a Segunda Lei da termodinâmica? Dê uma resposta clara e apresente argumentos detalhados para justificá-la.

3A.2 Discuta o significado dos termos "dispersão" e "desordem" no contexto da Segunda Lei.

Exercícios

3A.1(a) Em um processo hipotético, a entropia de um sistema aumenta de 125 J K^{-1}, enquanto a entropia das vizinhanças diminui de 125 J K^{-1}. O processo é espontâneo?

3A.1(b) Em um processo hipotético, a entropia de um sistema aumenta de 105 J K^{-1}, enquanto a entropia das vizinhanças diminui de 95 J K^{-1}. O processo é espontâneo?

3A.2(a) Uma máquina térmica ideal usa água no seu ponto triplo como fonte quente e um líquido orgânico como sumidouro frio. Ela retira 10.000 kJ de calor da fonte quente e produz 3000 kJ de trabalho. Qual é a temperatura do líquido orgânico?

3A.2(b) Uma máquina térmica ideal usa água no seu ponto triplo como fonte quente e um líquido orgânico como sumidouro frio. Ela retira 2,71 kJ de calor da fonte quente e produz 0,71 kJ de trabalho. Qual é a temperatura do líquido orgânico?

Material Suplementar

Este livro conta com os seguintes materiais suplementares:

- Ilustrações da obra em formato de apresentação (.pdf) (restrito a docentes);
- Problemas de Modelagem Molecular: arquivos em (.pdf), contendo problemas projetados para uso do software Spartan Student™ ou qualquer outro software de modelagem que permita a aplicação do método de Hartfree-Fock e de cálculos de densidade funcional e MP2 (acesso livre);
- Respostas de Exercícios e Problemas Selecionados: arquivos, em formato .pdf, contendo repostas dos exercícios indicados com a letra "a" e dos problemas de número ímpar (acesso livre);
- Seção Impacto: arquivos em (.pdf) contendo aplicações da físico-química (acesso livre);
- Solutions Manual: arquivos em (.pdf), em inglês, contendo manual de soluções dos exercícios indicados com a letra "b" e dos problemas de número par, elaborado por Charles Trapp, Marshall Cady e Carmen Giunta (restrito a docentes);
- Tables of Key Equations: tabelas com principais equações, em formato .pdf, em inglês (restrito a docentes);
- Tabelas da Teoria dos Grupos: tabelas essenciais aplicadas à Teoria dos Grupos, em formato .pdf (acesso livre).

O acesso aos materiais suplementares é gratuito. Basta que o leitor se cadastre em nosso *site* (www.grupogen.com.br), faça seu *login* e clique em GEN-IO, no menu superior do lado direito. É rápido e fácil.
Caso haja alguma mudança no sistema ou dificuldade de acesso, entre em contato conosco (sac@grupogen.com.br).

GEN-IO (GEN | Informação Online) é o repositório de materiais suplementares e de serviços relacionados com livros publicados pelo GEN | Grupo Editorial Nacional, maior conglomerado brasileiro de editoras do ramo científico-técnico-profissional, composto por Guanabara Koogan, Santos, Roca, AC Farmacêutica, Forense, Método, Atlas, LTC, E.P.U. e Forense Universitária. Os materiais suplementares ficam disponíveis para acesso durante a vigência das edições atuais dos livros a que eles correspondem.

AGRADECIMENTOS

Um livro tão extenso quanto este não poderia ter sido escrito sem a colaboração significativa de diversas pessoas. Gostaríamos de reiterar nossos agradecimentos às centenas de pessoas que contribuíram da primeira à nona edição. Muitos deram sua contribuição baseados na nona edição, e outros, incluindo estudantes, revisaram os rascunhos dos capítulos da décima edição tão logo eles surgiam. Gostaríamos de expressar nossa gratidão aos seguintes colegas:

Oleg Antzutkin, *Luleå University of Technology*

Mu-Hyun Baik, *Indiana University — Bloomington*

Maria G. Benavides, *University of Houston — Downtown*

Joseph A. Bentley, *Delta State University*

Maria Bohorquez, *Drake University*

Gary D. Branum, *Friends University*

Gary S. Buckley, *Cameron University*

Eleanor Campbell, *University of Edinburgh*

Lin X. Chen, *Northwestern University*

Gregory Dicinoski, *University of Tasmania*

Niels Engholm Henriksen, *Technical University of Denmark*

Walter C. Ermler, *University of Texas at San Antonio*

Alexander Y. Fadeev, *Seton Hall University*

Beth S. Guiton, *University of Kentucky*

Patrick M. Hare, *Northern Kentucky University*

Grant Hill, *University of Glasgow*

Ann Hopper, *Dublin Institute of Technology*

Garth Jones, *University of East Anglia*

George A. Kaminsky, *Worcester Polytechnic Institute*

Dan Killelea, *Loyola University of Chicago*

Richard Lavrich, *College of Charleston*

Yao Lin, *University of Connecticut*

Tony Masiello, *California State University — East Bay*

Lida Latifzadeh Masoudipour, *California State University — Dominquez Hills*

Christine McCreary, *University of Pittsburgh at Greensburg*

Ricardo B. Metz, *University of Massachusetts Amherst*

Maria Pacheco, *Buffalo State College*

Sid Parrish, Jr., *Newberry College*

Nessima Salhi, *Uppsala University*

Michael Schuder, *Carroll University*

Paul G. Seybold, *Wright State University*

John W. Shriver, *University of Alabama Huntsville*

Jens Spanget-Larsen, *Roskilde University*

Stefan Tsonchev, *Northeastern Illinois University*

A. L. M. van de Ven, *Eindhoven University of Technology*

Darren Walsh, *University of Nottingham*

Nicolas Winter, *Dominican University*

Georgene Wittig, *Carnegie Mellon University*

Daniel Zeroka, *Lehigh University*

Como preparamos esta edição juntamente com seu livro-irmão *Físico-química: Quanta, matéria e transformações*, não é preciso dizer que nosso colega naquele livro, Ron Friedman, também teve um impacto inconsciente, mas considerável, neste livro, e não podemos agradecer o suficiente por sua contribuição para este livro. Nossos sinceros agradecimentos também se estendem a Charles Trapp, Carmen Giunta e Marshall Cady, que mais uma vez produziram o *Manual de soluções* disponível *online* para professores e cujos comentários levaram a diversas melhorias no livro. Kerry Karukstis deu importante contribuição para os *Impactos*, também disponíveis *online*.

Por fim, gostaríamos também de agradecer aos nossos editores Jonathan Crowe, da Oxford University Press, e Jessica Fiorillo, da W. H. Freeman & Co., e suas equipes, por seu estímulo, paciência, orientação e assistência.

SUMÁRIO GERAL

VOLUME 1

VOLUME 2

SUMÁRIO

TABELAS

FERRAMENTAS DO QUÍMICO

Fundamentos

A **química** é a ciência da matéria e das mudanças que ela pode sofrer. A **físico-química** é o ramo da química que estabelece e desenvolve os princípios da ciência em termos dos conceitos subjacentes da física e da linguagem matemática. Ela fornece a base para o desenvolvimento de novas técnicas espectroscópicas e suas interpretações, para o entendimento da estrutura de moléculas e dos detalhes de suas distribuições eletrônicas, assim como para relacionar as propriedades macroscópicas da matéria aos seus átomos constituintes. A físico-química fornece também uma conexão com o mundo das reações químicas e nos permite entender em detalhes como elas acontecem.

A Matéria

Ao longo do texto, iremos usar alguns conceitos da química introdutória que devem ser familiares, tais como o "modelo nuclear do átomo", "estruturas de Lewis" e a "equação dos gases perfeitos". Essa seção vai rever conceitos da química que vão aparecer em muitas das etapas da apresentação.

B Energia

Uma vez que a físico-química está na interface entre a física e a química, precisamos também rever alguns dos conceitos de física elementar que iremos abordar ao longo do livro. Essa seção começa com um breve resumo da "mecânica clássica", nosso ponto de partida para a discussão do movimento e da energia das partículas. Passamos, então, a uma revisão dos conceitos da "termodinâmica" que já devem fazer parte do seu vocabulário químico. Finalmente, apresentamos a "distribuição de Boltzmann" e o "teorema da equipartição da energia", que ajudam a estabelecer as conexões entre as propriedades macroscópicas e moleculares da matéria.

C Ondas

Essa seção descreve as ondas, com o foco nas "ondas harmônicas", que formam a base para a descrição clássica da radiação eletromagnética. As ideias clássicas de movimento, energia e ondas dessa seção e da Seção B são expandidas com os princípios da mecânica quântica (Capítulo 7), criando as condições para o tratamento dos elétrons, átomos e moléculas. A mecânica quântica permeia a discussão da estrutura e das transformações químicas, e é a base de muitas técnicas de investigação.

A Matéria

Tópicos

➤ Por que você precisa saber este assunto?

Porque a química diz respeito à matéria e às transformações que ela sofre, tanto física como quimicamente, e as propriedades da matéria permeiam toda a discussão neste livro.

➤ Qual é a ideia fundamental?

As propriedades macroscópicas da matéria estão relacionadas com a natureza e com a disposição dos átomos e moléculas em uma amostra.

➤ O que você já deve saber?

Esta seção faz uma revisão do material normalmente coberto na química básica.

A apresentação da físico-química neste texto está baseada no fato verificado experimentalmente de que a matéria consiste em átomos. Nesta seção, que é uma revisão dos conceitos e da linguagem amplamente utilizada em química, começamos a fazer as conexões entre átomos, moléculas e propriedades macroscópicas. A maior parte do material será desenvolvida com mais detalhes posteriormente ao longo do livro.

A.1 Átomos

O átomo de um elemento é caracterizado por seu **número atômico**, Z, que é o número de prótons em seu núcleo. O número de nêutrons em um núcleo é variável em um pequeno intervalo, e o **número de núcleons** (que é também comumente chamado de *número de massa*), A, é o número total de prótons e nêutrons no núcleo. Os prótons e os nêutrons são coletivamente chamados de **núcleons**. Átomos de mesmo número atômico, porém diferente número de núcleons, são os **isótopos** do elemento.

(a) O modelo nuclear

De acordo com o **modelo nuclear**, um átomo de número atômico Z consiste em um núcleo de carga $+Ze$ circundado por Z elétrons de carga $-e$ (e é a carga fundamental: veja o seu valor, e de outras constantes fundamentais, no verso da capa deste livro). Esses elétrons ocupam **orbitais atômicos**, que são regiões do espaço onde é maior a probabilidade de encontrá-los, com no máximo dois elétrons em cada orbital. Os orbitais atômicos são dispostos em **camadas** ao redor do núcleo, cada camada sendo caracterizada pelo **número quântico principal**, $n = 1, 2, \ldots$ Uma camada consiste em n^2 orbitais individuais, que são agrupados em n **subcamadas**; essas subcamadas e os orbitais nelas contidos são simbolizados por s, p, d e f. Para todos os átomos neutros diferentes do hidrogênio, as subcamadas de uma dada camada têm energias ligeiramente diferentes.

(b) A tabela periódica

A ocupação sequencial dos orbitais em camadas sucessivas resulta em similaridades periódicas nas **configurações eletrônicas**, a especificação dos orbitais ocupados, de átomos quando eles são ordenados em função do seu número atômico. Essa periodicidade de estrutura explica a formulação da **tabela periódica** (veja o verso da quarta capa deste livro). As colunas verticais da tabela periódica são chamadas de **grupos** e (na convenção moderna) numeradas de 1 a 18. Linhas sucessivas da tabela periódica são chamadas de **períodos**, e o número do período é igual ao número quântico principal da **camada de valência**, a camada mais externa do átomo.

Alguns grupos têm também nomes familiares: o Grupo 1 é o dos **metais alcalinos**; o Grupo 2 (mais especificamente, cálcio, estrôncio e bário) é o dos **metais alcalinoterrosos**; o Grupo

17 é o dos **halogêneos**, e o Grupo 18, o dos **gases nobres**. De modo geral, os elementos em direção à esquerda da tabela periódica são **metais** e aqueles em direção à direita são **não metais**; as duas classes de substância se encontram na linha diagonal que corre do boro ao polônio, que constituem os **metaloides**, com propriedades intermediárias entre aquelas dos metais e dos não metais.

A tabela periódica é dividida em **blocos** s, p, d e f, de acordo com a última subcamada ocupada da configuração eletrônica do átomo. Os membros do bloco d (especificamente nos Grupos 3–11 no bloco d) são também conhecidos como os **metais de transição**; aqueles do bloco f (que não é dividido em grupos numerados) são algumas vezes chamados de **metais de transição interna**. A linha superior do bloco f (Período 6) consiste nos **lantanoides** (ainda comumente chamados de "lantanídeos"), e a linha inferior (Período 7) consiste nos **actinoides** (ainda comumente chamados de "actinídeos").

(c) Íons

Um **íon** monoatômico é um átomo carregado eletricamente. Quando um átomo ganha um ou mais elétrons, ele se torna um **ânion**, um átomo carregado negativamente; quando os perde, ele se torna um **cátion**, um átomo carregado positivamente. O número de carga de um ânion é chamado de **número de oxidação** do elemento naquele estado (assim, o número de oxidação do magnésio no Mg^{2+} é +2 e o do oxigênio no O^{2-} é −2). É apropriado, embora nem sempre seja feito, distinguir entre o número de oxidação e o **estado de oxidação**; este último é o estado físico do átomo com um número de oxidação específico. Assim, o número de oxidação *do* magnésio é +2 quando ele está presente como Mg^{2+} e ele se apresenta *no* estado de oxidação Mg^{2+}.

Os elementos formam íons que são característicos da sua posição na tabela periódica: elementos metálicos formam tipicamente cátions perdendo elétrons da sua camada mais externa e adquirindo a configuração eletrônica do gás nobre precedente. Não metais tipicamente formam ânions ganhando elétrons e adquirindo a configuração eletrônica do gás nobre seguinte.

A.2 Moléculas

Uma **ligação química** é uma ligação entre átomos. Compostos que contêm um elemento metálico geralmente, embora nem sempre, formam **compostos iônicos** que consistem em cátions e ânions em um arranjo cristalino. As "ligações químicas" em um composto iônico são devidas às interações coulombianas entre todos os íons no cristal, não sendo apropriado se referir a uma ligação entre um par específico de íons vizinhos. A menor unidade de um composto iônico é chamada de **fórmula unitária**. Assim, $NaNO_3$, consistindo em um cátion Na^+ e um ânion NO_3^-, é a fórmula unitária do nitrato de sódio. Compostos que não contêm um elemento metálico normalmente formam **compostos covalentes**, consistindo em moléculas discretas. Nesse caso, as ligações entre os átomos de uma molécula são **covalentes**, significando que elas consistem em pares de elétrons compartilhados.

Uma nota sobre a boa prática Alguns químicos usam o termo "molécula" para representar a menor unidade de um composto com a composição da matéria macroscópica independentemente de se ele é um composto iônico ou covalente; assim, falamos de "uma molécula de NaCl". Neste livro, usamos o termo "molécula" para representar uma entidade discreta ligada covalentemente (como em H_2O); para um composto iônico usamos "fórmula unitária".

(a) Estruturas de Lewis

O padrão de ligações entre os átomos vizinhos em uma molécula é representado pela sua **estrutura de Lewis**, uma estrutura na qual as ligações são mostradas como linhas e os **pares isolados** de elétrons — pares de elétrons de valência que não são usados nas ligações — são mostrados como pontos. As estruturas de Lewis são construídas permitindo-se que cada átomo compartilhe elétrons até que ele tenha adquirido um **octeto** de oito elétrons (para o hidrogênio, um *dupleto* de dois elétrons). Um par de elétrons compartilhado forma uma **ligação simples**; dois pares compartilhados constituem uma **ligação dupla**, e três pares compartilhados constituem uma **ligação tripla**. Átomos de elementos do Período 3 e posteriores podem acomodar mais de oito elétrons em sua camada de valência e "expandir seu octeto" para se tornar **hipervalentes**, isto é, formar mais ligações do que a regra do octeto permitiria (por exemplo, SF_6) ou formar mais ligações com um pequeno número de átomos (veja a *Breve ilustração* A.1). Quando mais de uma estrutura de Lewis pode ser escrita para um dado arranjo de átomos, supõe-se que uma **ressonância**, uma mistura de estruturas, possa ocorrer, distribuindo o caráter de ligações múltiplas sobre a molécula (por exemplo, as duas estruturas de Kekulé do benzeno). Exemplos desses aspectos das estruturas de Lewis são mostrados na Fig. A.1.

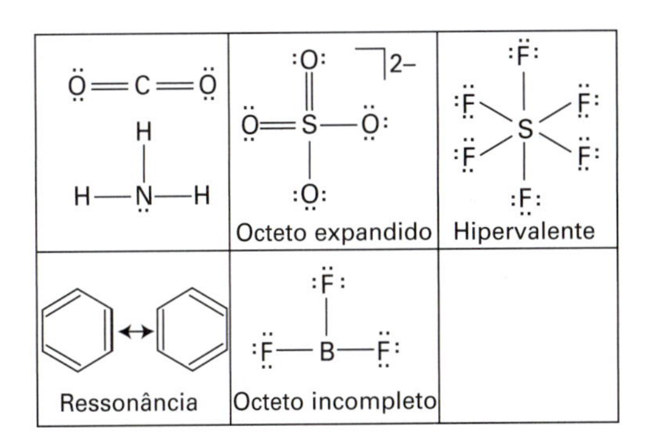

Figura A.1 Exemplos de estruturas de Lewis.

Breve ilustração A.1 Expansão do octeto

A expansão do octeto também é encontrada em espécies que não necessariamente precisam dela, mas que, sendo permitido, podem adquirir uma energia mais baixa. Assim, das estruturas (**1a**) e (**1b**) do íon SO_4^{2-}, a segunda tem uma energia mais baixa que a primeira. A estrutura real do íon é um híbrido de ressonância de ambas as estruturas (juntamente com estruturas análogas com ligações duplas em diferentes posições), mas a segunda estrutura tem a maior contribuição.

```
     :Ö: ⁊2−        :O: ⁊2−                 :O:
      |              ‖                       ‖
 :Ö—S—Ö:       :Ö—S=Ö              2    Ö=Xe=Ö
      |              |                       ‖
1a   :Ö:       1b   :Ö:                      :O:
```

Exercício proposto A.1 Represente a estrutura de Lewis do XeO_4.

Resposta: Veja 2

(b) A teoria RPECV

Exceto nos casos mais simples, uma estrutura de Lewis não retrata a estrutura tridimensional de uma molécula. A abordagem mais simples para prever a forma molecular é a utilizada pela **teoria da repulsão de pares de elétrons da camada de valência** (teoria RPECV ou, em inglês, VSEPR). Nessa abordagem, as regiões de alta densidade eletrônica, representadas pelas ligações – simples ou múltiplas – e pares isolados, assumem orientações ao redor do átomo central de modo a maximizar suas separações. Então, a posição dos átomos ligados (sem levar em consideração os pares isolados) é observada e usada para classificar a forma da molécula. Assim, quatro regiões de densidade eletrônica adotam um arranjo tetraédrico; se um átomo estiver em cada uma dessas posições (como no CH_4), a molécula será tetraédrica; se houver um átomo em somente três dessas localizações (como no NH_3), a molécula é piramidal triangular, e assim por diante. Os nomes das várias formas que são comumente encontradas são mostrados na Fig. A.2. Em um refinamento da teoria, considera-se que os pares isolados repelem os pares ligados mais fortemente do que os pares ligados se repelem entre si. A forma que a molécula adota, se não for completamente determinada pela simetria, se ajusta de modo a minimizar a repulsão devida aos pares isolados.

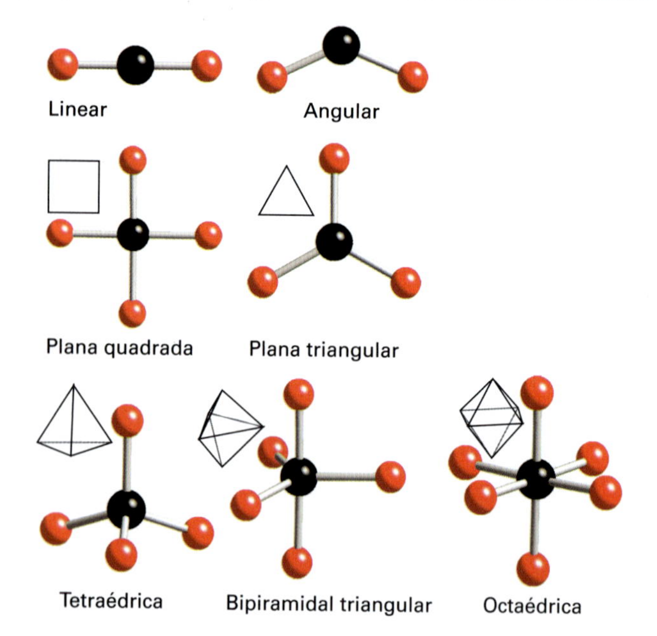

Figura A.2 As formas das moléculas que resultam da aplicação da teoria RPECV.

Breve ilustração A.2 Formas moleculares

No SF_4, o par isolado adota uma posição equatorial e as duas ligações S-F axiais se inclinam de modo a se afastar levemente do par isolado, resultando em uma molécula com forma de gangorra distorcida (Fig. A.3).

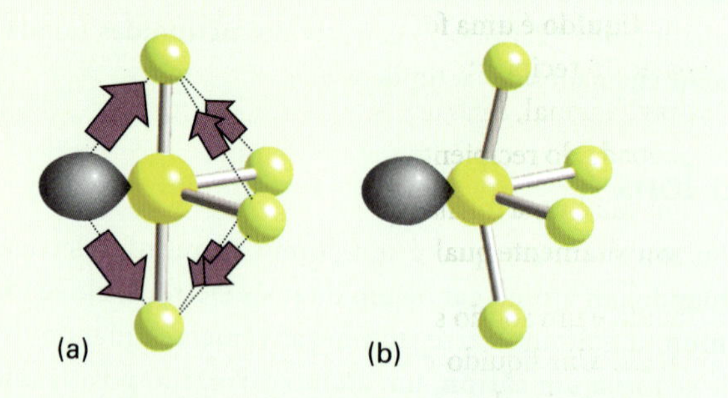

Figura A.3 (a) No SF_4, o par isolado adota uma posição equatorial. (b) As duas ligações S-F axiais se inclinam de modo a se afastar levemente do par isolado, resultando em uma molécula com uma forma de gangorra distorcida.

Exercício proposto A.2 Prediga a forma do íon SO_3^{2-}.

Resposta: Pirâmide triangular

(c) Ligações polares

As ligações covalentes podem ser **polares,** apresentando um compartilhamento desigual do par de elétrons, de modo que um átomo tem uma carga parcial positiva (simbolizada por $\delta+$) e o outro tem uma carga parcial negativa ($\delta-$). A capacidade de um átomo de atrair elétrons para si quando ele faz parte de uma molécula é medida pela **eletronegatividade**, χ (qui), do elemento. A justaposição de cargas iguais e opostas constitui um **dipolo**

Breve ilustração A.3 Moléculas apolares com ligações polares

O que define se uma molécula como um todo é ou não polar é a disposição de suas ligações; para moléculas altamente simétricas, o dipolo resultante pode ser nulo. Dessa forma, embora a molécula linear de CO_2 (que, estruturalmente, é OCO) tenha ligações CO polares, os efeitos se cancelam e a molécula de OCO, como um todo, não é polar.

Exercício proposto A.3 O NH_3 é polar?

Resposta: Sim

elétrico. Se essas cargas são $+Q$ e $-Q$ e elas estão separadas por uma distância d, a magnitude do **momento dipolo elétrico**, μ, é

$$\mu = Qd \quad \textit{Definição} \quad \text{Magnitude do momento de dipolo elétrico} \qquad (A.1)$$

A.3 Matéria macroscópica

A **matéria macroscópica** é constituída por um grande número de átomos, moléculas ou íons. Seu estado físico pode ser sólido, líquido ou gás:

> Um **sólido** é uma forma de matéria que adota e mantém uma forma que é independente do recipiente que ele ocupa.
>
> Um **líquido** é uma forma de matéria que adota a forma da parte do recipiente que ele ocupa (sob um campo gravitacional, a parte inferior) e é separado da parte não ocupada do recipiente por uma superfície definida.
>
> Um **gás** é uma forma de matéria que preenche imediatamente qualquer recipiente que ele ocupe.

Um líquido e um sólido são exemplos de um **estado condensado** da matéria. Um líquido e um gás são exemplos de uma forma **fluida** da matéria: eles escoam em resposta a forças (tal como a gravidade) que lhes sejam aplicadas.

(a) Propriedades macroscópicas da matéria

O estado de uma amostra macroscópica de matéria é definido especificando-se os valores de várias propriedades. Entre elas estão:

> A **massa**, m, uma medida da quantidade de matéria presente (unidade: quilograma, kg).
>
> O **volume**, V, uma medida da quantidade de espaço que a amostra ocupa (unidade: metro cúbico, m^3).
>
> A **quantidade de substância**, n, uma medida do número de espécies presentes (átomos, moléculas ou fórmulas unitárias) (unidade: mol).

Breve ilustração A.4 Unidades de volume

O volume também é expresso em submúltiplos do m^3, como o decímetro cúbico ($1\ dm^3 = 10^{-3}\ m^3$) e o centímetro cúbico ($1\ cm^3 = 10^{-6}\ m^3$). Também é comum encontrar a unidade litro ($1\ L = 1\ dm^3$), que não é do SI, e seu submúltiplo mililitro ($1\ mL = 1\ cm^3$). Para realizar conversões de unidades, simplesmente substitua a fração da unidade (como 1 cm) por sua definição (neste caso 10^{-2} m). Assim, para converter $100\ cm^3$ para decímetros cúbicos (litros), usamos $1\ cm = 10^{-1}$ dm, e, neste caso, $100\ cm^3 = 100\ (10^{-1}\ dm)^3 =$ que é o mesmo que $0{,}100\ dm^3$.

Exercício proposto A.4 Expresse o volume de $100\ mm^3$ em unidades de cm^3.

Resposta: $0{,}100\ cm^3$

Uma **propriedade extensiva** da matéria é uma propriedade que depende da quantidade de substância presente na amostra; uma **propriedade intensiva** é uma propriedade que é independente da quantidade de substância. O volume é extensivo; a massa específica, ρ (rô), com

$$\rho = \frac{m}{V} \qquad \text{Massa específica} \qquad (A.2)$$

é intensiva.

A **quantidade de substância**, n (coloquialmente, "o número de mols"), é uma medida do número de espécies presentes na amostra. "Quantidade de substância" é o nome oficial da grandeza, mas ela é comumente simplificada para "quantidade química" ou, simplesmente, "quantidade". A unidade 1 mol é definida como o número de átomos de carbono que existem em exatamente 12 g de carbono 12. (Em 2011, foi decidido que esta definição seria substituída, mas a mudança ainda não tinha sido implementada na publicação desta edição.) O número de espécies por mol é chamado de **constante de Avogadro**, N_A; o valor correntemente aceito é $6{,}022 \times 10^{23}\ mol^{-1}$ (observe que N_A é uma constante com unidades, não um número puro).

A **massa molar de uma substância**, M (unidades: formalmente quilogramas por mol, porém comumente gramas por mol, $g\ mol^{-1}$), é a massa por mol de seus átomos, suas moléculas ou suas fórmulas unitárias. O número de mols de uma espécie em uma amostra pode ser prontamente calculado a partir de sua massa, notando que

$$n = \frac{m}{M} \qquad \text{Número de mols ou quantidade de substância} \qquad (A.3)$$

Uma nota sobre a boa prática Seja cuidadoso em distinguir massa atômica ou molecular (a massa de um único átomo ou molécula; unidades kg) da massa molar (a massa por mol de átomos ou moléculas; unidades $kg\ mol^{-1}$). Massas moleculares relativas de átomos e moléculas, $M_r = m/m_u$, em que m é a massa do átomo ou molécula e m_u é a constante de massa atômica (veja o verso da capa), ainda são comumente denominadas "pesos atômicos" e "pesos moleculares", embora essas grandezas sejam adimensionais e não um peso (a força gravitacional exercida sobre um objeto).

Uma amostra de matéria pode estar sujeita a uma **pressão**, p (unidade: pascal, Pa; $1\ Pa = 1\ kg\ m^{-1}s^{-2}$), que é definida como a força, F, a que ela está submetida, dividida pela área, A, sobre a qual essa força é aplicada. Uma amostra de gás exerce uma pressão sobre as paredes de seu recipiente porque as moléculas do gás realizam um movimento incessante e aleatório, exercendo uma força quando elas colidem com as paredes. A frequência das colisões é normalmente tão alta que a força, e consequentemente a pressão, é percebida como constante.

Embora pascal seja a unidade de pressão do SI (*Ferramentas do químico* A.1), também é comum exprimir a pressão em bars ($1\ bar = 10^5$ Pa) ou em atmosferas (1 atm = 101.325 Pa, exatamente), ambas correspondentes à pressão atmosférica típica. Como muitas propriedades físicas dependem da pressão que atua sobre uma amostra, é adequado selecionar certo valor da pressão para registrar os valores dessas propriedades. A **pressão-padrão** é definida correntemente como $p^{\ominus} = 1$ bar, exatamente.

Ferramentas do químico A.1 Grandezas e unidades

A medida de uma **propriedade física** é expressa como um múltiplo numérico de uma unidade:

propriedade física = valor numérico × unidade

Unidades podem ser tratadas como quantidades algébricas e ser multiplicadas, divididas e canceladas. Assim, a expressão (grandeza física)/unidade é o valor numérico (uma grandeza adimensional) da medida nas unidades especificadas. A massa m de um objeto pode ser dada como $m = 2{,}5$ kg ou $m/\text{kg} = 2{,}5$. Uma lista de unidades é dada na Tabela A.1 de nossa *Seção de dados*. Embora seja recomendada a utilização somente de unidades do SI, há ocasiões em que a tradição permite que grandezas físicas sejam expressas usando unidades que não são do SI. Por convenção internacional, todas as grandezas físicas são representadas por símbolos em itálico; todas as unidades são escritas em romanos.

As unidades podem ser modificadas por um prefixo que denota um fator de uma potência de 10. Entre os prefixos mais comuns do SI estão aqueles listados na Tabela A.2 da *Seção de dados*. Exemplos do uso desses prefixos são

$$1\,\text{nm} = 10^{-9}\,\text{m} \qquad 1\,\text{ps} = 10^{-12}\,\text{s} \qquad 1\,\mu\text{mol} = 10^{-6}\,\text{mol}$$

Potências de unidades se aplicam ao prefixo assim como às unidades que eles modificam. Por exemplo, $1\,\text{cm}^3 = (1\,\text{cm})^3$ e $(10^{-2}\,\text{m})^3 = 10^{-6}\,\text{m}^3$. Note que $1\,\text{cm}^3$ não significa $1\,\text{c(m)}^3$. Ao realizar os cálculos numéricos, o mais seguro é escrever o valor numérico em notação científica (como $n{,}nnn \times 10^n$).

Existem sete unidades básicas do SI, que estão listadas na Tabela A.3 da *Seção de dados*. Todas as outras grandezas podem ser expressas como combinações dessas unidades básicas (veja a Tabela A.4 na *Seção de dados*). A *concentração molar* (chamada de maneira mais formal, porém muito infrequente, de *concentração de quantidade de substância*), por exemplo, que é a quantidade de substância dividida pelo volume que ela ocupa, pode ser expressa usando-se a unidade derivada mol dm^{-3}, uma combinação das unidades básicas de quantidade de substância e comprimento. Várias dessas combinações derivadas de unidades têm nomes e símbolos especiais, e iremos destacá-los quando surgirem.

Para se especificar o estado de uma amostra completamente, é também necessário fornecer a sua **temperatura**, T. A temperatura é, convencionalmente, uma propriedade que determina em que direção a energia, na forma de calor, irá fluir quando duas amostras são colocadas em contato por meio de paredes termicamente condutoras: a energia será transferida da amostra com temperatura maior para a amostra com temperatura menor. O símbolo T é usado para representar a **temperatura termodinâmica**, que é uma escala absoluta, com $T = 0$ como o ponto mais baixo. Temperaturas acima de $T = 0$ são então mais comumente expressas usando a **escala Kelvin**, em que cada grau de temperatura é expresso como um múltiplo da unidade 1 kelvin (1 K). A escala Kelvin é definida estabelecendo o ponto triplo da água (a temperatura em que gelo, água líquida e vapor d'água estão em equilíbrio mútuo) em exatamente 273,16 K (assim como para outras unidades, foi decidido rever esta definição, mas isso ainda não foi implementado, pelo menos até a publicação desta edição). O ponto de congelamento da água (o ponto de fusão do gelo) a 1 atm é então encontrado experimentalmente 0,01 K abaixo do ponto triplo; logo, o ponto de congelamento da água é 273,15 K. A escala Kelvin não é adequada para medidas de temperatura no dia a dia, sendo comum usar a **escala Celsius**, que é definida em termos da escala Kelvin como

$$\theta/^\circ\text{C} = T/\text{K} - 273{,}15 \qquad \textit{Definição} \quad \text{Escala Celsius} \qquad \text{(A.4)}$$

Assim, o ponto de congelamento da água é 0 °C e seu ponto de ebulição (a 1 atm) é 100 °C (mais precisamente, 99,974 °C). Note que neste livro invariavelmente T representa a temperatura termodinâmica (absoluta) e que temperaturas na escala Celsius são representadas como θ (teta).

Uma nota sobre a boa prática Observe que escrevemos $T = 0$ e não $T = 0$ K. Formulações gerais em ciência devem ser expressas sem referência a um conjunto específico de unidades. Além disso, como T (diferentemente de θ) é absoluta, o ponto mais baixo é 0, independentemente da escala usada para exprimir temperaturas mais altas (como a escala Kelvin). De forma semelhante, escrevemos $m = 0$ e não $m = 0$ kg, ou $l = 0$ e não $l = 0$ m.

(b) O gás perfeito

As propriedades que definem o estado de um sistema não são, em geral, independentes umas das outras. O exemplo mais importante de uma relação entre elas é fornecido pelo fluido idealizado conhecido como **gás perfeito** (também comumente chamado de "gás ideal"):

$$pV = nRT \qquad \text{Equação do gás perfeito} \qquad \text{(A.5)}$$

Aqui, R é a **constante dos gases**, uma constante universal (no sentido de ser independente da natureza do gás), com o valor de $8{,}314\ \text{J K}^{-1}\,\text{mol}^{-1}$. Ao longo do livro, as equações que se aplicam somente aos gases perfeitos (e outros sistemas idealizados) são marcadas, como aqui, com um número em azul.

Uma nota sobre a boa prática Embora o termo "gás ideal" seja quase que universalmente usado no lugar de "gás perfeito", há razões para se preferir esse último. Em um sistema ideal, as interações entre as moléculas em uma mistura são todas iguais. Em um gás perfeito, não só essas interações são as mesmas como são também nulas. Apesar disso, poucos fazem essa distinção.

A Eq. A.5, a **equação do gás perfeito**, é um resumo de três conclusões empíricas, ou seja, a lei de Boyle ($p \propto 1/V$ a temperatura e número de mols constantes), a lei de Charles ($p \propto T$ a volume e número de mols constantes) e o princípio de Avogadro ($V \propto n$ a temperatura e pressão constantes).

Exemplo A.1 Equação do gás perfeito

Calcule a pressão, em quilopascais, exercida por 1,25 g de nitrogênio gasoso em um frasco de 250 cm³ de volume, a 20 °C.

Método Para usar a Equação A.5, precisamos saber a quantidade de moléculas (em mols) na amostra que pode ser obtida a partir da massa e da massa molar (usando a Eq. A.3), e converter a temperatura à escala Kelvin (usando a Eq. A.4).

Resposta O número de mols de N_2 (de massa molar 28,02 g mol^{-1}) presentes é

$$n(N_2) = \frac{m}{M(N_2)} = \frac{1{,}25\,g}{28{,}02\,g\,mol^{-1}} = \frac{1{,}25}{28{,}02}\,mol$$

A temperatura da amostra é

$$T/K = 20 + 273{,}15, \text{ de modo que } T = (20 + 273{,}15)\,K$$

Portanto, após reescrevermos a Eq. A.5 como $p = nRT/V$,

$$p = \frac{\overbrace{(1{,}25/28{,}02)\,mol}^{n} \times \overbrace{(8{,}3145\,J\,K^{-1}\,mol^{-1})}^{R} \times \overbrace{(20+273{,}15)\,K}^{T}}{\underbrace{(2{,}50\times10^{-4})\,m^3}_{V}}$$

$$= \frac{(1{,}25/28{,}02)\times(8{,}3145)\times(20+273{,}15)}{2{,}50\times10^{-4}}\,\frac{J}{m^3}$$

$$\overset{1\,J\,m^{-3}=1\,Pa}{=} 4{,}35\times10^5\,Pa = 435\,kPa$$

Uma nota sobre a boa prática É melhor deixar o cálculo numérico para o final e realizá-lo em uma única etapa. Esse procedimento evita os erros de arredondamento. Quando for apropriado apresentar um resultado intermediário sem nos preocuparmos com o número de algarismos significativos, vamos escrevê-lo como *n,nnn...*

Exercício proposto A.5 Calcule a pressão exercida por 1,22 g de dióxido de carbono contido em um recipiente de volume igual a 500 dm³ (5,00 × 10² dm³) a 37 °C.

Resposta: 143 Pa

Todos os gases obedecem à equação do gás perfeito à medida que a pressão se aproxima de zero. Isto é, a Eq. A.5 é um exemplo de uma **lei limite**, uma lei que se torna crescentemente válida em um determinado limite, neste caso, quando a pressão tende a zero. Na prática, a pressão atmosférica normal ao nível do mar (cerca de 1 atm) já é suficientemente baixa para que a maioria dos gases que encontramos se comporte como gases perfeitos e obedeça à Eq. A.5.

Uma mistura de gases perfeitos se comporta como um único gás perfeito. Segundo a **lei de Dalton**, a pressão total dessa mistura é a soma das pressões que cada um exerceria se ocupasse sozinho o recipiente:

$$p = p_A + p_B + \cdots \qquad \text{Lei de Dalton} \qquad (A.6)$$

Cada pressão, p_j, pode ser calculada pela equação do gás perfeito na forma $p_j = n_jRT/V$.

Conceitos importantes

- ☐ 1. No **modelo nuclear** do átomo, os elétrons, de carga negativa, ocupam orbitais que estão dispostos em camadas em torno do núcleo, de carga positiva.
- ☐ 2. A **tabela periódica** destaca as semelhanças nas configurações eletrônicas dos átomos, o que, por sua vez, leva a semelhanças nas suas propriedades físicas e químicas.
- ☐ 3. Os **compostos covalentes** consistem em moléculas discretas nas quais os átomos estão ligados por ligações covalentes.
- ☐ 4. Os **compostos iônicos** consistem em cátions e ânions em um arranjo cristalino.
- ☐ 5. As **estruturas de Lewis** são modelos úteis dos padrões de ligação nas moléculas.
- ☐ 6. A **teoria da repulsão dos pares de elétrons da camada de valência** (teoria RPECV) é usada para prever as formas tridimensionais das moléculas a partir de suas estruturas de Lewis.
- ☐ 7. Os elétrons em **ligações covalentes polares** estão desigualmente distribuídos entre os núcleos ligados.
- ☐ 8. Os estados físicos da matéria são sólido, líquido e gás.
- ☐ 9. O estado de uma amostra macroscópica de matéria é definido pela especificação de suas propriedades, como massa, volume, número de mols, pressão e temperatura.
- ☐ 10. A **equação do gás perfeito** é uma relação entre pressão, volume, número de mols e temperatura de um gás idealizado.
- ☐ 11. Uma **lei limite** é uma lei que se torna crescentemente válida em um determinado limite.

Equações importantes

Propriedade	Equação	Comentário	Número da equação
Momento de dipolo elétrico	$\mu = Qd$	μ é a magnitude do momento	A.1
Massa específica	$\rho = m/V$	Propriedade intensiva	A.2
Quantidade de substância	$n = m/M$	Propriedade extensiva	A.3
Escala Celsius	$\theta/°C = T/K - 273{,}15$	A temperatura é uma propriedade intensiva; 273,15 é exato	A.4
Equação do gás perfeito	$pV = nRT$		A.5
Lei de Dalton	$p = p_A + p_B + \cdots$		A.6

B Energia

Tópicos

➤ Por que você precisa saber este assunto?

A energia é de importância central na unificação dos conceitos de físico-química, e você precisa ter uma visão de como os elétrons, átomos e moléculas ganham, armazenam e perdem energia.

➤ Qual é a ideia fundamental?

A energia, a capacidade de realizar trabalho, é restrita a valores discretos nos elétrons, átomos e moléculas.

➤ O que você já deve saber?

Você precisa rever as leis do movimento e os princípios da eletrostática, que são normalmente cobertos na Física básica, e os conceitos da termodinâmica, que são normalmente cobertos na química básica.

Boa parte da química está relacionada com transferências e transformações de energia, e é importante definir corretamente essa grandeza. Iniciamos revendo a **mecânica clássica**, formulada por Isaac Newton no século XVII, e que estabelece o vocabulário usado para a descrição do movimento e da energia das partículas. Essas ideias clássicas nos preparam para a **mecânica quântica**, a teoria mais fundamental estabelecida no século XX para o estudo de partículas pequenas, como elétrons, átomos e moléculas. Vamos desenvolver os conceitos da mecânica quântica ao longo do livro. Nesta seção começaremos a ver por que ela é necessária como uma base para a compreensão da estrutura atômica e molecular.

B.1 Força

As moléculas são formadas por átomos e os átomos são formados por partículas subatômicas. Para entender suas estruturas, precisamos saber como esses corpos se movem sob a influência das forças que eles experimentam.

(a) Momento

A "translação" é o movimento de uma partícula através do espaço. A **velocidade**, $\boldsymbol{v}$, de uma partícula é a taxa de variação de sua posição $\boldsymbol{r}$:

$$\boldsymbol{v}=\frac{\mathrm{d}\boldsymbol{r}}{\mathrm{d}t} \qquad \textit{Definição} \quad \text{Velocidade} \qquad \text{(B.1)}$$

Para o movimento confinado a uma dimensão, escrevemos $v_x = \mathrm{d}x/\mathrm{d}t$. Velocidade e posição são vetores, ambos com direção e magnitude (vetores e sua manipulação são tratados na *Revisão de matemática* 5). A magnitude do vetor velocidade é a **velocidade escalar** ou, simplesmente, **velocidade**, v. O **momento linear**, $\boldsymbol{p}$, de uma partícula de massa m está relacionado à sua velocidade, $\boldsymbol{v}$, por

$$\boldsymbol{p}=m\boldsymbol{v} \qquad \textit{Definição} \quad \text{Momento linear} \qquad \text{(B.2)}$$

Assim como o vetor velocidade, o vetor momento linear aponta na direção do deslocamento da partícula (Fig. B.1); sua magnitude é representada por p.

A descrição da rotação é muito semelhante à da translação. O movimento de rotação de uma partícula em torno de um ponto

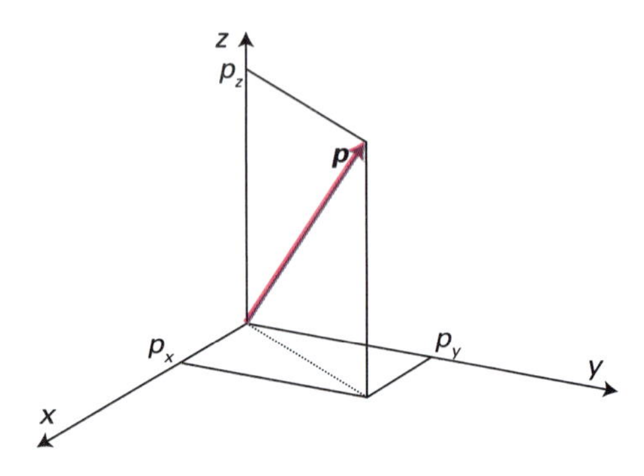

Figura B.1 O momento linear $\boldsymbol{p}$ é representado por um vetor de magnitude p e uma orientação que corresponde à direção do movimento.

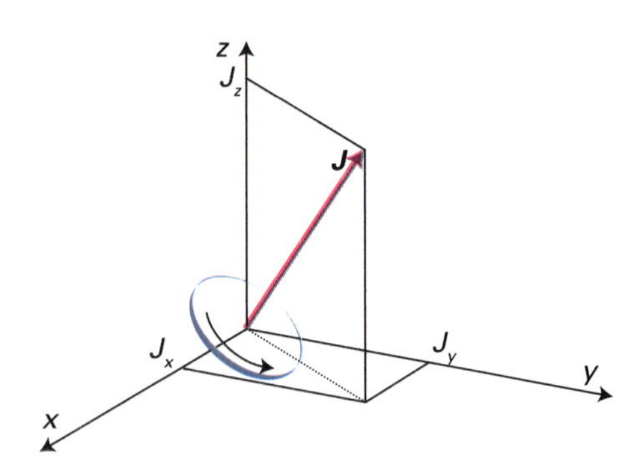

Figura B.2 O momento angular $\boldsymbol{J}$ de uma partícula é representado por um vetor ao longo do eixo de rotação e perpendicular ao plano da rotação. O comprimento do vetor denota a magnitude J do momento angular. O movimento é no sentido horário para um observador que olha na direção do vetor.

central é descrito por seu **momento angular**, $\boldsymbol{J}$. O momento angular é um vetor; sua magnitude dá a taxa com a qual a partícula circula, e sua direção indica o eixo de rotação (Fig. B.2). A magnitude do momento angular, J, é

$$J = I\omega \qquad \text{Momento angular} \qquad \text{(B.3)}$$

em que ω é a **velocidade angular** do corpo, sua taxa de variação da posição angular (em radianos por segundo), e I é o **momento de inércia**, uma medida de sua resistência à aceleração rotacional. Para uma partícula pontual de massa m que se move em um círculo de raio r, o momento de inércia em torno do eixo de rotação é

$$I = mr^2 \qquad \textit{Partícula pontual} \qquad \text{Momento de inércia} \qquad \text{(B.4)}$$

Breve ilustração B.1 O momento de inércia

Há dois eixos de rotação possíveis em uma molécula de $C^{16}O_2$, cada um passando pelo átomo de C e perpendicular ao eixo da molécula e entre si. Cada átomo de O está a uma distância R do eixo de rotação, em que R é o comprimento de uma ligação CO, 116 pm. A massa de cada átomo de ^{16}O é 16,00 m_u, em que m_u = 1,660 54 × 10^{-27} é a constante de massa atômica. O átomo de C é estacionário (ele está no eixo de rotação) e não contribui para o momento de inércia. Portanto, o momento de inércia da molécula em torno do eixo de rotação é

$$I = 2m(^{16}\text{O})R^2 = 2\times\left(\overbrace{16{,}00\times\overbrace{1{,}660\,54\times10^{-27}\,\text{kg}}^{m_u}}^{m(^{16}\text{O})}\right)\times\left(\overbrace{1{,}16\times10^{-10}\,\text{m}}^{R}\right)^2$$
$$= 7{,}15\times10^{-46}\,\text{kg m}^2$$

Observe que a unidade de momento de inércia é o quilograma metro ao quadrado (kg m^2).

Exercício proposto B.1 O momento de inércia para a rotação da molécula de hidrogênio, $^1H_2$, em torno do eixo perpendicular à sua ligação é 4,61 × 10^{-48} kg m^2. Qual é o comprimento de ligação do H_2?

Resposta: 74,14 pm

(b) A segunda lei de Newton do movimento

De acordo com a **segunda lei de Newton do movimento**, *a taxa de variação do momento é igual à força que atua sobre a partícula*:

$$\frac{d\boldsymbol{p}}{dt} = \boldsymbol{F} \qquad \text{Segunda lei de Newton do movimento} \qquad \text{(B.5a)}$$

Para o movimento unidimensional, escrevemos $dp_x/dt = F_x$. A Eq. B.5a pode ser considerada a definição de força. A unidade SI de força é o newton (N), com

$$1\,\text{N} = 1\,\text{kg m s}^{-2}$$

Como $\boldsymbol{p} = m(d\boldsymbol{r}/dt)$, às vezes é mais conveniente escrever a Eq. B.5a como

$$m\boldsymbol{a} = \boldsymbol{F} \qquad \boldsymbol{a} = \frac{d^2\boldsymbol{r}}{dt^2} \qquad \textit{Forma alternativa} \qquad \text{Segunda lei de Newton do movimento} \qquad \text{(B.5b)}$$

em que $\boldsymbol{a}$ é a **aceleração** da partícula, a taxa de variação da velocidade. Então, se soubermos a força que atua ao longo do tempo, ao resolver a Eq. B.5 teremos a **trajetória**, a posição e o momento da partícula em cada instante.

Breve ilustração B.2 A segunda lei de Newton do movimento

Um *oscilador harmônico* consiste em uma partícula que sofre a força restauradora da "lei de Hooke", que é proporcional ao deslocamento da partícula a partir da posição de equilíbrio.

Um exemplo é uma partícula de massa m fixada a uma mola ou um átomo ligado a outro por uma ligação química. Para um sistema unidimensional, $F_x = -k_f x$, em que a constante de proporcionalidade, k_f, é a constante de força. A Equação B.5b se torna

$$m\frac{d^2x}{dt^2}=-k_f x$$

(Técnicas de diferenciação são relembradas em *Revisão de matemática* 1, que se segue ao Capítulo 1.) Se $x = 0$ em $t = 0$, uma solução (que pode ser verificada por substituição) é

$$x(t)=A\,\mathrm{sen}(2\pi\nu t) \qquad \nu=\frac{1}{2\pi}\left(\frac{k_f}{m}\right)^{1/2}$$

Esta solução mostra que a posição da partícula varia harmonicamente (isto é, como uma função senoidal) com uma frequência ν, e que a frequência é alta para partículas leves (m pequena) presas a molas rígidas (k_f grande).

Exercício proposto B.2 Como o momento do oscilador varia com o tempo?

Resposta: $p=2\pi\nu Am\cos(2\pi\nu t)$

Para acelerar uma rotação, é necessário aplicar um **torque**, T, uma força de torção. A equação de Newton fica então

$$\frac{dJ}{dt}=T \qquad \textit{Definição} \quad \text{Torque} \quad \text{(B.6)}$$

Os papéis análogos de m e I, de v e ω e de p e J nos casos de translação e rotação, respectivamente, devem estar na memória, pois eles fornecem uma maneira imediata de se reconstruir e relembrar equações. Essas analogias estão resumidas na Tabela B.1.

Tabela B.1 Analogias entre rotação e translação

Translação		Rotação	
Propriedade	**Significado**	**Propriedade**	**Significado**
Massa, m	Resistência ao efeito de uma força	Momento de inércia, I	Resistência ao efeito de um torque
Velocidade, v	Taxa de variação da posição	Velocidade angular, ω	Taxa de variação do ângulo
Magnitude do momento linear, p	$p=mv$	Magnitude do momento angular, J	$J=I\omega$
Energia cinética de translação, E_k	$E_k=\frac{1}{2}mv^2$ $=p^2/2m$	Energia cinética de rotação, E_k	$E_k=\frac{1}{2}I\omega^2$ $=J^2/2I$
Equação do movimento	$dp/dt=F$	Equação do movimento	$dJ/dt=T$

B.2 Energia: uma introdução

Antes de definir o termo "energia", precisamos desenvolver mais formalmente outro conceito familiar, o de "trabalho". Então, faremos uma apresentação do uso desses conceitos em química.

(a) Trabalho

Trabalho, w, é feito para realizar movimento contra uma força que a ele se opõe. Para um deslocamento infinitesimal $d\boldsymbol{s}$ (um vetor), o trabalho realizado é

$$dw=-\boldsymbol{F}\cdot d\boldsymbol{s} \qquad \textit{Definição} \quad \text{Trabalho} \quad \text{(B.7a)}$$

em que $\boldsymbol{F}\cdot d\boldsymbol{s}$ é o "produto escalar" dos vetores $\boldsymbol{F}$ e $d\boldsymbol{s}$:

$$\boldsymbol{F}\cdot d\boldsymbol{s}=F_x dx+F_y dy+F_z dz \qquad \textit{Definição} \quad \text{Produto escalar} \quad \text{(B.7b)}$$

Para o movimento em uma dimensão, escrevemos $dw = -F_x dx$. O trabalho total realizado ao longo de um caminho é a integral dessa expressão, considerando, assim, a possibilidade de $\boldsymbol{F}$ mudar de direção e magnitude a cada ponto do caminho. Com a força em newtons e a distância em metros, a unidade do trabalho é o joule (J), com

$$1\,\text{J}=1\,\text{N m}=1\,\text{kg m}^2\,\text{s}^{-2}$$

Breve ilustração B.3 Trabalho de estiramento de uma ligação

O trabalho necessário para estirar, em uma distância infinitesimal dx, uma ligação química que se comporta como uma mola é

$$dw=-F_x dx=-(-k_f x)dx=k_f x dx$$

O trabalho total necessário para estirar a ligação a partir do deslocamento zero ($x = 0$), em sua posição de equilíbrio, R_e, até uma distância R, correspondendo a um deslocamento $x = R - R_e$, é

$$w=\int_0^{R-R_e} k_f x dx=k_f\int_0^{R-R_e} x dx=\tfrac{1}{2}k_f(R-R_e)^2$$

Vemos que o trabalho necessário aumenta com o quadrado do deslocamento: é preciso quatro vezes mais trabalho para estirar uma ligação de 20 pm do que seria necessário para estirá-la de 10 pm.

Exercício proposto B.3 A constante de força da ligação H–H é de cerca de 575 N m^{-1}. Que trabalho é necessário para estirar essa ligação de 10 pm?

Resposta: 28,8 zJ

(b) A definição de energia

Energia é a capacidade de realizar trabalho. A unidade do SI para energia é a mesma que para o trabalho, ou seja, o joule. A taxa de fornecimento de energia é chamada de **potência** (P), e é expressa em watts (W):

$$1\,\text{W} = 1\,\text{J}\,\text{s}^{-1}$$

Na literatura química, ainda são encontradas a caloria (cal) e a quilocaloria (kcal). A caloria é agora definida em termos do joule, com 1 cal = 4,184 J (exatamente). Devemos ter cuidado, pois há diversos tipos diferentes de caloria. A "caloria termodinâmica", cal_{15}, é a energia necessária para aumentar de 1 °C a temperatura de 1 g de água a 15 °C, e a "caloria nutricional" vale 1 kcal.

Uma partícula pode possuir dois tipos de energia, energia cinética e energia potencial. A **energia cinética**, E_k, de um corpo é a energia que o corpo possui devido ao seu movimento. Para um corpo de massa m movendo-se a uma velocidade v,

$$E_k = \tfrac{1}{2}mv^2 \qquad \textit{Definição} \quad \text{Energia cinética} \qquad \text{(B.8)}$$

Segue da segunda lei de Newton do movimento que, se uma partícula de massa m está inicialmente em repouso e é submetida a uma força constante F por um tempo τ, então a velocidade aumenta de zero até $F\tau/m$ e, portanto, sua energia cinética aumenta de zero até

$$E_k = \frac{F^2\tau^2}{2m} \qquad \text{(B.9)}$$

A energia da partícula permanece nesse valor após a força deixar de atuar. Como a magnitude da força aplicada, F, e o tempo, τ, pelo qual ela atua podem ser variados arbitrariamente, a Eq. B.9 implica que a energia da partícula pode ser aumentada de qualquer valor.

A **energia potencial**, E_p ou V, de um corpo é a energia que ele possui devido à sua posição. Como (na ausência de perdas) o trabalho que a partícula pode realizar quando está em repouso em uma dada posição é igual ao trabalho que deve ser realizado para levá-la àquela posição, podemos usar a versão unidimensional da Eq. B.7 para escrever $\mathrm{d}V = -F_x\mathrm{d}x$ e, portanto,

$$F_x = -\frac{\mathrm{d}V}{\mathrm{d}x} \qquad \textit{Definição} \quad \text{Energia potencial} \qquad \text{(B.10)}$$

Não há uma expressão geral para a energia potencial, pois ela depende do tipo de força atuante sobre o corpo. Para uma partícula de massa m a uma altura h da superfície da Terra, a energia potencial gravitacional é

$$V(h) = V(0) + mgh \qquad \text{Energia potencial gravitacional} \qquad \text{(B.11)}$$

em que g é a **aceleração da gravidade** (g depende da posição, mas seu "valor padrão" é próximo de 9,81 m s^{-2}). O zero de energia potencial é arbitrário e, neste caso, é comum fazer $V(0) = 0$.

A **energia total** de uma partícula é a soma de suas energias cinética e potencial:

$$E = E_k + E_p \quad \text{ou} \quad E = E_k + V \qquad \textit{Definição} \quad \text{Energia total} \qquad \text{(B.12)}$$

Usaremos frequentemente a lei aparentemente universal da natureza que diz que *a energia é conservada*; isto é, a energia não pode ser nem criada nem destruída. Embora a energia possa ser transferida de uma posição para outra e transformada de uma forma a outra, a energia total é constante. Em termos do momento linear, a energia total de uma partícula é

$$E = \frac{p^2}{2m} + V \qquad \text{(B.13)}$$

Essa expressão pode ser usada no lugar da segunda lei de Newton para calcular a trajetória de uma partícula.

Breve ilustração B.4 Trajetória de uma partícula

Considere um átomo de argônio livre que se move em uma direção (ao longo do eixo dos x) em uma região em que $V = 0$ (logo, a energia é independente da posição). Como $v = \mathrm{d}x/\mathrm{d}t$, segue das Eqs. B.1 e B.8 que $\mathrm{d}x/\mathrm{d}t = (2E_k/m)^{1/2}$. Como se pode verificar por substituição, a solução dessa equação diferencial é

$$x(t) = x(0) + \left(\frac{2E_k}{m}\right)^{1/2} t$$

O momento linear é

$$p(t) = mv(t) = m\frac{\mathrm{d}x}{\mathrm{d}t} = (2mE_k)^{1/2}$$

e é constante. Então, se soubermos a posição e o momento iniciais, podemos predizer todas as posições e momentos com exatidão.

Exercício proposto B.4 Considere um átomo de massa m movendo-se na direção x com uma posição inicial x_1 e velocidade inicial v_1. Se o átomo se move por um intervalo de tempo Δt em uma região onde a energia potencial varia de $V(x)$, qual é sua velocidade v_2 na posição x_2?

Resposta: $v_2 = v_1 \left|\mathrm{d}V(x)/\mathrm{d}x\right|_{x_1} \Delta t/m$

(c) A energia potencial coulombiana

Uma das formas mais importantes de energia potencial em química é a **energia potencial coulombiana**, a energia potencial de interação eletrostática entre duas cargas elétricas. A energia potencial coulombiana é igual ao trabalho que deve ser realizado para trazer uma carga do infinito até uma distância r de outra carga. Para uma carga pontual Q_1 a uma distância r, no vácuo, de outra carga pontual Q_2

$$V(r)=\frac{Q_1Q_2}{4\pi\varepsilon_0 r}$$ *Definição* Energia potencial coulombiana (B.14)

A carga é expressa em coulombs (C), frequentemente como um múltiplo da carga fundamental, *e*. Assim, a carga de um elétron é $-e$, e a de próton é $+e$; a carga de um íon é ze, em que z é o **número de carga** (positivo para cátions e negativo para ânions). A constante ε_0 (épsilon zero) é a **permissividade do vácuo**, uma constante fundamental com o valor de $8{,}854 \times 10^{-12}$ C² J⁻¹ m⁻¹. É uma convenção (como na Eq. B.14) considerar zero de energia potencial quando a separação entre as cargas é infinita. Assim, duas cargas opostas têm energia potencial negativa em separações finitas, ao passo que duas cargas iguais têm energia potencial positiva.

Breve ilustração B.5 Energia potencial coulombiana

A energia potencial coulombiana resultante da interação entre um cátion sódio, Na^+, positivamente carregado, e um ânion Cl^-, negativamente carregado, a uma distância de 0,280 nm, que é a separação entre os íons na rede do cristal de cloreto de sódio, é

$$V=\frac{\overbrace{(-1{,}602\times10^{-19}\,\mathrm{C})}^{Q(\mathrm{Cl}^-)}\times\overbrace{(1{,}602\times10^{-19}\,\mathrm{C})}^{Q(\mathrm{Na}^+)}}{4\pi\times\underbrace{(8{,}854\times10^{-12}\,\mathrm{C^2\,J^{-1}\,m^{-1}})}_{\varepsilon_0}\times\underbrace{(0{,}280\times10^{-9}\,\mathrm{m})}_{r}}$$

$$=-8{,}24\times10^{-19}\,\mathrm{J}$$

Esse valor é equivalente a uma energia molar de

$$V\times N_A=(-8{,}24\times10^{-19}\,\mathrm{J})\times(6{,}022\times10^{23}\,\mathrm{mol^{-1}})=-496\,\mathrm{kJ\,mol^{-1}}$$

Uma nota sobre a boa prática Escreva as unidades em *todas* as etapas de um cálculo, e não simplesmente as acrescente ao valor numérico final. É também recomendado exprimir os valores numéricos em notação científica usando a forma exponencial, e não os prefixos do SI para representar as potências de dez.

Exercício proposto B.5 Os centros de cátions e ânions vizinhos em cristais de óxido de magnésio estão separados por 0,21 nm. Determine a energia potencial coulombiana molar que resulta da interação eletrostática entre um íon Mg^{2+} e um íon O^{2-} nesses cristais.

Resposta: 2600 kJ mol⁻¹

Em um meio diferente do vácuo, a energia potencial de interação entre duas cargas é reduzida, e a permissividade do vácuo é substituída pela **permissividade**, ε, do meio. A permissividade é comumente expressa como um múltiplo da permissividade do vácuo:

$$\varepsilon=\varepsilon_r\varepsilon_0$$ *Definição* Permissividade (B.15)

na qual ε_r é a **permissividade relativa** (outrora, a *constante dielétrica*), adimensional. Essa redução na energia potencial pode ser substancial: a permissividade relativa da água a 25 °C é 80, logo, a redução na energia potencial para um dado par de cargas a uma distância fixa (com espaço suficiente entre elas para que as moléculas de água se comportem como um fluido) é de cerca de duas ordens de magnitude.

Devemos ter cuidado em distinguir *energia potencial* de *potencial*. A energia potencial de uma carga Q_1 na presença de outra carga Q_2 pode ser expressa em termos do **potencial coulombiano**, ϕ (fi):

$$V(r)=Q_1\phi(r) \qquad \phi(r)=\frac{Q_2}{4\pi\varepsilon_0 r}$$ *Definição* Potencial coulombiano (B.16)

A unidade de potencial é o joule por coulomb (J C⁻¹). Assim, quando ϕ é multiplicado por uma carga em coulombs, o resultado é em joules. A combinação joule por coulomb aparece frequentemente, e é chamada volt (V):

$$1\,\mathrm{V}=1\,\mathrm{J\,C^{-1}}$$

Se existem várias cargas Q_2, Q_3, ... presentes no sistema, então o potencial total experimentado pela carga Q_1 é a soma dos potenciais gerados por cada uma das cargas:

$$\phi=\phi_2+\phi_3+\cdots \tag{B.17}$$

Assim como a energia potencial de uma carga Q_1 pode ser escrita como $V = Q_1\phi$, a magnitude da força em Q_1 pode ser escrita como $F = Q_1\mathcal{E}$, em que $\mathcal{E}$ é a **magnitude do campo elétrico** (unidade: volts por metro, V m⁻¹) que surge a partir de Q_2 ou a partir de uma distribuição mais geral de carga. A magnitude do campo elétrico (que, tal como a força, é uma grandeza vetorial) é o negativo do gradiente do potencial elétrico. Em uma dimensão, escrevemos a magnitude do campo elétrico como

$$\mathcal{E}=-\frac{\mathrm{d}\phi}{\mathrm{d}x}$$ Magnitude do campo elétrico (B.18)

A linguagem que acabamos de desenvolver suscita uma importante definição alternativa de energia, o **elétron-volt** (eV): 1 eV é definido como a energia cinética adquirida quando um elétron é acelerado do repouso por uma diferença de potencial de 1 V. A relação entre elétron-volt e joule é

$$1\,\mathrm{eV}=1{,}602\times10^{-19}\,\mathrm{J}$$

Muitos processos químicos envolvem energia de alguns elétrons-volt. Por exemplo, são necessários 5 eV para remover um elétron de um átomo de sódio.

Uma forma particularmente importante de fornecimento de energia em química (e no mundo cotidiano) é pela passagem de uma corrente elétrica através de uma resistência. Uma

corrente elétrica (I) é definida como a taxa de fornecimento de carga, $I = dQ/dt$, e é medida em *ampères* (A):

$$1\,A = 1\,C\,s^{-1}$$

Se uma carga Q é transferida de uma região de potencial ϕ_i, onde a energia potencial é $Q\phi_i$, para uma região de potencial ϕ_f, onde a energia potencial é $Q\phi_f$, ou seja, através de uma diferença de potencial $\Delta\phi = \phi_f - \phi_i$, a variação na energia potencial é de $Q\Delta\phi$. A taxa de variação da energia é $(dQ/dt)\Delta\phi$, ou $I\Delta\phi$. A potência é, portanto,

$$P = I\Delta\phi \quad \text{Potência elétrica} \quad (B.19)$$

Com a corrente em ampères e a diferença potencial em volts, a potência fica em watts. A energia total, E, suprida em um intervalo de tempo Δt é a potência (a taxa de fornecimento de energia) multiplicada pela duração do intervalo:

$$E = P\Delta t = I\Delta\phi\Delta t \quad (B.20)$$

A energia é obtida em joules com a corrente em ampères, a diferença de potencial em volts e o tempo em segundos.

(d) Termodinâmica

A discussão sistemática da transferência e das transformações da energia na matéria macroscópica é chamada de **termodinâmica**. Este assunto sutil é tratado com detalhes no texto, mas se aprende, nos cursos elementares de química, que existem dois conceitos centrais, a **energia interna**, U (unidades: joules, J), e a **entropia**, S (unidades: joules por kelvin, $J\,K^{-1}$).

A energia interna é a energia total de um sistema. A **Primeira Lei da Termodinâmica** estabelece que a energia interna é constante em um sistema isolado das influências externas. A energia interna de um sistema aumenta com o aumento da temperatura, e podemos escrever

$$\Delta U = C\Delta T \quad \text{Variação na energia interna} \quad (B.21)$$

em que ΔU é a variação na energia interna quando a temperatura do sistema é aumentada em ΔT. A constante C é chamada de **capacidade calorífica**, C (unidades: joules por kelvin, $J\,K^{-1}$), da amostra. Se a capacidade calorífica é grande, um pequeno aumento na temperatura leva a um grande aumento de energia interna. Essa observação pode ser expressa de uma forma fisicamente mais significativa invertendo-a: se a capacidade calorífica é grande, mesmo uma grande transferência de energia para o sistema leva a somente um pequeno aumento de temperatura. A capacidade calorífica é uma propriedade extensiva, e valores para uma substância são comumente dados em termos da **capacidade calorífica molar**, $C_m = C/n$ (unidades: joules por kelvin por mol, $J\,K^{-1}\,mol^{-1}$) ou da **capacidade calorífica específica**, $C_s = C/m$ (unidades: joules por kelvin por grama, $J\,K^{-1}\,g^{-1}$), que são ambas propriedades intensivas.

Propriedades termodinâmicas são frequentemente mais bem discutidas em termos de variações infinitesimais, caso no qual escreveríamos a Eq. B.21 como $dU = CdT$. Quando essa expressão é escrita na forma

$$C = \frac{dU}{dT} \quad \textit{Definição} \quad \text{Capacidade calorífica} \quad (B.22)$$

vemos que a capacidade calorífica pode ser interpretada como o coeficiente angular (ou inclinação) do gráfico da energia interna de uma amostra em função da temperatura.

Como também se sabe dos cursos elementares de química e será discutido com mais detalhes posteriormente, para sistemas mantidos a pressão constante é geralmente mais conveniente modificar a energia interna acrescentando a ela a grandeza pV e definindo a **entalpia**, H (unidades: joules, J):

$$H = U + pV \quad \textit{Definição} \quad \text{Entalpia} \quad (B.23)$$

A entalpia, uma propriedade extensiva, simplifica muito a discussão das reações químicas, em parte porque as variações de entalpia podem ser identificadas com a energia transferida como calor em um sistema mantido a pressão constante (como é comum em experimentos de laboratório).

Breve ilustração B.6 Relação entre U e H

A energia interna e a entalpia de um gás perfeito, para o qual $pV = nRT$, estão relacionadas por

$$H = U + nRT$$

A divisão por n e o rearranjo da expressão dão

$$H_m - U_m = RT$$

em que H_m e U_m são, respectivamente, a entalpia molar e a energia interna molar. Vemos que a diferença entre H_m e U_m aumenta com a temperatura.

Exercício proposto B.6 De quanto difere a entalpia molar do oxigênio de sua energia interna a 298 K?

Resposta: $2{,}48\,kJ\,mol^{-1}$

A **entropia**, S, é uma medida da *qualidade* da energia de um sistema. Se a energia é distribuída entre muitos modos de movimento (por exemplo, movimentos de rotação, vibração e translação das partículas que formam o sistema), então a entropia é alta. Se a energia é distribuída somente sobre um número pequeno de modos de movimento, a entropia é baixa. A **Segunda Lei da Termodinâmica** estabelece que qualquer transformação espontânea (ou seja, natural) em um sistema isolado é acompanhada de um aumento na entropia do sistema. Essa tendência é expressa comumente afirmando-se que a direção natural de uma transformação é acompanhada da dispersão da energia a partir de uma região localizada, ou pela sua conversão a uma forma menos organizada.

A entropia de um sistema e de sua vizinhança é da maior importância em química, pois ela nos permite identificar a direção espontânea de uma reação química e identificar a composição na qual uma reação está em **equilíbrio**. Em um estado de equilíbrio *dinâmico*, que é a característica de todos os equilíbrios químicos, as reações direta e inversa ocorrem com a mesma velocidade e não há nenhuma tendência à mudança em qualquer direção. Entretanto, para usar a entropia na identificação desse estado, precisamos considerar tanto o sistema quanto sua vizinhança. Essa tarefa pode ser simplificada se a reação estiver ocorrendo a temperatura e pressão constantes; neste caso, é possível identificar o estado de equilíbrio como o estado em que a **energia de Gibbs**, G (unidades: joules, J), do sistema atinge um mínimo. A energia de Gibbs é definida por

$$G = H - TS$$ *Definição* Energia de Gibbs (B.24)

e é da maior importância em termodinâmica química. A energia de Gibbs, informalmente denominada "energia livre", é uma medida da energia armazenada em um sistema livre para realizar trabalho útil, como, por exemplo, transferir elétrons por um circuito ou forçar uma reação a ocorrer em sua direção não espontânea (ou não natural).

B.3 A relação entre propriedades moleculares e macroscópicas

A energia de uma molécula, átomo ou partícula subatômica confinada em uma região do espaço é **quantizada**, ou seja, restrita a certos valores discretos. Essas energias permitidas são chamadas de **níveis de energia**. Os valores das energias permitidas dependem das características da partícula (por exemplo, sua massa) e da extensão da região à qual ela está confinada. A quantização da energia é mais importante – no sentido de que as energias permitidas são mais separadas – para partículas de pequena massa confinadas em regiões pequenas do espaço. Consequentemente, a quantização é muito importante para elétrons em átomos e moléculas, mas geralmente não é importante para corpos macroscópicos; nestes, a separação entre os níveis de energia translacional de partículas contidas em recipientes de dimensões macroscópicas é tão pequena que, para todas as finalidades práticas, seu movimento de translação não é quantizado e pode variar de forma praticamente contínua.

A energia de uma molécula, que não seja o movimento de translação que não é quantizado, deve-se principalmente aos três modos de movimento: rotação da molécula como um todo, distorção da molécula por meio da vibração de seus átomos e movimento dos elétrons em torno dos núcleos. A quantização se torna cada vez mais importante à medida que transferimos nossa atenção do movimento de rotação para o de vibração e então para o movimento eletrônico. A separação entre os níveis de energia rotacional (em moléculas pequenas, cerca de 10^{-21} J ou 1 zJ, correspondente a cerca de 0,6 kJ mol^{-1}) é menor do que aquela entre os níveis de energia vibracional (cerca de 10 – 100 zJ, ou 6 – 60 kJ mol^{-1}), que, por sua vez, é menor do que aquela entre os níveis de energia eletrônica (cerca de 10^{-18} J ou 1 aJ, que corresponde a cerca de 600 kJ mol^{-1}). A Fig. B.3 mostra essas separações típicas entre os níveis de energia.

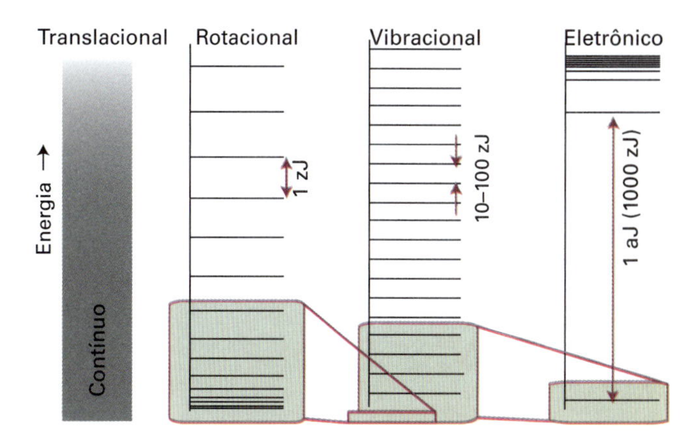

Figura B.3 Separações entre os níveis de energia típicas para quatro sistemas. (1 zJ = 10^{-21} J; em termos molares, 1 zJ é equivalente a 0,6 kJ mol^{-1}.)

(a) A distribuição de Boltzmann

A agitação térmica contínua que as moléculas experimentam em uma amostra a $T > 0$ assegura que elas estejam distribuídas sobre os níveis de energia disponíveis. Uma molécula particular pode estar em um estado correspondente a um nível de energia baixo em um instante e então ser excitada para um estado de energia alto em um momento posterior. Embora não possamos acompanhar o estado de uma única molécula, podemos falar do número *médio* de moléculas em cada estado; embora moléculas individuais possam estar mudando de estado graças às colisões que elas sofrem, o número médio de moléculas em cada estado é constante (desde que a temperatura permaneça a mesma).

O número médio de moléculas em um estado é chamado de **população** do estado. Somente o nível de energia mais baixo é ocupado a $T = 0$. O aumento de temperatura excita algumas moléculas para estados de maior energia, e mais e mais estados se tornam acessíveis à medida que a temperatura aumenta (Fig. B.4). A fórmula para calcular as populações relativas de estados em função de suas energias é chamada de **distribuição de Boltzmann** e foi deduzida pelo cientista austríaco Ludwig Boltzmann no final do século XIX. Essa fórmula fornece a relação entre o número de partículas nos estados caracterizados pelas energias ε_i e ε_j como

$$\frac{N_i}{N_j} = e^{-(\varepsilon_i - \varepsilon_j)/kT}$$ Distribuição de Boltzmann (B.25a)

em que k é a **constante de Boltzmann**, uma constante fundamental, com o valor $k = 1{,}381 \times 10^{-23}$ J K^{-1}. Em aplicações químicas, em vez das energias individuais, é comum usar a energia por mol de moléculas, E_i, com $E_i = N_A\varepsilon_i$, em que N_A é a constante de Avogadro. Quando tanto o numerador quanto o denominador na exponencial são multiplicados por N_A, a Eq. B.25a se torna

$$\frac{N_i}{N_j} = e^{-(E_i - E_j)/RT}$$ *Forma alternativa* Distribuição de Boltzmann (B.25b)

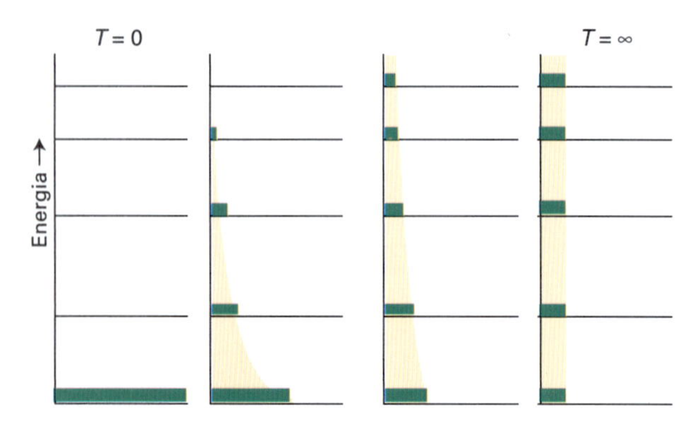

Figura B.4 A distribuição de Boltzmann de populações para um sistema com cinco níveis de energia, à medida que a temperatura aumenta de zero a infinito.

em que $R = N_A k$. Vemos que k aparece frequentemente disfarçada em forma "molar" como a constante dos gases. A distribuição de Boltzmann fornece o elo crucial para exprimir as propriedades macroscópicas da matéria em termos do comportamento microscópico.

Breve ilustração B.7 Populações relativas

As moléculas de metilciclo-hexano podem existir em duas conformações, com o grupo metila em posição equatorial ou axial. A forma equatorial tem energia mais baixa, com a energia da forma axial 6,0 kJ mol^{-1} acima. À temperatura de 300 K, essa diferença de energia implica que as populações relativas das moléculas nos estados axial e equatorial são

$$\frac{N_a}{N_e} = e^{-(E_a - E_e)/RT} = e^{-(6{,}0\times10^3\,\text{J mol}^{-1})/(8{,}3145\,\text{J K}^{-1}\,\text{mol}^{-1}\times 300\,\text{K})} = 0{,}090$$

em que E_a e E_e são as energias molares. Portanto, o número de moléculas na conformação axial é de somente 9% daquela na conformação equatorial.

Exercício proposto B.7 Determine a temperatura na qual a proporção relativa de moléculas nas conformações axial e equatorial em uma amostra de metilciclo-hexano é de 0,3 ou 30%.

Resposta: 600 K

As características importantes da distribuição de Boltzmann que devemos manter em mente são:

Interpretação física

- A distribuição de populações é uma função exponencial da energia e da temperatura.
- A uma temperatura alta, mais níveis de energia são ocupados que a uma temperatura baixa.
- Mais níveis são povoados de forma significativa se estiverem muito próximos entre si, em uma escala comparável a kT (como nos estados rotacionais e translacionais) do que se eles estiverem muito separados (como nos estados vibracionais e eletrônicos).

A Figura B.5 resume a forma da distribuição de Boltzmann para alguns conjuntos típicos de níveis de energia. A forma peculiar da população de níveis rotacionais se origina do fato de que a Eq. B.25 se aplica a *estados individuais* e, para a rotação molecular, o número de estados rotacionais correspondentes a um dado nível de energia – de forma aproximada, o número de planos de rotação – aumenta com a energia. Por conseguinte, embora a população de cada *estado* diminua com a energia, a população dos *níveis* apresenta um máximo.

Um dos exemplos mais simples da relação entre as propriedades microscópicas e macroscópicas é dado pela **teoria cinética molecular**, um modelo de um gás perfeito. Nesse modelo, considera-se que as moléculas, imaginadas como partículas de tamanho desprezível, estão em movimento incessante e aleatório e não interagem entre si, exceto durante suas breves colisões. Velocidades diferentes correspondem a energias diferentes, de modo que a fórmula de Boltzmann pode ser usada para prever as proporções de moléculas que apresentam uma velocidade específica em uma temperatura particular. A expressão que fornece a fração de moléculas que apresentam uma velocidade particular é chamada de **distribuição de Maxwell-Boltzmann**; suas características estão resumidas na Fig. B.6. A distribuição de Maxwell-Boltzmann pode ser usada para mostrar que a velocidade média, $v_{\text{média}}$, das moléculas depende da temperatura e de sua massa molar de acordo com

$$v_{\text{média}} = \left(\frac{8RT}{\pi M}\right)^{1/2} \quad \textit{Gás perfeito} \quad \text{Velocidade média das moléculas} \quad \text{(B.26)}$$

Assim, a velocidade média é alta para moléculas leves a altas temperaturas. A distribuição por si só fornece mais informação que o valor médio. Por exemplo, o término da distribuição é mais longo a altas do que a baixas temperaturas, o que indica que a altas temperaturas mais moléculas em uma amostra têm velocidades muito maiores que a média.

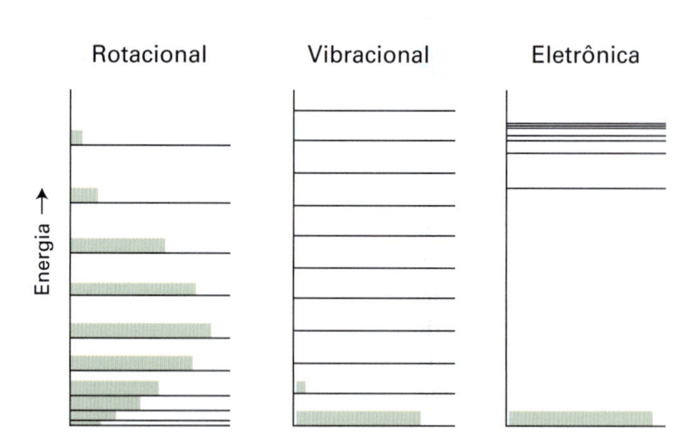

Figura B.5 A distribuição de Boltzmann de populações de níveis de energia rotacional, vibracional e eletrônica à temperatura ambiente.

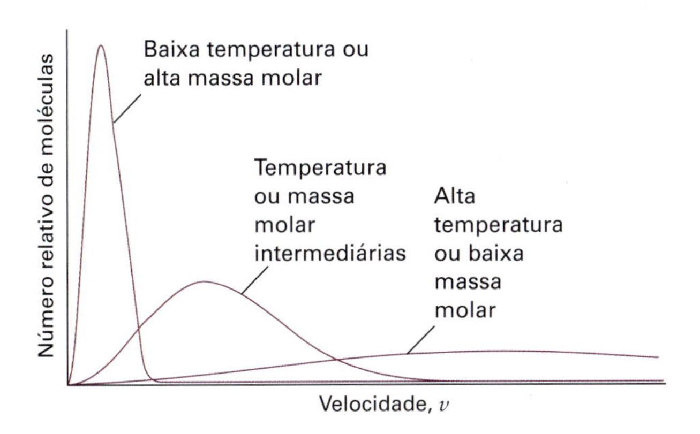

Figura B.6 A distribuição (de Maxwell-Boltzmann) de velocidades moleculares em função da temperatura e da massa molar. Observe que a velocidade mais provável (correspondente ao pico da distribuição) aumenta com a temperatura e com a diminuição da massa molar; simultaneamente, a distribuição se torna mais larga.

(b) Equipartição

Embora a distribuição de Boltzmann possa ser usada para calcular a energia média associada a cada modo de movimento de um átomo ou de uma molécula a uma dada temperatura, esse cálculo pode ser realizado de forma muito mais simples. Quando a temperatura é tão alta que muitos níveis são ocupados, podemos usar o **teorema da equipartição**:

> Em uma amostra em equilíbrio térmico, o valor médio de cada contribuição quadrática para a energia é $\frac{1}{2}kT$.

Uma "contribuição quadrática" significa um termo que é proporcional ao quadrado do momento (como na expressão para a energia cinética, $E_k = p^2/2m$) ou do deslocamento a partir da posição de equilíbrio (como para a energia potencial de um oscilar harmônico, $E_p = \frac{1}{2}k_f x^2$). O teorema é estritamente válido somente a altas temperaturas ou se a separação entre os níveis de energia for pequena, porque sob essas condições muitos estados estão ocupados. O teorema da equipartição é aplicado com maior confiabilidade aos modos de translação e rotação. A separação entre os estados vibracionais e eletrônicos é normalmente maior que para a rotação e a translação, e o teorema não é confiável para aqueles tipos de movimento.

Breve ilustração B.8 Energia molecular média

Um átomo ou molécula pode se mover em três dimensões, e, portanto, sua energia cinética translacional é a soma de três termos quadráticos

$$E_{\text{trans}} = \tfrac{1}{2}mv_x^2 + \tfrac{1}{2}mv_y^2 + \tfrac{1}{2}mv_z^2$$

O teorema da equipartição prediz que a energia média de cada uma dessas contribuições quadráticas é $\frac{1}{2}kT$. Assim, a energia cinética média é $E_{\text{transl}} = 3 \times \frac{1}{2}kT = \frac{3}{2}kT$. Então, a energia molar de translação é $E_{\text{transl,m}} = \frac{3}{2}kT \times N_A = \frac{3}{2}RT$. A 300 K,

$$E_{\text{trans,m}} = \tfrac{3}{2}\times(8{,}3145\,\text{J K}^{-1}\,\text{mol}^{-1})\times(300\,\text{K}) = 3700\,\text{J mol}^{-1}$$
$$= 3{,}7\,\text{kJ mol}^{-1}$$

Exercício proposto B.8 Uma molécula linear pode girar em torno de dois eixos no espaço, e cada um deles conta como uma contribuição quadrática. Calcule a contribuição rotacional para a energia molar de um conjunto de moléculas lineares a 500 K.

Resposta: 4,2 kJ mol^{-1}

Conceitos importantes

- ☐ 1. A **segunda lei de Newton do movimento** estabelece que a taxa da variação do momento é igual à força que atua sobre uma partícula.
- ☐ 2. **Trabalho** é realizado para se obter um movimento contra uma força que a ele se opõe.
- ☐ 3. **Energia** é a capacidade de realizar trabalho.
- ☐ 4. A **energia cinética** de uma partícula é a energia que ela possui devido ao seu movimento.
- ☐ 5. A **energia potencial** de uma partícula é a energia que ela possui devido à sua posição.
- ☐ 6. A energia total de uma partícula é a soma de suas energias cinética e potencial.
- ☐ 7. A **energia potencial coulombiana** entre duas cargas separadas de uma distância r varia em função de $1/r$.
- ☐ 8. A **Primeira Lei da Termodinâmica** estabelece que a energia interna é constante em um sistema isolado de influências externas.
- ☐ 9. A **Segunda Lei da Termodinâmica** estabelece que qualquer transformação espontânea em um sistema isolado é acompanhada de um aumento na entropia do sistema.
- ☐ 10. **Equilíbrio** é um estado no qual a **energia de Gibbs** do sistema atinge um mínimo.
- ☐ 11. Os níveis de energia de partículas confinadas são quantizados.
- ☐ 12. A **distribuição de Boltzmann** é uma fórmula para calcular as populações relativas dos estados de energias diversas.
- ☐ 13. O **teorema da equipartição** estabelece que, para uma amostra em equilíbrio térmico, o valor médio de cada contribuição quadrática para a energia é $\frac{1}{2}kT$.

Equações importantes

Propriedade	Equação	Comentário	Número da equação
Velocidade	$\boldsymbol{v}=\mathrm{d}\boldsymbol{r}/\mathrm{d}t$	Definição	B.1
Momento linear	$\boldsymbol{p}=m\boldsymbol{v}$	Definição	B.2
Momento angular	$J=I\omega$, $I=mr^2$	Partícula pontual	B.3–B.4
Força	$\boldsymbol{F}=m\boldsymbol{a}=\mathrm{d}\boldsymbol{p}/\mathrm{d}t$	Definição	B.5
Torque	$\boldsymbol{T}=\mathrm{d}\boldsymbol{J}/\mathrm{d}t$	Definição	B.6
Trabalho	$\mathrm{d}w=-\boldsymbol{F}\cdot\mathrm{d}\boldsymbol{s}$	Definição	B.7
Energia cinética	$E_k=\frac{1}{2}mv^2$	Definição	B.8
Energia potencial e força	$F_x=-\mathrm{d}V/\mathrm{d}x$	Unidimensional	B.10
Energia potencial coulombiana	$V(r)=Q_1Q_2/4\pi\varepsilon_0 r$	Vácuo	B.14
Potencial coulombiano	$\phi=Q_2/4\pi\varepsilon_0 r$	Vácuo	B.16
Campo elétrico	$\mathcal{E}=-\mathrm{d}\phi/\mathrm{d}x$	Unidimensional	B.18
Potência elétrica	$P=I\Delta\phi$	I é a corrente	B.19
Capacidade calorífica	$C=\mathrm{d}U/\mathrm{d}T$	U é a energia interna	B.22
Entalpia	$H=U+pV$	Definição	B.23
Energia de Gibbs	$G=H-TS$	Definição	B.24
Distribuição de Boltzmann	$N_i/N_j=\mathrm{e}^{-(\varepsilon_i-\varepsilon_j)/kT}$		B.25a
Velocidade média das moléculas	$v_{\text{média}}=(8RT/\pi M)^{1/2}$	Gás perfeito	B.26

C Ondas

Tópicos

➤ Por que você precisa saber este assunto?

Diversas técnicas importantes de investigação em físico-química, como a espectroscopia e a difração de raios X, envolvem a radiação eletromagnética, uma perturbação eletromagnética ondulatória. Veremos também que as propriedades das ondas são fundamentais na descrição dos elétrons nos átomos e moléculas pela mecânica quântica. Para estarmos preparados para essa discussão, precisamos entender a descrição matemática das ondas.

➤ Qual é a ideia fundamental?

Uma onda é uma perturbação que se propaga através do espaço com um deslocamento que pode ser expresso por uma função harmônica.

➤ O que você já deve saber?

Você precisa estar familiarizado com as propriedades das funções harmônicas (seno e cosseno).

Uma **onda** é uma perturbação oscilatória que se propaga através do espaço. Exemplos dessas perturbações são o movimento coletivo de moléculas de água nas ondas do oceano e das partículas de gás nas ondas sonoras. Uma **onda harmônica** é uma onda com um deslocamento que pode ser expresso por uma função seno ou cosseno.

C.1 Ondas harmônicas

Uma onda harmônica é caracterizada por um **comprimento de onda**, λ (lambda), a distância entre os picos vizinhos da onda, e sua **frequência**, ν (ni), o número de vezes em um dado intervalo de tempo em que seu deslocamento em um ponto fixo retorna ao seu valor original (Fig. C.1). A frequência é medida em *hertz*, com 1 Hz = 1 s^{-1}. O comprimento de onda e a frequência estão relacionados por

$$\lambda\nu = v \quad \text{Relação entre frequência e comprimento de onda} \quad \text{(C.1)}$$

em que v é a velocidade de propagação da onda.

Inicialmente, vamos considerar um instantâneo de uma onda harmônica em $t = 0$. O deslocamento $\psi(x, t)$ varia com a posição como

$$\psi(x,0) = A\cos\{(2\pi/\lambda)x + \phi\} \quad \text{Onda harmônica em } t = 0 \quad \text{(C.2a)}$$

em que A é a **amplitude** da onda, a altura máxima da onda, e ϕ é a **fase** da onda, o deslocamento na posição do pico a partir de $x = 0$ e que pode estar entre $-\pi$ e π (Fig. C.2). Com o passar do tempo, os picos migram ao longo do eixo dos x (a direção de propagação), e, em qualquer instante posterior, o deslocamento é

$$\psi(x,t) = A\cos\{(2\pi/\lambda)x - 2\pi\nu t + \phi\} \quad \text{Onda harmônica em } t > 0 \quad \text{(C.2b)}$$

Uma dada onda também pode ser expressa como uma função senoidal, com o mesmo argumento, mas com ϕ substituído por $\phi + \frac{1}{2}\pi$.

Se duas ondas, na mesma região do espaço e com o mesmo comprimento de onda, têm fases diferentes, a onda resultante, a soma das duas, terá a amplitude aumentada ou diminuída. Se as fases diferirem em $\pm\pi$ (de forma que os picos de uma coincidam com os vales da outra), então a onda resultante terá a amplitude diminuída. Esse efeito é chamado de **interferência destrutiva**. Se as fases das duas ondas forem as mesmas (picos coincidentes), a resultante terá uma amplitude aumentada. Esse efeito é chamado de **interferência construtiva**.

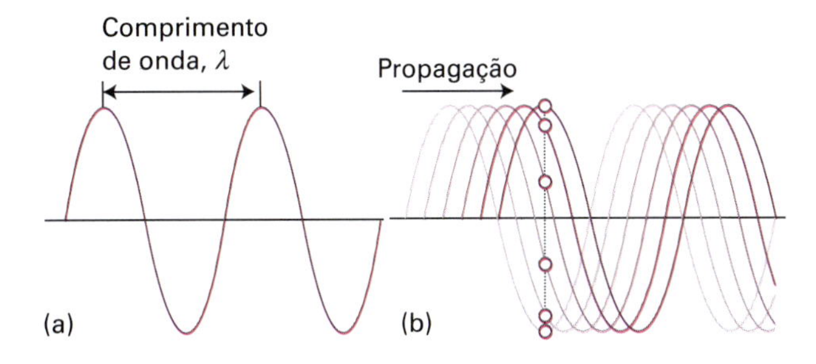

Figura C.1 (a) O comprimento de onda, λ, de uma onda é a distância entre dois picos vizinhos. (b) A onda é vista deslocando-se para a direita a uma velocidade v. Em uma dada posição, a amplitude instantânea da onda varia ao longo de um ciclo completo (os seis pontos mostram metade de um ciclo) quando ela passa por um dado ponto. A frequência, ν, é o número de ciclos que passam por um dado ponto no intervalo de um segundo. O comprimento de onda e a frequência estão relacionados por $\lambda\nu = v$.

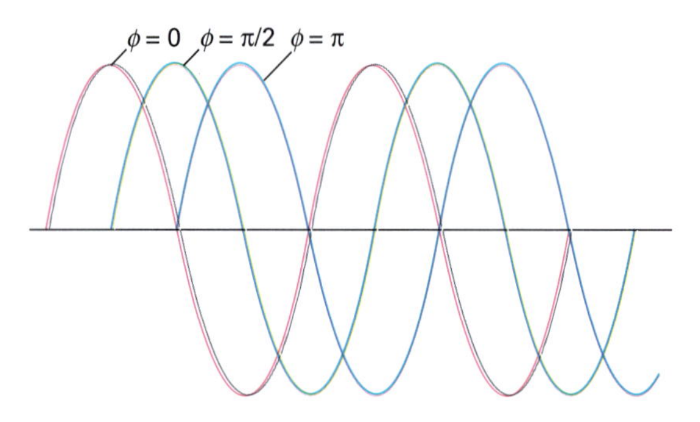

Figura C.2 A fase ϕ de uma onda especifica a posição relativa de seus picos.

Breve ilustração C.1 Ondas resultantes

Para ter uma visão mais aprofundada de casos nos quais a diferença de fase é um valor diferente de $\pm\pi$, considere a adição das ondas $f(x) = \cos(2\pi x/\lambda)$ e $g(x) = \cos\{(2\pi x/\lambda) + \phi\}$. A Fig. C.3 mostra gráficos de $f(x)$, $g(x)$ e de $f(x) + g(x)$ contra x/λ para $\phi = \pi/3$. A onda resultante tem maior amplitude que $f(x)$ ou $g(x)$, e tem picos entre os picos de $f(x)$ e $g(x)$.

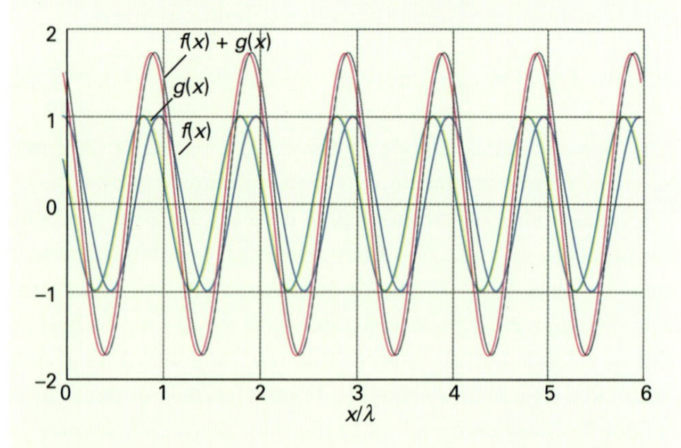

Figura C.3 Interferência entre as ondas discutidas na *Breve ilustração* C.1.

Exercício proposto C.1 Considere as mesmas ondas, mas com $\phi = 3\pi/4$. A onda resultante tem amplitude aumentada ou diminuída?

Resposta: Amplitude diminuída

C.2 O campo eletromagnético

A luz é uma forma de radiação eletromagnética. Em física clássica, a radiação eletromagnética é interpretada em termos do **campo eletromagnético**, uma perturbação oscilatória elétrica e magnética que se espalha como uma onda harmônica pelo espaço. Um **campo elétrico** atua sobre partículas carregadas (em repouso ou em movimento), e um **campo magnético** atua somente sobre as partículas carregadas em movimento.

O comprimento de onda e a frequência de uma onda eletromagnética estão relacionados por

$$\lambda\nu = c \qquad \textit{Onda eletromagnética no vácuo} \qquad \text{Relação entre frequência e comprimento de onda} \qquad \text{(C.3)}$$

em que $c = 2{,}997\ 924\ 58 \times 10^8$ m s^{-1} (que vamos normalmente considerar como $2{,}998 \times 10^8$ m s^{-1}) é a velocidade da luz no vácuo. Quando a luz atravessa um meio (mesmo o ar), sua velocidade é reduzida, e, embora a frequência se mantenha inalterada, seu comprimento de onda é, então, reduzido. A velocidade reduzida da luz em um meio é normalmente expressa em termos do índice de refração, n_r, do meio, em que

$$n_r = \frac{c}{c'} \qquad \text{Índice de refração} \qquad \text{(C.4)}$$

O índice de refração depende da frequência da luz, e, para a luz visível, aumenta com a frequência. Ele também depende do estado físico do meio. Para a luz amarela na água a 25 °C, $n_r = 1{,}3$, logo o comprimento de onda é reduzido em 30%.

A classificação do campo eletromagnético de acordo com sua frequência e comprimento de onda é resumida na Fig. C.4. É frequentemente desejável exprimir as características de uma onda eletromagnética pelo **número de onda**, $\tilde{\nu}$ (ni til), em que

$$\tilde{\nu} = \frac{\nu}{c} = \frac{1}{\lambda} \qquad \textit{Radiação eletromagnética} \qquad \text{Número de onda} \qquad \text{(C.5)}$$

O número de onda pode ser interpretado como o número de comprimentos de onda completos em um determinado intervalo (do vácuo). Números de onda são normalmente expressos em centímetros recíprocos (cm^{-1}); assim, um número de onda de 5 cm^{-1} indica que há 5 comprimentos de onda completos em 1 cm.

Breve ilustração C.2 Números de onda

O número de onda da radiação eletromagnética de comprimento de onda igual a 660 nm é

$$\tilde{\nu} = \frac{1}{\lambda} = \frac{1}{660 \times 10^{-9}\,\text{m}} = 1{,}5 \times 10^6\,\text{m}^{-1} = 15\,000\,\text{cm}^{-1}$$

Você pode evitar os erros de conversão de unidades de m^{-1} a cm^{-1} lembrando que o número de onda representa o número de comprimentos de onda em uma dada distância. Assim, um número de onda expresso como o número de ondas por centímetro – logo, em unidades de cm^{-1} – deve ser 100 vezes menor que a grandeza equivalente expressa por metro, em unidades de m^{-1}.

Exercício proposto C.2 Calcule o número de onda e a frequência da luz vermelha, de comprimento de onda 710 nm.

Resposta: $\tilde{\nu} = 1{,}41 \times 10^6\ \text{m}^{-1} = 1{,}41 \times 10^4\ \text{cm}^{-1}$, $\nu = 422\ \text{THz}\ (1\ \text{THz} = 10^{12}\ \text{s}^{-1})$

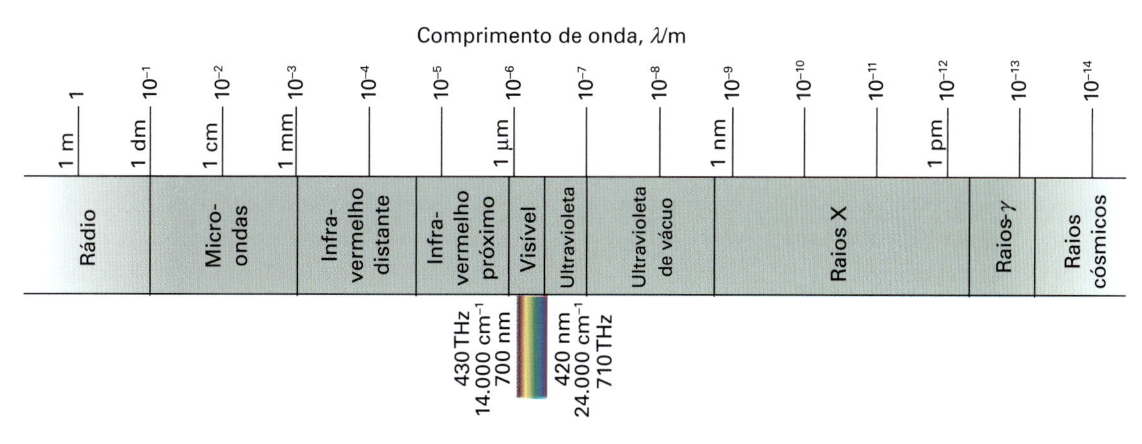

Figura C.4 O espectro eletromagnético e sua classificação em regiões (os limites de cada região são aproximados).

As funções que descrevem o campo elétrico oscilante, $\mathcal{E}(x, t)$, e o campo magnético oscilante, $\mathcal{B}(x, t)$, que se propagam ao longo da direção x com comprimento de onda λ e frequência ν, são

$$\mathcal{E}(x, t) = \mathcal{E}_0 \cos\{(2\pi/\lambda)x - 2\pi\nu t + \phi\}$$ *Radiação eletromagnética* Campo elétrico (C.6a)

$$\mathcal{B}(x, t) = \mathcal{B}_0 \cos\{(2\pi/\lambda)x - 2\pi\nu t + \phi\}$$ *Radiação eletromagnética* Campo magnético (C.6b)

em que $\mathcal{E}_0$ e $\mathcal{B}_0$ são as amplitudes dos campos elétrico e magnético, respectivamente, e ϕ é a fase da onda. Neste caso, a amplitude é uma grandeza vetorial porque os campos elétrico e magnético têm direção, como também amplitude. O campo magnético é perpendicular ao campo elétrico, e ambos são perpendiculares à direção de propagação (Fig. C.5). De acordo com a teoria eletrostática clássica, a **intensidade** da radiação eletromagnética, uma medida da energia associada à onda, é proporcional ao quadrado da amplitude da onda.

A Eq. C.6 descreve a radiação eletromagnética que é **plano-polarizada**; ela é assim chamada porque os campos elétrico e magnético oscilam, cada um deles, em um único plano. O plano de polarização pode estar orientado em qualquer direção em torno da direção de propagação. Um modo alternativo de polarização é a **polarização circular**, na qual os campos elétrico e magnético giram em torno da direção de propagação no sentido horário ou anti-horário, mas permanecem perpendiculares entre si (Fig. C.6).

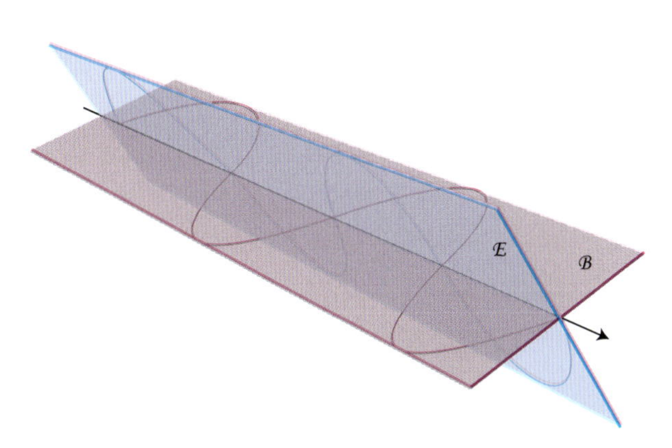

Figura C.5 Em uma onda plano-polarizada, os campos elétrico e magnético oscilam em planos ortogonais e são perpendiculares à direção de propagação.

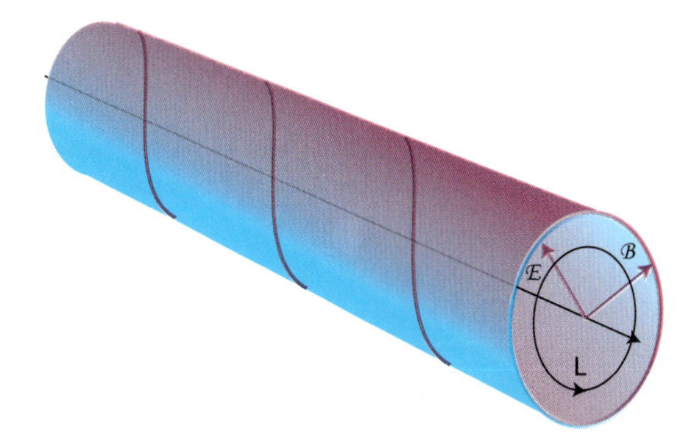

Figura C.6 Na luz circularmente polarizada, os campos elétrico e magnético giram em torno da direção de propagação, mas permanecem perpendiculares entre si. A ilustração define as polarizações "à direita" e "à esquerda" (a polarização "à esquerda" é mostrada como um L).

Conceitos importantes

☐ 1. Uma **onda** é uma perturbação oscilante que se propaga através do espaço.

☐ 2. Uma **onda harmônica** é uma onda cujo deslocamento pode ser representado por uma função senoidal ou cossenoidal.

- ☐ 3. Uma onda harmônica é caracterizada por um **comprimento de onda**, uma **frequência,** uma **fase** e uma **amplitude**.
- ☐ 4. A **interferência destrutiva** entre duas ondas de mesmo comprimento de onda, mas diferentes fases, leva a uma onda resultante com a amplitude diminuída.
- ☐ 5. A **interferência construtiva** entre duas ondas de mesmo comprimento de onda e fase leva a uma onda resultante com a amplitude aumentada.
- ☐ 6. O **campo eletromagnético** é uma perturbação elétrica e magnética oscilante que se espalha como uma onda harmônica pelo espaço.
- ☐ 7. Um **campo elétrico** atua sobre partículas carregadas (estejam elas em repouso ou em movimento).
- ☐ 8. Um **campo magnético** atua somente sobre partículas carregadas em movimento.
- ☐ 9. Na radiação eletromagnética **plano-polarizada**, os campos elétrico e magnético oscilam, cada um, em um único plano, e são mutuamente perpendiculares.
- ☐ 10. Na **polarização circular** os campos elétrico e magnético giram em torno da direção de propagação ou no sentido horário ou no anti-horário, mas permanecem perpendiculares à direção de propagação e entre si.

Equações importantes

Propriedade	Equação	Comentário	Número da equação
Relação entre frequência e comprimento de onda	$\lambda\nu = \upsilon$	Para a radiação eletromagnética no vácuo, $\upsilon = c$	C.1
Índice de refração	$n_r = c/c'$	Definição: $n_r \geq 1$	C.4
Comprimento de onda	$\tilde{\nu} = \nu/c = 1/\lambda$	Radiação eletromagnética	C.5

FUNDAMENTOS

SEÇÃO A Matéria

Questões teóricas

A.1 Resuma o modelo nuclear do átomo. Defina os termos número atômico, número de núcleons, número de massa.

A.2 Onde são encontrados, na tabela periódica, os metais, os não metais, os metais de transição, os lantanoides e os actinoides?

A.3 Resuma o que se entende por uma ligação simples e por uma ligação múltipla.

A.4 Resuma os conceitos principais da teoria RPECV para a forma das moléculas.

A.5 Compare e contraponha as propriedades dos estados sólido, líquido e gasoso da matéria.

Exercícios

A.1(a) Escreva a configuração eletrônica típica do estado fundamental de um elemento (i) do Grupo 2, (ii) do Grupo 7, (iii) do Grupo 15 da tabela periódica.
A.1(b) Escreva a configuração eletrônica típica do estado fundamental de um elemento (i) do Grupo 3, (ii) do Grupo 5, (iii) do Grupo 13 da tabela periódica.

A.2(a) Identifique os números de oxidação dos elementos no (i) $MgCl_2$, (ii) FeO, (iii) Hg_2Cl_2.
A.2(b) Identifique os números de oxidação dos elementos no (i) CaH_2, (ii) CaC_2, (iii) LiN_3.

A.3(a) Identifique uma molécula com uma ligação (i) simples, (ii) dupla, (ii) tripla entre os átomos de carbono e nitrogênio.
A.3(b) Identifique uma molécula com (i) um, (ii) dois, (iii) três pares isolados no átomo central.

A.4(a) Desenhe as estruturas (de pontos) de Lewis do (i) SO_3^{2-}, (ii) XeF_4, (iii) P_4.
A.4(b) Desenhe as estruturais (de pontos) de Lewis do (i) O_3, (ii) ClF_3^+, (iii) N_3^-.

A.5(a) Identifique três compostos com um octeto incompleto.
A.5(b) Identifique quatro compostos hipervalentes.

A.6(a) Use a teoria RPECV para prever as estruturas do (i) PCl_3, (ii) PCl_5, (iii) XeF_2, (iv) XeF_4.
A.6(b) Use a teoria RPECV para prever as estruturas do (i) H_2O_2, (ii) FSO_3^-, (iii) KrF_2, (iv) PCl_4^+.

A.7(a) Identifique as polaridades (indicando as cargas parciais δ+ e δ−) das ligações (i) C–Cl, (ii) P–H, (iii) N–O.
A.7(b) Identifique as polaridades (indicando as cargas parciais δ+ e δ−) das ligações (i) C–H, (ii) P–S, (iii) N–Cl.

A.8(a) Indique quais das seguintes moléculas você espera que sejam polares ou apolares: (i) CO_2, (ii) SO_2, (iii) N_2O, (iv) SF_4.
A.8(b) Indique quais das seguintes moléculas você espera que sejam polares ou apolares: (i) O_3, (ii) XeF_2, (iii) NO_2, (iv) C_6H_{14}.

A.9(a) Disponha as moléculas do Exercício A.8(a) em ordem crescente de momento de dipolo.
A.9(b) Disponha as moléculas do Exercício A.8(b) em ordem crescente de momento de dipolo.

A.10(a) Classifique as seguintes propriedades como extensiva ou intensiva: (i) massa, (ii) massa específica, (iii) temperatura, (iv) densidade numérica.
A.10(b) Classifique as seguintes propriedades como extensiva ou intensiva: (i) pressão, (ii) capacidade calorífica específica, (iii) peso, (iv) molalidade.

A.11(a) Calcule (i) o número de mols de C_2H_5OH e (ii) o número de moléculas presentes em 25,0 g de etanol.
A.11(b) Calcule (i) o número de mols de $C_6H_{12}O_6$ e (ii) o número de moléculas presentes em 5,0 g de glicose.

A12(a) Calcule (i) a massa e (ii) o peso de 10,0 mol de $H_2O(l)$ sobre a superfície da Terra (em que $g = 9{,}81$ m s^{-1}).
A12(b) Calcule (i) a massa e (ii) o peso de 10,0 mol de $C_6H_6(l)$ sobre a superfície de Marte (em que $g = 3{,}72$ m s^{-1}).

A13(a) Calcule a pressão exercida por uma pessoa de massa igual a 65 kg de pé (sobre a superfície da Terra) e com sapatos de área igual a 150 cm^2.
A13(b) Calcule a pressão exercida por uma pessoa de massa igual a 60 kg de pé (sobre a superfície da Terra) e com sapatos de salto agulha com área igual a 2 cm^2 (admita que o peso esteja todo sobre o salto).

A14(a) Expresse a pressão calculada no Exercício A.13(a) em atmosferas.
A14(b) Expresse a pressão calculada no Exercício A.13(b) em atmosferas.

A15(a) Expresse a pressão de 1,45 atm em (i) pascal, (ii) bar.
A15(b) Expresse a pressão de 222 atm em (i) pascal, (ii) bar.

A16(a) Converta a temperatura do sangue, 37,0 °C, para a escala Kelvin.
A16(b) Converta o ponto de ebulição do oxigênio, 90,18 K, para a escala Celsius.

A17(a) A Eq. A.4 é a relação entre as escalas Kelvin e Celsius. Encontre a equação correspondente relacionando as escalas Fahrenheit e Celsius e use-a para expressar o ponto de ebulição do etanol (78,5 °C) em graus Fahrenheit.
A17(b) A escala Rankine é uma versão da escala de temperatura termodinâmica, em que os graus (°R) têm o mesmo tamanho que os graus Fahrenheit. Deduza uma expressão relacionando as escalas Rankine e Kelvin e expresse o ponto de congelamento da água em graus Rankine.

A18(a) Uma amostra de hidrogênio tem uma pressão de 110 kPa, na temperatura de 20,0 °C. Que pressão ela terá na temperatura de 7,0 °C?
A18(b) Uma amostra de 325 mg de neônio ocupa um volume de 2,00 dm^3 a 20,0 °C. Use a lei dos gases ideais para calcular a pressão do gás.

A19(a) A 500 °C e 93,2 kPa, a massa específica do vapor de enxofre é 3,710 kg m^{-3}. Qual é a fórmula molecular do enxofre sob essas condições?
A19(b) A 100 °C e 16,0 kPa, a massa específica do vapor de fósforo é 0,6388 kg m^{-3}. Qual é a fórmula molecular do fósforo sob essas condições?

A20(a) Calcule a pressão exercida por 22 g de etano quando se comporta como um gás perfeito confinado a 1000 cm^3 a 25,0 °C.
A20(b) Calcule a pressão exercida por 7,05 g de oxigênio quando se comporta como um gás perfeito confinado a 100 cm^3 a 100,0 °C.

A21(a) Um recipiente de volume 10 dm^3 contém 2,0 mol de H_2, e 1,0 mol de N_2 a 5,0 °C. Calcule a pressão parcial de cada componente e a pressão total.
A21(b) Um recipiente de volume 100 cm^3 contém 0,25 mol de O_2, e 0,034 mol de CO_2 a 10,0 °C. Calcule a pressão parcial de cada componente e a pressão total.

SEÇÃO B Energia

Questões teóricas

B.1 O que é energia?

B.2 Faça a distinção entre energias cinética e potencial.

B.3 Enuncie a Segunda Lei da termodinâmica. A entropia de um sistema que não esteja isolado de sua vizinhança pode diminuir em um processo espontâneo?

B.4 O que significa quantização de energia? Em que circunstâncias os efeitos da quantização são mais importantes para sistemas microscópicos?

B.5 Quais são as hipóteses da teoria cinética molecular?

B.6 Quais são as principais características da distribuição de velocidades de Maxwell-Boltzmann?

Exercícios

B.1(a) Uma partícula de massa 1,0 g cai próximo à superfície da Terra, onde a aceleração da gravidade é $g = 9{,}81$ m s^{-2}. Quais são sua velocidade e sua energia cinética após (i) 1,0 s, (ii) 3,0 s. Ignore a resistência do ar.
B.1(b) A mesma partícula cai próxima à superfície de Marte, onde a aceleração da gravidade é $g = 3{,}72$ m s^{-2}. Quais são a velocidade e a energia cinética após (i) 1,0 s, (ii) 3,0 s. Ignore a resistência do ar.

B.2(a) Um íon de carga ze movendo-se na água é submetido a um campo elétrico $\mathcal{E}$ que exerce uma força $ze\mathcal{E}$, mas também sente uma força de atrito proporcional à sua velocidade s, e igual a $6\pi\eta Rs$, em que R é o seu raio e η (eta) é a viscosidade do meio. Qual é a velocidade final?
B.2(b) Uma partícula que cai através de um meio viscoso experimenta uma força de atrito proporcional à sua velocidade s, e igual a $6\pi\eta Rs$, em que R é o seu raio e η (eta) é a viscosidade do meio. Se a aceleração da gravidade é g, qual é a velocidade final de uma esfera de raio R e massa específica ρ?

B.3(a) Confirme que a solução geral da equação de movimento do oscilador harmônico ($m\mathrm{d}^2x/\mathrm{d}t^2 = -k_f x$) é $x(t) = A \operatorname{sen} \omega t + B \cos \omega t$, com $\omega = (k_f/m)^{1/2}$.
B.3(b) Considere o oscilador harmônico com $B = 0$ (na notação do Exercício B.3(a)). Obtenha a relação entre a energia total em um dado instante e a amplitude de deslocamento máximo.

B.4(a) A constante de força da ligação C–H é 450 N m^{-1}. Qual é o trabalho necessário para estirar a ligação em (i) 10 pm, (ii) 20 pm?
B.4(b) A constante de força da ligação H–H é 510 N m^{-1}. Qual é o trabalho necessário para estirar a ligação em 20 pm?

B.5(a) Um elétron é acelerado a partir do repouso, em um microscópio eletrônico, por uma diferença de potencial $\Delta\phi = 100$ kV, e adquire uma energia $e\Delta\phi$. Qual é a sua velocidade final? Qual é sua energia em elétrons-volt (eV)?
B.5(b) Um íon $C_6H_4^{2+}$ é acelerado a partir do repouso, em um espectrômetro de massa, por uma diferença de potencial $\Delta\phi = 20$ kV, e adquire uma energia $e\Delta\phi$. Qual é sua velocidade final? Qual é sua energia em elétrons-volt (eV)?

B.6(a) Calcule o trabalho que deve ser realizado a fim de levar um íon Na^+, afastado 200 pm de um íon Cl^-, ao infinito (no vácuo). Qual seria o trabalho necessário se a separação fosse realizada em água?
B.6(b) Calcule o trabalho que deve ser realizado a fim de levar um íon Mg^{2+}, afastado 250 pm de um íon O^{2-}, ao infinito (no vácuo). Qual seria o trabalho necessário se a separação fosse realizada em água?

B.7(a) Calcule o potencial coulombiano devido aos núcleos em um ponto em uma molécula de LiH localizado a 200 pm do núcleo de Li e 150 pm do núcleo de H.
B.7(b) Represente graficamente o potencial coulombiano devido aos núcleos em um ponto em um par iônico Na^+Cl^- localizado na linha a meia distância entre os núcleos (a separação nuclear é 283 pm) à medida que o ponto vem do infinito e termina no ponto médio entre os núcleos.

B.8(a) Um aquecedor elétrico é imerso em um frasco contendo 200 g de água, e uma corrente de 2,23 A proveniente de uma fonte de 15 V é passada por 12,0 minutos. Qual é a energia fornecida à água? Estime o aumente de temperatura (para a água, $C = 75{,}3$ J K^{-1} mol^{-1}).
B.8(b) Um aquecedor elétrico é imerso em um frasco contendo 150 g de etanol, e uma corrente de 1,12 A proveniente de uma fonte de 12,5 V é passada por 172 s. Qual é a energia fornecida à água? Estime o aumente de temperatura (para a água, $C = 111{,}5$ J K^{-1} mol^{-1}).

B.9(a) A capacidade calorífica de uma amostra de ferro é 3,67 J K^{-1}. Qual será o aumento de sua temperatura se 100 J de energia forem transferidos como calor?
B.9(b) A capacidade calorífica de uma amostra de água é 5,77 J K^{-1}. Qual será o aumento de sua temperatura se 50,0 kJ de energia forem transferidos como calor?

B.10(a) A capacidade calorífica molar do chumbo é 26,44 J K^{-1} mol^{-1}. Quanta energia (sob a forma de calor) deve ser fornecida a 100 g de chumbo para aumentar a sua temperatura em 10 °C?
B.10(b) A capacidade calorífica molar da água é 75,2 J K^{-1} mol^{-1}. Quanta energia deve ser fornecida pelo aquecimento de 10 g de chumbo para aumentar a sua temperatura em 10 °C?

B.11(a) A capacidade calorífica molar do etanol é 111,46 J K^{-1} mol^{-1}. Qual é a sua capacidade calorífica específica?
B.11(b) A capacidade calorífica molar do sódio é 28,24 J K^{-1} mol^{-1}. Qual é a sua capacidade calorífica específica?

B.12(a) A capacidade calorífica específica da água é 4,18 J K^{-1} g^{-1}. Qual é a sua capacidade calorífica molar?
B.12(b) A capacidade calorífica específica do cobre é 0,384 J K^{-1} g^{-1}. Qual é a sua capacidade calorífica molar?

B.13(a) De quanto difere a entalpia molar do hidrogênio de sua energia interna molar a 1000 °C? Admita um comportamento de gás perfeito.
B.13(b) A massa específica da água é 0,997 g cm^{-3}. De quanto difere a entalpia molar da água de sua energia interna molar a 298 K?

B.14(a) Quem você espera ter a maior entropia a 298 K e 1 bar, a água líquida ou o vapor d'água?
B.14(b) Quem você espera ter a maior entropia a 0 °C e 1 atm, a água líquida ou o gelo?

B.15(a) Quem você espera ter a maior entropia, 100 g de ferro a 300 K ou a 3000 K?
B.15(b) Quem você espera ter a maior entropia, 100 g de ferro a 0 °C ou a 100 °C?

B.16(a) Dê três exemplos de um sistema que está em equilíbrio dinâmico.
B.16(b) Dê três exemplos de um sistema que está em equilíbrio estático.

B.17(a) Suponha que a diferença de energia entre dois estados seja de 1,0 eV (elétron-volt, veja o verso da capa deste livro); qual é a razão entre suas populações a (i) 300 K, (ii) 3000 K?
B.17(b) Suponha que a diferença de energia entre dois estados seja de 2,0 eV (elétrons-volt, veja o verso da capa deste livro); qual é a razão entre suas populações a (i) 200 K, (ii) 2000 K?

B.18(a) Suponha que a diferença de energia entre dois estados seja de 1,0 eV; o que pode ser dito sobre suas populações quando $T = 0$?

B.18(b) Suponha que a diferença de energia entre dois estados seja de 1,0 eV; o que pode ser dito sobre suas populações quando a temperatura é infinita?
B.19(a) Uma energia típica de excitação vibracional de uma molécula corresponde a um número de onda de 2500 cm^{-1} (faça a conversão para a separação de energia multiplicando esse valor por hc; veja *Fundamentos* C). Você espera encontrar moléculas em estados de vibração excitados à temperatura ambiente (20 °C)?
B.19(b) Uma energia típica de excitação rotacional de uma molécula corresponde a uma frequência de 100 GHz (faça a conversão para a separação de energia multiplicando esse valor por h; veja *Fundamentos* C). Você espera encontrar moléculas em fase gasosa em estados de rotação excitados à temperatura ambiente (20 °C)?

B.20(a) Sugira uma razão pela qual a maioria das moléculas sobrevive por longos períodos em temperatura ambiente.
B.20(b) Sugira uma razão pela qual as velocidades das reações químicas geralmente aumentam com a temperatura.

B.21(a) Calcule as velocidades médias relativas das moléculas de N_2 no ar a 0 °C e a 40 °C.
B.21(b) Calcule as velocidades médias relativas das moléculas de CO_2 no ar a 20 °C e a 30 °C.

B.22(a) Calcule as velocidades médias relativas das moléculas de N_2 e CO_2 no ar.
B.22(b) Calcule as velocidades médias relativas das moléculas de Hg_2 e H_2 em uma mistura gasosa.

B.23(a) Use o teorema da equipartição para calcular a contribuição do movimento translacional para a energia interna de 5,0 g de argônio a 25 °C.
B.23(b) Use o teorema da equipartição para calcular a contribuição do movimento translacional para a energia interna de 10,0 g de hélio a 30 °C.

B.24(a) Use o teorema da equipartição para calcular a contribuição para a energia interna total de 10,0 g de (i) dióxido de carbono, (ii) metano a 20 °C; leve em consideração os movimentos de translação e rotação, mas não o de vibração.
B.24(b) Use o teorema da equipartição para calcular a contribuição para a energia interna total de 10,0 g de chumbo a 20 °C; leve em consideração as vibrações dos átomos.

B.25(a) Use o teorema da equipartição para calcular a capacidade calorífica molar do argônio.
B.25(b) Use o teorema da equipartição para calcular a capacidade calorífica molar do hélio.

B.26(a) Use o teorema da equipartição para estimar a capacidade calorífica do (i) dióxido de carbono, (ii) metano.
B.26(b) Use o teorema da equipartição para estimar a capacidade calorífica do (i) vapor d'água, (ii) chumbo.

SEÇÃO C Ondas

Questões teóricas

C.1 Quantos tipos de movimento ondulatório você consegue identificar?

C.2 Qual é a natureza ondulatória do som de um repentino "*bang*"?

Exercícios

C.1(a) Qual é a velocidade da luz na água se o seu índice de refração é 1,33?
C.1(b) Qual é a velocidade da luz no benzeno se o seu índice de refração é 1,52?

C.2(a) O número de onda de uma transição vibracional típica de um hidrocarboneto é 2500 cm^{-1}. Calcule o comprimento de onda e a frequência correspondentes.
C.2(b) O número de onda de uma transição vibracional típica de uma ligação O–H é 3600 cm^{-1}. Calcule o comprimento de onda e a frequência correspondentes.

Atividades integradas

F.1 Na Seção 1B mostramos que, para o gás perfeito, a fração de moléculas que têm velocidades entre v e $v + dv$ é $f(v)dv$, em que

$$f(v)=4\pi\left(\frac{M}{2\pi RT}\right)^{3/2} v^2 e^{-Mv^2/2RT}$$

é a distribuição de Maxwell-Boltzmann (Eq. 1B.4). Use essa expressão e um software matemático ou uma planilha para os seguintes exercícios:

(a) Consulte o gráfico da Fig. B.6. Faça um gráfico de diferentes distribuições mantendo a massa molar constante em 100 g mol^{-1} e variando a temperatura da amostra entre 200 K e 2000 K.
(b) Avalie numericamente a fração de moléculas com velocidades na faixa de 100 m s^{-1} a 200 m s^{-1} a 300 K e a 1000 K.

F.2 Com base nas suas próprias observações, forneça uma interpretação molecular da temperatura.

PARTE UM

Termodinâmica

A Parte 1 deste livro-texto desenvolve os conceitos da termodinâmica, a ciência das transformações de energia. A termodinâmica fornece uma maneira poderosa de discutir equilíbrios e a direção das transformações naturais em química. Seus conceitos aplicam-se tanto a transformações físicas, como fusão e vaporização, quanto a transformações químicas, a eletroquímica inclusive. Veremos que, por meio dos conceitos de energia, entalpia, entropia, energia de Gibbs e potencial químico, é possível obter uma visão unificada desses aspectos fundamentais da química e tratar equilíbrios de forma quantitativa.

Os capítulos da Parte 1 consideram as propriedades macroscópicas da matéria; os da Parte 2 irão mostrar como essas propriedades surgem a partir do comportamento de átomos individuais.

CAPÍTULO 1

As propriedades dos gases

Um **gás** é uma forma de matéria que preenche o recipiente que ele ocupa, qualquer que seja. Este capítulo estabelece as propriedades dos gases que serão usadas ao longo do texto.

1A O gás perfeito

O capítulo começa por uma descrição idealizada de um gás, a do "gás perfeito", e mostra como a respectiva equação de estado pode ser obtida a partir de observações experimentais resumidas pelas leis de Boyle e de Charles e pelo princípio de Avogadro.

1B O modelo cinético dos gases

Uma característica central da físico-química é seu papel na construção de modelos de comportamento molecular que buscam explicar fenômenos observados. Um excelente exemplo deste procedimento é o desenvolvimento de um modelo molecular de um gás perfeito em termos de um conjunto de moléculas (ou de átomos) em movimento incessante e essencialmente aleatório. Esse modelo é a base da "teoria cinética molecular". Além de explicar as leis dos gases, essa teoria pode ser utilizada para prever a velocidade média com a qual as moléculas se movem em um gás e a dependência que essa velocidade tem da temperatura. Em combinação com a distribuição de Boltzmann (*Fundamentos* B), a teoria cinética também pode ser empregada para prever a distribuição de velocidades moleculares e sua dependência da massa molecular e da temperatura.

1C Gases reais

O gás perfeito é um excelente ponto de partida para a discussão das propriedades de todos os gases, e suas propriedades são tratadas nos capítulos sobre termodinâmica que se seguem a este capítulo. No entanto, os "gases reais" têm propriedades que diferem das dos gases perfeitos, e precisamos estar aptos a interpretar esses desvios e colocar no nosso modelo os efeitos de atrações e repulsões moleculares. A discussão dos gases reais é outro exemplo de como modelos na físico-química, inicialmente simples, são elaborados para levar em conta observações mais detalhadas.

Qual é o impacto deste material?

A lei dos gases perfeitos e a teoria cinética podem ser aplicadas ao estudo de fenômenos que ocorrem em um vaso de reação ou que englobam um planeta inteiro ou uma estrela. Identificamos duas aplicações, que podem ser encontradas nos Materiais Suplementares. Em *Impacto* I1.1, vemos como as leis dos gases são usadas nas discussões do fenômeno meteorológico. Em *Impacto* I1.2, examinamos uma aplicação surpreendente do modelo cinético dos gases: a discussão de meios estelares densos, como no interior do Sol.

1A O gás perfeito

Tópicos

➤ **Por que você precisa saber este assunto?**

As equações relacionadas aos gases perfeitos oferecem a base para o desenvolvimento de muitas equações na termodinâmica. A lei dos gases perfeitos também é uma boa aproximação inicial para a explicação das propriedades dos gases reais.

➤ **Qual é a ideia fundamental?**

As leis dos gases perfeitos, que é baseada em uma série de observações empíricas, é uma lei limite, obedecida com uma precisão crescente à medida que a pressão de um gás tende a zero.

➤ **O que você já deve saber?**

Você precisa conhecer os conceitos de pressão e temperatura apresentados em *Fundamentos* A.

Em termos moleculares, um gás consiste em um conjunto de moléculas que estão em movimento incessante e que interagem significativamente entre si apenas quando colidem umas com as outras. As propriedades dos gases foram uma das primeiras a serem estabelecidas quantitativamente (em grande parte durante os séculos XVII e XVIII), quando as exigências tecnológicas das viagens em balões estimularam sua investigação.

1A.1 Variáveis de estado

O **estado físico** da amostra de uma substância, sua condição física, é definido por suas propriedades físicas. Duas amostras da mesma substância que têm as mesmas propriedades físicas estão no mesmo estado. As variáveis necessárias para especificar o estado de um sistema são a quantidade de substância (número de mols) que ele contém, n, o volume que ele ocupa, V, a pressão, p, e a temperatura, T.

(a) Pressão

A origem da força exercida por um gás é a sequência incessante de colisões das moléculas com as paredes do recipiente. As colisões são tão numerosas que elas exercem uma força efetivamente constante, que se manifesta como uma pressão constante. A unidade do SI de pressão, o *pascal* (Pa, 1 Pa = 1 N m^{-2}), foi apresentada em *Fundamentos* A. Como foi visto, muitas outras unidades de pressão ainda são bastante usadas (Tabela 1A.1). A pressão de 1 bar é a **pressão-padrão** para se registrarem os valores dos dados; iremos representá-la por $p^{\ominus}$.

Se dois gases estiverem em recipientes separados tendo uma parede móvel comum (um "pistão", Fig. 1A.1), o gás com a pressão mais alta tenderá a comprimir o gás (ou seja, reduzir o volume do gás) com a pressão mais baixa. A pressão do gás que tem maior pressão diminuirá à medida que ele se expande e a do outro gás aumentará à medida que ele é comprimido. Os dois atingirão um estado em que as duas pressões são iguais e não há mais tendência de a parede móvel se deslocar. Esta igualdade entre as pressões que são exercidas sobre as duas faces da parede móvel corresponde a um estado de **equilíbrio mecânico** entre os dois gases. A pressão de um gás é, portanto, uma indicação da condição de ele estar em

Tabela 1A.1 Unidades de pressão*

Nome	Símbolo	Valor
pascal	1 Pa	**1 N m^{-2}, 1 kg m^{-1} s^{-2}**
bar	1 bar	**10^5 Pa**
atmosfera	1 atm	**101,325 kPa**
torr	1 Torr	**(101 325/760) Pa**=133,32… Pa
milímetros de mercúrio	1 mmHg	133,322… Pa
libras por polegada quadrada	1 psi	6,894 757… kPa

* Os valores em negrito são exatos.

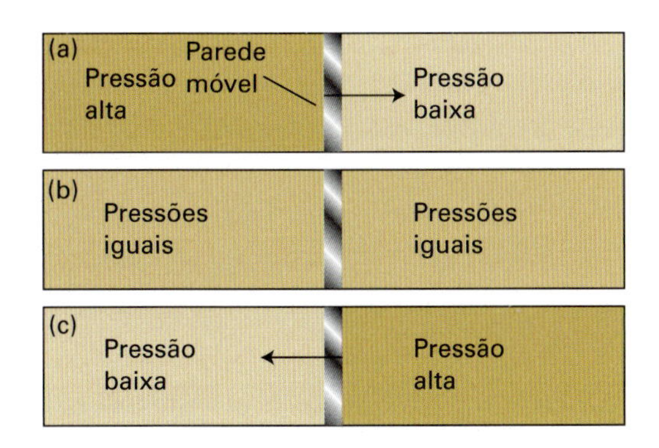

Figura 1A.1 Quando uma região de pressão elevada está separada de outra região de pressão baixa por uma parede móvel, a parede é empurrada de uma região para outra, como em (a) e (c). Entretanto, se as duas pressões forem idênticas, a parede não se deslocará (b). Esta última condição é a de equilíbrio mecânico entre as duas regiões.

equilíbrio mecânico com outro gás, estando os dois gases separados por uma parede móvel.

A pressão exercida pela atmosfera é medida com um *barômetro*. A versão original do barômetro (que foi inventado por Torricelli, discípulo de Galileu) era a de um tubo cheio de mercúrio, selado em uma extremidade. Quando a coluna de mercúrio está em equilíbrio mecânico com a atmosfera, a pressão na base da coluna é igual à pressão exercida pela atmosfera. Logo, a altura da coluna de mercúrio é proporcional à pressão externa.

Exemplo 1A.1 Cálculo da pressão exercida por uma coluna de líquido

Obtenha uma equação para a pressão na base de uma coluna de líquido de massa específica ρ (rô) e altura h na superfície da Terra. A pressão exercida pela coluna do líquido é comumente chamada de "pressão hidrostática".

Método De acordo com *Fundamentos* A, a pressão é a força, F, dividida pela área, A, à qual é aplicada a força: $p = F/A$. Para uma massa m sujeita a um campo gravitacional na superfície da Terra, $F = mg$, em que g é a aceleração da gravidade. Para calcular F precisamos conhecer a massa m da coluna de líquido, que é igual ao produto da sua massa específica, ρ, pelo seu volume, V: $m = \rho V$. Assim, a primeira etapa consiste em calcular o volume de uma coluna cilíndrica de líquido.

Resposta Dado que A é a área da seção reta da coluna, então o seu volume é Ah e a sua massa é $m = \rho Ah$. A força que a coluna com esta massa exerce na sua base é

$$F = mg = \rho Ahg$$

A pressão na base da coluna é, portanto,

$$p = \frac{F}{A} = \frac{\rho Agh}{A} = \rho gh \quad \text{Pressão hidrostática} \quad (1A.1)$$

Observe que a pressão hidrostática é independente da forma e da área da seção reta da coluna. A massa da coluna de uma dada altura aumenta com a área, mas a pressão diminui com a área sobre a qual se exerce a força, e as duas influências se cancelam.

Exercício proposto 1A.1 Obtenha uma expressão para a pressão na base de uma coluna de líquido de comprimento l que faz um ângulo θ (teta) com a vertical (**1**).

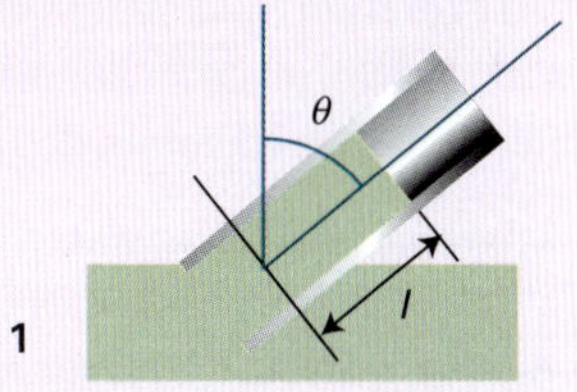

1

Resposta: $p = \rho gl \cos\theta$

A pressão de uma amostra de gás dentro de um recipiente é medida por meio de um sensor (transdutor) elétrico de pressão (*pressure gauge*), que é um dispositivo com propriedades que respondem à pressão. Por exemplo, um *sensor elétrico de pressão do tipo Bayard-Alpert* é baseado na ionização das moléculas presentes no gás, e a corrente resultante devido aos íons é interpretada em termos da pressão. Em um *manômetro de pressão capacitivo* (*capacitance manometer*), o deslocamento de um diafragma em relação a um eletrodo fixo é monitorado através do seu efeito sobre a capacitância desse arranjo. Certos semicondutores também respondem à pressão e são usados como transdutores em medidores de pressão de estado sólido.

(b) Temperatura

O conceito de temperatura foi introduzido em *Fundamentos* A. Nos primórdios da termometria (e ainda na prática de laboratório dos dias de hoje), as temperaturas foram relacionadas com o comprimento de uma coluna de líquido, e a diferença de comprimento quando o termômetro estava primeiro em contato com gelo derretendo e depois com água fervendo foi dividida em 100 partes iguais chamadas de "graus", sendo o menor ponto denominado zero. Este procedimento deu origem à **escala Celsius** de temperatura. Neste livro, as temperaturas na escala Celsius são simbolizadas por θ e expressas em *graus Celsius* (°C). Entretanto, como líquidos diferentes expandem-se de maneiras diferentes, e nem sempre se expandem uniformemente sobre uma determinada faixa de temperatura, os termômetros construídos a partir de materiais diferentes mostram valores numéricos diferentes da temperatura medida entre os respectivos pontos fixos. A pressão de um gás, porém, pode ser usada para se construir uma **escala de temperatura do gás perfeito** que é independente da natureza do gás. A escala do gás perfeito é idêntica à **escala de temperatura termodinâmica**, que veremos na Seção 3A, e por isso vamos adotar desde logo esta denominação para evitar complicações de nomenclatura.

Na escala de temperatura termodinâmica, as temperaturas são simbolizadas por T e normalmente dadas em *kelvins*, (K; não °K).

As escalas de temperatura termodinâmica e Celsius estão relacionadas pela expressão exata

$$T/\mathrm{K} = \theta/{}^\circ\mathrm{C} + 273{,}15 \quad \text{Definição da escala Celsius} \quad (1A.2)$$

Essa expressão é a definição atual da escala Celsius em termos da escala Kelvin, mais fundamental. De acordo com essa expressão, a diferença de temperatura de 1 °C é equivalente à diferença de 1 K.

Uma nota sobre a boa prática Escrevemos $T = 0$, não $T = 0$ K, para a temperatura zero na escala de temperatura termodinâmica. Esta escala é absoluta e a menor temperatura é 0, independentemente do tamanho das divisões da escala (assim como escrevemos $p = 0$ para a pressão zero, qualquer que seja a unidade que adotamos, por exemplo bar ou pascal). Entretanto, escrevemos 0 °C porque a escala Celsius não é absoluta.

Breve ilustração 1A.1 Conversão de temperatura

Para exprimir 25,00 °C como uma temperatura em kelvins, usamos a Eq. 1A.4 para escrever

$$T/\mathrm{K} = (25{,}00\ {}^\circ\mathrm{C})/{}^\circ\mathrm{C} + 273{,}15 = 25{,}00 + 273{,}15 = 298{,}15$$

Observe como as unidades (neste caso, °C) se cancelam como se fossem números. Esse é o procedimento chamado "análise dimensional", em que uma grandeza física qualquer (por exemplo, a temperatura) é o produto de um número (25,00) por uma unidade (1 °C); veja *Ferramentas do químico* A.1 em *Fundamentos*. A multiplicação de ambos os lados pela unidade K dá $T = 298{,}15$ K.

Uma nota sobre a boa prática Quando as unidades necessitam ser especificadas em uma equação, o procedimento adequado, que evita qualquer ambiguidade, é escrever (grandeza física)/unidade, que produz um número adimensional, assim como (25,00 °C)/°C = 25,00 nesta ilustração. As unidades podem ser multiplicadas e canceladas semelhantemente aos números.

1A.2 Equações de estado

Embora, em princípio, o estado de uma substância pura seja especificado pelos valores de n, V, p e T, verificou-se experimentalmente que basta especificar três destas variáveis para que a quarta seja fixada. Ou seja, é um fato experimental que cada substância é descrita por uma **equação de estado**, uma equação que estabelece uma relação entre essas quatro variáveis.

A forma geral de uma equação de estado é:

$$p = f(T, V, n) \quad \text{Forma geral de uma equação de estado} \quad (1A.3)$$

Essa equação mostra que, se forem conhecidos os valores de n, T e V para certa substância, então sua pressão tem um valor definido. Cada substância é descrita por sua equação de estado específica, mas somente em alguns poucos casos particulares sabemos a forma explícita dessa equação. Um exemplo muito importante é a equação de estado de um "gás perfeito", que tem a forma $p = nRT/V$, em que R é uma constante independente da natureza do gás.

A equação de estado de um gás perfeito foi estabelecida combinando-se uma série de leis empíricas.

(a) A base empírica

Admitimos que as seguintes leis dos gases sejam conhecidas:

Lei de Boyle: $pV = \text{constante}$, a n, T constantes (1A.4a)

Lei de Charles: $V = \text{constante} \times T$, a n, p constantes (1A.4b)

$p = \text{constante} \times T$, a n, V constantes (1A.4c)

Princípio de Avogadro:

$V = \text{constante} \times n$, a p, T constantes (1A.4d)

As leis de Boyle e de Charles são exemplos de uma **lei limite**, uma lei que só é válida estritamente em determinado limite, neste caso $p \to 0$. Por exemplo, se for determinado empiricamente que o volume de uma substância se ajusta à expressão $V = aT + bp + cp^2$, então, no limite de $p \to 0$, $V = aT$. Ao longo deste livro, as equações válidas nesse sentido limite são marcadas com um número de equação em azul, como nessas expressões. Embora essas relações sejam estritamente verdadeiras somente em $p = 0$, elas são razoavelmente válidas em pressões normais ($p \approx 1$ bar) e são muito usadas na química.

O princípio de Avogadro é normalmente expresso na forma "volumes iguais de gases diferentes nas mesmas condições de temperatura e pressão contêm o mesmo número de moléculas". O princípio de Avogadro deve ser considerado um princípio e não uma lei (uma compilação de resultados experimentais), pois ele depende da validade de um modelo, neste caso, da existência de moléculas. Embora atualmente não existam dúvidas a respeito da existência de moléculas, ele ainda é mais um princípio baseado em um modelo do que uma lei.

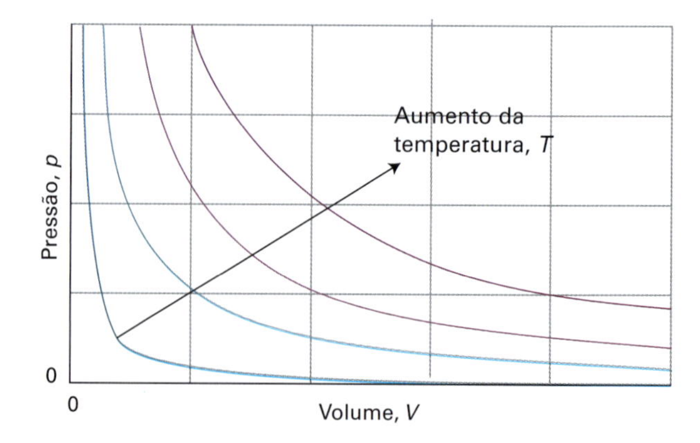

Figura 1A.2 A dependência entre a pressão e o volume de uma quantidade constante de gás perfeito, em diferentes temperaturas. Cada curva é uma hipérbole (pV = constante) e é chamada de isoterma.

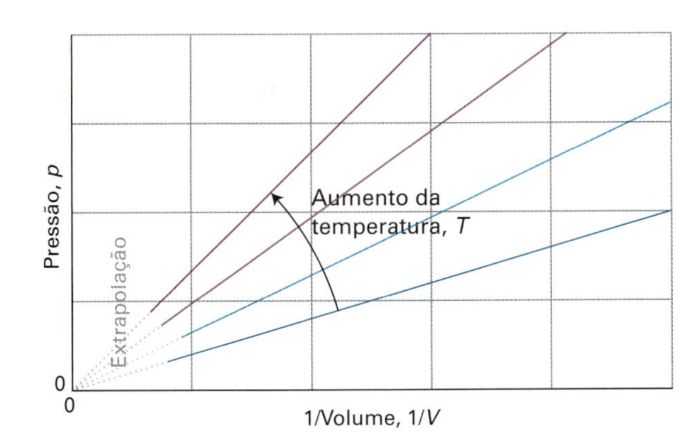

Figura 1A.3 Obtêm-se retas quando se representa a pressão contra 1/V a temperatura constante.

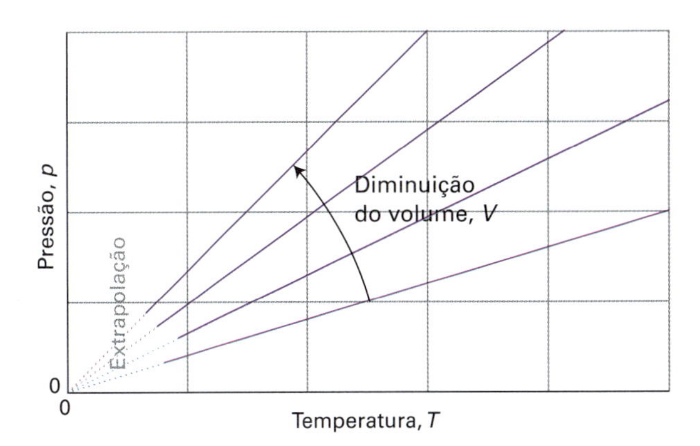

Figura 1A.5 A pressão também varia linearmente com a temperatura, a volume constante, e as retas extrapoladas para zero encontram-se em $T = 0$ (–273 °C).

A Fig. 1A.2 mostra a variação da pressão de uma amostra de gás quando o volume se altera. Cada curva do gráfico corresponde a uma única temperatura e é chamada de **isoterma**. De acordo com a lei de Boyle, as isotermas dos gases são hipérboles (curvas obtidas representando-se graficamente y contra x com xy = constante, ou y = constante/x). Uma representação alternativa, um gráfico da pressão contra 1/volume, aparece na Fig. 1A.3. A variação linear do volume com a temperatura dada pela lei de Charles encontra-se ilustrada na Fig. 1A.4. As retas nessa figura são exemplos de **isóbaras**, isto é, curvas que mostram a variação de uma propriedade a pressão constante. A Figura 1A.5 ilustra a variação linear da pressão com a temperatura. As retas nesse diagrama são **isócoras**, isto é, curvas que mostram a variação de uma propriedade a volume constante.

Uma nota sobre a boa prática Para testar a validade de uma relação entre duas grandezas é melhor fazer o gráfico entre elas de tal modo que o resultado seja uma linha reta, pois desvios em relação a uma linha reta são muito mais fáceis de detectar do que desvios em relação a uma curva. O desenvolvimento de expressões que quando representadas graficamente dão uma reta é muito importante e é um procedimento comum em físico-química.

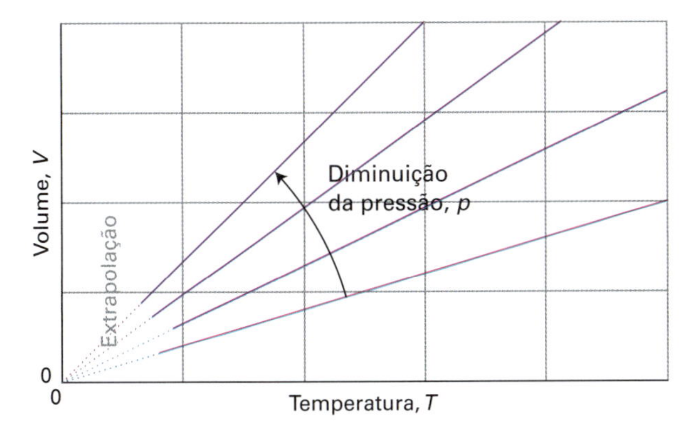

Figura 1A.4 Variação do volume de uma quantidade constante de gás com a temperatura a pressão constante. Observe que, em cada caso, as isóbaras extrapoladas para volume nulo se encontram em $T = 0$ ou $\theta = -273$ °C.

As observações empíricas traduzidas pela Eq. 1A.5 podem ser combinadas numa única expressão:

$$pV = \text{constante} \times nT$$

Essa expressão é consistente com a lei de Boyle (pV = constante) quando n e T são constantes, com as duas formas da lei de Charles ($p \propto T$ e $V \propto T$) quando n e V ou n e p, são constantes, e com o princípio de Avogadro ($V \propto n$) quando p e T são constantes. A constante de proporcionalidade, cujo valor experimentalmente determinado é o mesmo para todos os gases, é simbolizada por R e é chamada de **constante dos gases**. A expressão resultante

$$pV = nRT \qquad \text{Lei do gás perfeito} \qquad (1A.5)$$

é a **lei do gás perfeito** (ou *equação de estado do gás perfeito*). É uma equação de estado aproximada para qualquer gás e fica cada vez mais exata à medida que a pressão do gás tende a zero. Um gás que segue a Eq. 1A.5 exatamente, para quaisquer condições, é chamado de **gás perfeito** (ou *gás ideal*). Um **gás real**, isto é, um gás que realmente existe, tem o comportamento tanto mais semelhante ao de um gás perfeito quanto mais baixa for a pressão e é exatamente descrito pela Eq. 1A.5 no limite quando $p \to 0$. A constante dos gases R pode ser determinada avaliando-se $R = pV/nT$ para um gás no limite da pressão nula (para se ter a garantia de que o gás está se comportando idealmente). Porém, um valor mais exato pode ser obtido medindo-se a velocidade do som num gás em uma pressão baixa (na prática usa-se o argônio) e extrapolando os resultados para pressão nula, pois a velocidade do som depende do valor de R. Outra forma de obter seu valor é reconhecer (conforme se explica em *Fundamentos* B) que ela está relacionada à constante de Boltzmann, k, por

$$R = N_A k \qquad \text{A constante (molar) dos gases} \qquad (1A.6)$$

em que N_A é a constante de Avogadro. Atualmente (em 2014) há planos de se usar essa relação como a única forma de se obter o valor de R, com valores definidos de N_A e k. Os valores de R em diversas unidades são mostrados na Tabela 1A.2.

Tabela 1A.2 A constante dos gases ($R = N_A k$)

R	
8,314 47	J K^{-1} mol^{-1}
8,205 74 $\times 10^{-2}$	dm^3 atm K^{-1} mol^{-1}
8,314 47 $\times 10^{-2}$	dm^3 bar K^{-1} mol^{-1}
8,314 47	Pa m^3 K^{-1} mol^{-1}
62,364	dm^3 Torr K^{-1} mol^{-1}
1,987 21	cal K^{-1} mol^{-1}

Uma nota sobre a boa prática Apesar de "gás ideal" ser o termo mais comum, preferimos "gás perfeito". Conforme explicado na Seção 5A, em uma "mistura ideal" de A e B, as interações AA, BB e AB são todas as mesmas, mas não necessariamente zero. Em um gás perfeito, não apenas as interações são as mesmas, mas também são nulas.

A superfície na Fig. 1A.6 é a do gráfico da pressão de uma quantidade constante de um gás perfeito contra o volume e a temperatura termodinâmica, conforme a Eq. 1A.5. A superfície mostra os únicos estados possíveis para um gás perfeito: o gás não pode existir em estados que não correspondam aos pontos da superfície. Os gráficos das Figs. 1A.2 e 1A.4 correspondem a cortes desta superfície (Fig. 1A.7).

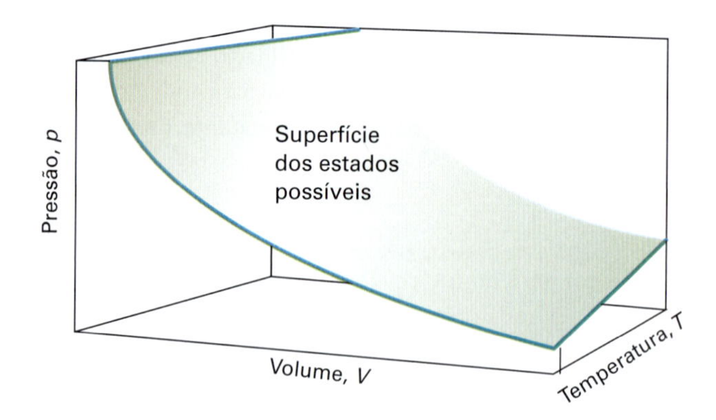

Figura 1A.6 Parte da superfície p, V, T de uma quantidade constante de gás perfeito. Os pontos formando a superfície representam os únicos estados em que o gás pode existir.

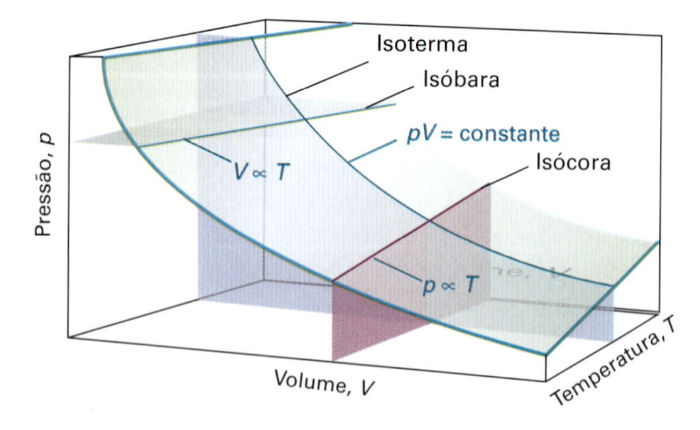

Figura 1A.7 Cortes da superfície da Fig. 1A.6 a temperatura constante, dando as isotermas mostradas na Fig. 1A.2 e a pressão constante, dando as isócoras mostradas na Fig. 1A.5.

Exemplo 1A.2 Usando a lei do gás perfeito

Em certo processo industrial, o nitrogênio é aquecido a 500 K num vaso de volume constante. Se o gás entra no vaso a 100 atm e 300 K, qual a sua pressão na temperatura de trabalho, se o seu comportamento for o de um gás perfeito?

Método Esperamos que a pressão final seja maior que a inicial devido ao aumento da temperatura. A lei do gás perfeito na forma $pV/nT = R$ implica que, se as condições mudam entre dois conjuntos de valores, então, como pV/nT é igual a uma constante, os dois conjuntos de valores estão relacionados pela "lei combinada dos gases":

$$\frac{p_1V_1}{n_1T_1} = \frac{p_2V_2}{n_2T_2} \qquad \text{Lei combinada dos gases} \qquad (1A.7)$$

Essa expressão é facilmente reescrita de modo a exprimir a grandeza desconhecida (neste caso p_2) em função das grandezas conhecidas. Os dados conhecidos e desconhecidos estão resumidos como segue:

	n	p	V	T
Inicial	Constante	100	Constante	300
Final	Constante	?	Constante	500

Resposta O cancelamento do volume (pois $V_1 = V_2$) e do número de mols (pois $n_1 = n_2$) em cada lado da expressão da lei combinada dos gases leva a

$$\frac{p_1}{T_1} = \frac{p_2}{T_2}$$

que pode ser reordenada em

$$p_2 = \frac{T_2}{T_1} \times p_1$$

A substituição dos dados então fornece

$$p_2 = \frac{500\ \text{K}}{300\ \text{K}} \times (100\ \text{atm}) = 167\ \text{atm}$$

A experiência mostra que a pressão é na realidade igual a 183 atm nas condições mencionadas, de modo que a hipótese de o gás ser perfeito leva a um erro de 10%.

Exercício proposto 1A.2 Que temperatura teria a mesma amostra se a sua pressão fosse de 300 atm?

Resposta: 900 K

A equação do gás perfeito é da maior importância em físico-química, pois ela é usada para deduzir uma grande variedade de relações que são usadas na termodinâmica. Entretanto, ela também tem significativa utilidade prática para o cálculo das propriedades de um gás em diversas condições. Por exemplo, o volume molar, $V_m = V/n$, de um gás perfeito nas condições conhecidas como **condições normais ambientes de temperatura e pressão** (CNATP), isto é, a 298,15 K e 1 bar (exatamente 10^5 Pa), é facilmente calculado por $V_m = RT/p$ e vale 24,789 dm^3 mol^{-1}. Uma definição mais antiga, **condições normais de temperatura e pressão** (CNTP), era 0 °C e 1 atm; nas CNTP, o volume molar de um gás perfeito é 22,414 dm^3 mol^{-1}.

A explicação molecular da lei de Boyle considera que, se uma amostra de gás for comprimida à metade do seu volume, atingirão as paredes, num certo intervalo de tempo, duas vezes mais moléculas do que antes da compressão. Como resultado, a força média sobre as paredes dobra. Assim, quando o volume for reduzido à metade, a pressão do gás fica duplicada e pV é uma constante. A lei de Boyle se aplica a todos os gases, independentemente da sua natureza química (desde que a pressão seja baixa), porque em pressões baixas as moléculas estão tão afastadas umas das outras que não exercem influência entre si; logo, as moléculas deslocam-se independentemente. A explicação molecular da lei de Charles reside no fato de que a elevação da temperatura de um gás aumenta a velocidade média das suas moléculas. As moléculas então colidem com as paredes com mais frequência e também com maior impacto. Portanto, elas exercem uma maior pressão sobre as paredes do recipiente. Para uma explicação quantitativa dessas relações, veja a Seção 1B.

(b) Misturas de gases

O problema que aparece ao se tratar de uma mistura gasosa é o de determinar a contribuição que cada componente da mistura traz para a pressão total da amostra. A **pressão parcial**, p_J, de um gás J em uma mistura (qualquer gás, não apenas um gás perfeito) é definida como

$$p_J = x_J p \qquad \textit{Definição} \quad \text{Pressão parcial} \qquad (1A.8)$$

em que x_J é a **fração molar** do componente J, a quantidade de J expressa como uma fração do número total de mols, n, da amostra:

$$x_J = \frac{n_J}{n} \quad n = n_A + n_B + \cdots \qquad \textit{Definição} \quad \text{Fração molar} \qquad (1A.9)$$

Quando não há moléculas de J presentes, $x_J = 0$; quando somente moléculas de J estão presentes, $x_J = 1$. Segue-se da definição de x_J que, independentemente da composição da mistura, $x_A + x_B + ... = 1$ e, portanto, a soma das pressões parciais é igual à pressão total:

$$p_A + p_B + \cdots = (x_A + x_B + \cdots)p = p \qquad (1A.10)$$

Essa relação é verdadeira tanto para os gases reais como para os gases perfeitos.

Quando todos os gases são perfeitos, a pressão parcial como definida na Eq. 1A.9 também é a pressão que cada um dos gases exerceria se ocupasse, sozinho, na mesma temperatura da mistura, o volume total da mistura. Esta última definição foi a base da formulação original da **lei de Dalton**:

> A pressão exercida por uma mistura de gases é a soma das pressões que cada um deles exerceria se ocupasse sozinho todo o recipiente. Lei de Dalton

Atualmente, embora a relação entre a pressão parcial (como definida na Eq. 1A.8) e a pressão total (dada pela Eq. 1A.10) seja verdadeira para todos os gases, a identificação da pressão parcial como a pressão que o próprio gás exerceria é válida somente para um gás perfeito.

Exemplo 1A.3 Cálculo de pressões parciais

A composição do ar seco em porcentagem ponderal (isto é, em massa), ao nível do mar, é aproximadamente 75,5% de N_2, 23,2% de O_2 e 1,3% de Ar. Qual é a pressão parcial de cada componente quando a pressão total é igual a 1,20 atm?

Método Esperamos que as espécies químicas com frações molares grandes tenham, proporcionalmente, pressões parciais também grandes. As pressões parciais são definidas pela Eq. 1A.8. Para usar essa equação, precisamos das frações molares dos componentes. Para calcular as frações molares, que são definidas pela Eq. 1A.9, usamos o fato de que o número de mols de J, de massa molar M_J, em uma amostra de massa m_J, é $n_J = m_J/M_J$. As frações molares são independentes da massa total da amostra, de modo que esta pode ser escolhida como exatamente 100 g (esta escolha faz com que a conversão a partir da porcentagem ponderal seja mais fácil). Assim, a massa de N_2 presente é 75,5% de 100 g, ou seja, é 75,5 g.

Resposta As quantidades de cada tipo de molécula presentes em 100 g de ar, em que as massas de N_2, O_2 e Ar são 75,5 g, 23,2 g e 1,3 g, respectivamente, são

$$n(N_2) = \frac{75{,}5\text{ g}}{28{,}02\text{ g mol}^{-1}} = \frac{75{,}5}{28{,}02}\text{ mol} = 2{,}69\text{ mol}$$

$$n(O_2) = \frac{23{,}2\text{ g}}{32{,}00\text{ g mol}^{-1}} = \frac{23{,}2}{32{,}00}\text{ mol} = 0{,}725\text{ mol}$$

$$n(\text{Ar}) = \frac{1{,}3\text{ g}}{39{,}95\text{ g mol}^{-1}} = \frac{1{,}3}{39{,}95}\text{ mol} = 0{,}033\text{ mol}$$

O total é de 3,45 mol. As frações molares são obtidas dividindo-se cada uma das quantidades anteriores por 3,45 mol. A seguir, as pressões parciais são então obtidas multiplicando-se a fração molar pela pressão total (1,20 atm):

	N_2	O_2	Ar
Fração molar:	0,780	0,210	0,0096
Pressão parcial/atm:	0,936	0,252	0,012

Não foi necessário admitir que os gases eram perfeitos; as pressões parciais são definidas como $p_J = x_J p$ para qualquer tipo de gás.

Exercício proposto 1A.3 Quando se leva em conta a presença do dióxido de carbono, as porcentagens ponderais são 75,52 (N_2), 23,15 (O_2), 1,28 (Ar) e 0,046 (CO_2). Quais são as pressões parciais quando a pressão total é 0,900 atm?

Resposta: 0,703, 0,189, 0,0084, 0,00027 atm

Conceitos importantes

☐ 1. O **estado físico** de uma amostra de uma substância, sua condição física, é definido por suas propriedades físicas.

☐ 2. **Equilíbrio mecânico** é a condição de igualdade de pressão em qualquer lado de uma parede móvel compartilhada.

☐ 3. Uma **equação de estado** é uma equação que inter-relaciona as variáveis que definem o estado de uma substância.

☐ 4. As leis de Charles e de Boyle são exemplos de uma **lei limite**, uma lei que é estritamente válida exclusivamente em certo limite, neste caso, $p \rightarrow 0$.

☐ 5. Uma **isoterma** é uma reta em um gráfico que corresponde a uma única temperatura.

☐ 6. Uma **isóbara** é uma reta em um gráfico que corresponde a uma única pressão.

☐ 7. Uma **isócora** é uma reta em um gráfico que corresponde a um único volume.

☐ 8. Um **gás perfeito** é aquele que obedece à lei do gás perfeito em todas as condições.

☐ 9. A **lei de Dalton** estabelece que a pressão exercida por uma mistura de gases (perfeitos) é a soma das pressões que cada um exerceria caso ocupasse, sozinho, o recipiente.

Equações importantes

Propriedade	Equação	Comentário	Número da equação
Relação entre escalas de temperatura	$T/\text{K} = \theta/°\text{C} + 273{,}15$	273,15 é exato	1A.2
Equação de estado	$p = f(n,V,T)$		1A.3
Lei do gás perfeito	$pV = nRT$	Válida para gases reais no limite $p \rightarrow 0$	1A.5
Pressão parcial	$p_J = x_J p$	Válida para todos os gases	1A.8

1B O modelo cinético dos gases

Tópicos

➤ Por que você precisa saber este assunto?

Este material ilustra uma importante habilidade em ciência: a capacidade de extrair informações quantitativas de um modelo qualitativo. Além disso, o modelo é utilizado na discussão das propriedades de transporte dos gases (Seção 19A), velocidades de reação em gases (Seção 20F) e catálise (Seção 22C).

➤ Qual é a ideia fundamental?

Um gás consiste em moléculas de tamanho desprezível, em movimento aleatório incessante e obedecendo às leis da mecânica clássica em suas colisões.

➤ O que você já deve saber?

Você precisa conhecer a segunda lei do movimento de Newton, de que a aceleração de um corpo é proporcional à força que atua sobre ele, e a conservação do momento linear.

No **modelo cinético** dos gases (que, às vezes, é chamado de *teoria cinética molecular*, TCM) admite-se que a única contribuição para a energia do gás provém das energias cinéticas das moléculas. O modelo cinético dos gases é um dos modelos mais notáveis – e sem dúvida um dos mais bonitos – da físico-química, pois, a partir de um conjunto de hipóteses simples muito gerais, é possível se obter resultados quantitativos importantes.

1B.1 O modelo

O modelo cinético dos gases se baseia em três hipóteses:

1. O gás consiste em moléculas de massa m movimentando-se aleatória e incessantemente, obedecendo às leis da mecânica clássica.
2. O tamanho das moléculas é desprezível no sentido de que seus diâmetros são muito menores do que a distância média percorrida entre as colisões.
3. As moléculas só interagem, brevemente, por meio de colisões elásticas.

Uma **colisão elástica** é uma colisão em que a energia cinética translacional total das moléculas é conservada.

(a) Pressão e as velocidades das moléculas

A partir das poucas hipóteses do modelo cinético, mostramos na *Justificativa* vista a seguir que a pressão e o volume de um gás estão relacionados pela seguinte expressão:

$$pV = \tfrac{1}{3}nMv_{\text{rvqm}}^2 \qquad \textit{Gás perfeito} \quad \text{Pressão} \qquad (1B.1)$$

na qual $M = mN_A$ é a massa molar das moléculas de massa m e v_{rvqm} é a raiz quadrada da média dos quadrados das velocidades, v, das moléculas:

$$v_{\text{rvqm}} = \langle v^2 \rangle^{1/2} \qquad \textit{Definição} \quad \text{Raiz da velocidade quadrática média} \qquad (1B.2)$$

Justificativa 1.1B A pressão de um gás de acordo com o modelo cinético

Imaginemos a situação esquematizada na Fig. 1B.1. Quando uma partícula de massa m que se desloca com uma componente da velocidade v_x paralela ao eixo dos x colide com a parede da direita e é refletida, seu momento linear passa de mv_x, antes da colisão, para $-mv_x$, depois da colisão (quando está se deslocando em sentido oposto ao inicial). A componente do momento na direção x, portanto, varia de $2mv_x$ em cada colisão (as componentes y e z do momento se mantêm inalteradas). Muitas

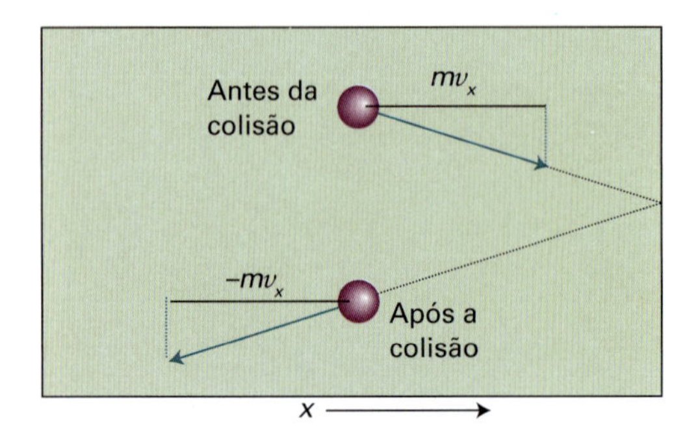

Figura 1B.1 A pressão do gás é provocada pelas colisões das moléculas contra as paredes. Em uma colisão elástica entre uma molécula e a parede perpendicular ao eixo dos x, a componente x da velocidade tem o sentido invertido, mas as componentes y e z não se alteram.

moléculas colidem com a parede em um intervalo de tempo Δt, e a variação total de momento é igual ao produto da variação de momento de uma molécula multiplicado pelo número de moléculas que atingem a parede no intervalo de tempo Δt.

Como uma molécula com a componente da velocidade v_x pode cobrir uma distância $v_x\Delta t$ sobre o eixo dos x, no intervalo de tempo Δt, todas as moléculas que estiverem até uma distância $v_x\Delta t$ de uma parede, deslocando-se em sua direção, colidirão com essa parede (Fig. 1B.2). Assim, se a parede tem área A, todas as partículas no volume $A \times v_x\Delta t$ atingirão essa parede (se estiverem se movimentando na sua direção). A densidade numérica das partículas é dada por nN_A/V, em que n é a quantidade total de moléculas no recipiente de volume V e N_A é o número de Avogadro. Portanto, o número de moléculas no volume $Av_x\Delta t$ é $(nN_A/V) \times Av_x\Delta t$.

Em um instante qualquer, a metade das moléculas está se deslocando para a direita e a outra metade para a esquerda. Assim, o número médio de colisões com a parede no intervalo de tempo Δt é dado por $\frac{1}{2}nN_A Av_x\Delta t/V$. A variação total de momento no intervalo de tempo Δt é igual ao produto desse número pela variação $2mv_x$:

$$\text{Variação do momento} = \frac{nN_A Av_x\Delta t}{2V}\times 2mv_x = \frac{n\overbrace{mN_A}^{M} Av_x^2\Delta t}{V} = \frac{nMAv_x^2\Delta t}{V}$$

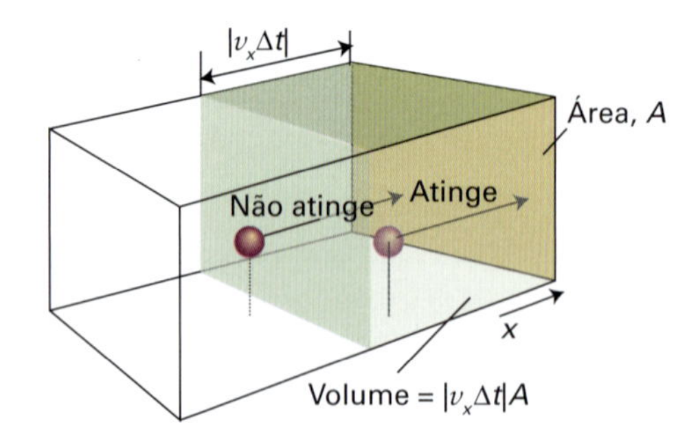

Figura 1B.2 Somente as moléculas que estejam à distância da parede $v_x\Delta t$, e deslocando-se para a direita, podem atingir a parede da direita no intervalo de tempo Δt.

Agora, para obter a força calculamos a velocidade de variação do momento, que é igual à variação de momento dividida pelo intervalo de tempo Δt em que ela ocorre:

$$\text{Velocidade de variação do momento} = \frac{nMAv_x^2}{V}$$

Essa velocidade de variação de momento é igual à força (de acordo com a segunda lei de Newton). Assim, a pressão, isto é, a força por unidade de área, é

$$\text{Pressão} = \frac{nMv_x^2}{V}$$

Nem todas as moléculas se deslocam com a mesma velocidade, de modo que a pressão que se mede, p, é a média (simbolizada por $\langle\cdots\rangle$) da grandeza que acabamos de calcular:

$$p = \frac{nM\langle v_x^2\rangle}{V}$$

Essa expressão já se assemelha à da equação de estado de um gás perfeito.

Para obter a expressão de pressão em termos da raiz quadrada da velocidade quadrática média, v_{rvqm}, começamos escrevendo a velocidade de uma única molécula, v, como $v^2 = v_x^2 + v_y^2 + v_z^2$. Uma vez que a raiz quadrada da velocidade quadrática média, v_{rvqm}, é definida por $v_{\text{rvqm}} = \langle v^2\rangle^{1/2}$, segue que

$$v_{\text{rvqm}}^2 = \langle v^2\rangle = \langle v_x^2\rangle + \langle v_y^2\rangle + \langle v_z^2\rangle$$

Entretanto, como as moléculas se movem ao acaso, os três valores médios são iguais. Temos assim que $v_{\text{rvqm}}^2 = \langle 3v_x^2\rangle$. A Eq. 1B.1 é obtida, de forma imediata, pela substituição de $\langle v_x^2\rangle = \frac{1}{3}v_{\text{rvqm}}^2$ em $p = nM\langle v_x^2\rangle/V$.

A Eq. 1B.1 é um dos resultados mais importantes do modelo cinético. De acordo com ela, se a raiz quadrada da velocidade quadrática média das moléculas depende somente da temperatura, então, a temperatura constante,

$$pV = \text{constante}$$

que é exatamente a lei de Boyle. Para que a Eq. 1B.1 seja a equação de estado de um gás perfeito, o seu lado direito deve ser igual a nRT. Portanto, a raiz quadrada da velocidade quadrática média das moléculas de um gás à temperatura T é dada pela expressão

$$v_{\text{rvqm}} = \left(\frac{3RT}{M}\right)^{1/2} \qquad \textit{Gás perfeito} \quad \text{Velocidade RVQM} \quad (1B.3)$$

Breve ilustração 1B.1 Velocidades moleculares

Para moléculas de N_2, a 25 °C, usamos $M = 28{,}02\ \text{g mol}^{-1}$; então,

$$v_{\text{rvqm}} = \left\{\frac{3\times(8{,}3145\,\text{J K}^{-1}\,\text{mol}^{-1})\times(298\,\text{K})}{0{,}02802\,\text{kg mol}^{-1}}\right\}^{1/2} = 515\,\text{m s}^{-1}$$

Brevemente vamos nos deparar com a velocidade média, $v_{\text{média}}$, e a velocidade mais provável v_{mp}. Elas são, respectivamente,

$$v_{\text{média}} = \left(\frac{8}{3\pi}\right)^{1/2} v_{\text{rvqm}} = 0{,}921\ldots\times(515\,\text{m}\,\text{s}^{-1}) = 475\,\text{m}\,\text{s}^{-1}$$

$$v_{\text{mp}} = \left(\frac{2}{3}\right)^{1/2} v_{\text{rvqm}} = 0{,}816\ldots\times(515\,\text{m}\,\text{s}^{-1}) = 420\,\text{m}\,\text{s}^{-1}$$

Exercício proposto 1B.1 Calcule a velocidade quadrática média de moléculas de H_2 a 25 °C.

Resposta: 1,92 km s^{-1}

(b) A distribuição de velocidades de Maxwell-Boltzmann

A Eq. 1B.2 é uma expressão da velocidade quadrática média das moléculas. No entanto, em um gás real, as velocidades das moléculas individuais cobrem um amplo intervalo e as colisões entre as moléculas redistribuem continuamente essas velocidades entre as moléculas. É possível que, antes de uma colisão, uma determinada molécula esteja se deslocando rapidamente e que depois de uma colisão ela seja acelerada para uma velocidade ainda maior, sendo diminuída em uma próxima colisão. A fração de moléculas com velocidades no intervalo entre v e v+dv é proporcional à amplitude do intervalo e se escreve como $f(v)$dv, em que $f(v)$ é denominada **distribuição de velocidades**. Observe que, em comum com outras funções de distribuição, $f(v)$ adquire significado físico somente depois que ela é multiplicada pelo intervalo de velocidades de interesse. Na *Justificativa* vista a seguir mostraremos que a fração de moléculas com velocidade na faixa de v a v+dv é $f(v)$dv, em que

$$f(v) = 4\pi\left(\frac{M}{2\pi RT}\right)^{3/2} v^2 e^{-Mv^2/2RT} \qquad \text{Gás perfeito} \qquad \text{Distribuição de Maxwell-Boltzmann} \qquad (1B.4)$$

A função $f(v)$ é chamada de **distribuição de velocidades de Maxwell-Boltzmann**.

Justificativa 1B.2 A distribuição de velocidades de Maxwell-Boltzmann

A distribuição de Boltzmann (*Fundamentos* B) implica que a fração de moléculas com as componentes da velocidade v_x, v_y e v_z é proporcional a uma função exponencial da sua energia cinética, $f(v) = Ke^{-\varepsilon/kT}$, em que K é uma constante de proporcionalidade. A energia cinética é

$$\varepsilon = \tfrac{1}{2}mv_x^2 + \tfrac{1}{2}mv_y^2 + \tfrac{1}{2}mv_z^2$$

Assim, podemos utilizar a relação $a^{x+y+z} = a^x a^y a^z$ para escrever

$$f(v) = Ke^{-(mv_x^2+mv_y^2+mv_z^2)/2kT} = Ke^{-mv_x^2/2kT}e^{-mv_y^2/2kT}e^{-mv_z^2/2kT}$$

A distribuição é separada em três fatores, e assim pode-se escrever $f(v) = f(v_x)f(v_y)f(v_z)$ e $K = K_xK_yK_z$, com

$$f(v_x) = K_x e^{-mv_x^2/2kT}$$

Para as outras duas direções os resultados são análogos.

Para determinar a constante K_x, observamos que uma molécula tem que ter sua velocidade no intervalo $-\infty < v_x < \infty$; assim,

$$\int_{-\infty}^{\infty} f(v_x)\,dv_x = 1$$

Substituindo nessa integral a expressão de $f(v_x)$, tem-se

$$1 = K_x\int_{-\infty}^{\infty} e^{-mv_x^2/2kT}\,dv_x \overset{\text{Integral G.1}}{=} K_x\left(\frac{2\pi kT}{m}\right)^{1/2}$$

Portanto, $K_x = (m/2\pi kT)^{1/2}$ e neste estágio sabemos que

$$f(v_x) = \left(\frac{m}{2\pi kT}\right)^{1/2} e^{-mv_x^2/2kT} \qquad (1B.5)$$

Logo, a probabilidade de uma molécula ter a velocidade no intervalo de v_x a v_x + dv_x, de v_y a v_y + dv_y, de v_z a v_z + dv_z é

$$f(v_x)f(v_y)f(v_z) = \left(\frac{m}{2\pi kT}\right)^{3/2} e^{-mv_x^2/2kT}e^{-mv_y^2/2kT}e^{-mv_z^2/2kT} \times dv_x dv_y dv_z$$
$$= \left(\frac{m}{2\pi kT}\right)^{3/2} e^{-mv^2/2kT} dv_x dv_y dv_z$$

em que $v^2 = v_x^2 + v_y^2 + v_z^2$.

Para calcular a probabilidade de uma molécula ter a velocidade no intervalo entre v e v + dv, independentemente da direção, imaginamos as três componentes de velocidade definindo três coordenadas no "espaço de velocidades", com as mesmas propriedades do espaço ordinário, exceto que as coordenadas são representadas como (v_x,v_y,v_z) em vez de (x,y,z). Assim como o elemento de volume no espaço ordinário é dxdydz, o elemento de volume no espaço de velocidades é dv_x dv_y dv_z. A soma de todos os elementos de volume no espaço ordinário que ficam a uma distância r do centro é o volume da casca esférica de raio r e espessura dr. Esse volume é o produto de sua área superficial, $4\pi r^2$, e sua espessura dr, sendo, portanto, igual a $4\pi r^2$dr. De maneira semelhante, o volume análogo no espaço de velocidades é o volume de uma casca de raio v e espessura dv, a saber, $4\pi v^2$dv (Fig. 1B.3). Agora, como $f(v_x)f(v_y)f(v_z)$, o termo em azul na última equação, depende apenas de v^2, e tem o mesmo valor em todos os lugares em uma casca de raio v, a probabilidade total de as moléculas terem velocidade no intervalo entre v e v + dv é o produto do termo em azul pelo volume da casca de raio v e espessura dv.

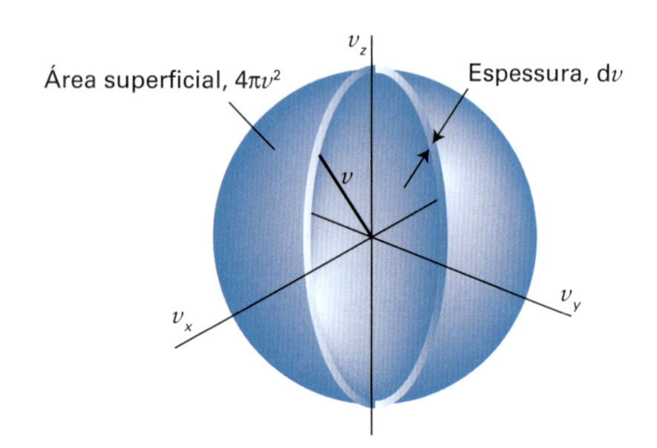

Figura 1B.3 Para calcularmos a probabilidade de uma molécula ter a velocidade com o seu módulo no intervalo entre v e v + dv, calculamos a probabilidade total de que a molécula tenha o vetor velocidade com a ponta sobre a superfície de uma casca esférica de raio $v=(v_x^2+v_y^2+v_z^2)^{1/2}$. Isso é feito somando-se as probabilidades de que ela esteja em um elemento de volume $dv_x dv_y dv_z$ a uma distância v da origem.

Se essa probabilidade for escrita como $f(v)dv$, então

$$f(v)dv = 4\pi v^2 dv\left(\frac{m}{2\pi kT}\right)^{3/2} e^{-mv^2/2kT}$$

e $f(v)$, após um pequeno rearranjo, é dado por

$$f(v) = 4\pi\left(\frac{m}{2\pi kT}\right)^{3/2} v^2 e^{-mv^2/2kT}$$

Como $m/k = M/R$, a expressão obtida é a Eq. 1B.4.

As características importantes da distribuição de Maxwell–Boltzmann são as que se seguem (e ilustradas na Fig. 1B.4):

Interpretação física

- A Eq. 1B.4 apresenta um decaimento exponencial (mais especificamente, uma função gaussiana). A presença desse termo implica que a fração de moléculas com velocidades muito altas é muito pequena, pois e^{-x^2} é muito pequeno para altos valores de x.
- O termo $M/2RT$ que aparece multiplicando v^2 no argumento da função exponencial é grande para valores elevados de massa molar, M. Assim, o termo exponencial vai mais rapidamente a zero para altos valores de M. Ou seja, é pouco provável que encontremos moléculas pesadas com velocidades muito altas.
- O caso oposto ocorre quando a temperatura, T, é alta: o termo $M/2RT$ na exponencial é pequeno. Assim, o termo exponencial decai de forma relativamente lenta para zero quando v aumenta. Ou seja, espera-se que uma maior fração de moléculas apresente altas velocidades em altas temperaturas do que em baixas temperaturas.

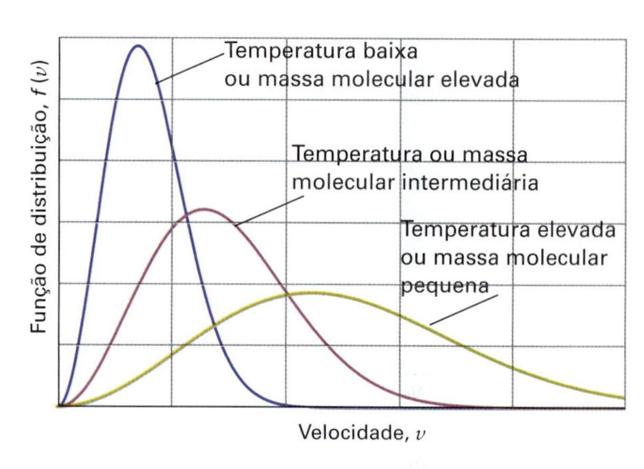

Figura 1B.4 Distribuição de velocidades das moléculas em função da temperatura e da massa molar. Observe que a velocidade mais provável (que corresponde ao máximo da curva de distribuição) aumenta com a temperatura e com a diminuição da massa molar. Simultaneamente, a curva da distribuição fica mais alargada.

- Existe um fator multiplicativo v^2 (que aparece antes de e). Este termo vai a zero quando v vai a zero; assim, a fração de moléculas com velocidades muito baixas também é muito pequena.
- Os demais termos (o termo entre parênteses na Eq. 1B.4 e o termo 4π) servem simplesmente para garantir que, quando se faz a soma das frações do número de moléculas sobre todo o intervalo de velocidades, de zero a infinito, obtém-se 1.

A distribuição de Maxwell foi verificada experimentalmente. Por exemplo, podem ser medidas velocidades moleculares diretamente com um seletor de velocidades (Fig. 1B.5). Os discos rotativos têm fendas que permitem a passagem de apenas aquelas moléculas que se movem através deles com velocidade apropriada, e o número de moléculas pode ser determinado coletando-as em um detector.

(c) Valores médios

Uma vez tendo a distribuição de Maxwell–Boltzmann, podemos calcular o valor médio de qualquer potência da velocidade pelo

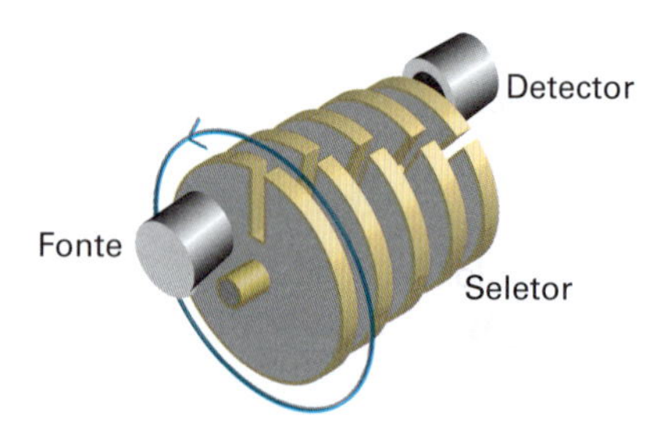

Figura 1B.5 Seletor de velocidades. Apenas as moléculas que fazem o trajeto a velocidades dentro de um intervalo estreito atravessam a sucessão de fendas, à medida que elas giram em posição.

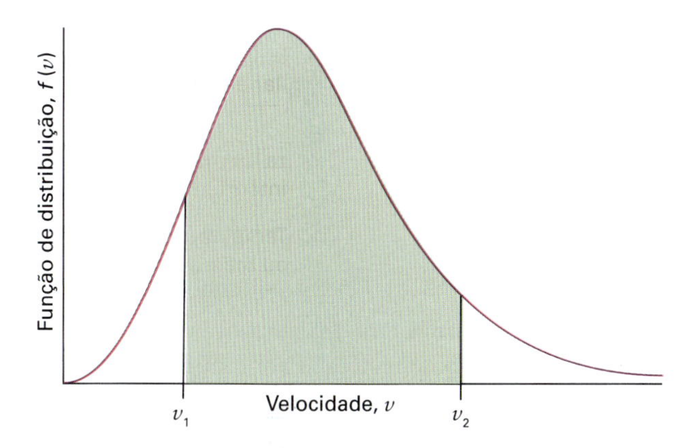

Figura 1B.6 Para calcularmos a probabilidade de uma molécula ter a velocidade no intervalo entre v_1 e v_2, integramos a função de distribuição entre esses dois limites. A integral é a área subtendida pela curva entre esses limites e que aparece sombreada na figura.

cálculo da integral apropriada. Por exemplo, para calcular a fração de moléculas no intervalo entre v_1 e v_2, calculamos a integral:

$$F(v_1,v_2)=\int_{v_1}^{v_2} f(v)\mathrm{d}v \qquad (1B.6)$$

Essa integral corresponde à área subtendida pela curva de f em função de v, e, exceto em casos especiais, tem que ser avaliada numericamente usando-se softwares matemáticos (Fig. 1B.6). Para avaliar o valor médio de v^n, calculamos

$$\langle v^n \rangle=\int_{0}^{\infty} v^n f(v)\mathrm{d}v \qquad (1B.7)$$

Em particular, a integração com n = 2 resulta na Eq. 1B.3 para a velocidade quadrática média $\langle v^2 \rangle$ das moléculas a uma temperatura T. Podemos concluir que a raiz quadrada da velocidade quadrática média das moléculas de um gás é proporcional à raiz quadrada da temperatura e inversamente proporcional à raiz quadrada da massa molar. Isto é, quanto mais alta for a temperatura, maior será a raiz quadrada da velocidade quadrática média das moléculas, e, em uma determinada temperatura, as moléculas pesadas se deslocam mais lentamente do que as moléculas leves. As ondas sonoras são ondas de pressão, e, para que se propaguem, as moléculas do gás têm que se deslocar de regiões de alta pressão para regiões de baixa pressão. Portanto, é, razoável esperar que a raiz da velocidade quadrática média das moléculas seja comparável à velocidade do som no ar (340 m s^{-1}). Conforme vimos, a raiz da velocidade quadrática média das moléculas de N_2, por exemplo, é 515 m s^{-1} a 298 K.

Exemplo 1B.1 Cálculo da velocidade média das moléculas em um gás

Calcule a velocidade média, $v_{\text{média}}$, das moléculas de N_2 no ar, a 25 °C.

Método O valor médio da velocidade é calculado pela integral

$$v_{\text{média}}=\int_0^{\infty} v f(v)\mathrm{d}v$$

com $f(v)$ dada pela Eq. 1B.4. Utilize um programa matemático ou as integrais-padrão na *Seção de dados*.

Resposta A integral desejada é dada por

$$v_{\text{média}}=4\pi\left(\frac{M}{2\pi RT}\right)^{3/2}\int_0^{\infty} v^3 \mathrm{e}^{-mv^2/2kT}\mathrm{d}v$$

$$\overset{\text{Integral G.4}}{=} 4\pi\left(\frac{M}{2\pi RT}\right)^{3/2}\times\frac{1}{2}\left(\frac{2RT}{M}\right)^{1/2}=\left(\frac{8RT}{\pi M}\right)^{1/2}$$

A substituição dos valores numéricos leva a

$$v_{\text{média}}=\left(\frac{8\times(8{,}3145\,\mathrm{J\,K^{-1}\,mol^{-1}})\times(298\,\mathrm{K})}{\pi\times(28{,}02\times10^{-3}\,\mathrm{kg\,mol^{-1}})}\right)^{1/2}=475\,\mathrm{m\,s^{-1}}$$

em que usamos 1 J = 1 kg m^2 s^{-2} (a diferença do valor anterior de 474 é devida a efeitos de arredondamento do cálculo; este valor é mais acurado).

Exercício proposto 1B.2 Calcule, por integração, a raiz quadrada da velocidade quadrática média das moléculas. Utilize um programa matemático ou uma integral-padrão da *Seção de dados*.

Resposta: $v_{\text{rvqm}}=(3RT/M)^{1/2}=515\,\mathrm{m\,s^{-1}}$

Como mostra o *Exemplo* 1B.1, podemos usar a distribuição de Maxwell–Boltzmann para o cálculo da **velocidade média**, $v_{\text{média}}$, das moléculas de um gás:

$$v_{\text{média}}=\left(\frac{8RT}{\pi M}\right)^{1/2}=\left(\frac{8}{3\pi}\right)^{1/2}v_{\text{rvqm}} \qquad \textit{Gás perfeito} \quad \text{Velocidade média} \qquad (1B.8)$$

Podemos obter a **velocidade mais provável**, v_{mp}, a partir da localização do pico da distribuição:

$$v_{\text{mp}}=\left(\frac{2RT}{M}\right)^{1/2}=\left(\frac{2}{3}\right)^{1/2}v_{\text{rvqm}} \qquad \textit{Gás perfeito} \quad \text{Velocidade mais provável} \qquad (1B.9)$$

A localização do pico da distribuição é determinada diferenciando f em relação a v e, a seguir, procurando o valor de v em que a derivada é igual a zero (valor diferente de v = 0 e v = ∞); veja o Problema 1B.3. A Fig. 1B.7 resume esses resultados e alguns valores numéricos foram calculados na *Breve ilustração* 1B.1.

A **velocidade relativa média**, v_{rel}, isto é, a velocidade média com que uma molécula se aproxima de outra do mesmo tipo, também pode ser calculada pela distribuição de velocidades:

$$v_{\text{rel}}=2^{1/2}v_{\text{média}} \qquad \textit{Gás perfeito, moléculas idênticas} \quad \text{Velocidade relativa média} \qquad (1B.10a)$$

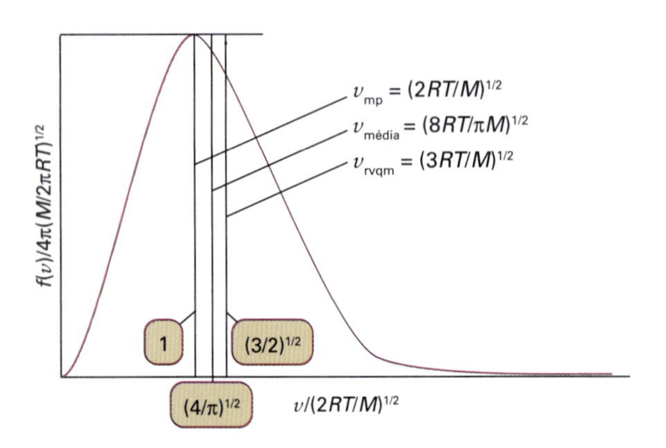

Figura 1B.7 Resumo dos resultados obtidos da distribuição de Maxwell para moléculas de um gás de massa molar M, na temperatura T: v_{mp} é a velocidade mais provável, $v_{média}$ é a velocidade média e v_{rvqm} é a raiz quadrada da velocidade quadrática média.

Esse resultado é bastante difícil de deduzir, mas o diagrama da Fig. 1B.8 ajuda a mostrar que é razoável. Para moléculas de massas diferentes m_A e m_B, a velocidade relativa média é dada por:

$$v_{rel} = \left(\frac{8kT}{\pi\mu}\right)^{1/2} \quad \mu = \frac{m_A m_B}{m_A + m_B}$$ *Gás perfeito* Velocidade relativa média (1B.10b)

Figura 1B.8 Versão simplificada do raciocínio para mostrar como a velocidade relativa média das moléculas de um gás está relacionada com a velocidade média. Quando as moléculas se deslocam no mesmo sentido, a velocidade relativa média é nula; quando as moléculas se aproximam umas das outras, é $2v$. Uma direção média típica de aproximação é lateral, e a velocidade média desta aproximação é $2^{1/2}v$. Esta situação é a mais característica, de modo que se espera que a velocidade relativa média seja cerca de $2^{1/2}v$. O resultado é confirmado com raciocínio mais rigoroso.

Breve ilustração 1B.2 Velocidades moleculares relativas

Vimos (na *Breve ilustração* 1B.1) que a velocidade rvqm das moléculas de N_2, a 25 °C, é 515 m s^{-1}. Segue da Eq. 1B.10 que sua velocidade relativa média é

$$v_{rel} = 2^{1/2} \times (515\,\text{m s}^{-1}) = 728\,\text{m s}^{-1}$$

Exercício proposto 1B.3 Qual é a velocidade relativa média das moléculas de N_2 e de H_2 em um gás, a 25 °C?

Resposta: 1,83 km s^{-1}

1B.2 Colisões

O modelo cinético permite uma análise mais quantitativa de um gás como um conjunto de moléculas em movimento incessante e em colisão. Em particular, permite o cálculo da frequência das colisões entre as moléculas e da distância percorrida, em média, por uma molécula entre duas colisões sucessivas.

(a) A frequência de colisão

Embora a teoria cinética molecular admita que as moléculas sejam pontuais, podemos considerar como uma "colisão" sempre que os centros de duas moléculas ficam à distância d um do outro. O parâmetro d é o diâmetro de colisão e é da ordem de grandeza do diâmetro real das moléculas (no caso de moléculas rígidas, impenetráveis e esféricas, d é o diâmetro de cada esfera). Como se mostra na *Justificativa* a seguir, podemos usar a teoria cinética para deduzir que a **frequência de colisão**, z, o número de colisões efetuadas por uma molécula dividido pelo intervalo de tempo durante o qual as colisões são contadas, quando existem N moléculas em um volume V, é dado por

$$z = \sigma v_{rel} \mathcal{N}$$ *Gás perfeito* Frequência de colisão (1B.11a)

com $\mathcal{N} = N/V$, a densidade numérica, e v_{rel} dada pela Eq. 1B.10. A área $\sigma = \pi d^2$ é denominada **seção eficaz de colisão** das moléculas. A Tabela 1B.1 apresenta algumas seções eficazes de colisão para algumas moléculas. Em termos da pressão (conforme é também mostrado na *Justificativa* a seguir),

$$z = \frac{\sigma v_{rel} p}{kT}$$ *Gás perfeito* Frequência de colisão (1B.11b)

Tabela 1B.1* Seções eficazes de colisão, σ/nm^2

	σ/nm^2
C_6H_6	0,88
CO_2	0,52
He	0,21
N_2	0,43

* Outros valores são elencados na *Seção de dados*.

Justificativa 1B.3 A frequência de colisão segundo o modelo cinético

Considere as posições de todas as moléculas, exceto a daquela a ser congelada. Então, observe o que acontece assim que uma molécula móvel se desloca através do gás com uma velocidade

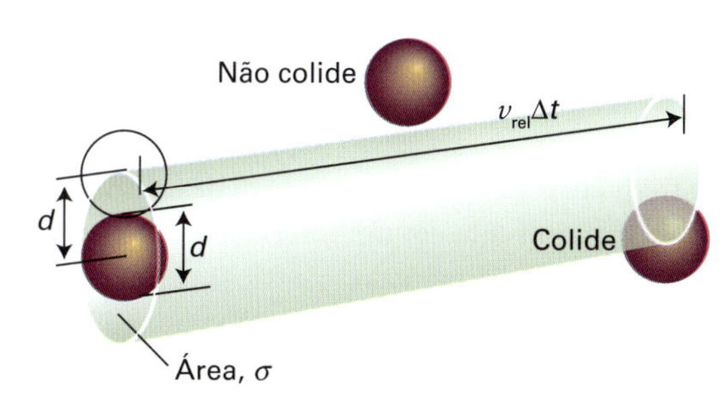

Figura 1B.9 Cálculo da frequência de colisão e do livre percurso médio na teoria cinética dos gases.

relativa média v_{rel} durante um tempo Δt. Neste processo, ela varre um "tubo de colisão" com uma seção de área $\sigma = \pi d^2$ e, portanto, com um volume $\sigma v_{rel}\Delta t$ (Fig. 1B.9). O número de moléculas estacionárias com centros no interior do tubo de colisão é dado pelo volume do tubo multiplicado pela densidade numérica $\mathcal{N} = N/V$, e é $\mathcal{N}\sigma v_{rel}\Delta t$. O número de colisões contadas no intervalo Δt é igual a esse número, de modo que o número de colisões dividido pelo intervalo de tempo é $\mathcal{N}\sigma v_{rel}$, que é a Eq. 1B.11a. A expressão, em termos da pressão do gás, é obtida usando-se a equação do gás perfeito para escrever

$$\mathcal{N} = \frac{N}{V} = \frac{nN_A}{V} = \frac{nN_A}{nRT/p} = \frac{p}{kT}$$

A Eq. 1B.11a mostra que, a volume constante, a frequência de colisão aumenta quando a temperatura do gás se eleva. A Eq. 1B.11b mostra que, a temperatura constante, a frequência de colisão é proporcional à pressão. Esta proporcionalidade é razoável, pois quanto maior for a pressão, maior será a densidade numérica de moléculas do gás e maior será a velocidade com que as moléculas colidem, mesmo que não ocorra modificação da velocidade média.

Breve ilustração 1B.3 Colisões moleculares

Para uma molécula de N_2 em uma amostra a 1,00 atm (101 kPa) e 25 °C, sabemos da *Breve ilustração* 1B.2 que v_{rel} = 728 m s^{-1}. Portanto, da Eq. 1B.11b, e considerando-se σ = 0,45 nm^2 (correspondendo a 0,45 × 10^{-18} m^2) da Tabela 1B.1,

$$z = \frac{(0{,}43\times10^{-18}\,\text{m}^2)\times(728\,\text{m s}^{-1})\times(1{,}01\times10^5\,\text{Pa})}{(1{,}381\times10^{-23}\,\text{J K}^{-1})\times(298\,\text{K})}$$
$$= 7{,}7\times10^9\,\text{s}^{-1}$$

de modo que uma dada molécula colide cerca de 8 × 10^9 vezes a cada segundo. Estamos começando a compreender a escala de tempo dos eventos nos gases.

Exercício proposto 1B.4 Calcule a frequência de colisão entre moléculas de H_2 em um gás nas mesmas condições.

Resposta: $4{,}1\times10^9\,\text{s}^{-1}$

(b) O livre percurso médio

Uma vez calculada a frequência de colisão, podemos calcular o **livre percurso médio**, λ (lambda), que é a distância que, em média, uma molécula percorre entre duas colisões sucessivas. Se uma molécula colide com uma frequência z, ela passa um tempo $1/z$ entre as colisões e, portanto, percorre uma distância $(1/z)v_{rel}$. Assim, o livre percurso médio é

$$\lambda = \frac{v_{rel}}{z}$$ *Gás perfeito* Livre percurso médio (1B.12)

Substituindo a expressão de z na Eq. 1B.11b, temos

$$\lambda = \frac{kT}{\sigma p}$$ *Gás perfeito* Livre percurso médio (1B.13)

A duplicação da pressão reduz o livre percurso médio à metade.

Breve ilustração 1B.4 O livre percurso médio

Na *Breve ilustração* 1B.2 observamos que v_{rel} = 728 m s^{-1} para moléculas de N_2 a 25 °C, e na *Breve ilustração* 1B.3 vimos que z = 7,7 × 10^9 s^{-1} quando a pressão é de 1,00 atm. Nessas circunstâncias, o livre percurso médio das moléculas de N_2 é

$$\lambda = \frac{728\,\text{m s}^{-1}}{7{,}7\times10^9\,\text{s}^{-1}} = 9{,}5\times10^{-8}\,\text{m}$$

ou 95 nm, cerca de 10^3 diâmetros moleculares.

Exercício proposto 1B.5 Calcule o livre percurso médio de moléculas de benzeno, a 25 °C, em uma amostra em que a pressão é de 0,10 atm.

Resposta: 460 nm

Embora a temperatura apareça na Eq. 1B.13, em uma amostra de gás mantida a volume constante, a pressão é proporcional a T, de modo que T/p permanece constante quando a temperatura se eleva. Por isso, o livre percurso médio é independente da temperatura em uma amostra de gás contida num recipiente de volume fixo. A distância percorrida entre as colisões é determinada pelo número de moléculas presentes em um determinado volume, e não pela velocidade com que elas se movimentam.

Em resumo, um gás típico (N_2 ou O_2), a 1 atm e 25 °C, pode ser imaginado como uma coleção de moléculas que se deslocam com velocidade média da ordem de 500 m s^{-1}. Cada molécula colide, em média, uma vez em cada 1 ns, e, entre as colisões, percorre uma distância da ordem de 10^3 diâmetros moleculares. O modelo cinético dos gases é válido (e o comportamento dos gases é quase perfeito) se o diâmetro das moléculas for muito menor do que o livre percurso médio ($d \ll \lambda$), pois, então, na maior parte do tempo, as moléculas estão afastadas umas das outras.

Conceitos importantes

- ☐ 1. O **modelo cinético** de um gás considera apenas a contribuição para a energia proveniente da energia cinética das moléculas.
- ☐ 2. Resultados importantes advindos do modelo incluem expressões para a pressão e para a **raiz quadrada da velocidade quadrática média**.
- ☐ 3. A **distribuição de velocidades de Maxwell-Boltzmann** dá a fração de moléculas que têm velocidades em um intervalo específico.
- ☐ 4. A **frequência de colisão** é o número de colisões efetuadas por uma molécula em um intervalo de tempo dividido pelo tamanho do intervalo.
- ☐ 5. O **livre percurso médio** é a distância média que uma molécula percorre entre colisões.

Equações importantes

Propriedade	Equação	Comentário	Número da equação
Pressão de um gás perfeito segundo o modelo cinético	$pV = \frac{1}{3}nMv_{\text{rvqm}}^2$	Modelo cinético	1B.1
Distribuição de velocidades de Maxwell-Boltzmann	$f(v) = 4\pi(M/2\pi RT)^{3/2}v^2 e^{-Mv^2/2RT}$		1B.4
Raiz quadrada da velocidade quadrática média de um gás perfeito	$v_{\text{rvqm}} = (3RT/M)^{1/2}$		1B.3
Velocidade média de um gás perfeito	$v_{\text{média}} = (8RT/\pi M)^{1/2}$		1B.8
Velocidade mais provável de um gás perfeito	$v_{\text{mp}} = (2RT/M)^{1/2}$		1B.9
Velocidade relativa média de um gás perfeito	$v_{\text{rel}} = (8kT/\pi\mu)^{1/2}$ $\mu = m_A m_B/(m_A + m_B)$		1B.10
Frequência de colisão em um gás perfeito	$z = \sigma v_{\text{rel}} p/kT$, $\sigma = \pi d^2$		1B.11
Livre percurso médio em um gás perfeito	$\lambda = v_{\text{rel}}/z$		1B.12

1C Gases reais

Tópicos

➤ Por que você precisa saber este assunto?

Os gases reais, aqueles que "realmente existem", diferem dos gases perfeitos, e é importante ser capaz de discutir suas propriedades. Além disso, os desvios do comportamento perfeito proporcionam elementos para compreender a natureza das interações entre as moléculas. Levar em conta essas interações é também uma introdução à técnica da construção de modelos em físico-química.

➤ Qual é a ideia fundamental?

Atrações e repulsões entre as moléculas de gás explicam as modificações das isotermas de um gás e explicam o comportamento crítico.

➤ O que você já deve saber?

Esta seção baseia-se e amplia a discussão de gases perfeitos na Seção 1A. A principal técnica matemática a ser utilizada é a diferenciação para identificar um ponto de inflexão de uma curva.

Os gases reais não obedecem exatamente à lei dos gases perfeitos, exceto no limite de $p \rightarrow 0$. Os desvios são particularmente importantes nas pressões elevadas e nas temperaturas baixas, especialmente quando o gás está a ponto de se condensar em um líquido.

1C.1 Desvios do comportamento perfeito

Os gases reais exibem desvios em relação à lei dos gases perfeitos porque as moléculas interagem umas com as outras. Deve-se ter em mente que as forças repulsivas entre as moléculas contribuem para a expansão e as forças atrativas, para a compressão.

As forças repulsivas são significativas somente quando as moléculas estão quase em contato; são interações de curto alcance, mesmo em uma escala medida em diâmetros moleculares (Fig. 1C.1). Em virtude de serem interações de curto alcance, as repulsões só se tornam significativas quando a separação média entre as moléculas é pequena. Este é o caso em pressão elevada, quando um grande número de moléculas ocupa um volume pequeno. Por outro lado, as forças intermoleculares atrativas têm alcance relativamente grande e são efetivas em distâncias de vários diâmetros

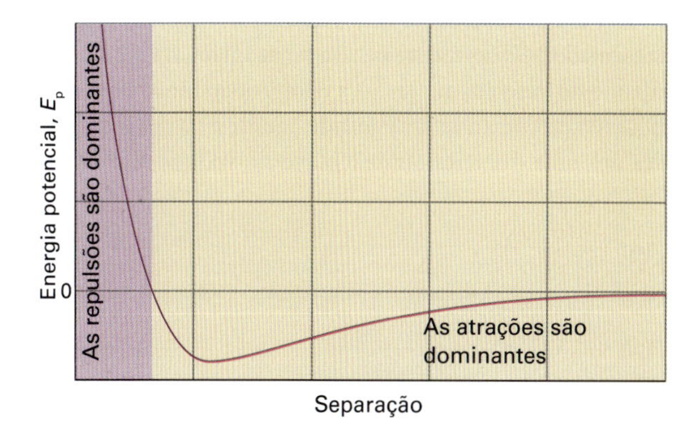

Figura 1C.1 Variação da energia potencial de duas moléculas em função da distância entre elas. A energia potencial muito grande, positiva, a distâncias muito pequenas, indica que as interações entre as moléculas são fortemente repulsivas nessas distâncias. Nas distâncias intermediárias, onde a energia potencial é negativa, as interações atrativas são dominantes. Em separações muito grandes (à direita), a energia potencial é nula e não há interação entre as moléculas.

moleculares. São importantes quando as moléculas estão relativamente próximas umas das outras, mas não necessariamente se tocando (nas separações intermediárias na Fig. 1C.1). As forças atrativas não são efetivas quando as moléculas estão muito separadas (bem à direita na Fig. 1C.1). As forças intermoleculares também são importantes quando a temperatura é tão baixa que as moléculas se movem com velocidades médias suficientemente pequenas para que uma possa ser capturada por outra.

As consequências dessas interações aparecem nas formas das isotermas experimentais (Fig. 1C.2). Em pressões baixas, quando a amostra do gás ocupa um volume grande, as moléculas estão, na maior parte do tempo, tão afastadas umas das outras que as forças intermoleculares não exercem nenhum papel significativo e o gás comporta-se praticamente como perfeito. Em pressões moderadas, quando a distância média de separação entre as moléculas é somente de alguns poucos diâmetros moleculares, as forças atrativas dominam as forças repulsivas. Neste caso, espera-se que o gás seja mais compressível que um gás perfeito, pois as forças contribuem para a aproximação das moléculas. Em pressões elevadas, quando as moléculas estão, em média, muito próximas umas das outras, as forças repulsivas dominam e espera-se que o gás seja menos compressível que um gás perfeito, pois, agora, as forças ajudam as moléculas a se separarem.

Analisemos agora o que ocorre quando comprimimos (reduzimos o volume de) uma amostra de gás, inicialmente no estado assinalado por A na Fig. 1C.2, a uma temperatura constante, pela ação de um pistão. Nas vizinhanças de A, a pressão do gás se eleva seguindo aproximadamente a lei de Boyle. Desvios grandes em relação a esta lei aparecem quando o volume atinge o do ponto B.

Em C (que corresponde a cerca de 60 atm para o dióxido de carbono), desaparece qualquer semelhança com o comportamento do gás perfeito, pois abruptamente o pistão se desloca sem provocar nenhum aumento de pressão: este comportamento está representado pelo segmento de reta horizontal CDE. O exame do conteúdo do vaso em que se faz a compressão mostra que pouco à esquerda de C aparece uma gota de líquido e há duas fases separadas por uma fronteira nítida. Quando o volume diminui de C passando por D até E, a quantidade de líquido aumenta. Não há resistência adicional ao deslocamento do pistão, pois o gás se condensa em resposta a esse deslocamento. A pressão correspondente ao segmento de reta CDE, quando o líquido e o vapor estão presentes em equilíbrio, é chamada de **pressão de vapor** do líquido na temperatura da experiência.

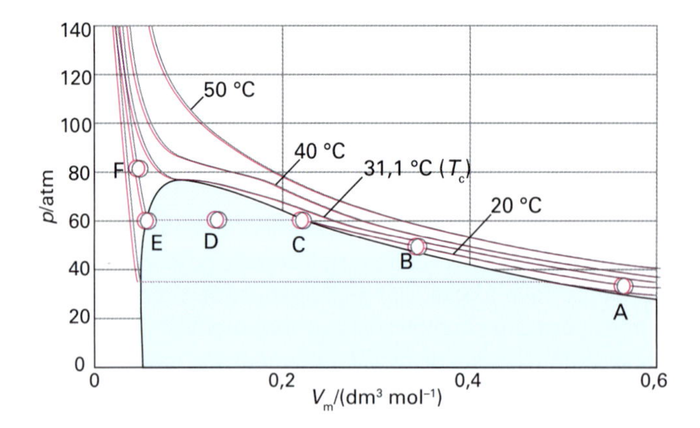

Figura 1C.2 Isotermas do dióxido de carbono obtidas experimentalmente em várias temperaturas. A "isoterma crítica", a isoterma na temperatura crítica, está a 31,1 °C.

Em E, a amostra está inteiramente liquefeita e o pistão está encostado na superfície do líquido. Para que haja redução do volume do líquido, é necessário exercer pressão muito grande, como é indicado pela reta acentuadamente ascendente à esquerda de E. Mesmo uma pequena diminuição de volume de E para F necessita de um grande aumento de pressão.

(a) O fator de compressibilidade

Como primeira etapa para tornar quantitativas as observações descritas introduzimos o **fator de compressibilidade**, Z, a razão entre o volume molar do gás, $V_m = V/n$, e o volume molar de um gás perfeito, V_m°, na mesma pressão e temperatura:

$$Z = \frac{V_m}{V_m^\circ} \qquad \textit{Definição} \quad \text{Fator de compressibilidade} \qquad (1C.1)$$

Como o volume molar de um gás perfeito é igual a RT/p, uma expressão equivalente é $Z = RT/pV_m^\circ$, que pode ser escrita como

$$pV_m = RTZ \qquad (1C.2)$$

Como para um gás perfeito $Z = 1$ em quaisquer condições, o desvio de Z em relação a 1 é uma medida do afastamento do gás em relação ao comportamento ideal.

A Fig. 1C.3 mostra alguns valores experimentais de Z. Em pressões muito baixas, todos os gases têm $Z \approx 1$ e comportam-se quase como perfeitos. Em pressões elevadas, todos os gases têm $Z > 1$, indicando que eles têm um volume molar maior do que um gás perfeito. As forças repulsivas são dominantes. Em pressões

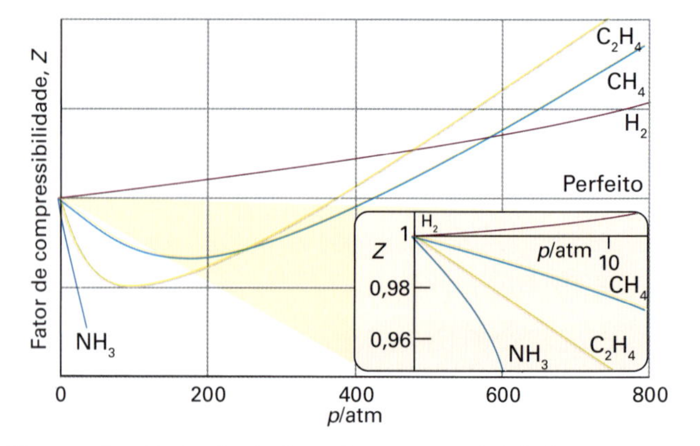

Figura 1C.3 Variação do fator de compressibilidade, Z, para diversos gases, em função da pressão a 0 °C. Para um gás perfeito, $Z = 1$ em todas as pressões. Observe que, embora as curvas tendam para 1 quando $p \rightarrow 0$, os seus coeficientes angulares são diferentes.

Breve ilustração 1C.1 O fator de compressibilidade

O volume molar de um gás perfeito, a 500 K e 100 bar, é $V_m^\circ = 0{,}416\,\text{dm}^3\,\text{mol}^{-1}$. O volume molar do dióxido de carbono, nas mesmas condições, é $V_m = 0{,}366\ \text{dm}^3\ \text{mol}^{-1}$. Então, a 500 K,

$$Z = \frac{0{,}366\,\text{dm}^3\,\text{mol}^{-1}}{0{,}416\,\text{dm}^3\,\text{mol}^{-1}} = 0{,}880$$

O fato de ser $Z < 1$ indica que as forças atrativas dominam as forças repulsivas nessas condições.

Exercício proposto 1C.1 O volume molar médio do ar, a 60 bar e 400 K, é 0,9474 $\text{dm}^3\ \text{mol}^{-1}$. São as atrações ou as repulsões que dominam?

Resposta: Repulsões

intermediárias, a maioria dos gases tem $Z < 1$, indicando que as forças atrativas estão reduzindo o volume molar em comparação com o de um gás perfeito.

(b) Coeficientes do virial

Vamos agora relacionar Z às isotermas experimentais da Fig. 1C.2. Em volumes molares grandes e temperaturas elevadas, as isotermas dos gases reais pouco diferem das isotermas do gás perfeito. As pequenas diferenças sugerem que a lei dos gases perfeitos seja, de fato, o primeiro termo de uma expressão do tipo

$$pV_m = RT(1 + B'p + C'p^2 + \cdots) \qquad \text{(1C.3a)}$$

Esta expressão é um exemplo de um procedimento comum em físico-química, em que uma expressão simples, considerada uma boa primeira aproximação (no caso, a expressão $pV = nRT$), é usada como o primeiro termo de uma série de potências de uma variável (no caso, p). Outra expansão em série, mais conveniente em várias aplicações, é

$$pV_m = RT\left(1 + \frac{B}{V_m} + \frac{C}{V_m^2} + \cdots\right) \qquad \text{Equação de estado do virial} \quad \text{(1C.3b)}$$

Essas duas expressões anteriores são versões da **equação de estado do virial**.[1] Comparando com a Eq. 1C.2, vemos que o termo entre parênteses na Eq. 1C.3b é simplesmente o fator de compressibilidade, Z.

Os coeficientes B, C, ..., que variam em função da temperatura, são os **coeficientes do virial** (segundo, terceiro etc.) (Tabela 1C.1); o primeiro coeficiente do virial é 1. O terceiro coeficiente do virial, C, é, em geral, menos importante que o segundo, B, pois, normalmente, se tem que $C/V_m^2 \ll B/V_m$. Os valores dos coeficientes do virial de um gás são determinados pela medição de seu fator de compressibilidade.

[1] Esse nome vem da palavra latina para força. Os coeficientes são algumas vezes representados por B_2, B_3, ...

Tabela 1C.1* Segundo coeficiente do virial, $B/(\text{cm}^3\ \text{mol}^{-1})$

	Temperatura	
	273 K	600 K
Ar	−21,7	11,9
CO_2	−149,7	−12,4
N_2	−10,5	21,7
Xe	−153,7	−19,6

* Outros valores podem ser vistos na *Seção de dados*.

Breve ilustração 1C.2 A equação de estado do virial

Para usar a Eq. 1C.3b (até o termo B) a fim de calcular a pressão exercida, a 100 K, por 0,104 mol de $O_2(g)$ em um recipiente de volume 0,225 dm^3, começamos calculando o volume molar:

$$V_m = \frac{V}{n_{O_2}} = \frac{0{,}225\,\text{dm}^3}{0{,}104\,\text{mol}} = 2{,}16\,\text{dm}^3\,\text{mol}^{-1} = 2{,}16\times10^{-3}\,\text{m}^3\,\text{mol}^{-1}$$

Em seguida, utilizando o valor de B determinado na Tabela 1C.1 da *Seção de dados*,

$$\begin{aligned} p &= \frac{RT}{V_m}\left(1 + \frac{B}{V_m}\right) \\ &= \frac{(8{,}3145\,\text{J}\,\text{mol}^{-1}\,\text{K}^{-1})\times(100\,\text{K})}{2{,}16\times10^{-3}\,\text{m}^3\,\text{mol}^{-1}}\left(1 - \frac{1{,}975\times10^{-4}\,\text{m}^3\,\text{mol}^{-1}}{2{,}16\times10^{-3}\,\text{m}^3\,\text{mol}^{-1}}\right) \\ &= 3{,}50\times10^5\,\text{Pa ou } 350\,\text{kPa} \end{aligned}$$

em que usamos 1 Pa = 1 J m^{-3}. A equação de estado dos gases perfeitos daria a pressão calculada como 385 kPa, ou 10% acima do valor calculado pelo uso da equação de estado do virial. O desvio é significativo, uma vez que, nessas condições, $B/V_m \approx 0{,}1$, que não é desprezível em relação a 1.

Exercício proposto 1C.2 Que pressão 4,56 g de gás nitrogênio em um recipiente de volume igual a 2,25 dm^3 exerceriam, a 273 K, caso obedecessem à equação de estado do virial?

Resposta: 104 kPa

Um aspecto importante é que, embora a equação de estado de um gás real possa coincidir com a de um gás perfeito quando $p \to 0$, nem todas as suas propriedades necessariamente coincidem com as de um gás perfeito nesse limite. Por exemplo, analisemos o valor de $\text{d}Z/\text{d}p$, o coeficiente angular das curvas no gráfico do fator de compressibilidade em função da pressão. Para um gás perfeito, $\text{d}Z/\text{d}p = 0$ (pois $Z = 1$ em todas as pressões), mas para um gás real obtemos a partir da Eq. 1C.3a:

$$\frac{\text{d}Z}{\text{d}p} = B' + 2pC' + \cdots \to B' \text{ quando } p \to 0 \qquad \text{(1C.4a)}$$

Entretanto, B' não é necessariamente igual a zero e, portanto, o coeficiente angular da curva de Z em função de p não se aproxima,

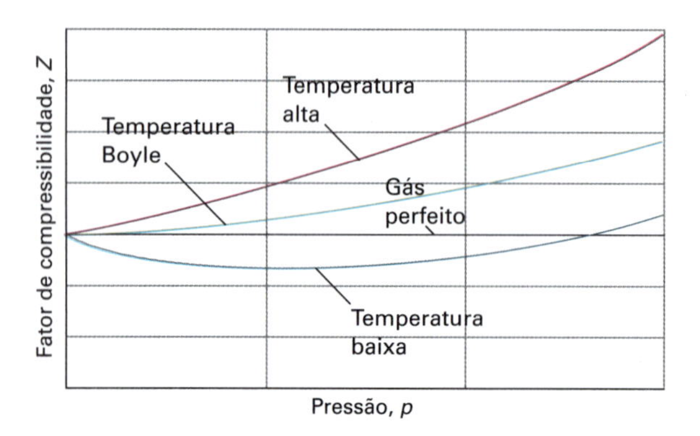

Figura 1C.4 O fator de compressibilidade, Z, se aproxima de 1 em baixas pressões, mas com diferentes coeficientes angulares. Para um gás perfeito, o coeficiente angular é nulo, mas para um gás real o coeficiente angular pode ter valores positivos ou negativos e pode variar com a temperatura. Na temperatura Boyle, o coeficiente angular é nulo e o gás se comporta como um gás perfeito sobre um intervalo de condições muito maior do que em outras temperaturas.

necessariamente, de 0 (o valor correspondente ao gás perfeito), como pode ser visto na Fig. 1C.4. Como muitas propriedades dos gases dependem das derivadas, as propriedades dos gases reais nem sempre coincidem com as do gás perfeito em pressões baixas. Raciocínio semelhante mostra que

$$\frac{\mathrm{d}Z}{\mathrm{d}(1/V_{\mathrm{m}})} \to B \text{ quando } V_{\mathrm{m}} \to \infty \qquad (1\mathrm{C}.4\mathrm{b})$$

Como os coeficientes do virial dependem da temperatura, pode haver uma temperatura em que $Z \to 1$ com o coeficiente angular nulo em pressões baixas ou volumes molares grandes (Fig. 1C.4). Nessa temperatura, que é chamada a **temperatura Boyle**, T_{B}, as propriedades do gás real coincidem com as do gás perfeito quando $p \to 0$. De acordo com a Eq. 1C.4b, o coeficiente angular de Z será nulo quando $p \to 0$ se $B = 0$; portanto, podemos concluir que $B = 0$ na temperatura Boyle. Segue-se então da Eq. 1C.3 que $pV_{\mathrm{m}} \approx RT_{\mathrm{B}}$ sobre uma faixa de pressões mais ampla do que em qualquer outra temperatura, pois o primeiro termo da equação do virial depois do 1 (isto é, do termo B/V_{m}) é nulo, e C/V_{m}^2 e os termos maiores são desprezivelmente pequenos. Para o hélio, $T_{\mathrm{B}} = 22{,}64$ K; para o ar, $T_{\mathrm{B}} = 364{,}8$ K. A Tabela 1C.2 mostra outros valores.

Tabela 1C.2* Constantes críticas dos gases

	p_c/atm	V_c/(cm^3 mol^{-1})	T_c/K	Z_c	T_{B}/K
Ar	48,0	75,3	150,7	0,292	411,5
CO_2	72,9	94,0	304,2	0,274	714,8
He	2,26	57,8	5,2	0,305	22,64
O_2	50,14	78,0	154,8	0,308	405,9

* Outros valores podem ser vistos na *Seção de dados*.

(c) Constantes críticas

A isoterma na temperatura T_c (304,19 K ou 31,04 °C para o CO_2) exerce um papel especial na teoria dos estados da matéria. Em uma isoterma pouco abaixo de T_c, o comportamento do gás é semelhante ao que já descrevemos: em certa pressão, há condensação do gás e as fases líquida e gasosa podem ser distinguidas por uma fronteira nítida. Entretanto, se a compressão for feita na própria temperatura T_c, não aparece a fronteira que separa as duas fases, e os volumes, em cada extremidade na parte horizontal da isoterma, se confundem em um único ponto, o **ponto crítico** do gás. A temperatura, a pressão e o volume molar no ponto crítico são chamados de **temperatura crítica**, T_c, **pressão crítica**, p_c, e **volume molar crítico**, V_c, da substância. As coordenadas p_c, V_c e T_c são as **constantes críticas** da substância (Tabela 1C.2).

Na temperatura crítica T_c e acima dela, a amostra tem uma única fase que ocupa todo o volume do recipiente. Esta fase é, por definição, um gás. Então, a fase líquida de uma substância não se forma acima da temperatura crítica. A única fase que enche todo o volume do recipiente quando $T > T_c$ pode ser muito mais densa do que normalmente se considera característica dos gases. Por isso, é preferível chamá-la de **fluido supercrítico**.

Breve ilustração 1C.3 A temperatura crítica

A temperatura crítica do oxigênio indica que é impossível produzir oxigênio líquido só por compressão quando sua temperatura for maior que 155 K. Para liquefazer o oxigênio — para obter uma fase fluida que não ocupe todo o volume —, a temperatura deve inicialmente ser reduzida até abaixo de 155 K e, em seguida, o gás deve ser comprimido isotermicamente.

Exercício proposto 1C.3 Em que condições nitrogênio líquido pode ser formado pela aplicação de pressão?

Resposta: Em $T < 126$ K

1C.2 A equação de van der Waals

As equações de estado do virial só proporcionam informações objetivas sobre o gás quando se inserem os valores particulares dos coeficientes. É interessante ter uma equação mais geral, embora menos precisa, válida para todos os gases. Nesse sentido, vamos considerar a equação de estado aproximada que foi proposta por J.D. van der Waals, em 1873. Esta equação é um excelente exemplo de uma expressão que pode ser obtida pela análise científica de um problema matemático complicado, mas fisicamente simples, ou seja, é um bom exemplo da "construção de um modelo".

(a) A formulação da equação

A **equação de van der Waals** é

$$p = \frac{nRT}{V - nb} - a\frac{n^2}{V^2} \qquad \text{Equação de estado de van der Waals} \qquad (1\mathrm{C}.5\mathrm{a})$$

e a respectiva dedução pode ser vista na *Justificativa* a seguir. Em termos do volume molar $V_m = V/n$, a equação é escrita frequentemente na forma

$$p=\frac{RT}{V_m-b}-\frac{a}{V_m^2} \qquad (1C.5b)$$

As constantes a e b são chamadas de **coeficientes de van der Waals**. Como pode ser depreendido da *Justificativa* 1C.1, a representa a intensidade das interações atrativas, e b, as interações repulsivas entre as moléculas. Eles são característicos de cada gás e independentes da temperatura (Tabela 1C.3). Apesar de a e b não serem propriedades moleculares precisamente definidas, eles se correlacionam com propriedades físicas como temperatura crítica, pressão de vapor e entalpia de vaporização, que refletem a intensidade das interações intermoleculares. Também é possível buscar correlações onde as forças intermoleculares são importantes. Por exemplo, o poder de certos anestésicos mostra uma correlação no sentido de que uma maior atividade é observada com menores valores de a (Fig. 1C.5)

Tabela 1C.3* Coeficientes de van der Waals

	$a/(\text{atm dm}^6\,\text{mol}^{-2})$	$b/(10^{-2}\,\text{dm}^3\,\text{mol}^{-1})$
Ar	1,337	3,20
CO_2	3,610	4,29
He	0,0341	2,38
Xe	4,137	5,16

* Outros valores podem ser vistos na *Seção de dados*.

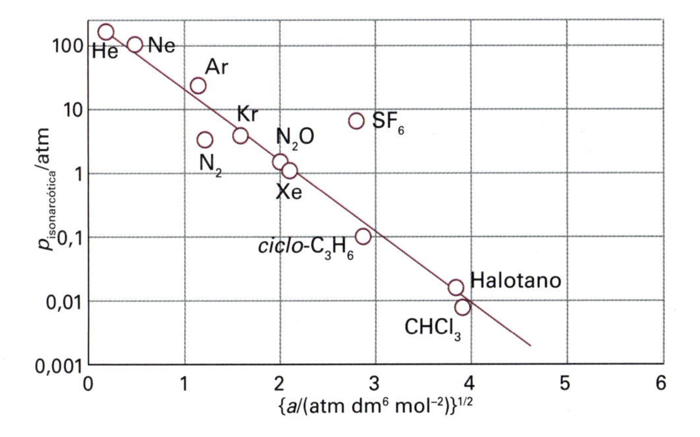

Figura 1C.5 A correlação entre a eficiência de um gás como anestésico e o parâmetro a de van der Waals. (Baseado em R.J. Wulf e R.M. Featherstone, *Anesthesiology*, **18**, 97 (1957).) A pressão isonarcótica é a pressão necessária para produzir o mesmo grau de anestesia.

Justificativa 1C.1 A equação de estado de van der Waals

As interações repulsivas entre as moléculas do gás são levadas em conta admitindo-se que elas fazem com que as moléculas se comportem como esferas pequenas, rígidas e impenetráveis. O fato de o volume das moléculas não ser nulo implica que, em vez de se moverem em um volume V, elas estão restritas a um volume menor $V - nb$, em que nb é, aproximadamente, o volume total ocupado pelas próprias moléculas. Esta discussão sugere que a lei dos gases perfeitos, $p = nRT/V$, deve ser substituída por

$$p=\frac{nRT}{V-nb}$$

quando as repulsões forem significativas. Para calcular o volume excluído observamos que a menor distância entre os centros de duas moléculas, que são consideradas esferas rígidas de raio r e volume $V_{\text{molécula}} = \frac{4}{3}\pi r^3$, é $2r$. Logo, o volume excluído é $\frac{4}{3}\pi(2r)^3$, ou $8V_{\text{molécula}}$. O volume excluído por molécula é metade deste volume ou $4V_{\text{molécula}}$, de modo que $b \approx 4V_{\text{molécula}}N_A$.

A pressão do gás depende da frequência das colisões com as paredes e da força de cada colisão. A frequência das colisões e a respectiva força são reduzidas pelas forças atrativas, que atuam com uma intensidade proporcional à concentração molar, n/V, das moléculas na amostra do gás. Portanto, como a frequência e a força das colisões são reduzidas pelas forças atrativas, a pressão é reduzida proporcionalmente ao quadrado da concentração molar. Se a redução da pressão for escrita como $a(n/V)^2$, em que a é uma constante positiva característica de cada gás, os efeitos combinados das forças repulsivas e atrativas se exprimem pela equação de estado de van der Waals, representada pela Eq. 1C.5.

Nesta *Justificativa*, a equação de van der Waals foi deduzida com argumentos vagos sobre volumes das moléculas e efeitos de forças intermoleculares. É possível deduzi-la de outras maneiras, mas o método adotado tem a vantagem de mostrar como deduzir a forma de uma equação a partir de ideias gerais. A dedução também tem a vantagem de manter um significado impreciso para os coeficientes a e b: é muito melhor considerá-los parâmetros empíricos do que propriedades moleculares precisamente definidas.

Exemplo 1C.1 Estimativa do volume molar pela equação de van der Waals

Estime o volume molar do CO_2, a 500 K e 100 atm, admitindo que o gás se comporta como um gás de van der Waals.

Método Precisamos encontrar uma expressão para o volume molar resolvendo a equação de van der Waals, Eq. 1C.5b. Para isso, multiplicamos ambos os lados da equação por $(V_m - b)V_m^2$, obtendo

$$(V_m - b)V_m^2\, p = RTV_m^2 - (V_m - b)a$$

Depois dividimos por p e juntamos os termos de mesma potência, obtendo

$$V_m^3 - \left(b + \frac{RT}{p}\right)V_m^2 + \left(\frac{a}{p}\right)V_m - \frac{ab}{p} = 0$$

Embora as raízes de uma equação do terceiro grau possam ser expressas em forma fechada (analiticamente), as fórmulas são bastante complicadas. A menos que as soluções analíticas sejam essenciais, é mais conveniente resolver a equação usando programas comerciais. Calculadoras gráficas também podem ser úteis para ajudar na identificação da raiz aceitável.

Resposta De acordo com a Tabela 1C.3, $a = 3{,}592$ dm^6 atm mol^{-2} e $b = 4{,}267 \times 10^{-2}$ dm^3 mol^{-1}. Nas condições mencionadas tem-se $RT/p = 0{,}410$ dm^3 mol^{-1}. Então os coeficientes da equação para V_m são

$$b + RT/p = 0{,}453\,\text{dm}^3\,\text{mol}^{-1}$$
$$a/p = 3{,}61 \times 10^{-2}(\text{dm}^3\,\text{mol}^{-1})^2$$
$$ab/p = 1{,}55 \times 10^{-3}(\text{dm}^3\,\text{mol}^{-1})^3$$

Portanto, fazendo $x = V_m/(\text{dm}^3\,\text{mol}^{-1})$, a equação a resolver é

$$x^3 - 0{,}453x^2 + (3{,}61 \times 10^{-2})x - (1{,}55 \times 10^{-3}) = 0$$

A raiz aceitável é $x = 0{,}366$ (Fig. 1C.6), o que significa que $V_m = 0{,}366$ dm^3 mol^{-1}. Para um gás perfeito nas mesmas condições, o volume molar é de 0,410 dm^3 mol^{-1}.

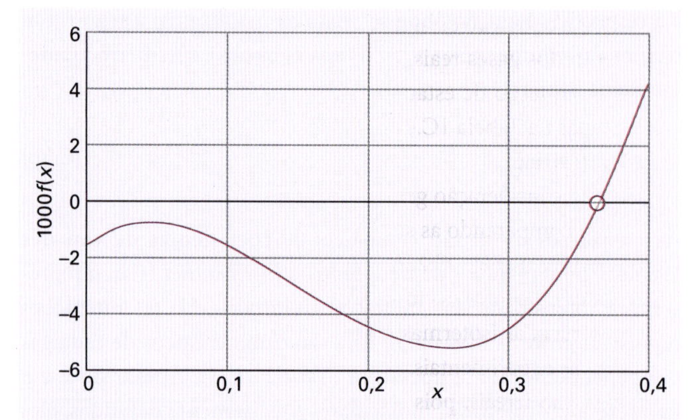

Figura 1C.6 Solução gráfica da equação cúbica para V no Exemplo 1C.1.

Exercício proposto 1C.4 Calcule o volume molar do argônio, a 100 °C e 100 atm, na hipótese de o gás ser um gás de van der Waals.

Resposta: 0,298 dm^3 mol^{-1}

(b) As características da equação

Vamos agora examinar a exatidão com que a equação de van der Waals traduz o comportamento dos gases reais. Seria uma posição muito otimista a de esperar que uma única e simples expressão fosse a verdadeira equação de estado de todas as substâncias gasosas. Nos trabalhos de grande exatidão envolvendo gases, é indispensável lançar mão da equação do virial, usar valores tabelados dos coeficientes em várias temperaturas e analisar numericamente os sistemas. A vantagem da equação de van der Waals, no entanto, é ser analítica (isto é, ser expressa simbolicamente) e

Tabela 1C.4 Algumas equações de estado

	Equação	Forma reduzida*	Constantes críticas		
			p_c	V_c	T_c
Gás perfeito	$p = \dfrac{nRT}{V}$				
van der Waals	$p = \dfrac{nRT}{V - nb} - \dfrac{n^2a}{V^2}$	$p_r = \dfrac{8T_r}{3V_r - 1} - \dfrac{3}{V_r^2}$	$\dfrac{a}{27b^2}$	$3b$	$\dfrac{8a}{27bR}$
Berthelot	$p = \dfrac{nRT}{V - nb} - \dfrac{n^2a}{TV^2}$	$p_r = \dfrac{8T_r}{3V_r - 1} - \dfrac{3}{T_rV_r^2}$	$\dfrac{1}{12}\left(\dfrac{2aR}{3b^3}\right)^{1/2}$	$3b$	$\dfrac{2}{3}\left(\dfrac{2a}{3bR}\right)^{1/2}$
Dieterici	$p = \dfrac{nRTe^{-aRTV/n}}{V - nb}$	$p_r = \dfrac{T_r e^{2(1-1/T_rV_r)}}{2V_r - 1}$	$\dfrac{a}{4e^2b^2}$	$2b$	$\dfrac{a}{4bR}$
Virial	$p = \dfrac{nRT}{V}\left\{1 + \dfrac{nB(T)}{V} + \dfrac{n^2C(T)}{V^2} + \cdots\right\}$				

* Variáveis reduzidas estão definidas na Seção 1C.2(c). As equações de estado são às vezes expressas em termos do volume molar, $V_m = V/n$.

possibilitar a obtenção de algumas conclusões gerais sobre o comportamento dos gases reais. Quando a equação falha, temos que usar outra equação de estado que tenha sido proposta (algumas estão listadas na Tabela 1C.4), inventar uma nova ou voltar para a equação do virial.

Com esta consideração geral, podemos analisar a fidedignidade da equação comparando as suas isotermas com as isotermas experimentais vistas na Fig. 1C.2. As Figs. 1C.7 e 1C.8 mostram algumas isotermas calculadas. Exceto quanto às oscilações abaixo da temperatura crítica, as isotermas de van der Waals são bastante parecidas com as experimentais. As oscilações, as **ondulações de van der Waals**, são irreais, pois sugerem que, em certas condições, o aumento de pressão provoca aumento de volume. Por isso, elas são substituídas por segmentos de reta horizontais, traçados de modo

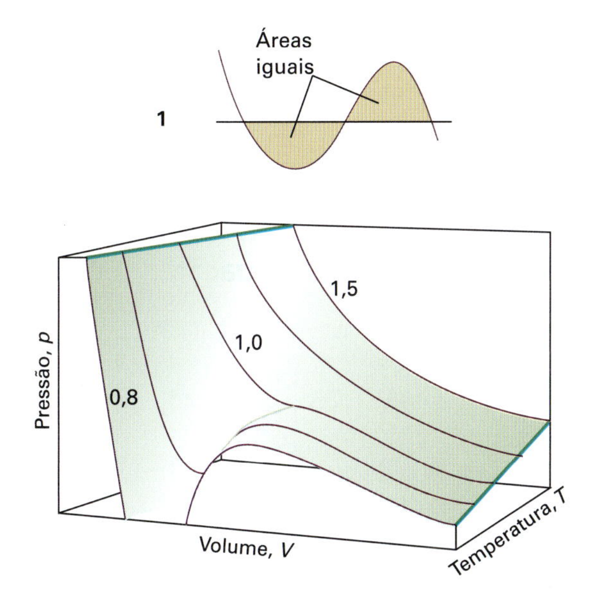

Figura 1C.7 Superfície dos estados possíveis permitidos pela equação de van der Waals. Compare esta superfície com a que é mostrada na Fig. 1C.8.

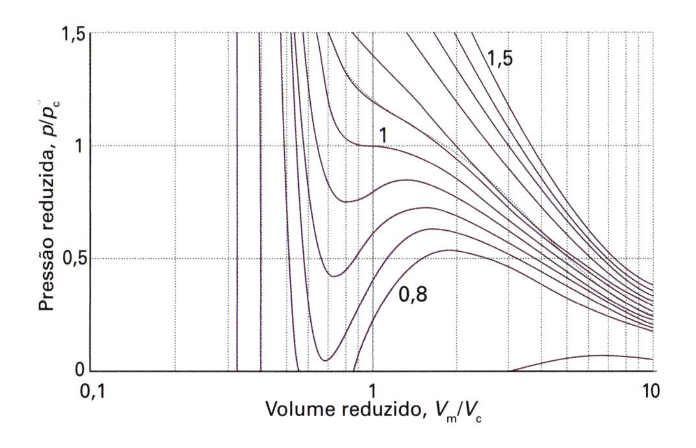

Figura 1C.8 Isotermas de van der Waals em diversos valores de T/T_c. Compare estas curvas com as da Fig. 1C.2. As ondulações de van der Waals são normalmente substituídas por segmentos retilíneos horizontais. A isoterma crítica é a isoterma para $T/T_c = 1$.

que as áreas subtendidas sobre e sob as retas sejam iguais. Este procedimento é chamado **construção de Maxwell (1)**. Os coeficientes de van der Waals, como os da Tabela 1C.3, por exemplo, são determinados pelo ajuste das curvas calculadas às curvas experimentais.

As principais características da equação de van der Waals podem ser resumidas como segue.

1. Nas temperaturas elevadas e nos volumes molares grandes, obtêm-se as isotermas do gás perfeito.

Quando a temperatura é alta, RT pode ser tão grande que o primeiro termo da Eq. 1C.5b é muito maior do que o segundo. Além disso, se o volume molar for grande (isto é, se $V_m \gg b$), o denominador é $V_m - b \approx V_m$. Nessas condições, a equação se reduz à equação do gás perfeito, $p = RT/V_m$.

2. Os líquidos e os gases coexistem quando os efeitos de coesão e os de dispersão estão equilibrados.

As ondulações de van der Waals ocorrem quando os dois termos da Eq. 1C.5b têm valores semelhantes. O primeiro termo provém da energia cinética das moléculas e das interações repulsivas moleculares; o segundo representa o efeito das interações atrativas.

3. As constantes críticas estão relacionadas com os coeficientes de van der Waals.

Quando $T < T_c$, as isotermas calculadas de van der Waals oscilam, e cada uma delas passa por um mínimo seguido por um máximo. Estes pontos extremos convergem quando $T \to T_c$ e coincidem em $T = T_c$; no ponto crítico, a curva tem uma inflexão com tangente horizontal (**2**). Das propriedades das curvas, sabe-se que uma inflexão deste tipo ocorre quando a primeira e a segunda derivadas são iguais a zero. Logo, as constantes críticas podem ser determinadas calculando-se essas derivadas e igualando-as a zero no ponto crítico:

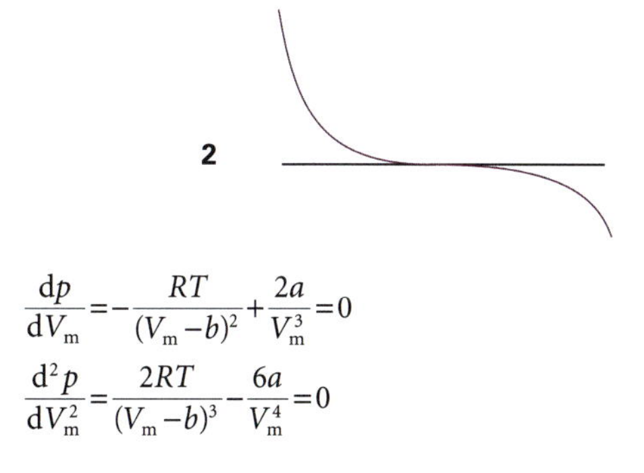

$$\frac{dp}{dV_m} = -\frac{RT}{(V_m - b)^2} + \frac{2a}{V_m^3} = 0$$

$$\frac{d^2p}{dV_m^2} = \frac{2RT}{(V_m - b)^3} - \frac{6a}{V_m^4} = 0$$

As soluções dessas duas equações (usando-se a Eq. 1C.5b para calcular p_c a partir de V_c e T_c) são

$$V_c = 3b \qquad p_c = \frac{a}{27b^2} \qquad T_c = \frac{8a}{27Rb} \tag{1C.6}$$

Essas relações fornecem uma rota alternativa para a determinação de a e b a partir dos valores das constantes críticas. Elas podem ser testadas observando-se que se prevê que o **fator de compressibilidade no ponto crítico**, Z_c, é igual a

$$Z_c = \frac{p_c V_c}{RT_c} = \frac{3}{8} \quad (1C.7)$$

para qualquer gás que possa ser descrito pela equação de van der Waals nas proximidades de seu ponto crítico. A Tabela 1C.2 mostra que, embora $Z_c < \frac{3}{8} = 0{,}375$, ele é aproximadamente constante (e igual a 0,3) para qualquer gás e que a discrepância é razoavelmente pequena.

Breve ilustração 1C.4 Critérios para o comportamento de gás perfeito

Para o benzeno, $a = 18{,}57$ atm dm^6 mol^{-2} (1,882 Pa m^6 mol^{-2}) e $b = 0{,}1193$ dm^3 mol^{-1} ($1{,}193 \times 10^{-4}$ m^3 mol^{-1}); seu ponto de ebulição normal é 353 K. Tratado como gás perfeito, em $T = 400$ K e $p = 1{,}0$ atm, o vapor de benzeno tem um volume molar de $V_m = RT/p = 33$ dm mol^{-1}, de modo que o critério $V_m \gg b$ para comportamento do gás perfeito é satisfeito. Assim, $a/V_m^2 \approx 0{,}017\,\text{atm}$, que é 1,7% de 1,0 atm. Portanto, podemos esperar que o vapor de benzeno desvie apenas ligeiramente do comportamento de gás perfeito para esses valores de temperatura e pressão.

Exercício proposto 1C.5 O gás argônio pode ser tratado como gás perfeito a 400 K e 3,0 atm?

Resposta: Sim

(c) O princípio dos estados correspondentes

Uma importante técnica geral em ciência para comparar as propriedades de objetos é a de usar escalas relativas de grandezas com base numa grandeza semelhante que tenha um caráter fundamental. Vimos que as constantes críticas são propriedades características de cada gás, de modo que talvez se possam estabelecer escalas usando-as como unidades de medida. A partir dessa ideia, são introduzidas, portanto, as **coordenadas reduzidas** adimensionais de um gás, dividindo-se a coordenada real do gás pela constante crítica correspondente:

$$V_r = \frac{V_m}{V_c} \quad p_r = \frac{p}{p_c} \quad T_r = \frac{T}{T_c} \quad \textit{Definição} \quad \text{Coordenadas reduzidas} \quad (1C.8)$$

Se a pressão reduzida de um gás é fornecida, a sua pressão pode ser facilmente calculada pela relação $p = p_r p_c$, e relações semelhantes são usadas para o cálculo do volume e da temperatura. van der Waals, que propôs pela primeira vez esse procedimento, esperava que os gases confinados no mesmo volume reduzido, V_r, na mesma temperatura reduzida, T_r, tivessem a mesma pressão reduzida, p_r. Em grande parte, essa expectativa se confirmou (Fig. 1C.9). A figura mostra a dependência do fator de compressibilidade em relação à pressão reduzida, em várias temperaturas reduzidas, para diversos gases. O êxito do procedimento é perfeitamente claro: compare este gráfico com o da Fig. 1C.3, que usa os mesmos dados mas não as variáveis reduzidas. A observação de que gases reais diferentes em estados com o mesmo volume reduzido e na mesma temperatura reduzida têm a mesma pressão

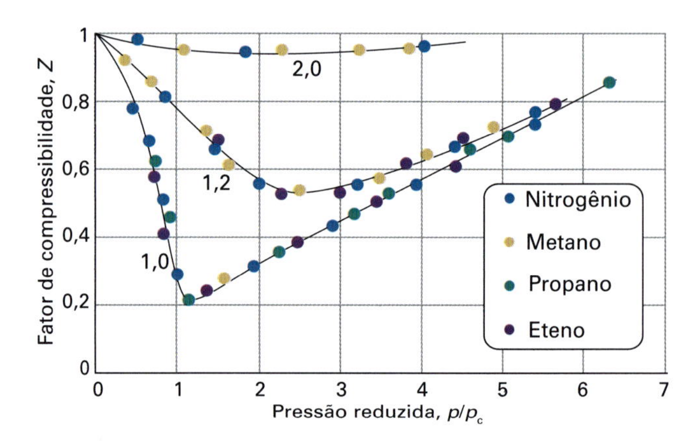

Figura 1C.9 Gráfico do fator de compressibilidade de quatro gases representado na Fig. 1C.3 usando coordenadas reduzidas. As curvas estão assinaladas com a temperatura reduzida $T_r = T/T_c$. O uso de coordenadas reduzidas faz com que as curvas individuais de cada gás sejam reunidas em uma única curva.

Breve ilustração 1C.5 Estados correspondentes

As constantes críticas do argônio e do dióxido de carbono são dadas na Tabela 1C.2. Suponha que o argônio esteja a 23 atm e 200 K; ele tem pressão e temperatura reduzidas

$$p_r = \frac{23\,\text{atm}}{48{,}0\,\text{atm}} = 0{,}48 \qquad T_r = \frac{200\,\text{K}}{150{,}7\,\text{K}} = 1{,}33$$

Para o dióxido de carbono estar em um estado correspondente, sua pressão e temperatura teriam que ser

$$p = 0{,}48 \times (72{,}9\,\text{atm}) = 35\,\text{atm} \qquad T = 1{,}33 \times 304{,}2\,\text{K} = 405\,\text{K}$$

Exercício proposto 1C.6 Qual seria o estado correspondente da amônia?

Resposta: 53 atm, 539 K

reduzida é chamada de **princípio dos estados correspondentes**. O princípio dos estados correspondentes é somente uma aproximação. Ele é melhor para gases com moléculas esféricas. Ele falha, e às vezes muito, quando as moléculas do gás não são esféricas ou são polares.

A equação de van der Waals lança alguma luz sobre o princípio dos estados correspondentes. Inicialmente, exprimimos a Eq. 1C.5b em termos das variáveis reduzidas, obtendo

$$p_r p_c = \frac{RT_r T_c}{V_r V_c - b} - \frac{a}{V_r^2 V_c^2}$$

Então, expressamos as constantes críticas em termos dos coeficientes a e b usando a Eq. 1C.8:

$$\frac{ap_r}{27b^2} = \frac{8aT_r/27b}{3bpV_r - b} - \frac{a}{9b^2V_r^2}$$

que pode ser reescrita na forma

$$p_r = \frac{8T_r}{3V_r - 1} - \frac{3}{V_r^2} \qquad (1C.9)$$

Essa equação tem a mesma forma que a equação original, mas os coeficientes a e b, que são diferentes de gás para gás, desapareceram da expressão. Segue que, se as isotermas forem representadas em termos das variáveis reduzidas (como na realidade fizemos na Fig. 1C.8, sem, porém, mencionar este fato), as mesmas curvas são obtidas quaisquer que sejam os gases. É exatamente este o conteúdo do princípio dos estados correspondentes, de modo que a equação de van der Waals é compatível com esse princípio.

Atribuir muita importância a esse êxito é um engano, pois outras equações de estado também são compatíveis com o princípio (Tabela 1C.4). Na realidade, tudo de que necessitamos são dois parâmetros exercendo os papéis de a e b para que uma equação possa ser sempre transformada em uma equação na forma reduzida. A observação de que os gases reais obedecem aproximadamente ao princípio é equivalente à afirmação de que as interações atrativa e repulsiva podem ser aproximadas, cada uma delas, em termos de um único parâmetro. A importância do princípio dos estados correspondentes não reside, portanto, na sua interpretação teórica, mas na maneira que proporciona de coordenar, num único diagrama (por exemplo, a Fig. 1C.9 no lugar da Fig. 1C.3), as propriedades de diversos gases.

Conceitos importantes

☐ 1. O grau de afastamento do comportamento perfeito é resumido pela introdução do **fator de compressibilidade**.

☐ 2. A **equação do virial** é uma extensão empírica da equação dos gases perfeitos que resume o comportamento dos gases reais em diversas condições.

☐ 3. As isotermas de um gás real apresentam os conceitos de **pressão de vapor** e **comportamento crítico**.

☐ 4. Um gás pode ser liquefeito aplicando somente pressão se sua temperatura estiver na **temperatura crítica** ou abaixo dela.

☐ 5. A **equação de van der Waals** é um modelo de equação de estado para um gás real expresso em termos de dois parâmetros, um (a) correspondente às atrações moleculares e o outro (b) às repulsões moleculares.

☐ 6. A equação de van der Waals retrata as características gerais do comportamento dos gases reais, inclusive do seu comportamento crítico.

☐ 7. As propriedades dos gases reais são coordenadas pela expressão das suas equações de estado em termos de **variáveis reduzidas**.

Equações importantes

Propriedade	Equação	Comentário	Número da equação
Fator de compressibilidade	$Z = V_m / V_m^\circ$	Definição	1C.1
Equação de estado do virial	$pV_m = RT(1 + B/V_m + C/V_m^2 + \cdots)$	B, C dependem da temperatura	1C.3
Equação de van der Waals	$p = nRT/(V - nb) - a(n/V)^2$	a parametriza as atrações, b parametriza as repulsões	1C.5
Variáveis reduzidas	$X_r = X/X_c$	$X = p$, V_m ou T	1C.8

CAPÍTULO 1 As propriedades dos gases

SEÇÃO 1A O gás perfeito

Questões teóricas

1A.1 Explique como a equação de estado do gás perfeito pode ser obtida pela combinação da lei de Boyle, da lei de Charles e do princípio de Avogadro.

1A.2 Explique o termo "pressão parcial" e explique por que a lei de Dalton é uma lei limite.

Exercícios

1A.1(a) É possível que uma amostra de 131 g de xenônio gasoso, num vaso de volume igual a 1,0 dm^3, exerça uma pressão de 20 atm, a 25 °C, caso seu comportamento seja de um gás perfeito? Em caso negativo, que pressão ele exerceria?

1A.1(b) É possível que uma amostra de 25 g de argônio gasoso, em um vaso de volume igual a 1,5 dm^3, exerça uma pressão de 2,0 bar, a 30 °C, caso seu comportamento seja de um gás perfeito? Em caso negativo, que pressão ele exerceria?

1A.2(a) Um gás perfeito sofre uma compressão isotérmica que reduz de 2,20 dm^3 o seu volume. A pressão final do gás é 5,04 bar e o volume final é 4,65 dm^3. Calcule a pressão inicial do gás em (i) bar e (ii) atm.

1A.2(b) Um gás perfeito sofre uma compressão isotérmica que reduz de 1,80 dm^3 o seu volume. A pressão final do gás é 1,97 bar e o volume final é 2,14 dm^3. Calcule a pressão inicial do gás em (i) bar e (ii) torr.

1A.3(a) Um pneu de automóvel foi cheio até a pressão de 24 lb in^{-2} (1,00 atm = 14,7 lb in^{-2}) em um dia de inverno em que a temperatura era de −5 °C. Qual será a pressão no pneu em um dia em que a temperatura estiver em 35 °C, na hipótese de não haver fuga do ar e de o volume ser constante? Que complicações devem ser levadas em conta na prática?

1A.3(b) Uma amostra de hidrogênio gasoso tem a pressão de 125 kPa na temperatura de 23 °C. Qual a pressão do gás na temperatura de 11 °C?

1A.4(a) Uma amostra de 255 mg de neônio ocupa 3,00 dm^3 a 122 K. Use a lei do gás perfeito para calcular a pressão do gás.

1A.4(b) Para o aquecimento de uma casa são consumidos 4,00 × 10^3 m^3 de gás natural por ano. Admita que o gás seja o metano, CH_4, e que ele se comporta como um gás perfeito nas condições deste problema, que são 1,00 atm e 20 °C. Qual a massa de gás consumida?

1A.5(a) O volume interno de um sino de mergulho, no convés de uma embarcação, é de 3,0 m^3. Qual o volume ocupado pelo ar, no sino mergulhado, a uma profundidade de 50 m? Considere a massa específica média da água do mar como 1,025 g cm^{-3} e admita que a temperatura é igual à temperatura na superfície.

1A.5(b) Que diferença de pressão deve haver entre as pontas de um canudinho de refresco, vertical, de 15 cm, para aspirar um líquido aquoso com a massa específica de 1,0 g cm^{-3}?

1A.6(a) Um manômetro consiste em um tubo em forma de U contendo um líquido. Um lado é conectado ao dispositivo e o outro está aberto para a atmosfera. A pressão dentro do dispositivo é determinada então a partir da diferença das alturas do líquido no tubo em U. Admita que o líquido seja a água, que a pressão externa seja 770 Torr e que o lado aberto esteja 10,0 cm mais baixo do que o lado conectado ao dispositivo. Qual é a pressão no dispositivo? (A massa específica da água a 25 °C é 0,99707 g cm^{-3}.)

1A.6(b) Um manômetro semelhante ao que foi descrito no Exercício 1A.6(a) continha mercúrio em vez de água. Admita que a pressão externa seja 760 Torr e que o lado aberto esteja 10,0 cm mais alto do que o lado conectado ao dispositivo. Qual é a pressão no dispositivo? (A massa específica do mercúrio a 25 °C é 13,55 g cm^{-3}.)

1A.7(a) Em uma experiência para determinar um valor exato da constante dos gases perfeitos, R, um estudante aqueceu um vaso de 20,000 dm^3, cheio com 0,251 32 g de hélio gasoso, a 500 °C, e mediu a pressão em um manômetro de água, a 25 °C, encontrando 206,402 cm de água. Calcule o valor de R a partir desses dados. (A massa específica da água, a 25 °C, é 0,997 07 g cm^{-3}, e a construção de um manômetro é descrita no Exercício 1A.6(a).)

1A.7(b) Os seguintes dados foram obtidos para o oxigênio a 273,15 K. A partir deles calcule o melhor valor da constante dos gases R e também o melhor valor da massa molar do O_2.

p/atm	0,750 000	0,500 000	0,250 000
V_m/(dm^3 mol^{-1})	29,9649	44,8090	89,6384

1A.8(a) A 500 °C e 93,2 kPa, a massa específica do vapor de enxofre é 3,710 kg m^{-3}. Qual é a fórmula molecular do enxofre nessas condições?

1A.8(b) A 100 °C e 1,60 kPa, a massa específica do vapor de fósforo é 0,6388 kg m^{-3}. Qual é a fórmula molecular do fósforo nessas condições?

1A.9(a) Calcule a massa de vapor de água presente em uma sala de 400 m^3, com ar a 27 °C, num dia em que a umidade relativa é 60%.

1A.9(b) Calcule a massa de vapor de água presente em uma sala de 250 m^3, com ar a 23 °C, num dia em que a umidade relativa é 53%.

1A.10(a) A massa específica do ar, a 0,987 bar e 27 °C, é 1,146 kg m^{-3}. Calcule a fração molar e a pressão parcial do nitrogênio e do oxigênio admitindo (i) que o ar é constituído exclusivamente por estes dois gases e (ii) que o ar contém também 1,0% molar de Ar.

1A.10(b) Uma mistura gasosa é constituída por 320 mg de metano, 175 mg de argônio e 225 mg de neônio. A pressão parcial do neônio, a 300 K, é 8,87 kPa. Calcule (i) o volume da mistura e (ii) a pressão total da mistura.

1A.11(a) A massa específica de um composto gasoso é 1,23 kg m^{-3}, a 330 K e 20 kPa. Qual a massa molar do composto?

1A.11(b) Em uma experiência para a determinação da massa molar de um gás, confinou-se uma amostra do gás num balão de vidro de 250 cm^3, sob pressão de 152 Torr e a 298 K. A massa do gás, corrigida do efeito do empuxo do ar, foi 33,5 mg. Qual é a massa molar do gás?

1A.12(a) A massa específica do ar a −85 °C é 1,877 g dm^{-3}, a 0 °C é 1,294 g dm^{-3} e a 100 °C é 0,946 g dm^{-3}. A partir desses dados, e supondo que o ar obedeça à lei de Charles, determine um valor para o zero absoluto de temperatura em graus Celsius.

1A.12(b) Uma amostra de certo gás tem o volume de 20,00 dm^3, a 0 °C e 1,000 atm. O gráfico dos dados experimentais do volume desta amostra contra a temperatura Celsius, θ, a pressão p constante, é uma reta com o coeficiente angular igual a 0,0741 dm^3 °C^{-1}. Estime, a partir desses dados, o zero absoluto de temperatura em graus Celsius.

1A.13(a) Um vaso de 22,4 dm^3 contém 2,0 mol de H_2 e 1,0 mol de N_2, a 273,15 K. Calcule (i) as frações molares de cada componente da mistura, (ii) as respectivas pressões parciais e (iii) a pressão total no vaso.

1A.13(b) Um vaso de 22,4 dm^3 contém 1,5 mol de H_2 e 2,5 mol de N_2, a 273,15 K. Calcule (i) as frações molares de cada componente da mistura, (ii) as respectivas pressões parciais e (iii) a pressão total no vaso.

Problemas

1A.1 Comunicação imaginária com os habitantes de Netuno revelou que eles têm uma escala de temperatura semelhante à Celsius, mas com base no ponto de fusão do hidrogênio (0 °N) e no ponto de ebulição do hidrogênio (100 °N), a substância mais comum em Netuno. Também se soube que os netunianos conhecem o comportamento dos gases perfeitos e que, no limite da pressão nula, sabem que o valor de pV é 28 dm^3 atm a 0 °N e 40 dm^3 atm a 100 °N. Qual o valor do zero absoluto de temperatura na escala netuniana?

1A.2 Deduza a equação entre a pressão e a massa específica, ρ, de um gás perfeito de massa molar M. Verifique graficamente o resultado com os seguintes dados referentes ao éter dimetílico, a 25 °C, mostrando que o comportamento de gás perfeito ocorre nas pressões baixas. Estime a massa molar do gás.

p/kPa	12,223	25,20	36,97	60,37	85,23	101,3
ρ/(kg m^{-3})	0,225	0,456	0,664	1,062	1,468	1,734

1A.3 A lei de Charles também se escreve como $V = V_0(1 + \alpha\theta)$, em que θ é a temperatura Celsius, α é uma constante e V_0 o volume da amostra do gás a 0 °C. Para o nitrogênio a 0 °C, obtiveram-se os seguintes valores de α:

p/Torr	749,7	599,6	333,1	98,6
$10^3\alpha$/°C^{-1}	3,6717	3,6697	3,6665	3,6643

Com esses dados, estime o melhor valor do zero absoluto de temperatura na escala Celsius.

1A.4 A massa molar de um novo fluorocarbono (um gás usado na refrigeração) foi determinada em uma microbalança para gás. O aparelho consiste em um balão de vidro fixado na extremidade de um travessão, que trabalha no interior de um vaso fechado. O travessão se apoia num cutelo e pode ser equilibrado pela variação da pressão do gás no vaso, o que provoca a variação do empuxo sobre o balão de vidro. Em certa experiência, o equilíbrio foi atingido quando a pressão do gás de refrigeração desconhecido era 327,10 Torr. Em outra experiência com a mesma montagem, o equilíbrio foi atingido quando CHF_3 (M = 70,014 g mol^{-1}) foi injetado com uma pressão de 423,22 Torr. A repetição das duas experiências, com outro ajuste da balança, levou à pressão de 293,22 Torr para o gás de refrigeração e de 427,22 Torr para o CHF_3. Qual a massa molar desse fluorocarbono? Sugira uma fórmula molecular para esse composto.

1A.5 Um termômetro de gás perfeito, a volume constante, exibe a pressão de 6,69 kPa na temperatura do ponto triplo da água (273,16 K). (a) Que variação de pressão mostra uma variação de 1,00 K nesta temperatura? (b) Que pressão corresponderá à temperatura de 100,00 °C? (c) Que variação de pressão indica a variação de 1,00 K nessa última temperatura?

1A.6 Um vaso de 22,4 dm^3 tem inicialmente 2,0 mol de H_2 e 1,0 mol de N_2, a 273,15 K. Todo o H_2 reage com o N_2 suficiente para formar NH_3. Calcule as pressões parciais e a pressão total da mistura final.

1A.7 A poluição atmosférica é um problema que tem despertado muita atenção. Entretanto, nem toda poluição é proveniente da atividade industrial. Erupções vulcânicas podem ser uma fonte significativa de poluição do ar. O vulcão Kilauea no Havaí emite de 200–300 t de SO_2 por dia. Se esse gás é emitido a 800 °C e 1,0 atm, que volume de gás é emitido?

1A.8 O ozônio é um gás presente em pequena quantidade no ar atmosférico e que desempenha um papel importante na proteção da superfície da Terra contra a nociva radiação ultravioleta. A abundância do ozônio é geralmente expressa em *unidades Dobson*, definidas como a espessura, em milésimos de um centímetro, de uma coluna de gás se este fosse coletado como um gás puro a 1,00 atm e 0 °C. Que quantidade de O_3 (em mols) é encontrada em uma coluna de atmosfera com uma seção reta de 1,00 dm^2 se a abundância é de 250 unidades Dobson (um valor típico em latitudes médias)? No buraco de ozônio sobre a Antártida, a abundância da coluna cai abaixo de 100 unidades Dobson; quantos mols de ozônio são encontrados nesta coluna de ar sobre uma área de 1,00 dm^2? A maioria do ozônio atmosférico é encontrada entre 10 e 50 km acima da superfície da Terra. Se este ozônio estiver espalhado uniformemente por essa porção da atmosfera, qual é a concentração molar média que corresponde (a) a 250 unidades Dobson, (b) a 100 unidades Dobson?

1A.9 A fórmula barométrica relaciona a pressão de um gás de massa molar M em uma altitude h com a sua pressão p_0 ao nível do mar. Deduza esta relação mostrando que a variação infinitesimal dp da pressão devido a uma variação dh na altitude, em que a massa específica do gás é ρ, é dada por $dp = -\rho g dh$. Lembre-se de que ρ depende da pressão. Calcule (a) a diferença de pressão entre o topo e a base de um vaso de laboratório de altura igual a 15 cm e (b) a pressão atmosférica externa a uma altitude típica de voo de um avião (11 km) quando a pressão ao nível do solo é 1,0 atm.

1A.10 Ainda hoje, usam-se balões com a finalidade de monitorar os fenômenos meteorológicos e a química da atmosfera. É possível investigar alguns aspectos técnicos das ascensões em balões usando a lei do gás perfeito. Imaginemos que um balão tenha o raio de 3,0 m e que seja esférico. (a) Que quantidade de H_2 (em mols) é necessária para encher o balão até a pressão de 1,0 atm, na temperatura ambiente de 25 °C, no nível do mar? (b) Que massa o balão pode elevar, no nível do mar, sendo 1,22 kg m^{-3} a massa específica do ar? (c) Que carga o mesmo balão pode elevar se estiver usando He em lugar do H_2?

1A.11‡ O problema anterior pode ser resolvido mais facilmente com o princípio de Arquimedes, que afirma que a força do empuxo é igual ao peso do volume do ar deslocado menos o peso do balão. Prove o princípio de Arquimedes a partir da fórmula barométrica. *Sugestão*: Considere uma forma simples para o balão, por exemplo, um cilindro circular reto de área de seção reta A e altura h.

1A.12‡ Os clorofluorocarbonos, como o CCl_3F e o CCl_2F_2, foram associados ao buraco na camada de ozônio na Antártida. Em 1994, esses gases foram encontrados em quantidades correspondentes a 261 e 509 partes por trilhão (10^{12}) em volume (World Resources Institute, *World Resources* 1996–1997). Calcule as concentrações molares dos dois casos (a) nas condições típicas na troposfera nas latitudes intermediárias, isto é, 10 °C e 1,0 atm, e (b) nas condições da estratosfera na Antártida, 200 K e 0,050 atm.

1A.13‡ A composição da atmosfera é de aproximadamente 80% em nitrogênio e 20% em oxigênio, por massa. A que altura acima da superfície da Terra a atmosfera seria de 90% em nitrogênio e 10% em oxigênio, por massa? Suponha que a temperatura da atmosfera é constante a 25 °C. Qual é a pressão da atmosfera a essa altura?

‡ Estes problemas foram propostos por Charles Trapp e Carmen Giunta.

SEÇÃO 1B O modelo cinético dos gases

Questões teóricas

1B.1 Especifique e analise criticamente as hipóteses subjacentes ao modelo cinético dos gases.

1B.2 Dê uma interpretação molecular para a dependência que o livre percurso médio tem da temperatura, da pressão e do tamanho das moléculas do gás.

Exercícios

1B.1(a) Determine as razões entre (i) as velocidades médias e (b) as energias cinéticas médias de translação das moléculas de H_2 e dos átomos de Hg, a 20 °C.
1B.1(b) Determine as razões entre (i) as velocidades médias e (ii) as energias cinéticas médias de translação dos átomos de He e dos átomos de Hg a 25 °C.

1B.2(a) Calcule a raiz quadrada da velocidade quadrática média das moléculas de H_2 e O_2 a 20 °C.
1B.2(b) Calcule a raiz quadrada da velocidade quadrática média das moléculas de CO_2 e He a 20 °C.

1B.3(a) Usando a distribuição de velocidades de Maxwell, estime a fração de moléculas de N_2 que, a 400 K, têm velocidades no intervalo de 200 a 210 m s^{-1}.
1B.3(b) Usando a distribuição de velocidades de Maxwell, estime a fração de moléculas de CO_2 que, a 400 K, têm velocidades no intervalo de 400 a 405 m s^{-1}.

1B.4(a) Calcule a velocidade mais provável, a velocidade média e a velocidade relativa média das moléculas de CO_2 a 20 °C.
1B.4(b) Calcule a velocidade mais provável, a velocidade média e a velocidade relativa média das moléculas de H_2 a 20 °C.

1B.5(a) Admitindo que o ar seja constituído por moléculas de N_2 com diâmetro de colisão de 395 pm, calcule (i) a velocidade média das moléculas, (ii) o livre percurso médio, (iii) a frequência de colisão no ar a 1,0 atm e 25 °C.
1B.5(b) A melhor bomba de vácuo de laboratório pode gerar um vácuo de cerca de 1 nTorr. Admitindo que o ar seja constituído por moléculas de N_2 com diâmetro de colisão de 395 pm e que a temperatura seja de 25 °C, calcule (i) a velocidade média das moléculas, (ii) o livre percurso médio, (iii) a frequência de colisão no gás.

1B.6(a) A que pressão o livre percurso médio do argônio a 20 °C se torna comparável ao tamanho de um vaso de 100 cm^3 que contém o argônio? Considere σ = 0,36 nm^2.
1B.6(b) A que pressão o livre percurso médio do argônio a 20 °C se torna comparável a 10 vezes o diâmetro dos próprios átomos?

1B.7(a) A uma altitude de 20 km, a temperatura é de 217 K e a pressão 0,050 atm. Qual é o livre percurso médio das moléculas de N_2? (σ = 0,43 nm^2).
1B.7(b) A uma altitude de 15 km, a temperatura é de 217 K e a pressão, 12,1 kPa. Qual é o livre percurso médio das moléculas de N_2? (σ = 0,43 nm^2.)

Problemas

1B.1 Um disco rotatório com fendas, como o da Fig. 1B.5, consiste em cinco discos coaxiais, de 5,0 cm de diâmetro, separados por 1,0 cm. As fendas, na borda dos discos, localizam-se com um espaçamento de 2,0° entre os discos vizinhos. As intensidades relativas, I, do feixe de átomos de Kr, em duas temperaturas diferentes e para diferentes velocidades de rotação, são as seguintes

ν/Hz	20	40	80	100	120
I (40 K)	0,846	0,513	0,069	0,015	0,002
I (100 K)	0,592	0,485	0,217	0,119	0,057

Determine as distribuições das velocidades das moléculas, $f(v_x)$, em cada temperatura e verifique se elas confirmam a distribuição teórica para um sistema unidimensional.

1B.2. Uma célula de Knudsen foi usada para medir a pressão de vapor do germânio a 1000 °C. A perda de massa foi de 43 μg na efusão do vapor durante 7200 s, através de um orifício com 0,50 mm de raio. Qual a pressão do vapor de germânio a 1000 °C? Considere o gás monoatômico.

1B.3 A partir da distribuição de Maxwell-Boltzmann deduza a expressão da velocidade mais provável das moléculas de um gás, na temperatura T. Demonstre também a validade da conclusão relativa à equipartição de energia de que a energia cinética média de translação em três dimensões, das moléculas de um gás, é igual a $\frac{3}{2}kT$.

1B.4 Imagine as moléculas de um gás como estando restritas a movimentos em um plano (gás bidimensional). Calcule a distribuição de velocidades e determine a velocidade média das moléculas na temperatura T.

1B.5 Um seletor de velocidades especialmente construído deixa passar um feixe de moléculas provenientes de um forno, na temperatura T, mas bloqueia a passagem de moléculas com velocidade maior do que a velocidade média. Qual é a velocidade média das moléculas do feixe saindo do seletor, relativamente ao valor inicial, admitindo o problema como unidimensional?

1B.6 Segundo a distribuição de Maxwell-Boltzmann, qual é a fração de moléculas de gás que têm velocidades (a) maiores do que a raiz quadrada da velocidade quadrática média e (b) menores do que a raiz quadrada da velocidade quadrática média? (c) Quais são as frações com velocidades maiores do que a velocidade média, e velocidades menores do que a velocidade média?

1B.7 Calcule a fração de moléculas de um gás que tem a velocidade no intervalo Δv nas vizinhanças da velocidade nv_p em relação àquelas no mesmo intervalo nas vizinhanças de v_p. Esse cálculo serve para determinar a fração de moléculas muito energéticas (importante na teoria das reações químicas). Estime o valor da razão para n = 3 e n = 4.

1B.8 Encontre uma expressão para $\langle v^n \rangle^{1/n}$ a partir da distribuição de velocidades de Maxwell-Boltzmann. Você vai precisar de integrais-padrão que se encontram na *Seção de dados*.

1B.9 Calcule a velocidade de escape (isto é, a velocidade inicial mínima que um corpo tem que ter, na superfície do planeta, para chegar com velocidade nula no infinito) de um planeta de raio R. Calcule o valor desta velocidade (a) na Terra, com R = 6,37 × 10^6 m, g = 9,81 m s^{-2}, (b) em Marte, com R = 3,38 × 10^6 m e $m_{\text{Marte}}/m_{\text{Terra}}$ = 0,108. A que temperatura as moléculas de H_2, de He e de O_2 têm velocidades médias iguais a suas velocidades de escape? Que fração das moléculas desses gases tem velocidade suficiente para escapar de cada planeta quando a temperatura for de (a) 240 K e (b) 1500 K? Cálculos deste tipo são importantes para a determinação da composição de atmosferas planetárias.

1B.10 Os principais componentes da atmosfera terrestre são moléculas diatômicas, que apresentam os movimentos rotacional e translacional. Dado que a densidade de energia cinética translacional da atmosfera é de 0,15 J cm^{-3}, qual é a densidade de energia cinética total, incluindo a rotação? A energia média de rotação de uma molécula linear é kT.

1B.11 Represente graficamente diferentes distribuições de Maxwell-Boltzmann mantendo constante a massa molar de 100 g mol^{-1} e variando a temperatura da amostra de 200 K a 2000 K.

1B.12 Calcule numericamente a fração de moléculas com velocidades no intervalo de 100 m s^{-1} a 200 m s^{-1}, a 300 K e a 1000 K.

SEÇÃO 1C Gases reais

Questões teóricas

1C.1 Explique como o fator de compressibilidade varia com a pressão e com a temperatura. Descreva como, por meio do fator de compressibilidade, podemos ter informações sobre as interações intermoleculares nos gases reais.

1C.2 Qual é o significado das constantes críticas?

1C.3 Descreva a formulação da equação de van der Waals e sugira uma demonstração que conduza a outra equação de estado presente na Tabela 1C.6.

1C.4 Explique como a equação de van der Waals leva em conta o comportamento crítico.

Exercícios

1C.1(a) Calcule a pressão exercida por 1,0 mol de C_2H_6, comportando-se como um gás de van der Waals, quando está confinado nas seguintes condições: (i) a 273,15 K em 22,414 dm³, (ii) a 1000 K em 100 cm³. Use os dados da Tabela 1C.3.

1C.1(b) Calcule a pressão exercida por 1,0 mol de H_2S, comportando-se como um gás de van der Waals, quando está confinado nas seguintes condições: (i) a 273,15 K em 22,414 dm³, (ii) a 500 K em 150 cm³. Use os dados da Tabela 1C.3.

1C.2(a) Expresse os parâmetros de van der Waals a = 0,751 atm dm⁶ mol⁻² e b = 0,0226 dm³ mol⁻¹ em unidades básicas do SI.

1C.2(b) Expresse os parâmetros de van der Waals a = 1,32 atm dm⁶ mol⁻² e b = 0,0436 dm³ mol⁻¹ em unidades básicas do SI.

1C.3(a) Um gás a 250 K e 15 atm tem volume molar 12% menor do que o calculado pela lei dos gases perfeitos. Calcule (i) o fator de compressibilidade nestas condições e (ii) o volume molar do gás. Que forças são dominantes no gás, as atrativas ou as repulsivas?

1C.3(b) Um gás a 350 K e 12 atm tem o volume molar 12% maior do que o calculado pela lei dos gases perfeitos. Calcule (i) o fator de compressibilidade nestas condições e (ii) o volume molar do gás. Que forças são dominantes no gás, as atrativas ou as repulsivas?

1C.4(a) Num processo industrial, o nitrogênio é aquecido a 500 K num vaso de volume constante igual a 1,000 m³. O gás entra no vaso a 300 K e 100 atm. A massa do gás é 92,4 kg. Use a equação de van der Waals para determinar a pressão aproximada do gás na temperatura de operação de 500 K. Para o nitrogênio, a = 1.352 dm⁶ atm mol⁻² e b = 0,0387 dm³ mol⁻¹.

1C.4(b) Os cilindros de gás comprimido são cheios, nos casos comuns, até a pressão de 200 bar. Qual seria o volume molar do oxigênio, nesta pressão e a 25 °C, com base na equação (i) dos gases perfeitos e (ii) de van der Waals? Para o oxigênio, a = 1,364 dm⁶ atm mol⁻² e b = 3,19 × 10⁻² dm³ mol⁻¹.

1C.5(a) Suponha que 10,0 mol de C_2H_6(g) estejam confinados num vaso de 4,860 dm³, a 27 °C. Estime a pressão do etano com (i) a equação dos gases perfeitos e (ii) com a equação de van der Waals. Com o resultado do cálculo, estime o fator de compressibilidade. Para o etano, a = 5,507 dm⁶ atm mol⁻² e b = 0,0651 dm³ mol⁻¹.

1C.5(b) A 300 K e 20 atm, o fator de compressibilidade de um gás é 0,86. Calcule (a) o volume ocupado por 8,2 mmol do gás nessas condições e (b) o valor aproximado do segundo coeficiente do virial B a 300 K.

1C.6(a) As constantes críticas do metano são p_c = 45,6 atm, V_c = 98,7 cm³ mol⁻¹ e T_c = 190,6 K. Calcule os parâmetros de van der Waals do gás e estime o raio das moléculas.

1C.6(b) As constantes críticas do etano são p_c = 48,20 atm, V_c = 148 cm³ mol⁻¹ e T_c = 305,4 K. Calcule os parâmetros de van der Waals do gás e estime o raio das moléculas.

1C.7(a) Com os parâmetros de van der Waals para o cloro (Tabela 1C.3 na *Seção de dados*), calcule os valores aproximados (i) da temperatura Boyle do cloro e (ii) do raio da molécula de Cl_2, supondo-se que seja esférica.

1C.7(b) Com os parâmetros de van der Waals para o sulfeto de hidrogênio (Tabela 1C.3 na *Seção de dados*), calcule os valores aproximados (i) da temperatura Boyle do gás e (ii) do raio da molécula de H_2S, suposta esférica.

1C.8(a) Determine a pressão e a temperatura em que 1,0 mol de (i) NH_3, (ii) Xe e (iii) He estarão em estados correspondentes ao de 1,0 mol de H_2 a 1,0 atm e 25 °C.

1C.8(b) Determine a pressão e a temperatura em que 1,0 mol de (i) H_2S, (ii) CO_2 e (iii) Ar estarão em estados correspondentes ao de 1,0 mol de N_2 a 1,0 atm e 25 °C.

1C.9(a) Certo gás segue a equação de van der Waals com a = 0,50 m⁶ Pa mol⁻². O seu volume é 5,00 × 10⁻⁴ m³ mol⁻¹, a 273 K e 3,0 MPa. Com estas informações, calcule a constante b de van der Waals. Qual o fator de compressibilidade do gás nessas condições de temperatura e pressão?

1C.9(b) Certo gás segue a equação de van der Waals com a = 0,76 m⁶ Pa mol⁻². O seu volume é de 4,00 × 10⁻⁴ m³ mol⁻¹, a 288 K e 4,0 MPa. Com esta informação, calcule a constante b de van der Waals. Qual o fator de compressibilidade do gás nessas condições de temperatura e pressão?

Problemas

1C.1 Calcule o volume molar do cloro gasoso, a 350 K e 2,30 atm, com (a) a equação do gás perfeito e (b) com a equação de van der Waals. Use a resposta de (a) para calcular uma primeira aproximação do termo corretivo da atração e depois faça aproximações sucessivas para chegar à resposta de (b).

1C.2 Medições em Ar a 273 K dão B = −21,7 cm³ mol⁻¹ e C = 1200 cm⁶ mol⁻², em que B e C são o segundo e terceiro coeficientes do virial no desenvolvimento de Z em potências de $1/V_m$. Admitindo que a lei dos gases perfeitos seja suficientemente exata para se estimarem o segundo e o terceiro termos da expansão, calcule o fator de compressibilidade do argônio a 100 atm e 273 K. Pelos resultados obtidos, estime o volume molar do argônio nas condições mencionadas.

1C.3 Calcule o volume ocupado por 1,00 mol de N_2 com a equação de van der Waals na forma de expansão do virial (a) na temperatura crítica, (b) na temperatura Boyle e (c) na temperatura de inversão. Admita que a pressão seja, em todos os casos, de 10 atm. A que temperatura o gás tem comportamento mais próximo do de um gás perfeito? Use os seguintes dados: T_c = 126,3 K, a = 1,390 dm⁶ atm mol⁻², b = 0,0391 dm³ mol⁻¹.

1C.4[‡] O segundo coeficiente do virial do metano pode ser obtido, de forma aproximada, através da equação empírica $B(T)=a+be^{-c/T^2}$, em que a = −0,1993 bar⁻¹, b = 0,2002 bar⁻¹ e c = 1131 K², com 300 K < T < 600 K. Qual é o valor da temperatura Boyle para o metano?

1C.5 A massa específica do vapor de água a 327,6 atm e 776,4 K é 133,2 kg m⁻³. Sabendo que, para a água, T_c = 647,4 K, p_c = 218,3 atm, a = 5,464 dm⁶ atm mol⁻², b = 0,03049 dm³ mol⁻¹ e M = 18,02 g mol⁻¹, calcule (a) o volume molar. Depois, calcule o fator de compressibilidade (b) a partir dos dados e (c) a partir do desenvolvimento da equação de van der Waals na forma da equação do virial.

1C.6 O volume crítico de certo gás é 160 $cm^3\ mol^{-1}$ e a pressão crítica é 40 atm. Estime a temperatura crítica admitindo que o gás obedeça à equação de estado de Berthelot. Estime o raio das moléculas, supondo-as esféricas.

1C.7 Estime os coeficientes a e b da equação de estado de Dieterici a partir das constantes críticas do xenônio. Calcule, então, a pressão exercida por 1,0 mol de Xe confinado em um vaso de 1,0 dm^3 a 25 °C.

1C.8 Mostre que a equação de van der Waals leva a valores de $Z > 1$ e de $Z < 1$. Identifique as condições para as quais esses valores são obtidos.

1C.9 Expresse a equação de van der Waals na forma de uma série do virial em $1/V_m$ e obtenha as equações de B e de C em função dos parâmetros a e b. O desenvolvimento em série que se usa é o de $(1-x)^{-1} = 1 + x + x^2 + \ldots$ Medidas feitas com o argônio levam a $B = -21{,}7\ cm^3\ mol^{-1}$ e $C = 1200\ cm^6\ mol^{-2}$, para os coeficientes do virial a 273 K. Quais os valores de a e de b da equação de estado de van der Waals para o argônio?

1C.10‡ Obtenha a relação entre as constantes críticas e os parâmetros da equação de Dieterici. Mostre que $Z_c = 2e^{-2}$ e obtenha a forma reduzida da equação de estado de Dieterici. Compare as previsões feitas pelas equações de van der Waals e de Dieterici para o fator de compressibilidade crítico. Qual é o mais próximo dos valores experimentais normalmente encontrados?

1C.11 Imagine a seguinte equação de estado:

$$p = \frac{RT}{V_m} - \frac{B}{V_m^2} + \frac{C}{V_m^3}$$

Mostre que essa equação leva ao comportamento crítico. Estime as constantes críticas do gás em termos de B e de C e determine a expressão do fator de compressibilidade crítico.

1C.12 As Eqs. 1C.3a e 1C.3b são desenvolvimentos em série em p e em $1/V_m$, respectivamente. Determine a relação entre B, C e B', C'.

1C.13 O segundo coeficiente do virial B' pode ser obtido pela medida da massa específica ρ de um gás em uma série de pressões. O gráfico de p/ρ contra p é retilíneo, com o coeficiente angular proporcional a B'. Use os dados do éter dimetílico do Problema 1A.2 para estimar B' e B a 25 °C.

1C.14 A equação de estado de certo gás é $p = RT/V_m + (a + bT)/V_m^2$, em que a e b são constantes. Calcule $(\partial V/\partial T)_p$.

1C.15 As duas equações de estado seguintes são adotadas, às vezes, nos cálculos aproximados que envolvem gases: (gás A) $pV_m = RT(1 + b/V_m)$; (gás B) $p(V_m - b) = RT$. Admitindo que existam gases que obedecem rigorosamente a essas equações, seria possível liquefazer o gás A ou o gás B? Eles teriam uma temperatura crítica? Explique sua resposta.

1C.16 Deduza a expressão do fator de compressibilidade de um gás cuja equação de estado é $p(V - nb) = nRT$, em que b e R são constantes. Se a pressão e a temperatura forem tais que $V_m = 10b$, qual o valor numérico do fator de compressibilidade?

1C.17‡ A descoberta do argônio por Lord Rayleigh e Sir William Ramsay foi propiciada pelas medidas de Rayleigh da massa específica do nitrogênio visando a uma determinação exata da massa molar do gás. Rayleigh preparou amostras de nitrogênio pela reação química de compostos nitrogenados. Em suas condições padrões, um balão de vidro, cheio com o "nitrogênio químico", tinha a massa de 2,2990 g. Depois, preparou outras amostras de nitrogênio pela remoção do oxigênio, do dióxido de carbono e do vapor de água do ar atmosférico. O mesmo balão mencionado, nas mesmas condições, cheio com este "nitrogênio atmosférico", tinha a massa de 2,3102 g (Lord Rayleigh, *Royal Institution Proceedings* **14**, 524 (1895)). Conhecendo-se as massas molares exatas do nitrogênio e do argônio, estime a fração molar do argônio na última amostra na hipótese de a primeira ser nitrogênio puro, e a outra, uma mistura de nitrogênio e argônio.

1C.18‡ Uma substância elementar e bem conhecida como o argônio ainda é objeto de bastante pesquisa. Stewart e Jacobsen publicaram uma revisão das propriedades termodinâmicas do argônio (R.B. Stewart e R.T. Jacobsen, *J. Phys. Chem. Ref. Data* **18**, 639 (1989)), entre as quais a seguinte isoterma a 300 K:

p/MPa	0,4000	0,5000	0,6000	0,8000	1,000
$V_m/(dm^3\ mol^{-1})$	6,2208	4,9736	4,1423	3,1031	2,4795
p/MPa	1,500	2,000	2,500	3,000	4,000
$V_m/(dm^3\ mol^{-1})$	1,6483	1,2328	0,98357	0,81746	0,60998

(a) Calcule o segundo coeficiente do virial, B, nessa temperatura.
(b) Utilizando um programa de ajuste não linear de dados, estime o terceiro coeficiente do virial, C, na temperatura mencionada.

1C.19 Usando um programa matemático ou uma planilha eletrônica, (a) explore como a pressão de 1,5 mol de $CO_2(g)$ varia com o volume quando ele é comprimido, (a) a 273 K, (b) a 373 K, de 30 dm^3 a 15 dm^3. (c) Represente graficamente os dados de p em função de $1/V$.

1C.20 Calcule o volume molar de gás cloro usando a equação de estado de van der Waals a 250 K e 150 kPa. Calcule a diferença percentual do valor obtido usando a equação dos gases perfeitos.

1C.21 Existe uma condição para a qual o fator de compressibilidade de um gás de van der Waals passa por um mínimo? Em caso afirmativo, a localização e o valor mínimo de Z dependem dos coeficientes a e b?

Revisão de Matemática 1 Diferenciação (ou derivação) e integração

Duas das técnicas matemáticas mais importantes na ciência física são a diferenciação e a integração. Elas ocorrem em toda essa ciência, e é essencial conhecer os procedimentos envolvidos.

RM1.1 Diferenciação: definições

A diferenciação, ou derivação, trata as inclinações, ou coeficientes angulares, das funções, como a velocidade de mudança de uma variável com o tempo. A definição formal de **derivada**, $\mathrm{d}f/\mathrm{d}x$, de uma função $f(x)$ é

$$\frac{\mathrm{d}f}{\mathrm{d}x}=\lim_{\delta x\to 0}\frac{f(x+\delta x)-f(x)}{\delta x} \quad \textit{Definição} \quad \text{Primeira derivada} \quad \text{(RM1.1)}$$

Conforme mostra a Fig. RM1.1, a derivada pode ser interpretada como a inclinação da tangente ao gráfico de $f(x)$. Uma primeira derivada positiva indica que a função tem uma inclinação para cima (à medida que x aumenta), e uma primeira derivada negativa indica o oposto. Às vezes é conveniente representar a primeira derivada por $f'(x)$. A **segunda derivada**, $\mathrm{d}^2f/\mathrm{d}x^2$, de uma função é a derivada da primeira derivada (simbolizada aqui por f'):

$$\frac{\mathrm{d}^2 f}{\mathrm{d}x^2}=\lim_{\delta x\to 0}\frac{f'(x+\delta x)-f'(x)}{\delta x} \quad \textit{Definição} \quad \text{Segunda derivada} \quad \text{(RM1.2)}$$

Às vezes é conveniente representar a segunda derivada como f''. Conforme mostra a Fig. RM1.1, a segunda derivada de uma função pode ser interpretada como uma indicação de quão pronunciada é a curvatura da função. Uma segunda derivada positiva indica que a função tem uma forma ∪, e uma segunda derivada negativa indica que sua forma é ∩.

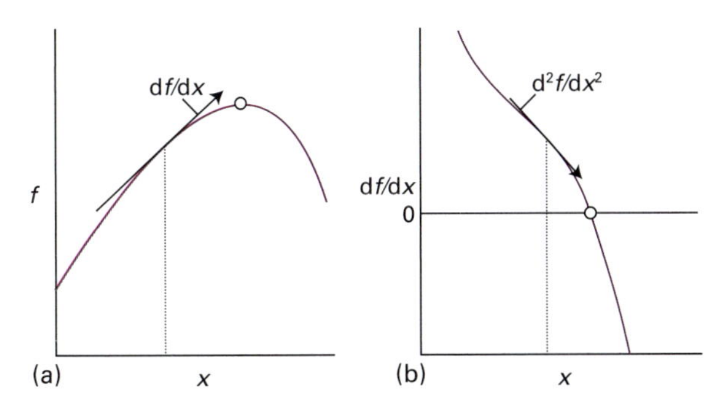

Figura RM1.1 (a) A primeira derivada de uma função é igual à inclinação (coeficiente angular) da tangente ao gráfico da função naquele ponto. O pequeno círculo indica o extremo (neste caso, o máximo) da função, em que o coeficiente angular é nulo. (b) A segunda derivada da mesma função é a inclinação da tangente em um gráfico da primeira derivada da função. Ela pode ser interpretada como uma indicação da curvatura da função naquele ponto.

As derivadas de algumas funções comuns são as que se seguem:

$$\frac{\mathrm{d}}{\mathrm{d}x}x^n=nx^{n-1} \quad \text{(RM1.3a)}$$

$$\frac{\mathrm{d}}{\mathrm{d}x}\mathrm{e}^{ax}=a\mathrm{e}^{ax} \quad \text{(RM1.3b)}$$

$$\frac{\mathrm{d}}{\mathrm{d}x}\operatorname{sen}ax=a\cos ax \qquad \frac{\mathrm{d}}{\mathrm{d}x}\cos ax=-a\operatorname{sen}ax \quad \text{(RM1.3c)}$$

$$\frac{\mathrm{d}}{\mathrm{d}x}\ln ax=\frac{1}{x} \quad \text{(RM1.3d)}$$

Quando uma função depende de mais de uma variável, é necessário o conceito de **derivada parcial**, $\partial f/\partial x$. Observe a mudança de d para ∂: as derivadas parciais são tratadas extensivamente na *Revisão de matemática* 2; tudo que precisamos saber neste ponto é que elas significam que todas as variáveis, a não ser a variável considerada, são tratadas como constantes ao se determinar a derivada.

Breve ilustração RM1.1 Derivadas parciais

Suponha que f seja uma função de duas variáveis; especificamente $f = 4x^2y^3$. Então, para determinar a derivada parcial de f em relação a x, consideramos y uma constante (exatamente como o número 4), e obtemos

$$\frac{\partial f}{\partial x}=\frac{\partial}{\partial x}(4x^2y^3)=4y^3\frac{\partial}{\partial x}x^2=8xy^3$$

De forma semelhante, para determinar a derivada parcial de f em relação a y, consideramos x uma constante (novamente, como o 4), e obtemos

$$\frac{\partial f}{\partial y}=\frac{\partial}{\partial y}(4x^2y^3)=4x^2\frac{\partial}{\partial y}y^3=12x^2y^2$$

RM1.2 Diferenciação: manipulações

Segue da definição da derivada que se pode derivar uma variedade de combinações de funções usando as regras a seguir:

$$\frac{\mathrm{d}}{\mathrm{d}x}(u+v)=\frac{\mathrm{d}u}{\mathrm{d}x}+\frac{\mathrm{d}v}{\mathrm{d}x} \quad \text{(RM1.4a)}$$

$$\frac{\mathrm{d}}{\mathrm{d}x}uv=u\frac{\mathrm{d}v}{\mathrm{d}x}+v\frac{\mathrm{d}u}{\mathrm{d}x} \quad \text{(RM1.4b)}$$

$$\frac{\mathrm{d}}{\mathrm{d}x}\frac{u}{v}=\frac{1}{v}\frac{\mathrm{d}u}{\mathrm{d}x}-\frac{u}{v^2}\frac{\mathrm{d}v}{\mathrm{d}x} \quad \text{(RM1.4c)}$$

Breve ilustração RM1.2 Derivadas

Para derivar a função $f = \text{sen}^2\, ax/x^2$, use a Eq. RM1.4 para escrever

$$\frac{d}{dx}\frac{\text{sen}^2 ax}{x^2}=\frac{d}{dx}\left(\frac{\text{sen}\, ax}{x}\right)\left(\frac{\text{sen}\, ax}{x}\right)=2\left(\frac{\text{sen}\, ax}{x}\right)\frac{d}{dx}\left(\frac{\text{sen}\, ax}{x}\right)$$
$$=2\left(\frac{\text{sen}\, ax}{x}\right)\left\{\frac{1}{x}\frac{d}{dx}\text{sen}\, ax+\text{sen}\, ax\frac{1}{dx}\frac{d}{x}\right\}$$
$$=2\left\{\frac{a}{x^2}\text{sen}\, ax\cos ax-\frac{\text{sen}^2 ax}{x^3}\right\}$$

A função e sua primeira derivada estão representadas graficamente na Fig. RM1.2.

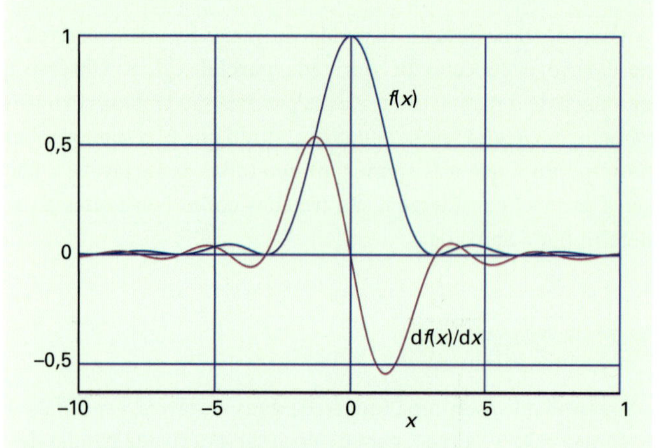

Figura RM1.2 A função considerada na *Breve ilustração* RM1.2 e sua primeira derivada.

RM1.3 Expansões em série

Uma das aplicações da diferenciação é o desenvolvimento de séries de potências de funções. A **série de Taylor** de uma função $f(x)$ nas vizinhanças de $x = a$ é

$$f(x)=f(a)+\left(\frac{df}{dx}\right)_a(x-a)+\frac{1}{2!}\left(\frac{d^2f}{dx^2}\right)_a(x-a)^2+\cdots$$
$$=\sum_{n=0}^{\infty}\frac{1}{n!}\left(\frac{d^nf}{dx^n}\right)_a(x-a)^n \quad \text{Série de Taylor} \quad \text{(RM1.5)}$$

em que a notação $(\ldots)_a$ significa que a derivada é calculada em $x = a$ e $n!$ representa um **fatorial**, dado por

$$n!=n(n-1)(n-2)\ldots1,\quad 0!=1 \quad \text{Fatorial} \quad \text{(RM1.6)}$$

A **série de Maclaurin** de uma função é um caso especial da série de Taylor em que $a = 0$.

Breve ilustração RM1.3 Expansão em série

Para calcular a expansão de $\cos x$ em torno de $x = 0$ observamos que

$$\left(\frac{d}{dx}\cos x\right)_0=(-\text{sen}\, x)_0=0 \qquad \left(\frac{d^2}{dx^2}\cos x\right)_0=(-\cos x)_0=-1$$

e, em geral,

$$\left(\frac{d^n}{dx^n}\cos x\right)_0=\begin{cases}0 \text{ para } n \text{ ímpar}\\(-1)^{n/2} \text{ para } n \text{ par}\end{cases}$$

Portanto,

$$\cos x=\sum_{n\ \text{par}}^{\infty}\frac{(-1)^{n/2}}{n!}x^n=1-\tfrac{1}{2}x^2+\tfrac{1}{24}x^4-\cdots$$

As séries de Taylor a seguir (especificamente, séries de Maclaurin) são utilizadas em vários momentos deste livro:

$$(1+x)^{-1}=1-x+x^2-\cdots=\sum_{n=0}^{\infty}(-1)^n x^n \quad \text{(RM1.7a)}$$

$$e^x=1+x+\tfrac{1}{2}x^2+\cdots=\sum_{n=0}^{\infty}\frac{x^n}{n!} \quad \text{(RM1.7b)}$$

$$\ln(1+x)=x-\tfrac{1}{2}x^2+\tfrac{1}{3}x^3-\cdots=\sum_{n=1}^{\infty}(-1)^{n+1}\frac{x^n}{n} \quad \text{(RM1.7c)}$$

As séries de Taylor são utilizadas para simplificar cálculos, pois, quando $x \ll 1$, é possível, em boa aproximação, terminar a série após um ou dois termos. Logo, contanto que $x \ll 1$, podemos escrever

$$(1+x)^{-1}\approx 1-x \quad \text{(RM1.8a)}$$

$$e^x\approx 1+x \quad \text{(RM1.8b)}$$

$$\ln(1+x)\approx x \quad \text{(RM1.8c)}$$

Dizemos que uma série **converge** se a soma se aproxima de um valor definido finito quando n se aproxima do infinito. Se a soma não se aproxima de um valor definido finito, então a série **diverge**. Assim, a série na Eq. RM1.7a converge para $x < 1$ e diverge para $x \geq 1$. Existe uma variedade de testes de convergência, que são explicados em textos matemáticos.

RM1.4 Integração: definições

A integração (que formalmente é o inverso da diferenciação) trata das áreas sob as curvas. A **integral** de uma função $f(x)$, que é representada por $\int f\,dx$ (o símbolo $\int$ é um S alongado simbolizando

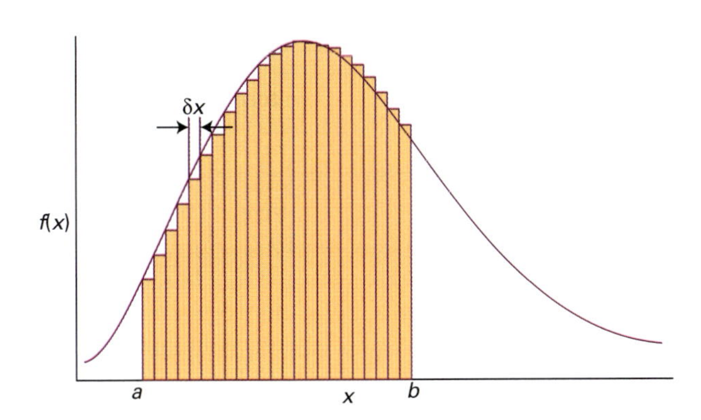

Figura RM1.3 Uma integral definida é calculada formando-se o produto do valor da função em cada ponto e o incremento δx, com $\delta x \to 0$ e, então, somando-se os produtos $f(x)\delta x$ para todos os valores de x entre os limites a e b. Assim, o valor da integral é a área sob a curva entre os dois limites.

uma soma), entre os dois valores $x = a$ e $x = b$ é definida imaginando-se o eixo x dividido em segmentos de largura δx e calculando-se a soma a seguir:

$$\int_a^b f(x)\mathrm{d}x = \lim_{\delta x \to 0} \sum_i f(x_i)\delta x \qquad \text{Definição} \quad \text{Integração} \qquad \text{(RM1.9)}$$

Conforme pode ser visto na Fig. RM1.3, a integral é a área sob a curva entre os limites a e b. A função a ser integrada é chamada de **integrando**. É fato matemático notável a integral de uma função ser o inverso da derivada daquela função no sentido de que, se derivamos f e, então, integramos a função resultante, obtemos a função original f (a menos de uma constante). A função na Eq. RM1.9 com os limites especificados é chamada de **integral definida**. Se for escrita sem os limites especificados, temos uma **integral indefinida**. Se o resultado de efetuar uma integração indefinida é $g(x) + C$, em que C é uma constante, a notação a seguir é usada para calcular a integral definida correspondente:

$$I = \int_a^b f(x)\mathrm{d}x = \{g(x)+C\}\Big|_a^b = \{g(b)+C\} - \{g(a)+C\}$$
$$= g(b) - g(a) \qquad \text{Integral definida} \qquad \text{(RM1.10)}$$

Observe que a constante de integração desaparece. As integrais definidas e indefinidas encontradas neste texto fazem parte da lista da *Seção de dados*.

RM1.5 Integração: manipulações

Quando uma integral não está na forma de uma das listadas na *Seção de dados*, é possível, às vezes, transformá-la em uma das formas utilizando técnicas de integração, tais como:

Substituição. Introduza uma variável u relacionada com a variável independente x (por exemplo, uma relação algébrica como $u = x^2 - 1$ ou uma relação trigonométrica como $u = \mathrm{sen}\, x$). Expresse a diferencial $\mathrm{d}x$ em termos de $\mathrm{d}u$ (para estas substituições, $\mathrm{d}u = 2x\,\mathrm{d}x$ e $\mathrm{d}u = \cos x\,\mathrm{d}x$, respectivamente). Então, transforme a integral original escrita em termos de x em uma integral em termos de u, que pode, em alguns casos, ser usada como uma forma-padrão, tal como as listadas na *Seção de dados*.

Breve ilustração RM1.4 Integração por substituição

Para calcular a integral indefinida $\int \cos^2 x\, \mathrm{sen}\, x\, \mathrm{d}x$, fazemos a substituição $u = \cos x$. Segue-se que $\mathrm{d}u/\mathrm{d}x = -\mathrm{sen}\, x$, e, portanto, $\mathrm{sen}\, x\, \mathrm{d}x = -\mathrm{d}u$. A integral, então, é

$$\int \cos^2 x\, \mathrm{sen} x\, \mathrm{d}x = -\int u^2\, \mathrm{d}u = -\tfrac{1}{3}u^3 + C = -\tfrac{1}{3}\cos^3 x + C$$

Para calcular a integral definida correspondente, temos que converter os limites em x para limites em u. Desse modo, se os limites são $x = 0$ e $x = \pi$, os limites tornam-se $u = \cos 0 = 1$ e $u = \cos \pi = -1$:

$$\int_0^{\pi} \cos^2 x\, \mathrm{sen} x\, \mathrm{d}x = -\int_1^{-1} u^2\, \mathrm{d}u = \{-\tfrac{1}{3}u^3 + C\}\Big|_1^{-1} = \frac{2}{3}$$

Integração por partes. Para duas funções $f(x)$ e $g(x)$:

$$\int f \frac{\mathrm{d}g}{\mathrm{d}x}\mathrm{d}x = fg - \int g \frac{\mathrm{d}f}{\mathrm{d}x}\mathrm{d}x \qquad \text{Integração por partes} \qquad \text{(RM1.11a)}$$

que podemos abreviar para:

$$\int f\mathrm{d}g = fg - \int g\mathrm{d}f \qquad \text{(RM1.11b)}$$

Breve ilustração RM1.5 Integração por partes

As integrais sobre xe^{-ax} e suas análogas ocorrem comumente na discussão da estrutura atômica e espectros. Elas podem ser integradas por partes, como no que se segue:

$$\int_0^{\infty} \overbrace{x}^{f}\, \overbrace{e^{-ax}}^{\mathrm{d}g/\mathrm{d}x}\, \mathrm{d}x = \overbrace{x}^{f}\, \overbrace{\frac{e^{-ax}}{-a}}^{g}\Bigg|_0^{\infty} - \int_0^{\infty} \overbrace{\frac{e^{-ax}}{-a}}^{g}\, \overbrace{1}^{\mathrm{d}f/\mathrm{d}x}\, \mathrm{d}x$$
$$= -\frac{xe^{-ax}}{a}\Bigg|_0^{\infty} + \frac{1}{a}\int_0^{\infty} e^{-ax}\,\mathrm{d}x = 0 - \frac{e^{-ax}}{a^2}\Bigg|_0^{\infty}$$
$$= \frac{1}{a^2}$$

RM1.6 Integrais múltiplas

Uma função pode depender de mais de uma variável, caso em que podemos precisar integrar sobre ambas as variáveis:

$$I=\int_a^b\int_c^d f(x,y)\mathrm{d}x\mathrm{d}y \qquad \text{(RM1.12)}$$

Nós (mas nem todo mundo) adotamos a convenção de que a e b são os limites da variável x e c e d são os limites de y (conforme ilustrado pelas cores neste exemplo). Esse procedimento é simples se a função é um produto de funções de cada variável, da forma $f(x,y) = X(x)Y(y)$. Neste caso, a integral dupla é apenas o produto de cada integral:

$$I=\int_a^b\int_c^d X(x)Y(y)\mathrm{d}x\mathrm{d}y=\int_a^b X(x)\mathrm{d}x\int_c^d Y(y)\mathrm{d}y \qquad \text{(RM1.13)}$$

Breve ilustração RM1.6 Uma integral dupla

Integrais duplas da forma

$$I=\int_0^{L_1}\int_0^{L_2}\mathrm{sen}^2(\pi x/L_1)\mathrm{sen}^2(\pi y/L_2)\mathrm{d}x\mathrm{d}y$$

ocorrem na discussão do movimento de translação de uma partícula em duas dimensões, em que L_1 e L_2 são as extensões máximas do percurso ao longo dos eixos x e y, respectivamente. Para calcular I, usamos a Eq. RM1.13 e uma integral listada na *Seção de dados* para escrever

$$\begin{aligned}I &\overset{\text{Integral T.2}}{=} \int_0^{L_1}\mathrm{sen}^2(\pi x/L_1)\mathrm{d}x\int_0^{L_2}\mathrm{sen}^2(\pi y/L_2)\mathrm{d}y\\ &=\left\{\tfrac{1}{2}x-\frac{\mathrm{sen}(2\pi x/L_1)}{4\pi/L_1}+C\right\}\Bigg|_0^{L_1}\left\{\tfrac{1}{2}y-\frac{\mathrm{sen}(2\pi y/L_2)}{4\pi/L_2}+C\right\}\Bigg|_0^{L_2}\\ &=\tfrac{1}{4}L_1L_2\end{aligned}$$

CAPÍTULO 2

A Primeira Lei

O desprendimento de energia pode ser usado para produzir calor, como na queima de um combustível num forno, para proporcionar trabalho mecânico, como na queima de um combustível em um motor, e para gerar trabalho elétrico, como numa reação química que impele elétrons através de um circuito. Encontramos, na química, reações que podem ser controladas para proporcionar calor e trabalho, reações que liberam energia que se desperdiça, mas produzem substâncias desejáveis, e reações que constituem os processos da vida. A **termodinâmica**, o estudo das transformações da energia, leva à discussão quantitativa de todos esses efeitos e propicia que predições úteis sejam feitas.

2A Energia interna

Inicialmente vamos examinar as formas pelas quais um sistema pode trocar energia com suas vizinhanças em termos do trabalho que ele pode efetuar, ou nele ser efetuado, ou do calor que pode desprender ou absorver. Essas considerações levam à definição de "energia interna", a energia total de um sistema, e à formulação da "Primeira Lei da Termodinâmica", que estabelece que a energia interna de um sistema isolado é constante.

2B Entalpia

O segundo conceito mais importante do capítulo é o da "entalpia", propriedade muito útil para realizar o balanço térmico para o acompanhamento do desprendimento (ou aporte) de calor de processos físicos e de reações químicas que ocorram a pressão constante. Experimentalmente, as variações da energia interna ou entalpia podem ser medidas por técnicas conhecidas coletivamente como "calorimetria".

2C Termoquímica

"Termoquímica" é o estudo do calor trocado quando ocorrem reações químicas. Vamos descrever métodos computacionais e experimentais para a determinação das variações de entalpia associadas às transformações físicas e químicas.

2D Funções de estado e diferenciais exatas

Também começaremos a desvendar parte do poder da termodinâmica mostrando como estabelecer relações entre as diferentes propriedades de um sistema. Veremos que um aspecto muito útil da termodinâmica é o de poder medir uma propriedade indiretamente pela medição de outras e, então, combinar seus valores. As relações que vamos deduzir também nos possibilitam discutir a liquefação de gases e estabelecer a relação entre as capacidades caloríficas de uma substância em diferentes condições.

2E Transformações adiabáticas

Os processos "adiabáticos" ocorrem sem transferência de energia na forma de calor. Vamos nos concentrar em transformações adiabáticas que envolvem gases perfeitos porque elas ocupam lugar de destaque na nossa apresentação da termodinâmica.

Qual é o impacto deste material?

Conceitos de termoquímica aplicam-se a reações químicas associadas à conversão do alimento em energia nos organismos. Em *Impacto* I2.1, disponível como Material Suplementar a este livro, exploramos alguns cálculos relacionados com o metabolismo de gorduras, carboidratos e proteínas.

2A Energia interna

Tópicos

➤ Por que você precisa saber este assunto?

A Primeira Lei da Termodinâmica é o fundamento da discussão do papel da energia na química. Os conceitos introduzidos pela Primeira Lei são a base, quer estejamos interessados na geração de energia, quer estejamos interessados no uso da energia em transformações físicas ou reações químicas.

➤ Qual é a ideia fundamental?

A energia total de um sistema isolado é constante.

➤ O que você já deve saber?

Esta seção utiliza a discussão das propriedades dos gases (Seção 1A), em particular da lei dos gases perfeitos. Ela se baseia na definição de trabalho apresentada em *Fundamentos* B.

Nas investigações em termodinâmica, o universo se divide em duas partes, o sistema e as vizinhanças do sistema. O **sistema** é a parte do universo em que estamos interessados. Pode ser o vaso de uma reação, um motor, uma célula eletroquímica, uma célula biológica etc. As **vizinhanças** são a parte externa do sistema onde fazemos as medidas. O tipo de sistema depende das características da fronteira que o separa de suas vizinhanças (Fig. 2A.1). Se matéria pode ser transferida através da fronteira entre o sistema e as suas vizinhanças, o sistema é classificado como **aberto.** Se a matéria não pode passar pelas fronteiras, o sistema é **fechado**. Tanto os sistemas abertos quanto os fechados podem trocar energia com suas vizinhanças. Por exemplo, um sistema fechado pode se expandir e, assim, elevar um peso situado nas suas vizinhanças; um sistema fechado também pode transferir energia para as vizinhanças, se estas estiverem em temperatura mais baixa. Um **sistema isolado** é um sistema fechado que não tem contato nem mecânico nem térmico com suas vizinhanças.

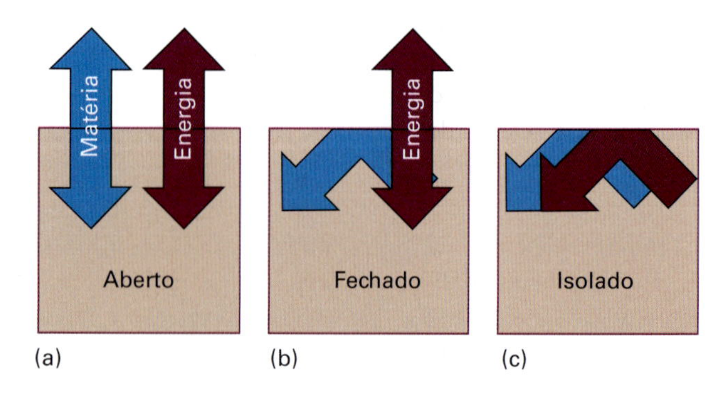

Figura 2A.1 (a) Um sistema aberto pode trocar matéria e energia com as suas vizinhanças. (b) Um sistema fechado pode trocar energia com as vizinhanças, mas não matéria. (c) Um sistema isolado não troca nem energia nem matéria com as vizinhanças.

2A.1 Trabalho, calor e energia

Embora a termodinâmica lide com observações sobre sistemas macroscópicos, ela é muito enriquecida pela compreensão das origens moleculares dessas observações. Em cada um dos casos, apresentaremos as observações macroscópicas sobre as quais a termodinâmica é baseada e mais adiante descreveremos suas interpretações moleculares.

(a) Definições operacionais

A propriedade física fundamental em termodinâmica é o trabalho: **trabalho** é movimento contra uma força que se opõe ao deslocamento. Um exemplo simples é o processo de elevar um peso contra a força da gravidade. Um processo realiza trabalho se, em princípio, ele pode ser aproveitado para elevar um peso em algum lugar das vizinhanças. Um exemplo de trabalho é a expansão de um gás que empurra um pistão: o movimento do pistão pode, em princípio, ser usado para elevar um peso. Uma reação química que gera uma corrente elétrica que passa através de uma resistência também efetua trabalho, pois a mesma corrente pode ser conduzida através de um motor e usada para provocar a elevação de um peso.

A **energia** de um sistema é a sua capacidade de efetuar trabalho. Quando se efetua trabalho sobre um sistema que não pode trocar energia de outra forma que não esta (por exemplo, comprimindo um gás ou alongando uma mola), a capacidade do sistema de efetuar trabalho aumenta; em outras palavras, a energia do sistema aumenta. Quando o sistema efetua trabalho (quando o pistão é empurrado ou quando a mola retorna ao comprimento inicial), há redução da energia do sistema, diminuindo a sua capacidade de efetuar trabalho.

Experiências mostram que a energia de um sistema pode ser modificada por maneiras que não envolvem trabalho. Quando a energia de um sistema se altera como resultado da diferença de temperatura entre o sistema e suas vizinhanças, dizemos que a energia foi transferida na forma de **calor**. Quando se aquece a água (o sistema) contida num bécher por meio de um aquecedor, a capacidade do sistema de efetuar trabalho aumenta, pois a água quente pode ser usada para efetuar mais trabalho do que a água fria. Nem todas as fronteiras permitem a transferência desse tipo de energia, mesmo havendo diferença de temperatura entre o sistema e suas vizinhanças. Fronteiras que permitem a transferência de energia como calor são chamadas de **diatérmicas**; as que não permitem são chamadas de **adiabáticas**.

Um **processo exotérmico** é um processo que libera energia para as vizinhanças na forma de calor. Todas as reações de combustão são exotérmicas. Um **processo endotérmico** é um processo que absorve energia na forma de calor a partir das vizinhanças. Um exemplo de um processo endotérmico é a vaporização da água. Para evitar muitos rodeios, dizemos que em um processo a energia é transferida "como calor" para as vizinhanças e que em um processo endotérmico a energia é transferida "como calor" das vizinhanças para o sistema. Entretanto, nunca se deve esquecer que calor é um processo (a transferência de energia devido a uma diferença de temperatura), não uma propriedade. Quando um processo endotérmico ocorre num sistema com fronteiras diatérmicas, há entrada de energia no sistema, na forma de calor, para restaurar a temperatura àquela das vizinhanças. Um processo exotérmico, num sistema diatérmico semelhante, provoca liberação de energia, na forma de calor, para as vizinhanças. Quando um processo endotérmico ocorre num sistema com fronteiras adiabáticas, a temperatura do sistema diminui; um processo exotérmico, no mesmo sistema, provoca elevação da temperatura do sistema. Esses efeitos estão esquematizados na Fig. 2A.2.

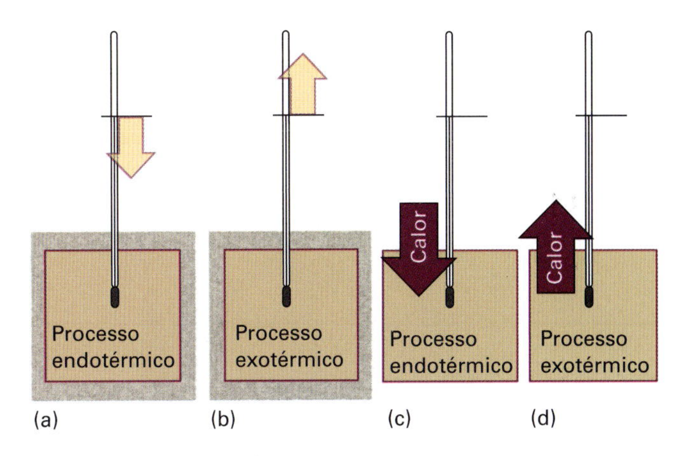

Figura 2A.2 (a) Quando um processo endotérmico ocorre num sistema com fronteiras adiabáticas, a temperatura do sistema cai; (b) se o processo for exotérmico, então a temperatura do sistema se eleva. (c) Quando ocorre um processo endotérmico num sistema com fronteiras diatérmicas, há entrada de energia no sistema, na forma de calor, a partir das vizinhanças, e a temperatura do sistema permanece inalterada. (d) Se o processo for exotérmico, a energia é liberada como calor, e o processo é isotérmico.

Breve ilustração 2A.1 Combustão em recipientes adiabáticos e diatérmicos

A combustão é uma reação química em que as substâncias reagem com o oxigênio, normalmente com uma chama. Um exemplo é a combustão do gás metano, $CH_4(g)$:

$$CH_4(g)+2O_2(g)\rightarrow CO_2(g)+2H_2O(l)$$

Toda combustão é exotérmica. Embora a temperatura geralmente se eleve durante a combustão, se esperarmos tempo suficiente o sistema retornará à temperatura das suas vizinhanças, de modo que podemos falar de combustão "a 25 °C", por exemplo. Se a combustão ocorre em um recipiente adiabático, a energia liberada na forma de calor permanece no interior do recipiente e resulta em uma elevação permanente da temperatura.

Exercício proposto 2A.1 Como se pode conseguir a expansão isotérmica de um gás?

Resposta: Mergulhe o sistema em banho-maria

(b) Interpretação molecular do calor e trabalho

Em termos moleculares, o calor é a transferência de energia que faz uso do movimento aparentemente aleatório das moléculas. O movimento desordenado das moléculas é denominado **movimento térmico**. O movimento térmico das moléculas nas vizinhanças quentes de um sistema frio estimula a movimentação mais vigorosa das moléculas do sistema, e, em virtude disso, a energia do sistema aumenta. Quando o sistema aquece as suas vizinhanças, são as moléculas do sistema que estimulam o movimento térmico das moléculas nas vizinhanças (Fig. 2A.3).

Ao contrário, o trabalho é a transferência de energia que faz uso do movimento organizado nas vizinhanças (Fig. 2A.4). Quando há elevação ou abaixamento de um peso, os respectivos átomos se deslocam de maneira organizada (para cima ou para baixo).

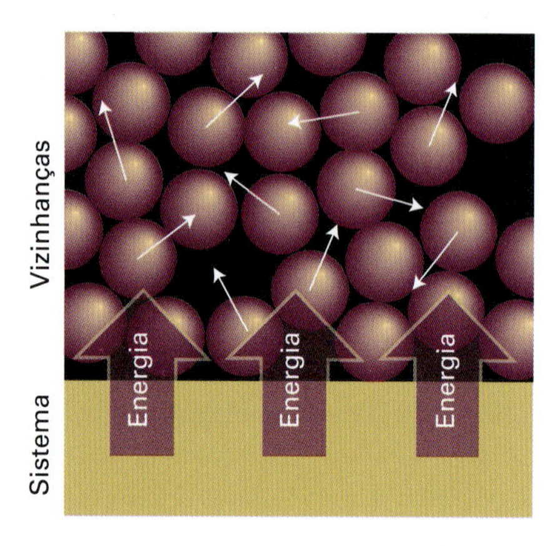

Figura 2A.3 Quando há transferência de energia, na forma de calor, do sistema para as vizinhanças, a energia transferida estimula o movimento aleatório dos átomos das vizinhanças. A transferência de energia das vizinhanças para o sistema se faz à custa do movimento aleatório (agitação térmica) dos átomos das vizinhanças.

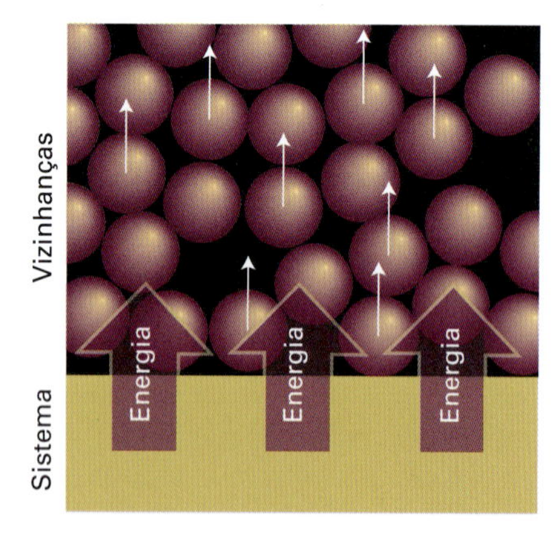

Figura 2A.4 Quando um sistema efetua trabalho, ele estimula o movimento ordenado nas vizinhanças. Por exemplo, os átomos que são vistos aqui podem ser parte de um peso que está sendo levantado. O movimento ordenado dos átomos num peso que cai efetua trabalho sobre o sistema.

Os átomos de uma mola se deslocam de forma ordenada quando a mola é comprimida ou distendida; os elétrons numa corrente elétrica se deslocam ordenadamente numa direção quando a corrente flui. Quando um sistema realiza trabalho sobre suas vizinhanças, ele provoca o movimento organizado dos átomos ou elétrons da vizinhança. Da mesma forma, quando se faz trabalho sobre o sistema, as moléculas das vizinhanças transferem energia de maneira organizada para o sistema, como acontece com os átomos de um peso que é abaixado, ou quando uma corrente de elétrons circula num condutor.

A distinção entre trabalho e calor se faz nas vizinhanças. O fato de um peso caindo poder estimular o movimento térmico das moléculas do sistema é irrelevante para se fazer a distinção entre calor e trabalho; o trabalho é identificado como a transferência de energia que faz uso do movimento organizado dos átomos (ou moléculas) das vizinhanças. O calor é identificado como a transferência de energia que faz uso do movimento térmico das partículas nas vizinhanças do sistema. Por exemplo, na compressão adiabática de um gás, o trabalho é efetuado quando as partículas do peso responsável pela compressão se deslocam de maneira ordenada; porém, o efeito da compressão é o de acelerar as moléculas do gás para velocidades médias mais elevadas do que no início. Como as colisões entre as moléculas rapidamente tornam suas direções aleatórias, o movimento ordenado dos átomos do peso, na realidade, estimula o movimento térmico do gás. O que observamos é a queda do peso, a movimentação ordenada dos seus átomos, e dizemos que se faz trabalho sobre o sistema, embora se esteja estimulando o movimento térmico.

2A.2 A definição de energia interna

A energia total de um sistema, na termodinâmica, é denominada **energia interna**, U. Esta energia é a energia cinética e potencial total dos constituintes (átomos, íons ou moléculas) do sistema. A energia interna não inclui a energia cinética que surge do movimento do sistema como um todo, como a energia cinética da Terra na sua órbita ao redor do Sol. Ou seja, a energia interna é a energia "do interior" do sistema. A variação de energia interna quando um sistema passa do estado inicial i, com energia interna U_i, para o estado final f, com energia interna U_f é simbolizada por ΔU:

$$\Delta U = U_f - U_i \qquad (2A.1)$$

No estudo da termodinâmica, usamos a convenção de que $\Delta X = X_f - X_i$, em que X é uma propriedade do sistema (uma "função de estado").

A energia interna é uma **função de estado**, pois seu valor depende exclusivamente do estado atual em que está o sistema e não depende da forma pela qual o sistema chegou a esse estado. Em outras palavras, é uma função das propriedades que identificam o estado em que está o sistema. A alteração de qualquer variável de estado, como a pressão, provoca uma modificação da energia interna. O fato de a energia interna ser uma função de estado tem consequências da maior importância, como veremos na Seção 2.D.

A energia interna é uma propriedade extensiva do sistema (uma propriedade que depende da quantidade de substância presente, *Fundamentos* A) e é medida em joules (1 J = 1 kg m^2 s^{-2}). A energia interna molar, U_m, é a energia interna dividida pela quantidade de substância (número de mols) no sistema, $U_m = U/n$; é uma propriedade intensiva (uma propriedade independente da quantidade de substância), normalmente expressa em quilojoules por mol (kJ mol^{-1}).

(a) Interpretação molecular da energia interna

Uma molécula tem certo número de graus de liberdade, tais como a sua capacidade em se transladar (deslocar o seu centro de massa através do espaço), girar em torno do seu centro de massa ou vibrar (quando seus comprimentos e ângulos de ligação variam, mas seu centro de massa permanece sem se mover). Muitas propriedades físicas e químicas dependem da energia associada a cada um desses modos de movimento. Por exemplo, uma ligação química pode romper se nela for concentrada uma grande quantidade de energia, tal como uma vibração vigorosa.

O "teorema da equipartição" da mecânica clássica foi apresentado em *Fundamentos* B, e pode ser usado para prever as contribuições de cada modo de movimento de uma molécula para a energia total de um conjunto de moléculas que não interagem umas com as outras (isto é, de um gás perfeito, contanto que os efeitos quânticos possam ser ignorados). Para os modos translacional e rotacional, a contribuição de um modo é proporcional à temperatura, e assim a energia interna de uma amostra aumenta quando a temperatura é elevada.

Breve ilustração 2A.2 A energia interna de um gás perfeito

Em *Fundamentos* B mostra-se que a energia média de uma molécula, devida ao seu movimento translacional, é $\frac{3}{2}kT$ e, por isso, a contribuição para a energia molar de um conjunto de moléculas é $\frac{3}{2}RT$. Sendo assim, considerando-se apenas a contribuição da translação para a energia interna,

$$U_m(T)=U_m(0)+\tfrac{3}{2}N_AkT=U_m(0)+\tfrac{3}{2}RT$$

em que $U_m(0)$, a energia interna quando T = 0, pode ser maior que zero (veja, por exemplo, o Capítulo 8). A 25 °C, RT = 2,48 kJ mol^{-1}, de modo que o movimento translacional contribui com 3,72 mol^{-1} para a energia interna molar dos gases.

Exercício proposto 2A.2 Calcule a energia interna molar do dióxido de carbono, a 25 °C, levando em conta seus graus de liberdade de translação e rotação.

Resposta: $U_m(T)=U_m(0)+\frac{5}{2}kT$

A contribuição para a energia interna que faz um conjunto de moléculas de gás perfeito independe do volume ocupado pelas moléculas. Não há interações intermoleculares em um gás perfeito, de modo que a distância entre as moléculas não tem efeito sobre a energia. Isto é, *a energia interna de um gás perfeito é independente do volume que ele ocupa.*

A energia interna de moléculas que interagem em fases condensadas tem uma contribuição da energia potencial dessa interação. Entretanto, não se pode escrever uma expressão geral simples para essa interação. Ainda assim, o aspecto molecular fundamental é que, à medida que a temperatura de um sistema aumenta, a energia interna cresce ao passo que os modos de movimento se tornam mais excitados.

(b) A formulação da Primeira Lei

Observa-se experimentalmente que a energia interna de um sistema pode ser alterada seja pelo trabalho efetuado sobre o sistema, seja pelo aquecimento do sistema. Embora saibamos como a transferência de energia foi feita (pois podemos observá-la quando um peso é elevado ou abaixado nas vizinhanças, indicando uma transferência de energia na forma de trabalho, ou quando um pedaço de gelo se funde nas vizinhanças, indicando uma transferência de energia como calor), o sistema é indiferente ao modo que foi utilizado. *O calor e o trabalho são maneiras equivalentes de se alterar a energia interna de um sistema.* Consideramos o sistema como um banco: ele recebe depósitos em quaisquer moedas, mas guarda suas reservas como energia interna. Observa-se experimentalmente, também, que, se um sistema estiver isolado das suas vizinhanças, não haverá alteração da energia interna. Essas observações são, atualmente, conhecidas como a **Primeira Lei da Termodinâmica**, que pode ser expressa do seguinte modo:

A energia interna de um sistema isolado é constante.

Primeira Lei da Termodinâmica

Não podemos usar o sistema para efetuar trabalho, deixá-lo isolado e depois voltar ao sistema esperando que esteja no seu estado original, pronto para efetuar o mesmo trabalho outra vez. Um forte indício desta propriedade é o da impossibilidade, até hoje verificada, da construção de um "moto-perpétuo de primeira espécie", uma máquina capaz de efetuar trabalho sem consumir combustível ou outra fonte de energia.

Essas observações podem ser assim resumidas. Se w for o trabalho feito sobre um sistema, se q for a energia transferida como calor para um sistema e se ΔU for a variação da energia interna do sistema, então se segue que

$$\Delta U=q+w \qquad \text{Formulação matemática da Primeira Lei} \qquad (2A.2)$$

A Eq. 2A.2 resume a equivalência entre o calor e o trabalho e mostra que a energia interna é constante num sistema isolado (para o qual q = 0 e w = 0). A equação mostra que a variação da energia interna de um sistema fechado é igual à energia que passa, como calor ou trabalho, através das suas fronteiras. Nesta expressão, está implícita a chamada "convenção aquisitiva", que faz w e q serem positivos se a energia é transferida para o sistema como trabalho ou como calor, e negativos se o sistema perde energia como trabalho ou como calor. Em outras palavras, o fluxo de energia, como trabalho ou como calor, é visto a partir da perspectiva do sistema.

Breve ilustração 2A.3 Variações da energia interna

Um motor elétrico produz 15 kJ de energia, a cada segundo, na forma de trabalho mecânico, e perde 2 kJ de calor para as vizinhanças. A variação da energia interna do motor a cada segundo é $\Delta U = -2\text{ kJ} - 15\text{ kJ} = -17\text{ kJ}$. Imaginemos que, quando se enrola uma mola, se faça um trabalho de 100 J sobre ela, e que 15 J escapem para as vizinhanças, na forma de calor. A variação da energia interna da mola é $\Delta U = 100\text{ J} - 15\text{ J} = +85\text{ J}$.

Uma nota sobre a boa prática Sempre inclua o sinal de ΔU (e de ΔX, em geral), mesmo que seu valor seja positivo.

Exercício proposto 2A.3 Um gerador realiza trabalho sobre um aquecedor elétrico forçando uma corrente elétrica através dele. Suponha que 1 kJ de trabalho seja realizado sobre o aquecedor e que ele aqueça suas vizinhanças em 1 kJ. Qual é a variação da energia interna do aquecedor?

Resposta: 0

2A.3 Trabalho de expansão

Podemos agora abrir caminho para os poderosos métodos do cálculo analisando as modificações infinitesimais do estado do sistema (por exemplo, uma variação infinitesimal de temperatura) e as variações infinitesimais da energia interna dU. Assim, se o trabalho feito sobre o sistema é dw e a energia fornecida para o sistema como calor é dq, em lugar da Eq. 2A.2 temos

$$dU = dq + dw \tag{2A.3}$$

Para usar esta expressão é preciso relacionar as variações dq e dw a eventos que ocorrem nas vizinhanças do sistema.

Iniciamos discutindo **trabalho de expansão**, o trabalho que surge quando ocorre uma variação no volume. Este tipo de trabalho engloba o trabalho que é feito por um gás quando ele se expande e desloca a atmosfera. Muitas reações químicas resultam na produção de gases (por exemplo, a decomposição térmica do carbonato de cálcio ou a combustão do octano), e as características termodinâmicas destas reações dependem do trabalho que é efetuado para acomodar o gás que é produzido. O termo "trabalho de expansão" também engloba o trabalho associado a variações negativas de volume, isto é, compressão.

(a) A expressão geral do trabalho

O cálculo do trabalho de expansão nasce da definição da física que diz que o trabalho para deslocar um corpo em uma distância dz, na direção de uma força de magnitude F que se opõe ao deslocamento, é dado por

$$dw = -|F|dz \qquad \textit{Definição} \quad \text{Trabalho efetuado} \tag{2A.4}$$

O sinal negativo nos informa que, quando o sistema desloca o corpo contra a força de magnitude $|F|$ que se opõe ao deslocamento e não há nenhuma outra variação, a energia interna do sistema que efetua o trabalho diminui. Ou seja, se dz é positivo (movimento nos z positivos), dw é negativo, e a energia interna diminui (dU é negativo na Eq. 2A.3, desde que $dq = 0$).

Imaginemos agora a montagem que é vista na Fig. 2A.5, em que uma parede do sistema é um pistão sem peso, sem atrito, rígido e sem fugas, de área A. Se a pressão externa é p_{ex}, então a magnitude da força atuando na face externa do pistão é $|F| = p_{ex}A$. Quando o sistema se expande e o pistão se desloca de dz contra a pressão externa p_{ex}, o trabalho feito é $dw = -p_{ex}Adz$. Porém, Adz é a variação de volume, dV, na expansão. Portanto, o trabalho realizado, quando o sistema se expande de dV contra a pressão externa p_{ex}, é

$$dw = -p_{ex}dV \qquad \text{Trabalho de expansão} \tag{2A.5a}$$

Para obter o trabalho total realizado quando o volume passa do volume inicial V_i para o volume final V_f, integramos esta expressão entre os volumes inicial e final:

$$w = -\int_{V_i}^{V_f} p_{ex}dV \tag{2A.5b}$$

A força que atua sobre o pistão, $p_{ex}A$, é equivalente a um peso que é levantado quando o sistema se expande. Se o sistema for comprimido, então o mesmo peso será abaixado nas vizinhanças e a Eq. 2A.5b ainda pode ser usada, mas agora $V_f < V_i$. É importante acentuar que ainda é a pressão externa que determina o valor do trabalho. Esta é uma conclusão que talvez cause perplexidade, pois parece ser inconsistente com o fato de que o gás *dentro* do recipiente está se opondo à compressão. Entretanto, quando um gás é comprimido, a capacidade das *vizinhanças* de realizar trabalho diminui numa quantidade que é determinada pelo peso que é abaixado, e é esta a energia que é transferida para o sistema.

Outros tipos de trabalho (por exemplo, o trabalho elétrico), que chamaremos de **trabalho extra** ou **trabalho adicional**, têm

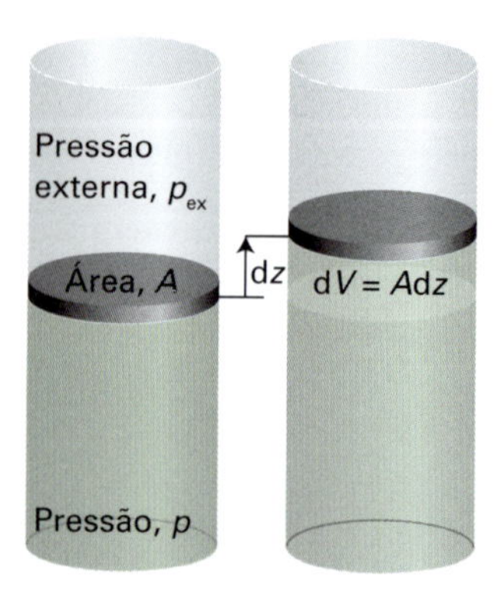

Figura 2A.5 Quando um pistão de área A se desloca da distância dz, varre um volume $dV = Adz$. A pressão externa p_{ex} é equivalente a um peso colocado sobre o pistão e provoca uma força que se opõe à expansão e que é dada por $|F| = p_{ex}A$.

Tabela 2A.1 Tipos de trabalho*

Tipo de trabalho	dw	Comentários	Unidades†
Expansão	$-p_{ex}dV$	p_{ex} é a pressão externa dV é a variação de volume	Pa m^3
Expansão superficial	$\gamma d\sigma$	γ é a tensão superficial $d\sigma$ é a variação da área	N m^{-1} m^2
Extensão	fdl	f é a tensão dl é a variação de comprimento	N m
Elétrico	ϕdQ	ϕ e o potencial elétrico dQ é a variação de carga elétrica	V C
	$Qd\phi$	$d\phi$ é a diferença de potencial Q é a carga transferida	V C

* Em geral, o trabalho feito sobre um sistema tem a forma $dw = -|F|dz$, em que $|F|$ é uma "força generalizada" e dz, um "deslocamento generalizado".

† Com o trabalho em joules (J). Observe que 1 N m = 1 J e 1 V C = 1 J.

expressões semelhantes, cada qual o produto de um fator intensivo (a pressão, por exemplo) e um fator extensivo (a variação de volume). Na Tabela 2A.1 estão reunidas algumas dessas expressões. No momento vamos continuar analisando o trabalho associado à variação de volume, o trabalho de expansão, para ver o que podemos extrair da Eq. 2A.5b.

Breve ilustração 2A.4 O trabalho de extensão

Para estabelecer uma expressão para o trabalho de estiramento de um elastômero, um polímero que pode se alongar e se contrair, de uma extensão l, sabendo que a força que se opõe ao alongamento é proporcional ao deslocamento do estado de repouso do elastômero, escrevemos $|F| = k_f x$, em que k_f é uma constante e x é o deslocamento. Então, segue da Eq. 2A.4 que, para um deslocamento infinitesimal de x até $x + dx$, $dw = -k_f x dx$. Para o trabalho global de deslocamento de $x = 0$ até o alongamento final l,

$$w=-\int_0^l k_{ff}x\,dx=-\frac{1}{2}k\,l^2$$

Exercício proposto 2A.4 Suponha que a força restauradora se enfraqueça quando o elastômero é alongado, e $k_f(x) = a - bx^{1/2}$. Calcule o trabalho de alongamento até l.

Resposta: $w=-\frac{1}{2}al^2+\frac{2}{5}bl^{5/2}$

(b) Expansão contra pressão constante

Imaginemos agora que a pressão externa se mantenha constante ao longo de toda a expansão. Por exemplo, o pistão pode trabalhar contra a pressão da atmosfera, que se mantém invariável durante a expansão. Um exemplo químico desta condição é a expansão de um gás que se forma numa reação química no interior de um recipiente que pode se expandir. A Eq. 2A.5b pode ser calculada passando-se p_{ex}, neste caso uma constante, para fora da integral:

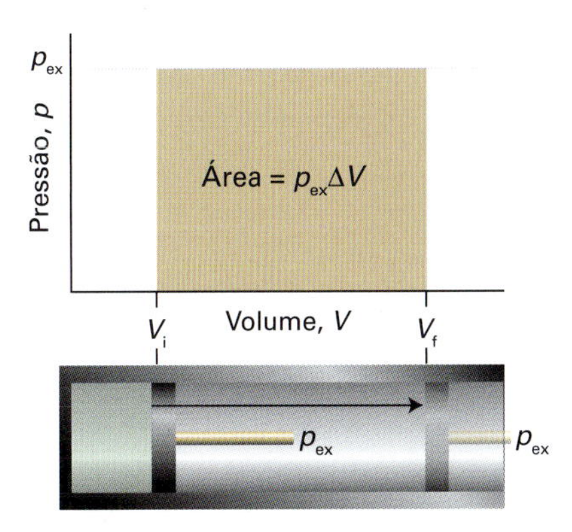

Figura 2A.6 O trabalho efetuado por um gás que se expande contra uma pressão externa constante, p_{ex}, é igual ao da área sombreada neste exemplo de um diagrama indicador.

$$w=-p_{ex}\int_{V_i}^{V_f} dV=-p_{ex}(V_f-V_i)$$

Portanto, se a variação de volume for $\Delta V = V_f - V_i$,

$$w=-p_{ex}\Delta V \quad \textit{Pressão externa constante} \quad \text{Trabalho de expansão} \quad (2A.6)$$

Esse resultado está ilustrado na Fig. 2A.6, em que a integral pode ser interpretada como uma área. O valor do trabalho w, simbolizado por $|w|$, é igual à área subtendida à reta horizontal $p = p_{ex}$ entre os volumes inicial e final. O gráfico de p contra V, usado para o cálculo do trabalho de expansão, é denominado **diagrama indicador**. James Watt foi o primeiro a adotá-lo para evidenciar aspectos da operação de sua máquina a vapor.

Expansão livre significa uma expansão contra uma força nula. Ela ocorre quando $p_{ex} = 0$. De acordo com a Eq. 2A.6,

$$w=0 \quad \text{Trabalho de expansão livre} \quad (2A.7)$$

Ou seja, não há trabalho quando o sistema se expande livremente. Este tipo de expansão ocorre quando um gás se expande no vácuo.

Exemplo 2A.1 Cálculo do trabalho no desprendimento de um gás

Calcule o trabalho efetuado quando 50 g de ferro reagem com ácido clorídrico produzindo $FeCl_2(aq)$ e hidrogênio em (a) um vaso fechado de volume fixo e (b) um bécher aberto, a 25 °C.

Método Precisamos ter a variação de volume e então decidir como ocorre o processo. Se não houver variação de volume, não haverá trabalho de expansão, seja qual for o processo. Se o sistema se expande contra uma pressão externa constante, o trabalho pode ser calculado pela Eq. 2A.6. Uma característica geral dos processos em que uma fase condensada se transforma numa fase gasosa é a de que o volume da fase inicial pode ser, em geral, desprezado diante do volume da fase gasosa final.

Resposta Em (a), o volume não pode se alterar; portanto, não há trabalho de expansão e $w = 0$. Em (b), o gás formado desloca a atmosfera; logo, $w=-p_{ex}\Delta V$. Podemos desprezar o volume inicial, pois o volume final (depois do desprendimento do gás) é muito grande e $\Delta V=V_f-V_i\approx V_f=nRT/p_{ex}$, em que n é o número de mols de H_2 produzidos na reação. Portanto,

$$w=-p_{ex}\Delta V\approx -p_{ex}\times\frac{nRT}{p_{ex}}=-nRT$$

Pela equação da reação, $Fe(s) + 2\,HCl(aq) \rightarrow FeCl_2(aq) + H_2(g)$, sabemos que se forma 1 mol de H_2 para cada mol de Fe consumido; portanto, n pode ser igualado ao número de mols de Fe que reagem. Como a massa molar do Fe é 55,85 g mol^{-1}, vem que

$$\begin{aligned} w&=-\frac{50\,\text{g}}{55{,}85\,\text{g mol}^{-1}}\times(8{,}3145\,\text{J K}^{-1}\,\text{mol}^{-1})\times(298\,\text{K})\\ &\approx -2{,}2\text{ kJ}\end{aligned}$$

O sistema (a mistura reacional) efetua um trabalho de 2,2 kJ ao deslocar a atmosfera. Observe que neste caso (consideramos o sistema como sendo constituído por um gás perfeito) o valor da pressão externa não afeta o resultado final: quanto mais baixa a pressão, maior o volume ocupado pelo gás, e os dois efeitos cancelam-se mutuamente.

Exercício proposto 2A.5 Calcule o trabalho de expansão que é feito durante a eletrólise de 50 g de água, a pressão constante e a 25 °C.

Resposta: −10 kJ

(c) Expansão reversível

Uma **transformação reversível**, em termodinâmica, é uma transformação que pode ser invertida pela modificação infinitesimal de uma variável. A palavra-chave "infinitesimal" realça o sentido corrente da palavra "reversível" como alguma coisa que pode mudar de sentido. Um exemplo de reversibilidade que nós já encontramos é o equilíbrio térmico de dois sistemas à mesma temperatura. A transferência de energia entre os dois sistemas, na forma de calor, é reversível, pois, se a temperatura de um deles sofrer abaixamento infinitesimal, haverá passagem de energia do outro sistema para aquele cuja temperatura diminuiu. Se a temperatura de um for infinitesimalmente elevada, a energia térmica passará dele para o sistema mais frio. Há, claramente, uma relação íntima entre reversibilidade e equilíbrio: sistemas em equilíbrio são suscetíveis de sofrer mudanças reversíveis.

Imaginemos que um gás esteja confinado num vaso com um pistão e que a pressão externa, p_{ex}, seja igual à pressão, p, do gás. Este sistema está em equilíbrio mecânico com as suas vizinhanças, pois uma variação infinitesimal da pressão externa em qualquer sentido provoca variações do volume em sentidos opostos. Se a pressão externa sofrer uma diminuição infinitesimal, o gás se expande ligeiramente; se a pressão externa aumentar de um infinitésimo, o gás se contrai infinitesimalmente. Nos dois casos, a transformação é termodinamicamente reversível. Por outro lado, se houver uma diferença finita entre a pressão externa e a do gás, a modificação infinitesimal da p_{ex} não fará com que ela fique, por exemplo, menor do que a pressão do gás, e a direção do processo não será alterada. Este sistema não está em equilíbrio mecânico com as suas vizinhanças e a expansão é termodinamicamente irreversível.

Para obter uma expansão reversível faz-se p_{ex} igual a p em cada etapa da expansão. Consegue-se esta igualdade, na prática, removendo gradualmente pesos colocados sobre o pistão, de modo que a força para baixo, devida aos pesos, seja sempre equilibrada pela força para cima devida à pressão do gás. Quando se tem $p_{ex}=p$, a Eq. 2A.5a fica

$$\mathrm{d}w=-p_{ex}\mathrm{d}V=-p\mathrm{d}V \quad \text{Trabalho de expansão reversível} \quad (2A.8a)$$

Embora a pressão no interior do sistema apareça nesta expressão do trabalho, este aparecimento é uma consequência de se ter feito p_{ex} igual a p para se garantir a reversibilidade. O trabalho total numa expansão reversível do volume inicial V_i até ao volume final V_f é, portanto,

$$w=-\int_{V_i}^{V_f}p\mathrm{d}V \quad (2A.8b)$$

A integral pode ser calculada se soubermos como a pressão do gás confinado depende do volume. A Eq. 2A.8b faz a ligação direta com a matéria exposta nas seções do Capítulo 1, pois, se conhecemos a equação de estado do gás, sabemos como exprimir p em função de V e calcular a integral.

(d) Expansão isotérmica reversível

Analisemos a expansão isotérmica reversível de um gás perfeito. A expansão é isotérmica graças ao contato térmico entre o sistema e suas vizinhanças (que pode ser, por exemplo, um banho termostatizado). Como a equação de estado é $pV=nRT$, sabemos que em cada etapa da expansão $p=nRT/V$, em que V é o volume do gás em cada etapa da expansão. A temperatura T é constante numa expansão isotérmica, de modo que ela pode sair da integral (juntamente com n e com R). Segue-se, então, que o trabalho de expansão isotérmica reversível de um gás perfeito, do volume V_i até o volume V_f, na temperatura T, é

$$w=-nRT\int_{V_i}^{V_f}\frac{\mathrm{d}V}{V} \overset{\text{Integral A.2}}{=} -nRT\ln\frac{V_f}{V_i}$$

Gás perfeito, reversível, isotérmica | Trabalho de expansão | (2A.9)

Breve ilustração 2A.5 O trabalho de expansão isotérmica reversível

Quando uma amostra de 1,00 mol de Ar, considerado como um gás perfeito, sofre uma expansão isotérmica reversível, a 20 °C, de 10,0 dm^3 para 30,0 dm^3, o trabalho realizado é

$$\begin{aligned} w&=-(1{,}00\text{ mol})\times(8{,}3145\text{ J K}^{-1}\text{ mol}^{-1})\times(293{,}2\text{ K})\ln\frac{30{,}0\text{ dm}^3}{10{,}0\text{ dm}^3}\\ &=-2{,}68\text{ kJ}\end{aligned}$$

Exercício proposto 2A.6 Suponha que as atrações sejam importantes entre as moléculas do gás, e a equação de estado é $p=nRT/V-n^2a/V^2$. Deduza uma expressão para a expansão isotérmica reversível desse gás. É realizado mais ou menos trabalho sobre as vizinhanças quando o gás se expande (comparado com um gás perfeito)?

Resposta: $w=-nRT\ln(V_f/V_i)-n^2a(1/V_f-1/V_i)$; menos

Quando o volume final é maior do que o inicial, como é o caso numa expansão, o logaritmo da Eq. 2A.9 é positivo e assim $w<0$. Neste caso, o sistema realiza trabalho sobre as vizinhanças e sua energia interna diminui em consequência desse trabalho. (Observe a linguagem cuidadosa: veremos mais adiante que há um fluxo de energia equivalente, na forma de calor, das vizinhanças para o sistema, de modo que, no global, a energia interna permanece constante para a expansão isotérmica de um gás perfeito.) A equação também mostra que, para uma dada variação de volume, o trabalho feito é tanto maior quanto mais elevada for a temperatura. A maior pressão do gás confinado, nessas circunstâncias, exige maior pressão externa para que se garanta a reversibilidade, e o trabalho é, correspondentemente, maior.

O resultado do cálculo pode ser expresso num diagrama indicador, pois o valor do trabalho é igual ao da área subtendida pela isoterma $p=nRT/V$ (Fig. 2A.7). No diagrama aparece também a área retangular correspondente à da expansão irreversível contra uma pressão externa constante e de valor final igual à atingida no processo reversível. O trabalho obtido na expansão reversível é maior (a área correspondente é maior), pois o equilíbrio entre a pressão externa e a interna, em cada estágio, faz com que o sistema não perca nenhuma parcela do seu poder de deslocar o pistão. Não se pode obter mais trabalho do que para o processo reversível, pois se aumentarmos a pressão externa em qualquer etapa do processo,

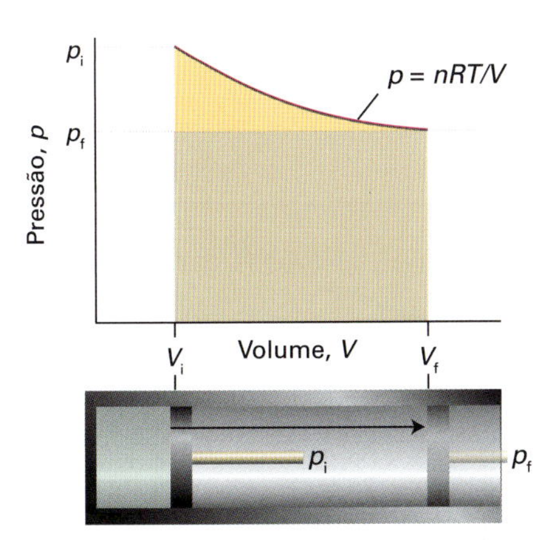

Figura 2A.7 O trabalho efetuado por um gás perfeito numa expansão isotérmica e reversível é dado pela área subtendida pela isoterma $p=nRT/V$. O trabalho feito na expansão irreversível contra a mesma pressão final da expansão é dado pela área retangular, com sombra mais escura. Veja que o trabalho reversível é maior do que o irreversível.

mesmo que de um infinitésimo, provocaremos uma compressão. Podemos então concluir desta análise que, em virtude de desperdício do poder de deslocamento do pistão, quando $p>p_{ex}$, o trabalho máximo que se pode obter de um sistema que opera entre estados inicial e final bem determinados, e que ocorre ao longo de um caminho definido, é o trabalho obtido no processo reversível.

Estabelecemos a ligação entre a reversibilidade e o trabalho máximo no caso especial da expansão de um gás perfeito. Veremos mais adiante (Seção 3A) que o resultado obtido se aplica a todas as substâncias e a todos os tipos de trabalho.

2A.4 Trocas de calor

Em geral, a variação da energia interna de um sistema é

$$dU=dq+dw_{exp}+dw_e \qquad (2A.10)$$

em que dw_e é o trabalho adicional, ou o trabalho extra (o subscrito e indica "extra") além do trabalho de expansão, dw_{exp}. Por exemplo, dw_e pode ser o trabalho elétrico de uma corrente através de um circuito. Um sistema mantido a volume constante não efetua trabalho de expansão, de modo que $dw_{exp}=0$. Se o sistema for incapaz de efetuar qualquer outro tipo de trabalho (por exemplo, não é uma célula eletroquímica ligada a um motor elétrico), então $dw_e=0$ também. Nestas circunstâncias:

$$dU=dq \quad \text{Calor transferido a volume constante} \qquad (2A.11a)$$

Vamos simbolizar essa relação por $dU=dq_V$, em que o subscrito identifica uma variação a volume constante. Para uma transformação finita entre os estados i e f ao longo de um caminho a volume constante,

$$\overbrace{\int_i^f dU}^{U_f-U_i}=\overbrace{\int_i^f dq}^{q_V}$$

que resumimos como

$$\Delta U=q_V \qquad (2A.11b)$$

Observe que não escrevemos a integral sobre dq como Δq, porque q, diferentemente de U, não é uma função de estado. Conclui-se então que, ao medirmos a energia fornecida a um sistema a volume constante como calor ($q_V>0$) ou cedida por um sistema a volume constante como calor ($q_V<0$), quando ocorre uma mudança no estado do sistema, estamos, realmente, medindo a variação da energia interna nessa mudança.

(a) Calorimetria

Calorimetria é o estudo do calor transferido durante um processo físico ou químico. Um **calorímetro** é um dispositivo para medir a energia transferida como calor. O dispositivo mais comum para medir q_V (e, portanto, ΔU) é uma **bomba calorimétrica adiabática** (Fig. 2A.8). O processo que desejamos estudar

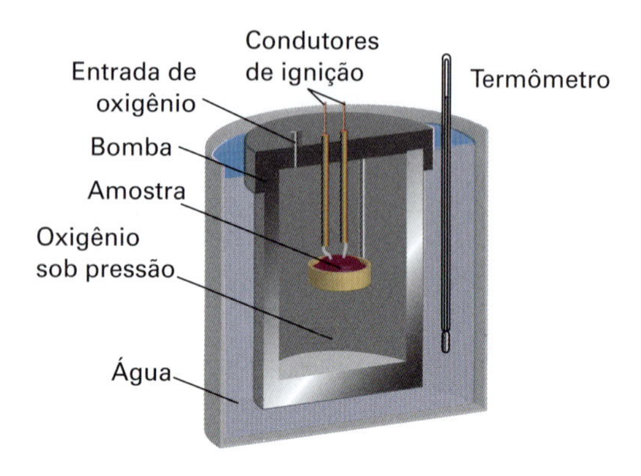

Figura 2A.8 Bomba calorimétrica a volume constante. A "bomba" é o vaso central, com paredes suficientemente robustas para suportar grandes pressões. O calorímetro (cuja capacidade calorífica tem que ser conhecida) é o conjunto inteiro que aparece no esquema. Para garantir a adiabaticidade da operação, o calorímetro trabalha imerso em um banho-maria, cuja temperatura é permanentemente ajustada de modo a ser igual à do calorímetro em cada etapa da combustão.

– por exemplo, uma reação química – é disparado no interior de um vaso a volume constante, a "bomba". Essa bomba opera mergulhada em um banho-maria com agitação conveniente, e o conjunto global é o calorímetro. O calorímetro, por sua vez, trabalha mergulhado em um banho externo e as temperaturas dos dois banhos são permanentemente acompanhadas e mantidas iguais. Desta forma, não há perda de calor do calorímetro para as vizinhanças (no caso, o banho externo), e assim o calorímetro opera adiabaticamente.

A variação de temperatura, ΔT, observada no calorímetro é proporcional ao calor que a reação libera ou absorve. Portanto, pela medição de ΔT podemos determinar q_V e então descobrir o valor de ΔU. A conversão de ΔT a q_V se consegue pela calibração do calorímetro mediante um processo que libere uma quantidade conhecida e bem determinada de energia e pelo cálculo da **constante do calorímetro**, C, pela relação

$$q = C\Delta T \qquad (2A.12)$$

A constante do calorímetro pode ser medida eletricamente pela passagem de uma corrente elétrica, I, fornecida por uma fonte de diferença de potencial, $\Delta\phi$, conhecida, através de um aquecedor durante um período de tempo t:

$$q = It\Delta\phi \qquad (2A.13)$$

A carga elétrica é medida em *coulombs*, C. O movimento da carga dá origem a uma corrente elétrica, I, medida em coulombs por segundo, ou *ampères*, A, em que 1 A = 1 C s^{-1}. Se uma corrente constante I flui através de uma diferença de potencial $\Delta\phi$ (medida em volts, V), a energia total fornecida em um intervalo de tempo t é $It\Delta\phi$. Como 1 A V s = 1 (C s^{-1})V s = 1 C V = 1 J, a energia é obtida em joules com a corrente em ampères, a diferença de potencial em volts e o tempo em segundos.

Breve ilustração 2A.6 **Aquecimento elétrico**

A energia fornecida como calor por uma corrente de 10,0 A, gerada por uma fonte de 12 V, que circula durante 300 s, é

$$q = (10{,}0\,\text{A}) \times (12\,\text{V}) \times (300\,\text{s}) = 3{,}6 \times 10^4\,\text{A V s} = 36\,\text{kJ}$$

pois 1 A V s = 1 J. Se a elevação de temperatura observada no calorímetro foi de 5,5 K, então a constante do calorímetro é $C = (36\,\text{kJ})/(5{,}5\,\text{K}) = 6{,}5\,\text{kJ K}^{-1}$.

Exercício proposto 2A.7 Qual é o valor da constante do calorímetro se a temperatura aumenta em 4,8 °C quando uma corrente de 8,6 A, fornecida por uma fonte de 11 V, circula por 280 s?

Resposta: 5,5 kJ K^{-1}

Alternativamente, a constante C também pode ser determinada pela combustão de uma massa conhecida de uma substância (o ácido benzoico é muito usado) que libera uma quantidade conhecida de calor. Com a constante C determinada, é simples interpretar a elevação de temperatura que se mede diretamente como uma liberação de calor.

(b) Capacidade calorífica

A energia interna de uma substância aumenta quando a temperatura se eleva. O aumento depende das condições em que se faz o aquecimento, e, no momento, imaginamos que a amostra fique confinada a um volume constante. Por exemplo, a amostra pode ser um gás num recipiente de volume fixo. Se fizermos o gráfico da energia interna em função da temperatura, é possível que se obtenha uma curva como a da Fig. 2A.9. O coeficiente angular da tangente à curva, em cada temperatura, é a **capacidade calorífica** do sistema naquela temperatura. A **capacidade calorífica a volume constante** é simbolizada por C_V e é definida formalmente como

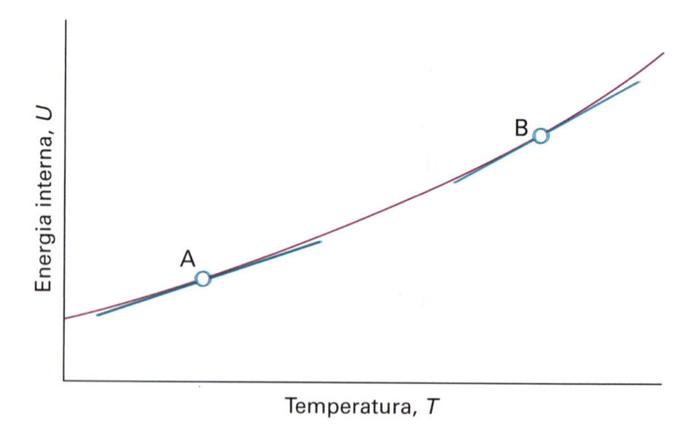

Figura 2A.9 A energia interna de um sistema aumenta com a elevação da temperatura. Este gráfico mostra a variação da energia interna quando o sistema é aquecido a volume constante. O coeficiente angular da tangente à curva em qualquer temperatura é a capacidade calorífica a volume constante naquela temperatura. Observe que, para o sistema ilustrado, a capacidade calorífica é maior em B do que em A.

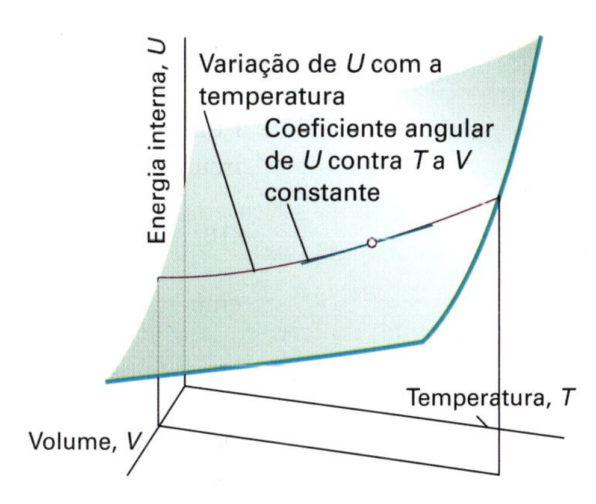

Figura 2A.10 A energia interna de um sistema se altera com o volume e com a temperatura, talvez conforme a superfície representada neste gráfico. A variação da energia interna com a temperatura, a certo volume constante, está representada pela curva que é paralela a T. O coeficiente angular desta curva, em qualquer ponto, é a derivada parcial $(\partial U/\partial T)_V$.

$$C_V = \left(\frac{\partial U}{\partial T}\right)_V \quad \textit{Definição} \quad \text{Capacidade calorífica a volume constante} \quad (2A.14)$$

Derivadas parciais são revistas na *Revisão de matemática* 2 no final deste capítulo. A energia interna varia com a temperatura e com o volume da amostra, mas só estamos interessados na variação com a temperatura, mantendo-se constante o volume (Fig. 2A.10).

Breve ilustração 2A.7 Capacidade calorífica

A capacidade calorífica de um gás perfeito monoatômico pode ser calculada pela expressão da energia interna que foi deduzida na *Breve ilustração* 2A.2, em que vimos que $U_m(T) = U_m(0) + \frac{3}{2}RT$; assim, da Eq. 2A.14

$$C_{V,m} = \frac{\partial}{\partial T}\{U_m(0) + \tfrac{3}{2}RT\} = \tfrac{3}{2}R$$

O valor numérico é 12,47 J K^{-1} mol^{-1}.

Exercício proposto 2A.8 Calcule a capacidade calorífica molar a volume constante do dióxido de carbono.

Resposta: $\frac{5}{2}R = 21\,\text{J K}^{-1}\,\text{mol}^{-1}$

As capacidades caloríficas são propriedades extensivas: 100 g de água, por exemplo, têm a capacidade calorífica 100 vezes maior do que a de 1 g de água (e por isso precisam de 100 vezes a quantidade de calor fornecida a 1 g de água para sofrer a mesma variação de temperatura). **A capacidade calorífica molar a volume constante,** $C_{V,m} = C_V/n$, é a capacidade calorífica por mol da substância e é uma propriedade intensiva (todas as grandezas molares são intensivas). Os valores típicos de $C_{V,m}$ para os gases poliatômicos são da ordem de 25 J K^{-1} mol^{-1}. Em certas aplicações, é conveniente conhecer a **capacidade calorífica específica** (comumente conhecida como "calor específico") de uma substância, que é a capacidade calorífica da amostra dividida pela sua massa, geralmente em gramas: $C_{V,s} = C_V/m$. A capacidade calorífica específica da água, por exemplo, na temperatura ambiente, é aproximadamente 4,2 J K^{-1} g^{-1}. Em geral, as capacidades caloríficas dependem da temperatura e diminuem à medida que a temperatura se reduz. Entretanto, para pequenas variações de temperatura, nas vizinhanças da temperatura ambiente ou acima, a variação da capacidade calorífica é muito pequena e, nos cálculos aproximados, é possível admitir que as capacidades caloríficas sejam praticamente independentes da temperatura.

A capacidade calorífica pode ser usada para relacionar a variação de energia interna de um sistema com a temperatura, num processo em que o volume permanece constante. Segue-se da Eq. 2A.14 que

$$\mathrm{d}U = C_V\mathrm{d}T \quad \textit{Volume constante} \quad (2A.15a)$$

Isto é, a volume constante, uma variação infinitesimal de temperatura provoca uma variação infinitesimal de energia interna, e a constante de proporcionalidade é C_V. Se a capacidade calorífica for independente da temperatura no intervalo de temperatura em que se estiver trabalhando, então

$$\Delta U = \int_{T_1}^{T_2} C_V\mathrm{d}T = C_V\int_{T_1}^{T_2}\mathrm{d}T = C_V\overbrace{(T_2 - T_1)}^{\Delta T}$$

e uma variação finita de temperatura, ΔT, provoca uma variação finita da energia interna, ΔU, em que

$$\Delta U = C_V\Delta T \quad \textit{Volume constante} \quad (2A.15b)$$

Como a variação de energia interna pode ser igualada ao calor fornecido a volume constante (Eq. 2A.11b), esta última equação também pode ser escrita como

$$q_V = C_V\Delta T \quad (2A.16)$$

Essa relação propicia uma forma simples de medir-se a capacidade calorífica de uma amostra: certa quantidade de energia, na forma de calor, é transferida à amostra (eletricamente, por exemplo) e mede-se a elevação de temperatura que é provocada. A razão entre o calor fornecido e a elevação de temperatura resultante ($q_V/\Delta T$) dá a capacidade calorífica da amostra a volume constante.

Breve ilustração 2A.8 Determinação da capacidade calorífica

Suponha que um aquecedor elétrico de 55 W, imerso em um gás em um recipiente adiabático a volume constante, ficou ligado por 120 s. Observou-se que a temperatura do gás aumentou de 5,0 °C (um aumento equivalente a 5,0 K). O calor fornecido é (55 W) × (120 s) = 6,6 kJ (usamos 1 J = 1 W s); portanto, a capacidade calorífica da amostra é

$$C_V = \frac{6{,}6\ \text{kJ}}{5{,}0\ \text{K}} = 1{,}3\ \text{kJ K}^{-1}$$

Exercício proposto 2A.9 Quando 229 J de energia são fornecidos na forma de calor a 3,0 mol de um gás, a volume constante, a temperatura do gás aumenta de 2,55 °C. Calcule C_V e a capacidade calorífica molar a volume constante.

Resposta: 89,8 J K^{-1}, 29,9 J K^{-1} mol^{-1}

Uma grande capacidade calorífica faz com que, para certa quantidade de energia transferida na forma de calor, a elevação da temperatura da amostra seja pequena (a amostra tem grande capacidade para o calor). Uma capacidade calorífica infinita faz com que não haja elevação de temperatura qualquer que seja a quantidade de energia, na forma de calor, fornecida à amostra. Em uma transição de fase, por exemplo, na ebulição da água, a temperatura de uma substância não se altera, embora se forneça calor ao sistema: a energia é usada para impelir a transição de fase endotérmica (neste caso a vaporização da água) e não para a elevação da temperatura. Portanto, na temperatura de uma transição de fase, a capacidade calorífica da amostra é infinita. Investigaremos mais detalhadamente, na Seção 4B, as capacidades caloríficas nas vizinhanças das transições de fase.

Conceitos importantes

- ☐ 1. **Trabalho** é movimento contra uma força que se opõe ao deslocamento.
- ☐ 2. **Energia** é a capacidade de realizar trabalho.
- ☐ 3. **Calor** é a transferência de energia que faz uso do movimento molecular desordenado.
- ☐ 4. Trabalho é a transferência de energia que faz uso do movimento organizado.
- ☐ 5. A **energia interna**, a energia total de um sistema, é uma função de estado.
- ☐ 6. O **teorema da equipartição** pode ser utilizado para calcular a contribuição dos modos clássicos de movimento à energia interna.
- ☐ 7. A **Primeira Lei** afirma que a energia interna de um sistema isolado é constante.
- ☐ 8. A expansão livre (expansão contra pressão nula) não realiza trabalho.
- ☐ 9. Para obter uma **expansão reversível**, a pressão externa é combinada, a cada estágio, com a pressão do sistema.
- ☐ 10. A energia transferida na forma de calor, a volume constante, é igual à variação da energia interna do sistema.
- ☐ 11. **Calorimetria** é a medição das trocas térmicas.

Equações importantes

Propriedade	Equação	Comentário	Número da equação
Primeira Lei da Termodinâmica	$\Delta U = q + w$	Convenção aquisitiva	2A.2
Trabalho de expansão	$dw = -p_{ex}dV$		2A.5a
Trabalho de expansão contra pressão externa constante	$w = -p_{ex}\Delta V$	$p_{ex} = 0$ corresponde a expansão livre	2A.6
Trabalho de expansão reversível de um gás	$w = -nRT \ln(V_f/V_i)$	Isoterma, gás perfeito	2A.9
Variação da energia interna	$\Delta U = q_V$	Volume constante, sem outras formas de trabalho	2A.11b
Aquecimento elétrico	$q = It\Delta\phi$		2A.13
Capacidade calorífica a volume constante	$C_V = (\partial U/\partial T)_V$	Definição	2A.14

2B Entalpia

Tópicos

➤ Por que você precisa saber este assunto?

O conceito de entalpia é central para muitas discussões termodinâmicas sobre processos que ocorrem em condições de pressão constante, tal como a discussão das exigências caloríficas ou dos resultados das transformações físicas e reações químicas.

➤ Qual é a ideia fundamental?

Uma variação de entalpia é igual à energia transferida na forma de calor, a pressão constante.

➤ O que você já deve saber?

Esta seção utiliza a discussão sobre a energia interna (Seção 2A) e alguns aspectos dos gases perfeitos (Seção 1A).

A variação da energia interna não é igual à energia transferida na forma de calor quando o sistema pode alterar seu volume, como na expansão ou compressão a pressão constante. Nessas circunstâncias, parte da energia fornecida como calor retorna às vizinhanças na forma de trabalho de expansão (Fig. 2B.1) e, então, dU é menor do que dq. Entretanto, veremos que neste caso o calor fornecido a pressão constante é igual à variação de outra propriedade termodinâmica do sistema, a entalpia.

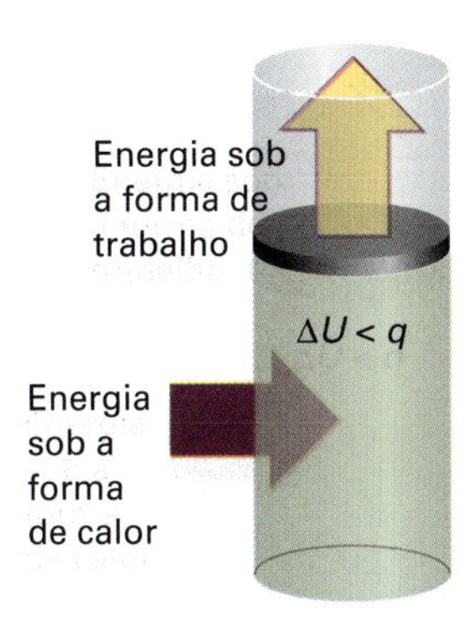

Figura 2B.1 Quando um sistema está submetido a uma pressão constante e pode alterar o seu volume, parte da energia que lhe é fornecida como calor pode escapar de volta para as vizinhanças, na forma de trabalho. Neste caso, a variação da energia interna é menor do que a energia fornecida ao sistema como calor.

2B.1 A definição de entalpia

A **entalpia**, H, é definida como

$$H = U + pV \qquad \textit{Definição} \quad \text{Entalpia} \qquad (2B.1)$$

em que p é a pressão do sistema e V, o volume. Como U, p e V são funções de estado, a entalpia também é uma função de estado. Como qualquer outra função de estado, a variação de entalpia, ΔH, entre um par de estados inicial e final, é independente do processo que leva o sistema de um estado para outro.

(a) Variação de entalpia e transferência de calor

Embora a definição de entalpia possa parecer arbitrária, ela tem implicações importantes para a termoquímica. Por exemplo, mostramos, na *Justificativa* a seguir, que a Eq. 2B.1 implica que *a variação de entalpia é igual ao calor fornecido ao sistema, a pressão constante* (desde que o sistema não efetue trabalho adicional):

$$dH = dq_p \qquad \text{Calor transferido a pressão constante} \qquad (2B.2a)$$

No caso de uma variação finita entre os estados i e f, ao longo de um caminho a pressão constante, escrevemos

$$\overbrace{\int_i^f dH}^{H_f - H_i} = \overbrace{\int_i^f dq_p}^{q_p}$$

e resumimos o resultado como

$$\Delta H = q_p \qquad (2B.2b)$$

Observe que não escrevemos a integral sobre dq como Δq porque q, diferentemente de H, não é uma função de estado.

Breve ilustração 2B.1 Uma variação de entalpia

Água é aquecida até a ebulição sob uma pressão de 1,0 atm. Quando uma corrente elétrica de 0,50 A proveniente de uma fonte de 12 V passa durante 300 s através de uma resistência em contato térmico com a água, verifica-se que 0,798 g de água é vaporizado. A variação de entalpia é

$$\Delta H = q_p = It\Delta\phi = (0{,}50\,\text{A})\times(12\,\text{V})\times(300\,\text{s}) = (0{,}50\times12\times300)\,\text{J}$$

Neste cálculo usamos que 1 A V s = 1 J. Como 0,798 g de água corresponde a (0,798 g)/(18,02 g mol^{-1}) = (0,798)/(18,02) mol de H_2O, a entalpia de vaporização por mol de H_2O é

$$\Delta H_\text{m} = \frac{(0{,}50\times12\times300)\,\text{J}}{(0{,}798/18{,}02)\,\text{mol}} = +41\,\text{kJ}\,\text{mol}^{-1}$$

Exercício proposto 2B.1 A entalpia molar de vaporização do benzeno no seu ponto de ebulição (353,25 K) é 30,8 kJ mol^{-1}. Por quanto tempo a mesma fonte de 12 V necessitaria fornecer uma corrente de 0,50 A de modo a vaporizar uma amostra de 10 g?

Resposta: $6{,}6\times10^2$ s

Justificativa 2B.1 A relação $\Delta H = q_p$

No caso de uma variação infinitesimal qualquer no estado do sistema, U passa a $U+\text{d}U$, p a $p+\text{d}p$, e V a $V+\text{d}V$. Logo, de acordo com a Eq. 2B.1, H passa de $U+pV$ para

$$\begin{aligned} H+\text{d}H &= (U+\text{d}U)+(p+\text{d}p)(V+\text{d}V) \\ &= U + \text{d}U + pV + p\text{d}V + V\text{d}p + \text{d}p\text{d}V \end{aligned}$$

O último termo é o produto de duas grandezas infinitesimais e pode ser desprezado. Então, reconhecendo que $U + pV = H$ no segundo membro, vemos que H passa para

$$H+\text{d}H = H + \text{d}U + p\text{d}V + V\text{d}p$$

e, portanto, que

$$\text{d}H = \text{d}U + p\text{d}V + V\text{d}p$$

Se fizermos agora dU = dq + dw nessa expressão, temos

$$\text{d}H = \text{d}q + \text{d}w + p\text{d}V + V\text{d}p$$

Se o sistema estiver em equilíbrio mecânico com as vizinhanças, à pressão p, e se o único trabalho for o de expansão, podemos escrever que dw = −pdV e obtemos

$$\text{d}H = \text{d}q + V\text{d}p$$

Impomos agora a restrição de o aquecimento ocorrer a pressão constante escrevendo dp = 0. Então

$$\text{d}H = \text{d}q \quad \text{(a pressão constante, sem trabalho extra)}$$

que é a Eq. 2B.2a. Segue-se, então, a Eq. 2B.2b, conforme explicado no texto.

(b) Calorimetria

O processo de medição de trocas de calor entre um sistema e suas vizinhanças é chamado de **calorimetria**. Pode-se medir calorimetricamente a variação de entalpia acompanhando a variação de temperatura de uma transformação física ou química que ocorra a pressão constante. O calorímetro usado no estudo de um processo a pressão constante é chamado de **calorímetro isobárico**. Um exemplo simples desse tipo de calorímetro é o de um vaso, termicamente isolado, aberto para a atmosfera: o calor liberado numa reação, que ocorre dentro do vaso, é monitorado pela medição da variação de temperatura no interior do vaso. No caso de uma reação de combustão, pode-se operar com um **calorímetro de chama adiabático**, em que se pode medir a variação de temperatura ΔT provocada pela combustão de certa quantidade de substância em atmosfera de oxigênio (Fig. 2B.2).

Outro caminho para obter ΔH é medir a variação de energia interna em uma bomba calorimétrica e depois converter ΔU em ΔH. Como os sólidos e os líquidos têm volumes molares muito pequenos, o produto pV_m para um sólido ou um líquido é muito pequeno e a entalpia molar e a energia interna molar são quase idênticas ($H_\text{m} = U_\text{m} + pV_\text{m} \approx U_\text{m}$). Logo, se um processo envolve exclusivamente sólidos ou líquidos, os valores de ΔH e de ΔU são quase iguais. Fisicamente, tais processos são acompanhados por uma variação muito pequena de volume, e o trabalho feito pelo sistema sobre as vizinhanças é desprezível quando o processo

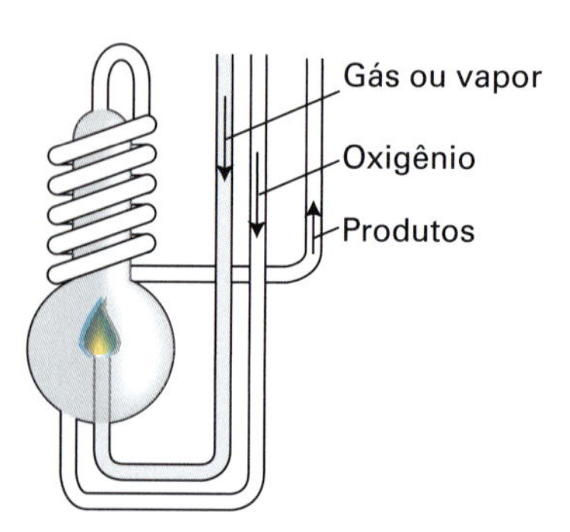

Figura 2B.2 Um calorímetro de chama adiabático, a pressão constante, consiste em um combustor que fica imerso em um banho-maria sob agitação. A combustão ocorre quando uma quantidade conhecida de reagente alimenta a chama. Acompanha-se, então, a elevação da temperatura.

ocorre. Assim, a energia fornecida ao sistema, na forma de calor, permanece inteiramente dentro do sistema. Entretanto, a maneira mais sofisticada de se medir a variação de entalpia é por meio de um *calorímetro diferencial de varredura* (DSC, na sigla em inglês para *differential scanning calorimeter*) conforme explica a Seção 2C. Variações de entalpia e de energia interna também podem ser medidas através de métodos não calorimétricos (veja a Seção 6C).

Exemplo 2B.1 Relação entre ΔH e ΔU

A variação de energia interna molar quando $CaCO_3$, na forma de calcita, se converte em aragonita é +0,21 kJ mol^{-1}. Calcule a diferença entre a variação de entalpia molar e a variação de energia interna molar quando a pressão é de 1,0 bar, sabendo que as massas específicas dos polimorfos são 2,71 g cm^{-3} e 2,93 g cm^{-3}, respectivamente.

Método O ponto de partida para o cálculo é a relação entre a entalpia de uma substância e a sua energia interna (Eq. 2B.1). A diferença entre as duas grandezas pode ser expressa em termos da pressão e da diferença entre os volumes molares, que podem ser calculados pelas massas molares, M, e pelas massas específicas, ρ, pois $\rho = M/V_m$.

Resposta A variação de entalpia na transformação é

$$\begin{aligned}\Delta H_m &= H_m(\text{aragonita}) - H_m(\text{calcita})\\ &= \{U_m(\text{a}) + pV_m(\text{a})\} - \{U_m(\text{c}) + pV_m(\text{c})\}\\ &= \Delta U_m + p\{V_m(\text{a}) - V_m(\text{c})\}\end{aligned}$$

em que a representa a aragonita, e c, a calcita. Substituindo $V_m = M/\rho$, obtém-se que

$$\Delta H_m - \Delta U_m = pM\left(\frac{1}{\rho(\text{a})} - \frac{1}{\rho(\text{c})}\right)$$

A substituição dos dados, usando-se M = 100,09 g mol^{-1}, dá

$$\begin{aligned}\Delta H_m - \Delta U_m &= (1{,}0\times10^5\ \text{Pa})\times(100{,}09\ \text{g mol}^{-1})\\ &\times\left(\frac{1}{2{,}93\ \text{g cm}^{-3}} - \frac{1}{2{,}71\ \text{g cm}^{-3}}\right)\\ &= -2{,}8\times10^5\ \text{Pa cm}^3\ \text{mol}^{-1} = -0{,}28\ \text{Pa m}^3\ \text{mol}^{-1}\end{aligned}$$

Assim, (uma vez que 1 Pa m^3 = 1 J), $\Delta H_m - \Delta U_m$ = −0,28 J mol^{-1}, que corresponde a apenas 0,1% do valor de ΔU_m. Vemos que, em geral, é justificável ignorar a diferença entre a entalpia molar e a energia interna molar de fases condensadas, exceto a pressões muito elevadas, quando o produto $p\Delta V_m$ não é desprezível.

Exercício proposto 2B.2 Calcule a diferença entre ΔH e ΔU quando 1,0 mol de Sn(s, cinza), de massa específica igual a 5,75 g cm^{-3}, se transforma em Sn(s, branco), de massa específica igual a 7,31 g cm^{-3}, sob a pressão de 10,0 bar. A 298 K, ΔH = +2,1 kJ.

Resposta: $\Delta H - \Delta U = -4{,}4$ J

Ao contrário de processos que envolvem fases condensadas, os valores das variações de energia interna e entalpia podem diferir significativamente em processos que envolvem gases. Consegue-se a relação entre a entalpia e a energia interna de um gás perfeito usando a equação de estado $pV = nRT$ na definição de H:

$$H = U + pV = U + nRT \qquad (2B.3)$$

Essa relação mostra que a variação de entalpia em uma reação que produz ou que consome gás, em condições isotérmicas, é

$$\Delta H = \Delta U + \Delta n_g RT \qquad (2B.4)$$

Gás perfeito, condições isotérmicas — Relação entre ΔH e ΔU

em que Δn_g é a variação da quantidade de moléculas de gás na reação.

Breve ilustração 2B.2 Processos envolvendo gases

Na reação 2 $H_2O(g)$ + $O_2(g)$ → 2 $H_2O(l)$, 3 mol de moléculas em fase gasosa se transformam em 2 mol de moléculas em fase líquida, de modo que Δn_g = −3 mol. Portanto, a 298 K, quando RT = 2,5 kJ mol^{-1}, a diferença entre as variações de entalpia e de energia interna que ocorrem no sistema é

$$\Delta H_m - \Delta U_m = (-3\ \text{mol})\times RT \approx -7{,}4\ \text{kJ mol}^{-1}$$

Veja que a diferença está expressa em quilojoules e não em joules, como no *Exemplo* 2B.2. A variação de entalpia é menor (neste caso, menos negativa) do que a de energia interna, pois, embora o sistema ceda calor para o exterior quando a reação ocorre, há também uma contração de volume na formação do líquido, de modo que uma parte da energia é recuperada pelo sistema a partir das vizinhanças.

Exercício proposto 2B.3 Calcule o valor de $\Delta H_m - \Delta U_m$ para a reação $N_2(g) + 3\ H_2(g) \rightarrow 2\ NH_3(g)$.

Resposta: −5,0 kJ mol^{-1}

2B.2 Variação da entalpia com a temperatura

A entalpia de uma substância aumenta quando a temperatura se eleva. A relação entre o aumento de entalpia e a elevação de temperatura depende das condições (por exemplo, pressão constante ou volume constante).

(a) Capacidade calorífica a pressão constante

A condição mais importante é a de pressão constante, e o coeficiente angular da tangente à curva da entalpia contra a temperatura, a pressão constante, é chamado de **capacidade calorífica a**

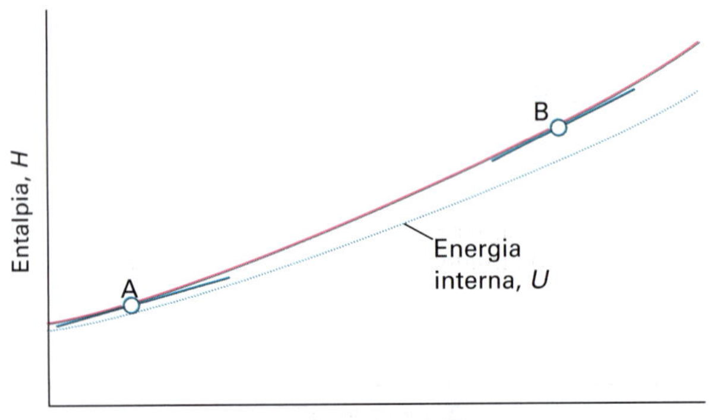

Figura 2B.3 O coeficiente angular da tangente à curva da entalpia de um sistema mantido a pressão constante contra a temperatura é igual à capacidade calorífica a pressão constante. No caso dos gases, o coeficiente angular da curva da entalpia contra a temperatura, numa determinada temperatura, é maior do que o coeficiente angular da curva da energia interna contra a temperatura, e $C_{p,m}$ é maior do que $C_{V,m}$.

pressão constante (ou *capacidade calorífica isobárica*), C_p, numa dada temperatura (Fig. 2B.3). Formalmente temos:

$$C_p = \left(\frac{\partial H}{\partial T}\right)_p \quad \textit{Definição} \quad \text{Capacidade calorífica a pressão constante} \qquad (2B.5)$$

A capacidade calorífica a pressão constante é análoga à capacidade calorífica a volume constante (Seção 1A), e também é uma propriedade extensiva. A **capacidade calorífica molar a pressão constante**, $C_{p,m}$, é a capacidade calorífica por mol do material; é uma propriedade intensiva.

A capacidade calorífica a pressão constante relaciona a variação de entalpia com a variação de temperatura. Para uma variação infinitesimal de temperatura,

$$dH = C_p dT \quad \text{(a pressão constante)} \qquad (2B.6a)$$

Se a capacidade calorífica for constante no intervalo de temperatura que se estiver investigando, tem-se que, para uma variação finita de temperatura,

$$\Delta H = \int_{T_1}^{T_2} C_p dT = C_p \int_{T_1}^{T_2} dT = C_p \overbrace{(T_2 - T_1)}^{\Delta T}$$

que podemos resumir como

$$\Delta H = C_p \Delta T \quad \text{(a pressão constante)} \qquad (2B.6b)$$

Como a variação da entalpia pode ser identificada com o calor fornecido ao sistema a pressão constante, a forma prática dessa última equação é

$$q_p = C_p \Delta T \qquad (2B.7)$$

Tabela 2B.1* Variação da capacidade calorífica molar com a temperatura, $C_{p,m}/(\text{J K}^{-1}\,\text{mol}^{-1}) = a + bT + c/T^2$

	a	$b/(10^{-3}\,\text{K}^{-1})$	$c/(10^5\,\text{K}^2)$
C(s, grafita)	16,86	4,77	−8,54
CO_2(g)	44,22	8,79	−8,62
H_2O(l)	75,29	0	0
N_2(g)	28,58	3,77	−0,50

* Outros valores podem ser vistos na *Seção de dados*.

Essa expressão nos mostra como medir a capacidade calorífica de uma amostra: mede-se a quantidade de calor fornecida à amostra, em condições de pressão constante (por exemplo, com a amostra exposta à atmosfera e livre para expandir-se), e acompanha-se a elevação de temperatura.

A variação da capacidade calorífica com a temperatura pode ser algumas vezes ignorada se o intervalo de temperatura envolvido for pequeno. Esta aproximação é exata no caso de um gás perfeito monoatômico (por exemplo, um gás nobre a baixa pressão). Entretanto, quando for necessário levar em conta a variação da capacidade calorífica, uma expressão empírica conveniente é a seguinte:

$$C_{p,m} = a + bT + \frac{c}{T^2} \qquad (2B.8)$$

Os parâmetros empíricos a, b e c são independentes da temperatura (Tabela 2B.1) e são obtidos pelo ajuste dos dados experimentais a essa expressão.

Exemplo 2B.2 Cálculo do aumento da entalpia com a temperatura

Qual a variação da entalpia molar do N_2 quando ele é aquecido de 25 °C até 100 °C? Use os dados de capacidade calorífica da Tabela 2B.1.

Método A capacidade calorífica do N_2 se altera com a temperatura; assim, não podemos usar a Eq. 2B.6b (que admite ser constante a capacidade calorífica da substância). Portanto, temos que adotar a Eq. 2B.6a, substituir a Eq. 22B.8 para levar em conta a dependência da capacidade calorífica com a temperatura e depois integrar o resultado entre 25 °C (298 K) e 100 °C (373 K).

Resposta Por conveniência, representamos por T_1 e T_2 as temperaturas T_1 (298 K) e T_2 (373 K). A relação que buscamos é

$$\int_{H_m(T_1)}^{H_m(T_2)} dH_m = \int_{T_1}^{T_2} \left(a + bT + \frac{c}{T^2}\right) dT$$

Após usar a Integral A.1, da *Seção de dados*, segue que

$$H_m(T_2) - H_m(T_1) = a(T_2 - T_1) + \tfrac{1}{2}b(T_2^2 - T_1^2) - c\left(\frac{1}{T_2} - \frac{1}{T_1}\right)$$

Substituindo os valores numéricos temos

$$H_m(373\,K) = H_m(298\,K) + 2{,}20\,kJ\,mol^{-1}$$

Se tivéssemos admitido a capacidade calorífica constante de 29,14 J K^{-1} mol^{-1} (o valor dado pela Eq. 2B.8 para $T = 298$ K), teríamos encontrado que as duas entalpias diferiam de 2,19 kJ mol^{-1}.

Exercício proposto 2B.4 Em temperaturas muito baixas, a capacidade calorífica de um sólido é proporcional a T_3, e podemos escrever $C_{p,m} = aT^3$. Qual a variação de entalpia de um sólido aquecido de 0 K até a temperatura T (com T próximo a 0 K)?

Resposta: $\Delta H_m = \frac{1}{4}aT^4$

(b) A relação entre capacidades caloríficas

A maioria dos sistemas se expande quando aquecidos a pressão constante. Estes sistemas efetuam trabalho sobre as respectivas vizinhanças e, portanto, parte da energia que recebem na forma de calor escapa como trabalho para as vizinhanças. Por isso, a temperatura do sistema se eleva menos quando o aquecimento é a pressão constante do que quando é a volume constante. Uma menor elevação de temperatura sinaliza maior capacidade calorífica, e concluímos então que, na maioria dos casos, a capacidade calorífica a pressão constante é maior do que a capacidade calorífica a volume constante. Veremos mais tarde (Seção 2D) que há uma relação simples entre as duas capacidades caloríficas no caso de um gás perfeito:

$$C_p - C_V = nR$$ *Gás perfeito* Relação entre capacidades caloríficas (2B.9)

Conclui-se então que a capacidade calorífica molar de um gás perfeito, a pressão constante, é cerca de 8 J K^{-1} mol^{-1} maior do que a capacidade calorífica molar a volume constante. Como a capacidade calorífica a volume constante de um gás monoatômico é cerca de $\frac{3}{2}R$ = 12 J K^{-1} mol^{-1}, a diferença mencionada é bastante significativa e não pode ser desprezada.

Conceitos importantes

☐ 1. A energia transferida na forma de calor, a pressão constante, é igual à variação de **entalpia** de um sistema.

☐ 2. As variações de entalpia são medidas em um calorímetro a pressão constante.

☐ 3. A **capacidade calorífica**, a pressão constante, é igual ao coeficiente angular da entalpia em função da temperatura.

Equações importantes

Propriedade	Equação	Comentário	Número da equação
Entalpia	$H = U + pV$	Definição	2B.1
Transferência de calor a pressão constante	$dH = dq_p$, $\Delta H = q_p$	Sem trabalho adicional	2B.2
Relação entre ΔH e ΔU	$\Delta H = \Delta U + \Delta n_g RT$	Os volumes molares das fases condensadas participantes são insignificantes; processo isotérmico	2B.4
Capacidade calorífica a pressão constante	$C_p = (\partial H/\partial T)_p$	Definição	2B.5
Relação entre capacidades caloríficas	$C_p - C_V = nR$	Gás perfeito	2B.9

2C Termoquímica

Tópicos

➤ Por que você precisa saber este assunto?

A termoquímica é uma das principais aplicações da termodinâmica em química, pois os dados termoquímicos oferecem uma maneira de avaliar a produção de calor de reações químicas, inclusive as que estão envolvidas no consumo de combustíveis e alimentos. Os dados também são muito utilizados em outras aplicações químicas da termodinâmica.

➤ Qual é a ideia fundamental?

As entalpias de reação podem ser combinadas para fornecer dados sobre outras reações de interesse.

➤ O que você já deve saber?

Você precisa conhecer a definição de entalpia e seu status como função de estado (Seção 2B). O material sobre a dependência entre entalpias de reação e temperatura faz uso de informações sobre capacidade calorífica (Seção 2B).

O estudo da energia transferida na forma de calor durante o transcurso das reações químicas é denominado **termoquímica**. A termoquímica é um ramo da termodinâmica, pois o vaso da reação e seu conteúdo constituem um sistema, e as reações químicas provocam troca de energia entre o sistema e as suas vizinhanças. Assim, podemos usar a calorimetria para medir o calor produzido ou absorvido numa reação e identificar q à variação de energia interna se a reação ocorrer a volume constante, ou à variação de entalpia se a reação ocorrer a pressão constante. Inversamente, se ΔU ou ΔH forem conhecidas para certa reação, é possível calcular a quantidade de calor que a reação pode produzir.

Já comentamos na Seção 2A que um processo que libera calor para as vizinhanças é exotérmico e um que absorve calor das vizinhanças é endotérmico. Como a liberação de calor corresponde à diminuição da entalpia de um sistema, podemos dizer que um processo exotérmico é aquele no qual $\Delta H < 0$. Inversamente, uma vez que a absorção de calor provoca a elevação de entalpia do sistema, um processo endotérmico é aquele no qual $\Delta H > 0$.

$$\text{processo exotérmico:}\,\Delta H<0 \quad \text{processo endotérmico:}\,\Delta H>0$$

2C.1 Variações de entalpia-padrão

As variações de entalpia são geralmente registradas para os processos que ocorrem sob um conjunto de condições admitidas como padrão. Na maior parte desta exposição consideraremos a **variação de entalpia-padrão**, $\Delta H^{\ominus}$, como a variação de entalpia num processo em que as substâncias, nos estados inicial e final, estão nos respectivos estados-padrão:

O **estado-padrão** de uma substância, em certa temperatura, é o da substância em sua forma pura sob pressão de 1 bar.

Especificação do estado-padrão

Por exemplo, o estado-padrão do etanol líquido, a 298 K, é o etanol líquido puro, a 298 K e sob pressão de 1 bar. O estado-padrão do ferro sólido, a 500 K, é o ferro puro, a 500 K e sob pressão de 1 bar. A definição de estado-padrão é mais sofisticada para soluções (Seção 5E). A variação de entalpia-padrão numa reação, ou num processo físico, é a diferença entre os produtos, nos respectivos estados-padrão, e os reagentes, também nos respectivos estados-padrão, todos em certa temperatura.

Um exemplo de variação de entalpia-padrão é o da *entalpia-padrão de vaporização*, $\Delta_{vap}H^{\ominus}$, que é a variação de entalpia por mol quando um líquido puro, a 1 bar, se vaporiza em gás, também a 1 bar, como na seguinte transformação:

$$H_2O(l) \rightarrow H_2O(g) \qquad \Delta_{vap}H^{\ominus}(373\,K) = +40{,}66\,kJ\,mol^{-1}$$

Como vimos nos exemplos mencionados, as entalpias-padrão podem se referir a qualquer temperatura. Entretanto, a temperatura adotada para o registro de dados termodinâmicos é de 298,15 K. A menos de observação em contrário, todos os dados termodinâmicos neste texto se referem a essa temperatura convencional.

Uma nota sobre a boa prática A convenção moderna adiciona o nome da transição ao símbolo Δ, como em $\Delta_{vap}H$. Entretanto, a convenção antiga, ΔH_{vap}, ainda é muito usada. A atual convenção é mais lógica porque o índice identifica o tipo de variação, não a grandeza física relacionada com a variação.

(a) Entalpias de transformações físicas

A variação de entalpia-padrão que acompanha uma mudança de estado físico é a **entalpia-padrão de transição** que se representa por $\Delta_{trs}H^{\ominus}$ (Tabela 2C.1). A **entalpia-padrão de vaporização**, $\Delta_{vap}H^{\ominus}$, é um exemplo. Outro é o da **entalpia-padrão de fusão**, $\Delta_{fus}H^{\ominus}$, que é a variação de entalpia-padrão na conversão de um sólido em líquido, como no caso da seguinte transformação:

$$H_2O(s) \rightarrow H_2O(l) \qquad \Delta_{fus}H^{\ominus}(273\,K) = +6{,}01\,kJ\,mol^{-1}$$

Tabela 2C.1* Entalpias-padrão de fusão e vaporização à temperatura de transição, $\Delta_{trs}H^{\ominus}/(kJ\,mol^{-1})$

	T_f/K	Fusão	T_{eb}/K	Vaporização
Ar	83,81	1,188	87,29	6,506
C_6H_6	278,61	10,59	353,2	30,8
H_2O	273,15	6,008	373,15	40,656 (44,016 a 298 K)
He	3,5	0,021	4,22	0,084

* Outros valores podem ser vistos na *Seção de dados*.

Tabela 2C.2 Entalpias de transição

Transição	Processo	Símbolo*
Transição	Fase α → Fase β	$\Delta_{trs}H$
Fusão	s → l	$\Delta_{fus}H$
Vaporização	l → g	$\Delta_{vap}H$
Sublimação	s → g	$\Delta_{sub}H$
Misturação	Puro → mistura	$\Delta_{mis}H$
Solução	Soluto → solução	$\Delta_{sol}H$
Hidratação	$X^{\pm}(g) \rightarrow X^{\pm}(aq)$	$\Delta_{hid}H$
Atomização	Espécie(s, l, g) → átomos(g)	$\Delta_{at}H$
Ionização	$X(g) \rightarrow X^+(g) + e^-(g)$	$\Delta_{ion}H$
Ganho de elétron	$X(g) + e^-(g) \rightarrow X^-(g)$	$\Delta_{ge}H$
Reação	Reagentes → produtos	Δ_rH
Combustão	Composto(s, l, g) + $O_2(g) \rightarrow CO_2(g)$, $H_2O(l, g)$	Δ_cH
Formação	Elementos → composto	Δ_fH
Ativação	Reagentes → complexo ativado	$\Delta^{\ddagger}H$

* Recomendações da IUPAC. No uso normal, o índice da transição é frequentemente associado ao ΔH, como em ΔH_{trs}.

Em certos casos, é conveniente saber a variação de entalpia-padrão na temperatura de transição além daquela na temperatura convencional de 298 K. Os diferentes tipos de entalpia encontrados na termoquímica estão resumidos na Tabela 2C.2. Nós as encontraremos várias vezes ao longo deste livro.

Como a entalpia é uma função de estado, a variação de entalpia é independente do processo que leva de um estado a outro. Esta propriedade tem muita importância na termoquímica, pois diz que o valor de $\Delta H^{\ominus}$ será o mesmo, qualquer que tenha sido o processo da transformação entre os mesmos estados inicial e final. Por exemplo, podemos imaginar a transformação de um sólido em vapor através da sublimação (isto é, a passagem direta do sólido a vapor),

$$H_2O(s) \rightarrow H_2O(g) \qquad \Delta_{sub}H^{\ominus}$$

ou ocorrendo em duas etapas, primeiro a fusão e depois a vaporização do líquido que resulta da fusão:

$$\begin{array}{lll} & H_2O(s) \rightarrow H_2O(l) & \Delta_{fus}H^{\ominus} \\ & H_2O(l) \rightarrow H_2O(g) & \Delta_{vap}H^{\ominus} \\ \text{Global:} & H_2O(s) \rightarrow H_2O(g) & \Delta_{fus}H^{\ominus} + \Delta_{vap}H^{\ominus} \end{array}$$

Como o resultado global da via indireta é exatamente o mesmo da via direta, a variação de entalpia, nos dois casos, é a mesma (**1**), e podemos concluir que (para os processos ocorrendo na mesma temperatura)

$$\Delta_{sub}H^{\ominus} = \Delta_{fus}H^{\ominus} + \Delta_{vap}H^{\ominus} \qquad (2C.1)$$

Uma conclusão imediata é a de a entalpia de sublimação de uma substância ser maior do que a entalpia de vaporização da mesma substância, pois as entalpias de fusão são sempre positivas (todas as entalpias são consideradas numa mesma temperatura).

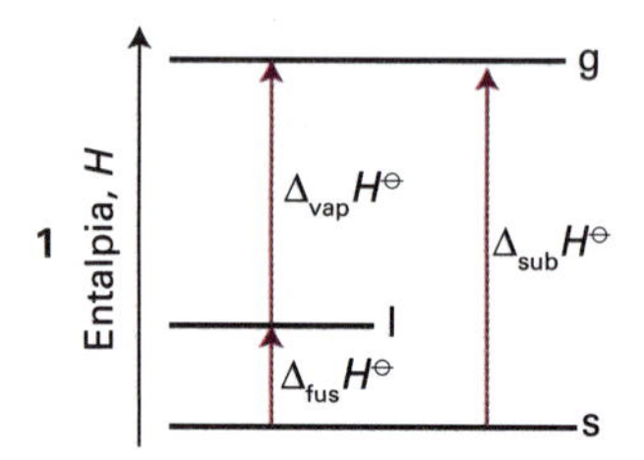

Outra consequência de H ser uma função de estado é o fato de as variações de entalpia-padrão dos processos direto e inverso só diferirem pelo sinal (**2**):

$$\Delta H^{\ominus}(A \rightarrow B) = -\Delta H^{\ominus}(B \rightarrow A) \quad (2C.2)$$

Por exemplo, como a entalpia de vaporização da água é +44 kJ mol^{-1}, a 298 K, a entalpia de condensação do vapor de água, nesta temperatura, é −44 kJ mol^{-1}.

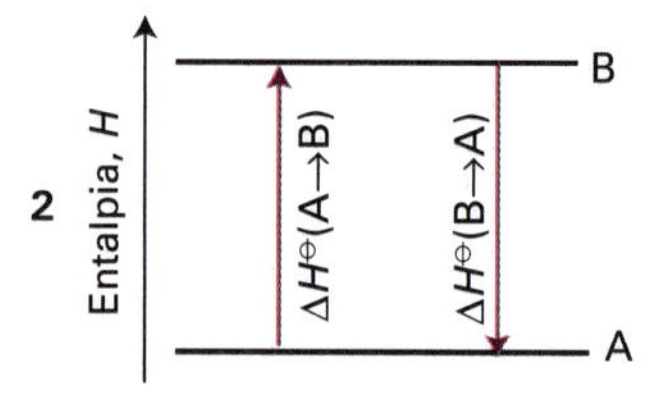

A vaporização de um sólido frequentemente envolve um grande aumento de energia, especialmente quando o sólido é iônico e a forte interação coulombiana entre os íons deve ser vencida em um processo como

$$MX(s) \rightarrow M^+(g) + X^-(g)$$

A **entalpia de rede**, ΔH_L, é a variação de entalpia molar padrão para esse processo. A entalpia de rede é igual à energia interna de rede em $T = 0$; à temperatura ambiente, elas diferem somente em alguns quilojoules por mol, e a diferença é geralmente ignorada.

Os valores experimentais da entalpia de rede são obtidos através do **ciclo de Born-Haber**, um processo fechado de transformações que começam e terminam no mesmo ponto no qual uma das etapas é a formação do composto sólido a partir de um gás de íons muito separados.

Breve ilustração 2C.1 Um ciclo de Born-Haber

Um ciclo de Born-Haber típico, para o cloreto de potássio, é mostrado na Fig. 2C.1.

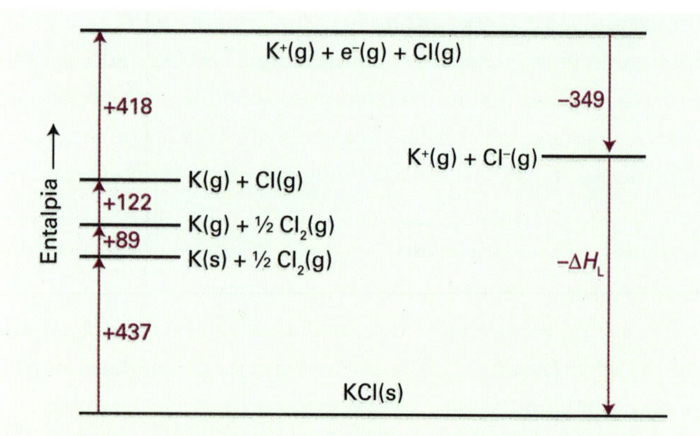

Figura 2C.1 O ciclo de Born-Haber para o KCl a 298 K. As variações de entalpia estão em quilojoules por mol.

Ele consiste nas seguintes etapas (começando, por conveniência, pelos elementos):

	$\Delta H^{\ominus}/(kJ\ mol^{-1})$	
1. Sublimação de K(s)	+89	[entalpia de dissociação do K(s)]
2. Dissociação de $\frac{1}{2}Cl_2(g)$	+122	[$\frac{1}{2}\times$entalpia de dissociação do $Cl_2(g)$]
3. Ionização de K(g)	+418	[entalpia de ionização do K(g)]
4. Ligação do elétron ao Cl(g)	−349	[entalpia de ganho de elétron do Cl(g)]
5. Formação do sólido a partir do gás	$-\Delta H_L/(kJ\,mol^{-1})$	
6. Decomposição do composto	+437	[negativo da entalpia de formação do KCl(s)]

Como a soma dessas variações de entalpia é igual a zero, podemos inferir de

$$89 + 122 + 418 - 349 - \Delta H_L/(kJ\,mol^{-1}) + 437 = 0$$

que $\Delta H_L = +717\,kJ\,mol^{-1}$.

Exercício proposto 2C.1 Monte um ciclo semelhante para a entalpia de rede do cloreto de magnésio.

Resposta: 2523 kJ mol^{-1}

Algumas entalpias de rede obtidas da mesma forma que na *Breve ilustração* 2C.1 estão listadas na Tabela 2C.3. Elas são elevadas quando os íons são muito carregados e pequenos, pois então eles estão próximos entre si e se atraem fortemente. Vamos examinar a relação quantitativa entre entalpia de rede e estrutura na Seção 18B.

(b) Entalpias de transformações químicas

Vejamos agora as variações de entalpia que acompanham as reações químicas. Existem duas maneiras de se registrar a variação de entalpia que acompanha uma reação química. Uma é escrever

Tabela 2C.3* Entalpias de rede a 298 K, $\Delta H_L/(\text{kJ mol}^{-1})$

NaF	787
NaBr	751
MgO	3850
MgS	3406

* Outros valores podem ser vistos na *Seção de dados*.

a **equação termoquímica**, a combinação de uma equação química com a correspondente variação de entalpia-padrão:

$$\mathrm{CH_4(g)+2\,O_2(g)\rightarrow CO_2(g)+2\,H_2O(g)} \quad \Delta H^{\ominus}=-890\,\mathrm{kJ}$$

em que $\Delta H^{\ominus}$ é a variação de entalpia quando os reagentes nos seus respectivos estados-padrão se transformam em produtos, também, nos seus respectivos estados-padrão:

Reagentes puros, separados, em seus estados-padrão
$\rightarrow$ produtos puros, separados, em seus estados-padrão

Exceto no caso de reações iônicas em solução, as variações de entalpia que acompanham a mistura e a separação são insignificantes em comparação com as variações de entalpia da reação em si. Para a combustão do metano, o valor-padrão corresponde a uma reação em que 1 mol de CH_4, na forma de metano gasoso puro, a 1 bar, reage completamente com 2 mol de O_2 na forma de oxigênio gasoso puro para dar 1 mol de CO_2 como dióxido de carbono puro a 1 bar e 2 mol de H_2O como água líquida pura a 1 bar; o valor numérico é para a reação a 298,15 K.

Alternativamente, escrevemos a equação química e então registramos a **entalpia-padrão de reação**, $\Delta_r H^{\ominus}$. Assim, para a reação de combustão do metano, escrevemos

$$\mathrm{CH_4(g)+2\,O_2(g)\rightarrow CO_2(g)+2\,H_2O(g)} \qquad \Delta_r H^{\ominus}=-890\,\mathrm{kJ\,mol^{-1}}$$

Para a reação da forma 2 A + B $\rightarrow$ 3 C + D, a entalpia-padrão de reação é

$$\Delta_r H^{\ominus}=\{3H_m^{\ominus}(\mathrm{C})+H_m^{\ominus}(\mathrm{D})\}-\{2H_m^{\ominus}(\mathrm{A})+H_m^{\ominus}(\mathrm{B})\}$$

em que $H_m^{\ominus}(\mathrm{J})$ é a entalpia molar padrão da espécie J na temperatura de interesse. Observe como o "por mol" de $\Delta_r H^{\ominus}$ vem diretamente do fato de as entalpias molares aparecerem na expressão. Interpretamos o "por mol" observando os coeficientes estequiométricos na equação química. Neste caso, o "por mol" em $\Delta_r H^{\ominus}$ significa "por 2 mol de A", "por mol de B", "por 3 mol de C", ou "por mol de D". Em geral,

$$\Delta_r H^{\ominus}=\sum_{\text{Produtos}}\nu H_m^{\ominus}-\sum_{\text{Reagentes}}\nu H_m^{\ominus} \qquad \textit{Definição} \quad \text{Entalpia-padrão de reação} \qquad (2C.3)$$

em que cada uma das entalpias molares das espécies está multiplicada pelo respectivo coeficiente estequiométrico, ν (adimensional e positivo). Esta definição formal é de pouco valor prático porque os valores absolutos das entalpias molares padrão são desconhecidos: veremos na Seção 2C.2a como esse problema é contornado.

Algumas entalpias-padrão de reação têm nomes especiais e importância particular. Por exemplo, a **entalpia-padrão de combustão**, $\Delta_c H^{\ominus}$, é a entalpia-padrão da reação da oxidação completa de um composto orgânico formando CO_2 gasoso e H_2O líquida, se o composto contiver C, H e O, e também N_2 gasoso, se o N estiver presente.

Breve ilustração 2C.2 Entalpia de combustão

A combustão da glicose é

$$\mathrm{C_6H_{12}O_6(s)+6\,O_2(g)\rightarrow 6\,CO_2(g)+6\,H_2O(l)} \qquad \Delta_c H^{\ominus}=-2808\,\mathrm{kJ\,mol^{-1}}$$

O valor da entalpia mostra que há o desprendimento de 2808 kJ de calor quando se queima 1 mol de $C_6H_{12}O_6$, nas condições-padrão, a 298 K. Alguns outros valores aparecem na Tabela 2C.4.

Exercício proposto 2C.2 Prediga a produção de calor da combustão de 1,0 $\mathrm{dm^3}$ de octano a 298 K. Sua massa específica é 0,703 $\mathrm{g\,cm^{-3}}$.

Resposta: 34 MJ

Tabela 2C.4* Entalpias-padrão de formação ($\Delta_f H^{\ominus}$) e de combustão ($\Delta_c H^{\ominus}$) de compostos orgânicos, a 298 K

	$\Delta_f H^{\ominus}/(\text{kJ mol}^{-1})$	$\Delta_c H^{\ominus}/(\text{kJ mol}^{-1})$
Benzeno, $C_6H_6(l)$	+49,0	−3268
Etano, $C_2H_6(g)$	−84,7	−1560
Glicose, $C_6H_{12}O_6(s)$	−1274	−2808
Metano, $CH_4(g)$	−74,8	−890
Metanol, $CH_3OH(l)$	−238,7	−721

* Outros valores podem ser vistos na *Seção de dados*.

(c) Lei de Hess

As entalpias-padrão de reações individuais podem ser combinadas para se ter a entalpia de outra reação. Esta aplicação da Primeira Lei da termodinâmica é conhecida como a **lei de Hess**:

> A entalpia-padrão de uma reação global é igual à soma das entalpias-padrão das reações individuais em que a reação global possa ser dividida. *Lei de Hess*

As etapas individuais não são, necessariamente, realizáveis na prática. Para o cálculo, elas podem ser reações hipotéticas; a única exigência que se faz é a de as equações químicas estarem equilibradas. A base termodinâmica da lei de Hess é a independência de $\Delta_r H^{\ominus}$ em relação ao caminho. Por isso, podemos partir dos reagentes especificados, passar por quaisquer reações (algumas até hipotéticas), até chegar aos produtos especificados, e, no total, ter o mesmo valor da variação de entalpia. A importância da lei de

Hess está na possibilidade de se ter uma informação sobre certa reação, que pode ser difícil de conseguir diretamente, através de informações obtidas em outras reações.

Exemplo 2C.1 Aplicação da lei de Hess

A entalpia-padrão de reação para a hidrogenação do propeno,

$$CH_2{=}CHCH_3(g)+H_2(g)\rightarrow CH_3CH_2CH_3(g)$$

é -124 kJ mol^{-1}. A entalpia-padrão de reação para a combustão do propano,

$$CH_3CH_2CH_3(g)+5\ O_2(g)\rightarrow 3\ CO_2(g)+4\ H_2O(l)$$

é -2220 kJ mol^{-1}. A entalpia-padrão de reação para a formação da água,

$$H_2(g)+\tfrac{1}{2}O_2(g)\rightarrow H_2O(l)$$

é -286 kJ mol^{-1}. Calcule a entalpia-padrão da combustão do propeno.

Método A chave para a resolução de problemas desse tipo é a capacidade de montar as equações termoquímicas que levam à equação desejada. Adicionam-se e subtraem-se as reações dadas, junto com quaisquer outras que forem necessárias, de modo a reproduzir a reação desejada. Então, adicionam-se e subtraem-se, do mesmo modo, as entalpias correspondentes às reações.

Resposta A reação de combustão que se deseja é

$$C_3H_6(g)+\tfrac{9}{2}O_2(g)\rightarrow 3\ CO_2(g)+3\ H_2O(l)$$

Essa reação pode ser obtida a partir da seguinte soma:

	$\Delta_rH^{\ominus}/(\text{kJ mol}^{-1})$
$C_3H_6(g)+H_2(g)\rightarrow C_3H_8(g)$	-124
$C_3H_8(g)+5\ O_2(g)\rightarrow 3\ CO_2(g)+4\ H_2O(l)$	-2220
$H_2O(l)\rightarrow H_2(g)+\tfrac{1}{2}\ O_2(g)$	$+286$
$C_3H_6(g)+\tfrac{9}{2}\ O_2(g)\rightarrow 3\ CO_2(g)+3\ H_2O(l)$	-2058

Exercício proposto 2C.3 Calcule a entalpia de hidrogenação do benzeno a partir da entalpia da sua combustão e da entalpia da combustão do ciclo-hexano.

Resposta: -206 kJ mol^{-1}

2C.2 Entalpias-padrão de formação

A **entalpia-padrão de formação**, $\Delta_fH^{\ominus}$, de uma substância é a entalpia-padrão da reação de formação do composto a partir dos respectivos elementos, cada qual no seu estado de referência:

O **estado de referência** de um elemento é o seu estado mais estável, numa certa temperatura, sob pressão de 1 bar.

Especificação do estado de referência

Por exemplo, o estado de referência do nitrogênio, a 298 K, é um gás de moléculas de N_2, o do mercúrio é o mercúrio líquido, o do carbono é a grafita e o do estanho é o estanho branco (metálico). Há uma exceção a esta definição geral de estado de referência: o estado de referência do fósforo é o fósforo branco, embora esta forma alotrópica não seja a mais estável; porém, é a mais reprodutível do elemento. As entalpias-padrão de formação são expressas como entalpias por mol de moléculas ou (para substâncias iônicas) de fórmulas unitárias do composto. Por exemplo, a entalpia-padrão de formação do benzeno líquido, a 298 K, é a entalpia da reação

$$6C(s,\text{grafita})+3H_2(g)\rightarrow C_6H_6(l)$$

e vale $+49{,}0$ kJ mol^{-1}. As entalpias-padrão de formação dos elementos nos respectivos estados de referência são nulas em todas as temperaturas, pois são as entalpias de reações "nulas", como, por exemplo, $N_2(g) \rightarrow N_2(g)$. Algumas entalpias de formação são dadas nas Tabelas 2C.5 e 2C.6.

A entalpia-padrão de formação de íons em solução constitui um problema em especial devido à impossibilidade de se preparar uma solução somente de cátions ou somente de ânions. Esse

Tabela 2C.5* Entalpias-padrão de formação de compostos orgânicos a 298 K, $\Delta_fH^{\ominus}/(\text{kJ mol}^{-1})$

	$\Delta_fH^{\ominus}/(\text{kJ mol}^{-1})$
$H_2O(l)$	$-285{,}83$
$H_2O(g)$	$-241{,}82$
$NH_3(g)$	$-46{,}11$
$N_2H_4(l)$	$+50{,}63$
$NO_2(g)$	$+33{,}18$
$N_2O_4(g)$	$+9{,}16$
NaCl(s)	$-411{,}15$
KCl(s)	$-436{,}75$

* Outros valores podem ser vistos na *Seção de dados*.

Tabela 2C.6* Entalpias-padrão de formação de compostos inorgânicos a 298 K, $\Delta_fH^{\ominus}/(\text{kJ mol}^{-1})$

	$\Delta_fH^{\ominus}/(\text{kJ mol}^{-1})$
$CH_4(g)$	$-74{,}81$
$C_6H_6(l)$	$+49{,}0$
$C_6H_{12}(l)$	-156
$CH_3OH(l)$	$-238{,}66$
$CH_3CH_2OH(l)$	$-277{,}69$

* Outros valores podem ser vistos na *Seção de dados*.

problema é resolvido definindo-se que um determinado íon, convencionalmente o íon hidrogênio, tem entalpia-padrão de formação nula em todas as temperaturas:

$$\Delta_f H^\ominus(H^+,aq)=0 \qquad \textit{Convenção} \quad \text{Íons em solução} \qquad (2C.4)$$

Breve ilustração 2C.3 Entalpias de formação de íons em solução

Se a entalpia-padrão de formação do HBr(aq) é igual a −122 kJ mol^{-1}, tem-se o valor que é associado à formação do Br^-(aq) e escrevemos que $\Delta_f H^\ominus(Br^-,aq)=-122$ kJ mol^{-1}. Este valor pode ser combinado com, por exemplo, a entalpia-padrão de formação do AgBr(aq) para determinar o valor do $\Delta_f H^\ominus(Ag^+,aq)$, e assim por diante. Fundamentalmente, essa definição ajusta os valores reais das entalpias de formação dos íons de um valor constante, que é escolhido de modo que o valor-padrão de um deles, o íon H^+(aq), seja igual a zero.

Exercício proposto 2C.4 Determine o valor de $\Delta_f H^\ominus(Ag^+,aq)$; a entalpia-padrão de formação do AgBr(aq) é −17 kJ mol^{-1}.

Resposta: +105 kJ mol^{-1}

(a) Entalpias de reação em termos de entalpias de formação

Podemos considerar, conceitualmente, que uma reação avança pela decomposição dos reagentes nos respectivos elementos e depois pela combinação destes elementos nos produtos correspondentes. O valor de $\Delta_r H^\ominus$ da reação global é igual à soma das entalpias de "decomposição" e de formação. Como a "decomposição" é a reação inversa da formação, a entalpia de uma etapa de decomposição é o negativo da entalpia de formação correspondente (**3**).

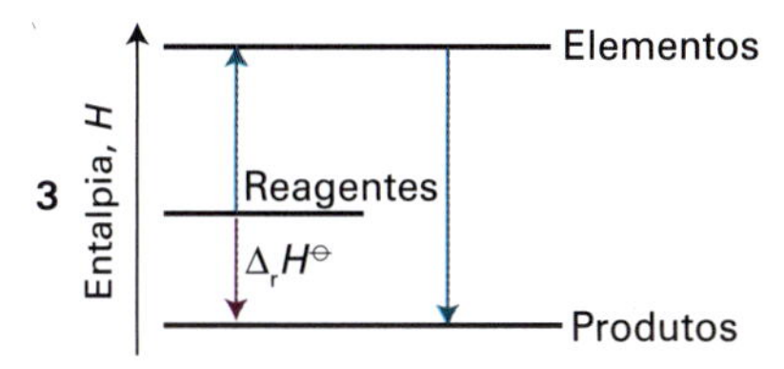

Logo, com as entalpias de formação das substâncias temos informação suficiente para calcular a entalpia de qualquer reação usando

$$\Delta_r H^\ominus = \sum_{\text{Produtos}} \nu\Delta_f H^\ominus - \sum_{\text{Reagentes}} \nu\Delta_f H^\ominus \qquad \textit{Implementação prática} \quad \text{Entalpia-padrão de reação} \qquad (2C.5a)$$

em que cada entalpia de formação aparece multiplicada pelo coeficiente estequiométrico correspondente. Esse procedimento é a aplicação prática da definição formal na Eq. 2C.3. Uma forma mais sofisticada de exprimir o mesmo resultado é introduzindo os **números estequiométricos** ν_J (distintos dos coeficientes estequiométricos), que são positivos para os produtos e negativos para os reagentes. Assim, podemos escrever

$$\Delta_r H^\ominus = \sum_J \nu_J \Delta_f H^\ominus(J) \qquad (2C.5b)$$

Números estequiométricos, que têm sinal, são representados por ν_J ou ν(J). Os *coeficientes* estequiométricos são sempre positivos e representados por ν (sem subscrito).

Breve ilustração 2C.4 Entalpias de formação

Segundo a Eq. 2C.5a, a entalpia-padrão da reação $2\,HN_3(l)+2\,NO(g) \rightarrow H_2O_2(l)+4\,N_2(g)$ pode ser calculada do seguinte modo:

$$\begin{aligned}\Delta_r H^\ominus &= \{\Delta_f H^\ominus(H_2O_2,l)+4\Delta_f H^\ominus(N_2,g)\}\\ &\quad -\{2\Delta_f H^\ominus(HN_3,l)+2\Delta_f H^\ominus(NO,g)\}\\ &=\{-187{,}78+4(0)\}\,\text{kJ mol}^{-1}-\{2(264{,}0)\\ &\quad +2(90{,}25)\}\,\text{kJ mol}^{-1}\\ &=-896{,}3\,\text{kJ mol}^{-1}\end{aligned}$$

Para usar a Eq. 2C.5b, identificamos $\nu(HN_3)=-2$, $\nu(NO)=-2$, $\nu(H_2O_2)=+1$ e $\nu(N_2)=+4$, e escrevemos

$$\begin{aligned}\Delta_r H^\ominus &= \Delta_f H^\ominus(H_2O_2,l)+4\Delta_{ff} H^\ominus(N_2,g)-2\Delta\ H^\ominus(HN_3,l)\\ &\quad -2\Delta_f H^\ominus(NO,g)\}\end{aligned}$$

que fornece o mesmo resultado.

Exercício proposto 2C.5 Calcule a entalpia-padrão da reação $C(\text{grafita})+H_2O(g) \rightarrow CO(g)+H_2(g)$.

Resposta: +131,29 kJ mol^{-1}

(b) Entalpias de formação e modelagem molecular

Vimos como as entalpias-padrão de reação podem ser calculadas pela combinação das entalpias-padrão de formação. O problema que se coloca agora é o de saber se é possível chegar às entalpias-padrão de formação a partir do conhecimento da constituição química das espécies. A resposta resumida deste problema é a de que não há nenhum procedimento termodinamicamente exato de expressar as entalpias de formação em termos das contribuições de átomos e ligações isoladas. No passado, adotavam-se procedimentos aproximados baseados nas **entalpias médias de ligação**, ΔH(A–B), isto é, na variação da entalpia média associada ao rompimento de uma ligação A–B específica,

$$\text{A–B(g)} \rightarrow \text{A(g)}+\text{B(g)} \qquad \Delta H(\text{A–B})$$

Entretanto, este procedimento é pouco confiável, em parte porque os valores de ΔH(A–B) são valores médios para uma série de compostos aparentados uns com os outros. O procedimento também não distingue entre isômeros geométricos, que têm os mesmos átomos e as mesmas ligações, mas cujas entalpias de formação podem ser significativamente diferentes.

A modelagem molecular com auxílio de computador tem substituído largamente essa abordagem mais antiga. Métodos computacionais utilizam os princípios desenvolvidos na Seção 10E para calcular a entalpia-padrão de formação de uma molécula desenhada no computador. Essas técnicas podem ser aplicadas a diferentes conformações da mesma molécula. No caso do metilciclo-hexano, por exemplo, a diferença calculada de energia conformacional fica entre 5,9 e 7,9 kJ mol^{-1}, com o isômero equatorial tendo a menor entalpia-padrão de formação. Essas estimativas são bem razoáveis quando comparadas com o valor experimental de 7,5 kJ mol^{-1}. Entretanto, boa concordância entre valores experimentais e calculados é rara. Os métodos computacionais quase sempre predizem corretamente qual é o isômero mais estável, mas nem sempre predizem corretamente o valor da diferença de energia conformacional. A técnica mais confiável para a determinação das entalpias de formação ainda é a calorimetria, especialmente a que usa entalpias de combustão.

Breve ilustração 2C.5 Modelagem molecular

Cada programa computacional tem seus próprios procedimentos, embora a abordagem geral seja a mesma na maior parte dos casos: a estrutura da molécula é especificada e a natureza do cálculo, selecionada. Quando o procedimento é aplicado aos isômeros axial e equatorial do metilciclo-hexano, o valor típico da entalpia-padrão de formação do isômero equatorial, em fase gasosa, é –183 kJ mol^{-1} (usando o procedimento semiempírico AM1), ao passo que, para o isômero axial, é –177 kJ mol^{-1}, uma diferença de 6 kJ mol^{-1}. A diferença experimental é de 7,5 kJ mol^{-1}.

Exercício proposto 2C.6 Se você tiver acesso a um programa de modelagem, repita o cálculo para os dois isômeros do ciclo-hexanol.

Resposta: Usando o AM1: eq: –345 kJ mol^{-1}; ax: –349 kJ mol^{-1}

2C.3 Dependência das entalpias de reação em relação à temperatura

As entalpias-padrão de muitas reações importantes foram medidas em diferentes temperaturas. Entretanto, na ausência dessas informações, é possível estimar as entalpias-padrão de reação em diferentes temperaturas a partir das capacidades caloríficas e da entalpia de reação em outra temperatura (Fig. 2C.2). Em muitos casos, dados de capacidade calorífica são mais exatos que as entalpias de reação, de modo que, dado que a informação seja disponível, o procedimento que será descrito é mais exato que a medida direta de uma entalpia de reação em temperatura elevada.

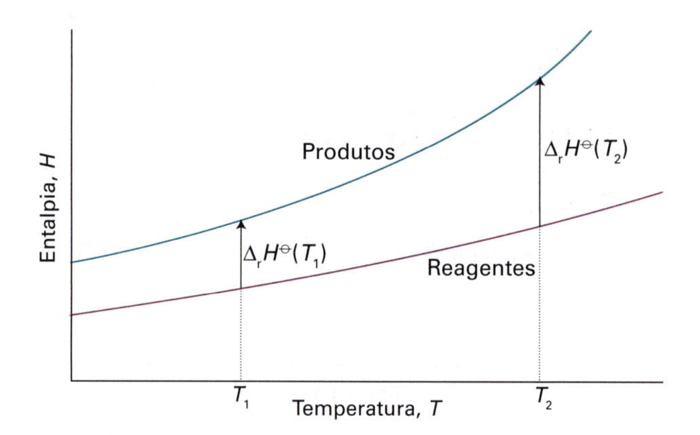

Figura 2C.2 Quando a temperatura se eleva, as entalpias dos produtos e dos reagentes também aumentam, mas numa extensão diferente. Em cada caso, a variação de entalpia depende das capacidades caloríficas das substâncias. A variação da entalpia da reação reflete as diferenças das variações de entalpias.

Pela Eq. 2B.6a ($\mathrm{d}H = C_p\mathrm{d}T$) vem que, quando se aquece uma substância de T_1 até T_2, a entalpia varia de $H(T_1)$ até

$$H(T_2)=H(T_1)+\int_{T_1}^{T_2} C_p\mathrm{d}T \quad (2C.6)$$

(Admitimos que não há transição de fase no intervalo de temperatura considerado.) Como essa equação vale para cada substância que participa da reação, a entalpia-padrão da reação varia de $\Delta_r H^\ominus(T_1)$ para

$$\Delta_r H^\ominus(T_2)=\Delta_r H^\ominus(T_1)+\int_{T_1}^{T_2} \Delta_r C_p^\ominus \mathrm{d}T \quad (2C.7a)$$

Lei de Kirchhoff

em que $\Delta_r C_p^\ominus$ é a diferença entre as capacidades caloríficas molares dos produtos e as capacidades caloríficas molares dos reagentes, nas condições-padrão, cada qual ponderada pelo coeficiente estequiométrico correspondente na equação química:

$$\Delta_r C_{p,\mathrm{m}}^\ominus = \sum_{\text{Produtos}} \nu C_{p,\mathrm{m}}^\ominus - \sum_{\text{Reagentes}} \nu C_{p,\mathrm{m}}^\ominus \quad (2C.7b)$$

ou, na notação da Eq. 2C.5b,

$$\Delta_r C_{p,\mathrm{m}}^\ominus = \sum_{\mathrm{J}} \nu_{\mathrm{J}} C_{p,\mathrm{m}}^\ominus(\mathrm{J}) \quad (2C.7c)$$

A Eq. 2C.7a é conhecida como a **lei de Kirchhoff**. Normalmente, é uma boa aproximação admitir que $\Delta_r C_p^\ominus$ seja independente da temperatura, pelo menos num intervalo razoavelmente limitado de temperatura. Embora as capacidades caloríficas das substâncias possam variar, a diferença entre elas varia menos. Em alguns casos, pode-se levar em conta a influência da temperatura através da Eq. 2B.8.

Exemplo 2C.2 Aplicação da lei de Kirchhoff

A entalpia-padrão de formação da $H_2O(g)$, a 298 K, é –241,82 kJ mol^{-1}. Estime seu valor a 100 °C dadas as seguintes capacidades caloríficas molares, a pressão constante: $H_2O(g)$: 33,58 J K^{-1} mol^{-1}; $H_2(g)$: 28,84 J K^{-1} mol^{-1}; $O_2(g)$: 29,37 J K^{-1} mol^{-1}. Admita que as capacidades caloríficas sejam independentes da temperatura.

Método Quando $\Delta_r C_p^{\ominus}$ for independente da temperatura no intervalo de T_1 até T_2, a integral na Eq. 2C.7a é $(T_2 - T_1)\Delta_r C_p^{\ominus}$. Portanto,

$$\Delta_r H^{\ominus}(T_2) = \Delta_r H^{\ominus}(T_1) + (T_2 - T_1)\Delta_r C_p^{\ominus}$$

Para continuar, escreve-se a equação química, identificam-se os coeficientes estequiométricos e depois se calcula $\Delta_r C_p^{\ominus}$ a partir dos dados.

Resposta A reação é $H_2(g) + \frac{1}{2}O_2(g) \rightarrow H_2O(g)$, logo,

$$\Delta_r C_p^{\ominus} = C_{p,m}^{\ominus}(H_2O,g) - \{C_{p,m}^{\ominus}(H_2,g) + \tfrac{1}{2}C_{p,m}^{\ominus}(O_2,g)\}$$
$$= -9{,}94\,J\,K^{-1}\,mol^{-1}$$

Segue-se então que

$$\Delta_r H^{\ominus}(373\,K) = -241{,}82\,kJ\,mol^{-1} + (75\,K) \times (-9{,}94\,J\,K^{-1}\,mol^{-1}) = -242{,}6\,kJ\,mol^{-1}$$

Exercício proposto 2C.7 Estime a entalpia-padrão de formação do ciclo-hexano, $C_6H_{12}(l)$, a 400 K, a partir da Tabela 2C.6.

Resposta: –163 kJ mol^{-1}

2C.4 Técnicas experimentais

A ferramenta clássica da termoquímica é o calorímetro, conforme foi apresentado na Seção 2B. No entanto, foram feitos avanços tecnológicos que permitem medições em amostras com massa tão pequena quanto alguns miligramas. Descreveremos dois deles nesta seção.

(a) Calorimetria diferencial de varredura

Um **calorímetro diferencial de varredura** (DSC, na sigla em inglês) mede o calor transferido, a pressão constante, de uma amostra ou para uma amostra durante um processo físico ou químico. O termo "diferencial" traduz o fato de que o comportamento da amostra é comparado ao de um material de referência, que não sofre uma variação física ou química durante a análise. O termo "varredura" indica que as temperaturas da amostra e do material de referência são aumentadas, ou varridas, durante a análise.

Um DSC consiste em dois pequenos compartimentos que são aquecidos eletricamente, numa taxa constante. A temperatura T, num tempo t, durante uma varredura linear, é dada por $T = T_0 + \alpha t$, em que T_0 é a temperatura inicial e α é a taxa de varredura. Um computador controla a potência elétrica de saída a fim de manter a mesma temperatura nos compartimentos da amostra e do material de referência durante toda a análise (veja Fig. 2C.3).

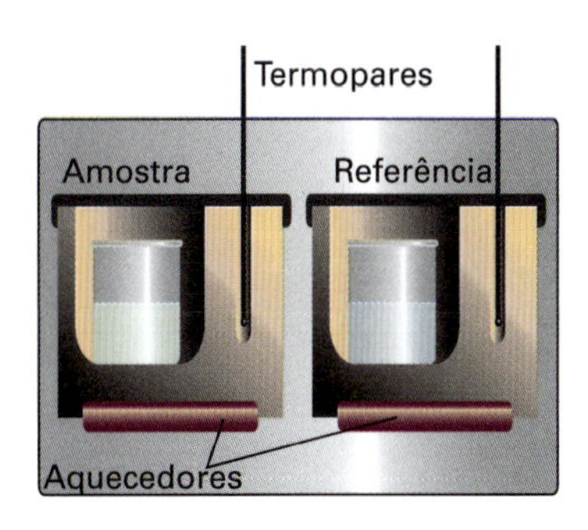

Figura 2C.3 Calorímetro diferencial de varredura. A amostra e o material de referência são aquecidos em dois compartimentos idênticos, mas separados. A saída é a diferença de potência que é necessária para manter os dois compartimentos na mesma temperatura quando a temperatura do compartimento da amostra se altera.

Se não ocorrer nenhuma mudança física ou química na amostra na temperatura T, escrevemos o calor transferido para a amostra como $q_p = C_p\Delta T$, em que $\Delta T = T - T_0$ e C_p é considerado independente da temperatura. Como $T = T_0 + \alpha t$, $\Delta T = \alpha t$. O processo físico ou químico requer a transferência de $q_p + q_{p,ex}$, em que $q_{p,ex}$ é a energia em excesso, transferida como calor, necessária para que se obtenha a mesma variação de temperatura da amostra. Interpretamos $q_{p,ex}$ em termos de uma variação aparente da capacidade calorífica, a pressão constante da amostra, C_p, durante a varredura da temperatura:

$$C_{p,ex} = \frac{q_{p,ex}}{\Delta T} = \frac{q_{p,ex}}{\alpha t} = \frac{P_{ex}}{\alpha} \quad (2C.8)$$

em que $P_{ex} = q_{p,ex}/t$ é a potência elétrica em excesso necessária para igualar a temperatura dos compartimentos que contêm a amostra e o material de referência. Um gráfico DSC, também chamado de **termograma**, é um gráfico de $C_{p,ex}$ em função de T (veja Fig. 2C.4).

$$\Delta H = \int_{T_1}^{T_2} C_{p,ex}\,dT \quad (2C.9)$$

em que T_1 e T_2 são, respectivamente, as temperaturas do início e do fim do processo. Essa relação mostra que a variação de entalpia corresponde à área sob a curva de $C_{p,ex}$ em função de T.

A técnica também é usada para acessar a estabilidade de proteínas, ácidos nucleicos e membranas. Por exemplo, o termograma mostrado na Fig. 2C.4 indica que a proteína ubiquitina sofre uma mudança conformacional endotérmica na qual um grande número de interações não covalentes (como ligações de hidrogênio) é quebrado simultaneamente, o que resulta na sua desnaturação, ou perda de sua estrutura tridimensional. A área sob a curva representa o calor absorvido nesse processo e pode ser identificada com a variação de entalpia. O termograma também revela novas

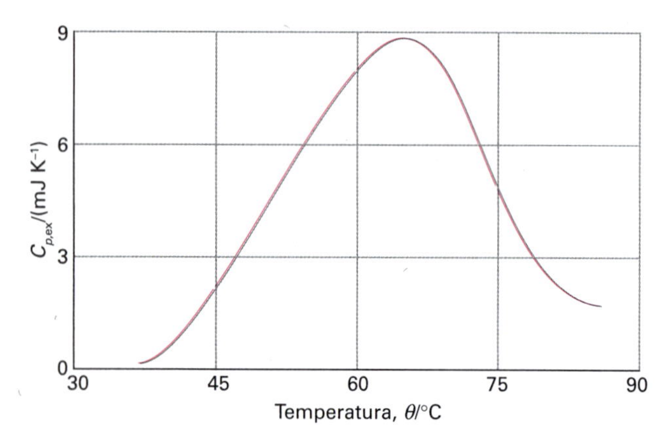

Figura 2C.4 Termograma da proteína ubiquitina em pH = 2,45. A proteína retém sua estrutura nativa até cerca de 45 °C e, então, sofre uma mudança conformacional endotérmica. (Adaptado de B. Chowdhry e S. LeHarne, *J. Chem. Educ.* **74**, 236 (1997).)

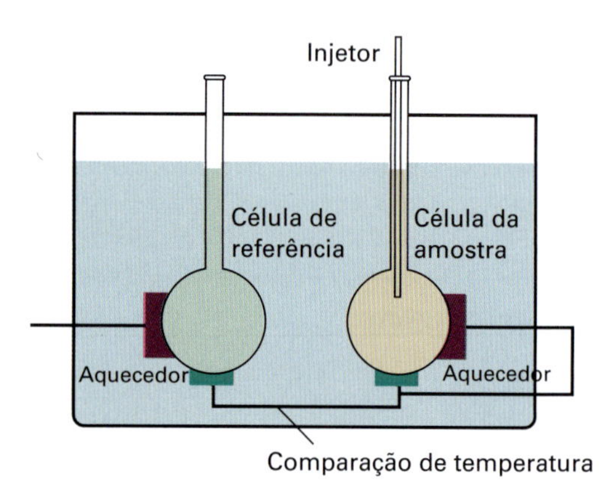

Figura 2C.5 Representação esquemática do aparelho usado na calorimetria isotérmica de titulação.

interações intermoleculares na forma desnaturada. O aumento da capacidade calorífica que acompanha a transição forma nativa → forma desnaturada reflete a mudança de uma conformação nativa mais compacta para uma forma na qual as cadeias laterais de aminoácidos, mais expostas na forma desnaturada, têm interações mais fortes com as moléculas de água circundantes.

(b) Calorimetria isotérmica de titulação

Calorimetria isotérmica de titulação (ITC, na sigla em inglês para *isothermal titration calorimetry*) é também uma técnica "diferencial" em que o comportamento térmico de uma amostra é comparado com o de uma referência. O aparelho é ilustrado na Fig. 2C.5. Um dos recipientes termicamente condutores, que têm volume de alguns mililitros (10^{-6} m^3), contém a referência (água, por exemplo) e um aquecedor com uma potência de alguns miliwatts. O segundo recipiente contém um dos reagentes, como uma solução de uma macromolécula com sítios ligantes; ele também contém um aquecedor. No início do experimento, ambos os aquecedores são ativados, e, em seguida, são adicionadas à célula de reação quantidades precisamente determinadas (de volume aproximado de um microlitro, 10^{-9} m^3) do segundo reagente. A potência necessária para manter o mesmo diferencial de temperatura com a célula de referência é monitorada. Se a reação é exotérmica, ela requer menos potência; se é endotérmica, então é necessário fornecer mais potência.

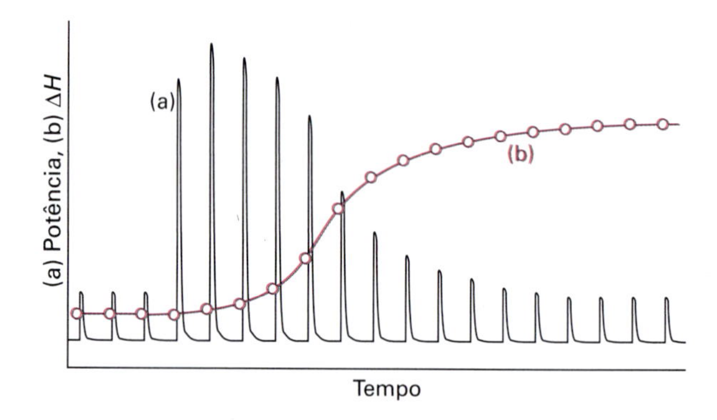

Figura 2C.6 (a) Registro da potência aplicada quando é feita cada injeção, e (b) a soma de sucessivas variações de entalpia durante a titulação.

Um resultado típico é apresentado na Fig. 2C.6, que mostra a potência necessária para manter o diferencial de temperatura: da potência e do tempo gasto, δt, durante o qual ela é fornecida, do calor fornecido, δq, para a injeção, i pode ser calculado a partir de $\delta q_1 = P_i \delta t$. Se o volume da solução é V e a concentração molar do reagente A, que não reagiu, é c_i, no tempo da i-ésima injeção, então a variação da concentração naquela injeção é δc_i e o calor gerado (ou absorvido) pela reação é $V\Delta_r H \delta c_i = \delta q_i$. A soma de todas essas grandezas, sendo a soma dos δc_i a concentração inicial conhecida do reagente, pode, então, ser interpretada como o valor de $\Delta_r H$ da reação.

Conceitos importantes

☐ 1. A **entalpia-padrão de transição** é igual à energia transferida, na forma de calor, a pressão constante, em uma transição.

☐ 2. Uma **equação termoquímica** é uma equação química acompanhada de sua variação da entalpia.

☐ 3. A **lei de Hess** estabelece que a entalpia-padrão de uma reação global é a soma das entalpias-padrão das reações individuais nas quais uma reação pode ser dividida.

- ☐ 4. As **entalpias-padrão de formação** são definidas em termos dos estados de referência dos elementos.
- ☐ 5. A **entalpia-padrão de reação** é expressa como a diferença das entalpias-padrão de formação de produtos e reagentes.
- ☐ 6. A modelagem computacional é utilizada para calcular entalpias-padrão de formação.
- ☐ 7. A dependência que a entalpia de uma reação tem em relação à temperatura é expressa pela **lei de Kirchhoff**.

Equações importantes

Propriedade	Equação	Comentário	Número da equação
A entalpia-padrão de reação	$\Delta_r H^{\ominus} = \sum_{\text{Produtos}} \nu\Delta_f H^{\ominus} - \sum_{\text{Reagentes}} \nu\Delta_f H^{\ominus}$	ν: coeficientes estequiométricos ν_J: números estequiométricos (com sinal)	2C.5
	$\Delta_r H^{\ominus} = \sum_J \nu_J \Delta_f H^{\ominus}(J)$		
Lei de Kirchhoff	$\Delta_r H^{\ominus}(T_2) = \Delta_r H^{\ominus}(T_1) + \int_{T_1}^{T_2} \Delta_r C_p^{\ominus} \mathrm{d}T$		2C.7a
	$\Delta_r C_{p,m}^{\ominus} = \sum_J \nu_J C_{p,m}^{\ominus}(J)$		2C.7c
	$\Delta_r H^{\ominus}(T_2) = \Delta_r H^{\ominus}(T_1) + (T_2 - T_1)\Delta_r C_p^{\ominus}$	Se $\Delta_r C_p^{\ominus}$ for independente da temperatura	

2D Funções de estado e diferenciais exatas

Tópicos

➤ Por que você precisa saber este assunto?

A termodinâmica nos permite deduzir relações entre diversas propriedades: esta seção é uma primeira introdução à manipulação de equações que envolvem funções de estado. Nesse processo, obteremos relações importantes, como aquela entre as capacidades caloríficas. Uma importante consequência tecnológica é o efeito Joule-Thomson, que é deduzido nesta seção.

➤ Qual é a ideia fundamental?

O fato de a energia interna e a entalpia serem funções de estado leva a relações entre propriedades termodinâmicas.

➤ O que você já deve saber?

Você precisa saber que energia interna e entalpia são funções de estado (Seções 2B e 2C) e estar familiarizado com a capacidade calorífica. Você precisa estar capacitado a utilizar diversas relações simples que envolvem derivadas parciais (*Revisão de matemática* 2).

Uma **função de estado** é uma propriedade que depende somente do estado atual do sistema e não depende da história anterior do sistema. A energia interna e a entalpia são exemplos de funções de estado. As grandezas físicas que dependem do processo que liga dois estados são chamadas **funções de linha** (ou **funções do caminho**). Exemplos de funções de linha são o trabalho e o calor que são usados para atingir um estado. Não se diz que um sistema, num certo estado, tem certa quantidade de calor ou de trabalho, pois a energia trocada pelo sistema na forma de calor ou de trabalho depende do processo, ou seja, do caminho que é percorrido entre os estados, e não do estado atual do sistema.

Parte da riqueza da termodinâmica é o fato de podermos usar as propriedades matemáticas das funções de estado para obter conclusões muito abrangentes sobre as relações existentes entre as propriedades físicas de um sistema e estabelecer inferências completamente inesperadas. A importância prática desses resultados é a de podermos combinar medidas de várias propriedades diferentes para obter o valor de outra propriedade que queiramos conhecer.

2D.1 Diferenciais exatas e não exatas

Imaginemos um sistema submetido aos processos ilustrados na Fig. 2D.1. O estado inicial do sistema é i, e neste estado a energia interna é U_i. O sistema efetua trabalho ao se expandir adiabaticamente até o estado f. Neste novo estado, a energia interna do sistema é U_f, e o trabalho feito sobre o sistema quando ele varia ao longo do Caminho (do Processo) 1, de i a f, é w. Observe cuidadosamente as formulações: U é uma propriedade do estado; w é uma propriedade do caminho (do processo). Agora, imaginemos outro processo, Caminho 2, em que os estados inicial e final sejam os mesmos do processo anterior, mas em que a expansão não é adiabática. As energias internas dos estados inicial e final são as mesmas que no processo anterior (devido ao fato de U ser uma função de estado). Entretanto, no segundo processo o sistema recebe uma energia q' na forma de calor e o trabalho efetuado w' não é igual a w. O trabalho e o calor são funções de linha.

Se um sistema evolui ao longo de um processo (por exemplo, de um aquecimento), U varia de U_i até U_f, e a variação global de U é a soma (integral) de todas as variações infinitesimais ao longo do processo:

$$\Delta U = \int_i^f \mathrm{d}U \qquad (2D.1)$$

O valor de ΔU depende dos estados inicial e final do sistema, mas é independente do caminho entre eles. Esta independência da integral em relação ao caminho corresponde a dizer que $\mathrm{d}U$ é uma "diferencial exata". Em geral, uma **diferencial exata** é uma grandeza infinitesimal que, ao ser integrada, leva a um

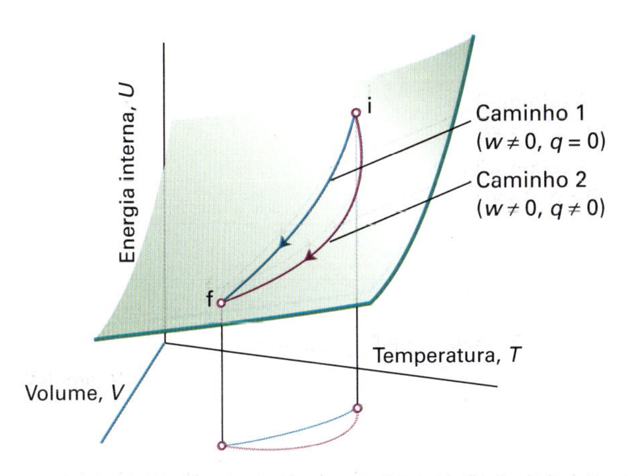

Figura 2D.1 Quando o volume e a temperatura de um sistema se alteram, modifica-se também a energia interna. Na figura, o Caminho 1 é adiabático, e o Caminho 2 é não adiabático. Cada qual tem certo valor de q e de w, mas a variação de U, ΔU, é a mesma nos dois.

resultado que é independente do caminho que liga o estado inicial ao estado final.

Quando o sistema é aquecido, a energia total transferida para o sistema, na forma de calor, é igual à soma de todas as contribuições em cada ponto do processo:

$$q=\int_{\text{i, caminho}}^{\text{f}} \mathrm{d}q \qquad \text{(2D.2)}$$

Veja a diferença entre essa equação e a Eq. 2D.1. Primeiramente, não escrevemos Δq, pois q não é uma função de estado e a energia fornecida como calor não pode ser expressa por $q_f - q_i$. Depois, é necessário definir o caminho de integração, pois q depende do caminho efetuado (por exemplo, num processo adiabático se tem $q = 0$, enquanto num processo não adiabático, entre os mesmos estados inicial e final, se tem $q \neq 0$). Essa dependência em relação ao processo ou caminho se traduz dizendo que dq é uma "diferencial não exata". Em geral, uma **diferencial não exata** é uma quantidade infinitesimal que, quando integrada, dá um resultado que depende do caminho que liga os estados inicial e final. Frequentemente, se escreve đq em lugar de dq para acentuar que đq não é uma diferencial exata e necessita da especificação do processo.

O trabalho feito sobre um sistema para provocar uma transformação de um estado para outro depende do processo que o sistema sofre entre os dois estados. Por exemplo, em geral o trabalho é diferente se o processo é adiabático ou se ele é não adiabático. Consequentemente, dw não é uma diferencial exata e, por isso, muitas vezes se escreve đw.

Exemplo 2D.1 Cálculo do trabalho, do calor e da variação da energia interna

Imaginemos um gás perfeito encerrado num cilindro provido de um pistão. Sejam T,V_i o estado inicial e T,V_f o estado final. Essa modificação do estado pode ser provocada de muitas maneiras, das quais as duas mais simples são: Processo 1, expansão livre contra uma pressão externa nula; Processo 2, expansão isotérmica reversível. Calcule w, q e ΔU em cada processo.

Método Para começar um cálculo termodinâmico, é frequentemente uma boa ideia partir dos primeiros princípios e buscar uma maneira de exprimir a grandeza desconhecida que estamos procurando em termos de outras grandezas mais fáceis de calcular. Vimos na Seção 2B que a energia interna de um gás perfeito depende somente da temperatura e é independente do volume que as moléculas ocupam; portanto, numa transformação isotérmica, $\Delta U=0$. Também sabemos que, em geral, $\Delta U=q+w$. A resolução do problema depende de sabermos combinar as duas expressões. A Seção 2A apresenta várias expressões que permitem o cálculo do trabalho efetuado em diferentes processos; vamos agora escolher as que forem apropriadas.

Resposta Como $\Delta U = 0$ nos dois caminhos e como $\Delta U = q + w$ também nos dois caminhos, tem-se $q = -w$ em qualquer deles. O trabalho de expansão livre é nulo (Eq. 2A.7 da Seção 2A, $w = 0$), de modo que, no Caminho 1, $w = 0$ e $q = 0$. No Caminho 2, o trabalho é dado pela Eq. 2A.9 da Seção 2A ($w=-nRT\ln(V_f/V_i)$) e, portanto, $q=nRT\ln(V_f/V_i)$.

Exercício proposto 2D.1 Calcule w, q e ΔU na expansão isotérmica irreversível de um gás perfeito contra uma pressão externa constante e não nula.

Resposta: $q=p_{ex}\Delta V$, $w=-p_{ex}\Delta V$, $\Delta U=0$

2D.2 Variações da energia interna

Comecemos agora a desdobrar as consequências de dU ser uma diferencial exata explorando um sistema fechado, de composição constante (este será o único tipo de sistema que analisaremos até o final desta seção). A energia interna U pode ser considerada uma função de V, T e p, mas, como há uma equação de estado (Seção 1A), basta estabelecer os valores de duas das variáveis para fixar o valor da terceira variável. Portanto, é possível escrever U em função de apenas duas variáveis independentes: V e T, p e T ou p e V. Vamos expressar U como uma função do volume e da temperatura, pois isso se ajusta aos propósitos da nossa discussão.

(a) Considerações gerais

Como a energia interna é uma função do volume e da temperatura, quando essas grandezas variam, a energia interna varia de

$$\mathrm{d}U=\left(\frac{\partial U}{\partial V}\right)_T \mathrm{d}V+\left(\frac{\partial U}{\partial T}\right)_V \mathrm{d}T \qquad \text{(2D.3)}$$

Expressão geral para a variação de U com T e V

A interpretação dessa equação é que, em um sistema fechado de composição constante, qualquer variação infinitesimal da energia

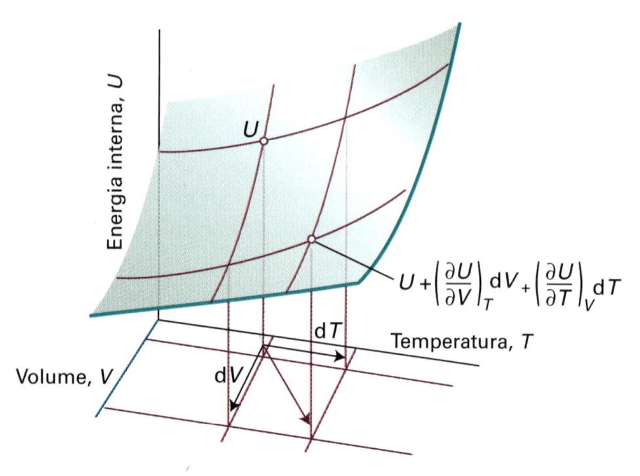

Figura 2D.2 A variação global de U, que é representada por dU, ocorre quando V e T variam. Se os infinitesimais de segunda ordem são desprezados, a variação global é a soma das variações individuais de cada variável.

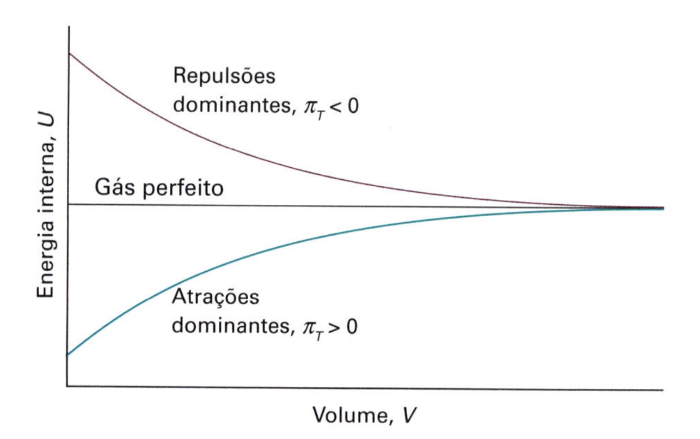

Figura 2D.4 Para um gás perfeito, a energia interna não depende do volume (a temperatura constante). Se as forças atrativas forem dominantes num gás real, a energia interna aumenta com o volume, pois as moléculas ficam em média mais afastadas umas das outras quando o volume cresce. Se as repulsões forem dominantes, a energia interna diminui com o aumento do volume.

interna é proporcional às variações infinitesimais do volume e da temperatura, e os coeficientes de proporcionalidade são as duas derivadas parciais (Fig. 2D.2).

Em muitos casos, as derivadas parciais têm interpretação física direta, e a termodinâmica só fica difícil e obscura quando o significado de cada uma delas não é evidente. No caso que estamos considerando agora, já vimos o significado de $(\partial U/\partial T)_V$ na Seção 2A: esta derivada parcial é a capacidade calorífica a volume constante, C_V. O outro coeficiente, $(\partial U/\partial V)_T$, exerce um papel importante na termodinâmica, pois é ele que mede a variação da energia interna de uma substância quando o seu volume varia a temperatura constante (Fig. 2D.3). Vamos simbolizá-lo por π_T e, como ele tem as dimensões de uma pressão, mas surge das interações entre as moléculas no interior da amostra, denominá-lo **pressão interna**:

$$\pi_T = \left(\frac{\partial U}{\partial V}\right)_T \quad \textit{Definição} \quad \text{Pressão interna} \qquad (2D.4)$$

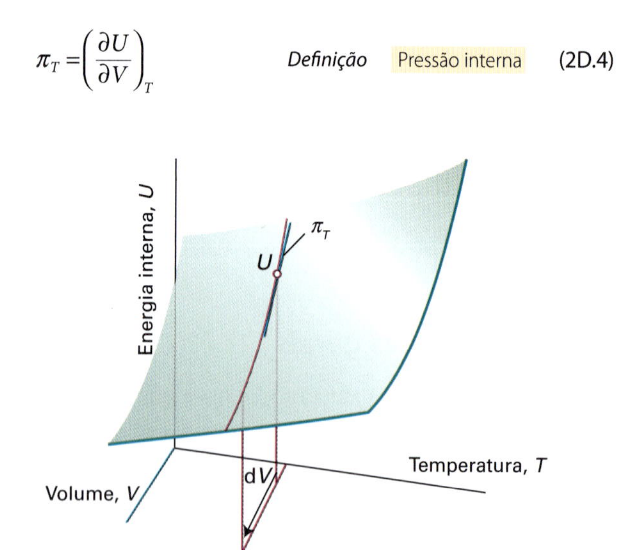

Figura 2D.3 A pressão interna, π_T, é o coeficiente angular de U em relação a V, com a temperatura T mantida constante.

Em termos da notação C_V e π_T, a Eq. 2D.3 pode ser agora escrita como

$$dU = \pi_T dV + C_V dT \qquad (2D.5)$$

Quando não há interações entre as moléculas, a energia interna é independente da separação entre elas e, portanto, independente do volume da amostra. Logo, para um gás perfeito, podemos escrever que $\pi_T = 0$. Se o gás é descrito pela equação de van der Waals, na qual a é o parâmetro correspondente a interações atrativas, e se elas forem dominantes, então um aumento do volume aumenta a separação média das moléculas e, portanto, eleva a energia interna. Nesse caso, esperamos que $\pi_T > 0$ (Fig. 2D.4).

O enunciado de que $\pi_T = 0$ (isto é, a energia interna é independente do volume ocupado pela amostra) pode ser tomado como sendo a definição de um gás perfeito, pois veremos na Seção 3D que dele se deduz a equação de estado $pV \propto T$.

James Joule imaginou que pudesse medir π_T observando a mudança de temperatura de um gás quando ocorria a sua expansão no vácuo. Ele usou dois balões metálicos imersos em um banho de água (Fig. 2D.5). Um deles estava cheio de ar, a cerca

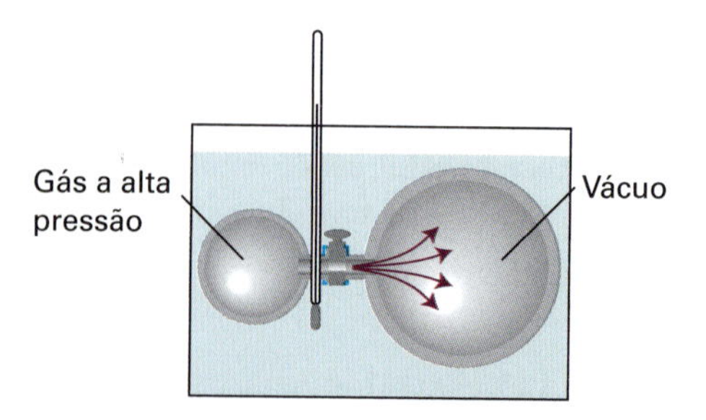

Figura 2D.5 Um diagrama esquemático da aparelhagem utilizada por Joule em uma tentativa de medir a variação da energia interna quando um gás se expande isotermicamente. O calor absorvido pelo gás é proporcional à variação de temperatura do banho.

de 22 atm, e o outro estava vazio. Ele tentou medir a variação da temperatura da água do banho quando a torneira entre os dois balões era aberta e o ar se expandia no vácuo. Entretanto, ele não observou nenhuma variação na temperatura.

As implicações termodinâmicas da experiência são as seguintes. Não há trabalho, pois a expansão se dá no vácuo, e então $w = 0$. Não há troca de calor no sistema (no gás), pois a temperatura do banho se mantém inalterada, e então $q = 0$. Portanto, nos limites do erro da experiência, $\Delta U = 0$. Conclui-se então que U não se altera quando o gás se expande isotermicamente e que, portanto, $\pi_T = 0$. A experiência de Joule, na realidade, não era refinada. Em particular, a capacidade calorífica do aparelho era muito grande, de modo que a variação de temperatura que o gás, na realidade, provocava era muito pequena para ser detectada. Ainda assim, a partir da sua experiência Joule obteve uma propriedade limite essencial do gás, uma propriedade de um gás perfeito, sem detectar os pequenos afastamentos, característicos dos gases reais.

(b) Variações da energia interna a pressão constante

As derivadas parciais têm muitas propriedades interessantes, e as que utilizaremos com maior frequência são revistas na *Revisão de matemática* 2. O aproveitamento hábil dessas propriedades frequentemente transforma uma grandeza desconhecida em outra que pode ser facilmente reconhecida, interpretada ou medida.

Como exemplo, imaginemos que se queira saber como a energia interna varia com a temperatura em um processo em que, ao invés do volume, a pressão do sistema é mantida constante. Se os dois membros da Eq. 2D.5 são divididos por $\mathrm{d}T$ e se impõe a condição de pressão constante sobre as diferenciais resultantes, de modo que $\mathrm{d}U/\mathrm{d}T$, no lado esquerdo da equação, se transforma em $(\partial U/\partial T)_p$, obtém-se

$$\left(\frac{\partial U}{\partial T}\right)_p = \pi_T \left(\frac{\partial V}{\partial T}\right)_p + C_V$$

Normalmente, vale a pena em termodinâmica inspecionar o resultado de um cálculo como esse a fim de verificar se ele contém grandezas físicas que possam ser reconhecidas. A derivada parcial existente no membro direito da equação é o coeficiente angular da curva do volume contra a temperatura, a pressão constante. Esta propriedade é normalmente registrada na forma do **coeficiente de expansão**, α, de uma substância, definido por

$$\alpha = \frac{1}{V}\left(\frac{\partial V}{\partial T}\right)_p \qquad \textit{Definição} \quad \text{Coeficiente de expansão} \qquad (2D.6)$$

e é fisicamente a variação relativa de volume que acompanha uma elevação de temperatura. Um valor grande de α significa que o volume da amostra responde significativamente a variações de temperatura. A Tabela 2D.1 lista alguns valores experimentais de α e, para referência futura, da **compressibilidade isotérmica**, κ_T (capa), que é definida como

Tabela 2D.1* Coeficientes de expansão (α) e compressibilidade isotérmica (κ_T) a 298 K

	$\alpha/(10^{-4}\ \mathrm{K}^{-1})$	$\kappa_T/(10^{-6}\ \mathrm{bar}^{-1})$
Benzeno	12,4	90,9
Diamante	0,030	0,185
Chumbo	0,861	2,18
Água	2,1	49,0

* Mais valores podem ser vistos na *Seção de dados*.

$$\kappa_T = -\frac{1}{V}\left(\frac{\partial V}{\partial p}\right)_T \qquad \textit{Definição} \quad \text{Compressibilidade isotérmica} \qquad (2D.7)$$

A compressibilidade isotérmica é uma medida da variação relativa de volume quando a pressão sofre uma pequena variação; o sinal negativo na definição assegura que a compressibilidade é uma grandeza positiva, pois um aumento de pressão, implicando um $\mathrm{d}p$ positivo, provoca uma redução de volume, um $\mathrm{d}V$ negativo.

Exemplo 2D.2 Cálculo do coeficiente de expansão de um gás

Deduza uma expressão para o coeficiente de expansão de um gás perfeito.

Método O coeficiente de expansão se define pela Eq. 2D.6. Para usar esta expressão, basta substituir a expressão de V em termos de T obtida da equação de estado do gás. Como indicado pelo índice na Eq. 2D.6, a pressão, p, é tratada como uma constante.

Resposta Como $pV = nRT$, podemos escrever

$$\alpha = \frac{1}{V}\left(\frac{\partial(nRT/p)}{\partial T}\right)_p = \frac{1}{V}\times\frac{nR}{p}\frac{\mathrm{d}T}{\mathrm{d}T} = \frac{nR}{pV} = \frac{1}{T}$$

Assim, quanto mais elevada for a temperatura, menos se altera o volume do gás perfeito com a modificação da temperatura.

Exercício proposto 2D.2 Deduza uma expressão para a compressibilidade isotérmica de um gás perfeito.

Resposta: $\kappa_T = 1/p$

Quando se introduz a definição de α na equação de $(\partial U/\partial T)_p$, obtemos,

$$\left(\frac{\partial U}{\partial T}\right)_p = \alpha\pi_T V + C_V \qquad (2D.8)$$

Essa equação é absolutamente geral (desde que o sistema seja fechado e a sua composição constante). Ela expressa a dependência entre a energia e a temperatura, a pressão constante, em termos de C_V, que pode ser medida diretamente, em termos de α, o qual também pode ser medido, e da grandeza π_T. No caso de um gás perfeito, $\pi_T = 0$, portanto,

$$\left(\frac{\partial U}{\partial T}\right)_p = C_V \tag{2D.9}$$

Isto é, embora a capacidade calorífica de um gás perfeito a volume constante seja definida como o coeficiente angular da curva da energia interna do gás contra a temperatura a volume constante, para um gás perfeito C_V também é o coeficiente angular da curva a pressão constante.

A Eq. 2D.9 fornece um modo simples de se deduzir a relação entre C_p e C_V para um gás perfeito. Assim, podemos usá-la para exprimir as duas capacidades caloríficas em termos de derivadas a pressão constante:

$$C_p - C_V = \overbrace{\left(\frac{\partial H}{\partial T}\right)_p}^{\text{Definição de } C_p} - \overbrace{\left(\frac{\partial U}{\partial T}\right)_p}^{\text{Eq. 2D.9}}$$

Depois, usamos a relação geral $H = U + pV = U + nRT$ para termos a primeira derivada, o que resulta em

$$C_p - C_V = \left(\frac{\partial (U+nRT)}{\partial T}\right)_p - \left(\frac{\partial U}{\partial T}\right)_p = nR \tag{2D.10}$$

Mostramos na *Justificativa* 2D.1 que em geral

$$C_p - C_V = \frac{\alpha^2 TV}{\kappa_T} \tag{2D.11}$$

A Eq. 2D.11 se aplica a qualquer substância (isto é, ela é "universalmente válida"). Essa equação se reduz à Eq. 2D.10 para um gás perfeito quando se faz $\alpha = 1/T$ e $\kappa_T = 1/p$. Como os coeficientes de expansão α de líquidos e sólidos são pequenos, é tentador concluir, da Eq. 2D.11, que $C_p \approx C_V$. Mas a conclusão pode ser errada, pois a compressibilidade κ_T também pode ser pequena, de modo que α^2/κ_T pode ser grande. Isto é, embora o trabalho para deslocar a atmosfera possa ser pequeno, o trabalho para afastar os átomos de um sólido, na expansão, pode ser grande.

Breve ilustração 2D.1 A relação entre as capacidades caloríficas

O coeficiente de expansão e a compressibilidade isotérmica da água, a 25 °C, são dados na Tabela 2D.1 como $2{,}1 \times 10^{-4}\ \mathrm{K^{-1}}$ e $4{,}96 \times 10^{-5}\ \mathrm{atm^{-1}}$ ($4{,}90 \times 10^{-10}\ \mathrm{Pa^{-1}}$), respectivamente. O volume molar da água, nessa temperatura, $V_m = M/\rho$ (em que ρ é a massa específica) é 18,1 cm³ mol⁻¹ ($1{,}81 \times 10^{-5}\ \mathrm{mol^{-1}}$). Portanto, da Eq. 2D.11, a diferença entre as capacidades caloríficas molares (que é dada por V_m em lugar de V) é

$$C_{p,m} - C_{V,m} = \frac{(2{,}1\times10^{-4}\ \mathrm{K^{-1}})^2 \times (298\ \mathrm{K}) \times (1{,}81\times10^{-5}\ \mathrm{m^3\ mol^{-1}})}{4{,}90\times10^{-10}\ \mathrm{Pa^{-1}}}$$
$$= 0{,}485\ \mathrm{Pa\ m^3\ mol^{-1}} = 0{,}485\ \mathrm{J\ mol^{-1}}$$

No caso da água, $C_{p,m} = 75{,}3\ \mathrm{J\ K^{-1}\ mol^{-1}}$ e $C_{V,m} = 74{,}8\ \mathrm{J\ K^{-1}\ mol^{-1}}$. Em certos casos, a diferença entre as duas capacidades caloríficas pode chegar a 30%.

Exercício proposto 2D.3 Calcule a diferença entre as capacidades caloríficas molares do benzeno; use a *Seção de dados*.

Resposta: $45\ \mathrm{J\ K^{-1}\ mol^{-1}}$

Justificativa 2D.1 A relação entre capacidades caloríficas

Uma regra conveniente para abordar os problemas da termodinâmica é a de retornar aos primeiros princípios. No problema que queremos resolver, vamos aplicá-la duas vezes: uma exprimindo C_p e C_V em termos das definições e outra aproveitando a definição $H = U + pV$:

$$C_p - C_V = \left(\frac{\partial H}{\partial T}\right)_p - C_V$$
$$= \left(\frac{\partial U}{\partial T}\right)_p + \left(\frac{\partial (pV)}{\partial T}\right)_p - C_V$$

A Eq. 2D.8, $(\partial U/\partial T)_p = \alpha\pi_T V + C_V$, nos permite escrever a diferença entre o primeiro e o terceiro termos como $\alpha\pi_T V$. O termo restante pode ser simplificado observando que, como p é constante,

$$\left(\frac{\partial (pV)}{\partial T}\right)_p = p\left(\frac{\partial V}{\partial T}\right)_p = \alpha pV$$

Entrando com as duas contribuições temos

$$C_p - C_V = \alpha(p + \pi_T)V$$

O primeiro termo à direita, αpV, é uma medida do trabalho necessário para empurrar a atmosfera; o segundo termo à direita, $\alpha\pi_T V$, é o trabalho necessário para separar as moléculas que compõem o sistema.

Neste momento, podemos avançar mais ainda aproveitando o resultado que demonstramos na Seção 3D (Segunda Lei) de que

$$\pi_T = T\left(\frac{\partial p}{\partial T}\right)_V - p$$

Quando essa expressão é inserida na última equação obtemos

$$C_p - C_V = \alpha TV\left(\frac{\partial p}{\partial T}\right)_V$$

Transformamos agora a derivada parcial restante. Como V é considerado uma função de p e T, quando essas duas grandezas variam, a variação resultante em V é

$$\mathrm{d}V=\left(\frac{\partial V}{\partial T}\right)_p \mathrm{d}T+\left(\frac{\partial V}{\partial p}\right)_T \mathrm{d}p$$

Para o volume ser constante, $\mathrm{d}V = 0$ implica que

$$\left(\frac{\partial V}{\partial T}\right)_p \mathrm{d}T=-\left(\frac{\partial V}{\partial p}\right)_T \mathrm{d}p \text{ a volume constante}$$

A divisão por $\mathrm{d}T$ transforma a expressão em

$$\left(\frac{\partial V}{\partial T}\right)_p=-\left(\frac{\partial V}{\partial p}\right)_T\left(\frac{\partial p}{\partial T}\right)_V$$

e, portanto,

$$\left(\frac{\partial p}{\partial T}\right)_V=-\frac{(\partial V/\partial T)_p}{(\partial V/\partial p)_T}=\frac{\alpha}{\kappa_T}$$

A substituição dessa relação na expressão acima para $C_p - C_V$ permite obter a Eq. 2D.11.

2D.3 O efeito Joule-Thomson

Podemos levar a cabo um conjunto semelhante de operações para a entalpia, $H = U + pV$. As grandezas U, p e V são funções de estado; portanto, H também é uma função de estado e $\mathrm{d}H$ é uma diferencial exata. Acontece que H é uma função termodinâmica útil quando a pressão está sob nosso controle: vimos uma amostra disso na relação $\Delta H = q_p$ (Eq. 2B.2b da Seção 2B). Vamos considerar, portanto, H como uma função de p e T, e adaptaremos os argumentos da Seção 2D.2 para encontrar uma expressão para a variação de H com a temperatura a volume constante. Como é explicado na *Justificativa* a seguir, temos, para um sistema fechado de composição constante,

$$\mathrm{d}H=-\mu C_p \mathrm{d}p+C_p \mathrm{d}T \tag{2D.12}$$

em que o **coeficiente de Joule-Thomson**, μ (mi), é definido como

$$\mu=\left(\frac{\partial T}{\partial p}\right)_H \quad \textit{Definição} \quad \text{Coeficiente de Joule-Thomson} \tag{2D.13}$$

Essa relação será útil para relacionar as capacidades caloríficas a pressão constante e a volume constante e para uma discussão da liquefação dos gases.

Justificativa 2D.2 A variação da entalpia com a pressão e a temperatura

Como H é uma função de p e T, podemos escrever que, quando as duas grandezas variam infinitesimalmente, a entalpia varia de

$$\mathrm{d}H=\left(\frac{\partial H}{\partial p}\right)_T \mathrm{d}p+\left(\frac{\partial H}{\partial T}\right)_p \mathrm{d}T$$

A segunda derivada parcial é C_p; nossa tarefa aqui é expressar $(\partial H/\partial p)_T$ em termos de grandezas conhecidas. Se a entalpia é constante, $\mathrm{d}H = 0$, o que implica

$$\left(\frac{\partial H}{\partial p}\right)_T \mathrm{d}p=-C_p \mathrm{d}T \text{ a } H \text{ constante}$$

A divisão de ambos os lados por $\mathrm{d}p$ dá

$$\left(\frac{\partial H}{\partial p}\right)_T=-C_p\left(\frac{\partial T}{\partial p}\right)_H=-C_p\mu$$

que leva diretamente à Eq. 2D.13.

(a) Observação do efeito Joule-Thomson

A análise do coeficiente Joule-Thomson é central nos problemas tecnológicos associados à liquefação dos gases. É indispensável que saibamos interpretá-lo fisicamente e medi-lo. Como será mostrado na *Justificativa* 2D.3, a sagacidade indispensável para impor o vínculo de entalpia constante a uma mudança de estado, de modo que o processo seja **isentálpico**, foi proporcionada por Joule e William Thomson (mais tarde lorde Kelvin). Eles fizeram um gás expandir-se através de uma barreira porosa, de uma pressão constante até outra, também constante, e acompanharam a diferença de temperatura provocada pela expansão (Fig. 2D.6). A montagem da experiência era termicamente isolada, de modo que o processo fosse adiabático. Observaram que a temperatura era mais baixa no lado da seção de pressão baixa e que a diferença de temperatura entre os dois lados era proporcional à diferença de

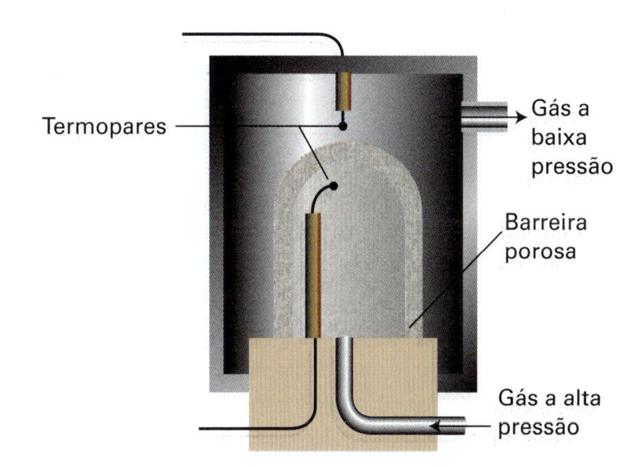

Figura 2D.6 Aparelho usado para medir o efeito Joule-Thomson. O gás se expande através da barreira porosa, que age como uma válvula de estrangulamento, e todo o aparelho fica termicamente isolado. Como explicado no texto, essa montagem propicia uma expansão isentálpica (expansão a entalpia constante). Conforme a natureza e as condições do gás, a expansão pode provocar aquecimento ou resfriamento.

pressões. Esse resfriamento nessa expansão isentálpica é conhecido como **efeito Joule-Thomson**.

Justificativa 2D.3 O efeito Joule-Thomson

Mostramos agora que a montagem experimental faz com que a expansão ocorra com a entalpia constante. Como todas as variações do gás ocorrem adiabaticamente, $q = 0$, o que implica $\Delta U = w$. Consideremos o trabalho feito quando o gás passa através da barreira. Vejamos o que acontece na passagem de uma quantidade fixa do gás, que inicialmente está no lado da pressão alta p_i na temperatura T_i ocupando o volume V_i (Fig. 2D.7).

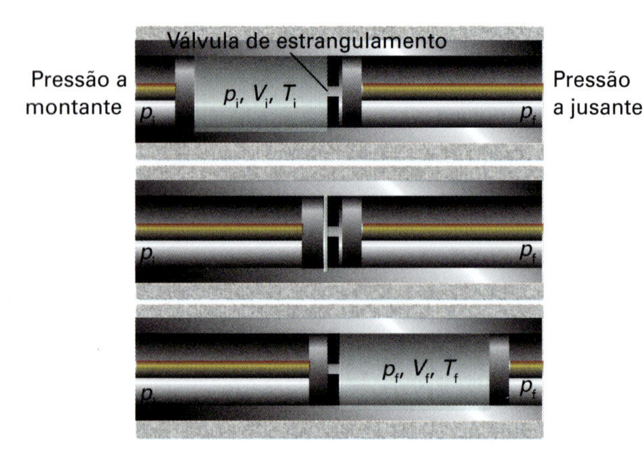

Figura 2D.7 Diagrama esquemático para análise termodinâmica do efeito Joule-Thomson. Os pistões correspondem aos gases a montante e a jusante da válvula e mantêm constante a pressão em cada lado da válvula. Os três esquemas, de cima para baixo, representam a passagem de certa massa do gás através da válvula, num processo que ocorre a entalpia constante.

O gás emerge no lado da pressão baixa com a pressão p_f na temperatura T_f e ocupando o volume V_f. O gás à esquerda é comprimido isotermicamente pelo gás a montante, que atua como se fosse um pistão. A pressão relevante é p_i e o volume varia de V_i até 0; portanto, o trabalho feito sobre o gás é

$$w_1 = -p_i(0 - V_i) = p_i V_i$$

À direita da barreira, o gás se expande isotermicamente (mas, possivelmente, em uma temperatura diferente da inicial) contra uma pressão p_f proporcionada pelo gás a jusante, que atua como se fosse um pistão impelido pelo gás que passa pela válvula. O volume muda de 0 para V_f e o trabalho feito sobre o gás neste estágio é

$$w_2 = -p_f(V_f - 0) = -p_f V_f$$

O trabalho total feito sobre o gás é a soma dos dois trabalhos, ou seja,

$$w_1 + w_2 = p_i V_i - p_f V_f$$

Assim, a variação da energia interna do gás ao passar de um para o outro lado da barreira é

$$U_f - U_i = w = p_i V_i - p_f V_f$$

Reordenando essa expressão,

$$U_f + p_f V_f = U_i + p_i V_i \quad \text{or} \quad H_f = H_i$$

Portanto, a expansão ocorre sem variação de entalpia.

A grandeza que se mede na experiência é a razão entre a variação de temperatura e a variação de pressão $\Delta T/\Delta p$. Como a entalpia é constante, essa razão, no limite de Δp pequena, mostra que a grandeza termodinâmica que é medida é $(\partial T/\partial p)_H$, que é o coeficiente Joule-Thomson, μ. Portanto, a interpretação física que se pode atribuir a μ é de que ele é a razão entre a variação de temperatura e a variação de pressão quando o gás se expande sob condições que asseguram que não há nenhuma variação de entalpia.

A medição de μ é feita nos dias de hoje de forma indireta e envolve a medida do **coeficiente Joule-Thomson isotérmico**,

$$\mu_T = \left(\frac{\partial H}{\partial p}\right)_T \qquad \textit{Definição} \qquad \text{Coeficiente Joule-Thomson isotérmico} \qquad (2D.14)$$

que é o coeficiente angular da curva de entalpia contra a pressão a temperatura constante (Fig. 2D.8). Comparando as Eqs. 2D.13 e 2D.14 vemos (da última linha da *Justificativa* 2D.2) que os dois coeficientes se relacionam por:

$$\mu_T = -C_p \mu \qquad (2D.15)$$

Para se medir μ_T, o gás é bombeado continuamente, numa pressão constante, através de um trocador de calor (para ter uma temperatura bem determinada), e passa por um tampão poroso no interior de uma tubulação termicamente isolada. Mede-se a queda abrupta de pressão e se anula o efeito de resfriamento por

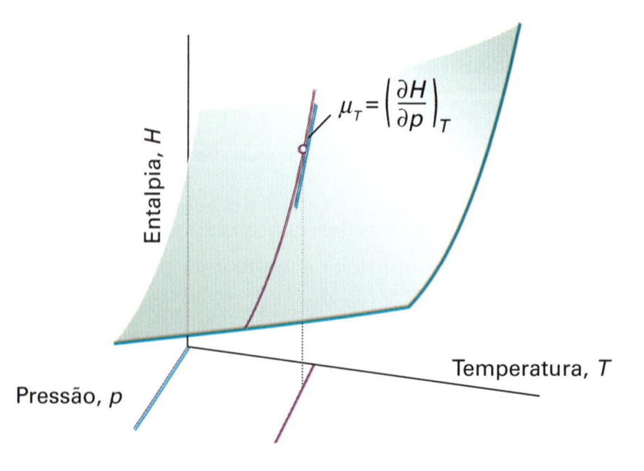

Figura 2D.8 O coeficiente Joule-Thomson isotérmico é o coeficiente angular da variação de entalpia em função da variação de pressão, com a temperatura sendo mantida constante.

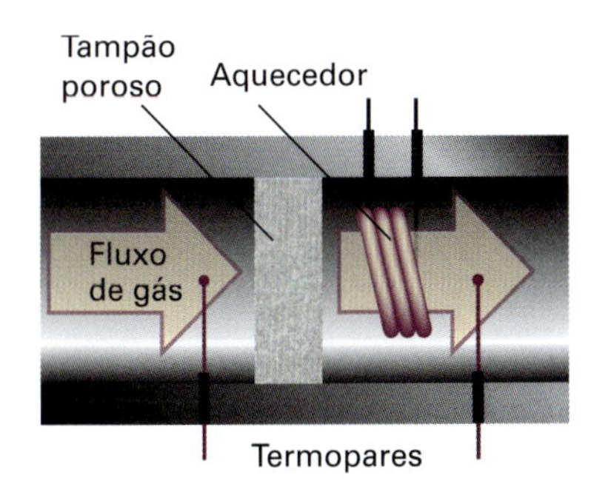

Figura 2D.9 Diagrama esquemático do dispositivo usado para medir o coeficiente Joule-Thomson isotérmico. O aquecimento elétrico necessário para anular o resfriamento que surge devido à expansão é interpretado como ΔH e é usado para se calcular $(\partial H/\partial p)_T$, que depois se converte em μ, conforme se explica no texto.

Tabela 2D.2* Temperaturas de inversão (T_I), pontos de fusão (T_f) e de ebulição (T_{eb}) normais e coeficientes Joule-Thomson (μ) a 1 atm e 298 K

	T_I/K	T_f/K	T_{eb}/K	μ/(K bar^{-1})
Ar	723	83,8	87,3	
CO_2	1500	194,7	+1,10	
He	40	4,2	−0,060	
N_2	621	63,3	77,4	+0,25

*Outros valores podem ser vistos na *Seção de dados*.

meio de um aquecedor elétrico colocado logo depois do tampão (Fig. 2D.9). Mede-se então a energia proporcionada pelo aquecedor. Como $\Delta H = q_p$, o calor pode ser identificado como o valor de ΔH. A variação de pressão Δp é conhecida; logo, μ_T pode ser determinado a partir do valor limite de $\Delta H/\Delta p$ quando $\Delta p \to 0$ e depois convertido para μ. Alguns valores desse coeficiente, determinado por esse procedimento, estão listados na Tabela 2D.2.

Os gases reais têm coeficiente Joule-Thomson diferente de zero. Dependendo da natureza do gás, da pressão, da intensidade relativa das forças intermoleculares atrativas e repulsivas e da temperatura, o sinal do coeficiente pode ser positivo ou negativo (Fig. 2D.10). O sinal positivo implica que $\mathrm{d}T$ é negativa quando $\mathrm{d}p$ é negativa, caso em que o gás se resfria na expansão. Os gases que exibem efeito de aquecimento ($\mu < 0$) em certa temperatura exibem efeito de resfriamento ($\mu > 0$) nas temperaturas abaixo de certa **temperatura de inversão** superior, T_I (Tabela 2D.2 e Fig. 2D.11). Como mostra a Fig. 2D.11, um gás tem, nos casos típicos, duas temperaturas de inversão.

Breve ilustração 2D.2 O efeito Joule-Thomson

O coeficiente Joule-Thomson do nitrogênio a 298 K e 1 atm (Tabela 2D.2) é +0,25 K bar^{-1}. A variação na temperatura do gás quando sua pressão varia de −10 bar sob condições isentálpicas é, então,

$$\Delta T \approx \mu \Delta p = +(0{,}25\,\mathrm{K\,bar^{-1}}) \times (-10\,\mathrm{bar}) = -2{,}5\,\mathrm{K}$$

Nas mesmas temperatura e pressão iniciais, o coeficiente Joule-Thomson isotérmico é

$$\begin{aligned}\mu_{T,\mathrm{m}} &= -C_{p,\mathrm{m}}\,\mu = -(29{,}1\,\mathrm{J\,K^{-1}\,mol^{-1}}) \times (+0{,}25\,\mathrm{K\,bar^{-1}}) \\ &= -7{,}3\,\mathrm{J\,bar^{-1}\,mol^{-1}}\end{aligned}$$

Observe que μ é uma propriedade intensiva, mas μ_T é extensiva (porém $\mu_{T,\mathrm{m}}$, como todas as grandezas molares, é intensiva).

Exercício proposto 2D.4 Calcule a variação de temperatura quando a pressão do dióxido de carbono varia isentalpicamente de −10 bar a 300 K, e calcule o coeficiente Joule-Thomson isotérmico.

Resposta: −11 K, 41,2 J bar^{-1} mol^{-1}

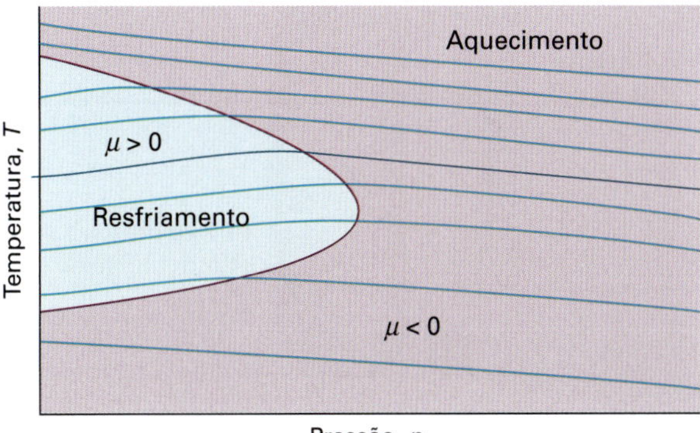

Figura 2D.10 O sinal do coeficiente Joule-Thomson, μ, depende das condições. No interior da fronteira curva, área sombreada, ele é positivo; no exterior, ele é negativo. A temperatura correspondente a certa pressão sobre a fronteira é a "temperatura de inversão" na referida pressão. Para uma dada pressão, a temperatura deve estar abaixo de certo valor para que o gás se resfrie na expansão. Porém, se a temperatura ficar muito baixa, encontra-se outra vez a fronteira e haverá aquecimento. A redução da pressão em condições adiabáticas desloca o sistema sobre uma das isentálpicas, curvas de entalpia constante. A curva de temperaturas de inversão passa pelos pontos das isentálpicas em que há mudança de seus coeficientes angulares de negativo para positivo.

O "refrigerador Linde" aproveita a expansão Joule-Thomson para liquefazer gases (Fig. 2D.12). O gás, previamente comprimido, expande-se através de uma válvula; resfria-se e é recirculado de modo a resfriar o gás que entra na válvula. O gás resfriado passa pela válvula e sofre novo resfriamento, e assim sucessivamente. Chega-se a um ponto em que o gás circulante está tão frio que ocorre a condensação.

Para um gás perfeito, $\mu = 0$; portanto, sua temperatura se mantém inalterada numa expansão Joule-Thomson. (Uma simples expansão adiabática resfria um gás perfeito, pois o gás realiza

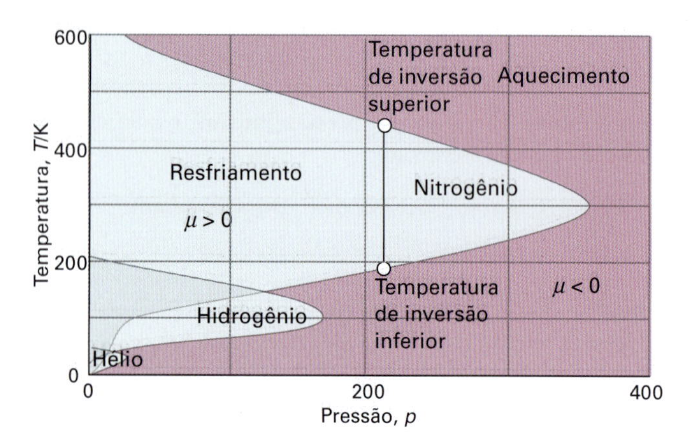

Figura 2D.11 As temperaturas de inversão de três gases reais, nitrogênio, hidrogênio e hélio.

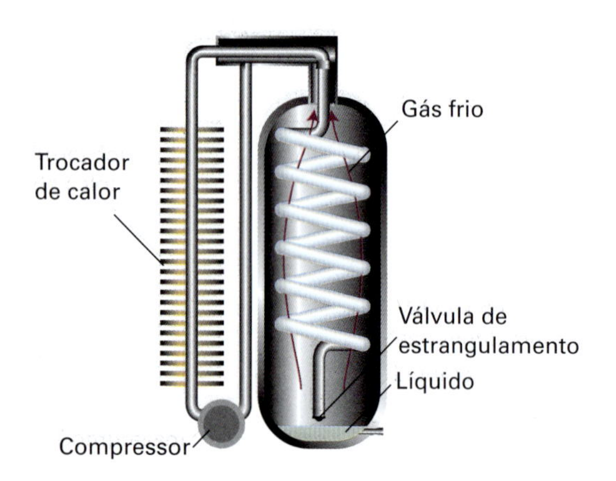

Figura 2D.12 Diagrama do princípio do refrigerador Linde. O gás é recirculado e, enquanto estiver com temperatura inferior à de inversão, resfria-se ao se expandir através da válvula. O gás resfriado, por sua vez, resfria o gás comprimido, que se resfria mais ainda na expansão. No final, o gás liquefeito emerge da válvula de expansão.

trabalho; lembre-se da Seção 2E.) Esse comportamento característico mostra claramente que as forças intermoleculares participam da intensidade do efeito. É importante observar, porém, que o coeficiente Joule-Thomson de um gás real não tende necessariamente a zero quando a pressão é reduzida, embora a equação de estado do gás se aproxime da equação de estado do gás perfeito. O coeficiente comporta-se de forma semelhante às propriedades mencionadas na Seção 1C, no sentido de que ele depende das derivadas e não de p, V ou T.

(b) Interpretação molecular do efeito Joule-Thomson

O modelo cinético dos gases (Seção 1B) e o teorema de equipartição (*Fundamentos* B) implicam que a energia cinética média das moléculas em um gás é proporcional à temperatura. Segue que a redução da velocidade média das moléculas é equivalente ao resfriamento do gás. Se a velocidade das moléculas pode ser reduzida até o ponto em que moléculas vizinhas possam capturar uma à outra através das suas atrações intermoleculares, então o gás resfriado condensará em um líquido.

Para reduzir a velocidade das moléculas de um gás, fazemos uso de um efeito semelhante àquele que é visto quando uma bola é lançada no ar: quando sobe, ela reduz a velocidade devido à atração gravitacional da Terra e sua energia cinética é convertida em energia potencial. Vimos na Seção 1C que as moléculas em um gás real se atraem umas às outras (a atração não é gravitacional, mas o efeito é o mesmo). Segue que, se podemos fazer com que as moléculas se movam para longe uma da outra, como uma bola que sobe da superfície de um planeta, então as suas velocidades devem diminuir. É muito fácil mover as moléculas para longe uma da outra: basta permitir que o gás se expanda para que aumente a separação média entre as moléculas. Portanto, para resfriar um gás, permitimos que ele se expanda sem que entre qualquer energia a partir das vizinhanças na forma de calor. Quando o gás se expande, as moléculas se afastam entre si, ocupando o volume disponível. Ao fazerem isso, as moléculas lutam contra a atração exercida pelas moléculas vizinhas. Como alguma energia cinética tem que ser convertida em energia potencial para alcançar maiores separações, as moléculas se movimentam mais lentamente quando aumenta a separação entre elas. Essa sucessão de eventos moleculares explica o efeito Joule-Thomson: o resfriamento de um gás real através de uma expansão adiabática. O efeito de resfriamento, que corresponde a $\mu > 0$, é observado nas condições em que as interações atrativas são dominantes ($Z < 1$, em que Z é o fator de compressibilidade definido na Eq. 1C.1, $Z = V_m/V_m^\circ$), porque as moléculas, ao se afastarem umas das outras contra as forças atrativas, movimentam-se mais lentamente. Para moléculas nas condições em que as forças repulsivas são dominantes ($Z > 1$), o efeito Joule-Thomson resulta no aquecimento do gás, ou seja, $\mu < 0$.

Conceitos importantes

- ☐ 1. A grandeza dU é uma diferencial exata; dw e dq não são.
- ☐ 2. A variação da energia interna pode ser expressa em termos de variações de temperatura e pressão.
- ☐ 3. A **pressão interna** é a variação de energia interna com o volume a temperatura constante.
- ☐ 4. O **experimento de Joule** mostrou que a pressão interna de um gás perfeito é nula.
- ☐ 5. A variação de energia interna com a pressão e a temperatura é expressa em termos da pressão interna e da capacidade calorífica, e leva a uma expressão geral da relação entre capacidades caloríficas.
- ☐ 6. O **efeito Joule-Thomson** é a variação da temperatura de um gás quando este sofre uma expansão isentálpica.

Equações importantes

Propriedade	Equação	Comentário	Número da equação
Variação de $U(V,T)$	$dU=(\partial U/\partial V)_T dV+(\partial U/\partial T)_V dT$	Composição constante	2D.3
Pressão interna	$\pi_T=(\partial U/\partial V)_T$	Definição; para um gás perfeito, $\pi_T=0$	2D.4
Variação de $U(V,T)$	$dU=\pi_T dV+C_V dT$	Composição constante	2D.5
Coeficiente de expansão	$\alpha=(1/V)(\partial V/\partial T)_p$	Definição	2D.6
Compressibilidade isotérmica	$\kappa_T=-(1/V)(\partial V/\partial p)_T$	Definição	2D.7
Relação entre as capacidades caloríficas	$C_p-C_V=nR$	Gás perfeito	2D.10
	$C_p-C_V=\alpha^2 TV/\kappa_T$		2D.11
Variação de $H(p,T)$	$dH=-\mu C_p dp+C_p dT$	Composição constante	2D.12
Coeficiente Joule-Thomson	$\mu=(\partial T/\partial p)_H$	Para um gás perfeito, $\mu=0$	2D.13
Coeficiente Joule-Thomson isotérmico	$\mu_T=(\partial H/\partial p)_T$	Para um gás perfeito, $\mu_T=0$	2D.14
Relação entre coeficientes	$\mu_T=-C_p\mu$		2D.15

2E Transformações adiabáticas

Tópicos

➤ Por que você precisa saber este assunto?

Os processos adiabáticos complementam os processos isotérmicos e são usados na discussão da Segunda Lei da Termodinâmica.

➤ Qual é a ideia fundamental?

A temperatura de um gás perfeito cai quando ele realiza trabalho em uma expansão adiabática.

➤ O que você já deve saber?

Esta seção faz uso da discussão das propriedades dos gases (Seção 1A), particularmente a lei dos gases perfeitos. Ela também utiliza as definições de capacidade calorífica a volume constante (Seção 1B) e a pressão constante (Seção 2B), e a relação entre elas (Seção 2D).

A temperatura cai quando um gás se expande adiabaticamente (em um recipiente termicamente isolado). Como há trabalho, mas não há troca de calor, a energia interna do gás deve diminuir, e, por isso, sua temperatura se reduz. Em termos moleculares, há diminuição da energia cinética das moléculas do gás em virtude do trabalho realizado, a velocidade média das moléculas diminui e, consequentemente, a temperatura cai.

2E.1 Variação de temperatura

Para calcular a variação de temperatura que resulta de um processo, vamos nos concentrar inicialmente na variação da energia interna. A variação da energia interna de um gás perfeito quando a temperatura passa de T_i para T_f e o volume passa de V_i para V_f pode ser expressa como a soma das variações em duas etapas (Fig. 2E.1). Na primeira etapa só há variação de volume e a temperatura permanece constante no respectivo valor inicial. Entretanto,

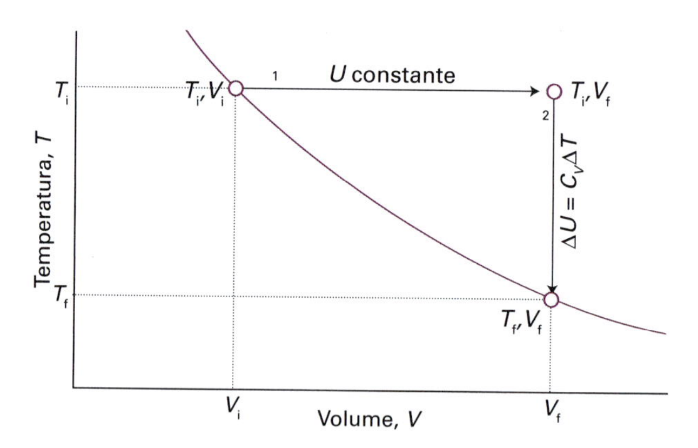

Figura 2E.1 Para se ter uma mudança de estado de uma temperatura e volume para outra temperatura e volume, podemos imaginar que a transformação se faça em duas etapas. Na primeira, o sistema se expande a temperatura constante; não há variação da energia interna se o sistema for um gás perfeito. Na segunda, a temperatura do sistema é reduzida a volume constante. A variação global de energia interna no processo é igual à soma das variações para as duas etapas.

como a energia interna do gás perfeito é independente do volume que as moléculas ocupam (Seção 2A), a variação global de energia interna ocorre somente a partir da segunda etapa, a variação de temperatura a volume constante. Na hipótese de a capacidade calorífica ser independente da temperatura, essa variação é

$$\Delta U = (T_f - T_i)C_V = C_V \Delta T$$

Como a expansão é adiabática, temos $q = 0$; como $\Delta U = q + w$, então se segue que $\Delta U = w_{ad}$. O índice "ad" simboliza um processo adiabático. Portanto, igualando essa expressão com a expressão anterior que obtivemos para ΔU, temos

$$w_{ad} = C_V \Delta T \quad \textit{Gás perfeito} \quad \text{Trabalho em uma transformação adiabática} \quad (2E.1)$$

Isto é, o trabalho efetuado durante a expansão adiabática de um gás perfeito é proporcional à diferença de temperatura entre os estados final e inicial. Isso é exatamente o que se espera com base na concepção molecular, pois a energia cinética média das moléculas é proporcional a T, e, portanto, uma variação de energia provocada exclusivamente pela variação de temperatura deve ser proporcional a ΔT.

Na *Justificativa* 2E.1 mostramos que as temperaturas inicial e final de um gás perfeito que sofre uma expansão adiabática reversível (expansão reversível em um recipiente isolado termicamente) podem ser calculadas a partir de

$$T_f = T_i \left(\frac{V_i}{V_f} \right)^{1/c} \qquad c = C_{V,m}/R \quad \textit{Adiabática reversível, gás perfeito} \quad \text{Temperatura final} \quad (2E.2a)$$

Elevando cada lado dessa expressão à potência c, uma expressão equivalente é

$$V_i T_i^c = V_f T_f^c \qquad c = C_{V,m}/R$$ *Adiabática reversível, gás perfeito* — Temperatura final (2E.2b)

Esse resultado é frequentemente resumido na forma VT^c = constante.

Breve ilustração 2E.1 Variação de temperatura

Imaginemos a expansão reversível, adiabática, de 0,020 mol de Ar, inicialmente a 25 °C, de 0,50 dm³ até 1,00 dm³. A capacidade calorífica do argônio a volume constante é 12,48 J K⁻¹ mol⁻¹, e então c = 1,501. Portanto, pela Eq. 2B.2a,

$$T_f = (298\,\text{K})\left(\frac{0{,}50\,\text{dm}^3}{1{,}00\,\text{dm}^3}\right)^{1/1{,}501} = 188\,\text{K}$$

Segue-se então que ΔT = −110 K, e, portanto, da Eq. 2E.1, que

$$w = \{(0{,}020\,\text{mol})\times(12{,}48\,\text{J K}^{-1}\,\text{mol}^{-1})\}\times(-110\,\text{K}) = -27\,\text{J}$$

Observe que a variação de temperatura não depende da massa do gás que se expande, mas o trabalho depende dessa massa.

Exercício proposto 2E.1 Calcule a temperatura final, o trabalho efetuado e a variação de energia interna, na expansão adiabática reversível da amônia, de 0,50 dm³ até 2,00 dm³, com as demais condições iniciais idênticas.

Resposta: 194 K, −56 J, −56 J

Justificativa 2E.1 Variações de temperatura

Imaginemos um estágio da expansão adiabática reversível quando a pressão interna e a externa sejam p. O trabalho efetuado quando o gás se expande de dV é $dw = -p dV$; entretanto, no caso de um gás perfeito, $dU = C_V dT$. Portanto, como para uma transformação adiabática ($dq = 0$) $dU = dw + dq = dw$, podemos igualar essas duas expressões para dU e escrever

$$C_V dT = -p dV$$

Como o gás é perfeito, podemos substituir p por nRT/V e obter que

$$\frac{C_V dT}{T} = -\frac{nR dV}{V}$$

Para integrar essa expressão, notamos que T é igual a T_i quando V é igual a V_i e que é igual a T_f quando V é igual a V_f no final da expansão. Portanto,

$$C_V \int_{T_i}^{T_f} \frac{dT}{T} = -nR \int_{V_i}^{V_f} \frac{dV}{V}$$

(Estamos admitindo que C_V seja independente da temperatura.) Então, como $\int dx/x = \ln x +$ constante, obtemos

$$C_V \ln\frac{T_f}{T_i} = -nR \ln\frac{V_f}{V_i}$$

Como $\ln(x/y) = -\ln(y/x)$, essa expressão pode ser reescrita como

$$\frac{C_V}{nR}\ln\frac{T_f}{T_i} = \ln\frac{V_i}{V_f}$$

Com $c = C_V/nR$, obtemos finalmente (pois $\ln x^a = a \ln x$),

$$\ln\left(\frac{T_f}{T_i}\right)^c = \ln\frac{V_i}{V_f}$$

o que implica que $(T_f/T_i)^c = (V_i/V_f)$. Essa expressão pode ser reescrita como a Eq. 2E.2.

2E.2 Variação de pressão

Também mostramos na *Justificativa* 2E.2 que a pressão de um gás perfeito que sofre expansão adiabática reversível de um volume V_i até um volume V_f está relacionada à sua pressão inicial por

$$p_f V_f^\gamma = p_i V_i^\gamma$$ *Gás perfeito* — Expansão adiabática reversível (2E.3)

em que $\gamma = C_{p,m}/C_{V,m}$. Esse resultado está resumido na forma pV^γ = constante.

Justificativa 2E.2 Relação entre pressão e volume

Os estados inicial e final de um gás perfeito satisfazem a equação de estado dos gases perfeitos, qualquer que seja a forma como ocorre a mudança de estado; logo, podemos usar $pV = nRT$ para escrever

$$\frac{p_i V_i}{p_f V_f} = \frac{T_i}{T_f}$$

Porém, da Eq. 2E.2 sabemos que $T_i/T_f = (V_f/V_i)^{1/c}$. Portanto,

$$\frac{p_i V_i}{p_f V_f} = \left(\frac{V_f}{V_i}\right)^{1/c}, \text{ então } \frac{p_i}{p_f}\left(\frac{V_i}{V_f}\right)^{1/c+1} = 1$$

Agora usamos o resultado da Seção 2B de que $C_{p,m} - C_{V,m} = R$ para observar que

$$\frac{1}{c} + 1 = \frac{1+c}{c} = \frac{R + C_{V,m}}{C_{V,m}} = \frac{C_{p,m}}{C_{V,m}} = \gamma$$

Segue-se que

$$\frac{p_i}{p_f}\left(\frac{V_i}{V_f}\right)^{\gamma}=1$$

que pode ser reescrita na Eq. 2E.3.

Para um gás perfeito monoatômico, $C_{V,m}=\frac{3}{2}R$ (Seção 2A) e $C_{p,m}=\frac{5}{2}R$ (de $C_{p,m}-C_{V,m}=R$), de modo que $\gamma=\frac{5}{3}$. Para um gás poliatômico de moléculas não lineares (que podem rodar, além de executar translação; as vibrações contribuem pouco para a temperatura ambiente), $C_{V,m}=3R$ e $C_{p,m}=4R$; portanto, $\gamma=\frac{4}{3}$. As curvas de pressão contra volume para uma transformação reversível, adiabática, são conhecidas como **adiabáticas**, e uma delas aparece na Fig. 2E.2. Como $\gamma>1$, a pressão ao longo de uma adiabática decresce mais acentuadamente ($p\propto 1/V^{\gamma}$) do que o decréscimo da pressão ao longo da isoterma correspondente ($p\propto 1/V$). A explicação física para a diferença é que, numa expansão isotérmica, a energia que entra no sistema, na forma de calor, mantém a temperatura constante; com isso, a pressão não cai tão significativamente nessa expansão como numa expansão adiabática.

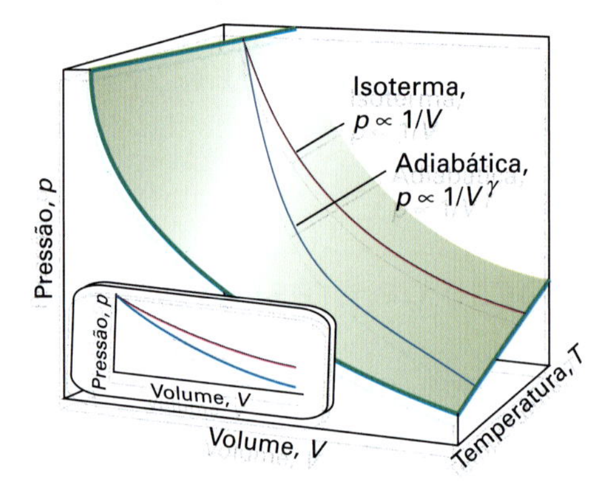

Figura 2E.2 Uma adiabática representa a variação da pressão com o volume quando um gás se expande adiabaticamente. Observe que a pressão tem uma queda maior numa adiabática do que numa isoterma, pois na primeira há uma diminuição da temperatura.

Breve ilustração 2E.2 Expansão adiabática

Quando uma amostra de argônio (que tem $\gamma=\frac{5}{3}$), a 100 kPa, se expande reversível e adiabaticamente até duplicar o seu volume inicial, a pressão final será

$$p_f=\left(\frac{V_i}{V_f}\right)^{\gamma}p_i=\left(\frac{1}{2}\right)^{5/3}\times(100\,\text{kPa})=32\,\text{kPa}$$

Se a duplicação do volume fosse isotérmica, a pressão final seria 50 kPa.

Exercício proposto 2E.2 Qual é a pressão final quando uma amostra de dióxido de carbono, a 100 kPa, se expande reversível e adiabaticamente até cinco vezes o seu volume inicial?

Resposta: 13 kPa

Conceitos importantes

- ☐ 1. A temperatura de um gás diminui quando ele sofre expansão adiabática (e realiza trabalho).
- ☐ 2. Uma **adiabática** é uma curva que mostra como a pressão varia com o volume em um processo adiabático.

Equações importantes

Propriedade	Equação	Comentário	Número da equação
Trabalho de expansão adiabática	$w_{ad}=C_V\Delta T$	Gás perfeito	2E.1
Temperatura final	$T_f=T_i(V_i/V_f)^{1/c}$, $c=C_{V,m}/R$	Gás perfeito, expansão reversível	2E.2a
	$V_iT_i^c=V_fT_f^c$		2E.2b
Adiabática	$p_fV_f^{\gamma}=p_iV_i^{\gamma}$, $\gamma=C_{p,m}/C_{V,m}$		2E.3

CAPÍTULO 2 A Primeira Lei

A menos que haja menção em contrário, considere que todos os gases se comportam como gases perfeitos. Os dados termoquímicos valem para 298,15 K, se nada for dito sobre a temperatura.

SEÇÃO 2A Energia interna

Questões teóricas

2A.1 Descreva e faça a distinção entre os vários usos das palavras "sistema" e "estado" em físico-química.

2A.2 Faça a distinção entre trabalho e calor na termodinâmica e em termos moleculares, neste último caso em termos das populações e níveis de energia.

2A.3 Identifique alguns tipos de trabalho adicional ou extra.

Exercícios

2A.1(a) Utilize o teorema da equipartição para calcular a energia interna molar, relativa a $U(0)$, do (i) I_2, (ii) CH_4, (iii) C_6H_6 em fase gasosa e a 25 °C.
2A.1(b) Utilize o teorema da equipartição para calcular a energia interna molar, relativa a $U(0)$, do (i) O_3, (ii) C_2H_6, (iii) SO_2 em fase gasosa e a 25 °C.

2A.2(a) Quais são funções de estado: (i) pressão, (ii) temperatura, (iii) trabalho, (iv) entalpia?
2A.2(b) Quais são funções de estado: (i) volume, (ii) calor, (iii) energia interna, (iv) massa específica?

2A.3(a) Uma reação química ocorre em um vaso de seção reta uniforme, de 50 cm², provido de um pistão. Em virtude da reação, o pistão se desloca 15 cm contra a pressão externa de 1,0 atm. Calcule o trabalho feito pelo sistema.
2A.3(b) Uma reação química ocorre num vaso de seção reta uniforme de 75,0 cm², provido de um pistão. Em virtude da reação, o pistão se desloca 25 cm contra a pressão externa de 150 kPa. Calcule o trabalho feito pelo sistema.

2A.4(a) Uma amostra de 1,00 mol de Ar se expande isotermicamente, a 10 °C, de 10,0 dm³ até 30,0 dm³ (i) reversivelmente, (ii) contra uma pressão externa constante igual à pressão final do gás e (iii) livremente (contra uma pressão externa nula). Em cada processo, calcule q, w e ΔU.
2A.4(b) Uma amostra de 2,00 mol de He se expande isotermicamente, a 0 °C, de 5,0 dm³ até 20,0 dm³, (i) reversivelmente, (ii) contra uma pressão externa constante igual à pressão final do gás e (iii) livremente (contra pressão externa nula). Em cada processo, calcule q, w e ΔU.

2A.5(a) Uma amostra de 1,00 mol de um gás perfeito monoatômico, com $C_{V,\mathrm{m}} = \frac{3}{2}R$, inicialmente a $p_1 = 1{,}00$ atm e $T_1 = 300$ K, é aquecida reversivelmente, até 400 K, a volume constante. Calcule a pressão final, ΔU, q e w.
2A.5(b) Uma amostra de 2,00 mol de um gás perfeito, com $C_{V,\mathrm{m}} = \frac{5}{2}R$, inicialmente a $p_1 = 111$ kPa e $T_1 = 277$ K, é aquecida reversivelmente, até 356 K, a volume constante. Calcule a pressão final, ΔU, q e w.

2A.6(a) Uma amostra de 4,50 g de metano gasoso ocupa o volume de 12,7 dm³ a 310 K. (i) Calcule o trabalho feito quando o gás se expande isotermicamente contra uma pressão externa constante de 200 Torr até o seu volume aumentar de 3,3 dm³. (ii) Calcule o trabalho realizado se a mesma expansão fosse reversível.
2A.6(b) Uma amostra de 6,56 g de argônio gasoso ocupa o volume de 18,5 dm³ a 305 K. (i) Calcule o trabalho feito quando o gás se expande isotermicamente contra a pressão externa constante de 7,7 kPa até o seu volume aumentar de 2,5 dm³. (ii) Calcule o trabalho realizado se a mesma expansão fosse reversível.

Problemas

2A.1 Calcule o trabalho efetuado por um gás de van der Waals (Seção 1C) durante uma expansão isotérmica reversível. Trace no mesmo gráfico os diagramas pV (diagrama indicador) para a expansão isotérmica reversível de (a) um gás perfeito, (b) um gás de van der Waals em que $a = 0$ e $b = 5{,}11 \times 10^{-2}$ dm³ mol⁻¹ e (c) um gás de van der Waals em que $a = 4{,}2$ dm³ atm mol⁻² e $b = 0$. Os valores selecionados exageram as diferenças, mas fazem com que surjam efeitos significativos nos diagramas pV. Considere $V_i = 1{,}0$ dm³, $n = 1{,}0$ mol e $T = 298$ K.

2A.2 Uma amostra de 1,0 mol de $CaCO_3$(s) é aquecida até 800 °C, quando então se decompõe. O aquecimento é feito num vaso cilíndrico provido de um pistão que, inicialmente, repousa sobre o sólido. Calcule o trabalho feito durante a decomposição completa do sólido a 1,0 atm. Que trabalho seria feito se o vaso, em lugar de ter o pistão, fosse aberto para a atmosfera?

2A.3 Calcule o trabalho feito durante a expansão isotérmica e reversível de um gás que satisfaz a equação de estado do virial, Eq. 1C.3. Calcule (a) o trabalho para 1,0 mol de Ar a 273 K (veja os dados na Tabela 1C.1) e (b) o trabalho para a mesma quantidade de um gás perfeito, também a 273 K. Considere, nos dois casos, que a expansão é de 500 cm³ até 1000 cm³.

2A.4 Expresse o trabalho efetuado por um gás de van der Waals durante uma expansão isotérmica reversível em variáveis reduzidas (Seção 1C) e encontre uma definição de trabalho reduzido que torna a expressão global independente da natureza do gás. Calcule o trabalho para a expansão isotérmica reversível ao longo da isoterma crítica de V_c a xV_c.

2A.5 Suponha que uma molécula de DNA resista ao alongamento a partir de sua conformação de equilíbrio, mais compacta, com uma força de restauração $F = -k_f x$, em que x é a diferença entre as extremidades da cadeia em relação à correspondente distância de equilíbrio e k_f é a constante de força. Use esse modelo para escrever uma expressão para o trabalho que deve ser realizado para alongar uma molécula de DNA de uma distância x. Faça um gráfico de seus resultados.

2A.6 Um modelo melhor para a molécula de DNA é a "cadeia com articulações livres unidimensional", na qual uma unidade rígida de comprimento l só pode fazer um ângulo de 0° ou de 180° com uma unidade adjacente. Neste caso, a força de restauração de uma cadeia alongada de $x = nl$ é dada por

$$F=\frac{kT}{2l}\ln\left(\frac{1+\nu}{1-\nu}\right) \qquad \nu=\frac{n}{N}$$

em que k é a constante de Boltzmann. (a) Qual é a magnitude da força que deve ser aplicada para alongar uma molécula de DNA com $N = 200$ por 90 nm? (b) Faça um gráfico da força de restauração contra ν, observando que essa grandeza pode ser positiva e negativa. Como se compara a variação da força de restauração com a distância entre as extremidades obtida por esse modelo com a prevista pela lei de Hooke? (c) Lembrando que a diferença da distância entre as extremidades em relação ao valor de equilíbrio é $x = nl$, e que $\mathrm{d}x = l\mathrm{d}n = Nl\mathrm{d}\nu$, obtenha uma expressão para o trabalho necessário para alongar uma molécula de DNA. (d) Calcule o trabalho necessário para alongar uma molécula de DNA de $\nu = 0$ para $\nu = 1{,}0$. *Sugestão*: Você precisa integrar a expressão para w. A tarefa pode ser realizada utilizando um programa matemático.

2A.7 Como continuação do Problema 2A.6, (a) mostre que, para pequenos alongamentos da cadeia, quando $\nu \ll 1$, a força de restauração é dada por

$$F\approx\frac{\nu kT}{l}=\frac{nkT}{Nl}$$

(b) A variação da força de restauração com o alongamento da cadeia obtida na parte (a) é diferente daquela prevista pela lei de Hooke? Explique sua resposta.

SEÇÃO 2B Entalpia

Questões teóricas

2B.1 Explique a diferença entre a variação da energia interna e a variação de entalpia em um processo.

2B.2 Por que a capacidade calorífica a pressão constante de uma substância é geralmente maior que a sua capacidade calorífica a volume constante?

Exercícios

2B.1(a) Quando se fornecem 229 J de calor a 3,0 mol de Ar(g), a temperatura da amostra se eleva de 2,55 K. Calcule as capacidades caloríficas molares do gás a pressão constante e a volume constante.

2B.1(b) Quando se fornecem 178 J de calor a 1,9 mol de um gás, a temperatura da amostra se eleva de 1,78 K. Calcule as capacidades caloríficas molares do gás a volume constante e a pressão constante.

2B.2(a) A capacidade calorífica, a pressão constante, de uma amostra de gás perfeito varia com a temperatura de acordo com a expressão $C_p/(\mathrm{J\,K^{-1}}) = 20{,}17 + 0{,}3665(T/\mathrm{K})$. Calcule q, w e ΔH, quando a temperatura é elevada de 25 °C a 200 °C (i) a pressão constante e (ii) a volume constante.

2B.2(b) A capacidade calorífica molar, a pressão constante, de uma amostra de um gás perfeito varia com a temperatura de acordo com a expressão $C_p/(\mathrm{J\,K^{-1}}) = 20{,}17 + 0{,}4001(T/\mathrm{K})$. Calcule q, w e ΔH, quando a temperatura é elevada de 25 °C a 100 °C (i) a pressão constante e (ii) a volume constante.

2B.3(a) Quando se aquecem 3,0 mol de O_2, na pressão constante de 3,25 atm, sua temperatura se eleva de 260 K até 285 K. A capacidade calorífica molar do O_2, a pressão constante, é 29,4 $\mathrm{J\,K^{-1}\,mol^{-1}}$. Calcule q, ΔH e ΔU.

2B.3(b) Quando se aquecem 2,0 mol de CO_2, à pressão constante de 1,25 atm, sua temperatura passa de 250 K a 277 K. A capacidade calorífica molar do CO_2, a pressão constante, é 37,11 $\mathrm{J\,K^{-1}\,mol^{-1}}$. Calcule q, ΔH e ΔU.

Problemas

2B.1 Os dados a seguir mostram como a capacidade calorífica molar padrão a pressão constante do dióxido de enxofre varia com a temperatura. De quanto aumenta a entalpia molar padrão do SO_2(g) quando a temperatura varia de 298,15 até 1500 K?

T/K	300	500	700	900	1100	1300	1500
$C^{\ominus}_{p,\mathrm{m}}/(\mathrm{J\,K^{-1}mol^{-1}})$	39,909	46,490	50,829	53,407	54,993	56,033	56,759

2B.2 Os dados a seguir mostram como a capacidade calorífica molar padrão a pressão constante da amônia varia com a temperatura. Use um programa matemático para ajustar uma expressão da forma da Eq. 2B.8 aos dados, e determine os valores de a, b e c. Verifique se não seria melhor expressar os dados na forma $C_{p,\mathrm{m}} = \alpha+\beta T+\gamma T^2$, e determine os valores desses coeficientes.

T/K	300	400	500	600	700	800	900	1000
$C^{\ominus}_{p,\mathrm{m}}/(\mathrm{J\,K^{-1}mol^{-1}})$	35,678	38,674	41,994	45,229	48,269	51,112	53,769	56,244

2B.3 Uma amostra consistindo em 2,0 mol de CO_2 ocupa um volume fixo de 15,0 $\mathrm{dm^3}$, a 300 K. Quando 2,35 kJ de energia, na forma de calor, são injetados na amostra, sua temperatura aumenta até 341 K. Considere que o CO_2 é descrito pela equação de estado de van der Waals (Seção 1C) e calcule w, ΔU e ΔH.

2B.4 (a) Exprima $(\partial C_V/\partial V)_T$ como uma derivada segunda de U e ache a sua relação com $(\partial U/\partial V)_T$. Exprima $(\partial C_p/\partial p)_T$ como uma derivada segunda de H e ache a sua relação com $(\partial H/\partial p)_T$. (b) A partir dessas relações, mostre que $(\partial C_V/\partial V)_T = 0$ $(\partial C_p/\partial p)_T = 0$ para um gás perfeito.

SEÇÃO 2C Termoquímica

Questões teóricas

2C.1 Descreva dois métodos calorimétricos para a determinação das variações de entalpia que acompanham os processos químicos.

2C.2 Faça a distinção entre "estado-padrão" e "estado de referência" e indique suas aplicações.

Exercícios

2C.1(a) Para o tetraclorometano, $\Delta_{vap}H^{\ominus}=30{,}0\,kJ\,mol^{-1}$. Calcule q, w, ΔH e ΔU quando 0,75 mol de $CCl_4(l)$ é vaporizado a 250 K e 750 Torr.

2C.1(b) Para o etanol, $\Delta_{vap}H^{\ominus}=43{,}5\,kJ\,mol^{-1}$. Calcule q, w, ΔH e ΔU quando 1,75 mol de $C_2H_5OH(l)$ é vaporizado a 260 K e 765 Torr.

2C.2(a) A entalpia-padrão de formação do etilbenzeno é $-12{,}5$ kJ mol^{-1}. Calcule a entalpia-padrão de combustão.

2C.2(b) A entalpia-padrão de formação do fenol é $-165{,}0$ kJ mol^{-1}. Calcule a entalpia-padrão de combustão.

2C.3(a) A entalpia-padrão de combustão do ciclopropano é -2091 kJ mol^{-1}, a 25 °C. Com esta informação e também com os dados das entalpias de formação do $CO_2(g)$ e da $H_2O(g)$, calcule a entalpia de formação do ciclopropano. A entalpia de formação do propeno é +20,42 kJ mol^{-1}. Calcule a entalpia da isomerização do ciclopropano a propeno.

2C.3(b) A partir dos dados que são apresentados a seguir, determine a $\Delta_f H^{\ominus}$ do diborano, $B_2H_6(g)$, a 298 K.

(1) $B_2H_6(g)+3\,O_2(g)\rightarrow B_2O_3(s)+3\,H_2O(g)$ $\quad\Delta_r H^{\ominus}=-1941\,kJ\,mol^{-1}$

(2) $2\,B(s)+\frac{3}{2}\,O_2(g)\rightarrow B_2O_3(s)$ $\quad\Delta_r H^{\ominus}=-2368\,kJ\,mol^{-1}$

(3) $H_2(g)+\frac{1}{2}\,O_2(g)\rightarrow H_2O(g)$ $\quad\Delta_r H^{\ominus}=-241{,}8\,kJ\,mol^{-1}$

2C.4(a) Sendo a entalpia-padrão de formação do HCl(aq) igual a $-167{,}0$ kJ mol^{-1}, qual é o valor de $\Delta_f H^{\ominus}(Cl^-, aq)$?

2C.4(b) Sendo a entalpia-padrão de formação do HI(aq) igual a $-55{,}0$ kJ mol^{-1}, qual é o valor de $\Delta_f H^{\ominus}(I^-, aq)$?

2C.5(a) Quando se queimam 120 mg de naftaleno, $C_{10}H_8(s)$, numa bomba calorimétrica, a temperatura se eleva de 3,05 K. Calcule a constante do calorímetro. De quanto a temperatura se elevará na combustão de 150 mg de fenol, $C_6H_5OH(s)$, no mesmo calorímetro e nas mesmas condições?

2C.5(b) Quando se queimam 2,25 mg de antraceno, $C_{14}H_{10}(s)$, numa bomba calorimétrica, a temperatura se eleva de 1,35 K. Calcule a constante do calorímetro. De quanto a temperatura se elevará na combustão de 125 mg de fenol, $C_6H_5OH(s)$, no mesmo calorímetro e nas mesmas condições? ($\Delta_c H^{\ominus}(C_{14}H_{10},s)=-7061\,kJ\,mol^{-1}$.)

2C.6(a) Dadas as reações (1) e (2) a seguir, determine (i) $\Delta_r H^{\ominus}$ e $\Delta_r U^{\ominus}$ para a reação (3) e (ii) $\Delta_f H^{\ominus}$ do HCl(g) e da $H_2O(g)$, ambos a 298 K.

(1) $H_2(g)+Cl_2(g)\rightarrow 2\,HCl(g)$ $\quad\Delta_r H^{\ominus}=-184{,}62\,kJ\,mol^{-1}$

(2) $H_2(g)+O_2(g)\rightarrow 2\,H_2O(g)$ $\quad\Delta_r H^{\ominus}=-483{,}64\,kJ\,mol^{-1}$

(3) $4\,HCl(g)+O_2(g)\rightarrow 2\,Cl_2(g)+2\,H_2O(g)$

2C.6(b) Dadas as reações (1) e (2) a seguir, determine (i) $\Delta_r H^{\ominus}$ e $\Delta_r U^{\ominus}$ para a reação (3) e (ii) $\Delta_f H^{\ominus}$ do HI(g) e da $H_2O(g)$, ambos a 298 K.

(1) $H_2(g)+I_2(s)\rightarrow 2\,HI(g)$ $\quad\Delta_r H^{\ominus}=+52{,}96\,kJ\,mol^{-1}$

(2) $2\,H_2(g)+O_2(g)\rightarrow 2\,H_2O(g)$ $\quad\Delta_r H^{\ominus}=-483{,}64\,kJ\,mol^{-1}$

(3) $4\,HI(g)+O_2(g)\rightarrow 2\,I_2(s)+2\,H_2O(g)$

2C.7(a) Para a reação $C_2H_5OH(l)+3\,O_2(g)\rightarrow 2\,CO_2(g)+3\,H_2O(g)$, $\Delta_r U^{\ominus}=-1373\,kJ\,mol^{-1}$, a 298 K. Calcule $\Delta_r H^{\ominus}$.

2C.7(b) Para a reação $C_6H_5COOH(s)+15\,O_2(g)\rightarrow 14\,CO_2(g)+6\,H_2O(g)$, $\Delta_r U^{\ominus}=-772{,}7\,kJ\,mol^{-1}$ a 298 K. Calcule $\Delta_r H^{\ominus}$.

2C.8(a) Com os dados das Tabelas 2C.2 e 2C.3, calcule $\Delta_r H^{\ominus}$ e $\Delta_r U^{\ominus}$ (i) a 298 K e (ii) a 478 K, para a reação C(grafita) + $H_2O(g)\rightarrow CO(g) + H_2(g)$. Admita que todas as capacidades caloríficas sejam constantes no intervalo de temperatura considerado.

2C.8(b) Calcule $\Delta_r H^{\ominus}$ e $\Delta_r U^{\ominus}$ a 298 K e $\Delta_r H^{\ominus}$ a 427 K para a hidrogenação do etino (acetileno) a eteno (etileno) a partir dos dados de entalpias de combustão e das capacidades caloríficas que figuram nas Tabelas 2C.5 e 2C.6. Admita que todas as capacidades caloríficas sejam constantes no intervalo de temperatura considerado.

2C.9(a) Calcule $\Delta_r H^{\ominus}$ (500 K) para a combustão do metano, $CH_4(g) + 2\,O_2(g) \rightarrow CO_2(g) + 2\,H_2O(g)$ usando os dados da dependência entre as capacidades caloríficas e a temperatura apresentados na Tabela 2B.1.

2C.9(b) Calcule $\Delta_r H^{\ominus}$ (478 K) para a combustão do naftaleno, $C_{10}H_8(l) + 12\,O_2(g) \rightarrow 10\,CO_2(g) + 4\,H_2O(g)$ usando os dados da dependência entre as capacidades caloríficas e a temperatura apresentados na Tabela 2B.1.

2C.10(a) Construa um ciclo termodinâmico para determinar a entalpia de hidratação dos íons Mg^{2+} a partir dos seguintes dados: entalpia de sublimação do Mg(s), +167,2 kJ mol^{-1}; entalpias da primeira e da segunda ionização do Mg(g), 7,646 eV e 15,035 eV; entalpia da dissociação do $Cl_2(g)$, +241,6 kJ mol^{-1}; entalpia correspondente ao ganho de um elétron pelo Cl(g), $-3{,}78$ eV; entalpia de solução do $MgCl_2(s)$, $-150{,}5$ kJ mol^{-1}; entalpia de hidratação do íon Cl^- (g), $-383{,}7$ kJ mol^{-1}.

2C.10(b) Construa um ciclo termodinâmico para determinar a entalpia de hidratação dos íons Ca^{2+} a partir dos seguintes dados: entalpia de sublimação do Ca(s), +178,2 kJ mol^{-1}; entalpias da primeira e da segunda ionização do Ca(g), 589,7 kJ mol^{-1} e 1145 kJ mol^{-1}; entalpia de vaporização do bromo, + 30,91 kJ mol^{-1}; entalpia da dissociação do $Br_2(g)$, +192,9 kJ mol^{-1}; entalpia correspondente ao ganho de um elétron pelo Br(g), $-331{,}0$ kJ mol^{-1}; entalpia de solução do $CaBr_2(s)$, $-103{,}1$ kJ mol^{-1}; entalpia de hidratação do íon Br^- (g), -289 kJ mol^{-1}.

Problemas

2C.1 Uma amostra de 0,727 g do açúcar D-ribose ($C_5H_{10}O_5$) foi posta numa bomba calorimétrica e queimada na presença de oxigênio em excesso. A temperatura se elevou de 0,910 K. Numa outra experiência, no mesmo calorímetro, a combustão de 0,825 g de ácido benzoico, cuja energia interna de combustão é -3251 kJ mol^{-1}, provocou uma elevação de temperatura de 1,940 K. Calcule a entalpia de formação da D-ribose.

2C.2 A entalpia-padrão de formação do bis(benzeno)-cromo foi medida num calorímetro e verificou-se que na reação $Cr(C_6H_6)_2(s) \rightarrow Cr(s) + 2\,C_6H_6(g)$ se tem $\Delta_r U^{\ominus}(583\,K)=+8{,}0\,kJ\,mol^{-1}$. Determine a entalpia da reação e estime a entalpia-padrão de formação do composto a 583 K. A capacidade calorífica molar a pressão constante do benzeno líquido é 136,1 J K^{-1} mol^{-1} e a do benzeno gasoso é 81,67 J K^{-1} mol^{-1}.

2C.3‡ Com os dados da entalpia de combustão que figuram na Tabela 2C.1 para os alcanos, do metano até o octano, verifique a validade da relação $\Delta_c H^{\ominus} = k\{(M/(\text{g mol}^{-1})\}^n$ e estime os valores numéricos de k e de n. Calcule $\Delta_c H^{\ominus}$ do decano e compare a estimativa com o valor medido.

2C.4‡ Kolesov *et al.* publicaram as entalpias-padrão de combustão e de formação do C_{60} cristalino, com base em medições calorimétricas (V. P. Kolesov *et al.*, *J. Chem. Thermodynamics* **28**, 1121 (1996)). Numa das experiências, a energia interna específica padrão de combustão foi medida como −36,0334 kJ g^{-1}, a 298,15 K. Calcule $\Delta_c H^{\ominus}$ e $\Delta_f H^{\ominus}$ para o C_{60}.

2C.5‡ Uma investigação termodinâmica sobre o $DyCl_3$ (E.H.P. Cordfunke *et al.*, *J. Chem. Thermodynamics* **28**,1387 (1996)) levou à determinação da respectiva entalpia-padrão de formação a partir das seguintes informações,

(1) $DyCl_3(s) \rightarrow DyCl_3(aq, \text{em HCl } 4{,}0\ \text{M})$ $\quad \Delta_r H^{\ominus} = -180{,}06\,\text{kJ mol}^{-1}$

(2) $Dy(s) + 3\,HCl(aq, 4{,}0\ \text{M}) \rightarrow DyCl_3(aq, \text{em HCl } 4{,}0\ \text{M(aq)}) + \frac{3}{2}H_2(g)$

$\quad \Delta_r H^{\ominus} = -699{,}43\,\text{kJ mol}^{-1}$

(3) $\frac{1}{2}H_2(g) + \frac{1}{2}Cl_2(g) \rightarrow HCl(aq, 4{,}0\ \text{M})$ $\quad \Delta_r H^{\ominus} = -158{,}31\,\text{kJ mol}^{-1}$

Determine, com esses dados, $\Delta_f H^{\ominus}(DyCl_3, s)$.

2C.6‡ O silileno (SiH_2) é um intermediário-chave na decomposição térmica dos hidretos de silício como o silano (SiH_4) e o dissilano (Si_2H_6). H.K. Moffat *et al.* (*J. Phys. Chem.* **95**, 145 (1991)) publicaram que $\Delta_f H^{\ominus}(SiH_2) = +274$ kJ mol^{-1}. Se $\Delta_f H^{\ominus}(SiH_4) = +34{,}3$ kJ mol^{-1} e $\Delta_f H^{\ominus}(Si_2H_6) = +80{,}3$ kJ mol^{-1}, calcule as entalpias-padrão das seguintes reações:

(a) $SiH_4(g) \rightarrow SiH_2(g) + H_2(g)$
(b) $Si_2H_6(g) \rightarrow SiH_2(g) + SiH_4(g)$

2C.7 Como mencionado no Problema 2B.2, às vezes é mais adequado exprimir a dependência que a capacidade calorífica tem em relação à temperatura pela expressão empírica $C_{p,m} = \alpha + \beta T + \gamma T^2$. Utilize esta expressão para determinar a entalpia-padrão de combustão do metano a 350 K. Use os seguintes dados:

	α/(J K^{-1} mol^{-1})	β/(mJ K^{-2} mol^{-1})	γ/(μJ K^{-3} mol^{-1})
$CH_4(g)$	14,16	75,5	−17,99
$CO_2(g)$	26,86	6,97	−0,82
$O_2(g)$	25,72	12,98	−3,862
$H_2O(g)$	30,36	9,61	1,184

2C.8 A Figura 2.1 mostra a varredura DSC experimental da lisozima branca da galinha (G. Privalov *et al.*, *Anal. Biochem.* **79**, 223 (1995)) convertida em joules (a partir de calorias). Determine a entalpia de desenovelamento dessa proteína por integração da curva e da variação da capacidade calorífica que acompanha a transição.

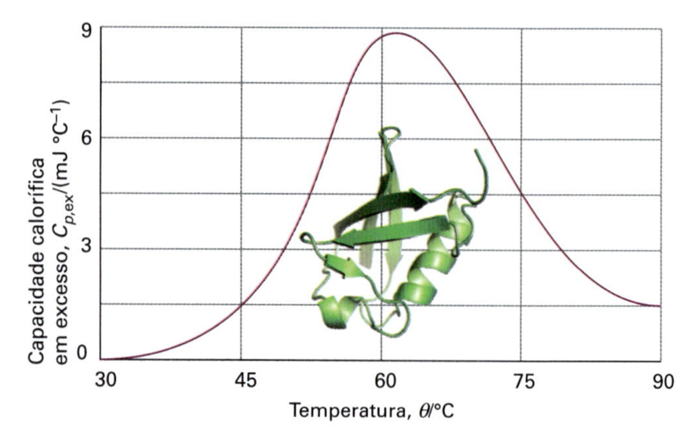

Figura 2.1 Varredura DSC experimental da lisozima branca da galinha.

2C.9 O homem produz, em média, cerca de 10 MJ de calor por dia por meio de sua atividade metabólica. Se o corpo humano fosse um sistema isolado de massa igual a 65 kg e com a capacidade calorífica da água, qual seria a elevação de temperatura do corpo? Na realidade, os corpos humanos são sistemas abertos, e o principal mecanismo de perda de calor é a evaporação da água. Que massa de água deve ser evaporada por dia para manter a temperatura do corpo constante?

2C.10 Nas células biológicas que têm um fornecimento abundante de oxigênio, a glicose é oxidada completamente a CO_2 e H_2O através de um processo que é chamado de *oxidação aeróbica*. As células dos músculos podem ser privadas de O_2 durante exercícios físicos vigorosos, e, neste caso, uma molécula de glicose é convertida em duas moléculas de ácido lático ($CH_3CH(OH)COOH$) por um processo chamado de *glicólise anaeróbica*. (a) Quando 0,3212 g de glicose é queimado numa bomba calorimétrica, que tem uma constante do calorímetro igual a 641 J K^{-1}, a temperatura aumenta de 7,793 K. Calcule (i) a entalpia molar padrão de combustão, (ii) a energia interna padrão de combustão e (iii) a entalpia-padrão de formação da glicose. (b) Qual a vantagem biológica (em quilojoules por mol de energia desprendida como calor) da oxidação aeróbica completa comparada com a glicólise anaeróbica formando ácido lático?

SEÇÃO 2D Funções de estado e diferenciais exatas

Questões teóricas

2D.1 Sugira (explicando) como a energia interna de um gás de van der Waals deve variar com o volume a temperatura constante.

2D.2 Explique por que um gás perfeito não tem uma temperatura de inversão.

Exercícios

2D.1(a) Calcule a pressão interna, π_T, do vapor d'água a 1,00 bar e 400 K, considerando-o como um gás de van der Waals. *Sugestão*: Simplifique a abordagem calculando o volume molar como se o gás fosse perfeito.

2D.1(b) Calcule a pressão interna, π_T, do dióxido de enxofre a 1,00 bar e 298 K, considerando-o como um gás de van der Waals. *Sugestão*: Simplifique a abordagem calculando o volume molar como se o gás fosse perfeito.

2D.2(a) Num gás de van der Waals, $\pi_T = a/V_m^2$. Calcule ΔU_m na expansão isotérmica do nitrogênio, do volume inicial de 1,00 dm^3 até 20,00 dm^3, a 298 K. Quais os valores de q e de w?

2D.2(b) Repita o exercício 2D.2(a) para o argônio, do volume inicial de 1,00 dm^3 a 30,00 dm^3, a 298 K.

‡ Estes problemas foram propostos por Charles Trapp e Carmen Giunta.

2D.3(a) O volume de certo líquido varia com a temperatura de acordo com

$$V = V^{\ominus}\{0,75 + 3,9\times10^{-4}(T/\mathrm{K}) + 1,48\times10^{-6}(T/\mathrm{K})^2\}$$

em que $V^{\ominus}$ é o volume a 300 K. Calcule o seu coeficiente de expansão, α, a 320 K.

2D.3(b) O volume de certo líquido varia com a temperatura de acordo com

$$V = V^{\ominus}\{0,77 + 3,7\times10^{-4}(T\ \mathrm{K}) + 1,52\times10^{-6}(T/\mathrm{K})^2\}$$

em que $V^{\ominus}$ é o volume a 298 K. Calcule o seu coeficiente de expansão, α, a 310 K.

2D.4(a) A compressibilidade isotérmica da água, a 293 K, é $4,96 \times 10^{-5}$ atm^{-1}. Calcule a pressão que deve ser aplicada ao cobre para que a sua massa específica aumente de 0,10%.

2D.4(b) A compressibilidade isotérmica do chumbo, a 293 K, é $2,21 \times 10^{-6}$ atm^{-1}. Calcule a pressão que deve ser aplicada ao chumbo para que a sua massa específica aumente de 0,10%.

2D.5(a) Para o nitrogênio, o coeficiente Joule-Thomson, μ, é 0,25 K atm^{-1}. Calcule o coeficiente Joule-Thomson isotérmico. Calcule a energia que deve ser fornecida, na forma de calor, para manter a temperatura constante, quando 10,0 mol de N_2 passam através de uma válvula, numa experiência de Joule-Thomson isotérmica, sendo a queda de pressão de 85 atm.

2D.5(b) Para o dióxido de carbono, o coeficiente Joule-Thomson, μ, é 1,11 K atm^{-1}. Calcule o coeficiente Joule-Thomson isotérmico. Calcule a energia que deve ser fornecida, na forma de calor, para manter a temperatura constante, quando 10,0 mol de CO_2 passam através de uma válvula numa experiência de Joule-Thomson isotérmica, sendo a queda de pressão de 75 atm.

Problemas

2D.1‡ Em 2006, o Conselho Intergovernamental sobre as Modificações Climáticas (IPPC, Estados Unidos) admitiu como provável uma elevação da temperatura média do globo entre 1,0 e 3,5 °C até o ano 2100, sendo mais provável a estimativa de 2,0 °C. Estime a elevação média do nível do mar provocada pela expansão térmica das águas com base nas elevações de 1,0 °C, 2,0 °C e 3,5 °C na temperatura média. Considere o volume das águas oceânicas da Terra igual a $1,37 \times 10^9$ km^3 e sua área superficial de 361×10^6 km^2. Explique as aproximações feitas nas estimativas.

2D.2 A razão entre as capacidades caloríficas de um gás determina a velocidade do som nesse gás pela fórmula $c_S = (\gamma RT/M)^{1/2}$, em que $\gamma = C_p/C_V$ e M é a massa molar do gás. Deduza uma expressão para a velocidade do som em um gás perfeito de moléculas (a) diatômicas, (b) triatômicas lineares, (c) triatômicas não lineares a altas temperaturas (com rotação e translação ativas). Calcule a velocidade do som no ar, a 25 °C.

2D.3 A partir da expressão $C_p - C_V = T(\partial p/\partial T)_V(\partial V/\partial T)_p$, use as relações apropriadas entre as derivadas parciais para mostrar que

$$C_p - C_V = -\frac{T(\partial V/\partial T)_p^2}{(\partial V/\partial p)_T}$$

Estime $C_p - C_V$ para um gás perfeito.

2D.4 (a) Dê uma expressão para dV e dp considerando V uma função de p e de T, e considerando p uma função de V e de T. (b) Deduza uma expressão para d ln V e d ln p em termos do coeficiente de expansão térmica e da compressibilidade isotérmica.

2D.5 Reordene a equação de estado de van der Waals, $p = nRT/(V - nb) - n^2a/V^2$, para ter T em função de p e V (com n constante). Calcule $(\partial T/\partial p)_V$ e mostre diretamente que $(\partial T/\partial p)_V = 1/(\partial p/\partial T)_V$. Confirme depois a regra da cadeia de Euler (*Revisão de matemática* 2).

2D.6 Calcule a compressibilidade isotérmica e o coeficiente de expansão de um gás de van der Waals (veja o Problema 2D.5). Mostre, usando a regra da cadeia de Euler, que $\kappa_T R = \alpha(V_m - b)$.

2D.7 A relação entre a velocidade do som, c_s, num gás de massa molar M e a razão entre as capacidades calorífica, γ, é dada por $c_s = (\gamma RT/M)^{1/2}$. Mostre que $c_s = (\gamma p/\rho)^{1/2}$, em que ρ é a massa específica do gás. Calcule a velocidade do som no argônio, a 25 °C.

2D.8‡ Um gás, obedecendo à equação de estado $p(V - nb) = nRT$, sofre uma expansão Joule-Thomson. A temperatura do gás se eleva, diminui ou fica constante?

2D.9 Sabendo que para um gás de van der Waals, $(\partial U/\partial V)_T = a/V_m^2$ (Seção 1C), mostre que $\mu C_{p,m} \approx (2a/RT) - b$, a partir da definição de μ e de relações apropriadas entre derivadas parciais. (*Sugestão*: Use a aproximação $pV_m \approx RT$ sempre que possível.)

2D.10‡ A preocupação sobre os efeitos prejudiciais dos clorofluorocarbonos sobre o ozônio estratosférico levou a muita pesquisa sobre novos gases de refrigeração. Um deles é o 2,2-dicloro-1,1,1-trifluoretano (refrigerante 123). Younglove e McLinden publicaram um apanhado das propriedades termofísicas dessa substância (B.A. Younglove e M. McLinden, *J. Phys. Chem. Ref. Data* **23**, 7 (1994)), de onde se podem calcular algumas propriedades, tais como o coeficiente Joule-Thomson, μ. (a) Calcule μ a 1,00 bar e 50 °C sabendo que $(\partial H/\partial p)_T = -3,29 \times 10^3$ J MPa^{-1} mol^{-1} e que $C_{p,m} = 110,0$ J K^{-1} mol^{-1}. (b) Calcule a variação de temperatura provocada pela expansão adiabática de 2,0 mol desse refrigerante de 1,5 a 0,5 bar, a 50 °C.

2D.11‡ Outro gás refrigerante alternativo (veja o problema anterior) é o 1,1,1,2-tetrafluoretano (refrigerante HFC-134a). Foi publicado um apanhado das propriedades termofísicas dessa substância (R. Tillner-Roth e H.D. Baehr, *J. Phys. Chem. Ref. Data* **23**, 657 (1994)), de onde se podem calcular algumas propriedades, tais como o coeficiente Joule-Thomson, μ. (a) Calcule μ a 0,100 MPa e 300 K a partir dos seguintes dados (todos referentes a 300 K):

p/MPa	0,080	0,100	0,12
Entalpia específica/(kJ kg^{-1})	426,48	426,12	425,76

(O calor específico a pressão constante é 0,7649 kJ K^{-1} kg^{-1}.) (b) Calcule μ a 1,00 MPa e 350 K a partir dos seguintes dados (todos referentes a 350 K):

p/MPa	0,80	1,00	1,2
Entalpia específica/(kJ kg^{-1})	461,93	459,12	426,15

(O calor específico a pressão constante é 1,0392 kJ K^{-1} kg^{-1}.)

SEÇÃO 2E Transformações adiabáticas

Questões teóricas

2E.1 Por que as adiabáticas são mais inclinadas que as isotermas?

2E.2 Por que as capacidades caloríficas são importantes nas expressões das transformações adiabáticas?

Exercícios

2E.1(a) Use o princípio da equipartição para calcular os valores de $\gamma = C_p/C_V$ para a amônia gasosa e o metano. Faça os cálculos com e sem a contribuição vibracional para a energia. Qual dos valores mais se aproxima do valor experimental esperado a 25 °C?

2E.1(b) Use o princípio da equipartição para calcular o valor de $\gamma = C_p/C_V$ para o dióxido de carbono. Faça os cálculos com e sem a contribuição vibracional para a energia. Qual dos valores mais se aproxima do valor experimental esperado a 25 °C?

2E.2(a) Calcule a temperatura final de uma amostra de argônio, com 12,0 g, que se expande reversível e adiabaticamente de 1,0 dm^3 a 273,15 K até 3,0 dm^3.

2E.2(b) Calcule a temperatura final de uma amostra de dióxido de carbono, com 16,0 g, que se expande reversível e adiabaticamente de 500 cm^3 a 298,15 K até 2,0 dm^3.

2E.3(a) Uma amostra de 1,0 mol de um gás perfeito, com $C_V = 20{,}8$ J K^{-1} mol^{-1}, está inicialmente a 4,25 atm e 300 K e sofre uma expansão adiabática reversível até a sua pressão atingir 2,50 atm. Calcule o volume e a temperatura finais e também o trabalho efetuado.

2E.3(b) Uma amostra de 2,5 mol de um gás perfeito, com $C_{p,\mathrm{m}} = 20{,}8$ J K^{-1} mol^{-1}, está inicialmente a 240 kPa e 325 K e sofre uma expansão adiabática reversível até a sua pressão atingir 150 kPa. Calcule o volume e a temperatura finais e também o trabalho efetuado.

2E.4(a) Uma amostra de dióxido de carbono, com 2,45 g, a 27,0 °C, se expande reversível e adiabaticamente de 500 cm^3 até 3,00 dm^3. Qual o trabalho feito pelo gás?

2E.4(b) Uma amostra de nitrogênio, com 3,12 g, a 23,0 °C, se expande reversível e adiabaticamente de 400 cm^3 até 2,00 dm^3. Qual o trabalho feito pelo gás?

2E.5(a) Calcule a pressão final de uma amostra de dióxido de carbono que se expande reversível e adiabaticamente de 67,4 kPa e 0,5 dm^3 até o volume final de 2,00 dm^3. Considere $\gamma = 1{,}4$.

2E.5(b) Calcule a pressão final de uma amostra de vapor de água que se expande reversível e adiabaticamente de 97,3 Torr e 400 cm^3 até o volume final de 5,0 dm^3. Considere $\gamma = 1{,}3$.

Problema

2E.1 A capacidade calorífica a volume constante de um gás pode ser medida pela determinação do abaixamento da temperatura do gás quando este se expande adiabática e reversivelmente. Se a diminuição de pressão for também medida, podemos usá-la para estimar o valor de $\gamma = C_p/C_V$ e, pela combinação dos dois valores obtidos, obter a capacidade calorífica a pressão constante. Um fluorocarbono gasoso se expande reversível e adiabaticamente, duplicando seu volume. Em virtude dessa expansão, a temperatura cai de 298,15 K para 248,44 K e a pressão de 202,94 kPa cai para 81,840 kPa. Calcule o C_p.

Atividades integradas

2.1 Dê exemplos de funções de estado e discuta por que elas são tão importantes em termodinâmica.

2.2 É possível investigar as propriedades termoquímicas dos hidrocarbonetos usando-se métodos de modelagem molecular. (a) Use um programa de estrutura eletrônica e estime os valores de $\Delta_c H^\ominus$ para os alcanos, do metano até o pentano. Para calcular $\Delta_c H^\ominus$, estime a entalpia-padrão de formação do $C_nH_{2(n+1)}$(g) fazendo cálculos semiempíricos (por exemplo, usando os métodos AM1 ou PM3) e use os valores experimentais da entalpia-padrão de formação do CO_2(g) e da H_2O(l). (b) Compare os valores estimados com os valores experimentais de $\Delta_c H^\ominus$ (Tabela 2C.4) e comente sobre a confiabilidade dos resultados obtidos com os métodos de modelagem molecular. (c) Teste a validade da relação $\Delta_c H^\ominus = \text{constante} \times \{M/(\text{g mol}^{-1})\}^n$ e estime os valores numéricos da constante e de n.

2.3 Usando um programa matemático ou uma planilha eletrônica,
(a) Calcule o trabalho de expansão isotérmica reversível de 1,0 mol de CO_2(g) a 298 K de 1,0 m^3 a 3,0 m^3 considerando que o gás obedece à equação de estado de van der Waals.
(b) Explore como o parâmetro γ afeta a dependência entre a pressão e o volume. Esta dependência se torna mais ou menos acentuada com o aumento do volume?Figure 2.1 The experimental DSC scan of hen white lysozyme.

Revisão de Matemática 2 Cálculo de mais de uma variável

Uma propriedade termodinâmica de um sistema depende geralmente de certo número de variáveis, tal como a energia interna depende do número de mols, do volume e da temperatura. Para entender como essas propriedades variam com as condições do sistema, precisamos entender como manipular essas variáveis. Esse é o ramo do **cálculo multivariado**, o cálculo com diversas variáveis.

RM2.1 Derivadas parciais

Uma **derivada parcial** de uma função de mais de uma variável, por exemplo, $f(x,y)$, é o coeficiente angular da função em relação a uma das variáveis, sendo todas as outras variáveis mantidas constantes (veja Fig. RM2.1). Embora uma derivada parcial mostre a variação de uma função quando uma variável se altera, ela pode ser usada para determinar como a função varia quando mais de uma variável se altera de um infinitésimo. Assim, se f é uma função de x e y, então quando x e y sofrem variações de $\mathrm{d}x$ e $\mathrm{d}y$, respectivamente, f varia de

$$\mathrm{d}f=\left(\frac{\partial f}{\partial x}\right)_y \mathrm{d}x+\left(\frac{\partial f}{\partial y}\right)_x \mathrm{d}y \tag{RM2.1}$$

em que o símbolo ∂ é usado (em vez de d) para representar uma derivada parcial e o subscrito nos parênteses indica que a variável está sendo mantida constante. A quantidade $\mathrm{d}f$ também é chamada de **diferencial** de f. Derivadas parciais sucessivas podem ser tomadas em qualquer ordem:

$$\left(\frac{\partial}{\partial y}\left(\frac{\partial f}{\partial x}\right)_y\right)_x=\left(\frac{\partial}{\partial x}\left(\frac{\partial f}{\partial y}\right)_x\right)_y \tag{RM2.2}$$

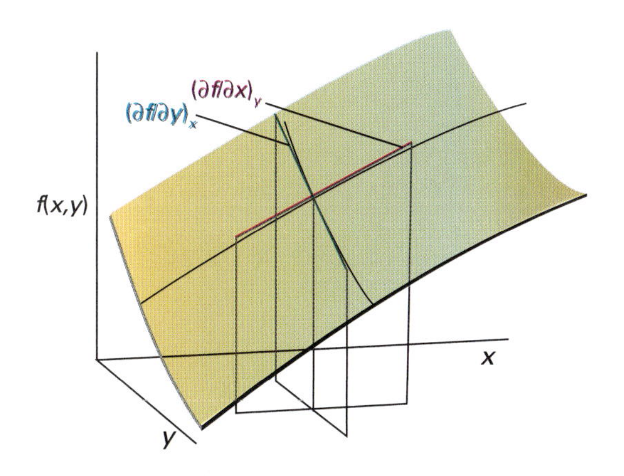

Figura RM2.1 Uma função de duas variáveis, $f(x,y)$, representada graficamente pela superfície colorida, e duas derivadas parciais, $(\partial f/\partial x)_y$ e $(\partial f/\partial y)_x$, os coeficientes angulares das funções em relação aos eixos x e y, respectivamente. A função representada graficamente nesta figura é a função $f(x,y)=ax^3y+by^2$ com $a=1$ e $b=-2$.

Breve ilustração RM2.1 Derivadas parciais

Seja $f(x,y)=ax^3y+by^2$ (a função representada na Fig. RM2.1), então

$$\left(\frac{\partial f}{\partial x}\right)_y=3ax^2y \qquad \left(\frac{\partial f}{\partial y}\right)_x=ax^3+2by$$

Logo, quando x e y sofrem variações infinitesimais, f varia de

$$\mathrm{d}f=3ax^2y\,\mathrm{d}x+(ax^3+2by)\mathrm{d}y$$

Para verificar que as derivadas segundas parciais podem ser obtidas em qualquer ordem, escrevemos

$$\left(\frac{\partial}{\partial y}\left(\frac{\partial f}{\partial x}\right)_y\right)_x=\left(\frac{\partial(3ax^2y)}{\partial y}\right)_x=3ax^2$$

$$\left(\frac{\partial}{\partial x}\left(\frac{\partial f}{\partial y}\right)_x\right)_y=\left(\frac{\partial(ax^3+2by)}{\partial x}\right)_y=3ax^2$$

Vamos considerar agora z como sendo uma variável da qual x e y dependem (por exemplo, x, y e z poderiam corresponder a p, V e T).

Relação 1 Quando x varia com z constante:

$$\left(\frac{\partial f}{\partial x}\right)_z=\left(\frac{\partial f}{\partial x}\right)_y+\left(\frac{\partial f}{\partial y}\right)_x\left(\frac{\partial y}{\partial x}\right)_z \tag{RM2.3a}$$

Relação 2

$$\left(\frac{\partial y}{\partial x}\right)_z=\frac{1}{(\partial x/\partial y)_z} \tag{RM2.3b}$$

Relação 3

$$\left(\frac{\partial x}{\partial y}\right)_z=-\left(\frac{\partial x}{\partial z}\right)_y\left(\frac{\partial z}{\partial y}\right)_x \tag{RM2.3c}$$

Combinando essa relação com a Relação 2 obtemos a **regra da cadeia de Euler**:

$$\left(\frac{\partial y}{\partial x}\right)_z\left(\frac{\partial x}{\partial z}\right)_y\left(\frac{\partial z}{\partial y}\right)_x=-1 \tag{RM2.4}$$

Regra da cadeia de Euler

RM2.2 Diferenciais exatas

A relação na Eq. RM2.2 é a base de um teste para uma **diferencial exata**, ou seja, o teste de se

$$\mathrm{d}f=g(x,y)\mathrm{d}x+h(x,y)\mathrm{d}y \tag{RM2.5}$$

tem ou não a forma da Eq. RM2.1. Se ela tem aquela forma, então g pode ser identificado com $(\partial f/\partial x)_y$ e h com $(\partial f/\partial y)_x$. Assim, a Eq. RM2.2 se torna

$$\left(\frac{\partial g}{\partial y}\right)_x = \left(\frac{\partial h}{\partial x}\right)_y \quad \text{Teste para uma diferencial exata} \quad \text{(RM2.6)}$$

Breve ilustração RM2.2 Diferenciais exatas

Suponha que, em vez da forma $df = 3ax^2y dx + (ax^3 + 2by)dy$ da *Breve ilustração* anterior, tenhamos a expressão

$$df = \overbrace{3ax^2y}^{g(x,y)} dx + \overbrace{(ax^2 + 2by)}^{h(x,y)} dy$$

com ax^2 no lugar de ax^3 dentro dos segundos parênteses. Para testar se essa é uma diferencial exata, formamos

$$\left(\frac{\partial g}{\partial y}\right)_x = \left(\frac{\partial(3ax^2y)}{\partial y}\right)_x = 3ax^2$$

$$\left(\frac{\partial h}{\partial x}\right)_y = \left(\frac{\partial(ax^2+2by)}{\partial x}\right)_y = 2ax$$

Essas duas expressões não são iguais, logo essa forma de df não é uma diferencial exata e não há uma função integrada correspondente na forma $f(x,y)$.

Se df é exata, podemos fazer duas coisas:

- Do conhecimento das funções g e h podemos reconstruir a função f.
- Podemos estar certos de que a integral de df entre limites especificados é independente do caminho entre esses limites.

A primeira conclusão é mais bem demonstrada com um exemplo específico.

Breve ilustração RM2.3 A reconstrução de uma equação

Consideramos a diferencial $df = 3ax^2y dx + (ax^3 + 2by)dy$, que sabemos ser exata. Como $(\partial f/\partial x)_y = 3ax^2y$, podemos integrar em relação a x com y mantido constante para obter

$$f = \int df = \int 3ax^2y\,dx = 3ay\int x^2\,dx = ax^3y + k$$

em que a "constante" de integração k pode depender de y (que foi tratado como uma constante na integração), mas não de x. Para obter $k(y)$, observamos que $(\partial f/\partial y)_x = ax^3 + 2by$, e, portanto,

$$\left(\frac{\partial f}{\partial y}\right)_x = \left(\frac{\partial(ax^3y+k)}{\partial y}\right)_x = ax^3 + \frac{dk}{dy} = ax^3 + 2by$$

Assim,

$$\frac{dk}{dy} = 2by$$

a partir do qual segue que $k = by^2 +$ constante. Obtemos, então,

$$f(x,y) = ax^3y + by^2 + \text{constante}$$

que, fora a constante, é a função original da primeira *Breve ilustração*. O valor da constante é obtido estabelecendo-se as condições de contorno; logo, se soubermos que $f(0,0) = 0$, a constante valerá zero.

A demonstração de que a integral de df é independente do caminho é, agora, direta. Como df é uma diferencial, sua integral entre os limites a e b é

$$\int_a^b df = f(b) - f(a)$$

O valor da integral depende apenas dos valores dos limites e é independente do caminho entre eles. Se df não é uma diferencial exata, a função f não existe, e esse argumento não se cumpre. Nesses casos, a integral de df depende do caminho.

Breve ilustração RM2.4 Integração dependente do caminho

Considere a diferencial inexata (a expressão com ax^2 no lugar de ax^3 dentro dos segundos parênteses):

$$df = 3ax^2y\,dx + (ax^2 + 2by)dy$$

Suponha que integramos de (0,0) a (2,2) ao longo dos caminhos indicados na Fig. RM2.2. Ao longo do Caminho 1,

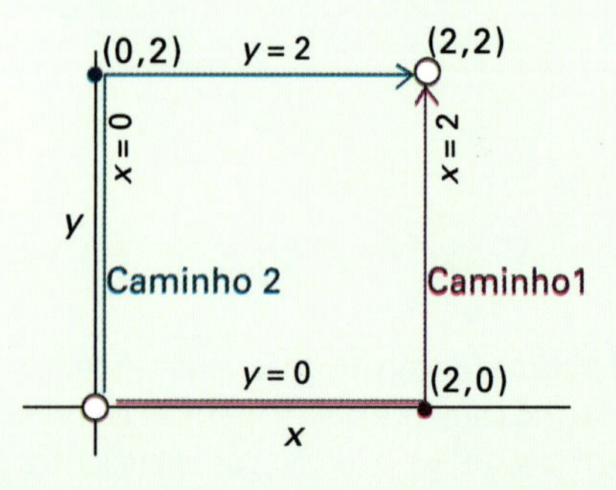

Figura RM2.2 Os dois caminhos de integração citados na Breve ilustração RM2.4.

$$\int_{\text{Caminho 1}} df = \int_{0,0}^{2,0} 3ax^2y\,dx + \int_{2,0}^{2,2} (ax^2+2by)\,dy$$
$$= 0 + 4a\int_0^2 dy + 2b\int_0^2 y\,dy = 8a + 4b$$

ao passo que, ao longo do Caminho 2,

$$\int_{\text{Caminho 2}} df = \int_{0,2}^{2,2} 3ax^2y\,dx + \int_{0,0}^{0,2} (ax^2+2by)\,dy$$
$$= 6a\int_0^2 x^2\,dx + 0 + 2b\int_0^2 y\,dy = 16a + 4b$$

As duas integrais não são as mesmas.

Uma diferencial inexata pode, às vezes, ser convertida em uma diferencial exata pela multiplicação por um fator conhecido como *fator integrante*. Um exemplo físico é o fator integrante $1/T$ que converte a diferencial inexata dq_{rev} na diferencial exata dS em termodinâmica (Seção 3A).

Breve ilustração RM2.5 Fator integrante

Vimos que a diferencial $df = 3ax^2y dx + (ax^2 + 2by)$ é inexata; o mesmo é válido quando fazemos $b = 0$ e consideramos $df = 3ax^2y dx + ax^2 dy$. Se multiplicarmos esta df por $x^m y^n$ e escrevermos $x^m y^n df = df'$, obteremos então

$$df' = \overbrace{3ax^{m+2}y^{n+1}}^{g(x,y)} dx + \overbrace{ax^{m+2}y^n}^{h(x,y)} dy$$

Calculamos as duas derivadas parciais a seguir:

$$\left(\frac{\partial g}{\partial y}\right)_x = \left(\frac{\partial(3ax^{m+2}y^{n+1})}{\partial y}\right)_x = 3a(n+1)x^{m+2}y^n$$
$$\left(\frac{\partial h}{\partial x}\right)_y = \left(\frac{\partial(ax^{m+2}y^n)}{\partial x}\right)_y = a(m+2)x^{m+1}y^n$$

Para que a nova diferencial seja exata, essas duas derivadas parciais devem ser iguais, logo, escrevemos

$$3a(n+1)x^{m+2}y^n = a(m+2)x^{m+1}y^n$$

que se simplifica para

$$3(n+1)x = m+2$$

A única solução independente de x é $n = -1$ e $m = -2$. Segue que

$$df' = 3a dx + (a/y) dy$$

é uma diferencial exata. Pelo procedimento já apresentado, sua forma integrada é $f'(x,y) = 3ax + a \ln y +$ constante.

CAPÍTULO 3

A Segunda e Terceira Leis

Algumas coisas ocorrem naturalmente, outras não. Alguma característica do mundo natural determina o sentido da transformação **espontânea**, o sentido da transformação que não exige trabalho para se realizar. Um ponto importante, no entanto, é que, neste livro, "espontâneo" tem que ser interpretado como uma *tendência* natural que pode ou não pode ser percebida na prática. A termodinâmica não diz nada em relação à velocidade com que uma transformação espontânea ocorre na realidade, e alguns processos espontâneos (como a conversão de diamante em grafita) podem ser tão lentos que a tendência nunca é percebida na prática, enquanto outros (como a de expansão de um gás no vácuo) são quase instantâneos.

3A Entropia

A direção de uma transformação está relacionada à *distribuição de energia e matéria*, e as mudanças espontâneas são sempre acompanhadas de uma dispersão de energia ou matéria. Para quantificar esse processo introduzimos uma propriedade chamada 'entropia', que é central à formulação da Segunda Lei da Termodinâmica. Esta lei governa as transformações espontâneas.

3B A medida da entropia

Para tornar quantitativa a Segunda Lei, é necessário medir a entropia de uma substância. Veremos que as medições, provavelmente por meio de métodos calorimétricos, da energia transferida como calor durante um processo físico ou uma reação química levam à determinação da variação de entropia e, consequentemente, à direção da mudança espontânea. A discussão nesta seção também leva à "Terceira Lei da Termodinâmica", que nos ajuda a entender as propriedades da matéria em temperaturas muito baixas e a estabelecer uma medida absoluta da entropia de uma substância.

3C Concentrando-se no sistema

Um dos problemas de lidar com a entropia é que ela requer o cálculo separado das mudanças que ocorrem no sistema e nas vizinhanças. Desde que certas restrições sejam impostas sobre o sistema, esse problema pode ser superado introduzindo-se a "energia de Gibbs". De fato, a maior parte dos cálculos termodinâmicos em química considera a variação da energia de Gibbs, e não a medição direta da variação de entropia.

3D Combinação entre a Primeira e a Segunda Leis

Finalmente, reunimos a Primeira e a Segunda Leis e começamos a vislumbrar o poder considerável da termodinâmica em explicar as propriedades da matéria.

Qual é o impacto deste material?

A Segunda Lei é a essência da operação de todos os tipos de máquinas, incluindo os dispositivos que lembram máquinas e que servem para resfriar objetos. Veja *Impacto* I3.1, disponível como Material Suplementar a este livro, sobre aplicações na tecnologia de refrigeração. Considerações sobre a entropia também são importantes em materiais eletrônicos modernos, pois permitem uma discussão quantitativa sobre a concentração de impurezas. Em *Impacto* I3.2, há uma observação sobre como a medição da entropia em baixas temperaturas nos ajuda a compreender a pureza dos materiais usados como supercondutores.

3A Entropia

Tópicos

➤ Por que você precisa saber este assunto?

Quase todas as aplicações da termodinâmica estão baseadas no conceito de entropia: ela explica por que algumas reações ocorrem e outras não.

➤ Qual é a ideia fundamental?

A variação de entropia de um sistema pode ser calculada pelo calor transferido reversivelmente ao sistema.

➤ O que você já deve saber?

Você precisa estar familiarizado com os conceitos da Primeira Lei sobre trabalho, calor e energia interna (Seção 2A) e sobre as variações de volume e temperatura que acompanham a expansão adiabática de um gás perfeito (Seção 2D).

O que determina o sentido da mudança espontânea? Não é a energia total do sistema isolado. A Primeira Lei da Termodinâmica afirma que a energia é conservada em qualquer processo, e não podemos nos esquecer desta lei agora e afirmar que os sistemas tendem para um estado de energia mínima. Quando ocorre uma mudança, a energia total de um sistema isolado permanece constante, mas ela se redistribui de diferentes maneiras. Pode ser, portanto, que o sentido da mudança esteja relacionado com a *distribuição* da energia? Veremos que esta ideia é a chave da questão e que as mudanças espontâneas são sempre acompanhadas pela dispersão de energia.

3A.1 A Segunda Lei

Podemos começar a entender o papel da distribuição de energia pensando a respeito de uma bola (o sistema) que quica sobre uma superfície (as vizinhanças). Em cada pulo, a bola não sobe tão alto quanto no anterior, pois há perdas inelásticas na colisão entre a bola e a superfície. A energia cinética do movimento da bola se converte em energia de agitação térmica dos átomos da bola e da superfície. O sentido da mudança espontânea leva a bola ao estado em que ela está em repouso, com toda a sua energia cinética inicial dispersada no movimento térmico aleatório das moléculas do ar e dos átomos da superfície virtualmente infinita (Fig. 3A.1).

Uma bola em repouso sobre uma superfície quente jamais principia, espontaneamente, a pular sobre ela. Para isso ocorrer, seria necessária uma sequência muito especial de fenômenos. Em primeiro lugar, parte do movimento térmico dos átomos da superfície teria que se acumular num único corpo, pequeno, a bola. Esse acúmulo exigiria a localização espontânea da energia de vibração de milhares de átomos ou partículas da superfície nas vibrações dos átomos, em número muito menor, que constituem a bola (Fig. 3A.2). Além disso, em contraste com o movimento térmico, que é desordenado, todos os átomos da bola teriam que

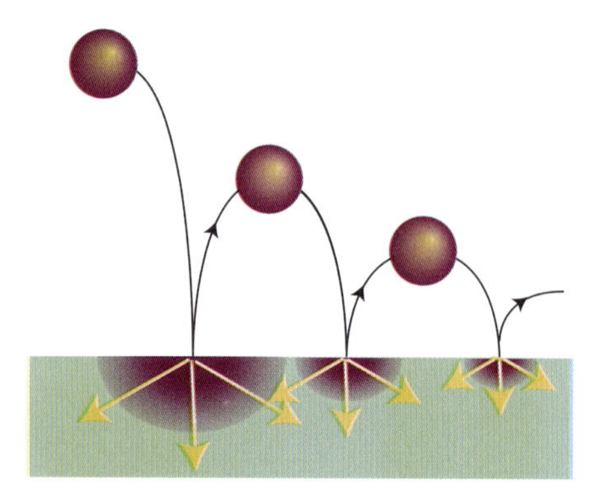

Figura 3A.1 O sentido da mudança espontânea para uma bola que quica sobre uma superfície. Em cada pulo da bola, parte da energia cinética do movimento é degradada em movimento térmico dos átomos da superfície e há dispersão da energia. Em escala macroscópica, o processo inverso não é nunca observado.

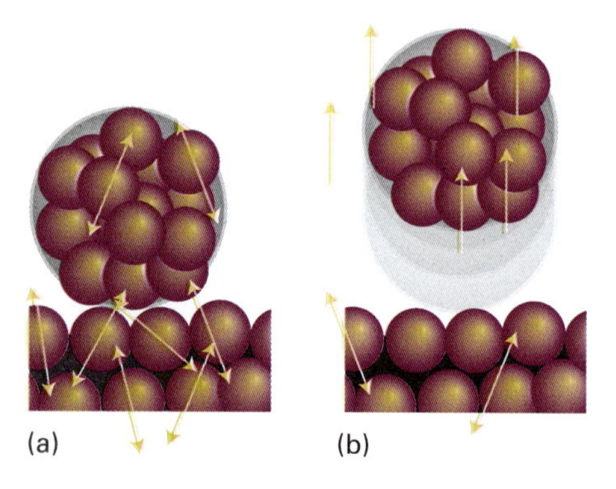

Figura 3A.2 A interpretação molecular da irreversibilidade expressa pela Segunda Lei. (a) Uma bola em repouso sobre uma superfície quente; os átomos têm movimento térmico (vibrações, neste caso) como mostram as setas. (b) Para que a bola suba no ar, parte do movimento aleatório de vibração teria que se transformar em movimento organizado, dirigido. Essa conversão é muito pouco provável.

se mover na mesma direção e no mesmo sentido para que a bola pudesse subir no ar. A localização de movimentos aleatórios num único movimento ordenado é tão improvável que podemos afastá-la como praticamente impossível.[1]

Aparentemente, achamos a sinalização da mudança espontânea: *procuramos pelo sentido da mudança que conduz à dispersão da energia total do sistema isolado.* É esse o princípio que explica o sentido da mudança na bola que quica sobre uma superfície, pois a energia cinética se dissipa como movimento térmico dos átomos da superfície. O processo inverso não é espontâneo, pois é muito improvável que a energia se torne localizada, conduzindo ao movimento uniforme dos átomos da bola.

[1] Movimento concertado, mas em uma escala muito menor, é observado como *movimento browniano*, o movimento devido às flutuações da posição de pequenas partículas suspensas em um líquido ou em um gás.

A matéria também tende a se dispersar desordenadamente. Um gás não se contrai espontaneamente, senão o movimento aleatório das suas moléculas, que espalha a distribuição de energia cinética ao longo do recipiente, teria que levá-las todas para a mesma região do recipiente. A mudança oposta, a expansão espontânea, é uma consequência natural do aumento da dispersão da matéria quando as moléculas do gás ocupam um volume maior.

O reconhecimento da existência de duas classes de processos, os espontâneos e os não espontâneos, é resumido pela **Segunda Lei da Termodinâmica**. Esta lei pode ser expressa de várias formas equivalentes. Uma delas foi formulada por Kelvin:

> Não é possível um processo que tenha como único resultado a absorção de calor de um reservatório térmico e a sua completa conversão em trabalho.

Por exemplo, é impossível a operação da máquina ilustrada na Fig. 3A.3, na qual o calor fornecido pelo reservatório quente é completamente convertido em trabalho. Todas as máquinas térmicas que existem têm uma fonte quente e um sumidouro frio, e na operação da máquina há sempre uma parcela de energia na forma de calor que é rejeitada para esse sumidouro frio e não é convertida em trabalho. O enunciado de Kelvin é uma generalização de outra observação do dia a dia, a de que uma bola em repouso sobre uma mesa não salta espontaneamente para cima. Essa subida da bola seria equivalente à conversão do calor absorvido da mesa em trabalho. Outro enunciado da Segunda Lei é devido a Rudolf Clausius (Fig. 3A.4):

> O calor não flui espontaneamente de um corpo frio para um corpo mais quente.

Para que o calor seja transferido ao corpo quente, é necessário realizar trabalho sobre o sistema, como em um refrigerador.

Essas duas observações experimentais são aspectos de uma única afirmativa na qual a Segunda Lei é expressa em termos de uma nova função, a **entropia**, S. Veremos que a entropia (que definiremos daqui a pouco, mas que é uma medida da dispersão de energia em um processo) nos permite dizer se um estado é acessível a partir de outro por meio de uma transformação espontânea:

> A entropia de um sistema isolado aumenta em uma mudança espontânea: $\Delta S_{tot} > 0$

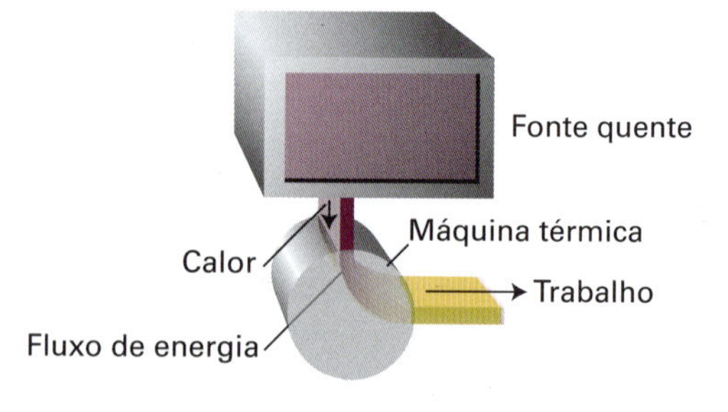

Figura 3A.3 O enunciado de Kelvin para a Segunda Lei exclui a possibilidade do processo ilustrado nesta figura, no qual o calor é transformado completamente em trabalho, não ocorrendo nenhuma outra mudança além dessa transformação. O processo não conflita com a Primeira Lei, pois a energia é conservada.

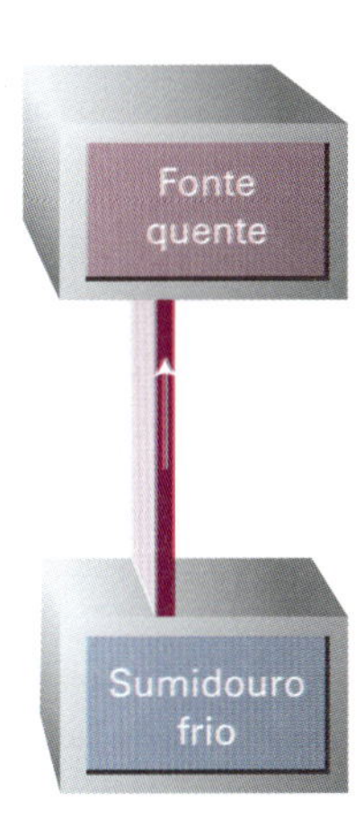

Figura 3A.4 O enunciado de Clausius para a Segunda Lei exclui a possibilidade do processo ilustrado nesta figura, no qual o calor migra de uma fonte fria para uma fonte quente, não ocorrendo nenhuma outra mudança além dessa transformação. O processo não conflita com a Primeira Lei, pois a energia é conservada.

em que S_{tot} é a entropia total, ou seja, a entropia do sistema mais a entropia das suas vizinhanças. Os processos termodinamicamente irreversíveis (como o resfriamento de um corpo até a temperatura das vizinhanças e a expansão livre dos gases) são processos espontâneos e, logo, são acompanhados por um aumento da entropia total.

Em resumo, a Primeira Lei usa a energia interna para identificar as mudanças *permitidas*; a Segunda Lei usa a entropia para identificar as *mudanças espontâneas* entre as mudanças permitidas.

3A.2 A definição de entropia

Para avançar e transformar a Segunda Lei em uma expressão quantitativa precisamos definir e, então, calcular a variação de entropia que acompanha vários processos. Há duas abordagens, uma clássica e outra molecular. Elas são equivalentes e se enriquecem mutuamente.

(a) A definição termodinâmica da entropia

A definição termodinâmica da entropia centraliza-se na variação de entropia, dS, que ocorre em consequência de uma mudança física ou química (em geral, como o resultado de um 'processo'). A definição é motivada pela ideia de que uma modificação da extensão com que a energia é dispersada depende da quantidade de energia que é transferida no processo na forma de calor. Como foi explicado na Seção 2A, o calor estimula o movimento aleatório nas vizinhanças. Por outro lado, o trabalho estimula o movimento ordenado dos átomos nas vizinhanças e não altera a sua entropia.

A definição termodinâmica da entropia está baseada na expressão

$$\mathrm{d}S=\frac{\mathrm{d}q_{\mathrm{rev}}}{T} \qquad \textit{Definição} \quad \text{Variação de entropia} \qquad (3\text{A}.1)$$

Para uma transformação finita entre dois estados i e f,

$$\Delta S=\int_{\mathrm{i}}^{\mathrm{f}}\frac{\mathrm{d}q_{\mathrm{rev}}}{T} \qquad (3\text{A}.2)$$

Isto é, para calcular a diferença de entropia entre dois estados quaisquer de um sistema, procuramos um processo *reversível* que leve o sistema de um estado para o outro estado e integramos, ao longo desse processo, a quantidade de calor trocada em cada etapa infinitesimal do processo dividida pela temperatura na qual ocorre a troca térmica.

Uma nota sobre a boa prática De acordo com a Eq. 3A.1, quando a energia transferida na forma de calor está em joules e a temperatura em kelvins, a entropia é expressa em joules por kelvin (J K^{-1}). A entropia é uma propriedade extensiva. A entropia molar, isto é, a entropia dividida pelo número de mols de substância, exprime-se em joules por kelvin por mol (J K^{-1} mol^{-1}). As unidades de entropia são as mesmas unidades que as da constante dos gases, R, e das capacidades caloríficas molares. A entropia molar é uma propriedade intensiva.

Exemplo 3A.1 Cálculo da variação de entropia na expansão isotérmica de um gás perfeito

Calcule a variação de entropia de um gás perfeito quando ele se expande isotermicamente do volume V_{i} até o volume V_{f}.

Método A definição de entropia nos permite determinar o calor absorvido num processo reversível entre os estados inicial e final, independentemente da maneira pela qual o processo ocorre. Uma simplificação é que a expansão é isotérmica, de modo que a temperatura é constante e pode sair do sinal de integração da Eq. 3A.2. A energia absorvida na forma de calor numa expansão isotérmica reversível de um gás perfeito pode ser calculada a partir de $\Delta U=q+w$ e $\Delta U=0$, o que leva a $q=-w$ em geral e, portanto, a $q_{\mathrm{rev}}=-w_{\mathrm{rev}}$ para uma transformação reversível. O trabalho da expansão isotérmica reversível foi calculado na Seção 2A. A variação na entropia molar é calculada a partir de $\Delta S_{\mathrm{m}}=\Delta S/n$.

Resposta Como a temperatura é constante, a Eq. 3A.2 fica

$$\Delta S=\frac{1}{T}\int_{\mathrm{i}}^{\mathrm{f}}\mathrm{d}q_{\mathrm{rev}}=\frac{q_{\mathrm{rev}}}{T}$$

Da Seção 2A sabemos que

$$q_{\mathrm{rev}}=-w_{\mathrm{rev}}=nRT\ \ln\frac{V_{\mathrm{f}}}{V_{\mathrm{i}}}$$

Portanto, segue que

$$\Delta S=nR\ \ln\frac{V_{\mathrm{f}}}{V_{\mathrm{i}}} \quad \text{e} \quad \Delta S_{\mathrm{m}}=R\ \ln\frac{V_{\mathrm{f}}}{V_{\mathrm{i}}}$$

Exercício proposto 3A.1 Calcule a variação de entropia quando a pressão de um gás perfeito varia isotermicamente de p_{i} até p_{f}. A que se deve essa variação?

Resposta: $\Delta S=nR\ln(p_{\mathrm{i}}/p_{\mathrm{f}})$; a mudança de volume quando o gás é comprimido ou se expande

Podemos usar a definição na Eq. 3A.1 para formular uma expressão da variação da entropia das vizinhanças, ΔS_{viz}. Imaginemos uma transferência infinitesimal de calor para as vizinhanças, dq_{viz}. As vizinhanças consistem em um reservatório de volume constante, de modo que a energia fornecida a elas pelo aquecimento pode ser igualada à variação da sua energia interna, dU_{viz}.[2] A energia interna é uma função de estado e dU_{viz} é uma diferencial exata. Essas propriedades implicam que dU_{viz} é independente da forma como a mudança ocorre e, em especial, é independente de o processo ser reversível ou irreversível. As mesmas observações se fazem, portanto, sobre dq_{viz}, que é igual a dU_{viz}. Assim, podemos modificar a definição da variação de entropia na Eq. 3A.1, retirar a restrição "reversível" e escrever

$$dS=\frac{dq_{rev,viz}}{T_{viz}}=\frac{dq_{viz}}{T_{viz}} \quad \text{Variação de entropia das vizinhanças} \quad (3A.3a)$$

Além disso, como a temperatura das vizinhanças é constante, qualquer que seja o processo, teremos para uma mudança finita:

$$\Delta S_{viz}=\frac{q_{viz}}{T_{viz}} \quad (3A.3b)$$

Isto é, independentemente da mudança provocada no sistema, reversível ou irreversível, a variação de entropia das vizinhanças pode ser calculada dividindo-se a quantidade de calor transferida pela temperatura em que se realiza essa transferência.

A Eq. 3A.3 mostra que é muito simples calcular a variação de entropia das vizinhanças em qualquer processo. Por exemplo, para uma transformação adiabática qualquer, $q_{viz} = 0$, de modo que

$$\Delta S_{viz}=0 \quad \text{Transformação adiabática} \quad (3A.4)$$

Essa expressão está correta qualquer que seja a mudança ocorrida, reversível ou irreversível, desde que não se formem pontos locais quentes nas vizinhanças. Isto é, desde que as vizinhanças permaneçam internamente em equilíbrio. Se se formarem pontos quentes, então a energia localizada pode subsequentemente se dispersar espontaneamente e gerar mais entropia.

Breve ilustração 3A.1 Variação de entropia das vizinhanças

Para calcular a variação de entropia das vizinhanças quando se forma 1,00 mol de $H_2O(l)$ a partir dos seus elementos, nas condições-padrão a 298 K, usamos a informação da Tabela 2C.2, $\Delta H^\ominus=-286\,kJ$. A energia liberada na forma de calor é fornecida para as vizinhanças, consideradas agora como estando a pressão constante, assim, $q_{viz}=+286\,kJ$. Portanto,

$$\Delta S_{viz}=\frac{2{,}86\times10^5\,J\,mol^{-1}}{298\,K}=+960\,J\,K^{-1}$$

Essa reação, muito exotérmica, provoca elevação da entropia das vizinhanças quando a energia é liberada na forma de calor para dentro delas.

Exercício proposto 3A.2 Calcule a variação de entropia das vizinhanças quando se forma 1,00 mol de $N_2O_4(g)$ a partir de 2,00 mol de $NO_2(g)$, nas condições-padrão, a 298 K.

Resposta: $-192\,J\,K^{-1}$

[2]Alternativamente, podemos imaginar as vizinhanças como estando a pressão constante, e neste caso dq_{viz} seria igual a dH_{viz}.

Podemos ver agora como a definição de entropia é condizente com os enunciados de Kelvin e de Clausius da Segunda Lei. No dispositivo mostrado na Fig. 3A.3, a entropia da fonte quente é reduzida à medida que a energia sai como calor, mas não ocorre nenhuma outra mudança na entropia (a transferência de energia como trabalho não leva à produção de entropia); consequentemente, o dispositivo não produz trabalho. Na versão de Clausius, a entropia da fonte fria na Fig. 3A.4 diminui quando certa quantidade de calor é retirada, mas quando o calor entra na fonte quente o aumento de entropia não é tão grande. Portanto, há uma diminuição global de entropia: o processo não é espontâneo.

(b) A definição estatística da entropia

O ponto inicial na interpretação molecular da Segunda Lei da termodinâmica é a consideração de Boltzmann, inicialmente explorada em *Fundamentos* B, de que um átomo ou uma molécula só pode possuir certos valores de energia, denominados seus "níveis de energia". A agitação térmica contínua que as moléculas sofrem em uma amostra em $T > 0$ assegura que elas estão distribuídas pelos níveis de energia disponíveis. Boltzmann também fez a ligação entre a distribuição das moléculas entre os níveis de energia e a entropia. Ele propôs que a entropia de um sistema é dada por

$$S=k\ln\mathcal{W} \quad \text{Fórmula de Boltzmann para a entropia} \quad (3A.5)$$

em que $k = 1{,}381 \times 10^{-23}$ J K^{-1} e $\mathcal{W}$ é o número de **microestados**, as maneiras pelas quais as moléculas de um sistema podem ser distribuídas mantendo-se a energia total constante. Cada microestado só dura por um momento e tem uma distribuição de moléculas diferente pelos níveis de energia disponíveis. Quando medimos as propriedades de um sistema, estamos medindo uma média dos diversos microestados que o sistema pode ocupar nas condições da experiência. O conceito de número de microestados torna quantitativos os conceitos qualitativos não bem definidos de "desordem" e de "dispersão da matéria e da energia", que são amplamente usados para introduzir o conceito de entropia: uma distribuição mais "desordenada" de energia e de matéria corresponde a um número maior de microestados associados com a mesma energia total. Este ponto será discutido muito mais detalhadamente na Seção 15E.

A Eq. 3A.5 é conhecida como a **fórmula de Boltzmann** e a entropia calculada a partir dela é chamada, algumas vezes, de

entropia estatística. Vemos que se $\mathcal{W} = 1$, o que corresponde a um único microestado (existe uma única maneira de alcançar uma determinada energia, que consiste em todas as moléculas ocuparem exatamente o mesmo estado), então $S = 0$ porque $\ln 1 = 0$. Entretanto, se o sistema pode existir em mais de um microestado, então $\mathcal{W} > 1$ e $S > 0$. Se as moléculas do sistema têm acesso a um número maior de níveis de energia, pode haver, então, mais maneiras de atingir dada energia total; isto é, há mais microestados para uma dada energia total, $\mathcal{W}$ é maior e a entropia é maior do que quando menos estados são acessíveis. Portanto, a interpretação estatística da entropia resumida pela fórmula de Boltzmann é condizente com nosso enunciado anterior de que a entropia está relacionada com a dispersão da energia e da matéria. Em particular, para um gás de partículas contidas num recipiente, os níveis de energia se tornam mais próximos à medida que o recipiente se expande (Fig. 3A.5; esta é uma conclusão da teoria quântica que verificaremos na Seção 8A). Como resultado, mais microestados se tronam possíveis, $\mathcal{W}$ aumenta e a entropia cresce, exatamente como inferimos da definição termodinâmica de entropia.

Breve ilustração 3A.2 A fórmula de Boltzmann

Suponha que cada molécula diatômica em uma amostra sólida pode ser disposta em uma de duas orientações e que existem $N = 6{,}022 \times 10^{23}$ moléculas na amostra (isto é, 1 mol de moléculas). Então, $\mathcal{W} = 2^N$ e a entropia da amostra é

$$S = k\ln 2^N = Nk\ln 2 = (6{,}022\times10^{23})\times(1{,}381\times10^{-23}\,\mathrm{J\,K^{-1}})\ln 2$$
$$= 5{,}76\,\mathrm{J\,K^{-1}}$$

Exercício proposto 3A.3 Qual é a entropia molar de um sistema semelhante no qual as moléculas podem ser dispostas em quatro orientações distintas?

Resposta: $11{,}5\,\mathrm{J\,K^{-1}\,mol^{-1}}$

A interpretação molecular da entropia dada por Boltzmann também sugere a definição termodinâmica dada pela Eq. 3A.1. Para investigarmos essa questão, consideramos que as moléculas em um sistema em alta temperatura podem ocupar um grande número de níveis de energia disponíveis, de modo que uma pequena transferência adicional de energia na forma de calor provocará uma mudança relativamente pequena no número de níveis de energia acessíveis. Consequentemente, nem o número de microestados nem a entropia do sistema aumentam apreciavelmente. Ao contrário, as moléculas em um sistema em baixa temperatura têm acesso a muito poucos níveis de energia (em $T = 0$, somente o nível de energia mais baixa é acessível), e a transferência da mesma quantidade de energia na forma de calor aumentará muito significativamente o número de níveis de energia disponíveis e o número de microestados. Logo, a variação de entropia devido ao aquecimento será maior quando a energia é transferida para um corpo frio do que quando é transferida para um corpo quente. Esse argumento sugere que a variação de entropia deve ser inversamente proporcional à temperatura em que ocorre a transferência de calor, conforme é visto na Eq. 3A.1.

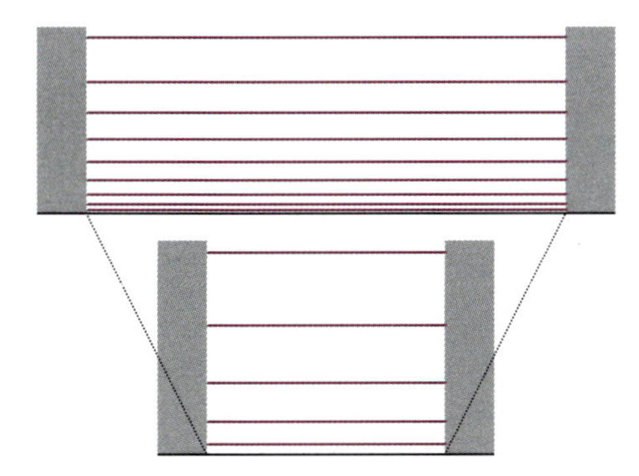

Figura 3A.5 Quando uma caixa se expande, os níveis de energia ficam mais próximos e mais níveis se tornam acessíveis às moléculas. Como resultado, o número de maneiras de atingir a mesma energia (o valor de $\mathcal{W}$) aumenta, assim como a entropia.

3A.3 A entropia como uma função de estado

A entropia é uma função de estado. Para provar esta afirmação, temos que mostrar que a integral de $\mathrm{d}S$ não depende do processo. Para tal, basta provar que a integral da Eq. 3A.1 ao longo de um ciclo arbitrário é nula, pois isto garante que a entropia é a mesma nos estados inicial e final, independentemente do processo que levou um estado ao outro (Fig. 3A.6). Isto é, precisamos mostrar que

$$\oint \mathrm{d}S = \oint \frac{\mathrm{d}q_{\mathrm{rev}}}{T} = 0 \qquad (3A.6)$$

em que o símbolo $\oint$ mostra que a integração é feita sobre uma curva fechada. Há três etapas na demonstração:

1. Primeiro, mostrar que a Eq. 3A.6 é verdadeira para um ciclo especial (um "ciclo de Carnot") envolvendo um gás perfeito.

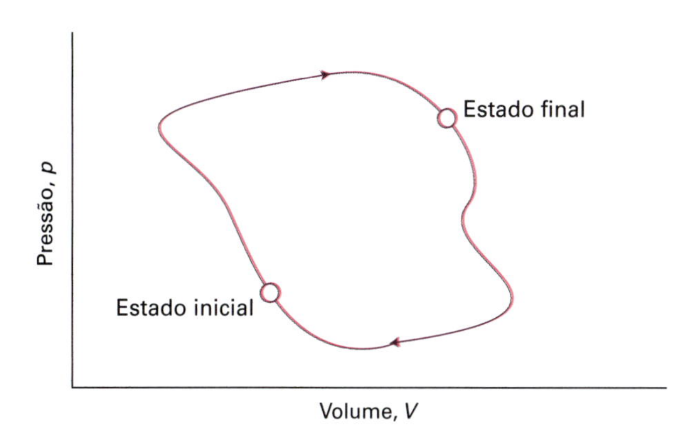

Figura 3A.6 Num ciclo termodinâmico, a variação global de uma função de estado (do estado inicial até o estado final e então de volta para o estado inicial) é igual a zero.

2. Então mostrar que o resultado é verdadeiro independentemente da substância de trabalho.
3. Finalmente, mostrar que o resultado é verdadeiro para qualquer ciclo.

(a) O ciclo de Carnot

Um **ciclo de Carnot**, assim denominado em homenagem ao engenheiro francês Sadi Carnot, é constituído por quatro processos reversíveis sucessivos (Fig. 3A.7):

1. Expansão isotérmica reversível de A até B, a T_h; a variação de entropia é q_h/T_h, em que q_h é a energia na forma de calor fornecida ao sistema pela fonte quente.
2. Expansão adiabática reversível de B até C. Não há troca de calor, de modo que a variação de entropia é nula. Nesta expansão, a temperatura cai de T_h até T_c, a temperatura do sumidouro frio.
3. Compressão isotérmica reversível de C até D, na temperatura T_c. A energia é liberada na forma de calor para o sumidouro frio. A variação de entropia do sistema é q_c/T_c; nesta expressão, q_c é negativo.
4. Compressão adiabática reversível de D até A. Não há troca térmica e, portanto, a variação de entropia é nula. A temperatura se eleva de T_c até T_h.

A variação total de entropia ao longo do ciclo é a soma das variações em cada um desses quatro passos:

$$\oint \mathrm{d}S=\frac{q_h}{T_h}+\frac{q_c}{T_c}$$

Entretanto, mostramos na *Justificativa* que, para um gás perfeito:

$$\frac{q_h}{q_c}=-\frac{T_h}{T_c} \qquad (3A.7)$$

A substituição dessa relação na equação anterior leva à anulação do segundo membro, que é o que queríamos provar.

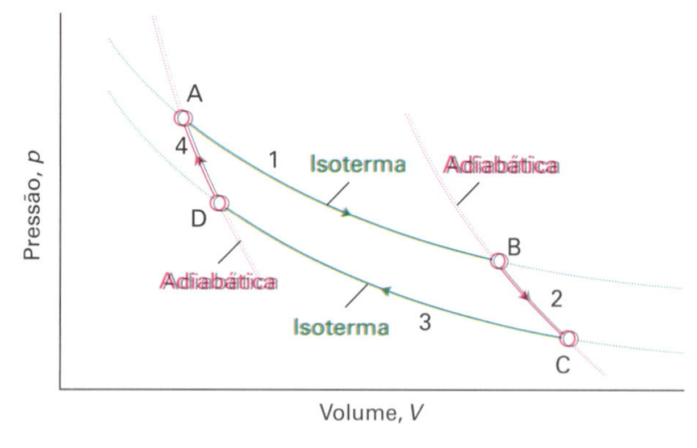

Figura 3A.7 A estrutura básica de um ciclo de Carnot. Na Etapa 1, há uma expansão isotérmica reversível na temperatura T_h. A Etapa 2 é uma expansão adiabática reversível na qual a temperatura cai de T_h para T_c. Na Etapa 3 há uma compressão isotérmica reversível na temperatura T_c. Essa etapa isotérmica é seguida por uma compressão adiabática reversível, na qual o sistema retorna ao estado inicial.

Justificativa 3A.1 Variação de temperatura que acompanha uma expansão adiabática reversível

Esta *Justificativa* é baseada em dois aspectos do ciclo. O primeiro é que as duas temperaturas T_h e T_c na Eq. 3A.7 residem na mesma adiabática na Fig. 3A.7. O segundo aspecto é que a energia transferida como calor durante as duas etapas isotérmicas é

$$q_h=nRT_h\ln\frac{V_B}{V_A} \qquad q_c=nRT_c\ln\frac{V_D}{V_C}$$

Mostramos agora que as razões entre os dois volumes estão relacionadas de uma forma muito simples. Da relação entre temperatura e volume para um processo adiabático reversível (VT^c = constante, Seção 2D):

$$V_AT_h^c=V_DT_c^c \qquad V_CT_c^c=V_BT_h^c$$

Multiplicando a primeira equação pela segunda obtemos

$$V_AV_CT_h^cT_c^c=V_DV_BT_h^cT_c^c$$

que, após cancelamento da temperatura, simplifica-se para

$$\frac{V_D}{V_C}=\frac{V_A}{V_B}$$

Com essa relação estabelecida, podemos escrever

$$q_c=nRT_c\ln\frac{V_D}{V_C}=nRT_c\ln\frac{V_A}{V_B}=-nRT_c\ln\frac{V_B}{V_A}$$

E, portanto,

$$\frac{q_h}{q_c}=\frac{nRT_h\ln(V_B/V_A)}{-nRT_c\ln(V_B/V_A)}=-\frac{T_h}{T_c}$$

como na Eq. 3A.7. Para esclarecer melhor, observe que q_h é negativo (o calor é retirado da fonte quente) e q_c é positivo (o calor é transferido para o sumidouro frio), logo a razão entre eles é negativa.

Breve ilustração 3A.3 O ciclo de Carnot

O ciclo de Carnot pode ser considerado uma representação das transformações que ocorrem em uma máquina real idealizada, em que o calor é convertido em trabalho. (Entretanto, outros ciclos são aproximações melhores das máquinas reais.) Em uma máquina que opera segundo o ciclo de Carnot, são retirados 100 J da fonte quente ($q_h = -100$ J) a 500 K e alguns são usados para realizar trabalho, com o restante transferido para um sumidouro frio a 300 K. Segundo a Eq. 3A.7, o calor transferido é

$$q_c = -q_h \times \frac{T_c}{T_h} = -(-100\ \text{J}) \times \frac{300\,\text{K}}{500\,\text{K}} = +60\ \text{J}$$

Isso indica que 40 J foram usados para realizar trabalho.

Exercício proposto 3A.4 Qual é o trabalho que pode ser extraído quando a temperatura da fonte quente aumenta para 800 K?

Resposta: 62 J

Na segunda etapa necessitamos mostrar que a Eq. 3A.6 se aplica a qualquer substância, e não apenas a um gás perfeito (que é porque, em antecipação a essa demonstração, não simbolizamos a equação em azul). Começamos essa etapa introduzindo a **eficiência,** η (eta), de uma máquina térmica:

$$\eta = \frac{\text{trabalho efetuado}}{\text{calor absorvido da fonte quente}} = \frac{|w|}{|q_h|} \qquad \text{Definição de eficiência} \qquad (3A.8)$$

Estamos usando os módulos para evitar complicações com sinais: todas as eficiências são números positivos. Esta definição mostra que a eficiência da máquina será tanto maior quanto maior for a quantidade de trabalho obtida por certa quantidade de calor cedida pelo reservatório quente. A eficiência pode ser definida em termos exclusivos das trocas térmicas, pois (como mostra a Fig. 3A.8) o trabalho efetuado pela máquina é igual à diferença entre o calor fornecido pelo reservatório quente e o calor devolvido ao reservatório frio:

$$\eta = \frac{|q_h| - |q_c|}{|q_h|} = 1 - \frac{|q_c|}{|q_h|} \qquad (3A.9)$$

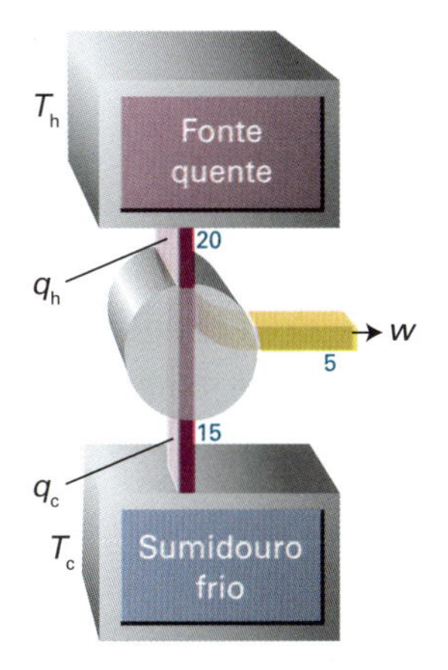

Figura 3A.8 Admitamos que a máquina receba a energia q_h (por exemplo, 20 kJ) e ceda a energia q_c (por exemplo, $q_c = -15$ kJ) para o reservatório frio. O trabalho efetuado pela máquina é igual a $q_h + q_c$ (por exemplo, $20\ \text{kJ} + (-15\ \text{kJ}) = 5\ \text{kJ}$). A eficiência é o trabalho realizado dividido pelo calor recebido da fonte quente.

Segue-se da Eq. 3A.7, escrita como $|q_c|/|q_h| = T_c/T_h$ (veja a observação final na *Justificativa* 3A.1), que

$$\eta = 1 - \frac{T_c}{T_h} \qquad \text{Eficiência de Carnot} \qquad (3A.10)$$

Breve ilustração 3A.4 Eficiência térmica

Certa usina opera com vapor superaquecido a 300 °C (T_h = 573 K) e descarrega o rejeito de calor na atmosfera a 20 °C (T_c = 293 K). Portanto, a eficiência teórica é

$$\eta = 1 - \frac{293\ \text{K}}{573\ \text{K}} = 0{,}489, \text{ ou } 48{,}9\%$$

Na prática, ocorrem outras perdas devido ao atrito e ao fato de as turbinas não operarem reversivelmente.

Exercício proposto 3A.5 A que temperatura da fonte quente a eficiência teórica seria de 80%?

Resposta: 1465 K

Agora estamos prontos para generalizar esta conclusão. A Segunda Lei da termodinâmica implica que *todas as máquinas reversíveis têm a mesma eficiência, qualquer que seja o seu modo de operar*. Para perceber a veracidade dessa afirmação, imaginemos duas máquinas reversíveis, acopladas e operando entre os mesmos dois reservatórios (Fig. 3A.9). As substâncias usadas na operação e os detalhes de construção das duas máquinas são absolutamente arbitrários. Inicialmente, admitimos que a máquina A é mais eficiente que a máquina B e que operamos o sistema de modo que a máquina B recebe o calor q_c do reservatório frio e libera certa quantidade de calor no reservatório quente. Entretanto, como a máquina A é mais eficiente que a B, nem

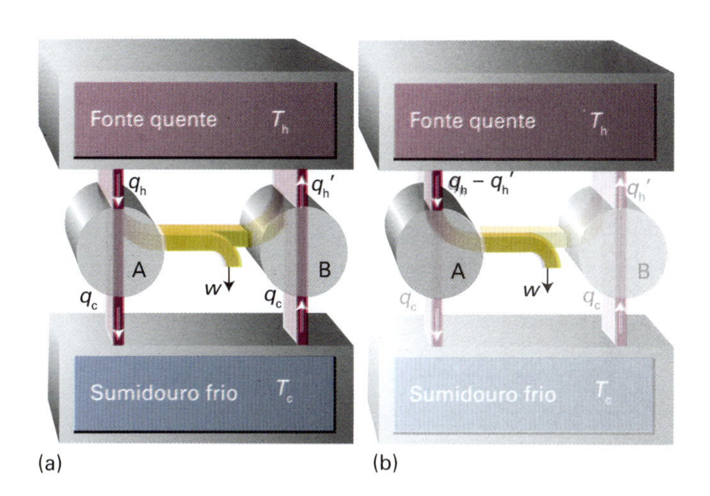

Figura 3A.9 (a) A demonstração da equivalência das eficiências de todas as máquinas reversíveis que operam entre os mesmos reservatórios térmicos está baseada no fluxo de energia representado neste diagrama. (b) O efeito líquido dos processos é a conversão de calor em trabalho sem haver necessidade de um sumidouro frio, o que contraria o enunciado de Kelvin para a Segunda Lei da Termodinâmica.

todo o trabalho que A produz é necessário para esse processo, e a diferença pode ser usada para efetuar trabalho. O resultado líquido, então, é que o reservatório frio não se altera, há produção de trabalho e o reservatório quente perdeu certa quantidade de energia. Esse resultado contradiz o enunciado de Kelvin para a Segunda Lei da Termodinâmica, pois certa quantidade de calor foi convertida diretamente em trabalho. Em termos moleculares, o movimento térmico desordenado do reservatório quente foi convertido em movimento ordenado característico do trabalho. Como a conclusão contraria a experiência, a hipótese inicial de que as máquinas A e B têm eficiências diferentes tem que ser falsa. Então, a relação entre os calores trocados e as temperaturas também têm que ser independentes do material operante e, assim, a Eq. 3A.10 é sempre correta para qualquer substância que participe de um ciclo de Carnot.

Para completar a demonstração, observamos que qualquer ciclo reversível pode ser aproximado por uma sucessão de ciclos de Carnot, e a integral representativa do ciclo é obtida como a soma das integrais de cada um desses ciclos de Carnot (Fig. 3A.10). Esta aproximação é exata quando os ciclos se tornam infinitesimais. A variação de entropia sobre qualquer dos ciclos individuais é nula (como demonstramos anteriormente), de modo que a soma das variações de entropia sobre todos os ciclos também é nula. Porém, no interior do ciclo, a variação de entropia sobre qualquer processo é cancelada pela variação de entropia sobre o mesmo processo pertencente a um ciclo vizinho. Portanto, todas as variações de entropia se anulam umas às outras, exceto as que estão sobre o perímetro do ciclo inicial. Isto é,

$$\sum_{\text{ciclo}} \frac{q_{\text{rev}}}{T} = \sum_{\text{perímetro}} \frac{q_{\text{rev}}}{T} = 0$$

No limite dos ciclos infinitesimais, os segmentos dos ciclos de Carnot que não se cancelam coincidem exatamente com o ciclo

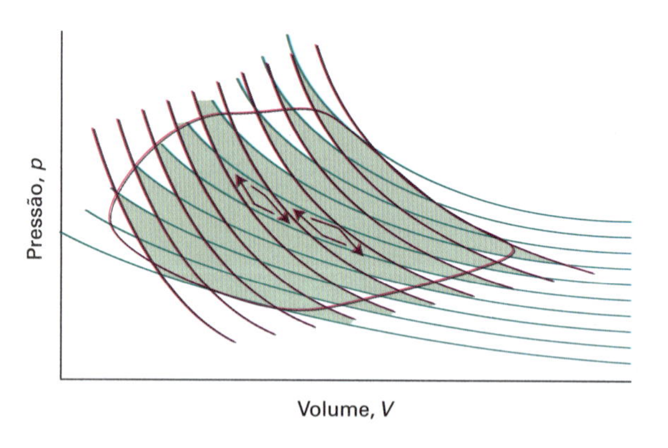

Figura 3A.10 Um ciclo qualquer, reversível, pode ser dividido em pequenos ciclos de Carnot. No limite, quando esses ciclos de Carnot forem infinitesimais, há concordância completa com o ciclo original. No interior do ciclo os processos se cancelam e somente a periferia dos ciclos contribui para o resultado final, uma aproximação que se torna mais exata à medida que o número de ciclos no interior aumenta. Como a variação de entropia em cada ciclo de Carnot é nula, a integral da entropia sobre o perímetro do ciclo original também é nula.

original, e a soma do primeiro membro da equação anterior se transforma numa integral. A Eq. 3A.6 aparece, então, imediatamente. Esse resultado mostra que dS é uma diferencial exata e que S, portanto, é uma função de estado.

(b) A temperatura termodinâmica

Imaginemos uma máquina que opera reversivelmente entre uma fonte quente à temperatura T_h e um sumidouro frio à temperatura T; então sabemos, pela Eq. 3A.10, que

$$T = (1-\eta)T_h \qquad \text{(3A.11)}$$

Essa expressão permitiu que Kelvin definisse uma **escala de temperatura termodinâmica** baseada na eficiência de uma máquina térmica. Construímos uma máquina na qual a fonte quente está em uma temperatura conhecida e o sumidouro frio é o objeto de interesse. A temperatura desse último pode ser inferida a partir da eficiência medida da máquina. A **escala Kelvin** (que é um caso particular da escala de temperatura termodinâmica) é definida usando-se o ponto triplo da água como fonte quente e definindo sua temperatura como exatamente 273,16 K.[3]

Breve ilustração 3A.5 A temperatura termodinâmica

Uma máquina térmica opera usando uma fonte quente no ponto triplo da água e um líquido resfriado como sumidouro frio. A eficiência medida da máquina é de 0,400. Portanto, a temperatura do líquido é

$$T = (1-0{,}400)\times(273{,}16\,\text{K}) = 164\,\text{K}$$

Exercício proposto 3A.6 Qual a temperatura de uma fonte quente se a eficiência termodinâmica é de 0,500 quando o sumidouro frio está a 273,16 K?

Resposta: 546 K

(c) A desigualdade de Clausius

Agora vamos mostrar que a definição de entropia é consistente com a Segunda Lei da Termodinâmica. Para iniciar, lembramos que mais energia escoa na forma de trabalho sob condições reversíveis do que sob condições irreversíveis. Isto é, $|\mathrm{d}w_{\text{rev}}| \geq |\mathrm{d}w|$. Como $\mathrm{d}w$ e $\mathrm{d}w_{\text{rev}}$ são grandezas negativas, quando o trabalho sai do sistema essa expressão equivale a $-\mathrm{d}w_{\text{rev}} \geq -\mathrm{d}w$ ou $\mathrm{d}w - \mathrm{d}w_{\text{rev}} \geq 0$. Como a energia interna é uma função de estado, a sua variação é a mesma para processos reversíveis e irreversíveis entre os dois mesmos estados. Podemos, portanto, escrever que

$$\mathrm{d}U = \mathrm{d}q + \mathrm{d}w = \mathrm{d}q_{\text{rev}} + \mathrm{d}w_{\text{rev}}$$

[3]A discussão sobre a substituição dessa definição por outra que seja independente da especificação de uma substância particular está em andamento.

Segue-se que $dq_{rev} - dq = dw - dw_{rev} \geq 0$, ou $dq_{rev} \geq dq$ e, portanto, que $dq_{rev}/T \geq dq/T$. Usamos agora a definição termodinâmica da entropia (Eq. 3A.1; $dS = dq_{rev}/T$) para escrever

$$dS \geq \frac{dq}{T} \quad \text{Desigualdade de Clausius} \quad (3A.12)$$

Essa expressão é a **desigualdade de Clausius**. Ela será de grande importância para a discussão da espontaneidade das reações químicas, como veremos na Seção 3C.

Breve ilustração 3A.6 A desigualdade de Clausius

Imaginemos a transferência de energia na forma de calor de um sistema — a fonte quente — na temperatura T_h para outro sistema — o sumidouro frio — na temperatura T_c (Fig. 3A.11).

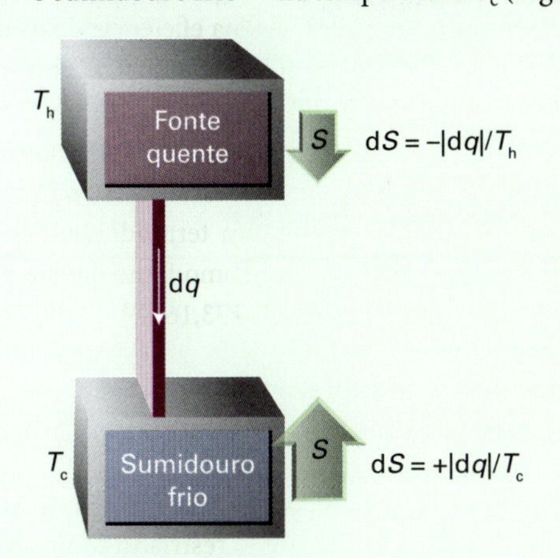

Figura 3A.11 Quando a energia sai do reservatório quente como calor, a entropia do reservatório diminui. Quando a mesma quantidade entra no reservatório frio, a entropia aumenta mais do que a diminuição que ocorreu no reservatório quente. Há então um aumento global de entropia e o processo é espontâneo. As variações relativas de entropia estão simbolizadas pelos tamanhos das setas.

Quando a fonte quente perde $|dq|$ unidades de calor (de modo que $dq_h < 0$), a desigualdade de Clausius implica que $dS \geq dq_h/T_h$. Quando a quantidade de calor $|dq|$ entra no sumidouro frio, a desigualdade de Clausius implica que $dS \geq dq_c/T_c$ (com $dq_c > 0$). A variação global de entropia é então

$$dS \geq \frac{dq_h}{T_h} + \frac{dq_c}{T_c}$$

Entretanto, $dq_h = -dq_c$, de modo que

$$dS \geq -\frac{dq_c}{T_h} + \frac{dq_c}{T_c} = \left(\frac{1}{T_c} - \frac{1}{T_h}\right) dq_c$$

que é positiva (pois $dq_c > 0$ e $T_h \geq T_c$). Consequentemente, o resfriamento (a transferência de calor de um corpo quente para um corpo frio) é espontâneo, como sabemos do dia a dia.

Exercício proposto 3A.7 Qual é a variação de entropia quando 1,0 J de calor é transferido de um bloco grande de ferro a 30 °C para outro bloco a 20 °C?

Resposta: $+0{,}1 \text{ mJ K}^{-1}$

Imaginemos agora que o sistema esteja isolado termicamente das suas vizinhanças, de modo que $dq = 0$. A desigualdade de Clausius leva a

$$dS \geq 0 \quad (3A.13)$$

e concluímos que *em um sistema isolado a entropia do sistema não pode diminuir quando ocorre uma transformação espontânea.* Este enunciado sintetiza o conteúdo da Segunda Lei da termodinâmica.

3A.4 Variações de entropia que acompanham processos específicos

Vejamos agora como calcular a variação de entropia associada a diversos processos simples.

(a) Expansão

Vimos no *Exemplo* 3A.1, que a variação de entropia de um gás perfeito, que se expande isotermicamente de V_i até V_f, é

$$\Delta S = nR \ln \frac{V_f}{V_i} \quad \text{Variação de entropia para a expansão isotérmica de um gás perfeito} \quad (3A.14)$$

Como S é uma função de estado, o valor de ΔS *do sistema* é independente do processo que faz o sistema evoluir do estado inicial até o estado final. Consequentemente, essa expressão se aplica tanto para uma mudança de estado que ocorre reversivelmente como para uma mudança de estado que ocorre irreversivelmente. A dependência logarítmica da entropia em relação ao volume está ilustrada na Fig. 3A.12.

A variação *total* da entropia, no entanto, depende de como ocorre a expansão. Para qualquer processo o calor perdido pelo sistema é transferido para a vizinhança, logo $dq_{viz} = -dq$. Para um processo reversível usamos a expressão do *Exemplo* 3A.1 ($q_{rev} = nRT \ln(V_f/V_i)$) ; consequentemente, a partir da Eq. 3A.3b

$$\Delta S_{viz} = \frac{q_{viz}}{T} = -\frac{q_{rev}}{T} = -nR \ln \frac{V_f}{V_i} \quad (3A.15)$$

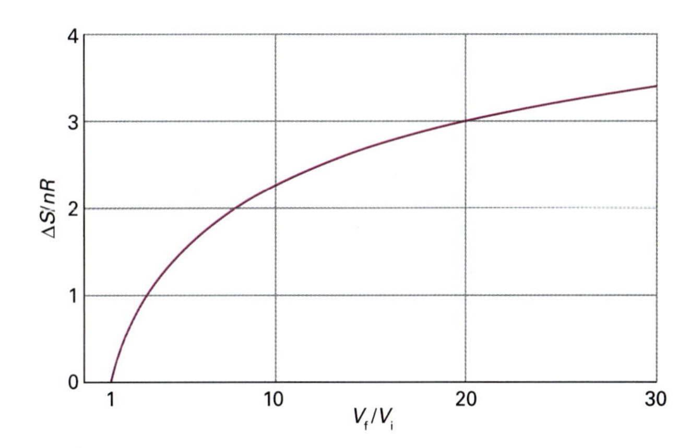

Figura 3A.12 Aumento logarítmico da entropia para um gás perfeito que se expande isotermicamente.

Essa variação é o negativo da variação no sistema, de modo que podemos concluir que $\Delta S_{tot} = 0$, que é o que esperaríamos para um processo reversível. Se a expansão isotérmica ocorre livremente ($w = 0$), então $q = 0$ (pois $\Delta U = 0$). Consequentemente, $\Delta S_{viz} = 0$, e a variação total da entropia é dada pela própria Eq. 3A.17:

$$\Delta S_{tot} = nR \ln \frac{V_f}{V_i} \qquad (3A.16)$$

Nesse caso, $\Delta S_{tot} > 0$, como esperaríamos para um processo irreversível.

Breve ilustração 3A.7 Entropia de expansão

Quando o volume de qualquer gás perfeito é duplicado a temperatura constante, $V_f/V_i = 2$ e a variação de entropia molar do sistema é

$$\Delta S_m = (8{,}3145\,\mathrm{J\,K^{-1}\,mol^{-1}}) \times \ln 2 = +5{,}76\,\mathrm{J\,K^{-1}\,mol^{-1}}$$

Se a transformação é realizada reversivelmente, a variação de entropia das vizinhanças é $-5{,}76\ \mathrm{J\,K^{-1}\,mol^{-1}}$ ('por mol' significa por mol de moléculas de gás na amostra). A variação total de entropia é 0. Se a expansão é livre, a variação de entropia do gás ainda é $+5{,}76\ \mathrm{J\,K^{-1}\,mol^{-1}}$, mas a das vizinhanças é 0, e a variação total é $+5{,}76\ \mathrm{J\,K^{-1}\,mol^{-1}}$.

Exercício proposto 3A.8 Calcule a variação de entropia quando um gás perfeito se expande isotermicamente para 10 vezes seu volume inicial (a) reversivelmente, (b) irreversivelmente contra uma pressão nula.

Resposta: (a) $\Delta S_m = +19\,\mathrm{J\,K^{-1}\,mol^{-1}}$, $\Delta S_{viz} = -19\,\mathrm{J\,K^{-1}\,mol^{-1}}$, $\Delta S_{tot} = 0$; (b) $\Delta S_m = +19\,\mathrm{J\,K^{-1}\,mol^{-1}}$, $\Delta S_{viz} = 0$, $\Delta S_{tot} = +19\,\mathrm{J\,K^{-1}\,mol^{-1}}$

(b) Transição de fase

O grau de dispersão da matéria e da energia muda quando uma substância congela ou vaporiza como resultado de mudanças na ordem com que as moléculas se agrupam e na extensão com que a energia está localizada ou dispersa. Devemos esperar, portanto, que uma transição de fase seja acompanhada por uma variação de entropia. Por exemplo, quando uma substância vaporiza, uma fase condensada compacta se transforma num gás com moléculas muito dispersas, e, por isso, a entropia da substância deve aumentar bastante nessa transição. A entropia de um sólido também aumenta quando ele funde e passa a líquido, e também há aumento de entropia quando a fase líquida se transforma num gás.

Imaginemos um sistema e suas vizinhanças na **temperatura de transição normal**, T_{trs}, a temperatura em que as duas fases estão em equilíbrio sob pressão de 1 atm. Esta temperatura, por exemplo, é 0 °C (273 K) para o gelo em equilíbrio com a água líquida a 1 atm, e 100 °C (373 K) para a água em equilíbrio com o seu vapor a 1 atm. Na temperatura de transição, qualquer transferência de calor entre o sistema e suas vizinhanças é reversível, pois as duas fases do sistema estão em equilíbrio. Como a pressão é constante, $q = \Delta_{trs}H$ e a variação da entropia molar *do sistema* é[4]

$$\Delta_{trs}S = \frac{\Delta_{trs}H}{T_{trs}} \qquad (3A.17)$$

À temperatura de transição — Entropia de transição de fase

Se a transição de fase for exotérmica ($\Delta_{trs}H < 0$, como no congelamento ou na condensação), então a variação de entropia é negativa. Esta diminuição de entropia é compatível com o aumento da ordem de um sólido comparada com a de um líquido e com o aumento da ordem de um líquido comparada com a de um gás. A variação de entropia das vizinhanças é, entretanto, positiva, porque a energia é nela liberada como calor. Na temperatura de transição, a variação total de entropia é nula. Se a transição for endotérmica ($\Delta_{trs}H > 0$, como na fusão e na vaporização) a variação de entropia é positiva, o que também é compatível com a dispersão da energia e da matéria no sistema. A entropia das vizinhanças diminui do mesmo valor, e, no global, a variação total de entropia é nula.

A Tabela 3A.1 registra alguns valores experimentais de entropias de transição. A Tabela 3A.2 registra com mais detalhes as entropias-padrão de vaporização de alguns líquidos nos seus respectivos pontos de ebulição. Um aspecto interessante dos dados é que uma ampla diversidade de líquidos tem aproximadamente a mesma entropia-padrão de vaporização (cerca de 85 $\mathrm{J\,K^{-1}\,mol^{-1}}$): esta observação empírica é conhecida como a **regra de Trouton**. A explicação da regra de Trouton é a de que uma

Tabela 3A.1* Entropias-padrão (e temperaturas) de transições de fase, $\Delta_{trs}S^{\ominus}/(\mathrm{J\,K^{-1}\,mol^{-1}})$

	Fusão (a T_f)	Vaporização (a T_b)
Argônio, Ar	14,17 (a 83,8 K)	74,53 (a 87,3 K)
Benzeno, C_6H_6	38,00 (a 279 K)	87,19 (a 353 K)
Água, H_2O	22,00 (a 273,15 K)	109,0 (a 373,15 K)
Hélio, He	4,8 (a 8 K e 30 bar)	19,9 (a 4,22 K)

*Outros valores podem ser vistos na *Seção de dados*.

Tabela 3A.2* Entalpias e entropias padrão de vaporização de líquidos em seus pontos de ebulição normais

	$\Delta_{vap}H^{\ominus}/(\mathrm{kJ\,mol^{-1}})$	$\theta_{eb}/°C$	$\Delta_{vap}S^{\ominus}/(\mathrm{J\,K^{-1}\,mol^{-1}})$
Benzeno	30,8	80,1	87,2
Tetracloreto de carbono	30	76,7	85,8
Ciclo-hexano	30,1	80,7	85,1
Sulfeto de hidrogênio	18,7	−60,4	87,9
Metano	8,18	−161,5	73,2
Água	40,7	100,0	109,1

*Outros valores podem ser vistos na *Seção de dados*.

[4] De acordo com a Seção 2C, $\Delta_{trs}H$ simboliza uma variação de entalpia por mol da substância, de modo que $\Delta_{trs}S$ também é uma grandeza molar.

variação comparável em volume ocorre quando um líquido qualquer evapora e se torna um gás. Por isso, espera-se que as entropias-padrão de vaporização de todos os líquidos sejam semelhantes. Os líquidos que exibem desvios significativos em relação à regra de Trouton têm interações moleculares fortes que levam a um ordenamento parcial das moléculas. Nestes casos, há uma maior variação na desordem quando o líquido se transforma em vapor que para um líquido completamente desordenado. Um exemplo desse comportamento é o da água, que tem entropia de vaporização muito grande, o que reflete a presença de uma estrutura provocada pela ligação hidrogênio em fase líquida. As ligações hidrogênio tendem a organizar as moléculas da água líquida, de modo que a organização na água líquida é menos caótica do que, por exemplo, no sulfeto de hidrogênio líquido (que não tem ligações hidrogênio). O metano tem uma entropia de vaporização excepcionalmente baixa. Uma parte deste efeito se deve à própria entropia do gás, que é ligeiramente baixa (186 J K^{-1} mol^{-1}, a 298 K). Nas mesmas condições, a entropia do N_2 é 192 J K^{-1} mol^{-1}. Como veremos na Seção 12B, há menos estados rotacionais acessíveis à temperatura ambiente para moléculas com momento de inércia pequeno (como o CH_4) que para moléculas com momentos de inércia relativamente maiores (como o N_2), logo, sua entropia molar é menor.

Breve ilustração 3A.8 A Regra de Trouton

Não há nenhuma ligação de hidrogênio no bromo líquido. A molécula de Br_2 é uma molécula pesada e é improvável que ela exiba comportamento irregular em fase gasosa. Por isso, parece seguro usar a regra de Trouton. Para calcular a entalpia molar padrão de vaporização do bromo sabendo que o seu ponto de ebulição normal é a 59,2 °C, usamos a regra na forma

$$\Delta_{\text{vap}}H^{\ominus} = T_{\text{eb}} \times (85\,\text{J K}^{-1}\text{mol}^{-1})$$

A substituição dos dados fornece

$$\Delta_{\text{vap}}H^{\ominus} = (332{,}4\,\text{K}) \times (85\,\text{J K}^{-1}\text{mol}^{-1}) = +2{,}8\times10^{3}\,\text{J mol}^{-1}$$
$$= +28\,\text{kJ mol}^{-1}$$

O valor experimental é +29,45 kJ mol^{-1}.

Exercício proposto 3A.9 Determine a entalpia de vaporização do etano a partir do seu ponto de ebulição, −88,6 °C.

Resposta: 16 kJ mol^{-1}

(c) Aquecimento

A Eq. 3A.2 pode ser usada para calcular a entropia de um sistema na temperatura T_f a partir do conhecimento da sua entropia na temperatura T_i e do calor trocado para provocar a variação de temperatura de um valor para o outro:

$$S(T_f) = S(T_i) + \int_{T_i}^{T_f} \frac{dq_{\text{rev}}}{T} \qquad (3A.18)$$

Estamos especialmente interessados na variação de entropia quando o sistema está sujeito a uma pressão constante (como a atmosfera) durante o aquecimento. Então, pela definição de capacidade calorífica a pressão constante (Eq. 2B.5, $C_p = (\partial H/\partial T)_p$ escrita como $dq_{\text{rev}} = C_p dT$), temos

$$S(T_f) = S(T_i) + \int_{T_i}^{T_f} \frac{C_p dT}{T} \qquad (3A.19)$$

Pressão constante — Variação de entropia em relação à temperatura

A mesma expressão se aplica a volume constante, com C_V no lugar de C_p. Quando C_p for independente da temperatura na faixa de temperatura considerada, obtemos

$$S(T_f) = S(T_i) + C_p \int_{T_i}^{T_f} \frac{dT}{T} = S(T_i) + C_p \ln \frac{T_f}{T_i} \qquad (3A.20)$$

Expressão semelhante é obtida para o aquecimento a volume constante. A dependência logarítmica da entropia em relação à temperatura está ilustrada na Fig. 3A.13.

Breve ilustração 3A.9 Variação de entropia no aquecimento

A capacidade calorífica molar a volume constante da água a 298 K é 75,3 J K^{-1} mol^{-1}. A variação de entropia molar quando ela é aquecida de 20 °C (293 K) a 50 °C (323 K) é

$$\Delta S_m = S_m(323\,\text{K}) - S_m(293\,\text{K}) = (75{,}3\,\text{J K}^{-1}\text{mol}^{-1}) \times \ln\frac{323\,\text{K}}{293\,\text{K}}$$
$$= +7{,}34\,\text{J K}^{-1}\text{mol}^{-1}$$

Exercício proposto 3A.10 Qual é a variação quando o aquecimento prossegue levando a temperatura de 50 °C a 80 °C?

Resposta: +5,99 J K^{-1} mol^{-1}

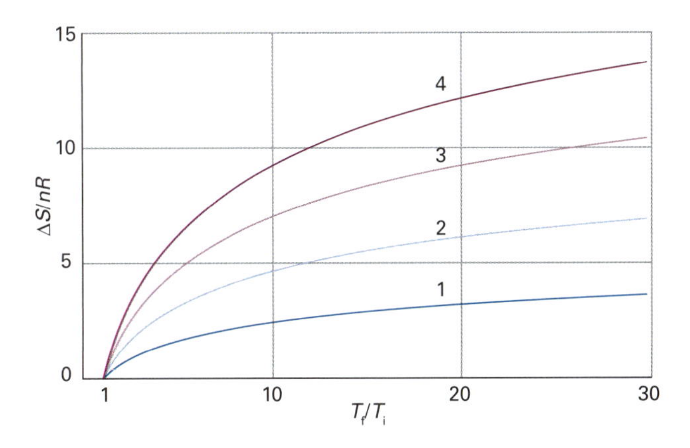

Figura 3A.13 Aumento logarítmico da entropia de uma substância que é aquecida a volume constante. As diferentes curvas correspondem a diferentes valores da capacidade calorífica a volume constante (admite-se que as capacidades caloríficas são constantes no intervalo de temperatura considerado), que é expressa por $C_{V,m}/R$.

(d) Processos compostos

Em muitos casos, mais de um parâmetro varia. Por exemplo, tanto o volume quanto a temperatura de um gás podem ser diferentes nos estados inicial e final. Como S é uma função de estado, podemos escolher livremente o processo mais conveniente entre os estados inicial e final; este pode ser uma expansão isotérmica reversível até o volume final seguido de um aquecimento reversível, a volume constante, até a temperatura final. A variação total de entropia é, então, a soma das duas contribuições.

Exemplo 3A.2 Cálculo da variação de entropia em processos compostos

Calcule a variação de entropia do argônio, que está inicialmente a 25 °C e 1,00 bar, num recipiente de 0,500 dm^3 de volume e que se expande até o volume de 1,000 dm^3, sendo simultaneamente aquecido até 100 °C.

Método Como descrito no texto, usamos uma expansão isotérmica reversível até o volume final, seguida de um aquecimento reversível, a volume constante, até a temperatura final. A variação de entropia na primeira etapa do processo é dada pela Eq. 3A.16, e na segunda etapa, com C_V independente da temperatura, pela Eq. 3A.20 (com C_V em lugar de C_p). Em cada caso é preciso conhecer o valor de n, o número de mols do gás, e este número pode ser calculado pela equação do gás perfeito e pelos valores dados para o estado inicial a partir de $n=p_iV_i/RT_i$. A capacidade calorífica a volume constante é dada pelo teorema da equipartição como $\frac{3}{2}R$. (O teorema da equipartição é válido para gases monoatômicos: para outros gases, e em geral, usam-se dados experimentais semelhantes àqueles nas Tabelas 2C.1 e 2C.2, convertendo para volume constante usando a relação $C_{p,m}-C_{V,m}=R$.)

Resposta Da Eq. 3A.16, a variação de entropia de uma expansão isotérmica de V_i a V_f é

$$\Delta S(\text{Etapa 1})=nR\ln\frac{V_f}{V_i}$$

A partir da Eq. 3A.20, a variação de entropia na segunda etapa, de T_i a T_f a volume constante, é

$$\Delta S(\text{Etapa 2})=nC_{V,m}\ln\frac{T_f}{T_i}=\tfrac{3}{2}nR\ln\frac{T_f}{T_i}=nR\ln\left(\frac{T_f}{T_i}\right)^{3/2}$$

A variação global de entropia, que é a soma das duas variações, é

$$\Delta S=nR\ln\frac{V_f}{V_i}+nR\ln\left(\frac{T_f}{T_i}\right)^{3/2}=nR\ln\frac{V_f}{V_i}\left(\frac{T_f}{T_i}\right)^{3/2}$$

(Usamos $\ln x+\ln y=\ln xy$.) Agora substituímos $n=p_iV_i/RT_i$ e obtemos

$$\Delta S=\frac{p_iV_i}{T_i}\ln\frac{V_f}{V_i}\left(\frac{T_f}{T_i}\right)^{3/2}$$

Neste momento, substituímos os dados:

$$\Delta S=\frac{(1{,}00\times10^5\,\text{Pa})\times(0{,}500\times10^{-3}\,\text{m}^3)}{298\,\text{K}}\times\ln\frac{1{,}000}{0{,}500}\left(\frac{373}{298}\right)^{3/2}$$

$$=+0{,}173\,\text{J K}^{-1}$$

Uma nota sobre a boa prática É sensato avançar de forma tão geral quanto possível antes de inserir dados numéricos, de modo que, se for preciso, a fórmula possa ser usada para outros dados, além de evitar erros de arredondamento.

Exercício proposto 3A.11 Calcule a variação de entropia quando a mesma amostra de gás mencionada no exemplo anterior, a partir do mesmo estado inicial, é comprimida a 0,0500 dm^3 e resfriada a −25 °C.

Resposta: $-0{,}44\,\text{J K}^{-1}$

Conceitos importantes

- ☐ 1. A **entropia** atua como um sinalizador da mudança espontânea.
- ☐ 2. A variação de entropia é definida em termos das forças de calor (a **definição de Clausius**).
- ☐ 3. A **fórmula de Boltzmann** define a entropia absoluta em termos do número de maneiras de atingir uma configuração.
- ☐ 4. O **ciclo de Carnot** é usado para provar que a entropia é uma função de estado.
- ☐ 5. A **eficiência** de uma máquina térmica é a base da definição da escala de temperatura termodinâmica e um caso particular dela, a escala Kelvin.
- ☐ 6. A **desigualdade de Clausius** é usada para mostrar que a entropia cresce em uma transformação espontânea, portanto, que a definição de Clausius é consistente com a Segunda Lei.
- ☐ 7. A entropia de gás perfeito aumenta quando ele se expande isotermicamente.
- ☐ 8. A variação de entropia que acompanha a mudança de estado de uma substância na sua temperatura de transição é calculada a partir da entalpia de transição.
- ☐ 9. O aumento de entropia devido ao aquecimento de uma substância é calculado a partir de sua capacidade calorífica.

Equações importantes

Propriedade	Equação	Comentário	Número da equação
Entropia termodinâmica	$dS = dq_{rev}/T$	Definição	3A.1
Variação de entropia das vizinhanças	$\Delta S_{viz} = q_{viz}/T_{viz}$		3A.3b
Fórmula de Boltzmann	$S = k \ln \mathcal{W}$	Definição	3A.5
Eficiência de Carnot	$\eta = 1 - T_c/T_h$	Processo reversível	3A.10
Temperatura termodinâmica	$T = (1 - \eta)T_h$		3A.11
Desigualdade de Clausius	$dS \geq dq/T$		3A.12
Entropia de expansão isotérmica	$\Delta S = nR \ln(V_f/V_i)$	Gás perfeito	3A.14
Entropia de transição	$\Delta_{trs}S = \Delta_{trs}H/T_{trs}$	À temperatura de transição	3A.17
Variação da entropia com a temperatura	$S(T_f) = S(T_i) + C \ln(T_f/T_i)$	A capacidade calorífica, C, é independente da temperatura e não ocorre transição de fase	3A.20

3B A medida da entropia

Tópicos

➤ Por que você precisa saber este assunto?

Para que a entropia seja um conceito útil do ponto de vista quantitativo, é importante que possamos medi-la. O procedimento calorimétrico é descrito nesta seção. A discussão também introduz a Terceira Lei da Termodinâmica, que tem implicações importantes na medição da entropia e (como mostrado nas últimas seções) na obtenção do zero absoluto.

➤ Qual é a ideia fundamental?

A entropia de um sólido cristalino perfeito é zero em $T = 0$.

➤ O que você já deve saber?

Você precisa estar familiarizado com a expressão da dependência entre a entropia e a temperatura e em como as entropias de transição são calculadas (Seção 3A). A discussão sobre entropia residual baseia-se na fórmula de Boltzmann (Seção 3A).

A entropia de uma substância pode ser determinada de duas formas. Uma, que é o assunto desta seção, é por meio de medições calorimétricas do calor necessário para aumentar a temperatura de uma amostra de $T = 0$ até a temperatura de interesse. A outra, descrita na Seção 15E, é o uso de parâmetros calculados ou de dados espectroscópicos para calcular a entropia usando a definição estatística de Boltzmann.

3B.1 A medição calorimétrica da entropia

Sabemos da Seção 3A que a entropia de um sistema na temperatura T relaciona-se com a entropia do sistema a $T = 0$ pela medida da capacidade calorífica C_p em diversas temperaturas e pelo cálculo da integral da Eq. 3A.19, $(S(T_f) = S(T_i) + \int_{T_i}^{T_f} C_p \mathrm{d}T/T)$. A entropia de transição ($\Delta_{trs}H/T_{trs}$) de cada transição de fase que ocorra entre $T = 0$ e a temperatura de interesse tem que ser incluída na soma global. Por exemplo, se a temperatura de fusão de uma substância for T_f e a temperatura de ebulição for T_{eb}, então a entropia molar da substância numa temperatura mais elevada do que a de ebulição é dada por

$$S_m(T) = S_m(0) + \overbrace{\int_0^{T_f} \frac{C_{p,m}(s,T)}{T}\mathrm{d}T}^{\text{Aquecimento do sólido até seu ponto de fusão}} + \overbrace{\frac{\Delta_{fus}H}{T_f}}^{\text{Entropia de fusão}} + \overbrace{\int_{T_f}^{T_{eb}} \frac{C_{p,m}(l,T)}{T}\mathrm{d}T}^{\text{Aquecimento do líquido até seu ponto de ebulição}} + \overbrace{\frac{\Delta_{vap}H}{T_{eb}}}^{\text{Entropia de vaporização}} + \overbrace{\int_{T_{eb}}^{T} \frac{C_{p,m}(g,T)}{T}\mathrm{d}T}^{\text{Aquecimento do vapor até a temperatura final}} \quad (3B.1)$$

Todas as propriedades que figuram nesta expressão, exceto $S_m(0)$, podem ser medidas calorimetricamente, e as integrais podem ser estimadas de maneira gráfica ou, como se faz mais comumente, pelo ajuste de um polinômio aos dados e pela integração analítica do polinômio. O procedimento está ilustrado na Fig. 3B.1: a área sob a curva de $C_{p,m}/T$ contra T é a integral que se quer. Se as medidas são realizadas a 1 bar em um material puro, o valor final é a **entropia padrão**, $S^{\ominus}(T)$, que, divida pelo número de mols da substância, gera a **entropia molar padrão**, $S_m^{\ominus}(T) = S^{\ominus}(T)/n$. Como $\mathrm{d}T/T = \mathrm{d}\ln T$, outro procedimento é o de estimar a área sob a curva de $C_{p,m}$ contra $\ln T$.

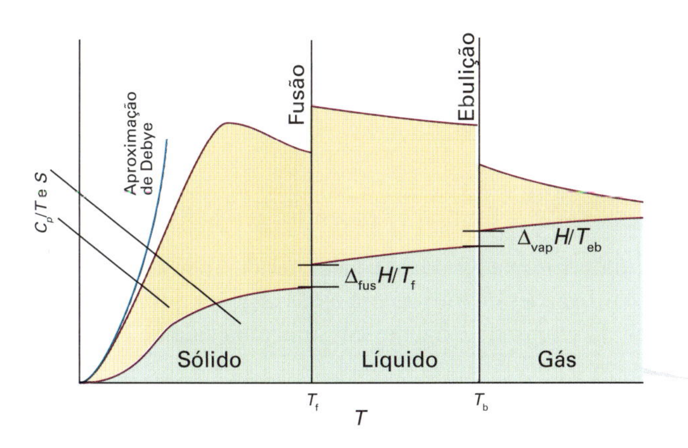

Figura 3B.1 A variação de C_p/T com a temperatura para uma amostra é usada para determinar a entropia, que é medida pela área subtendida da curva superior até a temperatura correspondente, mais a entropia de cada transição de fase.

Breve ilustração 3B.1 **Entropia molar padrão**

A entropia molar padrão do nitrogênio gasoso, a 25 °C, foi calculada a partir dos seguintes dados:

	$S_m^\ominus/(J\,K^{-1}\,mol^{-1})$
Extrapolação de Debye*	1,92
Integração de 10 K a 35,61 K	25,25
Transição de fase a 35,61 K	6,43
Integração de 35,61 K a 63,14 K	23,38
Fusão a 63,14 K	11,42
Integração de 63,14 K a 77,32 K	11,41
Vaporização a 77,32 K	72,13
Integração de 77,32 K a 298,15 K	39,20
Correção para o comportamento real do gás	0,92
Total	192,06

Portanto, $S_m^\ominus(298{,}15\,K) = S_m(0) + 192{,}1\,J\,K^{-1}\,mol^{-1}$.

*Esta extrapolação é explicada adiante no texto.

Um problema para a medida da entropia é o da dificuldade da medição das capacidades caloríficas nas vizinhanças de $T = 0$. Há boas razões teóricas para admitir que, em temperaturas muito baixas, a capacidade calorífica seja proporcional a T^3 (veja Seção 7A) e esta dependência é a base da **extrapolação de Debye**. Neste método, mede-se C_p em temperatura tão baixa quanto possível e ajusta-se uma curva da forma aT^3 aos dados experimentais. A partir do ajuste, obtém-se o valor de a e admite-se que a expressão $C_{p,m} = aT^3$ seja válida até $T = 0$.

Exemplo 3B.1 **Cálculo da entropia a baixas temperaturas**

A capacidade calorífica molar de determinado sólido, a pressão constante, a 4,2 K, é 0,43 J K^{-1} mol^{-1}. Qual é a sua entropia molar nesta temperatura?

Método Como a temperatura é muito baixa, podemos admitir que a capacidade calorífica varie com a temperatura como aT^3, e neste caso se pode utilizar a Eq. 3A.19 (apresentada no parágrafo de abertura da Seção 3B.1) para estimar a entropia na temperatura T em termos da entropia em $T = 0$ e da constante a. Ao se efetuar a integração, vem que o resultado pode ser expresso em termos da capacidade calorífica na temperatura T, de modo que se pode usar diretamente o dado inicial para calcular a entropia.

Resposta A integração que se quer é

$$S_m(T) = S_m(0) + \int_0^T \frac{aT^3}{T}\,dT = S_m(0) + a\int_0^T T^2 dT$$
$$= S_m(0) + \tfrac{1}{3}aT^3 = S_m(0) + \tfrac{1}{3}C_{p,m}(T)$$

e daí segue que

$$S_m(4{,}2\,K) = S_m(0) + 0{,}14\,J\,K^{-1}\,mol^{-1}$$

Exercício proposto 3B.1 No caso de metais, há uma contribuição à capacidade calorífica que provém dos elétrons e é linearmente proporcional a T quando a temperatura é baixa. Encontre sua contribuição à entropia em temperaturas baixas.

Resposta: $S(T) = S(0) + C_p(T)$

3B.2 A Terceira Lei

Vamos considerar agora o problema do valor de $S(0)$. Em $T = 0$, toda a energia do movimento térmico foi extinta, e, num cristal perfeito, todos os átomos ou íons estão uniforme e regularmente distribuídos. A localização da matéria e a ausência de movimento térmico sugerem que, naquela temperatura, a entropia das substâncias seja nula. Esta conclusão é consistente com a interpretação molecular da entropia, pois $S = 0$ significa que só há uma forma de distribuir as moléculas e somente um microestado é acessível (todas as moléculas ocupam o estado fundamental, $\mathcal{W} = 1$).

(a) O teorema do calor de Nernst

A observação experimental que mostra ser compatível com a ideia de a entropia de uma estrutura regular de moléculas ser zero em $T = 0$ é resumida pelo **teorema do calor de Nernst**:

> A variação de entropia de qualquer transformação física ou química tende a zero quando a temperatura tende a zero: $\Delta S \rightarrow 0$ quando $T \rightarrow 0$, admitindo-se que todas as substâncias envolvidas estão ordenadas perfeitamente (são perfeitamente cristalinas).

Teorema do calor de Nernst

Breve ilustração 3B.2 O teorema do calor de Nernst

Imaginemos a entropia da transição do enxofre ortorrômbico, α, a enxofre monoclínico, β, que pode ser calculada pela entalpia da transição ($-402\,\mathrm{J\,mol^{-1}}$) na temperatura de transição (369 K):

$$\Delta_{trs}S = S_m(\beta) - S_m(\alpha) = \frac{-402\,\mathrm{J\,mol^{-1}}}{369\,\mathrm{K}}$$
$$= -1{,}09\,\mathrm{J\,K^{-1}\,mol^{-1}}$$

Também se podem estimar as entropias das duas formas do enxofre pelas capacidades caloríficas de $T = 0$ até $T = 369$ K. Encontra-se que $S_m(\alpha) = S_m(\alpha,0) + 37\,\mathrm{J\,K^{-1}\,mol^{-1}}$ e $S_m(\beta) = S_m(\beta,0) + 38\,\mathrm{J\,K^{-1}\,mol^{-1}}$. Esses dois valores implicam que, na temperatura de transição,

$$\Delta_{trs}S = S_m(\alpha,0) - S_m(\beta,0) = -1\,\mathrm{J\,K^{-1}\,mol^{-1}}$$

A comparação desse resultado com o anterior leva à conclusão de que $S_m(\alpha,0) - S_m(\beta,0) \approx 0$, de acordo com o teorema.

Exercício proposto 3B.2 Duas formas de um sólido metálico (veja o *Exercício proposto* 3B.1) sofrem uma transição de fase em T_{trs}, que é próximo de $T = 0$. Qual é a entalpia de transição em T_{trs} em termos das capacidades caloríficas dos dois polimorfos?

Resposta: $\Delta_{trs}H(T_{trs}) = T_{trs}\Delta C_p(T_{trs})$

Conclui-se do teorema de Nernst que, se a entropia dos elementos na sua forma cristalina perfeita, em $T = 0$, for arbitrariamente fixada em zero, então todos os compostos cristalinos perfeitos também terão entropia nula em $T = 0$ (pois a variação de entropia que acompanha a formação dos compostos é nula em $T = 0$, assim como a variação de entropia em todas as transformações nessa temperatura é nula). Esse resultado é expresso na **Terceira Lei da Termodinâmica**:

A entropia de todos os cristais perfeitos é zero em $T = 0$.

Terceira Lei da Termodinâmica

Vale a pena observar que, no âmbito da termodinâmica, a escolha desse valor comum como zero é uma mera questão de conveniência. Entretanto, a interpretação molecular da entropia justifica o valor de $S = 0$ em $T = 0$ porque, então, $\mathcal{W} = 1$.

Em alguns casos, $\mathcal{W} > 1$ em $T = 0$ e, portanto, $S(0) > 0$. Esta é a situação quando não há nenhuma vantagem, do ponto de vista energético, em se adotar uma orientação particular, mesmo no zero absoluto. Por exemplo, para uma molécula diatômica AB pode não existir quase nenhuma diferença de energia entre os arranjos ...AB AB AB... e ...BA AB BA..., de forma que $\mathcal{W} > 1$ mesmo em $T = 0$. Se $S > 0$ em $T = 0$, dizemos que a substância tem **entropia residual**. O gelo tem uma entropia residual de $3{,}4\,\mathrm{J\,mol^{-1}}$. Ela surge devido ao arranjo das ligações de hidrogênio entre as moléculas de água vizinhas: certo átomo de O tem duas ligações O–H curtas e duas ligações O···H longas com seus vizinhos, embora haja alguma aleatoriedade na definição de quais ligações são curtas e quais são longas.

Exemplo 3B.2 Estimativa da entropia residual

Calcule a entropia residual do gelo considerando a distribuição das ligações de hidrogênio e das ligações químicas em torno do átomo de oxigênio em uma molécula de H_2O. O valor experimental é $3{,}4\,\mathrm{J\,K^{-1}\,mol^{-1}}$.

Método Observe o átomo de O, e considere o número de maneiras pelas quais o átomo de O pode ter duas ligações (químicas) curtas e duas ligações de hidrogênio, longas, com seus quatro vizinhos. Veja a Fig. 3B.2

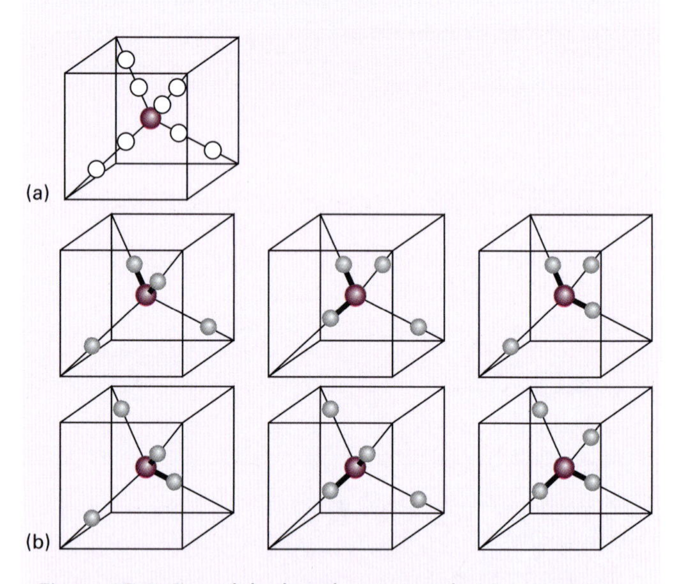

Figura 3B.2 O modelo do gelo mostrando (a) a estrutura local de um átomo de oxigênio e (b) o arranjo de ligações químicas e hidrogênio usados para calcular a entropia residual do gelo.

Resposta Suponha que cada átomo de H possa ficar próximo ou afastado de seu átomo de O "associado", como mostrado na Fig. 3B.2. O número total desses arranjos imagináveis em uma amostra contendo N moléculas de H_2O e, portanto, $2N$ átomos de H, é 2^{2N}. Considere agora um único átomo de O. O número total de arranjos possíveis de posições de átomos de H em torno do átomo de O central de uma molécula de H_2O é $2^4 = 16$. Dessas 16 possibilidades, somente 6 correspondem a duas ligações curtas e duas longas. Ou seja, somente $\frac{6}{16} = \frac{3}{8}$ de todos os possíveis arranjos são possíveis, e, para N moléculas, somente $(3/8)^N$ de todos os possíveis arranjos são possíveis. Portanto, o número total de arranjos permitidos em um cristal é $2^{2N}(3/8)^N = 4^N(3/8)^N = (3/2)^N$. Supondo que todos os arranjos sejam energeticamente idênticos, a entropia residual é

$$S(0) = k\ln\left(\tfrac{3}{2}\right)^N = Nk\ln\tfrac{3}{2} = nN_A k\ln\tfrac{3}{2} = nR\ln\tfrac{3}{2}$$

e a entropia molar residual é

$$S_m(0) = R \ln \tfrac{3}{2} = 3{,}4\,\mathrm{J\,K^{-1}\,mol^{-1}}$$

em acordo com o valor experimental.

Exercício proposto 3B.3 Qual seria a entropia molar residual do HCF_3 supondo que cada molécula possa assumir uma das quatro orientações tetraédricas no cristal?

Resposta: $11{,}5\,\mathrm{J\,K^{-1}\,mol^{-1}}$

(b) Entropias da Terceira Lei

As entropias calculadas com base em que $S(0) = 0$ são chamadas **entropias da Terceira Lei** (frequentemente chamadas apenas de "entropias"). Quando a substância está no seu estado-padrão na temperatura T, a **entropia-padrão (da Terceira Lei)** é simbolizada por $S^\ominus(T)$. Na Tabela 3B.1 figuram alguns valores correspondentes a 298 K.

A **entropia-padrão de reação**, $\Delta_r S^\ominus$, define-se, da mesma forma que a entalpia-padrão de reação, como a diferença entre as entropias molares dos produtos puros, separados, e as entropias molares dos reagentes puros, separados, com todas as substâncias nos respectivos estados-padrão, numa certa temperatura:

$$\Delta_r S^\ominus = \sum_{\text{Produtos}} \nu S_m^\ominus - \sum_{\text{Reagentes}} \nu S_m^\ominus \qquad \textit{Definição} \qquad \text{Entropia-padrão de reação} \qquad (3B.2a)$$

Nessa expressão, cada termo é ponderado pelo coeficiente estequiométrico apropriado. Uma abordagem mais sofisticada é adotar a notação usada na Seção 2C e escrever

Tabela 3B.1* Entropias-padrão da Terceira Lei a 298 K, $S_m^\ominus/(\mathrm{J\,K^{-1}\,mol^{-1}})$

	$S_m^\ominus/(\mathrm{J\,K^{-1}\,mol^{-1}})$
Sólidos	
Grafita, C(s)	5,7
Diamante, C(s)	2,4
Sacarose, $C_{12}H_{22}O_{11}$(s)	360,2
Iodo, I_2(s)	116,1
Líquidos	
Benzeno, C_6H_6(l)	173,3
Água, H_2O(l)	69,9
Mercúrio, Hg(l)	76,0
Gases	
Metano, CH_4(g)	186,3
Dióxido de carbono, CO_2(g)	213,7
Hidrogênio, H_2(g)	130,7
Hélio, He(g)	126,2
Amônia, NH_3(g)	192,4

* Outros valores podem ser vistos na *Seção de dados*.

Breve ilustração 3B.3 A entropia-padrão de reação

Para calcular a entropia-padrão de reação $H_2(g) + \tfrac{1}{2}O_2(g) \rightarrow H_2O(l)$ a 298 K, usamos os dados da Tabela 2C.5 da *Seção de dados* para escrever

$$\begin{aligned}\Delta_r S^\ominus &= S_m^\ominus(H_2O,\,l) - \{S_m^\ominus(H_2,\,g) + \tfrac{1}{2}S_m^\ominus(O_2,\,g)\}\\ &= 69{,}9\,\mathrm{J\,K^{-1}\,mol^{-1}} - \{130{,}7 + \tfrac{1}{2}(205{,}1)\}\,\mathrm{J\,K^{-1}\,mol^{-1}}\\ &= -163{,}4\,\mathrm{J\,K^{-1}\,mol^{-1}}\end{aligned}$$

O valor negativo é compatível com a conversão de dois gases em um líquido compacto.

Uma nota sobre a boa prática Não cometa o erro de fixar as entropias molares padrão dos elementos como iguais a zero: elas têm valores diferentes de zero (desde que $T > 0$), conforme já foi discutido.

Exercício proposto 3B.4 Calcule a entropia-padrão da reação de combustão do metano a dióxido de carbono e água líquida, a 25 °C.

Resposta: $-243\,\mathrm{J\,K^{-1}\,mol^{-1}}$

$$\Delta_r S^\ominus = \sum_J \nu_J S_m^\ominus(J) \qquad (3B.2b)$$

em que os ν_J são com os coeficientes estequiométricos com sinal (+ para os produtos, − para os reagentes). É provável que as entropias-padrão de reação sejam positivas quando existe formação de gás na reação, e é provável que elas sejam negativas quando existe consumo de gás na reação.

Assim como na discussão das entalpias na Seção 2C, onde reconhecemos que não se podem preparar soluções de cátions sem ânions, as entropias molares padrão dos íons em solução são dadas numa escala em que a entropia-padrão dos íons H^+ em água é tomada como zero em todas as temperaturas:

$$S^\ominus(H^+,aq) = 0 \qquad \textit{Convenção} \qquad \text{Íons em solução} \qquad (3B.3)$$

Valores para os outros íons baseados nessa escolha são dados na Tabela 2C.5 da *Seção de dados*.[5] Como as entropias dos íons em água são valores relativos ao íon hidrogênio em água, elas podem ser positivas ou negativas. Uma entropia positiva significa que o íon tem entropia molar mais elevada do que a do H^+ em água, e uma entropia negativa mostra que a entropia molar do íon é menor do que a do H^+ em água. As entropias dos íons variam de acordo com o grau com que os íons ordenam as moléculas de água nas respectivas vizinhanças. Íons pequenos, com carga elevada, induzem uma estrutura local na água que fica na sua vizinhança

[5] Em termos da linguagem que será introduzida na Seção 5A, as entropias dos íons em solução são na verdade *entropias parciais molares*, pois seus valores incluem as consequências de suas presenças na organização das moléculas de solvente em torno deles.

e a desordem na solução diminui mais do que no caso de íons grandes, com carga unitária. A entropia absoluta, da Terceira Lei, molar padrão do próton na água pode ser estimada através de um modelo da estrutura induzida na água, e há certa concordância em aceitar como representativo o valor de $-21\ \mathrm{J\ K^{-1}\ mol^{-1}}$. O valor negativo indica que o próton induz ordem no solvente.

Breve ilustração 3B.4 Entropias iônicas absolutas e relativas

A entropia molar padrão do $Cl^-(aq)$ é $+57\ \mathrm{J\ K^{-1}\ mol^{-1}}$ e a do $Mg^{2+}(aq)$ é $-128\ \mathrm{J\ K^{-1}\ mol^{-1}}$. Isto é, a entropia molar parcial do $Cl^-(aq)$ é $57\ \mathrm{J\ K^{-1}\ mol^{-1}}$ mais alta que a do próton em água (provavelmente porque induz menos estrutura local nas moléculas de água circundantes), ao passo que a do íon $Mg^{2+}(aq)$ é $128\ \mathrm{J\ K^{-1}\ mol^{-1}}$ mais baixa (provavelmente porque induz mais estrutura local nas moléculas de água circundantes).

Exercício proposto 3B.5 Estime os valores absolutos das entropias molares parciais desses íons.

Resposta: $+36\ \mathrm{J\ K^{-1}\ mol^{-1}}$, $-149\ \mathrm{J\ K^{-1}\ mol^{-1}}$

Conceitos importantes

- ☐ 1. As entropias são determinadas calorimetricamente pela medição da capacidade calorífica de uma substância de temperaturas baixas até a temperatura de interesse.
- ☐ 2. A **lei T^3 de Debye** é usada para estimar a capacidade calorífica de sólidos não metálicos próximo a $T = 0$.
- ☐ 3. O **teorema do calor de Nernst** estabelece que a variação de entropia que acompanha qualquer transformação física ou química se aproxima de zero quando a temperatura se aproxima de zero: $\Delta S \to 0$ quando $T \to 0$ desde que todas as substâncias envolvidas estejam perfeitamente ordenadas.
- ☐ 4. A **Terceira Lei da Termodinâmica** estabelece que a entropia de todas as substâncias cristalinas perfeitas é zero em $T = 0$.
- ☐ 5. A **entropia residual** de um sólido é a entropia que surge da desordem que persiste em $T = 0$.
- ☐ 6. As **entropias da Terceira Lei** estão baseadas no fato de que $S(0) = 0$.
- ☐ 7. As **entropias-padrão de íons em solução** estão baseadas no fato de se fazer $S^\ominus(H^+,aq) = 0$ em todas as temperaturas.
- ☐ 8. A **entropia-padrão de reação**, $\Delta_r S^\ominus$, é a diferença entre as entropias molares dos produtos puros, separados, e dos reagentes puros, separados, com todas as substâncias em seus estados-padrão.

Equações importantes

Propriedade	Equação	Comentário	Número da equação
Entropia molar padrão a partir da calorimetria	Veja Eq. 3B.1	Somas das contribuições de $T = 0$ até a temperatura de interesse	3B.1
Entropia-padrão de reação	$\Delta_r S^\ominus = \sum_{\text{Produtos}} \nu S_m^\ominus - \sum_{\text{Reagentes}} \nu S_m^\ominus$ $\Delta_r S^\ominus = \sum_J \nu_J S_m^\ominus(J)$	ν: coeficientes estequiométricos (positivos); ν_J: números estequiométricos (com sinal)	3B.2

3C Concentrando-se no sistema

Tópicos

➤ Por que você precisa saber este assunto?

A maioria dos processos de interesse em química ocorre a temperatura e pressão constantes. Sob essas condições, os processos termodinâmicos são discutidos em termos da energia de Gibbs, apresentada nesta seção. A energia de Gibbs é a base para a discussão dos equilíbrios de fases, do equilíbrio químico e da bioenergética.

➤ Qual a ideia fundamental?

A energia de Gibbs é o sinalizador da transformação espontânea a temperatura e pressão constantes, e é igual ao trabalho máximo diferente do de expansão que um sistema pode realizar.

➤ O que você já deve saber?

Esta seção desenvolve a desigualdade de Clausius (Seção 3A) e utiliza informações sobre estados-padrão e entalpia de reação apresentados na Seção 2C. A dedução da equação de Born usa informações sobre a energia de uma carga elétrica no campo de outra (*Fundamentos* B).

A entropia é o conceito básico para a discussão do sentido das mudanças naturais, mas envolve a análise de modificações no sistema e nas vizinhanças do sistema. Vimos na Seção 3A que é sempre bastante simples calcular a variação de entropia das vizinhanças (a partir de $\Delta S_{viz} = q_{viz}/T_{viz}$), e veremos agora que é possível imaginar um método simples de levar em conta, automaticamente, essa contribuição. Desta maneira, usam-se somente funções do sistema, e a discussão fica bastante simplificada. Na realidade, este é o fundamento de todas as aplicações da termodinâmica química que se fazem ao longo do texto a seguir.

3C.1 As energias de Helmholtz e de Gibbs

Imaginemos um sistema em equilíbrio térmico com as suas vizinhanças, na temperatura T. Quando ocorre uma mudança no estado do sistema e há troca de calor entre o sistema e as suas vizinhanças, a desigualdade de Clausius ($dS \geq dq/T$, Eq. 3A.12) diz que:

$$dS - \frac{dq}{T} \geq 0 \qquad (3C.1)$$

Podemos desenvolver essa desigualdade de duas maneiras, conforme as condições do processo (ou a volume constante ou a pressão constante) que sofre o sistema.

(a) Critérios para a espontaneidade

Admitamos, inicialmente, que o calor seja trocado a volume constante. Então, na ausência de trabalhos diferentes do de expansão, podemos escrever $dq_V = dU$; portanto,

$$dS - \frac{dU}{T} \geq 0 \qquad (3C.2)$$

A importância do sinal de desigualdade nessa expressão está em exprimir o critério da transformação espontânea exclusivamente em termos das funções de estado do sistema. A desigualdade anterior pode ser reescrita sem dificuldade na forma

$$TdS \geq dU \ (V \text{ constante, sem trabalho extra}) \quad (3C.3)$$

Como $T>0$, se a energia interna for constante ($dU=0$) ou se a entropia for constante ($dS=0$), essa expressão torna-se, respectivamente:

$$dS_{U,V} \geq 0 \qquad dU_{S,V} \leq 0 \quad (3C.4)$$

em que os índices identificam as condições mantidas constantes.

A Eq. 3C.4 expressa os critérios das transformações espontâneas em termos exclusivos das propriedades do sistema. A primeira desigualdade diz que, em um sistema a volume constante e a energia interna constante (em um sistema isolado, por exemplo), a entropia aumenta em qualquer processo espontâneo. Esta afirmação é, na realidade, o conteúdo da Segunda Lei da Termodinâmica. A segunda desigualdade é menos óbvia, pois diz que se a entropia e o volume de um sistema forem constantes, então a energia interna deve diminuir numa transformação espontânea. Não se interpreta esse critério como propensão de o sistema tender para a energia mais baixa. A desigualdade é um enunciado a respeito da entropia, e deve ser interpretada como implicando que, se a entropia do sistema se mantém constante, então em qualquer processo espontâneo tem que haver um aumento da entropia das vizinhanças, que só pode ser conseguido se a energia do sistema diminuir à medida que o sistema cede energia para o exterior, na forma de calor.

Quando a energia é transferida na forma de calor a pressão constante, e não há outro tipo de trabalho além do de expansão, podemos escrever $dq_p = dH$ e chegar a

$$TdS \geq dH \ (p \text{ constante, sem trabalho extra}) \quad (3C.5)$$

Quando a entalpia ou a entropia for constante, a desigualdade fica, respectivamente,

$$dS_{H,p} \geq 0 \qquad dH_{S,p} \leq 0 \quad (3C.6)$$

A interpretação das duas desigualdades é semelhante à das que figuram na Eq. 3C.4. A entropia de um sistema, a pressão constante, deve aumentar se a entalpia do sistema se mantém constante (pois não pode haver mudança da entropia das vizinhanças). Ou, então, se a entropia do sistema se mantém constante, a entalpia deve diminuir, pois em qualquer processo espontâneo é essencial haver aumento da entropia das vizinhanças.

Breve ilustração 3C.1 Transformação espontânea a volume constante

Um exemplo concreto do critério $dS_{U,V} \geq 0$ e a difusão de um soluto B através de um solvente A formando uma solução ideal (no sentido da Seção 5B, na qual as interações AA, BB e AB são idênticas). Não há nenhuma variação na energia interna ou volume do sistema à medida que B se espalha em A, mas o processo é espontâneo.

Exercício proposto 3C.1 Elabore um exemplo para o critério $dU_{S,V} \leq 0$.

Resposta: Uma transição de fase na qual uma fase perfeitamente ordenada se transforma em outra de energia mais baixa e mesma massa específica em $T = 0$.

Como as Eqs. 3C.4 e 3C.6 têm as formas $dU - TdS \leq 0$ e $dH - TdS \leq 0$, respectivamente, é possível exprimi-las de modo mais simples pela introdução de duas outras funções termodinâmicas. Uma delas é a **energia de Helmholtz,** A, que é definida por

$$A = U - TS \qquad \textit{Definição} \quad \text{Energia de Helmholtz} \quad (3C.7)$$

A outra é a **energia de Gibbs,** G:

$$G = H - TS \qquad \textit{Definição} \quad \text{Energia de Gibbs} \quad (3C.8)$$

Todos os símbolos, nessas definições, referem-se a funções do sistema.

Quando o estado do sistema se altera isotermicamente, as duas propriedades se alteram conforme:

$$\text{(a) } dA = dU - TdS \qquad \text{(b) } dG = dH - TdS \quad (3C.9)$$

Quando introduzimos as Eqs. 3C.4 e 3C.6, respectivamente, obtemos os critérios para as transformações espontâneas como

$$\text{(a) } dA_{T,V} \leq 0 \qquad \text{(b) } dG_{T,p} \leq 0 \qquad \text{Critérios para as transformações espontâneas} \quad (3C.10)$$

Essas desigualdades, especialmente a segunda, são as conclusões mais importantes da termodinâmica para a química. Nas seções, tópicos e capítulos subsequentes elas serão adequadamente desenvolvidas.

Breve ilustração 3C.2 Espontaneidade de reações endotérmicas

A existência de reações endotérmicas espontâneas fornece uma ilustração da função de G. Nestas reações, H aumenta, o sistema se eleva espontaneamente a estados de entalpia mais alta, e $dH>0$. Como a reação é espontânea, sabemos que $dG<0$ apesar de ser $dH>0$; ocorre, então, que a entropia do sistema aumenta tanto que TdS ultrapassa dH em $dG = dH - TdS$. Portanto, as reações endotérmicas são impelidas pelo aumento de entropia do sistema, e a variação de entropia supera a redução de entropia que ocorre nas vizinhanças pelo influxo de calor para o sistema ($dS_{viz} = -dH/T$ a pressão constante).

Exercício proposto 3C.2 Por que tantas reações exotérmicas são espontâneas?

Resposta: Com $dH<0$, é comum termos $dG<0$ a menos que TdS seja muito negativo.

(b) Algumas observações sobre a energia de Helmholtz

A transformação de um sistema, a temperatura e volume constantes, é espontânea se $dA_{T,V} \leq 0$. Isto é, uma transformação nas condições mencionadas é espontânea se corresponder a uma diminuição da energia de Helmholtz. Os sistemas se transformam, portanto, mediante processos que os levam a valores mais baixos de A. O critério de equilíbrio, quando nem o processo direto nem o inverso têm tendência a ocorrer, é

$$dA_{T,V} = 0 \tag{3C.11}$$

As expressões $dA = dU - TdS$ e $dA < 0$ são algumas vezes interpretadas do seguinte modo. Um valor negativo de dA é favorecido por um valor negativo de dU e um valor positivo de TdS. Esta observação sugere que a tendência de um sistema de evoluir para um estado de A menor é devido a sua tendência de evoluir para um estado de energia interna mais baixa e de entropia mais alta. Entretanto, esta interpretação é falsa (embora seja uma boa regra prática para recordar a expressão de dA), pois a tendência para um valor de A menor é simplesmente o reflexo da tendência de o sistema evoluir para estados de entropia total mais elevada. *Os sistemas evoluem espontaneamente se, no processo que sofrem, a entropia total do sistema e das vizinhanças do sistema aumenta; a evolução não é ditada pelo abaixamento da energia interna.* A forma de dA pode dar a impressão de o sistema favorecer as energias mais baixas, mas a impressão é falsa: dS é a variação de entropia do sistema e $-dU/T$ é a variação de entropia das vizinhanças (quando o volume do sistema for constante) e é o total dessas duas parcelas que tende para um máximo.

Breve ilustração 3C.3 Transformação espontânea a volume constante

Uma bola quicando atinge o repouso. A direção espontânea da transformação é aquela na qual a energia da bola (potencial no máximo de altura, cinética quando atinge o solo) se espalha pelas vizinhanças cada vez que a bola quica. Quando a bola entra em repouso, a energia do universo é a mesma que no início, mas a energia da bola está dispersa pelas vizinhanças.

Exercício proposto 3C.3 Que outros processos mecânicos espontâneos semelhantes têm explicação similar?

Resposta: Um exemplo: um pêndulo que atinge o repouso devido ao atrito.

(c) Trabalho máximo

Acontece, porém, como é mostrado na *Justificativa* 3C.1, que A tem um significado maior além de indicar simplesmente a possibilidade de uma transformação espontânea: *a variação da energia de Helmholtz é igual ao trabalho máximo associado a um processo a temperatura constante,*

$$dw_{\text{máx}} = dA \quad \textit{Temperatura constante} \quad \text{Trabalho máximo} \tag{3C.12}$$

Por isso, A também é conhecida como a "função trabalho máximo" ou "função trabalho".[6]

Justificativa 3C.1 Trabalho máximo

Para demonstrar que o trabalho máximo pode ser expresso em termos da variação da energia de Helmholtz, combinamos a desigualdade de Clausius $dS \geq dq/T$, na forma $TdS \geq dq$, com a Primeira Lei da Termodinâmica, $dU = dq + dw$, e obtemos

$$dU \leq TdS + dw$$

dU é menor que a soma da direita, pois nesta estamos substituindo dq pelo produto TdS, que em geral é maior. Reordenando essa expressão vem

$$dw \geq dU - TdS$$

Conclui-se então que o valor mais negativo de dw – e, portanto, a energia máxima que pode ser obtida do sistema na forma de trabalho – é dado por

$$dw_{\text{máx}} = dU - TdS$$

e que esse trabalho só se obtém se a transformação ocorre num processo reversível (pois então vale o sinal de igual na desigualdade). Como a temperatura constante $dA = dU - TdS$, concluímos que $dw_{\text{máx}} = dA$.

Quando uma variação isotérmica macroscópica ocorre num sistema, a Eq. 3C.12 fica

$$w_{\text{máx}} = \Delta A \quad \textit{Temperatura constante} \quad \text{Trabalho máximo} \tag{3C.13}$$

em que

$$\Delta A = \Delta U - T\Delta S \quad \text{Temperatura constante} \tag{3C.14}$$

Essa expressão mostra que, em certos casos, dependendo do sinal de $T\Delta S$, nem toda variação de energia interna está disponível para ser transformada em trabalho. Se houver uma transformação com diminuição de entropia (do sistema), em que $T\Delta S < 0$, então o membro direito da equação anterior não é tão negativo quanto ΔU, e por isso o trabalho máximo é menor do que ΔU. Para que a transformação seja espontânea, parte da energia deve escapar do sistema na forma de calor, a fim de gerar nas vizinhanças entropia suficiente para superar a diminuição de entropia do sistema (Fig. 3C.1). Neste caso, o processo natural se faz à custa de uma parte da energia que não se transforma em trabalho. Esta é a origem do nome alternativo "energia livre de Helmholtz" que também se dá à função A, pois ΔA é a parte da variação da energia interna que podemos aproveitar como trabalho.

Outra percepção sobre a relação entre o trabalho que um sistema pode efetuar e a energia de Helmholtz é a que nos

[6] O símbolo A vem do alemão *Arbeit*, trabalho.

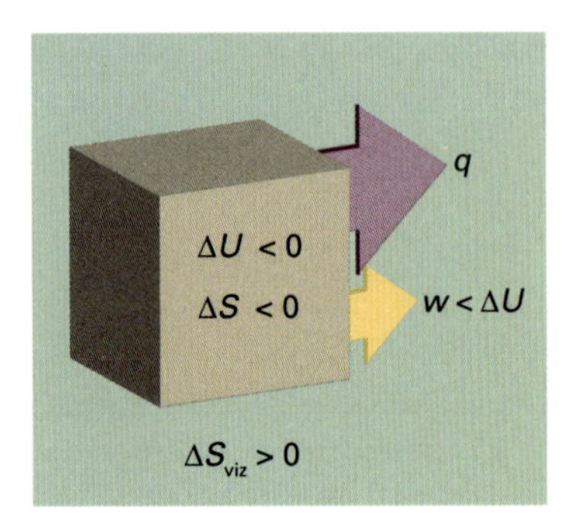

Figura 3C.1 Num sistema que não está isolado das suas vizinhanças, o trabalho efetuado pode ser diferente da variação de energia interna. Além disso, o processo será espontâneo se a entropia total, do sistema e das vizinhanças, aumentar. No processo esquematizado na figura, a entropia do sistema diminui, de modo que a das vizinhanças deve aumentar para que o processo seja espontâneo. Assim, é preciso que haja passagem de energia do sistema para as vizinhanças na forma de calor. Portanto, o trabalho obtido é menor do que ΔU.

proporciona a ideia de o trabalho ser a energia transferida para as vizinhanças na forma de movimento uniforme dos átomos. Podemos interpretar a expressão $A = U - TS$ como mostrando que A é a energia interna total do sistema, U, menos uma contribuição que é armazenada como energia do movimento térmico (a parcela TS). Como a energia armazenada no movimento térmico caótico não pode ser usada para se conseguir movimento uniforme e organizado nas vizinhanças, somente a parte da energia U que não está armazenada desse modo, a parte $U - TS$, pode ser convertida em trabalho.

Se a transformação ocorre com aumento da entropia do sistema (e neste caso $T\Delta S > 0$), o lado direito da equação é mais negativo do que ΔU. Assim, o trabalho máximo que pode ser obtido do sistema é maior do que ΔU. A explicação desse paradoxo aparente é fácil: se o sistema não está isolado, a energia pode fluir como calor quando o trabalho é feito. Como a entropia do sistema aumenta, é possível haver redução da entropia das vizinhanças e o processo ser espontâneo, pois a entropia global pode aumentar. Então, certa quantidade de calor (não maior do que o valor de $T\Delta S$) pode abandonar as vizinhanças e entrar no sistema, contribuindo para o trabalho que estiver sendo gerado (Fig. 3C.2). Neste caso, o processo natural se faz à custa de parte da energia captada das vizinhanças.

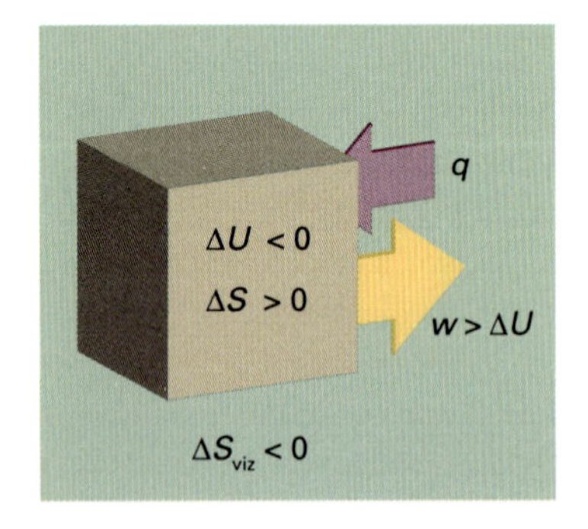

Figura 3C.2 Neste processo, a entropia do sistema aumenta; logo parte da entropia das vizinhanças pode ser perdida. Isto é, parte da energia das vizinhanças pode ser cedida como calor para o sistema. Esta energia pode retornar para as vizinhanças na forma de trabalho. Assim, o trabalho efetuado pode ser maior do que ΔU.

Exemplo 3C.1 Cálculo do trabalho máximo disponível

Quando se oxida 1,000 mol de $C_6H_{12}O_6$ (glicose) a dióxido de carbono e água, a 25 °C, de acordo com a equação $C_6H_{12}O_6(s) + 6\ O_2(g) \rightarrow 6\ CO_2(g) + 6\ H_2O(l)$, as medições calorimétricas dão $\Delta_r U^\ominus = -2808\ \text{kJ mol}^{-1}$ e $\Delta_r S^\ominus = +182{,}4\ \text{J K}^{-1}\text{mol}^{-1}$, a 25 °C. Que energia é possível aproveitar (a) na forma de calor a pressão constante e (b) na forma de trabalho?

Método Sabemos que o calor liberado a pressão constante é igual a ΔH, precisamos então calcular $\Delta_r H^\ominus$ a partir de $\Delta_r U^\ominus$, que é conhecida. Para isso, admitamos que todos os gases presentes no sistema sejam perfeitos e usemos a Eq. 2B.4 na forma $\Delta_r H = \Delta_r U + \Delta\nu_g RT$. Para ter o trabalho máximo disponível no processo, usamos a Eq. 3C.13.

Resposta (a) Como $\Delta\nu_g = 0$, temos $\Delta_r H^\ominus = \Delta_r U^\ominus = -2808\ \text{kJ mol}^{-1}$. Portanto, a pressão constante, a energia disponível na forma de calor é 2808 kJ mol⁻¹. (b) Como $T = 298$ K, o valor de $\Delta_r A^\ominus$ é

$$\Delta_r A^\ominus = \Delta_r U^\ominus - T\Delta_r S^\ominus = -2862\ \text{kJ mol}^{-1}$$

Assim, a combustão de 1,000 mol de $C_6H_{12}O_6$ pode ser usada para produzir no máximo 2862 kJ de trabalho. O trabalho máximo disponível é maior do que a variação da energia interna graças à variação positiva da entropia da reação (que em parte se deve à formação de um grande número de moléculas pequenas a partir de uma molécula grande). O sistema, por isso, pode retirar energia das vizinhanças (reduzindo a entropia das vizinhanças) e torná-la disponível para fazer trabalho.

Exercício proposto 3C.4 Repita os cálculos do exemplo anterior para a combustão de 1,000 mol de CH_4(g), nas condições mencionadas, aproveitando os dados da Tabela 2C.4.

Resposta: $|q_p| = 890\ \text{kJ}$, $|w_{\text{máx}}| = 813\ \text{kJ}$

(d) Algumas observações sobre a energia de Gibbs

A energia de Gibbs (a "energia livre") é mais comum em química do que a de Helmholtz, pelo menos na química de laboratório, pois os processos se realizam mais comumente a pressão constante do que a volume constante. O critério $dG_{T,p} \leq 0$ no âmbito da química diz que, *a temperatura e pressão constantes, as reações químicas são espontâneas no sentido da diminuição da energia de Gibbs*. Portanto, se queremos saber se uma reação é ou não espontânea, numa certa pressão constante e numa temperatura também constante, basta verificar a variação da energia de Gibbs. Se G diminui à medida que a reação avança, então há tendência à conversão espontânea dos reagentes em produtos. Se G aumenta, a reação inversa é espontânea. O critério para o equilíbrio, em que nem o processo direto nem o inverso são espontâneos, sob condições de temperatura e pressão constantes, é

$$dG_{T,p} = 0 \quad (3C.15)$$

A existência de reações endotérmicas espontâneas proporciona uma ilustração do papel de G. Nessas reações, H aumenta, e o sistema tende espontaneamente para um estado de entalpia mais elevada, e $dH > 0$. Como a reação é espontânea, sabemos que $dG < 0$, apesar de $dH > 0$; conclui-se então que a entropia do sistema aumenta o suficiente para que TdS, que é muito grande e positiva, supere em módulo a variação de entalpia dH na expressão $dG = dH - TdS$. As reações endotérmicas espontâneas são, portanto, impelidas pela elevação da entropia do sistema. Esta elevação supera a redução da entropia das vizinhanças que é provocada pela entrada de calor no sistema ($dS_{viz} = -dH/T$, a pressão constante).

(e) Trabalho máximo diferente do de expansão

Uma interpretação análoga à de ΔA como um trabalho máximo, e a origem do nome "energia livre", também pode ser feita para ΔG. Na *Justificativa* que vem a seguir, mostramos que, a temperatura e pressão constantes, o trabalho máximo extra, (diferentemente do de expansão), $w_{e,máx}$, em que o índice e simboliza extra, é dado pela variação da energia de Gibbs:

$$dw_{e,máx} = dG \quad (3C.16a)$$

Temperatura e pressão constantes | Trabalho máximo diferente do de expansão

A expressão correspondente para uma variação finita é

$$w_{e,máx} = \Delta G \quad (3C.16b)$$

Temperatura e pressão constantes | Trabalho máximo diferente do de expansão

Essa expressão é especialmente útil para estimar o trabalho elétrico que pode ser gerado por células de combustível ou por células eletroquímicas. Veremos posteriormente muitas das suas aplicações.

Justificativa 3C.2 Trabalho máximo diferente do trabalho de expansão

Como $H = U + pV$ numa transformação geral, temos que a variação de entalpia é dada por

$$dH = dq + dw + d(pV)$$

A variação correspondente da energia de Gibbs ($G = H - TS$) é

$$dG = dH - TdS - SdT = dq + dw + d(pV) - TdS - SdT$$

Quando a variação é isotérmica, temos que $dT = 0$; então

$$dG = dq + dw + d(pV) - TdS$$

Quando o processo é reversível, $dw = dw_{rev}$ and $dq = dq_{rev} = TdS$, de modo que, para um processo isotérmico reversível,

$$dG = TdS + dw_{rev} + d(pV) - TdS = dw_{rev} + d(pV)$$

O trabalho consiste no trabalho de expansão, que num processo reversível é $-pdV$, e talvez em outros tipos de trabalho (por exemplo, o trabalho elétrico de circulação de elétrons através de um circuito, ou o trabalho mecânico da elevação de uma coluna de líquido); esse trabalho diferente do de expansão simbolizamos por dw_e. Portanto, com $d(pV) = pdV + Vdp$,

$$dG = (-pdV + dw_{e,rev}) + p\,dV + Vdp = dw_{e,rev} + Vdp$$

Se o processo for a pressão constante (e também a temperatura constante), podemos fazer $dp = 0$, obtendo $dG = dw_{e,rev}$. Portanto, a temperatura e pressão constantes, $dw_{e,rev} = dG$. Porém, como o processo é reversível, o trabalho efetuado tem seu valor máximo, de modo que se segue a Eq. 3C.16.

Exemplo 3C.2 Cálculo do trabalho máximo diferente do de expansão de uma reação química

Qual a energia disponível para sustentar a atividade muscular e nervosa na combustão de 1,00 mol de moléculas de glicose nas condições normais, a 37 °C (a temperatura do sangue)? A entropia-padrão da reação é +182,4 J K^{-1} mol^{-1}.

Método O trabalho diferente do de expansão que se pode aproveitar da reação é igual à variação da energia de Gibbs padrão da reação (isto é, $\Delta_r G^{\ominus}$, uma grandeza que definiremos logo adiante). Para calcular esta grandeza, é aceitável que se ignore a dependência entre a entalpia e a temperatura para obter $\Delta_r H^{\ominus}$ da Tabela 2C.5 e substituir os dados diretamente na igualdade $\Delta_r G^{\ominus} = \Delta_r H^{\ominus} - T\Delta_r S^{\ominus}$.

Resposta Como a entalpia-padrão da reação é −2808 kJ mol^{-1}, a energia de Gibbs padrão da reação é

$$\Delta_r G^{\ominus} = -2808\,\mathrm{kJ\,mol^{-1}} - (310\,\mathrm{K}) \times (182{,}4\,\mathrm{J\,K^{-1}\,mol^{-1}})$$
$$= -2865\,\mathrm{kJ\,mol^{-1}}$$

Portanto, $w_{e,máx} = -2865$ kJ para a combustão de 1 mol de glicose, e a reação pode proporcionar até 2865 kJ de trabalho diferente do de expansão. Para dimensionar esse resultado, considere que uma pessoa com 70 kg de massa precisa de 2,1 kJ de trabalho para subir 3,0 m na vertical; portanto, precisa pelo menos de 0,13 g de glicose para efetuar a subida (na prática a necessidade é bem maior).

Exercício proposto 3C.5 Que trabalho, além do de expansão, pode ser obtido pela combustão de 1,00 mol de CH_4(g), em condições normais, a 298 K? Tem-se $\Delta_r S^{\ominus} = -243$ J K^{-1} mol^{-1}.

Resposta: 818 kJ

3C.2 Energia de Gibbs molar padrão

As entropias e as entalpias-padrão de reação combinam-se para dar a **energia de Gibbs padrão de reação**, $\Delta_r G^{\ominus}$:

$$\Delta_r G^{\ominus} = \Delta_r H^{\ominus} - T\Delta_r S^{\ominus} \quad \textit{Definição} \quad \text{Energia de Gibbs padrão de reação} \quad (3C.17)$$

A energia de Gibbs padrão de reação é igual à diferença entre as energias de Gibbs molares padrão dos produtos e as energias análogas dos reagentes, com todas as substâncias em seus respectivos estados-padrão e na temperatura especificada da reação.

(a) Energia de Gibbs de formação

Como é o caso das entalpias-padrão de reação, é conveniente definir a **energia de Gibbs padrão de formação**, $\Delta_f G^{\ominus}$. A energia de Gibbs padrão de formação é a energia de Gibbs padrão da reação de formação de um composto a partir dos seus elementos nos respectivos estados de referência.[7] As energias de Gibbs padrão de formação dos elementos nos respectivos estados de referência são nulas, pois a formação do elemento é, na realidade, uma reação "nula". Na Tabela 3C.1 aparecem os valores para alguns compostos. Com os valores que figuram na tabela, é uma questão simples calcular a energia de Gibbs padrão de uma reação pela combinação apropriada dos valores correspondentes a produtos e a reagentes:

$$\Delta_r G^{\ominus} = \sum_{\text{Produtos}} \nu\Delta_f G_m^{\ominus} - \sum_{\text{Reagentes}} \nu\Delta_f G_m^{\ominus} \quad \textit{Implementação prática} \quad \text{Energia de Gibbs padrão de reação} \quad (3C.18a)$$

Na notação introduzida na Seção 2C,

$$\Delta_r G^{\ominus} = \sum_J \nu_J \Delta_f G_m^{\ominus}(J) \quad (3C.18b)$$

Tabela 3C.1* Energias de Gibbs padrão de formação a 298 K, $\Delta_f G^{\ominus}/(\text{kJ mol}^{-1})$

	$\Delta_f G^{\ominus}/(\text{kJ mol}^{-1})$
Diamante, C(s)	+2,9
Benzeno, $C_6H_6(l)$	+124,3
Metano, $CH_4(g)$	−50,7
Dióxido de carbono, $CO_2(g)$	−394,4
Água, $H_2O(l)$	−237,1
Amônia, $NH_3(g)$	−16,5
Cloreto de sódio, NaCl(s)	−384,1

* Outros valores podem ser vistos na *Seção de dados*.

[7] O estado de referência dos elementos foi definido na Seção 2C.

Breve ilustração 3C.4 Energia de Gibbs padrão de reação

Para calcular a energia de Gibbs padrão da reação $CO(g) + \frac{1}{2}O_2(g) \rightarrow CO_2(g)$, a 25 °C, escrevemos

$$\begin{aligned}\Delta_r G^{\ominus} &= \Delta_f G^{\ominus}(CO_2,g) - \{\Delta_f G^{\ominus}(CO,g) + \tfrac{1}{2}\Delta_f G^{\ominus}(O_2,g)\} \\ &= -394{,}4\,\text{kJ mol}^{-1} - \{(-137{,}2) + \tfrac{1}{2}(0)\}\,\text{kJ mol}^{-1} \\ &= -257{,}2\,\text{kJ mol}^{-1}\end{aligned}$$

Exercício proposto 3C.6 Calcule a energia de Gibbs padrão da reação de combustão do $CH_4(g)$ a 298 K.

Resposta: $-818\,\text{kJ mol}^{-1}$

Assim como fizemos nas Seções 2C e 3B, onde reconhecemos que as soluções de cátions não podem ser preparadas sem seus ânions correspondentes, definimos um íon, convencionalmente o íon hidrogênio, como tendo energia de Gibbs padrão de formação igual a zero em todas as temperaturas:

$$\Delta_f G^{\ominus}(H^+,aq) = 0 \quad \textit{Convenção} \quad \text{Íons em solução} \quad (3C.19)$$

Essencialmente, essa definição ajusta os valores reais das energias de Gibbs de formação dos íons por uma grandeza fixa, que é escolhida de modo que o valor-padrão para certo íon, no caso o $H^+(aq)$, tenha o valor nulo.

Breve ilustração 3C.5 Energia de Gibbs de formação de íons

Para a reação

$$\tfrac{1}{2}H_2(g) + \tfrac{1}{2}Cl_2(g) \rightarrow H^+(aq) + Cl^-(aq) \quad \Delta_r G^{\ominus} = -131{,}23\,\text{kJ mol}^{-1}$$

Podemos escrever

$$\Delta_r G^{\ominus} = \Delta_f G^{\ominus}(H^+,aq) + \Delta_f G^{\ominus}(Cl^-,aq) = \Delta\; G^{\ominus}(Cl^-,aq)$$

e identificar $\Delta_f G^{\ominus}(Cl^-,aq)$ como $-131{,}23\,\text{kJ mol}^{-1}$.

Exercício proposto 3C.7 Calcule $\Delta_f G^{\ominus}(Ag^+,aq)$ a partir de $Ag(s) + \frac{1}{2}Cl_2(g) \rightarrow Ag^+(aq) + Cl^-(aq)$, $\Delta_r G^{\ominus} = -54{,}12\,\text{kJ mol}^{-1}$

Resposta: $+77{,}11\,\text{kJ mol}^{-1}$

Os fatores responsáveis pela magnitude da energia de Gibbs de formação de um íon em solução podem ser identificados através de uma análise em termos de um ciclo termodinâmico. Como exemplo, vamos considerar a energia de Gibbs padrão de formação dos íons Cl^- em água, que é −131 kJ mol^{-1}. Vamos considerar a reação de formação dos íons,

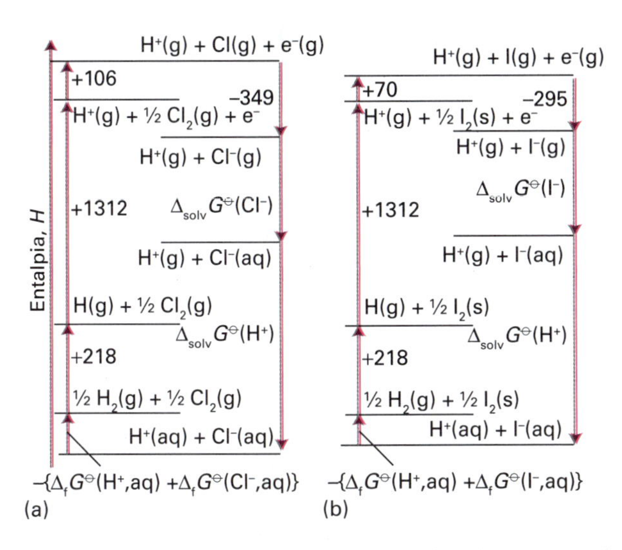

Figura 3C.3 Ciclos termodinâmicos para análise das energias de Gibbs de solvatação (hidratação) e de formação (a) do íon cloreto e (b) do íon iodeto, em solução aquosa. A soma das energias de Gibbs para cada ciclo é nula, pois G é uma função de estado.

$$\tfrac{1}{2}\mathrm{H_2(g)}+\tfrac{1}{2}\mathrm{X_2(g)}\rightarrow \mathrm{H^+(aq)}+\mathrm{X^-(aq)}$$

como o resultado da sequência de etapas que aparecem na Fig. 3C.3 (com valores provenientes da *Seção de dados*). A soma das energias de Gibbs para todas as etapas de um ciclo fechado é igual a zero, de modo que

$$\Delta_f G^{\ominus}(\mathrm{Cl^-,aq})=1287\ \mathrm{kJ\ mol^{-1}}+\Delta_{solv}G^{\ominus}(\mathrm{H^+})+\Delta_{solv}G^{\ominus}(\mathrm{Cl^-})$$

As energias de Gibbs padrão de formação dos íons em fase gasosa são desconhecidas. Por isso, usamos as energias de ionização (as energias associadas com a remoção de elétrons de átomos ou cátions em fase gasosa) e as afinidades ao elétron (as energias associadas com a captação de elétrons por átomos ou ânions em fase gasosa), e admitimos que quaisquer diferenças provenientes da conversão das energias de Gibbs em entalpias e a inclusão das entropias, para se ter as energias de Gibbs na formação do H^+, se cancelam pelos termos correspondentes associados ao ganho de elétron por X. As conclusões a partir dos ciclos são, por isso, apenas aproximadas. Um importante ponto a ser observado é o de que o valor de $\Delta_f G^{\ominus}$ para um íon X não é determinado exclusivamente pelas propriedades de X, mas inclui também contribuições da dissociação, da ionização e da hidratação do hidrogênio.

(b) A equação de Born

As energias de Gibbs de solvatação dos íons podem ser estimadas por uma equação deduzida por Max Born, que considerou $\Delta_{solv}G^{\ominus}$ como igual ao trabalho elétrico de transferência de um íon, do vácuo para o solvente, tratado como um dielétrico contínuo de permissividade relativa ε_r. A **equação de Born** resultante, que é deduzida na *Justificativa* vista a seguir, é

$$\Delta_{solv}G^{\ominus}=-\frac{z_i^2e^2N_A}{8\pi\varepsilon_0 r_i}\left(1-\frac{1}{\varepsilon_r}\right) \quad \text{Equação de Born} \quad (3C.20a)$$

em que z_i é o número de carga do íon e r_i o seu raio (N_A é o número de Avogadro). Observe que $\Delta_{solv}G^{\ominus}<0$ e que $\Delta_{solv}G^{\ominus}$ é muito negativa no caso de íons pequenos, com carga grande, em meios de permissividade relativa grande. No caso da água, com ε_r =78,54 a 25 °C, tem-se

$$\Delta_{solv}G^{\ominus}=-\frac{z_i^2}{r_i/\mathrm{pm}}\times 6{,}86\times10^4\ \mathrm{kJ\,mol^{-1}} \quad (3C.20b)$$

Breve ilustração 3C.6 **A Equação de Born**

Para ver com que exatidão a equação de Born reproduz os dados experimentais, calculemos a diferença entre os valores de $\Delta_f G^{\ominus}$ para o Cl^- e o I^-, em água a 25 °C, sendo 181 pm o raio do primeiro íon e 220 pm o do segundo:

$$\Delta_{solv}G^{\ominus}(\mathrm{Cl^-})-\Delta_{solv}G^{\ominus}(\mathrm{I^-})=-\left(\frac{1}{181}-\frac{1}{220}\right)\times 6{,}86\times10^4\ \mathrm{kJ\,mol^{-1}}$$
$$=-67\ \mathrm{kJ\,mol^{-1}}$$

Essa diferença estimada tem uma boa concordância com a que se determina experimentalmente, que é de −61 kJ mol^{-1}.

Exercício proposto 3C.8 Estime o valor da diferença $\Delta_{solv}G^{\ominus}(\mathrm{Cl^-})-\Delta_{solv}G^{\ominus}(\mathrm{Br^-})$ em água a partir de dados experimentais e com a equação de Born.

Resposta: −26 kJ mol^{-1} experimental; −29 kJ mol^{-1} calculado

Justificativa 3C.3 **A equação de Born**

A estratégia do cálculo é a identificação entre a energia de Gibbs de solvatação e o trabalho de transferência de um íon do vácuo para o solvente. Esse trabalho é calculado pela diferença entre o trabalho de carregar o íon quando ele está na solução e o trabalho de carregar o mesmo íon quando ele está no vácuo.

A interação coulombiana entre duas cargas Q_1 e Q_2, separadas pela distância r, é descrita pela energia potencial coulombiana:

$$V(r)=\frac{Q_1Q_2}{4\pi\varepsilon r}$$

em que ε é a permissividade do meio. A permissividade relativa (antigamente chamada de "constante dielétrica") de uma substância é definida como $\varepsilon_r=\varepsilon/\varepsilon_0$. Os íons não interagem tão fortemente em um solvente com alta permissividade relativa (tal como a água, ε_r = 80 a 293 K) como fazem em um solvente com baixa permissividade relativa (tal como o etanol, ε_r = 25 a 293 K). Veja a Seção 16A para mais detalhes. A energia potencial de uma carga Q_1 na presença de uma carga Q_2 pode ser expressa em termos do potencial coulombiano, ϕ:

$$V(r)=Q_1\phi(r) \qquad \phi(r)=\frac{Q_2}{4\pi\varepsilon r}$$

Modelamos um íon como uma esfera de raio r_i imersa em um meio de permissividade ε. Quando a carga da esfera é Q, o potencial elétrico, ϕ, na sua superfície é o mesmo que o potencial devido a uma carga pontual no seu centro, de modo que podemos usar a última expressão e escrever

$$\phi(r_i)=\frac{Q}{4\pi\varepsilon r_i}$$

O trabalho para trazer uma carga dQ para a esfera é igual a $\phi(r_i)$dQ. Desta forma, o trabalho total para se carregar a esfera de 0 até $z_i e$ é

$$w=\int_0^{z_i e}\phi(r_i)\mathrm{d}Q=\frac{1}{4\pi\varepsilon r_i}\int_0^{z_i e}Q\mathrm{d}Q=\frac{z_i^2e^2}{8\pi\varepsilon r_i}$$

Esse trabalho elétrico de carregamento da esfera multiplicado pelo número de Avogadro é a energia de Gibbs molar do carregamento dos íons.

O trabalho de carregamento do íon no vácuo é obtido fazendo-se $\varepsilon=\varepsilon_0$, que é a permissividade do vácuo. O valor correspondente ao carregamento do íon no meio é obtido usando-se $\varepsilon=\varepsilon_r\varepsilon_0$, em que ε_r é a permissividade relativa do meio.

Segue-se então que a variação da energia de Gibbs molar que acompanha a transferência de íons do vácuo para o solvente é dada pela diferença entre essas duas quantidades:

$$\Delta_{\text{solv}}G^{\ominus}=\frac{z_i^2e^2N_A}{8\pi\varepsilon r_i}-\frac{z_i^2e^2N_A}{8\pi\varepsilon_0 r_i}=\frac{z_i^2e^2N_A}{8\pi\varepsilon_r\varepsilon_0 r_i}-\frac{z_i^2e^2N_A}{8\pi\varepsilon_0 r_i}$$
$$=-\frac{z_i^2e^2N_A}{8\pi\varepsilon_0 r_i}\left(1-\frac{1}{\varepsilon_r}\right)$$

que é a Eq. 3B.20.

A calorimetria (diretamente para ΔH e indiretamente, mediante as capacidades caloríficas, para S) é uma das maneiras de se determinar os valores das energias de Gibbs. Também se obtêm estas energias a partir de constantes de equilíbrio (Seção 6A) e de medidas eletroquímicas (Seção 6D), e para os gases elas podem ser calculadas a partir de dados de observações espectroscópicas (Seção 15F).

Conceitos importantes

- ☐ 1. A **desigualdade de Clausius** implica um número de critérios para a mudança espontânea sob diversas condições que podem ser expressas somente em termos de propriedades do sistema; eles são resumidos introduzindo-se as energias de Helmholtz e de Gibbs.
- ☐ 2. Um **processo espontâneo** a temperatura e volume constantes é acompanhado pela diminuição da energia de Helmholtz.
- ☐ 3. A variação na função de Helmholtz é igual ao **trabalho máximo** que acompanha um processo a temperatura constante.
- ☐ 4. Um processo espontâneo a temperatura e pressão constantes é acompanhado pela diminuição da energia de Gibbs.
- ☐ 5. A variação na função de Gibbs é igual ao **trabalho máximo diferente do de expansão** que acompanha um processo a temperatura e pressão constantes.
- ☐ 6. A **energia de Gibbs padrão de formação** é usada para calcular a energia de Gibbs padrão de reação.
- ☐ 7. A energia de Gibbs padrão de formação de um íon pode ser estimada a partir de um ciclo termodinâmico e **da equação de Born**.

Equações importantes

Propriedade	Equação	Comentário	Número da equação
Critério de espontaneidade	(a) $\mathrm{d}S_{U,V}\geq 0$ (b) $\mathrm{d}U_{S,V}\leq 0$	Volume constante (etc.)*	3C.4
	(a) $\mathrm{d}S_{H,p}\geq 0$ (b) $\mathrm{d}H_{S,p}\leq 0$	Pressão constante (etc.)	3C.6
Energia de Helmholtz	$A=U-TS$	Definição	3C.7
Energia de Gibbs	$G=H-TS$	Definição	3C.8
	(a) $\mathrm{d}A_{T,V}\leq 0$ (b) $\mathrm{d}G_{T,p}\leq 0$	Temperatura constante (etc.)	3C.10
Equilíbrio	$\mathrm{d}A_{T,V}=0$	Volume constante (etc.)	3C.11
Trabalho máximo	$\mathrm{d}w_{\text{máx}}=\mathrm{d}A$, $w_{\text{máx}}=\Delta A$	Temperatura constante	3C.12

(Continua)

Continuação

Propriedade	Equação	Comentário	Número da equação
Equilíbrio	$dG_{T,p}=0$	Pressão constante (etc.)	3C.15
Trabalho máximo diferente do de expansão	$dw_{e,máx}=dG$, $w_{e,máx}=\Delta G$	Temperatura e pressão constantes	3C.16
Energia de Gibbs padrão de reação	$\Delta_r G^\ominus=\Delta_r H^\ominus - T\Delta_r S^\ominus$	Definition	3C.17
	$\Delta_r G^\ominus = \sum_J \nu_J \Delta_f G_m^\ominus(J)$	Implementação prática	3C.18
Íons em solução	$\Delta_f G^\ominus(H^+,aq)=0$	Convenção	3C.19
Equação de Born	$\Delta_{solv} G^\ominus = -(z_i^2 e^2 N_A/8\pi\varepsilon_0 r_i)(1-1/\varepsilon_r)$	Solvente como contínuo	3C.20

* 'etc.' indica que as condições são expressas pelos subscritos

3D Combinação entre a Primeira e a Segunda Lei

Tópicos

➤ Por que você precisa saber este assunto?

A Primeira e a Segunda Leis da Termodinâmica são ambas pertinentes ao comportamento da matéria, e todo o potencial da termodinâmica é utilizado na análise de um problema quando se estabelece uma formulação que combina conceitos das duas leis.

➤ Qual a ideia fundamental?

O fato de que variações infinitesimais das funções termodinâmicas são diferenciais exatas leva a relações entre diversas propriedades.

➤ O que você já deve saber?

Você precisa estar familiarizado com as definições das funções de estado U (Seção 2A), H (Seção 2B), S (Seção 3A) e A e G (Seção 3C). As deduções matemáticas desta seção estão baseadas nas propriedades das diferenciais exatas, que são descritas na *Revisão de matemática* 2.

Vimos que a Primeira Lei da termodinâmica pode ser escrita como $\mathrm{d}U = \mathrm{d}q + \mathrm{d}w$. Para uma transformação reversível de um sistema fechado de composição constante, que só efetua trabalho de expansão, podemos escrever $\mathrm{d}w_{rev} = -p\mathrm{d}V$ e (a partir da definição da entropia) $\mathrm{d}q_{rev} = T\mathrm{d}S$, em que p é a pressão do sistema e T é a sua temperatura. Portanto, para uma transformação reversível em um sistema fechado,

$$\mathrm{d}U = T\mathrm{d}S - p\mathrm{d}V \qquad \text{A equação fundamental} \qquad (3D.1)$$

Porém, como $\mathrm{d}U$ é uma diferencial exata, seu valor é independente do processo. Portanto, o mesmo valor de $\mathrm{d}U$ se obtém seja o processo irreversível ou reversível. Assim, *a Eq. 3D.1 se aplica a qualquer transformação – reversível ou irreversível – de um sistema fechado que só efetua trabalho de expansão (não existe trabalho extra)*. Esta expressão, que combina a Primeira com a Segunda Lei, é chamada a **equação fundamental.**

O fato de a equação fundamental se aplicar a transformações reversíveis e irreversíveis pode ser intrigante à primeira vista. A razão está em que somente no caso de uma transformação reversível é que $T\mathrm{d}S$ pode ser identificada como $\mathrm{d}q$ e $-p\mathrm{d}V$ como $\mathrm{d}w$. Quando a transformação for irreversível, $T\mathrm{d}S > \mathrm{d}q$ (pela desigualdade de Clausius) e $-p\mathrm{d}V > \mathrm{d}w$. A soma entre $\mathrm{d}w$ e $\mathrm{d}q$, porém, permanece igual à soma de $T\mathrm{d}S$ com $-p\mathrm{d}V$, desde que a composição seja constante.

3D.1 Propriedades da energia interna

A Eq. 3D.1 mostra que a energia interna de um sistema fechado se altera de maneira simples quando S ou V se alteram ($\mathrm{d}U \propto \mathrm{d}S$ e $\mathrm{d}U \propto \mathrm{d}V$). Esta relação simples sugere que U possa ser concebida como função de S e de V. É claro que podemos imaginar U como função de outras variáveis, tal como S e p ou T e V, pois todas as variáveis se inter-relacionam; a simplicidade da equação fundamental, no entanto, sugere que a melhor escolha seja $U(S,V)$.

A consequência *matemática* de U ser função de S e de V é a de a variação infinitesimal $\mathrm{d}U$ poder ser expressa em termos das variações $\mathrm{d}S$ e $\mathrm{d}V$ por

$$\mathrm{d}U = \left(\frac{\partial U}{\partial S}\right)_V \mathrm{d}S + \left(\frac{\partial U}{\partial V}\right)_S \mathrm{d}V \qquad (3D.2)$$

As duas derivadas parciais nessa equação são os coeficientes angulares dos gráficos de U contra S e contra V, respectivamente.

Quando comparamos essa expressão matemática com a relação *termodinâmica*, Eq. 3D.1, vemos que, no caso de sistemas de composição constante,

$$\left(\frac{\partial U}{\partial S}\right)_V = T \quad \left(\frac{\partial U}{\partial V}\right)_S = -p \tag{3D.3}$$

A primeira dessas duas equações é uma definição inteiramente termodinâmica da temperatura como a razão entre as variações da energia interna (um conceito da Primeira Lei) e da entropia (um conceito da Segunda Lei) num sistema fechado, a volume e composição constantes. Começamos assim a descobrir relações entre as propriedades de um sistema e a capacidade da termodinâmica de estabelecer relações inesperadas.

(a) As relações de Maxwell

Uma variação infinitesimal de uma função $f(x,y)$ pode ser escrita na forma $df = gdx + hdy$, em que g e h são funções de x e de y. A condição matemática para que df seja uma diferencial exata (no sentido de que sua integral é independente do caminho de integração) é que

$$\left(\frac{\partial g}{\partial y}\right)_x = \left(\frac{\partial h}{\partial x}\right)_y \tag{3D.4}$$

Esse critério é discutido na *Revisão de matemática* 2. Como a equação fundamental, Eq. 3D.1, é a expressão de uma diferencial exata, as funções que multiplicam dS e dV (ou seja, T e $-p$) têm que passar nesse teste. Portanto, devemos ter que

$$\left(\frac{\partial T}{\partial V}\right)_S = -\left(\frac{\partial p}{\partial S}\right)_V \quad \text{Uma relação de Maxwell} \tag{3D.5}$$

Assim, temos uma relação entre grandezas que, aparentemente, não se esperaria estarem relacionadas.

A Eq. 3D.5 é um exemplo de uma **relação de Maxwell**. Entretanto, além de ser inesperada, não parece ter outro interesse particular. Sugere, no entanto, que existam outras relações semelhantes e mais úteis. Na realidade, uma vez que H, G e A são funções de estado, podemos deduzir três outras relações de Maxwell. O raciocínio da dedução é sempre o mesmo: uma vez que H, G e A são funções de estado, as expressões de dH, dG e dA fornecem relações semelhantes à Eq. 3D.4. As quatro relações de Maxwell que se obtêm aparecem na Tabela 3D.1.

Exemplo 3D.1 Utilização das relações de Maxwell

Use as relações de Maxwell da Tabela 3D.1 para mostrar que a entropia de um gás perfeito é proporcional a ln V.

Método Uma vez que se pede para que as relações de Maxwell sejam utilizadas, o ponto de partida deve ser o de considerar a relação para $(\partial S/\partial V)_T$, pois esse coeficiente diferencial mostra como a entropia varia a temperatura constante. Fique atento à oportunidade de usar a equação de estado dos gases perfeitos.

Resposta Da Tabela 3D.1,

$$\left(\frac{\partial S}{\partial V}\right)_T = \left(\frac{\partial p}{\partial T}\right)_V$$

Usamos agora a equação de estado dos gases perfeitos e escrevemos

$$\left(\frac{\partial p}{\partial T}\right)_V = \left(\frac{\partial (nRT/V)}{\partial T}\right)_V = \frac{nR}{V}$$

Neste momento podemos escrever que

$$\left(\frac{\partial S}{\partial V}\right)_T = \frac{nR}{V}$$

Portanto, a temperatura constante,

$$\int dS = nR\int \frac{dV}{V} = nR\ln V + \text{constante}$$

A integral à esquerda é S + constante, o que completa a demonstração.

Exercício proposto 3D.1 Como a entropia de um gás de van der Waals depende do volume? Discuta.

Resposta: S varia com nR ln$(V - nb)$; o volume disponível para as moléculas é menor.

Tabela 3D.1 As relações de Maxwell

Função de estado	Diferencial exata	Relação de Maxwell
U	$dU = TdS - pdV$	$\left(\frac{\partial T}{\partial V}\right)_S = -\left(\frac{\partial p}{\partial S}\right)_V$
H	$dH = TdS + Vdp$	$\left(\frac{\partial T}{\partial p}\right)_S = \left(\frac{\partial V}{\partial S}\right)_p$
A	$dA = -pdV - SdT$	$\left(\frac{\partial p}{\partial T}\right)_V = \left(\frac{\partial S}{\partial V}\right)_T$
G	$dG = Vdp - SdT$	$\left(\frac{\partial V}{\partial T}\right)_p = -\left(\frac{\partial S}{\partial p}\right)_T$

(b) A variação da energia interna com o volume

A grandeza $\pi_T = (\partial U/\partial V)_T$, que representa como a energia interna varia quando o volume de um sistema está variando isotermicamente, tem papel importante no formalismo da Primeira Lei da Termodinâmica, e na Seção 2D usamos a relação

$$\pi_T = T\left(\frac{\partial p}{\partial T}\right)_V - p \quad \text{Uma equação termodinâmica de estado} \tag{3D.6}$$

Essa relação é uma **equação termodinâmica de estado,** pois ela é uma expressão para a pressão em termos de várias propriedades termodinâmicas do sistema. Podemos agora deduzi-la usando uma das relações de Maxwell.

Justificativa 3D.1 A equação termodinâmica de estado

Obtemos uma expressão para o coeficiente π_T dividindo ambos os lados da Eq. 3D.1 por dV e impondo a restrição de a temperatura ser constante. Temos então que

$$\overbrace{\left(\frac{\partial U}{\partial V}\right)_T}^{\pi_T}=\overbrace{\left(\frac{\partial U}{\partial S}\right)_V}^{T}\left(\frac{\partial S}{\partial V}\right)_T+\overbrace{\left(\frac{\partial U}{\partial V}\right)_S}^{p}$$

A seguir, utilizamos na expressão anterior as duas igualdades que são dadas pela Eq. 3D.3 (indicadas pelos parênteses) e a definição de π_T para obter

$$\pi_T=T\left(\frac{\partial S}{\partial V}\right)_T-p$$

A terceira relação de Maxwell na Tabela 3D.1 transforma $(\partial S/\partial V)_T$ em $(\partial p/\partial T)_V$, o que completa a demonstração da Eq. 3D.6.

Exemplo 3D.2 Dedução de uma relação termodinâmica

Mostre, termodinamicamente, que $\pi_T=0$ para um gás perfeito e calcule o seu valor para um gás de van der Waals.

Método A prova "termodinâmica" de uma relação é a que se faz com base em relações termodinâmicas gerais e em equações de estado, sem apelos a argumentos moleculares (como os da existência de forças intermoleculares). Para um gás perfeito temos $p=nRT/V$, e esta equação entra na Eq. 3D.6. Analogamente, a equação de van der Waals que aparece na Tabela 1C.3 entra na Eq. 3D.6 para se ter a resposta da segunda parte do problema.

Resposta Para um gás perfeito escrevemos

$$\left(\frac{\partial p}{\partial T}\right)_V=\left(\frac{\partial nRT/V}{\partial T}\right)_V=\frac{nR}{V}$$

Então, a Eq. 3D.6 fica

$$\pi_T=\frac{nRT}{V}-p=0$$

A equação de estado de um gás de van der Waals é

$$p=\frac{nRT}{V-nb}-a\frac{n^2}{V^2}$$

Como a e b são independentes da temperatura,

$$\left(\frac{\partial p}{\partial T}\right)_V=\left(\frac{\partial nRT/(V-nb)}{\partial T}\right)_V=\frac{nR}{V-nb}$$

Portanto, da Eq. 3D.6,

$$\pi_T=\frac{nRT}{V-nb}-p=\frac{nRT}{V-nb}-\left(\frac{nRT}{V-nb}-a\frac{n^2}{V^2}\right)=a\frac{n^2}{V^2}$$

Esse resultado para π_T mostra que a energia interna de um gás de van der Waals aumenta quando ele se expande isotermicamente (isto é, $(\partial U/\partial V)_T>0$) e que o aumento está relacionado com o parâmetro a, que modela as interações atrativas entre as partículas. Um volume molar grande, que corresponde a uma separação média entre as moléculas também grande, implica atrações intermoleculares, em média, mais fracas, de modo que a energia total é maior

Exercício proposto 3D.2 Calcule π_T para um gás que obedece à equação de estado do virial (Tabela 1C.3).

Resposta: $\pi_T=RT^2(\partial B/\partial T)_V/V_m^2+\cdots$

3D.2 Propriedades da energia de Gibbs

O mesmo raciocínio que se fez a propósito da equação fundamental em U pode ser repetido para a energia de Gibbs, $G = H - TS$. Ele conduz a expressões mostrando como G varia com a pressão e com a temperatura, que são importantes para a discussão das transições de fase e reações químicas.

(a) Considerações gerais

Quando um sistema sofre uma mudança de estado, G se altera, pois H, T e S também se alteram e

$$\mathrm{d}G=\mathrm{d}H-\mathrm{d}(TS)=\mathrm{d}H-T\mathrm{d}S-S\mathrm{d}T$$

Como $H = U + pV$, sabemos que

$$\mathrm{d}H=\mathrm{d}U+\mathrm{d}(pV)=\mathrm{d}U+p\mathrm{d}V+V\mathrm{d}p$$

e, portanto,

$$\mathrm{d}G=\mathrm{d}U+p\mathrm{d}V+V\mathrm{d}p-T\mathrm{d}S-S\mathrm{d}T$$

No caso de um sistema fechado e que só faz trabalho de expansão, dU pode ser expresso pela equação fundamental dU = TdS - pdV. O resultado dessa substituição é

$$\mathrm{d}G=T\mathrm{d}S-p\mathrm{d}V+p\mathrm{d}V+V\mathrm{d}p-T\mathrm{d}S-S\mathrm{d}T$$

Quatro termos se cancelam no lado direito da equação, e concluímos que, para um sistema fechado, de composição constante, só pode efetuar trabalho de expansão,

$$\mathrm{d}G=V\mathrm{d}p-S\mathrm{d}T \qquad (3D.7)$$

A equação fundamental da termodinâmica química

Essa expressão, que mostra que a variação de G é proporcional a uma variação em p ou em T, sugere que G pode ser expressa comodamente como uma função de p e de T. Ela pode ser considerada a **equação fundamental da termodinâmica química**, pois é central às aplicações da termodinâmica à química. Isso confirma a importância de G para a química, pois a pressão e a temperatura são as variáveis que, usualmente, estão sob nosso controle. Em outras palavras, a função G encerra as consequências combinadas da Primeira e da Segunda Lei da termodinâmica de maneira especialmente apropriada para as aplicações químicas.

O mesmo raciocínio que levou à Eq. 3D.3, quando aplicado à diferencial exata $\mathrm{d}G = V\mathrm{d}p - S\mathrm{d}T$, nos dá

$$\left(\frac{\partial G}{\partial T}\right)_p = -S \qquad \left(\frac{\partial G}{\partial p}\right)_T = V \qquad \text{Variação de } G \text{ com } T \text{ e } p \qquad (3D.8)$$

Essas relações mostram como a energia de Gibbs varia com a temperatura e com a pressão (Fig. 3D.1). A primeira implica que:

Interpretação física

- Como $S > 0$ para todas as substâncias, segue-se que G sempre *diminui* com a elevação da temperatura (a pressão e a composição constantes).
- Como $(\partial G/\partial T)_p$ fica mais negativo quando S aumenta, G diminui mais acentuadamente quando a entropia do sistema é grande.

Portanto, a energia de Gibbs de uma substância em fase gasosa, que tem entropia molar grande, é mais sensível à temperatura do que a energia de Gibbs da fase líquida ou da fase sólida (Fig. 3D.2). Semelhantemente, a segunda relação implica que:

Interpretação física

- Como $V > 0$ para todas as substâncias, G sempre *aumenta* quando a pressão do sistema aumenta (a temperatura e composição constantes).
- Como $(\partial G/\partial p)_T$ aumenta com V, G é mais sensível à pressão quando o volume do sistema é grande.

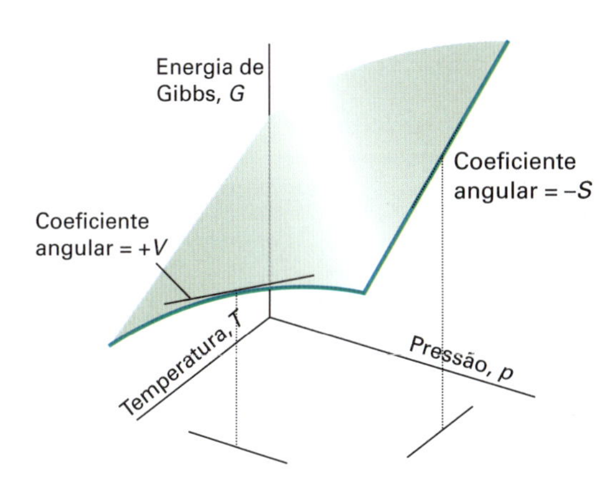

Figura 3D.1 A variação da energia de Gibbs de um sistema (a) com a temperatura a pressão constante e (b) com a pressão a temperatura constante. O coeficiente angular no caso da primeira variação é igual ao negativo da entropia, e no caso da segunda variação, é igual ao volume.

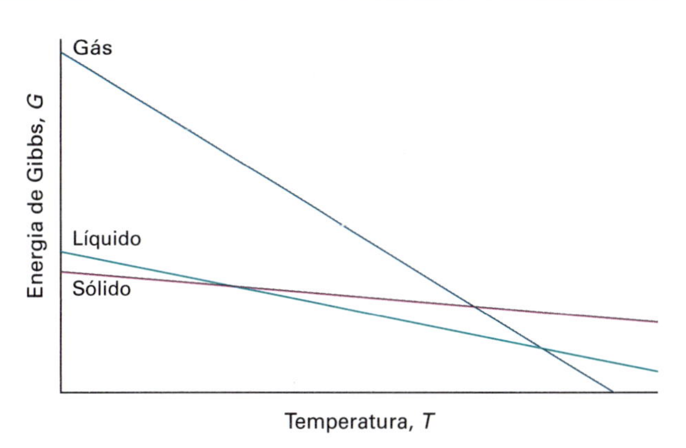

Figura 3D.2 A variação da energia de Gibbs com a temperatura é determinada pela entropia. Como a entropia da fase gasosa de uma substância é maior que a da fase líquida, e a da fase sólida é a menor das três, a energia de Gibbs se altera mais acentuadamente na fase gasosa, depois na fase líquida, e em grau menos elevado de todos na fase sólida.

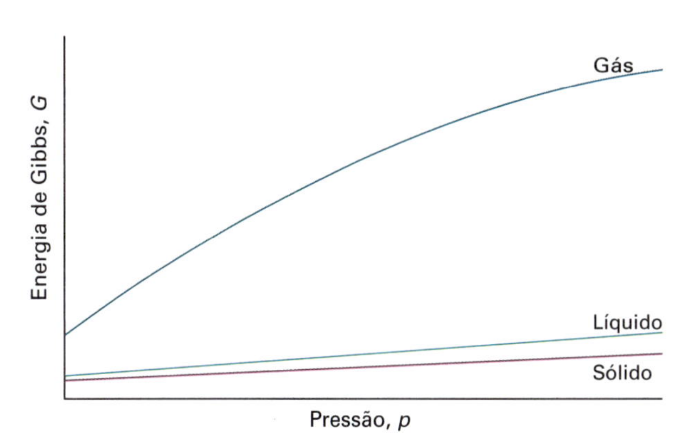

Figura 3D.3 A variação da energia de Gibbs com a pressão é determinada pelo volume da amostra. Como o volume da fase gasosa de uma substância é maior do que o da mesma quantidade da substância na fase líquida, e como o volume da fase sólida é o menor dos três volumes (para a maioria das substâncias), a variação da energia de Gibbs da fase gasosa é mais acentuada do que a da fase líquida, que é pouco mais acentuada que a da fase sólida. Como os volumes das fases sólida e líquida são semelhantes, as respectivas energias de Gibbs variam com valores semelhantes e analogamente quando a pressão varia.

Como o volume molar na fase gasosa de uma substância é maior do que nas suas fases condensadas (na fase líquida ou na fase sólida), a energia de Gibbs molar de um gás é mais sensível à pressão do que a energia de Gibbs molar das suas fases líquida e sólida (Fig. 3D.3).

Breve ilustração 3D.1 Variação da energia de Gibbs molar

A entropia molar padrão da água líquida a 298 K é 69,91 J K^{-1} mol^{-1}. Segue que, quando a temperatura aumenta em 5,0 K, a energia de Gibbs molar varia de

$$\delta G_m \approx \left(\frac{\partial G_m}{\partial T}\right)_p \delta T = -S_m \delta T = -(69{,}91\,\text{J K}^{-1}\,\text{mol}^{-1}) \times (5{,}0\,\text{K})$$
$$= -0{,}35\,\text{kJ mol}^{-1}$$

Exercício proposto 3D.3 A massa específica da água é 0,9970 g cm^{-3} a 298 K. De quanto varia a energia de Gibbs molar da água quando a pressão é aumentada em 0,10 bar?

Resposta: +0,18 J mol^{-1}

(b) A variação da energia de Gibbs com a temperatura

Uma vez que a composição de um sistema em equilíbrio depende da energia de Gibbs, para discutir a variação desta composição com a temperatura é necessário saber como G varia com a temperatura.

A primeira relação na Eq. 3D.8, $(\partial G/\partial T)_p = -S$, é nosso ponto de partida para deduzirmos uma relação apropriada. Embora dê a variação de G em termos de entropia, ela pode também ser modificada para envolver a entalpia, usando a definição de G para escrever $S = (H - G)/T$. Então

$$\left(\frac{\partial G}{\partial T}\right)_p = \frac{G-H}{T} \tag{3D.9}$$

Veremos na Seção 6A que a constante de equilíbrio de uma reação química está relacionada diretamente a G/T e não apenas ao próprio G, e é mais fácil demonstrar a partir da última equação (veja a *Justificativa* a seguir), que

$$\left(\frac{\partial G/T}{\partial T}\right)_p = -\frac{H}{T^2} \tag{3D.10}$$

Equação de Gibbs–Helmholtz

Esta é a **equação de Gibbs–Helmholtz**. Ela nos mostra que, se a entalpia de um sistema for conhecida, a dependência entre G/T e a temperatura também será conhecida.

Justificativa 3D.2 A equação de Gibbs–Helmholtz

Inicialmente, observamos que

$$\left(\frac{\partial G/T}{\partial T}\right)_p = \frac{1}{T}\left(\frac{\partial G}{\partial T}\right)_p + G\frac{\text{d}(1/T)}{\text{d}T} = \frac{1}{T}\left(\frac{\partial G}{\partial T}\right)_p - \frac{G}{T^2}$$
$$= \frac{1}{T}\left\{\left(\frac{\partial G}{\partial T}\right)_p - \frac{G}{T}\right\}$$

Então usamos a Eq. 3D.9 na forma

$$\left(\frac{\partial G}{\partial T}\right)_p - \frac{G}{T} = \frac{G-H}{T} - \frac{G}{T} = -\frac{H}{T}$$

Quando substituímos essa expressão na anterior, obtemos a Eq. 3D.10.

A equação de Gibbs–Helmholtz tem maior utilidade quando aplicada a variações a pressão constante, entre as quais mudanças de estado físico e também reações químicas. Então, como $\Delta G = G_f - G_i$ para a variação da energia de Gibbs entre o estado inicial e o final, e como a equação se aplica a G_f e também a G_i, temos

$$\left(\frac{\partial \Delta G/T}{\partial T}\right)_p = -\frac{\Delta H}{T^2} \tag{3D.11}$$

Essa equação mostra que, se a variação de entalpia de um sistema que está sofrendo uma transformação é conhecida, então também é conhecido como a variação da energia de Gibbs do sistema muda com a temperatura. Como veremos, esta é uma informação crucial na química.

(c) A variação da energia de Gibbs com a pressão

Para determinar a energia de Gibbs numa pressão em termos do seu valor em outra pressão, a uma temperatura constante, basta fazer $\text{d}T = 0$ na Eq. 3D.7, que dá $\text{d}G = V\text{d}p$, e depois integrar:

$$G(p_f) = G(p_i) + \int_{p_i}^{p_f} V\text{d}p \tag{3D.12a}$$

Para grandezas molares,

$$G_m(p_f) = G_m(p_i) + \int_{p_i}^{p_f} V_m\text{d}p \tag{3D.12b}$$

Essa expressão se aplica a qualquer fase da matéria, mas para calculá-la é necessário saber como o volume molar, V_m, depende da pressão.

A variação do volume molar de uma fase condensada com a pressão é muito pequena (Fig. 3D.4). Logo, podemos admitir que V_m seja constante e, consequentemente, retirá-lo para fora da integral:

$$G_m(p_f) = G_m(p_i) + V_m\int_{p_i}^{p_f} \text{d}p$$

Ou seja,

$$G_m(p_f) = G_m(p_i) + (p_f - p_i)V_m \tag{3D.13}$$

Sólido ou líquido incompressível — Energia de Gibbs molar

Nas condições normais de laboratório $(p_f - p_i)V_m$ é muito pequeno e pode ser desprezado. Logo, é possível, normalmente, admitir que as energias de Gibbs dos sólidos e líquidos sejam independentes da pressão. Entretanto, se estamos interessados em problemas geofísicos, então, em virtude de as pressões no interior da Terra serem muito grandes, não se podem ignorar os efeitos da pressão sobre a energia de Gibbs. Se as pressões forem muito grandes e provocarem modificações significativas de volume no intervalo de integração, é preciso utilizar a expressão completa, a Eq. 3D.12.

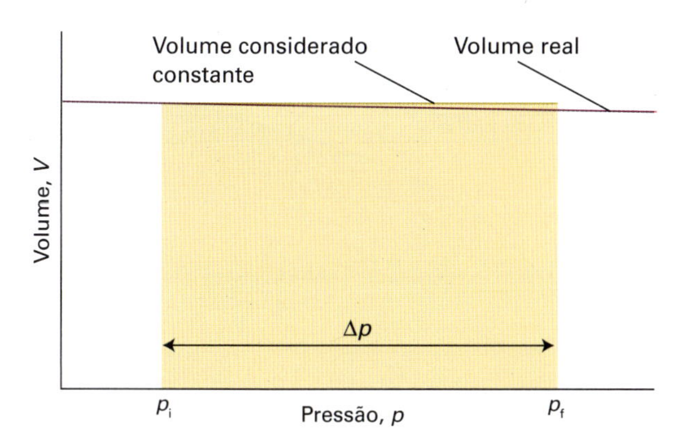

Figura 3D.4 A diferença entre a energia de Gibbs de um sólido ou de um líquido em duas pressões é igual à área retangular assinalada. Admitimos, na figura, que a variação do volume com a pressão é desprezível.

Exemplo 3D.3 Cálculo da dependência da energia de Gibbs de uma transição com a pressão

Suponhamos que numa certa transição de fase de um sólido se tenha $\Delta_{trs}V = +1{,}0\ \mathrm{cm^3\ mol^{-1}}$, independentemente da pressão. De quanto varia a energia de Gibbs de transição quando a pressão aumenta de 1,0 bar ($1{,}0 \times 10^5$ Pa) para 3,0 Mbar ($3{,}0 \times 10^{11}$ Pa)?

Método Comece com a Eq. 3D.12b para obter expressões para a energia de Gibbs de cada uma das fases 1 e 2 do sólido

$$G_{m,1}(p_f)=G_{m,1}(p_i)+\int_{p_i}^{p_f} V_{m,1}\mathrm{d}p$$

$$G_{m,2}(p_f)=G_{m,2}(p_i)+\int_{p_i}^{p_f} V_{m,2}\mathrm{d}p$$

Subtraia agora a segunda expressão da primeira, observando que $G_{m,2}- G_{m,1}=\Delta_{trs}G$ e $V_{m,2}- V_{m,1}=\Delta_{trs}V$:

$$\Delta_{trs}G_m(p_{ft})=\Delta_{rs}G_m(p_i)+\int_{p_i}^{p_f} \Delta_{trs}V_m\mathrm{d}p$$

Use os dados para completar o cálculo.

Resposta Como $\Delta_{trs}V$ é independente da pressão, a expressão acima simplifica para

$$\Delta_{trs}G_m(p_{ft})=\Delta_{rs}G_m(p_i)+\Delta_{trs}V_m\int_{p_i}^{p_f} \mathrm{d}p$$
$$=\Delta_{trs}G_m(p_i)+\Delta_{trs}V_m(p_f-p_i)$$

Inserindo os dados, obtemos

$$\Delta_{trs}G(3\,\mathrm{Mbar})=\Delta_{trs}G(1\,\mathrm{bar})+(1{,}0\times10^{-6}\ \mathrm{m^3\ mol^{-1}})\times$$
$$(3{,}0\times10^{11}\ \mathrm{Pa}-1{,}0\times10^{5}\ \mathrm{Pa})$$
$$=\Delta_{trs}G(1\,\mathrm{bar})+3{,}0\times10^{2}\ \mathrm{kJ\,mol^{-1}}$$

em que se considerou 1 Pa m³ = 1 J.

Exercício proposto 3D.4 Calcule a variação de G_m para o gelo a −10 °C, com massa específica igual a 917 kg m⁻³, quando a pressão aumenta de 1,0 bar até 2,0 bar.

Resposta: +2,0 J mol⁻¹

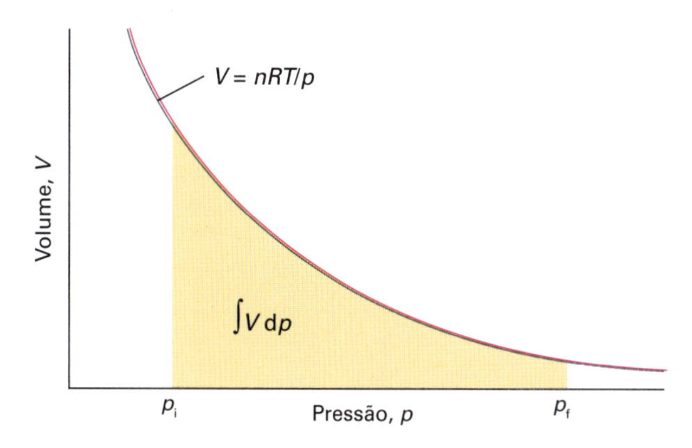

Figura 3D.5 A diferença entre as energias de Gibbs de um gás perfeito em duas pressões é dada pela área subtendida pela isoterma do gás perfeito.

Os volumes molares dos gases são grandes, assim a energia de Gibbs depende sensivelmente da pressão. Além disso, como os volumes também variam significativamente com a pressão, não podemos tratá-los como se fossem constantes na integral da Eq. 3D.12b (Fig. 3D.5). Para um gás perfeito, substituindo $V_m = RT/p$ na integral, e tratando RT como uma constante, encontra-se

$$G_m(p_f)=G_m(p_i)+RT\int_{p_i}^{p_f}\frac{1}{p}\mathrm{d}p=G_m(p_i)+RT\ln\frac{p_f}{p_i} \qquad (3D.14)$$

Essa expressão mostra que, quando a pressão aumenta de dez vezes à temperatura ambiente, a energia de Gibbs molar aumenta de $RT \ln 10 \approx 6$ kJ mol⁻¹. Segue-se desta equação que, se fizermos $p_i=p^\ominus$ (a pressão-padrão de 1 bar), então a energia de Gibbs de um gás perfeito, em uma pressão p (fazendo $p_f = p$), está relacionada com o seu valor-padrão por

$$G_m(p)=G_m^\ominus+RT\ln\frac{p}{p^\ominus} \qquad \text{Gás perfeito} \quad \text{Energia de Gibbs molar} \qquad (3D.15)$$

Breve ilustração 3D.2 Dependência da energia de Gibbs com a pressão de um gás

Suponha que estamos interessados na energia de Gibbs molar do vapor d'água (considerado como um gás perfeito) quando a pressão aumenta isotermicamente de 1,0 bar até 2,0 bar, a 298 K. Segundo a Eq. 3D.14,

$$G_m(2{,}0\,\mathrm{bar})=G_m^\ominus(1{,}0\,\mathrm{bar})+(8{,}3145\ \mathrm{J\,K^{-1}\,mol^{-1}})\times(298\ \mathrm{K})\times$$
$$\ln\left(\frac{2{,}0\,\mathrm{bar}}{1{,}0\,\mathrm{bar}}\right)=G_m^\ominus(1{,}0\,\mathrm{bar})+1{,}7\ \mathrm{kJ\,mol^{-1}}$$

Observe que, enquanto a variação da energia de Gibbs molar para uma fase condensada é de alguns poucos joules, a resposta que você deve obter para um gás é da ordem de quilojoules por mol.

Exercício proposto 3D.5 De quanto difere a energia de Gibbs molar de seu valor-padrão de um gás perfeito quando a sua pressão é de 0,10 bar?

Resposta: $-5{,}7\,\mathrm{kJ\,mol^{-1}}$

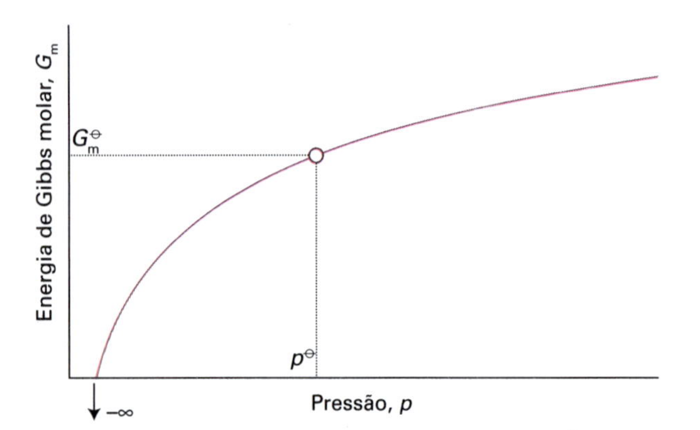

Figura 3D.6 A energia de Gibbs molar de um gás perfeito varia com ln p e o estado-padrão é alcançado na pressão $p^\ominus$. Observe que, quando $p \rightarrow 0$, a energia de Gibbs molar tende para menos infinito.

A dependência logarítmica da energia de Gibbs molar em relação à pressão prevista pela Eq. 3D.15 está ilustrada na Fig. 3D.6. Essa expressão muito importante, cujas consequências serão desdobradas nos capítulos seguintes, se aplica aos gases perfeitos (que normalmente é uma aproximação suficientemente boa). A seção vista a seguir descreve como levar em conta as imperfeições dos gases.

(d) A fugacidade

Em muitas ocasiões no desenvolvimento da físico-química, é preciso passar da análise de sistemas idealizados para a análise de sistemas reais. É desejável, muitas vezes, preservar as formas das expressões que foram deduzidas para os sistemas ideais. Desta maneira, talvez seja possível exprimir, com simplicidade, os desvios em relação ao comportamento ideal. Por exemplo, a dependência da energia de Gibbs molar em relação à pressão para um gás real pode ser parecida com aquela que é mostrada na Fig. 3D.7. Para adaptar a Eq. 3D.14 a esses casos, substituímos a pressão real, p, por uma pressão efetiva, chamada de **fugacidade**,[8] f, e escrevemos

$$G_m = G_m^\ominus + RT\ \ln(f/p^\ominus) \qquad \textit{Definição} \quad \text{Fugacidade} \qquad (3D.16)$$

A fugacidade, uma função da pressão e da temperatura, é definida de modo que a relação anterior é exatamente verdadeira. Uma abordagem semelhante é feita na discussão das soluções reais (Seção 5E), onde as "atividades" são concentrações efetivas. De fato, $f/p^\ominus$ pode ser considerada uma atividade em fase gasosa.

[8] O nome "fugacidade" vem do latim e indica a "tendência a escapar". A fugacidade tem as mesmas dimensões que a pressão.

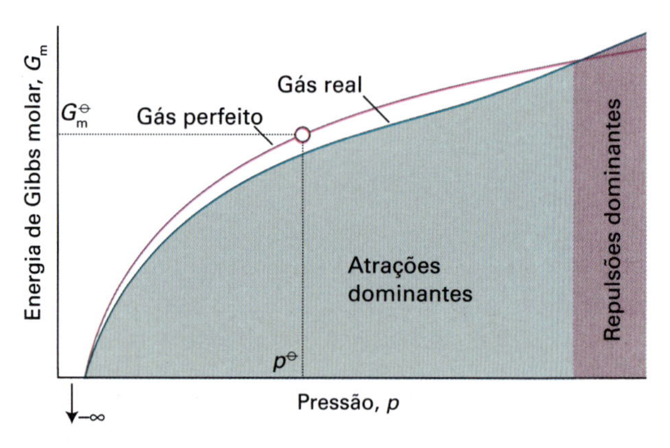

Figura 3D.7 A energia de Gibbs molar de um gás real. Quando $p \rightarrow 0$, a energia de Gibbs molar coincide com a do gás perfeito (que está representado pela curva mais escura). Quando as forças atrativas são dominantes no gás (em pressões intermediárias), a energia de Gibbs molar do gás real é menor do que a do gás perfeito e as moléculas têm menor "tendência de escapar" umas das outras. Em pressões elevadas, as forças repulsivas são dominantes e a energia de Gibbs molar do gás real é maior do que a do gás perfeito. A tendência de as moléculas "escaparem" umas das outras aumenta.

Embora expressões termodinâmicas em termos de fugacidades deduzidas dessa expressão sejam exatas, elas são úteis somente se soubermos como exprimir as fugacidades em termos das pressões reais. Para desenvolver essa relação escrevemos a fugacidade como

$$f = \phi p \qquad \textit{Definição} \quad \text{Coeficiente de fugacidade} \qquad (3D.17)$$

em que ϕ é o **coeficiente de fugacidade**, adimensional, que em geral depende da temperatura, da pressão e da natureza do gás. Mostramos na *Justificativa* a seguir que o coeficiente de fugacidade está relacionado ao fator de compressibilidade, Z, de um gás (Seção 1C) por

$$\ln\phi = \int_0^p \frac{Z-1}{p}\,dp \qquad (3D.18)$$

Desde que conheçamos como Z varia com a pressão até a pressão de interesse, essa expressão nos permite determinar o coeficiente de fugacidade e, logo, através da Eq. 3D.17, relacionar a fugacidade com a pressão do gás.

Justificativa 3D.3 O coeficiente de fugacidade

A Eq. 3D.12a é verdadeira para qualquer gás, seja real ou perfeito. Expressando-a em termos da fugacidade usando a Eq. 3D.16, obtemos

$$\int_{p'}^{p} V_m dp = G_m(p) - G_m(p') = \left\{G_m^\ominus + RT\ln\frac{f}{p^\ominus}\right\} - \left\{G_m^\ominus + RT\ln\frac{f'}{p^\ominus}\right\} = RT\ln\frac{f}{f'}$$

Nessa expressão, f é a fugacidade quando a pressão é p e f' é a fugacidade quando a pressão é p'. Se o gás fosse perfeito, escreveríamos

$$\int_{p'}^{p} \overbrace{V_{\text{perfeito,m}}}^{RT/p} \mathrm{d}p = RT\int_{p'}^{p} \frac{1}{p}\mathrm{d}p = RT \ln\frac{p}{p'}$$

A diferença entre as duas equações é

$$\int_{p'}^{p} (V_\text{m} - V_{\text{perfeito,m}})\mathrm{d}p = RT\left(\ln\frac{f}{f'} - \ln\frac{p}{p'}\right) = RT\ln\frac{f/f'}{p/p'}$$
$$= RT\ln\frac{f/p}{f'/p'}$$

que pode ser rearranjada em

$$\ln\frac{f/p}{f'/p'} = \frac{1}{RT}\int_{p'}^{p} (V_\text{m} - V_{\text{perfeito,m}})\mathrm{d}p$$

Quando $p' \to 0$, o gás se comporta idealmente e f' torna-se igual a pressão, p'. Portanto, $f'/p' \to 1$ quando $p' \to 0$. Se tomamos esse limite, o que significa fazer $f'/p' = 1$ na esquerda e $p' = 0$ na direita, a última equação fica

$$\ln\frac{f}{p} = \frac{1}{RT}\int_{0}^{p} (V_\text{m} - V_{\text{perfeito,m}})\mathrm{d}p$$

Então, com $\phi = f/p$,

$$\ln\phi = \frac{1}{RT}\int_{0}^{p} (V_\text{m} - V_{\text{perfeito,m}})\mathrm{d}p$$

Para um gás perfeito, $V_{\text{perfeito,m}} = RT/p$. Para um gás real, $V_\text{m} = RTZ/p$, em que Z é o fator de compressibilidade do gás (Seção 1C). Com essas duas substituições, obtemos a Eq. 3D.18.

Para um gás perfeito, $\phi = 1$ para todas as pressões e temperaturas. Vimos na Fig. 1C.9 que, até pressões moderadas, $Z < 1$ para a maioria dos gases e que, em pressões mais elevadas, $Z > 1$. Se Z for menor do que 1 em todo o intervalo de integração, o integrando da Eq. 3D.18 é negativo e $\phi < 1$. Isso implica que $f < p$ (as moléculas tendem a se manter agrupadas) e que a energia de Gibbs molar do gás é menor do que a do gás perfeito. Em pressões mais elevadas, o intervalo em que $Z > 1$ pode predominar sobre aquele em que $Z < 1$. A integral é então positiva, $\phi > 1$ e $f > p$ (as interações repulsivas são dominantes e tendem a afastar as moléculas umas das outras). A energia de Gibbs molar, nessas circunstâncias, é maior do que a de um gás perfeito na mesma pressão.

A Fig. 3D.8, que foi calculada usando-se a equação de van der Waals completa, mostra como o coeficiente de fugacidade varia com a pressão em termos das variáveis reduzidas (Seção 1C).

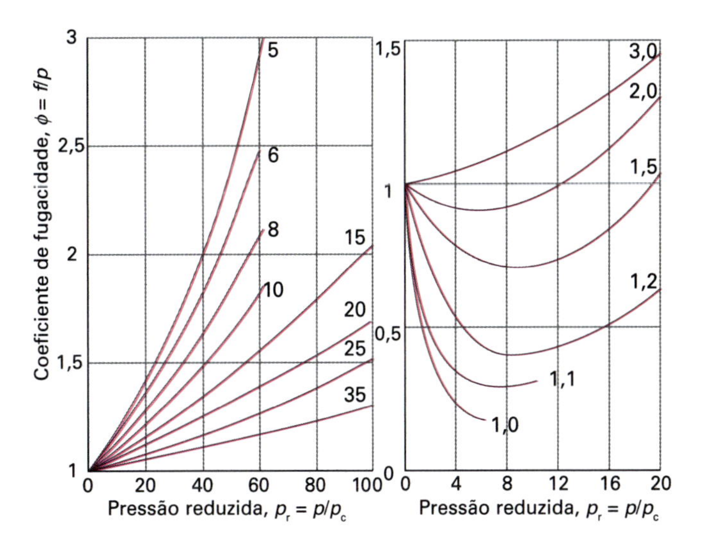

Figura 3D.8 Coeficiente de fugacidade de um gás de van der Waals em função das coordenadas do gás. As curvas (isotermas) estão identificadas pela temperatura reduzida, $T_r = T/T_c$.

Tabela 3D.2* A fugacidade do nitrogênio a 273 K

p/atm	f/atm
1	0,999 55
10	9,9560
100	97,03
1000	1839

* Outros valores podem ser vistos na *Seção de dados*.

Como a Tabela 1C.2 nos proporciona as constantes críticas, os gráficos podem ser usados para estimativas da fugacidade de muitos gases. A Tabela 3D.2 dá os valores da fugacidade do nitrogênio.

Breve ilustração 3D.3 Fugacidade de um gás real

Para utilizar a Fig. 3D.8 a fim de estimar a fugacidade do dióxido de carbono a 400 K e 400 atm, observamos da Tabela 1C.2 que suas constantes críticas são $p_c = 72{,}85$ atm e $T_c = 304{,}2$ K. Em termos das variáveis reduzidas, o gás tem $p_r = (400 \text{ atm})/(72{,}85 \text{ atm}) = 5{,}5$ e $T_r = (400 \text{ K})/(304{,}2 \text{ K}) = 1{,}31$. Da Fig. 3D.8 (por interpolação a olho nu), essas condições correspondem a $\phi \approx 0{,}4$ e, portanto, a $f \approx 160$ atm.

Exercício proposto 3D.6 A que temperatura o dióxido de carbono tem uma fugacidade de 400 atm quando a pressão é de 400 atm?

Resposta: A cerca de $T_r = 2{,}5$, que corresponde a $T = 760$ K.

Conceitos importantes

- ☐ 1. A **equação fundamental**, uma combinação entre a Primeira e a Segunda Lei da Termodinâmica, é a expressão da variação da energia interna que acompanha as mudanças no volume e na entropia de um sistema.
- ☐ 2. As relações entre as propriedades termodinâmicas são geradas combinando-se as expressões termodinâmicas e matemáticas das variações de seus valores.
- ☐ 3. As **relações de Maxwell** são uma série de relações entre as derivadas de propriedades termodinâmicas baseadas no critério de que as variações dessas propriedades são diferenciais exatas.
- ☐ 4. As relações de Maxwell são usadas para deduzir a **equação termodinâmica de estado** e para determinar como a energia interna de uma substância varia com o volume.
- ☐ 5. A variação da energia de Gibbs de um sistema sugere que ela seja mais comodamente tratada como uma função da pressão e da temperatura.
- ☐ 6. A energia de Gibbs de uma substância diminui com a temperatura e aumenta com a pressão.
- ☐ 7. A variação da energia de Gibbs com a temperatura está relacionada à entalpia pela **equação de Gibbs-Helmholtz**.
- ☐ 8. A energia de Gibbs de sólidos e líquidos é quase independente da pressão; a dos gases varia linearmente com o logaritmo da pressão.
- ☐ 9. A **fugacidade** é uma espécie de pressão efetiva de um gás real.

Equações importantes

Propriedade	Equação	Comentário	Número da equação
Equação fundamental	$\mathrm{d}U = T\mathrm{d}S - p\mathrm{d}V$	Sem trabalho extra	3D.1
Equação fundamental da termodinâmica química	$\mathrm{d}G = V\mathrm{d}p - S\mathrm{d}T$	Sem trabalho extra	3D.7
Variação de G	$(\partial G/\partial p)_T = V$ e $(\partial G/\partial T)_p = -S$	Composição constante	3D.8
Equação de Gibbs-Helmholtz	$(\partial(G/T)/\partial T)_p = -H/T^2$	Composição constante	3D.10
Dependência de G em relação à pressão	$G_m(p_f) = G_m(p_i) + (p_f - p_i)V_m$	Substância incompressível	3D.13
	$G_m(p_f) = G_m(p_i) + RT\ln(p_f/p_i)$	Gás perfeito	3D.14
	$G_m = G_m^{\ominus} + RT\ln(p/p^{\ominus})$	Gás perfeito	3D.15
Fugacidade	$G_m = G_m^{\ominus} + RT\ln(f/p^{\ominus})$	Definição	3D.16
Coeficiente de fugacidade	$f = \phi p$	Definição	3D.17
	$\ln\phi = \int_0^p \{(Z-1)/p\}\mathrm{d}p$	Determinação	3D.18

CAPÍTULO 3 A Segunda e Terceira Leis

Considere que todos os gases mencionados são perfeitos e que os dados valem a 298,15 K, a menos de observações em contrário.

SEÇÃO 3A Entropia

Questões teóricas

3A.1 A evolução da vida necessita da organização de um número muito grande de moléculas para a formação das células biológicas. A formação dos organismos vivos viola a Segunda Lei da termodinâmica? Dê uma resposta clara e apresente argumentos detalhados para justificá-la.

3A.2 Discuta o significado dos termos "dispersão" e "desordem" no contexto da Segunda Lei.

3A.3 Discuta as relações entre as várias formulações da Segunda Lei da termodinâmica.

3A.4 Explique os desvios da regra de Trouton para líquidos como a água e o etanol. Suas entropias de vaporização são maiores ou menores que 85 J K^{-1} mol^{-1}? Por quê?

Exercícios

3A.1(a) Em um processo hipotético, a entropia de um sistema aumenta de 125 J K^{-1}, enquanto a entropia das vizinhanças diminui de 125 J K^{-1}. O processo é espontâneo?

3A.1(b) Em um processo hipotético, a entropia de um sistema aumenta de 105 J K^{-1}, enquanto a entropia das vizinhanças diminui de 95 J K^{-1}. O processo é espontâneo?

3A.2(a) Uma máquina térmica ideal usa água no seu ponto triplo como fonte quente e um líquido orgânico como sumidouro frio. Ela retira 10.000 kJ de calor da fonte quente e produz 3000 kJ de trabalho. Qual é a temperatura do líquido orgânico?

3A.2(b) Uma máquina térmica ideal usa água no seu ponto triplo como fonte quente e um líquido orgânico como sumidouro frio. Ela retira 2,71 kJ de calor da fonte quente e produz 0,71 kJ de trabalho. Qual é a temperatura do líquido orgânico?

3A.3(a) Calcule a variação de entropia quando 100 kJ de energia, na forma de calor, se transferem reversível e isotermicamente para um grande bloco de a cobre (a) 0 °C e (b) 50 °C.

3A.3(b) Calcule a variação de entropia quando 250 kJ de energia, na forma de calor, se transferem reversível e isotermicamente para um grande bloco de ferro a (a) 20 °C e (b) 100 °C.

3A.4(a) Quem tem a maior entropia molar a 298 K, $F_2(g)$ ou $I_2(g)$?

3A.4(b) Quem tem a maior entropia molar a 298 K, $H_2O(g)$ ou $CO_2(g)$?

3A.5(a) Calcule a variação de entropia quando 15 g de dióxido de carbono gasoso são expandidos de 1,00 dm^3 a 3,00 dm^3 a 300 K.

3A.5(b) Calcule a variação de entropia quando 4,00 g de nitrogênio são expandidos de 500 cm^3 a 750 cm^3 a 300 K.

3A.6(a) Determine a entalpia de vaporização do benzeno a partir de seu ponto de ebulição normal, 80,1 °C.

3A.6(b) Determine a entalpia de vaporização do ciclo-hexano a partir de seu ponto de ebulição normal, 80,7 °C.

3A.7(a) Calcule a entropia molar de uma amostra de neônio, mantida a volume constante, a 500 K, sabendo que ela é igual a 146,22 J K^{-1} mol^{-1} a 298 K.

3A.7(b) Calcule a entropia molar de uma amostra de argônio, mantida a volume constante, a 250 K, sabendo que ela é igual a 154,84 J K^{-1} mol^{-1} a 298 K.

3A.8(a) Calcule ΔS (para o sistema) quando 3,00 mol de um gás perfeito monoatômico, com $C_{p,m} = \frac{5}{2}R$, passam do estado a 25 °C e 1,00 atm para o estado a 125 °C e 5,00 atm. Como se explica o sinal de ΔS?

3A.8(b) Calcule ΔS (para o sistema) quando 2,00 mol de um gás perfeito diatômico, com $C_{p,m} = \frac{5}{2}R$, passam do estado a 25 °C e 1,50 atm para o estado a 135 °C e 7,00 atm. Como se explica o sinal de ΔS?

3A.9(a) Calcule ΔH e ΔS_{tot} quando dois blocos de cobre, cada um com 1,00 kg de massa, um a 50 °C e outro a 0 °C, são colocados em contato térmico, num vaso isolado. O calor específico do cobre é 0,385 J K^{-1} g^{-1} e aproximadamente constante no intervalo de temperatura considerado.

3A.9(b) Calcule ΔH e ΔS_{tot} quando dois blocos de ferro, cada qual com 10,0 kg de massa, um a 100 °C e outro a 25 °C, são colocados em contato térmico, num vaso isolado. O calor específico do ferro é 0,449 J K^{-1} g^{-1} e aproximadamente constante no intervalo de temperatura considerado.

3A.10(a) Calcule as variações de entropia do sistema e das suas vizinhanças e a variação total de entropia, quando uma amostra de 14 g de nitrogênio gasoso, a 298 K e 1,00 bar, duplica o seu volume (a) numa expansão isotérmica reversível, (b) numa expansão isotérmica irreversível contra a pressão externa $p_{ex} = 0$ e (c) numa expansão adiabática reversível.

3A.10(b) Calcule as variações de entropia do sistema e das suas vizinhanças e a variação total de entropia, quando uma amostra de 21 g de argônio gasoso, a 298 K e 1,50 bar, passa do volume de 1,20 dm^3 para o de 4,60 dm^3 (a) numa expansão isotérmica reversível, (b) numa expansão isotérmica irreversível contra $p_{ex} = 0$ e (c) numa expansão adiabática reversível.

3A.11(a) A entalpia de vaporização do clorofórmio ($CHCl_3$) é 29,4 kJ mol^{-1} no ponto de ebulição normal a 334,88 K. Calcule (a) a entropia de vaporização do clorofórmio nesta temperatura e (b) a variação de entropia nas vizinhanças do sistema.

3A.11(b) A entalpia de vaporização do metanol é 35,27 kJ mol^{-1} no seu ponto de ebulição normal de 64,1 °C. Calcule (a) a entropia de vaporização do metanol nesta temperatura e (b) a variação de entropia nas vizinhanças do sistema.

3A.12(a) Calcule a variação de entropia de um sistema quando 10,0 g de gelo a −10,0 °C são convertidos a vapor d'água a 115,0 °C e à pressão constante de 1 bar. A capacidade calorífica da $H_2O(s)$ e da $H_2O(l)$ é 75,291 J K^{-1} mol^{-1} e a da $H_2O(g)$ é 33,58 J K^{-1} mol^{-1}.

3A.12(b) Calcule a variação de entropia de um sistema quando 15,0 g de gelo a −12,0 °C são convertidos a vapor d'água a 105,0 °C e à pressão constante de 1 bar. Use os dados do exercício anterior.

Problemas

3A.1 Represente o ciclo de Carnot no diagrama da temperatura contra a entropia e mostre que a área delimitada pela curva do ciclo é equivalente ao trabalho efetuado no ciclo.

3A.2 O ciclo envolvido na operação de um motor de combustão interna é chamado de *ciclo de Otto*. O fluido operante pode ser considerado o ar, com o comportamento de gás perfeito. O ciclo é constituído pelos seguintes processos sucessivos: (1) compressão adiabática reversível de A até B, (2) aquecimento, provocado pela combustão de pequena quantidade de combustível, reversível, a volume constante, com aumento de pressão de B até C, (3) expansão adiabática reversível de C até D e (4) resfriamento reversível, a volume constante, com diminuição de pressão até o estado inicial A. Determine a variação de entropia (do sistema e das vizinhanças) em cada processo do ciclo e determine a expressão da eficiência do ciclo, na hipótese de todo o calor fornecido ser o da Etapa 2. Estime a eficiência se a razão de compressão for de 10:1. Admita que no estado A se tem $V = 4{,}00$ dm^3, $p = 1{,}00$ atm e $T = 300$ K. Admita também que $V_A = 10V_B$, $p_C/p_B = 5$ e que $C_{p,m} = \frac{7}{2}R$.

3A.3 Prove que a representação gráfica de dois processos adiabáticos reversíveis não pode nunca ter um ponto comum. Admita que a energia do sistema seja função exclusiva da temperatura. (*Sugestão:* Suponha que duas curvas, cada uma referente a um dos processos, se intersectem em um ponto e completem um ciclo com os dois processos mais um processo isotérmico. Calcule as variações de entropia em cada processo e mostre que há contradição com o enunciado de Kelvin para a Segunda Lei da Termodinâmica.)

3A.4 O cálculo do trabalho necessário para baixar a temperatura de um corpo é complicado pelo fato de o coeficiente de desempenho c (ver *Impacto* I3.1) mudar com a temperatura do corpo. (a) Obtenha uma expressão para o trabalho necessário para resfriar um corpo de T_i a T_f quando o refrigerador está num local à temperatura T_h. *Sugestão*: Escreva $dw = dq/c(T)$, relacione dq a dT pela capacidade calorífica C_p e integre a expressão resultante. Admita ser a capacidade calorífica independente da temperatura na faixa de interesse. (b) Use o resultado da parte (a) para calcular o trabalho necessário para congelar 250 g de água colocada num refrigerador a 293 K. Quanto tempo levará esse processo se o refrigerador operar com uma potência de 100 W?

3A.5 As mesmas expressões utilizadas no tratamento dos refrigeradores (Problema 3A.4) se aplicam ao comportamento das bombas de calor. Neste caso, o calor é obtido da parte traseira do refrigerador, enquanto a parte dianteira é usada para resfriar o ambiente externo. As bombas de calor são dispositivos de aquecimento doméstico muito populares, porque são muito eficientes, o que pode ser comprovado pelo cálculo a seguir. Compare o calor liberado em uma sala a 295 K por cada um dos dois métodos: (a) conversão direta de 1,00 kJ de energia elétrica num aquecedor elétrico e (b) o uso de 1,00 kJ de energia elétrica para fazer funcionar uma bomba de calor com o ambiente fora da sala a 260 K. Discuta a origem da diferença do calor liberado para o interior da sala pelos dois métodos.

3A.6 Calcule a diferença entre (a) a entropia molar da água líquida e a do gelo a −5 °C e (b) a entropia molar da água líquida e a do seu vapor a 95 °C e 1,00 atm. A diferença entre as capacidades caloríficas na fusão é 37,3 J K^{-1} mol^{-1} e na vaporização é −41,9 J K^{-1} mol^{-1}. Distinga claramente as variações de entropia da amostra, das vizinhanças e a variação total, e discuta a espontaneidade das transições nas duas temperaturas.

3A.7 A capacidade calorífica do clorofórmio (triclorometano, $CHCl_3$) no intervalo de temperatura de 240 K a 330 K é dada por $C_{p,m}/(\text{J K}^{-1}\text{ mol}^{-1}) = 91{,}47 + 7{,}5 \times 10^{-2}(T/\text{K})$. Numa certa experiência, 1,00 mol de $CHCl_3$ é aquecido de 273 K até 300 K. Calcule a variação da entropia molar da amostra.

3A.8 Um bloco de cobre, com 2,00 kg de massa ($C_{p,m} = 24{,}44$ J K^{-1} mol^{-1}) e temperatura de 0 °C, é colocado num vaso isolado no qual está 1,00 mol de H_2O(g), a 100 °C e 1,00 atm. (a) Admitindo que todo o vapor de água seja condensado a água, quais serão a temperatura final do sistema, a quantidade de calor transferida da água para o cobre, a variação de entropia da água, a do cobre e a variação total de entropia? (b) Na realidade, no equilíbrio, uma parte da água fica no estado de vapor. Pela pressão de vapor da água na temperatura calculada na parte (a), e na hipótese de as capacidades caloríficas da água líquida e do vapor d'água serem constantes e iguais às capacidades caloríficas nessa mesma temperatura, obtenha um valor mais aproximado da temperatura final, do calor transferido e das entropias. (*Sugestão*: Faça aproximações razoáveis.)

3A.9 Uma amostra de 1,00 mol de um gás perfeito, a 27 °C, se expande isotermicamente da pressão inicial de 3,00 atm até a pressão final de 1,00 atm, de duas maneiras: (a) reversivelmente e (b) contra uma pressão externa constante de 1,00 atm. Determine os valores de q, w, ΔU, ΔH, ΔS, ΔS_{viz} e ΔS_{tot} em cada processo.

3A.10 Um bloco de cobre, com 500 g de massa e inicialmente a 293 K, está em contato térmico com um aquecedor elétrico cuja resistência é de 1,00 kΩ e de massa desprezível. Pelo aquecedor circula uma corrente de 1,00 A durante 15,0 s. Calcule a variação de entropia do cobre, considerando $C_{p,m} = 24{,}4$ J K^{-1} mol^{-1}. A experiência é repetida com o cobre imerso numa corrente de água que mantém a sua temperatura constante em 293 K. Calcule a variação da entropia do cobre e a da água, neste caso.

3A.11 Ache a expressão da variação de entropia quando dois blocos de uma mesma substância, de massas iguais, um à temperatura T_h e outro a T_c, entram em contato térmico e atingem espontaneamente o equilíbrio. Calcule a variação quando os dois blocos forem de cobre e a massa de cada bloco for de 500 g, com $C_{p,m} = 24{,}4$ J K^{-1} mol^{-1}, $T_h = 500$ K e $T_c = 250$ K.

3A.12 Segundo a lei de Newton do resfriamento, a velocidade de variação da temperatura é proporcional à diferença de temperatura entre o sistema e as vizinhanças. Dado que $S(T) - S(T_i) = C\ln(T/T_i)$, em que T_i é a temperatura inicial e C a capacidade calorífica, deduza uma expressão para a velocidade de variação da entropia de um sistema quando ele resfria.

3A.13 A proteína lisozima se desenovela na temperatura de transição de 75,5 °C e a entalpia-padrão de transição é 509 kJ mol^{-1}. Calcule a entropia de desenovelamento da lisozima a 25,0 °C sabendo-se que a diferença entre as capacidades caloríficas a pressão constante para o processo de desenovelamento é de 6,28 kJ K^{-1} mol^{-1}, podendo ser considerada como independente da temperatura. *Sugestão*: Suponha que a transição ocorra a 25,0 °C em três etapas: (i) aquecimento da proteína enovelada de 25,0 °C até a temperatura de transição, (ii) desenovelamento na temperatura de transição, e (iii) resfriamento da proteína desenovelada até 25,0 °C. Como a entropia é uma função de estado, a variação de entropia a 25,0 °C é igual à soma das variações de entropia das etapas.

SEÇÃO 3B A medida da entropia

Questão teórica

3B.1 Discuta por que as entropias-padrão de íons em solução podem ser positivas, negativas ou nulas.

Exercícios

3B.1(a) Calcule a entropia molar residual de um sólido no qual as moléculas podem adotar (i) três, (ii) cinco, (iii) seis orientações de mesma energia em $T = 0$.

3B.1(b) Suponha que a molécula hexagonal $C_6H_nF_{6-n}$ tenha uma entropia residual devido à similaridade entre os átomos de H e F. Calcule a entropia residual para cada valor de n.

3B.2(a) Calcule a entropia-padrão das seguintes reações, a 298 K:

(i) $2CH_3CHO(g)+O_2(g)\rightarrow 2CH_3COOH(l)$

(ii) $2AgCl(s)+Br_2(l)\rightarrow 2AgBr(s)+Cl_2(g)$

(iii) $Hg(l)+Cl_2(g)\rightarrow HgCl_2(s)$

3B.2(b) Calcule a entropia-padrão das seguintes reações, a 298 K:

(i) $Zn(s)+Cu^{2+}(aq)\rightarrow Zn^{2+}(aq)+Cu(s)$

(ii) $C_{12}H_{22}O_{11}(s)+12O_2(g)\rightarrow 12CO_2(g)+11H_2O(l)$

Problemas

3B.1 A entropia molar padrão do $NH_3(g)$ é 192,45 J K^{-1} mol^{-1} a 298 K, e a sua capacidade calorífica é dada pela Eq. 2B.8, com os coeficientes que figuram na Tabela 2B.1. Calcule a entropia molar padrão do gás a (a) 100 °C e (b) 500 °C.

3B.2 A capacidade calorífica molar do chumbo varia com a temperatura conforme a tabela seguinte:

T/K	10	15	20	25	30	50
$C_{p,m}$/(J K^{-1} mol^{-1})	2,8	7,0	10,8	14,1	16,5	21,4
T/K	70	100	150	200	250	298
$C_{p,m}$/(J K^{-1} mol^{-1})	23,3	24,5	25,3	25,8	26,2	26,6

Calcule a entropia-padrão da Terceira Lei, para o chumbo, (a) a 0 °C e (b) a 25 °C.

3B.3 Com as entalpias-padrão de formação, entropias-padrão e capacidades caloríficas disponíveis nas tabelas da *Seção de dados*, calcule a entalpia-padrão e a entropia-padrão da reação $CO_2(g) + H_2(g) \rightarrow CO(g) + H_2O(g)$, a 298 K e a 398 K. Admita que as capacidades caloríficas sejam constantes no intervalo de temperatura mencionado.

3B.4 A capacidade calorífica do hexacianoferrato(II) de potássio anidro varia com a temperatura conforme a seguinte tabela:

T/K	10	20	30	40	50	60
$C_{p,m}$/(J K^{-1} mol^{-1})	2,09	14,43	36,44	62,55	87,03	111,0
T/K	70	80	90	100	110	150
$C_{p,m}$/(J K^{-1} mol^{-1})	131,4	149,4	165,3	179,6	192,8	237,6
T/K	160	170	180	190	200	
$C_{p,m}$/(J K^{-1} mol^{-1})	247,3	256,5	265,1	273,0	280,3	

Calcule a entalpia molar em relação ao seu valor a $T = 0$ e a entropia da Terceira Lei em cada temperatura mencionada.

3B.5 O composto 1,3,5-tricloro-2,4,6-trifluorbenzeno é um intermediário na conversão do hexaclorobenzeno a hexafluorbenzeno, e suas propriedades termodinâmicas foram examinadas pela medida da respectiva capacidade calorífica sobre uma ampla faixa de temperatura (R. L. Andon e J.F. Martin, *J. Chem. Soc. Faraday Trans.* **1**, 871 (1973)). Alguns dados figuram na tabela a seguir:

T/K	14,14	16,33	20,03	31,15	44,08	64,81
$C_{p,m}$/(J K^{-1} mol^{-1})	9,492	12,70	18,18	32,54	46,86	66,36
T/K	100,90	140,86	183,59	225,10	262,99	298,06
$C_{p,m}$/(J K^{-1} mol^{-1})	95,05	121,3	144,4	163,7	180,2	196,4

Calcule a entalpia molar tomando por base o seu valor a $T = 0$ e a entropia molar da Terceira Lei em cada temperatura mencionada.

3B.6‡ Dado que $S_m^{\ominus} = 29{,}79$ J K^{-1} mol^{-1} para o bismuto a 100 K e dadas as capacidades caloríficas apresentadas a seguir (D.G. Archer, *J. Chem. Eng. Data* **40,** 1015 (1995)), calcule a entropia molar padrão do bismuto a 200 K.

T/K	100	120	140	150	160	180	200
$C_{p,m}$/(J K^{-1} mol^{-1})	23,00	23,74	24,25	24,44	24,61	24,89	25,11

Compare o valor com o que seria calculado com a hipótese de a capacidade calorífica ser constante e igual a 24,44 J K^{-1} mol^{-1} no intervalo de temperatura mencionado.

3B.7 Deduza uma expressão para a entropia molar de um sólido monoatômico com base nos modelos de Einstein e de Debye e faça o gráfico da entropia molar em função da temperatura (use T/θ em cada caso, sendo θ a temperatura de Einstein ou de Debye). Use as seguintes expressões para a dependência da capacidade calorífica em relação à temperatura:

$$\text{Einstein: } C_{V,m}(T)=3Rf^{E}(T) \quad f^{E}(T)=\left(\frac{\theta^{E}}{T}\right)^2\left(\frac{e^{\theta^{E}/2T}}{e^{\theta^{E}/T}-1}\right)^2$$

$$\text{Debye: } C_{V,m}(T)=3Rf^{D}(T) \quad f^{D}(T)=3\left(\frac{T}{\theta^{D}}\right)^3\int_0^{\theta^{D}/T}\frac{x^4e^x}{(e^x-1)^2}\,dx$$

Utilize um software matemático para avaliar as expressões apropriadas.

3B.8 Uma molécula de DNA humano tem, em média, 5×10^8 dinucleotídeos (os degraus na escada do DNA) de quatro tipos diferentes. Se cada degrau fosse uma escolha aleatória dessas quatro possibilidades, qual seria a entropia residual associada a essa molécula típica de DNA

SEÇÃO 3C Concentrando-se no sistema

Questões teóricas

3C.1 As expressões a seguir foram usadas para estabelecer critérios para a reversibilidade: $dA_{T,V} < 0$ e $dG_{T,p} < 0$. Discuta a origem, o significado e a aplicabilidade de cada um dos critérios.

3C.2 Em que circunstâncias e por que a espontaneidade de um processo pode ser discutida somente em termos das propriedades do sistema?

‡Os problemas com o símbolo ‡ foram propostos por Charles Trapp e Carmen Giunta.

Exercícios

3C.1(a) Com as entropias das reações calculadas no Exercício 3B.2(a) e com as entalpias das mesmas reações, calcule as energias de Gibbs padrão das reações, a 298 K.

3C.1(b) Com as entropias das reações calculadas no Exercício 3B.2(b) e com as entalpias das mesmas reações, calcule as energias de Gibbs padrão das reações a 298 K.

3C.2(a) Calcule a energia de Gibbs padrão da reação $4\,HI(g) + O_2(g) \rightarrow 2\,I_2(s) + 2\,H_2O(l)$, a 298 K, a partir das entropias-padrão e das entalpias-padrão de formação fornecidas na *Seção de dados*.

3C.2(b) Calcule a energia de Gibbs padrão da reação $CO(g) + CH_3CH_2OH(l) \rightarrow CH_3CH_2COOH(l)$, a 298 K, a partir das entropias-padrão e das entalpias-padrão de formação fornecidas na *Seção de dados*.

3C.3(a) Calcule o trabalho máximo, diferente do de expansão, que pode ser obtido, por mol, numa célula a combustível em que a reação química é a combustão do metano a 298 K.

3C.3(b) Calcule o trabalho máximo, diferente do de expansão, que se pode obter, por mol, numa célula de combustível em que a reação química é a combustão do propano a 298 K.

3C.4(a) Com as energias de Gibbs padrão de formação, calcule as energias de Gibbs padrão das reações vistas a seguir:

(i) $2\,CH_3CHO(g)+O_2(g) \rightarrow 2\,CH_3COOH(l)$

(ii) $2\,AgCl(s)+Br_2(l) \rightarrow 2\,AgBr(s)+Cl_2(g)$

(iii) $Hg(l)+Cl_2(g) \rightarrow HgCl_2(s)$

3C.4(b) Com as energias de Gibbs padrão de formação, calcule as energias de Gibbs padrão das reações vistas a seguir:

(i) $Zn(s)+Cu^{2+}(aq) \rightarrow Zn^{2+}(aq)+Cu(s)$

(ii) $C_{12}H_{22}O_{11}(s)+12\,O_2(g) \rightarrow 12\,CO_2(g)+11\,H_2O(l)$

3C.5(a) A entalpia-padrão de combustão do acetato de etila ($CH_3COOC_2H_5$) é -2231 kJ mol^{-1} a 298 K e a sua entropia molar padrão é 259,4 J K^{-1} mol^{-1}. Calcule a energia de Gibbs padrão de formação do acetato de etila a 298 K.

3C.5(b) A entalpia-padrão de combustão do aminoácido glicina (NH_2CH_2COOH) é -969 kJ mol^{-1}, a 298 K, e a sua entropia molar padrão é 103,5 J K^{-1} mol^{-1} a 298 K. Calcule a energia de Gibbs padrão de formação da glicina a 298 K.

Problemas

3C.1 Imagine um gás perfeito encerrado num cilindro que é dividido em duas seções, A e B, por um pistão adiabático sem atrito. Todas as modificações em B são isotérmicas, isto é, um termostato envolve B e mantém a temperatura constante. Cada seção contém 2,00 mol do gás. Inicialmente, $T_A = T_B = 300$ K, $V_A = V_B = 2{,}00$ dm^3. Injeta-se calor no gás da seção A e o pistão se desloca para a direita, reversivelmente, até que o volume na seção B seja de 1,00 dm^3. Calcule (a) ΔS_A e ΔS_B, (b) ΔA_A e ΔA_B, (c) ΔG_A e ΔG_B, (d) ΔS do sistema total e das suas vizinhanças. Se não for possível calcular valores numéricos, indique, pelas informações fornecidas, se eles devem ser positivos, negativos, nulos ou indeterminados. (Admita que $C_{V,m} = 20$ J K^{-1} mol^{-1}.)

3C.2 Calcule a energia interna molar, a entropia molar e a energia de Helmholtz molar de uma coleção de osciladores harmônicos, e faça o gráfico de suas expressões em função de T/θ^V, em que $\theta^V = h\nu/k$.

3C.3 A energia liberada na oxidação dos alimentos é armazenada, nas células biológicas, na adenosina trifosfato (ATP ou ATP^{4-}). A chave da ação do ATP é a sua capacidade em perder seu grupo fosfato terminal por hidrólise e formar a adenosina difosfato (ADP ou ADP^{3-}):

$$ATP^{4-}(aq)+H_2O(l) \rightarrow ADP^{3-}(aq)+HPO_4^{2-}(aq)+H_3O^+(aq)$$

Em pH = 7,0 e a 37 °C (310 K, a temperatura do sangue), a entalpia e a energia de Gibbs da hidrólise são $\Delta_r H = -20$ kJ mol^{-1} e $\Delta_r G = -31$ kJ mol^{-1}, respectivamente. Sob essas condições, a hidrólise de 1 mol de ATP^{4-}(aq.) produz até 31 kJ de energia, que podem ser usados num trabalho diferente do de expansão, por exemplo, na síntese de proteínas a partir de aminoácidos, na contração muscular e na ativação dos circuitos neurônicos no cérebro. (a) Calcule e explique o sinal da entropia de hidrólise da ATP em pH = 7,0 e a 310 K. (b) Imagine que o raio de uma célula biológica é 10 μm e que 10^6 moléculas de ATP são hidrolisadas numa célula por segundo. Qual é a densidade de potência da célula em watts por metro cúbico (1 W = 1 J s^{-1})? Uma bateria de computador fornece 15 W e tem um volume de 100 cm^3. Quem tem a maior densidade de potência, a célula ou a bateria? (c) A formação da glutamina a partir do glutamato e de íons amônio requer 14,2 kJ mol^{-1} de energia. Ela é conduzida pela hidrólise do ATP a ADP, mediada pela enzima glutamina sintetase. Quantos mols de ATP devem ser hidrolisados para formar 1 mol de glutamina?

SEÇÃO 3D Combinação entre a Primeira e a Segunda Lei

Questões teóricas

3D.1 Sugira uma interpretação física da dependência da energia de Gibbs em relação à temperatura.

3D.2 Sugira uma interpretação física da dependência da energia de Gibbs em relação à pressão.

Exercícios

3D.1(a) Suponha que 2,5 mmol de $N_2(g)$ ocupem 42 cm^3 a 300 K e que se expandam a 600 cm^3. Calcule ΔG para o processo.

3D.1(b) Suponha que 6,0 mmol de Ar(g) ocupem 52 cm^3 a 298 K e se expandam a 122 cm^3. Calcule ΔG para o processo.

3D.2(a) A variação da energia de Gibbs, num processo a pressão constante, ajusta-se à expressão $\Delta G/J = -85{,}40 + 36{,}5(T/K)$. Calcule o valor de ΔS no processo.

3D.2(b) A variação da energia de Gibbs, num certo processo a pressão constante, ajusta-se à expressão $\Delta G/\text{J} = -73{,}1 + 42{,}8(T/\text{K})$. Calcule o valor de ΔS no processo.

3D.3(a) Calcule a variação da energia de Gibbs e da energia de Gibbs molar de 1 dm^3 de octano quando a pressão que atua sobre ele aumenta de 1 atm até 100 atm. A massa específica do octano é 0,703 g cm^{-3}.

3D.3(b) Calcule a variação da energia de Gibbs e da energia de Gibbs molar de 100 cm^3 de água quando a pressão que atua sobre ela aumenta de 100 kPa até 500 kPa. A massa específica da água é 0,997 g cm^{-3}.

3D.4(a) Calcule a variação da energia de Gibbs e da energia de Gibbs molar do gás hidrogênio quando sua pressão é aumentada isotermicamente de 1,0 atm para 100,0 atm, a 298 K.

3D.4(b) Calcule a variação da energia de Gibbs e da energia de Gibbs molar do gás oxigênio quando sua pressão é aumentada isotermicamente de 50,0 kPa para 100,0 kPa, a 500 K.

Problemas

3D.1 Calcule $\Delta_r G^\ominus$ (375 K) para a reação $2\,CO(g) + O_2(g) \rightarrow 2\,CO_2(g)$ a partir dos valores de $\Delta_r G^\ominus$ (298 K), $\Delta_r H^\ominus$ (298 K) e da equação de Gibbs-Helmholtz.

3D.2 Estime a energia de Gibbs padrão da reação $N_2(g) + 3\,H_2(g) \rightarrow 2\,NH_3(g)$ a (a) 500 K, (b) 1000 K, a partir do seu valor a 298 K.

3D.3 A 298 K, a entalpia-padrão de combustão da sacarose é −5797 kJ mol^{-1} e a energia de Gibbs padrão de reação é −6333 kJ mol^{-1}. Estime o trabalho extra (diferente do de expansão) que se pode aproveitar pela elevação da temperatura até a temperatura do sangue, 37 °C.

3D.4 Duas equações de estado empíricas de um gás real são

$$\text{van der Waals}: p = \frac{RT}{V_\text{m} - b} - \frac{a}{V_\text{m}^2}$$

$$\text{Dieterici}: p = \frac{RT\text{e}^{-a/RTV_\text{m}}}{V_\text{m} - b}$$

Determine $(\partial S/\partial V)_T$ para cada gás. Para uma expansão isotérmica, para qual tipo de gás (perfeito ou real) ΔS será maior? Explique sua conclusão.

3D.5 Duas das quatro relações de Maxwell foram deduzidas no texto, mas duas outras não. Complete as deduções mostrando que $(\partial S/\partial V)_T = (\partial p/\partial T)_V$ e $(\partial T/\partial p)_S = (\partial V/\partial S)_p$.

3D.6 (a) Use as relações de Maxwell para exprimir as derivadas $(\partial S/\partial V)_T$, $(\partial V/\partial S)_p$, $(\partial p/\partial S)_V$ e $(\partial V/\partial S)_p$ em termos do coeficiente de expansão $\alpha = (1/V)(\partial V/\partial T)_p$ e da compressibilidade isotérmica $\kappa_T = -(1/V)(\partial V/\partial p)_T$. (b) O coeficiente Joule, μ_J, se define como $\mu_\text{J} = (\partial T/\partial V)_U$. Mostre que $\mu_\text{J} C_V = p - \alpha T/\kappa_T$.

3D.7 Admita que S seja uma função de p e de T. Mostre então que $T\text{d}S = C_p\text{d}T - \alpha TV\text{d}p$. Com essa expressão, mostre que a energia transferida na forma de calor para um líquido ou um sólido incompressíveis, quando a pressão aumenta de Δp e a temperatura é constante, é dada por $-\alpha TV\Delta p$. Estime q quando a pressão sobre 100 cm^3 de mercúrio a 0 °C aumenta de 1,0 kbar. ($\alpha = 1{,}82 \times 10^{-4}\ \text{K}^{-1}$.)

3D.8 A Eq. 3D.6 ($\pi_T = T(\partial p/\partial T)_V - p$) exprime a pressão interna π_T em termos da pressão e de sua derivada em relação à temperatura. Expresse π_T em termos da função de partição molecular.

3D.9 Explore as consequências de substituir a equação de estado do gás perfeito pela equação de estado de van der Waals na dependência que a energia de Gibbs molar tem da pressão. Proceda em três etapas. Primeiro, considere o caso em que $a = 0$ e somente as repulsões são significativas. Então, considere o caso em que $b = 0$ e somente as atrações são significativas. Para a última etapa, faça a aproximação de que as atrações são fracas. Por fim, explore a expressão completa usando um software matemático. Em cada caso, represente graficamente seus resultados e explique fisicamente os desvios em relação à expressão para o gás perfeito.

3D.10‡ Os hidratos do ácido nítrico têm sido muito estudados como possíveis catalisadores de reações heterogêneas que contribuem para o buraco de ozônio na Antártica. Worsnop *et al.* (*Science* **259**, 71 (1993)) investigaram a estabilidade termodinâmica desses hidratos nas condições típicas da estratosfera no inverno polar. Eles determinaram dados termodinâmicos da sublimação dos hidratos com uma, duas e três moléculas de água resultando em ácido nítrico e vapor de água, $HNO_3{\cdot}nH_2O(s) \rightarrow HNO_3(g) + nH_2O(g)$, (com n = 1, 2 e 3). Dadas as variações $\Delta_r G^\ominus$ e $\Delta_r H^\ominus$ dessas reações a 220 K, use a equação de Gibbs-Helmholtz para calcular $\Delta_r G^\ominus$ de cada uma a 190 K.

n	1	2	3
$\Delta_r G^\ominus/(\text{kJ mol}^{-1})$	46,2	69,4	93,2
$\Delta_r H^\ominus/(\text{kJ mol}^{-1})$	127	188	237

Atividades integradas

3.1 Uma amostra gasosa, com 1,00 mol de moléculas, tem a equação de estado $pV_\text{m} = RT(1 + Bp)$. O gás está, inicialmente, a 373 K e sofre uma expansão Joule-Thomson de 100 atm até 1,00 atm. Sendo $C_{p,\text{m}} = \frac{5}{2}R$, $\mu = 0{,}21\ \text{K atm}^{-1}$, $B = -0{,}525(\text{K}/T)\ \text{atm}^{-1}$, todos constantes no intervalo de temperatura de interesse, calcule ΔT e ΔS para o gás.

3.2 Discuta a relação entre as definições termodinâmica e estatística da entropia.

3.3 Use um software matemático ou uma planilha e:
(a) Avalie a variação de entropia que acompanha a expansão de 1,00 mol de $CO_2(g)$ de 0,001 m^3 até 0,010 m^3, a 298 K, considerando o gás um gás de van der Waals.
(b) Admita a dependência entre a capacidade calorífica e a temperatura como dada por $C = a + bT + c/T^2$ e faça o gráfico da variação da entropia para valores diferentes dos três coeficientes (incluindo valores negativos de c).
(c) Mostre como a primeira derivada de G, $(\partial G/\partial p)_T$, varia com a pressão e faça um gráfico da expressão resultante em um intervalo de pressão. Qual é o significado físico de $(\partial G/\partial p)_T$?
(d) Calcule o coeficiente de fugacidade como uma função do volume reduzido de um gás de van der Waals e faça o gráfico do resultado para algumas temperaturas reduzidas no intervalo $0{,}8 \leq V_\text{r} \leq 3$.

CAPÍTULO 4

Transformações físicas de substâncias puras

A vaporização, a fusão e a conversão de grafita em diamante são todos exemplos de mudanças de fase sem alteração da composição química. A análise das transições de fase de substâncias puras está entre as aplicações mais simples da termodinâmica à química. Neste capítulo descreveremos a termodinâmica desses processos, tomando como princípio básico a tendência de os sistemas, mantidos a temperatura e pressão constantes, tornarem mínima a sua energia de Gibbs.

4A Diagramas de fases de substâncias puras

Primeiramente, veremos que um diagrama de fases é um mapa das pressões e temperaturas em que cada uma das fases de uma substância é mais estável. O critério termodinâmico da estabilidade de uma fase nos permite deduzir um resultado muito geral, a "regra das fases", que resume as restrições impostas sobre o equilíbrio entre as fases. Levando em consideração os capítulos subsequentes, vamos expressar a regra em uma forma geral tal que possa ser aplicada a sistemas de mais de um componente. Trataremos, então, da interpretação dos diagramas de fases obtidos empiricamente para algumas substâncias.

4B Aspectos termodinâmicos das transições de fase

Nesta seção, discutimos fatores que determinam as posições e as formas das fronteiras entre as diferentes regiões de um diagrama de fases. A importância prática das expressões que deduziremos é a de mostrarem como a pressão de vapor de uma substância pura varia com a temperatura e como o ponto de fusão varia com a pressão. As transições entre as fases podem ser classificadas de acordo com a variação de diferentes funções termodinâmicas quando a transição ocorre. Neste capítulo também é definido o potencial químico, uma propriedade termodinâmica de grande importância na discussão das transições de fase e no estudo das misturas e das reações químicas.

Qual é o impacto deste material?

Dentre as propriedades físico-químicas das substâncias puras destacam-se as do dióxido de carbono quando em fase de fluido supercrítico. Elas são fundamentais para o desenvolvimento de métodos novos e extremamente úteis de separação química. Nesse sentido, o dióxido de carbono supercrítico pode ser considerado uma grande promessa no desenvolvimento de novos processos da chamada química "verde". Suas propriedades e aplicações são discutidas em *Impacto* I4.1, disponível como Material Suplementar.

4A Diagramas de fases de substâncias puras

Tópicos

➤ Por que você precisa saber este assunto?

Um diagrama de fases apresenta de forma resumida o comportamento de uma substância em diferentes condições. Na metalurgia, a capacidade de se controlar a microestrutura resultante do equilíbrio de fases possibilita ajustar as propriedades mecânicas dos materiais dentro de especificações perfeitamente definidas.

➤ Qual é a ideia fundamental?

Uma substância pura tem a tendência de assumir a fase de menor potencial químico.

➤ O que você já deve saber?

Esta seção se baseia no fato de que a energia de Gibbs indica se uma transformação é espontânea à temperatura e pressão constantes (Seção 3C).

Uma das formas mais compactas de se exibirem as mudanças de estado físico que uma substância pode ter é através do seu "diagrama de fases". Este material é também a base da discussão das misturas no Capítulo 5.

4A.1 A estabilidade das fases

A termodinâmica fornece uma linguagem poderosa para descrever e compreender a estabilidade e as transformações das fases, mas é preciso empregar definições cuidadosas para aplicá-la.

(a) O número de fases

Uma **fase** de uma substância é uma forma da matéria que é homogênea no que se refere à composição química e ao estado físico. Assim, temos as fases sólida, líquida e gasosa de uma substância e suas diversas fases sólidas, como as formas alotrópicas branca e vermelha do fósforo ou os polimorfos do carbonato de cálcio, a calcita e a aragonita.

Uma nota sobre a boa prática Um *alótropo* é uma forma particular de um elemento (tal como O_2 e O_3) e pode ser sólido, líquido ou gás. Um *polimorfo* é uma das várias fases sólidas de um elemento ou composto.

O número de fases de um sistema será simbolizado por P. Um gás, ou uma mistura gasosa, tem sempre uma única fase ($P = 1$); um cristal apresenta uma única fase, e dois líquidos completamente miscíveis também formam uma única fase.

Breve ilustração 4A.1 O número de fases

Uma solução de cloreto de sódio em água apresenta uma única fase ($P = 1$). O gelo apresenta uma única fase, mesmo que esteja dividido em pequenos fragmentos. Uma mistura de gelo moído e água tem duas fases ($P = 2$), embora seja difícil delimitar precisamente as fronteiras das fases. Um sistema formado por carbonato de cálcio, que sofre a decomposição térmica $CaCO_3(s) \rightarrow CaO(s) + CO_2(g)$ e é constituído de duas fases sólidas (uma consistindo no carbonato de cálcio e a outra no óxido de cálcio) e de uma fase gasosa (o dióxido de carbono), apresenta $P = 3$.

Exercício proposto 4A.1 Quantas fases estão presentes em um frasco fechado contendo água até a sua metade?

Resposta: 2

Dois metais formam um sistema bifásico ($P = 2$) se os metais forem imiscíveis, mas é um sistema monofásico ($P = 1$), uma liga,

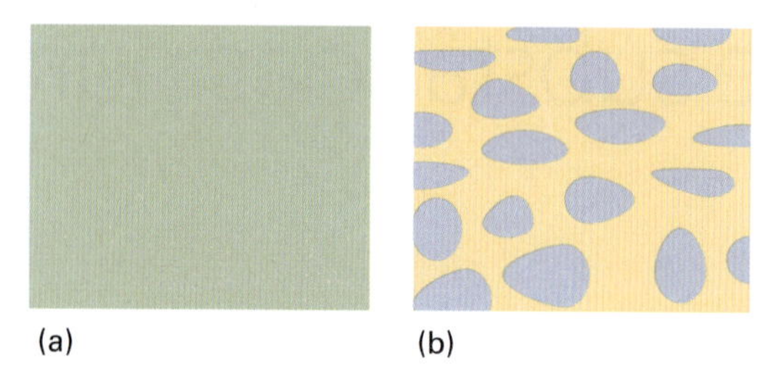

Figura 4A.1 A diferença entre (a) uma solução monofásica, cuja composição é uniforme em escala microscópica, e (b) uma dispersão, na qual fragmentos de um componente estão embutidos numa matriz uniforme de um segundo componente.

se os metais forem miscíveis (solúveis). Este exemplo mostra que nem sempre é fácil dizer se um sistema tem uma ou duas fases. Uma solução do sólido B no sólido A – uma mistura homogênea das duas substâncias – é uniforme numa escala molecular. Numa solução, os átomos de A estão envolvidos pelos átomos de A e de B, e em qualquer amostra da solução, por menor que seja, a composição é representativa do sistema todo.

Uma dispersão é uniforme em escala macroscópica, mas não em escala microscópica, pois é constituída por grânulos ou gotículas de uma substância espalhadas numa matriz de outra substância. Uma pequeníssima amostra pode ser, exclusivamente, um só grânulo de A puro e não seria representativa da dispersão como um todo (Fig. 4A.1). Dispersões deste tipo são importantes, pois em muitos materiais especiais (entre os quais os aços) ciclos de tratamento térmico visam a provocar a precipitação de fina dispersão de partículas de uma fase (por exemplo, de carbeto no aço) numa matriz formada por uma fase de solução sólida saturada.

(b) Transições de fase

Uma **transição de fase** é a conversão espontânea de uma fase em outra e ocorre numa temperatura característica para uma dada pressão. A **temperatura de transição,** T_{trs}, é a temperatura em que as duas fases estão em equilíbrio e a energia de Gibbs é mínima na pressão prevalecente.

Breve ilustração 4A.2 Transições de fase

A 1 atm, o gelo é a fase estável da água em temperaturas abaixo de 0 °C, mas acima de 0 °C a água líquida é mais estável. Esta diferença indica que abaixo de 0 °C a energia de Gibbs diminui quando a água líquida se transforma em gelo e que acima de 0 °C a energia de Gibbs diminui quando o gelo se transforma em água líquida. Os valores numéricos das energias de Gibbs são discutidos na próxima *Breve ilustração.*

Exercício proposto 4A.2 Qual fase da água apresenta a maior energia de Gibbs molar padrão a 105 °C, a água líquida ou o seu vapor?

Resposta: Água líquida

A detecção de uma transição de fase nem sempre é tão simples como observar a água fervendo em uma chaleira, de modo que técnicas especiais foram desenvolvidas. Uma dessas técnicas

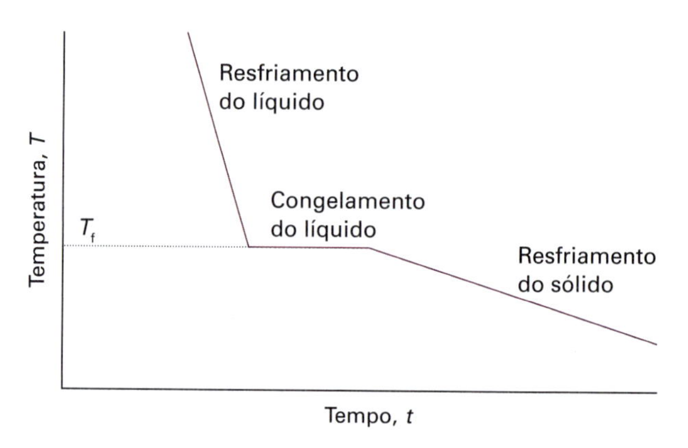

Figura 4A.2 Uma curva de resfriamento a pressão constante. O patamar corresponde a uma pausa na queda de temperatura durante a ocorrência da transição exotérmica de primeira ordem (congelamento). Esta pausa permite que T_f seja localizada mesmo que a transição não possa ser observada visualmente.

é a **análise térmica**, que se baseia no calor liberado ou absorvido durante uma transição. A transição é detectada observando-se que a temperatura não se altera mesmo que o calor seja fornecido ou retirado da amostra (Fig. 4A.2). A calorimetria diferencial por varredura também pode ser usada (Seção 2C). Técnicas de análise térmica são úteis para transições sólido-sólido, em que a simples inspeção visual da amostra pode ser inadequada. A difração de raios X (Seção 18A) também revela a ocorrência de uma transição de fase em um sólido, já que diferentes estruturas são obtidas em cada extremo da temperatura de transição.

Como sempre, é importante distinguir entre a descrição termodinâmica de um processo e a velocidade com que o processo ocorre. Uma transição que é prevista pela termodinâmica como espontânea pode ocorrer muito lentamente para ter qualquer significado prático. Por exemplo, nas temperaturas e pressões ambientes, a energia de Gibbs molar da grafita é mais baixa do que a do diamante, de modo que há uma tendência termodinâmica para o diamante se transformar espontaneamente em grafita. Entretanto, para esta transição ocorrer, é necessário que os átomos de C modifiquem as suas respectivas localizações, o que é um processo incomensuravelmente lento em um sólido, exceto em temperaturas elevadas. A velocidade para que o equilíbrio seja atingido é um problema cinético, que escapa à termodinâmica. Nos gases e nos líquidos, a mobilidade das moléculas permite que as transições de fase ocorram rapidamente, mas nos sólidos é possível que a instabilidade termodinâmica fique indefinidamente congelada. As fases termodinamicamente instáveis, que persistem porque a transição é impedida cineticamente, são denominadas **fases metaestáveis.** O diamante é uma fase metaestável, mas persistente, do carbono, nas condições ambientes.

(c) Critérios termodinâmicos de estabilidade das fases

Toda a nossa análise será baseada na energia de Gibbs de uma substância, em particular na sua energia de Gibbs molar, G_m. Na verdade, essa grandeza termodinâmica é tão importante neste capítulo, bem como no restante do livro, que daremos a ela um nome e um

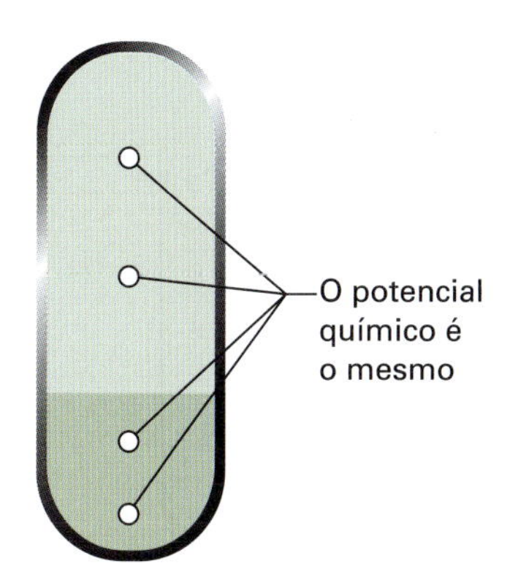

Figura 4A.3 Quando duas ou mais fases estão em equilíbrio, o potencial químico de uma substância (e, numa mistura, o potencial químico de um componente) é o mesmo em cada fase e o mesmo em todos os pontos em cada fase.

símbolo especiais: **potencial químico**, μ (mi). Para sistemas com um componente apenas, a "energia de Gibbs molar" e o "potencial químico" são equivalentes, ou seja, $\mu = G_m$, mas na Seção 5A veremos que o potencial químico tem um significado mais abrangente e uma definição mais geral. O nome "potencial químico" também tem um significado próprio: à medida que desenvolvermos o seu estudo, veremos que μ corresponde a uma medida do potencial (da tendência) que uma substância apresenta de sofrer uma mudança em um dado sistema. Neste capítulo e no Capítulo 5, o potencial químico reflete o potencial de uma substância sofrer uma mudança física no sistema. No Capítulo 6, veremos que μ é o potencial de uma substância em sofrer uma mudança química no sistema.

A fundamentação da nossa discussão reside no seguinte resultado da Segunda Lei da termodinâmica (Fig. 4A.3):

> No equilíbrio, o potencial químico de uma substância é o mesmo em toda a amostra, qualquer que seja o número de fases presentes.

Critério para o equilíbrio de fases

Para tornar evidente a validade desta observação, imaginemos um sistema em que o potencial químico de uma substância seja μ_1 num certo ponto e μ_2 em outro ponto. Os pontos podem estar no interior de uma fase ou em fases diferentes. Quando uma quantidade infinitesimal dn da substância é transferida do primeiro para o segundo ponto, a energia de Gibbs do sistema varia de $-\mu_1 dn$, quando a substância é removida do ponto 1, e varia de $+\mu_2 dn$ quando a substância é adicionada no ponto 2. A variação total é então $dG = (\mu_2 - \mu_1)dn$. Se o potencial químico no ponto 1 for mais elevado do que no ponto 2, a transferência da substância é acompanhada por uma diminuição de G e, por isso, tem tendência a ocorrer espontaneamente. Somente se $\mu_1 = \mu_2$ não haverá mudança de G e somente então o sistema estará em equilíbrio.

Breve ilustração 4A.3 A energia de Gibbs e a transição de fases

A energia de Gibbs padrão de formação molar do vapor d'água a 298 K (25 °C) é –229 kJ mol^{-1}, e a da água líquida é –237 kJ mol^{-1}, nesta mesma temperatura. Assim, ocorre o decréscimo da energia de Gibbs quando o vapor d'água condensa em água líquida a 298 K. Portanto, a condensação é espontânea nesta temperatura (e 1 bar).

Exercício proposto 4A.3 A energia de Gibbs padrão de formação molar do HN_3 a 298 K vale, respectivamente, para as fases líquida e vapor, +327 kJ mol^{-1} e +328 kJ mol^{-1}. Qual é a fase mais estável da azida de hidrogênio nesta temperatura e 1 bar?

Resposta: Líquida

4A.2 Curvas de equilíbrio

Um **diagrama de fases** de uma substância mostra as regiões de pressão e de temperatura em que as diversas fases são termodinamicamente estáveis (Fig. 4A.4). Na verdade, quaisquer duas variáveis intensivas podem ser usadas (como temperatura e campo magnético; na Seção 5A, a fração molar é outra variável), mas nesta seção vamos nos concentrar na pressão e na temperatura. As curvas que separam as regiões são denominadas **curvas de equilíbrio** (ou *curvas de coexistência*) e mostram os valores de p e de T nos quais duas fases coexistem em equilíbrio e seus potenciais químicos são iguais.

(a) Propriedades características relacionadas com a transição de fases

Consideremos uma amostra líquida de uma substância pura num vaso fechado. A pressão do vapor em equilíbrio com o líquido é denominada **pressão de vapor** da substância (Fig. 4A.5). Portanto, num diagrama de fases, a curva de equilíbrio entre as fases líquida e vapor mostra como a pressão de vapor do líquido varia com a temperatura. Analogamente, a curva de equilíbrio entre as fases sólida e vapor mostra a variação com a temperatura da **pressão de vapor na sublimação**, a pressão de vapor da fase sólida. A pressão de vapor de

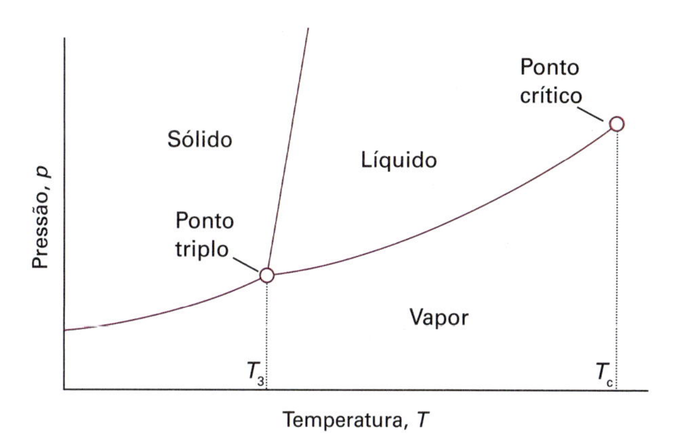

Figura 4A.4 Neste diagrama de fases aparecem as regiões de temperatura e pressão em que uma fase, sólida, líquida ou gasosa, é estável (isto é, tem a menor energia de Gibbs molar). A fase sólida, por exemplo, é a mais estável nas temperaturas baixas e nas pressões altas. Nos parágrafos seguintes do texto veremos como localizar precisamente as curvas que limitam as diversas regiões.

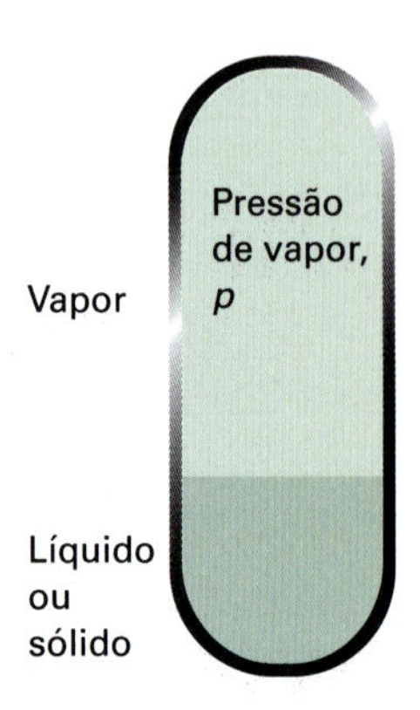

Figura 4A.5 A pressão de vapor de um líquido ou de um sólido é a pressão exercida pelo vapor em equilíbrio com a fase condensada.

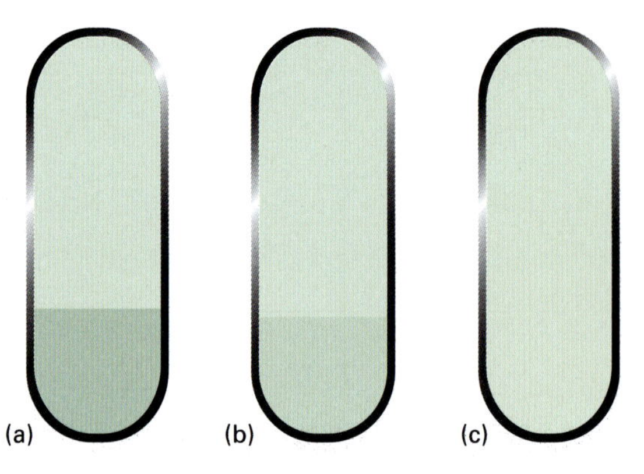

Figura 4A.6 (a) Um líquido em equilíbrio com o seu vapor. (b) Quando um líquido é aquecido num recipiente fechado, a massa específica da fase vapor aumenta e a da fase líquida diminui ligeiramente. Atinge-se um ponto, (c), em que as duas massas específicas são iguais e a interface entre os fluidos desaparece. Esse desaparecimento ocorre na temperatura crítica. O recipiente usado nessa experiência tem que ter paredes resistentes. A temperatura crítica da água é 374 °C e a pressão do vapor no ponto crítico é 218 atm.

uma substância aumenta com a temperatura, porque nas temperaturas mais elevadas o número de moléculas que têm energia suficiente para escaparem da interação com as moléculas vizinhas é maior.

Quando um líquido é aquecido num vaso aberto, o líquido vaporiza a partir da superfície. Na temperatura em que a sua pressão de vapor é igual à pressão externa, a vaporização ocorre no seio da massa do líquido e o vapor pode se expandir livremente para as vizinhanças. A condição de vaporização livre em toda a massa do líquido é chamada de **ebulição.** A temperatura em que a pressão de vapor do líquido é igual à pressão externa é a **temperatura de ebulição** nesta pressão. No caso especial de a pressão externa ser de 1 atm, a temperatura de ebulição é denominada **ponto de ebulição normal,** T_{eb}. Com a substituição da pressão de 1 atm pela pressão de 1 bar como a pressão padrão, é mais conveniente usar o **ponto de ebulição padrão**, a temperatura em que a pressão de vapor alcança o valor de 1 bar. Como 1 bar é um pouco menor do que 1 atm (1,00 bar = 0,987 atm), o ponto de ebulição padrão de um líquido é ligeiramente mais baixo que o ponto de ebulição normal. Para a água, por exemplo, o ponto de ebulição normal é 100,0 °C e o ponto de ebulição padrão é 99,6 °C. Em termodinâmica, só precisamos distinguir entre as propriedades normais e as propriedades padrão em trabalhos de precisão, pois qualquer propriedade termodinâmica que pretendamos adicionar deve se referir às mesmas condições.

A ebulição não ocorre quando o líquido é aquecido num vaso fechado. Neste caso, a pressão de vapor, e, portanto, a massa específica do vapor, eleva-se continuamente à medida que a temperatura se eleva (Fig. 4A.6). Ao mesmo tempo, a massa específica do líquido diminui ligeiramente em consequência da sua expansão. Há um ponto em que a massa específica do vapor fica igual à do líquido remanescente e a superfície entre as duas fases desaparece. A temperatura em que a superfície desaparece é a **temperatura crítica,** T_c, da substância. A pressão de vapor na temperatura crítica é chamada de **pressão crítica,** p_c. Na temperatura crítica, e nas temperaturas mais elevadas, uma única fase uniforme, denominada **fluido supercrítico**, enche o vaso e não há mais nenhuma interface entre as fases. Ou seja, acima da temperatura crítica a fase líquida da substância não existe.

A temperatura em que, sob uma determinada pressão, as fases sólido e líquido de uma substância coexistem em equilíbrio é a **temperatura de fusão.** Como uma substância pura funde exatamente na mesma temperatura em que ela se congela, a temperatura de fusão de uma substância coincide com a sua **temperatura de congelamento.** A temperatura de congelamento quando a pressão é de 1 atm é o **ponto de congelamento normal,** T_f, e o ponto de congelamento quando a pressão é de 1 bar é o **ponto de congelamento padrão.** Para a maior parte das aplicações, a diferença entre os pontos de congelamento normal e padrão é desprezível. O ponto de congelamento normal também é chamado **ponto de fusão normal.**

Há um conjunto de condições de pressão e temperatura em que três fases diferentes de uma substância (nos casos mais comuns, as fases sólida, líquida e vapor) coexistem simultaneamente em equilíbrio. Estas condições são representadas pelo **ponto triplo**, um ponto em que as três curvas de equilíbrio se encontram. A temperatura no ponto triplo é simbolizada por T_3. O ponto triplo de uma substância pura está fora do nosso controle: ele ocorre em uma única pressão e uma única temperatura, características da substância.

Como pode ser visto na Fig. 4A.4, o ponto triplo assinala a pressão mais baixa em que a fase líquida de uma substância pode existir. Se (como é o caso mais comum) a curva de equilíbrio sólido-líquido for inclinada para a direita, como está no diagrama, o ponto triplo também assinala a temperatura mais baixa em que pode existir a fase líquida; a temperatura crítica é o limite superior.

Breve ilustração 4A.4 O ponto triplo

O ponto triplo da água se localiza em 273,16 K e 611 Pa (6,11 mbar, 4,58 Torr), e as três fases da água (gelo, água líquida e vapor de água) não coexistem em equilíbrio em nenhuma outra combinação de pressão e de temperatura. A invariância do ponto triplo é a base da sua adoção na definição, que está prestes a ser modificada, da escala de temperatura termodinâmica (Seção 3A).

Exercício proposto 4A.4 Quantos pontos triplos estão presentes (são conhecidos até o momento) no diagrama de fases completo da água, apresentado mais adiante nesta seção, na Fig. 4A.9?

Resposta: 6

(b) A regra das fases

Em um dos cálculos mais elegantes de toda a termodinâmica química, que é apresentado na *Justificativa* vista a seguir, J.W. Gibbs deduziu a **regra das fases**, que dá o número de parâmetros que podem ser variados independentemente (pelo menos entre certos limites) mantendo o número de fases em equilíbrio. A regra das fases é uma relação geral entre a variância, F, o número de componentes, C, e o número de fases em equilíbrio, P, para um sistema de qualquer composição:

$$F = C - P + 2 \quad \text{A regra das fases} \quad (4A.1)$$

Um **componente** é um constituinte *quimicamente independente* do sistema. O número de componentes, C, num sistema é o número mínimo de espécies independentes (íons ou moléculas) necessárias para definir a composição de todas as fases presentes no sistema. Neste capítulo iremos tratar somente de sistemas com um componente ($C = 1$).

$$F = 3 - P \quad \textit{Sistema com um componente} \quad \text{A regra das fases} \quad (4A.2)$$

Um **constituinte** de um sistema é qualquer espécie química que esteja presente no sistema. A **variância** (ou *número de graus de liberdade*) de um sistema, F, é o número de variáveis intensivas que podem ser independentemente alteradas sem perturbar o número de fases em equilíbrio.

Breve ilustração 4A.5 O número de componentes

Uma mistura de etanol e água tem dois constituintes. Uma solução de cloreto de sódio em água tem três constituintes – água, íons Na^+ e íons Cl^- – mas somente dois componentes, pois os números de íons Na^+ e Cl^- estão restritos a serem iguais devido à imposição da neutralidade elétrica.

Exercício proposto 4A.5 Quantos componentes estão presentes em uma solução aquosa de ácido acético? Considere a desprotonação parcial do ácido acético e a autoprotólise da água.

Resposta: 2

Num sistema com um só componente e monofásico ($C = 1$, $P = 1$), a pressão e a temperatura podem ser alteradas, independentemente uma da outra, sem que se modifique o número de fases, portanto, $F = 2$. Dizemos que o sistema é **bivariante**, ou que tem dois **graus de liberdade**. Por outro lado, se duas fases estão em equilíbrio (por exemplo, um líquido em equilíbrio com seu vapor) em um sistema com um único componente ($C = 1$, $P = 2$), a temperatura (ou a pressão) pode ser alterada arbitrariamente, mas a alteração da temperatura (ou a alteração da pressão) é acompanhada por uma modificação definida da pressão (ou da temperatura) para que as duas fases continuem em equilíbrio. Isto é, a variância do sistema caiu para 1.

Justificativa 4A.1 A regra das fases

Consideremos inicialmente o caso especial de um sistema de um componente, para o qual a regra das fases é $F = 3 - P$. Para duas fases α e β em equilíbrio ($P = 2$, $F = 1$), a uma dada pressão e temperatura, podemos escrever

$$\mu(\alpha; p, T) = \mu(\beta; p, T)$$

(Por exemplo, quando gelo e água estão em equilíbrio, temos que $\mu(s; p,T) = \mu(l; p,T)$ para o H_2O.) Esta é uma equação relacionando p e T, de modo que somente uma dessas variáveis é independente (da mesma forma que a equação $x + y = xy$ é uma relação para y em termos de x: $y = x/(x - 1)$). Esta conclusão é consistente com $F = 1$. Para três fases de um sistema de um componente em equilíbrio mútuo ($P = 3$, $F = 0$),

$$\mu(\alpha; p, T) = \mu(\beta; p, T) = \mu(\gamma; p, T)$$

Esta é, na verdade, uma relação entre duas equações e duas incógnitas ($\mu(\alpha; p,T) = \mu(\beta; p,T)$ e $\mu(\beta; p,T) = \mu(\gamma; p,T)$) e, portanto, tem uma solução apenas para um único valor de p e T (tal como o par de equações $x + y = xy$ e $3x - y = xy$ tem a solução única $x = 2$ e $y = 2$). Esta conclusão é consistente com $F = 0$. Quatro fases não podem estar em equilíbrio num sistema de um componente, porque as três igualdades

$$\mu(\alpha; p, T) = \mu(\beta; p, T)$$
$$\mu(\beta; p, T) = \mu(\gamma; p, T)$$
$$\mu(\gamma; p, T) = \mu(\delta; p, T)$$

são três equações para duas incógnitas (p e T) e não são consistentes (tal como $x + y = xy$, $3x - y = xy$ e $x + y = 2xy^2$ não têm solução).

Vamos considerar agora o caso geral. Principiamos pela contagem do número total de variáveis intensivas. A pressão p e a temperatura T são duas. Podemos especificar a composição de cada fase pelas frações molares de $C - 1$ componentes. Bastam somente $C - 1$ e não são necessárias C frações molares, pois a soma $x_1 + x_2 + \cdots + x_C = 1$, e se $C - 1$ forem conhecidas a restante pode ser calculada. Como há P fases no sistema, o número total de variáveis do sistema é $P(C - 1)$. Portanto, neste estágio, precisamos de $P(C - 1) + 2$ variáveis intensivas.

No equilíbrio, o potencial químico de um componente J tem o mesmo valor em qualquer fase:

$$\mu(\alpha; p, T) = \mu(\beta; p, T) = \cdots \text{ para } P \text{ fases}$$

Isto é, há $P-1$ equações desse tipo para serem cumpridas para cada componente J. Como existem C componentes, o número total de equações é $C(P-1)$. Cada equação reduz de uma unidade a possibilidade de alterar livremente as $P(C-1)+2$ variáveis intensivas. Então, o número de graus de liberdade é dado por

$$F=P(C-1)+2-C(P-1)=C-P+2$$

que é a Eq. 4A.1.

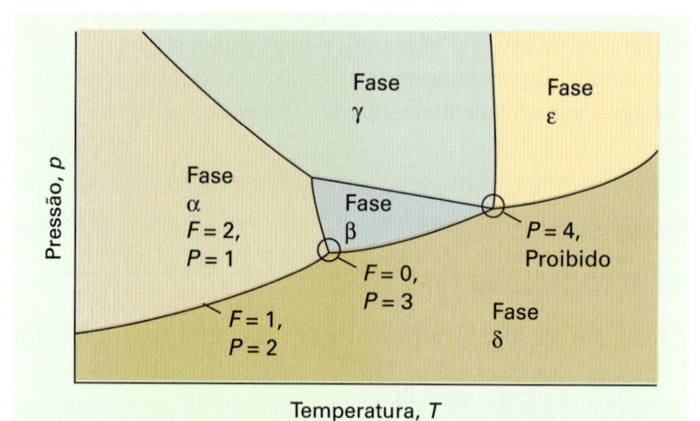

Figura 4A.7 Regiões típicas de um diagrama de fases de sistema com um só componente. As curvas representam condições nas quais duas fases vizinhas estão em equilíbrio. Um ponto representa o conjunto único de condições em que três fases coexistem em equilíbrio. Não é possível a existência de quatro fases em equilíbrio mútuo.

4A.3 Três diagramas de fases típicos

Nos sistemas com um componente, como a água pura, por exemplo, temos $F = 3 - P$. Quando somente uma fase está presente, $F = 2$ e tanto a p como a T podem ser alteradas independentemente (pelo menos em uma pequena faixa) uma da outra sem que se altere o número de fases. Em outras palavras, uma única fase é representada por uma área no diagrama de fases. Quando duas fases estão em equilíbrio, $F = 1$, o que implica que a pressão não pode variar se a temperatura é mantida constante; realmente, em uma determinada temperatura, um líquido tem uma pressão de vapor característica. Segue-se que o equilíbrio entre duas fases é representado por uma *curva* no diagrama de fases. Poderíamos, como é claro, fixar a pressão em vez da temperatura, e então as duas fases estariam em equilíbrio numa temperatura perfeitamente definida. Assim, a fusão (ou outra transição de fase qualquer) ocorre numa temperatura definida para uma determinada pressão.

Quando forem três as fases em equilíbrio, $F = 0$ e o sistema é invariante. Esta condição especial só pode ser conseguida numa temperatura e numa pressão que são características da substância e que não podemos modificar à vontade. O equilíbrio das três fases, num diagrama de fases, será então representado por um *ponto*, o ponto triplo. Não é possível, num sistema com um só componente, que quatro fases estejam em equilíbrio, pois F não pode ser negativa.

Breve ilustração 4A.6 Características dos diagramas de fases

A Fig. 4A.7 apresenta um diagrama de fases típico de uma substância pura, incluindo um ponto "quádruplo" proibido, em que as fases β, γ, δ e ε estariam em equilíbrio. São apresentados dois pontos triplos (para os equilíbrios $\alpha \rightleftharpoons \beta \rightleftharpoons \gamma$ e $\alpha \rightleftharpoons \beta \rightleftharpoons \delta$, respectivamente) correspondendo a $P = 3$ e $F = 0$. As curvas representam os diferentes equilíbrios, incluindo $\alpha \rightleftharpoons \beta$, $\alpha \rightleftharpoons \delta$ e $\gamma \rightleftharpoons \varepsilon$.

Exercício proposto 4A.6 Qual é o número mínimo de componentes necessários para que cinco fases possam coexistir em equilíbrio mútuo em um sistema?

Resposta: 3

(a) Dióxido de carbono

O diagrama de fases do dióxido de carbono aparece na Fig. 4A.8. A característica a realçar é a da inclinação da curva de equilíbrio sólido-líquido: ela tem coeficiente angular positivo (inclinada para a direita); essa inclinação é típica da curva de quase todas as substâncias e mostra a elevação da temperatura de fusão do dióxido de carbono sólido com o aumento da pressão. Observe, também, que o ponto triplo tem pressão acima de 1 atm, e o líquido não pode existir sob as pressões atmosféricas comuns em nenhuma temperatura; o sólido sublima quando exposto à pressão atmosférica (e daí o nome "gelo-seco"). Para se ter o dióxido de carbono líquido, a pressão tem que ser no mínimo de 5,11 atm. Os cilindros de dióxido de carbono contêm, em geral, o líquido ou o gás comprimido. Na temperatura de 25 °C, a pressão de vapor é

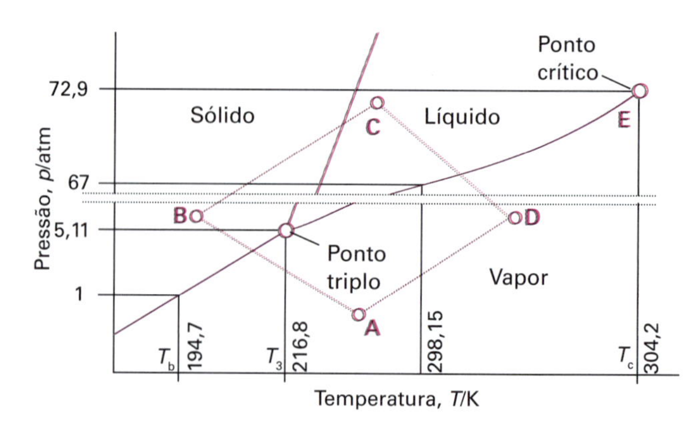

Figura 4A.8 Diagrama de fases experimental do dióxido de carbono. Observe que o ponto triplo está numa pressão bastante acima da atmosférica; por isso o dióxido de carbono não existe na fase líquida nas condições normais (o líquido só aparece quando a pressão é no mínimo igual a 5,11 atm). O caminho ABCD é discutido na *Breve ilustração* 4A.7.

de 67 atm se o gás e o líquido estiverem presentes em equilíbrio no cilindro. Quando o gás passa através da válvula de saída, ocorre o seu resfriamento pelo efeito Joule-Thomson e, ao atingir a pressão de 1 atm, ele se condensa em um sólido finamente dividido, parecido com neve. O dióxido de carbono não pode ser liquefeito exceto a alta pressão, que reflete a baixa intensidade das forças intermoleculares entre as moléculas apolares de dióxido de carbono (Seção 16B).

Breve ilustração 4A.7 Diagrama de fases 1

Considere o caminho ABCD na Fig. 4A.8. Em A o dióxido de carbono é um gás. Quando ajustamos a pressão e temperatura para aquelas do ponto B, o vapor se condensa diretamente em um sólido. Aumentando a pressão e a temperatura para as do ponto C forma-se uma fase líquida, que, por sua vez, evapora, formando uma fase vapor ao atingir o ponto D.

Exercício proposto 4A.7 Descreva o que acontece quando fazemos um caminho circular em torno do ponto crítico, caminho E.

Resposta: Líquido $\rightarrow$ $scCO_2$ $\rightarrow$ vapor $\rightarrow$ líquido

(b) Água

A Fig. 4A.9 é o diagrama de fases da água. A curva de equilíbrio líquido-vapor, no diagrama, mostra como a pressão de vapor da água líquida varia com a temperatura. Ela também mostra como a temperatura de ebulição varia com a pressão: basta ler no gráfico a abscissa em que a pressão de vapor corresponde à pressão atmosférica prevalecente. A curva de equilíbrio sólido-líquido mostra como a temperatura de fusão se altera com a pressão. Por ser quase vertical, ela mostra que são necessárias pressões muito grandes para provocar modificações significativas da temperatura de fusão. Observe que a curva tem um coeficiente angular negativo (é inclinada para a esquerda) até cerca de 2 kbar, significando que a temperatura de fusão diminui com a elevação da pressão. A razão desse comportamento pouco comum é a diminuição de volume que ocorre na fusão, o que favorece a transformação do sólido em líquido à medida que a pressão se eleva. A diminuição de volume na fusão do gelo é o resultado de a estrutura molecular do gelo ser muito aberta: como é mostrado na Fig. 4A.10, as moléculas de H_2O se mantêm afastadas, assim como juntas, graças às ligações de hidrogênio entre elas, e essa estrutura é parcialmente desfeita na fusão, tornando o líquido mais denso do que o sólido. Outras consequências das extensivas ligações de hidrogênio são o ponto de ebulição anomalamente elevado da água, para uma molécula com sua massa molar, e os valores elevados da pressão crítica e da temperatura crítica.

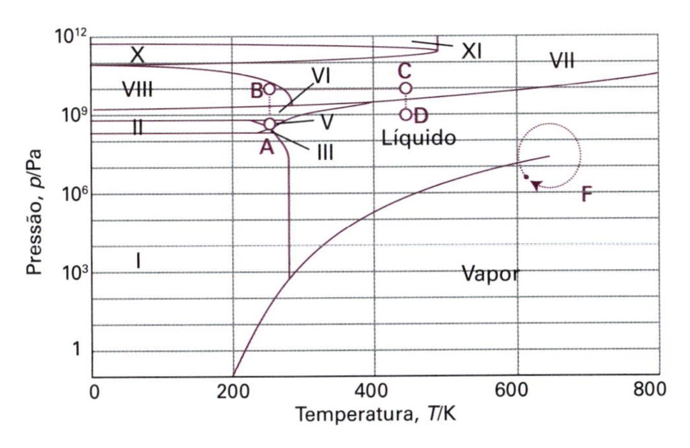

Figura 4A.9 Diagrama de fases experimental da água mostrando as diferentes fases sólidas.

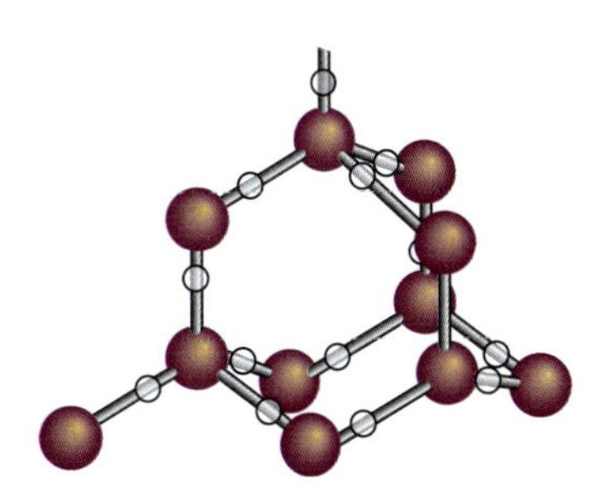

Figura 4A.10 Um fragmento da estrutura do gelo (gelo-I). Cada átomo de O está ligado, por ligações covalentes, a dois átomos de H e por duas ligações hidrogênio a um átomo de O vizinho, em um arranjo tetraédrico.

A Fig. 4A.9 mostra que a água tem uma fase líquida, mas várias fases sólidas diferentes do gelo comum ("gelo I"). Algumas dessas fases fundem em temperaturas altas. O gelo VII, por exemplo, funde a 100 °C, mas só existe acima de 25 kbar. Duas novas fases, gelo XIII e gelo XIV, foram identificadas em 2006 a −160 °C, mas a elas ainda não foram alocadas regiões no diagrama de fases. Observe que existem diversos outros pontos triplos além do da coexistência de vapor, líquido e gelo I. Cada um desses pontos triplos ocorre em pressão e temperatura bem definidas e invariantes. As fases sólidas do gelo são diferentes devido à distribuição diferente das moléculas de água: sob a influência de pressões muito elevadas, as ligações hidrogênio entre as moléculas se modificam pelas tensões mecânicas e as moléculas de H_2O assumem arranjos diferentes. Esses polimorfos de gelo podem ser responsáveis pelo avanço das geleiras: o gelo no fundo das geleiras sofre a ação de pressões muito elevadas, pois ele repousa sobre fragmentos pontiagudos de rochas.

Breve ilustração 4A.8 Diagrama de fases 2

Considere o caminho ABCD na Fig. 4A.9. Em A, a água existe como gelo V. Quando aumentamos a pressão isotermicamente até o ponto B obtemos um polimorfo, gelo VIII. Por aquecimento chegamos ao ponto C, gelo VII. Finalmente, pela redução da pressão ocorre a fusão do sólido, formando a água líquida, ponto D.

Exercício proposto 4A.8 Descreva o que acontece quando fazemos um caminho circular em torno do ponto crítico, caminho F.

Resposta: Vapor $\rightarrow$ líquido $\rightarrow$ H_2Osc $\rightarrow$ vapor

(c) Hélio

Quando se considera o hélio a baixas temperaturas, é necessário distinguir entre os isótopos ^{3}He e ^{4}He. O diagrama de fases do hélio-4 é visto na Fig. 4A.11. O hélio tem comportamento pouco comum nas temperaturas baixas, pois sua massa é muito pequena e seu pequeno número de elétrons leva a que interajam muito pouco com seus vizinhos. Por exemplo, as fases sólido e vapor nunca estão em equilíbrio por mais baixa que seja a temperatura: os átomos de He são tão leves que em temperaturas muito baixas vibram com movimentos de amplitude tão grande que o sólido não consegue se manter estruturado. O hélio sólido pode ser obtido, mas somente quando os átomos são forçados a se manterem juntos pela aplicação de uma pressão externa. Os isótopos do hélio se comportam de forma diferente por questões quanto-mecânicas que serão discutidas na Parte 2 deste livro. (A diferença decorre de os spins nucleares dos isótopos serem diferentes e da regra imposta pelo princípio de exclusão de Pauli: o hélio-4 tem $I = 0$ e é um bóson, o hélio-3 tem $I = \frac{1}{2}$ e é um férmion.)

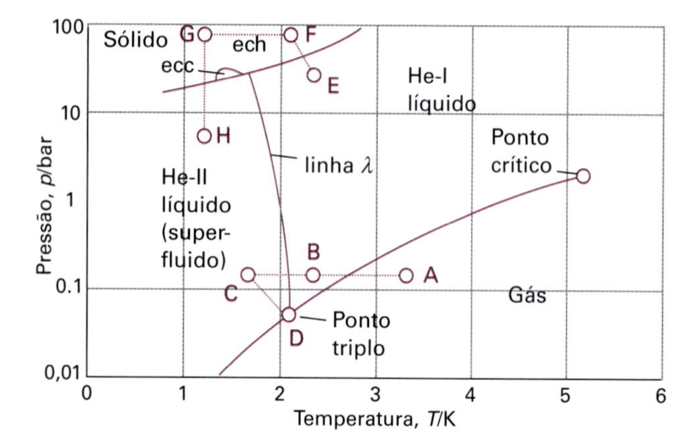

Figura 4A.11 Diagrama de fases do hélio (^{4}He). A linha λ assinala as condições para as quais as duas fases líquidas do hélio estão em equilíbrio. O hélio-II é um superfluido. Observe que a pressão deve ser superior a 20 bar para que o hélio sólido possa se formar. As identificações ech e ecc referem-se a fases sólidas distintas com estruturas diferentes de empacotamento dos átomos: uma delas é o empacotamento compacto hexagonal, ech, e a outra, o empacotamento compacto cúbico, ecc (veja a Seção 18B, em que se descrevem essas estruturas). O caminho ABCD é discutido em *Breve ilustração* 4A.9.

O hélio-4 puro tem duas fases líquidas. A fase assinalada no diagrama como He-I comporta-se de maneira semelhante a um líquido normal. A outra fase, o He-II, é um **superfluido**; ele é chamado assim porque escoa sem viscosidade.[1] Desde que descartemos as substâncias líquidas cristalinas, discutidas no *Impacto* I5.1, o hélio é a única substância conhecida com uma curva de equilíbrio líquido-líquido, mostrada como a **linha λ** (linha lambda) na Fig. 4A.11.

O diagrama de fases do hélio-3 é diferente do diagrama de fases do hélio-4, mas há também uma fase superfluida. O hélio-3 é bastante peculiar, pois a fusão é exotérmica ($\Delta_{fus}H < 0$) e, portanto (a partir de $\Delta_{fus}S = \Delta_{fus}H/T_f$), a entropia do líquido é menor do que a do sólido no ponto de fusão.

Breve ilustração 4A.9 Diagrama de fases 3

Considere o caminho ABCD na Fig. 4A.11. Em A, o hélio existe como vapor. Por resfriamento, ele se condensa em hélio-I, ponto B. Resfriando-se o hélio ainda mais se obtém o hélio-II, ponto C. Ajustando a temperatura e a pressão chega-se ao ponto D, em que três fases, hélio-I, hélio-II e vapor, estão em equilíbrio mútuo.

Exercício proposto 4A.9 Descreva o que acontece no caminho EFGH.

Resposta: He-I → sólido → sólido → He-II

[1] Trabalhos recentes sugerem que a água também pode ter uma fase líquida superfluida.

Conceitos importantes

- ☐ 1. Uma **fase** é uma forma da matéria que é homogênea no que se refere à composição química e ao estado físico.
- ☐ 2. Uma **transição de fase** é a conversão espontânea de uma fase em outra e pode ser estudada por técnicas que incluem a análise térmica.
- ☐ 3. A análise termodinâmica das fases é baseada no fato de que, no equilíbrio, o potencial químico de uma substância é o mesmo ao longo de toda a amostra.
- ☐ 4. Uma substância é caracterizada por uma variedade de parâmetros que podem ser identificados em seu **diagrama de fases**.
- ☐ 5. A **regra das fases** relaciona o número de variáveis que podem ser alteradas enquanto as fases de um sistema permanecem em equilíbrio.
- ☐ 6. O dióxido de carbono é uma substância típica, mas apresenta características que podem ser explicadas pelas forças intermoleculares fracas.
- ☐ 7. A água mostra anomalias que podem ser explicadas pelas extensivas ligações de hidrogênio.
- ☐ 8. O hélio mostra anomalias, incluindo a superfluidez, que podem ser explicadas pela pequena massa e pelas interações fracas.

Equações importantes

Propriedade	Equação	Comentário	Número da equação
Potencial químico	$\mu = G_m$	Para uma substância pura	
Regra das fases	$F = C - P + 2$		4A.1

4B Aspectos termodinâmicos das transições de fase

Tópicos

➤ Por que você precisa saber este assunto?

Esta seção ilustra como a termodinâmica pode ser utilizada para se discutir o equilíbrio de fases para sistemas com um componente. Também é apresentado como o ponto de fusão e o ponto de ebulição variam com a pressão.

➤ Qual é a ideia fundamental?

O efeito da temperatura e da pressão no potencial químico das fases em equilíbrio é determinado, respectivamente, pela entropia molar e pelo volume molar de cada fase.

➤ O que você já deve saber?

Você deve saber que fases em equilíbrio apresentam o mesmo potencial químico (Seção 4A), e que a variação da energia de Gibbs molar de uma substância depende do seu volume molar e da sua entropia molar (Seção 3D). Utilizam-se as expressões da entropia de transição (Seção 3B) e da lei dos gases perfeitos (Seção 1A).

Como vimos na Seção 4A, o critério termodinâmico do equilíbrio de fases é a igualdade do potencial químico em cada fase. Para um sistema com um componente, o potencial químico é o mesmo que a energia de Gibbs molar de cada fase. Como já explicado na Seção 3D, sabemos como a energia de Gibbs varia com a temperatura e com a pressão. Assim, utilizando essas duas informações, podemos esperar ser capazes de deduzir como o equilíbrio entre as fases se altera quando as condições sobre o sistema são modificadas.

4B.1 A dependência entre a estabilidade e as condições do sistema

Nas temperaturas baixas, e desde que a pressão não seja muito baixa, a fase sólida de uma substância tem um potencial químico menor que o das outras fases e é, portanto, a fase mais estável. Entretanto, como os potenciais químicos das fases se alteram com a temperatura, e se alteram de maneiras diferentes, é possível que, ao se elevar a temperatura, o potencial químico de outra fase (uma outra fase sólida, ou a fase líquida ou a fase vapor) fique mais baixo do que o potencial da fase sólida. Quando isso ocorre, há uma transição para a segunda fase, desde que não haja impedimento cinético.

(a) Dependência da estabilidade de fase com a temperatura

A dependência da energia de Gibbs com a temperatura se exprime em termos da entropia do sistema através da Eq. 3D.8 ($(\partial G/\partial T)_p = -S$). Como o potencial químico de uma substância pura é a energia de Gibbs molar da substância, vem que

$$\left(\frac{\partial \mu}{\partial T}\right)_p = -S_m \quad \text{Variação do potencial químico com } T \quad (4B.1)$$

Essa relação mostra que, quando a temperatura se eleva, o potencial químico de uma substância pura diminui: $S_m > 0$ para todas as substâncias, de modo que o coeficiente angular da curva de μ contra T é sempre negativo.

A Eq. 4B.1 mostra que o coeficiente angular da curva de μ contra a temperatura é maior (a curva é mais inclinada) para os gases do que para os líquidos, pois $S_m(g) > S_m(l)$. O coeficiente angular da curva de um líquido também é maior do que para a do sólido, pois, quase sempre, $S_m(l) > S_m(s)$. Essas características estão ilustradas na Fig. 4B.1. O coeficiente angular negativo maior da curva do $\mu(l)$ do que da curva do $\mu(s)$ faz com que, numa temperatura suficientemente elevada, a curva do líquido fique abaixo da do sólido (a fase líquida torna-se mais estável): o sólido funde. O potencial químico da fase gasosa tem uma curva muito inclinada para baixo quando a temperatura se eleva (pois a entropia molar do vapor é muito grande), e se pode atingir uma temperatura em que a curva é a mais baixa de todas. O gás então é a fase estável e a vaporização é espontânea.

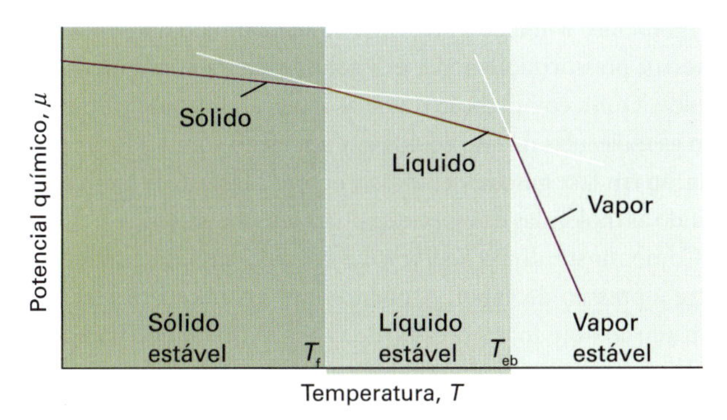

Figura 4B.1 Dependência esquemática do potencial químico das fases sólida, líquida e gasosa de uma substância pura com a temperatura (na realidade as curvas não são retilíneas). A fase que tiver o menor potencial químico, numa certa temperatura, é a mais estável nesta temperatura. As temperaturas de transição, as de fusão e de ebulição (T_f e T_{eb}, respectivamente), são as temperaturas em que os potenciais químicos de duas fases são iguais.

Breve ilustração 4B.1 A variação de μ com a temperatura

A entropia molar padrão da água líquida a 100 °C é 86,8 J K^{-1} mol^{-1}, e a do vapor d'água nesta mesma temperatura é 195,98 J K^{-1} mol^{-1}. Assim, quando se eleva a temperatura em 1,0 K as variações dos potenciais químicos são

$$\delta\mu(l) \approx S_m(l)\delta T = 87\,\text{J mol}^{-1} \qquad \delta\mu(g) \approx S_m(g)\delta T = 196\,\text{J mol}^{-1}$$

A 100 °C as duas fases estão em equilíbrio, de modo que têm o mesmo valor do potencial químico. Assim, a uma temperatura 1,0 K maior, o potencial químico da fase vapor é menor (em 109 J mol^{-1}) do que o da fase líquida, ocorrendo, portanto, a vaporização espontânea do líquido.

Exercício proposto 4B.1 A entropia molar padrão da água líquida a 0 °C é 65 J K^{-1} mol^{-1} e a do gelo nesta mesma temperatura é 43 J K^{-1} mol^{-1}. O que acontece quando se eleva a temperatura em 1,0 K?

Resposta: $\delta\mu(l) \approx -65\,\text{J mol}^{-1}$, $\delta\mu(s) \approx -43\,\text{J mol}^{-1}$; o gelo derrete

(b) A resposta da fusão à pressão aplicada

A maior parte das substâncias puras funde a uma temperatura mais elevada quando sujeita a uma pressão maior do que a atmosférica. Tudo se passa como se o aumento de pressão impedisse a formação da fase líquida menos densa. Exceções a esse comportamento incluem a água, na qual o líquido é mais denso do que o sólido. A aplicação de pressão à água favorece a formação da fase líquida. Isto é, a água congela e o gelo derrete em uma temperatura mais baixa quando está sob pressão.

Podemos explicar como segue a resposta das temperaturas de fusão à pressão. A variação do potencial químico com a pressão se exprime (a partir da segunda equação da Eq. 3D.8, $(\partial G/\partial p)_T = V$) por

$$\left(\frac{\partial \mu}{\partial p}\right)_T = V_m \quad \text{Variação do potencial químico com } p \quad (4B.2)$$

Essa equação mostra que o coeficiente angular da curva do potencial químico contra a pressão é igual ao volume molar da substância. Uma elevação de pressão eleva o potencial químico de qualquer substância pura (pois $V_m > 0$). Na maioria dos casos, $V_m(l) > V_m(s)$ e a equação prevê que uma elevação de pressão provoca uma elevação do potencial químico do líquido maior do que a do sólido. Como mostra a Fig. 4B.2a, o efeito da pressão, neste caso, é o de elevar ligeiramente a temperatura de fusão. Para a água, porém, $V_m(l) < V_m(s)$, e um aumento de pressão provoca elevação maior do potencial químico do sólido do que do líquido. Neste caso, a temperatura de fusão sofre ligeiro abaixamento (Fig. 4B.2b).

Exemplo 4B.1 Efeito da pressão sobre o potencial químico

Calcule o efeito da elevação da pressão de 1,00 bar a 2,00 bar, a 0 °C, sobre o potencial químico do gelo e sobre o da água. A massa específica do gelo é 0,917 g cm^{-3} e a da água líquida, 0,999 g cm^{-3}, nas condições mencionadas.

Método Pela Eq. 4B.2, escrita como $d\mu = V_m dp$, sabemos que a variação do potencial químico de uma substância incompressível quando a pressão se altera de Δp é $\Delta\mu = V_m\Delta p$. Portanto, para resolver o problema precisamos saber os volumes molares das duas fases da água. Esses valores são calculados pela massa específica, ρ, e pela massa molar, M, usando-se $V_m = M/\rho$. Usaremos, portanto, a expressão $\Delta\mu = M\Delta p/\rho$.

Resposta A massa molar da água é 18,02 g mol^{-1} (1,802 × 10^{-2} kg mol^{-1}); portanto,

$$\Delta\mu(\text{gelo}) = \frac{(1{,}802\times10^{-2}\,\text{kg}\,\text{mol}^{-1})\times(1{,}00\times10^{5}\,\text{Pa})}{917\,\text{kg}\,\text{m}^{-3}} = +1{,}97\,\text{J}\,\text{mol}^{-1}$$

$$\Delta\mu(\text{água}) = \frac{(1{,}802\times10^{-2}\,\text{kg}\,\text{mol}^{-1})\times(1{,}00\times10^{5}\,\text{Pa})}{999\,\text{kg}\,\text{m}^{-3}}$$

$$= +1{,}80\,\text{J}\,\text{mol}^{-1}$$

Interpretamos os resultados numéricos da seguinte maneira: o potencial químico do gelo cresce mais significativamente do que o da água, de modo que, se o gelo e a água estiverem inicialmente em equilíbrio a 1 bar, haverá tendência de o gelo fundir a 2 bar.

Exercício proposto 4B.2 Calcule o efeito do aumento de pressão de 1,00 bar sobre as fases líquida e sólida em equilíbrio do dióxido de carbono (massa molar 44,0 g mol^{-1}), com as massas específicas de 2,35 g cm^{-3} e 2,50 g cm^{-3}, respectivamente.

Resposta: $\Delta\mu(\text{l}) = +1{,}87$ J mol^{-1}, $\Delta\mu(\text{s}) = +1{,}76$ J mol^{-1}; forma-se sólido

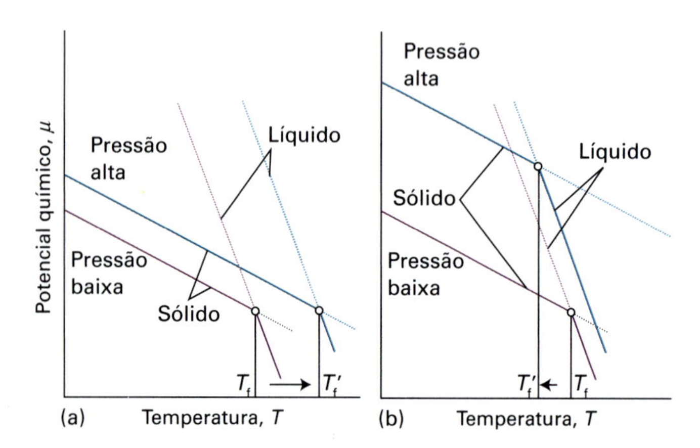

Figura 4B.2 A dependência entre o potencial químico de uma substância e a pressão varia em função do volume molar da fase. As curvas mostram, esquematicamente, o efeito da elevação da pressão sobre o potencial químico das fases sólida e líquida (na realidade as curvas não são retilíneas) e os efeitos correspondentes sobre o ponto de fusão. (a) Neste caso o volume molar do sólido é menor do que o do líquido e μ(s) aumenta menos do que μ(l). Como consequência, a temperatura de fusão se eleva. (b) Agora o volume molar do sólido é maior do que o do líquido (como na água), e μ(s) aumenta mais do que μ(l). Neste caso, a temperatura de fusão abaixa.

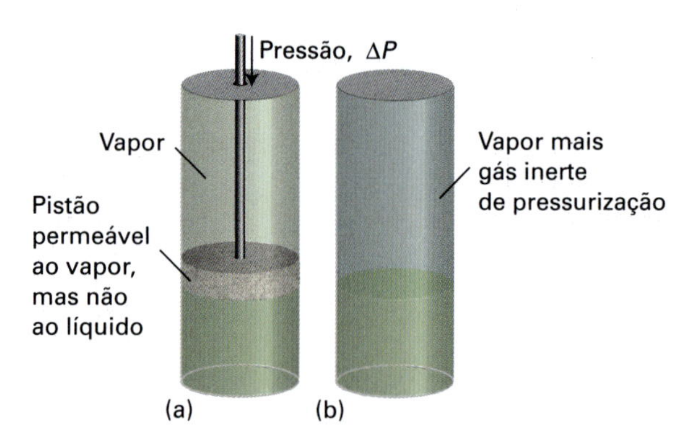

Figura 4B.3 Pressão pode ser aplicada a uma fase condensada seja (a) pela ação mecânica de um pistão ou (b) por um gás inerte de pressurização. Quando há pressão extra, a pressão de vapor da fase condensada aumenta.

(c) O efeito da pressão aplicada sobre a pressão de vapor

Quando se aplica pressão a uma fase condensada, a pressão de vapor da fase aumenta. Com efeito, as moléculas na fase condensada são expulsas da fase e escapam na forma de um gás. É possível exercer pressão sobre uma fase condensada seja mecanicamente ou mediante a ação de um gás inerte (Fig. 4B.3). Neste último caso, a pressão de vapor é a pressão parcial do vapor em equilíbrio com a fase condensada e a caracterizamos como a **pressão parcial de vapor** da substância. Uma complicação que pode aparecer (e que ignoraremos no momento) é que, se a fase condensada é um líquido, então o gás usado na pressurização pode se dissolver e alterar as propriedades do líquido. Outra complicação é a de as moléculas na fase gasosa atraírem as moléculas da fase líquida em um efeito conhecido como **solvatação em fase gasosa**; nesse caso, ocorre a ligação de moléculas do líquido às moléculas da espécie química em fase gasosa.

Como mostrado na *Justificativa* a seguir, a relação quantitativa entre a pressão de vapor, p, quando um excesso de pressão ΔP é aplicado ao líquido, e a pressão de vapor p^* do líquido na ausência do excesso de pressão é a seguinte:

$$p = p^* e^{V_m(\text{l})\Delta P/RT} \quad \text{Efeito da pressão aplicada } \Delta P \text{ sobre a pressão de vapor } p \qquad (4B.3)$$

Essa equação mostra que a pressão de vapor aumenta quando a pressão que atua sobre a fase condensada aumenta.

Justificativa 4B.1 A pressão de vapor de um líquido pressurizado

Para calcular a pressão de vapor de um líquido pressurizado aproveitamos o fato de que, no equilíbrio, os potenciais químicos do líquido e do seu vapor são iguais: $\mu(\text{l}) = \mu(\text{g})$. Vem daí que qualquer alteração que preserve o equilíbrio provoca uma alteração em $\mu(\text{l})$ que deve ser igual à alteração em $\mu(\text{g})$; portanto, podemos escrever $d\mu(\text{g}) = d\mu(\text{l})$. Quando a pressão P sobre o líquido aumenta de dP, o potencial químico do líquido muda de $d\mu(\text{l}) = V_m(\text{l})dP$. O potencial químico do vapor muda de $d\mu(g) = V_m(g)dp$, em que dp é a variação da pressão de vapor que estamos tentando achar. Se o vapor for tratado como um gás perfeito, o volume molar pode ser escrito como $V_m(g) = RT/p$. A seguir, igualamos as variações dos potenciais químicos do vapor e do líquido:

$$\frac{RTdp}{p} = V_m(l)dP$$

Essa expressão pode ser integrada se soubermos os limites de integração.

Quando não há pressão extra sobre o líquido, P (a pressão que atua sobre o líquido) é igual à pressão de vapor normal, p^*; logo, quando $P = p^*$ tem-se que $p = p^*$. Quando existe uma pressão ΔP adicional sobre o líquido, de modo que $P = p + \Delta P$, a pressão de vapor é p (que queremos achar). Sendo pequeno o efeito da pressão sobre a pressão de vapor (como será o caso), uma boa aproximação é substituir o p em $p + \Delta P$ pelo próprio p^*, e tomar como limite superior da integral do segundo membro $p^* + \Delta P$. As integrações ficam, então:

$$RT\int_{p^*}^{p}\frac{dp}{p} = \int_{p^*}^{p^*+\Delta P} V_m(l)\,dP$$

Dividimos agora ambos os lados por RT e admitimos que o volume molar do líquido é o mesmo sobre a pequena faixa de pressões considerada:

$$\int_{p^*}^{p}\frac{dp}{p} = \frac{1}{RT}\int_{p^*}^{p^*+\Delta P} V_m(l)\,dP = \frac{V_m(l)}{RT}\int_{p^*}^{p^*+\Delta P} dP$$

Então, as duas integrações são imediatas e levam a

$$\ln\frac{p}{p^*} = \frac{V_m(l)}{RT}\Delta P$$

que pode ser reescrita sob a forma da Eq. 4B.3, pois $e^{\ln x} = x$.

Breve ilustração 4B.2 O efeito da pressurização

No caso da água, que tem massa específica de 0,997 g cm^{-3} a 25 °C e, portanto, volume molar de 18,1 cm^3 mol^{-1}, quando submetida a um aumento de pressão de 10 bar (isto é, $\Delta P = 1{,}0 \times 10^6$ Pa)

$$\frac{V_m(l)\Delta P}{RT} = \frac{(1{,}81\times10^{-5}\,\text{m}^3\,\text{mol}^{-1})\times(1{,}0\times10^6\,\text{Pa})}{(8{,}3145\,\text{J K}^{-1}\,\text{mol}^{-1})\times(298\,\text{K})}$$
$$= \frac{1{,}81\times1{,}0\times10^1}{8{,}3145\times298} = 0{,}0073\ldots$$

em que se usou 1 J = 1 Pa m^3. Segue que $p = 1{,}0073p^*$, um aumento de 0,73%.

Exercício proposto 4B.3 Calcule o efeito de um aumento de 100 bar na pressão sobre a pressão de vapor do benzeno, a 25 °C. A massa específica do líquido, nesta temperatura, é 0,879 g cm^{-3}.

Resposta: um aumento de 43%

4B.2 A localização das curvas de equilíbrio

Podemos achar a localização exata das curvas de equilíbrio – isto é, das curvas cujos pontos dão as pressões e temperaturas em que duas fases coexistem em equilíbrio – fazendo uso do fato de que, quando duas fases estão em equilíbrio, seus potenciais químicos são iguais. Ou seja, quando as fases α e β estão em equilíbrio,

$$\mu(\alpha; p,T) = \mu(\beta; p,T) \tag{4B.4}$$

A resolução dessa equação para p em função de T leva à equação da curva de equilíbrio.

(a) Coeficiente angular das curvas de equilíbrio

É mais fácil discutir as curvas de equilíbrio em termos dos seus coeficientes angulares, ou seja, da derivada dp/dT. Façamos p e T se alterarem infinitesimalmente, de modo que as fases α e β, inicialmente em equilíbrio, continuem em equilíbrio. Os potenciais químicos das duas fases são inicialmente iguais (pois, inicialmente, as fases estão em equilíbrio). Os potenciais químicos continuam iguais quando as condições se alteram e passam para um ponto vizinho, sobre a curva de equilíbrio, no qual as duas fases continuam em equilíbrio (Fig. 4B.4). Portanto, as variações dos potenciais químicos das duas fases são iguais e podemos escrever $d\mu(\alpha) = d\mu(\beta)$. Como, a partir da Eq. 3D.7 ($dG = Vdp - SdT$), sabemos que $d\mu = -S_m dT + V_m dp$ para cada uma das fases, temos

$$-S_m(\alpha)dT + V_m(\alpha)dp = -S_m(\beta)dT + V_m(\beta)dp$$

em que $S_m(\alpha)$ e $S_m(\beta)$ são as entropias molares das fases e $V_m(\alpha)$ e $V_m(\beta)$ são os respectivos volumes molares. Daí,

$$\{S_m(\beta) - S_m(\alpha)\}dT = \{V_m(\beta) - V_m(\alpha)\}dp$$

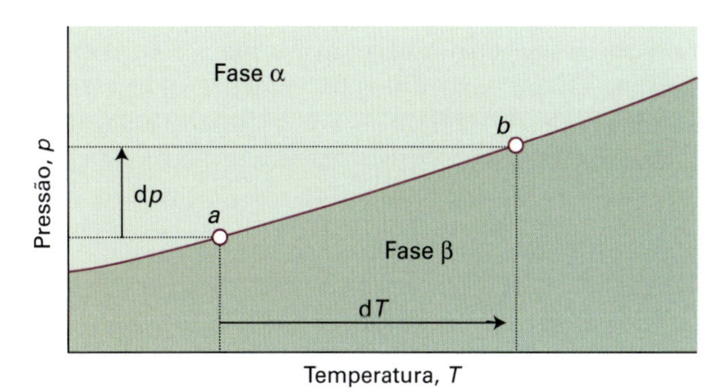

Figura 4B.4 Quando se aplica pressão a um sistema com duas fases em equilíbrio (em *a*), o equilíbrio é perturbado. Para que seja restabelecido é preciso alterar a temperatura, fazendo o sistema deslocar-se para o ponto *b*. Então há uma relação entre d*p* e d*T* que assegura que o sistema permanece em equilíbrio quando uma das duas variáveis se altera.

Assim, com $\Delta_{trs}S = S_m(\beta) - S_m(\alpha)$ e $\Delta_{trs}V = V_m(\beta) - V_m(\alpha)$, que são respectivamente as variações de entropia e de volume (molares) na transição,

$$\Delta_{trs}S\mathrm{d}T = \Delta_{trs}V\mathrm{d}p$$

que se transforma na **equação de Clapeyron:**

$$\frac{\mathrm{d}p}{\mathrm{d}T} = \frac{\Delta_{trs}S}{\Delta_{trs}V} \quad \text{Equação de Clapeyron} \quad (4B.5a)$$

A equação de Clapeyron é uma expressão exata para o coeficiente angular da curva de equilíbrio e aplica-se a qualquer curva de equilíbrio de duas fases de uma substância pura. Ela implica o fato de que podemos usar dados termodinâmicos para prever os diagramas de fases e compreender as suas formas. Uma aplicação mais prática é prever como os pontos de fusão e de ebulição se modificam devido à aplicação de pressão, quando se usa a equação de Clapeyron obtida após a inversão dos dois lados:

$$\frac{\mathrm{d}T}{\mathrm{d}p} = \frac{\Delta_{trs}V}{\Delta_{trs}S} \quad (4B.5b)$$

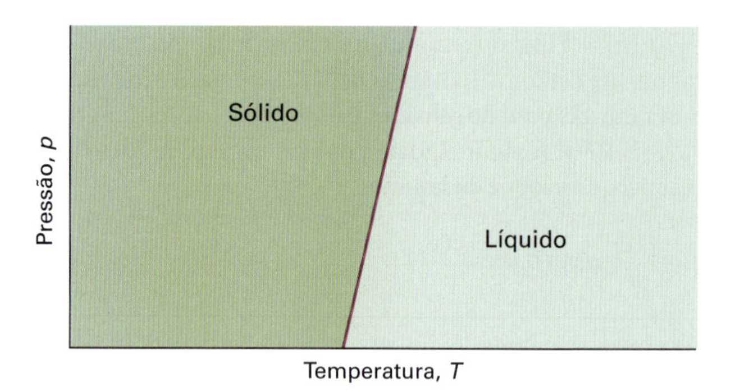

Figura 4B.5 Uma curva de equilíbrio típica entre as regiões de sólido e líquido é fortemente inclinada. Esta inclinação implica que, quando a pressão se eleva, a temperatura de fusão também se eleva. A maioria das substâncias exibe esse comportamento.

Breve ilustração 4B.3 A equação de Clapeyron

O volume e a entropia padrão de transição do gelo para água líquida, a 0 °C, são, respectivamente, $-1{,}6\ \mathrm{cm^3\ mol^{-1}}$ e $+22\ \mathrm{J\ K^{-1}\ mol^{-1}}$. O coeficiente angular da curva de equilíbrio sólido-líquido nesta temperatura é, portanto,

$$\frac{\mathrm{d}T}{\mathrm{d}p} = \frac{-1{,}6\times10^{-6}\,\mathrm{m^3\,mol^{-1}}}{22\,\mathrm{J^{-1}\,mol^{-1}}} = -7{,}3\times10^{-8}\,\frac{\mathrm{K}}{\mathrm{J\,m^{-3}}} = -7{,}3\times10^{-8}\,\mathrm{K\,Pa^{-1}}$$

que corresponde a $-7{,}3\ \mathrm{mK\ bar^{-1}}$. Um aumento de 100 bar na pressão resulta em um abaixamento da temperatura de congelamento da água de 0,73 K.

Exercício proposto 4B.4 O volume e a entropia padrão de transição da água líquida para vapor, a 100 °C, são, respectivamente, $+30\ \mathrm{dm^3\ mol^{-1}}$ e $+109\ \mathrm{J\ K^{-1}\ mol^{-1}}$. Qual é a variação da temperatura de ebulição quando a pressão é reduzida de 1,0 bar para 0,8 bar?

Resposta: −5,5 K

(b) A curva de equilíbrio sólido-líquido

A fusão é acompanhada por uma variação de entalpia molar $\Delta_{fus}H$ e ocorre a uma temperatura T. A entropia molar de fusão em T é, portanto, $\Delta_{fus}H/T$ (Seção 3B), e a equação de Clapeyron se escreve

$$\frac{\mathrm{d}p}{\mathrm{d}T} = \frac{\Delta_{fus}H}{T\Delta_{fus}V} \quad \text{Coeficiente angular da curva de equilíbrio sólido-líquido} \quad (4B.6)$$

em que $\Delta_{fus}V$ é a variação do volume molar que ocorre na fusão. A entalpia de fusão é positiva (a única exceção conhecida é a do hélio-3) e a variação de volume é, na maioria dos casos, positiva e sempre pequena. Consequentemente, o coeficiente angular $\mathrm{d}p/\mathrm{d}T$ é grande e, em geral, positivo (Fig. 4B.5).

A expressão da curva de equilíbrio pode ser obtida pela integração de $\mathrm{d}p/\mathrm{d}T$, admitindo-se que $\Delta_{fus}H$ e $\Delta_{fus}V$ variam muito pouco com a temperatura e com a pressão e que eles podem ser considerados constantes. Então, se T^* for a temperatura de fusão na pressão p^*, e T a temperatura de fusão na pressão p, a integração é

$$\int_{p^*}^{p} \mathrm{d}p = \frac{\Delta_{fus}H}{\Delta_{fus}V}\int_{T^*}^{T}\frac{\mathrm{d}T}{T}$$

Portanto, a equação aproximada da curva de equilíbrio sólido-líquido é

$$p = p^* + \frac{\Delta_{fus}H}{\Delta_{fus}V}\ln\frac{T}{T^*} \quad (4B.7)$$

Essa equação foi deduzida, pela primeira vez, por um Thomson, James Thomson, irmão de William Thomson, lorde Kelvin. Quando T não é muito diferente de T^*, o logaritmo pode ser aproximado por

$$\ln\frac{T}{T^*} = \ln\left(1+\frac{T-T^*}{T^*}\right) \approx \frac{T-T^*}{T^*}$$

em que utilizamos a expansão $\ln(1+x) = x - \frac{1}{2}x^2 + \cdots$ (*Fundamentos de matemática* 1) truncada no primeiro termo; portanto,

$$p \approx p^* + \frac{\Delta_{fus}H}{T^*\Delta_{fus}V}(T-T^*) \quad (4B.8)$$

Essa é a equação de uma reta com coeficiente angular muito grande, no plano de p contra T (como na Fig. 4B.5).

Breve ilustração 4B.4 A curva de equilíbrio sólido-líquido

A entalpia de fusão do gelo a 0 °C (273 K) e 1 bar é 6,008 kJ mol^{-1} e o volume de fusão é −1,6 cm^3 mol^{-1}. Assim, a curva de equilíbrio sólido-líquido é dada pela equação

$$p \approx 1\,\text{bar} + \frac{6{,}008\times10^3\,\text{J mol}^{-1}}{(273\,\text{K})\times(-1{,}6\times10^{-6}\,\text{m}^3\,\text{mol}^{-1})}(T-T^*)$$
$$\approx 1\,\text{bar} - 1{,}4\times10^7\,\text{Pa K}^{-1}(T-T^*)$$

Ou seja,

$$p/\text{bar} = 1 - 140(T-T^*)/\text{K}$$

com T^* = 273 K. Esta equação está representada na Fig. 4B.6.

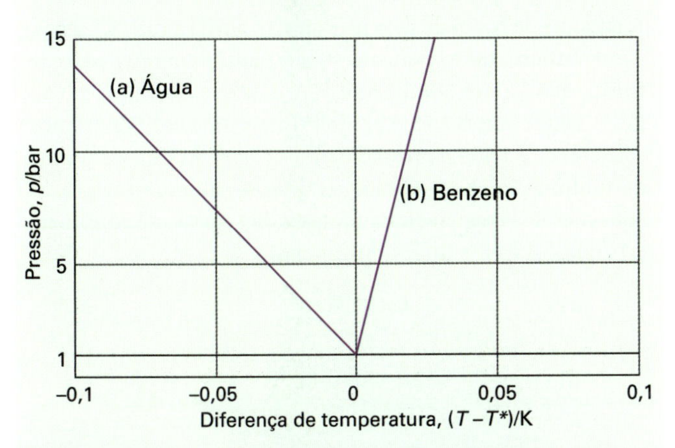

Figura 4B.6 Curvas de equilíbrio sólido-líquido (curvas da temperatura de fusão) para a água e para o benzeno, obtidas na *Breve ilustração* 4B.4.

Exercício proposto A entalpia de fusão do benzeno, na sua temperatura de fusão de 279 K, vale 10,59 kJ mol^{-1}, e seu volume de fusão é aproximadamente +0,50 cm^3 mol^{-1} (valor estimado). Qual é a equação para sua curva de equilíbrio sólido-líquido?

Resposta: p/bar = 1 + 760(T − T^*), como na Fig. 4B.6

(c) A curva de equilíbrio líquido-vapor

A entropia de vaporização na temperatura T é igual a $\Delta_{\text{vap}}H/T$; a equação de Clapeyron para a curva de equilíbrio líquido-vapor é, portanto,

$$\frac{\mathrm{d}p}{\mathrm{d}T} = \frac{\Delta_{\text{vap}}H}{T\Delta_{\text{vap}}V} \qquad \text{Coeficiente angular da curva de equilíbrio líquido-vapor} \qquad (4B.9)$$

A entalpia de vaporização é positiva e $\Delta_{\text{vap}}V$ é grande e positivo. Portanto, $\mathrm{d}p/\mathrm{d}T$ é positiva, mas tem valor muito menor do que na curva de equilíbrio sólido-líquido. Logo, $\mathrm{d}T/\mathrm{d}p$ é grande e a temperatura de ebulição é mais sensível à pressão do que a temperatura de fusão.

Exemplo 4B.2 Efeito da pressão sobre o ponto de ebulição

Estime o efeito típico do aumento de pressão sobre o ponto de ebulição de um líquido.

Método Para usar a Eq. 4B.9 precisamos estimar o lado direito da equação. No ponto de ebulição, o termo em $\Delta_{\text{vap}}H/T$ é a constante da regra de Trouton (Seção 3B). Como o volume molar do gás é muito maior do que o volume molar do líquido, podemos escrever $\Delta_{\text{vap}}V = V_m(\text{g}) - V_m(\text{l}) \approx V_m(\text{g})$ e considerar $V_m(\text{g})$ como o volume molar de um gás perfeito (pelo menos nas pressões baixas).

Resposta A constante da regra de Trouton é 85 J K^{-1} mol^{-1}. O volume molar de um gás perfeito é cerca de 25 dm^3 mol^{-1} a 1 atm e em temperatura pouco superior à ambiente. Portanto,

$$\frac{\mathrm{d}p}{\mathrm{d}T} \approx \frac{85\,\text{J K}^{-1}\,\text{mol}^{-1}}{2{,}5\times10^{-2}\,\text{m}^3\,\text{mol}^{-1}} = 3{,}4\times10^3\,\text{Pa K}^{-1}$$

Usamos 1 J = 1 Pa m^3. O resultado obtido corresponde a 0,034 atm K^{-1}, e então $\mathrm{d}T/\mathrm{d}p$ = 29 K atm^{-1}. Portanto, para uma variação da pressão de +0,1 atm espera-se uma variação aproximada de +3 K na temperatura de ebulição.

Exercício proposto 4B.6 Estime $\mathrm{d}T/\mathrm{d}p$ para a água no seu ponto de ebulição normal aproveitando a informação da Tabela 3A.2 e usando $V_m(\text{g}) = RT/p$.

Resposta: 28 K atm^{-1}

Uma vez que o volume molar de um gás é muito maior do que o volume molar de um líquido, podemos escrever $\Delta_{\text{vap}}V \approx V_m(\text{g})$ (veja o *Exemplo* 4B.2). Além disso, se o comportamento do gás for o de um gás perfeito, $V_m(\text{g}) = RT/p$. Essas duas aproximações transformam a equação exata de Clapeyron em

$$\frac{\mathrm{d}p}{\mathrm{d}T} = \frac{\Delta_{\text{vap}}H}{T(RT/p)} = \frac{p\Delta_{\text{vap}}H}{RT^2}$$

que pode ser rearranjada, sabendo-se que $\mathrm{d}x/x = \mathrm{d}\ln x$, na chamada **equação de Clausius-Clapeyron** para a variação da pressão de vapor com a temperatura:

$$\frac{\mathrm{d}\ln p}{\mathrm{d}T} = \frac{\Delta_{\text{vap}}H}{RT^2} \qquad \textit{Vapor como gás perfeito} \qquad \text{Equação de Clausius-Clapeyron} \qquad (4B.10)$$

Assim como equação de Clapeyron (que é exata), a equação de Clausius-Clapeyron (que é aproximada) é importante para o entendimento dos diagramas de fases, particularmente para a localização e a forma das curvas de equilíbrio líquido-vapor e sólido-vapor. Ela nos permite prever como a pressão de vapor varia com a temperatura e como a temperatura de ebulição varia com a pressão. Por exemplo, se admitirmos, também, que a entalpia de vaporização é independente da temperatura, podemos integrar a Eq. 4B.10 da seguinte maneira:

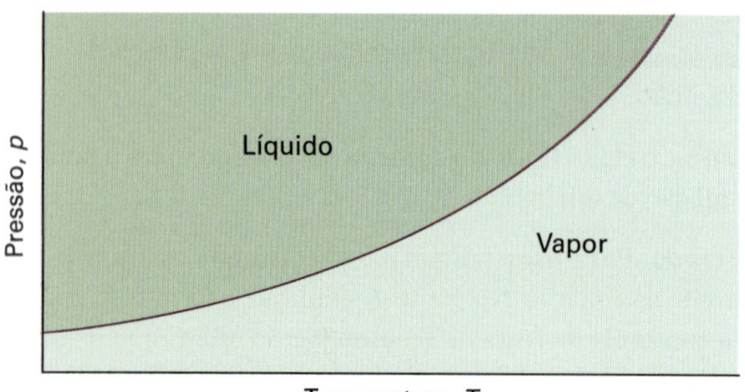

Figura 4B.7 Uma curva de equilíbrio típica entre as regiões de líquido e vapor. A fronteira pode ser considerada o gráfico da pressão de vapor contra a temperatura. Observe que, em algumas representações dos diagramas de fases, em que é usada uma escala logarítmica da pressão, a curva de equilíbrio tem a curvatura no sentido inverso (veja a Fig. 4A.11). Esta curva de equilíbrio termina no ponto crítico (que não aparece no gráfico).

$$\int_{\ln p^*}^{\ln p} \mathrm{d}\ln p = \frac{\Delta_{\mathrm{vap}}H}{R}\int_{T^*}^{T}\frac{\mathrm{d}T}{T^2} = -\frac{\Delta_{\mathrm{vap}}H}{R}\left(\frac{1}{T}-\frac{1}{T^*}\right)$$

em que p^* é a pressão de vapor na temperatura T^* e p é a pressão de vapor na temperatura T. Portanto, como a integral da esquerda é dada por $\ln(p/p^*)$, as duas pressões de vapor estão relacionadas como a seguir

$$p = p^* \mathrm{e}^{-\chi} \qquad \chi = \frac{\Delta_{\mathrm{vap}}H}{R}\left(\frac{1}{T}-\frac{1}{T^*}\right) \tag{4B.11}$$

A representação gráfica da Eq. 4B.11 é a curva de equilíbrio líquido-vapor mostrada na Fig. 4B.7. Esta curva não ultrapassa a temperatura crítica T_c, pois acima desta temperatura não existe a fase líquida.

Breve ilustração 4B.5 A equação de Clausius-Clapeyron

A Eq. 4B.11 pode ser usada para estimar a pressão de vapor de um líquido em qualquer temperatura a partir do ponto de ebulição normal, ou seja, da temperatura em que a pressão de vapor é 1,00 atm (101 kPa). Para o benzeno, o ponto de ebulição normal é 80 °C (353 K) e $\Delta_{\mathrm{vap}}H^{\ominus} = 30{,}8\,\mathrm{kJ\,mol^{-1}}$ (obtida da Tabela 3A.2). Calculamos a pressão de vapor a 20 °C (293 K) escrevendo

$$\chi = \frac{3{,}08\times10^4\,\mathrm{J\,mol^{-1}}}{8{,}3145\,\mathrm{J\,K^{-1}\,mol^{-1}}}\left(\frac{1}{293\,\mathrm{K}}-\frac{1}{353\,\mathrm{K}}\right) = 2{,}14\ldots$$

e substituindo esse valor na Eq. 4B.11 com $p^* = 101$ kPa. O resultado calculado é 12 kPa. O valor experimental é 10kPa.

Uma nota sobre a boa prática Como funções exponenciais são muito sensíveis, é uma boa prática realizar os cálculos numéricos, semelhantes aos que foram feitos anteriormente, sem avaliar as etapas intermediárias e usar valores arredondados.

(d) A curva de equilíbrio sólido-vapor

A única diferença entre este caso e o anterior é a substituição da entalpia de vaporização pela de sublimação, $\Delta_{\mathrm{sub}}H$. Como esta entalpia é maior do que a de vaporização (lembre-se de que: $\Delta_{\mathrm{sub}}H = \Delta_{\mathrm{fus}}H + \Delta_{\mathrm{vap}}H$), o uso da equação nos faz prever um coeficiente angular positivo maior para a curva de sublimação do que para a curva de vaporização em temperaturas semelhantes, o que ocorre nas vizinhanças do ponto em que elas se encontram, o ponto triplo (Fig. 4B.8).

Breve ilustração 4B.6 A curva de equilíbrio sólido-vapor

A entalpia de fusão do gelo no ponto triplo da água (6,1 mbar, 273 K) difere muito pouco do valor padrão no seu ponto de fusão, que vale 6,008 kJ mol^{-1}. A entalpia de vaporização nessa temperatura é 45,0 kJ mol^{-1} (mais uma vez, ignoramos a diferença devido à pressão não ser 1 bar). Assim, a entalpia de sublimação é 51,0 kJ mol^{-1}. Portanto, no ponto triplo, as equações dos coeficientes angulares das curvas de equilíbrio (a) líquido-vapor e (b) sólido-vapor são

$$(\mathrm{a})\ \frac{\mathrm{d}\ln p}{\mathrm{d}T} = \frac{45{,}0\times10^3\,\mathrm{J\,mol^{-1}}}{(8{,}3145\,\mathrm{J\,K^{-1}\,mol^{-1}})\times(273\,\mathrm{K})^2} = 0{,}0726\,\mathrm{K^{-1}}$$

$$(\mathrm{b})\ \frac{\mathrm{d}\ln p}{\mathrm{d}T} = \frac{51{,}0\times10^3\,\mathrm{J\,mol^{-1}}}{(8{,}3145\,\mathrm{J\,K^{-1}\,mol^{-1}})\times(273\,\mathrm{K})^2} = 0{,}0823\,\mathrm{K^{-1}}$$

Pode-se ver que no ponto triplo o coeficiente angular da curva $\ln p$ contra T é maior para a curva de equilíbrio sólido-vapor do que para curva de equilíbrio líquido-vapor.

Exercício proposto 4B.7 Confirme se podemos afirmar o mesmo para a curva de p contra T no ponto triplo.

Resposta: $\mathrm{d}p/\mathrm{d}T = p\,\mathrm{d}\ln p/\mathrm{d}T$, $p = p_3 = 6{,}1$ mbar

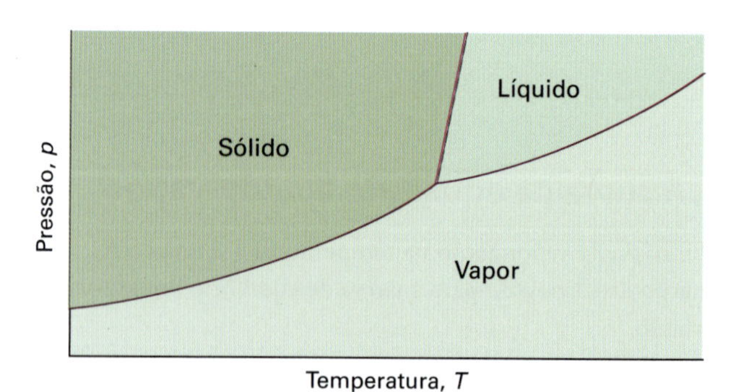

Figura 4B.8 Nas vizinhanças do ponto onde as três curvas se encontram (o ponto triplo), a curva de equilíbrio sólido-vapor tem um coeficiente angular maior do que a curva de equilíbrio líquido-vapor, pois a entalpia de sublimação é maior do que a de vaporização, e as temperaturas que aparecem na equação de Clausius-Clapeyron, que dá o coeficiente angular das curvas, têm valores próximos.

4B.3 Classificação de Ehrenfest para as transições de fase

Há muitos tipos diferentes de transição de fase, incluindo os exemplos comuns de fusão e de vaporização e os menos comuns das transições sólido-sólido, condutor-supercondutor e fluido-superfluido. Veremos agora que é possível usar as propriedades termodinâmicas das substâncias, em especial o comportamento do potencial químico, para classificar as transições de fase em diferentes tipos. Fazer uma classificação é em geral o primeiro passo para se tentar uma explicação em nível molecular e identificar as características comuns. O esquema de classificação foi proposto por Paul Ehrenfest e é conhecido como a **classificação de Ehrenfest.**

Breve ilustração 4B.7 Descontinuidade das transições

A fusão da água no seu ponto de fusão normal de 0 °C tem $\Delta_{trs}V = -1{,}6\ \text{cm}^3\text{mol}^{-1}$ e $\Delta_{trs}H = 6{,}008\ \text{kJ mol}^{-1}$, assim

$$\left(\frac{\partial\mu(\text{l})}{\partial p}\right)_T - \left(\frac{\partial\mu(\text{s})}{\partial p}\right)_T = \Delta_{\text{fus}}V = -1{,}6\,\text{cm}^3\,\text{mol}^{-1}$$

$$\left(\frac{\partial\mu(\text{l})}{\partial T}\right)_p - \left(\frac{\partial\mu(\text{s})}{\partial T}\right)_p = -\frac{\Delta_{\text{fus}}H}{T_{\text{fus}}} = -\frac{6{,}008\times10^3\,\text{J}\,\text{mol}^{-1}}{273\,\text{K}} = -22{,}0\,\text{J}\,\text{mol}^{-1}$$

e os dois coeficientes angulares são descontínuos.

Exercício proposto 4B.8 Calcule a diferença dos coeficientes angulares no ponto de ebulição normal.

Resposta: $+31\ \text{dm}^3\ \text{mol}^{-1}$, $-109\ \text{J mol}^{-1}$

(a) A base termodinâmica

Muitas transições de fase comuns, como a fusão e a vaporização, são acompanhadas por variações da entalpia e do volume. Essas variações têm implicações nos coeficientes angulares das curvas dos potenciais químicos das fases, à esquerda e à direita da transição. Assim, na transição de uma fase α para outra fase β, temos

$$\left(\frac{\partial\mu(\beta)}{\partial p}\right)_T - \left(\frac{\partial\mu(\alpha)}{\partial p}\right)_T = V_{\text{m}}(\beta) - V_{\text{m}}(\alpha) = \Delta_{\text{trs}}V$$
$$\left(\frac{\partial\mu(\beta)}{\partial T}\right)_p - \left(\frac{\partial\mu(\alpha)}{\partial T}\right)_p = -S_{\text{m}}(\beta) + S_{\text{m}}(\alpha) = -\Delta_{\text{trs}}S = -\frac{\Delta_{\text{trs}}H}{T_{\text{trs}}} \quad (4B.12)$$

Como $\Delta_{trs}V$ e $\Delta_{trs}H$ são diferentes de zero na fusão e na vaporização, segue-se que nessas transições os coeficientes angulares das curvas dos potenciais químicos contra a pressão ou a temperatura são diferentes de um lado e do outro da transição (Fig. 4B.9a). Em outras palavras, as derivadas primeiras dos potenciais químicos em relação à pressão ou à temperatura são descontínuas na transição.

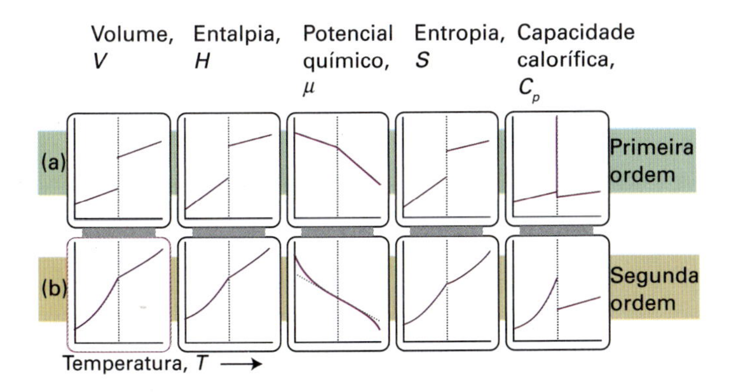

Figura 4B.9 Variações das grandezas termodinâmicas que acompanham (a) uma transição de fase de primeira ordem e (b) uma transição de fase de segunda ordem.

Uma transição em que a derivada primeira do potencial químico em relação à temperatura é descontínua é classificada como uma **transição de fase de primeira ordem.** A capacidade calorífica a pressão constante, C_p, de uma substância é o coeficiente angular da curva da entalpia contra a temperatura. Numa transição de fase de primeira ordem, a entalpia H sofre uma variação finita numa variação infinitesimal de temperatura. Então, na transição, a capacidade calorífica é infinitamente grande. A razão física é que o calor provoca a transição em vez de aumentar a temperatura. Por exemplo, a água em ebulição mantém a temperatura constante, embora receba, continuamente, calor de uma fonte externa.

Uma **transição de fase de segunda ordem,** na classificação de Ehrenfest, é aquela em que a derivada primeira do potencial químico μ em relação à temperatura é contínua, mas a derivada segunda é descontínua. O coeficiente angular contínuo da curva de μ contra T (isto é, uma curva que tem a mesma inclinação em ambos os lados da transição) implica que o volume e a entropia (e, portanto, a entalpia) não se alteram na transição (Fig. 4B.9b). A capacidade calorífica é descontínua na transição, mas não é infinitamente grande. Um exemplo de transição de segunda ordem é a transição do estado condutor para o supercondutor de metais em temperaturas baixas.[2]

A denominação **transição λ** se aplica a uma transição de fase que não é de primeira ordem, mas cuja capacidade calorífica se torna infinita na temperatura da transição. Nos casos típicos, a capacidade calorífica do sistema com essa transição começa a crescer bem antes da temperatura da transição (Fig. 4B.10), e a forma da curva da capacidade calorífica contra a temperatura é semelhante à da letra grega lambda. Esse tipo de transição inclui as transições ordem-desordem nas ligas, o surgimento do ferromagnetismo e a transição fluido-superfluido no hélio líquido.

[2] Um condutor metálico é uma substância com uma condutividade elétrica que diminui quando a temperatura aumenta. Um supercondutor é um sólido que conduz eletricidade sem resistência. Veja a Seção 18C para mais detalhes.

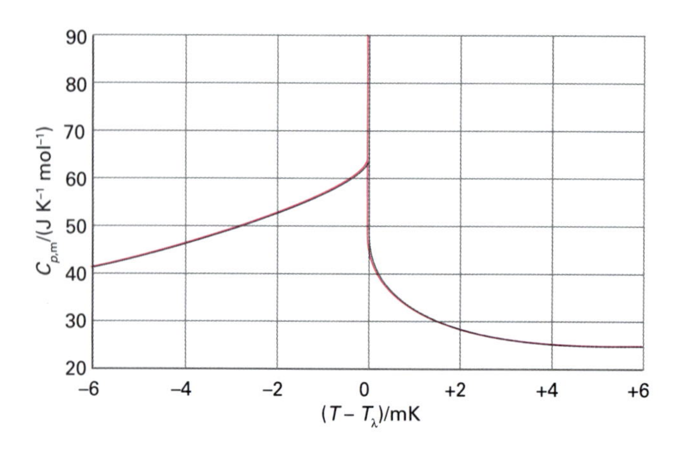

Figura 4B.10 A curva λ do hélio, onde a capacidade calorífica tende ao infinito. A forma da curva é a origem da denominação transição λ.

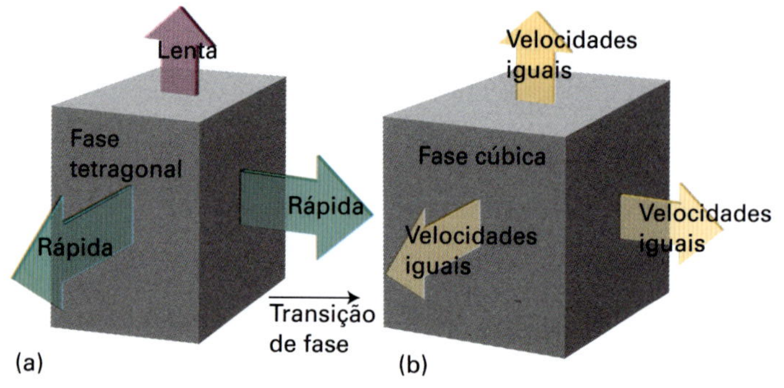

Figura 4B.11 Uma versão de uma transição de fase de segunda ordem em que (a) uma fase tetragonal se expande mais rapidamente em duas direções do que numa terceira e, consequentemente, atinge uma configuração cúbica, (b) a expansão passa a ser uniforme nas três dimensões com a elevação da temperatura. Não há reestruturação dos átomos na temperatura de transição e, por isso, a entalpia da transição é nula.

(b) Interpretação molecular

Transições de primeira ordem geralmente envolvem a realocação de átomos, moléculas ou íons com a consequente mudança nas energias das interações. Assim, a vaporização elimina as atrações entre as moléculas, e uma transição de fase de primeira ordem de um polimorfo iônico para outro (como na conversão da calcita a aragonita) envolve o ajustamento das posições relativas dos íons.

Um tipo de transição de segunda ordem está associado à modificação da simetria da estrutura cristalina de um sólido. Imaginemos que a configuração dos átomos num sólido seja a esquematizada na Fig. 4B.11a, com uma dimensão (da célula unitária) maior do que as duas outras, que são iguais. Esta estrutura cristalina é classificada como tetragonal (veja a Seção 18A). Imaginemos, além disso, que as duas dimensões menores se modifiquem mais significativamente do que a dimensão maior, quando a temperatura aumenta. Pode acontecer que, num certo ponto, as três dimensões fiquem iguais. Neste ponto, o cristal tem uma simetria cúbica (Fig. 4B.11b), e, em temperaturas mais altas, a expansão será uniforme nas três dimensões (pois deixa de haver diferença entre elas). Houve, então, uma transição da fase tetragonal → cúbica, mas esta transição não envolveu descontinuidade das energias de interação entre os átomos ou do volume que eles ocupavam e, por isso, não é uma transição de primeira ordem.

A transição ordem-desordem no latão β (CuZn) é um exemplo de transição λ. A fase estável a baixa temperatura tem uma estrutura ordenada em que se alternam átomos de Cu e de Zn. A fase estável a temperaturas altas é uma distribuição aleatória dos átomos (Fig. 4B.12). Em $T = 0$ a ordem é perfeita, mas aparecem ilhas de desordem à medida que a temperatura se eleva. As ilhas se formam porque a transição é cooperativa, isto é, uma vez ocorrida a troca da posição de dois átomos é mais fácil que haja troca da posição dos átomos vizinhos. As ilhas aumentam de extensão e acabam por ocupar todo o cristal, na temperatura de transição (742 K). A capacidade calorífica aumenta quando a temperatura se aproxima da temperatura de transição, pois, graças à natureza cooperativa da transição, o calor fornecido é cada vez mais empregado para provocar a transição de fase do que para ser armazenado como movimento térmico.

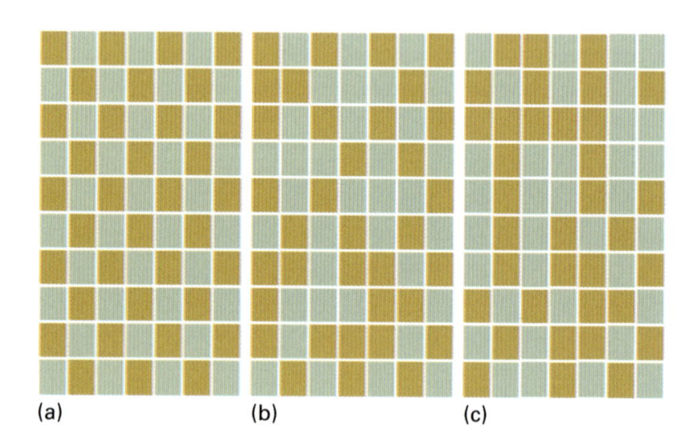

Figura 4B.12 Transição ordem-desordem. (a) Em $T = 0$, há ordem perfeita, com átomos diferentes ocupando alternadamente os sítios da estrutura. (b) Quando a temperatura se eleva, os átomos trocam de posição e formam-se ilhas de cada espécie na estrutura do sólido. Parte da ordem original, porém, sobrevive. (c) Na temperatura de transição e acima dela, as ilhas distribuem-se aleatoriamente por toda a estrutura da amostra.

Conceitos importantes

- ☐ 1. O potencial químico de uma substância diminui com o aumento da temperatura a uma velocidade determinada por sua entropia molar.
- ☐ 2. O potencial químico de uma substância aumenta com o aumento da pressão a uma velocidade determinada por seu volume molar.
- ☐ 3. Quando a pressão sobre uma fase condensada aumenta, sua pressão de vapor também aumenta.
- ☐ 4. A **equação de Clapeyron** é uma expressão para o coeficiente angular de uma curva de equilíbrio.
- ☐ 5. A **equação de Clausius-Clapeyron** é uma aproximação que relaciona o coeficiente angular da curva de equilíbrio líquido-vapor com a entalpia de vaporização.
- ☐ 6. De acordo com a **classificação de Ehrenfest**, os diferentes tipos de transição de fase são identificados pelo comportamento das propriedades termodinâmicas na temperatura de transição.
- ☐ 7. A classificação revela o tipo de processo molecular que ocorre na transição de fases.

Equações importantes

Propriedade	Equação	Comentário	Número da equação
Variação de μ com a temperatura	$(\partial\mu/\partial T)_p = -S_m$		4B.1
Variação de μ com a pressão	$(\partial\mu/\partial p)_T = V_m$		4B.2
Pressão de vapor na presença de pressão aplicada	$p = p^* e^{V_m(l)\Delta P/RT}$	$\Delta P = P_{aplicada} - p^*$	4B.3
Equação de Clapeyron	$dp/dT = \Delta_{trs}S/\Delta_{trs}V$		4B.5a
Equação de Clausius-Clapeyron	$d\ln p/dT = \Delta_{vap}H/RT^2$	Supõe-se que $V_m(g) \gg V_m(l)$ e que o vapor é um gás perfeito	4B.10

CAPÍTULO 4 Transformações físicas de substâncias puras

SEÇÃO 4A Diagramas de fases de substâncias puras

Questões teóricas

4A.1 Discuta como o conceito de potencial químico unifica a discussão do equilíbrio de fases.

4A.2 Por que o potencial químico varia com a pressão mesmo que o sistema seja incompressível (ou seja, permanece com o mesmo volume quando uma pressão é aplicada)?

4A.3 Explique por que quatro fases não podem estar em equilíbrio mútuo em um sistema com um componente.

4A.4 Discuta o que seria observado quando uma amostra de água percorresse um caminho em torno e próximo do seu ponto crítico.

Exercícios

4A.1(a) Quantas fases estão presentes em cada um dos pontos marcados na Fig. 4.1a?

4A.1(b) Quantas fases estão presentes em cada um dos pontos marcados na Fig. 4.1b?

4A.2(a) A diferença de potencial químico entre duas regiões de um sistema é $+7,1$ kJ mol^{-1}. De quanto varia a energia de Gibbs quando 0,10 mmol de uma substância é transferido de uma região para outra?

4A.2(b) A diferença de potencial químico entre duas regiões de um sistema é $-8,3$ kJ mol^{-1}. De quanto varia a energia de Gibbs quando 0,15 mmol de uma substância é transferido de uma região para outra?

4A.3(a) Qual é o número máximo de fases que podem estar em equilíbrio mútuo em um sistema de dois componentes?

4A.3(b) Qual é o número máximo de fases que podem estar em equilíbrio mútuo em um sistema de quatro componentes?

Problemas de diagramas de fases para sistemas com um componente encontram-se nas Atividades integradas *no final deste capítulo.*

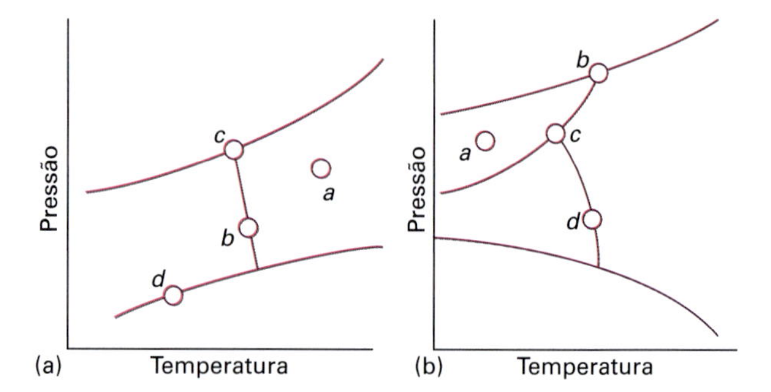

Figura 4.1 Diagramas de fases relativos a (a) Exercício 4A.1(a) e (b) Exercício 4A.1(b).

SEÇÃO 4B Aspectos termodinâmicos das transições de fase

Questões teóricas

4B.1 Qual é a razão física que explica o fato de o potencial químico de uma substância pura diminuir com o aumento da temperatura?

4B.2 Qual é a razão física que explica o fato de o potencial químico de uma substância pura aumentar com o aumento da pressão?

4B.3 Quantas calorimetrias diferenciais por varredura (DSC, na sigla em inglês) devem ser usadas para se identificar transições de fase?

4B.4 Faça a distinção, nos níveis molecular e macroscópico, entre uma transição de fase de primeira ordem, uma transição de fase de segunda ordem e uma transição λ.

Exercícios

4B.1(a) Estime a diferença entre os pontos de fusão normal e padrão do gelo.

4B.1(b) Estime a diferença entre os pontos de ebulição normal e padrão da água.

4B.2(a) A água é aquecida de 25 °C a 100 °C. De quanto varia o seu potencial químico?

4B.2(b) O ferro é aquecido de 100 °C a 1000 °C. De quanto varia o seu potencial químico? Considere $S_m^{\ominus} = 53\,J\,K^{-1}\,mol^{-1}$ em todo o intervalo de temperatura.

4B.3(a) De quanto varia o potencial químico do cobre quando a pressão exercida sobre uma amostra aumenta de 100 kPa a 10 MPa?
4B.3(b) De quanto varia o potencial químico do benzeno quando a pressão exercida sobre uma amostra aumenta de 100 kPa a 10 MPa?

4B.4(a) Aplica-se com um pistão uma pressão sobre a água a 20 °C. A pressão de vapor da água sob pressão de 1,0 bar é 2,34 kPa. Qual é a pressão de vapor quando a pressão sobre o líquido é de 20 MPa?
4B.4(b) Aplica-se com um pistão uma pressão sobre o naftaleno fundido a 95 °C. A pressão de vapor do naftaleno sob pressão de 1,0 bar é 2,0 kPa. Qual é a pressão de vapor quando a pressão sobre o líquido é de 15 MPa?

4B.5(a) O volume molar de um certo sólido é 161,0 $cm^3\,mol^{-1}$ no seu ponto de fusão, a 1,00 atm e 350,75 K. O volume molar do líquido, no mesmo ponto, é 163,3 $cm^3\,mol^{-1}$. A 100 atm, a temperatura de fusão é 351,26 K. Calcule a entalpia e a entropia de fusão do sólido.
4B.5(b) O volume molar de um certo sólido é 142,0 $cm^3\,mol^{-1}$ no ponto de fusão, a 1,00 atm e 427,15 K. O volume molar do líquido, no mesmo ponto, é 152,6 $cm^3\,mol^{-1}$. A l,2 MPa, a temperatura de fusão é 429,26 K. Calcule a entalpia e a entropia de fusão do sólido.

4B.6(a) A pressão de vapor do diclorometano, a 24,1 °C, é 53,3 kPa, e sua entalpia de vaporização é 28,7 $kJ\,mol^{-1}$. Estime a temperatura em que a pressão de vapor é de 70,0 kPa.
4B.6(b) A pressão de vapor de uma substância, a 20,0 °C , é 58,0 kPa, e sua entalpia de vaporização é 32,7 $kJ\,mol^{-1}$. Estime a temperatura em que a pressão de vapor é de 66,0 kPa.

4B.7(a) A pressão de vapor de um líquido, no intervalo de temperatura entre 200 K e 260 K, ajusta-se à expressão $\ln(p/\text{Torr}) = 16{,}255 - 2501{,}8/(T/\text{K})$. Estime a entalpia de vaporização do líquido.
4B.7(b) A pressão de vapor de um líquido, no intervalo de temperatura entre 200 K e 260 K, ajusta-se à expressão $\ln(p/\text{Torr}) = 18{,}361 - 3036{,}8/(T/\text{K})$. Estime a entalpia de vaporização do líquido.

4B.8(a) A pressão de vapor do benzeno, entre 10 °C e 30 °C, ajusta-se à expressão $\log(p/\text{Torr}) = 7{,}960 - 1780/(T/\text{K})$. Estime (i) a entalpia de vaporização e (ii) o ponto de ebulição normal do benzeno.
4B.8(b) A pressão de vapor de um líquido entre 15 °C e 35 °C ajusta-se à expressão $\log(p/\text{Torr}) = 8{,}750 - 1625/(T/\text{K})$. Estime (i) a entalpia de vaporização e (ii) o ponto de ebulição normal do líquido.

4B.9(a) Quando o benzeno congela a 5,5 °C, a massa específica passa de 0,879 $g\,cm^{-3}$ para 0,891 $g\,cm^{-3}$. A entalpia de fusão é 10,59 $kJ\,mol^{-1}$. Estime o ponto de congelamento do benzeno a 1000 atm.
4B.9(b) Quando certo líquido congela a −3,65 °C, sua massa específica passa de 0,789 $g\,cm^{-3}$ para 0,801 $g\,cm^{-3}$. A entalpia de fusão é 8,68 $kJ\,mol^{-1}$. Estime o ponto de congelamento deste líquido a 100 MPa.

4B.10(a) Em Los Angeles, no mês de julho, a radiação da luz solar incidente no nível do solo tem uma densidade de potência de 1,2 $kW\,m^{-2}$, ao meio-dia. Uma piscina com a área superficial de 50 m^2 está diretamente exposta ao sol. Qual a taxa máxima de evaporação da água da piscina, admitindo que toda a radiação incidente é absorvida?
4B.10(b) Considere que a radiação da luz solar incidente no nível do solo tem uma densidade de potência de 0,87 $kW\,m^{-2}$, ao meio-dia. Qual a taxa máxima de evaporação da água de um lago que recebe esta radiação, sendo a área iluminada de 1,0 ha? (1 ha = $10^4\,m^2$.) Admita que toda a energia radiante é absorvida.

4B.11(a) Um vaso aberto contendo (i) água, outro contendo (ii) benzeno e um terceiro com (iii) mercúrio estão num laboratório de 5,0 m × 5,0 m × 3,0 m, a 25 °C. Qual a massa de cada substância, na atmosfera do laboratório, na hipótese de não haver ventilação? (As pressões de vapor são, respectivamente, (i) 3,2 kPa, (ii) 13,1 kPa e (iii) 0,23 Pa.)
4B.11(b) Numa certa manhã fria e seca depois de uma geada, a temperatura é de −5 °C e a pressão parcial do vapor de água na atmosfera é 0,30 kPa. Haverá sublimação da geada? Que pressão parcial de água garante a permanência do gelo sobre o solo?

4B.12(a) O naftaleno, $C_{10}H_8$, funde a 80,2 °C. Se a pressão de vapor do líquido for de 1,3 kPa a 85,8 °C e de 5,3 kPa a 119,3 °C, use a equação de Clausius-Clapeyron para calcular (i) a entalpia de vaporização, (ii) o ponto de ebulição normal e (iii) a entropia de vaporização no ponto de ebulição.
4B.12(b) O ponto de ebulição normal do hexano é 69,0 °C . Estime (i) a entalpia de vaporização e (ii) a pressão de vapor a 25 °C e a 60 °C.

4B.13(a) Calcule o ponto de fusão do gelo sob pressão de 50 bar. Admita que a massa específica do gelo, nestas condições, seja aproximadamente 0,92 $g\,cm^{-3}$, e a da água líquida, 1,00 $g\,cm^{-3}$.
4B.13(b) Calcule o ponto de fusão do gelo sob pressão de 10 MPa. Admita que a massa específica do gelo, nestas condições, seja aproximadamente 0,915 $g\,cm^{-3}$, e a da água líquida, 0,998 $g\,cm^{-3}$.

4B.14(a) Que fração da entalpia de vaporização da água é consumida na expansão do vapor d'água?
4B.14(b) Que fração da entalpia de vaporização do etanol é consumida na expansão do seu vapor?

Problemas

4B.1 A dependência entre a pressão de vapor do dióxido de enxofre sólido e a temperatura pode ser representada, aproximadamente, por $\log(p/\text{Torr}) = 10{,}5916 - 1871{,}2/(T/\text{K})$, e para o dióxido de enxofre líquido vale a relação $\log(p/\text{Torr}) = 8{,}3186 - 1425{,}7/(T/\text{K})$. Estime a temperatura e a pressão do ponto triplo do dióxido de enxofre.

4B.2 Antes da descoberta de que o fréon-12 (CF_2Cl_2) é prejudicial à camada de ozônio da atmosfera terrestre, o composto era usado como agente dispersante nos recipientes de espuma para barbear, desodorantes etc. Sua entalpia de vaporização, no seu ponto de ebulição normal, de −29,2 °C, é de 20,25 $kJ\,mol^{-1}$. Estime a pressão que um recipiente de espuma para barbear usando fréon-12 teria que suportar a 40 °C, a temperatura de um recipiente exposto à luz solar. Admita que $\Delta_{vap}H$ seja constante no intervalo de temperatura mencionado e igual ao seu valor a −29,2 °C.

4B.3 A entalpia de vaporização de um certo líquido é 14,4 $kJ\,mol^{-1}$ a 180 K, que é o seu ponto de ebulição normal. Os volumes molares do líquido e do vapor, neste mesmo ponto, são, respectivamente, 115 $cm^3\,mol^{-1}$ e 14,5 $dm^3\,mol^{-1}$. (a) Estime dp/dT pela equação de Clapeyron e (b) o erro percentual relativo à estimativa anterior se o cálculo fosse feito com a equação de Clausius-Clapeyron.

4B.4 Calcule a diferença entre os coeficientes angulares da curva do potencial químico contra a temperatura de um lado e do outro (a) do ponto de congelamento normal da água e (b) do ponto de ebulição normal da água. (c) Qual a diferença entre o potencial químico da água super-resfriada a −5,0 °C e o potencial químico do gelo nesta mesma temperatura?

4B.5 Calcule a diferença entre os coeficientes angulares da curva do potencial químico contra a pressão de um lado e do outro (a) do ponto de congelamento normal da água e (b) do ponto de ebulição normal da água. A 0 °C, a massa específica do gelo é 0,917 $g\,cm^{-3}$ e a da água é 1,000 $g\,cm^{-3}$. A 100 °C a massa específica da água líquida é 0,958 $g\,cm^{-3}$ e a do vapor d'água é 0,598 $g\,dm^{-3}$. Qual a diferença entre o potencial químico do vapor d'água e o da água líquida, a 1,2 atm e 100 °C?

4B.6 A entalpia de fusão do mercúrio é 2,292 $kJ\,mol^{-1}$, e seu ponto de congelamento normal é 234,3 K. A variação do volume molar na fusão é de +0,517 $cm^3\,mol^{-1}$. A que temperatura a base de uma coluna de mercúrio, com 10,0 m de altura, será congelada? (Massa específica do mercúrio líquido, 13,6 $g\,cm^{-3}$.)

4B.7 Através de 250 g de água, inicialmente a 25 °C , contidos num bécher termicamente isolado, borbulham-se lentamente 50,0 dm^3 de ar seco. Calcule a temperatura final da água. (A pressão de vapor d'água é aproximadamente constante e igual a 3,17 kPa, e a capacidade calorífica é de 75,5 $J\,K^{-1}\,mol^{-1}$. Admita que o ar nem seja aquecido nem resfriado e que o comportamento do vapor de água seja o de um gás perfeito.)

4B.8 A pressão de vapor, p, do ácido nítrico varia com a temperatura como segue:

θ/°C	0	20	40	50	70	80	90	100
p/kPa	1,92	6,38	17,7	27,7	62,3	89,3	124,9	170,9

Quais são (a) o ponto de ebulição normal e (b) a entalpia de vaporização do ácido nítrico?

4B.9 A pressão de vapor da carvona (uma cetona com M = 150,2 g mol^{-1}), um componente do óleo de hortelã, varia com a temperatura como segue:

θ/°C	57,4	100,4	133,0	157,3	203,5	227,5
p/Torr	1,00	10,0	40,0	100	400	760

Quais são (a) o ponto de ebulição normal e (b) a entalpia de vaporização da carvona?

4B.10‡ Num estudo sobre a pressão de vapor de clorometano, A. Bah e N. Dupont-Pavlovsky (*J. Chem. Eng. Data* **40**, 869 (1995)) publicaram dados da pressão de vapor do clorometano sólido a baixas temperaturas. Alguns dados são apresentados a seguir:

T/K	145,94	147,96	149,93	151,94	153,97	154,94
p/Pa	13,07	18,49	25,99	36,76	50,86	59,56

Estime a entalpia padrão de sublimação do clorometano a 150 K. (Considere o volume molar do vapor como o de um gás perfeito e o do sólido como desprezível.)

4B.11 Mostre que na transição entre duas fases sólidas incompressíveis ΔG é independente da pressão.

4B.12 A variação da entalpia é dada por $\mathrm{d}H = C_p\,\mathrm{d}T + V\,\mathrm{d}p$. A equação de Clapeyron relaciona dp e dT no equilíbrio, e então a combinação das duas equações leva à equação da variação da entalpia sobre a curva de equilíbrio, em função da temperatura. Mostre que, nestas circunstâncias, $\mathrm{d}(\Delta H/T) = \Delta C_p\,\mathrm{d}\ln T$.

4B.13 No método da "saturação de um gás", para a medida da pressão de vapor, borbulha-se lentamente um volume V de gás (medido à temperatura T e à pressão p) através do líquido que é mantido à temperatura T. Mede-se a perda de massa, m, do líquido. Mostre que a pressão de vapor, p, do líquido, está relacionada com a massa molar, M, por $p = AmP/(1 + Am)$, em que $A = RT/MPV$. Mediu-se, por esse método, a pressão de vapor do geraniol (M = 154,2 g mol^{-1}), componente do óleo de rosas. A 110 °C, passaram-se lentamente 5,00 dm^3 de nitrogênio, a 760 Torr, através do líquido aquecido. A perda de massa foi de 0,32 g. Calcule a pressão de vapor do geraniol a 110 °C.

4B.14 A pressão de vapor de um líquido em um campo gravitacional varia com a profundidade abaixo da superfície devido à pressão hidrostática exercida pelo líquido que se encontra acima. Faça uma adaptação na Eq. 4.B3 para predizer como a pressão de vapor de um líquido de massa molar M varia com a profundidade. Estime o efeito na pressão de vapor da água a 25 °C em uma coluna de 10 m de altura.

4B.15 Combine a "fórmula barométrica" ($p = p_0 e^{-a/H}$, em que H = 8 km), que dá a dependência entre a pressão atmosférica e a altitude, a, com a equação de Clausius-Clapeyron e determine como a temperatura de ebulição de um líquido depende da altitude e da temperatura. Considere a temperatura ambiente média como 20 °C e estime o ponto de ebulição da água a 3000 m.

4B.16 A Fig. 4B.1 dá a representação esquemática da variação do potencial químico das fases sólida, líquida e gasosa de uma substância pura em função da temperatura. Todas as curvas têm coeficiente angular negativo, mas é pouco provável que sejam retas, como mostrado na ilustração. Deduza uma expressão da curvatura de cada uma delas (especificamente, a derivada segunda em relação à temperatura). Há restrições sobre as curvaturas? Que fase exibe a maior curvatura?

4B.17 A equação de Clapeyron não se aplica às transições de fase de segunda ordem, mas há duas equações análogas a ela, as *equações de Ehrenfest*, que se aplicam. São elas:

$$\text{(a)}\ \frac{\mathrm{d}p}{\mathrm{d}T} = \frac{\alpha_2 - \alpha_1}{\kappa_{T;2} - \kappa_{T;1}} \qquad \text{(b)}\ \frac{\mathrm{d}p}{\mathrm{d}T} = \frac{C_{p,\mathrm{m};2} - C_{p,\mathrm{m};1}}{TV_\mathrm{m}(\alpha_2 - \alpha_1)}$$

em que α é o coeficiente de expansão, κ_T é a compressibilidade isotérmica, e os índices 1 e 2 se referem às duas fases diferentes. Deduza estas duas equações. Por que a equação de Clapeyron não se aplica às transições de segunda ordem?

4B.18 Para uma transição de fase de primeira ordem, a que se aplica a equação de Clapeyron, mostre que vale a relação

$$C_S = C_p - \frac{\alpha V \Delta_\mathrm{trs} H}{\Delta_\mathrm{trs} V}$$

em que $C_S = (\partial q/\partial T)_S$ é a capacidade calorífica ao longo da curva de equilíbrio das duas fases.

Atividades integradas

4.1 Com os dados a seguir, construa o diagrama de fases do benzeno nas vizinhanças do ponto triplo, a 36 Torr e 5,50 °C: $\Delta_\mathrm{fus}H$ = 10,6 kJ mol^{-1}, $\Delta_\mathrm{vap}H$ = 30,8 kJ mol^{-1}, ρ(s) = 0,891 g cm^{-3}, ρ(l) = 0,879 g cm^{-3}.

4.2‡ Em uma investigação sobre as propriedades termofísicas do tolueno (*J. Phys. Chem. Ref. Data* **18**, 1565 (1989)), R.D. Goodwin apresentou duas expressões analíticas para duas curvas de coexistência. A curva da coexistência do sólido com o líquido é dada por

$$p/\mathrm{bar} = p_3/\mathrm{bar} + 1000(5{,}60 + 11{,}727x)x$$

em que $x = T/T_3 - 1$, e a pressão e a temperatura do ponto triplo são p_3 = 0,4362 μbar e T_3 = 178,15 K, respectivamente. A curva líquido-vapor é dada por:

$$\ln(p/\mathrm{bar}) = -10{,}418/y + 21{,}157 - 15{,}996y + 14{,}015y^2 - 5{,}0120y^3 + 4{,}7334(1-y)^{1{,}70}$$

em que $y = T/T_c = T/(593{,}95\ \mathrm{K})$. (a) Faça o gráfico das curvas de equilíbrio de fases sólido-líquido e líquido-vapor. (b) Estime o ponto de fusão padrão do tolueno. (c) Estime o ponto de ebulição padrão do tolueno. (d) Calcule a entalpia padrão de vaporização do tolueno. O volume molar do tolueno líquido no ponto de ebulição normal é de 0,12 dm^3 mol^{-1}, e o do tolueno vapor, no mesmo ponto, é de 30,3 dm^3 mol^{-1}.

4.3 As proteínas são polipeptídios, polímeros de aminoácidos que podem existir sob a forma de uma estrutura ordenada que é estabilizada por uma série de interações moleculares. Entretanto, sob certas condições a estrutura compacta da cadeia polipeptídica pode colapsar em uma cadeia randômica. Esta modificação estrutural pode ser considerada uma transição de fases com uma temperatura característica de transição, a *temperatura de fusão*, T_f, que aumenta com o número e a intensidade das interações intermoleculares da cadeia. Podemos fazer um tratamento termodinâmico para se calcular a temperatura T_f quando um polipeptídio em forma de hélice, mantido estável por ligações hidrogênio, desenovela-se formando uma cadeia randômica. Se um polipeptídio tem N aminoácidos, temos $N - 4$ ligações de hidrogênio para formar uma hélice α, a forma mais comum de estrutura helicoidal

‡ Esses problemas foram propostos por Charles Trapp e Carmen Giunta.

nas proteínas (veja Seção 17A). Uma vez que o primeiro resíduo e o último resíduo na cadeia têm movimentos livres, $N-2$ resíduos formam uma hélice compacta e têm movimentos restritos. Baseando-se nestas ideias, podemos escrever que a energia de Gibbs molar de desenovelamento de um polipeptídio com $N \geq 5$ é dada por

$$\Delta_{\text{desenovelada}} G = (N-4)\Delta_{\text{lh}} H - (N-2)T\Delta_{\text{lh}} S$$

em que $\Delta_{\text{lh}}H_{\text{m}}$ e $\Delta_{\text{lh}}S_{\text{m}}$ são, respectivamente, a entalpia e a entropia molares de dissociação de ligações de hidrogênio em um polipeptídio. (a) Justifique a forma da equação da energia de Gibbs de desenovelamento. Ou seja, por que os termos de entalpia e entropia são escritos, respectivamente, como $(N-4)\Delta_{\text{lh}}H$ e $(N-2)\Delta_{\text{lh}}S$? (b) Mostre que T_{f} pode ser escrita como

$$T_{\text{f}} = \frac{(N-4)\Delta_{\text{lh}} H}{(N-2)\Delta_{\text{lh}} S}$$

(c) Faça um gráfico de $T_{\text{f}}/(\Delta_{\text{lh}}H/\Delta_{\text{lh}}S)$ para $5 \leq N \leq 20$. Para que valor de N T_{f} varia menos de 1% quando N aumenta de uma unidade?

4.4‡ Uma substância tão conhecida como o metano ainda é objeto de muita investigação, pois é um importante componente do gás natural, um combustível fóssil largamente usado. Friend *et al.* publicaram uma revisão das propriedades termofísicas do metano (D.G. Friend, J.F. Ely e H. Ingham, *J. Phys. Chem. Ref. Data* **18**, 583 (1989)), que incluem os dados a seguir, descrevendo a curva de equilíbrio entre as fases líquida e vapor:

T/K	100	108	110	112	114	120	130	140	150	160	170	190
p/MPa	0,034	0,074	0,088	0,104	0,122	0,192	0,368	0,642	1,041	1,593	2,329	4,521

(a) Faça o gráfico da curva de equilíbrio líquido-vapor. (b) Estime o ponto de ebulição-padrão do metano. (c) Estime a entalpia-padrão de vaporização do metano. O volume molar do metano líquido, no ponto de ebulição-padrão, é $3{,}80 \times 10^{-2}$ dm^3 mol^{-1}, e o do vapor, no mesmo ponto, é 8,89 dm^3 mol^{-1}.

4.5‡ O diamante é a substância mais dura e o melhor condutor de calor que se conhece. Por estas razões, diamantes são largamente usados em aplicações industriais que necessitam de forte abrasão. Infelizmente, é difícil de sintetizar o diamante a partir de alótropos de carbono que são encontrados com mais facilidade, como a grafita. Para ilustrar este ponto, calcule qual a pressão necessária para converter, a 25 °C, a grafita em diamante. Os dados apresentados a seguir valem a 25 °C e 100 kPa. Admita que o volume específico, V_S, e a compressibilidade isotérmica, κ_T, são constantes diante da variação de pressão

	Grafita	**Diamante**
$\Delta_{\text{r}}G^{\ominus}$/(kJ mol^{-1})	0	+2,8678
V_{s}/(cm^3 g^{-1})	0,444	0,284
κ_T/kPa	$3{,}04 \times 10^{-8}$	$0{,}187 \times 10^{-8}$

CAPÍTULO 5

Misturas simples

Misturas são uma parte essencial da química tanto por sua própria importância como por ser o meio para se iniciar reações químicas. As seções a seguir discutem a riqueza das propriedades físicas das misturas e mostram como expressá-las em termos de grandezas termodinâmicas.

5A A descrição termodinâmica das misturas

A primeira seção deste capítulo desenvolve o conceito de potencial químico como exemplo de uma grandeza parcial molar. Depois, exploramos como usar o potencial químico de uma substância para descrever as propriedades físicas das misturas. O princípio fundamental subjacente em toda a exposição é o da igualdade do potencial químico de uma substância em todas as fases de um sistema em equilíbrio. Veremos como, com o apoio de duas observações experimentais, a lei de Raoult e a lei de Henry, exprime-se o potencial químico em termos da fração molar de uma substância em uma mistura.

5B As propriedades das soluções

Nesta seção, o conceito de potencial químico é utilizado para calcular o efeito que o soluto exerce sobre certas propriedades termodinâmicas de uma solução. Estas propriedades incluem o abaixamento da pressão de vapor do solvente, a elevação do ponto de ebulição do solvente, o abaixamento do ponto de congelamento do solvente e a origem da pressão osmótica. Veremos também que é possível desenvolver um modelo de certo tipo de soluções reais denominadas "soluções regulares" e, assim, verificar como as propriedades desse tipo de soluções se afastam daquelas das soluções ideais.

5C Diagramas de fases de sistemas binários

Uma abordagem muito utilizada para apresentar de forma resumida as propriedades de equilíbrio de misturas são os diagramas de fases. Veremos como construir e interpretar diagramas de fases. Esta seção apresenta sistemas de complexidade gradativamente crescente. Em cada caso, veremos como o diagrama de fases do sistema resume as observações empíricas sobre as condições em que as várias fases do sistema são estáveis.

5D Diagramas de fases de sistemas ternários

Muitos dos materiais modernos (e alguns dos antigos) têm mais de dois componentes. Nesta seção discutimos como estender os diagramas de fases para sistemas ternários e como interpretar os diagramas de fases triangulares.

5E Atividades

A extensão do conceito de potencial químico para soluções reais envolve a introdução de uma concentração efetiva denominada "atividade". Veremos como definir e medir a atividade. Veremos, ainda, como em certos casos a atividade pode ser interpretada em termos das interações moleculares.

5F A atividade dos íons em solução

Alguns dos tipos de solução mais importantes na química são as soluções eletrolíticas. Em geral, elas apresentam um grande desvio do comportamento ideal devido à existência de fortes interações de longo alcance entre as espécies iônicas. Nesta seção, discutiremos um modelo que pode ser utilizado para calcular o afastamento do comportamento ideal no caso de soluções muito diluídas. Veremos ainda como estender as equações obtidas para o caso de soluções menos diluídas.

Qual é o impacto deste material?

Dentre as propriedades físico-químicas das substâncias puras destacam-se as do dióxido de carbono quando em fase de fluido supercrítico. Elas são fundamentais para o desenvolvimento de métodos novos e extremamente úteis de separação química. Nesse sentido, o dióxido de carbono supercrítico pode ser considerado uma grande promessa no desenvolvimento de novos processos da chamada química "verde". Suas propriedades e aplicações são discutidas em *Impacto* I4.1, disponível como Material Suplementar.

5A A descrição termodinâmica das misturas

Tópicos

➤ Por que você precisa saber este assunto?

A química opera com uma grande variedade de misturas, incluindo misturas de substâncias que podem reagir umas com as outras. Portanto, precisamos generalizar os conceitos introduzidos no Capítulo 4 para lidar com sistemas constituídos por substâncias que estão misturadas. Esta seção também introduz a equação fundamental da termodinâmica química, na qual se baseiam muitas das aplicações da termodinâmica na química.

➤ Qual é a ideia fundamental?

O potencial químico de um componente de uma mistura é uma função logarítmica da sua concentração.

➤ O que você já deve saber?

Esta seção tem como base o conceito de potencial químico introduzido para uma substância pura na Seção 4A. Estendemos agora o conceito de potencial químico para os componentes de uma mistura. Vamos utilizar a relação entre a entropia e a dependência com a temperatura da energia de Gibbs (Seção 3D), como também o conceito de pressão parcial (Seção 1A). Usamos a notação de derivadas parciais (*Fundamentos de matemática* 2), mas não utilizaremos suas propriedades matemáticas avançadas.

Como primeiro passo para posteriormente abordar as reações químicas (que serão vistas na Seção 6A), vamos analisar as misturas de substâncias que não reagem. Neste momento, trataremos principalmente de **misturas binárias**, que são misturas de dois componentes, A e B. Devemos, portanto, muitas vezes ser capazes de simplificar as equações matemáticas obtidas fazendo uso da relação $x_A + x_B = 1$. Na Seção 1A vimos como a pressão parcial, que é a contribuição de um componente para a pressão total de uma mistura de gases, serve para discutir as propriedades das misturas gasosas. Para uma descrição geral da termodinâmica das misturas é indispensável introduzir outras propriedades "parciais" semelhantes à pressão parcial.

Torna-se, aqui, necessária uma observação. Na presente seção, e também em outras seções relacionadas, vamos nos referir a diferentes escalas de concentração de um soluto em uma solução. A **concentração molar** (coloquialmente, "molaridade", [J] ou c_J) é o número de mols do soluto dividido pelo volume da solução e é geralmente expressa em mols por decímetro cúbico (mol dm^{-3}, ou, mais informalmente, mol L^{-1}). Escrevemos $c^{\ominus} = 1$ mol dm^{-3}. A **molalidade**, b, é o número de mols do soluto dividido pela massa do solvente e é geralmente expressa em mols por quilograma do solvente (mol kg^{-1}). Escrevemos $b^{\ominus} = 1$ mol kg^{-1}.

5A.1 Grandezas parciais molares

A propriedade parcial molar mais fácil de se visualizar é o "volume parcial molar", a contribuição que um componente de uma mistura faz para o volume total de uma amostra.

(a) Volume parcial molar

Imaginemos um grande volume de água pura, a 25 °C. Quando a este volume se adiciona 1 mol de H_2O, há um aumento de 18 cm^3, e podemos dizer que 18 $cm^3\ mol^{-1}$ é o volume molar da água pura. Porém, se juntarmos 1 mol de H_2O a um grande volume de etanol puro, o aumento de volume é de somente 14 cm^3. A razão da diferença entre os dois aumentos de volume está no fato de o volume ocupado por um determinado número de moléculas de água depender da natureza das moléculas que as envolvem. No segundo caso, há muito mais etanol presente, de modo que cada molécula de H_2O está envolvida por moléculas de etanol. A rede de ligações de hidrogênio que normalmente mantêm as moléculas de H_2O a uma certa distância umas das outras na água pura não pode ser formada. O agrupamento das moléculas na mistura faz com que o aumento de volume, pela adição de H_2O, seja de apenas 14 cm^3. Essa grandeza, 14 $cm^3\ mol^{-1}$, é o volume parcial molar da água no etanol puro. Em geral, o **volume parcial molar** de uma substância A em uma mistura é a variação de volume da mistura por mol de A adicionado a um grande volume da mistura.

Os volumes parciais molares dos componentes de uma mistura variam com a composição, pois as vizinhanças de cada tipo de molécula se alteram à medida que a composição passa da de A puro para a de B puro. É esta modificação do ambiente de cada molécula, e, portanto, das forças que atuam entre as moléculas, a responsável pela variação das propriedades termodinâmicas de uma mistura em função da composição. Na Fig. 5A.1 mostramos os volumes parciais molares da água e do etanol sobre toda faixa de composições possíveis, a 25 °C.

O volume parcial molar, V_J, de uma substância J em uma determinada composição é:

$$V_J = \left(\frac{\partial V}{\partial n_J}\right)_{p,T,n'} \qquad \textit{Definição} \quad \text{Volume parcial molar} \qquad (5A.1)$$

em que o índice n' significa que os números de mols de todas as outras substâncias presentes são constantes. O volume parcial molar é o coeficiente angular da curva do volume total da mistura em função do número de mols de J, quando a pressão, a temperatura e os números de mols dos outros componentes são constantes (Fig. 5A.2). O valor do volume parcial molar depende da composição, como vimos no caso da água e do etanol.

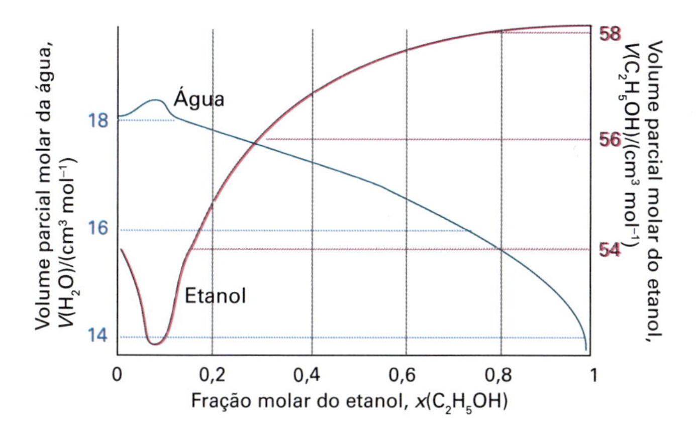

Figura 5A.1 Volumes parciais molares da água e do etanol a 25 °C. Observe que as escalas verticais são diferentes (a da água à esquerda e a do etanol à direita).

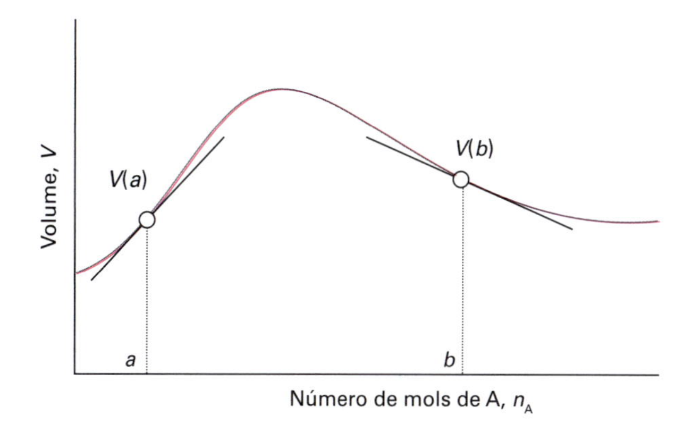

Figura 5A.2 O volume parcial molar de uma substância é o coeficiente angular da curva do volume total da amostra contra a composição. Em geral, as grandezas parciais molares variam com a composição, como mostram os coeficientes angulares diferentes nos pontos de composição *a* e *b*. Observe que o volume parcial molar em *b* é negativo: o volume total da amostra diminui com a adição de A.

Uma nota sobre a boa prática A recomendação da IUPAC é a de simbolizar uma grandeza parcial molar por $\overline{X}$, mas somente quando houver possibilidade de confusão com a grandeza X. Por exemplo, o volume parcial molar do NaCl em água pode ser escrito $\overline{V}$ (NaCl, aq) para se distinguir do volume da solução, V.

Pela definição da Eq. 5A.1, quando a composição de uma mistura é alterada pela adição de dn_A de A e de dn_B de B, então o volume total da mistura se altera por

$$\begin{aligned} dV &= \left(\frac{\partial V}{\partial n_A}\right)_{p,T,n_B} dn_A + \left(\frac{\partial V}{\partial n_B}\right)_{p,T,n_A} dn_B \\ &= V_A dn_A + V_B dn_B \end{aligned} \qquad (5A.2)$$

Desde que a composição relativa seja mantida constante quando os números de mols de A e B aumentam, ambos os volumes parciais molares são constantes. Nesse caso, o volume final de uma mistura pode ser calculado por integração, em que V_A e V_B são mantidos constantes:

$$\begin{aligned} V &= \int_0^{n_A} V_A dn_A + \int_0^{n_B} V_B dn_B = V_A \int_0^{n_A} dn_A + V_B \int_0^{n_B} dn_B \\ &= V_A n_A + V_B n_B \end{aligned} \qquad (5A.3)$$

Embora tenhamos considerado as duas integrações dependentes (para preservar a composição constante), como V é uma função de estado, o resultado final na Eq. 5A.3 é válido independentemente de como a solução é preparada na realidade.

Volumes parciais molares podem ser medidos de diversas maneiras. Um dos métodos consiste em medir a dependência entre o volume e a composição e ajustar o volume observado a uma função do número de mols de um dos componentes. Uma vez que a função seja encontrada, seu coeficiente angular pode ser determinado em qualquer composição de interesse fazendo-se a derivada.

Exercício proposto 5A.1 A 25 °C, a massa específica de uma solução a 50% ponderais de etanol em água é 0,914 g cm^{-3}. O volume parcial molar da água nesta solução é 17,4 $cm^3\ mol^{-1}$. Qual o volume parcial molar do etanol?

Resposta: 56,4 $cm^3\ mol^{-1}$; 54,6 $cm^3\ mol^{-1}$ calculado pela expressão anterior

Exemplo 5A.1 A determinação do volume parcial molar

As medidas do volume total de uma mistura água/etanol, a 25 °C, contendo 1,000 kg de água, são ajustadas pelo seguinte polinômio

$$v = 1002{,}93 + 54{,}6664x - 0{,}363\,94x^2 + 0{,}028\,256x^3$$

em que $v = V/\text{cm}^3$, $x = n_E/\text{mol}$, e n_E é o número de mols de CH_3CH_2OH presente. Determine o volume parcial molar do etanol.

Método Use a definição dada pela Eq. 5A.1 tomando o cuidado de converter a derivada em relação a n para uma derivada em relação a x. Mantenha as unidades sem modificações.

Resposta O volume parcial molar do etanol, V_E, é, portanto,

$$V_E = \left(\frac{\partial V}{\partial n_E}\right)_{p,T,n_W} = \left(\frac{\partial(V/\text{cm}^3)}{\partial(n_E/\text{mol})}\right)_{p,T,n_W} \frac{\text{cm}^3}{\text{mol}}$$

$$= \left(\frac{\partial v}{\partial x}\right)_{p,T,n_W} \text{cm}^3\,\text{mol}^{-1}$$

Então, como

$$\frac{\text{d}v}{\text{d}x} = 54{,}6664 - 2(0{,}363\,94)x + 3(0{,}028\,256)x^2$$

concluímos que

$$V_E/(\text{cm}^3\text{mol}^{-1}) = 54{,}6664 - 0{,}727\,88x + 0{,}084\,768x^2$$

A Fig. 5A.3 é um gráfico dessa função.

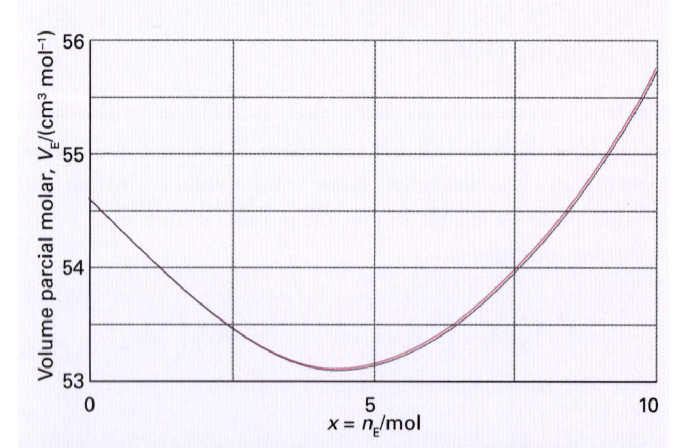

Figura 5A.3 Volume parcial molar do etanol expresso pelo polinômio do *Exemplo* 5A.1.

Os volumes molares são sempre positivos, mas as grandezas parciais molares nem sempre são positivas. Por exemplo, o volume parcial molar limite do $MgSO_4$ em água (isto é, o volume parcial molar quando a concentração tende a zero) é −1,4 $cm^3\ mol^{-1}$, o que significa que a adição de 1 mol de $MgSO_4$ a um grande volume de água provoca uma diminuição de 1,4 cm^3 no volume total. A contração da mistura é provocada pelo rompimento, causado pelo sal, da estrutura aberta da água no processo de hidratação dos íons Mg^{2+} e SO_4^{2-}, o que leva à ligeira contração da solução.

(b) Energia de Gibbs parcial molar

O conceito de grandeza parcial molar pode ser aplicado a qualquer função de estado extensiva. Para uma substância em uma mistura, o potencial químico é *definido* como a energia de Gibbs parcial molar:

$$\mu_J = \left(\frac{\partial G}{\partial n_J}\right)_{p,T,n'} \qquad \textit{Definição} \quad \text{Potencial químico} \qquad (5A.4)$$

Ou seja, o potencial químico é o coeficiente angular da curva da energia de Gibbs contra o número de mols do componente J, com a pressão e a temperatura constantes (e também os números de mols dos outros componentes da mistura) (Fig. 5A.4). Para uma substância pura, podemos escrever que $G = n_J G_{J,m}$, e usando a Eq. 5A.4 temos $\mu_J = G_{J,m}$. Neste caso, o potencial químico é simplesmente a energia de Gibbs molar da substância, como vimos na Seção 4B.

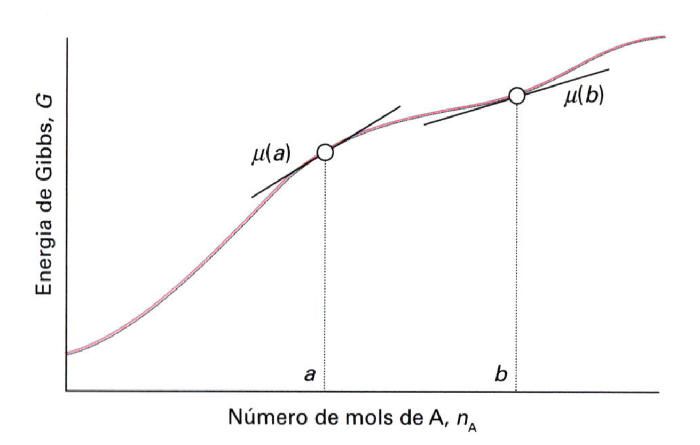

Figura 5A.4 O potencial químico de uma substância é o coeficiente angular da curva da energia de Gibbs total de uma mistura em função do número de mols da substância de interesse na mistura. Em geral, o potencial químico varia com a composição, como mostram os dois coeficientes angulares nos pontos de composição *a* e *b*. Nos dois casos, os potenciais químicos são positivos.

Pelo mesmo raciocínio que levou à Eq. 5A.2, a energia de Gibbs total de uma mistura binária é

$$G = n_A\mu_A + n_B\mu_B \quad (5A.5)$$

em que μ_A e μ_B são os potenciais químicos na composição da mistura. Isto é, o potencial químico de uma substância em uma mistura é a contribuição desta substância para a energia de Gibbs total da mistura. Como os potenciais químicos dependem da composição (e da pressão e da temperatura), a energia de Gibbs de uma mistura pode se alterar quando essas variáveis mudam, e para um sistema com os componentes A, B etc. a equação $dG = Vdp - SdT$ se torna

$$dG = Vdp - SdT + \mu_A dn_A + \mu_B dn_B + \cdots$$

Equação fundamental da termodinâmica química (5A.6)

Essa expressão é a **equação fundamental da termodinâmica química**. Neste e nos dois capítulos seguintes iremos analisar seus resultados e consequências.

A pressão e temperatura constantes, a Eq. 5A.6 simplifica-se para

$$dG = \mu_A dn_A + \mu_B dn_B + \cdots \quad (5A.7)$$

Vimos, na Seção 3C, que, nas condições mencionadas, $dG = dw_{e,máx}$. Portanto, a temperatura e pressão constantes,

$$dw_{e,máx} = \mu_A dn_A + \mu_B dn_B + \cdots \quad (5A.8)$$

Isto é, o trabalho extra ou adicional (diferente do de expansão) pode provir da alteração da composição do sistema. Por exemplo, em uma célula eletroquímica, monta-se um dispositivo tal que é possível a ocorrência de uma reação química em dois sítios distintos (os dois eletrodos). O trabalho elétrico da célula pode ser atribuído à modificação da composição à medida que os produtos se formam à custa dos reagentes.

(c) O significado mais amplo do potencial químico

O potencial químico tem um conteúdo mais amplo do que mostrar como G varia com a composição. Como $G = U + pV - TS$ e, portanto, $U = -pV + TS + G$, uma variação infinitesimal de U para um sistema de composição variável pode ser escrita como:

$$\begin{aligned} dU &= -pdV - Vdp + SdT + TdS + dG \\ &= -pdV - Vdp + SdT + TdS + \\ &\quad (Vdp - SdT + \mu_A dn_A + \mu_B dn_B + \cdots) \\ &= -pdV + TdS + \mu_A dn_A + \mu_B dn_B + \cdots \end{aligned}$$

Essa expressão é a generalização da Eq. 3D.1 ($dU = T\,dS - p\,dV$) para sistemas de composição variável. A volume e entropia constantes, vem que

$$dU = \mu_A dn_A + \mu_B dn_B + \cdots \quad (5A.9)$$

e então

$$\mu_J = \left(\frac{\partial U}{\partial n_J}\right)_{S,V,n'} \quad (5A.10)$$

Portanto, o potencial químico mostra não apenas como G varia com a composição, mas também como a energia interna se altera com a composição (porém em condições diferentes). Da mesma forma, é fácil demonstrar que

$$\text{(a)}\ \mu_J = \left(\frac{\partial H}{\partial n_J}\right)_{S,p,n'} \qquad \text{(b)}\ \mu_J = \left(\frac{\partial A}{\partial n_J}\right)_{T,V,n'} \quad (5A.11)$$

Vemos então que μ_J mostra como todas as propriedades termodinâmicas extensivas U, H, A e G dependem da composição. Esta é a razão de o potencial químico ser tão importante na química.

(d) A equação de Gibbs-Duhem

Como a energia de Gibbs total de uma mistura binária é dada pela Eq. 5A.5 e como os potenciais químicos dependem da composição, a variação de G num sistema binário, quando há uma variação infinitesimal de composição, é dada por

$$dG = \mu_A dn_A + \mu_B dn_B + n_A d\mu_A + n_B d\mu_B$$

Entretanto, vimos que, a pressão e temperatura constantes, a variação da energia de Gibbs é dada pela Eq. 5A.7. Como G é uma função de estado, as duas equações devem ser idênticas uma à outra, e, então, a pressão e temperatura constantes,

$$n_A d\mu_A + n_B d\mu_B = 0 \quad (5A.12a)$$

Essa equação é um caso especial da **equação de Gibbs-Duhem**:

$$\sum_J n_J d\mu_J = 0$$

Equação de Gibbs-Duhem (5A.12b)

O significado da equação de Gibbs-Duhem é que o potencial químico de um componente em uma mistura não pode se alterar independentemente dos potenciais químicos dos outros componentes. Em uma mistura binária, se um dos potenciais químicos aumenta, o outro deve diminuir, com as duas variações relacionadas por

$$d\mu_B = -\frac{n_A}{n_B} d\mu_A \quad (5A.13)$$

Breve ilustração 5A.1 A equação de Gibbs-Duhem

Seja uma mistura, com uma dada composição, na qual $n_A = 2n_B$. Uma pequena variação em sua composição resulta em uma variação de μ_A de $\delta\mu_A = +1\ J\ mol^{-1}$, assim, μ_B varia de

$$\delta\mu_B = -2\times(1\,J\,mol^{-1}) = -2\,J\,mol^{-1}$$

Exercício proposto 5A.2 Seja $n_A = 0,3n_B$. Uma pequena variação na composição resulta em uma variação de μ_A de $\delta\mu_A = +10\ J\ mol^{-1}$. Qual é a variação de μ_B?

Resposta: $+3\,J\,mol^{-1}$

Essa mesma conclusão vale para todas as grandezas parciais molares nas misturas binárias. Podemos ver na Fig. 5A.1, por exemplo, que, quando o volume parcial molar da água aumenta, o do etanol diminui. Além disso, como a Eq. 5A.13 mostra, e como podemos ver na Fig. 5A.1, uma pequena modificação do volume parcial molar de A corresponde a uma grande modificação do volume parcial molar de B se a razão n_A/n_B for grande, mas o oposto ocorre quando esta razão é pequena. Na prática, a equação de Gibbs-Duhem é usada para determinar o volume parcial molar de um componente de uma mistura binária a partir das medidas dos volumes parciais molares do outro componente da mistura.

Exemplo 5A.2 Aplicação da equação de Gibbs-Duhem

Os valores experimentais do volume parcial molar do $K_2SO_4(aq)$, a 298 K, são ajustados pela expressão

$$v_B = 32,280 + 18,216x^{1/2}$$

em que $v_B = V_{K_2SO_4}/(cm^3\,mol^{-1})$ e x é o valor numérico da molalidade do K_2SO_4 ($x = b/b^{\ominus}$; veja o comentário na introdução deste capítulo). Usando a equação de Gibbs-Duhem, deduza a equação do volume parcial molar da água na solução. O volume molar da água pura, a 298 K, é 18,079 $cm^3\,mol^{-1}$.

Método Representaremos o K_2SO_4, o soluto, por B e a H_2O, o solvente, por A. A equação de Gibbs-Duhem para os volumes parciais molares dos dois componentes é $n_A dV_A + n_B dV_B = 0$. Esta relação implica que $dv_A = -(n_B/n_A)dv_B$, e, portanto, v_A pode ser encontrado pela integração:

$$v_A = v_A^* - \int_0^{v_B} \frac{n_B}{n_A} dv_B$$

em que $v_A^* = V_A/(cm^3\,mol^{-1})$ é o valor numérico do volume molar de A puro. A primeira providência para a integração é mudar a variável v_B para $x = b/b^{\ominus}$ e, então, fazer a integração do lado direito entre os limites $x = 0$ (B puro) e a molalidade de interesse.

Resposta Segue-se da informação dada no problema que, com B = K_2SO_4, $dv_B/dx = 9,108x^{-1/2}$. Portanto, a integração que se quer é

$$v_A = v_A^* - 9,108\int_0^{b/b^{\ominus}} \frac{n_B}{n_A} x^{-1/2} dx$$

Entretanto, a razão entre os números de mols de A (H_2O) e de B (K_2SO_4) está relacionada à molalidade de B, $b = n_B/(1\ kg\ de\ água)$ e $n_A = (1\ kg\ de\ água)/M_A$, em que M_A é a massa molar da água, por

$$\frac{n_B}{n_A} = \frac{n_B}{(1\,kg)/M_A} = \frac{n_B M_A}{1\,kg} = bM_A = xb^{\ominus}M_A$$

e assim

$$v_A = v_A^* - 9,108 M_A b^{\ominus}\int_0^{b/b^{\ominus}} x^{1/2} dx$$

$$= v_A^* - \frac{2}{3}(9,108 M_A b^{\ominus})(b/b^{\ominus})^{3/2}$$

Segue então, substituindo-se os dados (incluindo $M_A = 1,802 \times 10^{-2}\,kg\,mol^{-1}$, a massa molar da água), que

$$V_A/(cm^3 mol^{-1}) = 18,079 - 0,1094(b/b^{\ominus})^{3/2}$$

Os volumes parciais molares estão representados na Fig. 5A.5.

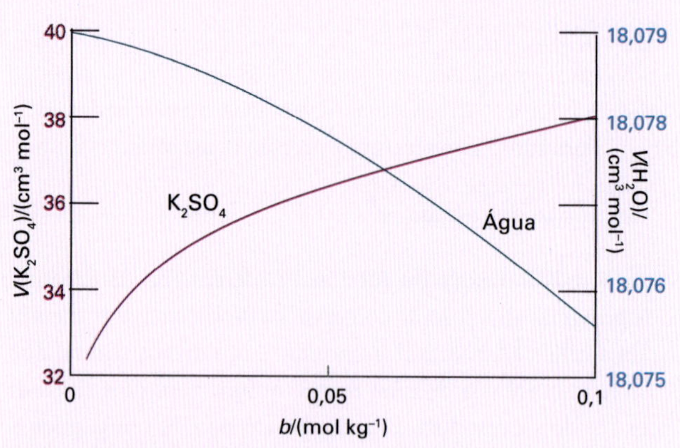

Figura 5A.5 Volumes parciais molares dos componentes da solução aquosa de sulfato de potássio.

Exercício proposto 5A.3 Repita os cálculos anteriores para o caso de um sal B para o qual $V_B/(cm^3\,mol^{-1}) = 6,218 + 5,146b - 7,147b^2$.

Resposta: $V_A/(cm^3\,mol^{-1}) = 18,079 - 0,0464b^2 + 0,0859b^3$

5A.2 A termodinâmica das misturas

A dependência entre a energia de Gibbs de uma mistura e a composição da mistura é dada pela Eq. 5A.5. Sabemos que, a temperatura e pressão constantes, os sistemas tendem à menor energia de Gibbs possível. As duas observações permitem que se aplique a termodinâmica à discussão das variações espontâneas de composição, como ocorre quando se misturam duas substâncias. Um exemplo simples de um processo espontâneo de mistura é o de dois gases colocados num mesmo recipiente.

A mistura dos dois gases é espontânea e, por isso, deve corresponder a uma diminuição de G. Veremos agora como exprimir quantitativamente esta ideia.

(a) A energia de Gibbs da mistura de gases perfeitos

Sejam n_A e n_B os números de mols de dois gases perfeitos contidos em dois recipientes. Os dois gases estão à temperatura T e sob a pressão p (Fig.5A.6). Os potenciais químicos dos dois gases nessa etapa correspondem aos potenciais químicos dos gases "puros", que são obtidos pela aplicação da definição $\mu = G_m$ à Eq. 3D.15 ($G_m(p) = G_m^{\ominus} + RT\ln(p/p^{\ominus})$):

$$\mu = \mu^{\ominus} + RT\ln\frac{p}{p^{\ominus}}$$

Gás perfeito Variação do potencial químico com a pressão (5A.14a)

em que $\mu^{\ominus}$ é o **potencial químico padrão**, ou seja, o potencial químico do gás puro na pressão de 1 bar. A notação fica muito mais simplificada se p simbolizar a pressão em relação a $p^{\ominus}$, isto é, se substituirmos $p/p^{\ominus}$ por p, pois então podemos escrever que

$$\mu = \mu^{\ominus} + RT\ln p \qquad (5A.14b)$$

Para usar essa equação, é preciso lembrar-se de substituir p por $p/p^{\ominus}$ novamente. Na prática, isso significa que se usa o valor numérico de p em bar. A energia de Gibbs do sistema total é dada pela Eq. 5A.5:

$$G_i = n_A\mu_A + n_B\mu_B = n_A(\mu_A^{\ominus} + RT\ln p) + n_B(\mu_B^{\ominus} + RT\ln p) \qquad (5A.15a)$$

Depois da mistura dos dois gases, as pressões parciais dos gases são p_A e p_B, sendo $p_A + p_B = p$. A energia de Gibbs total assume então o valor

$$G_f = n_A(\mu_A^{\ominus} + RT\ln p_A) + n_B(\mu_B^{\ominus} + RT\ln p_B) \qquad (5A.15b)$$

A diferença $G_f - G_i$, a **energia de Gibbs de mistura**, $\Delta_{mis}G$, é, portanto,

$$\Delta_{mis}G = n_A RT\ln\frac{p_A}{p} + n_B RT\ln\frac{p_B}{p} \qquad (5A.15c)$$

Podemos agora substituir n_J por $x_J n$, em que n é o número total de mols de A e B, e usar a relação entre pressão parcial e fração molar (Seção 1A, $p_J = x_J p$) para escrever $p_J/p = x_J$ para cada componente, o que dá

$$\Delta_{mis}G = nRT(x_A\ln x_A + x_B\ln x_B)$$

Gases perfeitos Energia de Gibbs de mistura (5A.16)

Como as frações molares são sempre menores do que 1, os logaritmos nessa equação são negativos e $\Delta_{mis}G < 0$ (Fig. 5A.7). A conclusão de $\Delta_{mis}G$ ser negativa para todas as composições confirma a hipótese de que os gases perfeitos se misturam espontaneamente em quaisquer proporções. Essa equação mostra também outros aspectos quantitativos do processo que vão além da observação trivial da misturação.

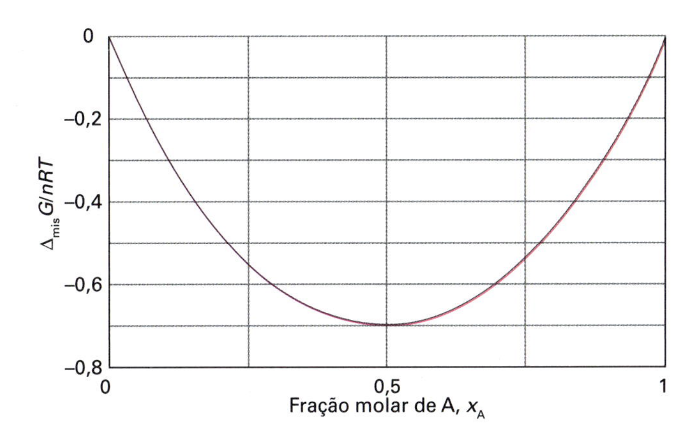

Figura 5A.7 A energia de Gibbs de mistura de dois gases perfeitos e (como discutiremos adiante) de dois líquidos que formam uma solução ideal. A energia de Gibbs de mistura é negativa para qualquer composição e qualquer temperatura, de modo que os gases perfeitos se misturam espontaneamente em quaisquer proporções.

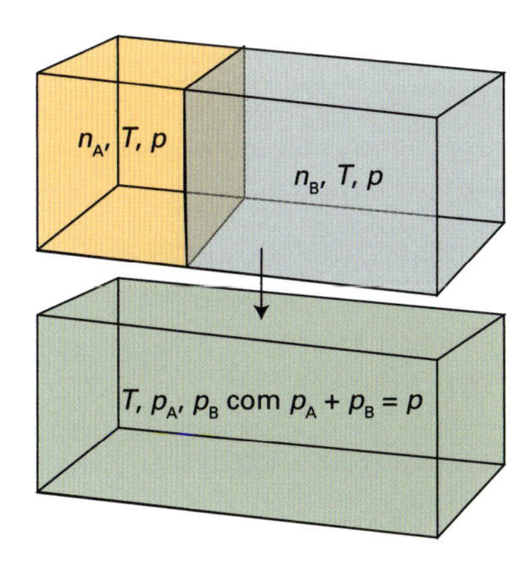

Figura 5A.6 O esquema para o cálculo das funções termodinâmicas da mistura de dois gases perfeitos.

Exemplo 5A.3 Cálculo da energia de Gibbs de mistura

Um recipiente está dividido em dois compartimentos iguais (Fig. 5A.8). Um deles tem 3,0 mol de H_2(g), a 25 °C; o outro tem 1,0 mol de N_2(g), a 25 °C. Calcule a energia de Gibbs de mistura quando se remove a separação entre os dois compartimentos. Admita que o comportamento dos gases seja o de gás perfeito.

Método A Eq. 5A.16 não pode ser usada diretamente, pois os dois gases estão inicialmente em pressões diferentes. Calculamos a energia de Gibbs inicial a partir dos potenciais químicos. Para isso, necessitamos da pressão de cada gás. Vamos considerar p a pressão do nitrogênio; então, a pressão do hidrogênio, como múltiplo de p, pode ser determinada a partir da lei dos gases perfeitos. Depois, calculamos a energia do sistema quando a separação é removida. O volume de cada gás duplica e a respectiva pressão parcial cai à metade.

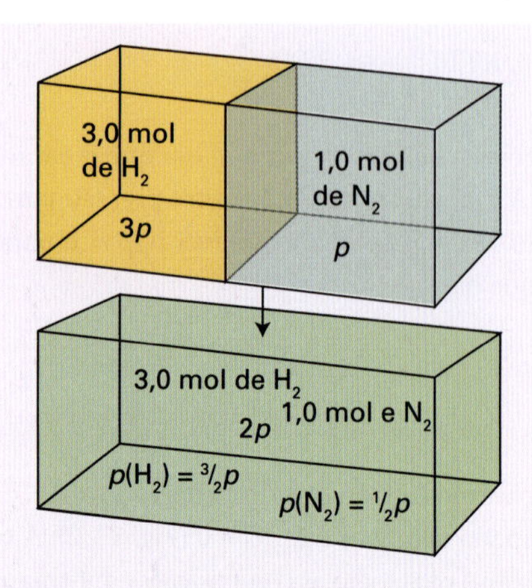

Figura 5A.8 Os estados inicial e final no cálculo da energia de Gibbs de mistura de dois gases em pressões iniciais diferentes.

Resposta Sendo p a pressão do nitrogênio e $3p$ a pressão do hidrogênio, a energia de Gibbs inicial é:

$$G_i = (3{,}0\ \text{mol})\{\mu^\ominus(H_2) + RT\ln 3p\} + (1{,}0\ \text{mol},\{\mu^\ominus(N_2) + RT\ln p\}$$

Quando a separação é removida e cada gás ocupa o dobro do volume original, a pressão parcial do nitrogênio cai para $\frac{1}{2}p$ e a do hidrogênio, para $\frac{3}{2}p$. Portanto, a energia de Gibbs passa a

$$G_f = (3{,}0\ \text{mol})\{\mu^\ominus(H_2) + RT\ln \tfrac{3}{2}p\} + (1{,}0\ \text{mol})\{\mu^\ominus(N_2) + RT\ln \tfrac{1}{2}p\}$$

A energia de Gibbs de mistura é a diferença entra as duas expressões anteriores:

$$\begin{aligned}\Delta_{mis}G &= (3{,}0\text{mol})RT\ln\frac{\frac{3}{2}p}{3p} + (1{,}0\text{mol})RT\ln\frac{\frac{1}{2}p}{p}\\ &= -(3{,}0\text{mol})RT\ln 2 - (1{,}0\text{mol})RT\ln 2\\ &= -(4{,}0\text{mol})RT\ln 2 = -6{,}9\,\text{kJ}\end{aligned}$$

Neste exemplo, o valor da $\Delta_{mis}G$ é dado pela soma de duas parcelas: a parcela da mistura e a parcela da modificação da pressão dos dois gases até a pressão final, $2p$. Quando 3,0 mol de H_2 misturam-se com 1,0 mol de N_2 na mesma pressão, com os volumes dos vasos ajustados de acordo, a variação da energia de Gibbs é –5,6 kJ. Entretanto, não se engane em interpretar o sinal negativo da energia de Gibbs como um sinal de espontaneidade: neste caso, a pressão varia, e $\Delta G < 0$ é uma indicação de mudança espontânea somente a temperatura e pressão constantes.

Exercício proposto 5A.4 Suponhamos que 2,0 mol de H_2 a 2,0 atm e 25 °C e 4,0 mol de N_2 a 3,0 atm e 25 °C sejam misturados a volume constante quando a separação entre eles é removida. Calcule $\Delta_{mis}G$.

Resposta: –9,7 kJ

(b) Outras funções termodinâmicas de mistura

Na Seção 3D mostramos que $(\partial G/\partial T)_{p,n} = -S$. Segue-se imediatamente da Eq. 5A.16 que, para uma mistura de gases perfeitos, a **entropia de mistura**, $\Delta_{mis}S$, é

$$\Delta_{mis}S = -\left(\frac{\partial \Delta_{mis}G}{\partial T}\right)_{p,n_A,n_B} = -nR(x_A \ln x_A + x_B \ln x_B)$$

Gases perfeitos Entropia de mistura (5A.17)

Como $\ln x < 0$, a entropia de mistura $\Delta_{mis}S > 0$ para quaisquer composições (Fig. 5A.9).

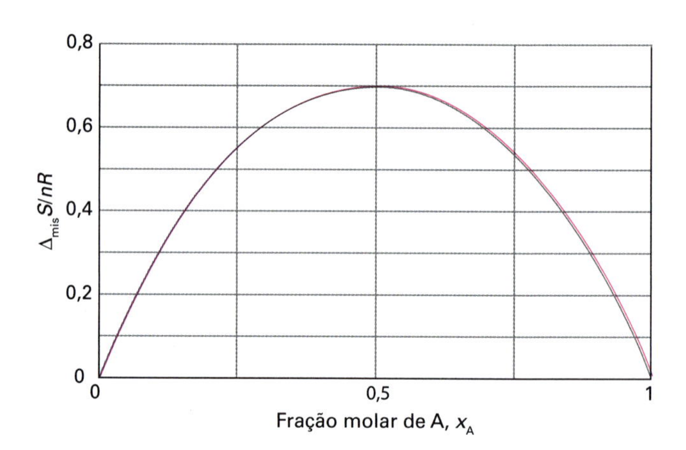

Figura 5A.9 A entropia de mistura de dois gases perfeitos e (como discutiremos mais adiante) de dois líquidos que formam uma solução ideal. A entropia aumenta para qualquer composição e qualquer temperatura, de modo que os gases perfeitos se misturam espontaneamente em quaisquer proporções. Como não há transferência de calor para as vizinhanças quando gases perfeitos se misturam, a entropia das vizinhanças do sistema não se altera. Por isso, o gráfico também mostra a variação de entropia do sistema mais a das vizinhanças quando ocorre a mistura dos gases.

Breve ilustração 5A.2 **A entropia de mistura**

Para números de mols iguais de gases perfeitos, misturados em uma dada temperatura, temos $x_A = x_B = \frac{1}{2}$, e obtemos

$$\Delta_{mis}S = -nR\{\tfrac{1}{2}\ln \tfrac{1}{2} + \tfrac{1}{2}\ln \tfrac{1}{2}\} = nR\ln 2$$

com n sendo o número total de mols dos gases. Para 1 mol de cada componente, n=2, e

$$\Delta_{mis}S = (2\ \text{mol}) \times R\ln 2 = +11{,}5\,\text{J}\,\text{mol}^{-1}$$

Esse aumento de entropia é o que se espera, pois quando um gás se mistura com outro o sistema fica mais desordenado.

Exercício Proposto 5A.5 Calcule a variação de entropia para o caso do *Exemplo* 5A.3.

Resposta: +23 J mol^{-1}

Podemos calcular a **entalpia de mistura** (a variação de entalpia no processo de mistura), $\Delta_{mis}H$, isotérmica e isobárica, de dois gases perfeitos a partir de $\Delta G = \Delta H - T\Delta S$. Segue-se a partir das Eqs. 5A.16 e 5A.17 que

$$\Delta_{mis}H = 0 \quad \textit{Gases perfeitos} \quad \text{Entalpia de mistura} \quad (5A.18)$$

A entalpia de mistura é nula, como se espera para um sistema em que não há interações entre as moléculas que formam a mistura gasosa. Conclui-se então que a força motriz da misturação espontânea dos dois gases provém, exclusivamente, do aumento da entropia do sistema, pois a entropia das vizinhanças não se altera.

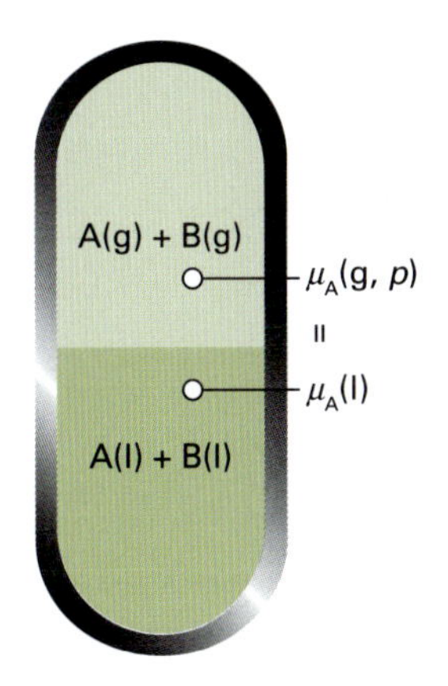

Figura 5A.10 No equilíbrio, o potencial químico da substância A na fase gasosa é igual ao potencial químico da mesma substância na fase condensada. Esta igualdade se mantém se também houver um soluto presente. Como o potencial químico de A no vapor depende pressão parcial de A no vapor, o potencial químico de A no líquido pode ser relacionado com sua pressão parcial de vapor.

5A.3 Os potenciais químicos dos líquidos

A fim de discutir as propriedades de equilíbrio das misturas líquidas, precisamos saber como a energia de Gibbs de um líquido varia com a composição. Para chegar a esse resultado, usamos o fato discutido na Seção A4 de que o potencial químico de uma substância presente como vapor em equilíbrio com o líquido deve ser igual ao potencial químico da substância na fase líquida.

(a) Soluções ideais

Identificaremos as grandezas pertinentes às substâncias puras pelo sobrescrito*, de modo que o potencial químico de A puro será escrito como μ_A^*, e como $\mu_A^*(l)$ quando for preciso realçar que A é um líquido. Como a pressão de vapor de um líquido puro é p_A^*, vem da Eq. 5.14 que o potencial químico de A no vapor (considerado um gás perfeito) é $\mu_A^\ominus = +RT \ln p_A$ (em que p_A deve ser interpretado como a pressão relativa $p_A/p^\ominus$). No equilíbrio, os dois potenciais químicos são iguais (Fig. 5A.10), de modo que podemos escrever:

$$\mu_A^* = \mu_A^\ominus + RT \ln p_A^* \quad (5A.19a)$$

Se outra substância, um soluto, por exemplo, também estiver presente no líquido, o potencial químico de A no líquido é μ_A e a sua pressão de vapor é p_A. O vapor e o solvente permanecem em equilíbrio, e podemos escrever

$$\mu_A = \mu_A^\ominus + RT \ln p_A \quad (5A.19b)$$

Combinamos agora as duas equações anteriores para eliminar o potencial químico padrão do gás. Para fazer isso, escrevemos a Eq. 5A.19a como $\mu_A^\ominus = \mu_A^* - RT \ln p_A^*$ e substituímos essa expressão na Eq. 5A.19b, obtendo

$$\mu_A = \mu_A^* - RT \ln p_A^* + RT \ln p_A = \mu_A^* + RT \ln \frac{p_A}{p_A^*} \quad (5A.20)$$

Na etapa final nos baseamos na informação experimental adicional a respeito da relação entre as pressões de vapor e a composição do líquido. O químico francês François Raoult, em uma série de experiências com líquidos quimicamente assemelhados (por exemplo, benzeno e metilbenzeno), descobriu que a razão entre a pressão parcial de vapor de cada componente e a pressão de vapor do componente puro, p_A/p_A^*, é aproximadamente igual à fração molar do componente A na mistura líquida. Esta descoberta é conhecida, nos dias de hoje, como **lei de Raoult**:

$$p_A = x_A p_A^* \quad \textit{Solução ideal} \quad \text{Lei de Raoult} \quad (5A.21)$$

Essa lei está ilustrada na Fig. 5A.11. Algumas misturas, especialmente quando os componentes são estruturalmente semelhantes,

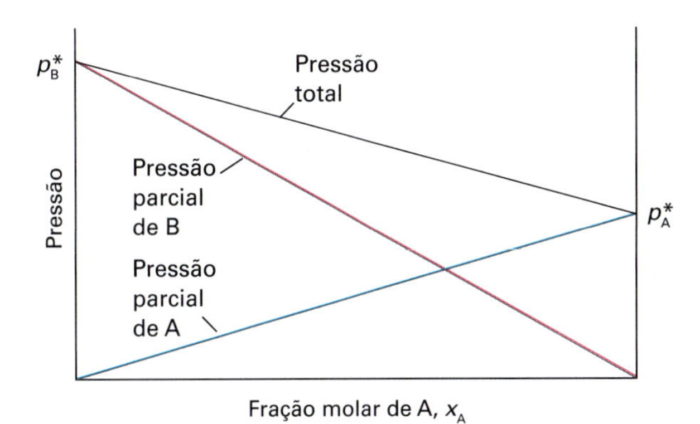

Figura 5A.11 A pressão total de vapor e as duas pressões parciais de vapor de uma mistura binária ideal variam linearmente com as frações molares dos componentes.

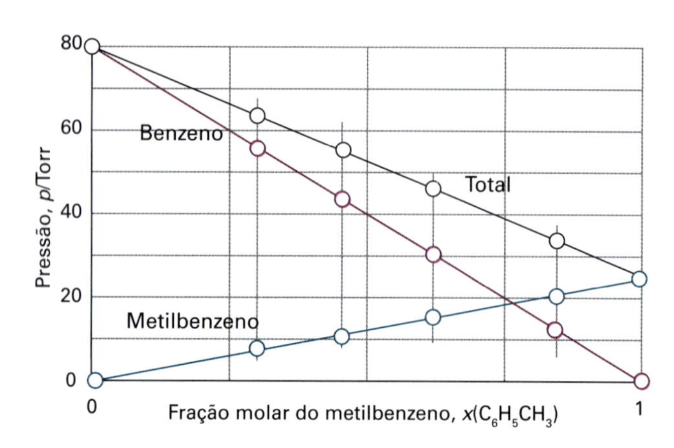

Figura 5A.12 Dois líquidos semelhantes, neste caso benzeno e metilbenzeno (tolueno), comportam-se quase idealmente, e a variação das respectivas pressões de vapor com a composição é muito parecida com a variação em uma solução ideal.

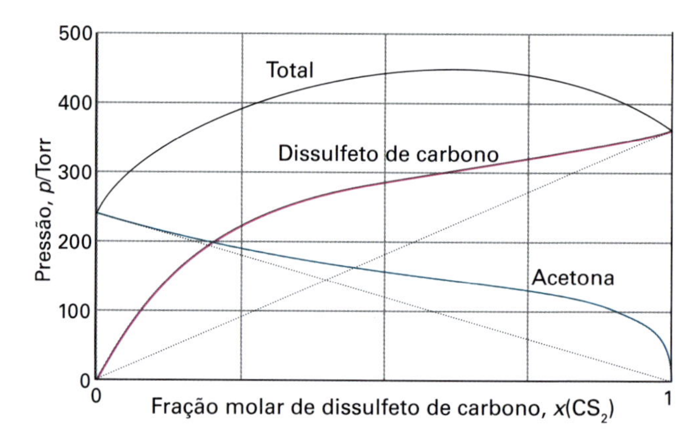

Figura 5A.13 Soluções de líquidos quimicamente diferentes exibem grandes desvios em relação à idealidade; neste caso, observa-se o comportamento das pressões de vapor do dissulfeto de carbono e da acetona (propanona).

seguem bastante bem a lei de Raoult (Fig. 5A.12). As misturas que obedecem a esta lei sobre todo o intervalo de composição, de A puro até B puro, são chamadas de **soluções ideais**.

Breve ilustração 5A.3 Lei de Raoult

A pressão de vapor do benzeno a 20 °C é 75 Torr, e a do metilbenzeno é 21 Torr nessa mesma temperatura. Em uma mistura equimolar, $x_{\text{benzeno}} = x_{\text{metilbenzeno}} = \frac{1}{2}$, a pressão de vapor de cada componente é

$$p_{\text{benzeno}} = \tfrac{1}{2} \times 75 \text{ Torr} = 38 \text{ Torr}$$

$$p_{\text{metilbenzeno}} = \tfrac{1}{2} \times 21 \text{ Torr} = 11 \text{ Torr}$$

A pressão de vapor total da mistura é 49 Torr. Pela definição de pressão parcial (Seção 1A), e utilizando os valores das pressões parciais, temos que as frações molares de cada componente no vapor são: $x_{\text{vap,benzeno}} = (38 \text{ Torr})/(49 \text{ Torr}) = 0{,}78$ e $x_{\text{vap,metilbenzeno}} = (11 \text{ Torr})/(49 \text{ Torr}) = 0{,}22$. O vapor é mais rico no componente menos volátil (benzeno).

Exercício proposto 5A.6 A 90 °C a pressão de vapor do 1,2-dimetilbenzeno é 20 kPa e a pressão de vapor do 1,3-dimetilbenzeno é 18 kPa. Qual é a composição do vapor para uma mistura líquida de composição $x_{12}=0{,}33$ e $x_{13}=0{,}67$?

Resposta: $x_{\text{vap},12}=0{,}35$, $x_{\text{vap},13}=0{,}65$

Para uma solução ideal, vem das Eqs. 5A.19a e 5A.21 que

$$\mu_A = \mu_A^* + RT \ln x_A \quad \textit{Solução ideal} \quad \text{Potencial químico} \quad (5A.22)$$

Essa importante equação pode ser usada como a *definição* de uma solução ideal (de modo que a lei de Raoult é a consequência, não a causa da equação). Na realidade, ela é uma definição melhor do que a Eq. 5A.21, pois não envolve a hipótese de que o vapor é um gás perfeito.

A origem molecular da lei de Raoult é o efeito do soluto na entropia da solução. No solvente puro, as moléculas têm uma certa desordem e uma entropia correspondente; a pressão de vapor representa, então, a tendência do sistema e de suas vizinhanças alcançarem uma entropia mais alta. Quando um soluto está presente, a solução tem uma desordem maior do que a do solvente puro, pois não podemos garantir que uma molécula escolhida aleatoriamente será a do solvente. Como a entropia da solução é mais alta que a do solvente puro, a solução tem uma tendência menor de adquirir uma entropia ainda maior pela vaporização do solvente. Em outras palavras, a pressão de vapor do solvente na solução é mais baixa que a do solvente puro.

Algumas soluções têm comportamento significativamente diferente do previsto pela lei de Raoult (Fig. 5A.13). Porém, mesmo em casos extremos, a lei é obedecida com aproximação crescente à medida que o componente em excesso (o solvente) se aproxima da respectiva pureza. A lei de Raoult é mais um exemplo de uma lei limite (nesse caso sendo válida quando $x_A \to 1$), e é uma boa aproximação para as propriedades do solvente quando a solução é diluída.

(b) Soluções diluídas ideais

Nas soluções ideais, o soluto obedece à lei de Raoult tão bem quanto o solvente. Entretanto, o químico inglês William Henry descobriu experimentalmente que, no caso de soluções reais em concentrações baixas, embora a pressão de vapor do soluto seja proporcional à fração molar do soluto, a constante de proporcionalidade não é a pressão de vapor da substância pura (Fig. 5A.14). A **lei de Henry** é:

$$p_B = x_B K_B \quad \textit{Solução diluída ideal} \quad \text{Lei de Henry} \quad (5A.23)$$

Nessa expressão, x_B é a fração molar do soluto e K_B é uma constante empírica (que tem a dimensão de pressão) determinada de modo

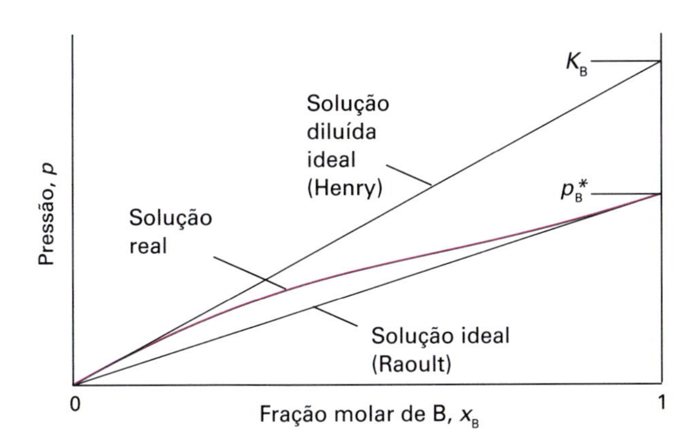

Figura 5A.14 Quando um componente (o solvente) é quase puro, a pressão de vapor é proporcional à sua fração molar com um coeficiente angular (uma constante de proporcionalidade) p_B^* (lei de Raoult). Quando é o componente em menor quantidade (o soluto), a sua pressão de vapor continua a ser proporcional à fração molar, mas a constante de proporcionalidade agora é K_B (lei de Henry).

que a curva da pressão de vapor de B contra a sua fração molar seja tangente à curva experimental em $x_B = 0$. A lei de Henry é, portanto, também uma lei limite, sendo válida quando $x_B \to 0$.

As misturas em que o soluto obedece à lei de Henry e o solvente obedece à lei de Raoult são chamadas de **soluções diluídas ideais**. A diferença entre o comportamento do soluto e o do solvente em concentrações baixas (expressos pelas leis de Henry e de Raoult, respectivamente) provém do fato de que em soluções diluídas as moléculas do solvente estão num ambiente muito semelhante ao que elas têm no líquido puro (Fig. 5A.15). Ao contrário, as moléculas do soluto estão quase exclusivamente envolvidas pelas moléculas do solvente, o que é completamente diferente do ambiente quando o soluto está puro. Assim, o solvente se comporta como um líquido quase puro, enquanto o soluto se comporta de maneira muito diferente da do seu estado puro, a menos que as moléculas do solvente e do soluto sejam muito semelhantes. Neste caso, o soluto também obedece à lei de Raoult.

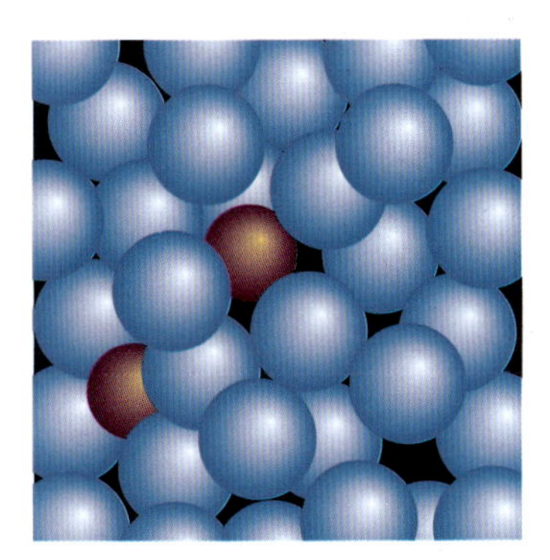

Figura 5A.15 Em uma solução diluída, as moléculas do solvente (esferas azuis) estão num ambiente que pouco difere do ambiente do solvente puro. As partículas do soluto (esferas vermelhas), no entanto, estão num ambiente completamente diferente do ambiente no soluto puro.

Exemplo 5A.4 Investigação da validade da lei de Raoult e da lei de Henry

As pressões de vapor de cada componente em uma mistura de propanona (acetona, A) e triclorometano (clorofórmio, C) foram medidas a 35 °C, e os resultados obtidos são os seguintes:

x_C	0	0,20	0,40	0,60	0,80	1
p_C/kPa	0	4,7	11	18,9	26,7	36,4
p_A/kPa	46,3	33,3	23,3	12,3	4,9	0

Comprove que a mistura se comporta de acordo com a lei de Raoult para o componente que está em grande excesso e de acordo com a lei de Henry para o componente minoritário. Ache as constantes da lei de Henry.

Método As leis de Raoult e de Henry dizem como é a forma das curvas da pressão de vapor em função da fração molar. Portanto, vamos representar em um gráfico as pressões parciais de vapor contra a fração molar de cada um dos componentes. A lei de Raoult é verificada comparando os dados com a reta $p_J = x_J p_J^*$ para cada componente na região em que estiver em excesso (e agindo como solvente). A lei de Henry é verificada comparando os dados com a reta $p_J = x_J K_J^*$, que é tangente a cada curva da pressão de vapor em valores baixos de x, em que o componente pode ser considerado o soluto.

Resposta Os dados da tabela estão representados graficamente na Fig. 5A.16, juntamente com as retas da lei de Raoult. A lei de Henry leva a K_A = 16,9 kPa para a propanona e a K_C = 20,4 kPa para o triclorometano. Observe como o sistema se afasta da lei de Raoult e da lei de Henry em concentrações pouco afastadas de x = 1 e x = 0, respectivamente. Estudaremos estes afastamentos na Seção 5E.

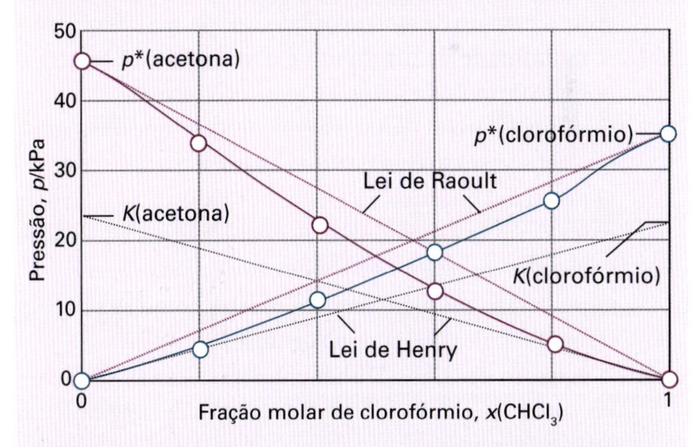

Figura 5A.16 Pressões parciais de vapor de uma mistura de clorofórmio (triclorometano) e acetona (propanona) conforme os dados experimentais apresentados no *Exemplo* 5A.3. Os valores de *K* são obtidos pela extrapolação das pressões de vapor das soluções diluídas, conforme se explica no *Exemplo* 5A.3.

Exercício proposto 5A.7 A pressão de vapor do clorometano em diversas frações molares, em uma mistura a 25 °C, é a seguinte:

x	0,005	0,009	0,019	0,024
p/kPa	27,3	48,4	101	126

Estime a constante da lei de Henry.

Resposta: 5 MPa

Em aplicações práticas, a lei de Henry é expressa em termos da molalidade, b, do soluto, $p_B = b_B K_B$. A Tabela 5A.1 reproduz alguns dados da lei de Henry de acordo com esta convenção. Além de proporcionarem uma relação entre a fração molar do soluto e a respectiva pressão parcial, os dados da tabela também permitem o cálculo das solubilidades dos gases. O conhecimento das constantes da lei de Henry para gases no sangue e nas gorduras é importante para a discussão da respiração, especialmente quando a pressão parcial do oxigênio é anormal, como no mergulho e no montanhismo, e para a discussão da ação de anestésicos gasosos.

Tabela 5A.1* Constantes da lei de Henry para gases em água a 298 K, K/(kPa kg mol^{-1})

	K/(kPa kg mol^{-1})
CO_2	$3{,}01\times10^3$
H_2	$1{,}28\times10^5$
N_2	$1{,}56\times10^5$
O_2	$7{,}92\times10^4$

* Outros valores são apresentados na *Seção de dados.*

Breve ilustração 5A.4 A lei de Henry e a solubilidade de gases

Para estimar a solubilidade molar do oxigênio em água, a 25 °C, e sob a pressão parcial de 21 kPa, que é a pressão parcial do oxigênio na atmosfera ao nível do mar, escrevemos

$$b_{O_2} = \frac{p_{O_2}}{K_{O_2}} = \frac{21\,\text{kPa}}{7{,}9\times10^4\,\text{kPa kg mol}^{-1}} = 2{,}9\times10^{-4}\,\text{mol kg}^{-1}$$

A molalidade da solução saturada é, portanto, 0,29 mmol kg^{-1}. Para converter essa concentração em uma concentração molar, admitimos que a massa específica dessa solução diluída seja aproximadamente igual à da água pura, a 25 °C, ou seja, ρ_{H_2O} = 0,997 kg dm^{-3}. Segue-se que a concentração molar do oxigênio é

$$[O_2] = b_{O_2}\rho = (2{,}9\times10^{-4}\,\text{mol kg}^{-1})\times(0{,}997\,\text{kg dm}^{-3})$$
$$= 0{,}29\,\text{mmol dm}^{-3}$$

Exercício proposto 5A.8 Calcule a solubilidade molar do nitrogênio em água exposta ao ar, a 25 °C. As pressões parciais foram calculadas no *Exemplo* 1A.3, na Seção 1A.

Resposta: 0,51 mmol dm^{-3}

Conceitos importantes

☐ 1. A **concentração molar** de um soluto é dada pela razão entre o número de mols do soluto e o volume da solução.

☐ 2. A **molalidade** de um soluto é dada pela razão entre o número de mols do soluto e a massa do solvente.

☐ 3. O **volume parcial molar** é a contribuição que uma substância faz quando ela é parte da mistura.

☐ 4. O **potencial químico** é a energia de Gibbs parcial molar e nos permite exprimir a dependência que a energia de Gibbs tem em relação à composição de uma mistura.

☐ 5. O potencial químico também mostra como as funções termodinâmicas variam sob condições diversas.

☐ 6. A **equação de Gibbs-Duhem** mostra como as variações no potencial químico dos componentes de uma mistura estão relacionadas.

☐ 7. A **energia de Gibbs de mistura** é calculada pela diferença entre as energias de Gibbs antes e após o processo de mistura: essa grandeza é negativa para gases perfeitos na mesma pressão.

☐ 8. A **entropia de mistura** de gases perfeitos inicialmente à mesma pressão é positiva e a entalpia de mistura é nula.

☐ 9. A **lei de Raoult** fornece uma relação entre a pressão de vapor de uma substância e sua fração molar na mistura; é a base da definição de uma solução ideal.

☐ 10. A **lei de Henry** fornece uma relação entre a pressão de vapor de um soluto e sua fração molar em uma mistura; ela é a base para a definição de uma solução diluída ideal.

Equações importantes

Propriedade	Equação	Comentário	Número da equação
Volume parcial molar	$V_J = (\partial V/\partial n_J)_{p,T,n'}$	Definição	5A.1
Potencial químico	$\mu_J = (\partial G/\partial n_J)_{p,T,n'}$	Definição	5A.4
Energia de Gibbs total	$G = n_A\mu_A + n_B\mu_B$		5A.5

(Continua)

(*Continuação*)

Propriedade	Equação	Comentário	Número da equação
Equação fundamental da termodinâmica química	$dG = Vdp - SdT + \mu_A dn_A + \mu_B dn_B + \ldots$		5A.6
Equação de Gibbs-Duhem	$\sum_J n_J d\mu_J = 0$		5A.12b
Potencial químico de um gás	$\mu = \mu^\ominus + RT \ln(p/p^\ominus)$	Gás perfeito	5A.14a
Energia de Gibbs de mistura	$\Delta_{mis}G = nRT(x_A \ln x_A + x_B \ln x_B)$	Gases perfeitos e soluções ideais	5A.16
Entropia de mistura	$\Delta_{mis}S = -nR(x_A \ln x_A + x_B \ln x_B)$	Gases perfeitos e soluções ideais	5A.17
Entalpia de mistura	$\Delta_{mis}H = 0$	Gases perfeitos e soluções ideais	5A.18
Lei de Raoult	$p_A = x_A p_A^*$	Verdadeira para soluções ideais; lei limite quando $x_A \to 1$	5A.21
Potencial químico de um componente	$\mu_A = \mu_A^* + RT \ln x_A$	Solução ideal	5A.22
Lei de Henry	$p_B = x_B K_B$	Verdadeira para soluções diluídas ideais; lei limite quando $x_B \to 0$	5A.23

5B As propriedades das soluções

Tópicos

➤ Por que você precisa saber este assunto?

Misturas são de grande relevância na química. É de fundamental importância entender como suas propriedades termodinâmicas – por exemplo, o ponto de ebulição e o ponto de congelamento – variam com a composição de uma mistura. Uma propriedade muito relevante é a pressão osmótica de uma solução, que pode ser utilizada, entre outras coisas, para a determinação da massa molar de macromoléculas.

➤ Qual é a ideia fundamental?

O potencial químico de um componente de uma mistura é igual em cada fase em que ele está presente.

➤ O que você já deve saber?

Esta seção é baseada na expressão que foi deduzida a partir da lei de Raoult (Seção 5A), em que o potencial químico está relacionado com a fração molar. As deduções que serão feitas utilizam a equação de Gibbs-Helmholtz (Seção 3D) e o efeito da pressão sobre o potencial químico (Seção 3D). Algumas das deduções são análogas às que foram feitas na discussão de misturas de gases perfeitos (Seção 5A).

Inicialmente, consideramos o caso simples de misturas de líquidos que se misturam formando uma solução ideal. Assim, identificaremos as consequências termodinâmicas de as moléculas de uma espécie se misturarem aleatoriamente com moléculas de outra espécie. O cálculo fornece a base para a discussão dos desvios do comportamento ideal exibidos pelas soluções reais. Em seguida, vamos considerar o efeito do soluto nas propriedades de soluções ideais e reais.

5B.1 Misturas de líquidos

A termodinâmica pode fornecer indicações das propriedades de misturas líquidas, e algumas ideias simples podem unificar todo esse campo de estudo. O desenvolvimento que se segue está baseado na relação obtida na Seção 5A entre o potencial químico de um componente (que vamos denominar J por motivos que ficarão claros posteriormente) em uma mistura ou solução ideal, μ_J, seu valor para o componente puro, μ_J^*, e a fração molar do componente na mistura, x_J:

$$\mu_J = \mu_J^* + RT\ln x_J \qquad \textit{Solução ideal} \quad \text{Potencial químico} \qquad (5B.1)$$

(a) Soluções ideais

A energia de Gibbs da mistura de dois líquidos para formar uma solução ideal é calculada exatamente da mesma maneira que no caso da mistura de dois gases (Seção 5A). A energia de Gibbs total, antes de os líquidos se misturarem, é

$$G_i = n_A\mu_A^* + n_B\mu_B^* \qquad (5B.2a)$$

em que * representa o líquido puro. Quando os líquidos estão misturados, os potenciais químicos individuais são dados pela Eq. 5B.1 e a energia de Gibbs total é

$$G_f = n_A(\mu_A^* + RT\ln x_A) + n_B(\mu_B^* + RT\ln x_B) \qquad (5B.2b)$$

Portanto, a energia de Gibbs da mistura, a diferença entre essas duas grandezas, é

$$\Delta_{mis}G = nRT(x_A\ln x_A + x_B\ln x_B) \qquad \textit{Solução ideal} \quad \text{Energia de Gibbs de mistura} \qquad (5B.3)$$

em que $n = n_A + n_B$. Assim como na mistura de gases, conclui-se que a entropia da mistura dos dois líquidos é

$$\Delta_{mis}S = -nR(x_A\ln x_A + x_B\ln x_B) \qquad \textit{Solução ideal} \quad \text{Entropia de mistura} \qquad (5B.4)$$

Como $\Delta_{mis}H = \Delta_{mis}G + T\Delta_{mis}S$, a entalpia da mistura ideal é nula, $\Delta_{mis}H = 0$. O volume ideal de mistura (a variação de volume devido à mistura) também é zero, pois se segue da Eq. 3.D8 ($(\partial G/\partial p)_T = V$) que $\Delta_{mis}V = (\partial\Delta_{mis}G/\partial p)_T$, mas $\Delta_{mis}G$ na Eq. 5B.3 é independente da pressão, de modo que a derivada em relação à pressão é zero.

As Eqs. 5.B3 e 5B.4 são idênticas às obtidas para uma mistura de dois gases perfeitos, e todas as conclusões que valem num caso valem também no outro. A força motriz para a mistura é o aumento da entropia do sistema provocado pela misturação das moléculas, e a entalpia de mistura é nula. É conveniente realçar, porém, que a idealidade da solução é um tanto diferente do comportamento do gás perfeito. Num gás perfeito não existem interações entre as moléculas. Nas soluções ideais há interações, mas a energia média das interações A–B na mistura é igual à energia média das interações A–A e B–B nos líquidos puros. A variação da energia de Gibbs e da entropia de mistura com a composição é a mesma que já apresentamos para os gases (Figs. 5A.7 e 5A.9); reapresentamos, aqui, ambos os gráficos (como Figs. 5B.1 e 5B2).

Uma nota sobre a boa prática É com base nessa distinção que o termo "gás perfeito" é preferível ao termo mais comum "gás ideal". Em uma solução ideal, existem interações, mas elas são efetivamente as mesmas entre as várias espécies. Em um gás perfeito, não somente as interações são as mesmas, mas elas também são nulas. Poucas pessoas, no entanto, se esforçam para fazer essa importante distinção.

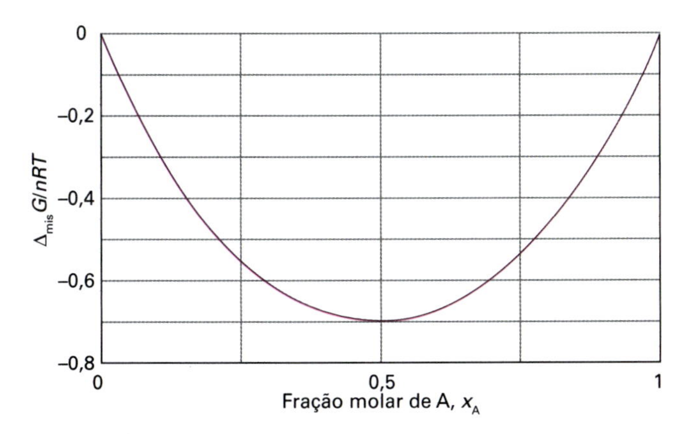

Figura 5B.1 Energia de Gibbs de mistura para dois líquidos que formam uma solução ideal.

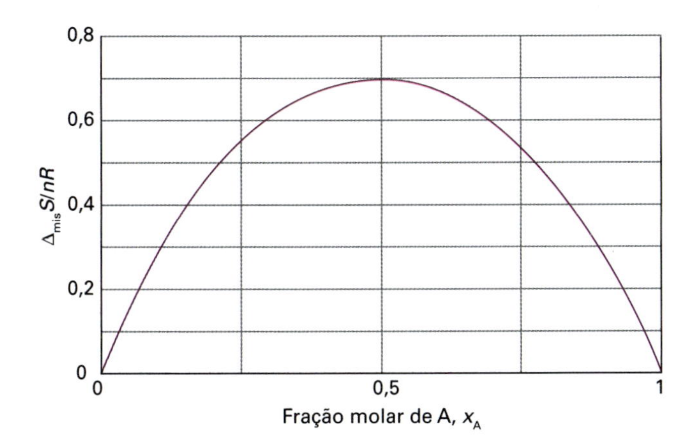

Figura 5B.2 Entropia de mistura para dois líquidos que formam uma solução ideal.

Breve ilustração 5B.1 Soluções ideais

Consideremos uma mistura de benzeno e metilbenzeno, aproximadamente uma solução ideal, constituída de 1,0 mol de $C_6H_6(l)$ e 2,0 mol de $C_6H_5CH_3(l)$. Para esta mistura temos que $x_{benzeno} = 0{,}33$ e $x_{metilbenzeno} = 0{,}67$. A energia de Gibbs e a entropia de mistura, a 25 °C, quando $RT = 2{,}48$ kJ mol^{-1}, são

$$\Delta_{mis}G/n = (2{,}48\,\text{kJ mol}^{-1})\times(0{,}33\ln 0{,}33 + 0{,}67\ln 0{,}67)$$
$$= -1{,}6\,\text{kJ mol}^{-1}$$
$$\Delta_{mis}S/n = -(8{,}3145\,\text{J K}^{-1}\text{mol}^{-1})\times(0{,}33\ln 0{,}33 + 0{,}67\ln 0{,}67)$$
$$= +5{,}3\,\text{J K}^{-1}\text{mol}^{-1}$$

A entalpia de mistura é nula (admitindo-se que a solução é ideal).

Exercício proposto 5B.1 Calcule a energia de Gibbs e a entropia de mistura, quando as proporções dos componentes são invertidas.

Resposta: As mesmas: $-1{,}6$ kJ mol^{-1}, $+5{,}3$ J K^{-1} mol^{-1}

As soluções reais são constituídas por partículas cujas interações do tipo A–A, A–B e B–B são todas diferentes. Não somente pode haver variações de entalpia e de volume na mistura de dois líquidos, mas pode haver também uma contribuição extra à variação de entropia, pois as moléculas de um tipo podem ter a tendência a se aglomerarem em lugar de se dispersarem aleatoriamente entre as de outro tipo. Se a variação de entalpia for grande e positiva, ou se a variação de entropia for desfavorável (devido à reorganização das moléculas, o que contribui para uma mistura ordenada), então a energia de Gibbs da mistura pode ser positiva. Neste caso, a separação entre os líquidos é espontânea e os líquidos podem ser imiscíveis. Ou então os líquidos podem ser **parcialmente miscíveis**, o que significa que eles são solúveis apenas em uma certa faixa de composições.

(b) Funções de excesso e soluções regulares

As propriedades termodinâmicas das soluções reais exprimem-se convenientemente em termos das **funções de excesso**, X^E, a diferença entre uma grandeza termodinâmica observada para a solução e a mesma grandeza em uma solução ideal:

$$X^E = \Delta_{mis}X - \Delta_{mis}X^{ideal} \quad \textit{Definição} \quad \text{Função de excesso} \quad (5B.5)$$

A **entropia de excesso**, S^E, por exemplo, é calculada utilizando-se a expressão de $\Delta_{mis}S^{ideal}$ é dada pela Eq. 5B.4. A entalpia de excesso e o volume de excesso são iguais à entalpia de mistura e ao volume de mistura, pois os valores ideais, nos dois casos, são nulos.

Breve ilustração 5B.2 Funções de excesso

A Fig. 5B.3 mostra dois exemplos da dependência entre as funções molares de excesso e a composição. Na Fig. 5B.3a, os valores positivos de H^E, que implicam $\Delta_{mis}H > 0$, indicam que as interações A–B na mistura são menos atrativas que as interações A–A e B–B nos líquidos puros (que são o benzeno e o ciclo-hexano puros). A forma simétrica da curva reflete as intensidades semelhantes das interações A–A e B–B. A Fig. 5B.3b mostra a dependência que tem o volume de excesso, V^E, de uma mistura de tetracloroeteno e ciclopentano com a composição. Para frações molares elevadas de ciclopentano, a solução se contrai pela adição de tetracloroeteno, pois a estrutura cíclica do ciclopentano leva a um empacotamento ineficiente de moléculas; à medida que o tetracloroeteno é adicionado, as moléculas na mistura se empacotam mais firmemente. Da mesma forma para frações molares elevadas de tetracloroeteno, a solução se expande pela adição de ciclopentano, pois as moléculas de tetracloroeteno são quase planas e se empacotam eficientemente no líquido puro, mas o empacotamento é rompido pela adição dos anéis de ciclopentano.

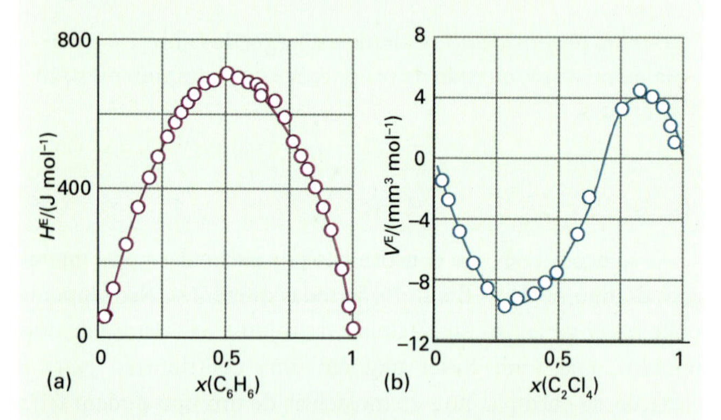

Figura 5B.3 Funções de excesso obtidas experimentalmente a 25 °C. (a) H^E do sistema benzeno/ciclo-hexano; o gráfico mostra que o processo de mistura dos dois líquidos é endotérmico (pois $\Delta_{mis}H=0$ para uma solução ideal). (b) O volume de excesso, V^E, do sistema tetracloroetano/ciclopentano; o gráfico mostra que há contração em frações molares de tetracloroetano baixas, mas uma expansão em altas frações molares (pois $\Delta_{mis}V=0$ para uma solução ideal).

Exercício proposto 5B.2 Você espera que o volume de excesso de uma mistura de laranjas com melões seja positivo ou negativo?

Resposta: Positivo; desorganização do empacotamento

O afastamento a partir do zero das funções de excesso mostra o grau do afastamento da solução em relação à idealidade. Neste sentido, um sistema modelo útil é a **solução regular**, uma solução em que $H^E \neq 0$ mas $S^E = 0$. Podemos, então, considerar uma solução regular como sendo uma solução em que os dois tipos de moléculas se distribuem aleatoriamente (como no caso de uma solução ideal), mas têm energias de interação diferentes umas das outras. Esta discussão pode ser feita de forma mais quantitativa supondo-se que a entalpia de excesso varia com a composição de acordo com

$$H^E = n\xi RTx_A x_B \qquad (5B.6)$$

em que ξ (csi) é um parâmetro adimensional que é uma medida da energia das interações AB em relação às interações AA e BB. A função dada pela Eq. 5B.6 está representada no gráfico da Fig.5B.4, e, como pode ser visto, a curva obtida parece-se com a curva experimental da Fig. 5B.3a. Se $\xi < 0$, o processo de mistura é exotérmico e as interações soluto-solvente são mais favorecidas do que as interações solvente-solvente e soluto-soluto. Se $\xi > 0$, então a misturação é endotérmica. Como a entropia de mistura tem seu valor ideal para uma solução regular, a energia de Gibbs de excesso é igual à entalpia de excesso, e a energia de Gibbs de mistura é

$$\Delta_{mis}G = nRT(x_A \ln x_A + x_B \ln x_B + \xi x_A x_B) \qquad (5B.7)$$

A Fig. 5B.5 mostra como $\Delta_{mis}G$ varia com a composição para valores diferentes de ξ. A característica importante que se observa é que, quando $\xi > 2$, o gráfico mostra dois mínimos separados por um máximo. Isso implica que, para $\xi > 2$, o sistema se separará

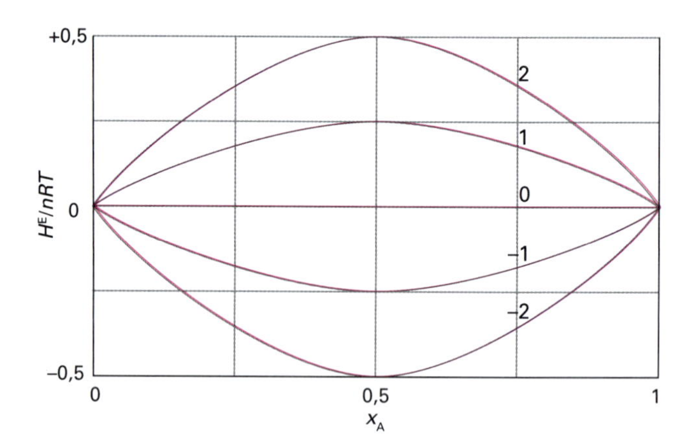

Figura 5B.4 A entalpia de excesso de acordo com um modelo em que ela é proporcional a $\xi x_A x_B$, para valores diferentes do parâmetro ξ.

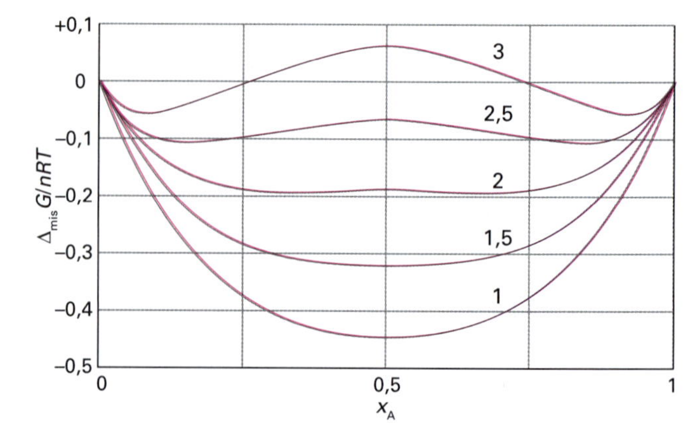

Figura 5B.5 A energia de Gibbs de mistura para valores diferentes do parâmetro ξ.

espontaneamente em duas fases com composições que correspondem aos dois mínimos, pois essa separação possibilita uma redução na energia de Gibbs. Retornaremos a este ponto na Seção 5C.

Exemplo 5B.1 Determinação do parâmetro de uma solução regular

Determine o valor do parâmetro ξ que seria adequado para representar uma mistura de benzeno e ciclo-hexano, a 25 °C, e calcule a energia de Gibbs de mistura para uma mistura equimolar.

Método Use a Fig. 5B.3a para identificar o valor máximo da curva, e depois utilize esse resultado na Eq. 5B.6 escrita na forma molar ($H^E = \xi RTx_Ax_B$). Para a segunda parte, assuma que a solução é regular e utilize a expressão para energia de Gibbs de mistura dada pela Eq. 5B.7.

Resposta O valor experimental aproximado de 710 J mol^{-1} corresponde a aproximadamente $x_A = x_B = \frac{1}{2}$, assim

$$\xi = \frac{H^E}{RTx_Ax_B} = \frac{701\,\mathrm{J\,mol^{-1}}}{(8{,}3145\,\mathrm{J\,K^{-1}\,mol^{-1}})\times(298\,\mathrm{K})\times\frac{1}{2}\times\frac{1}{2}} = 1{,}13$$

A energia de Gibbs total de mistura para a composição desejada é, assim (assumindo-se que a solução seja regular),

$$\Delta_{\mathrm{mis}}G/n = -RT\ln 2 + 701\,\mathrm{J\,mol^{-1}}$$
$$= -1{,}72\,\mathrm{kJ\,mol^{-1}} + 0{,}701\,\mathrm{kJ\,mol^{-1}} = -1{,}02\,\mathrm{kJ\,mol^{-1}}$$

Exercício proposto 5B.3 Ajuste, através de um procedimento de ajuste, uma expressão da forma da Eq. 5B.6 ao conjunto completo de dados obtidos da melhor forma possível a partir da Fig. 5B.3A.

Resposta: O melhor ajuste de uma expressão do tipo $Ax(1-x)$ aos pares de dados

X	0,1	0,2	0,3	0,4	0,5	0,6	0,7	0,8	0,9
$H^E/(\mathrm{J\,mol^{-1}})$	150	350	550	680	700	690	600	500	280

é $A = 690\,\mathrm{J\,mol^{-1}}$

5B.2 Propriedades coligativas

As propriedades que estudaremos a seguir são o abaixamento da pressão de vapor, a elevação do ponto de ebulição (elevação ebulioscópica), o abaixamento do ponto de congelamento (abaixamento crioscópico) e a pressão osmótica, todas provocadas pela presença de um soluto. Em soluções diluídas, essas propriedades dependem exclusivamente do número de partículas do soluto presentes e não da natureza das partículas. Por isso, essas propriedades são denominadas **propriedades coligativas** (significando que "dependem do conjunto" e não do indivíduo). Na discussão a seguir, representaremos o solvente por A e o soluto por B.

Vamos admitir, na exposição a seguir, que o soluto não seja volátil, de modo que ele não contribui para o vapor da solução. Admitiremos também que o soluto não se dissolve no solvente sólido, ou seja, o solvente sólido puro se separa quando a solução é congelada. Esta última hipótese é bastante severa, embora seja correta para muitas misturas; ela pode ser evitada à custa de muito trabalho algébrico que não introduz nenhum princípio novo.

(a) Os aspectos comuns das propriedades coligativas

Todas as propriedades coligativas provêm da diminuição do potencial químico do solvente líquido provocado pela presença do soluto. Para uma solução diluída ideal (aquela que segue a lei de Raoult, Seção 5A; $p_A = x_A p_A^*$), a diminuição faz esse potencial passar de μ_A^*, quando o solvente está puro, para $\mu_A = \mu_A^* + RT\ln x_A$, quando o soluto está presente ($\ln x_A$ é negativo pois $x_A < 1$). Não há nenhuma influência direta do soluto sobre o potencial químico do solvente na fase vapor ou do solvente sólido, pois não existe soluto no vapor ou no sólido. Como se vê na Fig. 5B.6, a redução do potencial químico do solvente implica que o equilíbrio líquido-vapor ocorra em temperaturas maiores (o ponto de ebulição do solvente se eleva) e que o equilíbrio sólido-líquido ocorra em temperaturas menores (o ponto de congelamento do solvente fica menor).

A origem molecular do abaixamento do potencial químico não é a energia de interação das partículas do soluto e do solvente, pois o abaixamento ocorre também nas soluções ideais (onde a entalpia de mistura é nula). Se não é um efeito da entalpia, deve ser um efeito da entropia. A pressão de vapor de um líquido puro reflete a tendência da solução de atingir maior entropia, que pode ser alcançada se o líquido vaporiza formando um gás. Quando um soluto está presente, há uma contribuição adicional para a entropia do líquido, mesmo em uma solução ideal. Como a entropia da solução já é maior do que a do líquido puro, a tendência à formação de gás fica reduzida (Fig. 5.B7). O efeito da presença do soluto aparece, então, como um abaixamento da pressão de vapor e, portanto, uma elevação do ponto de ebulição. Analogamente, a maior desordem da solução se opõe à tendência ao congelamento. Consequentemente, é necessário alcançar uma temperatura mais

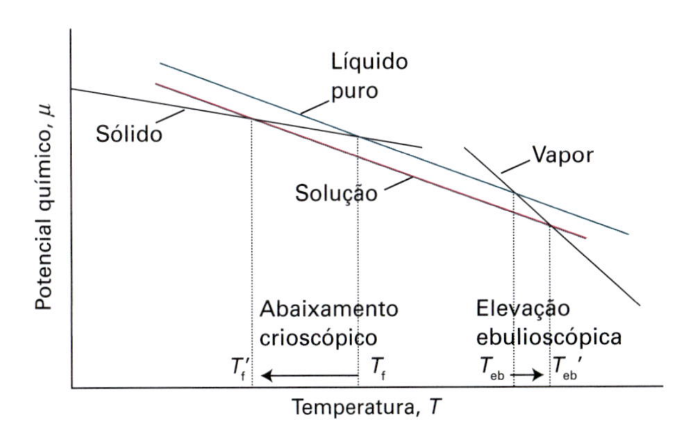

Figura 5B.6 O potencial químico de um solvente na presença de um soluto. O abaixamento do potencial químico do líquido tem um efeito maior sobre o ponto de congelamento do que sobre o ponto de ebulição em virtude dos ângulos de interseção das retas.

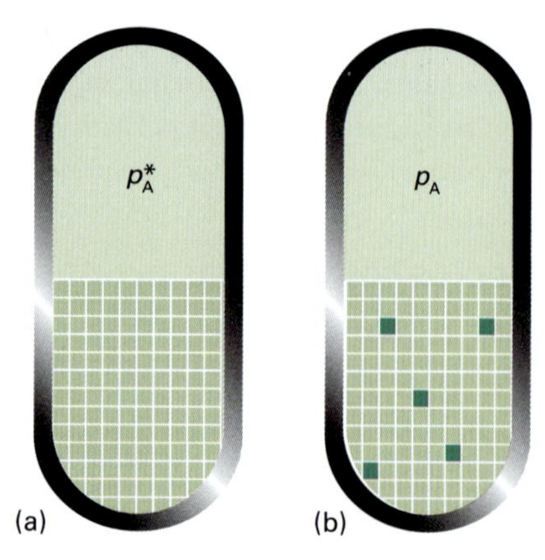

Figura 5B.7 A pressão de vapor de um líquido puro é o resultado de um equilíbrio entre o aumento da desordem, devido à vaporização, e a diminuição da desordem nas vizinhanças do sistema. (a) A estrutura do líquido está representada, muito esquematicamente, pelo reticulado ordenado de quadrados. (b) Quando o soluto (quadrados escuros) está presente, a desordem da fase condensada é relativamente maior do que a do líquido puro, e há uma diminuição da tendência de passagem para a fase vapor, caracteristicamente desordenada.

baixa para que se consiga o equilíbrio entre o sólido e a solução. Por isso, o ponto de congelamento fica mais baixo.

O raciocínio para a discussão quantitativa da elevação do ponto de ebulição e do abaixamento do ponto de congelamento é o de encontrar a temperatura em que, a 1 atm, uma fase pura (o vapor do solvente puro ou o solvente sólido puro) tem o mesmo potencial químico que o solvente na solução. Esta é a nova temperatura de equilíbrio para a transição de fase a 1 atm e corresponde ao novo ponto de ebulição do solvente na solução ou ao novo ponto de congelamento do solvente na solução.

(b) Elevação do ponto de ebulição (elevação ebulioscópica)

O equilíbrio heterogêneo que interessa quando se considera a ebulição é o equilíbrio entre o solvente no vapor e o solvente na solução, a 1 atm (Fig. 5B.8). O equilíbrio ocorre em uma temperatura em que

$$\mu_A^*(g) = \mu_A^*(l) + RT\ln x_A \quad (5B.8)$$

(A pressão de 1 atm é a mesma nas duas fases, e não precisa ser explicitada.) Demonstramos na *Justificativa* a seguir que essa equação implica que a presença de um soluto com uma fração molar x_B provoca um aumento no ponto de ebulição normal do solvente de T^* para $T^* + \Delta T_{eb}$, em que

$$\Delta T_{eb} = Kx_B = K\frac{RT^{*2}}{\Delta_{vap}H} \quad \textit{Solução ideal} \quad \text{Elevação ebulioscópica} \quad (5B.9)$$

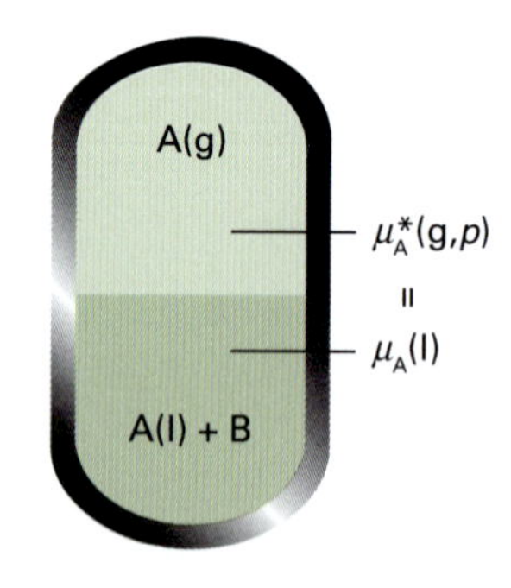

Figura 5B.8 O equilíbrio heterogêneo envolvido no cálculo da elevação ebulioscópica é entre o componente A puro na fase vapor e o componente A na mistura. Neste caso, A é o solvente e B um soluto não volátil.

Justificativa 5B.1 A elevação ebulioscópica de um solvente

A Eq. 5B.8 pode ser escrita como

$$\ln x_A = \frac{\mu_A^*(g) - \mu_A^*(l)}{RT} = \frac{\Delta_{vap}G}{RT}$$

em que $\Delta_{vap}G$ é a energia de Gibbs de vaporização do solvente puro (A). Inicialmente, encontramos a relação entre a variação de composição e a variação resultante no ponto de ebulição. Derivamos ambos os lados em relação à temperatura e usamos a equação de Gibbs-Helmholtz (Seção 3D, $(\partial(G/T)/\partial T)_p = -H/T^2$) para expressar o termo da direita:

$$\frac{d\ln x_A}{dT} = \frac{1}{R}\frac{d(\Delta_{vap}G/T)}{dT} = -\frac{\Delta_{vap}H}{RT^2}$$

Multiplicamos agora ambos os lados por dT e integramos de $x_A = 1$, correspondendo a $\ln x_A = 0$ (quando $T = T^*$, o ponto de ebulição de A puro), até x_A (quando o ponto de ebulição é T):

$$\int_0^{\ln x_A} d\ln x_A = -\frac{1}{R}\int_{T^*}^{T}\frac{\Delta_{vap}H}{T^2}dT$$

O lado esquerdo é integrado até $\ln x_A$, que é igual a $\ln(1 - x_B)$. O lado direito pode ser integrado se assumimos que a entalpia de vaporização é uma constante na pequena faixa de temperaturas envolvida. Nestas condições, a entalpia de vaporização pode ser retirada da integral. Assim, obtemos

$$\ln(1-x_B) = -\frac{\Delta_{vap}H}{R}\int_{T^*}^{T}\frac{1}{T^2}dT$$

e, portanto,

$$\ln(1-x_B) = \frac{\Delta_{vap}H}{R}\left(\frac{1}{T} - \frac{1}{T^*}\right)$$

Admitimos agora que a quantidade de soluto presente seja tão pequena que $x_B \ll 1$. Podemos então considerar que $\ln(1-x) = -x - \frac{1}{2}x^2 + \cdots \approx -x$ (*Fundamentos de matemática* 1), consequentemente, obtemos

$$x_B = \frac{\Delta_{vap}H}{R}\left(\frac{1}{T^*} - \frac{1}{T}\right)$$

Finalmente, como $T \approx T^*$, segue-se também que

$$\frac{1}{T^*}-\frac{1}{T}=\frac{T-T^*}{TT^*}\approx\frac{T-T^*}{T^{*2}}=\frac{\Delta T_{eb}}{T^{*2}}$$

em que $\Delta T_{eb} = T - T^*$. A equação obtida pode então ser reescrita na forma da Eq. 5B.9.

Como a Eq. 5.B9 não faz referência à natureza do soluto, mas somente à sua fração molar, concluímos que a elevação ebulioscópica é uma propriedade coligativa. O valor de ΔT depende das propriedades do solvente, e as maiores elevações ocorrerão com solventes que têm pontos de ebulição elevados. De acordo com a regra de Trouton (Seção 3B), $\Delta_{vap}H/T^*$ é uma constante; portanto a Eq. 5.B9 tem a forma $\Delta T \propto T^*$ e é independente de $\Delta_{vap}H$. Para aplicações práticas da Eq. 5.B9, observamos que a fração molar de B é proporcional à sua molalidade, b, na solução, e escrevemos

$$\Delta T_{eb} = K_{eb}b \quad \textit{Relação empírica} \quad \text{Elevação ebulioscópica} \quad (5B.10)$$

em que K_{eb} é a **constante ebulioscópica**, empírica, do solvente (Tabela 5B.1)

Breve ilustração 5B.3 Elevação ebulioscópica

A constante ebulioscópica da água é 0,51 K kg mol^{-1}, assim um soluto presente com a molalidade de 0,10 mol kg^{-1} provocaria uma elevação ebulioscópica de apenas 0,051 K. A constante ebulioscópica do benzeno é consideravelmente maior, 2,53 K kg mol^{-1}, assim a elevação ebulioscópica seria de 0,25 K.

Exercício proposto 5B.4 Identifique as características que justificam as diferenças nas constantes ebulioscópicas da água e do benzeno.

Resposta: A elevada entalpia de vaporização de água; uma dada molalidade corresponde a uma menor fração molar

(c) Diminuição do ponto de congelamento (abaixamento crioscópico)

O equilíbrio heterogêneo que agora interessa é entre o solvente A puro, sólido, e a solução com o soluto presente em uma fração molar x_B (Fig. 5.B9). No ponto de congelamento (ponto de fusão), os potenciais químicos de A nas duas fases são iguais:

Tabela 5B.1* Constante crioscópica (K_f) e constante ebulioscópica (K_{eb})

	K_f/(K kg mol^{-1})	K_{eb}/(K kg mol^{-1})
Benzeno	5,12	2,53
Cânfora	40	
Fenol	7,27	3,04
Água	1,86	0,51

* Outros valores são apresentados na *Seção de dados*.

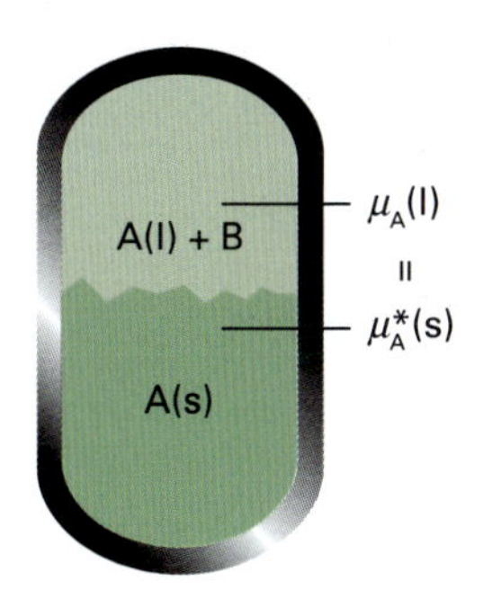

Figura 5B.9 O equilíbrio heterogêneo envolvido no cálculo do abaixamento crioscópico é o equilíbrio entre o componente A sólido puro e o componente A na solução. Neste caso, A é o solvente e B um soluto, que é insolúvel em A sólido.

$$\mu_A^*(s)=\mu_A^*(l)+RT\ln x_A \quad (5B.11)$$

A única diferença entre este cálculo e o anterior é o aparecimento do potencial químico do sólido em lugar do potencial químico do vapor. Portanto, podemos escrever o resultado diretamente a partir da Eq. 5.B9:

$$\Delta T_f = K'x_B \quad K'=\frac{RT^{*2}}{\Delta_{fus}H} \quad \text{Abaixamento crioscópico} \quad (5B.12)$$

em que ΔT_f é o abaixamento crioscópico, $T^* - T$, e $\Delta_{fus}H$ é a entalpia de fusão do solvente. Os abaixamentos maiores são observados para os solventes que têm entalpias de fusão baixas e pontos de fusão elevados. Quando a solução é diluída, a fração molar é proporcional à molalidade do soluto, b, e é comum escrever-se a equação anterior como

$$\Delta T_f = K_f b \quad \textit{Relação empírica} \quad \text{Abaixamento crioscópico} \quad (5B.13)$$

em que K_f é a **constante crioscópica** empírica (Tabela 5B.1). Uma vez conhecida a constante crioscópica de um solvente, o abaixamento crioscópico pode ser usado para medir a massa molar de um soluto através de uma técnica conhecida como **crioscopia**. Entretanto, atualmente, esta técnica tem praticamente apenas interesse histórico.

Breve ilustração 5B.4 Abaixamento crioscópico

A constante crioscópica da água é 1,86 K kg mol^{-1}, assim um soluto presente com a molalidade de 0,10 mol kg^{-1} provocaria um abaixamento crioscópico de apenas 0,19 K. A constante crioscópica da cânfora é consideravelmente maior, 40 K kg mol^{-1}, de modo que o abaixamento crioscópico seria de 4,0 K. A cânfora outrora foi muito utilizada em estimativas de massa molar por crioscopia.

Exercício proposto 5B.5 Por que a constante crioscópica é geralmente maior do que a correspondente constante ebulioscópica, para um dado solvente?

Resposta: Para uma dada substância a entalpia de fusão é menor do que a entalpia de vaporização

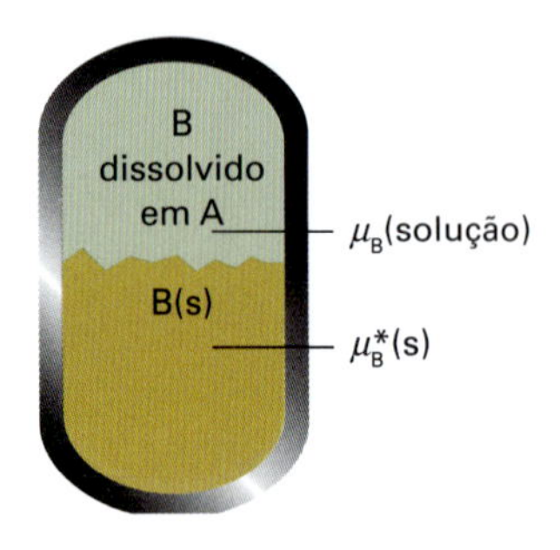

Figura 5B.10 O equilíbrio heterogêneo envolvido no cálculo da solubilidade é entre o sólido puro B e o componente B na solução.

(d) Solubilidade

Embora a solubilidade não seja estritamente uma propriedade coligativa (pois a solubilidade varia com a natureza do soluto), ela pode ser estimada pela mesma técnica de cálculo que vimos usando. Quando um soluto sólido fica em contato com um solvente, ocorre a sua dissolução até que a solução esteja saturada. A saturação é um estado de equilíbrio, com o soluto não dissolvido em equilíbrio com o soluto dissolvido. Portanto, em uma solução saturada o potencial químico do soluto sólido puro, $\mu_B^*(s)$, é igual ao potencial químico do soluto B em solução, μ_B (Fig. 5B.10). Como este último está relacionado com a fração molar do soluto em solução por $\mu_B = \mu_B^*(l) + RT\ln x_B$, podemos escrever

$$\mu_B^*(s) = \mu_B^*(l) + RT\ln x_B \qquad (5B.14)$$

Essa expressão é igual à equação inicial da seção anterior, exceto que as grandezas se referem ao soluto B e não ao solvente A. Mostramos, agora, na *Justificativa* a seguir, que

$$\ln x_B = \frac{\Delta_{fus}H}{R}\left(\frac{1}{T_f} - \frac{1}{T}\right) \qquad \text{Solubilidade ideal} \qquad (5B.15)$$

em que $\Delta_{fus}H$ é a entalpia de fusão do soluto e T_f é o ponto de fusão.

Justificativa 5B.2 A solubilidade de um soluto ideal

O ponto de partida é o mesmo que na *Justificativa* 5B.1, mas o objetivo final é diferente. Neste caso, queremos determinar a fração molar do soluto B em uma solução saturada quando a temperatura é T. Então, reordenamos a Eq. 5B.14 na forma

$$\ln x_B = \frac{\mu_B^*(s) - \mu_B^*(l)}{RT} = -\frac{\Delta_{fus}G}{RT}$$

Como na *Justificativa* 5B.1, relacionamos a variação de composição d ln x_B à variação de temperatura através da diferenciação e usamos a equação de Gibbs-Helmholtz. A seguir integramos da temperatura de fusão de B (quando $x_B = 1$ e ln $x_B = 0$) até a *menor* temperatura de interesse (quando x_B tem um valor entre 0 e 1):

$$\int_0^{\ln x_B} \mathrm{d}\ln x_B = \frac{1}{R}\int_{T_f}^{T} \frac{\Delta_{fus}H}{T^2}\mathrm{d}T$$

Se admitirmos que a entalpia de fusão de B é constante na faixa de temperaturas de interesse, ela pode ser retirada da integral e obtemos a Eq. 5B.15.

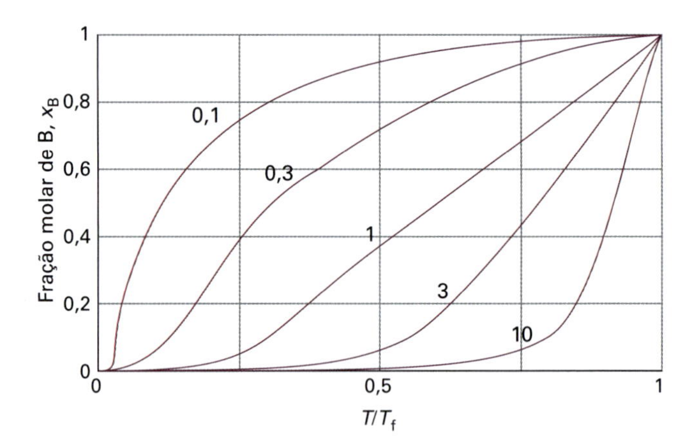

Figura 5B.11 A variação da solubilidade (a fração molar do soluto em uma solução saturada) em função da temperatura (T_f é a temperatura de congelamento do soluto). As curvas estão identificadas pelos valores de $\Delta_{fus}H/RT_f$.

A Eq. 5B.15 está representada na Fig. 5B.11. Vemos que a solubilidade de B diminui exponencialmente quando a temperatura diminui a partir da sua temperatura de fusão. A figura também mostra que os solutos com pontos de fusão elevados e entalpias de fusão grandes são pouco solúveis nas temperaturas normais. Não se deve, porém, admitir sem reservas a Eq. 5B.15, pois ela é baseada em aproximações bastante questionáveis, entre as quais a idealidade da solução saturada. Um aspecto notável do seu caráter aproximado é o da ausência, na expressão, de propriedades do solvente.

Breve ilustração 5B.5 Solubilidade ideal

A solubilidade ideal do naftaleno em benzeno pode ser calculada pela Eq. 5B.15, onde utilizamos os valores da entalpia de fusão, e do ponto de fusão do naftaleno, respectivamente: 18,80 kJ mol^{-1} e 354 K. Assim, a 20 °C,

$$\ln x_{naftaleno} = \frac{1{,}880\times10^4\ \mathrm{J\,mol^{-1}}}{8{,}3145\ \mathrm{J\,K^{-1}\,mol^{-1}}}\left(\frac{1}{354\ \mathrm{K}} - \frac{1}{293\ \mathrm{K}}\right) = -1{,}32\ldots$$

Portanto, $x_{naftaleno}$ = 0,26. Essa fração molar corresponde a uma molalidade de 4,5 mol kg^{-1} (580 g de naftaleno em 1 kg de benzeno).

Exercício proposto 5B.6 Faça um gráfico da temperatura de equilíbrio em função da solubilidade do naftaleno expressa em fração molar. Na Seção 5C veremos que este é um exemplo de diagrama de fase "temperatura-composição".

Resposta: Veja a Fig. 5B.12.

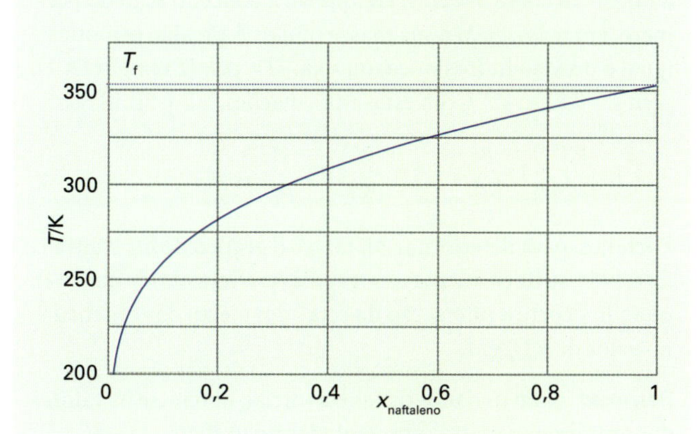

Figura 5B.12 Solubilidade do naftaleno em benzeno calculada no *Exercício proposto* 5B.6.

(e) Osmose

O fenômeno da **osmose** (do grego para "empurrão") é a passagem espontânea de um solvente puro para uma solução que está separada dele por uma **membrana semipermeável**, isto é, por uma membrana permeável ao solvente, mas não ao soluto (Fig. 5B.13). A **pressão osmótica**, Π, é a pressão que deve ser aplicada à solução para impedir a passagem do solvente. Exemplos importantes de osmose são o transporte de fluidos através das membranas das células, a diálise e a **osmometria**, a determinação da massa molar pela medida da pressão osmótica. A osmometria é bastante usada na determinação das massas molares de macromoléculas.

Na montagem esquemática representada na Fig. 5B.14, a pressão oposta é provocada pela coluna de solução gerada pela própria osmose. O equilíbrio é atingido quando a pressão hidrostática da coluna de solução coincide com a pressão osmótica.

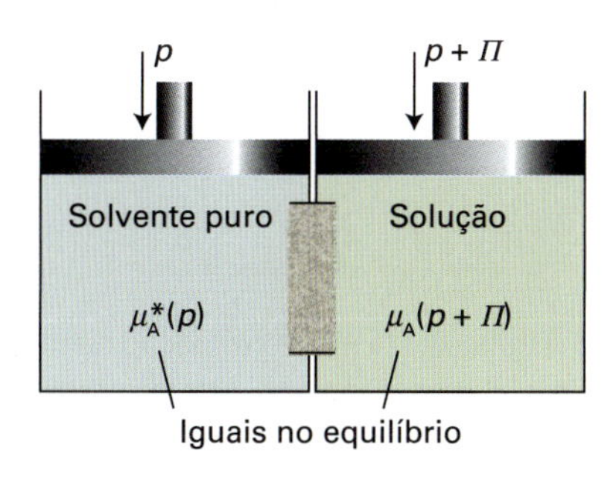

Figura 5B.13 O equilíbrio envolvido no cálculo da pressão osmótica, Π, entre o solvente puro A, na pressão p, em um lado da membrana semipermeável e o componente A na solução, no outro lado da membrana, onde a pressão é $p+\Pi$.

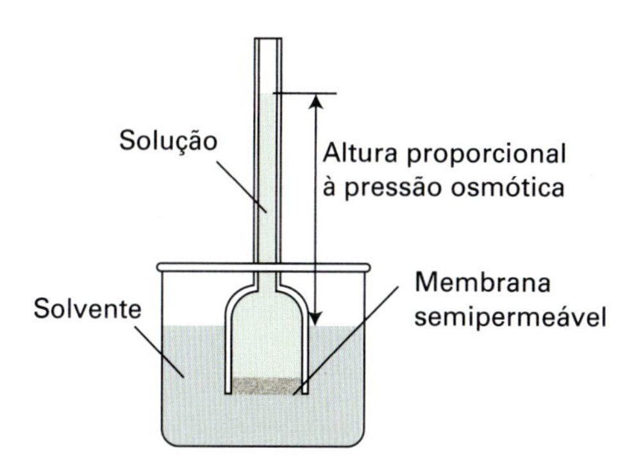

Figura 5B.14 Montagem simples para observação da pressão osmótica. O solvente A está em equilíbrio em cada lado da membrana quando a pressão hidrostática devido à passagem do solvente A para a solução provoca uma elevação de uma coluna de solução e uma diferença de pressão hidrostática.

A complicação experimental desta montagem é a diluição da solução provocada pela entrada de solvente. Ela é mais difícil de se tratar do que a montagem esquematizada na Fig. 5B.13, na qual não há fluxo do solvente e as concentrações ficam invariáveis.

A análise termodinâmica da osmose baseia-se na igualdade do potencial químico do solvente nos dois lados da membrana semipermeável, uma vez tenha sido atingido o equilíbrio. O potencial químico do solvente diminui devido à presença do soluto, mas volta ao seu valor anterior (quando o solvente estava puro) pela aplicação de pressão. Como se demonstra na *Justificativa* que vem a seguir, esta igualdade implica que para soluções diluídas a pressão osmótica é dada pela **equação de van't Hoff**:

$$\Pi = [\mathrm{B}]RT \qquad \text{Equação de van't Hoff} \qquad (5B.16)$$

em que $[\mathrm{B}] = n_\mathrm{B}/V$ é a concentração molar do soluto.

Justificativa 5B.3 A equação de van't Hoff

No lado do solvente puro, o potencial químico do solvente, que está sob a pressão p, é $\mu_\mathrm{A}^*(p)$. No lado da solução, o potencial químico do solvente é abaixado pela presença do soluto, que reduz a fração molar do solvente de 1 para x_A. No entanto, o potencial químico de A é elevado pela maior pressão, $p + \Pi$, que a solução sofre. No equilíbrio, o potencial químico de A é o mesmo nos dois lados da membrana, e podemos escrever

$$\mu_\mathrm{A}^*(p) = \mu_\mathrm{A}(x_\mathrm{A}, p+\Pi)$$

A presença do soluto manifesta-se de maneira já bem conhecida, pela utilização da Eq. 5B.1:

$$\mu_\mathrm{A}(x_\mathrm{A}, p+\Pi) = \mu_\mathrm{A}^*(p+\Pi) + RT \ln x_\mathrm{A}$$

A Eq. 3D12b,

$$G_\mathrm{m}(p_\mathrm{f}) = G_\mathrm{m}(p_\mathrm{i}) + \int_{p_\mathrm{i}}^{p_\mathrm{f}} V_\mathrm{m} \mathrm{d}p$$

escrita como

$$\mu_A^*(p+\Pi)=\mu_A^*(p)+\int_p^{p+\Pi} V_m \mathrm{d}p$$

em que V_m é o volume molar do solvente puro A, mostra como se considerar o efeito da pressão. Quando estas três equações são combinadas e o $\mu_A^*(p)$ é cancelado, obtém-se

$$-RT\ln x_A=\int_p^{p+\Pi} V_m \mathrm{d}p \qquad (5B.17)$$

Essa equação nos permite calcular a pressão adicional Π que deve ser aplicada à solução para fazer com que o potencial químico do solvente na solução alcance o valor do potencial químico do solvente puro e, assim, passe a existir o equilíbrio entre os dois lados da membrana semipermeável. No caso de soluções diluídas, ln x_A pode ser substituído por ln$(1 - x_B) \approx -x_B$. Podemos também admitir que a faixa de pressão na integração seja suficientemente pequena para que o volume molar do solvente seja constante. Assim, podemos passar V_m para fora do sinal de integração, obtendo

$$RTx_B=\Pi V_m$$

Quando a solução for diluída, $x_B \approx n_B/n_A$. Além disso, $n_AV_m = V$, o volume total do solvente. Com estas aproximações, a equação anterior se transforma na Eq. 5B.16.

Como o efeito da pressão osmótica é fácil de medir e é acentuado, uma das aplicações mais comuns da osmometria é a da medida das massas molares de macromoléculas, tais como proteínas e polímeros sintéticos. Quando essas moléculas enormes se dissolvem formando soluções que estão longe da idealidade, admite-se que a equação de van't Hoff seja somente o primeiro termo de uma expansão do tipo virial, de forma análoga ao que foi feito quando consideramos a equação dos gases perfeitos para os gases reais (veja a Seção 1C) objetivando levar em conta as interações moleculares:

$$\Pi=[\mathrm{J}]RT\{1+B[\mathrm{J}]+\ldots\} \qquad (5B.18)$$

Expansão do virial da pressão osmótica

(Representamos o soluto por J para evitar o uso de símbolos B diferentes nessa expressão.) Os termos adicionais levam em conta o comportamento não ideal; a constante empírica B é o **coeficiente osmótico do virial**.

Exemplo 5B.2 Aplicação da osmometria na determinação da massa molar de uma macromolécula

Na tabela seguinte figuram as pressões osmóticas de soluções de poli(cloreto de vinila), PVC, em ciclo-hexanona, a 298 K. As pressões estão expressas em termos das alturas da coluna de solução (de massa específica $\rho = 0{,}980$ g cm^{-3}) em equilíbrio com a pressão osmótica. Determine a massa molar do polímero.

c/(g dm^{-3})	1,00	2,00	4,00	7,00	9,00
h/cm	0,28	0,71	2,01	5,10	8,00

Método A pressão osmótica é medida em uma série de concentrações mássicas, c, e então a massa molar do polímero é determinada através de um gráfico de Π/c contra c. Usamos a Eq. 5B.18 com [J] = c/M, em que c é a concentração do polímero, em massa, e M a sua massa molar. A pressão osmótica é igual à pressão hidrostática, ou seja, $\Pi = \rho gh$ (*Exemplo* 1A.1), com $g = 9{,}81$ m s^{-2}. Com estas informações, a Eq. 5B.18 fica

$$\frac{h}{c}=\frac{RT}{\rho gM}\left\{1+\frac{Bc}{M}+\cdots\right\}=\frac{RT}{\rho gM}+\left(\frac{RTB}{\rho gM^2}\right)c+\cdots$$

Portanto, para determinar M, faz-se o gráfico de h/c contra c, interpola-se linearmente e extrapola-se a reta obtida até $c = 0$, quando ocorre a interseção da reta com o eixo das ordenadas no valor de $RT/\rho gM$.

Resposta Com os dados da tabela inicial, obtêm-se os valores das grandezas a serem representadas no gráfico:

c/(g dm^{-3})	1,00	2,00	4,00	7,00	9,00
(h/c)/(cm g^{-1} dm^3)	0,28	0,36	0,503	0,729	0,889

Os pontos são vistos no gráfico da Fig. 5B.15. A interseção é em 0,20. Portanto,

$$M=\frac{RT}{\rho g}\times\frac{1}{0{,}20\,\mathrm{cm\,g^{-1}\,dm^3}}$$
$$=\frac{(8{,}3145\,\mathrm{J\,K^{-1}\,mol^{-1}})\times(298\,\mathrm{K})}{(980\,\mathrm{kg\,m^{-3}})\times(9{,}81\,\mathrm{m\,s^{-2}})}\times\frac{1}{2{,}0\times10^{-3}\,\mathrm{m^4\,kg^{-1}}}$$
$$=1{,}3\times10^2\,\mathrm{kg\,mol^{-1}}$$

em que usamos 1 kg m^2 s^{-2} = 1 J. Os osmômetros modernos permitem a leitura da pressão osmótica em pascal. Assim, a análise dos dados é mais imediata e a Eq. 5B.18 pode ser usada diretamente. Como veremos na Seção 17D, o valor obtido a partir da osmometria é a "massa molar média numérica".

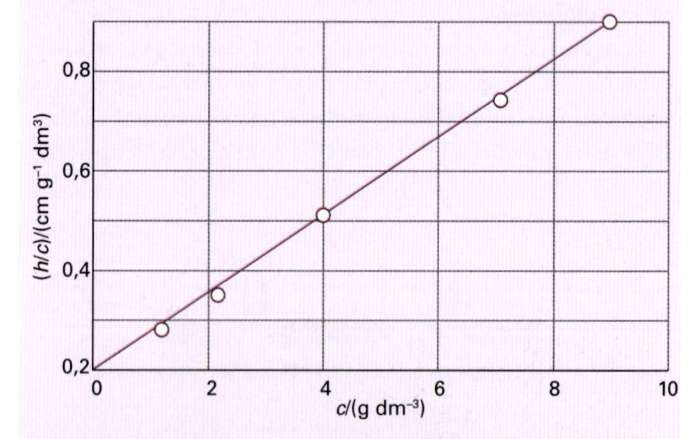

Figura 5B.15 Gráfico para a determinação da massa molar por osmometria. A massa molar é determinada a partir do valor da interseção com o eixo das ordenadas em $c = 0$.

Exercício proposto 5B.7 Estime o abaixamento crioscópico da solução mais concentrada do exemplo anterior, tomando K_f como 10 K/(mol kg^{-1}).

Resposta: 0,8 mK

Conceitos importantes

- ☐ 1. A **energia de Gibbs de mistura** de dois líquidos para formar uma solução ideal é calculada da mesma maneira que para dois gases perfeitos.
- ☐ 2. A **entalpia de mistura** é zero e a energia de Gibbs é devida inteiramente à entropia de mistura.
- ☐ 3. Uma **solução regular** é aquela para a qual a entropia de mistura é a mesma que a de uma solução ideal, mas a entalpia de mistura não é nula.
- ☐ 4. Uma **propriedade coligativa** depende do número de partículas de soluto presentes e não de sua natureza.
- ☐ 5. Todas as propriedades coligativas resultam da diminuição do potencial químico do solvente líquido provocado pela presença do soluto.
- ☐ 6. A **elevação do ponto de ebulição** é proporcional à molalidade do soluto.
- ☐ 7. O **abaixamento do ponto de congelamento** também é proporcional à molalidade do soluto.
- ☐ 8. Solutos com alto ponto de fusão e entalpias de fusão elevadas têm baixa solubilidade em temperaturas ambientes.
- ☐ 9. A **pressão osmótica** é a pressão que deve ser aplicada à solução para impedir a passagem do solvente através de uma membrana semipermeável.
- ☐ 10. A relação entre a pressão osmótica e a concentração molar do soluto é dada pela **equação de van't Hoff**, e é um método sensível para a determinação da massa molar.

Equações importantes

Propriedade	Equação	Comentário	Número da equação
Energia de Gibbs de mistura	$\Delta_{mis}G = nRT(x_A \ln x_A + x_B \ln x_B)$	Soluções ideais	5B.3
Entropia de mistura	$\Delta_{mis}S = -nR(x_A \ln x_A + x_B \ln x_B)$	Soluções ideais	5B.4
Entalpia de misturas	$\Delta_{mis}H = 0$	Soluções ideais	
Função de excesso	$X^E = \Delta_{mis}X - \Delta_{mis}X^{ideal}$	Definição	5B.5
Solução regular ($S^E = 0$)	$H^E = n\xi RTx_Ax_B$	Modelo	5B.6
Elevação ebulioscópica	$\Delta T_{eb} = K_{eb}b$	Empírica, soluto não volátil	5B.10
Abaixamento crioscópico	$\Delta T_f = K_f b$	Empírica, soluto insolúvel no solvente sólido	5B.13
Solubilidade ideal	$\ln x_B = (\Delta_{fus}H/R)(1/T_f - 1/T)$	Solução ideal	5B.15
Equação de van't Hoff	$\Pi = [B]RT$	Válida quando $[B] \to 0$	5B.16
Expansão do virial da pressão osmótica	$\Pi = [J]RT\{1 + B[J] + \ldots\}$	Empírica	5B.18

5C Diagramas de fases de sistemas binários

Tópicos

➤ Por que você precisa saber este assunto?

Os diagramas de fases são amplamente utilizados na ciência dos materiais, na metalurgia, na geologia e na indústria química. Eles apresentam de forma sucinta a composição das misturas, e é importante saber interpretá-los.

➤ Qual é a ideia fundamental?

Um diagrama de fases é um mapa que indica sob quais condições cada fase de um sistema é a mais estável.

➤ O que você já deve saber?

Seria útil rever a interpretação de diagramas de fases de um componente e a regra das fases (Seção 4A). A parte inicial desta seção se baseia na lei de Raoult (Seção 4B) e no conceito de pressão parcial (Seção 1A).

Investigamos os diagramas de fases de sistemas a um componente na Seção 4A. Os equilíbrios de fases de sistemas com dois componentes são mais complexos porque a composição é uma variável adicional. Entretanto, eles sintetizam o equilíbrio entre as fases para sistemas ideais e para os sistemas reais obtidos empiricamente.

5C.1 Diagramas de pressão de vapor

As pressões parciais de vapor dos componentes de uma solução ideal de dois líquidos voláteis estão relacionadas com a composição da solução líquida pela lei de Raoult (Seção 5A):

$$p_A = x_A p_A^* \qquad p_B = x_B p_B^* \qquad (5C.1)$$

em que p_A^* é a pressão de vapor de A puro e p_B^* é a de B puro. A pressão de vapor total, p, da mistura é, então,

$$p = p_A + p_B = x_A p_A^* + x_B p_B^* = p_B^* + (p_A^* - p_B^*)x_A$$

Pressão de vapor total (5C.2)

Essa expressão mostra que a pressão de vapor total (em uma determinada temperatura constante) varia linearmente com a composição de p_B^* até p_A^* quando x_A varia de 0 até 1 (Fig. 5C.1).

(a) A composição do vapor

As composições do líquido e do vapor em equilíbrio não são necessariamente as mesmas. O senso comum indica que o vapor deve ser mais rico no componente mais volátil. Essa expectativa pode ser confirmada da seguinte maneira. As pressões parciais do vapor são dadas pela Eq. 1.A8 da Seção 1A ($p_J = x_J p$). Obtém-se que as frações molares no vapor, y_A e y_B, são

$$y_A = \frac{p_A}{p} \qquad y_B = \frac{p_B}{p} \qquad (5C.3)$$

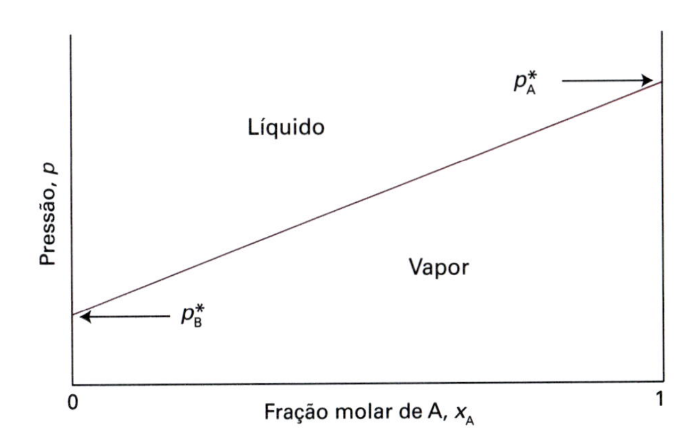

Figura 5C.1 A variação da pressão total do vapor de uma solução binária com a fração molar de A no líquido, no caso de a lei de Raoult ser válida.

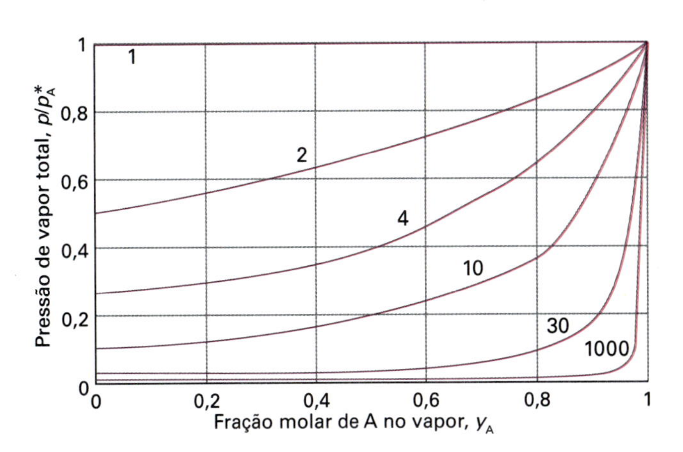

Figura 5C.3 A dependência da pressão de vapor do mesmo sistema da Fig. 5C.2, mas expressa em função da fração molar de A no vapor. As curvas foram determinadas pela Eq. 5C.5, para diversos valores do parâmetro p_A^*/p_B^* que identifica cada uma delas.

Sendo a solução ideal, as pressões parciais e a pressão total podem ser expressas em termos das frações molares no líquido, mediante a Eq. 5C.1, para p_J, e a Eq. 5C.2 para a pressão de vapor total p, o que leva a

$$y_A = \frac{x_A p_A^*}{p_B^* + (p_A^* - p_B^*)x_A} \qquad y_B = 1 - y_A \qquad \text{Composição do vapor} \qquad (5C.4)$$

A Fig. 5C.2 mostra a composição do vapor em função da composição do líquido para diversos valores de $p_A^* / p_B^* > 1$. Vemos que, em todos os casos, $y_A > x_A$, isto é, o vapor é mais rico do que o líquido no componente mais volátil. Observe que se B não for volátil, de modo que $p_B^* = 0$ na temperatura de interesse, então ele não contribui para o vapor ($y_B = 0$).

A Eq. 5C.2 mostra como a pressão de vapor total da solução varia com a composição do líquido. Uma vez que podemos relacionar a composição do líquido à do vapor através da Eq. 5C.4, podemos agora relacionar também a pressão de vapor total à composição do vapor:

$$p = \frac{p_A^* p_B^*}{p_A^* + (p_B^* - p_A^*)y_A} \qquad \text{Pressão de vapor total} \qquad (5C.5)$$

Essa expressão está representada no gráfico da Fig. 5C.3.

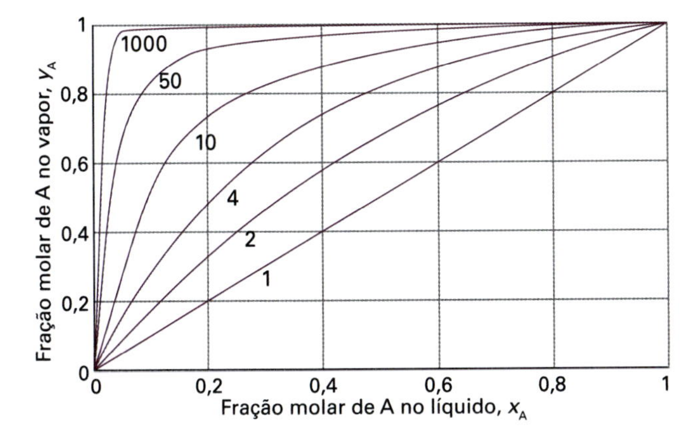

Figura 5C.2 A fração molar de A no vapor de uma solução binária ideal em função da fração molar de A no líquido. As curvas foram determinadas pela Eq. 5C.4, para vários valores diferentes de p_A^*/p_B^* (que identifica cada curva). O componente A é mais volátil que B e, em todos os casos, o vapor é mais rico em A do que o líquido correspondente.

Breve ilustração 5C.1 A composição do vapor

As pressões de vapor do benzeno e do metilbenzeno a 20 °C são, respectivamente, 75 Torr e 21 Torr. A composição do vapor com uma mistura líquida equimolar ($x_{\text{benzeno}} = x_{\text{metilbenzeno}} = \frac{1}{2}$) é

$$y_{\text{benzeno}} = \frac{\frac{1}{2}\times(75\,\text{Torr})}{21\,\text{Torr} + (75 - 21\,\text{Torr})\times\frac{1}{2}} = 0{,}78$$

$$y_{\text{metilbenzeno}} = 1 - 0{,}78 = 0{,}22$$

A pressão de vapor de cada componente é

$$p_{\text{benzeno}} = \tfrac{1}{2}(75\,\text{Torr}) = 38\,\text{Torr}$$

$$p_{\text{metilbenzeno}} = \tfrac{1}{2}(21\,\text{Torr}) = 10\,\text{Torr}$$

para uma pressão de vapor total de 48 Torr.

Exercício proposto 5C.1 Qual é a composição do vapor em equilíbrio com uma mistura em que a fração molar de benzeno é 0,75?

Resposta: 0,91, 0,09

(b) A interpretação dos diagramas

Se estivermos tratando de uma destilação, teremos o mesmo interesse pela composição do vapor e pela composição do líquido.

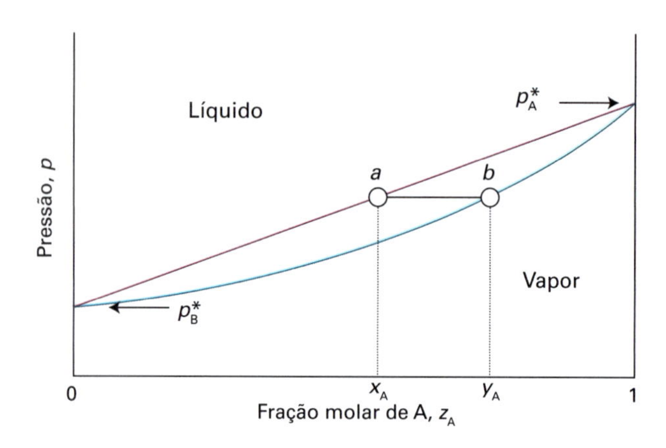

Figura 5C.4 A dependência entre a pressão total de vapor de uma solução ideal e a fração molar de A no sistema como um todo. Qualquer ponto na região entre as duas curvas corresponde a um sistema com fases líquido e vapor em equilíbrio. Nas outras regiões só há uma fase. A fração molar de A no sistema é simbolizada por z_A, como se explica no texto.

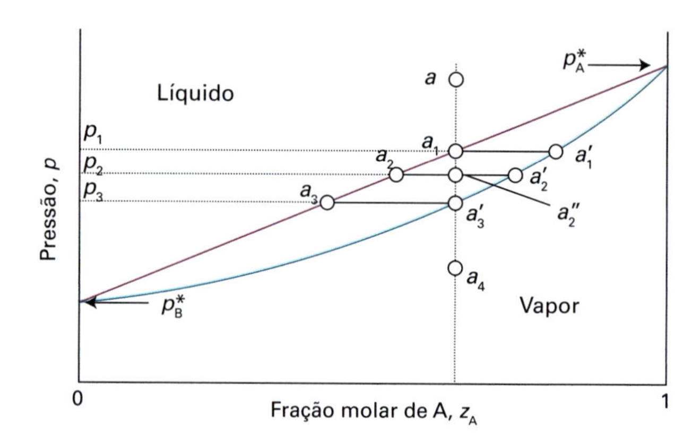

Figura 5C.5 Os pontos do diagrama de pressão-composição discutidos no texto. A reta vertical que passa por *a* é uma isopleta, linha de composição constante do sistema inteiro.

É, portanto, apropriado combinar as Figs. 5C.2 e 5C.3 em uma única (Fig. 5C.4). O ponto *a* dá a pressão de vapor de uma solução de composição x_A e o ponto *b* dá a composição do vapor em equilíbrio com o líquido nesta pressão. Uma interpretação mais elucidativa do diagrama de fases é obtida se admitirmos a coordenada do eixo horizontal como a composição *global*, z_A, do sistema (essencialmente, a fração molar de preparação da mistura). Se o eixo horizontal do diagrama de pressão de vapor for identificado por z_A, então todos os pontos acima da reta inclinada do gráfico correspondem a um sistema que está em pressões tão altas que ele contém somente uma fase líquida (a pressão aplicada é maior que a pressão de vapor); assim, $z_A = x_A$, a composição do líquido. Por outro lado, todos os pontos abaixo da curva inferior correspondem a um sistema que está sob pressões tão baixas que ele contém somente uma fase vapor (a pressão aplicada é menor do que a pressão de vapor); neste sistema, $z_A = y_A$.

Os pontos que estão entre as curvas correspondem a um sistema em que duas fases estão presentes, uma líquida e outra vapor. Para ver esta interpretação, consideramos o efeito do abaixamento da pressão sobre uma solução líquida de composição global *a* na Fig. 5C.5. O abaixamento da pressão pode ser conseguido mediante o movimento de um pistão (Fig. 5.C6). As variações no sistema não alteram a composição global do sistema, de modo que o estado do sistema se move para baixo ao longo da reta vertical que passa através de *a*. Esta reta vertical é chamada uma **isopleta**, do grego para "igual abundância". Até que seja atingido o ponto a_1 (quando a pressão foi reduzida a p_1), a amostra é constituída por uma única fase líquida. Em a_1 o líquido pode existir em equilíbrio com seu vapor. Como vimos, a composição da fase vapor é dada pelo ponto a_1'. Um segmento de reta horizontal que une dois pontos representando fases em equilíbrio é chamado uma **linha de amarração**. A composição do líquido continua a ser a inicial (pois a_1 está sobre a isopleta que passa por *a*), de modo que, nessa pressão, quase não há vapor presente; a pequenina quantidade de vapor que se formou, no entanto, tem a composição a_1'.

Vejamos agora o que acontece quando a pressão é reduzida até p_2, levando o sistema a uma composição global representada pelo ponto a_2'. Esta nova pressão é menor que a pressão de vapor do líquido original, de modo que há vaporização até que a pressão de vapor do líquido restante caia até p_2. Agora, a composição do líquido remanescente deve ser a_2. Além disso, a composição do vapor em equilíbrio com o líquido deve ser a do ponto a_2', na outra extremidade da linha de amarração. Se a pressão for reduzida a p_3, há novo reajustamento da composição, e o líquido e o vapor são representados pelos pontos a_3 e a_3', respectivamente. Este último ponto corresponde a um sistema em que a composição do vapor é igual à composição global, e, portanto, concluímos

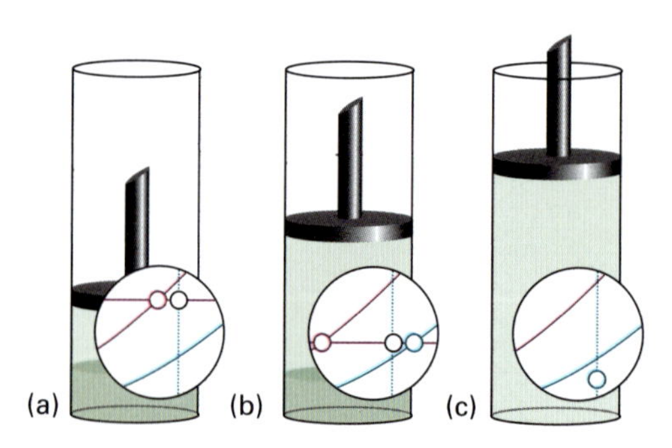

Figura 5C.6(a) O líquido no recipiente está em equilíbrio com seu vapor. A parte do diagrama de fase superposta à figura mostra a composição das duas fases e a abundância relativa de cada uma (pela regra da alavanca, Seção 5C.1(c)). (b) Quando a pressão diminui pela elevação do pistão, a composição das fases se modifica, como mostra a linha de amarração do diagrama de fases. (c) Quando o pistão se desloca o bastante para todo o líquido vaporizar-se, a pressão cai e o ponto do diagrama de fases se desloca para uma região de existência de apenas uma fase.

que a quantidade de líquido presente é agora praticamente zero; a pequenina gota de líquido presente tem, porém, a composição do ponto a_3. Se a pressão for diminuída até a_4, somente o vapor estará presente no sistema e a sua composição coincide com a composição global inicial do sistema (com a composição da solução líquida original).

Exemplo 5C.1 Construção de um diagrama de pressão de vapor

Os dados temperatura/composição vistos a seguir foram obtidos para uma mistura de octano (O) e metilbenzeno (M) a 1 atm, em que x e y são, respectivamente, as frações molares do líquido e do vapor em equilíbrio.

θ/°C	110,9	112,0	114,0	115,8	117,3	119,0	121,1	123,0
x_M	0,908	0,795	0,615	0,527	0,408	0,300	0,203	0,097
y_M	0,923	0,836	0,698	0,624	0,527	0,410	0,297	0,164

Os pontos de ebulição são, respectivamente, 110,6 °C e 125,6 °C para M e para O. Esboce o diagrama temperatura–composição dessa mistura. Qual é a composição do vapor em equilíbrio com um líquido de composição (a) $x_M = 0{,}250$ e (b) $x_O = 0{,}250$?

Método Faça a representação gráfica da composição de cada fase (no eixo horizontal) contra a temperatura (no eixo vertical). Os dois pontos de ebulição são dois dados adicionais correspondendo a $x_M = 1$ e $x_M = 0$, respectivamente. Use um programa de ajuste para obter as curvas de equilíbrio. Para interpretar o diagrama, trace as linhas de amarração apropriadas.

Resposta Os dados estão representados na Fig. 5C.7. Os dois conjuntos de pontos ajustam um polinômio do tipo $a+bx+cx^2+dx^3$, assim

$$\text{Para a curva do líquido: } \theta/°\text{C} = 125{,}422 - 22{,}9494x + 6{,}64602x^2 + 1{,}32623x^3 + \ldots$$

$$\text{Para a curva do vapor: } \theta/°\text{C} = 125{,}485 - 11{,}9387x - 12{,}5626x^2 + 9{,}36542x^3 + \ldots$$

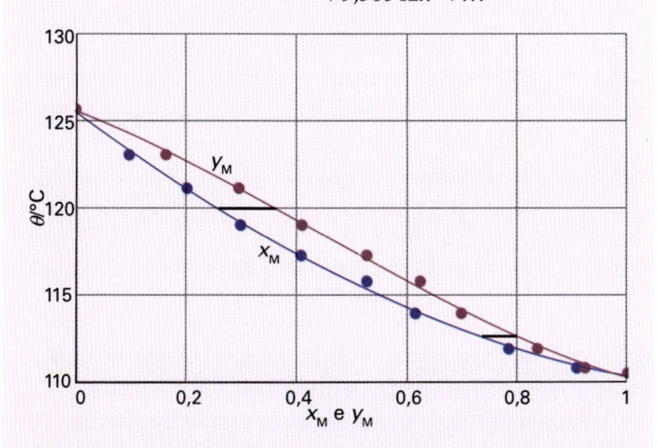

Figura 5C.7 Gráfico dos dados e das curvas ajustadas para a mistura de octano e metilbenzeno (M) do *Exemplo* 5C.1.

As linhas de amarração para $x_M = 0{,}250$ e $x_O = 0{,}250$ (correspondendo a $x_M = 0{,}750$) foram traçadas começando na curva inferior (curva do líquido). A interseção com a curva superior (curva do vapor) ocorre em $y_M = 0{,}36$ e $0{,}80$, respectivamente.

Exercício proposto 5C.2 Repita o exemplo anterior com os seguintes dados de hexano e heptano a 70 °C:

θ/°C	65	66	70	77	85	100
x_{hexano}	0	0,20	0,40	0,60	0,80	1
y_{hexano}	0	0,02	0,08	0,20	0,48	1

Resposta: Veja a Fig. 5C.8.

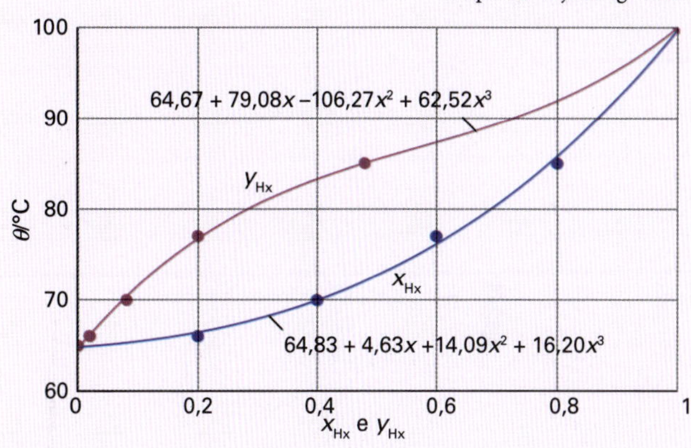

Figura 5C.8 Gráfico dos dados e das curvas ajustadas para a mistura de hexano (Hx) e heptano do *Exercício proposto* 5C.2.

(c) A regra da alavanca

Um ponto na região de duas fases de um diagrama de fases não só mostra qualitativamente que líquido e vapor estão em equilíbrio, mas também indica as quantidades relativas de cada fase. Para achar a proporção entre os números de mols de duas fases α e β que estão em equilíbrio, medimos as distâncias l_α e l_β sobre a linha de amarração horizontal e usamos a **regra da alavanca** (Fig. 5C9):

$$n_\alpha l_\alpha = n_\beta l_\beta \qquad \text{Regra da alavanca} \qquad (5C.6)$$

em que n_α é o número de mols da fase α e n_β é o número de mols da fase β. No caso ilustrado na Fig. 5C.9, como $l_\beta \approx 2l_\alpha$, o número de mols da fase α é cerca do dobro do número de mols da fase β.

Justificativa 5C.1 A regra da alavanca

Para provar a regra da alavanca, escrevemos o número total de mols de A e de B como $n = n_\alpha + n_\beta$, em que n_α é o número total de mols da fase α e n_β é o número total de mols da fase β. A fração molar de A na fase α é $x_{A,\alpha}$. Assim, o número de mols de A nessa fase é $n_\alpha x_{A,\alpha}$. Analogamente, o número de mols de A na fase β é $n_\beta x_{A,\beta}$. O número total de mols de A pode ser escrito como

$$n_A = n_\alpha x_{A,\alpha} + n_\beta x_{A,\beta}$$

Vamos admitir que a composição da mistura como um todo seja expressa pela fração molar z_A (coordenada do eixo horizontal, que representa como a amostra foi preparada). O número total de mols de A é, portanto,

$$n_A = nz_A = n_\alpha z_A + n_\beta z_A$$

Igualando as duas equações, obtemos

$$n_\alpha(x_{A,\alpha} - z_A) = n_\beta(z_A - x_{A,\beta})$$

que é a Eq. 5C.6.

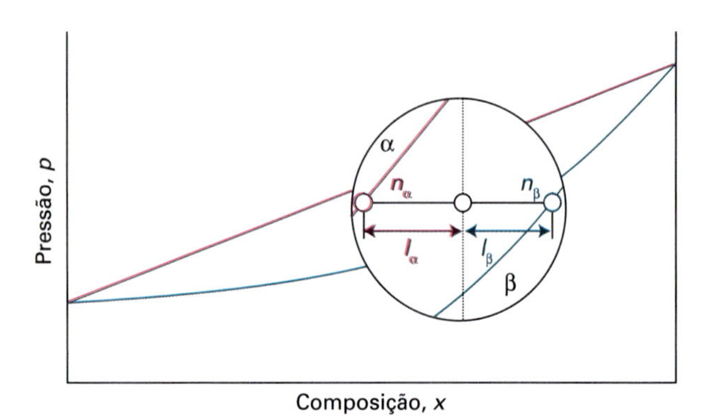

Figura 5C.9 A regra da alavanca. As distâncias l_α e l_β servem para se achar as proporções dos mols das fases α (por exemplo, o vapor) e β (por exemplo, o líquido) presentes e em equilíbrio. A regra da alavanca tem este nome porque é semelhante à regra mecânica que dá o equilíbrio de uma alavanca com pesos agindo nas duas extremidades e ponto de apoio intermediário (no equilíbrio da alavanca, $m_\alpha l_\alpha = m_\beta l_\beta$).

Breve ilustração 5C.2 A regra da alavanca

Em p_1 na Fig. 5C.5, a razão $l_{vap}/l_{líq}$ é quase infinitamente grande sobre a linha de amarração, de modo que $n_{líq}/n_{vap}$ é também praticamente infinita, e há somente traços de vapor presentes no sistema. Quando a pressão é reduzida até p_2, a razão $l_{vap}/l_{líq}$ é cerca de 0,3, de modo que $n_{líq}/n_{vap} \approx 0{,}3$, e o número de mols do líquido é cerca de 0,3 vezes o número de mols do vapor. Quando a pressão é reduzida até p_3, a amostra toda é praticamente gasosa, e, como $l_{vap}/l_{líq} \approx 0$, concluímos que só há traços de líquido presentes no sistema.

Exercício proposto 5C.3 Suponha que, em um diagrama de fases, quando preparamos uma mistura com fração molar do componente A igual a 0,40, encontramos que a composição das duas fases em equilíbrio corresponde às frações molares $x_{A,\alpha} = 0{,}60$ e $x_{A,\beta} = 0{,}20$. Qual é a razão entre o número de mols das duas fases?

Resposta: $n_\alpha/n_\beta = 1{,}0$

5C.2 Diagramas de temperatura-composição

Para discutir a destilação necessitamos de um **diagrama de temperatura-composição**, isto é, um diagrama de fases em que as curvas mostram as composições das fases em equilíbrio em função da temperatura (a uma pressão fixa, em geral 1 atm). Um exemplo é mostrado na Fig. 5C.10. Observe que a fase líquida agora se localiza na parte inferior do diagrama.

(a) A destilação de soluções

Vejamos o que acontece quando um líquido de composição a_1 na Fig. 5C.10 é aquecido. A ebulição principia quando a temperatura atinge T_2. O líquido, neste ponto, tem a composição a_2 (igual a a_1) e o vapor (que está presente em quantidade diminuta) tem a composição a_2'. O vapor é mais rico no componente mais volátil A (o componente que tem ponto de ebulição mais baixo). Pela localização de a_2, podemos saber a composição do vapor no ponto de ebulição, e pela localização da linha de amarração que une a_2 a a_2' podemos saber a temperatura de ebulição (T_2) da solução líquida original.

Na **destilação simples**, o vapor é recolhido e condensado. Esta técnica é utilizada para separar um líquido volátil de um soluto não volátil ou sólido. Na **destilação fracionada**, o ciclo de ebulição e condensação é repetido sucessivamente. Esta técnica é usada para separar líquidos voláteis. Podemos acompanhar a sequência de eventos que ocorrem analisando o que acontece quando o primeiro condensado de composição a_3 é reaquecido. O diagrama de fases mostra que a ebulição desta solução ocorre em T_3 e que o vapor formado tem a composição a_3', que é muito mais rico no componente mais volátil. Se este vapor for recolhido e condensado, a primeira gota de líquido tem a composição a_4. O ciclo pode então ser

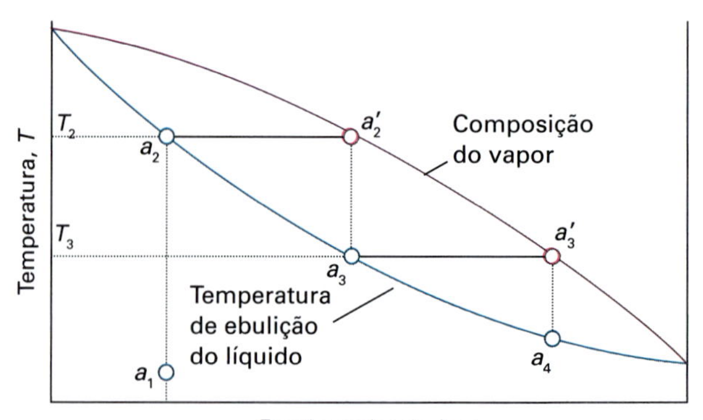

Figura 5C.10 Diagrama temperatura-composição de uma solução ideal com o componente A mais volátil do que o B. Uma sequência de vaporizações e condensações de um líquido que tem a composição inicial a_1 leva no final a um condensado que é o A puro. A técnica de separação é chamada de destilação fracionada.

repetido até que se obtém o componente A quase puro no vapor e o componente B puro permanece no líquido.

A eficiência de uma coluna de fracionamento se exprime em termos do número de **pratos teóricos**, isto é, do número de etapas efetivas de vaporização e condensação necessárias para chegar a um condensado com certa composição a partir de um dado destilado.

Breve ilustração 5C.3 Pratos teóricos

Para se alcançar o grau de separação mostrado na Fig. 5C.11a, a coluna de fracionamento terá que ter três pratos teóricos. Para se conseguir a mesma separação no sistema mostrado na Fig. 5C.11b, em que os componentes têm pressões parciais de vapor muito próximas, a coluna de fracionamento terá que ter cinco pratos teóricos.

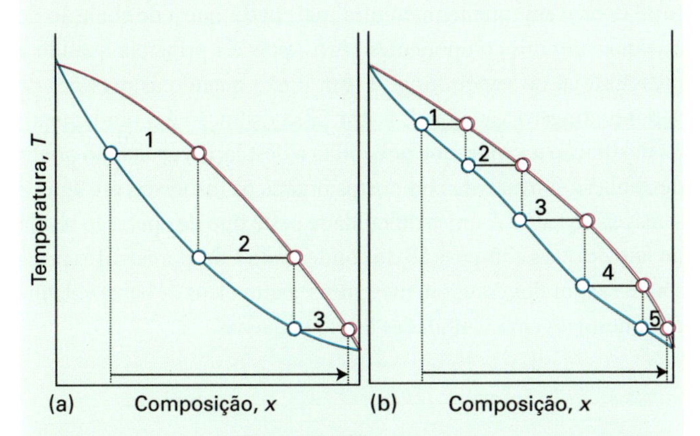

Figura 5C.11 O número de pratos teóricos é o número de estágios necessários para atingir certo grau de separação dos componentes da solução original. Os dois sistemas mostrados têm (a) 3 e (b) 5 pratos teóricos.

Exercício proposto 5C.4 Utilize a Fig. 5C.11b, e considere que a composição inicial da mistura é $z_A = 0{,}1$. Quantos pratos teóricos são necessários para se alcançar a composição $z_A = 0{,}9$?

Resposta: 5

(b) Azeótropos

Embora muitas soluções líquidas tenham diagramas de fases de temperatura-composição semelhantes à versão ideal da Fig. 5C.10, em muitos casos importantes os desvios são notáveis. Pode aparecer um máximo no diagrama de fases (Fig. 5C.12) quando interações favoráveis entre as moléculas de A e de B reduzem a pressão de vapor da solução a um valor inferior ao valor ideal e aumentam sua temperatura de ebulição. As interações A–B, neste caso, estabilizam o líquido. A energia de Gibbs de excesso, G^E (Seção 5B), é negativa (mais favorável à mistura do que no caso ideal). Os diagramas de fases que exibem um mínimo (Fig. 5C.13) indicam que a solução é desestabilizada em relação à solução ideal, pois as interações A–B são agora desfavoráveis; nesse caso ocorre uma diminuição

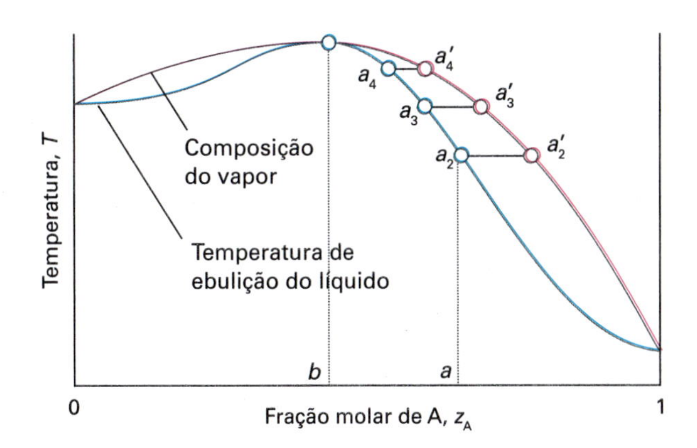

Figura 5C.12 Azeótropo de máximo. Quando se destila a solução *a*, a composição do líquido residual desloca-se para *b* e se estabiliza nesta composição.

da temperatura de ebulição. Nessas soluções, G^E é positiva (menos favorável à mistura do que no caso ideal), e é possível que existam contribuições de efeitos entálpicos e entrópicos.

Nem sempre os desvios em relação ao comportamento ideal são tão grandes que levam ao aparecimento de um máximo ou de um mínimo no diagrama de fases. Quando esses extremos aparecem, no entanto, as consequências para a destilação são grandes. Imaginemos uma solução com a composição *a*, à direita do máximo da Fig. 5C.12. O vapor (em a_2') formado na solução em ebulição (em a_2) é mais rico em A do que a solução original. Se esse vapor for recolhido (e condensado apropriadamente), a composição do líquido restante se deslocará para um ponto de composição mais rica em B, tal como aquele representado por a_3, e o vapor em equilíbrio com esta solução terá a composição a_3'. À medida que o vapor vai sendo removido, a composição do líquido em ebulição se desloca para pontos como a_4 e a composição do vapor se desloca para pontos como a_4'. Logo, à medida que a evaporação avança, a composição do líquido restante desloca-se no sentido de B quando A é retirado do sistema. O ponto de ebulição se eleva e o vapor fica cada vez mais rico em B. Quando a

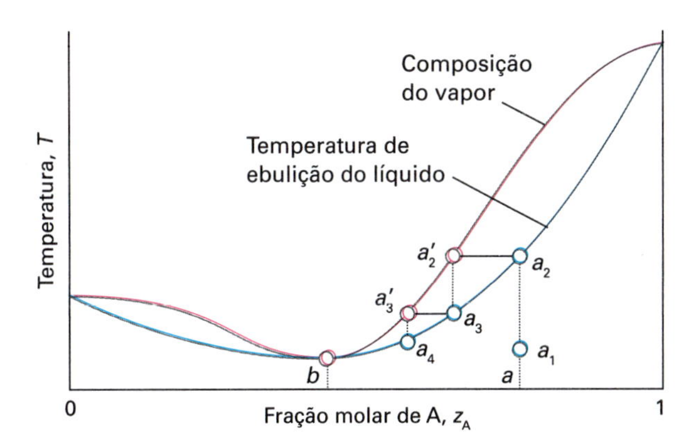

Figura 5C.13 Azeótropo de mínimo. Quando se fraciona por destilação a solução inicial *a*, o vapor em equilíbrio com o líquido na coluna de fracionamento desloca-se para a composição *b* e se estabiliza nesta composição.

evaporação de A é suficiente para a composição da solução líquida alcançar a composição b, o vapor formado na ebulição terá a mesma composição que o líquido. A evaporação ocorre então sem modificação da composição. Diz-se que a solução forma um **azeótropo**.[1] Quando a composição azeotrópica é atingida, a destilação não pode separar os dois líquidos, pois o condensado tem a mesma composição que a solução azeotrópica.

O sistema mostrado na Fig. 5C.13 também é azeotrópico, mas o efeito é um tanto diferente. Imaginemos que se tenha inicialmente uma solução de composição a_1 e se acompanhem as modificações do vapor que se eleva em uma coluna de fracionamento (essencialmente um tubo vertical de vidro cheio de anéis de vidro, para proporcionar uma grande área de contato). A mistura entra em ebulição no ponto a_2 e a composição do vapor formado é a_2'. Este vapor se condensa na coluna, dando um líquido de mesma composição (marcado agora pelo ponto a_3). Este líquido fica em equilíbrio com o vapor a_3', que se condensa num ponto mais elevado da coluna, dando um líquido de mesma composição, que chamamos agora de a_4. O fracionamento, portanto, desloca o vapor para a composição azeotrópica em b, mas não além desta composição, e o vapor do azeótropo aparece no topo da coluna.

Breve ilustração 5C.4 Azeótropos

Podemos citar como exemplos do comportamento apresentado na Fig. 5C.12 as misturas (a) triclorometano/propanona e (b) ácido nítrico/água. Ácido clorídrico/água tem um azeótropo a 80% em massa de água, com ebulição a 108,6 °C. Podemos citar como exemplos do comportamento apresentado na Fig. 5C.13 as misturas (a) dioxano/água e (b) etanol/água. Etanol/água tem um azeótropo com 4% em massa de água e ebulição a 78 °C.

Exercício proposto 5C.5 Proponha uma interpretação molecular para os dois tipos de comportamento.

Resposta: (a,b) interações A–B favoráveis; (c,d) interações A–B desfavoráveis

(c) Líquidos imiscíveis

Finalmente, analisemos a destilação de dois líquidos imiscíveis, como octano e água. No equilíbrio, há uma fração muito pequena de A dissolvida em B e também uma fração muito pequena de B dissolvida em A: os dois líquidos estão mutuamente saturados um no outro (Fig. 5C.14a). Por isso, a pressão de vapor total da mistura é, aproximadamente, $p = p_A^* + p_B^*$. Se a temperatura for elevada até um valor em que a pressão total de vapor é igual à pressão atmosférica, o sistema entra em ebulição e as substâncias dissolvidas são expelidas das respectivas soluções. Porém, esta ebulição provoca uma vigorosa agitação da mistura, de modo que cada componente continua saturado pelo outro componente, ou seja, as substâncias continuam sendo expelidas à medida que as soluções muito diluídas se saturam. Esse contato íntimo é essencial: dois líquidos imiscíveis aquecidos num frasco como o que é esquematizado na Fig. 5.C14b não entrariam em ebulição na mesma temperatura. A presença das soluções saturadas significa que a ebulição da "mistura" ocorre em uma temperatura mais baixa que a de ebulição de qualquer um dos componentes puros, pois ela principia quando a pressão total do vapor atinge 1 atm e não quando as pressões de vapores atingem, cada qual, 1 atm. Essa distinção é o fundamento da **destilação a vapor**, que possibilita a destilação, abaixo do ponto de ebulição normal, de compostos orgânicos insolúveis em água e sensíveis ao calor. A única dificuldade neste tipo de operação reside no fato de que a composição do condensado é proporcional às pressões de vapor dos componentes puros, assim óleos de baixa volatilidade destilam em quantidades muito pequenas.

[1] O nome vem do grego, "ebulição sem modificação".

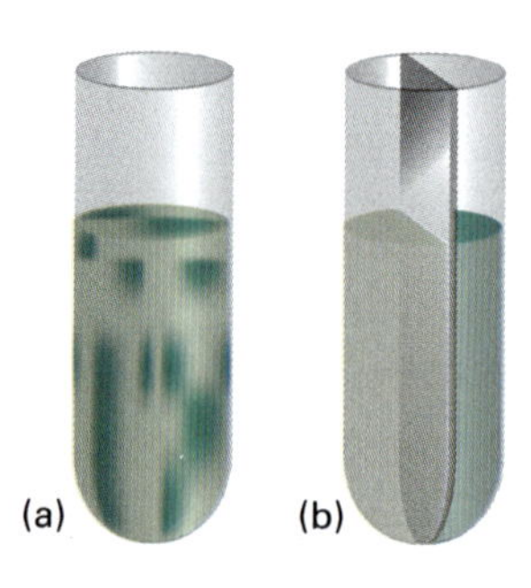

Figura 5C.14 A destilação de (a) dois líquidos insolúveis pode ser imaginada como (b) a destilação conjunta dos componentes separados. A ebulição ocorre quando a soma das pressões de vapor dos componentes é igual à pressão externa.

5C.3 Diagramas de fases líquido-líquido

Vamos considerar agora os diagramas de temperatura contra composição de sistemas constituídos de pares de líquidos **parcialmente miscíveis**, isto é, líquidos que não se solubilizam em todas as proporções, em todas as temperaturas. Um exemplo é o do sistema hexano e nitrobenzeno. Valem os mesmos princípios que usamos na interpretação dos diagramas líquido-vapor.

(a) Separação entre as fases

Imaginemos que uma pequena quantidade de líquido B seja adicionada a uma amostra de outro líquido A, em uma certa temperatura T'. Há dissolução completa, e o sistema binário é monofásico. Se a adição de B continuar, atinge-se um ponto em que não há mais dissolução. A amostra é constituída agora por duas fases em equilíbrio uma com a outra. A fase mais abundante é a de A saturada por B, e a menos abundante, apenas pequeno traço, é a de B saturada por A. No diagrama de temperatura contra composição mostrado na Fig. 5C.15, a composição da primeira fase é a do ponto a' e a da segunda, a do ponto a''. A abundância relativa das fases é calculada pela regra da alavanca. Continuando a adição de B, provoca-se a dissolução de parte de A. As composições das duas fases em

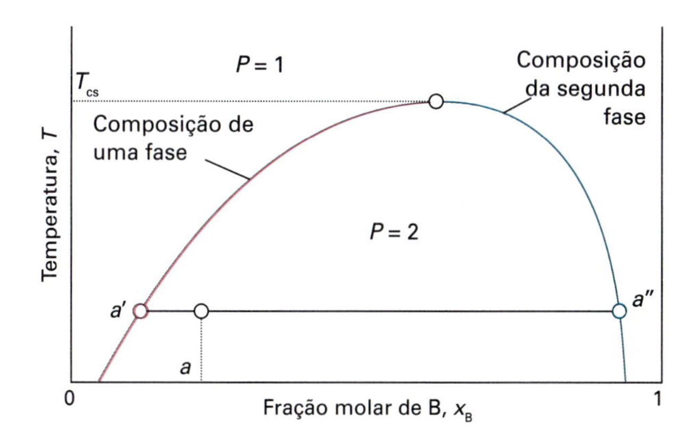

Figura 5C.15 Diagrama da temperatura contra a composição do sistema A e B. A região sob a curva dá as composições e as temperaturas em que os líquidos são parcialmente miscíveis. A temperatura crítica superior T_{cs} é a temperatura acima da qual os dois líquidos se solubilizam em quaisquer proporções.

equilíbrio não se alteram e continuam a ser as dos pontos a' e a''. Chega-se a um ponto em que a quantidade de B é tal que pode dissolver todo o A e o sistema volta a ser monofásico. A adição de mais B agora simplesmente dilui a solução, e, mantida a temperatura constante, o sistema permanece com uma única fase.

A composição das duas fases em equilíbrio varia com a temperatura. Para o sistema apresentado na Fig. 5C.15, a elevação da temperatura aumenta a solubilidade de A e B. O intervalo de existência do sistema bifásico fica mais estreito, pois cada fase em equilíbrio é mais rica no seu componente minoritário: a fase rica em A fica mais rica em B e a mais rica em B contém mais A. O diagrama de fases pode ser construído pela repetição das observações em diferentes temperaturas, para que se possa traçar a envoltória da região bifásica.

Exemplo 5C.2 **Interpretação do diagrama de fases de líquidos parcialmente miscíveis**

O diagrama de fases para o sistema nitrobenzeno/hexano a 1 atm é apresentado na Fig. 5C.16. Prepara-se, a 290 K, uma mistura

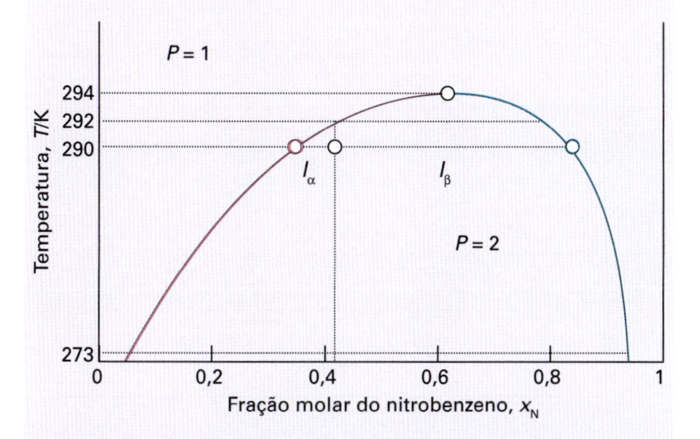

Figura 5C.16 Diagrama de temperatura contra composição para o hexano e o nitrobenzeno a 1 atm, com os pontos e comprimentos discutidos no texto.

de 50 g de hexano (0,59 mol de C_6H_{14}) e 50 g de nitrobenzeno (0,41 mol de $C_6H_5NO_2$). Quais as composições das fases e em que proporções elas ocorrem? A que temperatura a amostra deve ser aquecida para que se obtenha uma única fase no sistema?

Método As composições das fases em equilíbrio são dadas pelos pontos onde a linha de amarração representando a temperatura intercepta a curva que limita a região bifásica do diagrama. A proporção entre as fases é dada pela regra da alavanca (Eq. 5.C6). A temperatura em que os componentes são completamente miscíveis é determinada acompanhando-se a isopleta e observando-se a temperatura em que ela entra na região monofásica do diagrama de fases.

Resposta Sejam H o hexano e N o nitrobenzeno; veja a Fig. 5C.16. O ponto $x_N = 0,41$, $T = 290$ K, está na região bifásica do diagrama de fases. A linha de amarração horizontal corta a fronteira na região bifásica em $x_N = 0,35$ e $x_N = 0,83$, de modo que estas são as composições das duas fases. De acordo com a regra da alavanca, a razão entre os números de mols das duas fases é igual à razão entre as distâncias l_α e l_β:

$$\frac{n_\alpha}{n_\beta} = \frac{l_\beta}{l_\alpha} = \frac{0,83-0,41}{0,41-0,35} = \frac{0,42}{0,06} = 7$$

Ou seja, a fase rica em hexano é cerca de 7 vezes mais abundante do que a fase rica em nitrobenzeno. O aquecimento da amostra a cerca de 292 K leva o sistema para a região monofásica. Como o diagrama de fases foi construído experimentalmente, estas conclusões não se baseiam em quaisquer hipóteses sobre a idealidade. Elas seriam modificadas, porém, se o sistema estivesse em outra pressão.

Exercício proposto 5C.6 Repita o problema anterior para uma amostra com 50 g de hexano e 100 g de nitrobenzeno, a 273 K.

Resposta: $x_N = 0,09$ e 0,95 na proporção de 1:1,3; 294 K

(b) Temperaturas críticas de solução

A **temperatura crítica superior de solução**, T_{cs} (*temperatura consoluta superior*), é a temperatura mais elevada em que pode haver separação entre as fases. Acima da temperatura crítica superior, os dois componentes são completamente miscíveis. Esta temperatura existe porque a energia do movimento de agitação térmica supera qualquer ganho de energia potencial que as moléculas de um tipo tenham em permanecerem juntas. Um exemplo é o do sistema nitrobenzeno/hexano mostrado na Fig. 5C.16. Um exemplo de uma solução sólida é o do sistema paládio/hidrogênio, que tem duas fases, abaixo de 300 °C: uma é a solução sólida do hidrogênio no paládio e a outra de hidreto de paládio, mas que forma uma única fase em temperaturas mais elevadas (Fig. 5C.17).

A explicação termodinâmica da existência da temperatura crítica superior de solução é feita com base na energia de Gibbs de mistura e na sua variação com a temperatura. Vimos na Seção 5B que um modelo simples (especificamente, o modelo de solução regular) para soluções reais resulta num comportamento da

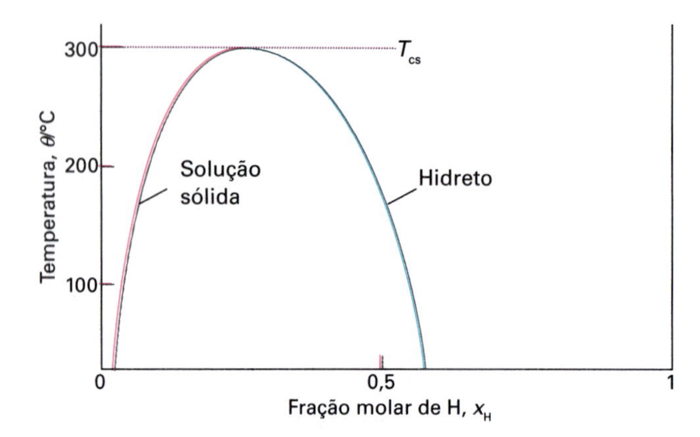

Figura 5C.17 Diagrama de fases do paládio e do hidreto de paládio, que exibe uma temperatura crítica superior em 300 °C.

energia de Gibbs ilustrado pela Fig. 5C.18. Se o parâmetro ξ, que foi introduzido na Eq. 5B.6 ($H^E = \xi RTx_Ax_B$) for maior que 2, a energia de Gibbs de mistura tem dois mínimos. Assim, para $\xi > 2$, fica prevista a separação de fases. O mesmo modelo mostra que as composições correspondentes aos mínimos são obtidas para as condições em que $\partial\Delta_{mis}G/\partial x = 0$, e uma manipulação simples da Eq. 5B.7 ($\Delta_{mis}G = nRT(x_A \ln x_A + x_B \ln x_B + \xi x_Ax_B)$, com $x_B = 1 - x_A$) mostra que é necessária a resolução de

$$\left(\frac{\partial\Delta_{mis}G}{\partial x_A}\right)_{T,p}$$

$$= nRT\left(\frac{\partial\{x_A \ln x_A + (1-x_A)\ln(1-x_A) + \xi x_A(1-x_A)\}}{\partial x_A}\right)_{T,p}$$

$$= nRT\{\ln x_A + 1 - \ln(1-x_A) - 1 + \xi(1-2x_A)\}$$

$$= nRT\left\{\ln\frac{x_A}{1-x_A} + \xi(1-2x_A)\right\}$$

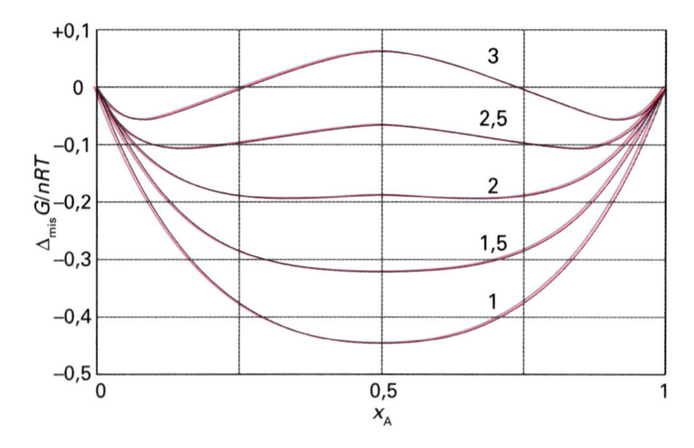

Figura 5C.18 A energia de Gibbs de mistura, de um sistema de líquidos parcialmente miscíveis a baixas temperaturas, em função da temperatura. As duas fases que se formam na região com $P = 2$ têm as composições correspondentes aos dois mínimos da curva, em uma dada temperatura. Esta ilustração é uma duplicata da Fig. 5B.5.

Os valores dos mínimos da energia de Gibbs ocorrem quando

$$\ln\frac{x_A}{1-x_A} = -\xi(1-2x_A) \qquad (5C.7)$$

Essa equação é um exemplo de uma "equação transcendental", uma equação que não tem uma solução que possa ser expressa em uma forma analítica fechada. As soluções numéricas (os valores de x_A que satisfazem a equação) podem ser obtidas utilizando um software matemático. Podemos também fazer um gráfico do termo da esquerda e do termo da direita contra x_A, para diferentes valores de ξ, e identificar os valores x_A em que as representações gráficas se cruzam (que é onde as duas expressões se igualam) (Fig. 5C.19). As soluções obtidas dessa maneira estão representadas graficamente na Fig. 5C.20. Vemos que à medida que ξ decresce, o que pode ser interpretado como um aumento da temperatura desde que as forças intermoleculares permaneçam constantes (assim H^E permanece constante), os dois mínimos se deslocam, encontrando-se quando $\xi = 2$.

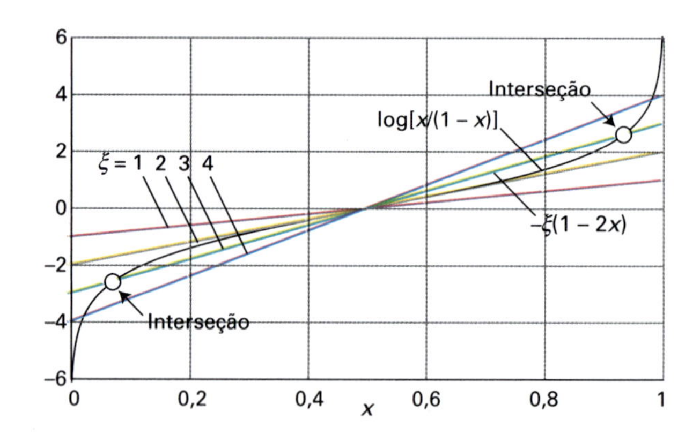

Figura 5C.19 Procedimento gráfico para a resolução da Eq. 5C.7. Quando $\xi < 2$, ocorre apenas uma interseção em $x = 0$. Quando $\xi \geq 2$ existem duas soluções (aquelas para $\xi = 3$ estão assinaladas).

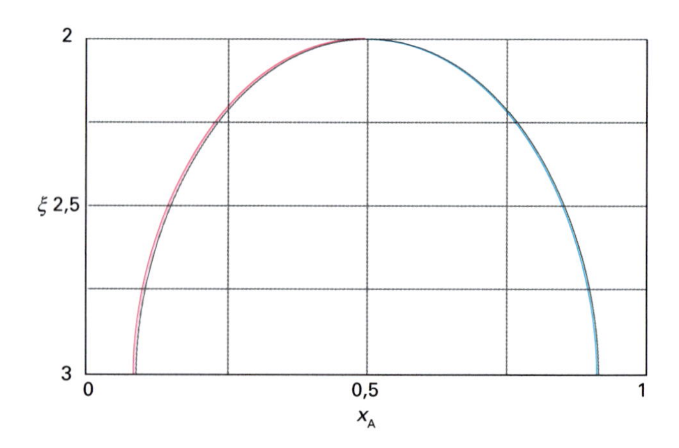

Figura 5C.20 A posição da curva da fronteira da região bifásica calculada com base no modelo do parâmetro ξ introduzido na Seção 5B.

Breve ilustração 5C.5 Separação de fases

Foi obtido o valor de $\xi = 1{,}13$ para o sistema constituído por benzeno e ciclo-hexano estudado no *Exemplo* 5B.1, de modo que não esperamos um sistema bifásico, ou seja, o sistema é completamente miscível na temperatura estudada. A única solução da equação

$$\ln\frac{x_A}{1-x_A}+1{,}13(1-2x_A)=0$$

é $x_A = \frac{1}{2}$, que corresponde a um único mínimo da energia de Gibbs de mistura, e não ocorre a separação de fases.

Exercício proposto 5C.7 Seria possível a separação de fases se a entalpia de excesso fosse dada pela expressão $H^E = \xi RTx_A^2x_B^2$ (Fig. 5C.21a)?

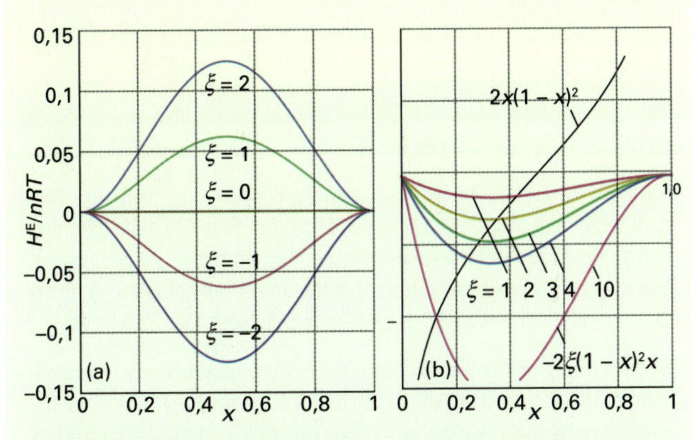

Figura 5C.21(a) (a) Entalpia de excesso e (b) solução gráfica da equação para o cálculo dos mínimos da energia de Gibbs de mistura do *Exercício proposto* 5C.

Resposta: Não, veja a Fig. 5C.21b

Alguns sistemas têm uma **temperatura crítica inferior de solução** T_{ci} (ou *temperatura consoluta inferior*), abaixo da qual os líquidos são solúveis em quaisquer proporções e acima da qual formam duas fases. Um exemplo deste comportamento encontra-se no sistema água e trietilamina (Fig. 5C.22). Neste caso, os dois componentes são mais solúveis a baixas temperaturas graças à formação de um complexo fraco. Em temperaturas mais elevadas, o complexo se rompe e os dois componentes são menos miscíveis.

Alguns sistemas exibem temperaturas críticas superior e inferior de solução. Eles ocorrem porque, depois que os complexos fracos são decompostos, conduzindo a uma miscibilidade parcial, o movimento de agitação térmica em temperaturas mais elevadas homogeneíza a mistura novamente, como no caso comum de líquidos parcialmente miscíveis. O exemplo mais famoso deste comportamento é o da nicotina e água, que são parcialmente solúveis entre 61 °C e 210 °C (Fig. 5C.23).

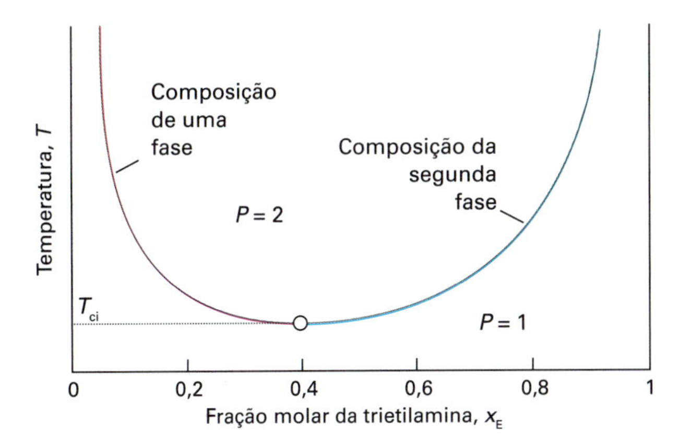

Figura 5C.22 Diagrama da temperatura contra composição do sistema água e trimetilamina. O sistema tem uma temperatura crítica inferior a 292 K. Os dísticos identificam as curvas das fronteiras da região bifásica.

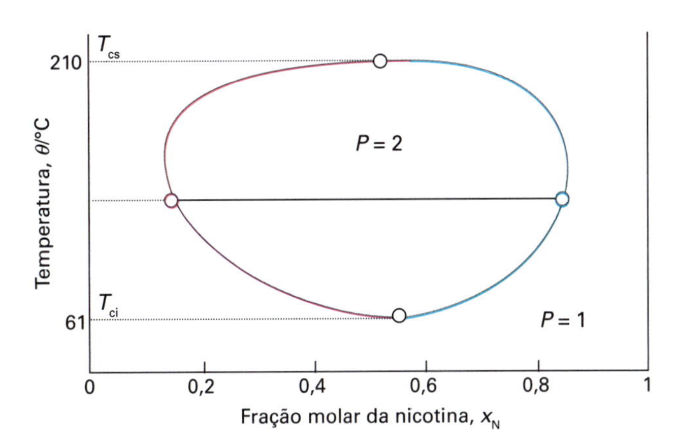

Figura 5C.23 Diagrama da temperatura contra composição do sistema água e nicotina, que tem temperatura crítica superior e também inferior. Observe as temperaturas elevadas para os líquidos (especialmente para a água); o diagrama corresponde a uma amostra sob pressão.

(c) A destilação de líquidos parcialmente miscíveis

Imaginemos um par de líquidos que sejam parcialmente miscíveis e que formem azeótropo de mínimo. Esta combinação é bastante comum, pois as duas propriedades refletem a tendência de as moléculas dos dois líquidos se evitarem mutuamente. Há duas possibilidades nestes sistemas: uma em que os líquidos se tornam completamente miscíveis antes da ocorrência da ebulição; a outra é a de a ebulição começar antes de a solubilização estar completa.

A Fig. 5C.24 mostra o diagrama de fases de dois componentes que se tornam completamente miscíveis abaixo da temperatura de ebulição. A destilação de uma solução com a composição a_1 leva a um vapor com a composição b_1, que se condensa em uma solução homogênea (monofásica) em b_2. A separação entre as fases líquidas só ocorre quando o destilado é resfriado até uma temperatura correspondente a um ponto na região de duas fases, como

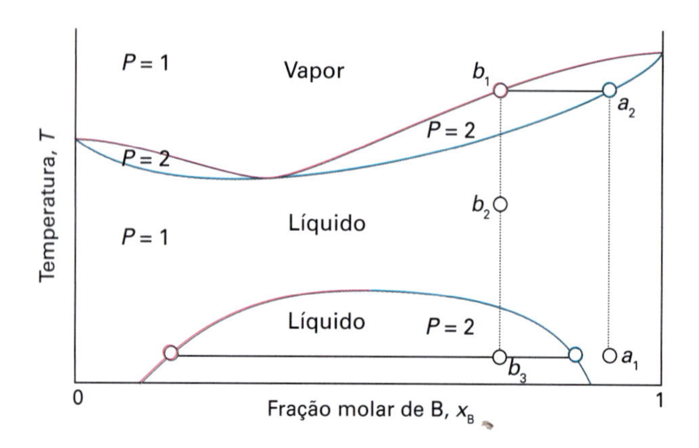

Figura 5C.24 Diagrama da temperatura contra composição para um sistema binário que tem a temperatura crítica superior mais baixa que a do ponto de ebulição de qualquer solução. O sistema forma um azeótropo de mínimo.

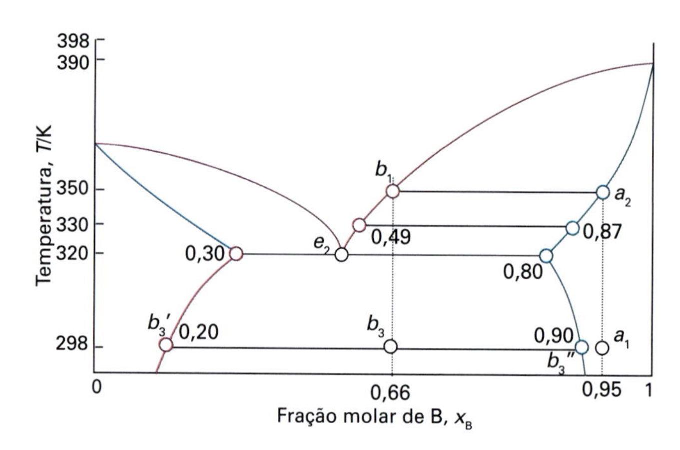

Figura 5C.26 Os pontos do diagrama de fases da Fig. 5C.25 discutidos no *Exemplo* 5C.3.

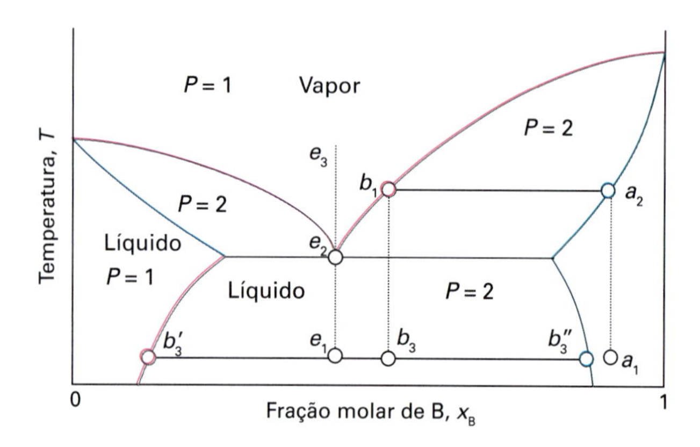

Figura 5C.25 Diagrama da temperatura contra composição para um sistema binário no qual a ebulição ocorre antes de os líquidos estarem completamente solubilizados um no outro.

b_3. Esta descrição aplica-se somente à primeira gota do destilado. Se a destilação continuar, a composição da fase líquida restante se altera. No final, quando toda a amostra vaporizou e condensou, a composição volta para a_1.

A Fig. 5C.25 mostra a segunda possibilidade, em que não há uma temperatura crítica superior de solução. O destilado que se obtém inicialmente a partir de um líquido com a composição a_1 tem a composição b_3 e é uma mistura de duas fases. Uma fase tem a composição b_3', e a outra, a composição b_3''.

É interessante o comportamento do sistema representado pela isopleta e na Fig. 5C.25. Um sistema em e_1 tem duas fases que se mantêm (com ligeiras variações de composição e quantidades relativas) até o ponto de ebulição em e_2. O vapor correspondente a essa mistura tem a mesma composição que a composição global do líquido (o líquido é um azeótropo). Analogamente, a condensação de um vapor com a composição e_3 leva a um líquido bifásico com a mesma composição global. Em uma certa temperatura, a mistura vaporiza e condensa como se fosse uma substância pura.

Exemplo 5C.3 Interpretação de um diagrama de fases

Descreva as modificações que ocorrem quando uma mistura com a composição $x_B = 0,95$ (ponto a_1) na Fig. 5C.26 entra em ebulição e o vapor é condensado.

Método A região onde se encontra o ponto dá o número e a natureza das fases. As composições das fases são dadas pelos pontos em que ocorrem as interseções da linha de amarração horizontal com a curva da fronteira da região bifásica. A abundância relativa das fases é calculada pela regra da alavanca.

Resposta O ponto inicial está na região monofásica. Quando aquecido, ele entra em ebulição a 350 K (ponto a_2) e o vapor formado tem a composição $x_B = 0,66$ (ponto b_1). O líquido remanescente fica mais rico em B e a última gota (de B puro) evapora-se a 390 K. O intervalo de ebulição do líquido é, então, entre 350 K e 390 K. Se o vapor formado inicialmente for recolhido, a sua composição é $x_B = 0,66$. Essa composição seria mantida se a amostra fosse muito grande, mas para uma amostra finita ocorre a sua modificação para valores mais elevados e, no final da vaporização, atinge $x_B = 0,95$. O resfriamento do destilado corresponde a se descer ao longo da isopleta de $x_B = 0,66$. A 330 K, por exemplo, a fase líquida tem a composição $x_B = 0,87$, o vapor $x_B = 0,49$; suas proporções relativas estão na razão de 1:3. A 320 K, a amostra é constituída por três fases: o vapor e duas soluções líquidas. Uma fase líquida tem a composição $x_B = 0,30$; a outra, $x_B = 0,80$, e estão na razão 0,62:1. Se o resfriamento prosseguir, o ponto do sistema continua na região bifásica, e a 298 K as composições são 0,20 e 0,90, e a razão entre as fases é de 0,82:1. Se prosseguir a destilação, a composição global do destilado recolhido fica cada vez mais rica em B. Quando a última gota é condensada, a composição geral coincide com a composição inicial.

Exercício proposto 5C.8 Repita a discussão anterior a partir de um ponto $x_B = 0,4$, $T = 298$ K.

5C.4 Diagramas de fases líquido-sólido

O conhecimento dos diagramas de temperatura contra composição para misturas sólidas é essencial na implementação de importantes processos industriais, tais como a fabricação de telas de

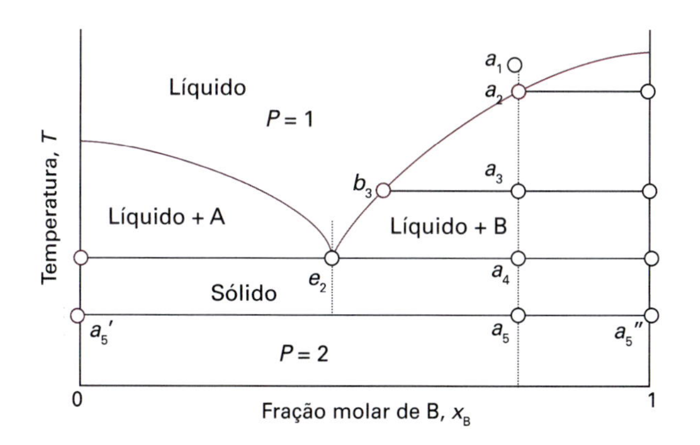

Figura 5C.27 Diagrama de fases da temperatura contra a composição de dois sólidos praticamente insolúveis um no outro, porém completamente solúveis em fase líquida. Observe a semelhança entre este diagrama e o da Fig. 5C.25. A isopleta que passa por e_2 corresponde à composição do eutético, que é a mistura com ponto de fusão mais baixo de todos.

cristais líquidos e de semicondutores. Nesta seção, consideraremos sistemas em que as fases sólida e líquida podem ambas estar presentes em temperaturas abaixo do ponto de ebulição.

(a) Eutéticos

Consideremos o líquido binário de composição a_1 na Fig. 5C.27. As modificações que ocorrem podem ser descritas como se segue:

Interpretação física

- $a_1 \to a_2$. O sistema entra na região bifásica identificada por "Líquido + B". O sólido B puro principia a se separar da solução e o líquido restante fica mais rico em A.
- $a_2 \to a_3$. Forma-se mais sólido B, e as quantidades relativas de sólido e de líquido (que estão em equilíbrio) são dadas pela regra da alavanca. Nesta etapa, as quantidades das duas fases são aproximadamente iguais. A fase líquida presente é mais rica em A do que o líquido inicial (a sua composição é b_3), pois parte do B foi separada.
- $a_3 \to a_4$. No final desta etapa há menos líquido do que em a_3, e a composição do líquido residual é e_2. O líquido agora se solidifica e forma um sistema bifásico de B sólido puro e A sólido puro.

A isopleta que passa por e_2, na Fig. 5C.27, corresponde, na composição **eutética**, à mistura com o menor ponto de fusão.[2] Um líquido com a composição eutética solidifica-se em uma única temperatura, sem que dele se separem previamente o A sólido ou o B sólido. Um sólido com a composição eutética funde, sem modificação de composição, em temperatura mais baixa do que a de fusão de qualquer outra mistura. As soluções com a composição à direita de e_2 depositam B sólido ao se resfriarem, e as soluções à esquerda depositam A sólido. Somente a mistura eutética (além do A puro ou do B puro) solidifica-se em uma única temperatura definida sem precipitar, previamente, um ou outro componente da fase líquida.

Um eutético que tem importância tecnológica é a solda, cuja composição em massa é de aproximadamente 67% de estanho e 33% de chumbo, com ponto de fusão de 183 °C. O eutético formado por 23% de NaCl e 77% de H_2O em massa funde a −21,1 °C. Quando se junta sal ao gelo, em condições isotérmicas (por exemplo, quando se espalha sobre uma estrada com a superfície congelada) a mistura funde se a temperatura estiver acima de −21,1 °C (e se atinge a composição do eutético). Quando a adição do sal ao gelo se faz adiabaticamente (por exemplo, quando adicionado ao gelo em uma garrafa térmica), o gelo se funde, mas ao fazer isso absorve calor do resto da mistura. A temperatura do sistema cai e, se a quantidade do sal for suficiente, o resfriamento prossegue até que seja atingida a temperatura eutética. A formação do eutético ocorre na grande maioria de sistemas de ligas binárias e tem grande importância na microestrutura dos materiais sólidos. Embora um sólido eutético seja um sistema bifásico, a cristalização se faz com a formação de mistura muito homogênea de microcristais. As duas fases microcristalinas podem ser distinguidas por microscopia ou por outras técnicas de observação de estruturas sólidas, como a difração de raios X (Seção 18A).

A análise térmica é um procedimento prático de grande utilidade para a detecção de eutéticos. Podemos ver como opera analisando o resfriamento de um sistema ao longo da isopleta que passa por a_1 na Fig. 5C.27. O líquido resfria em uma velocidade constante até que atinja a_2, quando principia a separação de B sólido (Fig. 5C.28). O resfriamento é agora mais lento, pois a solidificação de B é exotérmica e retarda o abaixamento da temperatura. Quando o líquido atinge a composição eutética, a temperatura permanece constante até que toda a amostra tenha solidificado. Esta região de temperatura constante na curva de resfriamento é o patamar do eutético. Se o líquido tiver inicialmente a composição do eutético e, o seu resfriamento é

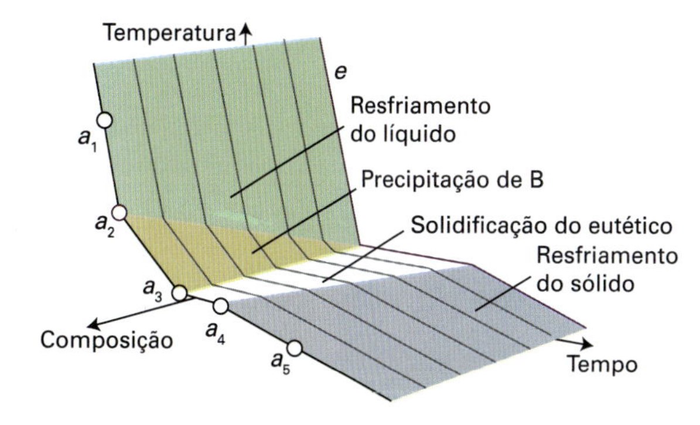

Figura 5C.28 Curvas de resfriamento para o sistema mostrado na Fig. 5C.27. Na isopleta a, a taxa de resfriamento diminui no ponto a_2, pois o sólido B se separa da solução. Em a_4 há um patamar que corresponde à solidificação do eutético. Este patamar tem a maior extensão na isopleta do eutético em e. O patamar fica cada vez mais curto nas composições além de e (sistemas mais ricos em A). Essas curvas de resfriamento propiciam o levantamento do diagrama de fases.

[2] O nome vem do grego, e significa "fácil de fundir".

uniforme e constante até a temperatura de solidificação do eutético, onde aparece um dilatado **patamar eutético** e toda a amostra se solidifica (como se fosse a solidificação de um líquido puro).

Breve ilustração 5C.6 Utilização de um diagrama de fases binário

A Fig. 5C.29 corresponde ao diagrama de fases para o sistema binário prata/estanho. As diferentes regiões do diagrama foram identificadas. Quando um líquido de composição *a* é resfriado, a prata sólida com estanho dissolvido começa a precipitar em a_1 e a amostra se solidifica completamente em a_2.

Exercício proposto 5C.9 Descreva o que acontece quando uma amostra de composição *b* é resfriada.

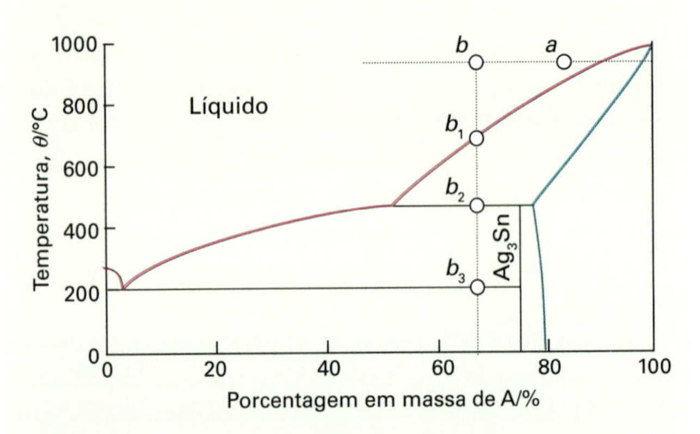

Figura 5C.29 Diagrama de fases para o sistema prata/estanho discutido na *Breve ilustração* 5C.6.

Resposta: Ag sólida com Sn dissolvido começa a precipitar em b_1, e o líquido fica mais rico em Sn à medida que a temperatura diminui. Em b_2 o sólido Ag_3Sn começa a precipitar, e o líquido fica mais rico em Sn. Em b_3 o sistema atinge sua composição eutética (uma solução sólida de Sn e Ag_3Sn) e se solidifica sem mais nenhuma modificação na composição.

A investigação das curvas de resfriamento em diferentes composições globais proporciona uma clara indicação da estrutura do diagrama de fases. A curva de equilíbrio sólido-líquido é dada pelos pontos em que a velocidade de resfriamento muda. O patamar mais dilatado do eutético assinala a composição eutética e dá a sua temperatura de fusão (a temperatura eutética).

(b) Sistemas que formam compostos

Muitas misturas binárias reagem e produzem compostos. Exemplos tecnologicamente importantes deste comportamento incluem os semicondutores dos Grupos 13/15 (III/V), como o sistema gálio/arsênio, que forma o composto GaAs. Embora três constituintes estejam presentes, há somente dois componentes, pois o GaAs se forma pela reação Ga + As → GaAs. Ilustraremos alguns dos princípios envolvidos com um sistema que forma um composto C, que, por sua vez, também forma eutéticos com as substâncias A e B (Fig. 5C.30).

Um sistema preparado pela mistura de A com um excesso de B é constituído pelo composto C e pelo B que não reagiu. Este é um

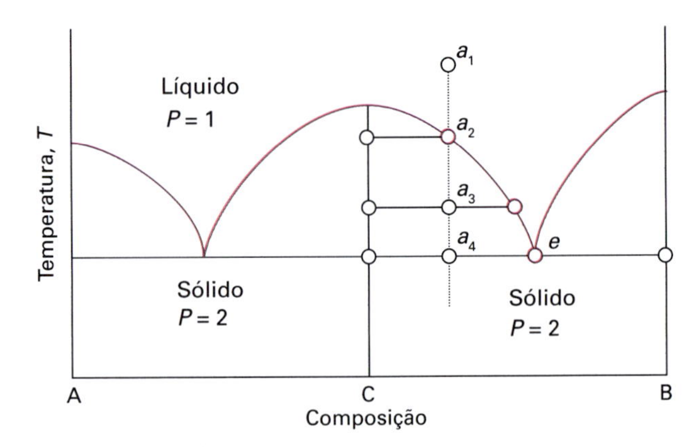

Figura 5C.30 Diagrama de fases de um sistema em que A e B reagem para formar o composto C = AB. Este diagrama é semelhante ao da Fig. 5C.27 duplicado, cada versão ocupando a metade da figura. O constituinte C é um composto, não uma mistura equimolar de A e B.

sistema binário de B e C que, por hipótese, forma um eutético. A principal modificação em relação ao diagrama de fases do eutético na Fig. 5C.27 é a de o diagrama ficar comprimido no intervalo de composição entre quantidades iguais de A e B ($x_B = 0{,}5$, assinalada por C na Fig. 5C.30) e B puro. A interpretação do diagrama é feita do mesmo modo que para o diagrama da Fig. 5C.27. O sólido depositado no resfriamento ao longo da isopleta *a* é o composto C. Em temperaturas inferiores a a_4 há duas fases sólidas, uma delas do C sólido e a outra do B. O composto puro C funde **congruentemente**, isto é, a composição do líquido que se forma é igual à do composto sólido.

(c) Fusão incongruente

Em alguns casos, o composto C não é estável como um líquido. Um exemplo é o da liga Na_2K, que só existe na fase sólida (Fig. 5C.31). Analisemos o que ocorre quando o líquido a_1 é resfriado:

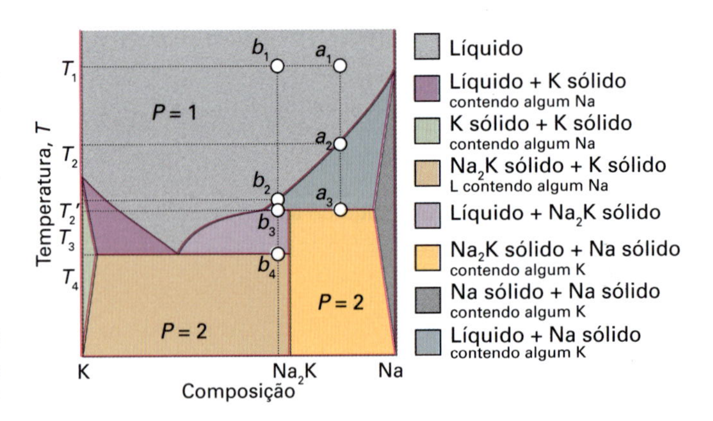

Figura 5C.31 Diagrama de fases para um sistema real (sódio e potássio), parecido com o da Fig. 5C.30 , porém com duas diferenças: a primeira é que o composto tem a fórmula Na_2K, o que corresponde a A_2B e não a AB, como na outra figura; a segunda é que o composto só existe como sólido, não como líquido. A transformação do composto no seu ponto de fusão é um exemplo de fusão incongruente.

- $a_1 \rightarrow a_2$. Há deposição de parte do Na sólido, e o líquido residual é mais rico em K que a solução original.
- $a_2 \rightarrow$ pouco abaixo de a_3. A amostra está totalmente sólida, e consiste em Na sólido e Na_2K sólido.

Vejamos agora a isopleta que passa por b_1:

- $b_1 \rightarrow b_2$. Não há nenhuma alteração de fase até que se atinja o ponto b_2, quando principia a deposição do Na sólido.
- $b_2 \rightarrow b_3$. Há deposição de Na sólido, mas em b_3 ocorre uma reação para formar o Na_2K. Este composto se forma pela difusão dos átomos de K na fase do Na sólido existente.
- b_3. Em b_3 existem três fases em equilíbrio mútuo: o líquido, o composto Na_2K e o Na sólido. A linha horizontal representando este equilíbrio das três fases é chamada de **linha peritética**. Neste estágio, a solução líquida Na/K está em equilíbrio com uma pequena quantidade de Na_2K sólido, mas não há ainda nenhum composto na fase líquida.
- $b_3 \rightarrow b_4$. À medida que o resfriamento continua, a quantidade do composto sólido aumenta até que em b_4 o líquido atinge a composição do eutético. Há então solidificação do sistema com a formação de duas fases sólidas consistindo no K sólido e no Na_2K sólido.

Interpretação física

Se o sólido for reaquecido, a sequência de eventos é invertida. Não se forma o composto Na_2K líquido em nenhuma etapa, pois ele é muito instável para existir como um líquido. Este comportamento é exemplo de **fusão incongruente**, na qual a fusão do composto é acompanhada pela sua decomposição, de modo que o composto nunca está na fase líquida.

Conceitos importantes

- ☐ 1. A lei de Raoult é usada para calcular a pressão de vapor total de um sistema binário de dois líquidos voláteis.
- ☐ 2. A composição do vapor em equilíbrio com uma mistura binária é calculada utilizando-se a lei de Dalton.
- ☐ 3. As composições das fases líquido e vapor em equilíbrio estão localizadas nas extremidades da linha de amarração.
- ☐ 4. A **regra da alavanca** é usada para calcular as abundâncias relativas de cada fase em equilíbrio.
- ☐ 5. Um diagrama de fases pode ser usado para analisar o processo de **destilação fracionada**.
- ☐ 6. Dependendo das intensidades relativas das forças intermoleculares, podem-se formar **azeótropos** de máximo ou de mínimo.
- ☐ 7. A pressão de vapor de um sistema formado por líquidos imiscíveis é a soma das pressões dos líquidos puros.
- ☐ 8. Um diagrama de fases pode ser usado para analisar a destilação de líquidos parcialmente miscíveis.
- ☐ 9. A separação de fases de líquidos parcialmente miscíveis ocorre quando a temperatura está abaixo da temperatura crítica superior ou acima da temperatura crítica inferior da solução; o processo pode ser analisado em termos do modelo de uma solução regular.
- ☐ 10. Um diagrama de fases resume as propriedades de temperatura contra composição de um sistema binário com fases sólidas e líquidas; na **composição eutética**, a fase líquida cristaliza sem mudança de composição.
- ☐ 11. Os equilíbrios de fases de sistemas binários com formação de compostos também podem ser resumidos em um diagrama de fases.
- ☐ 12. Em alguns casos, um composto sólido não resiste à fusão.

Equações importantes

Propriedade	Equação	Comentário	Número da equação
Composição do vapor	$y_A = x_A p_A^* / (p_B^* + (p_A^* - p_B^*) x_A)$ $y_B = 1 - y_A$	Solução ideal	5C.4
Pressão de vapor total	$p = p_A^* p_B^* / (p_A^* + (p_B^* - p_A^*) y_A)$	Solução ideal	5C.5
Regra da alavanca	$n_\alpha l_\alpha = n_\beta l_\beta$		5C.6

5D Diagramas de fases de sistemas ternários

Tópicos

➤ Por que você precisa saber este assunto?

Os diagramas de fases ternários têm se tornado importantes na ciência dos materiais à medida que materiais mais complexos vêm sendo estudados, como, cerâmicas com propriedades supercondutoras.

➤ Qual é a ideia fundamental?

Um diagrama de fases é um mapa que indica sob quais condições cada fase de um sistema é a mais estável.

➤ O que você já deve saber?

Seria útil rever a interpretação de diagramas de fases de sistemas binários (Seção 5C) e a regra das fases (Seção 5A). A interpretação dos diagramas de fases que estudaremos utiliza a regra da alavanca (Seção 5C).

Esta pequena seção apresenta uma breve introdução aos diagramas de fases de sistemas com três componentes. Pela regra das fases (Seção 5A), $C=3$, assim $F=5-P$. Se nos restringimos a sistemas a pressão e temperatura constantes, dois graus de liberdade são utilizados, e temos assim $F''=3-P$. Portanto, uma região de um diagrama de fases ternário corresponde a um sistema unifásico, uma curva representa o equilíbrio entre duas fases para diferentes composições, e um ponto representa a composição na qual três fases coexistem em equilíbrio.

5D.1 Diagramas de fases triangulares

As frações molares dos três componentes de um sistema ternário satisfazem $x_A+x_B+x_C=1$. Quando representamos um diagrama de fases em um triângulo equilátero, essa propriedade se satisfaz automaticamente, pois a soma das distâncias até um ponto localizado dentro de um triângulo equilátero de aresta 1 e medida paralela às arestas é 1 (Fig. 5D1).

A Fig. 5D.1 apresenta a aplicação prática da utilização do diagrama triangular. O lado AB corresponde a $x_C = 0$, e analogamente para os outros dois lados. Assim, cada um dos três lados corresponde aos três sistemas binários (A,B), (B,C) e (C,A). Um ponto no interior do triângulo corresponde a um sistema ternário, ou seja, os três componentes estariam presentes. No ponto P, por exemplo, temos $x_A = 0{,}50$, $x_B = 0{,}10$ e $x_C = 0{,}40$.

Um ponto sobre uma reta que una um dado vértice ao lado oposto do triângulo (reta pontilhada na Fig. 5D.1) representa a composição de um sistema ternário que se torna progressivamente mais rico no componente A, à medida que nos aproximamos do vértice A, e em que a razão das concentrações B:C se mantém constante. Portanto, para representar a variação da composição de um sistema ternário no qual se adiciona A, traçamos uma reta que liga o vértice A a um ponto no lado BC que corresponda à concentração do sistema binário inicial. Qualquer sistema ternário formado pela adição de A se localiza sobre essa reta.

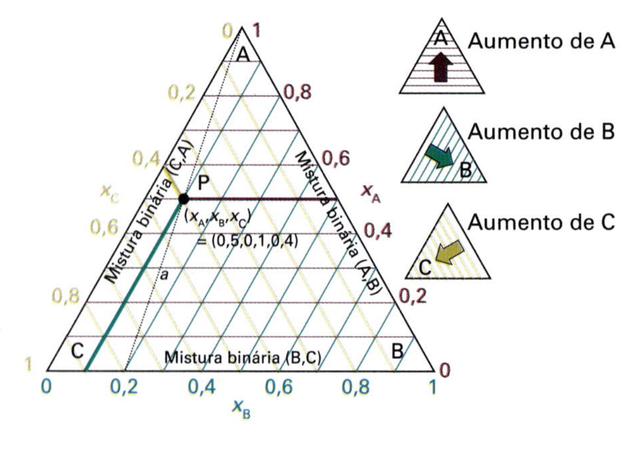

Figura 5D.1 Coordenadas triangulares utilizadas para a representação de sistemas ternários. Cada lado corresponde a um sistema binário. Todos os pontos sobre a reta pontilhada *a* têm a mesma razão entre as frações molares de B e C.

Breve ilustração 5D.1 A representação da composição

Os pontos vistos a seguir estão representados na Fig. 5D.2:

Ponto	x_A	x_B	x_C
a	0,20	0,80	0
b	0,42	0,26	0,32
c	0,80	0,10	0,10
d	0,10	0,20	0,70
e	0,20	0,40	0,40
f	0,30	0,60	0,10

Observe que os pontos d, e, f apresentam $x_A/x_B = 0,5$ e se encontram sobre uma reta.

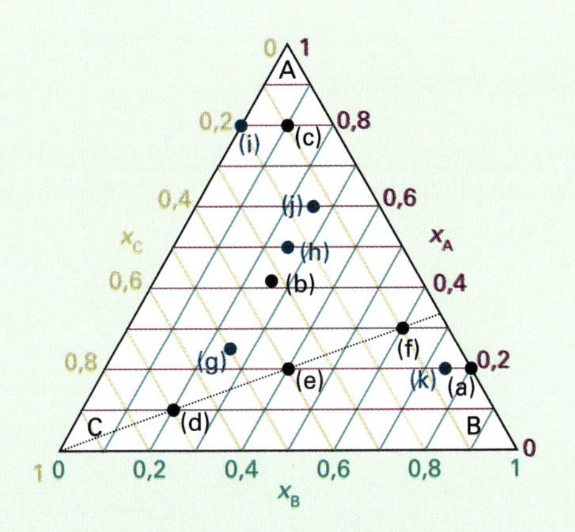

Figura 5D.2 Pontos referentes à *Breve ilustração* 5D.1 (em preto) e *Exercício proposto* 5D.1 (em azul).

Exercício proposto 5D.1 Marque os pontos vistos a seguir em um diagrama triangular.

Ponto	x_A	x_B	x_C
g	0,25	0,25	0,50
h	0,50	0,25	0,25
i	0,80	0	0,20
j	0,60	0,25	0,15
k	0,20	0,75	0,05

Resposta: Veja a Fig. 5D.2.

Um diagrama triangular representa o equilíbrio quando especificamos um determinado grau de liberdade (por exemplo, a temperatura). Diferentes temperaturas correspondem a diferentes condições de equilíbrio e, portanto, a diferentes diagramas ternários. Cada um desses diagramas corresponde a uma seção horizontal de um prisma triangular tridimensional, como o apresentado na Fig. 5D.3.

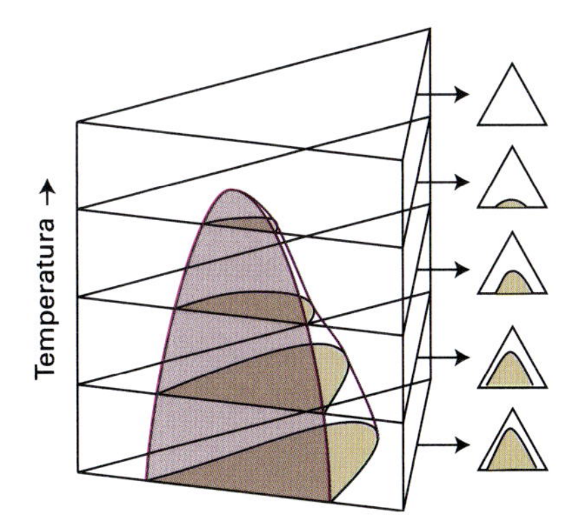

Figura 5D.3 Quando a temperatura é incluída como variável, o diagrama de fases se torna um prisma triangular. Cada uma das diferentes seções horizontais corresponde a um diagrama de fases triangular.

5D.2 Sistemas ternários

Diagramas de fases ternários são amplamente utilizados na metalurgia e na ciência de materiais. Embora esses diagramas às vezes sejam bastante complexos, podemos interpretá-los de forma bastante parecida como fazemos com diagramas de sistemas binários. Vamos apresentar dois exemplos.

(a) Líquidos parcialmente miscíveis

Na Fig. 5D.4 apresentamos o diagrama de fases para o sistema ternário em que W (que representa a água) e A (que representa o ácido acético), assim como A e C (que representa o clorofórmio), são completamente miscíveis, mas W e C são apenas parcialmente miscíveis. Esse diagrama mostra o comportamento do sistema água/ácido acético/clorofórmio na temperatura ambiente. Podemos observar que os dois pares completamente miscíveis

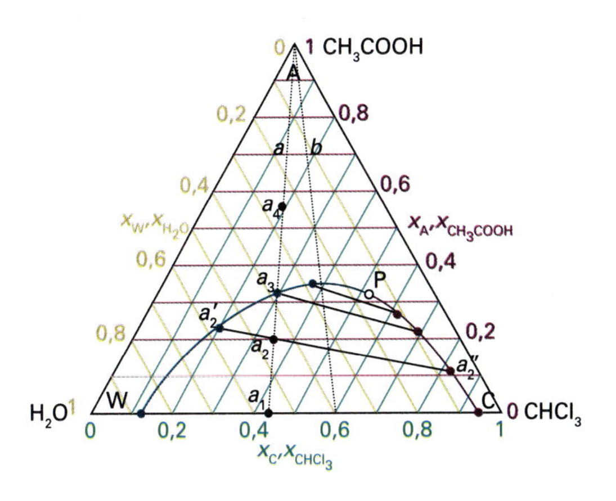

Figura 5D.4 Diagrama de fases, a temperatura e pressão constantes, do sistema ternário ácido acético, clorofórmio e água. São apresentadas apenas algumas das linhas de amarração na região bifásica. Todos os pontos sobre a reta *a* correspondem a uma razão constante de clorofórmio e água.

(A,W) e (A,C) são unifásicos, e o sistema (W,C), na base do triângulo, apresenta região bifásica. A base do triângulo corresponde a uma das retas horizontais em um diagrama de fases para o sistema binário. As linhas de amarração na região bifásica são obtidas traçando-se uma reta que une a composição das duas fases em equilíbrio determinadas experimentalmente.

Quando adicionamos quantidade suficiente de A a uma mistura binária (W,C) o sistema se torna unifásico. Esse processo pode ser observado ao longo da reta *a* na Fig. 5D.4:

- a_1. Sistema bifásico. As quantidades relativas das duas fases podem ser obtidas pela regra da alavanca.
- $a_1 \rightarrow a_2$. A adição de A faz o sistema percorrer a reta que une a_1 ao vértice A. Em a_2 a solução ainda apresenta duas fases, mas agora existe uma pequena quantidade a mais de W na fase predominantemente constituída por C (ponto a_2''), e mais C na fase rica em W, ponto a_2'. A presença de A ajuda a dissolução desses dois componentes um no outro. No diagrama de fases podemos observar que existe mais A na fase rica em W do que na fase rica em C (a_2' está mais perto do vértice A que a_2'').
- $a_2 \rightarrow a_3$. Em a_3 existem duas fases, entretanto a fase rica em C está presente somente como um traço (regra da alavanca).
- $a_3 \rightarrow a_4$. Quando adicionamos mais A o sistema passa por a_4, onde existe apenas uma fase presente.

Interpretação física

Breve ilustração 5D.2 Líquidos parcialmente miscíveis

Consideremos uma mistura de água (W na Fig. 5D.4) e clorofórmio, com $x_W = 0{,}40$ e $x_C=0{,}06$, à qual adicionamos ácido acético (A). As quantidades relativas de W e C permanecem constantes, assim, a composição total do sistema se desloca na linha reta *b* que une $x_C=0{,}60$ na base do triângulo ao vértice do ácido acético puro. A composição inicial do sistema está em uma região bifásica: uma fase de composição (x_W, x_C, x_A) = (0,95, 0,05, 0) e a outra (x_W, x_C, x_A) = (0,12, 0,88, 0). Quando adicionamos uma quantidade suficiente de ácido acético para aumentar a sua fração molar para 0,18 o sistema consiste em duas fases de composições (0,07, 0,82, 0,11) e (0,57, 0,20, 0,23) com quantidades praticamente iguais.

Exercício proposto 5D.2 Especifique o sistema quando adicionamos quantidade suficiente de ácido para elevar a sua fração molar para 0,34.

Resposta: Um traço da fase de composição (0,12, 0,61, 0,27) e uma fase dominante de composição (0,28, 0,37, 0,35).

O ponto assinalado por P na Fig. 5D.4 é denominado **ponto de entrelaçamento** (*plait point* em inglês). Esse ponto é mais um exemplo de ponto crítico. No ponto de entrelaçamento a composição das duas fases em equilíbrio é igual. A interpretação de um diagrama ternário é apresentada de forma resumida na Fig. 5D.5.

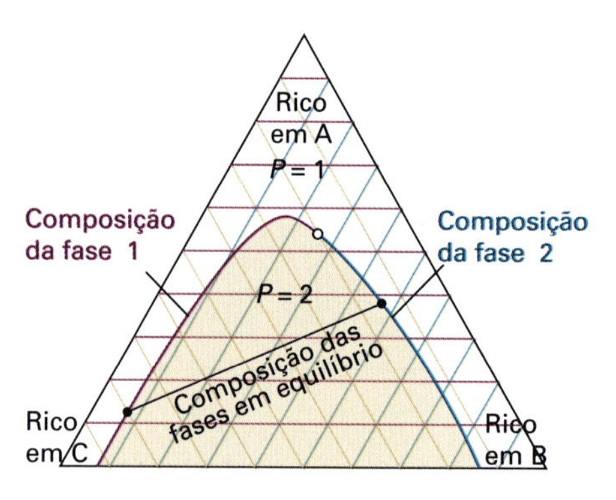

Figura 5D.5 Interpretação de um diagrama de fases triangular. A região interna da curva côncava consiste em duas fases, e as composições das fases em equilíbrio são dadas pelos pontos nas extremidades das linhas de amarração (as linhas de amarração são determinadas experimentalmente).

(b) Sólidos ternários

O diagrama de fases triangular apresentado na Fig. 5D.6 é característico de uma liga sólida com diferentes composições de três metais A, B e C.

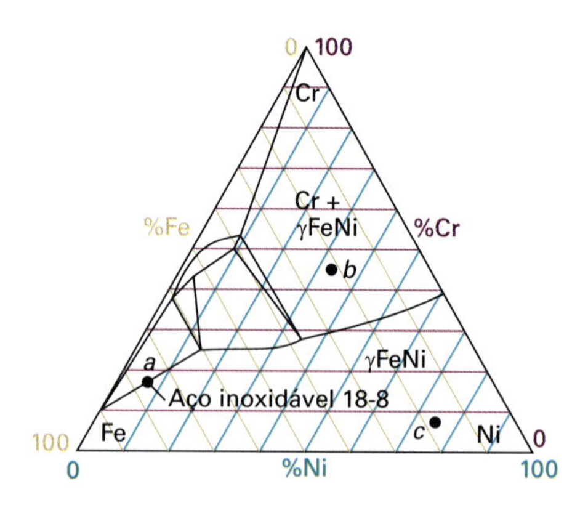

Figura 5D.6 Diagrama de fases triangular simplificado do sistema ternário representando um aço inoxidável constituído por ferro, cromo e níquel.

Breve ilustração 5D.3 Aço inoxidável

A Fig. 5D.6 apresenta uma versão simplificada do diagrama de fases de um aço inoxidável constituído por ferro, cromo e níquel. As escalas marcadas nos lados do triângulo estão em frações ponderais que somam 100%; assim, a interpretação dos pontos no diagrama triangular é essencialmente a mesma que para o caso de frações molares. O ponto *a* corresponde à composição de 74% de Fe, 18% de Cr e de 8% de Ni. Esse é o aço inoxidável mais comum, "aço inoxidável 18–8". A composição do ponto *b* corresponde a uma região bifásica, uma fase formada por Cr e a outra pela liga γ–FeNi.

Exercício proposto 5D.3 Determine a composição no ponto *c*.

Resposta: Três fases Fe, Ni e γ-FeNi.

Conceitos importantes

☐ 1. Um diagrama de fases representado como um triângulo equilátero garante que a propriedade $x_A + x_B + x_C = 1$ seja satisfeita automaticamente.

☐ 2. No **ponto de entrelaçamento** as composições das duas fases em equilíbrio são iguais.

5E Atividades

Tópicos

➤ **Por que você precisa saber este assunto?**

As soluções ideais servem como um bom começo para o estudo das soluções. Entretanto, para entendermos soluções reais é muito importante que sejamos capazes de descrever os desvios em relação ao comportamento ideal e interpretar esses desvios em termos das interações moleculares.

➤ **Qual é a ideia fundamental?**

A atividade de uma espécie química, isto é, a sua concentração efetiva, permite que as equações deduzidas tendo como base o comportamento ideal possam ser preservadas, mas estendendo a sua aplicação às soluções reais.

➤ **O que você já deve saber?**

Esta seção fundamenta-se nas expressões do potencial de um componente obtidas pela utilização das leis de Raoult e de Henry (Seção 5A). Também utilizamos o modelo de soluções regulares discutido na Seção 5B. Você precisa ter conhecimento da equação da energia de Gibbs de mistura de uma solução ideal (Seção 5B).

Nesta seção, veremos como modificar as expressões obtidas nas Seções 5A e 5B de modo a levar em conta os desvios em relação ao comportamento ideal. Na Seção 3D destacamos que uma grandeza conhecida como "fugacidade" leva em conta os afastamentos do comportamento do gás em relação ao do gás perfeito, de maneira a alterar ao mínimo a forma das equações. Veremos agora como as expressões pertinentes às soluções ideais também podem ser preservadas, quase que inteiramente, pela introdução do conceito de "atividade". Como em outra seções deste capítulo, vamos representar o solvente por A, o soluto por B e um componente em geral por J.

5E.1 A atividade do solvente

A forma geral do potencial químico de um solvente real ou ideal é dada por uma modificação direta da Eq. 5A.14 ($\mu_A = \mu_A^* + RT\ln(p_A/p_A^*)$, em que p_A^* é a pressão de vapor do A puro e p_A é a pressão de vapor de A quando ele for um componente de uma solução). No caso de uma solução ideal, como já visto, o solvente segue a lei de Raoult (Seção 5A, $p_A = x_A p_A^*$), em todas as concentrações, e podemos expressar esta relação pela Eq. 5A.22 (isto é, $\mu_A = \mu_A^* + RT\ln x_A$). A forma desta relação pode ser mantida quando a solução não obedece à lei de Raoult escrevendo-se

$$\mu_A = \mu_A^* + RT\ln a_A \qquad \textit{Definição} \qquad \text{Atividade do solvente} \qquad (5E.1)$$

A grandeza a_A é a **atividade** de A, uma espécie de fração molar "efetiva", tal como a fugacidade é uma pressão efetiva.

Como a Eq. 5E.1 é verdadeira para soluções tanto reais quanto ideais (a única aproximação é o uso de pressões em lugar das fugacidades), podemos concluir, quando comparamos com $\mu_A = \mu_A^* + RT\ln(p_A/p_A^*)$, que

$$a_A = \frac{p_A}{p_A^*} \qquad \textit{Determinação experimental} \qquad \text{Atividade do solvente} \qquad (5E.2)$$

Vemos então que não há nada misterioso em torno da atividade do solvente: ela pode ser determinada experimentalmente pela simples medida da pressão de vapor do solvente em equilíbrio com a solução, e depois pelo uso da Eq. 5E.2.

Breve ilustração 5E.1 A atividade do solvente

A pressão de vapor de uma solução de KNO_3(aq) 0,500 M, a 100 °C, é 99,95 kPa. A atividade da água, nesta solução e nesta temperatura, é então

$$a_A = \frac{99{,}95\ \text{kPa}}{101{,}325\ \text{kPa}} = 0{,}9864$$

Exercício proposto 5E.1 A pressão de vapor da água em uma solução saturada de nitrato de cálcio, a 20 °C, é de 1,381 kPa; a pressão de vapor da água pura nessa temperatura é de 2,3393 kPa. Qual o valor da atividade da água nessa solução?

Resposta: 0,5903

Como todos os solventes obedecem à lei de Raoult tanto melhor quanto mais a concentração do soluto se aproxima de zero, a atividade do solvente tende para a fração molar quando $x_A \rightarrow 1$:

$$a_A \rightarrow x_A \quad \text{quando} \quad x_A \rightarrow 1 \qquad (5E.3)$$

Uma maneira conveniente de exprimir essa convergência é introduzir o **coeficiente de atividade**, γ(gama), pela definição

$$a_A = \gamma_A x_A \quad \gamma_A \rightarrow 1 \text{ quando } x_A \rightarrow 1$$

Definição Coeficiente de atividade do solvente (5E.4)

em qualquer temperatura e sob qualquer pressão. O potencial químico do solvente fica então

$$\mu_A = \mu_A^* + RT\ln x_A + RT\ln\gamma_A$$

Potencial químico do solvente (5E.5)

O estado-padrão do solvente, o solvente puro líquido na pressão de 1 bar, corresponde a $x_A = 1$.

5E.2 A atividade do soluto

O problema da definição dos coeficientes de atividade e dos estados-padrão dos solutos é que eles tendem para o comportamento ideal em soluções diluídas (lei de Henry), isto é, quando $x_B \rightarrow 0$ e não quando $x_B \rightarrow 1$ (correspondente ao soluto puro). Vejamos agora como fazer as definições para um soluto que segue exatamente a lei de Henry e depois como levar em conta os afastamentos.

(a) Soluções diluídas ideais

Um soluto B que segue a lei de Henry (Seção 5A) tem a pressão de vapor dada por $p_B = K_B x_B$, em que K_B é uma constante empírica. Neste caso, o potencial químico de B se escreve como

$$\mu_B = \mu_B^* + RT\ln\frac{p_B}{p_B^*} = \overbrace{\mu_B^* + RT\ln\frac{K_B}{p_B^*}}^{\mu_B^\ominus} + RT\ln x_B \qquad (5E.6)$$

Os parâmetros K_B e p_B^* são ambos característicos do soluto, portanto o segundo termo do lado direito da equação anterior pode ser combinado com o primeiro termo, também no lado direito da equação anterior, definindo um novo potencial químico padrão, $\mu_B^\ominus$:

$$\mu_B^\ominus = \mu_B^* + RT\ln\frac{K_B}{p_B^*} \qquad (5E.7)$$

Vem então que o potencial químico de um soluto em uma solução diluída ideal está relacionado com a sua fração molar por

$$\mu_B = \mu_B^\ominus + RT\ln x_B \qquad (5E.8)$$

Se a solução é ideal, $K_B = p_B^*$, e a Eq. 5E.7 se reduz a $\mu_B^\ominus = \mu_B^*$, como se poderia esperar.

Breve ilustração 5E.2 A atividade do soluto

No *Exemplo* 5E.4 determinamos, para uma mistura de propanona (acetona, A) e triclorometano (clorofórmio, C) a 298 K, os valores de $K_{\text{propanona}}$ = 23,3 kPa e de $p^*_{\text{propanona}}$= 4,631 kPa. Utilizando a Eq. 5E.7, temos

$$\mu^\ominus_{\text{propanona}} = \mu^*_{\text{propanona}} + RT\ln\frac{23{,}3\text{ kPa}}{4{,}63\text{ kPa}}$$
$$= \mu^*_{\text{propanona}} + (8{,}3145\text{ J K}^{-1}\text{ mol}^{-1})\times(298\text{ K})\times\ln\frac{23{,}3}{4{,}63}$$
$$= \mu^*_{\text{propanona}} + 4{,}00\text{ kJ mol}^{-1}$$

e o valor do potencial químico padrão difere do valor do potencial químico do líquido puro de 4,00 kJ mol^{-1}.

Exercício proposto 5E.2 Considere essa mesma mistura, mas agora com o triclorometano como soluto, $K_{\text{triclorometano}}$ = 22,0 kPa, e $p^*_{\text{triclorometano}}$ =36,4kPa. Qual é a expressão que relaciona o potencial químico padrão e o potencial químico do líquido puro?

Resposta: $\mu^\ominus_{\text{triclorometano}} = \mu^*_{\text{triclorometano}} - 1{,}25\text{ kJ mol}^{-1}$

(b) Solutos reais

Admitamos agora afastamentos do comportamento ideal em solução diluída, isto é, afastamentos do comportamento da lei de Henry. Para o soluto escrevemos a_B em lugar de x_B na Eq. 5E.8, obtendo:

$$\mu_B = \mu_B^\ominus + RT\ln a_B$$

Definição Atividade do soluto (5E.9)

O estado-padrão não se altera, e todos os desvios da idealidade estão embutidos na atividade a_B. O valor da atividade, em qualquer concentração, pode ser obtido da mesma forma que no caso do solvente, mas, em lugar da Eq. 5E.2, usamos

$$a_B = \frac{p_B}{K_B}$$

Determinação experimental Atividade do soluto (5E.10)

Como no caso do solvente, é conveniente introduzir o coeficiente de atividade através de

$$a_B = \gamma_B x_B$$

Definição Coeficiente de atividade do soluto (5E.11)

Agora, todos os desvios em relação à idealidade estão embutidos no coeficiente de atividade γ_B. Como o soluto segue a lei de Henry quando a concentração tende a zero, vem que

$$a_B \rightarrow x_B \text{ e } \gamma_B \rightarrow 1 \text{ quando } x_B \rightarrow 0 \qquad (5E.12)$$

em quaisquer temperaturas e pressões. Os desvios do soluto em relação ao comportamento ideal desaparecem quando as concentrações tendem para zero.

Exemplo 5E.1 Medida da atividade

Use as informações a seguir para calcular a atividade e o coeficiente de atividade do triclorometano (clorofórmio, C) em propanona (acetona, A), a 25 °C. Admita inicialmente que o clorofórmio seja o solvente e depois que ele seja o soluto.

x_C	0	0,20	0,40	0,60	0,80	1
p_C/kPa	0	4,7	11	18,9	26,7	36,4
p_A/kPa	46,3	33,3	23,3	12,3	4,9	0

Método Para a atividade do clorofórmio como solvente (atividade da lei de Raoult), tem-se $a_C = p_C/p_C^*$ e $\gamma_C = a_C/x_C$. Para a sua atividade como soluto (atividade da lei de Henry), tem-se $a_C = p_C/K_C$ e $\gamma_C = a_C/x_C$, com o novo valor da atividade.

Resposta Uma vez que $p_C^* = 36{,}4$ kPa e $K_C = 22{,}0$ kPa, podemos organizar as tabelas a seguir. Por exemplo, em $x_C = 0{,}20$, no caso da lei de Raoult encontramos que $a_C = (4{,}7\ \text{kPa})/(36{,}4\ \text{kPa}) = 0{,}13$ e $\gamma_C = 0{,}13/0{,}20 = 0{,}65$. Do mesmo modo, no caso da lei de Henry, $a_C = (4{,}7\ \text{kPa})/(22{,}0\ \text{kPa}) = 0{,}21$ e $\gamma_C = 0{,}21/0{,}20 = 1{,}05$.

A partir da lei de Raoult (o clorofórmio considerado como solvente):

a_C	0	0,13	0,30	0,52	0,73	1,00
γ_C		0,65	0,75	0,87	0,91	1,00

A partir da lei de Henry (o clorofórmio considerado como soluto):

a_C	0	0,21	0,50	0,86	1,21	1,65
γ_C	1	1,05	1,25	1,43	1,51	1,65

Esses valores estão nos gráficos da Fig. 5E.1. Observe que $\gamma_C \to 1$ quando $x_C \to 1$ no caso da lei de Raoult, mas que $\gamma_C \to 1$ quando $x_C \to 0$ no caso da lei de Henry.

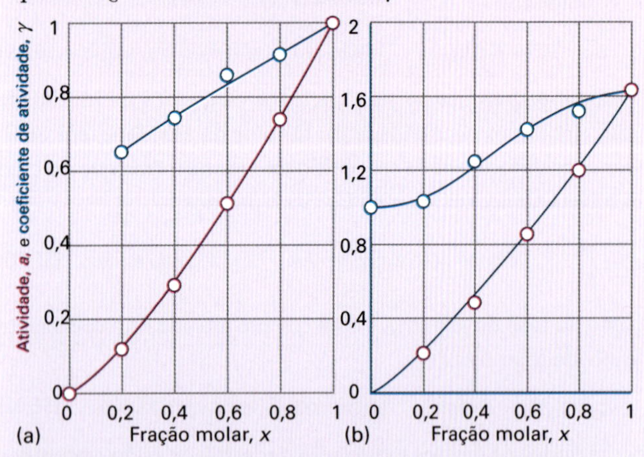

Figura 5E.1 A variação da atividade e do coeficiente de atividade da mistura clorofórmio/acetona (triclorometano/propanona) com a composição de acordo com (a) a lei de Raoult e (b) a lei de Henry.

Exercício proposto 5E.3 Calcule as atividades e os coeficientes de atividade da acetona no clorofórmio de acordo com as duas convenções.

Resposta: Em $x_A = 0{,}60$, por exemplo, $a_R = 0{,}50$; $\gamma_R = 0{,}83$; $a_H = 1{,}00$; $\gamma_H = 1{,}67$

(c) Atividades em termos de molalidades

A seleção de um estado-padrão é inteiramente arbitrária, de modo que estamos livres para escolher aquele que seja mais adequado para os nossos propósitos e para a descrição da composição do sistema. Em química, as composições são frequentemente expressas como molalidades, b, no lugar de frações molares. Portanto, é conveniente escrever

$$\mu_B = \mu_B^{\ominus} + RT \ln b_B \tag{5E.13}$$

em que $\mu_B^{\ominus}$ é um estado-padrão diferente dos estados-padrão descritos anteriormente. De acordo com esta definição, o potencial químico do soluto tem seu valor-padrão $\mu_B^{\ominus}$ quando a molalidade de B é igual a $b^{\ominus}$ (isto é, 1 mol kg^{-1}). Observe que quando $b \to 0$, $\mu_B \to \infty$; isto é, quando a solução torna-se diluída, a estabilização do soluto vai aumentando. A consequência prática deste resultado é a de que é muito difícil remover os últimos traços do soluto da solução.

Agora, como anteriormente, incorporamos os desvios da idealidade introduzindo uma atividade adimensional a_B, um coeficiente de atividade adimensional γ_B, e escrevendo

$$a_B = \gamma_B \frac{b_B}{b^{\ominus}}, \text{ em que } \gamma_B \to 1 \text{ quando } b_B \to 0 \tag{5E.14}$$

em quaisquer temperaturas e pressões. O estado-padrão não muda nesta etapa e, como anteriormente, todos os desvios da idealidade estão embutidos no coeficiente de atividade γ_B. Então chegamos à seguinte expressão para o potencial químico de uma solução real em qualquer molalidade:

$$\mu_B = \mu_B^{\ominus} + RT \ln a_B \tag{5E.15}$$

(d) O estado-padrão biológico

Uma ilustração importante da habilidade em escolher um estado-padrão que seja adequado às circunstâncias surge nas aplicações biológicas. O estado-padrão convencional baseado no íon hidrogênio (atividade unitária, correspondendo a pH = 0)[1] não é apropriado para as condições biológicas normais. Por isso é comum, em bioquímica, adotar o **estado-padrão biológico**, no qual o pH = 7 (atividade de 10^{-7}, solução neutra) e simbolizar as funções termodinâmicas no correspondente estado-padrão como $G^{\oplus}$, $H^{\oplus}$, $\mu^{\oplus}$ e $S^{\oplus}$ (alguns textos usam $X^{\circ\prime}$).

[1]Relembre, dos cursos introdutórios de química, que pH = $-\log a(H_3O^+)$.

Para encontrar a relação entre os valores-padrão termodinâmico e biológico do potencial químico dos íons hidrogênio, usamos a Eq. 5E.15:

$$\mu_{H^+} = \mu_{H^+}^{\ominus} + RT\ln a_{H^+} = \mu_{H^+}^{\ominus} - (RT\ln 10)\mathrm{pH}$$

Segue-se então que

$$\mu_{H^+}^{\oplus} = \mu_{H^+}^{\ominus} - 7RT\ln 10 \qquad (5E.16)$$

Relação entre o estado-padrão e o estado-padrão biológico

Breve ilustração 5E.3 O estado-padrão biológico

A 298 K, $7RT\ln 10 = 39{,}96\ \mathrm{kJ\,mol^{-1}}$, de modo que os dois valores-padrão diferem de aproximadamente 40 kJ mol^{-1}, assim, $\mu_{H^+}^{\oplus} = \mu_{H^+}^{\ominus} - 39{,}96\ \mathrm{kJ\,mol^{-1}}$. Portanto, para uma reação do tipo A + 2 H^+(aq) → B, a energia de Gibbs padrão e a energia de Gibbs padrão biológico estão relacionadas por:

$$\begin{aligned}\Delta_r G^{\oplus} &= \mu_B^{\ominus} - \{\mu_A^{\ominus} + 2\mu_{H^+}^{\oplus}\} = \mu_B^{\ominus} - \{\mu_A^{\ominus} + 2\mu_{H^+}^{\ominus} - 14RT\ln 10\}\\ &= \mu_B^{\ominus} - \{\mu_A^{\ominus} + 2\mu_{H^+}^{\ominus}\} + 14RT\ln 10 = \Delta_r G^{\ominus} + 14RT\ln 10\\ &= \Delta_r G^{\ominus} + 79{,}92\ \mathrm{kJ\,mol^{-1}}\end{aligned}$$

Exercício proposto 5E.4 Determine a relação entre a energia de Gibbs padrão e a energia de Gibbs padrão biológico para a reação: A → B + 3 H^+(aq).

Resposta: $\Delta_r G^{\oplus} = \Delta_r G^{\ominus} - 119{,}88\ \mathrm{kJ\,mol^{-1}}$

5E.3 As atividades das soluções regulares

O material sobre soluções regulares apresentado na Seção 5B fornece uma ideia sobre os desvios em relação à lei de Raoult e sua relação com os coeficientes de atividade. O ponto de partida é a expressão para o modelo de entalpia (molar) em excesso (Eq. 5B.6, $H^E = \xi RTx_Ax_B$), e a sua utilização para se obter a expressão da energia de Gibbs de mistura para uma solução regular. Mostramos na *Justificativa* a seguir que os coeficientes de atividade para esse modelo são dados por expressões da forma

$$\ln\gamma_A = \xi x_B^2 \quad \ln\gamma_B = \xi x_A^2 \qquad (5E.17)$$

Equações de Margules

Essas relações são chamadas **equações de Margules**.

Justificativa 5E.1 As equações de Margules

A energia de Gibbs de mistura, quando se forma uma solução ideal, é

$$\Delta_{mis}G = nRT\{x_A\ln x_A + x_B\ln x_B\}$$

(Essa é a Eq. 5B.16 da Seção 5B.) A equação correspondente para uma solução não ideal é

$$\Delta_{mis}G = nRT\{x_A\ln a_A + x_B\ln a_B\}$$

Essa equação é obtida da mesma forma que aquela para uma solução ideal, mas agora com as atividades no lugar das frações molares. Se cada atividade é substituída por γx, a equação anterior fica

$$\begin{aligned}\Delta_{mis}G &= nRT\{x_A\ln x_A\gamma_A + x_B\ln x_B\gamma_B\}\\ &= nRT\{x_A\ln x_A + x_B\ln x_B + x_A\ln\gamma_A + x_B\ln\gamma_B\}\end{aligned}$$

Agora, introduzimos as duas expressões da Eq. 5E.17 e usamos o fato de que $x_A + x_B = 1$. Obtemos então que

$$\begin{aligned}\Delta_{mis}G &= nRT\{x_A\ln x_A + x_B\ln x_B + \xi x_A x_B^2 + \xi x_B x_A^2\}\\ &= nRT\{x_A\ln x_A + x_B\ln x_B + \xi x_A x_B(x_A + x_B)\}\\ &= nRT\{x_A\ln x_A + x_B\ln x_B + \xi x_A x_B\}\end{aligned}$$

Observe que o coeficiente de atividade se comporta corretamente para as soluções diluídas: $\gamma_A \to 1$ quando $x_B \to 0$ e $\gamma_B \to 1$ quando $x_A \to 0$.

Neste ponto podemos usar as equações de Margules para escrever a atividade de A como

$$a_A = \gamma_A x_A = x_A e^{\xi x_B^2} = x_A e^{\xi(1-x_A)^2} \qquad (5E.18)$$

com uma expressão semelhante para a_B. A atividade de A, no entanto, é a razão entre a pressão de vapor de A na solução e a pressão de vapor de A puro (Eq. 5E.2, $a_A = p_A/p_A^*$), de modo que podemos escrever

$$p_A = p_A^* x_A e^{\xi(1-x_A)^2} \qquad (5E.19)$$

O gráfico desta função pode ser visto na Fig. 5E.2. Assim, podemos observar que

Interpretação física

- Para $\xi = 0$, correspondendo a uma solução ideal, $p_A = p_A^* x_A$, de acordo com a lei de Raoult.
- Valores positivos de ξ (quando o processo de mistura é endotérmico e, consequentemente, desfavorável às interações soluto-solvente) fornecem pressões de vapor maiores do que no caso ideal.
- Valores negativos de ξ (quando o processo de mistura é exotérmico e, consequentemente, favorável às interações soluto-solvente) fornecem pressões de vapor menores do que no caso ideal.

Todas as curvas obtidas da Eq. 5E.19 tendem à linearidade, e coincidem com a reta que representa a lei de Raoult, quando $x_A \to 1$. Nesta condição, a função exponencial na Eq. 5E.19 tende a 1. Quando $x_A \ll 1$, a Eq. 5E.19 tende a

$$p_A = p_A^* x_A e^{\xi} \qquad (5E.20)$$

Essa expressão tem a forma da lei de Henry, uma vez que K seja identificado com $e^{\xi}p_A^*$, que é diferente para cada sistema soluto-solvente.

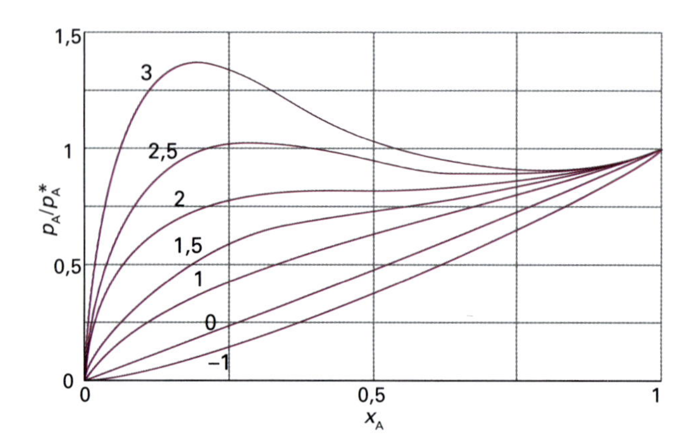

Figura 5E.2 A pressão de vapor de uma mistura baseada num modelo em que a entalpia de excesso é proporcional a ξRTx_Ax_B. Uma solução ideal corresponde a $\xi = 0$ e tem como resultado uma reta, de acordo com a lei de Raoult. Valores positivos de ξ fornecem pressões de vapor maiores do que no caso ideal. Valores negativos de ξ fornecem valores menores de pressão de vapor.

Breve ilustração 5E.4 As equações de Margules

No *Exemplo* 5B.1 obtivemos que $\xi = 1{,}13$ para uma mistura de benzeno e ciclo-hexano a 25 °C. Como $\xi > 0$ podemos esperar que a pressão de vapor da mistura seja maior do que no caso ideal. A pressão de vapor total da mistura é dada por

$$p = p^*_{\text{benzeno}} x_{\text{benzeno}} e^{1{,}13(1-x_{\text{benzeno}})^2} + p^*_{\text{ciclo-hexano}} x_{\text{ciclo-hexano}} e^{1{,}13(1-x_{\text{ciclo-hexano}})^2}$$

O gráfico dessa expressão é apresentado na Fig. 5E.3a, onde usamos $p_{\text{benzeno}} = 10{,}0$ kPa e $p^*_{\text{ciclo-hexano}} = 10{,}4$ kPa.

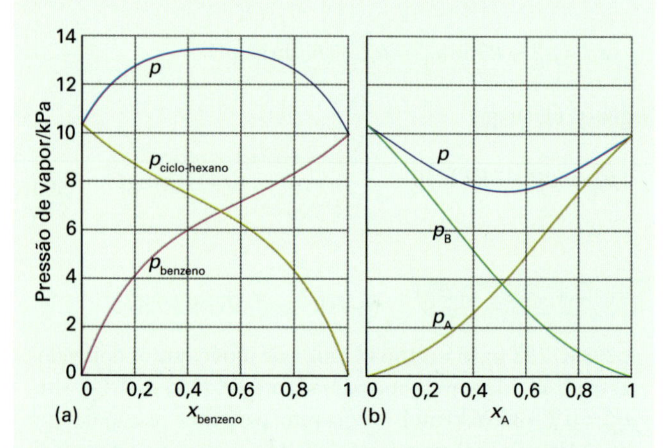

Figura 5E.3 Curvas com os valores calculados da pressão de vapor para a mistura benzeno/ciclo-hexano a 25 °C, (a) como calculados na *Breve ilustração* 5E.4 e (b) como calculados no *Exercício proposto* 5E.5.

Exercício proposto 5E.5 Suponhamos que para uma mistura hipotética $\xi = -1{,}13$, com as demais propriedades mantidas iguais. Trace o gráfico das pressões de vapor.

Resposta: Veja a Fig. 5E.3b

Conceitos importantes

- ☐ 1. A **atividade** é uma concentração efetiva que preserva a forma da expressão para o potencial químico. Veja Tabela 5E.1.
- ☐ 2. O potencial químico de um soluto em uma solução diluída ideal é definido com base na lei de Henry.
- ☐ 3. A atividade do soluto leva em consideração os afastamentos do comportamento previsto pela lei de Henry.
- ☐ 4. Uma abordagem alternativa para a definição da atividade do soluto é baseada na molalidade do soluto.
- ☐ 5. O **estado-padrão biológico** de uma espécie em solução é definido em pH = 7 (e a 1 bar).
- ☐ 6. As **equações de Margules** relacionam as atividades dos componentes de uma solução regular modelo às suas composições. Elas levam a expressões para as pressões de vapor dos componentes de uma solução regular.

Tabela 5E.1 Atividades e estados-padrão: um resumo*

Componente	Base	Estado-padrão	Atividade	Limites
Sólido ou líquido		Puro, 1 bar	$a=1$	
Solvente	Raoult	Solvente puro, 1 bar	$a=p/p^*$, $a=\gamma x$	$\gamma\to 1$ quando $x\to 1$ (Solvente puro)
Soluto	Henry	(1) Estado hipotético do soluto puro	$a=p/K$, $a=\gamma x$	$\gamma\to 1$ quando $x\to 0$
		(2) Estado hipotético do soluto com molalidade $b^{\ominus}$	$a=\gamma b/b^{\ominus}$	$\gamma\to 1$ quando $b\to 0$
Gás	Fugacidade†	Puro, estado-padrão hipotético de gás perfeito a 1 bar	$f=\gamma p$	$\gamma\to 1$ quando $p\to 0$

* Em todos os casos, $\mu=\mu^{\ominus}+RT\ln a$.
† A fugacidade é discutida na Seção 3D.

Equações importantes

Propriedade	Equação	Comentário	Número da equação
Potencial químico do solvente	$\mu_A = \mu_A^* + RT \ln a_A$	Definição	5E.1
Atividade do solvente	$a_A = p_A/p_A^*$	$a_A \rightarrow x_A$ quando $x_A \rightarrow 1$	5E.2
Coeficiente de atividade do solvente	$a_A = \gamma_A x_A$	$\gamma_A \rightarrow 1$ quando $x_A \rightarrow 1$	5E.4
Potencial químico do soluto	$\mu_B = \mu_B^{\ominus} + RT \ln a_B$	Definição	5E.9
Atividade do soluto	$a_B = p_B/K_B$	$a_B \rightarrow x_B$ quando $x_B \rightarrow 0$	5E.10
Coeficiente de atividade do soluto	$a_B = \gamma_B x_B$	$\gamma_B \rightarrow 1$ quando $x_B \rightarrow 0$	5E.11
Conversão para o estado-padrão biológico	$\mu_{H^+}^{\oplus} = \mu_{H^+}^{\ominus} - 7RT \ln 10$		5E.16
Equações de Margules	$\ln \gamma_A = \xi x_B^2$, $\ln \gamma_B = \xi x_A^2$	Solução regular	5E.17
Pressão de vapor	$p_A = p_A^* x_A e^{\xi(1-x_A)^2}$	Solução regular	5E.19

5F A atividade dos íons em solução

Tópicos

➤ Por que você precisa saber este assunto?

As interações entre os íons são tão intensas que a aproximação em que se substituem as atividades pelas molalidades só é válida em soluções muito diluídas (concentração total dos íons menor do que 1 mmol kg^{-1}); em trabalhos de precisão, é indispensável operar com as próprias atividades. Necessitamos, portanto, dedicar uma atenção especial às atividades dos íons em solução, principalmente à abordagem dos fenômenos eletroquímicos.

➤ Qual é a ideia fundamental?

O potencial químico de um íon diminui em virtude da interação eletrostática do íon com a sua atmosfera iônica.

➤ O que você já deve saber?

Esta seção se baseia na relação entre o potencial químico e a fração molar (Seção 5A) e na relação entre a energia livre de Gibbs e o trabalho diferente do de expansão (Seção 3D). Caso você pretenda estudar detalhadamente a dedução da teoria de Debye-Hückel é necessário conhecer alguns conceitos de eletrostática, tais como, o potencial coulombiano e a sua relação com a densidade de cargas dada pela equação de Poisson (explicado nesta seção). Esta seção também utiliza a distribuição de Boltzmann (*Fundamentos* B e, de forma muito mais detalhada, Seção 15A).

Se o potencial químico de um cátion univalente M^+ for simbolizado por μ_+ e o de um ânion univalente X^- por μ_-, a energia de Gibbs total dos íons em uma solução eletricamente neutra é igual à soma destas grandezas parciais molares. A energia de Gibbs molar de uma solução ideal é

$$G_m^{\text{ideal}} = \mu_+^{\text{ideal}} + \mu_-^{\text{ideal}} \quad (5F.1)$$

em que $\mu_J^{\text{ideal}} = \mu_J^\ominus + RT \ln x_J$. Entretanto, para uma solução *real* de M^+ e X^- com molalidades iguais, podemos escrever $\mu_J = \mu_J^\ominus + RT \ln a_J$, e, como $a_J = \gamma_J x_J$, temos que $\mu_J = \mu_J^{\text{ideal}} + RT \ln \gamma_J$, então

$$\begin{aligned} G_m &= \mu_+ + \mu_- = \mu_+^{\text{ideal}} + \mu_-^{\text{ideal}} + RT \ln \gamma_+ + RT \ln \gamma_- \\ &= G_m^{\text{ideal}} + RT \ln \gamma_+ \gamma_- \end{aligned} \quad (5F.2)$$

Todos os desvios em relação à idealidade estão contidos no último termo.

5F.1 Coeficientes médios de atividade

Não há nenhum procedimento experimental para separar o produto $\gamma_+\gamma_-$ nas contribuições dos cátions e dos ânions. O melhor que pode ser feito experimentalmente é atribuir a responsabilidade pela não idealidade da solução igualmente às duas espécies de íons. Num eletrólito 1:1, definimos o "coeficiente médio de atividade" como a média geométrica dos coeficientes individuais. A média geométrica de x^p e y^q é $(x^p y^q)^{1/(p+q)}$. Assim:

$$\gamma_\pm = (\gamma_+ \gamma_-)^{1/2} \quad (5F.3)$$

e exprimimos os potenciais químicos dos íons por

$$\mu_+ = \mu_+^{\text{ideal}} + RT \ln \gamma_\pm \quad \mu_- = \mu_-^{\text{ideal}} + RT \ln \gamma_\pm \quad (5F.4)$$

A soma desses dois potenciais químicos é idêntica à soma da Eq. 5F.2, mas agora os afastamentos em relação à idealidade foram partilhados igualmente entre os dois íons.

Podemos generalizar esta abordagem para o caso de um composto M_pX_q que se dissolve dando uma solução com p cátions e q ânions por fórmula unitária. A energia de Gibbs molar dos íons é igual à soma das energias de Gibbs parciais molares:

$$G_m = p\mu_+ + q\mu_- = G_m^{\text{ideal}} + pRT \ln \gamma_+ + qRT \ln \gamma_- \quad (5F.5)$$

Se definirmos o **coeficiente médio de atividade** de uma forma mais geral por

$$\gamma_{\pm}=(\gamma_{+}^{p}\gamma_{-}^{q})^{1/s} \quad s=p+q \qquad \textit{Definição} \quad \text{Coeficiente médio de atividade} \qquad (5F.6)$$

e escrevermos o potencial químico de cada íon como

$$\mu_i=\mu_i^{\text{ideal}}+RT\ln\gamma_{\pm} \qquad (5F.7)$$

chegamos à mesma expressão da Eq. 5F.2 para G_m quando escrevemos $G = p\mu_+ + q\mu_-$. Entretanto, os dois tipos de íons, agora, partilham igualmente a mesma responsabilidade pelo comportamento não ideal.

(a) A lei limite de Debye-Hückel

A intensidade e o longo alcance da interação coulombiana entre os íons significam que essa interação é a principal responsável pelos afastamentos em relação à idealidade das soluções iônicas e predomina sobre todas as outras contribuições para o comportamento não ideal. Esta predominância é a base da **teoria de Debye-Hückel** das soluções iônicas, formulada por Peter Debye e Erich Hückel, em 1923. Apresentaremos uma descrição qualitativa da teoria e das suas principais conclusões. O cálculo em si, que é um exemplo interessante de como se pode abordar um problema aparentemente intratável e depois resolvê-lo com apelo à compreensão da física envolvida, é apresentado na próxima seção.

Íons com cargas opostas atraem-se mutuamente. Assim, é mais provável que se encontrem nas soluções ânions nas vizinhanças de cátions e vice-versa (Fig. 5F.1). A solução iônica, como um todo, é eletricamente neutra, mas nas vizinhanças de um íon há um excesso de contraíons (isto é, de íons com cargas de sinais opostos). Tomando-se a média no tempo, os contraíons encontram-se com maior probabilidade nas vizinhanças dos íons de carga oposta. Esta nuvem de íons promediada sobre o tempo, com simetria esférica em torno do íon central, na qual os contraíons superam os íons de mesma carga que a do íon central, tem uma carga líquida de mesmo valor que a desse íon central, mas de sinal oposto, e é denominada **atmosfera iônica**. A energia, e, portanto, o potencial químico de qualquer íon central, se reduz em virtude da interação eletrostática do íon com a sua atmosférica iônica. Este abaixamento de energia se traduz como uma diferença entre a energia de Gibbs molar G_m e o valor ideal da energia de Gibbs molar G_m^{ideal} do soluto e pode então ser identificado com RT ln $\gamma_{\pm}$. A estabilização dos íons pela interação com as suas respectivas atmosferas iônicas é parte da explicação da prática química de se usarem soluções diluídas, nas quais a estabilização é menos importante, para conseguir a precipitação de íons em soluções de eletrólitos.

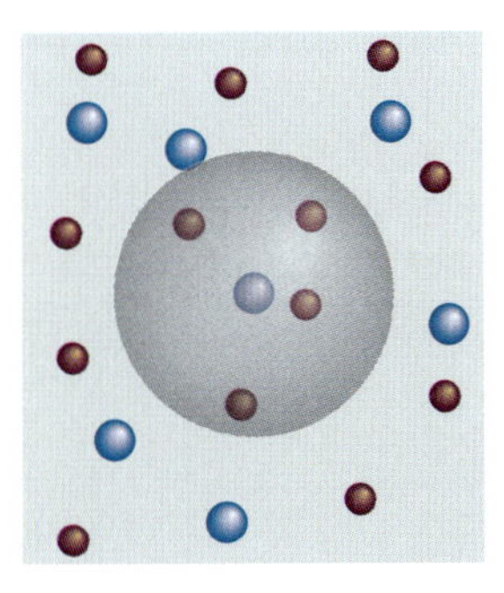

Figura 5F.1 A ideia subjacente ao modelo da teoria de Debye-Hückel é a da tendência dos ânions de se aglomerarem em torno dos cátions e dos cátions em torno dos ânions (o círculo mostra uma dessas regiões de aglomeração). Os íons estão em incessante movimento, e o diagrama representa um instantâneo de seus movimentos. As soluções para as quais a teoria se aplica são muito menos concentradas do que a mostrada aqui.

O modelo proposto leva a uma expressão em que o coeficiente médio de atividade pode ser calculado em concentrações muito reduzidas. Esta expressão é chamada **lei limite de Debye-Hückel**,

$$\log\gamma_{\pm}=-A|z_+z_-|I^{1/2} \qquad \text{Lei limite de Debye-Hückel} \qquad (5F.8)$$

em que A = 0,509 para as soluções aquosas a 25 °C e I é a **força iônica**, uma grandeza adimensional da solução dada por

$$I=\frac{1}{2}\sum_i z_i^2(b_i/b^{\ominus}) \qquad \textit{Definição} \quad \text{Força iônica} \qquad (5F.9)$$

Nessa expressão, z_i é o número de carga do íon i (positivo para os cátions, negativo para os ânions) e b_i é sua respectiva molalidade. Como veremos, a força iônica é um parâmetro das soluções iônicas que aparece seguidamente na discussão destas soluções. A soma se estende para todos os íons presentes na solução. Nas soluções que consistem em dois tipos de íons com as molalidades b_+ e b_-,

$$I=\tfrac{1}{2}(b_+z_+^2+b_-z_-^2)/b^{\ominus} \qquad (5F.10)$$

A força iônica acentua as cargas dos íons, pois os números de carga aparecem elevados ao quadrado. A Tabela 5F.1 resume a relação entre a força iônica e a molalidade em uma forma cômoda de usar.

Breve ilustração 5F.1 A lei limite

O coeficiente médio de atividade do KCl(aq) 5,0 mmol kg^{-1}, a 25 °C, é calculado escrevendo-se $I=\frac{1}{2}(b_++b_-)/b^{\ominus}=b/b^{\ominus}$, em que b é a molalidade da solução (e $b_+ = b_- = b$). Então, pela Eq. 5F.8,

$$\log\gamma_{\pm}=-0{,}509\times(5{,}0\times10^{-3})^{1/2}=-0{,}03\ldots$$

Portanto, $\gamma_{\pm}$ = 0,92. O valor experimental é 0,927.

Exercício proposto 5F.1 Calcule a força iônica e o coeficiente médio de atividade do $CaCl_2$(aq) na concentração de 1,00 mmol kg^{-1}, a 25 °C.

Resposta: 3,00 mmol kg^{-1}, 0,880

O nome "lei limite" é aplicado à Eq. 5F.8 devido ao fato de que as soluções iônicas de molalidades moderadas podem ter coeficientes

Tabela 5F.1 Força iônica e molalidade, $I = kb/b^{\ominus}$

k	X^-	X^{2-}	X^{3-}	X^{4-}
M^+	1	3	6	10
M^{2+}	3	4	15	12
M^{3+}	6	15	9	42
M^{4+}	10	12	42	16

Por exemplo, a força iônica de uma solução de M_2X_3 com a molalidade b, na qual os íons em solução são M^{3+} e X^{2-} é $15b/b^{\ominus}$.

Tabela 5F.2* Coeficientes médios de atividades em água a 298 K

$b/b^{\ominus}$	KCl	$CaCl_2$
0,001	0,966	0,888
0,01	0,902	0,732
0,1	0.770	0,524
1,0	0.607	0,725

* Outros valores podem ser vistos na *Seção de dados*.

de atividade que diferem dos valores dados por essa equação; no limite de molalidades arbitrariamente baixas, $b \rightarrow 0$, porém, espera-se que todas as soluções tenham coeficientes de atividades dados por essa equação. A Tabela 5F.2 apresenta alguns valores experimentais dos coeficientes de atividade de sais com diferentes tipos de valência. A Fig. 5F.2 mostra os gráficos de alguns valores desses coeficientes contra $I^{1/2}$ e compara com as retas teóricas calculadas da Eq. 5F.8. A concordância em molalidades muito baixas (menos do que cerca de 1 mmol kg^{-1}, dependendo do tipo das cargas) é notável e proporciona indício convincente a favor do modelo. Entretanto, os afastamentos em relação às curvas teóricas em molalidades maiores são grandes e mostram que as aproximações só valem em concentrações muito baixas.

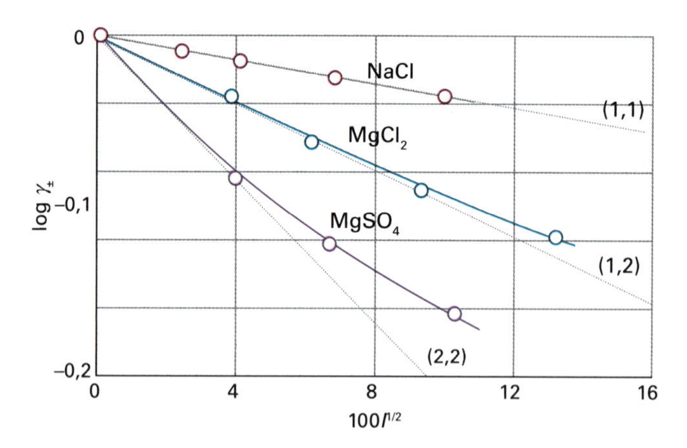

Figura 5F.2 Verificação experimental da lei limite de Debye-Hückel. Embora sejam grandes os desvios para forças iônicas moderadas, os coeficientes angulares das retas, que expressam a lei, têm boa concordância com os valores experimentais quando $I \rightarrow 0$. Isso mostra que a lei pode ser usada para a extrapolação de dados em molalidades muito baixas.

(b) Extensões da lei limite

Quando a força iônica da solução é muito elevada para que a lei limite seja válida, o coeficiente de atividade pode ser estimado a partir da **lei de Debye-Hückel estendida** (também conhecida como *equação de Truesdell-Jones*):

$$\log \gamma_{\pm} = -\frac{A|z_+z_-|I^{1/2}}{1+BI^{1/2}} \quad \text{Lei de Debye-Hückel estendida} \quad (5F.11a)$$

em que B é uma constante adimensional. Uma extensão mais flexível é a **equação de Davies**, proposta por C. W. Davies em 1938:

$$\log \gamma_{\pm} = -\frac{A|z_+z_-|I^{1/2}}{1+BI^{1/2}} + CI \quad \text{Equação de Davies} \quad (5F.11b)$$

em que C é uma segunda constante adimensional. Embora B possa ser interpretado como uma medida da distância de aproximação máxima entre os íons, é melhor interpretá-lo (assim como C) como um parâmetro empírico de ajuste. A Fig. 5F.3 mostra uma curva traçada usando a equação de Davies. É evidente que a Eq. 5F.11b reproduz os coeficientes de atividade em um intervalo moderado de soluções diluídas (até cerca de 0,1 mol kg^{-1}), mas que está longe de ser exata nas proximidades de 1 mol kg^{-1}.

As teorias atuais sobre os coeficientes de atividade em soluções de solutos iônicos adotam uma via indireta de análise. Estabelecem um modelo para a dependência entre o coeficiente de atividade do solvente e a concentração do soluto e, depois, com a equação de Gibbs-Duhem (Eq. 5A.12a, $n_A d\mu_A + n_B d\mu_B = 0$) estimam o coeficiente de atividade do soluto. Os resultados são razoavelmente exatos para soluções com molalidades maiores do que cerca de 0,1 mol kg^{-1} e são importantes para a análise de soluções de vários sais, por exemplo, da água do mar.

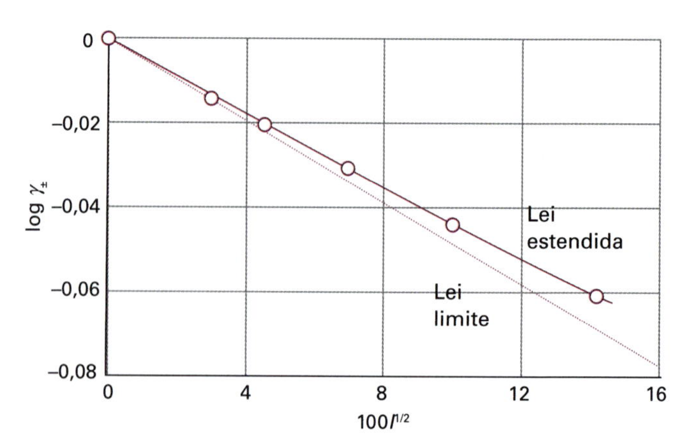

Figura 5F.3 A equação de Davies proporciona uma boa concordância com os resultados experimentais sobre uma faixa mais ampla de molalidades do que a lei limite (como mostrado no gráfico desta figura para um eletrólito 1:1), mas falha em molalidades altas.

5F.2 A teoria de Debye-Hückel de soluções iônicas

A estratégia que adotaremos se baseia em estabelecer a relação entre o trabalho para se adicionar carga a um íon e o seu potencial químico. Depois, vamos relacionar o trabalho calculado com as interações desse íon com a sua atmosfera formada pelos contraíons. Essa atmosfera se forma devido a uma competição entre a atração entre íons de cargas opostas, a repulsão entre íons de mesma carga e o efeito distributivo da agitação térmica.

(a) O trabalho de carregamento

Imaginemos uma solução em que todos os íons estão nas suas respectivas posições, mas na qual as interações coulombianas sejam nulas; dessa forma, os íons apresentam um comportamento "ideal". A diferença entre a energia de Gibbs molar de uma solução ideal e a energia de Gibbs molar de uma solução real é igual ao trabalho elétrico, w_e, de carregar o sistema nesta configuração de íons. Então, para um sal M_pX_q, escrevemos

$$\begin{aligned} w_e &= \overbrace{(p\mu_+ + q\mu_-)}^{G_m,\text{carregado}} - \overbrace{(p\mu_+^{\text{ideal}} + q\mu_-^{\text{ideal}})}^{G_m^{\text{ideal}},\text{descarregado}} \\ &= p(\mu_+ - \mu_+^{\text{ideal}}) + q(\mu_- - \mu_-^{\text{ideal}}) \end{aligned} \quad (5F.12)$$

A partir da Eq. 5F.7, escrevemos

$$\mu_+ - \mu_+^{\text{ideal}} = \mu_- - \mu_-^{\text{ideal}} = RT\ln\gamma_\pm$$

Segue-se então que

$$\ln\gamma_\pm = \frac{w_e}{sRT} \qquad s = p + q \quad (5F.13)$$

Essa equação nos mostra que devemos encontrar, inicialmente, a distribuição dos íons e depois o trabalho de carregá-los eletricamente nesta distribuição.

Breve ilustração 5F.2 O trabalho de carregamento

O valor medido do coeficiente médio de atividade de uma solução 5,00 mmol kg^{-1} de KCl(aq), a 25 °C, é 0,927. Assim, o trabalho médio necessário para carregar os íons presentes nessa solução é dado pela Eq. 5F.13

$$\begin{aligned} w_e &= sRT\ln\gamma_\pm = 2\times(8{,}3145\,\text{J K}^{-1}\,\text{mol}^{-1})\times(298\,\text{K})\times\ln 0{,}927 \\ &= -0{,}38\,\text{kJ mol}^{-1} \end{aligned}$$

Exercício proposto 5F.2 O valor medido do coeficiente médio de atividade de uma solução 0,1 mmol kg^{-1} de Na_2SO_4(aq), a 25 °C, é 0,445. Qual é o trabalho necessário para carregar os íons nessa solução?

Resposta: – 6,02 kJ mol^{-1}

(b) O potencial devido à distribuição de cargas

Como explicado nos *Fundamentos* B, o potencial coulombiano a uma distância r de um íon isolado de carga z_ie num meio de permissividade ε é

$$\phi_i = \frac{Z_i}{r} \qquad Z_i = \frac{z_ie}{4\pi\varepsilon} \quad (5F.14)$$

A atmosfera iônica faz com que o potencial diminua com a distância mais abruptamente do que exprime essa equação. Esse efeito de blindagem é um problema conhecido na eletrostática e é levado em conta substituindo-se o potencial coulombiano por um **potencial coulombiano blindado**, uma expressão do tipo

$$\phi_i = \frac{Z_i}{r}\mathrm{e}^{-r/r_D} \qquad \text{Potencial coulombiano blindado} \quad (5F.15)$$

em que r_D é o **comprimento de Debye**. Quando r_D é grande, o potencial blindado é praticamente igual ao potencial sem blindagem. Quando ele é pequeno, o potencial blindado é muito menor do que o não blindado, mesmo a curtas distâncias (Fig. 5F.4). Na *Justificativa* 5F.1, obtemos:

$$r_D = \left(\frac{\varepsilon RT}{2\rho F^2 Ib^\ominus}\right)^{1/2} \qquad \text{Comprimento de Debye} \quad (5F.16)$$

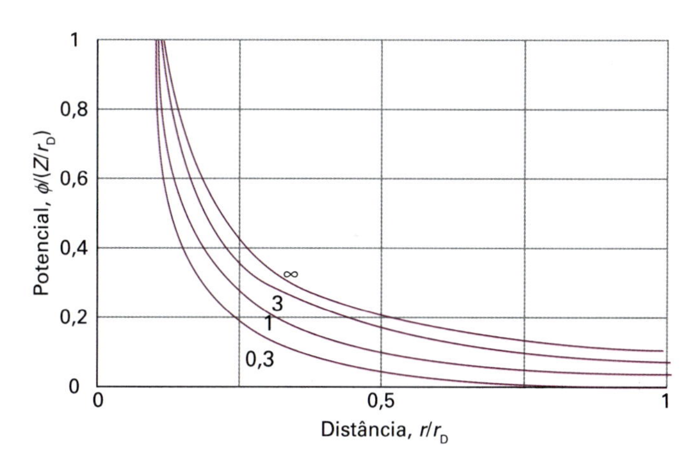

Figura 5F.4 Variação do potencial coulombiano blindado com a distância, para diferentes valores do comprimento de Debye, r_D/a. Quanto menor for o comprimento de Debye, mais rapidamente o potencial cai a zero. Em cada caso, a é uma unidade arbitrária de comprimento.

Breve ilustração 5F.3 O comprimento de Debye

Para calcular o comprimento de Debye em uma solução aquosa de força iônica 0,100 e massa específica 1,000 g cm^{-3}, a 25 °C, escrevemos

$$\begin{aligned} r_D &= \left(\frac{\overbrace{80{,}10\times(8{,}854\times10^{-12}\,\text{J}^{-1}\,\text{C}^2\,\text{m}^{-1})}^{\varepsilon}\times(8{,}3145\,\text{J K}^{-1}\,\text{mol}^{-1})\times(298\,\text{K})}{2\times\underbrace{(1000\,\text{kg m}^{-3})}_{1{,}000\,\text{g cm}^{-3}}\times(9{,}649\times10^4\,\text{C mol}^{-1})^2\times(0{,}100)\times\underbrace{(1\,\text{mol kg}^{-1})}_{b^\ominus}}\right)^{1/2} \\ &= 9{,}72\times10^{-10}\,\text{m, ou } 0{,}972\,\text{nm} \end{aligned}$$

Exercício proposto 5F.3 Calcule o comprimento de Debye em uma solução de etanol de força iônica 0,100 e massa específica 0,789 g cm^{-3}, a 25 °C. Use $\varepsilon_r = 25{,}3$.

Resposta: 0,615 nm

Justificativa 5F.1 O comprimento de Debye

Para calcular r_D precisamos saber como varia a **densidade de carga**, ρ_i, da atmosfera iônica, a carga de uma pequena região dividida pelo volume da região, com a distância ao íon. Para isso, aproveitamos outro resultado da eletrostática, no qual a densidade de carga e o potencial se relacionam pela **equação de Poisson**:

$$\nabla^2\phi = -\frac{\rho}{\varepsilon} \qquad \text{Equação de Poisson}$$

em que $\nabla^2 = (\partial^2/\partial x^2 + \partial^2/\partial y^2 + \partial^2/\partial z^2)$. Como estamos considerando somente uma atmosfera iônica esférica, podemos usar uma forma simplificada dessa equação, ou seja, com a densidade de carga sendo função apenas da distância até o íon central:

$$\frac{1}{r^2}\frac{\mathrm{d}}{\mathrm{d}r}\left(r^2\frac{\mathrm{d}\phi_i}{\mathrm{d}r}\right) = -\frac{\rho_i}{\varepsilon}$$

Substituindo a expressão do potencial blindado, Eq. 5F.15, chegamos a

$$r_D^2 = -\frac{\varepsilon\phi_i}{\rho_i}$$

Para resolver essa equação precisamos relacionar ρ_i e ϕ_i.

Para a próxima etapa, levamos em conta o fato de que a energia de um íon depende da sua distância ao íon central e que podemos usar a distribuição de Boltzmann (veja *Fundamentos* B) para achar a probabilidade de um íon estar a certa distância do íon central. A energia de um íon j de carga z_je a uma distância onde ele sofre a ação do potencial ϕ_i do íon central i em relação à sua energia quando ele está muito afastado no seio da solução é igual ao produto da sua carga pelo potencial, $z_je\phi_i$. Portanto, de acordo com a distribuição de Boltzmann, a razão entre a molaridade, c_j, dos íons à distância r e a molaridade dos íons no seio da solução, c_j°, onde a energia é nula, é dada por

$$\frac{c_j}{c_j^\circ} = \mathrm{e}^{-z_je\phi_i/kT}$$

A densidade de carga, ρ_i, à distância r do íon i é igual à molaridade de cada tipo de íon multiplicada pela carga por mol de íons, z_ieN_A. A grandeza $eN_A = F$, que é o valor da carga por mol de elétrons, é a constante de Faraday. Assim, segue que

$$\rho_i = c_+z_+F + c_-z_-F = c_+^\circ z_+F\mathrm{e}^{-z_+e\phi_i/kT} + c_-^\circ z_-F\mathrm{e}^{-z_-e\phi_i/kT}$$

Neste momento, vale a pena simplificar a expressão a fim de eliminar os termos nas exponenciais. Como a energia da interação eletrostática média é pequena diante de kT, podemos usar a expansão $\mathrm{e}^x = 1 + x + \ldots$, reescrevendo a densidade de carga na forma

$$\begin{aligned}\rho_i &= c_+^\circ z_+F\left(1 - \frac{z_+e\phi_i}{kT} + \cdots\right) + c_-^\circ z_-F\left(1 - \frac{z_-e\phi_i}{kT} + \cdots\right)\\ &= \overbrace{(c_+^\circ z_+ + c_-^\circ z_-)}^{0}F - (c_+^\circ z_+^2 + c_-^\circ z_-^2)\frac{Fe\phi_i}{kT} + \cdots\end{aligned}$$

O primeiro termo na expansão é nulo, pois a densidade de carga no seio da solução é uniforme e a solução é eletricamente neutra. A substituição de e por F/N_A e N_Ak por R, resulta na seguinte expressão:

$$\rho_i = -(c_+^\circ z_+^2 + c_-^\circ z_-^2)\frac{F^2\phi_i}{RT}$$

Admite-se que os termos que não foram escritos são muito pequenos para terem significado. O único termo restante pode ser expresso em função da força iônica, Eq. 5F.9, observando-se que nas soluções aquosas diluídas que estamos examinando a molalidade e a molaridade são, aproximadamente, iguais e que $c \approx b\rho$, em que ρ é a massa específica do solvente

$$c_+^\circ z_+^2 + c_-^\circ z_-^2 \approx \overbrace{(b_+^\circ z_+^2 + b_-^\circ z_-^2)}^{2Ib^\ominus}\rho = 2Ib^\ominus\rho$$

Com essas aproximações, a última equação fica

$$\rho_i = -\frac{2Ib^\ominus\rho F^2\phi_i}{RT}$$

Podemos agora substituir essa expressão em $r_D^2 = -\varepsilon\phi_i/\rho_i$, e após cancelar ϕ_i obtemos a Eq. 5F.16.

(c) O coeficiente de atividade

Para calcular o coeficiente de atividade precisamos achar o trabalho elétrico de carregamento do íon central imerso na sua atmosfera iônica. A expressão para o cálculo desse trabalho é obtida na *Justificativa* 5F.2. Assim, o trabalho de carregamento de um íon i imerso na atmosfera estabelecida por esse íon é

$$w_{e,i} = -\frac{z_i^2F^2}{8\pi N_A\varepsilon r_D} \qquad \text{Trabalho de carregamento} \qquad (5F.17)$$

Justificativa 5F.2 O trabalho de carregamento

Para achar o trabalho elétrico de carregamento do íon central precisamos saber o potencial no íon provocado pela sua atmosfera, $\phi_{\text{atmosfera}}$. Este potencial é igual à diferença entre o potencial total, dado pela Eq. 5F.15, e o potencial devido ao próprio íon central:

$$\phi_{\text{atmosfera}} = \phi - \phi_{\text{íon central}} = Z_i\left(\frac{e^{-r/r_D}}{r} - \frac{1}{r}\right),\ Z_i = \frac{z_i e}{4\pi\varepsilon}$$

O potencial no íon central (em $r = 0$) é obtido tomando-se o limite dessa expressão quando $r \to 0$, e é

$$\phi_{\text{atmosfera}}(0) = Z_i \lim_{r\to 0}\left(\frac{1 - r/r_D + \cdots}{r} - \frac{1}{r}\right) = -\frac{Z_i}{r_D}$$

Essa expressão nos mostra que o potencial da atmosfera iônica é equivalente ao potencial devido a uma única carga de mesmo módulo que a carga do íon central, mas de sinal oposto, colocada à distância r_D do íon central. Se a carga do íon central fosse Q, e não $z_i e$, então o potencial devido à sua atmosfera seria

$$\phi_{\text{atmosfera}}(0) = -\frac{Q}{4\pi\varepsilon r_D}$$

O trabalho de adicionar uma carga dQ a uma região onde o potencial elétrico é igual a $\phi_{\text{atmosfera}}(0)$, Tabela 2A.1 (em que temos d$w = \phi\,$dQ), é

$$\mathrm{d}w_e = \phi_{\text{atmosfera}}(0)\,\mathrm{d}Q$$

Portanto, o trabalho total, por mol, de carregar completamente o íon i na presença de sua atmosfera é

$$w_{e,i} = N_A\int_0^{z_i e}\phi_{\text{atmosfera}}(0)\mathrm{d}Q = -\frac{N_A}{4\pi\varepsilon r_D}\int_0^{z_i e} Q\,\mathrm{d}Q$$
$$= -\frac{N_A z_i^2 e^2}{8\pi\varepsilon r_D} = -\frac{z_i^2 F^2}{8\pi N_A \varepsilon r_D}$$

onde na última etapa usamos $F = N_A e$, que é a Eq. 5F.17.

Podemos agora juntar as diferentes etapas desenvolvidas para obter a expressão do coeficiente médio de atividade. O trabalho total de carregamento de p cátions e q ânions, na presença de suas respectivas atmosferas, é dado por $w_e = pw_{e,+} + qw_{e,-}$. Segue da Eq. 5F.13, e utilizando esta última expressão, que o coeficiente médio de atividade dos íons é

$$\ln\gamma_\pm = \frac{pw_{e,+} + qw_{e,-}}{sRT} = -\frac{(pz_+^2 + qz_-^2)F^2}{8\pi N_A sRT\varepsilon r_D}$$

Entretanto, devido à neutralidade, $pz_+ + qz_- = 0$; logo

$$pz_+^2 + qz_-^2 = \overbrace{pz_+}^{-qz_-} z_+ + \overbrace{qz_-}^{-pz_+} z_- = -\overbrace{(p+q)}^{s}\overbrace{z_+z_-}^{-|z_+z_-|} = s|z_+z_-|$$

Assim temos que

$$\ln\gamma_\pm = -\frac{|z_+z_-|F^2}{8\pi N_A RT\varepsilon r_D} \qquad (5F.18)$$

A substituição de r_D usando a Eq. 5F.16 dá

$$\ln\gamma_\pm = -\frac{|z_+z_-|F^2}{8\pi N_A RT\varepsilon}\left(\frac{2\rho F^2 I b^\ominus}{\varepsilon RT}\right)^{1/2} \qquad (5F.19a)$$
$$= -|z_+z_-|\left\{\frac{F^3}{4\pi N_A}\left(\frac{\rho b^\ominus}{2\varepsilon^3 R^3 T^3}\right)^{1/2}\right\} I^{1/2}$$

em que agrupamos os termos de modo a mostrar que essa expressão é parecida com a forma da Eq. 5F.8 ($\log\gamma_\pm = -|z_+z_-|AI^{1/2}$). De fato, a conversão para logaritmo decimal (usando $\ln x = \ln 10 \times \log x$) dá

$$\log\gamma_\pm = -|z_+z_-|\overbrace{\left\{\frac{F^3}{4\pi N_A \ln 10}\left(\frac{\rho b^\ominus}{2\varepsilon^3 R^3 T^3}\right)^{1/2}\right\}}^{A} I^{1/2} \qquad (5F.19b)$$

que é a Eq. 5F.8, sendo

$$A = \frac{F^3}{4\pi N_A \ln 10}\left(\frac{\rho b^\ominus}{2\varepsilon^3 R^3 T^3}\right)^{1/2} \qquad (5F.20)$$

Breve ilustração 5F.4 A constante de Debye-Hückel

Para calcular a constante A para a água a 25 °C, utilizamos $\rho = 0{,}9971$ g cm^{-3} e $\varepsilon = 78{,}54\varepsilon_0$, que nos fornece

$$A = \frac{(9{,}649\times10^4\,\mathrm{C\,mol^{-1}})^3}{4\pi\times(6{,}022\times10^{23}\,\mathrm{mol^{-1}})\ln 10}$$
$$\times\left(\frac{(997{,}1\,\mathrm{kg\,m^{-3}})\times(1\,\mathrm{mol\,kg^{-1}})}{2\times(78{,}54\times8{,}854\times10^{-12}\,\mathrm{J^{-1}\,C^2\,m^{-1}})^3\times(8{,}3145\,\mathrm{J\,K^{-1}\,mol^{-1}})^3\times(298{,}15\,\mathrm{K})^3}\right)^{1/2}$$
$$= 0{,}5086$$

Exercício proposto 5F.4 Calcule a constante A para o etanol a 25 °C, sabendo que $\varepsilon_r = 25{,}3$ e $\rho = 0{,}789$ g cm^{-3}.

Resposta: 2,47

Conceitos importantes

☐ 1. Os **coeficientes médios de atividade** repartem igualmente entre cátions e ânions os desvios da idealidade em soluções iônicas.

☐ 2. A **teoria de Debye-Hückel** atribui os desvios da idealidade à interação coulombiana de um íon com a atmosfera iônica que o rodeia.

☐ 3. A **lei limite de Debye-Hückel** pode ser estendida incluindo-se duas constantes empíricas adicionais.

Equações importantes

Propriedade	Equação	Comentário	Número da equação
Coeficiente médios de atividade	$\gamma_{\pm}=(\gamma_{+}^{p}\gamma_{-}^{q})^{1/(p+q)}$	Definição	5F.6
Lei limite de Debye-Hückel	$\log\gamma_{\pm}=-A\lvert z_{+}z_{-}\rvert I^{1/2}$	Válido quando $I\to 0$	5F.8
Força iônica	$I=\frac{1}{2}\sum_{i} z_i^2(b_i/b^{\ominus})$	Definição	5F.9
Equação de Davies	$\log\gamma_{\pm}=-A\lvert z_{+}z_{-}\rvert I^{1/2}/(1+BI^{1/2})+CI$	A, B, C constantes empíricas	5F.11

CAPÍTULO 5 Misturas simples

SEÇÃO 5A A descrição termodinâmica das misturas

Questões teóricas

5A.1 Explique o conceito de propriedade parcial molar, e justifique a observação de que a propriedade parcial molar de um soluto depende também das propriedades do solvente.

5A.2 Explique como a termodinâmica relaciona um trabalho diferente daquele de expansão a uma mudança na composição do sistema.

5A.3 Existe alguma circunstância em que dois gases (reais) não irão se misturar espontaneamente?

5A.4 Explique como a lei de Raoult e a lei de Henry são usadas para calcular o potencial químico de um componente de uma mistura.

5A.5 Explique a origem molecular da lei de Raoult e da lei de Henry.

Exercícios

5A.1(a) Um ajuste polinomial dos dados experimentais de volume total de uma mistura binária de A e de B é

$$v = 987{,}93 + 35{,}677\,4x - 0{,}459\,23x^2 + 0{,}017\,325x$$

em que $v = V/\text{cm}^3$, $x = n_B/\text{mol}$ e n_B é o número de mols de B presente. Determine o volume parcial molar de A e B.

5A.1(b) Um ajuste polinomial dos dados experimentais de volume total de uma mistura binária de A e de B é

$$v = 778{,}55 - 22{,}5749x + 0{,}568\,92x^2 + 0{,}010\,23x^3 + 0{,}002\,34x^4$$

em que $v = V/\text{cm}^3$, $x = n_B/\text{mol}$ e n_B é o número de mols de B presente. Determine o volume parcial molar de A e B.

5A.2(a) O volume de uma solução aquosa de NaCl a 25 °C foi medido para diferentes molalidades b e verificou-se que a expressão $v = 1003 + 16{,}62x + 1{,}77x^{3/2} + 0{,}12x^2$, em que $v = V/\text{cm}^3$, V é o volume da solução formada para 1,000 kg de água e $x = b/b^{\ominus}$, se ajustava aos dados experimentais. Calcule o volume parcial molar dos componentes de uma solução com molalidade igual a 0,100 mol kg^{-1}.

5A.2(b) A 18 °C o volume total V de uma solução formada por $MgSO_4$ e 1,000 kg de água é ajustado pela expressão $v = 1001{,}21 + 34{,}69\,(x - 0{,}070)^2$, em que $v = V/\text{cm}^3$ e $x = b/b\,x = b/b^{\ominus}$. Calcule o volume parcial molar do sal e do solvente para uma solução de molalidade igual a 0,050 mol kg^{-1}.

5A.3(a) Suponha que $n_A = 0{,}1n_B$, e uma pequena variação na composição resulta em μ_A variando de $\delta\mu_A = +12$ Jmol^{-1}, qual será a variação de μ_B?

5A.3(b) Suponha que $n_A = 0{,}22n_B$, e uma pequena variação na composição resulta em μ_A variando de $\delta\mu_A = -15$ Jmol^{-1}, qual será a variação de μ_B?

5A.4(a) Um recipiente de 5,0 dm^3 está dividido em dois compartimentos de tamanhos iguais. O da esquerda contém nitrogênio a 1 atm e 25 °C; o da direita contém hidrogênio nas mesmas condições de temperatura e pressão. Calcule a entropia de mistura e a energia de Gibbs de mistura no processo que ocorre pela remoção da separação entre os compartimentos. Admita que os gases se comportam como um gás perfeito.

5A.4(b) Um recipiente de 250 cm^3 está dividido em dois compartimentos de volumes iguais. O da esquerda contém argônio, a 100 kPa e 0 °C. O da direita contém neônio nas mesmas condições de temperatura e pressão. Calcule a entropia de mistura e a energia de Gibbs de mistura no processo provocado pela remoção da separação entre os compartimentos. Admita que os gases têm comportamento de gás perfeito.

5A.5(a) O ar é uma mistura cuja composição em porcentagem ponderal é: 75,5% (N_2), 23,2% (O_2), 1,3% (Ar). Calcule a entropia de mistura na preparação de uma amostra de ar a partir dos componentes gasosos puros, com o comportamento de gases perfeitos.

5A.5(b) Quando dióxido de carbono é levado em consideração, a composição em porcentagem ponderal do ar é 75,52% (N_2), 23,15% (O_2), 1,28% (Ar) e 0,046% (CO_2). Qual a variação da entropia com relação ao exercício anterior?

5A.6(a) A pressão de vapor do benzeno a 20 °C é 10kPa e a do metilbenzeno é 2,8 kPa, nessa mesma temperatura. Qual é a pressão de vapor de uma mistura na qual os dois componentes têm a mesma massa?

5A.6(b) A 90 °C a pressão d e vapor do 1,2-dimetilbenzeno é 20 kPa e a do 1,3-dimetilbenzeno é 18 kPa. Qual é a composição do vapor de uma mistura equimolar dos dois componentes?

5A.7(a) Os volumes parciais molares da acetona (propanona) e do clorofórmio (triclorometano), em uma solução em que a fração molar do $CHCl_3$ é 0,4693, são, respectivamente, 74,166 cm^3 mol^{-1} e 80,235 cm^3 mol^{-1}. Qual o volume de 1,000 kg dessa solução?

5A.7(b) Os volumes parciais molares de dois líquidos A e B em uma solução em que a fração molar de A é 0,3713 são, respectivamente, 188,2 cm^3 mol^{-1} e 176,14 cm^3 mol^{-1}. A massa molar de A é 241,1 g mol^{-1} e a de B 198,2 g mol^{-1}. Qual o volume de 1,000 kg dessa solução?

5A.8(a) A 25 °C, a massa específica de uma solução a 50% ponderais de etanol em água é 0,914 g cm^{-3}. O volume parcial molar da água nessa solução é 17,4 cm^3 mol^{-1}. Calcule o volume parcial molar do etanol.

5A.8(b) A 20 °C, a massa específica de uma solução a 20% ponderais de etanol em água é 968,7 kg m^{-3}. O volume parcial molar do etanol nessa solução é 52,2 cm^3 mol^{-1}. Calcule o volume parcial molar da água.

5A.9(a) A 300 K, as pressões parciais de vapor do HCl (isto é, as pressões parciais do HCl no vapor) em equilíbrio com o $GeCl_4$ líquido são as seguintes:

x_{HCl}	0,005	0,012	0,019
p_{HCl}/kPa	32,0	76,9	121,8

Mostre que a solução segue a lei de Henry sobre esse intervalo de frações molares e calcule a constante da lei de Henry a 300 K.

5A.9(b) A 310 K, as pressões parciais do vapor de uma substância B dissolvida num líquido A são as seguintes:

x_B	0,010	0,015	0,020
p_B/kPa	82,0	122,0	166,1

Mostre que a solução segue a lei de Henry sobre esse intervalo de frações molares e calcule a constante da lei de Henry a 310 K.

5A.10(a) Calcule a solubilidade molar do nitrogênio em benzeno exposto ao ar a 25 °C; as pressões parciais foram calculadas no *Exemplo* 1A.3 da Seção 1A.
5A.10(b) Calcule a solubilidade molar do metano a 1,0 bar em benzeno a 25 °C.

5A.11(a) Com a lei de Henry e os dados da Tabela 5A.1, calcule a solubilidade (em molalidade) do CO_2 em água, a 25 °C, quando a sua pressão parcial é (i) 0,10 atm e (ii) 1,00 atm.
5A.11(b) As frações molares do N_2 e do O_2, no ar atmosférico ao nível do mar, são aproximadamente 0,78 e 0,21. Calcule as molalidades do nitrogênio e do oxigênio na solução formada num vaso aberto, cheio com água, a 25 °C.

5A.12(a) Uma unidade para gaseificar água, de uso doméstico, proporciona dióxido de carbono sob pressão de 5,0 atm. Estime a molaridade do gás na água gaseificada.
5A.12(b) Depois de algumas semanas de uso, a pressão do gás na unidade mencionada no exercício anterior caiu a 2,0 atm. Estime a molaridade do gás na água.

Problemas

5A.1 Os valores experimentais do volume parcial molar de um sal em água foram ajustados pela expressão $v_B = 5{,}177 + 19{,}121\, x^{1/2}$, em que $v_B = V_B/(\text{cm}^3\ \text{mol}^{-1})$ e x é o valor numérico da molalidade de B ($x = b/b^{\ominus}$). Use a equação de Gibbs-Duhem para obter a equação do volume molar da água na solução. O volume molar da água pura nessa temperatura é 18,079 cm³ mol⁻¹.

5A.2 O composto *p*-azoxianisol forma um cristal líquido. Colocam-se 5,0 g do sólido num tubo de ensaio, que é então evacuado e selado. Com a regra das fases, prove que o sólido irá se fundir a uma temperatura bem-definida e que a fase do cristal líquido terá uma transição para uma fase líquida normal a uma temperatura bem-definida.

5A.3 A tabela vista a seguir dá as frações molares do metilbenzeno (A) nas fases líquida e vapor (x_A e y_A, respectivamente) em equilíbrio com soluções de butanona, a 303,15 K e sob a pressão total p. Admita que o vapor seja um gás perfeito e calcule as pressões parciais dos dois componentes. Faça o gráfico dessas pressões contra as respectivas frações molares na solução líquida e estime as constantes da lei de Henry para cada componente.

x_A	0	0,0898	0,2476	0,3577	0,5194	0,6036	0,7188	0,8019	0,9105	1
y_A	0	0,0410	0,1154	0,1762	0,2772	0,3393	0,4450	0,5435	0,7284	1
p/kPa	36,066	34,121	30,900	28,626	25,239	23,402	20,6984	18,592	15,496	12,295

5A.4 A massa específica de soluções de sulfato de cobre(II) em água, a 20 °C, varia com a concentração conforme a tabela a seguir. Determine os volumes parciais molares do $CuSO_4$ nessas concentrações.

$m(CuSO_4)$/g	5	10	15	20
$\rho/(\text{g cm}^{-3})$	1,051	1,107	1,167	1,230

Nessa tabela, $m(CuSO_4)$ é a massa de $CuSO_4$ dissolvida em 100 g de solução.

5A.5 A hemoglobina, o pigmento vermelho do sangue responsável pelo transporte do oxigênio, liga-se a cerca de 1,34 cm³ de oxigênio por grama. O sangue normal tem uma concentração de hemoglobina de 150 g dm⁻³. A hemoglobina nos pulmões está 97% saturada, mas nos capilares a saturação é de somente 75%. Que volume de oxigênio é perdido por 100 cm³ de sangue quando flui dos pulmões para os capilares?

5A.6 Utilize os dados do *Exemplo* 5A.1 para determinar o valor de b para o qual V_E apresenta um mínimo.

SEÇÃO 5B As propriedades das soluções

Questões teóricas

5B.1 Explique o que é uma solução regular; quais são as características adicionais que diferenciam uma solução real de uma solução regular?

5B.2 Explique a origem das propriedades coligativas.

5B.3 As propriedades coligativas são independentes da natureza do soluto. Por que, então, podemos usar a osmometria para determinar a massa molar do soluto?

Exercícios

5B.1(a) Estime a pressão parcial do vapor do HCl em equilíbrio com sua solução em tetracloreto de germânio de molalidade 0,10 mol kg⁻¹. Os dados necessários estão no Exercício 5A.10(a).
5B.1(b) Com os dados do Exercício 5A.10(b), estime a pressão parcial do vapor do componente B em equilíbrio com a sua solução em A quando a molalidade de B for 0,25 mol kg⁻¹. A massa molar de A é 74,1 g mol⁻¹.

5B.2(a) A pressão de vapor do benzeno, a 60,6 °C, é de 53,3 kPa, mas cai a 51,5 kPa quando 19,0 g de um composto orgânico não volátil são dissolvidos em 500 g de benzeno. Calcule a massa molar do composto.
5B.2(b) A pressão de vapor do 2-propanol é 50,00 kPa a 338,8 K, mas cai a 49,62 kPa quando se dissolvem, em 250 g de 2-propanol, 8,69 g de um composto orgânico não volátil. Calcule a massa molar do composto.

5B.3(a) A adição de 100 g de um composto a 750 g de CCl_4 provocou um abaixamento crioscópico de 10,5 K. Calcule a massa molar do composto.
5B.3(b) A adição de 5,00 g de um composto a 250 g de naftaleno provocou um abaixamento crioscópico de 0,780 K. Calcule a massa molar do composto.

5B.4(a) A pressão osmótica de uma solução aquosa, a 300 K, é 120 kPa. Calcule o ponto de congelamento da solução.

5B.4(b) A pressão osmótica de uma solução aquosa, a 288 K, é 99,0 kPa. Calcule o ponto de congelamento da solução.

5B.5(a) Calcule a energia de Gibbs, a entropia e a entalpia na misturação de 0,50 mol de C_6H_{14} (hexano) com 2,00 mol de C_7H_{16} (heptano), a 298 K. Admita que a solução resultante seja ideal.

5B.5(b) Calcule a energia de Gibbs, a entropia e a entalpia na misturação de 1,00 mol de C_6H_{14} (hexano) com 1,00 mol de C_7H_{16} (heptano), a 298 K. Admita que a solução resultante seja ideal.

5B.6(a) Que proporções de hexano e heptano se devem misturar (i) em fração molar e (ii) em massa para que a entropia de mistura seja um máximo?

5B.6(b) Que proporções de benzeno e etilbenzeno se devem misturar (i) em fração molar e (ii) em massa para que a entropia de mistura seja um máximo?

5B.7(a) A entalpia de fusão do antraceno é 28,8 $\mathrm{kJ mol^{-1}}$ e seu ponto de fusão é 217 °C. Calcule sua solubilidade ideal em benzeno a 25 °C.

5B.7(b) Estime a solubilidade do chumbo no bismuto a 280 °C, sabendo-se que seu ponto de fusão é 327 °C e sua entalpia de fusão é 5,2 $\mathrm{kJ\ mol^{-1}}$.

5B.8(a) As pressões osmóticas de soluções de poliestireno em tolueno foram medidas a 25 °C. Cada pressão, na tabela seguinte, está expressa em termos da altura de uma coluna do solvente de massa específica 1,004 $\mathrm{g\ cm^{-3}}$:

$c/(\mathrm{g\,dm^{-3}})$	2,042	6,613	9,521	12,602
h/cm	0,592	1,910	2,750	3,600

Estime a massa molar do polímero.

5B.8(b) A massa molar de uma enzima foi determinada pela medida das pressões osmóticas, a 20 °C, de soluções da enzima em água e extrapolação dos dados até a concentração nula. Obtiveram-se os seguintes dados:

$c/(\mathrm{mg\,cm^{-3}})$	3,221	4,618	5,112	6,722
h/cm	5,746	8,238	9,119	11,990

Calcule a massa molar da enzima.

5B.9(a) Uma solução diluída de bromo em tetracloreto de carbono comporta-se como uma solução diluída ideal. A pressão de vapor do CCl_4 puro é 33,85 Torr, a 298 K. A constante da lei de Henry quando a concentração de Br_2 é expressa em fração molar é 122,36 Torr. Calcule a pressão de vapor de cada componente, a pressão total e a composição da fase vapor quando a fração molar do Br_2 for 0,050, admitindo que, nesta concentração, a solução se comporta como uma solução diluída ideal.

5B.9(b) A pressão de vapor de um líquido A puro, a 20 °C, é 23 kPa, e a constante da lei de Henry no líquido B é 73 kPa. Calcule a pressão de vapor de cada componente, a pressão total e a composição da fase vapor quando a fração molar de A for 0,066, admitindo que, nessa concentração, a solução se comporta como uma solução diluída ideal.

5B.10(a) A 90 °C, a pressão de vapor do metilbenzeno é 53,3 kPa e a do 1,2-dimetilbenzeno é 20 kPa. Qual a composição de uma mistura líquida que entra em ebulição a 90 °C quando a pressão é 0,5 atm? Qual a composição do vapor produzido?

5B.10(b) A 90 °C, a pressão de vapor do 1,2-dimetilbenzeno é 20 kPa e a do 1,3-dimetilbenzeno é 18 kPa. Qual a composição de uma mistura líquida que entra em ebulição a 90 °C quando a pressão é 19 kPa? Qual a composição do vapor produzido?

5B.11(a) A pressão de vapor de um líquido puro A é 76,7 kPa a 300 K e a de outro líquido B, também puro, é 52,0 kPa. Estes dois compostos formam soluções líquidas ideais e misturas gasosas também ideais. Imaginemos o equilíbrio de uma solução com um vapor no qual a fração molar de A é 0,350. Calcule a pressão total do vapor e a composição da fase líquida.

5B.11(b) A pressão de vapor de um líquido puro A é 68,8 kPa a 293 K e a de outro líquido B, também puro, é 82,1 kPa. Esses dois compostos formam soluções líquidas ideais e misturas gasosas também ideais. Imaginemos o equilíbrio de uma solução com um vapor no qual a fração molar de A é 0,612. Calcule a pressão total do vapor e a composição da fase líquida.

5B.12(a) O ponto de ebulição de uma solução binária de A e B, com x_A = 0,6589, é 88 °C. Nesta temperatura, a pressão de vapor de A puro é 127,6 kPa e a de B puro é 50,60 kPa. (i) A solução é ideal? (ii) Qual a composição inicial do vapor em equilíbrio com a solução?

5B.12(b) O ponto de ebulição de uma solução binária de A e B, com x_A = 0,4217, é 96 °C. Nessa temperatura, a pressão de vapor de A puro é 110,1 kPa e a de B puro é 75,6 kPa. (i) A solução é ideal? (ii) Qual a composição do vapor inicial em equilíbrio com a solução?

5B.13(a) O dibromoeteno (DE, p^*_{DE} = 22,9 kPa a 358 K) e o dibromopropeno (DP, p^*_{DP} = 17,1 kPa a 358 K) formam uma solução praticamente ideal. Se x_{DE} = 0,60, qual é (i) a pressão total, p_{total}, quando o sistema está quase todo líquido, e qual é (ii) a composição do vapor quando o sistema ainda está quase todo líquido?

5B.13(b) O benzeno e o tolueno formam soluções praticamente ideais. Considere uma solução equimolar de benzeno e tolueno. A 20 °C, a pressão de vapor do benzeno puro é 9,9 kPa e a do tolueno puro é 2,9 kPa. A solução entra em ebulição pela redução da pressão externa para um valor abaixo da sua pressão de vapor. Calcule (i) a pressão no início da ebulição, (ii) a composição de cada componente no vapor e (iii) a pressão do vapor quando o líquido residual estiver reduzido a poucas gotas. Admita que a taxa de vaporização seja suficientemente pequena para que a temperatura se mantenha constante em 20 °C.

Problemas

5B.1 O fluoreto de potássio é muito solúvel em ácido acético glacial, e as soluções têm várias propriedades diferentes das usuais. Em uma tentativa para entender essas propriedades, dados de abaixamento crioscópico foram obtidos a partir da diluição de uma solução de molalidade conhecida (J. Emsley, *J. Chem. Soc. A*, 2702 (1971)). Foram obtidos os seguintes dados :

$b/(\mathrm{mol\,kg^{-1}})$	0,015	0,037	0,077	0,295	0,602
$\Delta T/\mathrm{K}$	0,115	0,295	0,470	1,381	2,67

Calcule a massa molar aparente do soluto e sugira uma interpretação. Use $\Delta_{fus}H$ = 11,4 $\mathrm{kJ\ mol^{-1}}$ e T_f^* = 290 K.

5B.2 Num estudo das propriedades de uma solução aquosa de $Th(NO_3)_4$ (feito por A. Apelblat, D. Azoulay, e A. Sahar, *J. Chem. Soc. Faraday Trans., I*, 1618 (1973)), observou-se um abaixamento crioscópico de 0,0703 K para uma solução aquosa de molalidade 9,6 $\mathrm{mmol\ kg^{-1}}$. Qual é o número aparente de íons por fórmula unitária?

5B.3‡ As misturas de ciclo-hexano e diversos alcanos de cadeias longas foram investigadas (T.M. Aminabhavi, *et al.*, *J. Chem. Eng. Data* **41**, 526 (1996)). Entre os dados publicados figuram os das massas específicas das soluções de ciclo-hexano e pentadecano em função da fração molar do ciclo-hexano (x_C) a 298,15 K.

x_c	0,6965	0,7988	0,9004
$\rho/(\mathrm{g\,cm^{-3}})$	0,7661	0,7674	0,7697

Calcule o volume parcial molar de cada componente na solução que tem a fração molar do ciclo-hexano igual a 0,7988.

5B.4‡ As soluções de ácido propiônico e de vários outros líquidos orgânicos foram investigadas a 313,15 K (F. Comelli e R. Francesconi, *J. Chem. Eng. Data* **41**, 101 (1996)). Segundo a publicação, o volume de excesso na mistura de ácido propiônico e oxana exprime-se por $V^E = x_1x_2\{a_0 + a_1(x_1 - x_2)\}$, em

‡ Esses problemas foram propostos por Charles Trapp e Carmen Giunta.

que x_1 é a fração molar do ácido propiônico, x_2 a da oxana, $a_0 = -2{,}4697$ cm^3 mol^{-1} e $a_1 = 0{,}0608$ cm^3 mol^{-1}. A massa específica do ácido propiônico, na temperatura da experiência, é 0,97174 g cm^{-3} e a da oxana, 0,86398 g cm^{-3}. (a) Obtenha uma expressão do volume parcial molar de cada componente na temperatura mencionada. (b) Calcule o volume parcial molar de cada componente na solução equimolar.

5B.5‡ A Eq. 5B.15 mostra que a solubilidade é uma função exponencial da temperatura. Os dados na tabela a seguir dão a solubilidade, S, do acetato de cálcio em água, em função da temperatura.

θ/°C	0	20	40	60	80
S/(g (100 g de solvente)$^{-1}$)	36,4	34,9	33,7	32,7	31,7

Determine a qualidade do ajustamento dos dados à exponencial $S = S_0 e^{\tau/T}$ e estime os valores de S_0 e τ. Exprima essas constantes em termos das propriedades do soluto.

5B.6 A energia de Gibbs de excesso de soluções de metilciclo-hexano (MCH) e tetra-hidrofurano (THF) a 303,15 K ajusta-se à expressão

$$G^E = RTx(1-x)\{0{,}4857 - 0{,}1077(2x-1) + 0{,}0191(2x-1)^2\}$$

em que x é a fração molar do metilciclo-hexano. Calcule a energia de Gibbs de mistura quando se prepara uma solução de 1,00 mol de MCH em 3,00 mol de THF.

5B.7‡ A Fig. 5.1 apresenta o gráfico de $\Delta_{mis}G(x_{Pb},T)$ para uma mistura de cobre e chumbo. (a) O que o gráfico nos revela sobre a miscibilidade entre o cobre e o chumbo e a espontaneidade da formação de soluções dos dois metais? Qual é a variância (F) a (i) 1500 K, (ii) 1100 K? (b) Suponha que, a 1500 K, a mistura de composição (i) $x_{Pb} = 0{,}1$, (ii) $x_{Pb} = 0{,}7$ seja lentamente resfriada até 1100 K. Qual é a composição de equilíbrio da mistura final? Estime a quantidade relativa de cada fase. (c) Qual é a solubilidade do (i) cobre em chumbo a 1500 K, (ii) cobre em chumbo a 1100 K?

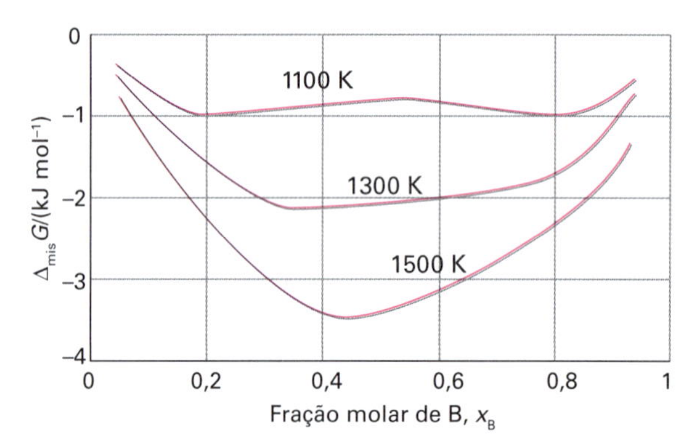

Figura 5.1 A energia de Gibbs da mistura de cobre e chumbo.

5B.8 A energia de Gibbs de excesso, em certa mistura binária, é dada por $gRTx(1-x)$, em que g é uma constante e x a fração molar do soluto A. Encontre uma expressão do potencial químico de A na mistura e faça o gráfico da sua variação com a composição.

5B.9 Use a equação de Gibbs-Helmholtz para encontrar uma expressão para d ln x_A em termos de dT. Integre d ln x_A de $x_A = 0$ até o valor de interesse, e integre o lado direito da equação da temperatura de transição do líquido A puro até o valor desta temperatura na solução. Mostre que, se a entalpia de transição for constante, obtêm-se a Eq. 5B.9 e a Eq. 5B.12.

5B.10‡ Pesquisadores que trabalham com polímeros frequentemente registram os seus dados em unidades estranhas. Por exemplo, na determinação de massas molares de polímeros por osmometria, as pressões osmóticas são frequentemente registradas em gramas por centímetro quadrado (g cm^{-2}) e as concentrações em gramas, por centímetro cúbico (g cm^{-3}). (a) Com estas unidades, quais seriam as unidades de R na equação de van't Hoff? (b) Os dados da tabela a seguir, da pressão osmótica do poli-isobuteno em clorobenzeno, a 25 °C, em função da concentração, foram adaptados de J. Leonard e H. H. Daoust (*J. Polymer Sci.* **57**, 53 (1962)). A partir destes dados, determine a massa molar do poli-isobuteno fazendo o gráfico de Π/c contra c. (c) "Solventes teta" são solventes para os quais o segundo coeficiente osmótico é zero; para solventes "ruins", o gráfico é linear e para "bons" solventes, é não linear. A partir do gráfico que foi feito, como você classificaria o clorobenzeno como solvente para o poli-isobuteno? Discuta o resultado em termos da estrutura molecular do polímero e do solvente. (d) Determine o segundo e o terceiro coeficientes osmóticos do virial fazendo o ajuste dos dados à equação da pressão osmótica na forma do virial. (e) Experimentalmente, encontra-se com frequência que a expansão do virial pode ser representada como

$$\Pi/c = RT/M(1 + B_c' + gB'^2c^2 + \ldots)$$

e, em bons solventes, o parâmetro g é em geral igual a 0,25. Truncando a série no terceiro termo, obtenha uma equação para $(\Pi/c)^{1/2}$ e faça um gráfico desta grandeza contra c. Determine o segundo e o terceiro coeficientes do virial a partir do gráfico e compare os valores com os do primeiro gráfico. Este gráfico confirma o valor que foi admitido para g?

$10^{-2}(\Pi/c)/(\mathrm{g\,cm^{-2}/g\,cm^{-3}})$	2,6	2,9	3,6	4,3	6,0	12,0
$c/(\mathrm{g\,cm^{-3}})$	0,0050	0,010	0,020	0,033	0,057	0,10

$10^{-2}(\Pi/c/(\mathrm{g\,cm^{-2}//g\,cm^{-3}})$	19,0	31,0	38,0	52	63
$c/(\mathrm{g\,cm^{-3}})$	0,145	0,195	0,245	0,27	0,29

5B.11‡ Os dados da tabela a seguir mostram a pressão osmótica do policloropreno ($\rho = 1{,}25$ g cm^{-3}) em tolueno ($\rho = 0{,}858$ g cm^{-3}) a 30 °C. Esses dados foram obtidos por K. Sato, F.R. Eirich e J.E. Mark (*J. Polymer Sci., Polym. Phys.* **14**, 619 (1976)). Determine a massa molar do policloropreno e seu segundo coeficiente osmótico do virial.

$c/(\mathrm{mg\,cm^{-3}})$	1,33	2,10	4,52	7,18	9,87
$\Pi/(\mathrm{N\,m^{-2}})$	30	51	132	246	390

5B.12 Use um software matemático ou uma planilha eletrônica e faça um gráfico de $\Delta_{mis}G$ contra x_A, em diferentes temperaturas, na faixa entre 298 K e 500 K. Que valor de x_A faz com que $\Delta_{mis}G$ dependa mais acentuadamente da temperatura?

5B.13 Usando o gráfico da Fig. 5B.4, fixe ξ e varie a temperatura. Para qual valor de x_A a entalpia em excesso depende mais fortemente da temperatura?

5B.14 Deduza uma expressão para o coeficiente de temperatura da solubilidade, dx_B/dT, e faça um gráfico em função da temperatura para vários valores de entalpia de fusão.

5B.15 Calcule o coeficiente virial osmótico B a partir dos dados do *Exemplo* 5B.2.

SEÇÃO 5C Diagramas de fases de sistemas binários

Questões teóricas

5C.1 Desenhe diagramas de fases para os tipos de sistemas vistos a seguir. Nomeie as regiões e as interseções nos diagramas, indicando que materiais (possivelmente compostos ou azeótropos) estão presentes e se eles são sólidos, líquidos ou gasosos:

(a) diagrama de temperatura-composição de um sistema sólido-líquido de dois componentes. Forma-se um composto AB cuja fusão é congruente, a solubilidade sólido-sólido é desprezível;
(b) diagrama de temperatura-composição de um sistema sólido-líquido de dois componentes. Forma-se um composto AB_2 cuja fusão é incongruente, a solubilidade sólido-sólido é desprezível;
(c) diagrama temperatura-composição de um sistema líquido-vapor de dois componentes. Formação de um azeótropo em $x_B = 0{,}333$, miscibilidade completa.

5C.2 Que características moleculares determinam se uma mistura de dois líquidos irá apresentar um azeótropo de máximo ou de mínimo?

5C.3 Que fatores determinam o número de pratos teóricos necessários para se obter um grau de separação desejado na destilação fracionada?

Exercícios

5C.1(a) Os seguintes dados de temperatura/composição foram obtidos para soluções de octano (O) e metilbenzeno (M), a 1,0 atm. A fração molar na solução líquida é *x* e no vapor em equilíbrio é *y*.

θ/°C	110,9	112,0	114,0	115,8	117,3	119,0	121,1	123,0
x_M	0,908	0,795	0,615	0,527	0,408	0,300	0,203	0,097
y_M	0,923	0,836	0,698	0,624	0,527	0,410	0,297	0,164

O ponto de ebulição do metilbenzeno é 110,6 °C e o do octano, 125,6 °C. Trace o diagrama da temperatura contra a composição do sistema. Qual a composição do vapor em equilíbrio com a solução líquida que tem (i) $x_M = 0{,}250$ e (ii) $x_O = 0{,}250$?

5C.1(b) Os seguintes dados de temperatura contra composição foram obtidos para o equilíbrio líquido-vapor de soluções de dois líquidos A e B a 1,00 atm. A fração molar na solução líquida é *x* e no vapor em equilíbrio é *y*.

θ/°C	125	130	135	140	145	150
x_A	0,91	0,65	0,45	0,30	0,18	0,098
y_A	0,99	0,91	0,77	0,61	0,45	0,25

O ponto de ebulição de A é 124 °C e o de B é 155 °C. Trace o diagrama da temperatura contra a composição do sistema. Qual a composição do vapor em equilíbrio com a solução líquida que tem (i) $x_A = 0{,}50$ e (ii) $x_B = 0{,}33$?

5C.2(a) O éter metiletílico (A) e a diborana, B_2H_6 (B), formam um composto que funde congruentemente a 133 K. O sistema forma dois eutéticos, um com 25% molar de B e a 123 K e o outro a 90% molar de B e a 104 K. Os pontos de fusão de A puro e de B puro são, respectivamente, 131 K e 110 K. Esboce o diagrama de fases para este sistema. Admita que a solubilidade em fase sólida é desprezível.

5C.2(b) Esboce o diagrama de fases do sistema NH_3/N_2H_4 a partir das seguintes informações: não há formação de composto; o NH_3 congela a −78 °C e o N_2H_2 a +2 °C; há formação de um eutético com a fração molar 0,07 para o N_2H_4 e este eutético funde com temperatura de −80 °C.

5C.3(a) A Fig. 5.2 mostra o diagrama de fases de dois líquidos parcialmente solúveis, que podem ser considerados como sendo a água (A) e o 2-metil-1-propanol (B). Descreva o que acontece quando se aquece um sistema com composição $x_B = 0{,}8$. Em cada etapa do aquecimento dê o número de fases presentes, as respectivas composições e as quantidades relativas de fases presentes.

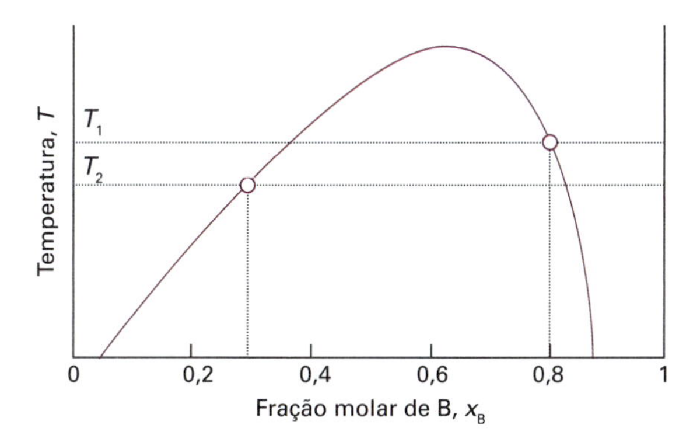

Figura 5.2 Diagrama de fases de dois líquidos parcialmente miscíveis.

5C.3(b) Utilizando novamente a Fig. 5.2, o que acontece quando uma mistura de composição $x_B = 0{,}3$ é aquecida? Em cada etapa do aquecimento dê o número de fases presentes, as respectivas composições e as quantidades relativas de fases presentes.

5C.4(a) No diagrama de fases da Fig. 5.3, assinale a característica que mostra uma fusão incongruente. Qual a composição do eutético e em que temperatura o eutético funde?

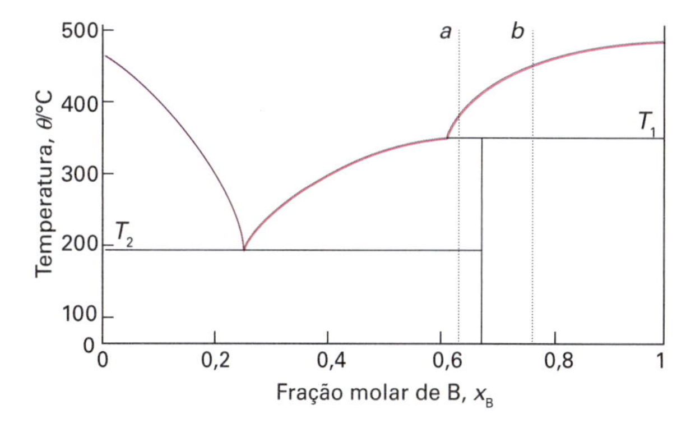

Figura 5.3 Diagrama de fases referente ao Exercício 5C.4(a).

5C.4(b) No diagrama de fases da Fig. 5.4, assinale a característica que mostra uma fusão incongruente. Qual a composição do eutético e em que temperatura o eutético funde?

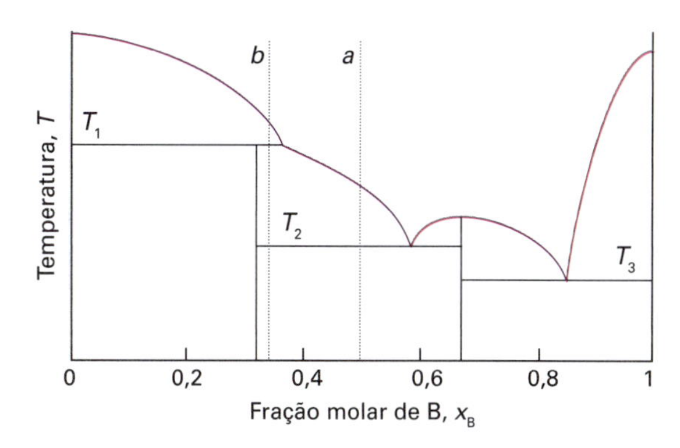

Figura 5.4 Diagrama de fases referente ao Exercício 5C.4(b).

5C.5(a) Esboce as curvas de resfriamento para as isopletas *a* e *b* da Fig. 5.3.

5C.5(b) Esboce as curvas de resfriamento para as isopletas *a* e *b* da Fig. 5.4.

5C.6(a) Com o diagrama de fases da Fig. 5C.29, dê (i) a solubilidade da Ag no Sn a 800 °C, (ii) a solubilidade do Ag_3Sn na Ag a 460 °C e (iii) a solubilidade do Ag_3Sn na Ag a 300 °C.

5C.6(b) Com o diagrama de fases da Fig. 5.3, dê (i) a solubilidade de B em A a 500 °C, (ii) a solubilidade de B em A a 390 °C e (iii) a solubilidade de AB_2 em B a 300 °C.

5C.7(a) A Fig. 5.5 reproduz o diagrama de fases, levantado experimentalmente, da solução de hexano e heptano, cujo comportamento é quase ideal. (i) Identifique as fases presentes em cada região do diagrama. (ii) Estime a pressão de vapor de uma solução que tem 1 mol de cada componente, a 70 °C, quando principia a vaporização pela redução da pressão externa. (iii) Qual a pressão de vapor da solução, a 70 °C, quando o líquido residual está reduzido a poucas gotas? (iv) Estime, a partir do diagrama, as frações molares do hexano nas fases líquida e vapor em equilíbrio nas condições da parte ii. (v) Quais são as frações molares nas condições da parte iii? (vi) A 85 °C e 760 Torr, quantos mols estão na fase líquida e quantos estão na fase vapor num sistema que tem $z_{heptano} = 0,40$?

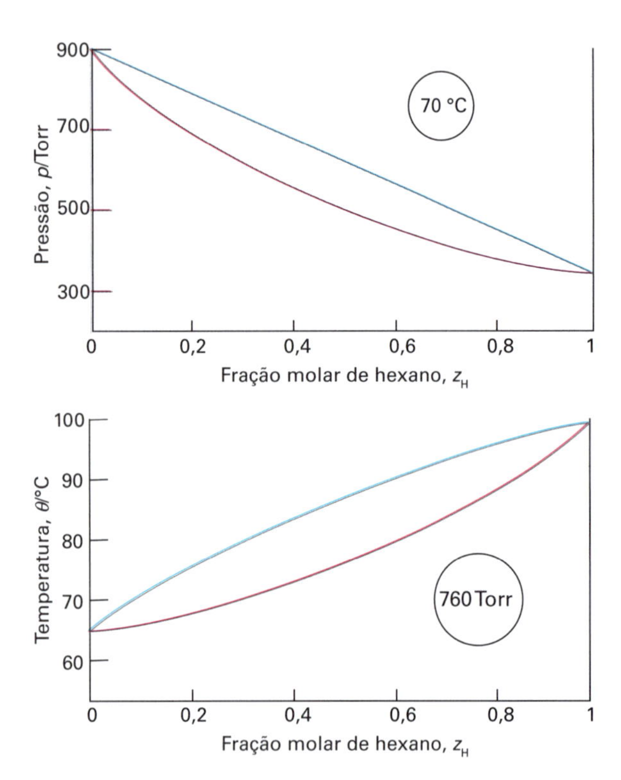

Figura 5.5 Diagramas de fases para soluções praticamente ideais de hexano e heptano.

5C.7(b) O tetrafluoreto de urânio funde a 1035 °C e o tetrafluoreto de zircônio funde a 912 °C. Os dois sais formam uma série contínua de soluções sólidas, com uma temperatura de fusão mínima de 765 °C e composição de $x(ZrF_4) = 0,77$. A 900 °C, a solução líquida de composição $x(ZrF_4) = 0,28$ está em equilíbrio com a solução sólida de composição $x(ZrF_4) = 0,14$. A 850 °C, as duas composições são 0,87 e 0,90, respectivamente. Esboce o diagrama de fases deste sistema. Descreva o que ocorre quando um líquido com $x(ZrF_4) = 0,40$ é lentamente resfriado de 900 °C até 500 °C.

5C.8(a) O metano (ponto de fusão a 91 K) e o tetrafluormetano (ponto de fusão a 89 K) não formam solução sólida e, na fase líquida, são apenas parcialmente solúveis. A temperatura crítica superior da mistura líquida é 94 K, com $x(CF_4) = 0,43$. Há um eutético com $x(CF_4) = 0,88$ e temperatura eutética de 84 K. A 86 K, a fase em equilíbrio com a solução líquida rica em tetrafluormetano se transforma de metano sólido em solução líquida rica em metano. Nesta temperatura, as duas soluções líquidas que estão em equilíbrio têm as composições $x(CF_4) = 0,10$ e $x(CF_4) = 0,80$. Esboce o diagrama de fases.

5C.8(b) Descreva as mudanças de fase que ocorrem quando uma solução líquida de 4,0 mol de B_2H_6 (ponto de fusão a 131 K) e 1,0 mol de CH_3OCH_3 (ponto de fusão a 135 K) é resfriada de 140 K até 90 K. Estas substâncias formam o composto $(CH_3)_2OB_2H_6$, que funde congruentemente a 133 K. O sistema tem um eutético em $x(B_2H_6) = 0,25$ e a 123 K e outro eutético a $x(B_2H_6) = 0,90$ e a 104 K.

5C.9(a) Com as informações do Exercício 5C.8(a), esquematize as curvas de resfriamento das soluções com $x(CF_4)$ igual a (i) 0,10, (ii) 0,30, (iii) 0,50, (iv) 0,80 e (v) 0,95.

5C.9(b) Com as informações do Exercício 5C.8(b), esquematize as curvas de resfriamento das soluções com $x(B_2H_6)$ igual a (i) 0,10, (ii) 0,30, (iii) 0,50, (iv) 0,80 e (v) 0,95.

5C.10(a) O hexano e o perfluor-hexano são parcialmente solúveis abaixo de 22,70 °C. A concentração crítica, na temperatura crítica superior, é $x = 0,355$, em que x é a fração molar do C_6F_{14}. A 22,0 °C, as duas soluções em equilíbrio têm as frações molares $x = 0,24$ e $x = 0,48$, respectivamente. A 21,5 °C, as frações molares são 0,22 e 0,51. Esboce o diagrama de fases. Descreva as mudanças de fase que ocorrem quando se adiciona perfluor-hexano a uma quantidade fixa de hexano a (i) 23 °C e (ii) 22 °C.

5C.10(b) Dois líquidos, A e B, são parcialmente solúveis abaixo de 52,4 °C. A concentração crítica, na temperatura crítica superior, é $x = 0,459$, em que x é a fração molar de A. A 40,0 °C, as duas soluções em equilíbrio têm as frações molares $x = 0,22$ e $x = 0,60$, respectivamente. A 42,5 °C, as frações molares são 0,24 e 0,48. Esboce o diagrama de fases. Descreva as mudanças de fase que ocorrem quando B é adicionado a uma quantidade fixa de A a (i) 48 °C e (ii) 52,4 °C.

Problemas

5C.1‡ O 1-butanol e o clorobenzeno formam um sistema em que existe um azeótropo de mínimo. A fração molar do 1-butanol nas fases líquida (x) e vapor (y), em equilíbrio a 1,00 atm, em diferentes temperaturas, figura na tabela a seguir (H. Artigas *et al.*, *J. Chem. Eng. Data* **42**, 132 (1997)):

T/K	396,57	393,94	391,60	390,15	389,03	388,66	388,57
x	0,1065	0,1700	0,2646	0,3687	0,5017	0,6091	0,7171
y	0,2859	0,3691	0,4505	0,5138	0,5840	0,6409	0,7070

O ponto de ebulição do clorobenzeno puro é a 404,86 K. (a) Com os dados da tabela, construa a parte do diagrama de fases na região rica em clorobenzeno. (b) Estime a temperatura do início da ebulição de uma solução com a fração molar de 0,300 no butanol. (c) Dê as composições e abundâncias relativas das duas fases presentes, a 393,94 K, resultantes do aquecimento de uma solução que inicialmente tinha uma fração molar de 1-butanol igual a 0,300.

5C.2‡ A curva da coexistência em equilíbrio da N,N-dimetilacetamida e heptano foi estudada por An, Zhao, Fuguo e Shen (X. An, *et al.*, *J. Chem. Thermodynamics* **28**, 1221 (1996)). Na tabela a seguir, aparecem as frações molares da *N,N*-dimetilacetamida na fase superior (x_1) e na fase inferior (x_2), de uma região de duas fases, em função da temperatura:

T/K	309,820	309,422	309,031	308,006	306,686
x_1	0,473	0,400	0,371	0,326	0,239
x_2	0,529	0,601	0,625	0,657	0,690
T/K	304,553	301,803	299,097	296,000	294,534
x_1	0,255	0,218	0,193	0,168	0,157
x_2	0,724	0,758	0,783	0,804	0,814

(a) Esboce o diagrama de fases. (b) Dê as composições e as proporções das duas fases que se formam quando se misturam 0,750 mol de *N,N*-dimetilacetamida com 0,250 mol de heptano, a 296,0 K. A que temperatura esta mistura deve ser aquecida para se ter uma solução límpida monofásica?

5C.3 O fósforo e o enxofre formam uma série de compostos binários. Os mais conhecidos são o P_4S_3, o P_4S_7 e o P_4S_{10}, todos com fusão congruente. Admitindo que só existam estes três compostos binários dos dois elementos, (a) esboce o diagrama de fases do P e S. Identifique cada região do diagrama pelas substâncias e fases presentes. No eixo das abscissas, lance a x_S e assinale os pontos representativos dos compostos. O ponto de fusão do fósforo puro é 44 °C e o do enxofre puro é 119 °C. (b) Trace a curva de resfriamento do sistema com $x_S = 0,28$. Admita que há um eutético em $x_S = 0,2$ e que a solubilidade entre os sólidos é desprezível.

5C.4 A tabela vista a seguir fornece as temperaturas de descontinuidade na inclinação e do patamar das curvas de resfriamento de sistemas binários de dois metais A e B. A partir da tabela, esboce o diagrama de fases compatível com os dados. Identifique, em cada região do diagrama, as fases e substâncias presentes. Dê as fórmulas possíveis dos compostos que se podem formar.

$100x_B$	$\theta_{inclinação}/°C$	$\theta_{patamar,1}/°C$	$\theta_{patamar,2}/°C$
0		1100	
10,0	1060	700	
20,0	1000	700	
30,0	940	700	400
40,0	850	700	400
50,0	750	700	400
60,0	670	400	
70,0	550	400	
80,0		400	
90,0	450	400	
100,0		500	

5C.5 O diagrama de fases da Fig. 5.6 representa o equilíbrio entre fases sólidas e líquidas de um sistema binário. Identifique as substâncias que existem em cada região e as respectivas fases. Dê o número de espécies químicas e fases presentes nos pontos *b, d, e, f, g* e *k*. Esboce as curvas de resfriamento para as composições $x_B = 0,16$, 0,23, 0,57, 0,67 e 0,84.

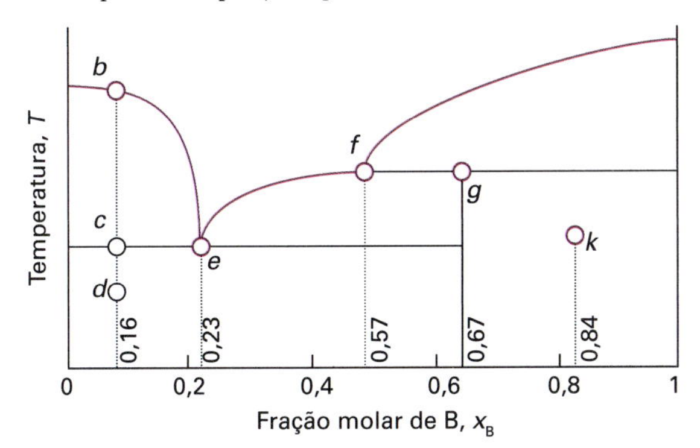

Figura 5.6 Diagrama de fases referente ao ao Problema 5C.5.

5C.6 Esboce o diagrama de fases do sistema Mg/Cu com as seguintes informações: θ_f(Mg) = 648 °C, θ_f(Cu) = 1085 °C; formam-se dois compostos intermediários com $\theta_f(MgCu_2)$ = 800 °C e $\theta_f(Mg_2Cu)$ = 580 °C; há eutéticos com as seguintes composições em porcentagem ponderal de Mg: 10% (690 °C), 33% (560 °C) e 65% (380 °C). Prepara-se uma amostra da liga de Mg e Cu, com 25% ponderais de Mg, num cadinho aquecido a 800 °C , em uma atmosfera inerte. Descreva o que se observa se o líquido for lentamente resfriado até a temperatura ambiente. Dê a composição e a abundância relativa das fases presentes em cada etapa e esboce a curva de resfriamento.

5C.7‡ O diagrama de temperatura-composição para o sistema binário Ca/Si é visto na Fig. 5.7. (a) Identifique os eutéticos, os compostos com fusão congruente e aqueles com fusão incongruente. (b) Se um magma com composição de 20% molar em silício, inicialmente a 1500 °C, for resfriado até 1000 °C, que fases, e suas respectivas composições, estarão em equilíbrio? Estime as quantidades relativas de cada fase. (c) Descreva as fases em equilíbrio que são observadas quando um magma com 80% molar em Si é resfriado até 1030 °C. Que fases e quantidades relativas estariam presentes em uma temperatura (i) levemente acima de 1030 °C, (ii) levemente abaixo de 1030 °C? Faça um gráfico das porcentagens molares de Si(s) e de $CaSi_2$(s) em função da porcentagem molar do magma que se solidifica a 1030 °C.

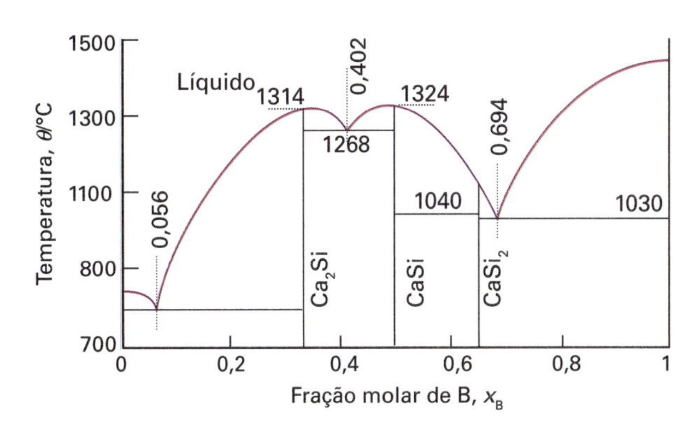

Figura 5.7 Diagrama de temperatura contra composição para o sistema binário Ca/Si.

5C.8 O cloreto de ferro (II) (ponto de fusão 677 °C) e o cloreto de potássio (ponto de fusão 776 °C) formam os compostos $KFeCl_3$ e K_2FeCl_4 a temperaturas elevadas. O $KFeCl_3$ funde congruentemente a 399 °C e o K_2FeCl_4 funde incongruentemente a 380 °C. Formam-se eutéticos com as seguintes composições (com x sendo a fração molar de $FeCl_2$ e a temperatura eutética dada entre parênteses): a $x = 0,38$ (fundindo a 351 °C) e a $x = 0,54$ (fundindo a 393 °C). A curva de solubilidade do KCl encontra a curva do K_2FeCl_4 em $x = 0,34$. Esboce o diagrama de fases. Dê as fases em equilíbrio quando se resfria uma mistura com a composição $x = 0,36$ de 400 °C até 300 °C.

5C.9 Para reproduzir os resultados da Fig. 5C.2, primeiro rearranje a Eq. 5C.4 para que y_A seja expresso como uma função de x_A e da razão p_A^*/p_B^*. Faça, então, o gráfico de y_A contra x_A para diferentes valores da razão $p_A^*/p_B^* > 1$.

5C.10 Para reproduzir os resultados da Fig. 5C.3, primeiro rearranje Eq. 5C.5 de forma que a razão p_A^*/p_B^* seja expressa como uma função de y_A e da razão p_A^*/p_B^*. Faça, então, o gráfico de p_A/p_A^* contra y_A para diferentes valores de $p_A^*/p_B^* > 1$.

5C.11 A partir da Eq. 5B.7, escreva uma expressão para T_{min}, a temperatura em que $\Delta_{mis}G$ tem um mínimo, como função de ξ e x_A. Depois, faça o gráfico de T_{min} contra x_A para diferentes valores de ξ. Dê uma interpretação física para cada máximo e mínimo observado nesse gráfico.

5C.12 Use a Eq. 5C.7 para construir o gráfico de ξ contra x_A por um dos dois métodos: (a) resolvendo numericamente a equação transcendental $\ln\{(x/(1-x)\} + \xi(1-2x) = 0$ ou (b) fazendo o gráfico do primeiro termo da equação transcendental contra o segundo termo e identificando os pontos de interseção para diferentes valores de ξ.

SEÇÃO 5D Diagramas de fases de sistemas ternários

Questão teóricas

5D.1 Qual o número máximo de fases que podem estar em equilíbrio em um sistema ternário?

5D.2 Podemos utilizar a regra da alavanca em um sistema ternário?

5D.3 Poderíamos utilizar um tetraedro regular para representar as propriedades de um sistema quaternário?

Exercícios

5D.1(a) Marque os seguintes pontos em coordenadas triangulares: (i) o ponto (0,2, 0,2, 0,6), (ii) o ponto (0, 0,2, 0,8), (iii) o ponto em que todas as frações molares são iguais.

5D.1(b) Marque os seguintes pontos em coordenadas triangulares: (i) o ponto (0,6, 0,2, 0,2), (ii) o ponto (0,8, 0,2, 0), (iii) o ponto (0,25, 0,25, 0,50).

5D.2(a) Marque os seguintes pontos em um diagrama de fases ternário para o sistema $NaCl/Na_2SO_4{\cdot}10H_2O/H_2O$: (i) 25% em massa de NaCl, 25% em massa de $Na_2SO_4{\cdot}10H_2O$ e o restante de H_2O; (ii) a reta que descreve a mesma composição relativa dos dois sais, mas quantidades diferentes de água.

5D.2(b) Marque os seguintes pontos em um diagrama de fases ternário para o sistema $NaCl/Na_2SO_4{\cdot}10H_2O/H_2O$: (i) 33% em massa de NaCl, 33% em massa de $Na_2SO_4{\cdot}10H_2O$ e o restante de H_2O; (ii) a reta que descreve a mesma composição relativa dos dois sais, mas quantidades diferentes de água.

5D.3(a) Baseado no diagrama de fases ternário apresentado na Fig. 5D.4. Quantas fases estão presentes, qual sua composição e abundâncias relativas em uma mistura contendo 2,3 g de água, 9,2 g de clorofórmio e 3,1 g de ácido acético? Descreva o que ocorre quando: (i) água, (ii) ácido acético são adicionados à mistura.

5D.3(b) Baseado no diagrama de fases ternário na Fig. 5D.4. Quantas fases estão presentes, qual sua composição e abundâncias relativas em uma mistura contendo 55,0 g de água, 8,8 g de clorofórmio e 3,7 g de ácido acético? Descreva o que ocorre quando: (i) água, (ii) ácido acético são adicionados à mistura.

5D.4(a) A Fig. 5.8 mostra o diagrama de fases para o sistema ternário $NH_4Cl/(NH_4)_2SO_4/H_2O$, a 25 °C. Identifique o número de fases presentes para misturas de composição: (i) (0,2, 0,4, 0,4), (ii) (0,4, 0,4, 0,2), (iii) (0,2, 0,1, 0,7), (iv) (0,4, 0,16, 0,44). Os números se referem às frações molares dos três componentes na seguinte ordem (NH_4Cl,$(NH_4)_2SO_4$,H_2O).

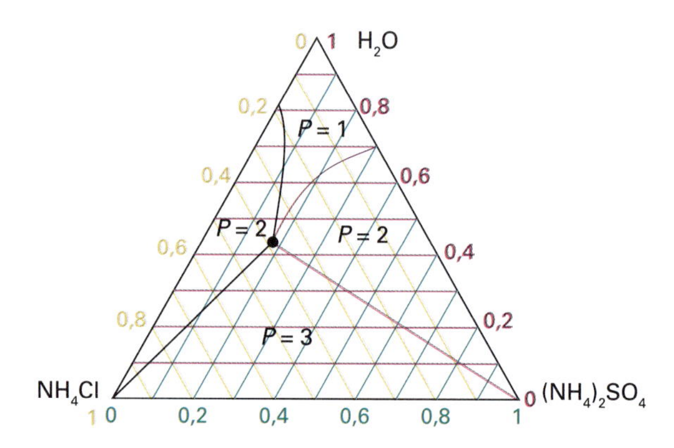

Figura 5.8 Diagrama de fases para o sistema ternário $NH_4Cl/(NH_4)_2SO_4/H_2O$ a 25 °C.

5D.4(b) Baseado na Fig. 5.8, identifique o número de fases presentes para misturas de composição: (i) (0,4, 0,1, 0,5), (ii) (0,8, 0,1, 0,1), (iii) (0, 0,3, 0,7), (iv) (0,33, 0,33, 0,34). Os números se referem às frações molares dos três componentes na seguinte ordem (NH_4Cl,$(NH_4)_2SO_4$,H_2O).

5D.5(a) Baseado na Fig. 5.8, calcule a solubilidade molar do: (i) NH_4Cl, (ii) $(NH_4)_2SO_4$ em água, a 25 °C.

5D.5(b) Descreva o que ocorre quando (i) $(NH_4)_2SO_4$ é adicionado a uma solução saturada de NH_4Cl em água, na presença de excesso de NH_4Cl, (ii) água é adicionada à mistura de 25 g de NH_4Cl e 75 g $(NH_4)_2SO_4$.

Problemas

5D.1 A uma dada temperatura, a solubilidade do I_2 em CO_2 líquido é $x(I_2) = 0{,}03$. Nessa mesma temperatura sua solubilidade em nitrobenzeno é 0,04. Dióxido de carbono líquido e nitrobenzeno são miscíveis em quaisquer proporções, e a solubilidade do I_2 nessa mistura varia linearmente com a proporção de nitrobenzeno. Esboce um diagrama de fases para o sistema ternário.

5D.2 O sistema binário nitroetano/deca-hidronaftaleno (DEC) é parcialmente miscível, com a região bifásica localizada entre $x = 0{,}08$ e $x = 0{,}084$, em que x é a fração molar do nitroetano. O sistema binário dióxido de carbono líquido/DEC é também parcialmente miscível, com a região de duas fases localizada entre $y = 0{,}36$ e $y = 0{,}80$, em que y é a fração molar do DEC. Nitroetano e dióxido de carbono líquido são miscíveis em quaisquer proporções. A adição de dióxido de carbono líquido à mistura de nitroetano e DEC aumenta o intervalo de miscibilidade e o ponto de entrelaçamento é atingido quando z, a fração molar do CO_2, é 0,18 e $x = 0{,}53$. A adição de nitroetano a misturas de dióxido de carbono e DEC também resulta em outro ponto de entrelaçamento em $x = 0{,}08$ e $y = 0{,}52$. (a) Esboce o diagrama de fases para o sistema ternário. (b) Para algumas misturas binárias de nitroetano e dióxido de carbono líquido a adição de uma quantidade arbitrária de DEC não irá causar separação de fases. Determine o intervalo de concentração para essas misturas binárias.

5D.3 Demonstre que a linha reta que une o vértice A de um diagrama de fases ternário ao lado oposto BC representa misturas com proporção constantes de B e C, para qualquer quantidade de A.

SEÇÃO 5E Atividades

Questões teóricas

5E.1 Quais são as contribuições responsáveis pela diferença entre atividade e concentração?

5E.2 Como é possível modificar a lei de Raoult de modo a descrever a pressão de vapor de soluções reais?

5E.3 Descreva resumidamente as maneiras pelas quais a atividade pode ser determinada experimentalmente.

Exercícios

5E.1(a) As substâncias A e B são ambas líquidos voláteis com $p_A^* = 300$ Torr, $p_B^* = 250$ Torr e $K_B = 200$ Torr (as concentrações exprimem-se em frações molares). Quando $x_A = 0{,}9$, $b_B = 2{,}22$ mol kg^{-1}, $p_A = 250$ Torr e $p_B = 25$ Torr. Calcule as atividades e os coeficientes de atividade de A e de B. Para A, use as frações molares e a lei de Raoult; para B, use as frações molares, e também as molalidades, e a lei de Henry.

5E.1(b) A 293 K se tem $p^*(H_2O) = 0{,}02308$ atm e $p(H_2O) = 0{,}02239$ atm em uma solução que tem 0,122 kg de um soluto não volátil ($M = 241$ g mol^{-1}) dissolvido em 0,920 kg de água. Calcule a atividade e o coeficiente de atividade da água na solução.

5E.2(a) A medida das composições das fases líquida e vapor, em equilíbrio, de soluções de acetona (A)/metanol (M) mostrou que, a 57,2 °C, sob pressão de 1,00 atm, tem-se $x_A = 0{,}400$ quando $y_A = 0{,}516$. Calcule as atividades e os coeficientes de atividade dos dois componentes desta solução com base na lei de Raoult. As pressões de vapor dos componentes puros, na temperatura mencionada, são: $p_A^* = 105$ kPa e $p_M^* = 73{,}5$ kPa. (x_A é a fração molar no líquido e y_A é a fração molar correspondente no vapor.)

5E.2(b) A medida das composições das fases líquida e vapor em equilíbrio, de uma solução binária a 30 °C e 1,00 atm, mostrou que $x_A = 0{,}220$ quando $y_A = 0{,}314$. Calcule as atividades e os coeficientes de atividade dos dois componentes da solução com base na lei de Raoult. As pressões de vapor dos componentes puros, na temperatura mencionada, são: $p_A^* = 73{,}0$ kPa e $p_B^* = 92{,}1$ kPa. (x_A é a fração molar no líquido e y_A é a fração molar correspondente no vapor.)

5E.3(a) Determine a relação entre a energia de Gibbs padrão e a energia de Gibbs padrão biológico para a reação $A \rightarrow 2B + 2\,H^+(aq)$.

5E.3(b) Determine a relação entre a energia de Gibbs padrão e a energia de Gibbs padrão biológico para a reação $2A \rightarrow B + 4\,H^+(aq)$.

5E.4(a) Suponha que para uma solução regular hipotética temos que $\xi = 1{,}40$, $p_A^* = 15{,}0$ kPa e $p_B^* = 11{,}6$ kPa. Esboce o diagrama da pressão de vapor.

5E.4(b) Suponha que para uma solução regular hipotética temos que $\xi = 1{,}40$, $p_A^* = 15{,}0$ kPa e $p_B^* = 11{,}6$ kPa. Esboce o diagrama da pressão de vapor.

Problemas

5E.1‡ Francesconi, Lunelli e Comelli estudaram o equilíbrio líquido-vapor do triclorometano e do 1,2-epoxibutano a várias temperaturas (R. Francesconi *et al.*, *J. Chem. Eng. Data* **41**, 310 (1996)). Entre os dados figuram as seguintes medidas das frações molares do triclorometano na fase líquida (x_T) e na fase vapor (y_T), a 298,15 K, em função da pressão.

p/kPa	23,40	21,75	20,25	18,75	18,15	20,25	22,50	26,30
x	0	0,129	0,228	0,353	0,511	0,700	0,810	1
y	0	0,065	0,145	0,285	0,535	0,805	0,915	1

Calcule os coeficientes de atividade dos dois componentes tomando por base a lei de Raoult.

5E.2 O *coeficiente osmótico* ϕ define-se como $\phi = -(x_A/x_B)\ln a_A$. Fazendo $r = x_B/x_A$ e usando a equação de Gibbs-Duhem, mostre que se pode calcular a atividade de B a partir da atividade de A, conhecida em função da composição, mediante a fórmula

$$\ln\frac{a_B}{r} = \phi - \phi(0) + \int_0^r \frac{\phi - 1}{r}\,dr$$

5E.3 Mostre que a pressão osmótica de uma solução real é dada por $\Pi V = -RT\ln a_A$. A partir desta fórmula, mostre que se a concentração da solução for baixa esta expressão toma a forma $\Pi V = \phi RT[B]$ e então que o coeficiente osmótico, ϕ (definido no Problema 5E.2), pode ser determinado por osmometria.

5E.4 Use um software matemático ou uma planilha eletrônica e faça um gráfico de p_A/p_A^* contra x_A, com $\xi = 2{,}5$. Use a Eq. 5E.19 e depois a Eq. 5E.20. Acima de que valores de x_A os valores de p_A/p_A^* dado por essas equações diferem em mais de 10%?

SEÇÃO 5F A atividade dos íons em solução

Questões teóricas

5F.1 Por que os coeficientes de atividades dos íons em solução são diferentes de 1? Por que eles são menores que 1 em soluções diluídas?

5F.2 Descreva as características gerais da teoria de Debye-Hückel das soluções eletrolíticas.

5F.3 Sugira uma interpretação para os termos adicionais nas versões estendidas da lei limite de Debye-Hückel.

Exercícios

5F.1(a) Calcule a força iônica de uma solução que é 0,10 mol kg^{-1} em KCl(aq) e 0,20 mol kg^{-1} em $CuSO_4$(aq).

5F.1(b) Calcule a força iônica de uma solução que é 0,040 mol kg^{-1} em $K_3[Fe(CN)_6]$(aq), 0,030 mol kg^{-1} em KCl(aq) e 0,050 mol kg^{-1} em NaBr(aq).

5F.2(a) Calcule as massas de (i) $Ca(NO_3)_2$ e, separadamente, de (ii) NaCl, quando o sal é adicionado a uma solução de KNO_3(aq) 0,150 mol kg^{-1}, contendo 500 g do solvente, para elevar a força iônica a 0,250.

5F.2(b) Calcule as massas de (i) KNO_3 e, separadamente, (ii) de $Ba(NO_3)_2$, quando o sal é adicionado a uma solução de KNO_3(aq) 0,110 mol kg^{-1}, contendo 500 g do solvente, para elevar a força iônica a 1,00.

5F.3(a) Estime o coeficiente médio de atividade iônica e a atividade de uma solução que é 0,010 mol kg^{-1} no $CaCl_2$(aq) e 0,030 mol kg^{-1} no NaF(aq).

5F.3(b) Estime o coeficiente médio de atividade iônica e a atividade de uma solução que é 0,020 mol kg^{-1} no NaCl(aq) e 0,035 mol kg^{-1} no $Ca(NO_3)_2$(aq).

5F.4(a) Os coeficientes médios de atividade do HBr em três soluções aquosas diluídas, a 25 °C, são 0,930 (a 5,0 mmol kg^{-1}), 0,907 (a 10,0 mmol kg^{-1}) e 0,879 (a 20,0 mmol kg^{-1}). Estime o valor de B na Eq. 5F.11a.

5F.4(b) Os coeficientes médios de atividade do KCl em três soluções aquosas diluídas, a 25 °C, são 0,927 (a 5,0 mmol kg^{-1}), 0,902 (a 10,0 mmol kg^{-1}) e 0,816 (a 50,0 mmol kg^{-1}). Estime o valor de B na Eq. 5F.11a.

Problemas

5F.1 Os coeficientes médios de atividade do NaCl, a 25 °C, em solução aquosa em diferentes concentrações, são apresentados na tabela a seguir. Verifique se seus valores concordam ou não com a lei limite de Debye-Hückel e se o ajuste pode ser melhorado com a equação de Davies.

$b/(\text{mmol kg}^{-1})$	1,0	2,0	5,0	10,0	20,0
$\gamma_\pm$	0,9649	0,9519	0,9275	0,9024	0,8712

5F.2 Considere um gráfico de log $\gamma_\pm$ contra $I^{1/2}$, com $B = 1,50$ e $C = 0$ na equação de Davies, como uma representação de dados experimentais para um certo eletrólito MX. Qual é o intervalo de força iônica para o qual a aplicação da lei limite leva a um erro no valor do coeficiente de atividade inferior a 10% do valor previsto pela lei estendida?

Atividades integradas

5.1 A tabela seguinte dá as pressões de vapor de soluções de iodoetano (I) e acetato de etila (A), a 50 °C. Calcule os coeficientes de atividade dos dois componentes com base (a) na lei de Raoult e (b) na lei de Henry, tomando iodoetano como o soluto.

x_I	0	0,0579	0,1095	0,1918	0,2353	0,3718
p_I/kPa	0	3,73	7,03	11,7	14,05	20,72
p_A/kPa	37,38	35,48	33,64	30,85	29,44	25,05

x_I	0,5478	0,6349	0,8253	0,9093	1,0000
p_I/kPa	28,44	31,88	39,58	43,00	47,12
p_A/kPa	19,23	16,39	8,88	5,09	0

5.2 A partir dos dados que são vistos a seguir, faça o gráfico da pressão de vapor para uma mistura de benzeno (B) e ácido acético (A) e trace a curva da pressão de vapor/composição para a mistura a 50 °C. Confirme que as leis de Raoult e de Henry são verificadas nas regiões apropriadas. Obtenha as atividades e os coeficientes de atividade dos componentes com base na lei de Raoult e então, tomando B como soluto, determine a sua atividade e o seu coeficiente de atividade com base na lei de Henry. Finalmente, estime a energia de Gibbs de excesso para a mistura em toda a faixa de composições mostrada pelos dados.

x_A	0,0160	0,0439	0,0835	0,1138	0,1714
p_A/kPa	0,484	0,967	1,535	1,89	2,45
p_B/kPa	35,05	34,29	33,28	32,64	30,90

x_A	0,2973	0,3696	0,5834	0,6604	0,8437	0,9931
p_A/kPa	3,31	3,83	4,84	5,36	6,76	7,29
p_B/kPa	28,16	26,08	20,42	18,01	10,0	0,47

5.3‡ Chen e Lee estudaram o equilíbrio líquido-vapor do ciclo-hexanol com diversos gases em pressões elevadas (J.-T. Chen e M.-J. Lee, *J. Chem. Eng. Data* **41**, 339 (1996)). Entre os dados publicados figuram as seguintes medidas das frações molares do ciclo-hexanol na fase vapor (y_{cic}) e na fase líquida (x_{cic}), a 393,15 K, em função da pressão.

p/bar	10,0	20,0	30,0	40,0	60,0	80,0
y_{cis}	0,0267	0,0149	0,0112	0,00947	0,00835	0,00921
x_{cis}	0,9741	0,9464	0,9204	0,892	0,836	0,773

Determine a constante da lei de Henry para o CO_2 em ciclo-hexanol e calcule o coeficiente de atividade do CO_2.

5.4‡ Os seguintes dados foram obtidos para as composições de equilíbrio líquido-vapor de misturas de nitrogênio e oxigênio a 100 kPa:

T/K	77,3	78	80	82	84	86	88	90,2
$x(O_2)$	0	10	34	54	70	82	92	100
$y(O_2)$	0	2	11	22	35	52	73	100
$p^*(O_2)$/Torr	154	171	225	294	377	479	601	760

Esboce o diagrama de fases no plano da temperatura contra composição. Determine se as curvas se ajustam ao comportamento ideal calculando, em cada caso, o coeficiente de atividade do O_2.

5.5 A partir da equação de Gibbs-Duhem, obtenha a *equação de Gibbs-Duhem-Margules*

$$\left(\frac{\partial \ln f_A}{\partial \ln x_A}\right)_{p,T} = \left(\frac{\partial \ln f_B}{\partial \ln x_B}\right)_{p,T}$$

em que f é a fugacidade. Use a relação para mostrar que, quando as fugacidades são substituídas pelas pressões, se a lei de Raoult se aplica a um dos componentes da mistura, então a lei de Henry se aplica ao outro componente.

5.6 Use a equação de Gibbs-Duhem para mostrar que o volume parcial molar (ou qualquer grandeza parcial molar) de um componente B pode ser calculado a partir do volume parcial molar (ou outra grandeza parcial molar) do componente A, se este for conhecido em função da composição até aquela de interesse. Isso é feito provando-se que

$$V_B = V_B^* - \int_{V_A^*}^{V_A} \frac{x_A}{1-x_A} \mathrm{d}V_A$$

em que x_A é uma função de V_A. Use os seguintes dados (válidos para 298 K) para estimar graficamente a integral e encontrar o volume parcial molar da acetona em $x = 0,500$.

$x(CHCl_3)$	0	0,194	0,385	0,559	0,788	0,889	1,000
$V_m/(\text{cm}^3\,\text{mol}^{-1})$	73,99	75,29	76,50	77,55	79,08	79,82	80,67

5.7 Mostre que o abaixamento crioscópico de uma solução real com um solvente de massa molar M e atividade a_A obedece à equação

$$\frac{\mathrm{d}\ln a_A}{\mathrm{d}(\Delta T)} = -\frac{M}{K_f}$$

e use a equação de Gibbs-Duhem para mostrar que

$$\frac{\mathrm{d}\ln a_B}{\mathrm{d}(\Delta T)} = -\frac{1}{b_B K_f}$$

em que a_B é a atividade do soluto e b_B é sua molalidade. Use a lei limite de Debye-Hückel para mostrar que o coeficiente osmótico (ϕ, Problema 5E.2) é dado por $\phi = 1 - \frac{1}{3}A'I$ com $A' = 2,303A$ e $I = b/b^{\ominus}$.

5.8 Para o cálculo da solubilidade c de um gás em um solvente, é frequentemente conveniente usar a expressão $c = Kp$, em que K é a constante da lei de Henry. Respirar ar a alta pressão, como no mergulho submarino, faz com que aumente a concentração de nitrogênio dissolvido. A constante da lei de Henry para a solubilidade do nitrogênio é 0,18 μg/(g de H_2O atm). Qual é a massa de nitrogênio dissolvida em 100 g de água saturada com ar a 4,0 atm e a 20 °C? Compare a sua resposta com a obtida para 100 g de água saturada com ar a 1,0 atm. (O ar é uma mistura com 78,08% molar em N_2.)

Se o nitrogênio é quatro vezes mais solúvel em tecidos gordurosos que em água, qual é o aumento na concentração de nitrogênio num tecido gorduroso quando a pressão muda de 1 atm para 4 atm?

5.9 A diálise pode ser usada para se estudar a ligação de moléculas pequenas a macromoléculas, tais como um inibidor a uma enzima, um antibiótico ao DNA e qualquer outro exemplo de cooperação ou inibição por moléculas pequenas ligadas a moléculas grandes. Para ver como isso é possível, suponhamos que, dentro de uma bolsa de diálise, a concentração molar da macromolécula M é [M] e a concentração total de moléculas pequenas A no compartimento contendo a macromolécula é $[A]_{int}$. Essa concentração total é dada pela soma das concentrações de A livre e de A ligada, simbolizadas, respectivamente, por $[A]_{livre}$ e $[A]_{ligada}$. No equilíbrio, $\mu_{A,livre} = \mu_{A,ext}$, o que implica que $[A]_{livre} = [A]_{ext}$, desde que o coeficiente de atividade de A seja o mesmo em ambas as soluções. Portanto, pela medição da concentração de A na solução exterior à bolsa, é possível encontrar a concentração de A livre na solução de macromoléculas, e pela medição da diferença $[A]_{int} - [A]_{livre} = [A]_{int} - [A]_{ext}$ é possível encontrar a concentração de A ligada. Vamos explorar agora as consequências quantitativas do arranjo experimental que acabamos de descrever.

(a) O número de moléculas de A que, em média, estão ligadas a macromoléculas M, ν, é a razão

$$\nu = \frac{[A]_{ligada}}{[M]} = \frac{[A]_{int} - [A]_{ext}}{[M]}$$

As moléculas de A, ligadas e livres, estão em equilíbrio, $M + A \rightleftharpoons MA$. Desta forma, as duas concentrações estão relacionadas por uma constante de equilíbrio de ligação *K*, dada por

$$K = \frac{[MA]}{[M]_{livre}[A]_{livre}}$$

Mostre que

$$K = \frac{\nu}{(1-\nu)[A]_{ext}}$$

(b) Assumindo-se que existam *N* sítios de ligação *idênticos* e *independentes* em cada macromolécula, cada macromolécula comporta-se como *N* macromoléculas menores, com o mesmo valor de *K* para cada sítio. O número médio de moléculas de A por sítio é ν/N. Mostre que, neste caso, obtemos a *equação de Scatchard:*

$$\frac{\nu}{[A]_{ext}} = KN - K\nu$$

(c) Para aplicar a equação de Scatchard, considere a ligação do brometo de etídio (E^-) a um pequeno pedaço de DNA por um processo denominado *intercalação*, no qual o cátion etídio aromático se aloja entre dois pares de base adjacentes do DNA. Um experimento de diálise em equilíbrio foi usado para estudar a ligação do brometo de etídio (BE) a um pequeno pedaço de DNA. Uma solução aquosa 1,00 μmol dm^{-3} de uma amostra de DNA sofreu um processo de diálise contra um excesso de BE. Os seguintes dados foram obtidos para a concentração total de BE:

[EB]/(μmol dm^{-3})					
Lado sem DNA	0,042	0,092	0,204	0,526	1,150
Lado com DNA	0,292	0,590	1,204	2,531	4,150

Com esses dados, faça um gráfico de Scatchard e determine a constante de equilíbrio intrínseca, *K*, e o número total de sítios por molécula de DNA. O modelo dos sítios idênticos e independentes para a ligação é aplicável neste caso?

5.10 A forma da equação de Scatchard dada no Problema 5.9 se aplica somente quando a macromolécula tem sítios de ligação independentes e equivalentes. Para sítios de ligação independentes e não equivalentes, a equação de Scatchard é

$$\frac{\nu}{[A]_{ext}} = \sum_i \frac{N_i K_i}{1 + K_i [A]_{ext}}$$

Faça um gráfico de $\nu/[A]_{ext}$ para os seguintes casos. (a) Existem quatro sítios independentes sobre uma molécula de enzima e a constante de ligação intrínseca é $K = 1{,}0 \times 10^7$. (b) Há um total de seis sítios por polímero. Quatro dos sítios são idênticos e têm uma constante de ligação intrínseca de $1{,}0 \times 10^5$. As constantes de ligação para os outros dois sítios são $2{,}0 \times 10^6$.

5.11 A adição de uma pequena quantidade de um sal, por exemplo, de $(NH_4)_2SO_4$, a uma solução contendo uma proteína carregada aumenta a solubilidade da proteína na água. Este comportamento é chamado de *efeito de salting-in*. Entretanto, a adição de grandes quantidades de sal diminui a solubilidade da proteína de tal modo que a proteína precipita na solução. Este comportamento é chamado de *efeito de salting-out* e é muito usado pelos bioquímicos para isolar e purificar proteínas. Considere o equilíbrio $PX_\nu(s) \rightleftharpoons P^{\nu+}(aq) + \nu X^-(aq)$, em que $P^{\nu+}$ é uma proteína policatiônica de carga $+\nu$ e X^- é seu contraíon. Use o princípio de Le Chatelier e os princípios físicos que fundamentam a teoria de Debye-Hückel para dar uma interpretação molecular para os efeitos de *salting-in* e de *salting-out*.

5.12 Alguns polímeros podem formar mesófases cristalinas líquidas com propriedades físicas incomuns. Por exemplo, o Kevlar (**1**) cristalino líquido é resistente o suficiente para ter sido escolhido como o material para os coletes à prova de balas, sendo estável em temperaturas de até 600 K. Que interações moleculares contribuem para a formação, a estabilidade térmica e a resistência mecânica da mesófase cristalina líquida no Kevlar?

1 Kevlar

CAPÍTULO 6

Equilíbrio químico

As reações químicas tendem a avançar para um estado de equilíbrio dinâmico, no qual reagentes e produtos estão presentes e onde eles não mostram mais tendência a sofrerem modificações líquidas. Em alguns casos, a concentração dos produtos no sistema reacional em equilíbrio é tão maior do que a concentração dos reagentes residuais que, para todos os fins práticos, a reação está "completa". Em outros casos, muitos dos quais importantes, a mistura em equilíbrio tem concentrações significativas de reagentes e de produtos.

6A A constante de equilíbrio

Esta seção desenvolve o conceito de potencial químico e mostra como ele é usado para explicar a composição das reações químicas no equilíbrio. A composição no equilíbrio corresponde ao mínimo da energia de Gibbs em função do avanço da reação, e a determinação deste mínimo leva à relação entre a constante de equilíbrio e a energia de Gibbs padrão de reação.

6B A resposta do equilíbrio às condições do sistema

A formulação termodinâmica do equilíbrio permite estabelecer os efeitos quantitativos das modificações nas condições em que ocorre a reação. Um aspecto muito importante do equilíbrio é o controle que pode ser realizado pela variação de condições tais como a temperatura e a pressão.

6C Pilhas eletroquímicas

Como muitas reações envolvem a transferência de elétrons, elas podem ser estudadas (e utilizadas) deixando-se que elas ocorram em uma pilha formada por dois eletrodos. A reação espontânea força os elétrons a circularem por um circuito externo. Veremos que o potencial elétrico da pilha está relacionado à energia de Gibbs de reação. Desta forma, temos um procedimento elétrico para a determinação de grandezas termodinâmicas.

6D Potenciais de eletrodos

A eletroquímica é, em parte, uma aplicação importante dos conceitos termodinâmicos ao equilíbrio químico, além de ser tecnologicamente muito relevante. Como em outras aplicações da termodinâmica, veremos de que maneira apresentar os dados eletroquímicos em uma forma compacta e utilizá-los em problemas de real importância na química. Em especial, na determinação do sentido espontâneo das reações e no cálculo das constantes de equilíbrio.

Qual é o impacto deste material?

A descrição termodinâmica das reações espontâneas tem inúmeras aplicações tanto de interesse teórico quanto de interesse prático. Escolhemos duas aplicações. Uma é a discussão dos processos bioquímicos, nos quais uma reação serve como força motriz para outra reação (*Impacto* I6.1). No final das contas, é por isso que temos que comer: a reação que ocorre na oxidação de uma substância permite a realização de uma reação não espontânea, como a síntese de proteínas. Outra aplicação se baseia na grande sensibilidade dos processos eletroquímicos em relação à concentração de materiais eletroativos, de modo que eletrodos especialmente projetados podem ser usados em análises (*Impacto* I6.2).

6A A constante de equilíbrio

Tópicos

➤ Por que você precisa saber este assunto?

As constantes de equilíbrio são um dos conceitos fundamentais da química e são um elo importante entre a termodinâmica e a química experimental. O assunto abordado nesta seção mostra como as constantes de equilíbrio surgem, e explica as propriedades termodinâmicas que determinam os seus valores.

➤ Qual é a ideia fundamental?

A composição de um sistema reacional varia até que a energia livre de Gibbs atinja um valor mínimo.

➤ O que você já deve saber?

Toda a nossa discussão está baseada na expressão que relaciona o sentido de uma transformação espontânea com a energia de Gibbs de um sistema (Seção 3C). O assunto que vamos discutir utiliza o conceito de potencial químico e sua dependência em relação à concentração e à pressão do sistema (Seção 5A). É necessário saber como calcular a energia de Gibbs total de uma mistura em função do potencial químico dos componentes dessa mistura (Seção 5A).

Como discutido na Seção 3C, o sentido de uma transformação espontânea, a temperatura e pressão constantes, é aquele que conduz aos menores valores da energia de Gibbs, G. Esta observação é absolutamente geral, e, nesta seção, vamos aplicá-la à discussão das reações químicas. Existe a tendência de que uma mistura de reagentes sofra uma reação química até que a energia de Gibbs da mistura alcance um valor mínimo. Esse estado corresponde ao equilíbrio químico. O equilíbrio apresenta um aspecto dinâmico, uma vez que as reações direta e inversa continuam a ocorrer, mas nesse caso com velocidades iguais. Como sempre quando aplicamos termodinâmica, o conceito de espontaneidade é apenas uma *tendência*. Podem existir razões cinéticas que impeçam sua concretização.

6A.1 O mínimo da energia de Gibbs

A composição de uma mistura reacional no equilíbrio fica determinada pelo cálculo da energia de Gibbs da mistura reacional e pela identificação da composição que corresponde ao mínimo de G. Aqui, iremos proceder em duas etapas: inicialmente vamos considerar um equilíbrio muito simples, e, depois, vamos generalizá-lo.

(a) A energia de Gibbs de reação

Começamos considerando o equilíbrio químico $A \rightleftharpoons B$. Embora esta reação pareça trivial, existem muitos exemplos dela, como é o caso da isomerização do pentano a 2-metilbutano, ou da conversão da L-alanina a D-alanina.

Imaginemos que um número infinitesimal de mols de A, $d\xi$, se transforme em B. A variação do número de mols de A é $dn_A = -d\xi$, e a do número de mols de B é $dn_B = +d\xi$. A grandeza ξ (csi) é denominada **avanço da reação** (ou **extensão da reação**). Esta variável tem as dimensões de número de mols e se exprime em mols. Quando o avanço da reação varia de uma quantidade finita $\Delta\xi$, o número de mols de A presentes varia de $n_{A,0}$ para $n_{A,0} - \Delta\xi$, e o número de mols de B passa de $n_{B,0}$ para $n_{B,0} + \Delta\xi$. De uma forma geral, a variação do número de mols de um componente J é dada por $\nu_J\Delta\xi$, em que ν_J é o número estequiométrico do componente J (positivo para os produtos e negativo para os reagentes).

Breve ilustração 6A.1 O avanço da reação

Se inicialmente 2,0 mol de A estiverem presentes e a reação avança até que $\Delta\xi = +1{,}5$ mol, o número restante de mols de A será 0,5 mol. O número de mols de B formado será 1,5 mol.

Exercício proposto 6A.1 Inicia-se a reação 3 A ⟶ 2 B, com 2,5 mol de A. Qual é a composição do sistema reacional quando $\Delta\xi = +0{,}5$ mol?

Resposta: 1,0 mol de A e 1,0 mol de B

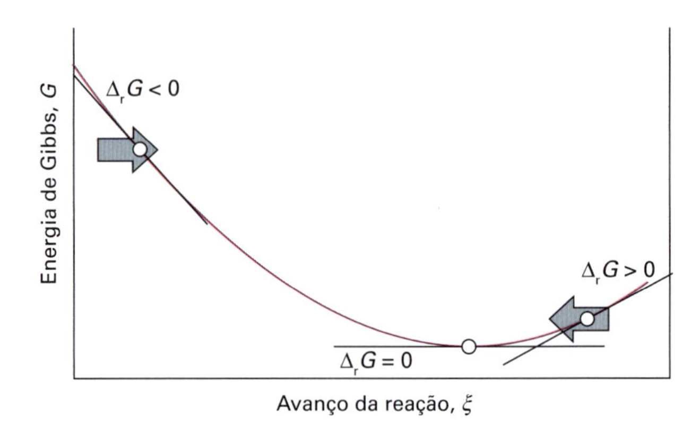

Figura 6A.1 À medida que a reação avança (o que corresponde ao movimento da esquerda para a direita, sobre o eixo horizontal), o coeficiente angular da energia de Gibbs se altera. O equilíbrio corresponde ao coeficiente angular nulo, no mínimo da curva.

A **energia de Gibbs de reação**, $\Delta_r G$, é definida como o coeficiente angular no gráfico da energia de Gibbs contra o avanço da reação:

$$\Delta_r G = \left(\frac{\partial G}{\partial \xi}\right)_{p,T} \quad \textit{Definição} \quad \text{Energia de Gibbs de reação} \quad (6A.1)$$

Embora o símbolo Δ normalmente signifique uma *diferença* entre valores, aqui, nesta definição, Δ_r simboliza uma *derivada*, o coeficiente angular de G em relação a ξ. Porém, para verificar que há uma relação muito próxima com o uso normal do símbolo, imaginemos que a reação avança de $d\xi$. A variação correspondente da energia de Gibbs é

$$dG = \mu_A dn_A + \mu_B dn_B = -\mu_A d\xi + \mu_B d\xi = (\mu_B - \mu_A)d\xi$$

Essa equação pode ser reescrita como

$$\left(\frac{\partial G}{\partial \xi}\right)_{p,T} = \mu_B - \mu_A$$

Isto é,

$$\Delta_r G = \mu_B - \mu_A \quad (6A.2)$$

Vemos que $\Delta_r G$ pode também ser interpretada como a diferença entre os potenciais químicos (as energias de Gibbs parciais molares) dos produtos e dos reagentes *numa dada composição da mistura reacional.*

Como os potenciais químicos variam com a composição, o coeficiente angular da curva da energia de Gibbs contra o grau de avanço se altera quando a reação avança. A direção espontânea da reação é a da diminuição de G (ou seja, da inclinação decrescente da curva de G contra ξ). Assim, vemos a partir da Eq. 6A.2 que a reação A ⟶ B é espontânea quando $\mu_A > \mu_B$, enquanto a reação inversa é espontânea quando $\mu_B > \mu_A$. O coeficiente angular é nulo, e a reação não é espontânea em nenhum dos dois sentidos quando

$$\Delta_r G = 0 \quad \text{Condição de equilíbrio} \quad (6A.3)$$

Esta condição ocorre quando $\mu_B = \mu_A$ (Fig. 6A.1). Segue-se então que, se podemos determinar a composição da mistura reacional que assegura a igualdade $\mu_B = \mu_A$, podemos determinar a composição da mistura reacional no equilíbrio. Observe que o potencial químico está traduzindo agora o que o seu nome sugere: ele representa o potencial para a transformação química e o equilíbrio é atingido quando os potenciais são iguais.

(b) Reações exergônicas e endergônicas

Podemos expressar a espontaneidade de uma reação, a temperatura e pressão constantes, em termos da energia de Gibbs de reação:

- Se $\Delta_r G < 0$, a reação direta é espontânea.
- Se $\Delta_r G > 0$, a reação inversa é espontânea.
- Se $\Delta_r G = 0$, a reação está em equilíbrio.

Uma reação que tem $\Delta_r G < 0$ é denominada **exergônica** (a partir das palavras gregas para produção de trabalho). A denominação significa que, como o processo é espontâneo, ele pode ser utilizado para impulsionar outros processos, por exemplo, outras reações, ou então pode ser usado para efetuar um trabalho diferente do de expansão. Uma analogia mecânica simples é um par de pesos unidos por uma corda (Fig. 6A.2): o peso mais leve subirá quando o peso mais pesado descer. Embora o peso mais leve tenha uma tendência natural de se mover para baixo, seu acoplamento ao peso

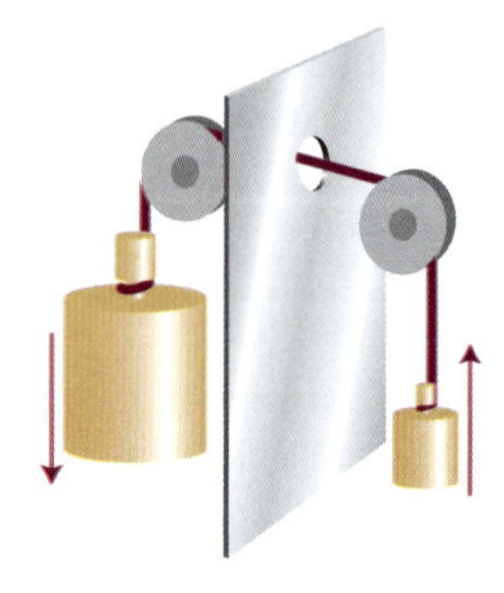

Figura 6A.2 Se dois pesos estão acoplados como mostrado nesta figura, o peso mais pesado moverá o peso mais leve no seu sentido não espontâneo: no global, o processo continua espontâneo. Os pesos são os análogos de duas reações químicas: uma reação com um grande ΔG negativo pode forçar outra reação com um ΔG menor a ocorrer no seu sentido não espontâneo.

mais pesado faz com que ele suba. Nas células biológicas, a oxidação dos carboidratos age como o peso mais pesado, impulsionando outras reações que resultam na formação de proteínas a partir de aminoácidos, contração dos músculos e atividade cerebral. Uma reação que tem $\Delta_r G > 0$ é denominada **endergônica** (que significa consumidora de trabalho). A reação ocorre somente à custa de trabalho feito sobre ela, como na eletrólise da água, que é o inverso da reação espontânea de formação da água.

Breve ilustração 6A.2 Reações exergônicas e endergônicas

A energia livre de Gibbs padrão da reação $H_2(g) + \frac{1}{2}O_2(g) \rightarrow H_2O(l)$ a 298 K é –237 kJ mol^{-1}; assim, a reação é exergônica. Um equipamento adequado para essa reação ocorrer (por exemplo, uma pilha de combustível), operando a temperatura e pressão constantes, poderia fornecer 237 kJ de trabalho elétrico para cada mol de H_2 que reagisse. A reação inversa, para a qual $\Delta_r G^{\ominus} = +237\,\text{kJ mol}^{-1}$, é endergônica, e pelo menos 237 kJ de trabalho têm que ser realizados para ela ocorrer.

Exercício proposto 6A.2 Classifique como exergônica ou endergônica a reação de formação do metano, em condições-padrão a 298 K, a partir dos seus elementos químicos.

Resposta: Endergônica

6A.2 A descrição do equilíbrio

A partir da fundamentação anterior, podemos então ver como aplicar a termodinâmica para a descrição do equilíbrio químico.

(a) Equilíbrio de gases perfeitos

Quando A e B são gases perfeitos, podemos usar a Eq. 5A.14b ($\mu = \mu^{\ominus} + RT \ln p$, com p simbolizando $p/p^{\ominus}$) para escrever

$$\begin{aligned}\Delta_r G &= \mu_B - \mu_A = (\mu_B^{\ominus} + RT \ln p_B) - (\mu_A^{\ominus} + RT \ln p_A) \\ &= \Delta_r G^{\ominus} + RT \ln \frac{p_B}{p_A}\end{aligned} \quad (6A.4)$$

Se representarmos a razão entre as pressões parciais por Q, obtemos

$$\Delta_r G = \Delta_r G^{\ominus} + RT \ln Q \qquad Q = \frac{p_B}{p_A} \quad (6A.5)$$

A razão Q é um exemplo de um "quociente reacional", uma grandeza que vamos definir mais formalmente em breve. Ele varia de 0, quando $p_B = 0$ (correspondendo a A puro), até infinito, quando $p_A = 0$ (correspondendo a B puro). A energia de Gibbs padrão de reação, $\Delta_r G^{\ominus}$ (Seção 3C), é definida como a diferença entre as energias de Gibbs molar dos produtos e dos reagentes em seus respectivos estados-padrão. Na reação que estamos analisando,

$$\Delta_r G^{\ominus} = G_m^{\ominus}(B) - G_m^{\ominus}(A) = \mu_B^{\ominus} - \mu_A^{\ominus} \quad (6A.6)$$

Observe que na definição de $\Delta_r G^{\ominus}$, o Δ_r tem seu significado habitual indicando uma diferença "produtos – reagentes". Na Seção 3C, vimos que a diferença entre as energias de Gibbs por mol dos produtos e dos reagentes, nos seus respectivos estados-padrão, é igual à diferença entre as respectivas energias de Gibbs padrão de formação, de modo que, na prática, podemos calcular $\Delta_r G^{\ominus}$ a partir de

$$\Delta_r G^{\ominus} = \Delta_f G^{\ominus}(B) - \Delta_f G^{\ominus}(A) \quad (6A.7)$$

No equilíbrio $\Delta_r G = 0$. A razão entre as pressões parciais no equilíbrio é simbolizada por K, e a Eq. 6A.5 fica

$$0 = \Delta_r G^{\ominus} + RT \ln K$$

que pode ser reescrita como

$$RT \ln K = -\Delta_r G^{\ominus} \qquad K = \left(\frac{p_B}{p_A}\right)_{\text{equilíbrio}} \quad (6A.8)$$

Essa relação é um caso particular de uma das mais importantes equações da termodinâmica química. Ela estabelece a ligação entre os dados termodinâmicos, que figuram em tabelas, como as da *Seção de dados*, e a "constante de equilíbrio", K, de grande significado na química (novamente, uma grandeza que vamos definir mais formalmente em breve).

Breve ilustração 6A.3 A constante de equilíbrio

A energia de Gibbs padrão de isomerização do pentano a 2-metilbutano a 298 K, representada pela reação $CH_3(CH_2)_3CH_3(g) \rightarrow (CH_3)_2CHCH_2CH_3(g)$, é aproximadamente –6,7 kJ mol^{-1} (esse valor foi estimado a partir das entalpias de formação, não existe valor tabelado). Assim, a constante de equilíbrio para essa reação é

$$K = e^{-(-6{,}7\times10^3\,\text{J mol}^{-1})/(8{,}3145\,\text{J K}^{-1}\,\text{mol}^{-1})\times(298\,\text{K})} = e^{2{,}7\ldots} = 15$$

Exercício proposto 6A.3 Vamos supor que no equilíbrio as pressões parciais de A e B na reação $A \rightleftharpoons B$, em fase gasosa, são iguais. Qual é o valor de $\Delta_r G^{\ominus}$?

Resposta: 0

Em termos moleculares, o mínimo da energia de Gibbs, que corresponde a $\Delta_r G = 0$, provém da energia de Gibbs de mistura dos dois gases. Para ver o papel da mistura, imaginemos a reação $A \rightarrow B$. Se somente a entalpia fosse importante, então H e G variariam linearmente a partir de seus valores para os reagentes puros até seus valores para produtos puros. O coeficiente angular dessa reta seria uma constante e igual a $\Delta_r G^{\ominus}$ em todas as etapas da reação, e não haveria nenhum mínimo no gráfico (Fig. 6A.3). Entretanto, quando a entropia é levada em conta, há uma contribuição adicional para a energia de Gibbs que é dada pela Eq. 5A.16 ($\Delta_{\text{mis}} G = nRT(x_A \ln x_A + x_B \ln x_B)$). Esta expressão é representada por uma curva em forma de U, que contribui para a variação total da energia de Gibbs. Como

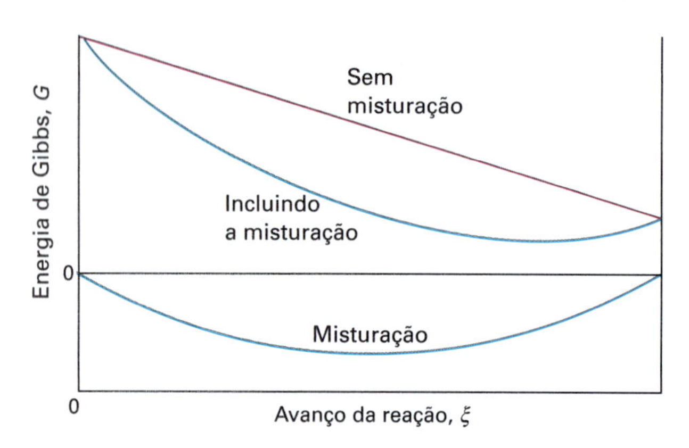

Figura 6A.3 Se a misturação entre reagentes e produtos for ignorada, a energia de Gibbs varia linearmente de seu valor inicial (reagentes puros) até seu valor final (produtos puros), e o coeficiente angular da reta correspondente é $\Delta_r G^\ominus$. Entretanto, quando os produtos são formados, há uma contribuição adicional para a energia de Gibbs devido à misturação (curva inferior). A soma das duas contribuições tem um mínimo que corresponde à composição de equilíbrio do sistema reacional.

mostra a Fig. 6A.3, há, agora, um mínimo na curva da energia de Gibbs, e a sua posição corresponde à composição da mistura reacional em equilíbrio.

Vemos, pela Eq. 6A.8, que quando $\Delta_r G^\ominus > 0$, $K < 1$. Portanto, no equilíbrio, a pressão parcial de A é maior do que a de B e, portanto, o equilíbrio favorece o reagente A. Quando $\Delta_r G^\ominus < 0$, $K > 1$, de modo que no equilíbrio a pressão parcial de B é maior do que a de A. Neste caso, o equilíbrio favorece o produto B.

Uma nota sobre a boa prática Normalmente se encontra a afirmação de que "uma reação é espontânea se $\Delta_r G^\ominus < 0$". Entretanto, se uma reação é espontânea ou não em uma certa composição depende do valor de $\Delta_r G$ naquela composição, não do valor de $\Delta_r G^\ominus$. É melhor interpretar o sinal de $\Delta_r G^\ominus$ como indicando se K é maior ou menor que 1. A reação direta é espontânea ($\Delta_r G < 0$) quando $Q < K$ e a reação inversa é espontânea quando $Q > K$.

(b) O caso de uma reação qualquer

Podemos agora estender o raciocínio que levou à Eq. 6A.8 para uma reação qualquer. Primeiramente, observamos que uma reação química pode ser expressa simbolicamente em termos dos números estequiométricos (positivos e negativos) como

$$0 = \sum_J \nu_J J \qquad \textit{Forma simbólica} \quad \text{Equação química} \qquad (6A.9)$$

em que J representa as substâncias e ν_J os correspondentes números estequiométricos na equação química. Na reação 2 A + B → 3 C + D, por exemplo, esses números têm os valores $\nu_A = -2$, $\nu_B = -1$, $\nu_C = +3$ e $\nu_D = +1$. Os números estequiométricos são positivos para os produtos e negativos para os reagentes. Definimos o avanço da reação ξ de tal modo que, se a sua variação for $\Delta\xi$, então a variação do número de mols de qualquer espécie J é $\nu_J \Delta\xi$.

Com essas definições em mente, e com a energia de Gibbs de reação, $\Delta_r G$, definida da mesma forma que no caso anterior (Eq. 6A.1), mostramos, na *Justificativa* 6A.1, que a energia de Gibbs de reação pode ser sempre escrita na forma

$$\Delta_r G = \Delta_r G^\ominus + RT \ln Q \qquad \text{Energia de Gibbs de reação em um dado estágio da reação} \qquad (6A.10)$$

com a energia de Gibbs padrão de reação calculada a partir de

$$\Delta_r G^\ominus = \sum_{\text{Produtos}} \nu \Delta_f G^\ominus - \sum_{\text{Reagentes}} \nu \Delta_f G^\ominus \qquad \textit{Procedimento prático} \quad \text{Energia de Gibbs padrão de reação} \qquad (6A.11a)$$

em que os ν são os coeficientes estequiométricos (positivos). Mais formalmente,

$$\Delta_r G^\ominus = \sum_J \nu_J \Delta_f G^\ominus(J) \qquad \textit{Expressão formal} \quad \text{Energia de Gibbs padrão de reação} \qquad (6A.11b)$$

em que os ν_J são os números estequiométricos (positivos e negativos). O quociente reacional, Q, tem a forma

$$Q = \frac{\text{atividades dos produtos}}{\text{atividades dos reagentes}} \qquad \textit{Forma geral} \quad \text{Quociente reacional} \qquad (6A.12a)$$

com cada espécie elevada a uma potência dada pelo seu respectivo coeficiente estequiométrico. Mais formalmente, para escrever a expressão geral de Q introduzimos o símbolo Π para representar o produto daquilo que se segue (assim como Σ representa a soma), e definimos Q como:

$$Q = \prod_J a_J^{\nu_J} \qquad \textit{Definição} \quad \text{Quociente reacional} \qquad (6A.12b)$$

Uma vez que os reagentes têm números estequiométricos negativos, eles aparecem no denominador da expressão quando os produtos são escritos explicitamente. Lembre-se da Tabela 5E.1 que, para os sólidos e para os líquidos puros a atividade é igual a 1, e por isso essas substâncias não fazem nenhuma contribuição para Q, embora possam aparecer explicitamente na equação química.

Breve ilustração 6A.4 O quociente reacional

Considere a reação 2 A + 3 B → C + 2 D, em que $\nu_A = -2$, $\nu_B = -3$, $\nu_C = +1$ e $\nu_D = +2$. O quociente reacional é então

$$Q = a_A^{-2} a_B^{-3} a_C a_D^2 = \frac{a_C a_D^2}{a_A^2 a_B^3}$$

Exercício proposto 6A.4 Escreva o quociente reacional para A + 2 B → 3 C.

Resposta: $Q = a_C^3 / a_A a_B^2$

Justificativa 6A.1 A dependência da energia de Gibbs em relação ao quociente reacional

Consideremos uma reação com números estequiométricos ν_J. Quando a reação avança de $d\xi$, o número de mols dos reagentes e dos produtos se altera de $dn_J = \nu_J\, d\xi$. A variação infinitesimal resultante da energia de Gibbs, a uma temperatura e pressão constantes, é

$$dG = \sum_J \mu_J dn_J = \sum_J \mu_J \nu_J d\xi = \left(\sum_J \mu_J \nu_J\right) d\xi$$

Segue que

$$\Delta_r G = \left(\frac{\partial G}{\partial \xi}\right)_{p,T} = \sum_J \nu_J \mu_J$$

Para avançar um pouco mais, observamos que o potencial químico de uma espécie química J está relacionado com a atividade da espécie pela Eq. 5E.9 ($\mu_J = \mu_J^\ominus + RT\ln a_J$). Quando essa expressão é substituída na Eq. 6A.11, obtemos

$$\Delta_r G = \overbrace{\sum_J \nu_J \mu_J^\ominus}^{\Delta_r G^\ominus} + RT\sum_J \nu_J \ln a_J$$

$$= \Delta_r G^\ominus + RT\sum_J \nu_J \ln a_J = \Delta_r G^\ominus + RT\ln \overbrace{\prod_J a_J^{\nu_J}}^{Q}$$

$$= \Delta_r G^\ominus + RT\ln Q$$

Na segunda linha usamos $a \ln x = \ln x^a$ e então $\ln x + \ln y + \ldots = \ln xy\ldots$, logo

$$\sum_i \ln x_i = \ln\left(\prod_i x_i\right)$$

Concluímos agora o raciocínio baseado na Eq. 6A.10. No equilíbrio, o coeficiente angular de G é nulo: $\Delta_r G = 0$. As atividades assumem então os respectivos valores que têm no equilíbrio e podemos escrever

$$K = \left(\prod_J a_J^{\nu_J}\right)_{\text{equilíbrio}} \quad \textit{Definição} \quad \text{Constante de equilíbrio} \quad (6A.13)$$

Essa expressão tem a mesma forma que Q, mas é calculada usando-se os valores das atividades no equilíbrio. Daqui por diante, não escreveremos mais o índice inferior "equilíbrio", e o contexto das fórmulas será claro: para K usaremos os valores das atividades no equilíbrio e para Q usaremos valores para qualquer estágio da reação. Uma constante de equilíbrio K expressa em termos de atividades (ou de fugacidades) é denominada **constante de equilíbrio termodinâmica**. Observe que, como as atividades são números adimensionais, a constante de equilíbrio termodinâmica também é adimensional. Nas aplicações elementares, as atividades que figuram na Eq. 6A.13 são frequentemente substituídas por

Estado	Grandeza medida	Aproximação para a_J	Definição
Soluto	molalidade	$b_J/b_J^\ominus$	$b^\ominus = 1\ \text{mol kg}^{-1}$
	concentração molar	$[J]/c^\ominus$	$c^\ominus = 1\ \text{mol dm}^{-3}$
Fase gasosa	pressão parcial	$p_J/p^\ominus$	$p^\ominus = 1\ \text{bar}$

Nesses casos, as expressões resultantes são apenas aproximações. A aproximação é particularmente severa para soluções eletrolíticas, pois os coeficientes de atividades são muito diferentes de 1, mesmo em soluções muito diluídas (Seção 5F).

Breve ilustração 6A.5 A constante de equilíbrio

A constante de equilíbrio para o equilíbrio heterogêneo $CaCO_3(s) \rightleftharpoons CaO(s) + CO_2(g)$ é

$$K = a_{CaCO_3(s)}^{-1} a_{CaO(s)} a_{CO_2(g)} = \frac{\overbrace{a_{CaO(s)}}^{1} a_{CO_2(g)}}{\underbrace{a_{CaCO_3(s)}}_{1}} = a_{CO_2(g)}$$

Desde que o dióxido de carbono possa ser tratado como um gás perfeito, podemos escrever

$$K = p_{CO_2}/p^\ominus$$

e concluir que nesse caso a constante de equilíbrio é igual ao valor numérico da pressão de vapor de decomposição do carbonato de cálcio.

Exercício proposto 6A.5 Escreva a constante de equilíbrio para a reação $N_2(g) + 3\,H_2(g) \rightleftharpoons 2\,NH_3(g)$, considerando os gases como perfeitos.

Resposta: $K = a_{NH_3}^2/a_{N_2}a_{H_2}^3 = p_{NH_3}^2 p^{\ominus 2}/p_{N_2}p_{H_2}^3$

Agora, fazemos $\Delta_r G = 0$ na Eq. 6A.10 e substituímos Q por K. Obtemos imediatamente que

$$\Delta_r G^\ominus = -RT\ln K \quad \text{Constante de equilíbrio termodinâmica} \quad (6A.14)$$

Essa é uma relação termodinâmica exata e muito importante, pois permite que se calcule a constante de equilíbrio de uma reação qualquer a partir de dados termodinâmicos tabelados. Podemos, assim, prever a composição da mistura reacional em equilíbrio. Na Seção 15F veremos que o lado direito da Eq. 6A.14 pode ser expresso em termos de dados espectroscópicos para espécies em fase gasosa; assim, essa expressão também fornece uma ligação entre a espectroscopia e a composição de equilíbrio.

Exemplo 6A.1 Cálculo da constante de equilíbrio

Calcule a constante de equilíbrio para a reação de síntese da amônia, $N_2(g) + 3\,H_2(g) \rightleftharpoons 2\,NH_3(g)$, a 298 K, e obtenha a relação entre K e as pressões parciais das espécies no equilíbrio quando a pressão total é suficientemente baixa para os gases serem tratados como perfeitos.

Método Calculamos a energia de Gibbs padrão de reação a partir da Eq. 6A.10 e a convertemos no valor da constante de equilíbrio usando a Eq. 6A.14. A expressão da constante de equilíbrio é obtida a partir da Eq. 6A.13. Como os gases podem ser considerados como sendo perfeitos, substituímos cada atividade pela razão $p_J/p^{\ominus}$, em que p_J é a pressão parcial da espécie J.

Resposta A energia de Gibbs padrão da reação é

$$\begin{aligned}\Delta_r G^{\ominus} &= 2\Delta_f G^{\ominus}(NH_3,g) - \{\Delta_f G^{\ominus}(N_2,g) + 3\Delta_f G^{\ominus}(H_2,g)\} \\ &= 2\Delta_f G^{\ominus}(NH_3,g) = 2\times(-16{,}45\,kJ\,mol^{-1})\end{aligned}$$

Então,

$$\ln K = -\frac{2\times(-1{,}645\times10^4\,J\,mol^{-1})}{(8{,}3145\,J\,K^{-1}\,mol^{-1})\times(298\,K)} = \frac{2\times1{,}645\times10^4}{8{,}3145\times298} = 13{,}2\ldots$$

Logo, $K = 6{,}1 \times 10^5$. Esse resultado é termodinamicamente exato. A constante de equilíbrio termodinâmica da reação é

$$K = \frac{a_{NH_3}^2}{a_{N_2} a_{H_2}^3}$$

e essa razão tem exatamente o valor que calculamos. Em baixas pressões, as atividades podem ser substituídas pelas razões $p_J/p^{\ominus}$, e uma forma aproximada da constante de equilíbrio é

$$K = \frac{(p_{NH_3}/p^{\ominus})^2}{(p_{N_2}/p^{\ominus})(p_{H_2}/p^{\ominus})^3} = \frac{p_{NH_3}^2 p^{\ominus 2}}{p_{N_2} p_{H_2}^3}$$

Exercício proposto 6A.6 Calcule a constante de equilíbrio da reação $N_2O_4(g) \rightleftharpoons 2\,NO_2(g)$ a 298 K.

Resposta: $K = 0{,}15$

Exemplo 6A.2 Estimativa do grau de dissociação no equilíbrio

O *grau de dissociação* (ou a *extensão da dissociação*, α) é definido como a fração de reagente que se decompôs; quando o número de mols inicial do reagente é n e o número de mols no equilíbrio é n_{eq}, então $\alpha = (n - n_{eq})/n$. A energia de Gibbs padrão da reação de decomposição $H_2O(g) \rightarrow H_2(g) + \frac{1}{2}O_2(g)$ é +118,08 kJ mol^{-1}, a 2300 K. Qual o grau de dissociação da H_2O, a 2300 K e 1,00 bar?

Método A constante de equilíbrio é obtida a partir da energia de Gibbs padrão de reação usando-se a Eq. 6A.11, de modo que o problema é o de relacionar o grau de dissociação, α, à constante K e então determinar seu valor numérico. Para isso, exprime-se a composição no equilíbrio em função de α e resolve-se a equação para α em termos de K. Como a energia de Gibbs padrão da reação é grande e positiva, podemos antecipar que K será pequena e, portanto, $\alpha \ll 1$, o que propicia o caminho para se fazerem aproximações no cálculo do valor numérico.

Resposta A constante de equilíbrio é obtida a partir da Eq. 6A.14 na forma

$$\begin{aligned}\ln K &= -\frac{\Delta_r G^{\ominus}}{RT} = -\frac{1{,}1808\times10^5\,J\,mol^{-1}}{(8{,}3145\,J\,K^{-1}\,mol^{-1})\times(2300\,K)} \\ &= -\frac{1{,}1808\times10^5}{8{,}3145\times2300} = -6{,}17\ldots\end{aligned}$$

Segue que $K = 2{,}08 \times 10^{-3}$. A composição no equilíbrio pode ser expressa em termos de α, montando-se a seguinte tabela:

	H_2O	H_2	$+\frac{1}{2}O_2$	
Número de mols inicial	n	0	0	
Variação para alcançar o equilíbrio	$-\alpha n$	$+\alpha n$	$+\frac{1}{2}\alpha n$	
Número de mols no equilíbrio	$(1-\alpha)n$	αn	$\frac{1}{2}\alpha n$	Total: $(1+\frac{1}{2}\alpha)n$
Fração molar, x_J	$\frac{1-\alpha}{1+\frac{1}{2}\alpha}$	$\frac{\alpha}{1+\frac{1}{2}}$	$\frac{\frac{1}{2}\alpha}{1+\frac{1}{2}\alpha}$	
Pressão parcial, p_J	$\frac{(1-\alpha)p}{1+\frac{1}{2}\alpha}$	$\frac{\alpha p}{1+\frac{1}{2}}$	$\frac{\frac{1}{2}\alpha p}{1+\frac{1}{2}\alpha}$	

em que preenchemos a última linha usando $p_J = x_J p$ (Eq. 1A.8) A expressão da constante de equilíbrio fica então

$$K = \frac{p_{H_2} p_{O_2}^{1/2}}{p_{H_2O}} = \frac{\alpha^{3/2} p^{1/2}}{(1-\alpha)(2+\alpha)^{1/2}}$$

Nessa expressão, escrevemos p no lugar de $p/p^{\ominus}$, para simplificar a notação. Agora, fazemos a aproximação de que $\alpha \ll 1$, e obtemos

$$K \approx \frac{\alpha^{3/2} p^{1/2}}{2^{1/2}}$$

Nas condições mencionadas, p = 1,00 bar (isto é, $p/p^{\ominus} = 1{,}00$), de modo que $\alpha = (2^{1/2}K)^{2/3} = 0{,}0205$. Isto é, cerca de 2% da água se decompôs.

Uma nota sobre a boa prática Vale a pena verificar sempre se a aproximação feita é consistente com a resposta final obtida. Neste caso, tem-se, realmente, $\alpha \ll 1$, de acordo com a suposição inicial.

Exercício proposto 6A.7 A energia de Gibbs padrão da reação anterior, a 2000 K, é +135,2 kJ mol^{-1}. Admita que o vapor de água, a 200 kPa, passa pela tubulação de uma fornalha, nessa mesma temperatura. Calcule a fração molar do O_2 presente na corrente de gás efluente.

Resposta: 0,00221

(c) A relação entre constantes de equilíbrio

As constantes de equilíbrio em termos de atividades são exatas, mas é frequentemente necessário relacioná-las às concentrações. Formalmente, precisamos conhecer os coeficientes de atividade e, então, usar $a_J = \gamma_J x_J$, $a_J = \gamma_J b_J/b^{\ominus}$ ou $a_J = [J]/c^{\ominus}$, em que x_J é a fração molar, b_J é a molalidade e [J] é a concentração molar. Por exemplo, se estamos interessados na composição em termos de molalidade, no caso de um equilíbrio da forma A + B ⇌ C + D, no qual todas as quatro espécies são solutos, escrevemos

$$K = \frac{a_C a_D}{a_A a_B} = \frac{\gamma_C \gamma_D}{\gamma_A \gamma_B} \times \frac{b_C b_D}{b_A b_B} = K_\gamma K_b \qquad (6A.15)$$

Os coeficientes de atividade têm que ser calculados na composição da mistura em equilíbrio (por exemplo, usando uma das expressões de Debye-Hückel, Seção 5F), o que pode levar a cálculos bem complicados, pois os coeficientes de atividade são conhecidos somente se a composição em equilíbrio já é conhecida. Nas aplicações elementares, e mesmo para começar o cálculo iterativo das concentrações em um exemplo real, a suposição que é frequentemente feita é a de que todos os coeficientes de atividades são tão próximos da unidade que se tem $K_\gamma = 1$. Assim, obtém-se o resultado muito usado na química elementar, $K \approx K_b$, e os equilíbrios são discutidos em termos de molalidades (ou de concentrações molares).

Um caso especial ocorre quando precisamos exprimir a constante de equilíbrio de uma reação em fase gasosa em termos de concentrações molares em vez das pressões parciais que aparecem na constante de equilíbrio termodinâmica. Se pudermos considerar os gases como perfeitos, os p_J que aparecem em K podem ser substituídos por $[J]RT$ e

$$K = \prod_J a_J^{\nu_J} = \prod_J \left(\frac{p_J}{p^{\ominus}}\right)^{\nu_J} = \prod_J [J]^{\nu_J} \left(\frac{RT}{p^{\ominus}}\right)^{\nu_J}$$
$$= \prod_J [J]^{\nu_J} \times \prod_J \left(\frac{RT}{p^{\ominus}}\right)^{\nu_J}$$

(Um produto pode ser sempre fatorado: *abcdef* é idêntico a *abc* × *def*.) A constante de equilíbrio (adimensional) K_c é definida por

$$K_c = \prod_J \left(\frac{[J]}{c^{\ominus}}\right)^{\nu_J} \qquad (6A.16)$$

Definição — K_c para reações em fase gasosa

Segue que

$$K = K_c \times \prod_J \left(\frac{c^{\ominus} RT}{p^{\ominus}}\right)^{\nu_J} \qquad (6A.17a)$$

Se agora escrevemos $\Delta\nu = \sum_J \nu_J$, que é mais fácil de pensar como ν(produtos) – ν(reagentes), então a relação entre K e K_c para uma reação em fase gasosa é

$$K = K_c \times \left(\frac{c^{\ominus} RT}{p^{\ominus}}\right)^{\Delta\nu} \qquad (6A.17b)$$

Relação entre K e K_c para reações em fase gasosa

O termo entre parênteses funciona como $T/(12{,}03\ \mathrm{K})$.

Breve ilustração 6A.6 A relação entre as constantes de equilíbrio

Para a reação $N_2(g) + 3\,H_2(g) \rightarrow 2\,NH_3(g)$, $\Delta\nu = 2 - 4 = -2$, assim,

$$K = K_c \times \left(\frac{T}{12{,}03\,\mathrm{K}}\right)^{-2} = K_c \times \left(\frac{12{,}03\,\mathrm{K}}{T}\right)^{2}$$

A 298,15 K, a relação é

$$K = K_c \times \left(\frac{12{,}03\,\mathrm{K}}{298{,}15\,\mathrm{K}}\right)^{2} = \frac{K_c}{614{,}2}$$

então $K_c = 614{,}2K$. Observe que K e K_c são adimensionais.

Exercício proposto 6A.8 Determine a relação entre K e K_c para o equilíbrio $H_2(g) + \frac{1}{2}O_2(g) \rightarrow 2\,H_2O(l)$ a 298 K.

Resposta: $K_c = 123K$

(d) Interpretação molecular da constante de equilíbrio

Podemos ter uma compreensão mais profunda sobre a origem e o significado da constante de equilíbrio pela análise da distribuição de Boltzmann das moléculas de reagentes e produtos entre os estados disponíveis do sistema (*Fundamentos* B). Quando os átomos alteram suas ligações, como em uma reação, os estados disponíveis do sistema incluem configurações em que os átomos estão presentes na forma de reagentes e na forma de produtos. Estas configurações têm os seus respectivos conjuntos de níveis de energia, mas a distribuição de Boltzmann não distingue entre suas identidades, somente suas energias. Os átomos se distribuem sobre os dois conjuntos de níveis de energia de acordo com a distribuição de Boltzmann (Fig. 6A.4). Em certa temperatura, haverá determinada distribuição das populações e, por isso, determinada composição da mistura reacional.

Pode-se perceber na ilustração que se os reagentes e os produtos têm distribuições semelhantes de níveis de energia, então a espécie dominante na mistura reacional em equilíbrio será a da espécie que tiver o conjunto mais baixo de níveis de energia. Entretanto, o fato de a energia de Gibbs aparecer na expressão da constante de equilíbrio é um indício de que a entropia exerce também um papel, assim como a energia. O seu papel pode ser percebido com o auxílio da Fig. 6A.4. Na Fig. 6A.4b vemos que, embora os níveis de energia de B estejam muito mais altos do que os de A, neste exemplo eles estão muito menos espaçados. Então, sua respectiva população pode ser considerável, e é possível que B domine a mistura reacional em equilíbrio. Níveis de energia muito pouco espaçados correspondem a entropias elevadas

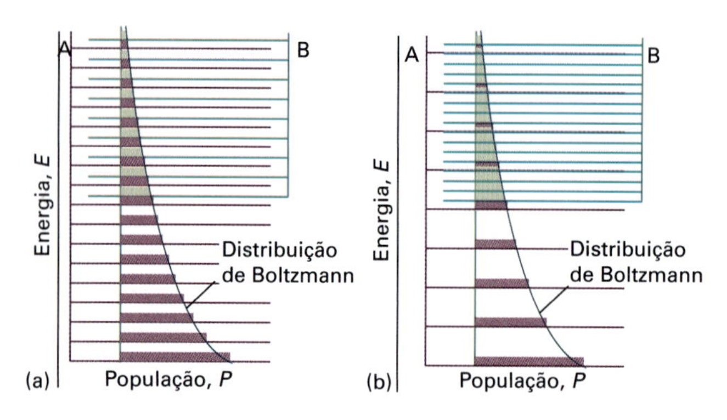

Figura 6A.4 Distribuição de Boltzmann das populações sobre os níveis de energia de duas espécies A e B que têm densidades de níveis de energia semelhantes. Neste exemplo, a reação A → B é endotérmica. (a) A maioria da população está associada à espécie A, de modo que esta será a espécie dominante no equilíbrio. (b) Embora a reação A → B seja endotérmica, a densidade dos níveis de energia de B é muito maior do que a de A, de modo que a população associada a B é mais numerosa do que a associada a A; a espécie dominante no equilíbrio será B.

(Seção 15E), de modo que, neste caso, o efeito entrópico supera os efeitos adversos da energia. Esta competição reflete-se na Eq. 6A14, como pode ser visto mais claramente usando-se $\Delta_r G^\ominus = \Delta_r H^\ominus - T\Delta_r S^\ominus$ e escrevendo-a na forma

$$K = e^{-\Delta_r H^\ominus/RT} e^{\Delta_r S^\ominus/R} \qquad (6A.18)$$

Observe que uma entalpia de reação positiva provoca uma diminuição da constante de equilíbrio (isto é, a composição da mistura em equilíbrio em uma reação endotérmica possivelmente será favorável aos reagentes). Porém, se a entropia da reação for positiva, então a composição de equilíbrio pode ser favorável aos produtos, apesar do caráter endotérmico da reação.

Breve ilustração 6A.7 Contribuições para *K*

No *Exemplo* 6A.1 calculamos que $\Delta_r G^\ominus = -33{,}0\,\text{kJ mol}^{-1}$ para a reação $N_2(g) + 3\,H_2(g) \rightleftharpoons 2\,NH_3(g)$, a 298 K. A partir dos dados tabelados na *Seção de dados*, podemos obter que $\Delta_r H^\ominus = -92{,}2\,\text{kJ mol}^{-1}$ e $\Delta_r S^\ominus = -198{,}8\,\text{J K}^{-1}\,\text{mol}^{-1}$. As contribuições para *K* são, portanto,

$$\begin{aligned} K &= e^{-(-9{,}22\times10^4\,\text{J mol}^{-1})/(8{,}3145\,\text{J K}^{-1}\,\text{mol}^{-1})\times(298\,\text{K})} \\ &\quad \times e^{(-198{,}8\,\text{J K}^{-1}\,\text{mol}^{-1})/(8{,}3145\,\text{J K}^{-1}\,\text{mol}^{-1})} \\ &= e^{37{,}2\ldots} \times e^{-23{,}9\ldots} \end{aligned}$$

Observamos que o caráter exotérmico da reação favorece a formação de produtos (isso leva a um grande aumento da entropia das vizinhanças). Entretanto, a diminuição da entropia do sistema à medida que os átomos de H se ligam aos átomos de N se opõe à formação do produto.

Exercício proposto 6A.9 Faça uma análise análoga para o equilíbrio $N_2O_4(g) \rightleftharpoons 2\,NO_2(g)$.

Resposta: $K = e^{-26{,}7\ldots} \times e^{21{,}1\ldots}$; a entalpia desfavorece, a entropia favorece

Conceitos importantes

- ☐ 1. A **energia de Gibbs de reação** é o coeficiente angular do gráfico da energia de Gibbs contra o grau de avanço da reação.
- ☐ 2. As reações são **endergônicas** ou **exergônicas**.
- ☐ 3. A energia de Gibbs de reação depende de forma logarítmica do quociente reacional.
- ☐ 4. Quando a energia de Gibbs de reação é zero, o quociente reacional tem um valor chamado **constante de equilíbrio**.
- ☐ 5. Sob condições ideais, a constante de equilíbrio termodinâmica pode ser aproximada exprimindo-a em termos de concentrações e pressões parciais.

Equações importantes

Propriedade	Equação	Comentário	Número da equação
Energia de Gibbs de reação	$\Delta_r G = (\partial G/\partial \xi)_{p,T}$	Definição	6A.1
Energia de Gibbs de reação	$\Delta_r G = \Delta_r G^\ominus + RT \ln Q$		6A.10
Energia de Gibbs padrão de reação	$\Delta_r G^\ominus = \sum_{\text{Produtos}} \nu\Delta_f G^\ominus - \sum_{\text{Reagentes}} \nu\Delta_f G^\ominus = \sum_J \nu_J \Delta_f G^\ominus(J)$	Os ν são positivos; os ν_J podem ser positivos ou negativos	6A.11

(Continua)

Continuação

Propriedade	Equação	Comentário	Número da equação
Quociente reacional	$Q=\prod_J a_J^{\nu_J}$	Definição; determinado em um estágio qualquer da reação	6A.12
Constante de equilíbrio termodinâmica	$K=\left(\prod_J a_J^{\nu_J}\right)_{\text{equilíbrio}}$	Definição	6A.13
Constante de equilíbrio	$\Delta_r G^{\ominus}=-RT\ln K$		6A.14
Relação entre K e K_c	$K=K_c(c^{\ominus}RT/p^{\ominus})^{\Delta\nu}$	Reações em fase gasosa; gases perfeitos	6A.17b

6B A resposta do equilíbrio às condições do sistema

Tópicos

➤ Por que você precisa saber este assunto?

Para o projeto de uma indústria química, os químicos e os engenheiros químicos precisam saber como um equilíbrio responderá às mudanças nas condições de operação, como mudanças na pressão e na temperatura. A variação com a temperatura também fornece uma maneira de se determinar a entalpia e a entropia de uma reação.

➤ Qual é a ideia fundamental?

Quando um sistema em equilíbrio sofre uma perturbação, ele responde de modo a minimizar o efeito da perturbação.

➤ O que você já deve saber?

Esta seção se baseia na relação entre a constante de equilíbrio e a energia de Gibbs padrão de reação (Seção 6A). Para expressar a dependência de K em relação à temperatura utilizamos a equação de Gibbs-Helmholtz (Seção 3D).

A constante de equilíbrio de uma reação não é afetada pela presença de um catalisador ou de uma enzima (um catalisador biológico). Como veremos com detalhes na Seção 20H e na Seção 22C, os catalisadores aumentam a velocidade com que a condição de equilíbrio é atingida, mas não afetam a posição do equilíbrio. Entretanto, é importante observar que as reações industriais raramente atingem o equilíbrio, em parte devido às velocidades de misturação dos reagentes. A constante de equilíbrio também é independente da pressão, mas, como veremos, isso não significa necessariamente que a composição no equilíbrio independe da pressão. A constante de equilíbrio depende da temperatura, como previsto a partir da entalpia-padrão de reação.

6B.1 A resposta do equilíbrio à pressão

A constante de equilíbrio depende do valor de $\Delta_r G^{\ominus}$, que é definida numa única pressão-padrão. Assim, o valor de $\Delta_r G^{\ominus}$ e, portanto, de K não depende da pressão em que o equilíbrio realmente é estabelecido. Em outras palavras, K é constante a uma dada temperatura.

A conclusão de K ser independente da pressão não significa, necessariamente, que a composição no equilíbrio seja independente da pressão, e seu efeito depende de como a pressão é aplicada.

A pressão no vaso de reação pode ser elevada pela introdução de um gás inerte. Entretanto, se os gases presentes forem perfeitos, esta adição do gás inerte deixa inalteradas as pressões parciais dos gases reacionais; a pressão parcial de um gás perfeito é a pressão que ele exerceria se estivesse sozinho no recipiente, de modo que a presença de um outro gás não tem nenhum efeito. Conclui-se que a pressurização pela injeção de um gás inerte não tem nenhum efeito sobre a composição do sistema em equilíbrio (desde que os gases sejam perfeitos).

Outra maneira de aumentar a pressão é confinar os gases num volume menor (isto é, comprimem-se os gases). Agora, as pressões parciais individuais são alteradas, mas suas razões (como elas aparecem na constante de equilíbrio) permanecem as mesmas. Vejamos, por exemplo, o equilíbrio entre gases perfeitos na reação $A \rightleftharpoons 2\,B$, cuja constante de equilíbrio é

$$K = \frac{p_B^2}{p_A p^{\ominus}}$$

O lado direito dessa expressão permanece constante somente se um aumento de p_A cancela um aumento no *quadrado* de p_B. Este aumento relativamente grande de p_A comparado ao de p_B ocorrerá se a composição no equilíbrio se deslocar em favor de A à custa de B. Então, o número de moléculas de A aumentará à medida que o volume do vaso reacional diminuir, e a pressão parcial do gás A aumentará mais rapidamente do que aumentaria pela simples diminuição do volume (Fig. 6B.1).

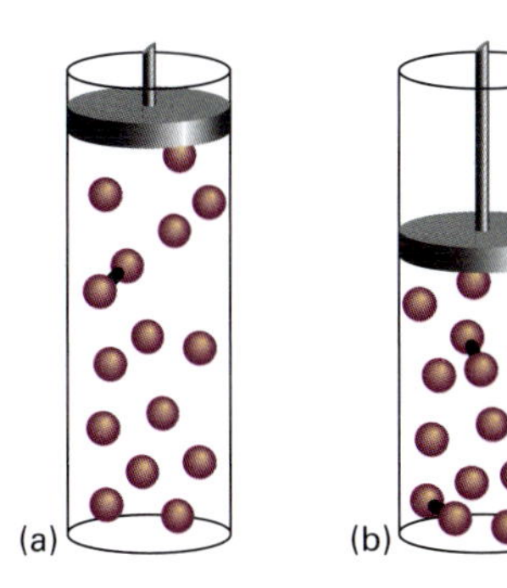

Figura 6B.1 Quando um sistema reacional no equilíbrio é comprimido (de *a* para *b*), a reação responde reduzindo o número de moléculas na fase gasosa (neste exemplo, pelo aumento do número de moléculas de dímeros, representadas pelas esferas ligadas).

O aumento do número de moléculas de A e a correspondente diminuição do número de moléculas de B no equilíbrio A ⇌ 2 B provocados pela compressão são um caso especial do princípio enunciado pelo químico francês Henri Le Chatelier, o qual estabelece que:

> Quando um sistema em equilíbrio sofre uma perturbação, ele responde de modo a minimizar o efeito da perturbação.

Princípio de Le Chatelier

O princípio implica que, se um sistema em equilíbrio for comprimido, a reação se ajustará de modo a diminuir o aumento de pressão. Isto é feito pela redução do número de partículas na fase gasosa, o que acarreta, na reação que estamos analisando, um deslocamento do equilíbrio no sentido A ← 2B.

Para tratar o efeito da compressão quantitativamente, supomos que inicialmente exista um número de mols de A igual a n (e não exista nenhum B presente). No equilíbrio, o número de mols de A é $(1-\alpha)n$ e o número de mols de B é $2\alpha n$, em que α é o grau de dissociação da transformação de A em 2B. Segue-se que as frações molares presentes em equilíbrio são dadas por

$$x_A = \frac{(1-\alpha)n}{(1-\alpha)n+2\alpha n} = \frac{1-\alpha}{1+\alpha} \qquad x_B = \frac{2\alpha}{1+\alpha}$$

A constante de equilíbrio para a reação é

$$K = \frac{p_B^2}{p_A p^\ominus} = \frac{x_B^2 p^2}{x_A p p^\ominus} = \frac{4\alpha^2(p/p^\ominus)}{1-\alpha^2}$$

que pode ser reescrita como

$$\alpha = \left(\frac{1}{1+4p/Kp^\ominus}\right)^{1/2} \tag{6B.1}$$

Essa fórmula mostra que, embora K seja independente da pressão, os números de mols de A e B dependem da pressão (Fig. 6B.2). Ela também mostra que quando p aumenta, α diminui, de acordo com o princípio de Le Chatelier.

Breve ilustração 6B.1 Princípio de Le Chatelier

Para prever o efeito do aumento de pressão sobre a composição da síntese da amônia em equilíbrio, *Exemplo* 6A.1, observamos a diminuição das moléculas na fase gasosa (de 4 para 2). Portanto, o princípio de Le Chatelier prevê que a elevação da pressão favorecerá o produto. A constante de equilíbrio é

$$K = \frac{p_{NH_3}^2 p^\ominus}{p_{N_2} p_{H_2}^3} = \frac{x_{NH_3}^2 p^2 p^{\ominus 2}}{x_{N_2} x_{H_2}^3 p^4} = \frac{x_{NH_3}^2 p^{\ominus 2}}{x_{N_2} x_{H_2}^3 p^2} = K_x \times \frac{p^{\ominus 2}}{p^2}$$

em que K_x é a parte da expressão da constante de equilíbrio que contém as frações molares dos reagentes e dos produtos em equilíbrio (observe que, diferentemente de K, K_x não é uma constante de equilíbrio). Portanto, a duplicação da pressão provoca um aumento de K_x por um fator de 4, a fim de que o valor de K fique inalterado.

Exercício proposto 6B.1 Estime o efeito que uma elevação da pressão por um fator de 10 provocará na composição da reação $3\,N_2(g) + H_2(g) \rightleftharpoons 2\,N_3H(g)$, no equilíbrio.

Resposta: Aumento de K_x por um fator de 100

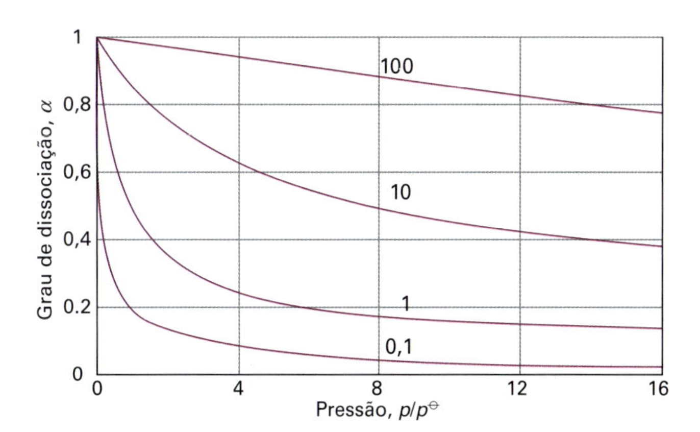

Figura 6B.2 Dependência entre o grau de dissociação, α, e a pressão no equilíbrio para uma reação A(g) ⇌ 2 B(g), com diferentes valores da constante de equilíbrio K. O valor $\alpha=0$ corresponde a A puro, e $\alpha=1$ corresponde a B puro.

6B.2 A resposta do equilíbrio à temperatura

O princípio de Le Chatelier prevê que o equilíbrio de um sistema reacional tenderá a se deslocar no sentido endotérmico se elevarmos a temperatura, pois a energia é absorvida como calor e esse efeito se opõe ao aumento da temperatura. Inversamente, o equilíbrio se deslocará no sentido exotérmico se a temperatura for diminuída, pois é este o sentido que repõe o calor liberado e se opõe à diminuição de temperatura. Estas conclusões podem ser resumidas do seguinte modo:

> Reações exotérmicas: a elevação de temperatura favorece os reagentes.

Reações endotérmicas: a elevação de temperatura favorece os produtos.

Justificaremos agora estas observações e veremos como exprimi-las quantitativamente.

(a) A equação de van't Hoff

A **equação de van't Hoff**, que é obtida na *Justificativa* a seguir, é uma expressão para o coeficiente angular de uma representação gráfica da constante de equilíbrio (especificamente, ln K) em função da temperatura. Ela pode ser escrita de duas maneiras:

$$\frac{\mathrm{d}\ln K}{\mathrm{d}T}=\frac{\Delta_r H^{\ominus}}{RT^2}$$ Equação de van't Hoff (6B.2a)

$$\frac{\mathrm{d}\ln K}{\mathrm{d}(1/T)}=-\frac{\Delta_r H^{\ominus}}{R}$$ *Forma alternativa* Equação de van't Hoff (6B.2b)

Justificativa 6B.1 A equação de van't Hoff

Pela Eq. 6A.14, sabemos que

$$\ln K=-\frac{\Delta_r G^{\ominus}}{RT}$$

A diferenciação de ln K em relação à temperatura dá

$$\frac{\mathrm{d}\ln K}{\mathrm{d}T}=-\frac{1}{R}\frac{\mathrm{d}(\Delta_r G^{\ominus}/T)}{\mathrm{d}T}$$

As derivadas são ordinárias (isto é, elas não são derivadas parciais), pois K e $\Delta_r G^{\ominus}$ só dependem da temperatura e não da pressão. Para desenvolver essa equação usamos a equação de Gibbs-Helmholtz (Eq. 3D.10, $\mathrm{d}(\Delta G/T)=-\Delta H/T^2$) na forma

$$\frac{\mathrm{d}(\Delta_r G^{\ominus}/T)}{\mathrm{d}T}=-\frac{\Delta_r H^{\ominus}}{T^2}$$

em que $\Delta_r H^{\ominus}$ é a entalpia-padrão da reação na temperatura T. A combinação entre as duas equações dá a equação de van't Hoff, Eq. 6B.2a. A segunda forma da equação é obtida observando-se que

$$\frac{\mathrm{d}(1/T)}{\mathrm{d}T}=-\frac{1}{T^2},\quad \text{assim } \mathrm{d}T=-T^2\mathrm{d}(1/T)$$

Segue-se que a Eq. 6B.2a pode ser reescrita como

$$-\frac{\mathrm{d}\ln K}{T^2\mathrm{d}(1/T)}=\frac{\Delta_r H^{\ominus}}{RT^2}$$

que se simplifica na Eq. 6B.2b.

A Eq. 6B.2a mostra que $\mathrm{d}\ln K/\mathrm{d}T<0$ (e, portanto, que $\mathrm{d}K/\mathrm{d}T<0$) numa reação exotérmica nas condições-padrão ($\Delta_r H^{\ominus}<0$). A derivada (o coeficiente angular) negativa significa que ln K, e, portanto, o próprio K, diminui à medida que a temperatura se eleva. Então, como se disse anteriormente, no caso de uma reação exotérmica o equilíbrio se desloca no sentido oposto ao da formação dos produtos. O inverso acontece no caso de reações endotérmicas.

Ganha-se compreensão do fundamento termodinâmico desse comportamento quando se analisa a expressão $\Delta_r G^{\ominus}=\Delta_r H^{\ominus}-T\Delta_r S^{\ominus}$, escrita na forma $-\Delta_r G^{\ominus}/T=-\Delta_r H^{\ominus}/T+\Delta_r S^{\ominus}$. Quando a reação é exotérmica, $-\Delta_r H^{\ominus}/T$ corresponde a uma variação positiva da entropia das vizinhanças e favorece a formação dos produtos. Quando a temperatura se eleva, $-\Delta_r H^{\ominus}/T$ diminui, e a elevação da entropia das vizinhanças tem um papel menos importante. Consequentemente, o equilíbrio fica menos deslocado para a direita. Quando a reação é endotérmica, o fator principal é o da elevação da entropia do sistema reacional. A importância da variação desfavorável da entropia das vizinhanças é diminuída quando a temperatura é elevada (pois então $\Delta_r H^{\ominus}/T$ é menor) e a reação pode se deslocar no sentido dos produtos.

Essas observações têm uma base molecular que surge da distribuição de Boltzmann das moléculas sobre os níveis de energia acessíveis (*Fundamentos* B, e mais detalhadamente na Seção 15F). A Fig. 6B.3a mostra a configuração típica dos níveis de energia de uma reação endotérmica. Quando a temperatura se eleva, a distribuição de Boltzmann se ajusta e as populações se alteram como mostra a figura. A alteração corresponde a um aumento da população nos estados de energia mais elevados à custa da população dos estados de energia menos elevados. Vemos então que os estados pertinentes às moléculas de B ficam mais ocupados do que os estados pertinentes às moléculas de A. Portanto, a população total dos estados de B aumenta e as moléculas de B ficam mais abundantes na mistura reacional em equilíbrio. Inversamente, se a reação for exotérmica (Fig. 6B.3b), a elevação de temperatura aumenta a ocupação dos estados

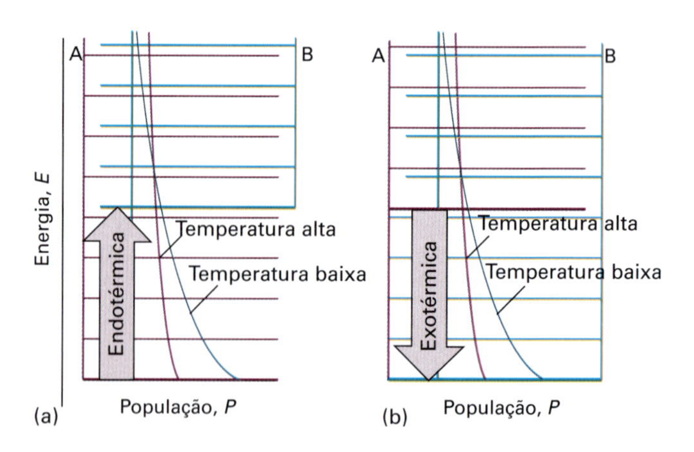

Figura 6B.3 O efeito da temperatura sobre um equilíbrio químico pode ser interpretado em termos da variação da distribuição de Boltzmann com a temperatura e o efeito desta modificação sobre a população de cada espécie. (a) Numa reação endotérmica, a população de B aumenta à custa da de A quando a temperatura se eleva. (b) Numa reação exotérmica, o efeito é o inverso.

pertinentes a A (que principiam em energia mais elevada) à custa da população dos estados de B, de modo que as moléculas dos reagentes ficam mais abundantes.

A dependência da constante de equilíbrio em relação à temperatura fornece um método não calorimétrico para a determinação de $\Delta_r H^\ominus$. Uma desvantagem é que a entalpia de reação é realmente dependente da temperatura, de modo que não é esperado que o gráfico seja perfeitamente linear. Entretanto, a dependência da temperatura é fraca em muitos casos, e, por isso, o gráfico mostra uma linha reta razoável. Na prática, o método não é muito preciso, mas, frequentemente, é o único método disponível.

Exemplo 6B.1 Medida da entalpia de reação

Os dados da tabela a seguir mostram a variação, com a temperatura, da constante de equilíbrio da reação $Ag_2CO_3(s) \rightleftharpoons Ag_2O(s) + CO_2(g)$. Calcule a entalpia-padrão da reação de decomposição.

T/K	350	400	450	500
K	$3{,}98\times10^{-4}$	$1{,}41\times10^{-2}$	$1{,}86\times10^{-1}$	1,48

Método Vem da Eq. 6B.2b que, na hipótese de a entalpia da reação ser independente da temperatura, o gráfico de $-\ln K$ contra $1/T$ deve ser uma linha reta com o coeficiente angular $\Delta_r H^\ominus/R$.

Resposta Monta-se a seguinte tabela:

T/K	350	400	450	500
$(10^3\ \text{K})/T$	2,86	2,50	2,22	2,00
$-\ln K$	6,83	4,26	1,68	−0,39

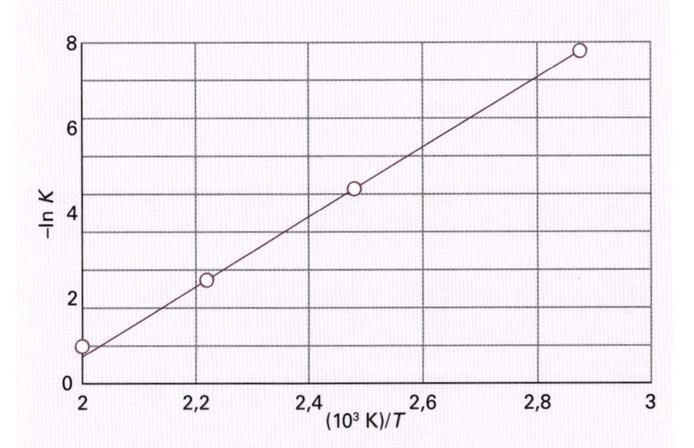

Figura 6B.4 Quando se faz o gráfico de $-\ln K$ contra $1/T$, os pontos alinham-se segundo uma reta com o coeficiente angular $\Delta_r H^\ominus/R$ se a entalpia-padrão de reação varia pouco com a temperatura. Este é um método não calorimétrico para a determinação de entalpias de reações.

Esses pontos estão representados graficamente na Fig. 6B.4. O coeficiente angular da reta interpolada é $+9{,}6\times10^3$, de modo que

$$\Delta_r H^\ominus = (+9{,}6\times10^3\,\text{K})\times R = +80\,\text{kJ mol}^{-1}$$

Exercício proposto 6B.2 A constante de equilíbrio da reação $2\,SO_2(g) + O_2(g) \rightleftharpoons 2\,SO_3(g)$ é $4{,}0\times10^{24}$ a 300 K, $2{,}5\times10^{10}$ a 500 K e $3{,}0\times10^4$ a 700 K. Estime a entalpia da reação a 500 K.

Resposta: -200 kJ mol^{-1}

(b) O valor de K em diferentes temperaturas

Para achar o valor da constante de equilíbrio na temperatura T_2 em termos do seu valor K_1 na temperatura T_1, integramos a Eq. 6B.2b entre essas duas temperaturas:

$$\ln K_2 - \ln K_1 = -\frac{1}{R}\int_{1/T_1}^{1/T_2} \Delta_r H^\ominus \mathrm{d}(1/T) \qquad (6B.4)$$

Se admitirmos que $\Delta_r H^\ominus$ varia pouco com a temperatura no intervalo de integração, podemos retirá-la da integral. Obtemos então que

$$\ln K_2 - \ln K_1 = -\frac{\Delta_r H^\ominus}{R}\left(\frac{1}{T_2}-\frac{1}{T_1}\right) \qquad (6B.5)$$

Dependência de K em relação à temperatura

Breve ilustração 6B.2 A dependência de K em relação à temperatura

Para estimar a constante de equilíbrio da síntese da amônia a 500 K a partir do seu valor a 298 K (isto é, $6{,}1\times10^5$ para a reação escrita como $N_2(g) + 3\,H_2(g) \rightleftharpoons 2\,NH_3(g)$), usamos a entalpia-padrão da reação, que pode ser obtida na Tabela 2C.2 na *Seção de dados* usando $\Delta_r H^\ominus = 2\Delta_f H^\ominus(NH_3,g)$, e que admitiremos seja constante no intervalo de temperatura considerado. Então, com $\Delta_r H^\ominus = -92{,}2\,\text{kJ mol}^{-1}$, a partir da Eq. 6B.3 encontramos,

$$\ln K_2 = \ln(6{,}1\times10^5) - \left(\frac{-9{,}22\times10^4\,\text{J mol}^{-1}}{8{,}3145\,\text{J K}^{-1}\text{mol}^{-1}}\right)\times\left(\frac{1}{500\,\text{K}} - \frac{1}{298\,\text{K}}\right)$$
$$= -1{,}7\ldots$$

Segue-se, então, que $K_2 = 0{,}18$, um valor menor do que a 298 K, como esperado para esta reação exotérmica.

Exercício proposto 6B.3 A constante de equilíbrio para $N_2O_4(g) \rightleftharpoons 2\,NO_2(g)$ foi calculada no *Exercício proposto* 6A.6. Estime seu valor a 100 °C.

Resposta: 15

Conceitos importantes

- ☐ 1. A constante de equilíbrio termodinâmica é independente da pressão.
- ☐ 2. A resposta da composição às mudanças de condições é resumida no **princípio de Le Chatelier**.
- ☐ 3. A dependência que a constante de equilíbrio tem em relação à temperatura é expressa pela **equação de van't Hoff** e pode ser explicada em termos da distribuição das moléculas pelos estados disponíveis.

Equações importantes

Propriedade	Equação	Comentário	Número da equação
Equação de van't Hoff	$\mathrm{d}\ln K/\mathrm{d}T = \Delta_r H^\ominus/RT^2$		6B.2a
	$\mathrm{d}\ln K/\mathrm{d}(1/T) = -\Delta_r H^\ominus/R$	Forma alternativa	6B.2b
Dependência da constante e equilíbrio em relação à temperatura	$\ln K_2 - \ln K_1 = -(\Delta_r H^\ominus/R)(1/T_2 - 1/T_1)$	$\Delta_r H^\ominus$ considerado constante	6B.5

6C Pilhas eletroquímicas

Tópicos

➤ Por que você precisa saber este assunto?

Um caso muito especial do assunto discutido na Seção 6C, que é de enorme importância, fundamental, tecnológica e econômica, diz respeito às reações que ocorrem em células eletroquímicas. Adicionalmente, a possibilidade de se fazerem medidas muito precisas de diferença de potencial ("voltagem") indica que os métodos eletroquímicos podem ser usados para determinar propriedades termodinâmicas de reações que talvez sejam inacessíveis por outros métodos.

➤ Qual é a ideia fundamental?

O trabalho elétrico que uma reação pode realizar, à pressão e temperatura constantes, é igual à energia de Gibbs da reação.

➤ O que você já deve saber?

Esta seção se baseia na relação entre a energia de Gibbs e o trabalho diferente do de expansão (Seção 3C). É necessário saber como calcular o trabalho de uma carga que se move devido a uma diferença de potencial elétrico (Seção 2A). Também utilizamos os conceitos do quociente reacional *Q* e da constante de equilíbrio *K* (Seção 6A).

Uma **pilha eletroquímica** é constituída por dois **eletrodos**, ou condutores metálicos, em contato com um **eletrólito**, um condutor iônico (que pode ser uma solução, um líquido ou um sólido). Um eletrodo e o eletrólito com que está em contato constituem o **compartimento eletródico**. Os dois eletrodos podem partilhar o mesmo compartimento. As diversas espécies de eletrodos estão resumidas na Tabela 6C.1. Quando um "metal inerte" é parte do eletrodo, o seu papel é, exclusivamente, de uma fonte ou sumidouro de elétrons. Ele não participa da reação, embora possa ser um catalisador da reação. Se os eletrólitos forem diferentes, os dois compartimentos podem ser unidos por uma **ponte salina**, que é um tubo contendo uma solução concentrada de eletrólito (quase sempre cloreto de potássio num gel de ágar). A ponte salina completa o circuito elétrico e possibilita a operação da pilha. Uma **pilha galvânica** é uma célula eletroquímica que produz eletricidade como resultado de uma reação espontânea que ocorre dentro dela. Uma **pilha eletrolítica** é uma célula eletroquímica na qual uma reação não espontânea é induzida por uma fonte de corrente externa.

6C.1 Meias-reações e eletrodos

Sabe-se dos cursos de química elementar que a **oxidação** é a remoção de elétrons de uma espécie, a **redução** é a adição de elétrons a uma espécie e que uma **reação redox** é uma reação em que

Tabela 6C.1 Tipos de eletrodos

Tipo do eletrodo	Notação	Par redox	Meia-reação
Metal/íon do metal	$M(s)\|M^+(aq)$	M^+/M	$M^+(aq)+e^- \rightarrow M(s)$
Eletrodo a gás	$Pt(s)\|X_2(g)\|X^+(aq)$	X^+/X_2	$X^+(aq)+e^- \rightarrow \frac{1}{2}X_2(g)$
	$Pt(s)\|X_2(g)\|X^-(aq)$	X_2/X^-	$\frac{1}{2}X_2(g)+e^- \rightarrow X^-(aq)$
Metal/sal insolúvel	$M(s)\|MX(s)\|X^-(aq)$	$MX/M,X^-$	$MX(s)+e^- \rightarrow M(s)+X^-(aq)$
Redox	$Pt(s)\|M^+(aq),M^{2+}(aq)$	M^{2+}/M^+	$M^{2+}(aq)+e^- \rightarrow M^+(aq)$

há transferência de elétrons de uma espécie química para outra. A transferência de elétrons pode ser acompanhada por outros eventos, tal como a transferência de átomos ou de íons, mas o efeito resultante é a transferência de elétrons e, por isso, a modificação do número de oxidação de um elemento. O **agente redutor** (ou *redutor*) é o doador de elétrons, e o **agente oxidante** (ou *oxidante*) é o receptor de elétrons. Também deve ser familiar que qualquer reação redox pode ser expressa como a diferença entre duas **meias-reações** de redução, reações idealizadas que mostram o ganho de elétrons. Mesmo reações que não são reações redox podem ser frequentemente representadas como a diferença entre duas meias-reações de redução. As espécies reduzida e oxidada em uma meia-reação formam um **par redox**. Em geral escrevemos um par redox como Ox/Red e a meia-reação de redução correspondente como

$$\mathrm{Ox}+\nu\mathrm{e}^- \rightarrow \mathrm{Red} \qquad (6C.1)$$

Breve ilustração 6C.1 Par redox

A dissolução do cloreto de prata em água $AgCl(s) \rightarrow Ag^+(aq) + Cl^-(aq)$, que não é uma reação redox, pode ser representada como a diferença entre as duas meias-reações de redução vistas a seguir:

$$AgCl(s)+e^- \rightarrow Ag(s)+Cl^-(aq)$$
$$Ag^+(aq)+e^- \rightarrow Ag(s)$$

Os pares redox são $AgCl/Ag,Cl^-$ e Ag^+/Ag, respectivamente.

Exercício proposto 6C.1 Exprima a reação de formação da H_2O a partir do H_2 e do O_2, em solução ácida (uma reação redox) como a diferença de duas meias-reações de redução.

Resposta: $4\,H^+(aq) + 4e^- \rightarrow 2H_2(g)$, $O_2(g) + 4H^+(aq) + 4e^- \rightarrow 2H_2O(l)$

Veremos que é conveniente, em muitas circunstâncias, exprimir a composição de um compartimento eletródico em termos do quociente reacional, *Q*, da meia-reação correspondente. Este quociente é definido da mesma forma que o quociente reacional da reação global (Seção 6A, $Q=\prod_J a_J^{\nu_J}$), mas ignoram-se os elétrons, pois a eles não se atribui nenhum estado.

Breve ilustração 6C.2 O quociente reacional

O quociente reacional da redução do O_2 formando H_2O em solução ácida, $O_2(g) + 4H^+(aq) + 4e^- \rightarrow 2H_2O(l)$, é

$$Q=\frac{a_{H_2O}^2}{a_{H^+}^4 a_{O_2}} \approx \frac{p^\ominus}{a_{H^+}^4 p_{O_2}}$$

As aproximações usadas na segunda igualdade são: a atividade da água igual a 1 (pois a solução é diluída e, consequentemente, a água é quase pura) e a consideração de comportamento de gás perfeito para o oxigênio, de modo que $a_{O_2} \approx p_{O_2}/p^\ominus$.

Exercício proposto 6C.2 Escreva a meia-reação e o quociente reacional para o eletrodo a gás de cloro.

Resposta: $Cl_2(g) + 2\,e^- \rightarrow 2\,Cl^-(aq)$, $Q \approx a_{Cl^-}^2 p^\ominus / p_{Cl_2}$

Os processos de redução e oxidação responsáveis pela reação global em uma célula eletroquímica ocorrem espacialmente separados. A oxidação se passa num compartimento eletródico e a redução ocorre no outro compartimento. À medida que a reação avança, os elétrons libertados na oxidação $Red_1 \rightarrow Ox_1 + \nu e^-$ em um eletrodo deslocam-se através do circuito externo e entram na célula através do outro eletrodo. Neste eletrodo eles propiciam a redução: $Ox_2 + \nu e^- \rightarrow Red_2$. O eletrodo em que a oxidação ocorre é chamado de **anodo**; o eletrodo em que a redução ocorre é chamado de **catodo**. Numa pilha galvânica, o catodo tem um potencial mais elevado do que o anodo; as espécies que sofrem redução, Ox_2, retiram elétrons do eletrodo metálico (o catodo, Fig. 6C.1), que fica então com carga positiva em excesso (o que corresponde a um potencial elétrico alto). No anodo, a oxidação é o resultado da transferência de elétrons para o eletrodo, que fica assim com excesso de carga negativa (correspondendo a um potencial elétrico baixo).

6C.2 Tipos de pilhas

O tipo mais simples de pilha tem um eletrólito comum aos dois eletrodos (como na Fig. 6C.1). Em alguns casos, os eletrodos têm que ser mergulhados em eletrólitos diferentes, como na "pilha de Daniell", na qual o par redox em um eletrodo é Cu^{2+}/Cu e no outro eletrodo é Zn^{2+}/Zn (Fig. 6C.2). Numa **pilha de concentração no eletrólito**, os compartimentos eletródicos são idênticos, exceto no que diz respeito à concentração do eletrólito. Nas **pilhas de concentração nos eletrodos**, são os próprios eletrodos que têm concentrações diferentes, seja por serem eletrodos a gás operando a pressões diferentes, seja por serem amálgamas (soluções em mercúrio) com concentrações diferentes.

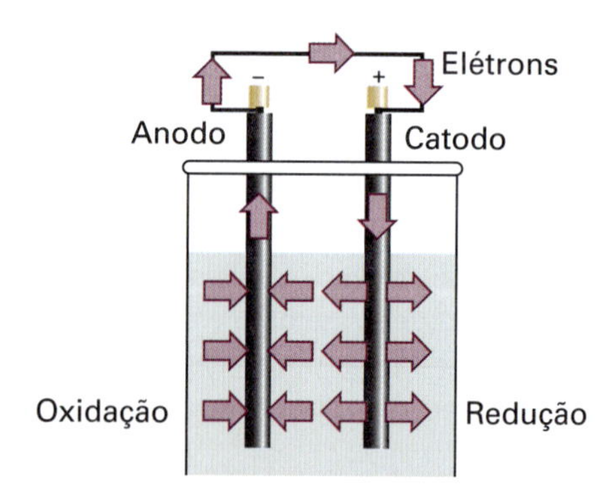

Figura 6C.1 Quando uma reação espontânea ocorre em uma pilha galvânica, os elétrons saem de um eletrodo (o sítio da oxidação, o anodo) e são recolhidos no outro eletrodo (o sítio da redução, o catodo), de modo que há um fluxo de elétrons que pode ser aproveitado para gerar trabalho. Observe que o sinal + do catodo pode ser interpretado como indicando o eletrodo em que os elétrons entram na pilha, e o sinal – do anodo como o do eletrodo em que os elétrons saem da pilha.

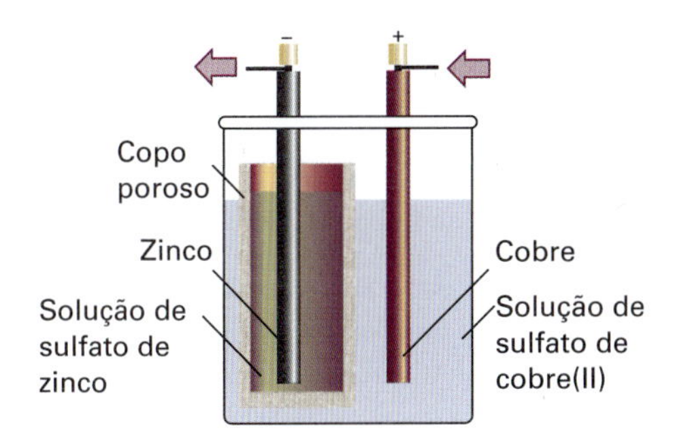

Figura 6C.2 Uma versão da pilha de Daniell. O eletrodo de cobre é o catodo e o de zinco é o anodo. Os elétrons saem da pilha pelo zinco e entram pelo eletrodo de cobre.

(a) Potenciais de junção líquida

Numa pilha em que há contato entre duas soluções de eletrólitos diferentes, como na pilha de Daniell, há uma fonte adicional de diferença de potencial elétrico entre as interfaces dos dois eletrólitos. Este potencial é chamado de **potencial de junção líquida**, E_{jl}. Outro exemplo de um potencial de junção é o que existe entre soluções de ácido clorídrico de concentrações diferentes. Na junção, os íons H^+ móveis difundem-se para a solução mais diluída. Os íons Cl^- também se difundem, mas, por serem mais volumosos, o fazem inicialmente de maneira mais lenta, o que provoca uma diferença de potencial na junção. Depois de um determinado tempo, durante o qual o potencial varia, os íons se difundem com a mesma velocidade e a diferença de potencial se estabiliza. As pilhas de concentração nos eletrólitos sempre têm junção líquida; as pilhas de concentração nos eletrodos não.

A contribuição da junção líquida para o potencial pode ser reduzida (a cerca de 1 a 2 mV) unindo-se os compartimentos eletródicos por uma ponte salina (Fig. 6C.3). A razão do êxito da ponte salina é que os íons dissolvidos no gel apresentam mobilidades parecidas, assim os potenciais de junção líquida nas duas extremidades são praticamente independentes das concentrações das duas soluções diluídas, o que provoca quase o cancelamento de um pelo outro.

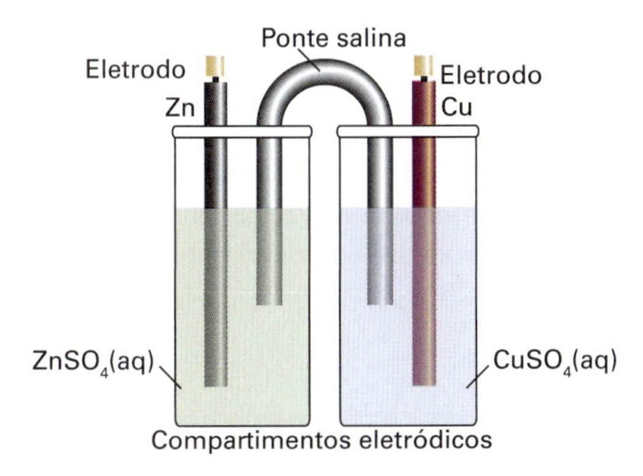

Figura 6C.3 A ponte salina é, essencialmente, um tubo de vidro em U invertido cheio de uma solução de sal imobilizada em gel de ágar. Os potenciais de junção líquida opostos, nas duas extremidades, praticamente se cancelam.

(b) Notação

Vamos utilizar a seguinte notação para as pilhas:

|	Interface entre duas fases
⋮	Junção líquida
||	Interface para a qual se admite a eliminação do potencial de junção

Breve ilustração 6C.3 Notação da pilha

Uma pilha que tem um eletrólito comum para os dois eletrodos é

$$Pt(s)|H_2(g)|HCl(aq)|AgCl|Ag(s)$$

A pilha da Fig. 6C.2 é representada por

$$Zn(s)|ZnSO_4(aq)\vdots CuSO_4(aq)|Cu(s)$$

A pilha da Fig. 6C.3 é representada por

$$Zn(s)|ZnSO_4(aq)||CuSO_4(aq)|Cu(s)$$

Um exemplo de uma pilha de concentração no eletrólito, na qual se admite que o potencial de junção líquida foi eliminado, é

$$Pt(s)|H_2(g)|HCl(aq,b_1)||HCl(aq,b_2)|H_2(g)|Pt(s)$$

Exercício proposto 6C.3 Escreva, utilizando a notação apresentada anteriormente, a pilha cujas meias-reações são $4\,H^+(aq) + 4\,e^- \rightarrow 2\,H_2(g)$ e $O_2(g) + 4\,H^+(aq) + 4\,e^- \rightarrow 2\,H_2O(l)$, (a) com um eletrólito comum, (b) com dois compartimentos eletródicos unidos por uma ponte salina.

Resposta: (a) $Pt(s)|H_2(g)|HCl(aq,b)|O_2(g)|Pt(s)$; (b) $Pt(s)|H_2(g)|HCl(aq,b_1)||HCl(aq,b_2)|O_2(g)|Pt(s)$

6C.3 O potencial da pilha

A corrente produzida por uma pilha galvânica provém da reação química espontânea que se passa no seu interior. A **reação da pilha** é a reação que ocorre na pilha escrita admitindo-se que o eletrodo da direita é o catodo e, portanto, a reação espontânea é aquela em que a redução ocorre no compartimento da direita. Veremos, um pouco adiante, como prever se o eletrodo da direita é realmente o catodo; se for, a reação da pilha é espontânea no sentido em que for escrita. Se o eletrodo da esquerda for o catodo, a reação espontânea da pilha tem o sentido inverso da que for escrita.

Para descobrir a reação da pilha correspondente à sua representação simbólica, determinamos, inicialmente, a meia-reação no eletrodo da direita como uma redução (pois admitimos que a reação é, por hipótese, espontânea). Depois, subtraímos desta a meia-reação de redução do eletrodo da esquerda (pois por hipótese este é o sítio da oxidação).

Breve ilustração 6C.4 A reação da pilha

Para a pilha $Zn(s)|ZnSO_4(aq)||CuSO_4|Cu(s)$, os dois eletrodos e suas meias-reações de redução são

$$\text{Eletrodo da direita:} Cu^{2+}(aq)+2e^- \rightarrow Cu(s)$$
$$\text{Eletrodo da esquerda:} Zn^{2+}(aq)+2e^- \rightarrow Zn(s)$$

Assim, a reação global da pilha é a diferença Direita – Esquerda:

$$Cu^{2+}(aq)+2e^- - Zn^{2+}(aq)-2e^- \rightarrow Cu(s)-Zn(s)$$

a qual, após o cancelamento dos $2e^-$, pode ser reescrita como

$$Cu^{2+}(aq)+Zn(s)\rightarrow Cu(s)+Zn^{2+}(aq)$$

Exercício proposto 6C.4 Escreva a reação global da pilha para as pilhas vistas a seguir:

(a) $Pt(s)|H_2(g)|HCl(aq,b)|O_2(g)|Pt(s)$;

(b) $Pt(s)|H_2(g)|HCl(aq,b_L)||HCl(aq,b_R)|O_2(g)|Pt(s)$.

Resposta: (a) $2\,H_2(g)+O_2(g)\rightarrow 2\,H_2O(l)$;
(b) $2\,H_2(g)+O_2(g)+4\,H^+(b_R)\rightarrow 2\,H_2O(l)+4\,H^+(b_L)$

(a) A equação de Nernst

Uma pilha em que a reação global não tenha atingido o equilíbrio químico pode efetuar trabalho elétrico à medida que a reação avança e impele elétrons através do circuito externo. O trabalho proporcionado pela transferência de certa quantidade de elétrons depende da diferença de potencial elétrico entre os dois eletrodos da pilha. Quando o potencial da pilha é grande, certo número de elétrons que se transfiram de um para o outro eletrodo pode realizar grande quantidade de trabalho elétrico. Quando o potencial da pilha é pequeno, o mesmo número de elétrons transferidos só realiza pequena quantidade de trabalho. Uma pilha cuja reação global tenha atingido o equilíbrio químico não pode efetuar trabalho, e então o potencial da pilha é zero.

Como vimos na Seção 3C, o trabalho extra (diferente do de expansão) máximo que determinado sistema pode realizar à temperatura e pressão constantes é dado pela Eq. 3C.16b ($w_{e,\text{máx}} = \Delta G$). Em eletroquímica, o trabalho extra (diferente do de expansão) é o trabalho elétrico, o sistema é a pilha e ΔG é a energia de Gibbs de reação da pilha, $\Delta_r G$. O trabalho máximo é realizado quando o processo ocorre reversivelmente. Desta forma, para que se obtenham dados termodinâmicos a partir de medidas do trabalho que uma pilha pode fazer, devemos nos assegurar de que a operação da pilha seja reversível. Além disso, vimos na Seção 6A que a energia de Gibbs da reação é na realidade uma propriedade relacionada, por meio de $RT \ln Q$, a uma determinada composição específica da mistura reacional. Portanto, para medir $\Delta_r G$, devemos garantir que a pilha esteja operando reversivelmente numa certa composição constante. Essas condições são alcançadas, aproximadamente, quando se mede o potencial da pilha equilibrado pelo potencial oposto de uma fonte externa, de modo que a reação da pilha possa ocorrer reversivelmente, a composição seja constante e nenhuma corrente circule através da pilha. Nesta situação a reação da pilha pode ocorrer num ou noutro sentido, infinitesimalmente, mas na realidade não ocorre. A diferença de potencial assim medida é denominada **potencial da pilha**, E_{pilha}, da pilha.

Uma nota sobre a boa prática O potencial da pilha era denominado força eletromotriz (fem) da pilha, denominação ainda muito utilizada. A IUPAC prefere o nome "potencial da pilha" porque é uma diferença de potencial e não uma força.

Como mostramos na *Justificativa* a seguir, a relação entre a energia de Gibbs de reação e o potencial da pilha é

$$-\nu F E_{\text{pilha}} = \Delta_r G \quad \text{O potencial da pilha} \quad (6C.2)$$

em que F é a constante de Faraday, $F = eN_A$, e ν é o coeficiente estequiométrico dos elétrons nas meias-reações em que a pilha pode ser dividida. Essa equação é a ligação fundamental entre as medidas elétricas por um lado e as propriedades termodinâmicas por outro. Ela será a base de toda a exposição que vem a seguir.

Justificativa 6C.1 A relação entre o potencial da pilha e a energia de Gibbs de reação

Consideremos a variação de G quando a reação da pilha avança de um infinitésimo $d\xi$, numa certa composição. A partir da *Justificativa* 6A.1, especificamente a equação $\Delta_r G = (\partial G/\partial \xi)_{T,P}$, podemos escrever (a temperatura e pressão constantes)

$$dG = \Delta_r G d\xi$$

O trabalho (elétrico) máximo, diferente do de expansão, que a reação pode realizar ao avançar de $d\xi$, a uma pressão e temperatura constantes, é, portanto,

$$dw_e = \Delta_r G d\xi$$

Esse trabalho é infinitesimal, e a composição do sistema fica praticamente constante quando ele ocorre.

Imaginemos que a reação avance de $d\xi$; então $\nu d\xi$ elétrons devem passar (pelo circuito externo) do anodo para o catodo. A carga total transferida entre os eletrodos é então $-\nu e N_A d\xi$ (pois $\nu d\xi$ é a quantidade de elétrons em mols e a carga por mol de elétrons é $-eN_A$). Então, a carga total transportada é $-\nu F d\xi$, uma vez que $F = eN_A$. O trabalho efetuado quando uma carga infinitesimal $-\nu F d\xi$ se desloca do anodo para o catodo é igual ao produto da carga pela diferença de potencial E_{pilha} (veja a Tabela 2A.1, equação $dw = Qd\phi$):

$$dw_e = -\nu F E_{\text{pilha}} d\xi$$

Quando igualamos essa expressão com a anterior ($dw_e = \Delta_r G d\xi$), o avanço infinitesimal $d\xi$ se cancela e obtém-se a Eq. 6C.2.

Segue-se da Eq. 6C.2 que, se a energia de Gibbs da reação for conhecida em uma certa composição, é possível calcular o

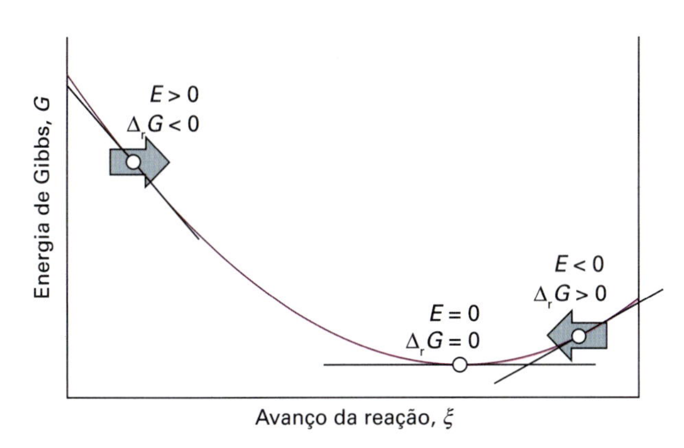

Figura 6C.4 Uma reação espontânea avança no sentido da energia de Gibbs decrescente. Quando expressa em termos do potencial de uma pilha, o sentido da mudança espontânea é função do potencial da pilha, E_{pilha}. A reação é espontânea no sentido da equação (isto é, no sentido da esquerda para a direita na figura) quando $E_{\text{pilha}} > 0$ e no sentido inverso quando $E_{\text{pilha}} < 0$. Quando a reação da pilha está em equilíbrio o potencial da pilha é zero.

potencial da pilha nesta composição. Veja que uma energia de Gibbs de reação negativa, que corresponde a uma reação espontânea na pilha, leva a um potencial positivo para a pilha. Outra maneira de analisar a Eq. 6C.2 é observar que a força motriz de uma pilha (isto é, seu potencial) é proporcional à derivada (ao coeficiente angular) da energia de Gibbs em relação ao grau de avanço da reação. É razoável que uma reação que esteja longe do equilíbrio (quando o coeficiente angular tem um valor bem diferente de zero) tenha forte tendência a impelir elétrons através do circuito externo (Fig. 6C.4). Quando o coeficiente angular se aproxima de zero (e a reação da pilha se aproxima do equilíbrio) o potencial da pilha é pequeno.

Breve ilustração 6C.5 A energia de Gibbs de reação

A Eq. 6C.2 fornece um método para a medida da energia de Gibbs de reação em uma composição qualquer da mistura reacional; simplesmente medimos o potencial da pilha e convertemos o valor obtido em $\Delta_r G$. Por sua vez, se conhecemos o valor de $\Delta_r G$ em uma determinada composição, então podemos obter o potencial da pilha. Por exemplo, se $\Delta_r G = -1 \times 10^2$ kJ mol^{-1} e $\nu = 1$, então

$$E_{\text{pilha}} = -\frac{\Delta_r G}{\nu F} = -\frac{(-1\times10^5\,\text{J}\,\text{mol}^{-1})}{1\times(9{,}6485\times10^4\,\text{C}\,\text{mol}^{-1})} = 1\,\text{V}$$

em que usamos a relação 1 J = 1 C V.

Exercício proposto 6C.5 Calcule o potencial de uma pilha de combustível na qual a reação é $H_2(g)+\frac{1}{2}O_2(g)\rightarrow H_2O(l)$.

Resposta: 1,2 V

Podemos ir mais adiante e relacionar o potencial da pilha com as atividades dos participantes da reação da pilha. Sabemos que a energia de Gibbs de reação está relacionada à composição da mistura reacional pela Eq. 6A.10 ($\Delta_r G = \Delta_r G^{\ominus} + RT \ln Q$). Dividindo ambos os lados da equação por $-\nu F$ e reconhecendo que $\Delta_r G/(-\nu F) = E_{\text{pilha}}$, segue-se, que

$$E_{\text{pilha}} = -\frac{\Delta_r G^{\ominus}}{\nu F} - \frac{RT}{\nu F}\ln Q$$

A primeira parcela do lado direito escreve-se como

$$E^{\ominus}_{\text{pilha}} = -\frac{\Delta_r G^{\ominus}}{\nu F} \qquad \textit{Definição} \qquad \text{Potencial-padrão da pilha} \qquad (6C.3)$$

e é chamado de **potencial-padrão da pilha**. Ou seja, o potencial-padrão é a energia de Gibbs padrão de reação expressa como um potencial (em volts). Vem então que

$$E_{\text{pilha}} = E^{\ominus}_{\text{pilha}} - \frac{RT}{\nu F}\ln Q \qquad \text{Equação de Nernst} \qquad (6C.4)$$

Essa equação, que dá o potencial da pilha em termos da composição do sistema reacional, é denominada **equação de Nernst**. A dependência entre o potencial da pilha e a composição, prevista por esta equação, está resumida na Fig. 6C.5. Uma importante aplicação da equação de Nernst é a determinação do pH de uma solução e, com uma escolha adequada de eletrodos, da concentração de outros íons (Seção 6D).

Vemos, pela Eq. 6C.4, que o potencial-padrão da pilha pode ser interpretado como o potencial da pilha quando todos os reagentes e produtos estiverem nos seus respectivos estados-padrão, pois então todas as atividades são iguais a 1, de modo que $Q = 1$ e $\ln Q = 0$. Entretanto, não se deve perder de vista, em todas as aplicações, que o potencial-padrão é simplesmente uma forma camuflada da energia de Gibbs padrão de reação (Eq. 6C.3).

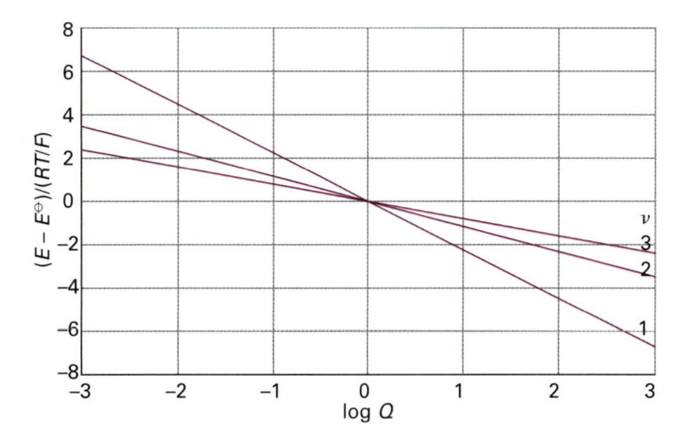

Figura 6C.5 Variação do potencial da pilha com o valor do quociente reacional da reação da pilha, para diferentes valores de ν (o número de elétrons transferidos). A 298 K, $RT/F = 25{,}69$ mV, de modo que a escala vertical se refere a múltiplos desse valor.

Breve ilustração 6C.6 A equação de Nernst

Uma vez que $RT/F = 25{,}7$ mV, a 25 °C, uma forma prática da equação de Nernst é

$$E_{\text{pilha}} = E^{\ominus}_{\text{pilha}} - \frac{25{,}7\,\text{mV}}{\nu}\ln Q$$

Segue-se então que, para uma reação que tem $\nu = 1$, se Q aumentar por um fator de 10, então o potencial diminui de 59,2 mV.

Exercício proposto 6C.6 De quanto o potencial de uma pilha varia quando Q é reduzido por um fator de 10 para uma reação que tem $\nu = 2$?

Resposta: −29,6 V

Uma característica importante do potencial-padrão de uma pilha é que ele não se modifica se a equação química que representa a reação da pilha é multiplicada por um fator numérico. O fator numérico aumenta o valor da energia de Gibbs padrão da reação. Entretanto, ele também aumenta o número de elétrons transferidos pelo mesmo fator. Assim, pela Eq. 6D.2, o valor de $E^{\ominus}_{\text{pilha}}$ permanece inalterado. A consequência prática é que o valor do potencial da pilha é independente do tamanho físico real da pilha. Em outras palavras, o potencial da pilha é uma grandeza intensiva.

(b) Pilhas em equilíbrio

Um caso especial da equação de Nernst tem grande importância na eletroquímica e fornece uma ligação com a discussão do equilíbrio feita na Seção 6A. Imaginemos que a reação da pilha tenha atingido o equilíbrio. Então $Q = K$, em que K é a constante de equilíbrio da reação da pilha. Uma reação química em equilíbrio, porém, não pode efetuar trabalho, e, consequentemente, ela gera uma diferença de potencial nula entre os eletrodos da pilha galvânica correspondente. Portanto, se fizermos $E = 0$ e $Q = K$ na equação de Nernst, teremos

$$E^{\ominus}_{\text{pilha}} = \frac{RT}{\nu F}\ln K \qquad (6\text{C}.5)$$

Constante de equilíbrio e potencial-padrão da pilha

Essa equação muito importante (que também podia ter sido obtida de forma mais direta substituindo-se a Eq. 6A.14, $\Delta_r G^{\ominus} = -RT\ln K$, na Eq. 6C.3) nos permite prever as constantes de equilíbrio a partir dos potenciais-padrão das pilhas. No entanto, antes que a utilizemos extensivamente, precisamos obter mais um resultado.

Breve ilustração 6C.7 Constantes de equilíbrio

Como o potencial-padrão da pilha de Daniell é +1,10 V, a constante de equilíbrio da reação correspondente para essa pilha, $Cu^{2+}(aq) + Zn(s) \rightarrow Cu(s) + Zn^{2+}(aq)$, com $\nu = 2$, é $K = 1{,}5 \times 10^{37}$, a 298 K. Concluímos que a reação de deslocamento do cobre pelo zinco avança até estar praticamente completa. Observe que um potencial da pilha de cerca de 1 V é facilmente mensurável, mas corresponde a uma constante de equilíbrio que seria impossível de medir por análise química direta.

Exercício proposto 6C.7 Qual é o potencial-padrão da pilha para uma reação com $K = 1$?

Resposta: 0

6C.4 A determinação de funções termodinâmicas

O potencial-padrão de uma pilha está relacionado à energia de Gibbs padrão da reação da pilha pela Eq. 6C.3 (escrita como $-\nu FE^{\ominus}_{\text{pilha}} = \Delta_r G^{\ominus}$). Portanto, a medida de $E^{\ominus}_{\text{pilha}}$ permite determinar essa importante função termodinâmica. O valor obtido pode ser usado para calcular a energia de Gibbs de formação de íons, conforme a convenção que foi explicada na Seção 3C, pela qual $\Delta_f G^{\ominus}(H^+,aq) = 0$.

Breve ilustração 6C.8 A energia de Gibbs de reação

A reação da pilha que ocorre em

$$\text{Pt(s)}|\text{H}_2\text{(g)}|\text{H}^+\text{(aq)}||\text{Ag}^+\text{(aq)}|\text{Ag(s)} \quad E^{\ominus}_{\text{pilha}} = +0{,}7996\,\text{V}$$

é

$$\text{Ag}^+\text{(aq)} + \tfrac{1}{2}\,\text{H}_2\text{(g)} \rightarrow \text{H}^+\text{(aq)} + \text{Ag(s)} \quad \Delta_r G^{\ominus} = -\Delta_f G^{\ominus}(\text{Ag}^+,\text{aq})$$

Portanto, com $\nu = 1$, obtemos

$$\begin{aligned}\Delta_f G^{\ominus}(\text{Ag}^+,\text{aq}) &= -(-FE^{\ominus})\\ &= (9{,}6485\times10^4\,\text{C mol}^{-1})\times(0{,}7996\,\text{V})\\ &= +77{,}15\,\text{kJ mol}^{-1}\end{aligned}$$

Esse resultado é próximo do valor que se encontra na Tabela 2C.2 na *Seção de dados*.

Exercício proposto 6C.8 Calcule o valor de $\Delta_f G^{\ominus}(H_2O, l)$ a 298 K, utilizando o potencial-padrão da pilha $Pt(s)|H_2(g)|HCl(aq)|O_2(g)|Pt(s)$, $E^{\ominus}_{\text{pilha}} = +1{,}23$ V.

Resposta: −237 kJ mol^{-1}

O coeficiente de temperatura do potencial-padrão de uma pilha, $dE^{\ominus}_{\text{pilha}}/dT$, dá a entropia-padrão da reação da pilha. Esta conclusão segue-se da relação termodinâmica $(\partial G/\partial T)_p = -S$, obtida na Seção 3D, e da Eq. 6C.3, que se combinam para dar

$$\frac{dE^{\ominus}_{\text{pilha}}}{dT} = \frac{\Delta_r S^{\ominus}}{\nu F} \qquad (6\text{C}.6)$$

Coeficiente de temperatura do potencial-padrão da pilha

A derivada é ordinária (e não parcial), pois $E^{\ominus}_{\text{pilha}}$, assim como $\Delta_r G^{\ominus}$, é independente da pressão. Temos assim uma técnica eletroquímica para obter as entropias-padrão de reação e, mediante estas entropias, chegar às entropias dos íons em solução.

Finalmente, podemos combinar os resultados anteriores e usá-los no cálculo da entalpia-padrão da reação da pilha:

$$\Delta_r H^{\ominus} = \Delta_r G^{\ominus} + T\Delta_r S^{\ominus} = -\nu F\left(E^{\ominus}_{\text{pilha}} - T\frac{\mathrm{d}E^{\ominus}_{\text{pilha}}}{\mathrm{d}T}\right) \quad (6C.7)$$

Essa expressão proporciona um método não calorimétrico para a medida de $\Delta_r H^{\ominus}$ e, através da convenção $\Delta_f H^{\ominus}(H^+, aq) = 0$, das entalpias-padrão de formação dos íons em solução (Seção 2C).

Exemplo 6C.1 O uso do coeficiente de temperatura do potencial de uma pilha

O potencial-padrão da pilha $Pt(s)|H_2(g)|HBr(aq)|AgBr(s)|Ag(s)$ foi medido em várias temperaturas, e os dados obtidos ajustaram-se ao seguinte polinômio:

$$E^{\ominus}_{\text{pilha}}/V = 0{,}07131 - 4{,}99\times10^{-4}(T/K - 298) - 3{,}45\times10^{-6}(T/K - 298)^2$$

A reação da pilha é $AgBr(s) + \frac{1}{2}H_2(g) \rightarrow Ag(s) + HBr(aq)$. Estime a energia de Gibbs padrão da reação, a entalpia-padrão e a entropia-padrão a 298 K.

Método A energia de Gibbs padrão da reação é calculada pela Eq. 6C.2, depois de se estimar $E^{\ominus}_{\text{pilha}}$, a 298 K, usando 1 V C = 1 J. A entropia-padrão da reação se obtém pela Eq. 6C.6, que envolve a derivada do polinômio em relação a T e depois o cálculo do respectivo valor a T = 298 K. A entalpia-padrão da reação é calculada pela combinação entre os valores da energia de Gibbs padrão da reação e da entropia-padrão da reação.

Resposta Em T = 298 K, tem-se $E^{\ominus}_{\text{pilha}}/V = 0{,}07131\,V$, logo

$$\begin{aligned}\Delta_r G^{\ominus} &= -\nu F E^{\ominus}_{\text{pilha}} = -(1)\times(9{,}6485\times10^4\,\text{C mol}^{-1})\times(0{,}07131\,\text{V})\\ &= -6{,}880\times10^3\,\text{C V mol}^{-1} = -6{,}880\,\text{kJ mol}^{-1}\end{aligned}$$

O coeficiente de temperatura do potencial da pilha é

$$\frac{\mathrm{d}E^{\ominus}_{\text{pilha}}}{\mathrm{d}T} = -4{,}99\times10^{-4}\,\text{V K}^{-1} - 2(3{,}45\times10^{-6})(T/\text{K} - 298)\,\text{V K}^{-1}$$

A T = 298 K, essa expressão tem o valor

$$\frac{\mathrm{d}E^{\ominus}_{\text{pilha}}}{\mathrm{d}T} = -4{,}99\times10^{-4}\,\text{V K}^{-1}$$

Assim, a partir Eq. 6C.6, a entropia-padrão da reação é

$$\begin{aligned}\Delta_r S^{\ominus} &= \nu F\frac{\mathrm{d}E^{\ominus}_{\text{pilha}}}{\mathrm{d}T} = (1)\times(9{,}6485\times10^4\,\text{C mol}^{-1})\times(-4{,}99\times10^{-4}\,\text{V})\\ &= -48{,}2\,\text{J K}^{-1}\,\text{mol}^{-1}\end{aligned}$$

O valor negativo surge em parte da eliminação de gás na reação da pilha. Segue-se então que

$$\begin{aligned}\Delta_r H^{\ominus} &= \Delta_r G^{\ominus} + T\Delta_r S^{\ominus} = -6{,}880\,\text{kJ mol}^{-1}\\ &\quad + (298\,\text{K})\times(-0{,}0482\,\text{kJ K}^{-1}\,\text{mol}^{-1})\\ &= -21{,}2\,\text{kJ mol}^{-1}\end{aligned}$$

Uma dificuldade desse procedimento está na medição exata dos pequenos coeficientes de temperatura dos potenciais das pilhas. Apesar dessa dificuldade, o exemplo é uma demonstração evidente da capacidade da termodinâmica de relacionar grandezas aparentemente sem quaisquer conexões, como é o caso das medidas elétricas e das propriedades térmicas.

Exercício proposto 6C.9 Calcule o potencial-padrão da pilha de Harned, a 303 K, a partir de dados termodinâmicos tabelados.

Resposta: +0,2222 V

Conceitos importantes

- ☐ 1. Uma **reação redox** é expressa como uma diferença de duas meias-reações de redução; cada uma define um par redox.
- ☐ 2. **Pilhas galvânicas** são classificadas como **pilhas de concentração no eletrólito** e **no eletrodo**.
- ☐ 3. Um **potencial de junção líquida** surge na junção de duas soluções eletrolíticas.
- ☐ 4. A notação da pilha especifica a estrutura da pilha.
- ☐ 5. A **equação de Nernst** relaciona o potencial da pilha à composição da mistura de reação.
- ☐ 6. O **potencial-padrão da pilha** pode ser usado para calcular a constante de equilíbrio da reação da pilha.
- ☐ 7. O coeficiente de temperatura do potencial da pilha é usado para determinar propriedades termodinâmicas de espécies eletroativas.

Equações importantes

Propriedade	Equação	Comentário	Número da equação
Potencial da pilha e energia de Gibbs de reação	$-\nu FE_{\text{pilha}} = \Delta_r G$	Temperatura e pressão constantes	6C.2
Potencial-padrão da pilha	$E^{\ominus}_{\text{pilha}} = -\Delta_r G^{\ominus}/\nu F$	Definição	6C.3
Equação de Nernst	$E_{\text{pilha}} = E^{\ominus}_{\text{pilha}} - (RT/\nu F)\ln Q$		6C.4
Constante de equilíbrio para a reação da pilha	$E^{\ominus}_{\text{pilha}} = (RT/\nu F)\ln K$		6C.5
Coeficiente de temperatura do potencial da pilha	$\mathrm{d}E^{\ominus}_{\text{pilha}}/\mathrm{d}T = \Delta_r S^{\ominus}/\nu F$		6C.6

6D Potenciais de eletrodos

Tópicos

➤ Por que você precisa saber este assunto?

Uma forma muito eficiente, compacta e amplamente utilizada de se determinar o potencial-padrão de uma pilha é estabelecer um potencial para cada eletrodo. Potenciais de eletrodos são amplamente utilizados na química para inferir a capacidade de oxidação e redução de um par redox. Também podem ser utilizados para calcular propriedades termodinâmicas tais como constantes de equilíbrio.

➤ Qual é a ideia fundamental?

Podemos admitir que cada eletrodo de uma pilha contribui de forma única para o valor do potencial da pilha. Um par redox com um valor pequeno de potencial de eletrodo tem a tendência a reduzir um outro par com um valor maior de potencial.

➤ O que você já deve saber?

Esta seção se baseia nos conceitos discutidos na Seção 6C. Assim, é necessário entender os conceitos de potencial e de potencial-padrão de uma pilha (Seção 6C). Também utilizamos a equação de Nernst (Seção 6C). Na determinação dos potenciais-padrão utiliza-se a lei limite de Debye-Hückel (Seção 5F).

Como discutido na Seção 6C, uma pilha galvânica é uma combinação de dois eletrodos, cada qual contribuindo de uma maneira característica para o potencial global da pilha. Embora não seja possível medir a contribuição de um eletrodo isolado, podemos atribuir a um determinado eletrodo o potencial nulo e então medir os potenciais dos outros em relação a esse zero convencional.

6D.1 Potenciais-padrão de eletrodo

O eletrodo que tomamos como referência é o **eletrodo-padrão de hidrogênio** (EPH):

$$\mathrm{Pt(s)|H_2(g)|H^+(aq)} \quad E^\ominus = 0 \qquad \textit{Convenção} \quad \text{Potencial-padrão de eletrodo} \qquad (6D.1)$$

em todas as temperaturas. Para alcançar as condições-padrão, a atividade dos íons hidrogênio deve ser 1 (isto é, pH = 0) e a pressão (mais precisamente, a fugacidade) do hidrogênio gasoso deve ser 1 bar. O **potencial-padrão**, $E^\ominus(\mathrm{X})$, de outro par X é então medido pela montagem de uma pilha em que o eletrodo de interesse é o da direita e o eletrodo-padrão de hidrogênio é o eletrodo da esquerda.

$$\mathrm{Pt(s)|H_2(g)|H^+(aq)||X} \quad E^\ominus(\mathrm{X}) = E^\ominus_{\text{pilha}} \qquad \textit{Convenção} \quad \text{Potenciais-padrão} \qquad (6D.2)$$

O potencial-padrão de uma pilha representada por E||D, em que E e D são, respectivamente, o eletrodo da esquerda e o eletrodo da direita, na representação esquemática da pilha (e não na pilha montada na bancada do laboratório), é dado então pela diferença dos dois potenciais-padrão:

$$\mathrm{E||D} \quad E^\ominus_{\text{pilha}} = E^\ominus(\mathrm{D}) - E^\ominus(\mathrm{E}) \qquad \text{Potencial-padrão da pilha} \qquad (6D.3)$$

Na Tabela 6D.1 são apresentados alguns potenciais-padrão a 298 K. Na *Seção de dados*, apresentamos uma lista maior, tanto em ordem do valor numérico quanto em ordem alfabética.

Tabela 6D.1* Potenciais-padrão a 298 K, $E^\ominus$/V

Par	$E^\ominus$/V
$\mathrm{Ce^{4+}(aq) + e^- \rightarrow Ce^{3+}(aq)}$	+1,61
$\mathrm{Cu^{2+}(aq) + 2\,e^- \rightarrow Cu(s)}$	+0,34
$\mathrm{H^+(aq) + e^- \rightarrow \frac{1}{2}H_2(g)}$	0
$\mathrm{AgCl(s) + e^- \rightarrow Ag(s) + Cl^-(aq)}$	+0,22
$\mathrm{Zn^{2+}(aq) + 2\,e^- \rightarrow Zn(s)}$	−0,76
$\mathrm{Na^+(aq) + e^- \rightarrow Na(s)}$	−2,71

* Outros valores podem ser vistos na *Seção de dados*.

Breve ilustração 6D.1 Potenciais-padrão de eletrodo

Podemos considerar a pilha Ag(s)|AgCl(s)|HCl(aq)|O_2(g)|Pt(s) como formada pelos dois eletrodos vistos a seguir, com os seus potenciais-padrão obtidos da *Seção de dados*:

Eletrodo	Meia-reação	Potencial-padrão
D: Pt(s)|O_2(g)|H^+(aq)	$O_2(g)+4\,H^+(aq)+4\,e^- \rightarrow 2\,H_2O(l)$	+1,23 V
E: Ag(s)|AgCl(s)|Cl^-(aq)	$AgCl(s)+e^- \rightarrow Ag(s)+Cl^-(aq)$	+0,22 V
	$E^{\ominus}_{pilha}=$	+1,01 V

Exercício proposto 6D.1 Qual é o potencial-padrão da pilha Pt(s)|Fe^{2+}(aq),Fe^{3+}(aq)||Ce^{4+}(aq),Ce^{3+}(aq)|Pt(s)?

Resposta: +0,84 V

(a) Determinação experimental

O procedimento para medir um potencial-padrão pode ser ilustrado considerando-se um caso específico: o eletrodo de cloreto de prata. A medida é feita na "pilha de Harned":

$$\mathrm{Pt(s)}|\mathrm{H_2(g)}|\mathrm{HCl}(aq,b)|\mathrm{AgCl(s)}|\mathrm{Ag(s)}$$
$$\tfrac{1}{2}\mathrm{H_2(g)}+\mathrm{AgCl(s)}\rightarrow \mathrm{HCl(aq)}+\mathrm{Ag(s)}$$
$$E^{\ominus}_{pilha}=E^{\ominus}(\mathrm{AgCl/Ag,Cl^-})-E^{\ominus}(\mathrm{EPH})=E^{\ominus}(\mathrm{AgCl/Ag,Cl^-}),\nu=1$$

para a qual a equação de Nernst é

$$E_{pilha}=E^{\ominus}(\mathrm{AgCl/Ag,Cl^-})-\frac{RT}{F}\ln\frac{a_{H^+}a_{Cl^-}}{a_{H_2}^{1/2}}$$

Daqui por diante consideramos $a_{H_2}=1$, e, por simplicidade, escreveremos o potencial-padrão do eletrodo AgCl/Ag,Cl^- como $E^{\ominus}$. Temos então

$$E_{pilha}=E^{\ominus}-\frac{RT}{F}\ln a_{H^+}a_{Cl^-}$$

Mostramos na *Justificativa* 6D.1 que, para a molalidade $b\rightarrow 0$,

$$\overbrace{E_{pilha}+\frac{2RT}{F}\ln b}^{y}=\overbrace{E^{\ominus}}^{\text{coeficiente linear}}+\overbrace{C\times b^{1/2}}^{\text{coeficiente angular}\times x} \quad (6D.4)$$

em que C é uma constante. A equação anterior tem a forma y = coeficiente linear + coeficiente angular × x, em que $x = b^{1/2}$. A expressão que aparece na esquerda é medida numa faixa de molalidades, representada graficamente contra $b^{1/2}$, e a reta obtida extrapolada para $b = 0$. O valor da interseção em $b^{1/2} = 0$ é o valor de $E^{\ominus}$ para o eletrodo de prata/cloreto de prata. Nos trabalhos de grande precisão, o termo em $b^{1/2}$ é transferido para a esquerda e os termos de correção de ordem mais alta da lei de Debye-Hückel generalizada são usados na direita.

Justificativa 6D.1 O potencial da pilha de Harned

As atividades que aparecem na expressão de E_{pilha} podem ser expressas em termos da molalidade b do HCl(aq) através de $a_{H^+}=\gamma_{\pm}b/b^{\ominus}$ e $a_{Cl^-}=\gamma_{\pm}b/b^{\ominus}$, como vimos na Seção 5.E. Assim, com $b/b^{\ominus}$ substituído por b,

$$E_{pilha}=E^{\ominus}-\frac{RT}{F}\ln b^2-\frac{RT}{F}\ln\gamma_{\pm}^2$$
$$=E^{\ominus}-\frac{2RT}{F}\ln b-\frac{2RT}{F}\ln\gamma_{\pm}$$

e, portanto,

$$E_{pilha}+\frac{2RT}{F}\ln b=E^{\ominus}-\frac{2RT}{F}\ln\gamma_{\pm}$$

Pela lei limite de Debye-Hückel para um eletrólito 1:1 (Eq. 5.F8, $\log g_{\pm}=-A|z_+z_-|I^{1/2}$), quando $b\rightarrow 0$

$$\log\gamma_{\pm}=-A|z_+z_-|I^{1/2}=-A(b/b^{\ominus})^{1/2}$$

Assim, como $\ln x = \ln 10 \log x$,

$$\ln\gamma_{\pm}=\ln 10\log\gamma_{\pm}=-A\ln 10(b/b^{\ominus})^{1/2}$$

e a equação para E_{pilha} pode ser escrita como

$$E_{pilha}+\frac{2RT}{F}\ln b=E^{\ominus}+\frac{2ART\ln 10}{F(b^{\ominus})^{1/2}}b^{1/2}\quad\text{quando}\quad b\rightarrow 0$$

Com o termo em azul representando C, essa equação é a Eq. 6D.4.

Exemplo 6D.1 Determinação do potencial-padrão de eletrodo

O potencial da pilha de Harned a 25 °C tem os seguintes valores:

$b/(10^{-3}b^{\ominus})$	3,215	5,619	9,138	25,63
E_{pilha}/V	0,520 53	0,492 57	0,468 60	0,418 24

Determine o potencial-padrão do eletrodo de prata-cloreto de prata.

Método Como explicado anteriormente, calcule $y = E_{pilha} + (2RT/F)\ln b$ e faça o gráfico deste valor contra $b^{1/2}$. Extrapole, então, para $b = 0$. Use $2RT/F = 0{,}051\ 39$ V.

Resposta Para determinar o potencial-padrão da pilha, construímos a seguinte tabela:

$b/(10^{-3}b^{\ominus})$	3,215	5,619	9,138	25,63
$\{b/(10^{-3}b^{\ominus})\}^{1/2}$	1,793	2,370	3,023	5,063
E_{pilha}/V	0,520 53	0,492 57	0,468 60	0,418 24
y/V	0,2256	0,2263	0,2273	0,2299

O gráfico correspondente a esses dados é apresentado na Fig. 6D.1; como pode ser visto, a extrapolação da reta obtida conduz ao valor de $E^{\ominus}=+0{,}2232$ V (valor obtido por regressão linear mantendo a precisão dos dados).

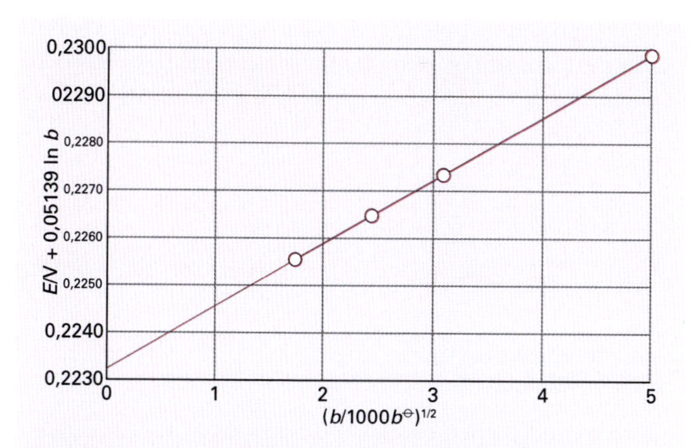

Figura 6D.1 O gráfico e a extrapolação usados para a determinação experimental do potencial-padrão de uma pilha. O valor da interseção em $b^{1/2} = 0$ é $E^{\ominus}_{\text{pilha}}$.

Exercício proposto 6D.2 Os dados a seguir são para a pilha $Pt(s)|H_2(g)|HBr(aq,b)|AgBr(s)|Ag(s)$ a 25 °C. Determine o potencial-padrão da pilha.

$b/(10^{-4}b^{\ominus})$	4,042	8,444	37,19
$E_{\text{pilha}}/\text{V}$	0,47381	0,43636	0,36173

Resposta: +0,071 V

(b) Combinação dos valores medidos

Os potenciais-padrão na Tabela 6D.1 podem ser combinados de modo a serem obtidos valores para outros pares que não estão registrados na tabela. Entretanto, para fazer isso, temos que levar em conta o fato de que pares diferentes podem corresponder à transferência de números de elétrons diferentes. O procedimento é ilustrado no *Exemplo* a seguir.

Exemplo 6D.2 Cálculo de um potencial-padrão a partir de dois outros potenciais-padrão

O potencial-padrão do par Cu^{2+}/Cu é +0,340 V e o do par Cu^{+}/Cu é +0,552 V. Estime $E^{\ominus}(Cu^{2+}, Cu^{+})$.

Método Inicialmente, observamos que as energias de Gibbs das reações podem ser adicionadas (tal como as entalpias de reações, conforme a lei de Hess). Portanto, podemos converter os valores de $E^{\ominus}$ em valores de $\Delta_r G^{\ominus}$ usando a Eq. 6D.2 ($-\nu FE^{\ominus} = \Delta_r G^{\ominus}$), depois adicioná-los adequadamente e então converter o $\Delta_r G^{\ominus}$ global no $E^{\ominus}$ que se deseja usando a Eq. 6D.2 novamente. Este procedimento indireto é indispensável, pois, como veremos, embora o fator F seja cancelado, o fator ν em geral não se cancela.

Resposta As meias-reações dos eletrodos são as seguintes:

(a) $Cu^{2+}(aq) + 2\,e^- \rightarrow Cu(s) \quad E^{\ominus}(a) = +0{,}340\,\text{V}$,
assim $\Delta_r G^{\ominus}(a) = -2(0{,}340\,\text{V})F$

(b) $Cu^{+}(aq) + e^- \rightarrow Cu(s) \quad E^{\ominus}(b) = +0{,}522\,\text{V}$,
assim $\Delta_r G^{\ominus}(b) = -(0{,}522\,\text{V})F$

A reação desejada é

(c) $Cu^{2+}(aq) + e^- \rightarrow Cu^{+}(aq) \quad E^{\ominus}(c) = -\Delta_r G^{\ominus}(c)/F$

Como (c) = (a) – (b), a energia de Gibbs padrão da reação (c) é

$$-\Delta_r G^{\ominus}(c) = \Delta_r G^{\ominus}(a) - \Delta_r G^{\ominus}(b) = -(0{,}680\,\text{V})F - (-0{,}522\,\text{V})F = (+0{,}158\,\text{V})F$$

Portanto, $E^{\ominus}(c) = +0{,}158\,\text{V}$.

Exercício proposto 6D.3 Calcule $E^{\ominus}(Fe^{3+}, Fe^{2+})$ utilizando $E^{\ominus}(Fe^{3+}, Fe)$ e $E^{\ominus}(Fe^{2+}, Fe)$.

Resposta: +0,76 V

A generalização do cálculo do *Exemplo* 6D.2 leva a:

$$\nu_c E^{\ominus}(c) = \nu_a E^{\ominus}(a) - \nu_b E^{\ominus}(b) \qquad \text{Combinação de potenciais-padrão} \qquad (6D.5)$$

em que os ν_r são os coeficientes estequiométricos dos elétrons em cada meia-reação.

6D.2 Aplicações dos potenciais-padrão

Os potenciais das pilhas são uma fonte conveniente para a obtenção de dados sobre constantes de equilíbrio, energias de Gibbs, entalpias e entropias de reações. Na prática, determinam-se comumente os valores-padrão dessas grandezas.

(a) A série eletroquímica

Vimos que com dois pares redox, Ox_E/Red_E e Ox_D/Red_D, e com a pilha

$$E\|D = Ox_E/Red\|Ox_D/Red_D$$
$$Ox_D + \nu e^- \rightarrow Red_D \quad Ox_E + \nu e^- \rightarrow Red_E \qquad \text{Convenção da pilha} \qquad (6D.6a)$$
$$E^{\ominus}_{\text{pilha}} = E^{\ominus}(D) - E^{\ominus}(E)$$

a reação da pilha

$$D-E:\ Red_E + Ox_D \rightarrow Ox_E + Red_D \qquad (6D.6b)$$

tem $K > 1$, conforme está escrita, se $E^{\ominus}_{\text{pilha}} > 0$, e, portanto, se $E^{\ominus}(E) < E^{\ominus}(D)$. Uma vez que na reação da pilha Red_E reduz Ox_D, podemos concluir que:

> Red_E tem uma tendência termodinâmica (no sentido de que $K > 1$) a reduzir Ox_D se $E^{\ominus}(E) < E^{\ominus}(D)$.

Resumidamente: o mais baixo reduz o mais alto.

Tabela 6D.2* A série eletroquímica dos metais

Agente redutor mais fraco
Ouro
Platina
Prata
Mercúrio
Cobre
(Hidrogênio)
Chumbo
Estanho
Níquel
Ferro
Zinco
Cromo
Alumínio
Magnésio
Sódio
Cálcio
Potássio
Agente redutor mais forte

* A série completa pode ser obtida a partir da Tabela 6D.1 na *Seção de dados*.

A Tabela 6D.2 mostra uma parte da **série eletroquímica**, na qual os elementos metálicos (e o hidrogênio) estão dispostos na ordem crescente dos seus respectivos poderes redutores, medidos pelos potenciais-padrão em soluções aquosas. Um metal que estiver em posição próxima ao final da tabela (com potencial-padrão pequeno no sentido algébrico) reduzirá os íons dos metais com potenciais-padrão maiores. Esta conclusão é qualitativa. O valor quantitativo de K é obtido fazendo-se os cálculos que já descrevemos anteriormente, e revisto a seguir.

Breve ilustração 6D.2 A série eletroquímica

O zinco está acima do magnésio na série eletroquímica, de modo que o zinco não pode reduzir os íons magnésio em solução aquosa. O zinco pode reduzir os íons hidrogênio, pois o hidrogênio está acima do zinco na série. Entretanto, não nos esqueçamos que, embora as reações possam ser termodinamicamente favoráveis, é possível que fatores cinéticos proporcionem velocidades de reação muito pequenas.

Exercício proposto 6D.4 O níquel pode reduzir íons hidrogênio a gás hidrogênio?

Resposta: Sim

(b) A determinação de coeficientes de atividade

Uma vez conhecido o potencial-padrão de um eletrodo numa pilha, podemos usá-lo para determinar o coeficiente médio de atividade medindo o potencial da pilha com os íons nas concentrações de interesse. Por exemplo, o coeficiente médio de atividade dos íons no ácido clorídrico de molalidade b é obtido da relação

$$E_{\text{pilha}} + \frac{2RT}{F}\ln b = E^{\ominus} - \frac{2RT}{F}\ln \gamma_{\pm}$$

obtida na *Justificativa* 6D.1, escrita como

$$\ln \gamma_{\pm} = \frac{E^{\ominus}_{\text{pilha}} - E_{\text{pilha}}}{2RT/F} - \ln b \qquad \text{(6D.7)}$$

Breve ilustração 6D.3 Coeficientes de atividade

Entre os dados apresentados no *Exemplo* 6D.1 temos que $E_{\text{pilha}} = 0{,}46860$ V para $b = 9{,}138\times10^{-3}b^{\ominus}$. Utilizando $2RT/F = 0{,}05139$ V, obtivemos nesse *Exemplo* que $E^{\ominus}_{\text{pilha}} = 0{,}2232$ V. O coeficiente médio de atividade nesta molalidade é

$$\ln \gamma_{\pm} = \frac{0{,}2232\,\text{V} - 0{,}46860\,\text{V}}{0{,}05139\,\text{V}} - \ln(9{,}138\times10^{-3}) = -0{,}0788\ldots$$

Assim, $\gamma_{\pm} = 0{,}9242$.

Exercício proposto 6D.5 Calcule coeficiente médio de atividade quando $b = 5{,}619\times10^{-3}b^{\ominus}$.

Resposta: 0,9417

(c) A determinação de constantes de equilíbrio

A principal aplicação dos potenciais-padrão é para o cálculo do potencial-padrão de uma pilha formada por dois eletrodos quaisquer. Para fazer isso, escrevemos $E^{\ominus}_{\text{pilha}} = E^{\ominus}(\text{D}) - E^{\ominus}(\text{E})$ e utilizamos a Eq. 6C.5 da Seção 6C ($E^{\ominus}_{\text{pilha}} = (RT/\nu F)$ reescrita como $K = \nu F E^{\ominus}_{\text{pilha}}/RT$).

Breve ilustração 6D.4 Constantes de equilíbrio

Uma reação de desproporcionamento é uma reação em que uma espécie é simultaneamente oxidada e reduzida. Para estudar a reação de desproporcionamento $2\,Cu^{+}(aq) \rightarrow Cu(s) + Cu^{2+}(aq)$ a 298 K, combinamos os seguintes eletrodos:

D: $Cu(s)\vert Cu^{+}(aq)$	$Cu^{+}(aq) + e^{-} \rightarrow Cu(s)$	$E^{\ominus}(\text{R}) = +0{,}52$ V
E: $Pt(s)\vert Cu^{2+}(aq), Cu^{+}(aq)$	$Cu^{2+}(aq) + e^{-} \rightarrow Cu^{+}(s)$	$E^{\ominus}(\text{R}) = +0{,}16$ V

O potencial-padrão da pilha é então

$$E^{\ominus}_{\text{pilha}} = 0{,}52\,\text{V} - 0{,}16\,\text{V} = +0{,}36\,\text{V}$$

Podemos agora calcular a constante de equilíbrio da reação da pilha. Como $\nu = 1$, temos a partir da Eq. 6C.5 com $RT/F = 0{,}025\,693$ V,

$$\ln K = \frac{0{,}36\,\text{V}}{0{,}025693\,\text{V}} = 14{,}0\ldots$$

Então, $K = 1{,}2\times10^{6}$.

Exercício proposto 6D.6 Calcule a constante de equilíbrio para a reação $Sn(s) + Sn^{4+}(aq) \rightleftharpoons 2\,Sn^{2+}(aq)$.

Resposta: $6{,}5\times10^{9}$

Conceitos importantes

☐ 1. O **potencial-padrão** de um par é o potencial da pilha formada em que o eletrodo em questão está à direita e o **eletrodo-padrão de hidrogênio** está à esquerda.

☐ 2. A **série eletroquímica** lista os elementos metálicos em ordem de seu poder redutor, medido por seu potencial-padrão em solução aquosa: o mais baixo reduz o mais alto.

☐ 3. O potencial da pilha é usado para medir o coeficiente de atividade de íons eletroativos.

☐ 4. O potencial-padrão da pilha é usado para determinar a constante de equilíbrio da reação da pilha.

Equações importantes

Propriedade	Equação	Comentário	Número da equação
Potencial-padrão da pilha	$E^{\ominus}_{\text{pilha}} = E^{\ominus}(\text{D}) - E^{\ominus}(\text{E})$	Pilha: E‖D	6D.3
Combinação de potenciais	$\nu_c E^{\ominus}(\text{c}) = \nu_a E^{\ominus}(\text{a}) - \nu_b E^{\ominus}(\text{b})$		6D.5

CAPÍTULO 6 Equilíbrio químico

SEÇÃO 6A A constante de equilíbrio

Questões teóricas

6A.1 Explique como a mistura de reagentes e produtos afeta a posição do equilíbrio químico.

6A.2 Qual é a justificativa para a não inclusão de um líquido puro ou de um sólido puro na expressão da constante de equilíbrio?

Exercícios

6A.1(a) Considere a reação A → 2 B. Inicialmente está presente 1,50 mol de A e nenhum de B. Quais são os números de mols de A e de B quando o avanço de reação for de 0,60 mol?

6A.1(b) Considere a reação 2A → B. Inicialmente estão presentes 1,75 mol de A e 0,12 mol de B. Quais são os números de mols de A e de B quando o avanço de reação for de 0,30 mol?

6A.2(a) Quando a reação A → 2 B avança 0,10 mol (ou seja, quando $\Delta\xi$ = +0,10 mol), a energia de Gibbs de reação varia de −6,4 kJ mol^{-1}. Qual é a energia de Gibbs de reação neste estágio da reação?

6A.2(b) Quando a reação 2 A → B avança 0,051 mol (ou seja, quando $\Delta\xi$ = +0,051 mol), a energia de Gibbs de reação varia de -2,41 kJ mol^{-1}. Qual é a energia de Gibbs de reação neste estágio da reação?

6A.3(a) A energia de Gibbs padrão de reação da reação $N_2(g) + 3\,H_2(g) \rightarrow 2\,NH_3(g)$ é −39,2 kJ mol^{-1} a 298 K. Qual é o valor de Δ_rG quando Q = (i) 0,010, (ii) 1,0, (iii) 10,0, (iv) 100.000, (v) 1.000.000? Calcule (por interpolação) o valor de K a partir dos valores que você calculou. Qual é o valor real de K?

6A.3(b) A energia de Gibbs padrão de reação da reação $2\,NO_2(g) \rightarrow N_2O_4(g)$ é −4,73 kJ mol^{-1} a 298 K. Qual é o valor de Δ_rG quando Q = (i) 0,10, (ii) 1,0, (iii) 10, (iv) 100? Calcule (por interpolação) o valor de K a partir dos valores que você calculou. Qual é o valor real de K?

6A.4(a) A 2257 K e 1,00 bar de pressão total, a água está 1,77% dissociada na reação $2\,H_2O(g) \rightleftharpoons 2\,H_2(g) + O_2(g)$. Calcule K.

6A.4(b) Para o equilíbrio $N_2O_4(g) \rightleftharpoons 2\,NO_2(g)$, o grau de dissociação, α, a 298 K, é 0,201, quando a pressão total é 1,00 bar. Calcule K.

6A.5(a) O tetróxido de dinitrogênio está 18,46% dissociado a 25 °C e 1,00 bar no equilíbrio $N_2O_4(g) \rightleftharpoons 2\,NO_2(g)$. Calcule K a (i) 25 °C, (ii) a 100 °C, sabendo que $\Delta_rH^{\ominus}$=+56,2 kJ mol^{-1} no intervalo de temperatura considerado.

6A.5(b) O bromo molecular está 24% dissociado a 1600 K e 1,00 bar no equilíbrio $Br_2(l) \rightleftharpoons 2\,Br(g)$. Calcule K (i) 1600 K, (ii) 2000 °C, sabendo que $\Delta_rH^{\ominus}$=+112 kJ mol^{-1} no intervalo de temperatura considerado.

6A.6(a) Com as informações que estão na *Seção de dados*, calcule a energia de Gibbs padrão e a constante de equilíbrio da reação $PbO(s) + CO(g) \rightleftharpoons Pb(s) + CO_2(g)$, (a) a 298 K e (b) a 400 K. Admita que a entalpia da reação seja independente da temperatura.

6A.6(b) Com as informações que estão na *Seção de dados*, calcule a energia de Gibbs padrão e a constante de equilíbrio da reação $CH_4(g) + 3\,Cl_2(g) \rightleftharpoons CHCl_3(l) + 3\,HCl(g)$ (a) a 25 °C e (b) a 50 °C. Admita que a entalpia da reação não se altera com a temperatura.

6A.7(a) Estabeleça a relação entre K e K_c para a reação $H_2CO(g) \rightleftharpoons CO(g) + H_2(g)$.

6A.7(b) Estabeleça a relação entre K e K_c para a reação $3\,N_2(g) + H_2(g) \rightleftharpoons 2\,NH_3(g)$.

6A.8(a) Na reação em fase gasosa 2 A + B ⇌ 3 C + 2 D, foi determinado que, quando 1,00 mol de A, 2,00 mol de B e 1,00 mol de D foram misturados e o equilíbrio foi alcançado a 25 °C, a mistura resultante continha 0,90 mol de C em uma pressão total de 1,00 bar. Calcule (i) as frações molares de cada espécie no equilíbrio, (ii) K_x, (iii) K e (iv) $\Delta_rG^{\ominus}$.

6A.8(b) Na reação em fase gasosa A + B ⇌ C + 2 D, foi determinado que, quando 2,00 mol de A, 1,00 mol de B e 3,00 mol de D foram misturados e o equilíbrio foi alcançado a 25 °C, a mistura resultante continha 0,79 mol de C em uma pressão total de 1,00 bar. Calcule (i) as frações molares de cada espécie no equilíbrio, (ii) K_x, (iii) K e (iv) $\Delta_rG^{\ominus}$.

6A.9(a) A energia de Gibbs padrão da reação de isomerização do borneol ($C_{10}H_{17}OH$) a isoborneol, em fase gasosa, a 503 K, é +9,4 kJ mol^{-1}. Calcule a energia de Gibbs da reação de uma mistura constituída por 0,15 mol de borneol e 0,30 mol de isoborneol, quando a pressão total é de 600 Torr.

6A.9(b) A pressão de equilíbrio do H_2 sobre o urânio sólido e o hidreto de urânio, UH_3, é 139 Pa a 500 K. Calcule a energia de Gibbs padrão de formação do $UH_3(s)$ a 500 K.

6A.10(a) A energia de Gibbs padrão de formação do $NH_3(g)$ é −16,5 kJ mol^{-1} a 298 K. Qual a energia de Gibbs da reação quando as pressões parciais do N_2, do H_2 e do NH_3 (tratados como gases perfeitos) são, respectivamente, 3,0 bar, 1,0 bar e 4,0 bar? Neste caso, qual o sentido do avanço espontâneo da reação?

6A.10(b) A energia de Gibbs padrão de formação do $PH_3(g)$ é +13,4 kJ mol^{-1} a 298 K. Qual a energia de Gibbs da reação quando as pressões parciais do H_2 e do PH_3 (tratados como gases perfeitos) são, respectivamente, 1,0 bar e 0,6 bar? Neste caso, qual o sentido do avanço espontâneo da reação?

6A.11(a) Para o equilíbrio $CaF_2(s) \rightleftharpoons Ca^{2+}(aq) + 2\,F^-(aq)$, $K = 3{,}9 \times 10^{-11}$, a 25 °C, e a energia de Gibbs padrão de formação do $CaF_2(s)$ é −1167 kJ mol^{-1}. Calcule a energia de Gibbs padrão de formação do $CaF_2(aq)$.

6A.11(b) Para o equilíbrio $PbI_2(s) \rightleftharpoons Pb^{2+}(aq) + 2\,I^-(aq)$, $K = 1{,}4 \times 10^{-8}$, a 25 °C, e a energia de Gibbs padrão de formação do $PbI_2(s)$ é −173,64 kJ mol^{-1}. Calcule a energia de Gibbs padrão de formação do $PbI_2(aq)$.

Problemas

6A.1 A constante de equilíbrio da reação $I_2(s) + Br_2(g) \rightleftharpoons 2\,IBr(s)$ é 0,164, a 25 °C. (a) Calcule $\Delta_rG^{\ominus}$ desta reação. (b) Bromo gasoso é introduzido num recipiente com excesso de iodo sólido. A pressão e a temperatura são mantidas em 0,164 atm e 25 °C, respectivamente. Ache a pressão parcial do IBr(g) no equilíbrio. Admita que todo o bromo esteja na forma líquida e que a pressão do vapor de iodo seja desprezível. (c) Na realidade, o iodo sólido tem pressão de vapor mensurável a 25 °C. Como seria alterado o cálculo para levar em conta esta pressão de vapor?

6A.2 Calcule a constante de equilíbrio da reação $CO(g) + H_2(g) \rightleftharpoons H_2CO(g)$ sabendo que na produção do formaldeído líquido $\Delta_rG^{\ominus}$=+28,95 kJ mol^{-1} a 298 K e que a pressão de vapor do formaldeído é 1500 Torr nesta temperatura.

6A.3 Colocam-se em um recipiente 0,300 mol de $H_2(g)$, 0,400 mol de $I_2(g)$ e 0,200 mol de HI(g), a 870 K e na pressão total de 1,00 bar. O recipiente é então selado. Sabendo que $K = 870$ para a reação $H_2(g) + I_2(g) \rightleftharpoons 2\,HI(g)$, calcule as quantidades dos componentes na mistura em equilíbrio.

6A.4‡ Os hidratos do ácido nítrico têm sido muito estudados como possíveis catalisadores de reações heterogêneas que levam à formação do buraco na camada de ozônio da Antártida. As energias de Gibbs padrão de reação para as reações seguintes são

(i) $H_2O(g) \rightarrow H_2O(s) \quad \Delta_r G^{\ominus}\ -23{,}6\,kJ\,mol^{-1}$

(ii) $H_2O(g) + HNO_3(g) \rightarrow HNO_3{\cdot}H_2O(s) \quad \Delta_r G^{\ominus}\ -57{,}2\,kJ\,mol^{-1}$

(iii) $2\,H_2O(g) + HNO_3(g) \rightarrow HNO_3{\cdot}2H_2O(s) \quad \Delta_r G^{\ominus}\ -85{,}6\,kJ\,mol^{-1}$

(iv) $3\,H_2O(g) + HNO_3(g) \rightarrow HNO_3{\cdot}3H_2O(s) \quad \Delta_r G^{\ominus}\ -112{,}8\,kJ\,mol^{-1}$

Qual dos sólidos é termodinamicamente mais estável a 190 K, se $p_{H_2O} = 0{,}13\,\mu bar$ e $p_{HNO_3} = 0{,}41\,nbar$ *Sugestão*: Calcule $\Delta_r G$ para cada reação nas condições mencionadas; se mais de um sólido forem formados espontaneamente, verifique a $\Delta_r G$ da conversão de um sólido no outro.

6A.5 Exprima a constante de equilíbrio da reação em fase gasosa $A + 3\,B \rightleftharpoons 2\,C$ em termos do valor do avanço no equilíbrio, ξ, no caso de A e B estarem inicialmente na proporção estequiométrica. Ache a expressão de ξ em função da pressão total, p, da mistura reacional e esboce o gráfico desta função.

SEÇÃO 6B A resposta do equilíbrio às condições do sistema

Questões teóricas

6B.1 Sugira como a constante termodinâmica de equilíbrio pode responder diferentemente a variações de pressão e de temperatura a partir da constante de equilíbrio expressa em termos da pressão parcial.

6B.2 Explique o princípio de Le Chatelier em termos de grandezas termodinâmicas.

6B.3 Explique a base molecular da equação de van't Hoff para a dependência de K em relação à temperatura.

Exercícios

6B.1(a) A entalpia-padrão da reação $Zn(s) + H_2O(g) \rightarrow ZnO(s) + H_2(g)$ é aproximadamente constante e igual a +224 kJ mol^{-1} entre 920 K e 1280 K. A energia de Gibbs padrão da reação é +33 kJ mol^{-1} a 1280 K. Estime a temperatura em que a constante de equilíbrio fica maior do que 1.
6B.1(b) A entalpia-padrão de uma certa reação é aproximadamente constante e igual a +125 kJ mol^{-1} entre 800 K e 1500 K. A energia de Gibbs padrão da reação é +22 kJ mol^{-1} a 1120 K. Estime a temperatura em que a constante de equilíbrio fica maior do que 1.

6B.2(a) Verifica-se que a constante de equilíbrio da reação $2\,C_3H_6(g) \rightleftharpoons C_2H_4(g) + C_4H_8(g)$ ajusta a expressão $\ln K = A + B/T + C/T^2$ entre 300 K e 600 K, com A = -1,04, B = -1088 K e C = $1{,}51 \times 10^5\,K^2$. Calcule a entalpia-padrão da reação e a entropia-padrão da reação a 400 K.
6B.2(b) Verifica-se que a constante de equilíbrio de uma reação ajusta a equação $\ln K = A + B/T + C/T^3$ entre 400 K e 500 K, com $A = -2{,}04$, $B = -1176$ K e $C = 2{,}1 \times 10^7\,K^3$. Calcule a entalpia-padrão da reação e a entropia-padrão da reação a 450 K.

6B.3(a) Calcule a variação percentual de K_x para a reação $H_2CO(g) \rightleftharpoons CO(g) + H_2(g)$, quando a pressão total passa de 1,0 bar para 2,0 bar, a temperatura constante.
6B.3(b) Calcule a variação percentual de K_x para a reação $CH_3OH(g) + NOCl(g) \rightleftharpoons HCl(g) + CH_3NO_2(g)$, quando a pressão passa de 1,0 bar para 2,0 bar a temperatura constante.

6B.4(a) A constante de equilíbrio da isomerização em fase gasosa do borneol ($C_{10}H_{17}OH$) a isoborneol, a 503 K, é 0,106. Uma mistura de 7,50 g de borneol e 14,0 g de isoborneol é encerrada num recipiente de 5,0 dm^3 e aquecida a 503 K até atingir o equilíbrio. Calcule as frações molares das duas substâncias no equilíbrio.
6B.4(b) A constante de equilíbrio da reação $N_2(g) + O_2(g) \rightleftharpoons 2\,NO(g)$ é $1{,}69 \times 10^{-3}$ a 2300 K. Uma mistura de 5,0 g de nitrogênio e 2,0 g de oxigênio está encerrada em um recipiente de 1,0 dm^3 e é aquecida a 2300 K até atingir o equilíbrio. Calcule a fração molar do NO no equilíbrio.

6B.5(a) Qual a entalpia-padrão de reação de uma reação cuja constante de equilíbrio (i) é duplicada, (ii) é dividida por dois, quando a temperatura aumenta de 10 K a partir de 298 K?
6B.5(b) Qual a entalpia-padrão de reação de uma reação cuja constante de equilíbrio (i) é duplicada, (ii) é dividida por dois quando a temperatura aumenta de 15 K a partir de 310 K?

6B.6(a) Estime a temperatura em que o $CaCO_3$ (calcita) se decompõe.
6B.6(b) Estime a temperatura em que o $CuSO_4{\cdot}5H_2O$ sofre desidratação.

6B.7(a) A pressão de vapor da dissociação de um sal $A_2B(s) \rightleftharpoons A_2(g) + B(g)$ a 367 °C é 208 kPa, e a 477 °C é 547 kPa. Calcule (i) a constante de equilíbrio, (ii) a energia de Gibbs padrão da reação, (iii) a entalpia-padrão, (iv) a entropia-padrão de dissociação, tudo a 422 °C. Admita comportamento de gás perfeito para o vapor e que $\Delta H^{\ominus}$ e $\Delta S^{\ominus}$ sejam independentes da temperatura, no intervalo mencionado.
6B.7(b) A pressão de vapor da dissociação do NH_4Cl é 608 kPa a 427 °C, e é 1115 kPa a 459 °C. Calcule (i) a constante de equilíbrio, (ii) a energia de Gibbs padrão da reação, (iii) a entalpia-padrão, (iv) a entropia-padrão de dissociação, tudo a 427 °C. Admita comportamento de gás perfeito para o vapor e que $\Delta H^{\ominus}$ e $\Delta S^{\ominus}$ sejam independentes da temperatura, no intervalo mencionado.

Problemas

6B.1 Analisemos a dissociação do metano, $CH_4(g)$, nos seus elementos $H_2(g)$ e C(s, grafita). (a) Sendo $\Delta_f H^{\ominus}(CH_4,g) = -74{,}85\,kJ\,mol^{-1}$ e $\Delta_r S^{\ominus} = -80{,}67\,J\,K^{-1}\,mol^{-1}$ a 298 K, calcule o valor da constante de equilíbrio a 298 K. (b) Admitindo que $\Delta_r H^{\ominus}$ seja independente da temperatura, calcule K a 50 °C. (c) Calcule o grau de dissociação, α, do metano a 25 °C e à pressão total de 0,010 bar. (d) Sem efetuar cálculos numéricos, explique como varia o grau de dissociação da reação quando a pressão ou a temperatura se alteram.

‡Esses problemas foram propostos por Charles Trapp e Carmen Giunta.

6B.2 A pressão de equilíbrio do H_2 sobre o U(s) e o UH_3(s), entre 450 K e 715 K, ajusta-se à equação $\ln(p/\text{Pa}) = A + B/T + C\ln(T/\text{K})$, com A = 69,32, B = $-1{,}464 \times 10^4$ K e C = −5,65. Determine uma expressão da entalpia-padrão de formação do UH_3(s) e a partir dela calcule $\Delta_f C_p^{\ominus}$.

6B.3 O grau de dissociação, α, do CO_2(g) em CO(g) e O_2(g), em temperaturas elevadas, varia com a temperatura como segue:

T/K	1395	1443	1498
$\alpha/10^{-4}$	1,44	2,50	4,71

Admitindo que $\Delta_r H^{\ominus}$ seja constante na faixa de temperatura mencionada, calcule K, $\Delta_r G^{\ominus}$, $\Delta_r H^{\ominus}$ e $\Delta_r S^{\ominus}$. Faça qualquer aproximação que seja razoável.

6B.4 A entalpia-padrão da reação de decomposição do $CaCl_2xNH_3$(s) em $CaCl_2$(s) e NH_3(g) é quase constante e igual a +78 kJ mol^{-1} entre 350 K e 470 K. A pressão de equilíbrio do NH_3 na presença do $CaCl_2 \cdot NH_3$ é 1,71 kPa, a 400 K. Determine a expressão para a dependência da $\Delta_r G^{\ominus}$ em relação à temperatura no intervalo de temperatura mencionado.

6B.5 Evapora-se o ácido acético em um balão de 21,45 cm^3, a 437 K e sob pressão externa de 101,9 kPa. O balão é então selado e determina-se a massa do ácido presente, encontrando-se 0,0519 g. A experiência é repetida com o mesmo balão, porém a 471 K, e a massa de ácido acético no balão é então de 0,0380 g. Calcule a constante de equilíbrio da reação de dimerização do ácido no vapor e a entalpia de vaporização.

6B.6 A dissociação do I_2 pode ser acompanhada pela medida da pressão total, e três resultados experimentais são os seguintes:

T/K	973	1073	1173
$100p$/atm	6,244	6,500	9,181
$10^4 n_I$	2,4709	2,4555	2,4366

em que n_I é o número de átomos de I por mol de moléculas de I_2 na mistura, no volume de 342,68 cm^3. Calcule a constante de equilíbrio de dissociação em cada temperatura e a entalpia-padrão de dissociação na temperatura média.

6B.7‡ Nos anos 1980 foram publicadas estimativas de $\Delta_f G^{\ominus}(SiH_2)$ variando entre 243 kJ mol^{-1} até 289 kJ mol^{-1}. Se a entalpia-padrão de formação tiver a incerteza mencionada, qual será a incerteza associada à constante de equilíbrio da formação do SiH_2 a partir dos seus elementos (a) a 298 K e (b) a 700 K?

6B.8 Encontre uma expressão da energia de Gibbs padrão de reação em uma temperatura T' em termos do seu valor em outra temperatura T e dos coeficientes a, b e c da expressão da capacidade calorífica molar listada na Tabela 2B.1. Estime a energia de Gibbs padrão de formação da H_2O(l) a 372 K a partir do seu valor a 298 K.

6B.9 Deduza uma expressão para a dependência de K_c em relação à temperatura para uma reação em fase gasosa.

SEÇÃO 6C Pilhas eletroquímicas

Questões teóricas

6C.1 Explique por que reações que não são redox podem ser usadas para produzir corrente elétrica.

6C.2 Explique a função da ponte salina.

6C.3 Por que é necessário medir o potencial da pilha em condições de corrente nula?

6C.4 Você consegue identificar outras possíveis contribuições para o potencial da pilha, quando a corrente está sendo retirada da pilha?

Exercícios

6C.1(a) Escreva a reação da pilha e as respectivas meias-reações, e calcule o potencial-padrão de cada uma das pilhas seguintes:

(i) $Zn|ZnSO_4(aq)||AgNO_3(aq)|Ag$
(ii) $Cd|CdCl_2(aq)||HNO_3(aq)|H_2(g)|Pt$
(iii) $Pt|K_3[Fe(CN)_6](aq),K_4[Fe(CN)_6](aq)||CrCl_3(aq)|Cr$

6C.1(b) Escreva a reação da pilha e as respectivas meias-reações, e calcule o potencial-padrão de cada uma das pilhas seguintes:

(i) $Pt|Cl_2(g)|HCl(aq)||K_2CrO_4(aq)|Ag_2CrO_4(s)|Ag$
(ii) $Pt|Fe^{3+}(aq),Fe^{2+}(aq)||Sn^{4+}(aq),Sn^{2+}(aq)|Pt$
(iii) $Cu|Cu^{2+}(aq)||Mn^{2+}(aq),H^+(aq)|MnO_2(s)|Pt$

6C.2(a) Determine as pilhas que correspondem a cada uma das reações seguintes, e calcule o potencial em cada caso:

(i) $Zn(s) + CuSO_4(aq) \rightarrow ZnSO_4(aq) + Cu(s)$
(ii) $2\,AgCl(s) + H_2(g) \rightarrow 2\,HCl(aq) + 2\,Ag(s)$
(iii) $2\,H_2(g) + O_2(g) \rightarrow 2\,H_2O(l)$

6C.2(b) Determine as pilhas que correspondem a cada uma das reações seguintes, e calcule o potencial em cada caso:

(i) $2\,Na(s) + 2\,H_2O(l) \rightarrow 2\,NaOH(aq) + H_2(g)$
(ii) $H_2(g) + I_2(g) \rightarrow 2\,HI(aq)$
(iii) $H_3O^+(aq) + OH^-(aq) \rightarrow 2\,H_2O(l)$

6C.3(a) Use a lei limite de Debye-Hückel e a equação de Nernst para estimar o potencial da pilha $Ag|AgBr(s)|KBr(aq, 0{,}050\ \text{mol kg}^{-1})||Cd(NO_3)_2(aq, 0{,}050\ \text{mol kg}^{-1})|Cd$ a 25 °C.

6C.3(b) Considere a pilha $Pt|H_2(g,p^{\ominus})|\ HCl(aq)|AgCl(s)|Ag$, para a qual a reação da pilha é $2\,AgCl(s) + H_2(g) \rightarrow 2\,Ag(s) + 2\,HCl(aq)$. A 25 °C e com o HCl 0,010 mol kg^{-1}, E_{pilha} = +0,4658 V. (i) Escreva a equação de Nernst para a reação da pilha. (ii) Calcule $\Delta_r G$ para a reação da pilha. (iii) Admitindo que a lei limite de Debye-Hückel seja válida nesta concentração, calcule $E^{\ominus}(Cl^-, AgCl, Ag)$.

Problemas

6C.1 Uma pilha de combustível desenvolve um potencial elétrico a partir de uma reação química entre reagentes que são fornecidos por uma fonte externa. Qual é o potencial de uma pilha alimentada por (a) hidrogênio e oxigênio, e (b) pela combustão do butano a 1,0 bar e 298 K?

6C.2 Embora o eletrodo de hidrogênio seja conceitualmente o eletrodo mais simples, e seja a base do estado de referência dos potenciais elétricos dos sistemas eletroquímicos, ele é um dispositivo incômodo e difícil de operar. Nestas circunstâncias, imaginaram-se vários eletrodos para substituí-lo. Um eletrodo que pode ser usado em seu lugar é o eletrodo de quinidrona. A quinidrona ($Q \times QH_2$) é um complexo da quinona, $C_6H_4O_2$ = Q, e da hidroquinona, $C_6H_4O_2H_2 = QH_2$. A meia-reação do eletrodo é $Q(aq) + 2\,H^+(aq) + 2\,e^- \rightarrow QH_2(aq)$, e o respectivo potencial-padrão é $E^{\ominus} = +0{,}6994$ V. Se tivermos a pilha $Hg|Hg_2Cl_2(s)|HCl(aq)|Q{\cdot}QH_2|Au$ e o potencial medido for +0,190 V, qual o pH da solução de HCl? Admita a validade da lei limite de Debye-Hückel.

6C.3 As pilhas de co mbustível são utilizadas no fornecimento de potência elétrica para naves espaciais (como no caso dos ônibus espaciais usados pela NASA), e se mostram promissoras também para o uso em carros. Hidrogênio e monóxido de carbono foram investigados para serem usados em pilhas de combustível, de modo que as suas solubilidades em sais fundidos são de interesse. Suas solubilidades em uma mistura fundida de $NaNO_3/KNO_3$ ajustam-se à seguinte expressão:

$$\log s_{H_2} = -5{,}39 - \frac{980}{T/K} \qquad \log s_{CO} = -5{,}98 - \frac{980}{T/K}$$

em que s é a solubilidade em mol cm^{-3} bar^{-1}. Calcule as entalpias molares padrão de solução dos dois gases a 570 K.

SEÇÃO 6D Potenciais de eletrodos

Questões teóricas

6D.1 Descreva um método para a determinação de um potencial-padrão de um par redox.

6D.2 Imagine um método para a determinação do pH de uma solução aquosa.

Exercícios

6D.1(a) Calcule a constante de equilíbrio, a 25 °C, de cada reação seguinte, a partir de dados de potenciais-padrão:

(i) $Sn(s) + Sn^{4+}(aq) \rightleftharpoons 2\,Sn^{2+}(aq)$
(ii) $Sn(s) + 2\,AgCl(s) \rightleftharpoons SnCl_2(aq) + 2\,Ag(s)$

6D.1(b) Calcule a constante de equilíbrio, a 25 °C, de cada reação seguinte, a partir de dados de potenciais-padrão:

(i) $Sn(s) + CuSO_4(aq) \rightleftharpoons Cu(s) + SnSO_4(aq)$
(ii) $Cu^{2+}(aq) + Cu(s) \rightleftharpoons 2\,Cu^+(aq)$

6D.2(a) O potencial da pilha $Ag|AgI(s)|AgI(aq)|Ag$ é +0,9509 V, a 25 °C. Calcule (i) o produto de solubilidade do AgI e (ii) a sua solubilidade.
6D.2(b) O potencial da pilha $Bi|Bi_2S_3(s)|Bi_2S_3(aq)|Bi$ é −0,96 V, a 25 °C. Calcule (i) o produto de solubilidade do Bi_2S_3 e (ii) a sua solubilidade.

Problemas

6D.1 O potencial da pilha $Pt|H_2(g,p^{\ominus})|HCl(aq,b)|Hg_2Cl_2(s)|Hg(l)$ foi medido com grande exatidão com os seguintes resultados, a 25 °C:

b/(mmol kg^{-1})	1,6077	3,0769	5,0403	7,6938	10,9474
E/V	0,60080	0,56825	0,54366	0,52267	0,50532

Determine o potencial-padrão da pilha e o coeficiente médio de atividade do HCl em cada molalidade. (Ajuste a melhor reta pelo método dos mínimos quadrados.)

6D.2 O potencial-padrão do par $AgCl/Ag,Cl^-$ se ajusta à expressão

$$E^{\ominus}/V = 0{,}23659 - 4{,}8564\times10^{-4}(\theta/°C) - 3{,}4205\times10^{-6}(\theta/°C)^2 + 5{,}869\times10^{-9}(\theta/°C)^3$$

Calcule a energia de Gibbs padrão e a entalpia de formação do $Cl^-(aq)$ e a sua entropia, a 298 K.

Atividades integradas

6.1‡ Thorn *et al.* estudaram recentemente o $Cl_2O(g)$ utilizando a técnica de ionização por fotelétrons (*J. Phys. Chem.* **100**, 14178 (1996)). Entre os dados publicados figura o de $\Delta_f H^{\ominus}(Cl_2O) = +77{,}2$ kJ mol^{-1}. A combinação entre esta medida e dados conhecidos da literatura sobre a reação $Cl_2O(g) + H_2O(g) \rightarrow 2\,HOCl(g)$, para a qual $K = 8{,}2 \times 10^{-2}$ e $\Delta_r S^{\ominus} = +16{,}38$ J K^{-1} mol^{-1}, e outros dados termodinâmicos, encontrados facilmente, sobre o vapor de água levou a uma estimativa do valor de $\Delta_f H^{\ominus}(HOCl)$. Calcule este valor. Todos os dados referem-se à temperatura de 298 K.

6.2 Seja $\Delta_r G^{\ominus} = -212{,}7$ kJ mol^{-1} para a reação na pilha de Daniell, a 25 °C, com $b(CuSO_4) = 1{,}0 \times 10^{-3}$ mol kg^{-1} e $b(ZnSO_4) = 3{,}0 \times 10^{-3}$ mol kg^{-1}. Calcule (a) a força iônica de cada solução; (b) os coeficientes médios de atividade iônica em cada compartimento eletródico; (c) o quociente reacional; (d) o potencial-padrão da pilha; e (e) o potencial da pilha. (Considere $\gamma_+ = \gamma_- = g_{\pm}$ em cada compartimento.)

6.3 Seja a pilha $Zn(s)|ZnCl_2(aq, 0,0050 \text{ mol kg}^{-1})|Hg_2Cl_2|Hg$, para a qual a reação da pilha é $Hg_2Cl_2(s) + Zn(s) \rightarrow 2\,Hg(l) + 2\,Cl^-(aq) + Zn^{2+}(aq)$. Dados $E^\ominus(Zn^{2+},Zn) = -0,7628$ V, $E^\ominus(Hg_2Cl_2,Hg) = +0,2676$ V e sabendo que o potencial da pilha é +1,2272 V, (a) escreva a equação de Nernst da pilha. Determine (b) o potencial-padrão da pilha, (c) Δ_rG, $\Delta_rG^\ominus$ e K para a reação da pilha, (d) a atividade iônica média, e o coeficiente médio de atividade iônica do $ZnCl_2$, a partir do potencial medido, e (e) o coeficiente médio de atividade iônica do $ZnCl_2$, a partir da lei limite de Debye-Hückel. (f) Sendo $(\partial E_{pilha}/\partial T)_p = -4,52 \times 10^{-4}$ V K^{-1}, calcule Δ_rS e Δ_rH.

6.4 Publicaram-se os resultados de cuidadosas medidas do potencial da pilha $Pt|H_2(g,p^\ominus)|NaOH(aq, 0,0100 \text{ mol kg}^{-1}), NaCl_2(aq, 0,011\ 25 \text{ mol kg}^{-1})|AgCl(s)|Ag$. Entre os dados figuram as seguintes informações:

θ/°C	20,0	25,0	30,0
E_{pilha}/V	1,04774	1,04864	1,04942

Calcule pK_w em cada temperatura e a entalpia-padrão e a entropia-padrão da autoprotólise da água a 25,0 °C.

6.5 São dados a seguir os resultados das medidas do potencial de pilhas do tipo $Ag|AgX(s)|MX(b_1)|M_xHg||MX(b_2)|AgX(s)|Ag$, em que M_xHg representa um amálgama e o eletrólito é LiCl dissolvido em etilenoglicol. Estime o coeficiente de atividade, na concentração assinalada por um asterisco (*), e depois use esse valor para calcular os coeficientes de atividade, a partir dos potenciais da pilha, em outras concentrações. Obtenha as respostas com base na equação de Davies (Eq. 5F.11) com $A = 1,461$, $B = 1,70$, $k = 0,20$ e $I = b/b^\ominus$. Com $b_2 = 0,09141$ mol kg^{-1}:

b_1/(mol kg^{-1})	0,0555	0,09141	0,1652	0,2171	1,040	1,350*
E/V	−0,0220	0,0000	0,0263	0,0379	0,1156	0,1336

6.6‡ A tabela a seguir apresenta o potencial observado para a pilha $Pd|H_2(g,1 \text{ bar})|BH(aq,b)|AgCl(s)|Ag$. Cada uma das medidas foi feita para uma concentração equimolar de cloreto de 2-aminopiridínio (BH) e 2-aminopiridina (B). Os resultados foram obtidos a 25 °C e foi determinado que $E^\ominus = 0,222\ 51$ V. Use os dados para calcular o pK_a do ácido, a 25 °C, e o coeficiente médio de atividade ($g_\pm$) do BH em função da molalidade (b) e da força iônica (I). Use a equação de Davies (Eq. 5F.11), em que $A = 0,5091$ e B e C são parâmetros que dependem dos íons. Faça o gráfico do coeficiente médio de atividade, para $b = 0,04$ mol kg^{-1} e $0 \le I \le 0,1$.

b/(mol kg^{-1})	0,01	0,02	0,03	0,04	0,05
E_{pilha}(25 °C)/V	0,74452	0,72853	0,71928	0,71314	0,70809
b/(mol kg^{-1})	0,06	0,07	0,08	0,09	0,10
E_{pilha}(25 °C)/V	0,70380	0,70059	0,69790	0,69571	0,69338

Sugestão: Use um software matemático ou uma planilha eletrônica.

6.7 Vamos investigar a base molecular para a observação que a reação de hidrólise do ATP é exergônica em pH = 7,0 e 310 K. (a) Pensa-se que a exergonicidade da hidrólise do ATP é devida em parte ao fato de que as entropias-padrão de hidrólise dos polifosfatos são positivas. Por que ocorreria um aumento de entropia devido à hidrólise de um grupo trifosfato em um grupo difosfato e em um grupo fosfato? (b) Sob condições idênticas, as energias de Gibbs de hidrólise do H_4ATP e do $MgATP^{2-}$, um complexo entre o cátion Mg^{2+} e o ânion ATP^{4-}, são menos negativas do que a energia de Gibbs de hidrólise do ATP^{4-}. Esta observação é usada para dar suporte à hipótese de que a repulsão eletrostática entre grupos fosfato adjacentes é um fator que controla a exergonicidade da hidrólise do ATP. Dê uma explicação lógica para esta hipótese e discuta como a evidência experimental dá suporte a ela. Esses efeitos eletrostáticos influem nos valores de Δ_rH e de Δ_rS, que entram na determinação da exergonicidade da reação? *Sugestão*: No complexo $MgATP^{2-}$, o íon Mg^{2+} e o ânion ATP^{4-} formam duas ligações: uma que envolve um oxigênio carregado negativamente pertencente ao grupo fosfato terminal do ATP^{4-} e outra que envolve um oxigênio carregado negativamente pertencente ao grupo fosfato adjacente ao grupo fosfato terminal do ATP^{4-}.

6.8 Para ter sentimento do efeito das condições celulares sobre a capacidade da molécula de ATP em impulsionar processos bioquímicos, compare a energia de Gibbs padrão de hidrólise do ATP para ADP com a energia de Gibbs de reação em um ambiente a 37 °C no qual o pH=7,0 e as concentrações de ATP, ADP e são todas iguais a 1,0 mmol dm^{-3}.

6.9 Em condições-padrão bioquímicas, a respiração aeróbica produz aproximadamente 38 moléculas de ATP por molécula de glicose que é completamente oxidada. (a) Qual é a eficiência percentual da respiração aeróbica em condições bioquímicas padrão? (b) As condições seguintes são mais prováveis de ser observadas numa célula viva: $p_{CO_2} = 5,3 \times 10^{-2}$ atm, $p_{O_2} = 0,132$ atm, [glicose] = 5,6 pmol dm^{-3}, [ATP] = [ADP] = [P$_i$] = 0,1 mmol dm^{-3}, pH = 7,4, T = 310 K. Considerando que as atividades possam ser substituídas pelas molaridades, calcule a eficiência da respiração aeróbica nessas condições fisiológicas. (c) Um típico motor a diesel opera entre T_c = 873 K e T_h = 1923 K com uma eficiência que é aproximadamente 75% do limite teórico de $(1 - T_c/T_h)$ (veja Seção 3A). Compare a eficiência deste típico motor a diesel com a da respiração aeróbica em condições fisiológicas típicas (veja a parte b). Por que a conversão de energia biológica é mais ou menos eficiente do que a conversão de energia num motor a diesel?

6.10 Nas bactérias anaeróbicas, a fonte de carbono pode ser uma molécula diferente da glicose e o aceptor final de elétrons é alguma molécula diferente do O_2. Uma bactéria poderia evoluir para utilizar o par etanol/nitrato em vez do par glicose/O_2 como uma fonte de energia metabólica?

6.11 Os potenciais-padrão de proteínas não são normalmente medidos pelos métodos descritos neste capítulo, pois as proteínas, frequentemente, perdem a sua estrutura nativa, e a sua função, quando reagem na superfície dos eletrodos. Em um método alternativo, a proteína oxidada reage com um doador de elétrons apropriado, em solução. O potencial-padrão da proteína é, então, determinado por meio da equação de Nernst, das concentrações de equilíbrio de todas as espécies em solução e do potencial-padrão do doador de elétrons, que é conhecido. Vamos ilustrar esse método com a proteína citocromo *c*. A reação entre o citocromo *c*, cyt, e o 2,6-dicloroindofenol, D, envolvendo um elétron, pode ser acompanhada espectrofotometricamente, pois cada uma das quatro espécies em solução tem uma cor diferente, ou seja, um espectro de absorção diferente. Escrevemos a reação como $cyt_{ox} + D_{red} \rightleftharpoons cyt_{red} + D_{ox}$, em que os índices "ox" e "red" simbolizam os estados oxidado e reduzido, respectivamente. (a) Considere que $E^\ominus_{cyt}$ e $E^\ominus_D$ são os potenciais-padrão do citocromo *c* e de *D*, respectivamente. Mostre que o gráfico do $\ln([D_{ox}]_{eq}/[D_{red}]_{eq})$ contra $\ln([cyt_{ox}]_{eq}/[cyt_{red}]_{eq})$, em equilíbrio ("eq"), é uma reta com coeficiente angular igual a um, e que intercepta o eixo das ordenadas em $F(E^\ominus_{cyt} - E^\ominus_D)/RT$, em que as atividades em equilíbrio foram substituídas pelos valores numéricos das concentrações molares (molaridades) em equilíbrio. (b) Os dados seguintes foram obtidos para a reação entre o citocromo *c* oxidado e D reduzido, numa solução tampão de pH igual a 6,5, a 298 K. As razões $[D_{ox}]_{eq}/[D_{red}]_{eq}$ e $[cyt_{ox}]_{eq}/[cyt_{red}]_{eq}$ foram determinadas pela titulação de uma solução contendo citocromo *c* oxidado e D reduzido, com uma solução de ascorbato de sódio, que é um forte redutor. A partir dos dados e do potencial-padrão de D, que é igual a 0,237 V, determine o potencial-padrão do citocromo *c* em pH 6,5 e a 298 K.

$[D_{ox}]_{eq}/[D_{red}]_{eq}$	0,00279	0,00843	0,0257	0,0497	0,0748	0,238	0,534
$[cyt_{ox}]_{eq}/[cyt_{red}]_{eq}$	0,0106	0,0230	0,0894	0,197	0,335	0,809	1,39

6.12‡ A dimerização do ClO na estratosfera da região antártica, no inverno, desempenha um papel que se acredita importante na grande rarefação sazonal da camada de ozônio. As seguintes constantes de equilíbrio estão baseadas em medidas sobre a reação $2\,ClO(g) \rightarrow (ClO)_2(g)$.

T/K	233	248	258	268	273	280
K	$4,13 \times 10^8$	$5,00 \times 10^7$	$1,45 \times 10^7$	$5,37 \times 10^6$	$3,20 \times 10^6$	$9,62 \times 10^5$
T/K	288	295	303			
K	$4,28 \times 10^5$	$1,67 \times 10^5$	$6,02 \times 10^4$			

(a) Deduza os valores de $\Delta_r H^\ominus$ e $\Delta_r S^\ominus$ para essa reação. (b) Calcule a entalpia-padrão de formação e a entropia-padrão molar do $(ClO)_2$ sabendo que $\Delta_f H^\ominus(ClO,g) = +101{,}8\ kJ\ mol^{-1}$ e $S_m^\ominus(ClO,g) = 266{,}6\ J\ K^{-1}\ mol^{-1}$.

6.13‡ Suponha que um catalisador de ferro numa determinada indústria faça com que a produção de amônia seja mais barata a 450 °C, quando a pressão é tal que a $\Delta_r G$ para a reação $\frac{1}{2}N_2(g) + \frac{3}{2}H_2(g) \rightarrow NH_3(g)$ seja igual a –500 J mol^{-1}. (a) Qual o valor dessa pressão? (b) Suponha agora que um novo catalisador é desenvolvido, de modo que a produção mais barata seja a 400 °C quando a pressão faz com que o valor de $\Delta_r G$ seja o mesmo. Que pressão é necessária quando o novo catalisador é usado? Quais são as vantagens do novo catalisador? Admita que (i) todos os gases são perfeitos ou que (ii) todos os gases são gases de van der Waals. Isotermas de $\Delta_r G(T,p)$ na faixa de pressão de 100 atm $\le p \le$ 400 atm são necessárias para se obter a resposta. (c) O gráfico das isotermas confirma o princípio de Le Chatelier em relação à resposta do equilíbrio para variações de temperatura e pressão?

PARTE DOIS

Estrutura

Na Parte 1 examinamos as propriedades da matéria como um todo do ponto de vista da termodinâmica. Na Parte 2, vamos examinar as estruturas e as propriedades dos átomos e das moléculas individuais do ponto de vista da mecânica quântica e explicar como suas estruturas são determinadas espectroscopicamente. Os dois pontos de vista, o macroscópico e o microscópico, se juntam no Capítulo 15, em que mostramos como dados estruturais são utilizados para prever e explicar as propriedades termodinâmicas encontradas na Parte 1. Os três capítulos finais desta parte concentram-se na maneira pela qual as forças intermoleculares levam à agregação das moléculas, como as propriedades moleculares influenciam as propriedades dos líquidos e sólidos resultantes e como as estruturas dessas fases condensadas são determinadas.

CAPÍTULO 7

Introdução à teoria quântica

Antigamente se pensava que o movimento dos átomos e das partículas subatômicas pudesse ser expresso mediante as leis da "mecânica clássica", as leis do movimento expostas no século XVII por Isaac Newton, pois essas leis tiveram grande sucesso na explicação dos movimentos dos planetas e dos objetos do dia a dia. No entanto, uma descrição apropriada de elétrons, átomos e moléculas requer um tipo de mecânica diferente, a "mecânica quântica", que apresentamos neste capítulo e que depois aplicaremos no restante do livro.

7A As origens da mecânica quântica

A partir do final do século XIX, acumularam-se indícios experimentais que mostravam as falhas da mecânica clássica quando ela era aplicada ao movimento de partículas tão pequenas quanto os elétrons. Mais especificamente, medições cuidadosas levaram à conclusão de que as partículas não podem ter energias arbitrárias e que os conceitos clássicos de partícula e onda se unificam. Nesta seção veremos como essas observações criaram condições para o desenvolvimento dos conceitos e equações da mecânica quântica no início do século XX.

7B Dinâmica dos sistemas microscópicos

Em mecânica quântica, todas as propriedades de um sistema exprimem-se em termos de uma função de onda que se obtém pela resolução da equação de Schrödinger. Veremos como interpretar as funções de onda.

7C Os princípios da teoria quântica

Esta seção apresenta algumas técnicas da mecânica quântica em termos de operadores e veremos que elas levam ao princípio da incerteza, que é uma das modificações mais profundas da visão fornecida pela mecânica clássica.

Qual é o impacto deste material?

No *Impacto* I7.1, disponível como Material Suplementar, destaca-se uma aplicação da mecânica quântica que ainda requer muita pesquisa antes de se tornar uma tecnologia útil. Baseia-se na especulação de que, por meio da "computação quântica", cálculos podem ser efetuados em vários estados de um sistema simultaneamente, levando a uma nova geração de computadores muito rápidos.

7A As origens da mecânica quântica

Tópicos

➤ Por que você precisa saber este assunto?

Você deverá saber como os resultados experimentais motivaram o desenvolvimento da teoria quântica, que serve de base para todas as descrições da estrutura de átomos e moléculas e permeia toda a espectroscopia e química em geral.

➤ Qual é a ideia fundamental?

A evidência experimental levou à conclusão de que a energia não varia continuamente e que os conceitos clássicos de "partícula" e de "onda" se combinam quando aplicados à luz, aos átomos e às moléculas.

➤ O que você já deve saber?

Você precisa estar familiarizado com os princípios básicos da mecânica clássica, que são revistos em *Fundamentos* B. A discussão sobre capacidades caloríficas dos sólidos faz uso formal do material contido na Seção 2A, mas é apresentado de maneira independente aqui.

Os princípios básicos da mecânica clássica estão resumidos em *Fundamentos* B. De forma bem resumida, eles mostram que, na física clássica: (1) é possível prever a trajetória exata das partículas e especificar as posições e os momentos a cada instante e (2) é possível excitar os modos dos movimentos de translação, de rotação e de vibração para qualquer valor de energia pelo simples controle das forças aplicadas. Essas conclusões confirmam-se pela experiência quotidiana. Entretanto, a experiência quotidiana não se estende aos átomos individuais. Experimentos cuidadosos mostraram que a mecânica clássica falha ao analisar as transferências de quantidades muito pequenas de energia e os movimentos de corpos com massa muito pequena.

Investigaremos também as propriedades da luz. Na física clássica, discutida em *Fundamentos* C, a luz é descrita como um campo eletromagnético oscilante que se espalha como uma onda através do espaço vazio com um comprimento de onda, λ (lambda), uma frequência, ν (ni), e uma velocidade constante, c (Fig. C.1). Novamente, uma série de resultados experimentais não é consistente com essa interpretação.

Esta seção descreve os experimentos que revelaram as limitações da física clássica. As seções restantes do capítulo mostram como um novo entendimento da luz e da matéria levou à formulação de uma teoria inteiramente nova e muito bem-sucedida chamada **mecânica quântica**.

7A.1 A quantização da energia

Nesta seção apresentamos três exemplos de experimentos realizados ao final do século XIX que contradiziam a teoria em vigor. Esses experimentos indicaram aos cientistas que a energia só pode ser transferida em quantidades discretas.

(a) Radiação do corpo negro

Um corpo quente emite radiação eletromagnética. Em temperaturas elevadas, uma apreciável fração dessa radiação está na região visível e a maior proporção de luz azul de menor comprimento de onda aumenta quando a temperatura se eleva. Este é o comportamento que se observa quando um bastão de ferro aquecido ao rubro se torna branco brilhante em temperatura mais alta. A dependência está ilustrada na Fig. 7A.1, que mostra como a emissão de energia varia com o comprimento de onda, em várias temperaturas. As curvas da figura são as de um emissor ideal, denominado **corpo negro**, um corpo capaz de emitir e de absorver uniformemente todas as frequências da radiação. Uma boa aproximação do comportamento de um corpo negro é obtida abrindo-se um pequenino orifício em

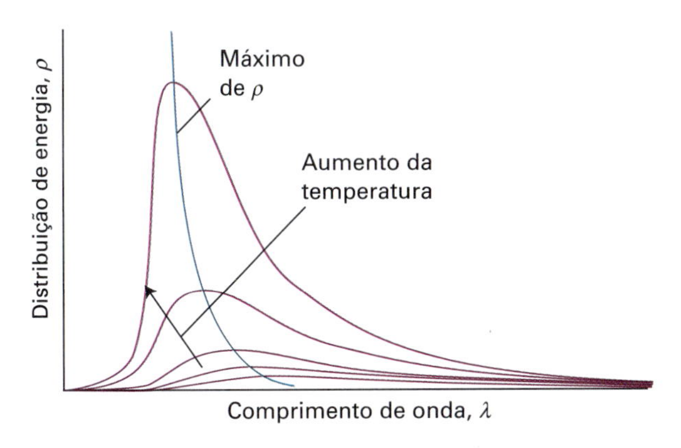

Figura 7A.1 Distribuição de energia numa cavidade de corpo negro em diversas temperaturas. Observe como a densidade espectral de estados aumenta na região de comprimentos de onda menores à medida que a temperatura se eleva, e como o máximo se desloca para comprimentos de onda menores.

uma cavidade oca mantida a temperatura constante. A radiação eletromagnética que escapa pelo orifício foi absorvida e reemitida muitas vezes pelas paredes internas da cavidade e está em equilíbrio térmico com essas paredes (Fig. 7A.2).

A abordagem adotada pelos cientistas do século XIX para explicar a radiação do corpo negro foi a de calcular a **densidade de energia**, $d\mathcal{E}$, a energia total em uma região do campo eletromagnético dividida pelo volume da região (unidades: joules por metro cúbico, J m^{-3}) devida a todos os osciladores correspondentes aos comprimentos de onda entre λ e $\lambda + d\lambda$. Essa densidade de energia é proporcional à largura, $d\lambda$, desse intervalo, e é expressa como

$$d\mathcal{E} = \rho(\lambda,T)d\lambda \qquad (7A.1)$$

em que ρ (rô), a constante de proporcionalidade entre $d\mathcal{E}$ e $d\lambda$, é a **densidade de estados** (unidades: joules por metro^4, J m^{-4}). Uma alta densidade de estados no comprimento de onda λ e temperatura T significa simplesmente que existe muita energia associada com os comprimentos de onda que ficam entre λ e $\lambda + d\lambda$ àquela

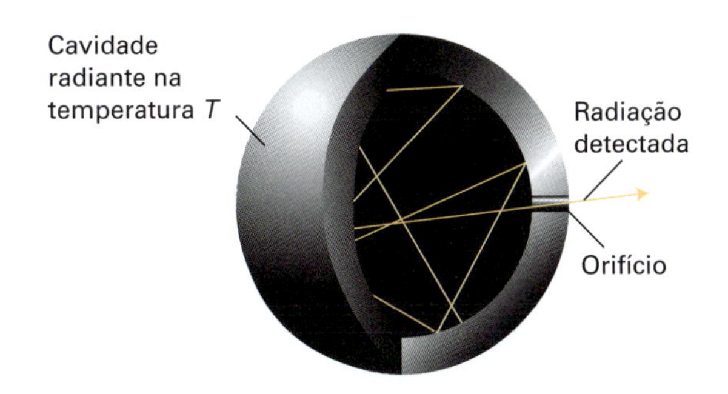

Figura 7A.2 Um modelo experimental de um corpo negro é uma cavidade oca que tem um pequeno orifício nas suas paredes, mas que no restante é rigorosamente fechada. A radiação reflete-se muitas vezes no interior da cavidade e entra em equilíbrio térmico com as paredes. A radiação que escapa pelo pequeno orifício tem as mesmas características que a radiação contida na cavidade.

temperatura. A densidade de energia total em uma região é a integral sobre todos os comprimentos de onda:

$$\mathcal{E}(T) = \int_0^\infty \rho(\lambda,T)d\lambda \qquad (7A.2)$$

e depende da temperatura: quanto maior a temperatura, maior a densidade de energia. Assim como a massa de um objeto é sua massa específica multiplicada pelo seu volume, a energia total em uma região de volume V é obtida multiplicando-se a densidade de energia total pelo volume da região:

$$E(T) = V\mathcal{E}(T) \qquad (7A.3)$$

O físico lorde Rayleigh considerou o campo eletromagnético um conjunto de osciladores com todas as frequências possíveis. Observou que a presença de radiação com a frequência ν (e, portanto, com o comprimento de onda $\lambda = c/\nu$, Eq. C.3) significava que o oscilador eletromagnético correspondente a essa frequência teria sido excitado (Fig. 7A.3). Rayleigh sabia que, segundo o princípio da equipartição clássica (*Fundamentos* B), a energia média de cada um dos osciladores é kT, independentemente de sua frequência. Depois, com a contribuição sugerida por James Jeans, chegou à **lei de Rayleigh-Jeans** para a densidade de estados:

$$\rho(\lambda,T) = \frac{8\pi kT}{\lambda^4} \qquad \text{Lei de Rayleigh-Jeans} \qquad (7A.4)$$

em que k é a constante de Boltzmann ($k = 1{,}38 \times 10^{-23}$ K^{-1}).

Embora a lei de Rayleigh-Jeans tenha bastante êxito nos comprimentos de onda grandes (frequências baixas), ela fracassa fragorosamente nos comprimentos de onda pequenos (frequências altas). Assim, quando λ diminui, ρ aumenta sem passar por um máximo (Fig. 7A.4). A equação, portanto, prevê que osciladores de comprimento de onda muito curto (correspondentes à luz ultravioleta, aos raios X e mesmo aos raios γ) estão fortemente excitados, mesmo na temperatura ambiente. A densidade de energia total em uma região, a integral na Eq. 7A.2, também é infinita em qualquer temperatura acima de zero. Esse resultado absurdo, que implica uma grande quantidade de energia que é irradiada na região de alta frequência do espectro eletromagnético, é conhecido

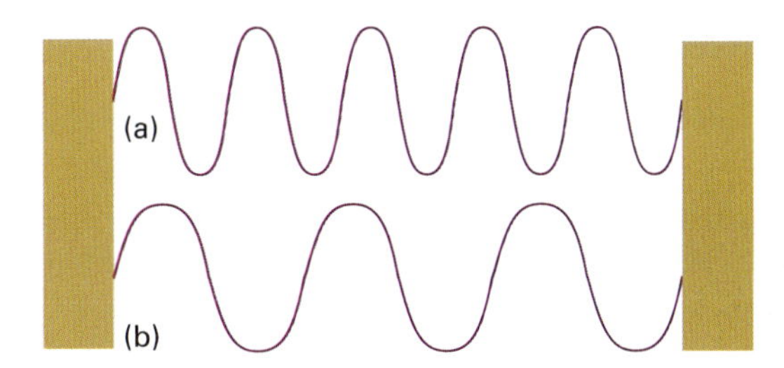

Figura 7A.3 Pode-se admitir que o vácuo é capaz de suportar as oscilações do campo eletromagnético. Quando um oscilador de alta frequência e comprimento de onda curto é excitado (a), radiação com a frequência correspondente está presente no campo. A presença de radiação de baixa frequência e comprimento de onda grande (b) é sinal de que o oscilador com a frequência correspondente foi excitado.

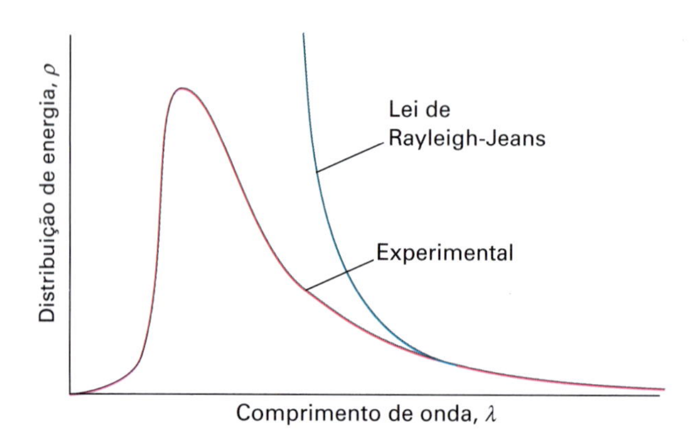

Figura 7A.4 A lei de Rayleigh-Jeans (Eq. 7A.4) prevê uma densidade de energia infinita nos comprimentos de onda curtos. Esta previsão é conhecida como a catástrofe do ultravioleta.

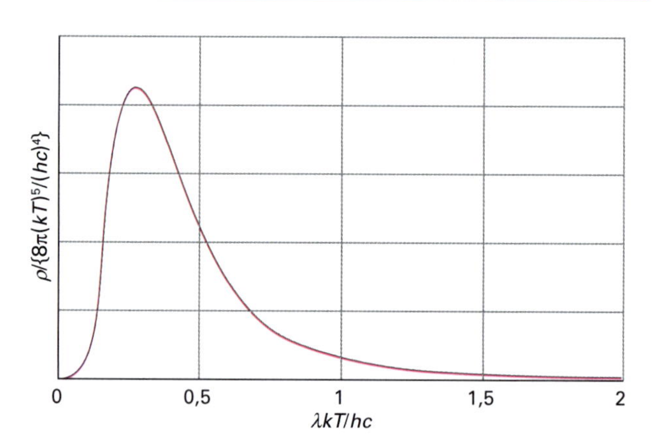

Figura 7A.5 A distribuição de Planck (Eq. 7A.6) explica bem a distribuição de radiação determinada experimentalmente. A hipótese da quantização de Planck praticamente extingue as contribuições dos osciladores de alta frequência e comprimentos de onda curtos. Nos comprimentos de onda longos, a distribuição concorda com a de Rayleigh-Jeans.

como a **catástrofe do ultravioleta**. Segundo a física clássica, mesmo os corpos frios deveriam irradiar nas regiões do visível e do ultravioleta e deveriam brilhar no escuro; na realidade, não haveria escuridão.

Em 1900, o físico alemão Max Planck descobriu que poderia explicar os resultados das observações experimentais se admitisse que a energia de cada oscilador eletromagnético estivesse limitada a certos valores discretos e não poderia ser alterada arbitrariamente. Essa proposta colide frontalmente com o ponto de vista da física clássica segundo o qual todas as energias possíveis são permitidas e qualquer oscilador tem uma energia média kT. A limitação da energia a valores discretos é chamada de **quantização da energia**. Em especial, Planck descobriu que poderia reproduzir a distribuição de valores observada experimentalmente se admitisse que as energias permitidas do oscilador eletromagnético de frequência ν fossem múltiplos inteiros de $h\nu$:

$$E = nh\nu \qquad n = 0,1,2,\ldots \qquad (7A.5)$$

em que h é uma constante fundamental, chamada, nos dias de hoje, **constante de Planck**. Com base nesta hipótese, Planck foi capaz de obter a **distribuição de Planck**:

$$\rho(\lambda,T) = \frac{8\pi hc}{\lambda^5(e^{hc/\lambda kT}-1)} \qquad \text{Distribuição de Planck} \qquad (7A.6)$$

Essa expressão ajusta-se muito bem à curva experimental em todos os comprimentos de onda (Fig. 7A.5), e o valor de h, que é um parâmetro indeterminado na teoria, pode ser obtido pelo ajuste da expressão aos pontos experimentais. O valor aceito nos dias de hoje para h é $6{,}626 \times 10^{-34}$ J s.

Como sempre, vale a pena "ler" o conteúdo de uma equação:

- A distribuição de Planck lembra a da lei de Rayleigh-Jeans (Eq. 7A.4) a menos do fator exponencial, muito importante, no denominador. No caso de comprimentos de onda curtos, $hc/\nu kT \gg 1$ e $e^{hc/\lambda kT} \to \infty$ mais rapidamente do que $\lambda^5 \to 0$; portanto, $\rho \to 0$ quando $\lambda \to 0$ ou $\nu \to \infty$. Logo, a densidade de energia tende a zero nas frequências elevadas, o que é confirmado pela experiência.
- No caso de comprimentos de onda grandes, $hc/\lambda kT \ll 1$, o denominador na distribuição de Planck pode ser substituído por (veja *Revisão de matemática* 1)

$$e^{hc/\lambda kT} - 1 = \left(1 + \frac{hc}{\lambda kT} + \cdots\right) - 1 \approx \frac{hc}{\lambda kT}$$

Quando essa aproximação é feita na Eq. 7A.6, verificamos que a lei de Planck se transforma na lei de Rayleigh-Jeans.

- Como podemos inferir do gráfico na Fig. 7A.5, a densidade de energia total (a integral na Eq. 7A.2 e, portanto, a área sob a curva) não é mais infinita. De fato,

$$\mathcal{E}(T) = \int_0^\infty \frac{8\pi hc}{\lambda^5(e^{hc/\lambda kT}-1)}\,d\lambda = aT^4 \quad \text{com}$$
$$a = \frac{8\pi^5 k^4}{15(hc)^3} \qquad (7A.7)$$

Ou seja, a densidade de energia aumenta com a quarta potência da temperatura.

Interpretação física

Exemplo 7A.1 Uso da distribuição de Planck

Compare a produção de energia na irradiação de um corpo negro (como uma lâmpada incandescente) em dois comprimentos de onda diferentes pelo cálculo da proporção entre a produção de energia a 450 nm (luz azul) e a 700 nm (luz vermelha), a 298 K.

Método Use a Eq. 7A.6. a uma temperatura T, a razão entre a densidade espectral de estados em um comprimento de onda λ_1 e aquela em λ_2 é

$$\frac{\rho(\lambda_1,T)}{\rho(\lambda_2,T)} = \left(\frac{\lambda_2}{\lambda_1}\right)^5 \times \frac{(e^{hc/\lambda_2 kT}-1)}{(e^{hc/\lambda_1 kT}-1)}$$

Insira os dados para calcular essa razão.

Resposta Com λ_1 = 450 nm e λ_2 = 700 nm:

$$\frac{hc}{\lambda_1 kT}=\frac{(6{,}626\times10^{-34}\,\mathrm{J\,s})\times(2{,}998\times10^{8}\,\mathrm{m\,s^{-1}})}{(450\times10^{-9}\,\mathrm{m})\times(1{,}381\times10^{-23}\,\mathrm{J\,K^{-1}})\times(298\,\mathrm{K})}=107{,}2\ldots$$

$$\frac{hc}{\lambda_2 kT}=\frac{(6{,}626\times10^{-34}\,\mathrm{J\,s})\times(2{,}998\times10^{8}\,\mathrm{m\,s^{-1}})}{(700\times10^{-9}\,\mathrm{m})\times(1{,}381\times10^{-23}\,\mathrm{J\,K^{-1}})\times(298\,\mathrm{K})}=68{,}9\ldots$$

e, portanto,

$$\frac{\rho(450\,\mathrm{nm},298\,\mathrm{K})}{\rho(700\,\mathrm{nm},298\,\mathrm{K})}=\left(\frac{700\times10^{-9}\,\mathrm{m}}{450\times10^{-9}\,\mathrm{m}}\right)^{5}\times\frac{(\mathrm{e}^{68,9\ldots}-1)}{(\mathrm{e}^{107,2\ldots}-1)}$$
$$=9{,}11\times(2{,}30\times10^{-17})=2{,}10\times10^{-16}$$

À temperatura ambiente, a proporção de radiação de pequeno comprimento de onda é insignificante.

Exercício proposto 7A.1 Repita o cálculo para uma temperatura de 13,6 MK, que é próxima da temperatura do núcleo do Sol.

Resposta: 5,85

É fácil perceber a razão do fracasso da dedução de Rayleigh e a do êxito da hipótese de Planck. O movimento térmico dos átomos do material das paredes da cavidade do corpo negro excita os osciladores do campo eletromagnético. De acordo com a mecânica clássica, todos os osciladores do campo compartilham igualmente da energia atribuída às paredes, e por isso mesmo as frequências mais elevadas são excitadas. É a excitação hipotética desses osciladores de alta frequência que leva à catástrofe do ultravioleta. Pela hipótese de Planck, porém, os osciladores só se excitam quando podem adquirir energia pelo menos igual a $h\nu$. Esta energia é muito grande no caso dos osciladores de frequência muito alta, que ficam então inativos. O efeito da quantização é o de reduzirem-se as contribuições dos osciladores de frequência elevada, pois eles não podem ser significativamente excitados com a energia disponível para a excitação.

(b) Capacidades caloríficas

No inicio do século XIX, os cientistas franceses Pierre-Louis Dulong e Alexis-Thérèse Petit determinaram as capacidades caloríficas, $C_V = (\partial U/\partial T)_V$ (Seção 2A), de diversos sólidos monoatômicos. Com base em resultados experimentais não muito firmes, sugeriram que as capacidades caloríficas molares de todos os sólidos monoatômicos fossem iguais, com um valor aproximado de 25 J K^{-1} mol^{-1} (em unidades modernas).

A lei de Dulong e Petit é fácil de ser justificada em termos da física clássica, quase da mesma forma com que Rayleigh tentou explicar a radiação de corpo negro. Se a física clássica fosse válida, então o princípio da equipartição poderia ser usado para inferir que a energia média de um átomo, quando ele oscila em torno da posição média que ocupa num sólido, é igual a kT para cada direção do deslocamento. Como cada átomo oscila de maneira independente em três dimensões, a energia média da oscilação de cada átomo é $3kT$. Para N átomos, a energia total é $3NkT$. A contribuição do movimento de oscilação dos átomos para a energia interna molar do sólido é então

$$U_{\mathrm{m}} = 3N_{\mathrm{A}}kT = 3RT \qquad (7\mathrm{A}.8\mathrm{a})$$

pois $N_A k = R$, a constante dos gases perfeitos. Portanto, a capacidade calorífica molar a volume constante é

$$C_{V,\mathrm{m}} = \left(\frac{\partial U_{\mathrm{m}}}{\partial T}\right)_V = 3R \qquad (7\mathrm{A}.8\mathrm{b})$$

Esse resultado, com $3R$ = 24,9 J K^{-1} mol^{-1}, tem uma concordância notável com o valor mencionado por Dulong e Petit.

Infelizmente, desvios significativos da lei de Dulong e Petit foram observados quando avanços nas técnicas de refrigeração possibilitaram a medição das capacidades caloríficas a temperaturas baixas. Verificou-se, então, que as capacidades caloríficas molares de todos os sólidos monoatômicos, em temperaturas baixas, são menores do que $3R$ e que tendem a 0 quando $T \to 0$. Para explicar esse comportamento, Einstein (em 1905) supôs que cada átomo oscilava em torno de sua posição de equilíbrio com uma única frequência ν. Ele admitiu também a hipótese de Planck, afirmando que a energia das oscilações está confinada a valores discretos dados por $nh\nu$, em que n é um número inteiro. Einstein descartou o resultado da equipartição, calculou a contribuição vibracional dos átomos à energia molar total do sólido (por um método descrito na Seção 15.E do segundo volume) e obteve uma expressão conhecida como a **fórmula de Einstein**:

$$C_{V,\mathrm{m}}(T)=3Rf_{\mathrm{E}}(T) \quad f_{\mathrm{E}}(T)=\left(\frac{\theta_{\mathrm{E}}}{T}\right)^{2}\left(\frac{\mathrm{e}^{\theta_{\mathrm{E}}/2T}}{\mathrm{e}^{\theta_{\mathrm{E}}/T}-1}\right)^{2} \qquad \text{Fórmula de Einstein} \qquad (7\mathrm{A}.9)$$

A **temperatura Einstein**, $\theta_E = h\nu/k$, é um dos modos de se exprimir a frequência de oscilação dos átomos na forma de uma temperatura e nos permite quantificar o que queremos dizer com "temperatura alta" ($T \gg \theta_E$) e "temperatura baixa" ($T \ll \theta_E$) neste contexto. Observe que uma frequência alta corresponde a uma temperatura Einstein elevada.

Como sempre, vamos agora "ler" essa expressão:

- Em temperaturas altas (isto é, quando $T \gg \theta_E$), as exponenciais em f_E podem ser expandidas como $1 + \theta_E/T + \ldots$, desprezando-se os termos de ordem superior. O resultado então é

$$f_{\mathrm{E}}(T)=\left(\frac{\theta_{\mathrm{E}}}{T}\right)^{2}\left\{\frac{1+\theta_{\mathrm{E}}/2T+\cdots}{(1+\theta_{\mathrm{E}}/T+\cdots)-1}\right\}^{2}\approx 1 \qquad (7\mathrm{A}.10\mathrm{a})$$

  Portanto, o resultado clássico ($C_{V,m} = 3R$) aparece nas temperaturas elevadas.

- Nas temperaturas baixas, quando $T \ll \theta_E$) e $\mathrm{e}^{\theta_E/T} \gg 1$,

$$f_{\mathrm{E}}(T)\approx\left(\frac{\theta_{\mathrm{E}}}{T}\right)^{2}\left(\frac{\mathrm{e}^{\theta_{\mathrm{E}}/2T}}{\mathrm{e}^{\theta_{\mathrm{E}}/T}}\right)^{2}=\left(\frac{\theta_{\mathrm{E}}}{T}\right)^{2}\mathrm{e}^{-\theta_{\mathrm{E}}/T} \qquad (7\mathrm{A}.10\mathrm{b})$$

Interpretação física

A função exponencial fortemente decrescente tende a zero muito mais rapidamente do que $1/T$ tende a infinito; de modo que $f_E \to 0$ quando $T \to 0$, e a capacidade calorífica também tende a zero.

Assim, a fórmula de Einstein explica a diminuição da capacidade calorífica nas temperaturas baixas. A razão física desse sucesso é que, em baixas temperaturas, o número de osciladores que possuem energia suficiente para oscilar significativamente é pequeno, e o sólido se comporta como se contivesse muito menos átomos do que tem na realidade. Em temperaturas mais altas, há energia suficiente para que todos os osciladores fiquem ativos: todos os $3N$ osciladores contribuem para a energia, muitos níveis de energia são acessíveis, e a capacidade calorífica aproxima-se, então, do seu valor clássico.

A Fig. 7A.6 mostra a dependência entre a capacidade calorífica e a temperatura, de acordo com a fórmula de Einstein. A forma geral da curva é satisfatória, mas a concordância numérica é bastante ruim. Essa discordância provém da hipótese admitida por Einstein de todos os átomos oscilarem com uma mesma frequência, quando na realidade oscilam sobre um intervalo de frequências que vai de zero até um valor máximo, ν_D. Essa complicação pode ser levada em conta num cálculo mais complexo, tomando-se a média sobre todas as frequências presentes. O resultado final exprime-se na **fórmula de Debye**:

$$C_{V,m}(T)=3Rf_D(T) \quad f_D(T)=3\left(\frac{T}{\theta_D}\right)^3 \int_0^{\theta_D/T} \frac{x^4 e^x}{(e^x-1)^2} dx$$

Fórmula de Debye (7A.11)

em que $\theta_D = h\nu_D/k$ é a **temperatura Debye**. A integral na Eq. 7A.11 tem que ser calculada numericamente, mais isto é simples com um programa de cálculo adequado. Os detalhes dessa modificação, que levam à melhoria significativa do modelo, como mostra a Fig. 7A.7, não devem desviar nossa atenção do ponto principal que desejamos realçar, ou seja, que para explicar as propriedades térmicas dos sólidos é indispensável introduzir a quantização da energia.

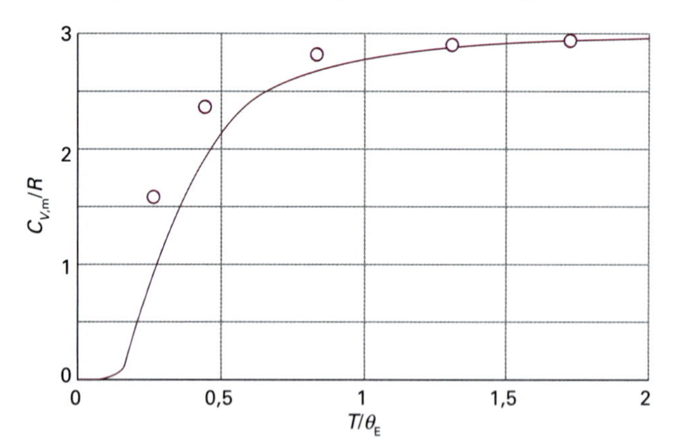

Figura 7A.6 A capacidade calorífica molar medida experimentalmente em temperaturas baixas e a variação com a temperatura, conforme a previsão de Einstein. A equação que ele propôs (Eq. 7A.10) traduz bem a dependência funcional, mas conduz sempre a valores menores do que os encontrados.

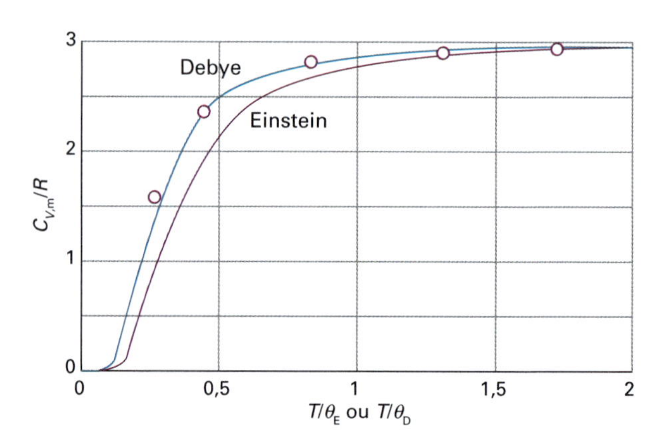

Figura 7A.7 A modificação de Debye para o cálculo de Einstein (Eq. 7A.11) leva a uma boa concordância dos valores teóricos com os experimentais. Para o cobre, $T/\theta_D = 2$ corresponde a cerca de 170 K, de modo que a detecção de desvios na lei de Dulong e Petit teve que esperar os avanços na física de baixas temperaturas.

Breve ilustração 7A.1 A fórmula de Debye

A temperatura Debye para o chumbo é igual a 105 K, correspondendo a uma frequência vibracional de $2{,}2 \times 10^{12}$ Hz. Como vemos da Fig. 7A.7, $f_D \approx 1$ para $T > \theta_D$ e a capacidade calorífica é quase clássica. Para o chumbo a 25 °C, correspondendo a $T/\theta_D = 2{,}8$, $f_D = 0{,}99$ e a capacidade calorífica é praticamente o seu valor clássico.

Exercício proposto 7A.2 Determine a temperatura Debye para o diamante ($\nu_D = 4{,}6 \times 10^{13}$ Hz). Que fração do valor clássico da capacidade calorífica o diamante atinge a 25 °C?

Resposta: 2230 K; 15%

(c) Espectros atômicos e moleculares

A evidência mais significativa da quantização da energia vem da **espectroscopia**, a detecção e a análise da radiação eletromagnética absorvida, emitida ou espalhada por uma substância. O registro da intensidade da luz transmitida ou espalhada por uma molécula em função da frequência (ν), do comprimento de onda (λ) ou do número de onda ($\tilde{\nu} = \nu/c$) é chamado de **espectro** (da palavra latina para aparecimento).

Na Fig. 7A.8 aparece um espectro atômico típico e, na Fig. 7A.9, um espectro molecular também típico. Característica evidente nos dois espectros é a de a radiação ser emitida, ou absorvida, num conjunto discreto de frequências. Esta observação explica-se pela admissão de a energia dos átomos, ou das moléculas, também estar confinada a valores discretos, pois então a energia só poderá ser emitida, ou absorvida, em quantidades discretas (Fig. 7A.10). Assim, se a energia de um átomo diminuir de ΔE, a energia é emitida como radiação de frequência ν, e no espectro aparece uma 'linha', um pico bem definido. Dizemos que uma molécula sofreu uma **transição espectroscópica**, uma mudança de estado, quando a **condição de frequência de Bohr**

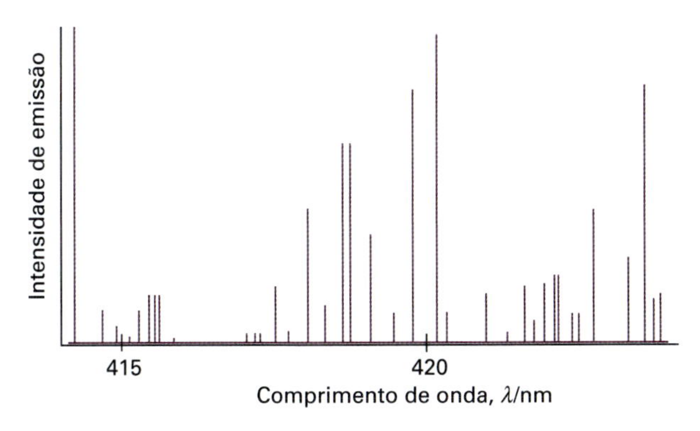

Figura 7A.8 Uma região do espectro da radiação emitida pelos átomos de ferro excitados consiste em um conjunto de radiações com comprimentos de onda (ou frequências) discretos.

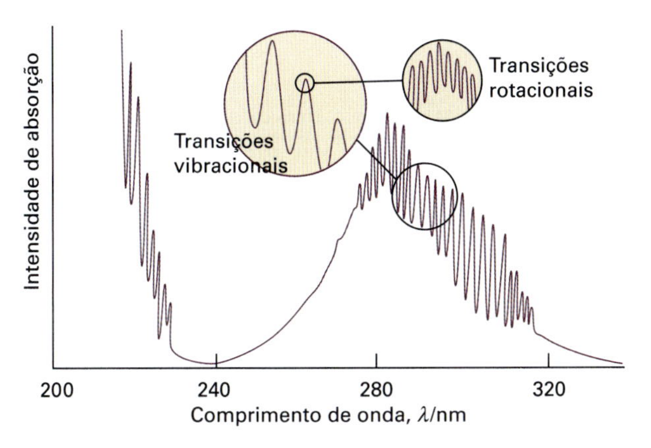

Figura 7A.9 Quando uma molécula altera o seu estado, ela faz isso absorvendo radiação em frequências definidas. O espectro na figura é parte daquele devido às excitações eletrônicas, vibracionais e rotacionais das moléculas de dióxido de enxofre (SO_2). Esta observação sugere que as moléculas possuem somente energias discretas, não energias contínuas.

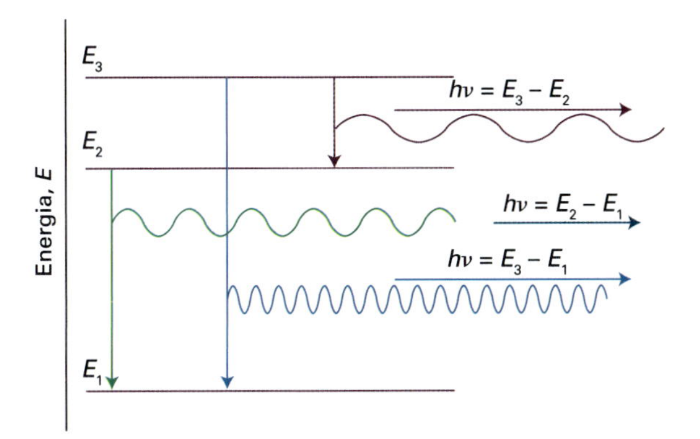

Figura 7A.10 Transições espectroscópicas, tais como aquelas que são vistas nesta figura, podem ser explicadas quando se admite que uma molécula emite radiação eletromagnética ao passar de um nível discreto de energia para outro. Observe que há emissão de radiação em alta frequência quando a mudança de energia é grande.

$$\Delta E = h\nu \qquad \text{Condição de frequência de Bohr} \qquad (7A.12)$$

é obedecida. Os princípios e as aplicações da espectroscopia atômica serão desenvolvidos nas Seções 9A a 9C e da espectroscopia molecular, nas Seções 12A a 14D.

Breve ilustração 7A.2 A condição de frequência de Bohr

O sódio atômico produz um brilho amarelo (como em certas lâmpadas de rua) que resulta da emissão de radiação de 590 nm. A transição espectroscópica responsável pela emissão envolve níveis de energia eletrônica que têm uma separação dada pela Eq. 7A.12.

$$\Delta E = h\nu = \frac{hc}{\lambda} = \frac{(6{,}626\times10^{-34}\,\mathrm{J\,s})\times(2{,}998\times10^{8}\,\mathrm{m\,s^{-1}})}{590\times10^{-9}\,\mathrm{m}}$$
$$= 3{,}37\times10^{-19}\,\mathrm{J}$$

Essa diferença de energia pode ser expressa de várias maneiras. Por exemplo, a multiplicação pela constante de Avogadro resulta em uma separação de energia, por mol de átomos, de 203 kJ mol^{-1}, comparável à energia de uma ligação química fraca. O valor calculado de ΔE também corresponde a 2,10 eV (*Fundamentos* B).

Exercício proposto 7A.3 As lâmpadas de neônio emitem radiação vermelha de comprimento de onda de 736 nm. Qual é a separação de energia entre os níveis em joules, quilojoules por mol e elétrons-volt responsável pela emissão?

Resposta: $2{,}70 \times 10^{-19}$ J, 163 kJ mol^{-1}, 1,69 eV

7A.2 Dualidade onda-partícula

Até agora, chegamos à conclusão de que as energias do campo eletromagnético e dos átomos que oscilam são quantizadas. Nesta seção, veremos os resultados experimentais que levaram à revisão de dois outros conceitos básicos relativos aos fenômenos naturais. Uma das experiências mostra que a radiação eletromagnética – que a física clássica trata como uma onda – também exibe as características de partículas. Outra experiência mostra que os elétrons – que a física clássica trata como partículas – também exibem características de ondas.

(a) O caráter corpuscular da radiação eletromagnética

A observação de que a radiação eletromagnética de frequência ν possui somente as energias 0, $h\nu$, $2h\nu$, ... sugere que se pode imaginar esta radiação como consistindo em 0, 1, 2, ... partículas, cada partícula com a energia $h\nu$. Então, se houver apenas uma partícula, a energia é $h\nu$; se houver duas, a energia é $2h\nu$, e assim por diante. Atualmente, estas partículas da radiação eletromagnética são chamadas de **fótons**. Os espectros discretos que são observados para os átomos e as moléculas podem ser explicados admitindo-se que o átomo ou a molécula emita um fóton de energia $h\nu$ cada vez que a respectiva energia diminuir de ΔE, com $\Delta E = h\nu$.

Exemplo 7A.2 Cálculo do número de fótons

Calcule o número de fótons emitidos por uma lâmpada amarela de 100 W, em 1,0 s. Considere o comprimento de onda da luz amarela como 560 nm e admita que a eficiência seja de 100%.

Método Cada fóton tem a energia $h\nu$, e, então, o número de fótons necessários que correspondem a uma energia E é $E/h\nu$. Para usar esta equação, precisamos saber qual a frequência da radiação (a partir de $\nu = c/\lambda$) e qual a energia total emitida pela lâmpada. Esta energia é dada pelo produto entre a potência (P, em watts) e o intervalo de tempo em que a lâmpada está emitindo ($E = P\Delta t$).

Resposta O número de fótons é

$$N = \frac{E}{h\nu} = \frac{P\Delta t}{h(c/\lambda)} = \frac{\lambda P\Delta t}{hc}$$

Substituindo os valores numéricos temos

$$N = \frac{(5{,}60\times10^{-7}\,\text{m})\times(100\,\text{J s}^{-1})\times(1{,}0\,\text{s})}{(6{,}626\times10^{-34}\,\text{J s})\times(2{,}998\times10^{8}\,\text{m s}^{-1})} = 2{,}8\times10^{20}$$

Observe que seriam necessários cerca de 40 min para produzir 1 mol desses fótons.

Uma nota sobre a boa prática Em geral, para evitar erros de arredondamento, é mais conveniente efetuar todas as operações algébricas antes de entrar com os valores numéricos para o cálculo final. Além disso, um resultado analítico pode ser usado para outros dados sem ter que repetir o cálculo inteiro.

Exercício proposto 7A.4 Quantos fótons emite, em 0,1 s, um telêmetro monocromático (com frequência única), de infravermelho, com 1 mW de potência, operando a 1000 nm?

Resposta: 5×10^{14}

Até então, a existência de fótons é apenas uma sugestão. Outros indícios do caráter corpuscular da radiação provêm da medida das energias dos elétrons emitidos no **efeito fotoelétrico**. Este efeito é o da emissão de elétrons por metais expostos à radiação ultravioleta. As características do efeito fotoelétrico observadas experimentalmente são as seguintes:

- Não há emissão de elétrons, qualquer que seja a intensidade da radiação, a menos que a frequência desta radiação seja mais elevada que certo valor, o limiar de frequência, característico do metal.
- A energia cinética dos elétrons emitidos cresce linearmente com a frequência da radiação incidente, mas é independente da intensidade desta radiação.
- Mesmo em intensidades muito baixas da luz incidente, os elétrons são emitidos imediatamente depois da iluminação, desde que a frequência seja superior ao limiar de frequência.

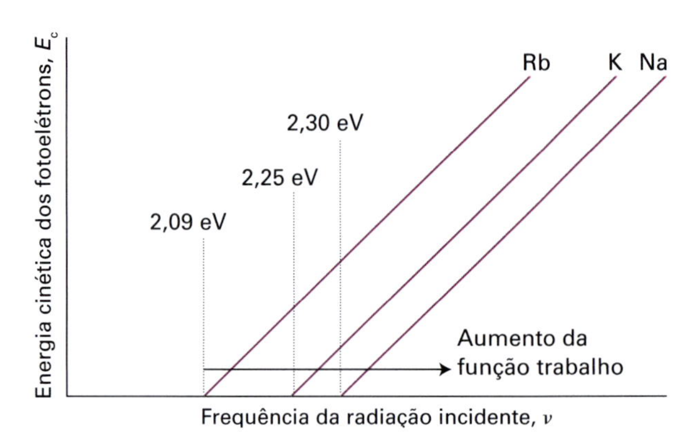

Figura 7A.11 No efeito fotoelétrico, verifica-se que não há emissão de elétrons quando a radiação incidente tem frequência menor do que certo valor, que é característico do metal. Acima deste valor, a energia cinética dos fotoelétrons varia linearmente com a frequência da radiação incidente.

A Fig. 7A.11 ilustra as duas primeiras características.

Essas observações sugerem que o efeito fotoelétrico ocorre quando esse elétron está envolvido numa colisão com um projétil, uma partícula, que tem energia suficiente para arrancá-lo do metal. Se admitirmos que o projétil responsável pelo efeito seja um fóton de energia $h\nu$, em que ν é a frequência da radiação, a conservação da energia exige que a energia cinética do elétron emitido ($E_k = \frac{1}{2}m_e v^2$) seja dada por

$$E_k = \tfrac{1}{2}m_e v^2 = h\nu - \Phi \qquad \text{Efeito fotoelétrico} \qquad (7A.13)$$

Nessa expressão, Φ (fi maiúsculo) é um parâmetro característico do metal chamado **função trabalho**, a energia necessária para remover um elétron do metal e levá-lo até o infinito (Fig. 7A.12), o análogo da energia de ionização de um átomo ou de uma

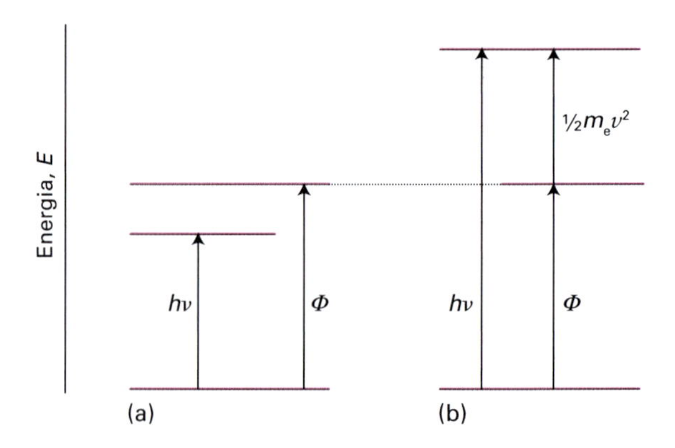

Figura 7A.12 O efeito fotoelétrico pode ser explicado admitindo-se que a radiação incidente é constituída por fótons que têm energia proporcional à frequência da radiação. (a) A energia do fóton é insuficiente para provocar a emissão de elétrons pelo metal. (b) A energia do fóton é mais do que suficiente para arrancar um elétron do metal, e o excesso de energia aparece como energia cinética do fotoelétron.

molécula individual. Podemos agora perceber que a existência de fótons explica as três observações que foram descritas:

- Não pode ocorrer emissão de elétron por fóton se $h\nu < \Phi$, pois o fóton não tem energia suficiente.
- A Eq. 7A.13 prevê que a energia cinética de um elétron emitido cresce linearmente com a frequência.
- Quando um fóton colide com um elétron, transmite ao elétron toda a sua energia, de modo que é razoável esperar que os elétrons comecem a ser emitidos logo que as colisões ocorram, desde que os fótons tenham energia suficiente.

Uma aplicação prática da Eq. 7A.13 é que ela fornece uma técnica para a determinação da constante de Planck, pois os coeficientes angulares das retas na Fig. 7A.11 são iguais a h.

Exemplo 7A.3 Cálculo do comprimento de onda máximo capaz de fotoejeção

Um fóton de radiação de comprimento de onda de 305 nm ejeta um elétron de um metal com uma energia cinética de 1,77 eV. Calcule o comprimento de onda máximo da radiação que é capaz de arrancar um elétron do metal.

Método Use a Eq. 7A.13 reescrita como $\Phi = h\nu - E_k$ com $\nu = c/\lambda$ para calcular a função trabalho do metal a partir dos dados. O limiar de emissão de fótons, a frequência capaz de remover o elétron sem dar a ele nenhuma energia em excesso, então, corresponde à radiação de frequência $\nu_{mín} = \Phi/h$. Use esse valor de frequência para calcular o comprimento de onda máximo capaz de emitir fótons.

Resposta A partir da expressão da função trabalho $\Phi = h\nu - E_k$, a frequência mínima para emissão de fótons é

$$\nu_{mín} = \frac{\Phi}{h} = \frac{h\nu - E_k}{h} \overset{\nu=c/\lambda}{=} \frac{c}{\lambda} - \frac{E_k}{h}$$

Portanto, o máximo comprimento de onda é

$$\lambda_{máx} = \frac{c}{\nu_{mín}} = \frac{c}{c/\lambda - E_k/h} = \frac{1}{1/\lambda - E_k/hc}$$

Agora substituímos os dados. A energia cinética do elétron é

$$E_k = 1{,}77\,\text{eV} \times (1{,}602 \times 10^{-19}\,\text{J eV}^{-1}) = 2{,}83\ldots \times 10^{-19}\,\text{J}$$

$$\frac{E_k}{hc} = \frac{2{,}83\ldots \times 10^{-19}\,\text{J}}{(6{,}626 \times 10^{-34}\,\text{J s}) \times (2{,}998 \times 10^8\,\text{m s}^{-1})} = 1{,}42\ldots \times 10^6\,\text{m}^{-1}$$

Sendo assim, com $1/\lambda = 1/305\text{ nm} = 3{,}27\ldots \times 10^6\text{ m}^{-1}$,

$$\lambda_{máx} = \frac{1}{(3{,}27\ldots \times 10^6\,\text{m}^{-1}) - (1{,}42\ldots \times 10^6\,\text{m}^{-1})} = 5{,}40 \times 10^{-7}\,\text{m}$$

ou 540 nm.

Exercício proposto 7A.5 Quando radiação ultravioleta de comprimento de onda 165 nm atinge a superfície de certo metal, os elétrons são emitidos com uma velocidade de 1,24 Mm s^{-1}. Calcule a velocidade dos elétrons emitidos pela radiação de comprimento de onda 265 nm.

Resposta: 735 km s^{-1}

(b) O caráter ondulatório das partículas

Embora contrária à teoria ondulatória da luz, aceita sem contestação durante bastante tempo, a teoria de a luz ser constituída por partículas é mais antiga, foi aceita e depois abandonada. Entretanto, nenhum cientista de renome admitira a ideia de a matéria ter também caráter ondulatório. Não obstante, experiências realizadas em 1925 forçaram as pessoas a considerar essa possibilidade. A experiência decisiva foi realizada pelos físicos americanos Clinton Davisson e Lester Germer, que observaram a difração de elétrons pelos cristais (Fig. 7A.13). A **difração** é a interferência causada por um objeto no caminho das ondas. Conforme a interferência seja construtiva ou destrutiva, o resultado é uma região onde há o reforço ou a diminuição da intensidade da onda. O êxito de Davisson e Germer foi fruto de um acidente auspicioso, pois uma elevação ocasional de temperatura provocou a cristalização de uma amostra policristalina que estavam examinando, e os planos ordenados dos átomos atuaram como elementos de uma rede de difração. Quase ao mesmo tempo, G. P. Thomson, trabalhando na Escócia, mostrou que um feixe de elétrons era difratado ao passar por uma delgada lâmina de ouro.

A experiência de Davisson-Germer, que foi repetida com outras partículas (incluindo partículas α e hidrogênio molecular), mostra sem dúvida que as partículas têm propriedades ondulatórias, e a difração de nêutrons é agora uma técnica bem estabelecida para a investigação de estruturas e dinâmicas de fases condensadas (veja a Seção 18A, no segundo volume). Como vimos, porém, as ondas da radiação eletromagnética têm, também, propriedades

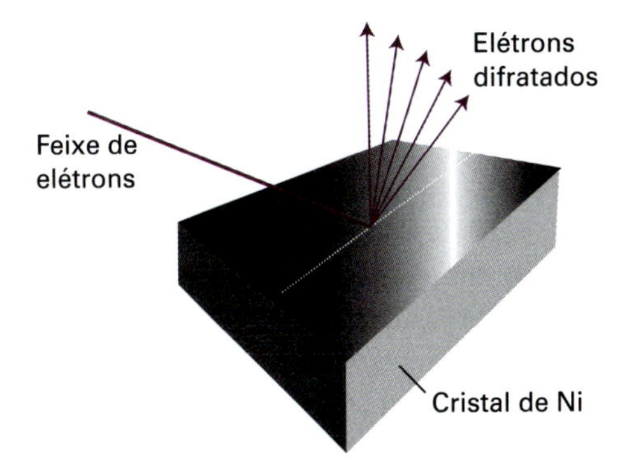

Figura 7A.13 A experiência de Davisson-Germer. O espalhamento de um feixe de elétrons por um cristal de níquel mostra uma variação de intensidade característica de uma difração, na qual as ondas interferem construtiva e destrutivamente em diferentes direções no espaço.

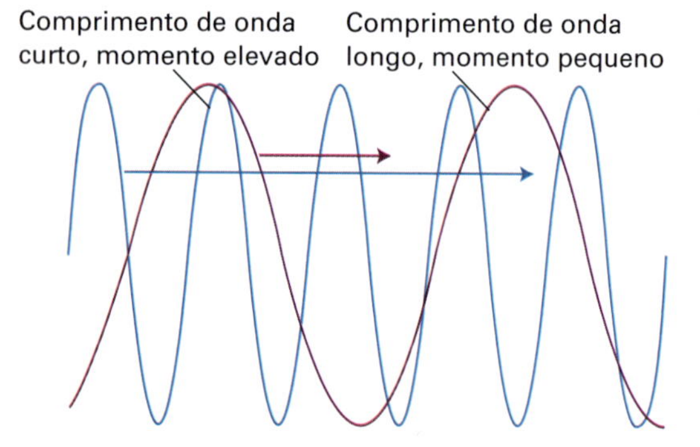

Figura 7A.14 Uma ilustração da relação de De Broglie entre momento linear e comprimento de onda. A onda está associada à partícula (mais tarde veremos que ela é a função de onda da partícula). Uma partícula de momento elevado tem função de onda com um comprimento de onda curto e vice-versa.

corpusculares. Assim, somos levados ao próprio coração da física moderna. Na escala atômica, os conceitos de partícula e de onda se unificam, e as partículas exibem características de ondas e estas, as de partículas.

Certo avanço no sentido da coordenação dessas propriedades foi feito pelo físico francês Louis de Broglie quando, em 1924, sugeriu que qualquer partícula, e não apenas os fótons, deslocando-se com um momento linear $p = mv$ (com m a massa e v a velocidade da partícula), tem (num certo sentido) um comprimento de onda dado pela **relação de De Broglie**:

$$\lambda = \frac{h}{p} \qquad \text{Relação de De Broglie} \qquad (7A.14)$$

Ou seja, uma partícula com momento linear grande tem comprimento de onda curto (Fig. 7A.14). Os corpos macroscópicos têm momentos tão grandes (pois suas massas são tão grandes), mesmo quando se deslocam com velocidades pequenas, que os seus respectivos comprimentos de onda são imperceptivelmente pequenos, e as propriedades ondulatórias que possuem não podem ser observadas. É devido a essa indetectabilidade que a mecânica clássica, apesar de suas deficiências, pode ser usada para explicar o comportamento de corpos macroscópicos. É necessário invocar a mecânica quântica apenas para sistemas microscópicos, como átomos e moléculas, nos quais as massas são pequenas.

Concluímos então que não somente a radiação eletromagnética tem o caráter que classicamente se atribui às partículas mas que também os elétrons (e todas as outras partículas) têm o caráter que classicamente se atribui às ondas. Esse duplo caráter, de onda e de partícula, exibido pela matéria e pela radiação, é chamado de **dualidade onda-partícula**.

Exemplo 7A.4 Estimativa do comprimento de onda de De Broglie

Estime o comprimento de onda dos elétrons que foram acelerados por uma diferença de potencial de 40 kV, a partir do repouso.

Método Para usar a relação de De Broglie precisamos do momento linear, p, dos elétrons. Para calcular esse momento, observamos que a energia adquirida por um elétron acelerado por uma diferença de potencial $\Delta\phi$ é $e\Delta\phi$, em que e é o módulo da carga do elétron. Depois do período de aceleração, a energia adquirida está na forma de energia cinética, $E_k = \frac{1}{2}m_e v^2 = p^2/2m_e$, de modo que podemos determinar p igualando $p^2/2m_e$ a $e\Delta\phi$. Como no exemplo anterior, faremos as transformações algébricas antes do cálculo numérico final.

Resposta A expressão $p^2/2m_e = e\Delta\phi$ resolvida em p dá $p = (2m_e e\Delta\phi)^{1/2}$; assim, a partir da relação de De Broglie $\lambda = h/p$, obtemos

$$\lambda = \frac{h}{(2m_e e\Delta\phi)^{1/2}}$$

Substituindo os valores dados e as constantes fundamentais (veja tabela no verso da capa), encontramos

$$\lambda = \frac{6{,}626\times10^{-34}\,\text{J s}}{\{2\times(9{,}109\times10^{-31}\,\text{kg})\times(1{,}609\times10^{-19}\,\text{C})\times(4{,}0\times10^{4}\,\text{V})\}^{1/2}}$$
$$= 6{,}1\times10^{-12}\,\text{m}$$

No cálculo usou-se a relação 1 V C = 1 J e 1 J = 1 kg m^2 s^{-2}. O comprimento de onda é de 6,1 pm, mais curto do que o comprimento típico das ligações moleculares (cerca de 100 pm). Os elétrons acelerados pelo potencial mencionado são aproveitados na técnica de difração de elétrons para a determinação de estruturas moleculares.

Exercício proposto 7A.6 Calcule o comprimento de onda de (a) um nêutron com a energia cinética de translação igual a kT a 300 K, (b) uma bola de tênis de massa igual a 57 g se deslocando a 80 km/h.

Resposta: (a) 178 pm, (b) $5{,}2\times10^{-34}$ m

Conceitos importantes

☐ 1. Um **corpo negro** é um objeto capaz de emitir e absorver todos os comprimentos de onda de radiação uniformemente.

☐ 2. As vibrações dos átomos podem absorver energia somente em quantidades discretas.

- ☐ 3. Os espectros atômicos e moleculares mostram que átomos e moléculas podem absorver energia somente em quantidades discretas.
- ☐ 4. O **efeito fotoelétrico** estabelece a visão de que a radiação eletromagnética, considerada na física clássica como ondulatória, consiste em partículas (fótons).
- ☐ 5. A difração de elétrons estabelece que os elétrons, vistos na física clássica como partículas, têm caráter ondulatório, com um comprimento de onda dado pela **relação de De Broglie**.
- ☐ 6. A **dualidade onda-partícula** é o reconhecimento de que os conceitos de partícula e onda se unificam.

Equações importantes

Propriedade	Equação	Comentário	Número da equação
Distribuição de Planck	$\rho(\lambda,T)=8\pi hc/\{\lambda^5(e^{hc/\lambda kT}-1)\}$		7A.6
Capacidade calorífica	$C_{V,m}(T)=3Rf(T)$	$f=f_E$ ou f_D	
Fórmula de Einstein	$f_E(T)=(\theta_E/T)^2\{e^{\theta_E/2T}/(e^{\theta_E/T}-1)\}^2$	Temperatura Einstein: $\theta_E=h\nu/k$	7A.9
Fórmula de Debye	$f_D(T)=3(T/\theta_D)^3\int_0^{\theta_D/T} x^4e^x/(e^x-1)^2\,dx$	Temperatura Debye: $\theta_D=h\nu_D/k$	7A.11
Condição de frequência de Bohr	$\Delta E=h\nu$	Conservação de energia	7A.12
Efeito fotoelétrico	$E_k=\frac{1}{2}m_e v^2=h\nu-\Phi$	Φ é a função trabalho	7A.13
Relação de De Broglie	$\lambda=h/p$	λ é o comprimento de onda de uma partícula de momento linear p	7A.14

7B Dinâmica dos sistemas microscópicos

Tópicos

➤ Por que você precisa saber este assunto?

A teoria quântica oferece o alicerce fundamental para o entendimento das propriedades de elétrons em átomos e moléculas.

➤ Qual é a ideia fundamental?

Todas as propriedades dinâmicas de um sistema estão contidas na função de onda, que é obtida pela solução da equação de Schrödinger.

➤ O que você já deve saber?

Você precisa estar ciente das falhas da física clássica que levaram ao desenvolvimento da teoria quântica (Seção 7A).

A dualidade onda-partícula (Seção 7A) atinge o coração da física clássica, em que as ondas e as partículas são consideradas entidades inteiramente distintas. Vimos também que a energia da radiação eletromagnética e a da matéria não podem variar continuamente, e que, no caso de corpos muito pequenos, a descontinuidade da energia é muito importante. Na mecânica clássica, ao contrário, as energias podem variar continuamente. A falha completa da física clássica no tratamento de corpos pequenos indicou que os seus conceitos fundamentais eram falsos. Uma nova mecânica tinha que ser desenvolvida para substituí-la.

Podemos construir uma nova mecânica sobre a estrutura ruída da física clássica admitindo que, em lugar de se deslocar ao longo de uma trajetória perfeitamente definida, uma partícula se distribui através do espaço como uma onda. Esta observação pode parecer misteriosa neste momento; adiante ela será interpretada mais apropriadamente. A representação matemática da onda que, na mecânica quântica, substitui o conceito clássico de trajetória é denominada **função de onda**, ψ (psi), uma função que contém todas as informações dinâmicas a respeito de um sistema, tais como sua localização e seu momento.

7B.1 A equação de Schrödinger

Em 1926, o físico austríaco Erwin Schrödinger sugeriu uma equação para determinar a função de onda de qualquer sistema. A **equação de Schrödinger independente do tempo** para uma partícula de massa m, movendo-se em uma dimensão, com a energia E, em um sistema que não varia com o tempo (por exemplo, seu volume permanece constante), é

$$-\frac{\hbar^2}{2m}\frac{d^2\psi}{dx^2}+V(x)\psi=E\psi \qquad \text{Equação de Schrödinger independente do tempo} \qquad (7B.1)$$

O termo $V(x)$ é a energia potencial da partícula no ponto x; como a energia total E é a soma das energias cinética e potencial, o primeiro termo deve estar relacionado (de uma maneira que exploraremos posteriormente) à energia cinética da partícula. A constante $\hbar = h/2\pi$ (lê-se h cortado ou h barra) é uma modificação conveniente da constante de Planck, com o valor $1{,}055 \times 10^{-34}$ J s. Três formas simples, porém importantes formas gerais da energia potencial, são (as formas explícitas se encontram nas seções correspondentes):

- Para uma partícula que se move livremente em uma dimensão a energia potencial é constante, então $V(x) = V$. Frequentemente é conveniente escrever $V = 0$ (Seção 8A).
- Para uma partícula livre oscilar em torno de um ponto x_0, $V(x) \propto (x - x_0)^2$ (Seção 8B).
- Para duas cargas elétricas, Q_1 e Q_2, separadas por uma distância x, $V(x) \propto Q_1Q_2/x$ (*Fundamentos* B).

A *Justificativa* 7B.1 mostra que a equação de Schrödinger é plausível, e a discussão que será feita mais tarde, neste capítulo, nos ajudará a superar sua aparente arbitrariedade. Por ora, consideramos a equação um postulado da mecânica quântica que

Tabela 7B.1 A equação de Schrödinger

Expressão	Equação	Comentário
Equação de Schrödinger independente do tempo	$\hat{H}\psi = E\psi$	Caso geral
	$-\frac{\hbar^2}{2m}\frac{d^2\psi}{dx^2}+V(x)\psi(x)=E\psi(x)$	Uma dimensão
	$-\frac{\hbar^2}{2m}\left(\frac{\partial^2\psi}{\partial x^2}+\frac{\partial^2\psi}{\partial y^2}\right)+V(x,y)\psi(x,y) = E\psi(x,y)$	Duas dimensões
	$-\frac{\hbar^2}{2m}\nabla^2\psi+V\psi=E\psi$	Três dimensões
Operador laplaciano	$\nabla^2=\frac{\partial^2}{\partial x^2}+\frac{\partial^2}{\partial y^2}+\frac{\partial^2}{\partial z^2}$	
	$\nabla^2=\frac{1}{r}\frac{\partial^2}{\partial r^2}r+\frac{1}{r^2}\Lambda^2 = \frac{\partial^2}{\partial r^2}+\frac{2}{r}\frac{\partial}{\partial r}+\frac{1}{r^2}\Lambda^2 = \frac{1}{r^2}\frac{\partial}{\partial r}r^2\frac{\partial}{\partial r}+\frac{1}{r^2}\Lambda^2$	Formas alternativas
Operador legendriano	$\Lambda^2=\frac{1}{\mathrm{sen}^2\theta}\frac{\partial^2}{\partial\phi^2}+\frac{1}{\mathrm{sen}\,\theta}\frac{\partial}{\partial\theta}\mathrm{sen}\,\theta\frac{\partial}{\partial\theta}$	
Equação de Schrödinger dependente do tempo	$\hat{H}\Psi=\mathrm{i}\hbar\frac{\partial\Psi}{\partial t}$	

substitui o postulado de Newton de sua equação de movimento (força = massa × aceleração), aparentemente igualmente arbitrária. Na Tabela 7B.1 aparecem diversas maneiras de exprimir a equação de Schrödinger, de incorporar o tempo à função de onda e de generalizar a equação para um número maior de dimensões. Nas seções do Capítulo 8 resolveremos a equação para alguns casos importantes; neste capítulo queremos abordar seu significado, a interpretação das suas soluções, e verificar como ela acarreta que a energia seja quantizada.

Justificativa 7B.1 A plausibilidade da equação de Schrödinger

A equação de Schrödinger pode ser vista como plausível ao observar-se que ela implica a relação de De Broglie (Eq. 7A.14, $p = h/\lambda$) para uma partícula movendo-se livremente em uma região onde a energia potencial, V, é constante. Fazendo-se a substituição de $V(x) = V$, a Eq. 7B.1 pode ser reescrita na forma

$$\frac{d^2\psi}{dx^2}=\frac{2m}{\hbar^2}(V-E)\psi$$

Métodos gerais para resolução de equações diferenciais desse e de outros tipos que ocorrem frequentemente na físico-química são abordados na *Revisão de matemática* 4 que se segue ao Capítulo 8. Neste caso, observamos que uma solução é

$$\psi=\cos kx \qquad k=\left\{\frac{2m(E-V)}{\hbar^2}\right\}^{1/2}$$

Agora, reconhecemos que cos kx corresponde a uma onda com o comprimento de onda $\lambda = 2\pi/k$, como se pode ver, sem dificuldade, comparando cos kx com a forma habitual de uma onda harmônica, $\cos(2\pi x/\lambda)$ (*Fundamentos* C). A grandeza $E - V$ é a energia cinética da partícula, E_k, e então $k = (2mE_k/\hbar^2)^{1/2}$, de onde vem que $E_k = k^2\hbar^2/2m$. Uma vez que $E_k = p^2/2m$ (*Fundamentos* B), conclui-se que $p = k\hbar$. Portanto, o momento linear da partícula está relacionado com o comprimento de onda da função de onda por

$$p=\frac{2\pi}{\lambda}\times\frac{h}{2\pi}=\frac{h}{\lambda}$$

que é a relação de De Broglie.

7B.2 A interpretação de Born para a função de onda

O princípio fundamental da mecânica quântica é que a *função de onda contém toda a informação sobre a dinâmica do sistema que ela descreve*. Vamos focalizar a informação que ela proporciona sobre a localização da partícula.

A interpretação da função da onda em termos da localização da partícula baseia-se numa sugestão feita por Max Born, que fez uso de uma analogia com a teoria ondulatória da luz. Nesta teoria, o quadrado da amplitude de uma onda eletromagnética, numa certa região do espaço, é interpretado como a sua intensidade ou (em termos quânticos) como uma medida da probabilidade de se encontrar um fóton nessa região do espaço. A **interpretação de Born** da função de onda está focada no quadrado da função de onda (ou o quadrado do módulo, $|\psi|^2 = \psi^*\psi$, se ψ for uma função complexa; veja a *Revisão de matemática* 3). No caso de um sistema unidimensional (Fig. 7B.1):

> Se a função de onda de uma partícula vale ψ num certo ponto x, a probabilidade de se encontrar a partícula entre x e $x + dx$ é proporcional a $|\psi|^2dx$.

Interpretação de Born

Assim, $|\psi|^2$ é a **densidade de probabilidade**, e para se ter a probabilidade basta multiplicar pelo comprimento infinitesimal da região, dx. A função de onda ψ é chamada de **amplitude de probabilidade**. No caso de uma partícula com liberdade de se mover em três dimensões (por exemplo, um elétron nas vizinhanças do núcleo de um átomo), a função de onda depende do ponto $\boldsymbol{r}$, com as coordenadas x, y e z, e a interpretação de $\psi(\boldsymbol{r})$ é a seguinte (Fig. 7B.2):

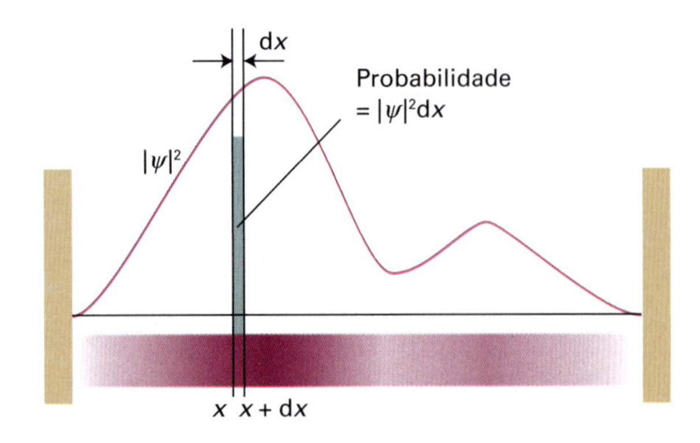

Figura 7B.1 A função de onda ψ é uma amplitude de probabilidade no sentido de o quadrado do seu módulo ($\psi^*\psi$ ou $|\psi|^2$) ser uma densidade de probabilidade. A probabilidade de se encontrar uma partícula na região d*x* nas vizinhanças de *x* é proporcional a $|\psi|^2$d*x*. Representamos a densidade de probabilidade pela intensidade de sombreamento na banda superposta.

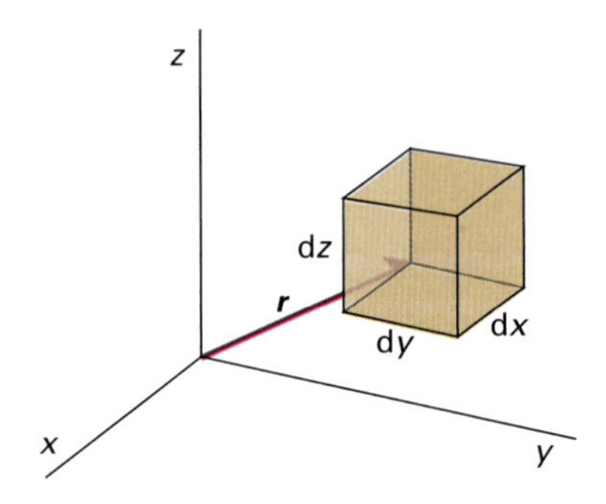

Figura 7B.2 Na interpretação de Born para a função de onda em três dimensões no espaço, a probabilidade de se encontrar a partícula no elemento de volume $d\tau = dxdydz$, numa certa posição *r*, é proporcional ao produto de $d\tau$ pelo valor de $|\psi|^2$ naquela posição.

> Se a função de onda de uma partícula vale ψ num certo ponto ***r***, então a probabilidade de se encontrar a partícula num volume infinitesimal $d\tau = dxdydz$ neste ponto é proporcional a $|\psi|^2 d\tau$.

A interpretação de Born afasta qualquer dificuldade sobre o significado de valores negativos (ou complexos) de ψ, pois $|\psi|^2$ é sempre real e nunca negativo. Não há interpretação *direta* sobre o valor negativo (ou complexo) de uma função de onda. Somente o quadrado do módulo da função, que é sempre positivo, tem significado físico, e é possível que tanto a região negativa como a região positiva de uma função de onda correspondam a uma probabilidade elevada de se encontrar a partícula nessa região (Fig. 7B.3). Veremos adiante, porém, que a existência de regiões onde a função de onda seja positiva ou negativa tem grande importância *indireta*, pois proporciona a possibilidade de interferência construtiva ou destrutiva entre diferentes funções de onda.

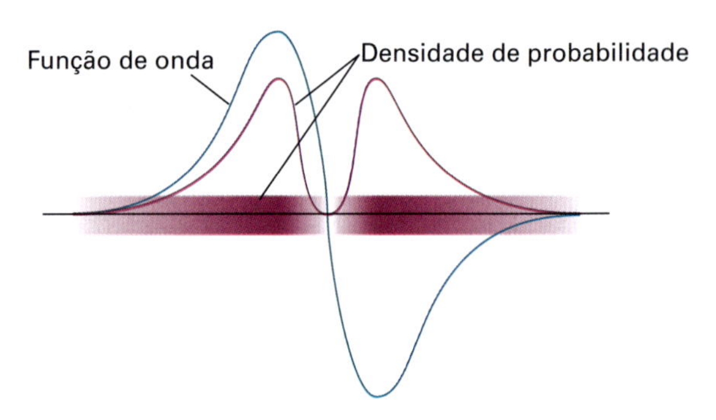

Figura 7B.3 O sinal de uma função de onda não tem significado físico direto. As regiões onde a função de onda é positiva ou negativa correspondem à mesma distribuição de probabilidade (dada pelo quadrado do módulo de ψ e representada pela curva da figura e pela intensidade de sombreamento).

Exemplo 7B.1 Interpretação de uma função de onda

Veremos na Seção 9A que a função de onda de um elétron no estado de energia mais baixa do átomo de hidrogênio é proporcional a e^{-r/a_0}, sendo a_0 uma constante e *r* a distância entre o elétron e o núcleo. Calcule as probabilidades relativas de se encontrar o elétron numa região de volume $\delta V = 1{,}0\ pm^3$, que é muito pequeno mesmo em escala atômica, localizado (a) no núcleo e (b) a uma distância a_0 do núcleo.

Método A região mencionada é tão pequena, na escala do átomo, que podemos ignorar a variação de ψ no seu interior e escrever que a probabilidade procurada, *P*, é proporcional à densidade de probabilidade (ψ^2, pois neste caso ψ é real) no ponto multiplicada pelo volume, δV. Isto é, $P \propto \psi^2\delta V$, sendo $\psi^2 \propto e^{-2r/a_0}$.

Resposta Em cada um dos casos, $\delta V = 1{,}0\ pm^3$. (a) No núcleo, $r = 0$, de modo que

$$P \propto e^0 \times (1{,}0\,pm^3) = (1{,}0) \times (1{,}0\,pm^3)$$

(b) À distância $r = a_0$, numa direção qualquer,

$$P \propto e^{-2} \times (1{,}0\,pm^3) = (0{,}14) \times (1{,}0\,pm^3)$$

Portanto, a razão entre as probabilidades é de 1,0/0,14 = 7,1. Observe que é mais provável (por um fator de 7) que o elétron seja encontrado no núcleo do que no mesmo elemento de volume à distância a_0 do núcleo. O elétron, com carga negativa, é atraído pelo núcleo, com carga positiva, e é mais provável que esteja próximo desse núcleo.

Uma nota sobre a boa prática O quadrado de uma função de onda não é uma probabilidade, é uma densidade de probabilidade e (em três dimensões) tem as dimensões de 1/comprimento^3. Ele se torna uma probabilidade (adimensional) quando é multiplicado por um volume. Em geral, levamos em conta a variação da amplitude da função de onda sobre o volume de interesse, mas aqui estamos supondo que o volume é tão pequeno que a variação de ψ na região pode ser ignorada.

Exercício proposto 7B.1 A função de onda para o elétron em seu estado de energia mais baixa no íon He^+ é proporcional a e^{-2r/a_0}. Repita o cálculo anterior para esse íon. Que comentário é pertinente?

Resposta: 55; a função de onda é mais compacta

(a) Normalização

Uma característica matemática da equação de Schrödinger é a de que se ψ for uma solução, então $N\psi$, em que N é uma constante, também é solução. Esta característica é confirmada observando que ψ aparece em todos os termos da Eq. 7B.1, de modo que é possível cancelar qualquer fator constante. Essa liberdade de variar a função de onda por um fator constante significa que sempre é possível encontrar uma **constante de normalização**, N, tal que a proporcionalidade que aparece na interpretação de Born se torna uma igualdade.

Para achar a constante de normalização basta considerar que, dada a função de onda normalizada $N\psi$, a probabilidade de se encontrar a partícula numa região dx é igual a $(N\psi^*)(N\psi)dx$ (admitindo-se que N seja real). Além disso, a soma de todas as probabilidades estendida a todo o espaço deve ser igual a 1 (pois a probabilidade de a partícula estar em algum lugar é igual a 1). Expressa matematicamente, a última condição implica que

$$N^2\int_{-\infty}^{\infty}\psi^*\psi dx=1 \qquad (7B.2)$$

As funções de onda para as quais a integral na Eq. 7B.2 existe (no sentido de ter um valor finito) são denominadas 'quadraticamente integráveis'. Segue-se que

$$N=\frac{1}{\left(\int_{-\infty}^{\infty}\psi^*\psi dx\right)^{1/2}} \qquad (7B.3)$$

Desta maneira, pelo cálculo da integral, podemos encontrar o valor de N e daí "normalizar" a função de onda. Daqui por diante, a menos de observação em contrário, vamos sempre usar funções de onda normalizadas à unidade; isto é, daqui por diante a função ψ inclui o fator apropriado para que (em uma dimensão) se tenha

$$\int_{-\infty}^{\infty}\psi^*\psi dx=1 \qquad (7B.4a)$$

Em três dimensões, a função de onda estará normalizada se

$$\int_{-\infty}^{\infty}\int_{-\infty}^{\infty}\int_{-\infty}^{\infty}\psi^*\psi\, dxdydz=1 \qquad (7B.4b)$$

ou, mais compactamente, se

$$\int\psi^*\psi\, d\tau=1 \qquad \text{Integral de normalização} \qquad (7B.4c)$$

em que $d\tau = dxdydz$ e os limites desta integral definida não são escritos de forma explícita: em todas essas integrais, a integração se faz sobre todo o espaço acessível à partícula. Para sistemas com simetria esférica é melhor trabalhar em coordenadas polares esféricas (*Ferramentas do químico* 7B.1), assim, a forma explícita da Eq. 7B.4c é

$$\int_0^{\infty}\int_0^{\pi}\int_0^{2\pi}\psi^*\psi r^2 dr\text{sen}\theta d\theta d\phi=1 \qquad (7B.4d)$$

Ferramentas do químico 7B.1 Coordenadas polares esféricas

Para sistemas com simetria esférica é melhor trabalhar em **coordenadas polares esféricas**, r, θ e ϕ (Esquema 1)

$$x=r\text{sen}\theta\cos\phi, y=r\text{sen}\theta\text{sen}\phi, z=r\cos\theta \qquad \text{Coordenadas polares esféricas}$$

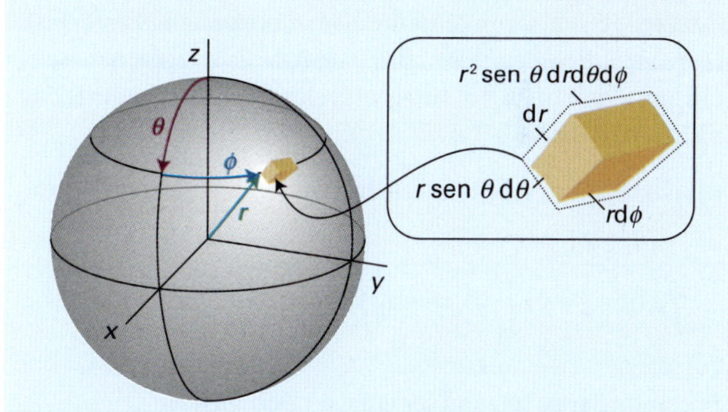

Esquema 1 As coordenadas esféricas apropriadas para discutir sistemas com simetria esférica.

em que:

r, o raio r varia de 0 até ∞

θ, a colatitude, θ, varia de 0 até π

ϕ, o azimute, ϕ, varia de 0 até 2π

Esses intervalos varrem o espaço, como ilustra o Esquema 2. Após alguma manipulação, obtemos

$$d\tau=r^2\text{sen}\theta dr\, d\theta d\phi$$

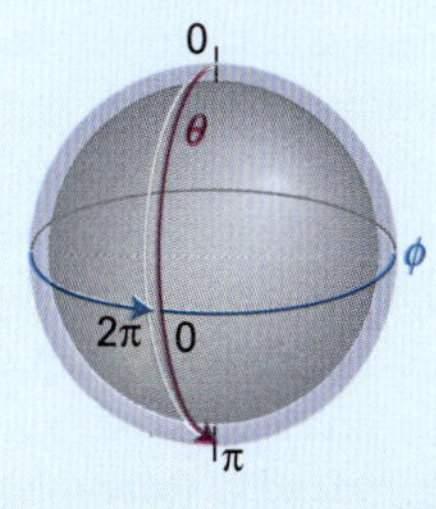

Esquema 2 A superfície de uma esfera é inteiramente coberta quando θ varia de 0 até π e depois varrendo esse arco em torno de um ciclo completo fazendo ϕ variar de 0 a 2π.

Nessas coordenadas, a integral de uma função $f(r,\theta,\phi)$ sobre todo o espaço toma a forma

$$\int_0^{\infty}\int_0^{\pi}\int_0^{2\pi} f(r,\theta,\phi)r^2\,\mathrm{d}r\,\mathrm{sen}\,\theta\,\mathrm{d}\theta\,\mathrm{d}\phi$$

Os limites da primeira integral correspondem a r, os da segunda, a θ, e os da terceira, a ϕ.

Exemplo 7B.2 Normalização de uma função de onda

Normalize a função de onda do átomo de hidrogênio mencionada no *Exemplo* 7B.1.

Método Precisamos calcular o fator N que assegura o valor unitário para a integral da Eq. 7B.4c. Como o sistema é esférico, é mais conveniente usar coordenadas esféricas (*Ferramentas do químico* 7B.1) e realizar as integrações especificadas na Eq. 7B.4d. Integrais relevantes são encontradas na *Seção de dados*.

Resposta A integração necessária é o produto de três fatores:

$$\int\psi^*\psi\,\mathrm{d}\tau = N^2\overbrace{\int_0^{\infty} r^2\mathrm{e}^{-2r/a_0}\mathrm{d}r}^{\frac{1}{4}a_0^3}\overbrace{\int_0^{\pi}\mathrm{sen}\,\theta\,\mathrm{d}\theta}^{2}\overbrace{\int_0^{2\pi}\mathrm{d}\phi}^{2\pi} = \pi a_0^3 N^2$$

Portanto, para a integral ser igual a 1 devemos ter

$$N=\left(\frac{1}{\pi a_0^3}\right)^{1/2}$$

e a função de onda normalizada é

$$\psi=\left(\frac{1}{\pi a_0^3}\right)^{1/2}\mathrm{e}^{-r/a_0}$$

Observe que, como a_0 é um comprimento, as dimensões de ψ são 1/comprimento$^{3/2}$ e, portanto, as de ψ^2 são 1/comprimento^3 (por exemplo, 1/m^3) como é apropriado para uma densidade de probabilidade.

Se agora repetirmos o cálculo do *Exemplo* 7B.1, podemos obter as probabilidades reais de se encontrar o elétron no elemento de volume mencionado, em cada localização, e não apenas os valores relativos dessas probabilidades. Sendo (veja o verso da capa) $a_0 = 52{,}9$ pm, os resultados são (a) $2{,}2\times10^{-6}$, correspondendo a uma chance em cerca de 500.000 de se encontrar o elétron no elemento de volume mencionado e (b) $2{,}9\times10^{-7}$, correspondendo a uma chance em 3,4 milhões.

Self-test 7B.2 Normalize a função de onda mencionada no *Exercício proposto* 7B.1.

Resposta: $N=(8/\pi a_0^3)^{1/2}$

(b) Restrições à função de onda

A interpretação de Born impõe severas restrições às funções de onda aceitáveis. A principal restrição é a de ψ não ser infinita em nenhum ponto do seu domínio. Se o fosse, ela não seria quadraticamente integrável e a constante de normalização seria zero. A função normalizada seria zero em todos os pontos, exceto onde ela é infinita, o que não seria aceitável (a partícula tem que estar em algum lugar). Observe que picos infinitos são aceitáveis, desde que eles tenham largura nula.

A exigência de que ψ seja finita em todos os pontos exclui muitas soluções possíveis da equação de Schrödinger, pois muitas soluções matematicamente aceitáveis tendem ao infinito e são, portanto, fisicamente inaceitáveis. Podemos imaginar uma solução da equação de Schrödinger que leva a mais de um valor de $|\psi|^2$, num mesmo ponto. A interpretação de Born exclui essa solução, pois seria absurdo que a partícula tivesse mais de uma probabilidade para estar nas vizinhanças de um mesmo ponto. Essa restrição se exprime dizendo-se que a função de onda deve ser *unívoca*, isto é, ter um só valor em cada ponto do espaço.

A equação de Schrödinger, por sua vez, também impõe restrições matemáticas às suas soluções. Como é uma equação diferencial de segunda ordem, as derivadas segundas de ψ devem ser bem definidas para que a equação tenha validade em qualquer ponto do espaço. Ora, a derivada segunda de uma função só existe se a função for contínua (isto é, não tiver descontinuidades finitas, como a da Fig. 7B.4) e se a derivada primeira, o coeficiente angular, for contínua (de modo a não existirem pontos angulosos na função de onda).

Há casos, e os encontraremos, em que são aceitáveis funções de onda com pontos angulosos. Estes casos aparecem quando a energia potencial tem propriedades peculiares, como crescer abruptamente até o infinito. Quando a função da energia potencial for uma função bem-comportada e finita, o coeficiente angular (a derivada primeira) da função de onda é contínuo. Se a energia potencial é infinita num ponto, a derivada (o coeficiente angular) da função de

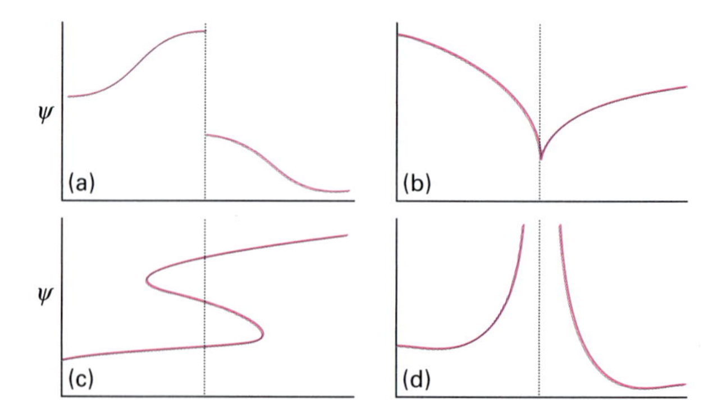

Figura 7B.4 A função de onda deve obedecer a condições bastante restritivas para ser aceitável. (a) Esta função é inaceitável em virtude da descontinuidade. (b) Esta outra também é inaceitável diante da descontinuidade na derivada. (c) Função inaceitável por não ser unívoca. (d) Função inaceitável por ser infinita sobre uma região finita.

onda não é obrigatoriamente contínua. Há somente dois casos desse comportamento na mecânica quântica elementar. Analisaremos suas peculiaridades ao encontrá-los, mais adiante.

Neste ponto, vemos que ψ:

- não pode ser infinita sobre uma região não infinitesimal
- tem que ser unívoca
- tem que ser contínua
- tem que ter derivada primeira contínua.

Restrições à função de onda

(c) Quantização

Essas restrições são tão severas que, em geral, as soluções aceitáveis da equação de Schrödinger não existem para valores arbitrários da energia E. Em outras palavras, a partícula tem que ter exclusivamente certas energias para que sua função de onda seja fisicamente aceitável. Ou seja, *como consequência das restrições à função de onda, a energia da partícula é quantizada.* Podemos encontrar essas energias permitidas resolvendo a equação de Schrödinger para cada tipo de movimento e escolhendo as soluções que obedecem às restrições relacionadas anteriormente. É isso o que faremos no próximo capítulo.

7B.3 A densidade de probabilidade

Uma vez que tenhamos obtido a função de onda normalizada, podemos, então, passar à determinação da densidade de probabilidade. Como exemplo, considere uma partícula de massa m que se move livre e paralelamente ao eixo dos x, com energia potencial nula. A equação de Schrödinger é obtida a partir da Eq. 7B.1 considerando-se que $V = 0$. Temos então que

$$-\frac{\hbar^2}{2m}\frac{d^2\psi(x)}{dx^2}=E\psi(x) \qquad (7B.5)$$

Conforme mostrado na *Justificativa* 7B.2, as soluções dessa equação têm a forma

$$\psi(x)=Ae^{ikx}+Be^{-ikx} \qquad E=\frac{k^2\hbar^2}{2m} \qquad (7B.6)$$

em que A e B são constantes. (Veja a *Revisão de matemática* 3 que acompanha este capítulo para mais a respeito de números complexos.)

Justificativa 7B.2 A função de onda de uma partícula livre em uma dimensão

Para verificar que $\psi(x)$ na Eq. 7B.6 é solução da Eq. 7B.5, basta substituir a sua expressão no lado esquerdo da equação e mostrar que $E=k^2\hbar^2/2m$. Para começar, escrevemos

$$-\frac{\hbar^2}{2m}\frac{d^2\psi(x)}{dx^2}=-\frac{\hbar^2}{2m}\frac{d^2}{dx^2}(Ae^{ikx}+Be^{-ikx})$$

Como $de^{\pm ax}/dx=\pm ae^{\pm ax}$ e $i^2=-1$, as derivadas segundas valem

$$-\frac{\hbar^2}{2m}\{A(ik)^2e^{ikx}+B(-ik)^2e^{-ikx}\}=\overbrace{\frac{k^2\hbar^2}{2m}}^{E}\overbrace{(Ae^{ikx}+Be^{-ikx})}^{\psi(x)}=E\psi(x)$$

Veremos na Seção 8A como determinar os valores de A e B. No momento podemos admitir que sejam constantes arbitrárias que variam à nossa vontade. Imaginando que $B = 0$ na Eq. 7B.6, então a função de onda fica

$$\psi(x)=Ae^{ikx} \qquad (7B.7)$$

Onde está a partícula? Para encontrá-la, calculamos a densidade de probabilidade da partícula:

$$|\psi(x)|^2=(Ae^{ikx})^*(Ae^{ikx})=(A^*e^{-ikx})(Ae^{ikx})=|A|^2 \qquad (7B.8)$$

Essa densidade de probabilidade é independente de x; logo, a probabilidade de se encontrar a partícula em qualquer ponto do eixo dos x é a mesma (Fig. 7B.5a). Em outras palavras, se a função de onda da partícula for dada pela Eq. 7B.7, não temos como prever onde encontrar a partícula. Chegaríamos à mesma conclusão se a função de onda na Eq. 7B.6 tivesse $A = 0$; a densidade de probabilidade seria então $|B|^2$, uma constante.

Imaginemos agora que, na função de onda, $A = B$. Então, como $\cos kx = \frac{1}{2}(e^{ikx}+e^{-ikx})$ (*Revisão de matemática* 3), a Eq. 7B.6 fica

$$\psi(x)=A(e^{ikx}+e^{-ikx})=2A\cos kx \qquad (7B.9)$$

A densidade de probabilidade tem, agora, a forma

$$|\psi(x)|^2=(2A\cos kx)^*(2A\cos kx)=4|A|^2\cos^2 kx \qquad (7B.10)$$

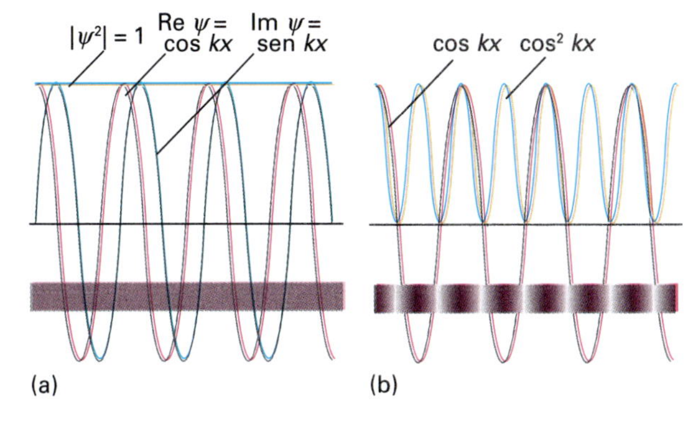

Figura 7B.5 (a) O quadrado do módulo de uma função de onda correspondente à função de onda na Eq. 7B.7 é constante e corresponde a uma probabilidade uniforme de se encontrar a partícula em qualquer lugar. (b) A distribuição de probabilidade correspondente à função de onda na Eq. 7B.7.

Essa função está ilustrada na Fig. 7B.5b. Como vemos, a densidade de probabilidade varia periodicamente entre 0 e $4|A|^2$. Os pontos em que a densidade de probabilidade é nula correspondem a *nós* da função de onda. Mais precisamente, um **nó** é um ponto onde a função de onda passa *por* um zero. Um ponto em que a função de onda tende a zero sem realmente passar pelo zero não é um nó.

Para calcular a probabilidade de se encontrar o sistema em uma região do espaço que não seja infinitesimal, somamos (isto é, integramos) a densidade de probabilidade sobre a região do espaço de interesse. Por exemplo, para uma função de onda unidimensional, a probabilidade P de se encontrar a partícula entre x_1 e x_2 é dada por

$$P=\int_{x_1}^{x_2}|\psi(x)|^2\,dx$$ *Região unidimensional* Probabilidade (7B.11)

Exemplo 7B.3 Determinação de uma probabilidade

Os elétrons de menor energia de um nanotubo de carbono podem ser descritos pela função de onda normalizada $(2/L)^{1/2}\mathrm{sen}(\pi x/L)$, em que L é o comprimento do nanotubo. Qual a probabilidade de se encontrar o elétron entre $x = L/4$ e $x = L/2$?

Método Use a Eq. 7B.11 e a função de onda normalizada para escrever uma expressão da probabilidade de se encontrar o elétron na região de interesse. As integrais relevantes são encontradas na *Seção de dados*.

Resposta A partir da Eq. 7B.11 e da função de onda fornecida, a expressão da probabilidade é

$$P=\int_{L/4}^{L/2}\left(\frac{2}{L}\right)\mathrm{sen}^2(\pi x/L)\,dx$$

Segue-se que

$$P \overset{\text{Integral T.2}}{=} \left(\frac{2}{L}\right)\left(\frac{x}{2}-\frac{\mathrm{sen}(2\pi x/L)}{4\pi/L}\right)\Bigg|_{L/4}^{L/2}=\left(\frac{2}{L}\right)\left(\frac{L}{4}-\frac{L}{8}-0+\frac{L}{4\pi}\right)$$
$$=0{,}409$$

Há cerca de 41 por cento de chance de o elétron ser encontrado entre $x = L/4$ e $x = L/2$ ao longo do nanotubo.

Exercício proposto 7B.3 A função de onda do elétron de maior energia seguinte no nanotubo é descrita pela função de onda normalizada $(2/L)^{1/2}\mathrm{sen}(2\pi x/L)$. Qual é a probabilidade de se encontrar o elétron entre $x = L/4$ e $x = L/2$?

Resposta: 0,25

Conceitos importantes

- ☐ 1. Uma **função de onda** é uma função matemática que contém todas as informações dinâmicas a respeito de um sistema.
- ☐ 2. A **equação de Schrödinger** é uma equação diferencial de segunda ordem utilizada para o cálculo da função de onda de um sistema.
- ☐ 3. Segundo a **interpretação de Born**, a densidade de probabilidade é proporcional ao quadrado da função de onda.
- ☐ 4. Uma função de onda é **normalizada** se a integral do seu quadrado é igual a 1.
- ☐ 5. Uma função de onda tem que ser unívoca, contínua, não infinita sobre uma região não infinitesimal do espaço e ter um coeficiente angular contínuo.
- ☐ 6. A quantização de energia decorre das restrições às quais uma função de onda aceitável tem que satisfazer.
- ☐ 7. Um **nó** é um ponto em que uma função de onda passa por um zero.

Equações importantes

Propriedade	Equação	Comentário	Número da equação
A equação de Schrödinger independente do tempo	$-(\hbar^2/2m)(d^2\psi/dx^2)+V(x)\psi=E\psi$, ou $\hat{H}\psi=E\psi$	Sistema unidimensional	7B.1
Integral de normalização	$\int\psi^*\psi\,d\tau=1$	Integração sobre todo o espaço	7B.4c
Probabilidade de localização de uma partícula	$P=\int_{x_1}^{x_2}|\psi(x)|^2\,dx$	Região unidimensional	7B.11

7C Os princípios da teoria quântica

Tópicos

➤ Por que você precisa saber este assunto?

A função de onda é a característica fundamental na mecânica quântica, assim você precisa saber como extrair dela as informações dinâmicas. Os procedimentos descritos aqui permitem que você preveja os resultados de medições de observáveis.

➤ Qual é a ideia fundamental?

A função de onda é obtida pela solução da equação de Schrödinger, e as informações dinâmicas que ela contém são extraídas pela determinação dos autovalores de operadores hermitianos.

➤ O que você já deve saber?

Você precisa saber que o estado de um sistema é completamente descrito por uma função de onda (Seção 7B). Você ainda precisa estar familiarizado com a integração elementar (*Revisão de matemática* 1) e a manipulação de funções complexas (*Revisão de matemática* 3).

Uma função de onda contém toda a informação que é possível conseguir sobre as propriedades dinâmicas da partícula (como posição e momento). A interpretação de Born (Seção 7B) nos informa sobre a localização da partícula, mas como podemos determinar as outras informações dinâmicas?

7C.1 Operadores

Para obtermos uma maneira sistemática de extrair informações das funções de onda, observamos primeiramente que a equação de Schrödinger pode ser escrita compactamente como

$$\hat{H}\psi = E\psi \quad \text{Equação de Schrödinger na forma de operadores} \quad (7C.1a)$$

que é, no caso unidimensional,

$$\hat{H} = -\frac{\hbar^2}{2m}\frac{d^2}{dx^2} + V(x) \quad \text{Operador hamiltoniano} \quad (7C.1b)$$

A grandeza $\hat{H}$ (normalmente lê-se H chapéu) é um **operador**, isto é, um símbolo das operações matemáticas que se devem efetuar sobre a função ψ. Neste caso, a operação é fazer a derivada segunda de ψ e (depois da multiplicação por $-\hbar^2/2m$) somar o resultado ao produto de ψ por $V(x)$.

O operador $\hat{H}$ tem um papel especial na mecânica quântica e é chamado de **operador hamiltoniano**, assim denominado em homenagem ao matemático do século XIX William Hamilton, que desenvolveu uma forma da mecânica clássica que, verificou-se depois, era muito apropriada para a formulação da mecânica quântica. O operador hamiltoniano é o operador que corresponde à energia total do sistema, isto é, à soma da energia cinética com a energia potencial. Consequentemente, podemos inferir que o primeiro termo na Eq. 7C.1b (o termo proporcional à derivada segunda) deve ser o operador para a energia cinética.

(a) Equações de autovalor

Quando se escreve a equação de Schrödinger na forma da Eq. 7C.1a, ela assume a forma de uma **equação de autovalor**, isto é, de uma equação com a forma

$$\text{(Operador) (função)} = \text{(fator constante)} \times \text{(mesma função)} \quad (7C.2a)$$

Se simbolizamos um operador geral por $\hat{\Omega}$ (em que Ω é o ômega maiúsculo) e um fator constante por ω (ômega minúsculo), a equação de autovalor tem a forma

$$\hat{\Omega}\psi = \omega\psi \quad \text{Equação de autovalor} \quad (7C.2b)$$

O fator ω é o **autovalor** do operador $\hat{\Omega}$. O autovalor na Eq. 7C.1a é a energia. A função ψ em uma equação desse tipo é chamada **autofunção** do operador $\hat{\Omega}$ e é diferente para cada autovalor. Assim, em linguagem técnica, podemos escrever a Eq. 7C.2a como

$$(\text{Operador})\ (\text{autofunção}) = (\text{autovalor}) \times (\text{autofunção}) \tag{7C.2c}$$

Na Eq. 7C.1a, a autofunção é a função de onda correspondente à energia E. Segue-se que outra forma de dizer "resolva a equação de Schrödinger" é "determine os autovalores e as autofunções do operador hamiltoniano do sistema".

Exemplo 7C.1 Identificação de uma autofunção

Mostre que e^{ax} é uma autofunção do operador d/dx e ache o autovalor correspondente. Mostre que e^{ax^2} não é uma autofunção de d/dx.

Método Basta aplicar o operador à função e verificar se o resultado é ou não o produto de um fator constante pela função original.

Resposta Com $\hat{\Omega} = d/dx$ (a operação "derive em relação a x") e $\psi = e^{ax}$:

$$\hat{\Omega}\psi = \frac{d}{dx}e^{ax} = ae^{ax} = a\psi$$

Portanto, e^{ax} é, de fato, autofunção de d/dx, e seu autovalor é a. No caso de $\psi = e^{ax^2}$,

$$\hat{\Omega}\psi = \frac{d}{dx}e^{ax^2} = 2axe^{ax^2} = 2ax \times \psi$$

não se tem uma equação de autovalor, pois, embora a função ψ apareça no segundo membro, está multiplicada por um fator variável ($2ax$) e não por um fator constante. Isto é, se o segundo membro for reescrito como $2a(xe^{ax^2})$, vemos que é igual a uma constante vezes uma função *diferente* da original.

Exercício proposto 7C.1 A função $\cos ax$ é uma autofunção de (a) d/dx, (b) d^2/dx^2?

Resposta: (a) Não, (b) sim

(b) A construção dos operadores

A importância das equações de autovalores está em que a forma

$$(\text{Operador energia})\ \psi = (\text{energia}) \times \psi$$

exemplificada pela equação de Schrödinger, aparece para outras propriedades mensuráveis do sistema, como o momento linear ou o momento de dipolo elétrico; estas propriedades são os **observáveis**, ou propriedades mensuráveis, do sistema. Assim, frequentemente pode-se escrever que

(Operador correspondente a um observável)
(valor do observável)

O símbolo $\hat{\Omega}$ na Eq. 7C.2b é então interpretado como um operador (por exemplo, o hamiltoniano) correspondente a um observável (por exemplo, a energia), e o autovalor ω é o valor do observável (por exemplo, o valor da energia, E). Portanto, se conhecermos a função de onda ψ e o operador $\hat{\Omega}$ correspondente ao observável Ω de interesse, e se a função de onda for uma autofunção do operador $\hat{\Omega}$, podemos prever o resultado de uma medida da propriedade Ω (por exemplo, da energia de um átomo) pelo valor do fator ω na equação de autovalor, Eq. 7C.2b.

Um postulado básico da mecânica quântica nos diz como construir o operador correspondente a certo observável:

Os observáveis, Ω, são representados pelos operadores, $\hat{\Omega}$, obtidos a partir dos operadores da posição e do momento:

$$\hat{x} = x\times \qquad \hat{p}_x = \frac{\hbar}{i}\frac{d}{dx} \qquad \text{Especificação de operadores} \tag{7C.3}$$

Isto é, o operador da posição sobre o eixo dos x é a multiplicação (da função de onda) por x. O operador do momento linear na direção do eixo dos x é proporcional à derivada (da função de onda) em relação a x.

Exemplo 7C.2 Determinação do valor de um observável

Qual é o momento linear de uma partícula livre descrita pela função de onda $\psi(x) = Ae^{ikx} + Be^{-ikx}$ (Eq. 7B.6) com (a) $B = 0$, (b) $A = 0$?

Método Operamos sobre ψ com o operador correspondente ao momento linear (Eq. 7C.3), e verificamos o resultado. Se após a operação a função é a função de onda original multiplicada por uma constante (isto é, formou-se uma equação de autovalor), então a constante é identificada com o valor do observável.

Resposta (a) Com $B = 0$,

$$\hat{p}_x\psi = \frac{\hbar}{i}\frac{d\psi}{dx} = \frac{\hbar}{i}A\frac{de^{ikx}}{dx} = \frac{\hbar}{i}A \times ike^{ikx} = \overbrace{k\hbar}^{\text{Autovalor}}\ \psi$$

Essa é uma equação de autovalor, e comparando-a com a Eq. 7C.2b encontramos que $p_x = +k\hbar$.

(b) Para a função de onda com $A = 0$,

$$\hat{p}_x\psi = \frac{\hbar}{i}\frac{d\psi}{dx} = \frac{\hbar}{i}B\frac{de^{-ikx}}{dx} = \frac{\hbar}{i}A \times (-ik)e^{ikx} = \overbrace{-k\hbar}^{\text{Autovalor}}\ \psi$$

A magnitude do momento linear é a mesma nos dois casos ($k\hbar$), mas os sinais são diferentes. Em (a) a partícula está se deslocando para a direita (x positivo), mas em (b) ela está se deslocando para a esquerda (x negativo).

Exercício proposto 7C.2 O operador para o momento angular de uma partícula se desloca em um círculo no plano xy é $\hat{l}_z = (\hbar/i)d/d\phi$, em que ϕ é a sua posição angular. Qual é o momento angular de uma partícula descrita por uma função de onda $e^{-2i\phi}$?

Resposta: $l_z = -2\hbar$

As definições da Eq. 7C.3 permitem construir os operadores de outros observáveis espaciais. Por exemplo, imaginemos que se quer o operador da energia potencial na forma $V(x)=\frac{1}{2}k_f x^2$, em que k_f é uma constante (mais tarde, veremos que esse potencial descreve as vibrações dos átomos nas moléculas). Vem então da Eq. 7C.3 que o operador correspondente a $V(x)$ é a multiplicação por x^2:

$$\hat{V}(x)=\frac{1}{2}k_f x^2 \times \qquad (7C.4)$$

É costume omitir o sinal de multiplicação. Para construir o operador da energia cinética usamos a relação clássica entre esta energia e o momento linear, que em uma dimensão é $E_k = p_x^2/2m$ (*Fundamentos* B). Então, usando o operador para p_x, dado na Eq. 7C.3, encontramos:

$$\hat{E}_k = \frac{1}{2m}\left(\frac{\hbar}{i}\frac{d}{dx}\right)\left(\frac{\hbar}{i}\frac{d}{dx}\right) = -\frac{\hbar^2}{2m}\frac{d^2}{dx^2} \qquad (7C.5)$$

Vem então que o operador para a energia total, o operador hamiltoniano (em uma dimensão), é

$$\hat{H} = \hat{E}_k + \hat{V} = -\frac{\hbar^2}{2m}\frac{d^2}{dx^2} + \hat{V}(x) \qquad \text{Operador hamiltoniano} \qquad (7C.6)$$

com o operador multiplicativo $\hat{V}(x)$ dado pela Eq. 7C.4 (ou alguma outra energia potencial apropriada).

A expressão para o operador energia cinética, Eq. 7C.5, permite-nos desenvolver o ponto que consideramos anteriormente, que diz respeito à interpretação da equação de Schrödinger. Em matemática, a derivada segunda de uma função é uma medida da curvatura da função: uma derivada segunda grande corresponde a uma função de grande curvatura (de curvatura pronunciada) (Fig. 7C.1). Então, uma função de onda com uma curvatura pronunciada está associada a uma elevada energia cinética, e outra função com pequena curvatura (de curvatura suave) está associada a uma pequena energia cinética. Esta interpretação é compatível com a relação de De Broglie, que associa um comprimento de onda curto (portanto, uma função com curvatura pronunciada) a um momento linear elevado (portanto, a energia cinética elevada). A expressão, porém, generaliza a interpretação para funções de onda que não se estendem por todo o espaço, mas que se parecem com a representada na Fig. 7C.1. A curvatura da função de onda se altera, em geral, de ponto para ponto. Sempre que a curvatura de uma função de onda for grande, a sua contribuição à energia cinética total será elevada (Fig. 7C.2). Sempre que a curvatura for pequena, a sua contribuição para a energia cinética global será pequena. Como veremos, a energia cinética que se observa para a partícula é uma integral de todas as contribuições da energia cinética de cada região.

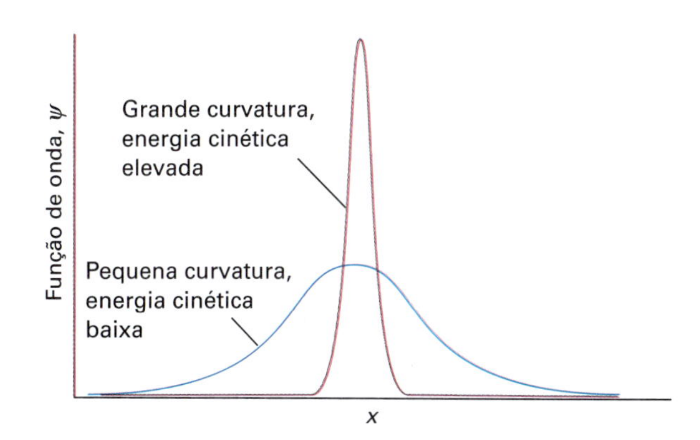

Figura 7C.1 Mesmo quando a função de onda não é uma onda periódica, é ainda possível deduzir a energia cinética média da partícula a partir da curvatura média. Esta ilustração mostra duas funções de onda: a que tem curvatura mais acentuada corresponde a uma energia cinética mais elevada do que a da função com a curvatura menos acentuada.

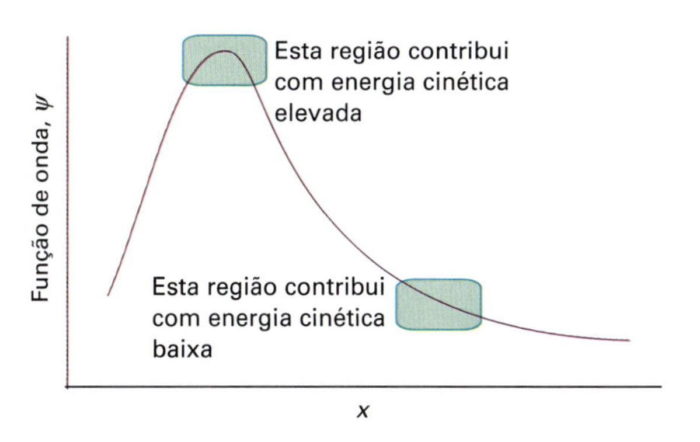

Figura 7C.2 A energia cinética de uma partícula, que se observa, é uma média das contribuições da função de onda em todas as regiões do espaço. As regiões nas quais a função tem curvatura acentuada contribuem para a média com parcelas elevadas de energia cinética. As regiões com a função com curvatura menor contribuem com somente uma pequena energia cinética.

Logo, podemos esperar que uma partícula tenha uma energia cinética elevada se a curvatura média da sua função de onda for elevada. Localmente, podem existir contribuições positiva e negativa para a energia cinética (pois a curvatura pode ser positiva, ∪, e negativa, ∩), mas a média é sempre positiva (veja Problema 7C.12).

A associação de curvatura elevada a energia cinética elevada será um guia valioso para a interpretação das funções de onda e para a previsão de suas respectivas formas. Por exemplo, suponhamos que queremos saber a função de onda de uma partícula que tem certa energia total e uma energia potencial que diminui com o aumento de x (Fig. 7C.3). Como a diferença $E - V = E_k$, aumenta da esquerda para a direita, a função de onda deve ser fortemente curvada à medida que x aumenta. O seu comprimento de onda diminui à medida que as contribuições locais à energia cinética aumentam. Então podemos admitir que a função de onda será parecida com a que está ilustrada na figura. O cálculo mais detalhado da função confirma essa previsão.

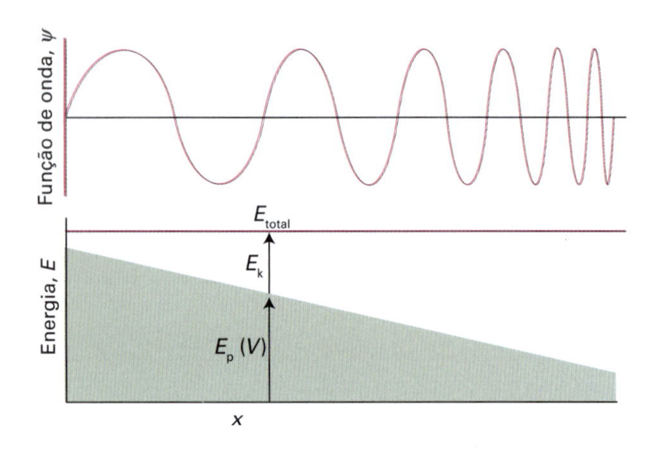

Figura 7C.3 A função de onda de uma partícula num potencial que diminui da esquerda para a direita e está, por isso, sujeita a uma força constante para a direita. Mostramos na figura somente a parte real da função de onda; a parte imaginária é semelhante, mas deslocada para a direita.

(c) Operadores hermitianos

Todos os operadores da mecânica quântica que correspondem a observáveis têm uma propriedade matemática especial: eles são "hermitianos". Um **operador hermitiano** é um operador para o qual a relação a seguir é válida:

$$\int \psi_i^* \hat{\Omega} \psi_j \, d\tau = \left\{ \int \psi_j^* \hat{\Omega} \psi_i \, d\tau \right\}^* \quad \textit{Definição} \quad \text{Hermiticidade} \quad (7C.7)$$

Ou seja, o mesmo resultado é obtido se o operador atua em ψ_j e a seguir realizamos a integração, ou se ele atua em ψ_i, realizamos a integração e finalmente tomamos o complexo conjugado do resultado. Uma consequência trivial da hermiticidade é que ela reduz o número de integrais que precisam ser calculadas. Entretanto, como veremos mais adiante, a hermiticidade tem implicações muito mais profundas.

É fácil confirmar que o operador posição ($x \times$) é hermitiano, pois estamos livres para mudar a ordem do fator no integrando:

$$\int \psi_i^* x \psi_j \, d\tau = \int \psi_j x \psi_i^* \, d\tau = \left\{ \int \psi_j^* x \psi_i \, d\tau \right\}^*$$

A demonstração de que o operador momento linear é hermitiano é mais trabalhosa porque não podemos alterar a ordem das funções que derivamos, mas ele é hermitiano, como mostramos na *Justificativa* 7C.1.

Justificativa 7C.1 Demonstração de que o operador momento linear é hermitiano

Nossa tarefa é mostrar que

$$\int \psi_i^* \hat{p}_x \psi_j \, d\tau = \left\{ \int \psi_j^* \hat{p}_x \psi_i \, d\tau \right\}^*$$

com $\hat{p}_x$ dado pela Eq. 7C.3. Para fazer isso, usamos a "integração por partes" (veja a *Revisão de matemática* 1), a relação

$$\int f \frac{dg}{dx} dx = fg - \int g \frac{df}{dx} dx$$

Neste caso, escrevemos

$$\int \psi_i^* \hat{p}_x \psi_j \, d\tau = \frac{\hbar}{i} \int_{-\infty}^{\infty} \overbrace{\psi_i^*}^{f} \overbrace{\frac{d\psi_j}{dx}}^{dg/dx} dx$$

$$= \frac{\hbar}{i} \overbrace{\overbrace{\psi_i^* \psi_j}^{fg} \Big|_{-\infty}^{\infty}}^{0} - \frac{\hbar}{i} \int_{-\infty}^{\infty} \overbrace{\psi_j}^{g} \overbrace{\frac{d\psi_i^*}{dx}}^{df/dx} dx$$

O primeiro termo na direita é igual a zero, pois todas as funções de onda são nulas no infinito em ambas as direções. Portanto, na esquerda ficamos com

$$\int \psi_i^* \hat{p}_x \psi_j \, d\tau = -\frac{\hbar}{i} \int_{-\infty}^{\infty} \psi_j \frac{d\psi_i^*}{dx} dx = \left\{ \frac{\hbar}{i} \int_{-\infty}^{\infty} \psi_j^* \frac{d\psi_i}{dx} dx \right\}^*$$

$$= \left\{ \int \psi_j^* \hat{p}_x \psi_i \, d\tau \right\}^*$$

como queríamos demonstrar. Na última linha usamos $(\psi^*)^* = \psi$.

Operadores hermitianos são muito importantes em virtude de duas propriedades:

- Seus autovalores são reais: $\omega^* = \omega$ (como provamos na *Justificativa* 7C.2).
- Suas autofunções são "ortogonais" no sentido definido a seguir.

Todos os observáveis têm valores reais (no sentido matemático, tal como $x = 2$ m e $E = 10$ J), de modo que todos os observáveis são representados por operadores hermitianos.

Justificativa 7C.2 Demonstração de que os autovalores de um operador hermitiano são reais

Para uma função de onda ψ que é normalizada e que é autofunção de um operador hermitiano $\hat{\Omega}$ com autovalor ω, podemos escrever

$$\int \psi^* \hat{\Omega} \psi \, d\tau = \int \psi^* \omega \psi \, d\tau = \omega \int \psi^* \psi \, d\tau = \omega$$

Entretanto, considerando o complexo conjugado, podemos escrever

$$\omega^* = \left\{ \int \psi^* \hat{\Omega} \psi \, d\tau \right\}^* \overset{\text{hermiticidade}}{=} \int \psi^* \hat{\Omega} \psi \, d\tau = \omega$$

A conclusão de que $\omega^* = \omega$ confirma que ω é real.

(d) Ortogonalidade

Dizer que duas funções diferentes ψ_i e ψ_j são **ortogonais** significa que a integral (varrendo todo o espaço) do produto dessas funções é igual a zero:

$$\int \psi_i^* \psi_j \, d\tau = 0 \text{ para } i \neq j \quad \textit{Definição} \quad \text{Ortogonalidade} \quad (7C.8)$$

Uma característica geral da mecânica quântica, que será mostrada na *Justificativa* a seguir, é que *funções de onda correspondentes a autovalores diferentes de um operador hermitiano* são ortogonais. Por exemplo, o hamiltoniano é um operador hermitiano (pois corresponde a um observável, a energia). Portanto, se ψ_1 corresponde a um valor de energia e ψ_2 corresponde a outro valor, sabemos de antemão que essas funções são ortogonais e que a integral do produto das duas funções é zero.

Justificativa 7C.3 A ortogonalidade das funções de onda

Sejam duas autofunções de $\hat{\Omega}$, com autovalores distintos:

$$\hat{\Omega}\psi_i = \omega_i \psi_i \quad \text{e} \quad \hat{\Omega}\psi_j = \omega_j \psi_j$$

com ω_i diferente de ω_j. Multiplicamos agora a primeira dessas duas equações de autovalores em ambos os lados por ψ_j^* e a segunda por ψ_i^* e integramos sobre todo o espaço:

$$\int \psi_j^* \hat{\Omega} \psi_i \, d\tau = \omega_i \int \psi_j^* \psi_i \, d\tau$$

$$\int \psi_i^* \hat{\Omega} \psi_j \, d\tau = \omega_j \int \psi_i^* \psi_j \, d\tau$$

A seguir, sabendo que as energias são reais, tomamos o complexo conjugado dessas duas expressões (observando que, pela hermiticidade de $\hat{\Omega}$, os autovalores são reais):

$$\left\{ \int \psi_j^* \hat{\Omega} \psi_i \, d\tau \right\}^* = \omega_i \int \psi_j \psi_i^* \, d\tau = \omega_i \int \psi_i^* \psi_j \, d\tau$$

No entanto, pela hermiticidade, o primeiro termo à esquerda é

$$\left\{ \int \psi_j^* \hat{\Omega} \psi_i \, d\tau \right\}^* = \int \psi_i^* \hat{\Omega} \psi_j \, d\tau = \omega_j \int \psi_i^* \psi_j \, d\tau$$

A subtração desta linha da linha anterior, então, nos dá

$$0 = (\omega_i - \omega_j) \int \psi_i^* \psi_j \, d\tau$$

Sabemos, porém, que os dois autovalores não são iguais, então, a integral deve ser zero, como queríamos demonstrar.

A propriedade da ortogonalidade é de grande importância em mecânica quântica, pois nos permite eliminar um grande número de integrais dos cálculos. A ortogonalidade desempenha um papel central na teoria da ligação química (Capítulo 10) e na espectroscopia (Capítulos 12–14). Conjuntos de funções que são normalizadas e mutuamente ortogonais são denominados **ortonormais**.

Exemplo 7C.3 Verificação da ortogonalidade

Mostramos na Seção 8A que duas funções de onda possíveis para um elétron confinado a um ponto quântico unidimensional (um conjunto de átomos com dimensões na faixa dos nanômetros e de grande interesse em nanotecnologia) são da forma sen x e sen $2x$. Essas duas funções de onda são autofunções do operador energia cinética, que é hermitiano, e correspondem a diferentes autovalores:

$$\hat{E}_k \text{sen}\, x = -\frac{\hbar^2}{2m_e}\frac{d^2 \text{sen}\, x}{dx^2} = \frac{\hbar^2}{2m_e}\text{sen}\, x$$

$$\hat{E}_k \text{sen} 2x = -\frac{\hbar^2}{2m_e}\frac{d^2 \text{sen} 2x}{dx^2} = \frac{2\hbar^2}{m_e}\text{sen}\, 2x$$

Verifique que as duas funções de onda são mutuamente ortogonais.

Método Para verificar se as duas funções de onda são ortogonais, integramos o produto (sen x)(sen $2x$) para todo espaço, ou seja, de $x = 0$ até $x = 2\pi$, pois ambas as funções se repetem fora desse intervalo. Logo, desde que a integral de seu produto é igual a zero dentro desse intervalo, a integral para todo o espaço também será nula (Fig. 7C.4). As respectivas integrais são apresentadas na *Seção de dados*.

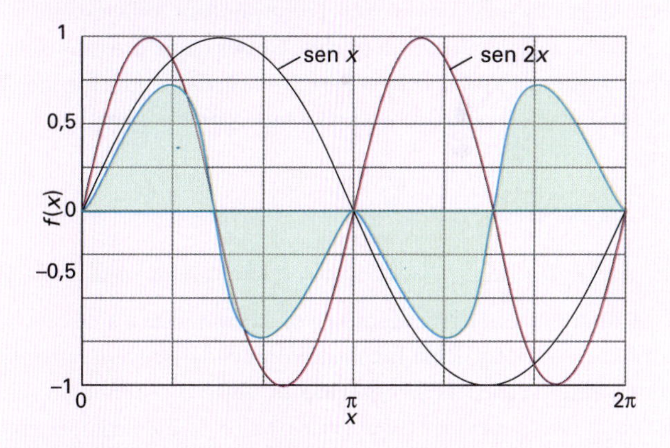

Figura 7C.4 A integral da função $f(x)$ = (sen x)(sen $2x$) é igual à área (sombreada) abaixo da curva verde. Esta integral vale zero, como pode ser inferido por simetria. A função – e o valor da integral – se repete a cada intervalo de 2π, de modo que a integral de $-\infty$ a $+\infty$ é igual a zero.

Resposta Segue-se que, para $a = 2$ e $b = 1$, e devido ao fato de o sen 0 = 0, sen $2\pi = 0$ e sen $6\pi = 0$,

$$\int_0^{2\pi} \text{sen}\, 2x\, \text{sen}\, x\, dx \overset{\text{Integral T.5}}{=} \left.\frac{\text{sen}\, x}{2}\right|_0^{2\pi} - \left.\frac{\text{sen} 3x}{6}\right|_0^{2\pi} = 0$$

e as duas funções são mutuamente ortogonais.

Exercício proposto 7C.3 Quando o elétron é excitado para energias mais elevadas, sua função de onda pode tornar-se sen $3x$. Confirme se as funções sen x e sen $3x$ são ortogonais.

Resposta: $\int_0^{2\pi} \operatorname{sen} 3x \operatorname{sen} x \, dx = 0$

7C.2 Superposições e valores esperados

Imaginemos agora que a função de onda de uma partícula livre seja $\psi(x) = 2A \cos kx$ (trata-se de uma das possibilidades abordadas na Seção 7B, Eq. 7B.9). Qual é o momento linear da partícula descrita por esta função? Se usarmos a técnica dos operadores logo encontraremos uma dificuldade. De fato, ao operar com $\hat{p}_x$, temos

$$\hat{p}_x\psi = \frac{\hbar}{i}\frac{d\psi}{dx} = \frac{2\hbar}{i}A\frac{d\cos kx}{dx} = -\frac{2k\hbar}{i}A\operatorname{sen} kx \qquad (7C.9)$$

Essa expressão não é a de uma equação de autovalor, pois a função no lado direito da equação (sen kx) é diferente da que está no lado esquerdo (cos kx).

Quando uma função de onda de uma partícula não é autofunção de um operador, a propriedade associada ao operador não tem um valor definido. No exemplo que estamos vendo, porém, o momento não é completamente indefinido, pois a função de onda cosseno é uma **combinação linear**, ou uma soma,[1] de e^{ikx} e e^{-ikx}, e estas duas funções, como vimos, correspondem individualmente a estados com momentos definidos. Nesses casos dizemos que a função de onda total é a **superposição** de mais de uma função de onda. Simbolicamente escrevemos a superposição como

$$\psi = \underbrace{\psi_{\rightarrow}}_{\substack{\text{Partícula com} \\ \text{momento linear} \\ +k\hbar}} + \underbrace{\psi_{\leftarrow}}_{\substack{\text{Partícula com} \\ \text{momento linear} \\ -k\hbar}}$$

A interpretação dessa função de onda composta é a de que, se o momento da partícula for medido repetida e sucessivamente, numa longa sequência de observações, então o seu módulo será $k\hbar$ em todas as medidas (pois este é o valor de cada componente da função de onda). Porém, como as duas funções de onda componentes ocorrem igualmente na superposição, a metade das medidas mostrará que a partícula se desloca para a direita ($p_x = +k\hbar$) e a outra metade mostrará que o deslocamento é para a esquerda ($p_x = -k\hbar$). De acordo com a mecânica quântica, não podemos prever o sentido do deslocamento da partícula; tudo o que podemos afirmar é que, numa grande sequência de observações, as probabilidades de se encontrar a partícula deslocando-se para a direita ou para a esquerda são iguais.

[1]Uma combinação linear é mais geral do que uma soma, pois inclui somas ponderadas da forma $ax + by + \cdots$, em que $a, b, \cdots$ são constantes. Uma soma é uma combinação linear com $a = b = \cdots = 1$.

A mesma interpretação aplica-se a qualquer função de onda expressa como combinação linear de autofunções de um operador. Por exemplo, imaginemos que uma função de onda seja a superposição de diversas autofunções diferentes do momento linear e seja dada pela combinação linear

$$\psi = c_1\psi_1 + c_2\psi_2 + \cdots = \sum_k c_k\psi_k \qquad \text{Combinação linear de funções-base} \qquad (7C.10)$$

em que os c_k são coeficientes numéricos (possivelmente complexos) e as ψ_k correspondem a diferentes estados do momento. Diz-se que as funções ψ_k formam um **conjunto completo**, pois qualquer função arbitrária pode ser expressa como uma combinação linear das ψ_k. Então, de acordo com a mecânica quântica:

Interpretação física

- Quando se mede o momento, numa única observação, encontra-se um dos autovalores correspondente a uma das funções de onda ψ_k que contribui para a superposição.
- A probabilidade de se medir certo autovalor numa série de observações é proporcional ao quadrado do módulo ($|c_k|^2$) do coeficiente correspondente à função de onda na combinação linear.
- O valor médio de um grande número de observações é dado pelo valor esperado $\langle\Omega\rangle$ do operador correspondente ao observável de interesse.

O **valor esperado** de um operador $\hat{\Omega}$ é definido como

$$\langle\Omega\rangle = \int \psi^*\hat{\Omega}\psi\,d\tau \qquad \textit{Definição} \quad \text{Valor esperado} \qquad (7C.11)$$

Essa fórmula vale exclusivamente para as funções de onda normalizadas. Veremos, na *Justificativa* a seguir, que o valor esperado é a média ponderada das medidas de um grande número de observações de uma grandeza.

Justificativa 7C.4 O valor esperado de um operador

Se ψ é uma autofunção de $\hat{\Omega}$ com autovalor ω, o valor esperado de $\hat{\Omega}$ é

$$\langle\Omega\rangle = \int \psi^* \overbrace{\hat{\Omega}\psi}^{\omega\psi}\,d\tau = \int \psi^*\omega\psi\,d\tau = \omega\int \psi^*\psi\,d\tau = \omega$$

pois ω é uma constante e pode ser retirado da integração, de modo que a integral resultante é igual a 1, uma vez que a função de onda é normalizada. A interpretação dessa expressão é a seguinte: como toda observação da propriedade Ω resulta no valor ω (pois a função de onda é uma autofunção de $\hat{\Omega}$), o valor médio de todas as observações também é ω.

Uma função de onda que não é uma autofunção do operador de interesse pode ser escrita como uma combinação linear de autofunções. Por simplicidade, admita que a função de onda seja a soma de duas autofunções (o caso geral, Eq. 7C.10, pode ser desenvolvido analogamente). Assim,

$$\langle \Omega \rangle = \int (c_1\psi_1 + c_2\psi_2)^* \hat{\Omega}(c_1\psi_1 + c_2\psi_2)\mathrm{d}\tau$$
$$= \int (c_1\psi_1 + c_2\psi_2)^* (c_1\hat{\Omega}\psi_1 + c_2\hat{\Omega}\psi_2)\mathrm{d}\tau$$
$$= \int (c_1\psi_1 + c_2\psi_2)^* (c_1\omega_1\psi_1 + c_2\omega_2\psi_2)\mathrm{d}\tau$$
$$= c_1^* c_1 \omega_1 \overbrace{\int \psi_1^*\psi_1 \mathrm{d}\tau}^{1} + c_2^* c_2 \omega_2 \overbrace{\int \psi_2^*\psi_2 \mathrm{d}\tau}^{1}$$
$$+ c_1^* c_2 \omega_2 \overbrace{\int \psi_1^*\psi_2 \mathrm{d}\tau}^{0} + c_2^* c_1 \omega_1 \overbrace{\int \psi_2^*\psi_1 \mathrm{d}\tau}^{0}$$

As duas primeiras integrais na direita são iguais a 1, pois cada uma das funções de onda é normalizada. Como ψ_1 e ψ_2 correspondem a autovalores diferentes de um operador hermitiano, elas são ortogonais. Portanto, a terceira e a quarta integrais na direita são iguais a zero. Podemos então concluir que

$$\langle \Omega \rangle = |c_1|^2 \omega_1 + |c_2|^2 \omega_2$$

Essa expressão mostra que o valor esperado é a soma dos dois autovalores ponderados pelas respectivas probabilidades com que eles são encontrados numa série de medidas. Assim, o valor esperado é a média ponderada de uma série de observações.

Exemplo 7C.4 Cálculo de um valor esperado

Calcule o valor médio da distância de um elétron ao núcleo, no átomo de hidrogênio, no estado de energia mais baixa.

Método O raio médio é o valor esperado do operador correspondente à distância ao núcleo, que é a simples multiplicação por *r*. Para estimar $\langle r \rangle$, precisamos saber a função de onda normalizada (que conhecemos do *Exemplo* 7B.2) e depois calcular a integral na Eq. 7C.11.

Resposta O valor médio é dado pelo valor esperado

$$\langle r \rangle = \int \psi^* r \psi \, \mathrm{d}\tau = \int r |\psi|^2 \mathrm{d}\tau$$

que podemos calcular adotando coordenadas esféricas polares e a expressão apropriada para o elemento de volume, $\mathrm{d}\tau = r^2 \mathrm{d}r \operatorname{sen}\theta \, \mathrm{d}\theta \, \mathrm{d}\phi$ (*Ferramentas de químico* 7B.1). Com a função normalizada do *Exemplo* 7B.2 e a integral-padrão da *Seção de dados*, temos

$$\langle r \rangle = \frac{1}{4\pi a_0^3} \overbrace{\int_0^\infty r^3 \mathrm{e}^{-2r/a_0} \mathrm{d}r}^{\text{Use a integral E1}\; 3!a_0^4/2^4} \overbrace{\int_0^\pi \operatorname{sen}\theta \, \mathrm{d}\theta}^{2} \overbrace{\int_0^{2\pi} \mathrm{d}\phi}^{2\pi} = \tfrac{3}{2} a_0$$

Como a_0 = 52,9 pm (veja o verso da capa), $\langle r \rangle$ = 79,4 pm. Esse resultado mostra que, se for feita uma grande sequência de medidas da distância entre o elétron e o núcleo, o valor médio das medidas será 79,4 pm. No entanto, cada observação dará um resultado diferente e imprevisível, pois a função de onda não é autofunção do operador correspondente a *r*.

Exercício proposto 7C.4 Estime a distância média quadrática, $\langle r^2 \rangle^{1/2}$, entre o elétron e o núcleo num átomo de hidrogênio.

Resposta: $3^{1/2}a_0$ = 91,6 pm

A energia cinética média de uma partícula em uma dimensão é o valor esperado do operador dado na Eq. 7C.5. Podemos então escrever

$$\langle E_\mathrm{k} \rangle = \int \psi^* \hat{E}_\mathrm{k} \psi \, \mathrm{d}x = -\frac{\hbar^2}{2m} \int \psi^* \frac{\mathrm{d}^2\psi}{\mathrm{d}x^2} \mathrm{d}x \qquad (7C.12)$$

Essa equação confirma a afirmativa anterior de que a energia cinética é uma espécie de média sobre a curvatura da função de onda. Há uma grande contribuição para o valor médio das regiões onde a função de onda tem uma curvatura grande (isto é, onde $\mathrm{d}^2\psi/\mathrm{d}x^2$ é grande) e onde a própria função de onda é grande (isto é, onde ψ^* também é grande).

7C.3 O princípio da incerteza

Vimos que, se a função de onda for $A\mathrm{e}^{ikx}$, então a partícula descrita tem um estado definido de momento linear, isto é, o seu momento vale $p_x = +k\hbar$, com a partícula se deslocando para a direita. No entanto, vimos também que a posição da partícula descrita por essa função de onda é completamente imprevisível. Em outras palavras, se o momento estiver precisamente definido, é impossível prever a localização da partícula. Essa afirmação é a metade de um caso especial do **princípio da incerteza de Heisenberg**, um dos resultados mais famosos da mecânica quântica:

> É impossível especificar, simultaneamente e com a precisão que se quiser, o momento e a posição de uma partícula.

Princípio da incerteza de Heisenberg

Antes de continuar a discussão do princípio, vamos estabelecer a sua outra metade: se a posição de uma partícula for conhecida com exatidão, nada podemos dizer a propósito do seu momento linear. O raciocínio se baseia na consideração da função de onda como o resultado da superposição de autofunções. A seguir desenvolvemos este raciocínio.

Se soubermos que a partícula está numa posição bem definida, sua função de onda deve ser grande nesta posição e zero nas outras (Fig. 7C.5). Essa função de onda pode ser construída pela superposição de um grande número de funções harmônicas (senos e cossenos), ou, equivalentemente, por um grande número de funções do tipo e^{ikx}. Em outras palavras, podemos criar uma função

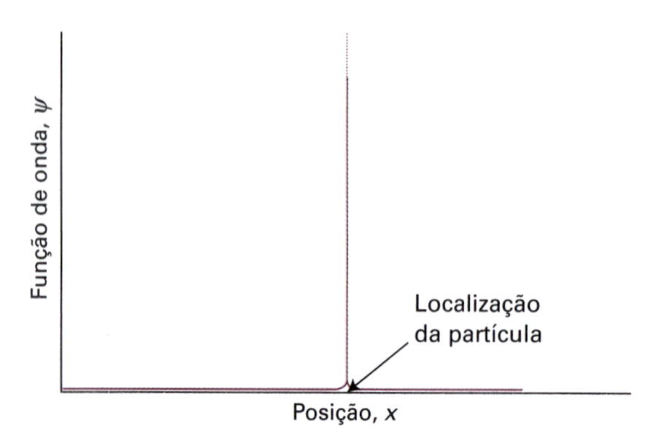

Figura 7C.5 A função de onda de uma partícula numa posição bem definida é uma função com um pico muito agudo, com amplitude nula, exceto no ponto da posição da partícula.

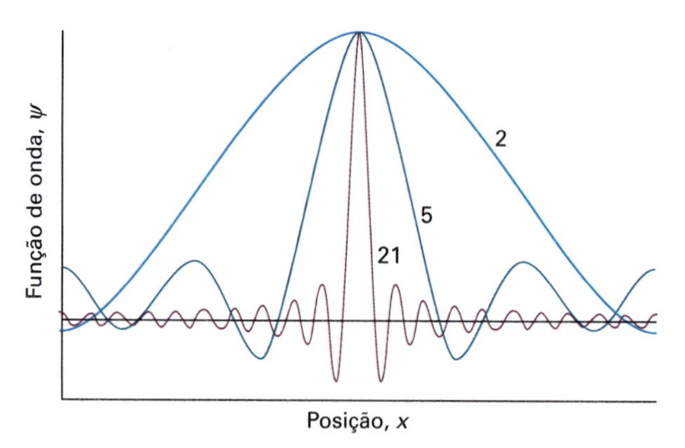

Figura 7C.6 A função de onda de uma partícula com posição pouco definida pode ser imaginada como a superposição de diversas funções de onda, cada qual com um comprimento de onda definido, que interferem construtivamente numa região e destrutivamente no restante. À medida que aumenta o número de ondas superpostas (indicadas pelo número associado às curvas), a localização da partícula fica mais precisa, à custa da incerteza sobre o momento linear. Para ter a função de onda de uma partícula perfeitamente localizada é necessário um número infinito de ondas.

de onda precisamente localizada, chamada **pacote de onda**, pela combinação linear de muitas funções de onda que correspondem a muitos momentos lineares diferentes. A superposição de poucas funções harmônicas leva a uma função de onda que se espalha num certo intervalo de posições (Fig. 7C.6). No entanto, quando o número de funções de onda superpostas aumenta, o pacote de onda fica cada vez mais localizado, graças à interferência entre as diversas e numerosas regiões de valores positivos e negativos das ondas individuais. Quando um número infinito de componentes é usado, o pacote de onda é um pico nítido, infinitamente estreito, correspondente à perfeita localização da partícula. Nestas condições, a partícula está perfeitamente localizada. Entretanto, toda a informação a respeito do momento linear da partícula foi perdida, pois, conforme vimos anteriormente, a medida do momento terá como resultado o autovalor correspondente a qualquer uma das infinitas funções de onda superpostas e será, portanto, imprevisível. Assim, se a localização da partícula for conhecida precisamente (implicando que sua função de onda é a superposição de um número infinito de autofunções do momento), então seu momento será completamente imprevisível.

Uma expressão quantitativa desse resultado é

$$\Delta p \Delta q \geq \tfrac{1}{2}\hbar \qquad \text{Princípio da incerteza de Heisenberg} \qquad (7C.13a)$$

Nessa expressão, Δp é a "incerteza" no momento linear paralelo ao eixo q, e Δq é a incerteza da posição sobre este eixo. Essas "incertezas" são definidas precisamente, pois cada uma delas é o desvio médio quadrático da respectiva propriedade em relação ao valor médio da propriedade:

$$\Delta p = \{\langle p^2\rangle - \langle p\rangle^2\}^{1/2} \qquad \Delta q = \{\langle q^2\rangle - \langle q\rangle^2\}^{1/2} \qquad (7C.13b)$$

Se houver certeza absoluta sobre a posição da partícula ($\Delta q = 0$), a única forma de a Eq. 7C.13a poder ser satisfeita é ter $\Delta p = \infty$, o que corresponde à completa incerteza sobre o momento. Ao contrário, se o momento for conhecido exatamente ($\Delta p = 0$), a posição será absolutamente incerta ($\Delta q = \infty$).

As variáveis p e q que aparecem na Eq. 7C.13 referem-se à mesma direção no espaço. Portanto, enquanto as especificações da posição sobre o eixo dos x e do momento linear paralelo ao eixo dos x são restritas pela relação de incerteza, a localização simultânea da posição sobre o eixo dos x e do movimento paralelo a y ou z não obedecem a essa restrição. As restrições que são impostas pelo princípio da incerteza estão resumidas na Tabela 7C.1.

Exemplo 7C.5 Uso do princípio da incerteza

A velocidade de um projétil de massa de 1,0 g é conhecida com uma precisão de 1 μm s^{-1}. Calcule a incerteza mínima na posição do projétil.

Método Estima-se Δp por $m\Delta v$, em que Δv é a incerteza na velocidade; então, através da Eq. 7C.13a, estima-se a incerteza mínima na posição, Δq.

Resposta A incerteza mínima na posição é

$$\Delta q = \frac{\hbar}{2m\Delta v} = \frac{1{,}055\times10^{-34}\,\text{J s}}{2\times(1{,}0\times10^{-3}\,\text{kg})\times(1\times10^{-6}\,\text{m s}^{-1})} = 5\times10^{-26}\,\text{m}$$

em que usamos 1 J = 1 kg m^2 s^{-2}. No caso de objetos macroscópicos a incerteza é inteiramente desprezível para todos os fins práticos. Entretanto, se a massa fosse a de um elétron, uma incerteza da ordem de grandeza da que foi mencionada na velocidade levaria a uma incerteza na posição bem maior do que o diâmetro de um átomo (o cálculo análogo resulta em Δq = 60 m); assim, é impossível manter o conceito de uma trajetória para o elétron, isto é, não é possível a determinação precisa simultânea da posição e do momento do elétron.

Exercício proposto 7C.5 Estime a incerteza mínima na velocidade de um elétron numa região unidimensional de comprimento $2a_0$.

Resposta: 500 km s^{-1}

Tabela 7C.1 Restrições do princípio da incerteza*

	Variável 1					
Variável 2	x	y	z	p_x	p_y	p_z
x				■		
y					■	
z						■
p_x	■					
p_y		■				
p_z			■			

* Pares de observáveis que não podem ser determinados simultaneamente com uma precisão arbitrária estão representados por um retângulo azul; todos os outros não têm restrições.

O princípio da incerteza de Heisenberg é mais geral do que a Eq. 7C.13 sugere. Ele se aplica a qualquer par de observáveis, chamados de **observáveis complementares**, que são definidos em termos das propriedades de seus respectivos operadores. Especificamente, dois observáveis Ω_1 e Ω_2 são complementares se

$$\hat{\Omega}_1\hat{\Omega}_2\psi \neq \hat{\Omega}_2\hat{\Omega}_1\psi \quad \text{Complementaridade de observáveis} \quad (7C.14)$$

em que o termo à esquerda indica que $\hat{\Omega}_2$ atua primeiro, e então $\hat{\Omega}_1$ atua sobre o resultado; o termo à direita indica que as operações são realizadas na ordem oposta. Quando o efeito de dois operadores depende da ordem em que são aplicados (como mostra a desigualdade anterior), dizemos que os dois operadores não **comutam**. A diferença entre os resultados que se obtêm aplicando-se $\hat{\Omega}_1$ e $\hat{\Omega}_2$ em uma ordem diferente é expressa pelo **comutador** dos dois operadores, que é definido como

$$[\hat{\Omega}_1,\hat{\Omega}_2] = \hat{\Omega}_1\hat{\Omega}_2 - \hat{\Omega}_2\hat{\Omega}_1 \quad \textit{Definição} \quad \text{Comutador} \quad (7C.15)$$

Mostramos na *Justificativa* a seguir que o comutador dos operadores da posição e do momento linear é

$$[\hat{x},\hat{p}_x] = \mathrm{i}\hbar \quad (7C.16)$$

Justificativa 7C.5 O comutador da posição e do momento

Para mostrar que os operadores da posição e do momento linear não comutam (e que, portanto, são observáveis complementares), vejamos o efeito de $\hat{x}\hat{p}_x$ (isto é, o efeito de $\hat{p}_x$ seguido pelo efeito da multiplicação por x sobre o resultado) sobre a função de onda ψ:

$$\hat{x}\hat{p}_x\psi = x\times\frac{\hbar}{\mathrm{i}}\frac{\mathrm{d}\psi}{\mathrm{d}x}$$

Depois consideramos o efeito de $\hat{p}_x\hat{x}$ sobre a mesma função (isto é, o efeito da multiplicação por x seguido pelo efeito de $\hat{p}_x$ sobre o resultado):

$$\hat{p}_x\hat{x}\psi = \frac{\hbar}{\mathrm{i}}\frac{\mathrm{d}(x\psi)}{\mathrm{d}x} = \frac{\hbar}{\mathrm{i}}\left(\psi + x\frac{\mathrm{d}\psi}{\mathrm{d}x}\right)$$

Nesse cálculo, aproveitamos a regra bem conhecida da derivação de um produto de funções ($\mathrm{d}(fg)/\mathrm{d}x = f\mathrm{d}g/\mathrm{d}x + g\mathrm{d}f/\mathrm{d}x$). É evidente que a segunda expressão é diferente da primeira, de modo que os dois operadores não comutam. O comutador é obtido subtraindo a segunda expressão da primeira:

$$\hat{x}\hat{p}_x\psi - \hat{p}_x\hat{x}\psi = -\frac{\hbar}{\mathrm{i}}\psi = \mathrm{i}\hbar\psi$$

Essa relação é verdadeira para qualquer função de onda ψ, logo, a relação entre os operadores na Eq. 7C.16 surge imediatamente.

O comutador na Eq. 7C.16 tem tamanha importância na mecânica quântica que ele é introduzido como uma distinção fundamental entre a mecânica clássica e a mecânica quântica. Na realidade, este comutador pode ser introduzido como um postulado da mecânica quântica e é usado para justificar as expressões usadas na Eq. 7C.3 para os operadores da posição e do momento linear.

Com o conceito de comutador estabelecido, o princípio da incerteza de Heisenberg pode ser apresentado na sua forma mais geral. Para *qualquer* par de observáveis, Ω_1 e Ω_2, as incertezas (ou, mais precisamente, os desvios médios quadráticos de seus valores em relação ao valor médio) em determinações simultâneas estão relacionadas por

$$\Delta\Omega_1\Delta\Omega_2 \geq \tfrac{1}{2}\left|\langle[\hat{\Omega}_1,\hat{\Omega}_2]\rangle\right| \quad (7C.17)$$

Obtemos o caso particular da Eq. 7C.13a quando identificamos os observáveis como x e p_x e usamos a Eq. 7C.16 para o seu comutador. (Veja a *Revisão de matemática* 3 para o significado da notação |...|.)

Observáveis complementares são observáveis que têm operadores que não comutam. Com a descoberta da existência de pares de observáveis complementares (encontraremos outros exemplos na Seção 8C), estamos no próprio coração da diferença entre a mecânica clássica e a mecânica quântica. A mecânica clássica admitia, falsamente, como se sabe agora, que a posição e o momento linear de uma partícula podiam ser especificados simultaneamente com a precisão que se quisesse. A mecânica quântica, porém, mostra que a posição e o momento são complementares, e que temos que escolher entre especificar a posição à custa do momento ou o momento à custa da posição.

A percepção de que alguns observáveis são complementares possibilita grandes avanços no cálculo das propriedades atômicas e moleculares, mas afasta, porém, alguns dos conceitos mais consagrados da física clássica.

7C.4 Os postulados da mecânica quântica

Nesta seção e na Seção 7B desenvolvemos os princípios da teoria quântica. Eles podem ser resumidos em uma série de postulados, os quais formam a base das aplicações químicas da mecânica quântica ao longo de todo o livro.

A função de onda. Toda a informação dinâmica está contida na função de onda, ψ, do sistema, que é uma função matemática encontrada resolvendo-se a equação de Schrödinger para o sistema. Em uma dimensão:

$$-\frac{\hbar^2}{2m}\frac{d^2\psi}{dx^2}+V(x)\psi=E\psi$$

A interpretação de Born. Se a função de onda de uma partícula tem o valor ψ em algum ponto $\boldsymbol{r}$, então a probabilidade de encontrar a partícula em um volume infinitesimal $d\tau = dxdydz$ naquele ponto é proporcional a $|\psi|^2 d\tau$.

Funções de onda aceitáveis. Uma função de onda aceitável tem que ser unívoca, contínua, não ser infinita em uma região finita do espaço e ter um coeficiente angular contínuo.

Observáveis. Observáveis, Ω, são representados por operadores, $\hat{\Omega}$, construídos a partir dos operadores posição e momento que têm as expressões:

$$\hat{x}=x\times \qquad \hat{p}_x=\frac{\hbar}{i}\frac{d}{dx}$$

ou, de forma mais geral, a partir de operadores que satisfazem à relação de comutação

$$[\hat{x},\hat{p}_x]=i\hbar$$

O princípio da incerteza de Heisenberg. É impossível especificar simultaneamente, com uma precisão qualquer, o momento e a posição de uma partícula e, de forma mais geral, qualquer par de observáveis com operadores que não comutem.

Conceitos importantes

- ☐ 1. A equação de Schrödinger é uma **equação de autovalor**.
- ☐ 2. Um **operador** realiza uma operação matemática sobre uma função.
- ☐ 3. O **operador hamiltoniano** é o operador correspondente à energia total do sistema, a soma das energias cinética e potencial.
- ☐ 4. A função de onda correspondente a uma energia específica é uma **autofunção** do operador hamiltoniano.
- ☐ 5. O valor de um observável é um **autovalor** do operador correspondente construído a partir dos operadores de posição e momento linear.
- ☐ 6. Duas funções diferentes são **ortogonais** se a integral (sobre todo o espaço) do seu produto é zero.
- ☐ 7. Os **operadores hermitianos** têm autovalores reais e autofunções ortogonais.
- ☐ 8. **Observáveis** são representados por operadores hermitianos.
- ☐ 9. Conjuntos de funções que são normalizadas e mutuamente ortogonais são chamados de **ortonormais**.
- ☐ 10. Quando o sistema não é descrito por uma única autofunção de um operador, ele pode ser expresso como uma **sobreposição** de tais autofunções.
- ☐ 11. O valor médio de uma série de observações é dado pelo **valor esperado** do operador correspondente.
- ☐ 12. O **princípio da incerteza** restringe a precisão com a qual observáveis complementares podem ser especificados e medidos simultaneamente.
- ☐ 13. **Observáveis complementares** são observáveis para os quais os operadores correspondentes não comutam.

Equações importantes

Propriedade	Equação	Comentário	Número da equação
Hermiticidade	$\int \psi_i^* \hat{\Omega}\psi_j\, d\tau = \left\{\int \psi_j^* \hat{\Omega}\psi_i\, d\tau\right\}^*$	Autovalores reais, autofunções ortogonais	7C.7
Ortogonalidade	$\int \psi_i^* \psi_j\, d\tau = 0$ para $i \neq j$	Integração sobre todo o espaço	7C.8

(Continua)

Continuação

Propriedade	Equação	Comentário	Número da equação
Valor esperado	$\langle \Omega \rangle = \int \psi^* \hat{\Omega} \psi \, d\tau$	Definição	7C.11
Comutador de dois operadores	$[\hat{\Omega}_1, \hat{\Omega}_2] = \hat{\Omega}_1 \hat{\Omega}_2 - \hat{\Omega}_2 \hat{\Omega}_1$ Caso especial: $[\hat{x}, \hat{p}_x] = i\hbar$	Os observáveis são complementares se $[\hat{\Omega}_1, \hat{\Omega}_2] \neq 0$	7C.15
Princípio da incerteza de Heisenberg	$\Delta\Omega_1 \Delta\Omega_2 \geq \frac{1}{2} \lvert \langle [\hat{\Omega}_1, \hat{\Omega}_2] \rangle \rvert$ Caso especial: $\Delta p \Delta q \geq \frac{1}{2}\hbar$		7C.17

CAPÍTULO 7 Introdução à teoria quântica

SEÇÃO 7A As origens da teoria quântica

Questões teóricas

7A.1 Descreva de forma resumida as evidências que conduziram ao surgimento da mecânica quântica.

7A.2 Explique por que a quantização introduzida por Planck explicou as propriedades da radiação do corpo negro.

7A.3 Explique por que a quantização introduzida por Einstein pode explicar as propriedades das capacidades caloríficas a baixas temperaturas.

7A.4 Explique o significado e as consequências da dualidade onda-partícula.

Exercícios

7A.1(a) Calcule o valor do quantum de energia envolvido na excitação de (i) uma oscilação eletrônica de período 1,0 fs, (ii) uma vibração molecular de período 10 fs, (iii) um pêndulo de período 1,0 s. Dê os resultados em joules e em quilojoules por mol.
7A.1(b) Calcule o valor do quantum de energia envolvido na excitação de (i) uma oscilação eletrônica de período 2,50 fs, (ii) uma vibração molecular de período 2,21 fs, (iii) um balancim de relógio com período de 1,0 ms.

7A.2(a) Calcule a energia por fóton e a energia por mol de fótons de uma radiação com o comprimento de onda de (i) 600 nm (vermelho), (ii) 550 nm (amarelo) e (iii) 400 nm (azul).
7A.2(b) Calcule a energia por fóton e a energia por mol de fótons de uma radiação com o comprimento de onda de (i) 200 nm (ultravioleta), (ii) 150 pm (raios X) e (iii) 1,00 cm (micro-onda).

7A.3(a) Calcule a velocidade que um átomo de H alcança quando é acelerado, a partir do repouso, pela absorção de cada um dos fótons mencionados no Exercício 7A.2(a).
7A.3(b) Calcule a velocidade que um átomo de ^{4}He (massa 4,0026 m_u) alcança quando é acelerado, a partir do repouso, pela absorção de cada um dos fótons mencionados no Exercício 7A.2(b).

7A.4(a) Uma larva luminífora, de 5,0 g, emite luz vermelha (650 nm) com uma potência de 0,10 W, toda dirigida para trás. A que velocidade a larva será acelerada, em 10 anos, se a emissão ocorrer (na hipótese de se manter a vida) no espaço sideral?
7A.4(b) Uma sonda espacial acionada a fótons, com massa de 10,0 kg, emite radiação com o comprimento de onda de 225 nm e potência de 1,50 kW. A emissão é inteiramente dirigida para trás. A que velocidade a sonda será acelerada, depois de 10,0 anos, no espaço sideral?

7A.5(a) Uma lâmpada de sódio emite radiação amarela (550 nm). Quantos fótons emite por segundo se a sua potência for de (i) 1,0 W e (ii) 100 W?
7A.5(b) Um *laser* para leitura de CD emite luz vermelha de comprimento de onda de 700 nm. Quantos fótons são emitidos por segundo se a sua potência for de (i) 0,10 W e (ii) 1,0 W?

7A.6(a) A função trabalho do césio metálico é 2,14 eV. Calcule a energia cinética e a velocidade dos elétrons emitidos pela ação de luz com o comprimento de onda de (ii) 700 nm e (ii) 300 nm.
7A.6(b) A função trabalho do rubídio metálico é 2,09 eV. Calcule a energia cinética e a velocidade dos elétrons emitidos pela ação de luz com o comprimento de onda de (i) 650 nm e (ii) 195 nm.

7A.7(a) Em uma experiência com fotoelétrons excitados por raios X, observa-se que um fóton de 150 pm provoca a emissão de um elétron de camada interna de um átomo, que é ejetado com a velocidade de 21,4 Mm s^{-1}. Calcule a energia de ligação do elétron.
7A.7(b) Em uma experiência com fotoelétrons excitados por raios X, observa-se que um fóton de 121 pm provoca a emissão de um elétron de camada interna de um átomo, que é ejetado com a velocidade de 56,9 Mm s^{-1}. Calcule a energia de ligação do elétron.

7A.8(a) A que velocidade um elétron deve ser acelerado para que ele tenha um comprimento de onda de 100 pm? Que diferença de potencial é necessária?
7A.8(b) A que velocidade um próton deve ser acelerado para que ele tenha um comprimento de onda de 100 pm? Que diferença de potencial é necessária?

7A.9(a) A que velocidade um elétron deve ser acelerado para que ele tenha um comprimento de onda de 3,0 cm?
7A.9(b) A que velocidade um próton deve ser acelerado para que ele tenha um comprimento de onda de 3,0 cm?

7A.10(a) A constante de estrutura fina, α, tem um papel especial na teoria da estrutura da matéria. O seu valor aproximado é 1/137. Qual o comprimento de onda de um elétron com a velocidade αc, sendo c a velocidade da luz?
7A.10(b) Calcule o momento linear de um fóton de comprimento de onda igual a 350 nm. A que velocidade a molécula de hidrogênio precisa se deslocar para ter o mesmo momento linear?

7A.11(a) Calcule o comprimento de onda de De Broglie de (i) uma massa de 1,0 g deslocando-se a 1,0 cm s^{-1}, (ii) uma massa de 1,0 g deslocando-se a 100 km s^{-1}, (iii) um átomo de He com a velocidade de 1000 m s^{-1} (uma velocidade típica na temperatura ambiente).
7A.11(b) Calcule o comprimento de onda de De Broglie de um elétron que é acelerado, a partir do repouso, por uma diferença de potencial de (i) 100 V, (ii) 1,0 kV, (iii) 100 kV.

Problemas

7A.1 A distribuição de Planck dá a energia em função do intervalo de comprimento de onda dλ, nas vizinhanças do comprimento de onda λ. Calcule a densidade de energia no intervalo que vai de 650 nm a 655 nm no interior de uma cavidade cujo volume é de 100 cm^3, quando a temperatura é (i) 25 °C e (ii) 3000 °C.

7A.2 Demonstre que a distribuição de Planck se reduz à lei de Rayleigh-Jeans nos comprimentos de onda longos.

7A.3 Deduza a *lei de Wien* – $\lambda_{\text{máx}}T$ é uma constante –, em que $\lambda_{\text{máx}}$ é o comprimento de onda correspondente ao máximo da distribuição de Planck na temperatura T. Deduza uma expressão para a constante como um múltiplo da segunda constante da radiação $c_2 = hc/k$.

7A.4 Para um corpo negro, a temperatura e o comprimento de onda do máximo de emissão, $\lambda_{\text{máx}}$, estão relacionados pela lei de Wien, $\lambda_{\text{máx}}T = \frac{1}{5}c_2$, em que $c_2 = hc/k$ (veja Problema 7A.3). Valores de $\lambda_{\text{máx}}$ foram determinados por meio de um pequenino orifício nas paredes de uma cavidade eletricamente aquecida em diversas temperaturas, e os resultados são vistos na tabela a seguir. Determine um valor para a constante de Planck.

θ/°C	1000	1500	2000	2500	3000	3500
$\lambda_{máx}$/nm	2181	1600	1240	1035	878	763

7A.5‡ A radiação do Sol atinge o topo da atmosfera terrestre à taxa de 343 W m^{-2}. Cerca de 30% dessa energia é refletida diretamente de volta para o espaço pela Terra ou pela atmosfera. O sistema Terra-atmosfera absorve o restante da energia e o irradia de volta, como se fosse a radiação de um corpo negro. Qual a temperatura média da Terra considerada um corpo negro? Que comprimento de onda corresponde ao máximo da irradiação da Terra? *Sugestão*: Use a lei de Wien, Problema 7A.3.

7A.6 Use a distribuição de Planck para deduzir a *lei de Stefan-Boltzmann*, ou seja, a densidade de energia total da radiação do corpo negro é proporcional a T^4. Encontre a constante de proporcionalidade.

7A.7‡ Antes de Planck ter chegado à lei da distribuição para a radiação de um corpo negro, Wien havia encontrado empiricamente uma função de distribuição que reproduzia razoavelmente, mas não exatamente, os resultados experimentais. A distribuição encontrada por Wien pode ser expressa por $\rho = (a/\lambda^5)e^{-b/\lambda kT}$. Essa fórmula mostra, em comprimentos de onda grandes, pequenos desvios em relação à distribuição de Planck. (i) Ajuste a fórmula empírica de Wien à distribuição de Planck, para comprimentos de onda pequenos, e determine as constantes a e b. (ii) Demonstre que a fórmula de Wien é consistente com a lei do deslocamento de Wien (Problema 7A.3) e com a lei de Stefan-Boltzmann (Problema 7A.6).

7A.8‡ A temperatura aproximada da superfície do Sol é 5800 K. Admitindo que a vista humana desenvolveu maior sensibilidade à luz no comprimento de onda correspondente ao máximo da distribuição de energia radiante do Sol, determine a cor da luz em que a sensibilidade da vista humana é maior.

7A.9 A frequência de Einstein se exprime, muitas vezes, como uma temperatura, a temperatura Einstein θ_E, em que $\theta_E = h\nu/k$. Mostre que θ_E tem as dimensões de temperatura. Dê o critério quantitativo da forma da equação de Einstein em temperatura elevada, aproveitando a temperatura Einstein na formulação. Estime θ_E (i) para o diamante, que tem ν = 46,5 THz e (ii) para o cobre, com ν = 7,15 THz. Que fração do valor da lei de Dulong e Petit tem a capacidade calorífica de cada substância mencionada, a 25 °C?

SEÇÃO 7B Dinâmica dos sistemas microscópicos

Questões teóricas

7B.1 Descreva como uma função de onda determina as propriedades dinâmicas de um sistema e como estas propriedades podem ser previstas.

7B.2 Discuta a relação entre amplitude de probabilidade, densidade de probabilidade e probabilidade.

7B.3 Descreva as restrições que a interpretação de Born impõe sobre as funções de onda aceitáveis.

7B.4 Quais são as vantagens de se trabalhar com funções de onda normalizadas?

Exercícios

7B.1(a) Considere a função de onda independente do tempo de uma partícula em movimento no espaço tridimensional. Identifique as variáveis das quais a função de onda depende.
7B.1(b) Considere a função de onda independente do tempo de uma partícula em movimento no espaço bidimensional. Identifique as variáveis das quais a função de onda depende.

7B.2(a) Considere a função de onda independente do tempo de um átomo de hidrogênio. Identifique as variáveis das quais a função de onda depende. Use coordenadas polares esféricas.
7B.2(b) Considere a função de onda independente do tempo de um átomo de hélio. Identifique as variáveis das quais a função de onda depende. Use coordenadas polares esféricas.

7B.3(a) Uma função de onda não normalizada para um átomo leve girando em torno de um átomo pesado ao qual está ligado é $\psi(\phi) = e^{i\phi}$, com $0 \le \phi \le 2\pi$. Normalize essa função de onda.
7B.3(b) Uma função de onda não normalizada para um elétron em um nanotubo de carbono de comprimento L é sen $(2\pi x/L)$. Normalize essa função de onda.

7B.4(a) Para o sistema descrito no Exercício 7B.3(a), qual é a probabilidade de encontrar o átomo leve no elemento de volume dϕ em $\phi = 2\pi$?
7B.4(b) Para o sistema descrito no Exercício 7.B.3(b), qual é a probabilidade de encontrar o elétron no intervalo dx em $x = L/2$?

7B.5(a) Para o sistema descrito no Exercício 7.B.3(a), qual é a probabilidade de encontrar o átomo leve entre $\phi = \pi/2$ e $\phi = 3\pi/2$?
7B.5(b) Para o sistema descrito no Exercício 7.B.3(b), qual é a probabilidade de encontrar o elétron entre $x = L/4$ e $L/2$?

Problemas

7B.1 Normalize as seguintes funções de onda: (i) sen$(n\pi x/L)$ no intervalo $0 \le x \le L$, em que n = 1,2,3, ... (essa função pode ser usada para descrever os elétrons deslocalizados em um polieno linear), (ii) uma constante no intervalo $-L \le x \le L$, (iii) $e^{-r/a}$ no espaço tridimensional; (iv) $xe^{-r/2a}$ no espaço tridimensional. *Sugestão*: O elemento de volume em coordenadas esféricas é $d\tau = r^2dr$ sen $\theta\, d\theta\, d\phi$, com $0 \le r < \infty$, $0 \le \theta \le \pi$, $0 \le \phi \le 2\pi$.

7B.2 Duas funções de onda (não normalizadas) de estados excitados do átomo de H são

$$\text{(i) } \psi(r) = \left(2 - \frac{r}{a_0}\right)e^{-r/2a_0} \qquad \text{(ii) } \psi(r,\theta,\phi) = r\,\text{sen}\,\theta\cos\phi\, e^{-r/2a_0}$$

(i) Normalize as duas funções. (ii) Confirme que essas duas funções são mutuamente ortogonais.

7B.3 Uma partícula movendo-se livremente em uma dimensão, ao longo dos x (com $0 \le x < \infty$), é descrita pela função não normalizada $\psi(x) = e^{-ax}$, com a = 2 m^{-1}. Qual é a probabilidade de encontrar a partícula a uma distância $x \ge 1$ m?

7B.4 A função de onda no estado fundamental de uma partícula confinada numa caixa unidimensional de comprimento L é $\psi(x) = (2/L)^{1/2}$ sen$(\pi x/L)$. Imagine que a caixa tem 10,0 nm de comprimento. Calcule a probabilidade

‡Esses problemas foram propostos por Charles Trapp e Carmem Giunta.

de a partícula estar entre (i) $x = 4{,}95$ nm e 5,05 nm, (ii) $x = 1{,}95$ nm e 2,05 nm, (iii) $x = 9{,}90$ nm e 10,00 nm, (iv) na metade direita da caixa e (v) no terço central da caixa.

7B.5 A função de onda do átomo de hidrogênio no estado fundamental é $\psi = (1/\pi a_0^3)^{1/2} e^{-r/a_0}$, em que $a_0 = 53$ pm (o raio de Bohr). (i) Calcule a probabilidade de o elétron estar no interior de pequena esfera, com raio de 1,0 pm e centro no núcleo. (ii) Imagine agora que a esfera mencionada esteja com o centro num ponto $r = a_0$. Qual a probabilidade de o elétron estar no seu interior?

7B.6 Átomos em uma ligação química vibram em torno do comprimento de ligação no equilíbrio. Um átomo que sofre um movimento vibracional é descrito pela função de onda $\psi(x) = Ne^{-x^2/2a^2}$, em que a é uma constante e $-\infty < x < \infty$. (i) Normalize essa função de onda. (ii) Calcule a probabilidade de se encontrar a partícula no intervalo $-a \le x \le a$. *Sugestão*: A integral encontrada na parte (ii) é a função erro. Ela se encontra na maioria dos pacotes matemáticos.

7B.7 Suponha que o estado do átomo em vibração no Problema 7B.6 é descrito pela função de onda $\psi(x) = Nxe^{-x^2/2a^2}$. Qual é a posição mais provável da partícula?

SEÇÃO 7C Os princípios da teoria quântica

Questões teóricas

7C.1 Sugira como a forma geral de uma função de onda pode ser prevista sem resolver explicitamente a equação de Schrödinger.

7C.2 Descreva a relação entre operadores e observáveis em mecânica quântica.

7C.3 Explique a relação de incerteza entre a posição e o momento linear em termos da forma da função de onda.

7C.4 Descreva as propriedades dos pacotes de onda em termos do princípio da incerteza de Heisenberg.

Exercícios

7C.1(a) Construa o operador energia potencial de uma partícula sujeita a um potencial do tipo oscilador harmônico (veja a Seção 8B).
7C.1(b) Construa o operador energia potencial de uma partícula sujeita a um potencial coulombiano.

7C.2(a) Confirme que o operador energia cinética, $-(\hbar^2/2m)\mathrm{d}^2/\mathrm{d}x^2$, é hermitiano.
7C.2(b) O operador correspondente ao momento angular de uma partícula é $(\hbar/\mathrm{i})\mathrm{d}/\mathrm{d}\phi$, em que ϕ é um ângulo. Esse operador é hermitiano?

7C.3(a) Funções da forma $\mathrm{sen}(n\pi x/L)$ podem ser usadas para modelar as funções de onda de elétrons em um nanotubo de carbono de comprimento L. Mostre que as funções $\mathrm{sen}(n\pi x/L)$ e $\mathrm{sen}(m\pi x/L)$, com $n \neq m$, são ortogonais para uma partícula confinada à região $0 \le x \le L$.
7C.3(b) Funções da forma $\cos(n\pi x/L)$ podem ser usadas para modelar as funções de onda de elétrons em metais. Mostre que as funções $\cos(n\pi x/L)$ e $\cos(m\pi x/L)$, com $n \neq m$, são ortogonais para uma partícula confinada à região $0 \le x \le L$.

7C.4(a) Um átomo leve girando em torno de um átomo pesado ao qual ele está ligado é descrito por uma função da forma $\psi(\phi) = e^{im\phi}$, com $0 \le \phi \le 2\pi$ e m um inteiro. Mostre que as funções de onda com $m = +1$ e $m = +2$ são ortogonais.
7C.4(b) Repita o Exercício 7C.4(a) para as funções de onda com $m = +1$ e $m = -1$.

7C.5(a) Um elétron em um nanotubo de carbono de comprimento L é descrito pela função de onda $\psi(x) = \mathrm{sen}(2\pi x/L)$. Calcule o valor esperado da posição do elétron.
7C.5(b) Um elétron em um nanotubo de carbono de comprimento L é descrito pela função de onda $\psi(x) = (2/L)^{1/2}\mathrm{sen}(\pi x/L)$. Calcule o valor esperado da energia cinética do elétron.

7C.6(a) Um elétron em um metal unidimensional de comprimento L é descrito pela função de onda $\psi(x) = \mathrm{sen}(\pi x/L)$. Calcule o valor esperado do momento do elétron.
7C.6(b) Um átomo leve girando em torno de um átomo pesado ao qual ele está ligado é descrito por uma função da forma $\psi(\phi) = e^{im\phi}$, com $0 \le \phi \le 2\pi$. Se o operador correspondente ao momento angular é dado por $(\hbar/\mathrm{i})\mathrm{d}/\mathrm{d}\phi$, calcule o valor esperado do momento angular do átomo leve.

7C.7(a) Calcule a incerteza mínima na velocidade de uma bola com 500 g que está a uma distância de no mínimo 1,0 μm de certo ponto. Qual a incerteza mínima na posição de um projétil de 5,0 g cuja velocidade está entre 350,000 01 m s^{-1} e 350,000 00 m s^{-1}?
7C.7(b) Um elétron está confinado numa região linear do espaço que tem o comprimento da mesma ordem que o diâmetro de um átomo (cerca de 100 pm). Calcule as incertezas mínimas na posição e na velocidade.

7C.8(a) A velocidade de um próton é 0,45 Mm s^{-1}. Se a incerteza no seu momento for reduzida a 0,0010%, que incerteza se pode tolerar na sua posição?
7C.8(b) A velocidade de um elétron é 995 km s^{-1}. Se a incerteza no seu momento for reduzida a 0,0010%, que incerteza se pode tolerar na sua posição?

7C.9(a) Determine os comutadores dos operadores (i) $\mathrm{d}/\mathrm{d}x$ e $1/x$, (ii) $\mathrm{d}/\mathrm{d}x$ e x^2.
7C.9(b) Determine os comutadores dos operadores a e a^+, em que $a = (x + \mathrm{i}p)/2^{1/2}$ e $a^+ = (x - \mathrm{i}p)/2^{1/2}$.

Problemas

7C.1 Escreva a equação de Schrödinger independente do tempo para (a) um elétron se movendo em uma dimensão em torno de um núcleo estacionário e sujeito a um potencial coulombiano, (b) uma partícula livre, (c) uma partícula sujeita a uma força constante e uniforme.

7C.2 Construa os operadores quanto-mecânicos para os seguintes observáveis: (a) energia cinética em uma e três dimensões, (b) o inverso da separação, $1/x$, (c) o momento de dipolo elétrico unidimensional, (d) os desvios médios quadráticos unidimensionais da posição e do momento de uma partícula em relação aos valores médios.

7C.3 Identifique quais, dentre as funções seguintes, são autofunções do operador $\mathrm{d}/\mathrm{d}x$: (a) e^{ikx}, (b) k, (c) kx, (d) e^{-ax^2}. Nos casos apropriados, dê o autovalor correspondente.

7C.4 Determine quais, dentre as seguintes funções, são autofunções do operador inversão $\hat{i}$ (operador que transforma $x \rightarrow -x$): (a) $x^3 - kx$, (b) cos kx, (c) $x^2 + 3x - 1$. Quando for apropriado, determine o correspondente autovalor de $\hat{i}$.

7C.5 Quais, dentre as funções do Problema 7C.3, são (a) também autofunções do operador d^2/dx^2 e (b) exclusivamente autofunções de d^2/dx^2? Dê os autovalores quando for apropriado.

7C.6 Mostre que o produto de um operador hermitiano com ele mesmo é também um operador hermitiano.

7C.7 Calcule o momento linear médio de uma partícula descrita pelas seguintes funções de onda: (a) e^{ikx}, (b) cos kx, (c) e^{-ax^2}. Em cada função x varia de $-\infty$ a $+\infty$.

7C.8 As funções de onda normalizadas para uma partícula confinada a se mover em um círculo são $\psi(\phi) = (1/2\pi)^{1/2}\, e^{im\phi}$, em que $m = 0, \pm1, \pm2, \pm3, \ldots$ e $0 \leq \phi \leq 2\pi$. Determine $\langle \phi \rangle$.

7C.9 Uma partícula movendo-se livremente em uma dimensão x, com $0 \leq x \leq \infty$ está num estado descrito pela função de onda $\psi(x) = (a)^{1/2}e^{-ax/2}$, em que a é uma constante. Determine o valor esperado do operador posição.

7C.10 A função de onda de um elétron em um acelerador linear é $\psi = (\cos \chi)e^{ikx} + (\text{sen}\, \chi)e^{-ikx}$, em que χ (chi) é um parâmetro. Qual é a probabilidade de a partícula ter o momento linear (a) $+k\hbar$, (b) $-k\hbar$? (c) Que forma teria a função de onda se fosse 90% certo o momento linear da partícula ser igual a $+k\hbar$? (d) Calcule a energia cinética do elétron.

7C.11 Estime os valores esperados de r e de r^2 do átomo de hidrogênio com as funções de onda dadas no Problema 7B2.

7C.12 A função de onda do estado fundamental do átomo de hidrogênio é $\psi = (1/\pi a_0^3)^{1/2} e^{-r/a_0}$. Calcule (a) a energia potencial média e (b) a energia cinética média de um elétron no estado fundamental do átomo de hidrogênio.

7C.13 Mostre que o valor esperado de um operador que pode ser escrito como o quadrado de um operador hermitiano é positivo.

7C.14 Uma partícula está num estado descrito pela função de onda $\psi(x) = (2a/\pi)^{1/4} e^{-ax^2}$, em que a é uma constante e $-\infty \leq x \leq \infty$. Verifique se o valor do produto $\Delta p \Delta x$ é consistente com o que é previsto pelo princípio da incerteza.

7C.15 Uma partícula está num estado descrito pela função de onda $\psi(x) = (2a)^{1/2}e^{-ax}$, em que a é uma constante e $0 \leq x \leq \infty$. Determine o valor esperado do comutador dos operadores da posição e do momento linear.

7C.16 Avalie os comutadores (a) $[\hat{H}, \hat{p}_x]$ e (b) $[\hat{H}, \hat{x}]$ em que $\hat{H} = \hat{p}_x^2/2m + \hat{V}(x)$. Escolha (i) $V(x) = V$, uma constante, (ii) $V(x) = \frac{1}{2}k_f x^2$.

7C.17 (a) Sabendo que qualquer operador que representa um observável deve satisfazer à relação de comutação dada pela Eq. 7C.16, como deve ser o operador posição se o momento linear paralelo ao eixo dos x for representado pelo operador multiplicar por x? Essas escolhas diferentes são "representações" válidas em mecânica quântica. (b) Tendo identificado o operador $\hat{x}$ nessa representação, como é o operador para $1/x$? *Sugestão*: Pense em $1/x$ como x^{-1}.

Atividades integradas

7.1‡ Uma estrela muito pequena e fria demais para brilhar foi descoberta por S. Kulkarni *et al.* (*Science* **270**, 1478 (1995)). O espectro do corpo sideral exibe indícios da presença de metano, que, de acordo com os autores, não estaria em temperatura muito mais elevada do que 1000 K. A massa da estrela, determinada pelo seu efeito gravitacional sobre uma estrela que a acompanha, é, aproximadamente, 20 vezes a massa de Júpiter. Com essa massa, é muito pouco provável que o corpo seja um planeta. O mais provável é que seja uma estrela anã, castanha, a mais fria que já se observou. (a) Com base em dados termodinâmicos, verifique a estabilidade do metano em temperaturas mais elevadas do que 1000 K. (b) Qual o $\lambda_{\text{máx}}$ dessa estrela? (c) Qual é a densidade de energia da estrela em relação à do Sol (6000 K)? (d) Para determinar se a estrela terá brilho ou não, estime a fração da densidade de energia da estrela na região visível do espectro.

7.2 Suponha que a função de onda de um elétron em um nanotubo de carbono é uma combinação de funções $\cos(nx)$. (a) Use um software matemático ou uma planilha para construir a superposição de funções cosseno como

$$\psi(x) = \frac{1}{N}\sum_{k=1}^{N}\cos(k\pi x)$$

em que a constante $1/N$ foi introduzida para manter as superposições com a mesma magnitude. Para fazer o gráfico da superposição, localize $x = 0$ no centro da tela e calcule a superposição nessa região. (b) Explore como a densidade de probabilidade $\psi^2(x)$ varia com o valor de N. (c) Calcule a localização média quadrática do pacote de onda, isto é, de $\langle x^2\rangle^{1/2}$. (d) Determine a probabilidade de que um dado momento seja observado.

Revisão de Matemática 3 Números complexos

Descrevemos aqui as propriedades gerais de números e funções complexos, que são construções matemáticas frequentemente encontradas na mecânica quântica.

RM3.1 Definições

Números complexos apresentam a forma geral

$$z = x + iy \qquad \text{Forma geral de um número complexo} \qquad \text{(RM3.1)}$$

em que $i = (-1)^{1/2}$. Os números reais x e y são, respectivamente, as partes real e imaginária de z, simbolizadas por Re(z) e Im(z). Quando $y = 0$, $z = x$ é um número real; quando $x = 0$, $z = iy$ é um número imaginário puro. Dois números complexos $z_1 = x_1 + iy_1$ e $z_2 = x_2 + iy_2$ são iguais quando $x_1 = x_2$ e $y_1 = y_2$. Embora a forma geral da parte imaginária de um número complexo seja escrita como iy, um valor numérico específico é escrito tipicamente na ordem reversa; por exemplo, 3i.

O **complexo conjugado** de z, simbolizado por z^*, é formado pela substituição de i por –i:

$$z^* = x - iy \qquad \text{Complexo conjugado} \qquad \text{(RM3.2)}$$

O produto de z^* e z é simbolizado por $|z|^2$, e é chamado de **módulo ao quadrado** de z. Das Eqs. RM3.1 e RM3.2,

$$|z|^2 = (x + iy)(x - iy) = x^2 + y^2 \qquad \text{Quadrado do módulo} \qquad \text{(RM3.3)}$$

uma vez que $i^2 = -1$. O módulo ao quadrado é um número real. O **valor absoluto** ou **módulo** é simbolizado por $|z|$, e é dado por:

$$|z| = (z^* z)^{1/2} = (x^2 + y^2)^{1/2} \qquad \text{Valor absoluto do módulo} \qquad \text{(RM3.4)}$$

Uma vez que $zz^* = |z|^2$, segue que $z \times (z^*/|z|^2) = 1$, a partir do qual podemos identificar o **inverso** (multiplicativo) de z (que existe para todos os números complexos diferentes de zero):

$$z^{-1} = \frac{z^*}{|z|^2} \qquad \text{Inverso de um número complexo} \qquad \text{(RM3.5)}$$

Breve ilustração RM3.1 Inverso

Considere o número complexo $z = 8 - 3i$. O quadrado de seu módulo é

$$|z|^2 = z^* z = (8-3i)^*(8-3i) = (8+3i)(8-3i) = 64 + 9 = 73$$

O módulo é, consequentemente, $|z| = 73^{1/2}$. Da Eq. RM3.5, o inverso de z é

$$z^{-1} = \frac{8+3i}{73} = \frac{8}{73} + \frac{3}{73}i$$

RM3.2 Representação polar

O número complexo $z = x + iy$ pode ser representado como um ponto em um plano, o **plano complexo**, com Re(z) ao longo do eixo x e Im(z) ao longo do eixo y (Fig. RM3.1). Se, conforme mostrado na figura, r e ϕ simbolizarem as coordenadas polares do ponto, então, uma vez que $x = r \cos \phi$ e $y = r \operatorname{sen} \phi$, podemos expressar o número complexo na **forma polar** como

$$z = r(\cos\phi + i \operatorname{sen}\phi) \qquad \text{Forma polar de um número complexo} \qquad \text{(RM3.6)}$$

O ângulo ϕ, chamado de **argumento** de z, é o ângulo que z faz com o eixo x. Como $y/x = \operatorname{tg} \phi$, segue-se que a forma polar pode ser construída a partir de

$$r = (x^2 + y^2)^{1/2} = |z| \qquad \phi = \arctan\frac{y}{x} \qquad \text{(RM3.7a)}$$

Para converter da forma polar para a forma cartesiana, use

$$x = r\cos\phi \text{ e } y = r \operatorname{sen}\phi \text{ formam } z = x + iy \qquad \text{(RM3.7b)}$$

Uma das relações mais úteis envolvendo números complexos é a **fórmula de Euler**:

$$e^{i\phi} = \cos\phi + i \operatorname{sen}\phi \qquad \text{Fórmula de Euler} \qquad \text{(RM3.8a)}$$

A forma mais simples de demonstrar essa relação é expandir a função exponencial como uma série de potências e juntar os termos reais e imaginários. Segue-se que

$$\cos\phi = \tfrac{1}{2}(e^{i\phi} + e^{-i\phi}) \qquad \operatorname{sen}\phi = -\tfrac{1}{2}i(e^{i\phi} - e^{-i\phi}) \qquad \text{(RM3.8b)}$$

A forma polar na Eq. RM3.6 torna-se então

$$z = re^{i\phi} \qquad \text{(RM3.9)}$$

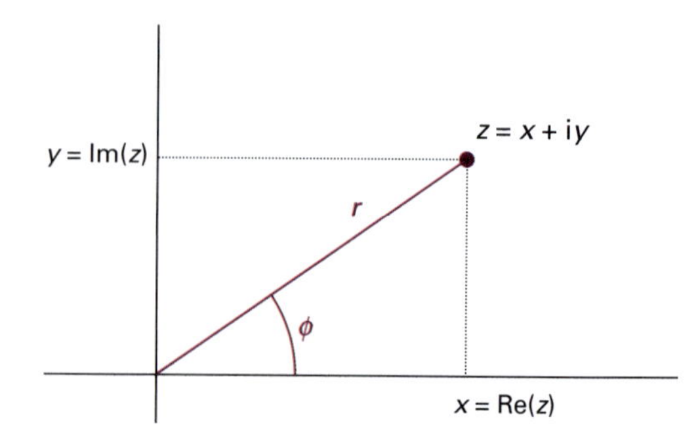

Figura RM3.1 A representação de um número complexo z como um ponto no plano complexo, usando coordenadas cartesianas (x,y) ou coordenadas polares (r,ϕ).

Breve ilustração RM3.2 Representação polar

Considere o número complexo $z = 8 - 3i$. Da *Breve ilustração* RM3.1, $r = |z| = 73^{1/2}$. O argumento de z é

$$\theta = \arctan\left(\frac{-3}{8}\right) = -0{,}359\,\text{rad, ou} -20{,}6°$$

A forma polar do número é, portanto,

$$z = 73^{1/2}\,e^{-0{,}359i}$$

RM3.3 Operações

As seguintes regras se aplicam às operações matemáticas com os números complexos $z_1 = x_1 + iy_1$ e $z_2 = x_2 + iy_2$.

1. Adição: $z_1 + z_2 = (x_1 + x_2) + i(y_1 + y_2)$ (RM3.10a)
2. Subtração: $z_1 - z_2 = (x_1 - x_2) + i(y_1 - y_2)$ (RM3.10b)
3. Multiplicação:

$$\begin{aligned} z_1 z_2 &= (x_1 + iy_1)(x_2 + iy_2) \\ &= (x_1x_2 - y_1y_2) + i(x_1y_2 + y_1x_2) \end{aligned} \quad \text{(RM3.10c)}$$

4. Divisão: Interpretamos z_1/z_2 como $z_1 z_2^{-1}$ e usamos a Eq. RM3.5 para o inverso:

$$\frac{z_1}{z_2} = z_1 z_2^{-1} = \frac{z_1 z_2^*}{|z_2|^2} \quad \text{(RM3.10d)}$$

Breve ilustração RM3.3 Operações com números

Considere os números complexos $z_1 = 6 + 2i$ e $z_2 = -4 - 3i$. Então

$$z_1 + z_2 = (6-4) + (2-3)i = 2 - i$$
$$z_1 - z_2 = 10 + 5i$$
$$z_1 z_2 = \{6(-4) - 2(-3)\} + \{6(-3) + 2(-4)\}i = -18 - 26i$$
$$\frac{z_1}{z_2} = (6+2i)\left(\frac{-4+3i}{25}\right) = -\frac{6}{5} + \frac{2}{5}i$$

A forma polar de um número complexo é comumente usada para realizar operações matemáticas. Por exemplo, o produto de dois números complexos na forma polar é

$$z_1 z_2 = (r_1 e^{i\phi_1})(r_2 e^{i\phi_2}) = r_1 r_2 e^{i(\phi_1 + \phi_2)} \quad \text{(RM3.11)}$$

Essa multiplicação é ilustrada no plano complexo conforme mostrado na Fig. RM3.2.

A n-ésima potência e a n-ésima raiz de um número complexo são

$$z^n = (re^{i\phi})^n = r^n e^{in\phi} \qquad z^{1/n} = (re^{i\phi})^{1/n} = r^{1/n} e^{i\phi/n} \quad \text{(RM3.12)}$$

As ilustrações no plano complexo são mostradas na Fig. RM3.3.

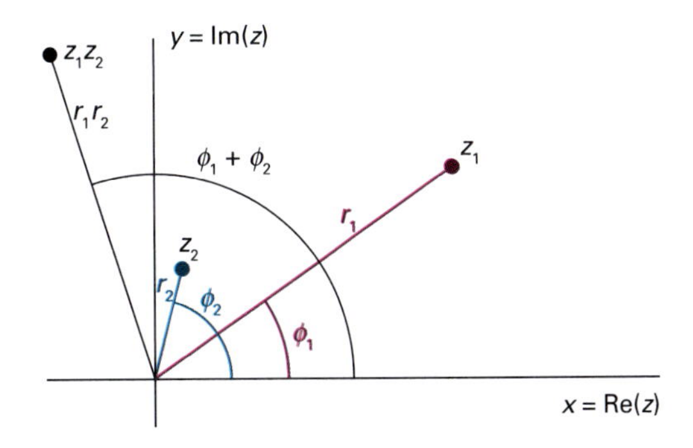

Figura RM3.2 A multiplicação de dois números complexos, ilustrada no plano complexo.

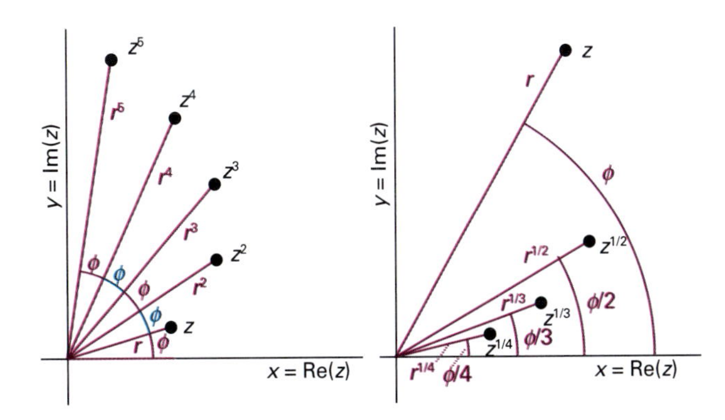

Figura RM3.3 (a) As n-ésimas potências e (b) as n-ésimas raízes (n = 1, 2, 3, 4) de um número complexo, ilustradas no plano complexo.

Breve ilustração RM3.4 Raízes

Para determinar a 5ª raiz de $z = 8 - 3i$, notamos, da *Breve ilustração* RM3.2, que sua forma polar é

$$z = 73^{1/2} e^{-0{,}359i} = 8{,}544 e^{-0{,}359i}$$

Por conseguinte, a 5ª raiz é

$$z^{1/5} = (8{,}544 e^{-0{,}359i})^{1/5} = 8{,}544^{1/5} e^{-0{,}359i/5} = 1{,}536 e^{-0{,}0718i}$$

Segue-se que $x = 1{,}536 \cos(-0{,}0718) = 1{,}532$ e $y = 1{,}536$ sen $(-0{,}0718) = -0{,}110$ (note que trabalhamos em radianos), logo

$$(8-3i)^{1/5} = 1{,}532 - 0{,}110i$$

CAPÍTULO 8

Teoria quântica do movimento

Os três modos básicos de movimento – translação (movimento através do espaço), vibração e rotação – têm importante papel na química, pois são as formas pelas quais moléculas armazenam energia. As moléculas em fase gasosa, por exemplo, efetuam movimentos de translação, e as respectivas energias cinéticas são uma contribuição à energia interna da amostra de gás. As moléculas também armazenam energia na forma de energia cinética de rotação, e as transições entre os estados de energia de rotação podem ser observadas nos espectros correspondentes. A energia também é armazenada nas vibrações das moléculas, e as transições entre os estados de vibração permitem identificações espectroscópicas. Neste capítulo, vamos utilizar os princípios da teoria quântica para calcular as propriedades de partículas microscópicas em movimento.

8A Translação

Nesta seção veremos que, de acordo com a teoria quântica, uma partícula restrita a se mover em uma região finita do espaço é descrita apenas por certas funções de onda e suas energias correspondentes. Deste modo, a quantização surge como uma consequência natural da resolução da equação de Schrödinger e das condições impostas sobre ela. As soluções também revelam algumas características não clássicas das partículas, especialmente a sua capacidade de "tunelar" para e através de regiões onde a física clássica não permitiria que elas fossem encontradas.

8B Movimento de vibração

Esta seção apresenta o "oscilador harmônico", um modelo simples, porém importante, para a descrição das vibrações moleculares. Veremos que as energias do oscilador são quantizadas. As funções de onda aceitáveis também mostram que o oscilador pode ser encontrado em estiramentos e compressões que são proibidos pela física clássica.

8C Movimento de rotação

A energia de uma partícula em rotação é quantizada, mas nesta seção veremos que o momento angular também é restrito a certos valores. A quantização do momento angular é um aspecto muito importante da teoria quântica dos elétrons nos átomos e das moléculas em rotação.

Qual é o impacto deste material?

A "nanociência" é o estudo de arranjos atômicos e moleculares com dimensões que variam de 1 nm a cerca de 100 nm, e a "nanotecnologia" está relacionada à incorporação desses arranjos em dispositivos. Encontraremos vários conceitos de nanociência ao longo do livro. Em *Impacto* T8.1, exploramos efeitos da mecânica quântica que fazem as propriedades de um componente manométrico dependerem de seu tamanho.

8A Translação

Tópicos

➤ Por que você precisa saber este assunto?

A aplicação da teoria quântica à translação revela a origem da quantização e outras características não clássicas de fenômenos físicos e químicos. Este material é importante para a discussão sobre átomos e moléculas que estão livres para se movimentar em um volume restrito, como um gás em um recipiente.

➤ Qual é a ideia fundamental?

Os níveis de energia de translação de uma partícula confinada a uma região finita do espaço são quantizados, e, sob certas condições, as partículas podem passar para e através de regiões classicamente proibidas.

➤ O que você já deve saber?

Você precisa saber que a função de onda é a solução da equação de Schrödinger (Seção 7B) e estar familiarizado com as técnicas de dedução de propriedades dinâmicas a partir da função de onda usando os operadores correspondentes aos observáveis (Seção 7C).

Nesta seção vamos apresentar as características essenciais das soluções da equação de Schrödinger para a translação, um dos tipos básicos de movimento. Vamos verificar que a quantização surge como uma consequência natural da equação de Schrödinger e das condições impostas sobre ela. As soluções também revelam algumas características não clássicas das partículas, especialmente a sua capacidade de tunelar para e através de regiões onde a física clássica não permitiria que elas fossem encontradas.

8A.1 Movimento livre em uma dimensão

A equação de Schrödinger para uma partícula de massa m movendo-se livremente em uma dimensão é (Seção 7B)

$$-\frac{\hbar^2}{2m}\frac{d^2\psi(x)}{dx^2}=E\psi(x) \qquad \text{Movimento livre em uma dimensão} \quad \text{Equação de Schrödinger} \quad (8A.1)$$

e as soluções são (como na Eq. 7B.6)

$$\psi_k=Ae^{ikx}+Be^{-ikx} \qquad E_k=\frac{k^2\hbar^2}{2m} \qquad \text{Movimento livre em uma dimensão} \quad \text{Funções de onda e energias} \quad (8A.2)$$

com A e B constantes. Veja que estamos identificando as funções de onda e as energias pelo índice k. As funções de onda na Eq. 8A.2 são contínuas, têm derivadas contínuas, têm coeficiente angular contínuo em todos os pontos, são unívocas e não crescem infinitamente, logo – na ausência de quaisquer outras informações – são aceitáveis para todos os valores de k. Como a energia de uma partícula é proporcional a k^2, todos os valores não negativos de energia, inclusive zero, são permitidos. *Segue-se que a energia de translação de uma partícula livre não é quantizada.*

Os valores das constantes A e B dependem de como o estado de movimento da partícula é atingido:

- Se a partícula é lançada em direção ao eixo dos x positivos, seu momento linear é $+k\hbar$ (Seção 7C), e sua função de onda é proporcional a e^{ikx}. Neste caso, $B = 0$ e A é um fator de normalização.
- Se a partícula é lançada em direção ao eixo dos x negativos, seu momento linear é $-k\hbar$ e sua função de onda é proporcional a e^{-ikx}. Neste caso, $A = 0$ e B é um fator de normalização.

Interpretação física

Breve ilustração 8A.1 A função de onda de uma partícula livre

Um elétron em repouso que é lançado de um acelerador na direção dos x positivos por uma diferença de potencial de 1,0 V adquire uma energia cinética de 1,0 eV ou 0,16 aJ ($1{,}6 \times 10^{-19}$ J). A função de onda dessa partícula é dada pela Eq. 8A.3, com $B = 0$ e k obtido pelo rearranjo da expressão da energia na Eq. 8A.2, dando

$$k = \left(\frac{2m_e E_k}{\hbar^2}\right)^{1/2} = \left(\frac{2\times(9{,}109\times10^{-31}\,\text{kg})\times(1{,}6\times10^{-19}\,\text{J})}{(1{,}055\times10^{-34}\,\text{J s})^2}\right)^{1/2}$$
$$= 5{,}1\times10^{9}\,\text{m}^{-1}$$

ou 5,1 nm^{-1} (com 1 nm = 10^{-9} m). Portanto, a função de onda é $\psi(x) = Ae^{5{,}1ix/\text{nm}}$.

Exercício proposto 8A.1 Escreva a função de onda para um elétron deslocando-se para a esquerda (x negativo) após ser acelerado por uma diferença de potencial de 10 kV.

Resposta: $\psi(x) = Be^{-510ix/\text{nm}}$

A densidade de probabilidade $|\psi|^2$ é uniforme se a partícula está em um dos estados de momento puro e^{ikx} ou e^{-ikx}. Segundo a interpretação de Born (Seção 7B), nada pode ser dito sobre a posição da partícula. Esta conclusão é compatível com o princípio da incerteza, pois, se o momento linear for conhecido com exatidão, a posição não pode ser especificada (os operadores correspondentes a x e p não comutam, Seção 7C).

8A.2 Movimento confinado em uma dimensão

Considere uma **partícula em uma caixa**: uma partícula de massa m está confinada em uma região do espaço entre duas paredes impenetráveis. A energia potencial é zero dentro da caixa e aumenta abruptamente até o infinito nas paredes, em $x = 0$ e $x = L$ (Fig. 8A.1). Quando a partícula está entre as paredes, a equação de Schrödinger é a mesma que para a partícula livre (Eq. 8A.1),

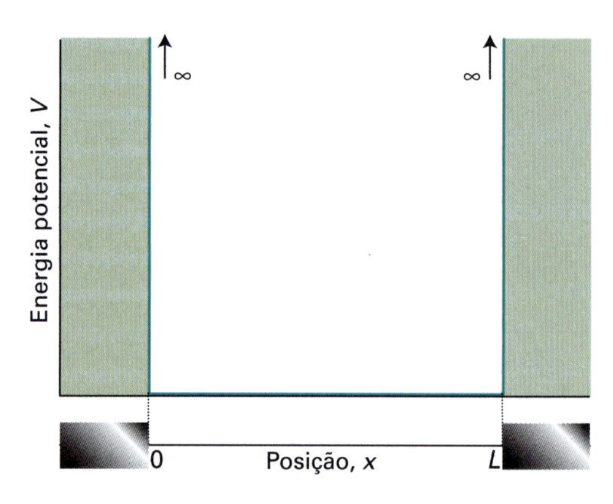

Figura 8A.1 Partícula em uma caixa unidimensional com paredes impenetráveis. Sua energia potencial é nula entre $x = 0$ e $x = L$ e cresce abruptamente até infinito quando ela toca nas paredes.

logo, as soluções gerais dadas na Eq. 8A.2 são também as mesmas. Entretanto, é conveniente usarmos $e^{\pm ikx} = \cos kx \pm i \operatorname{sen} kx$ (*Revisão de matemática* 3) para escrever

$$\psi_k(x) = Ae^{ikx} + Be^{-ikx} = A(\cos kx + i \operatorname{sen} kx) + B(\cos kx - i \operatorname{sen} kx)$$
$$= (A+B)\cos kx + (A-B)i \operatorname{sen} kx$$

Se escrevermos $C = (A - B)i$ e $D = (A + B)$, as soluções gerais tomam a forma

$$\psi_k(x) = C \operatorname{sen} kx + D \cos kx \qquad \text{Solução geral para } 0 \le x \le L \qquad (8A.3)$$

Fora da caixa, as funções de onda devem ser nulas, pois a partícula não pode ser encontrada em uma região onde sua energia potencial é infinita:

$$\text{Para } x < 0 \ \text{ e } \ x > L, \quad \psi_k(x) = 0 \qquad (8A.4)$$

Até este ponto, não há restrições sobre os valores de k e todas as soluções parecem ser aceitáveis.

(a) As soluções aceitáveis

A exigência da continuidade da função de onda (Seção 7C) implica que $\psi_k(x)$ dada pela Eq. 8A.3 tem que ser zero nas paredes, pois deve se igualar à função de onda no material das paredes, onde as funções se encontram. Isto é, a função de onda tem que satisfazer certas **condições de contorno**, que são restrições impostas à função em certas posições:

$$\psi_k(0) = 0 \ \text{ e } \ \psi_k(L) = 0 \qquad \textit{Partícula em uma caixa unidimensional} \quad \text{Condições de contorno} \qquad (8A.5)$$

Como mostramos na *Justificativa* a seguir, a exigência de que a função de onda satisfaça a essas condições de contorno implica que somente certas funções de onda sejam aceitáveis e que as únicas funções de onda e energias permitidas sejam

$$\psi_n(x) = C\,\text{sen}\left(\frac{n\pi x}{L}\right) \qquad n=1,2,\cdots \tag{8A.6a}$$

$$E_n = \frac{n^2h^2}{8mL^2} \qquad n=1,2,\cdots \tag{8A.6b}$$

em que C é uma constante a ser determinada. Observe que as funções de onda e as energias são agora identificadas pelo inteiro adimensional n, em vez de k.

Justificativa 8A.1 Os níveis de energia e as funções de onda de uma partícula em uma caixa unidimensional

Da condição de contorno $\psi_k(0) = 0$ e do fato de que, pela Eq. 8A.3, $\psi_k(0) = D$ (pois sen(0) = 0 e cos(0) = 1), devemos ter $D = 0$. Então a função de onda deve ter a forma $\psi_k(x) = C\,\text{sen}\,kx$. Da segunda condição de contorno, $\psi_k(L) = 0$, sabemos que $\psi_k(L) = C\,\text{sen}\,kL = 0$. Se tivéssemos $C = 0$, a função seria $\psi_k(x) = 0$, para qualquer x, o que é incompatível com a interpretação de Born (a partícula deve estar em algum lugar da caixa). Então, kL deve ser escolhido de modo que sen $kL = 0$, o que leva a

$$kL = n\pi \qquad n=1,2,\ldots$$

O valor $n = 0$ é excluído, pois ele implica que $k = 0$ e $\psi_k(x) = 0$ em todos os pontos (pois sen 0 = 0), o que não é aceitável. Os valores negativos de n simplesmente trocam o sinal da função sen kL (pois sen $(-x) = -$sen x) e não levam a novas soluções. As funções de onda são, então,

$$\psi_n(x) = C\,\text{sen}\,(n\pi x/L) \qquad n=1,2,\ldots$$

como na Eq. 8A.6. Neste momento passamos a identificar as soluções pelo índice n em vez do índice k. Como k e E_k estão relacionados pela Eq. 8A.2 e k e n estão relacionados por $kL = n\pi$, segue-se que a energia da partícula está limitada aos valores $E_n = n^2h^2/8mL^2$, como na Eq. 8A.6b.

Concluímos que a energia da partícula em uma caixa unidimensional é quantizada e que essa quantização provém das condições de contorno impostas a ψ para que ela seja uma função de onda aceitável. Esta é uma conclusão geral: *a necessidade de satisfazer às condições de contorno faz com que somente algumas funções de onda sejam aceitáveis e, consequentemente, os observáveis se restrinjam a certos valores discretos.* Até agora vimos somente a quantização da energia; logo veremos que outros observáveis físicos também podem ser quantizados.

Precisamos determinar a constante de normalização C na Eq. 8A.6a. Para isso, normalizamos a função a 1 usando uma integral-padrão que se encontra na *Seção de dados*. Como a função de onda é nula fora da região $0 \le x \le L$, usamos

$$\int_0^L \psi^2 \mathrm{d}x = C^2 \int_0^L \text{sen}^2\left(\frac{n\pi x}{L}\right)\mathrm{d}x \overset{\text{Integral T.2}}{=} C^2 \times \frac{L}{2} = 1, \text{ assim } C = \left(\frac{2}{L}\right)^{1/2}$$

para qualquer n. Portanto, a solução completa para a partícula em uma caixa é

$$\psi_n(x) = \left(\frac{2}{L}\right)^{1/2} \text{sen}\left(\frac{n\pi x}{L}\right) \text{ para } 0 \le x \le L \qquad \psi_n(x) = 0 \text{ para } x<0 \text{ e } x>L \tag{8A.7a}$$

Caixa unidimensional — Funções de onda

$$E_n = \frac{n^2h^2}{8mL^2} \qquad n=1,2,\ldots \tag{8A.7b}$$

Caixa unidimensional — Níveis de energia

em que as energias e as funções de onda são identificadas pelo número quântico n. Um **número quântico** é um número inteiro (em alguns casos, como veremos na Seção 9B, um semi-inteiro) que identifica o estado do sistema. Para uma partícula em uma caixa unidimensional, há um número infinito de soluções aceitáveis, e o número quântico n identifica cada uma delas (Fig. 8A.2). Além de ser um identificador do estado, o número quântico também pode ser usado para calcular a energia correspondente ao estado e escrever a respectiva função de onda explicitamente (no exemplo que estamos vendo, usando as relações na Eq. 8A.7).

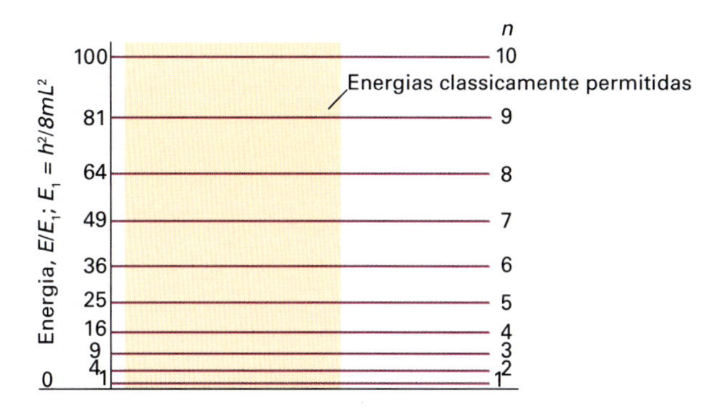

Figura 8A.2 Níveis de energia permitidos para uma partícula numa caixa. Observe que os níveis de energia aumentam com n^2, e que a separação entre eles aumenta à medida que o número quântico aumenta. Classicamente, a partícula pode ter qualquer valor de energia no contínuo mostrado como a área sombreada.

Breve ilustração 8A.2 Energia de uma partícula em uma caixa

Um longo nanotubo de carbono pode ser modelado como uma estrutura unidimensional, e seus elétrons descritos por funções de onda da partícula em uma caixa. A energia mais baixa de um elétron em um nanotubo de carbono de comprimento 100 nm é dada pela Eq. 8A7.b, com $n = 1$:

$$E_1 = \frac{(1)^2 \times \left(6{,}626\times10^{-34} \overset{\text{kg m}^2\,\text{s}^{-2}}{\widehat{\text{J}}}\ \text{s}\right)^2}{8\times(9{,}109\times10^{-31}\,\text{kg})\times(100\times10^{-9}\,\text{m})^2} = 6{,}02\times10^{-24}\,\text{J}$$

ou 0,00602 zJ, e sua função de onda é $\psi_1(x) = (2/L)^{1/2}\,\text{sen}(\pi x/L)$.

Exercício proposto 8A.2 Quais são a energia e a função de onda do próximo nível de energia do elétron descrito nesta *Breve ilustração*?

Resposta: $E_2 = 0{,}0241$ zJ, $\psi_2(x) = (2/L)^{1/2}\,\text{sen}(2\pi x/L)$

(b) As propriedades das funções de onda

A Fig. 8A.3 mostra algumas funções de onda de uma partícula em uma caixa. Vemos que:

- Todas as funções de onda são funções seno com as mesmas amplitudes, mas diferentes comprimentos de onda.
- A diminuição do comprimento de onda provoca uma curvatura média mais acentuada da função de onda e, portanto, um aumento da energia cinética da partícula (sua única fonte de energia, pois $V = 0$ dentro da caixa).
- O número de nós da função também aumenta com o aumento de n; a função de onda ψ_n tem $n - 1$ nós.
- O aumento do número de nós entre as paredes, para uma dada separação, provoca o aumento da curvatura média da função de onda e, portanto, da energia cinética da partícula.
- A densidade de probabilidade da partícula em uma caixa unidimensional é

Interpretação física

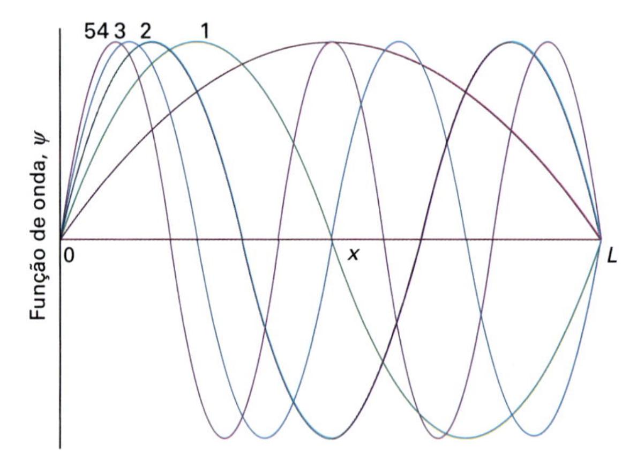

Figura 8A.3 As cinco primeiras funções de onda normalizadas de uma partícula numa caixa. Cada função de onda é uma onda estacionária, e as funções sucessivas têm meia onda a mais que a função precedente e, por isso, têm comprimentos de onda cada vez mais curtos.

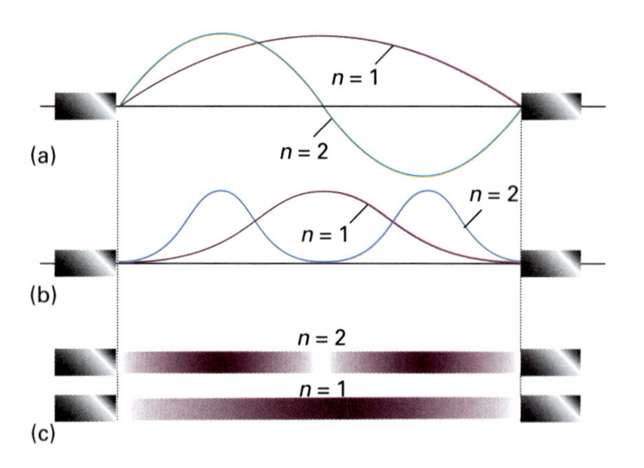

Figura 8A.4 (a) As duas primeiras funções de onda, (b) as distribuições de probabilidade correspondentes e (c) uma representação da distribuição de probabilidades por meio do sombreado da figura.

$$\psi_n^2(x) = \frac{2}{L}\text{sen}^2\left(\frac{n\pi x}{L}\right) \qquad (8A.8)$$

- e varia com a posição. A desuniformidade da densidade de probabilidade é acentuada quando n é pequeno (Fig. 8A.4). As posições mais prováveis da partícula correspondem aos máximos da densidade de probabilidade.

Interpretação física

Exemplo 8A.1 Determinação da probabilidade de encontrar a partícula em uma região finita

As funções de onda de um elétron em um polieno conjugado podem ser aproximadas por funções de onda da partícula em uma caixa. Qual a probabilidade, P, de localizar o elétron entre $x = 0$ (extremidade esquerda de uma molécula) e $x = 0{,}2$ nm, no seu estado de energia mais baixa, em uma molécula conjugada de comprimento 1,0 nm?

Método Segundo a interpretação de Born, $\psi(x)^2\mathrm{d}x$ é a probabilidade de encontrar a partícula numa pequena região dx localizada em x. Então, a probabilidade de encontrar o elétron na região especificada é a integral de $\psi(x)^2\mathrm{d}x$ sobre a região, como dada pela Eq. 7B.11. A função de onda do elétron é dada pela Eq. 8A.7a com $n = 1$. A integral necessária se encontra na *Seção de dados*.

Resposta A probabilidade de encontrar a partícula numa região entre $x = 0$ e $x = l$ é

$$P = \int_0^l \psi_n^2 \mathrm{d}x = \frac{2}{L}\int_0^l \text{sen}^2\left(\frac{n\pi x}{L}\right)\mathrm{d}x = \frac{l}{L} - \frac{1}{2n\pi}\text{sen}\left(\frac{2\pi n l}{L}\right)$$

Considerando então $n = 1$, $L = 1{,}0$ nm e $l = 0{,}2$ nm, obtemos $P = 0{,}05$. O resultado mostra 1 chance em 20 de encontrar o elétron na região mencionada. Quando n tende a infinito, o termo no seno, que está multiplicado por $1/n$, não faz contribuição para P, e o resultado clássico, $P = l/L$, para uma partícula uniformemente distribuída, é obtido.

Exercício proposto 8A.3 Calcule a probabilidade de que um elétron no estado com $n = 1$ esteja entre $0{,}25L$ e $0{,}75L$ em uma molécula conjugada de comprimento L (com $x = 0$ na extremidade esquerda da molécula).

Resposta: $P = 0{,}82$

A densidade de probabilidade $\psi^2(x)$ fica mais uniforme à medida que n aumenta, desde que sejam ignoradas as crescentes e sutis oscilações rápidas (Fig. 8A.5). A densidade de probabilidade em números quânticos elevados reflete o resultado clássico de que uma partícula, refletindo-se para a frente e para trás entre as paredes da caixa, passa, em média, tempos iguais em todos os pontos. A correspondência entre os resultados quânticos em números quânticos elevados e os resultados clássicos é uma ilustração do **princípio da correspondência**, que estabelece que a mecânica clássica surge da mecânica quântica quando os números quânticos são elevados.

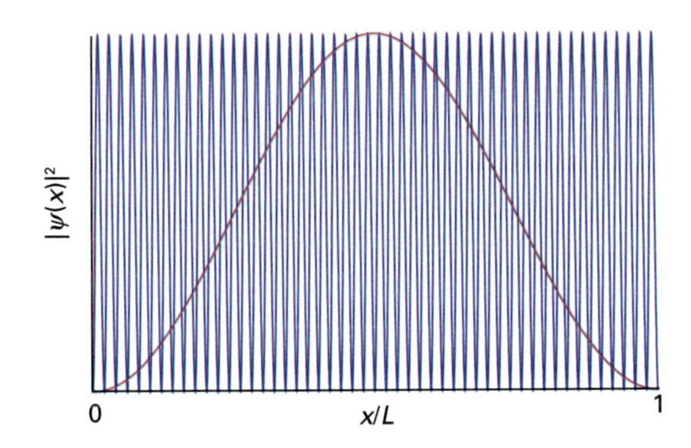

Figura 8A.5 A densidade de probabilidade $\psi^2(x)$ para um número quântico elevado (neste caso, $n = 50$, em azul, comparado com $n = 1$, em vermelho). Observe que, para um alto valor de n, a densidade de probabilidade é quase uniforme, desde que sejam ignoradas as crescentes e sutis oscilações rápidas.

(c) As propriedades dos observáveis

O momento linear de uma partícula em uma caixa não é bem definido, pois a função de onda sen kx não é uma autofunção do operador momento linear. No entanto, cada função de onda é uma sobreposição das autofunções do momento linear e^{ikx} e e^{-ikx}. Então, como sen $x = (e^{ikx} - e^{-ikx})/2i$, podemos escrever

$$\psi_n(x)=\left(\frac{2}{L}\right)^{1/2}\operatorname{sen}\left(\frac{n\pi x}{L}\right)=\frac{1}{2i}\left(\frac{2}{L}\right)^{1/2}(e^{ikx}-e^{-ikx}) \qquad k=\frac{n\pi}{L} \qquad (8A.9)$$

Vem então da discussão da Seção 7C que a medida do momento linear dará o valor $+k\hbar$ na metade das medidas e o valor $-k\hbar$ na outra metade. Essa detecção de sentidos opostos do movimento da partícula, cada qual com a mesma probabilidade, é a versão da mecânica quântica para o movimento clássico da partícula numa caixa. Nesta versão, a partícula vai alternadamente de uma parede até a outra, e num certo intervalo de tempo passa metade do tempo deslocando-se para a direita e a outra metade para a esquerda.

Como n não pode ser nulo, a menor energia que a partícula pode ter não é zero (como seria permitido pela mecânica clássica, quando a partícula estivesse estacionária), mas sim

$$E_1=\frac{h^2}{8mL^2} \qquad \textit{Partícula em uma caixa} \quad \text{Energia do ponto zero} \qquad (8A.10)$$

Essa menor energia, irremovível, é a **energia do ponto zero**. A origem física da energia do ponto zero pode ser explicada de duas maneiras:

Interpretação física

- O princípio da incerteza de Heisenberg exige que uma partícula tenha certa energia cinética se estiver confinada numa região finita do espaço: a posição da partícula não é completamente indefinida ($\Delta x \neq \infty$), por isso seu momento não pode ser exatamente igual a zero ($\Delta p \neq 0$). Como $\Delta p = (\langle p^2\rangle - \langle p\rangle^2)^{1/2} = \langle p^2\rangle^{1/2}$ neste caso, $\Delta p \neq 0$ implica que $\langle p^2\rangle \neq 0$, o que implica que a partícula tem de ter sempre energia cinética diferente de zero.
- Se a função de onda tem que ser nula nas paredes, mas suave, contínua e diferente de zero no interior da caixa, é preciso que ela seja curva, e a curvatura em uma função de onda implica a existência de energia cinética.

A separação entre dois níveis de energia adjacentes com os números quânticos n e $n + 1$ é

$$E_{n+1}-E_n=\frac{(n+1)^2h^2}{8mL^2}-\frac{n^2h^2}{8mL^2}=(2n+1)\frac{h^2}{8mL^2} \qquad (8A.11)$$

Essa separação diminui à medida que o comprimento da caixa aumenta e é muito pequena quando a caixa tem dimensões macroscópicas. A separação dos níveis adjacentes é nula quando as paredes da caixa estão infinitamente separadas. Os átomos e as moléculas estão livres para se mover nos recipientes normais existentes nos laboratórios, e, portanto, podem ser tratados como se tivessem a energia de translação não quantizada.

Exemplo 8A.2 Estimativa do comprimento de onda de absorção

O β-caroteno (**1**) é um polieno linear no qual 10 ligações simples e 11 ligações duplas se alternam ao longo de uma cadeia de 22 átomos de carbono. Se considerarmos cada comprimento de ligação C–C como aproximadamente 140 pm, então o comprimento L da caixa molecular no β-caroteno é de $L = 2{,}94$ nm. Estime o comprimento de onda da luz absorvida por esta molécula a partir do seu estado fundamental até o estado excitado mais próximo.

1 β-Caroteno

Método Por motivos que devem ser familiares da química elementar, cada carbono contribui com um elétron p para os orbitais π. Use a Eq. 8A.11 para calcular a separação de energia entre o mais alto nível ocupado e o mais baixo desocupado, e converta esta energia em comprimento de onda usando a relação de frequência de Bohr (Eq. 7A.12).

Resposta Há 22 átomos de C na cadeia conjugada. Cada um contribui com um elétron p para os níveis, portanto, cada nível até $n = 11$ é ocupado por dois elétrons. A separação de energia entre o estado fundamental e o estado no qual um elétron é promovido de $n = 11$ para $n = 12$ é

$$\begin{aligned}\Delta E &= E_{12}-E_{11}\\ &=(2\times 11+1)\frac{(6{,}626\times10^{-34}\,\text{J s})^2}{8\times(9{,}109\times10^{-31}\,\text{kg})\times(2{,}94\times10^{-9}\,\text{m})^2}\\ &=1{,}60\times10^{-19}\,\text{J}\end{aligned}$$

ou 0,160 aJ. Segue da condição de frequência de Bohr ($\Delta E = h\nu$) que a frequência da radiação necessária para provocar essa transição é

$$\nu = \frac{\Delta E}{h} = \frac{1{,}60 \times 10^{-19}\,\mathrm{J}}{6{,}626 \times 10^{-34}\,\mathrm{J\,s}} = 2{,}41 \times 10^{14}\,\mathrm{s}^{-1}$$

ou 241 THz (1 THz = 10^{12} Hz), correspondendo a um comprimento de onda λ = 1240 nm. O valor experimental é 603 THz (λ = 497 nm), que corresponde à radiação na faixa visível do espectro eletromagnético. Considerando a simplicidade do modelo adotado, é encorajador verificar que as frequências calculada e observada diferem por um fator de 2,5.

Exercício proposto 8A.4 Estime a energia típica de uma excitação nuclear, em elétrons-volt (1 eV = 1,6 ×10^{-19} J; 1 GeV = 10^9 eV), calculando a primeira energia de excitação de um próton confinado em uma caixa unidimensional, com o comprimento igual ao diâmetro do núcleo (aproximadamente 1×10^{-15} m ou 1 fm).

Resposta: 0,6 GeV

8A.3 Movimento confinado em duas ou mais dimensões

Consideremos agora uma superfície retangular de comprimento L_1 na direção x e L_2 na direção y. A energia potencial é nula em todos os pontos exceto nas paredes da caixa, nas quais é infinita (Fig. 8A.6). Como resultado, a partícula nunca é encontrada nas paredes, e sua função de onda é nula ali e em todos os outros lugares fora da região bidimensional. Entre as paredes, e devido ao fato de que a partícula tem contribuições para a energia cinética provenientes do seu movimento em ambas as direções, x e y, a equação de Schrödinger tem dois termos de energia cinética, um para cada eixo. Para uma partícula de massa m, a equação é

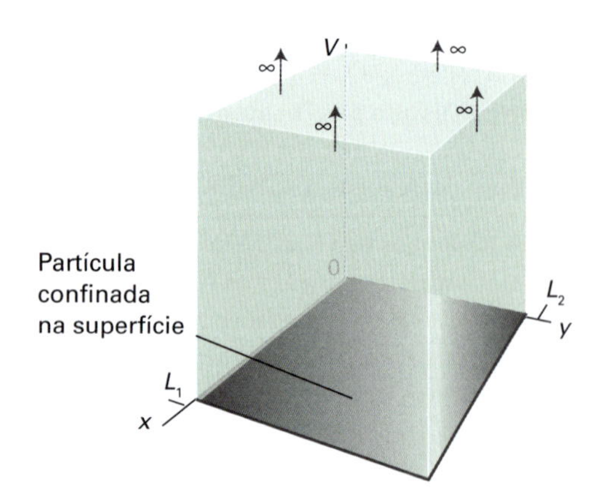

Figura 8A.6 Caixa retangular bidimensional. A partícula está confinada na superfície plana limitada por paredes impenetráveis. Logo que ela toca as paredes, a sua energia potencial cresce abruptamente até infinito.

$$-\frac{\hbar^2}{2m}\left(\frac{\partial^2\psi}{\partial x^2}+\frac{\partial^2\psi}{\partial y^2}\right)=E\psi \qquad \text{(8A.12)}$$

Essa é uma equação diferencial *parcial* (veja a *Revisão de matemática* 4), e as funções de onda resultantes são funções tanto de x como de y, representadas por $\psi(x,y)$. Essa dependência significa que a função de onda e a densidade de probabilidade correspondente dependem da localização no plano, com cada posição especificada pelos valores das coordenadas x e y.

(a) Separação de variáveis

Uma equação diferencial parcial da forma da Eq. 8A.12 pode ser resolvida pela **técnica da separação de variáveis** (veja a *Revisão de matemática* 4), que divide a equação original em duas ou mais equações diferenciais ordinárias, uma para cada variável. Mostramos na *Justificativa* a seguir que, usando essa técnica, a função de onda pode ser escrita como um produto de funções, uma dependendo somente de x e a outra somente de y:

$$\psi(x,y)=X(x)Y(y) \qquad \text{(8A.13a)}$$

e a energia total é dada por

$$E=E_X+E_Y \qquad \text{(8A.13b)}$$

em que E_X é a energia associada ao movimento da partícula na direção paralela ao eixo dos x, e E_Y tem a mesma interpretação para o eixo dos y.

Justificativa 8A.2 O método da separação de variáveis aplicado à partícula em uma caixa bidimensional

Seguimos o procedimento descrito na *Revisão de matemática* 4 e o aplicamos à Eq. 8A.12. A primeira etapa para mostrar que a equação de Schrödinger pode ser separada e que a função de onda pode ser dividida em um produto de duas funções X e Y é observar que, sendo X independente de y e Y independente de x, podemos escrever

$$\frac{\partial^2\psi}{\partial x^2}=\frac{\partial^2 XY}{\partial x^2}=Y\frac{\mathrm{d}^2X}{\mathrm{d}x^2} \qquad \frac{\partial^2\psi}{\partial y^2}=\frac{\partial^2 XY}{\partial y^2}=X\frac{\mathrm{d}^2Y}{\mathrm{d}y^2}$$

Observe em cada caso a substituição das derivadas parciais por derivadas ordinárias. A Eq. 8A.12 fica então

$$-\frac{\hbar^2}{2m}\left(Y\frac{\mathrm{d}^2X}{\mathrm{d}x^2}+X\frac{\mathrm{d}^2Y}{\mathrm{d}y^2}\right)=EXY$$

Dividindo os dois membros da equação por XY vem, depois de simples reordenação,

$$\frac{1}{X}\frac{\mathrm{d}^2X}{\mathrm{d}x^2}+\frac{1}{Y}\frac{\mathrm{d}^2Y}{\mathrm{d}y^2}=-\frac{2mE}{\hbar^2}$$

O primeiro termo no primeiro membro é independente de y, de modo que, se y variar, somente o segundo termo à esquerda, $(1/Y)(d^2Y/dy^2)$, pode se modificar. Porém, a soma dos dois termos é uma constante, $2mE/\hbar^2$, dada pelo segundo membro da equação. Portanto, se o segundo termo se altera, o lado direito não pode ser constante. Então, o segundo termo não pode se alterar mesmo quando y se altera. Em outras palavras, o segundo termo, $(1/Y)(d^2Y/dy^2)$, é uma constante, que podemos escrever como $-2mE_Y/\hbar^2$. Raciocínio semelhante mostra que o primeiro termo, $(1/X)(d^2X/dx^2)$, também é uma constante quando x se altera, e escrevemos essa constante como $-2mE_X/\hbar^2$, com $E = E_x + E_y$. Portanto, podemos escrever

$$\frac{1}{X}\frac{d^2X}{dx^2}=-\frac{2mE_X}{\hbar^2} \qquad \frac{1}{Y}\frac{d^2Y}{dy^2}=-\frac{2mE_Y}{\hbar^2}$$

Essas duas equações podem ser reescritas como duas equações diferenciais ordinárias (isto é, de uma única variável):

$$-\frac{\hbar^2}{2m}\frac{d^2X}{dx^2}=E_XX \qquad -\frac{\hbar^2}{2m}\frac{d^2Y}{dy^2}=E_YY \qquad (8A.14)$$

Cada uma das equações diferenciais ordinárias na Eq. 8A.14 é semelhante à equação de Schrödinger para a partícula em uma caixa unidimensional (Seção 8A.2). As condições de contorno também são as mesmas, a não ser pelo detalhe de se exigir que $X(x)$ seja zero em $x = 0$ e L_1, e $Y(y)$ seja zero em $y = 0$ e L_2. Podemos, portanto, adaptar os resultados da Eq. 8A.7 sem fazer cálculos adicionais:

$$X_{n_1}(x)=\left(\frac{2}{L_1}\right)^{1/2}\operatorname{sen}\left(\frac{n_1\pi x}{L_1}\right) \quad \text{para } 0\le x\le L_1$$

$$Y_{n_2}(y)=\left(\frac{2}{L_2}\right)^{1/2}\operatorname{sen}\left(\frac{n_2\pi y}{L_2}\right) \quad \text{para } 0\le y\le L_2$$

Como $\psi = XY$,

$$\psi_{n_1,n_2}(x,y)=\frac{2}{(L_1L_2)^{1/2}}\times$$

$$\operatorname{sen}\left(\frac{n_1\pi x}{L_1}\right)\operatorname{sen}\left(\frac{n_2\pi y}{L_2}\right) \qquad \textit{Caixa bidimensional} \quad \text{Funções de onda} \quad (8A.15a)$$

$$\text{para } 0\le x\le L_1, 0\le y\le L_2$$

$$\psi_{n_1,n_2}(x,y)=0 \qquad \text{fora da caixa}$$

Da mesma forma, como $E = E_X + E_Y$, a energia da partícula é limitada aos valores

$$E_{n_1,n_2}=\left(\frac{n_1^2}{L_1^2}+\frac{n_2^2}{L_2^2}\right)\frac{h^2}{8m} \qquad \textit{Caixa bidimensional} \quad \text{Níveis de energia} \quad (8A.15b)$$

com os números quânticos tomando, independentemente um do outro, os valores $n_1 = 1, 2,...$ e $n_2 = 1,2,...$. O estado de menor energia é $(n_1 = 1, n_2 = 1)$, e $E_{1,1}$ é a energia do ponto zero.

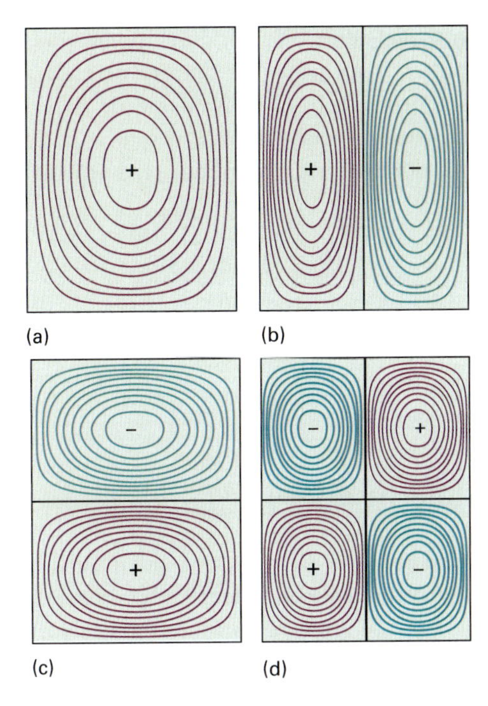

Figura 8A.7 As funções de onda de uma partícula confinada em uma superfície retangular representadas como linhas de contorno de amplitude constante. (a) $n_1 = 1$, $n_2 = 1$, o estado de menor energia; (b) $n_1 = 1$, $n_2 = 2$; (c) $n_1 = 2$, $n_2 = 1$; (d) $n_1 = 2$, $n_2 = 2$.

Na Fig. 8A.7 aparecem gráficos de algumas dessas funções, na forma de contornos. Elas são a versão bidimensional das funções de onda que vimos na Fig. 8A.3. Enquanto em uma dimensão as funções de onda se assemelham aos estados de uma corda vibrante fixa nas extremidades, em duas dimensões as funções de onda correspondem a vibrações de uma placa retangular com extremidades fixas.

Breve ilustração 8A.3 Distribuição de uma partícula em uma caixa bidimensional

Considere um elétron confinado em uma cavidade quadrada de lado L e em um estado com números quânticos $n_1 = 1$, $n_2 = 2$. Como a densidade de probabilidade é

$$\psi_{1,2}^2(x,y)=\frac{4}{L^2}\operatorname{sen}^2\left(\frac{\pi x}{L}\right)\operatorname{sen}^2\left(\frac{2\pi y}{L}\right)$$

as posições mais prováveis correspondem a $\operatorname{sen}^2(\pi x/L) = 1$ e $\operatorname{sen}^2(2\pi y/L) = 1$, ou $(x,y) = (L/2, L/4)$ e $(L/2, 3L/4)$. As posições menos prováveis (os nós, onde a função de onda passa por zero) correspondem a zeros na densidade de probabilidade dentro da caixa, que ocorrem ao longo da reta $y = L/2$.

Exercício proposto 8A.5 Determine as posições mais prováveis de um elétron em uma cavidade quadrada de lado L quando ele está em um estado com $n_1 = 2$, $n_2 = 3$.

Resposta: pontos ($x = L/4$ e $3L/4$; $y = L/6$, $L/2$ e $5L/6$)

Uma partícula numa caixa tridimensional pode ser tratada de maneira semelhante. As funções de onda têm outro fator (agora dependente exclusivamente de z) e a energia ganha um termo adicional em n_3^2/L_3^2. A solução da equação de Schrödinger, utilizando-se a técnica de separação de variáveis, leva então a

$$\psi_{n_1,n_2,n_3}(x,y,z)=\left(\frac{8}{L_1L_2L_3}\right)^{1/2}\text{sen}\left(\frac{n_1\pi x}{L_1}\right)\text{sen}\left(\frac{n_2\pi y}{L_2}\right)\text{sen}\left(\frac{n_3\pi z}{L_3}\right)$$
$$\text{para } 0\le x\le L_1, 0\le y\le L_2, 0\le z\le L_3$$

Caixa tridimensional Funções de onda (8A.16a)

$$E_{n_1,n_2,n_3}=\left(\frac{n_1^2}{L_1^2}+\frac{n_2^2}{L_2^2}+\frac{n_3^2}{L_3^2}\right)\frac{h^2}{8m}$$

Caixa tridimensional Níveis de energia (8A.16b)

Os números quânticos n_1, n_2 e n_3 são todos inteiros positivos, 1, 2, ..., e podem variar independentemente. O sistema tem energia do ponto zero ($E_{1,1,1} = 3h^2/8mL^2$ para uma caixa cúbica).

(b) Degenerescência

Um aspecto interessante das soluções aparece quando uma caixa bidimensional não é simplesmente um retângulo, mas um quadrado, isto é, quando $L_1 = L_2 = L$. Então, as funções de onda e suas energias são

$$\psi_{n_1,n_2}(x,y)=\frac{2}{L}\text{sen}\left(\frac{n_1\pi x}{L}\right)\text{sen}\left(\frac{n_2\pi y}{L}\right)$$
$$\text{para } 0\le x\le L, 0\le y\le L$$
$$\psi_{n_1,n_2}(x,y)=0 \quad \text{fora da caixa}$$

Caixa quadrada Funções de onda (8.17a)

$$E_{n_1,n_2}=\left(n_1^2+n_2^2\right)\frac{h^2}{8mL^2}$$

Caixa quadrada Níveis de energia (8.17b)

Consideremos os casos $n_1 = 1$, $n_2 = 2$ e $n_1 = 2$, $n_2 = 1$:

$$\psi_{1,2}=\frac{2}{L}\text{sen}\left(\frac{\pi x}{L}\right)\text{sen}\left(\frac{2\pi y}{L}\right) \qquad E_{1,2}=\frac{5h^2}{8mL^2}$$

$$\psi_{2,1}=\frac{2}{L}\text{sen}\left(\frac{2\pi x}{L}\right)\text{sen}\left(\frac{\pi y}{L}\right) \qquad E_{2,1}=\frac{5h^2}{8mL^2}$$

Vemos que, embora as funções de onda sejam diferentes, elas têm a mesma energia. O termo técnico para funções de onda diferentes correspondendo a uma mesma energia é **degenerescência**. Neste caso, dizemos que o nível (estado) de energia $5h^2/8mL^2$ é "duplamente degenerado". Em geral, se N funções de onda correspondem à mesma energia, dizemos que o nível é "N vezes degenerado".

A ocorrência de degenerescência está relacionada com a simetria do sistema. A Fig. 8A.8 mostra os contornos das duas funções degeneradas, $\psi_{1,2}$ e $\psi_{2,1}$. Como a caixa é quadrada, podemos transformar uma função de onda na outra pela simples rotação do plano de 90°. Esta conversão mediante uma rotação de 90° não é possível quando a caixa não for quadrada, e neste caso $\psi_{1,2}$ e $\psi_{2,1}$ não são degeneradas. Argumentos semelhantes podem ser feitos para a degenerescência dos estados numa caixa cúbica. Outros exemplos de degenerescência ocorrem em sistemas quânticos (no átomo de hidrogênio, por exemplo, Seção 9A), e todos eles podem ser relacionados a propriedades de simetria do sistema.

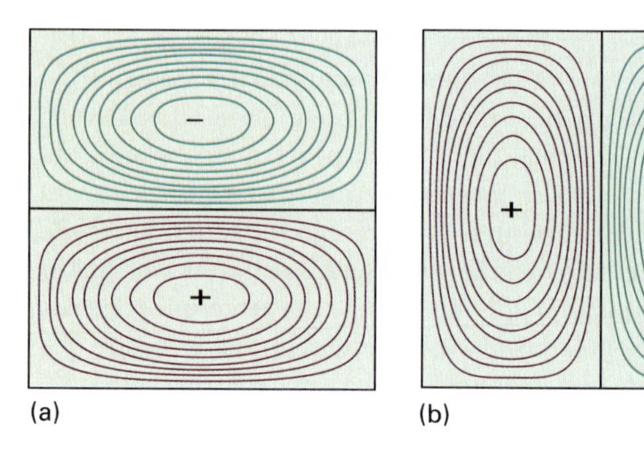

Figura 8A.8 As funções de onda de uma partícula confinada numa caixa quadrada. Observe que uma função de onda se converte na outra pela rotação da caixa de 90°. As duas funções correspondem à mesma energia. A degenerescência e a simetria estão intimamente relacionadas.

Breve ilustração 8A.4 Degenerescência em uma caixa bidimensional

A energia de uma partícula em uma caixa quadrada bidimensional de lado L no estado $n_1 = 1$ e $n_2 = 7$ é

$$E_{1,7}=(1^2+7^2)\frac{h^2}{8mL^2}=\frac{50h^2}{8mL^2}$$

Esse estado é degenerado com o estado $n_1 = 7$ e $n_2 = 1$. Assim, à primeira vista, o nível de energia $50h^2/8mL^2$ é duplamente degenerado. Entretanto, em certos sistemas existem estados que não estão relacionados por simetria, mas que são degenerados "acidentalmente". Este é o caso aqui, pois o estado $n_1 = 5$ e $n_2 = 5$ também tem energia $50h^2/8mL^2$. A degenerescência acidental também é encontrada no átomo de hidrogênio (Seção 9A).

Exercício proposto 8A.6 Encontre o estado (n_1, n_2) de uma partícula em uma caixa retangular de lados $L_1 = L$ e $L_2 = 2L$ que seja degenerado acidentalmente com o estado (4,4).

Resposta: ($n_1 = 2$, $n_2 = 8$)

8A.4 Tunelamento

Se a energia potencial da partícula não cresce abruptamente até o infinito nas paredes da caixa, e se $E < V$, a função de onda não decresce abruptamente até zero nessas paredes. Além disso, se as paredes forem delgadas (de modo que a energia potencial cai a zero

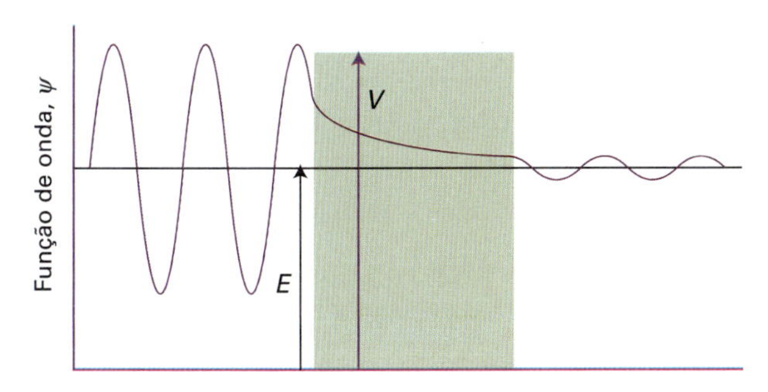

Figura 8A.9 Uma partícula incide sobre uma barreira, vinda da esquerda. Antes da barreira, a função de onda é oscilante, mas no interior não há oscilações (pois $E<V$). Se a barreira não for muito espessa, a função de onda é diferente de zero na face oposta da barreira e as oscilações recomeçam. (A figura registra somente a componente real da função de onda.)

depois de uma distância finita), a função de onda oscila no interior da caixa, varia regularmente no interior da região representativa da parede e depois oscila novamente na região fora da caixa (Fig. 8A.9). Assim, a partícula pode ser encontrada no exterior da caixa, embora, de acordo com a mecânica clássica, não tenha energia suficiente para escapar. Este escape pela penetração através de uma região classicamente proibida é chamado de **tunelamento**.

A equação de Schrödinger pode ser usada para calcular a probabilidade de tunelamento de uma partícula de massa m que incide na face esquerda de uma barreira retangular de energia potencial que se estende de $x = 0$ a $x = L$. À esquerda da barreira (para $x < 0$), as funções de onda são as de uma partícula com $V = 0$, de modo que, pela Eq. 8A.2, podemos escrever

$$\psi = A\mathrm{e}^{ikx} + B\mathrm{e}^{-ikx} \quad k\hbar = (2mE)^{1/2} \tag{8A.18}$$

Partícula em uma barreira retangular — Função de onda à esquerda da barreira

A equação de Schrödinger para a região da barreira (para $0 \le x \le L$), em que a energia potencial é constante e igual a V, é

$$-\frac{\hbar^2}{2m}\frac{\mathrm{d}^2\psi(x)}{\mathrm{d}x^2} + V\psi(x) = E\psi(x) \tag{8A.19}$$

Vamos considerar partículas que têm $E < V$ (de modo que, de acordo com a física clássica, a energia da partícula é insuficiente para que ela passe através da barreira), e, portanto, $V - E > 0$. A solução geral desta equação é

$$\psi = C\mathrm{e}^{\kappa x} + D\mathrm{e}^{-\kappa x} \quad \kappa\hbar = \{2m(V-E)\}^{1/2} \tag{8A.20}$$

Partícula em uma barreira retangular — Função de onda dentro da barreira

como se pode verificar sem dificuldade derivando ψ duas vezes em relação a x. O fato importante que deve ser observado é que as duas exponenciais na Eq. 8A.20 são agora funções reais, diferentes, portanto, das funções complexas e oscilantes que seriam obtidas para a região em que $V = 0$. À direita da barreira ($x > L$), em que novamente $V = 0$, as funções de onda são

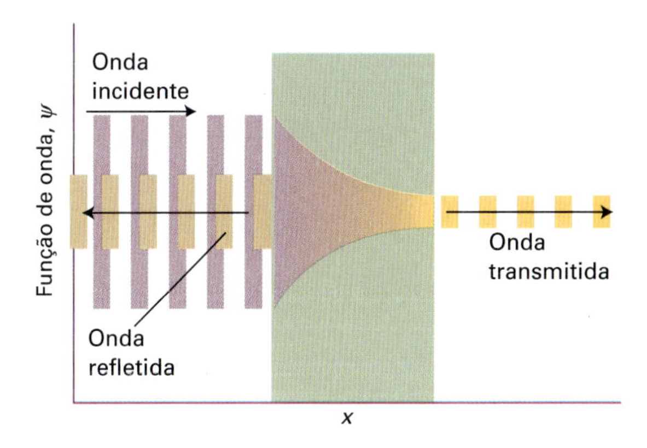

Figura 8A.10 Quando uma partícula incide sobre uma barreira, vinda da esquerda, a função de onda é constituída por uma onda que representa o momento linear dirigido para a direita, uma componente refletida representando o momento para a esquerda, uma componente variando, mas não oscilante, no interior da barreira e uma onda (fraca) que representa o movimento para a direita da barreira.

$$\psi = A'\mathrm{e}^{ikx} \quad k\hbar = (2mE)^{1/2} \tag{8A.21}$$

Partícula em uma barreira retangular — Função de onda à direita da barreira

Observe que, à direita da barreira, a partícula só pode se mover para a direita. Portanto, termos da forma e^{-ikx} não contribuem para a função de onda na Eq. 8A.21.

A função de onda completa para a partícula incidente a partir da esquerda é constituída (Fig. 8A.10):

Interpretação física

- por uma onda incidente ($A\mathrm{e}^{ikx}$, correspondendo ao momento positivo);
- por uma onda refletida pela barreira ($B\mathrm{e}^{-ikx}$, correspondendo ao momento negativo, movimento para a esquerda);
- pela função cujas amplitudes variam exponencialmente no interior da barreira (Eq. 8A.20);
- por uma onda oscilante (Eq. 8A.21) que representa a propagação da partícula para a direita, depois de tunelar através da barreira.

A probabilidade de uma partícula estar se deslocando no sentido dos x positivos (isto é, para a direita) à esquerda da barreira é proporcional a $|A|^2$, e a probabilidade de a partícula, à direita da barreira, estar se deslocando para a direita ($x > L$) é proporcional a $|A'|^2$. A razão entre estas duas probabilidades, $|A'|^2/|A|^2$, que reflete a probabilidade de a partícula tunelar através da barreira, é a **probabilidade de transmissão**, T.

Para determinar a relação entre $|A'|^2$ e $|A|^2$, precisamos investigar as relações entre os coeficientes A, B, C, D e A'. Uma vez que as funções de onda aceitáveis têm de ser contínuas nas faces da barreira (em $x = 0$ e $x = L$, lembrando que $\mathrm{e}^0 = 1$),

$$A + B = C + D \qquad C\mathrm{e}^{\kappa L} + D\mathrm{e}^{-\kappa L} = A'\mathrm{e}^{ikL} \tag{8A.22a}$$

Seus coeficientes angulares (as derivadas primeiras) também têm que ser contínuos nos mesmos pontos (Fig. 8A.11):

$$ikA - ikB = \kappa C - \kappa D \qquad \kappa C\mathrm{e}^{\kappa L} - \kappa D\mathrm{e}^{-\kappa L} = ikA'\mathrm{e}^{ikL} \tag{8A.22b}$$

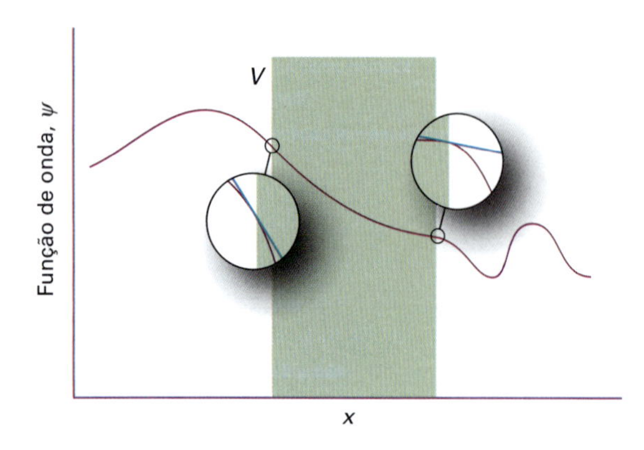

Figura 8A.11 A função de onda e a sua derivada devem ser contínuas nas fronteiras da barreira. As condições de continuidade relacionam as funções de onda nas três zonas e levam ao cálculo da relação entre os coeficientes que aparecem nas soluções da equação de Schrödinger.

Após manipulações algébricas simples, porem tediosas, do conjunto de equações 8A.22 anterior (veja o Problema 8A.6), obtemos

$$T=\left\{1+\frac{(e^{\kappa L}-e^{-\kappa L})^2}{16\varepsilon(1-\varepsilon)}\right\}^{-1}$$ *Barreira de potencial retangular* — Probabilidade de transmissão (8A.23a)

em que $\varepsilon = E/V$. O gráfico desta função é visto na Fig. 8A.12. Na mesma figura aparece a probabilidade de transmissão para $E > V$. A probabilidade de transmissão tem as seguintes propriedades:

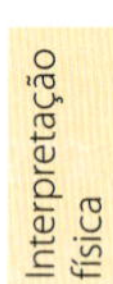

- $T \approx 0$ para $E \ll V$;
- T aumenta à medida que E se aproxima de V: a probabilidade de tunelamento aumenta;

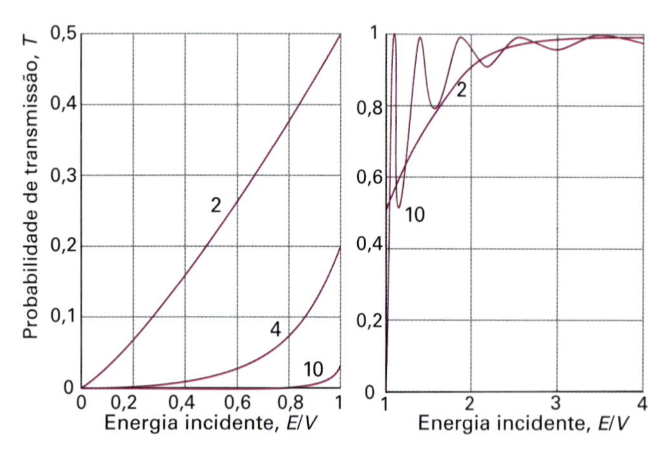

Figura 8A.12 Probabilidades de transmissão para a passagem através de uma barreira. No eixo horizontal estão as energias das partículas em múltiplos da altura da barreira. As curvas são identificadas pelos valores de $L(2mV)^{1/2}/\hbar$. O gráfico à esquerda é para $E<V$ e o à direita é para $E>V$. Observe que $T>0$ para $E<V$, quando classicamente teríamos T igual a zero. Também se obtém $T<1$ quando $E>V$, enquanto classicamente teríamos T igual a 1.

- T se aproxima de, mas ainda é menor que, 1 para $E > V$: ainda há a probabilidade de a partícula ser refletida pela barreira mesmo quando, classicamente, ela pode passar sobre ela;
- Para $T \approx 1$, $E \gg V$, como esperado classicamente.

Interpretação física

No caso de barreiras largas e altas (no sentido de $kL \gg 1$), a Eq. 8A.23a pode ser simplificada para

$$T \approx 16\varepsilon(1-\varepsilon)e^{-2\kappa L}$$ *Barreira de potencial retangular $\kappa L \gg 1$* — Probabilidade de transmissão (8A.23b)

A probabilidade de transmissão diminui exponencialmente com a espessura da barreira e com $m^{1/2}$. Assim, partículas de massa pequena têm maior probabilidade de atravessar a barreira do que partículas de massa grande (Fig. 8A.13). O tunelamento é muito importante para elétrons e múons ($m_\mu \approx 207m_e$) e moderadamente importante para os prótons ($m_P \approx 1840\ m_e$); para partículas mais pesadas ele é menos importante.

Alguns efeitos na química (por exemplo, a dependência isotópica da velocidade de algumas reações químicas) dependem da capacidade do próton de tunelar mais rapidamente do que o dêuteron. O equilíbrio muito rápido das reações de transferência de prótons é também uma manifestação da capacidade dos prótons de tunelar através de barreiras e se transferir rapidamente de um ácido para uma base. O tunelamento de prótons entre grupos ácidos e básicos é também uma característica importante do mecanismo de algumas reações catalisadas por enzimas.

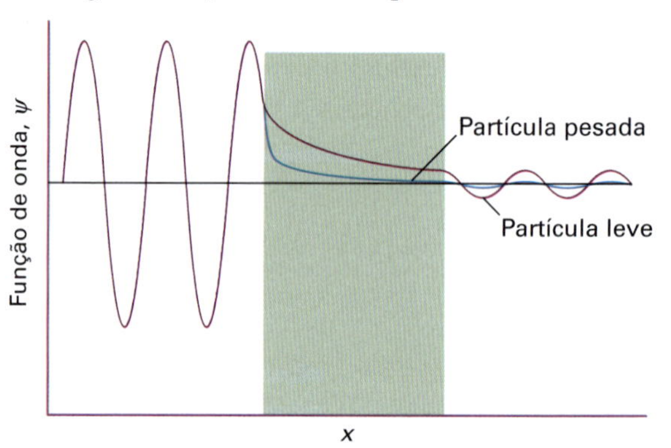

Figura 8A.13 A função de onda de uma partícula pesada decresce, no interior de uma barreira, muito mais rapidamente do que a função de onda de uma partícula leve. Por isso, uma partícula leve tem maior probabilidade de tunelar através da barreira.

Breve ilustração 8A.5 Probabilidades de transmissão para uma barreira retangular

Suponha que um próton de um átomo de hidrogênio ácido está confinado em um ácido que pode ser representado por uma barreira de altura 2,000 eV e comprimento 100 pm. A probabilidade de que um próton com energia 1,995 eV (correspondendo a 0,3195 aJ) possa escapar do ácido é calculada usando a Eq. 8A.23a, com $\varepsilon = E/V = 1{,}995\ \text{eV}/2{,}000\ \text{eV} = 0{,}9975$ e $V - E = 0{,}005$ eV (correspondendo a $8{,}0 \times 10^{-22}$ J).

$$\kappa = \frac{\{2\times(1{,}67\times10^{-27}\,\text{kg})\times(8{,}0\times10^{-22}\,\text{J})\}^{1/2}}{1{,}055\times10^{-34}\,\text{J s}} = 1{,}55\ldots\times10^{10}\,\text{m}^{-1}$$

Usamos 1 J = 1 kg m^2 s^{-2}. Segue que

$$\kappa L = (1{,}55\ldots\times10^{10}\,\text{m}^{-1})\times(100\times10^{-12}\,\text{m}) = 1{,}55\ldots$$

A Eq. 8A.23 então dá

$$T = \left\{1 + \frac{(\text{e}^{1{,}55\ldots} - \text{e}^{-1{,}55\ldots})^2}{16\times0{,}9975\times(1-0{,}9975)}\right\}^{-1} = 1{,}96\times10^{-3}$$

Quanto maior o valor de $L(2mV)^{1/2}/\hbar$, menor é o valor de T para energias próximas da altura da barreira, porém abaixo dela.

Exercício proposto 8A.7 Suponha que a junção entre dois semicondutores possa ser representada por uma barreira de altura 2,00 eV e comprimento 100 pm. Calcule a probabilidade de que um elétron possa tunelar através da barreira.

Resposta: $T = 0{,}881$

Um problema relacionado com o tunelamento é o de uma partícula num poço de potencial cuja profundidade é finita (Fig. 8A.14). Nesta espécie de potencial, a função de onda penetra dentro parede, onde ela decai exponencialmente para zero, e oscila dentro do poço. As funções de onda são encontradas assegurando-se, como na discussão do tunelamento, que elas e seus coeficientes angulares são contínuos nas extremidades do potencial. Algumas das soluções que correspondem às menores energias são mostradas na Fig. 8A.15. Uma diferença adicional em relação às soluções para um poço de profundidade infinita é que há somente um número finito de estados ligados, estados em que $E < V$. Independentemente da profundidade e do comprimento do poço, há sempre, no mínimo, um estado ligado. A análise detalhada da equação de Schrödinger para o problema mostra que, em geral, o número de níveis é igual a N, com

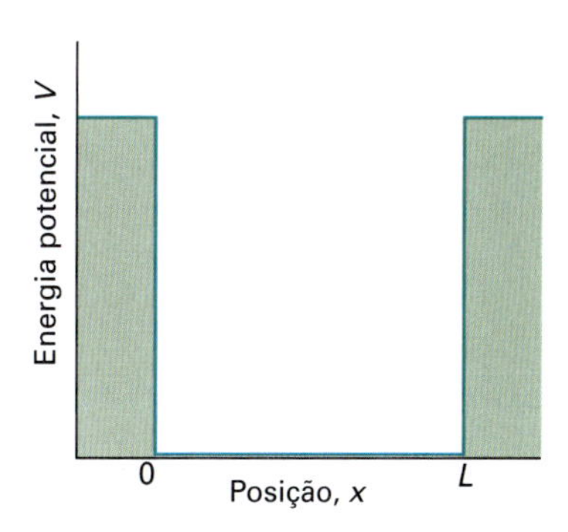

Figura 8A.14 Um poço de potencial com uma profundidade finita.

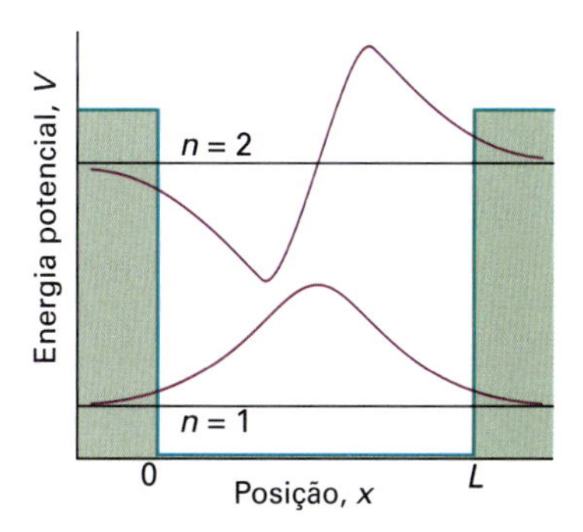

Figura 8A.15 As funções de onda que correspondem aos dois estados de menor energia para uma partícula no poço mostrado na Fig. 8A.14.

$$N - 1 < \frac{(8mVL)^{1/2}}{h} < N \qquad \text{(8A.24)}$$

em que V é a profundidade do poço e L é o seu comprimento. Conforme podemos ver, quanto maiores a profundidade e a largura do poço, maior o número de estados ligados, e, conforme já vimos, quando a profundidade torna-se infinita, o número de estados ligados também se torna infinito.

Conceitos importantes

- ☐ 1. A energia de translação de uma partícula não é quantizada.
- ☐ 2. A exigência de satisfazer às **condições de contorno** implica que somente certas funções de onda são aceitáveis, restringindo, assim, os observáveis a valores discretos.
- ☐ 3. Um **número quântico** é um inteiro (em certos casos, um meio-inteiro) que identifica o estado do sistema.
- ☐ 4. Uma partícula em uma caixa possui a **energia do ponto zero**, uma energia mínima irremovível.
- ☐ 5. O **princípio da correspondência** estabelece que a mecânica clássica surge da mecânica quântica quando os números quânticos são elevados.
- ☐ 6. A função de onda de uma partícula em uma caixa bi ou tridimensional é o produto de funções da partícula em uma caixa unidimensional.
- ☐ 7. A energia de uma partícula em uma caixa bi ou tridimensional é a soma das energias da partícula em uma caixa unidimensional.
- ☐ 8. A energia do ponto zero de uma partícula em uma caixa bidimensional corresponde ao estado com números quânticos ($n_1 = 1$, $n_2 = 1$); para três dimensões, ($n_1 = 1$, $n_2 = 1$, $n_3 = 1$).
- ☐ 9. A **degenerescência** ocorre quando diferentes funções de onda correspondem à mesma energia.

☐ 10. A ocorrência de degenerescência é uma consequência da simetria do sistema.

☐ 11. A penetração dentro ou através de uma região classicamente proibida é chamada **tunelamento**.

☐ 12. A probabilidade de tunelamento decresce com o aumento da altura e da largura da barreira de potencial.

☐ 13. Partículas leves tunelam mais facilmente através de barreiras do que partículas mais pesadas.

Equações importantes

Propriedade	Equação	Comentário	Número da equação
Funções de onda e energias da partícula livre	$\psi_k = Ae^{ikx} + Be^{-ikx}$ $\quad E_k = k^2\hbar^2/2m$	Todos os valores de k permitidos	8A.2
Partícula em uma caixa			
Uma dimensão:			
Funções de onda	$\psi_n(x) = (2/L)^{1/2}\,\text{sen}(n\pi x/L),\quad 0 \le x \le L$ $\psi_n(x) = 0,\quad x<0$ e $x>L$	$n = 1, 2, \ldots$	8A.7a
Energias	$E_n = n^2h^2/8mL^2$		8A.7b
Energia do ponto zero	$E_1 = h^2/8mL^2$		8A.10
Duas dimensões:			
Funções de onda	$\psi_{n_1,n_2}(x,y) = (2/(L_1L_2)^{1/2})\,\text{sen}(n_1\pi x/L_1)\,\text{sen}(n_2\pi y/L_2)$ $0 \le x \le L_1,\ 0 \le y \le L_2$ $\psi_{n_1,n_2}(x,y) = 0$ fora da caixa	$n_1, n_2 = 1, 2, \ldots$	8A.15a
Energias	$E_{n_1,n_2} = (n_1^2/L_1^2 + n_2^2/L_2^2)h^2/8m$		8A.15b
Três dimensões:			
Funções de onda	$\psi_{n_1n_2n_3}(x,y,z) = 8/(L_1L_2L_3)^{1/2} \times$ $\text{sen}\,(n_1\pi x/L_1)\text{sen}(n_2\pi y/L_2)\text{sen}(n_3\pi z/L_3)$, $0 \le x \le L_1,\ 0 \le y \le L_2,\ 0 \le z \le L_3$ $\psi_{n_1,n_2,n_3}(x,y,z) = 0$ fora da caixa	$n_1, n_2, n_3 = 1, 2, \ldots$	8A.16a
Energias	$E_{n_1,n_2,n_3} = (n_1^2/L_1^2 + n_2^2/L_2^2 + n_3^2/L_3^2)h^2/8m$		8A.16b
Probabilidade de transmissão	$T = \{1 + (e^{\kappa L} - e^{-\kappa L})^2/16\varepsilon(1-\varepsilon)\}^{-1}$	Barreira de potencial retangular	8A.23a
	$T = 16\varepsilon(1-\varepsilon)e^{-2\kappa L}$	Barreira retangular alta e larga	8A.23b

8B Movimento de vibração

Tópicos

➤ Por que você precisa saber este assunto?

A detecção e interpretação das frequências vibracionais formam a base da espectroscopia no infravermelho (Seções 12D e 12E). As vibrações moleculares são importantes na interpretação das propriedades termodinâmicas, como as capacidades caloríficas (Seções 5E e 15F), e das velocidades das reações químicas (Seção 21C).

➤ Qual é a ideia fundamental?

O tratamento quântico do modelo mais simples de movimento de vibração, o oscilador harmônico, revela que a energia é quantizada e que as funções de onda são produtos de um polinômio e uma função gaussiana (em forma de sino).

➤ O que você já deve saber?

Você precisa saber como formular a equação de Schrödinger dada a função energia potencial. Você também precisa estar familiarizado com os conceitos de tunelamento (Seção 8A) e de valor esperado de um observável (Seção 7B).

Átomos em moléculas e sólidos vibram em torno de suas posições médias quando as ligações são estiradas, comprimidas e torcidas. Vamos considerar aqui um tipo particular de movimento de vibração, a do "oscilador harmônico" unidimensional.

8B.1 O oscilador harmônico

Uma partícula efetua um **movimento harmônico**, e dizemos que ela é um **oscilador harmônico**, quando está sob a ação de uma força restauradora proporcional a seu deslocamento:

$$F = -k_f x \qquad \textit{Movimento harmônico} \quad \text{Força restauradora} \qquad (8B.1)$$

em que k_f é a **constante de força**. Quanto mais rígida for a "mola", maior o valor de k_f. Como a força está relacionada com a energia potencial por $F = -\mathrm{d}V/\mathrm{d}x$ (veja *Fundamentos* B), a força na Eq. 8B.1 corresponde à partícula ter uma energia potencial dada por

$$V(x) = \tfrac{1}{2}k_f x^2 \qquad \text{Energia potencial parabólica} \qquad (8B.2)$$

quando é deslocada de uma distância x da sua posição de equilíbrio. Essa expressão é a equação de uma parábola (Fig. 8B.1), e por isso a energia potencial característica de um oscilador harmônico é denominada "energia potencial parabólica". A equação de Schrödinger para a partícula de massa m é, portanto,

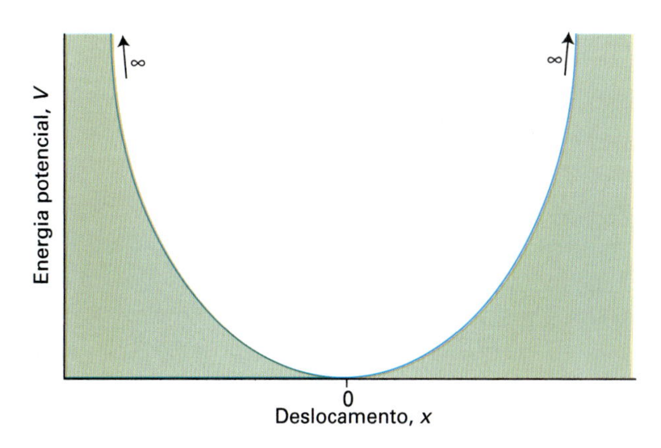

Figura 8B.1 A energia potencial parabólica $V = \frac{1}{2}k_f x^2$ de um oscilador harmônico, em que x é o deslocamento em relação ao equilíbrio. A estreiteza da curva depende da constante de força k_f: quanto maior essa constante, mais estreito o poço de potencial.

$$-\frac{\hbar^2}{2m}\frac{d^2\psi(x)}{dx^2}+\tfrac{1}{2}k_f x^2\psi(x)=E\psi(x)$$ *Oscilador harmônico* Equação de Schrödinger (8B.3)

Podemos prever que a energia de um oscilador é quantizada porque a função de onda tem que satisfazer a condições de contorno (como na Seção 8A para a partícula em uma caixa): ele não será encontrado com grandes extensões, pois sua energia potencial cresce infinitamente ali. Ou seja, quando impomos as condições de contorno $\psi = 0$ em $x = \pm\infty$, podemos esperar que somente certas funções de onda e suas energias correspondentes sejam possíveis.

(a) Os níveis de energia

A Eq. 8B.3 é uma equação-padrão na teoria das equações diferenciais e as suas soluções são bem conhecidas dos matemáticos.[1] Os níveis de energia permitidos são

$$E_v=\left(v+\tfrac{1}{2}\right)\hbar\omega \qquad \omega=(k_f/m)^{1/2} \qquad v=0,1,2,\ldots$$ *Oscilador harmônico* Níveis de energia (8B.4)

em que ω (ômega) é a frequência de oscilação de um oscilador harmônico clássico de mesma massa e constante de força. Observe que ω aumenta com o aumento da constante de força e com a diminuição da massa. Segue-se que a separação entre dois níveis adjacentes é

$$E_{v+1}-E_v=\hbar\omega \qquad (8B.5)$$

que é constante para todos os v. Portanto, os níveis de energia se escalonam uniformemente com o espaçamento $\hbar\omega$ (Fig. 8B.2). Essa separação de energia $\hbar\omega$ é desprezivelmente pequena no caso de corpos macroscópicos (com massas grandes), mas muito importante para os corpos com massas semelhantes às dos átomos.

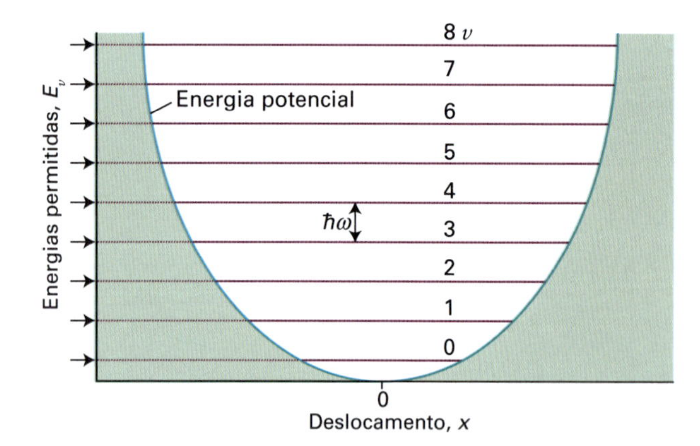

Figura 8B.2 Os níveis de energia de um oscilador harmônico estão uniformemente espaçados de $\hbar\omega$, com $\omega=(k_f/m)^{1/2}$. Mesmo no estado de menor energia, um oscilador tem energia maior do que zero.

[1] Para mais detalhes, veja Atkins e Friedman, *Molecular quantum mechanics*, Oxford University Press, Oxford (2011).

Como o menor valor permitido de v é 0, a energia do ponto zero do oscilador harmônico é, de acordo com a Eq. 8B.4, dada por

$$E_0=\tfrac{1}{2}\hbar\omega$$ *Oscilador harmônico* Energia do ponto zero (8B.6)

A razão matemática para a existência da energia do ponto zero é que v não pode assumir valores negativos, pois, se isso ocorresse, a função de onda não seria bem-comportada. A razão física é semelhante à que se comentou no caso de uma partícula em uma caixa (Seção 8A): a partícula está confinada e sua posição não é inteiramente indefinida. Por isso, o seu momento linear e, consequentemente, sua energia cinética não podem ser exatamente nulos. Podemos imaginar o estado do ponto zero como aquele em que a partícula flutua incessantemente em torno de sua posição de equilíbrio. A mecânica clássica admitiria a perfeita imobilidade da partícula.

Um átomo vibra em relação a outro átomo em uma molécula, e a ligação entre eles comporta-se como uma mola. A pergunta que se coloca é: que massa devemos utilizar para prever a frequência de vibração? Em geral, a massa relevante é uma combinação complicada das massas de todos os átomos que se movem, com cada contribuição ponderada pela amplitude do movimento do átomo. Essa amplitude depende do modo do movimento, ou seja, se a vibração é, por exemplo, um movimento de torção ou um movimento de estiramento. Assim, cada modo de vibração tem uma "massa efetiva" característica. No entanto, para uma molécula diatômica AB, para a qual só existe um modo de vibração, correspondente ao estiramento e à compressão da ligação, a **massa efetiva**, μ, tem uma forma muito simples:

$$\mu=\frac{m_A m_B}{m_A+m_B}$$ *Molécula diatômica* Massa efetiva (8B.7)

Quando A é muito mais pesado do que B, m_B pode ser ignorado no denominador e a massa efetiva é $\mu \approx m_B$, a massa do átomo mais leve. Este resultado é plausível, pois, no limite de o átomo pesado ser como uma parede de alvenaria, apenas o átomo mais leve se move e, desse modo, determina a frequência vibracional.

Breve ilustração 8B.1 A vibração de uma molécula diatômica

A massa efetiva do $^1H^{35}Cl$ é

$$\mu=\frac{m_H m_{Cl}}{m_H+m_{Cl}}=\frac{(1{,}0078m_u)\times(34{,}9688m_u)}{(1{,}0078m_u)+(34{,}9688m_u)}=0{,}9796m_u$$

que é próxima da massa do próton. A constante de força da ligação é $k_f = 516{,}3$ N m^{-1}. Segue da Eq. 8B.4, com μ no lugar de m, que

$$\omega=\left(\frac{k_f}{\mu}\right)^{1/2}=\left(\frac{516{,}3\,\mathrm{N\,m^{-1}}}{0{,}9796\times(1{,}66054\times10^{-27}\,\mathrm{kg})}\right)^{1/2}=5{,}634\times10^{14}\,\mathrm{s}$$

ou 563,4 THz. (Utilizamos 1 N = 1 kg m s^{-2}.) Sendo assim, a separação dos níveis adjacentes é (Eq. 8B.5)

$$E_{v+1}-E_v=(1{,}054\ 57\times10^{-34}\ \text{J s})\times(5{,}634\times10^{14}\ \text{s})=5{,}941\times10^{-20}\ \text{J}$$

ou 59,41 zJ, cerca de 0,37 eV. Essa separação de energia corresponde a 36 kJ mol^{-1}, que é quimicamente significativa. A energia do ponto zero, Eq. 8B.6, desse oscilador molecular é 29,71 zJ, o que corresponde a 0,19 eV ou 18 kJ mol^{-1}.

Exercício proposto 8B.1 Suponha um átomo de hidrogênio sendo adsorvido na superfície de uma nanopartícula de ouro por uma ligação de constante de força igual a 855 N m^{-1}. Calcule a energia vibracional do ponto zero.

Resposta: 37,7 zJ, 22,7 kJ mol^{-1}, 0,24 eV.

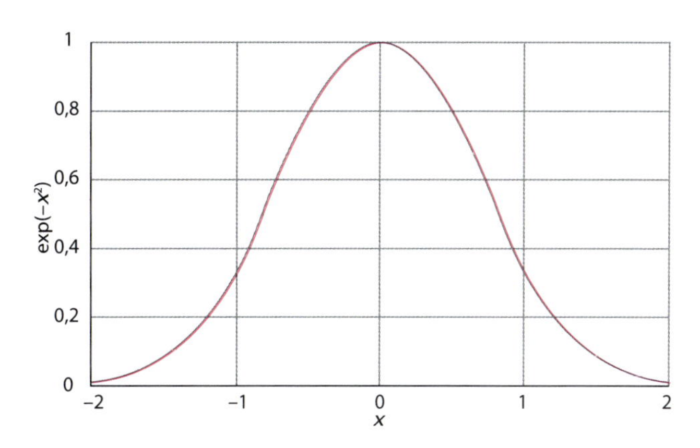

Figura 8B.3 Gráfico da função gaussiana $f(x)=e^{-x^2}$.

O resultado na *Breve ilustração* 8B.1 implica que a oscilação requer radiação de frequência $\nu = \Delta E/h = 90$ THz e comprimento de onda $\lambda = c/\nu = 3{,}3$ μm. Segue-se que as transições entre níveis de energia vibracional adjacentes de moléculas são estimuladas ou emitem radiação infravermelha (Seções 12D e 12E).

(b) As funções de onda

Como no caso da partícula em uma caixa (Seção 8A), a partícula em movimento harmônico está também em um poço simétrico no qual a energia potencial assume valores muito grandes (e até infinitamente grandes) para deslocamentos suficientemente amplos (compare as Figs. 8A.1 e 8B.1). Há, porém, duas diferenças importantes:

Interpretação física

- A primeira é a de a função tender para zero mais lentamente no caso do oscilador harmônico do que no caso da partícula na caixa, pois a energia potencial, no oscilador, tende para infinito com x^2, e não abruptamente, como no caso da caixa.
- A segunda deve-se ao fato de a dependência entre a energia cinética do oscilador e o deslocamento ser muito mais complicada (pois a energia potencial é variável). Isso faz com o que a curvatura da função de onda também varie de forma mais complicada.

A solução detalhada da Eq. 8B.3 confirma esses pontos e mostra que a função de onda de um oscilador harmônico tem a forma

$$\psi(x)=N\times(\text{polinômio em } x)\times(\text{função gaussiana em forma de sino})$$

em que N é uma constante de normalização. A função gaussiana é uma função da forma de sino de e^{-x^2} (Fig. 8B.3). A forma precisa das funções de onda é

$$\psi_v(x)=N_vH_v(y)e^{-y^2/2} \qquad y=\frac{x}{\alpha} \qquad \alpha=\left(\frac{\hbar^2}{mk_f}\right)^{1/4} \qquad (8B.8)$$

Oscilador harmônico — Funções de onda

O fator $H_v(y)$ é um **polinômio de Hermite**; a forma desses polinômios e algumas de suas propriedades estão listadas na Tabela 8B.1. Os polinômios de Hermite fazem parte de uma classe de funções chamadas "polinômios ortogonais". Esses polinômios têm diversas propriedades importantes, que permitem que vários cálculos quânticos sejam feitos com relativa facilidade. Observe que os primeiros polinômios de Hermite são muito simples: por exemplo, $H_0(y) = 1$ e $H_1(y) = 2y$.

Como $H_0(y) = 1$, a função de onda para o estado fundamental (o estado de energia mais baixa, com $v = 0$) do oscilador harmônico é

$$\psi_0(x)=N_0e^{-y^2/2}=N_0e^{-x^2/2\alpha^2} \qquad (8B.9a)$$

Oscilador harmônico — Função de onda do estado fundamental

Tabela 8B.1 Polinômios de Hermite, $H_v(y)$*

v	$H_v(y)$
0	1
1	$2y$
2	$4y^2-2$
3	$8y^3-12y$
4	$16y^4-48y^2+12$
5	$32y^5-160y^3+120y$
6	$64y^6-480y^4+720y^2-120$

* Os polinômios de Hermite são soluções da equação diferencial

$$H_v''-2yH_v'+2vH_v=0$$

em que a "linha" simboliza uma derivada . Eles satisfazem à fórmula de recorrência

$$H_{v+1}-2yH_v+2vH_{v-1}=0$$

Uma integral muito usada é

$$\int_{-\infty}^{\infty}H_{v'}H_ve^{-y^2}\,dy=\begin{cases}0 & \text{se } v'\neq v\\ \pi^{1/2}2^v v! & \text{se } v'=v\end{cases}$$

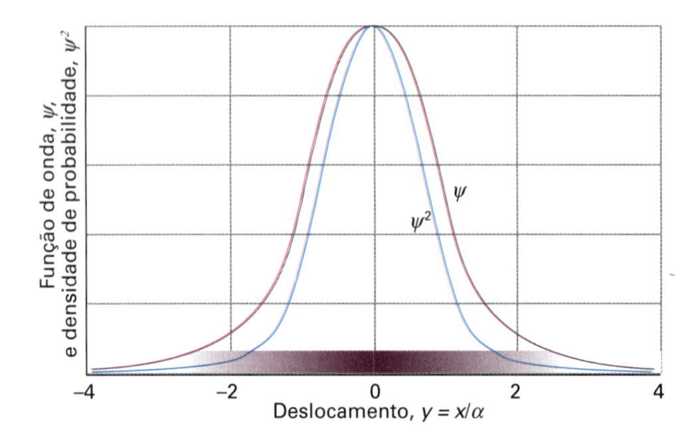

Figura 8B.4 Função de onda normalizada e distribuição de probabilidade (mostrada também pelo sombreado) do estado de energia mais baixa de um oscilador harmônico.

e a densidade de probabilidade correspondente é

$$\psi_0^2(x) = N_0^2 e^{-y^2} = N_0^2 e^{-x^2/\alpha^2} \qquad \textit{Oscilador harmônico} \qquad \text{Densidade de probabilidade do estado fundamental} \qquad (8B.9b)$$

A Fig. 8B.4 mostra a função de onda e a respectiva distribuição de probabilidade. As duas curvas têm os máximos no deslocamento nulo (isto é, em $x = 0$), de modo que traduzem a imagem clássica da energia do ponto zero como oriunda da flutuação incessante da partícula em torno da posição de equilíbrio.

A função de onda para o primeiro estado excitado do oscilador, o estado com $v = 1$, é

$$\psi_1(x) = N_1(2y)e^{-y^2/2} = N_1\left(\frac{2}{\alpha}\right)xe^{-x^2/2\alpha^2} \qquad \textit{Oscilador harmônico} \qquad \text{Primeiro estado excitado da função de onda} \qquad (8B.10)$$

Essa função tem um nó no deslocamento nulo (em $x = 0$), e a densidade de probabilidade tem máximos em $x = \pm\alpha$ (Fig. 8B.5).

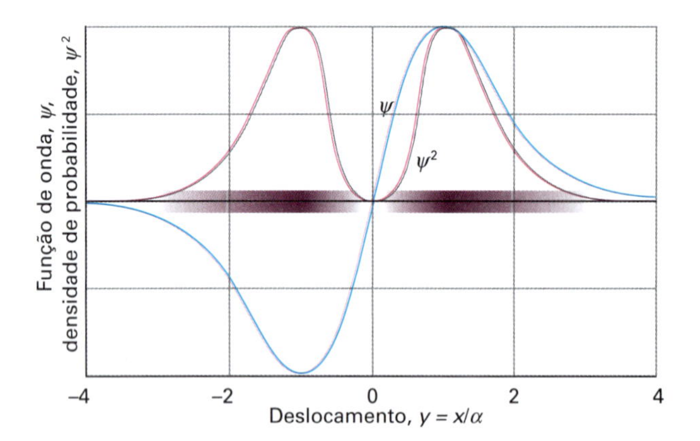

Figura 8B.5 Função de onda normalizada e distribuição de probabilidade (mostrada também pelo sombreado) do primeiro estado excitado de um oscilador harmônico.

Exemplo 8B.1 Confirmação de que a função de onda é uma solução da equação de Schrödinger

Mostre que a função de onda do estado fundamental (Eq. 8B.9a) é uma solução da equação de Schrödinger, Eq. 8B.3.

Método Substitua a função de onda dada na Eq. 8B.9a na Eq. 8B.3. Utilize a definição de α dada na Eq. 8B.8 para determinar a energia do lado direito da Eq. 8B.3 e mostre que ele é igual à energia do ponto zero dada na Eq. 8B.6.

Resposta Precisamos calcular a segunda derivada da função de onda do estado fundamental:

$$\frac{d}{dx}N_0e^{-x^2/2\alpha^2} = -N_0\left(\frac{x}{\alpha^2}\right)e^{-x^2/2\alpha^2}$$

$$\frac{d^2}{dx^2}N_0e^{-x^2/2\alpha^2} = \frac{d}{dx}\left\{-N_0\left(\frac{x}{\alpha^2}\right)e^{-x^2/2\alpha^2}\right\}$$

$$= -\frac{N_0}{\alpha^2}e^{-x^2/2\alpha^2} + N_0\left(\frac{x}{\alpha^2}\right)^2 e^{-x^2/2\alpha^2}$$

$$= -(1/\alpha^2)\psi_0 + (x^2/\alpha^4)\psi_0$$

Substituindo ψ_0 na Eq. 8B.3 e utilizando a definição de α (Eq. 8B.8), obtemos

$$\frac{\hbar^2}{2m}\left(\frac{mk_{ff}}{\hbar^2}\right)^{1/2}\psi_0 - \frac{\hbar^2}{2m}\left(\frac{mk}{\hbar^2}\right)x^2\psi_0 + \tfrac{1}{2}k_f x^2\psi_0 = E\psi_0$$

e, portanto,

$$\frac{\hbar}{2}\left(\frac{k_f}{m}\right)^{1/2}\psi_0 - \tfrac{1}{2}k_{ff}x^2\psi_0 + \tfrac{1}{2}k\,x^2\psi_0 = E\psi_0$$

O segundo e o terceiro termos do lado esquerdo (em azul) se cancelam e obtemos $E = \tfrac{1}{2}\hbar(k_f/m)^{1/2}$ de acordo com a Eq. 8B.6 para a energia do ponto zero.

Exercício proposto 8B.2 Confirme que a função de onda da Eq. 8B.10 é uma solução da Eq. 8B.3 e determine sua energia.

Resposta: sim, com $E = \tfrac{3}{2}\hbar\omega$

A Fig. 8B.6 mostra as formas de diversas funções de onda. Em números quânticos elevados, as funções de onda do oscilador harmônico têm as maiores amplitudes nas vizinhanças dos pontos de reversão do movimento clássico (isto é, os pontos em que $V = E$, de modo que a energia cinética é nula). Vemos também que as propriedades clássicas aparecem nos números quânticos elevados (Seção 8A), pois classicamente é mais provável encontrar uma partícula nas vizinhanças dos pontos de reversão (onde sua velocidade é menor) e menos provável encontrá-la nas vizinhanças do deslocamento nulo (onde a sua velocidade é mais elevada).

Figura 8B.6 Funções de onda normalizadas para os cinco primeiros estados de um oscilador harmônico. Observe que o número de nós é igual a v e que funções alternadas são simétricas ou antissimétricas em relação a $y = 0$ (deslocamento nulo).

Observe as características a seguir das funções de onda:

Interpretação física

- A função gaussiana vai rapidamente a zero quando o deslocamento aumenta (em ambas as direções, estiramento ou compressão), de modo que todas as funções de onda tendem a zero em grandes deslocamentos.
- O expoente y^2 é proporcional a $x^2 \times (mk_f)^{1/2}$, de modo que as funções de onda decaem mais rapidamente quando a massa aumenta e a constante de força aumenta (mola rígida).
- Quando v aumenta, os polinômios de Hermite têm valores maiores para deslocamentos grandes (pois o polinômio tem o termo x^v), de modo que as funções de onda crescem mais antes que a função gaussiana faça com que elas tendam a zero. Em consequência disso, as funções de onda se distribuem numa faixa maior quando v aumenta (Fig. 8B.7).

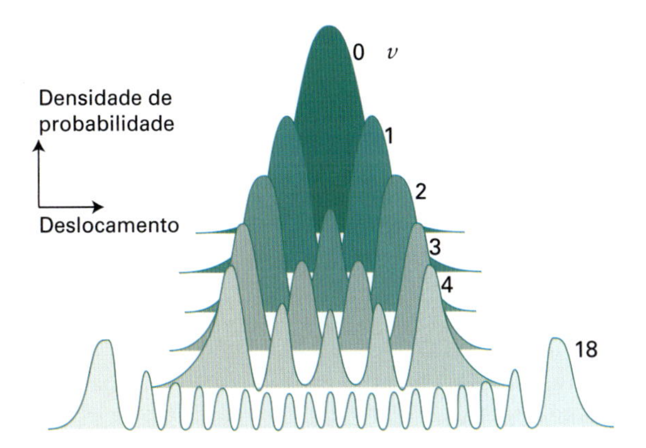

Figura 8B.7 Densidades de probabilidade dos cinco primeiros estados de um oscilador harmônico e o estado com $v = 18$. Observe que as regiões de maior densidade de probabilidade se deslocam para os pontos de reversão do movimento clássico à medida que v aumenta.

Exemplo 8B.2 Normalização da função de onda do oscilador harmônico

Determine a constante de normalização das funções de onda do oscilador harmônico.

Método A normalização sempre se faz pelo cálculo da integral de $|\psi|^2$ sobre todo o espaço, seguido pelo cálculo do fator de normalização, pela Eq. 7B.3 ($N = 1/(\int \psi^* \psi \mathrm{d}\tau)^{1/2}$). A função normalizada é, então, igual a $N\psi$. Neste problema unidimensional, o elemento de volume é $\mathrm{d}x$ e a integração se faz de $-\infty$ até $+\infty$. As funções de onda se exprimem apropriadamente em termos da variável adimensional $y = x/\alpha$, e então o integrando vem também em termos de y, com $\mathrm{d}x = \alpha\,\mathrm{d}y$. As integrais necessárias são dadas na Tabela 8B.1.

Resposta A função de onda não normalizada é

$$\psi_v(x) = H_v(y)\mathrm{e}^{-y^2/2}$$

Vem então, de acordo com as integrais dadas na Tabela 8B.1, que

$$\int_{-\infty}^{\infty} \psi_v^* \psi_v \mathrm{d}x = \alpha \int_{-\infty}^{\infty} \psi_v^* \psi_v \mathrm{d}y = \alpha \int_{-\infty}^{\infty} H_v^2(y) \mathrm{e}^{-y^2} \mathrm{d}y = \alpha \pi^{1/2} 2^v v!$$

em que $v! = v(v-1)(v-2)\dots 1$. Portanto,

$$N_v = \left(\frac{1}{\alpha \pi^{1/2} 2^v v!} \right)^{1/2}$$

Observe que, diferentemente da constante de normalização para uma partícula em uma caixa, para um oscilador harmônico N_v é diferente para cada valor de v.

Exercício proposto 8B.3 Confirme, por integração direta, que ψ_0 e ψ_1 são funções ortogonais.

Resposta: Mostre que a integral $\int_{-\infty}^{\infty} \psi_0^* \psi_1 \mathrm{d}x = 0$ usando as informações da Tabela 8B.1

8B.2 As propriedades dos osciladores

O valor médio de uma propriedade é dado pelo cálculo do valor esperado do operador correspondente (Eq. 7C.11, $\langle \Omega \rangle = \int \psi^* \hat{\Omega} \psi \,\mathrm{d}\tau$). Agora que conhecemos as funções de onda do oscilador harmônico, podemos começar a explorar suas propriedades calculando integrais do tipo

$$\langle \Omega \rangle = \int_{-\infty}^{\infty} \psi_v^* \hat{\Omega} \psi_v \mathrm{d}x \qquad (8B.11)$$

(Nessa expressão, e nas seguintes, imaginamos todas as funções de onda normalizadas a 1.) Quando se entram com as funções de onda no integrando, as integrais parecem formidáveis. Entretanto, os polinômios de Hermite têm várias características simplificadoras.

(a) Valores médios

Mostramos no exemplo a seguir que o deslocamento médio, $\langle x\rangle$, e o deslocamento quadrático médio, $\langle x^2\rangle$, do oscilador harmônico, no estado com o número quântico v, são

$$\langle x\rangle = 0 \quad \textit{Oscilador harmônico} \quad \text{Deslocamento médio} \quad (8B.12a)$$

$$\langle x^2\rangle = \left(v+\tfrac{1}{2}\right)\frac{\hbar}{(mk_f)^{1/2}} \quad \textit{Oscilador harmônico} \quad \text{Deslocamento quadrático médio} \quad (8B.12b)$$

O resultado para $\langle x\rangle$ mostra que são iguais as probabilidades de o oscilador estar em qualquer dos lados de $x = 0$ (como o oscilador clássico). O resultado de $\langle x^2\rangle$ mostra que o deslocamento quadrático médio aumenta com v. Este aumento é provocado pelas densidades de probabilidade representadas na Fig. 8B.7 e corresponde ao aumento da amplitude de oscilação do oscilador clássico quando o oscilador fica mais excitado.

Exemplo 8B.3 Cálculo das propriedades do oscilador harmônico

Considere o movimento do oscilador harmônico da molécula de H–Cl, da *Breve ilustração* 8B.1. Calcule o deslocamento médio do oscilador quando ele está no estado quântico v.

Método Para se ter o valor esperado usam-se as funções de onda normalizadas. O operador da posição sobre x é o produto por x (Seção 7C). A integral resultante pode ser calculada

- por inspeção (o integrando é o produto de uma função ímpar por uma função par) ou
- por um cálculo explícito com o auxílio das fórmulas da Tabela 8B.1.

O procedimento anterior faz uso das definições de que uma função par é aquela para a qual $f(-x) = f(x)$ e uma função ímpar é aquela para a qual $f(-x) = -f(x)$. Portanto, o produto de uma função ímpar com uma função par é, em si, ímpar, e a integral de uma função ímpar sobre um intervalo simétrico em torno de $x = 0$ é nula. O último procedimento, usando integração explícita, é apresentado aqui para que se ganhe prática no cálculo de valores esperados. Precisaremos da relação $x = \alpha y$, que leva a $dx = \alpha dy$.

Resposta A integral a calcular é

$$\begin{aligned}\langle x\rangle &= \int_{-\infty}^{\infty}\psi_v^* x\psi_v \mathrm{d}x = N_v^2\int_{-\infty}^{\infty}(H_v e^{-y^2/2})x(H_v e^{-y^2/2})\mathrm{d}x \\ &= \alpha^2 N_v^2\int_{-\infty}^{\infty}(H_v e^{-y^2/2})y(H_v e^{-y^2/2})\mathrm{d}y \\ &= \alpha^2 N_v^2\int_{-\infty}^{\infty}H_v y H_v e^{-y^2}\mathrm{d}y\end{aligned}$$

Usamos agora a relação de recorrência (veja a Tabela 8B.1) para ter

$$yH_v = vH_{v-1} + \tfrac{1}{2}H_{v+1}$$

que transforma a integral em

$$\int_{-\infty}^{\infty}H_v y H_v e^{-y^2}\mathrm{d}y = v\int_{-\infty}^{\infty}H_v H_{v-1}e^{-y^2}\mathrm{d}y + \tfrac{1}{2}\int_{-\infty}^{\infty}H_v H_{v+1}e^{-y^2}\mathrm{d}y$$

As duas integrais são nulas (veja a Tabela 8B.1), de modo que $\langle x\rangle = 0$. O deslocamento médio é zero, pois os deslocamentos para ambos os lados da posição de equilíbrio são iguais.

Exercício proposto 8B.4 Calcule o deslocamento quadrático médio $\langle x^2\rangle$ da distância da ligação H–Cl em relação à posição de equilíbrio usando duas vezes a relação de recorrência da Tabela 8B.1.

Resposta: $(v+\tfrac{1}{2})\times 115\,\text{pm}^2$; Eq. 9.12b. com μ no lugar de m

A energia potencial média do oscilador, isto é, o valor esperado de $V = \tfrac{1}{2}k_f x^2$, pode ser calculada agora muito facilmente:

$$\langle V\rangle = \tfrac{1}{2}k_f\langle x^2\rangle = \tfrac{1}{2}\left(v+\tfrac{1}{2}\right)\hbar\left(\frac{k_f}{m}\right)^{1/2}$$

ou

$$\langle V\rangle = \tfrac{1}{2}\left(v+\tfrac{1}{2}\right)\hbar\omega \quad \textit{Oscilador harmônico} \quad \text{Energia potencial média} \quad (8B.13a)$$

Como a energia total no estado de número quântico v é $(v+\tfrac{1}{2})\hbar\omega$, vem que

$$\langle V\rangle = \tfrac{1}{2}E_v \quad \textit{Oscilador harmônico} \quad \text{Energia potencial média} \quad (8B.13b)$$

A energia total é a soma das energias potencial e cinética, de modo que se conclui, imediatamente, que a energia cinética média do oscilador é (conforme também poderia ser mostrado usando o operador da energia cinética)

$$\langle E_k\rangle = \tfrac{1}{2}E_v \quad \textit{Oscilador harmônico} \quad \text{Energia cinética média} \quad (8B.13c)$$

Esse resultado – a energia potencial média e a energia cinética média de um oscilador harmônico são iguais (e, portanto, ambas são iguais à metade da energia total) – é um caso especial do **teorema do virial**:

> Se a energia potencial de uma partícula tiver a forma $V = ax^b$, então as energias potencial média e cinética média estão relacionadas por

$$2\langle E_k\rangle = b\langle V\rangle \quad \text{Teorema do virial} \quad (8B.14)$$

Como vimos, para o oscilador harmônico, $b = 2$ e, então $\langle E_k \rangle = \langle V \rangle$. O teorema do virial é excelente para estabelecer muitos resultados interessantes e úteis. Vamos usá-lo, novamente, mais adiante (por exemplo, na Seção 9A).

(b) Tunelamento

Um oscilador pode ser encontrado em regiões com $V > E$, que são proibidas pela física clássica, pois corresponderiam a energias cinéticas negativas; trata-se de um exemplo do fenômeno de tunelamento (Seção 8A). Como mostrado no *Exemplo* 8B.4, para o estado de mais baixa energia há cerca de 8% de probabilidade de o oscilador estar além do seu limite de extensão clássico e também 8% de probabilidade de se encontrar numa região de compressão classicamente proibida. Estas probabilidades de tunelamento são independentes da constante de força e da massa do oscilador.

Exemplo 8B.4 Cálculo da probabilidade de tunelamento para o oscilador harmônico

Calcule a probabilidade de o oscilador harmônico no estado fundamental ser encontrado em uma região classicamente proibida.

Método Determine a expressão do ponto de reversão, x_{pr}, em que a energia cinética se anula, igualando a energia potencial à energia total E do oscilador harmônico. A probabilidade de se encontrar o oscilador estirado além de um deslocamento x_{pr} é a soma das probabilidades $\psi^2 dx$ de encontrá-lo em qualquer dos intervalos dx localizados entre x_{pr} e o infinito; assim, calcule a integral

$$P = \int_{x_{pr}}^{\infty} \psi_v^2 dx$$

A variável de integração é mais bem expressa em termos de $y = x/\alpha$ e a integral a ser calculada é um caso especial da *função erro*, erf z, definida como

$$\text{erf}(z) = 1 - \frac{2}{\pi^{1/2}} \int_z^{\infty} e^{-y^2} dy$$

e calculada para alguns valores de z na Tabela 8B.2 (comumente essa função está disponível em pacotes de software matemáticos). Por simetria, a probabilidade de o oscilador ser encontrado estirado em uma região classicamente proibida é a mesma de ele ser encontrado comprimido em uma região classicamente proibida.

Resposta De acordo com a mecânica clássica, o ponto de reversão, x_{pr}, de um oscilador ocorre quando a sua energia cinética é nula, o que ocorre quando a energia potencial $\frac{1}{2}k_f x^2$ é igual à sua energia total E. Essa igualdade surge quando

$$x_{pr}^2 = \frac{2E}{k_f} \quad \text{ou} \quad x_{pr} = \pm\left(\frac{2E}{k_f}\right)^{1/2}$$

com E dado pela Eq. 8B.4. A variável de integração na integral P é mais bem expressa em termos de $y = x/\alpha$ com $\alpha = (\hbar^2/mk_f)^{1/4}$ e, então, o ponto de reversão à direita fica em

$$y_{pr} = \frac{x_{pr}}{\alpha} = \left\{\frac{2(v+\frac{1}{2})\hbar\omega}{\alpha^2 k_f}\right\}^{1/2} \overset{\omega=(k_f/m)^{1/2}}{=} (2v+1)^{1/2}$$

Para o estado de mais baixa energia ($v = 0$), $y_{pr} = 1$ e a probabilidade de o oscilador estar além desse ponto é

$$P = \int_{x_{pr}}^{\infty} \psi_0^2 dx = \alpha N_0^2 \int_1^{\infty} e^{-y^2} dy$$

A constante de normalização N_0 é calculada a partir da expressão de N_v no *Exemplo* 8B.2 ($N_v = 1/(\alpha\pi^{1/2}2^v v!)^{1/2}$):

$$N_0 = \left(\frac{1}{\alpha\pi^{1/2}2^0 0!}\right)^{1/2} = \left(\frac{1}{\alpha\pi^{1/2}}\right)^{1/2}$$

A integral na expressão de P é escrita em termos da função erro erf(1) como

$$\text{erf}(1) = 1 - \frac{2}{\pi^{1/2}} \int_1^{\infty} e^{-y^2} dy \quad \text{assim} \int_1^{\infty} e^{-y^2} dy = \frac{1}{2}\pi^{1/2}(1 - \text{erf}(1))$$

Segue-se que

$$P = \alpha \times \overbrace{\frac{1}{\alpha\pi^{1/2}}}^{N_0^2} \times \overbrace{\tfrac{1}{2}\pi^{1/2}(1 - \text{erf}(1))}^{\int_1^{\infty} e^{-y^2} dy} = \tfrac{1}{2}\left(1 - \overbrace{\text{erf}(1)}^{0{,}843}\right) = 0{,}079$$

Em 7,9% de um grande número de observações, qualquer oscilador no estado com número quântico $v = 0$ será encontrado estirado em uma extensão classicamente proibida. Existe a mesma probabilidade de se encontrar o oscilador com uma compressão classicamente proibida. A probabilidade total de se encontrar o oscilador tunelado em uma região classicamente proibida (estirado ou comprimido) é de aproximadamente 16%.

Exercício proposto 8B.5 Calcule a probabilidade de um oscilador harmônico no estado com número quântico $v = 1$ ser encontrado em uma extensão classicamente proibida. (Siga o argumento dado no *Exemplo* 8B.4 e utilize o método de integração por partes (*Revisão de matemática* 1) para obter uma integral que possa ser expressa em termos da função erro.)

Resposta: $P = 0{,}056$

Tabela 8B.2 A função erro, erf(*z*)*

z	erf(z)
0	0
0,01	0,0113
0,05	0,0564
0,10	0,1125
0,50	0,5205
1,00	0,8427
1,50	0,9661
2,00	0,9953

*Mais valores estão disponíveis em pacotes de software de matemática.

A probabilidade de o oscilador se encontrar em regiões classicamente proibidas diminui rapidamente com o aumento de υ e desaparece inteiramente quando υ tende a infinito, como se pode esperar do princípio da correspondência. Os osciladores macroscópicos (como os pêndulos) estão em estados com números quânticos muito elevados, de modo que a probabilidade de se acharem em regiões classicamente proibidas é inteiramente desprezível e a mecânica clássica é adequada. As moléculas, no entanto, estão normalmente nos seus estados fundamentais de vibração, e para elas essa probabilidade é muito significativa e a mecânica clássica é falsa.

Conceitos importantes

☐ 1. Uma partícula em **movimento harmônico** é chamada de **oscilador harmônico** e sofre uma força restauradora proporcional ao seu deslocamento.

☐ 2. A energia potencial de um oscilador harmônico é uma função parabólica do afastamento do equilíbrio.

☐ 3. Os níveis de energia de um oscilador harmônico são uniformemente espaçados.

☐ 4. As funções de onda de um oscilador harmônico são produtos de um **polinômio de Hermite** e uma função gaussiana (em forma de sino).

☐ 5. Há uma **energia do ponto zero**, uma energia mínima irremovível, que é consistente com o princípio da incerteza e que pode ser interpretada nos termos deste princípio.

☐ 6. A probabilidade de se encontrar o oscilador harmônico em regiões classicamente proibidas é significativa para o estado vibracional fundamental ($\upsilon = 0$), mas diminui rapidamente com o aumento de υ.

Equações importantes

Propriedade	Equação	Comentário	Número da equação
Níveis de energia do oscilador harmônico	$E_\upsilon = (\upsilon + \frac{1}{2})\hbar\omega, \quad \omega = (k_f/m)^{1/2}$	$\upsilon = 0, 1, 2, \ldots$	8B.4
Energia do ponto zero do oscilador harmônico	$E_0 = \frac{1}{2}\hbar\omega$		8B.6
Função de onda do oscilador harmônico	$\psi_\upsilon(x) = N_\upsilon H_\upsilon(y)\mathrm{e}^{-y^2/2}$ $y = x/\alpha, \quad \alpha = (\hbar^2/mk_f)^{1/4}$ $N_\upsilon = (1/\alpha\pi^{1/2}2^\upsilon \upsilon!)^{1/2}$	$\upsilon = 0, 1, 2, \ldots$	8B.8
Deslocamento médio do oscilador harmônico	$\langle x \rangle = 0$		8B.12a
Deslocamento quadrático médio do oscilador harmônico	$\langle x^2 \rangle = (\upsilon + \frac{1}{2})\hbar/(mk_f)^{1/2}$		8B.12b
Teorema do virial	$2\langle E_k \rangle = b\langle V \rangle$	$V = ax^b$	8B.14

8C Movimento de rotação

Tópicos

➤ Por que você precisa saber este assunto?

A investigação do movimento de rotação introduz o conceito de momento angular, que é fundamental para a descrição da estrutura eletrônica de átomos e moléculas e para a interpretação de detalhes observados em espectros moleculares.

➤ Qual é a ideia fundamental?

A energia e o momento angular de um objeto em rotação são quantizados.

➤ O que você já deve saber?

Você deve saber os postulados da mecânica quântica (Seção 7C) e estar familiarizado com o conceito do momento angular da física clássica (*Fundamentos* B).

Esta seção oferece uma descrição da rotação em duas e três dimensões pela mecânica quântica. Os conceitos aqui desenvolvidos formam a base para a discussão da estrutura atômica (Seções 9A e 9B) e da rotação molecular (Seção 12B).

8C.1 Rotação em duas dimensões

Consideremos uma partícula de massa m limitada a mover-se em uma trajetória circular (um "anel") com o raio r no plano xy com a energia potencial constante, que pode ser considerada zero (Fig. 8C.1). A energia total é igual à energia cinética, pois $V = 0$ em todos os pontos da trajetória. Podemos então escrever $E = p^2/2m$. Conforme a mecânica clássica (*Fundamentos* B), o **momento angular**, J_z, em relação ao eixo dos z (que é perpendicular ao plano xy) é $J_z = \pm pr$, de modo que a energia pode ser expressa como $J_z^2/2mr^2$. Uma vez que mr^2 é o **momento de inércia**, I, da partícula na sua trajetória, conclui-se que

$$E=\frac{J_z^2}{2I} \qquad I=mr^2$$ *Expressão clássica da partícula em um anel* Energia (8C.1)

Veremos que, na mecânica quântica, nem todos os valores do momento angular são permitidos e que, por isso, tanto o momento angular como a energia de rotação são quantizados.

(a) A origem qualitativa da rotação da quantização

Como $J_z = \pm pr$ e como pela relação de De Broglie temos $p = h/\lambda$ (Seção 7A), o momento angular em torno do eixo dos z é

$$J_z=\pm\frac{hr}{\lambda} \tag{8C.2}$$

Os sinais opostos correspondem a sentidos opostos do movimento da partícula. Essa equação mostra que, quanto mais curto o comprimento de onda da partícula na trajetória circular de raio fixo, maior o momento angular da partícula. Ora, se pudermos ver a razão de o comprimento de onda estar restrito a certos valores de um conjunto discreto, entenderemos a razão de o momento angular ser quantizado.

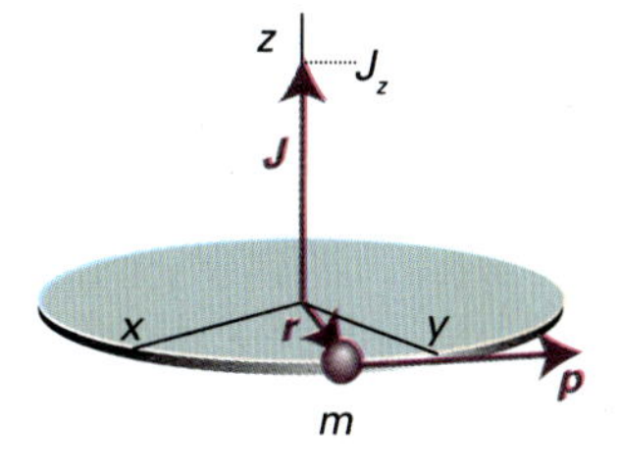

Figura 8C.1 O momento angular de uma partícula de massa m sobre uma trajetória circular de raio r no plano xy é representada por um vetor J com a componente J_z, a única diferente de zero, de módulo pr e perpendicular ao plano.

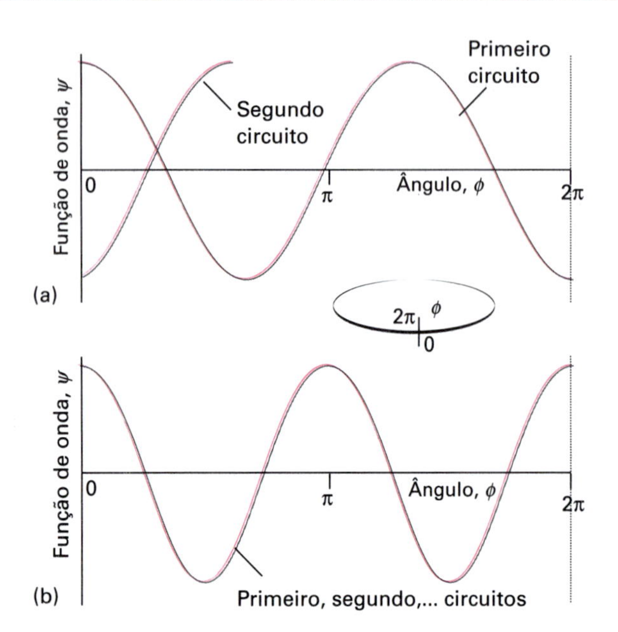

Figura 8C.2 Duas soluções da equação de Schrödinger para uma partícula em uma trajetória num anel. A circunferência é mostrada como um segmento retilíneo, e os pontos $\phi = 0$ e $\phi = 2\pi$ coincidem. A solução em (a) é inaceitável, pois não é unívoca. Além disso, nos circuitos sucessivos, a função interfere destrutivamente em si mesma e não sobrevive. A solução em (b) é aceitável, pois é unívoca e nos circuitos sucessivos ela se reproduz.

Imaginemos, por um instante, que λ possa assumir qualquer valor arbitrário. Neste caso, a função de onda depende do azimute ϕ, como mostra a Fig. 8C.2a. Quando ϕ ultrapassa 2π, a função de onda continua a se alterar. Um valor arbitrário do comprimento de onda, porém, levará a um valor diferente da função em cada ponto, o que não é aceitável para uma função de onda. Para que a solução seja aceitável, a função de onda deve reproduzir-se nos circuitos sucessivos, como mostra a Fig. 8C.2b. Como somente algumas funções de onda têm esta propriedade, conclui-se que somente alguns momentos angulares são aceitáveis e que, portanto, somente algumas energias de rotação existem. Assim, a energia de rotação da partícula é quantizada. Especificamente, um número inteiro de comprimentos de onda deve se ajustar à circunferência do anel (que é $2\pi r$):

$$n\lambda = 2\pi r \quad n = 0, 1, 2, \ldots \tag{8C.3}$$

O valor $n = 0$ corresponde a $\lambda = \infty$; uma "onda" de comprimento de onda infinito tem altura constante para todos os valores de ϕ. Segue das Eq. 8C.2 e 8C.3 que o momento angular está, portanto, limitado aos valores

$$J_z = \pm\frac{hr}{\lambda} = \pm\frac{nhr}{2\pi r} = \pm\frac{nh}{2\pi} \quad n = 0, 1, 2, \ldots$$

O sinal de J_z (que indica o sentido da rotação) pode ser absorvido pelo número quântico substituindo-se n por $m_l = 0, \pm1, \pm2, \ldots$ em que m_l (a notação convencional para este número quântico) pode assumir valores inteiros positivos ou negativos. Ao mesmo tempo reconhecemos a presença de $h/2\pi = \hbar$ e obtemos

$$J_z = m_l\hbar \quad m_l = 0, \pm1, \pm2, \ldots \quad \textit{Partícula em um anel} \quad \text{Momento angular} \tag{8C.4}$$

Os valores positivos de m_l correspondem à rotação no sentido horário em torno do eixo dos z (olhando-se na direção dos z crescentes, Fig. 8C.3); os valores negativos de m_l correspondem à rotação anti-horária em torno do z. Segue-se então que a energia, de acordo com as Eq. 8C.3 e 8C.4, está limitada aos valores

$$E_{m_l} = \frac{m_l^2\hbar^2}{2I} \quad m_l = 0, \pm1, \pm2, \ldots \quad \textit{Partícula em um anel} \quad \text{Níveis de energia} \tag{8C.5}$$

Exploramos este resultado um pouco mais observando que:

- As energias, identificadas por m_l, são quantizadas porque m_l tem que ser um inteiro.
- A ocorrência de m_l ao quadrado significa que a energia de rotação é independente do sentido da rotação (do sinal de m_l), conforme esperado fisicamente. Isto é, estados com um dado valor diferente de zero para $|m_l|$ são duplamente degenerados.
- O estado descrito por $m_l = 0$ não é degenerado, o que é condizente com a interpretação de que, quando m_l é nulo, a partícula tem um comprimento de onda infinito e é "estacionário"; não surge a questão do sentido da rotação.
- Não existe energia do ponto zero nesse sistema: a energia mais baixa possível é $E_0 = 0$.

Interpretação física

(b) As soluções da equação de Schrödinger

Para obter as funções de onda da partícula em um anel e para confirmar que as energias da Eq. 8C.5 estão corretas, precisamos

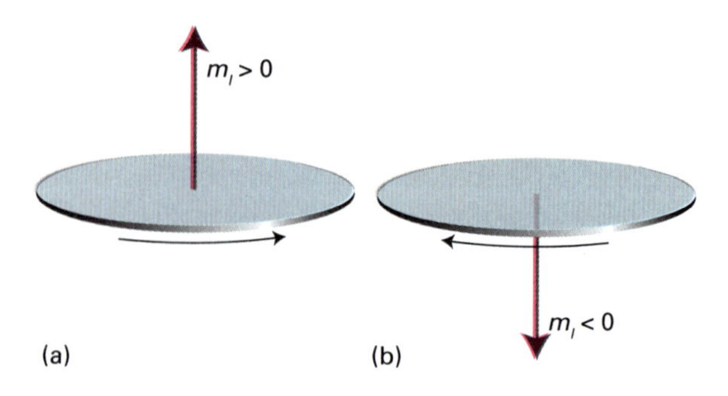

Figura 8C.3 O momento angular de uma partícula confinada em um plano pode ser representado por um vetor de comprimento $|m_l|$ unidades ao longo do eixo z e com uma orientação que indica o sentido do movimento da partícula. O sentido é dado pela regra da mão direita. Assim, (a) corresponde a $m_l > 0$, em sentido horário visto de baixo, e (b) corresponde a $m_l < 0$, no sentido anti-horário visto de baixo.

resolver a equação de Schrödinger explicitamente. Mostramos na *Justificativa* a seguir que as funções de onda normalizadas e as energias correspondentes são

$$\psi_{m_l}(\phi)=\frac{e^{im_l\phi}}{(2\pi)^{1/2}} \quad m_l=0,\pm1,\pm2,\ldots \quad \text{Partícula em um anel} \quad \text{Funções de onda} \quad (8C.6a)$$

$$E_{m_l}=\frac{m_l^2\hbar^2}{2I} \quad \text{Partícula em um anel} \quad \text{Funções de onda} \quad (8C.6b)$$

A função de onda com $m_l = 0$ é $\psi_0(\phi) = 1/(2\pi)^{1/2}$, correspondente à amplitude uniforme em torno do anel, e sua energia é $E_0 = 0$.

Justificativa 8C.1 As soluções da equação de Schrödinger para uma partícula em um anel

O hamiltoniano de uma partícula de massa m que percorre um círculo no plano xy (com $V = 0$) é o mesmo que para o movimento livre em um plano (Eq. 8A.1 da Seção 8A),

$$\hat{H}=-\frac{\hbar^2}{2m}\left(\frac{\partial^2}{\partial x^2}+\frac{\partial^2}{\partial y^2}\right) \quad (8C.7)$$

porém com a restrição de o percurso ter um raio constante r. É sempre uma boa ideia usar coordenadas que reflitam simetria completa do sistema, então introduzimos as coordenadas r e ϕ (*Ferramentas do químico* 8C.1). Por meio de manipulações-padrão podemos escrever

$$\frac{\partial^2}{\partial x^2}+\frac{\partial^2}{\partial y^2}=\frac{\partial^2}{\partial r^2}+\frac{1}{r}\frac{\partial}{\partial r}+\frac{1}{r^2}\frac{\partial^2}{\partial\phi^2} \quad (8C.8)$$

No entanto, como o raio do percurso é fixo, as derivadas (em azul) em relação a r podem ser descartadas. Dessa forma, somente o último termo da Eq. 8C.8 sobrevive, e o hamiltoniano torna-se simplesmente

$$\hat{H}=-\frac{\hbar^2}{2mr^2}\frac{d^2}{d\phi^2} \quad \text{Partícula em um anel} \quad \text{Hamiltoniano} \quad (8C.9a)$$

As derivadas parciais foram substituídas por uma derivada ordinária, pois ϕ agora é a única variável. O momento de inércia $I = mr^2$ apareceu naturalmente e $\hat{H}$ se transforma em

$$\hat{H}=-\frac{\hbar^2}{2I}\frac{d^2}{d\phi^2} \quad \text{Partícula em um anel} \quad \text{Hamiltoniano} \quad (8C.9b)$$

e a equação de Schrödinger é

$$-\frac{\hbar^2}{2I}\frac{d^2\psi}{d\phi^2}=E\psi \quad \text{Partícula em um anel} \quad \text{Equação de Schrödinger} \quad (8C.10a)$$

Reescrevemos essa equação como

$$\frac{d^2\psi}{d\phi^2}=-\frac{2IE}{\hbar^2}\psi$$

Para dada energia, $2IE/\hbar^2$ é constante, o que, por conveniência (e com um olho no futuro), escrevemos como m_l^2. Neste estágio, m_l é apenas um número adimensional sem quaisquer restrições. Então, a equação torna-se

$$\frac{d^2\psi}{d\phi^2}=-m_l^2\psi \quad (8C.10b)$$

As soluções gerais dessa equação (não normalizadas) são

$$\psi_{m_l}(\phi)=e^{im_l\phi} \quad (8C.11)$$

conforme pode ser verificado por substituição.

Vamos agora escolher as soluções aceitáveis, dentre as soluções gerais, impondo à função de onda a condição de ser unívoca. Isto é, a função de onda deve cumprir uma **condição de contorno periódica** de tal modo que $\psi(\phi + 2\pi) = \psi(\phi)$. Entrando com esta condição na solução geral, encontramos

$$\psi_{m_l}(\phi+2\pi)=e^{im_l(\phi+2\pi)}=e^{im_l\phi}e^{2\pi im_l}=\psi_{m_l}(\phi)e^{2\pi im_l}$$
$$=\psi_{m_l}(\phi)(e^{\pi i})^{2m_l}$$

Uma vez que $e^{i\pi} = -1$ (fórmula de Euler, *Revisão de matemática* 3), essa relação é equivalente a

$$\psi_{m_l}(\phi+2\pi)=(-1)^{2m_l}\psi_{m_l}(\phi)$$

Como as condições de contorno cíclicas impõem que $(-1)^{2m_l}=1, 2m_l$, o expoente $2m_l$ deve ser um inteiro par, positivo ou negativo (incluindo o 0), portanto m_l deve ser um inteiro: $m_l = 0, \pm1, \pm2, \ldots$.

Vamos agora normalizar a função de onda obtendo a constante de normalização N dada pela equação 7B.3 ($N=(\int_{-\infty}^{\infty}\psi^*\psi\,dx)^{-1/2}$), que, neste caso, se torna

$$N=\frac{1}{\left(\int_0^{2\pi}\psi^*\psi\,d\phi\right)^{1/2}}=\frac{1}{\left(\int_0^{2\pi}\overbrace{e^{-im_l\phi}e^{im_l\phi}}^{1}\,d\phi\right)^{1/2}}=\frac{1}{(2\pi)^{1/2}} \quad (8C.12)$$

e as funções de onda normalizadas para uma partícula em um anel são aquelas dadas pela Eq. 8C.6a. A expressão das energias dos estados (Eq. 8C.6b) é obtida pelo rearranjo da relação $m_l^2=2IE/\hbar^2$ em $E=m_l^2\hbar^2/2I$.

Ferramentas do químico 8C.1 Coordenadas cilíndricas

Para sistemas com simetria cilíndrica é melhor trabalhar em coordenadas cilíndricas, r, ϕ e z (Esquema 1), com

$$x=r\cos\theta \quad y=r\,\mathrm{sen}\,\phi$$

e em que

r varia de	ϕ varia de	z varia de
0 a ∞	0 a 2π	$-\infty$ a ∞

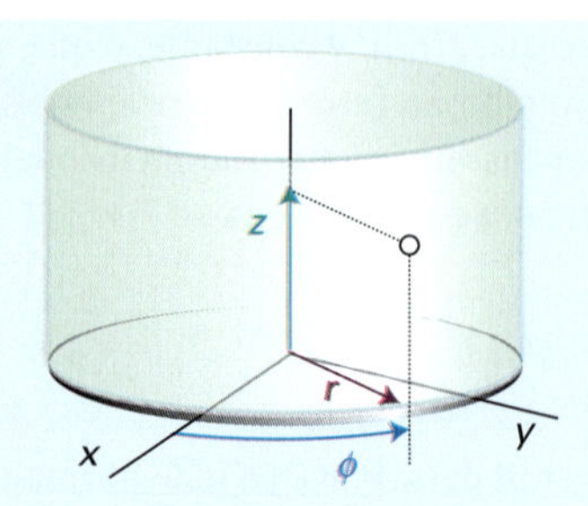

Esquema 1 Coordenadas cilíndricas

O elemento volume é

$$d\tau = r\,dr\,d\phi\,dz$$

Para o movimento em um plano consideramos $z = 0$ e para o elemento de volume utilizamos

$$d\tau = r\,dr\,d\phi$$

Uma nota sobre a boa prática Observe que, quando citamos o valor de m_l, é boa prática sempre colocar o sinal, mesmo se m_l for positivo. Dessa forma, escrevemos $m_l = +1$, não $m_l = 1$.

Exercício proposto 8C.1 Use o modelo da partícula em um anel para calcular a energia mínima necessária para a excitação de um elétron π do coroneno, $C_{24}H_{12}$ (**1**). Suponha que o raio do anel seja três vezes o comprimento da ligação carbono–carbono no benzeno e que os elétrons estejam confinados à periferia da molécula.

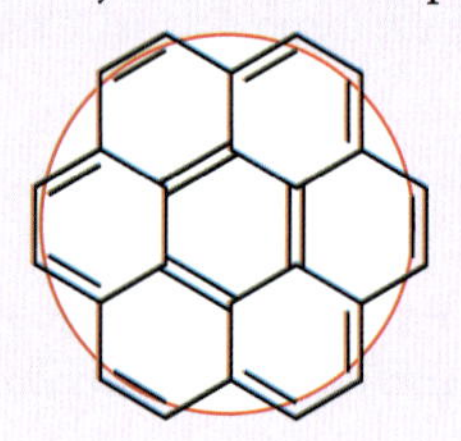

1 Coroneno (anel do modelo em vermelho)

Resposta: Para a transição de $m_l = +3$ para $m_l = +4$: $\Delta E = 0{,}0147$ zJ ou 8,83 J mol^{-1}

Exemplo 8C.1 Uso do modelo da partícula em um anel

O modelo da partícula em um anel é um modelo não refinado, mas ilustrativo, de sistemas moleculares conjugados cíclicos. Considere os elétrons π do benzeno como partículas em movimento livre sobre um anel circular de átomos de carbono e calcule a energia mínima necessária para a excitação de um elétron π. O comprimento da ligação carbono–carbono do benzeno é de 140 pm.

Método Como cada átomo de carbono contribui com um elétron π, seis elétrons no sistema conjugado movem-se ao longo do perímetro do anel. Cada estado é ocupado por dois elétrons, então apenas os estados $m_l = 0$, $+1$ e -1 são ocupados (com os dois últimos sendo degenerados). A energia mínima necessária para a excitação corresponde a uma transição de um elétron do estado $m_l = +1$ (ou -1) para o estado $m_l = +2$ (ou -2). Use a Eq. 8C.6b e a massa do elétron para calcular as energias dos estados.

Resposta Com a Eq. 8C.6b, a separação de energia entre os estados $m_l = +1$ e $m_l = +2$ é

$$\Delta E = E_{+2} - E_{-1} = (4-1)\times\frac{(1{,}055\times10^{-34}\,\mathrm{J\,s})^2}{2\times(9{,}109\times10^{-31}\,\mathrm{kg})\times(1{,}40\times10^{-10}\,\mathrm{m})^2}$$

$$= 9{,}35\times10^{-19}\,\mathrm{J}$$

Portanto, a energia mínima necessária para excitar um elétron é 0,935 aJ ou 563 kJ mol^{-1}. Essa separação de energia corresponde a uma frequência de absorção de 1,41 PHz (1 PHz = 10^{15} Hz) e um comprimento de onda de 213 nm; o valor experimental para uma transição desse tipo é de 260 nm. É encorajador que esse modelo primitivo dê um acordo relativamente bom. Além disso, ainda que o modelo seja primitivo, ele dá uma boa compreensão da origem dos níveis de energia quantizados dos elétrons π em sistemas conjugados cíclicos (Seção 10D).

(c) Quantização do momento angular

Vimos que o momento angular em torno do eixo z é quantizado e restrito aos valores dados pela Eq. 8C.4 ($J_z = m_l\hbar$). A função de onda da partícula em um anel é dada pela Eq. 8C.6a:

$$\psi_{m_l}(\phi) = \frac{e^{im_l\phi}}{(2\pi)^{1/2}} = \frac{1}{(2\pi)^{1/2}}(\cos m_l\phi + i\,\mathrm{sen}\,m_l\phi)$$

Portanto, à medida que $|m_l|$ aumenta, o aumento do momento angular está associado a:

- um aumento do número de nós das partes real ($\cos m_l\phi$) e imaginária ($\mathrm{sen}\,m_l\phi$) da função de onda (a função complexa não tem nós, mas cada um dos seus componentes reais e imaginários tem);

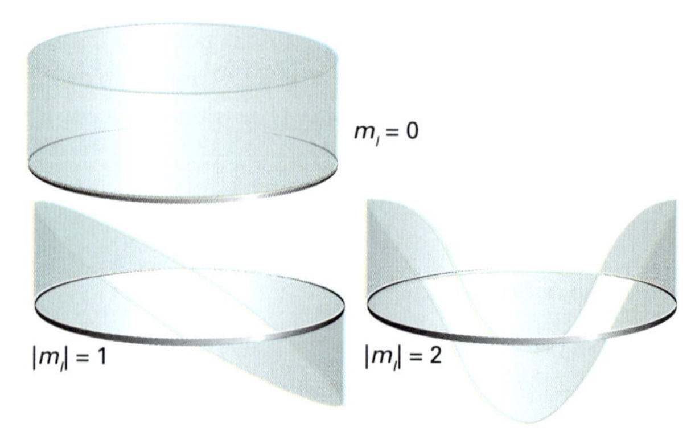

Figura 8C.4 Parte real das funções de onda de uma partícula sobre um anel. À medida que os comprimentos de onda diminuem, o módulo do momento angular em relação ao eixo dos z aumenta por intervalos uniformes de $\hbar$.

- uma diminuição do comprimento de onda e, pela relação de De Broglie, um aumento do momento linear com o qual a partícula se desloca em torno do anel (Fig. 8C.4).

Breve ilustração 8C.1 Nós em uma função de onda

Enquanto a função de onda no estado fundamental $m_l = 0$ não tem nenhum nó, a função de onda $m_l = +1$

$$\psi_{+1}(\phi)=\frac{e^{i\phi}}{(2\pi)^{1/2}}=\frac{1}{(2\pi)^{1/2}}(\cos\phi+i\,\text{sen}\phi)$$

tem nós em $\phi = \pi/2$ e $3\pi/2$ em sua parte real e em $\phi = 0$ e π na sua parte imaginária. Um aumento do número de nós resulta em maior curvatura da função de onda (partes real e imaginária), conforme um aumento da energia cinética e, neste caso, da energia total. Observe que o sentido da rotação (sentido horário visto ao longo do eixo dos z) é refletido pelo fato de que a componente imaginária precede a componente real na fase: a parte real corre atrás da parte imaginária.

Exercício proposto 8C.2 Determine o número de nós nas partes real e imaginária da função de onda para um estado de m_l geral.

Resposta: $2m_l$ nós em cada parte real e imaginária

Como se mostra na *Justificativa* 8C.2, a mesma conclusão sobre a quantização da componente z do momento angular aparece mais formalmente quando se usam as relações entre os autovalores e os valores dos observáveis que vimos na Seção 7C.

Justificativa 8C.2 A quantização do momento angular

Na mecânica clássica, o momento angular $\boldsymbol{l}$ de uma partícula com posição $\boldsymbol{r}$ e momento linear $\boldsymbol{p}$ é dado pelo produto vetorial $\boldsymbol{l} = \boldsymbol{r}\times\boldsymbol{p}$ (veja *Revisão de matemática* 5 que acompanha o Capítulo 9 para uma breve revisão de produtos vetoriais). Para um movimento restrito a duas dimensões, com $\boldsymbol{i}$ e $\boldsymbol{j}$ representando vetores unitários (vetores de comprimento igual a 1) apontando ao longo das direções positivas nos eixos dos x e y, respectivamente,

$$\boldsymbol{r}=x\boldsymbol{i}+y\boldsymbol{j} \qquad \boldsymbol{p}=p_x\boldsymbol{i}+p_y\boldsymbol{j}$$

em que p_x é a componente do momento linear paralela ao eixo dos x e p_y é a componente paralela ao eixo dos y. Portanto,

$$\boldsymbol{l}=\boldsymbol{r}\times\boldsymbol{p}=(x\boldsymbol{i}+y\boldsymbol{j})\times(p_x\boldsymbol{i}+p_y\boldsymbol{j})=(xp_y-yp_x)\boldsymbol{k}$$

em que $\boldsymbol{k}$ é o vetor unitário que aponta ao longo do eixo positivo dos z. Para uma partícula que gira no plano xy, o vetor momento angular está completamente ao longo do eixo dos z com uma magnitude dada por $|xp_y - yp_x|$ (Fig. 8C.5).

Os operadores correspondentes às duas componentes do momento linear $\boldsymbol{p}_x$ e $\boldsymbol{p}_y$ são dados na Seção 7C, de modo que o operador do momento angular em torno do eixo dos z é

$$\hat{l}_z=\frac{\hbar}{i}\left(x\frac{\partial}{\partial y}-y\frac{\partial}{\partial x}\right) \qquad \text{Componente } z \text{ do operador de momento angular} \qquad (8C.13a)$$

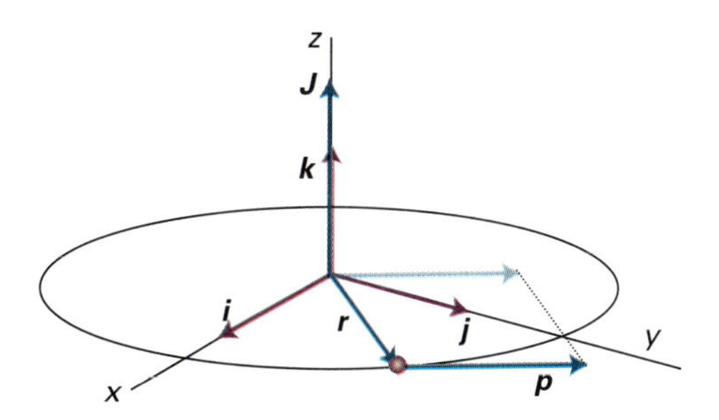

Figura 8C.5 O momento angular clássico $\boldsymbol{l}$ de uma partícula com posição $\boldsymbol{r}$ e momento linear $\boldsymbol{p}$ é dado pelo produto vetorial $\boldsymbol{l}=\boldsymbol{r}\times\boldsymbol{p}$. Para o movimento confinado ao plano xy, conforme ilustrado aqui, $\boldsymbol{r}=x\boldsymbol{i}+y\boldsymbol{j}$, $\boldsymbol{p}=p_x\boldsymbol{i}+p_y\boldsymbol{j}$, e $\boldsymbol{l}=(xp_y-yp_x)\boldsymbol{k}$, com $\boldsymbol{i}$, $\boldsymbol{j}$ e $\boldsymbol{k}$ representando vetores unitários ao longo dos eixos positivos dos x, y e z.

Em termos das coordenadas cilíndricas r e ϕ (*Ferramentas do químico* 8C.1), essa equação fica

$$\hat{l}_z=\frac{\hbar}{i}\frac{\partial}{\partial\phi} \qquad (8C.13b)$$

Conhecido o operador momento angular, podemos achar os autovalores da função de onda da Eq. 8B.6a. Como a função de onda depende apenas da coordenada ϕ, a derivada parcial na Eq. 8C.13b pode ser substituída por uma derivada ordinária, e encontramos:

$$\hat{l}_z\psi_{m_l}=\frac{\hbar}{i}\frac{d}{d\phi}\psi_{m_l}=\frac{\hbar}{i}\frac{d}{d\phi}\frac{e^{im_l\phi}}{(2\pi)^{1/2}}=im_l\frac{\hbar}{i}\frac{e^{im_l\phi}}{(2\pi)^{1/2}}=m_l\hbar\psi_{m_l} \qquad (8C.14)$$

Ou seja, ψ_{m_l} é uma autofunção do operador $\hat{l}_z$, e corresponde ao momento angular $m_l\hbar$, de acordo com a Eq. 8C.4. Quando m_l é positivo, o momento angular é positivo (tem o sentido horário, visto de baixo para cima); quando m_l é negativo, o momento angular é negativo (tem o sentido anti-horário, visto de baixo para cima). Estas características são a origem da representação vetorial do momento angular, onde o módulo do momento é representado pelo comprimento de um vetor e a direção do movimento é representada por sua orientação (Fig. 8C.6).

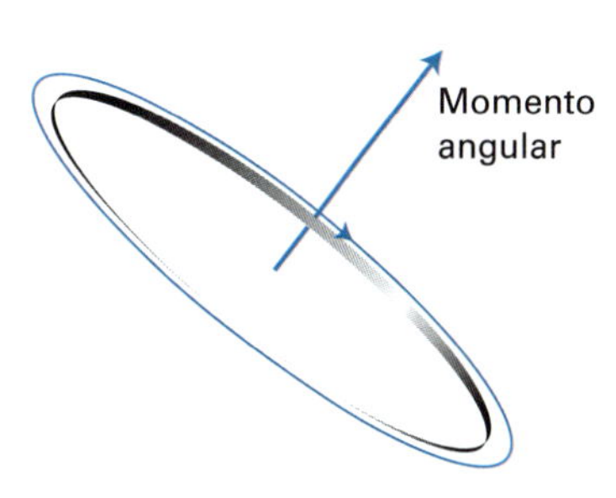

Figura 8C.6 As ideias básicas para a representação vetorial do momento angular. O módulo do momento angular é representado pelo comprimento do vetor, e a orientação do movimento no espaço (o sentido da rotação) é representada pela orientação do vetor (usando a regra da mão direita).

Quando a partícula está em um estado cujo momento angular $m_l\hbar$ é conhecido com precisão, sua localização em torno do anel é completamente desconhecida porque a densidade de probabilidade é uniforme:

$$\psi^*_{m_l}\psi_{m_l} = \left(\frac{e^{im_l\phi}}{(2\pi)^{1/2}}\right)^*\left(\frac{e^{im_l\phi}}{(2\pi)^{1/2}}\right) = \left(\frac{e^{-im_l\phi}}{(2\pi)^{1/2}}\right)\left(\frac{e^{im_l\phi}}{(2\pi)^{1/2}}\right) = \frac{1}{2\pi}$$

O momento angular e a coordenada angular são um par de observáveis complementares (no sentido definido na Seção 7C), e a impossibilidade de conhecer ambos simultaneamente com precisão arbitrária é outro exemplo do princípio da incerteza.

8C.2 Rotação em três dimensões

Consideremos agora uma partícula de massa m que se desloca livremente sobre a superfície de uma esfera de raio r. Pode-se pensar na esfera como uma pilha tridimensional de anéis com a liberdade adicional de a partícula migrar de um anel para outro. A condição de contorno periódica para a partícula em cada anel leva ao número quântico m_l que é encontrado para o movimento em um anel individual. A função de onda deve ser unívoca em toda a trajetória traçada sobre a superfície da esfera, em torno dos polos e paralelamente ao equador, de modo que se tem uma segunda condição de contorno periódica e, portanto, um segundo número quântico (Fig. 8C.7).

(a) As funções de onda

O hamiltoniano para o movimento em três dimensões (Tabela 7B.1) é

$$\hat{H} = -\frac{\hbar^2}{2m}\nabla^2 + V$$ *Três dimensões* Operador hamiltoniano (8C.15a)

Figura 8C.7 A função de onda de uma partícula sobre a superfície de uma esfera deve satisfazer a duas condições de contorno periódicas. Estas exigências levam a dois números quânticos para os estados do respectivo momento angular.

$$\nabla^2 = \frac{\partial^2}{\partial x^2} + \frac{\partial^2}{\partial y^2} + \frac{\partial^2}{\partial z^2}$$ *Três dimensões* Laplaciano (8C.15b)

O laplaciano ∇^2 (lê-se "del dois") é uma abreviação conveniente para a soma das três derivadas segundas. Para a partícula confinada em movimento livre sobre a superfície de uma esfera, $V = 0$, sempre que estiver livre para se movimentar, e o raio r é uma constante. A fim de aproveitar a simetria do problema e o fato de r ser constante para uma partícula em uma esfera, utilizamos coordenadas polares esféricas (*Ferramentas do químico* 7B.1). A função de onda é função da colatitude, θ, e do azimute, ϕ, e escrevemos $\psi(\theta,\phi)$. A equação de Schrödinger é

$$-\frac{\hbar^2}{2m}\nabla^2\psi = E\psi$$ *Partícula em uma esfera* Equação de Schrödinger (8C.16)

A equação de Schrödinger é resolvida pelo procedimento da separação de variáveis (*Revisão de matemática* 4), confirmando que, conforme mostra a *Justificativa* 8C.3, a função de onda pode ser escrita como um produto de funções

$$\psi(\theta,\phi) = \Theta(\theta)\Phi(\phi) \quad (8C.17)$$

em que Θ é função somente de θ e Φ é função somente de ϕ. Conforme é mostrado na *Justificativa*, os Φ são as soluções para uma partícula em um anel (Seção 8C.1) e as soluções globais são especificadas *pelo* **número quântico do momento angular orbital** l e pelo **número quântico magnético** m_l. Estes números quânticos são restritos aos valores

$$l = 0, 1, 2, \ldots \quad m_l = l, l-1, \ldots, -l$$

O número quântico l é um inteiro não negativo e, para um dado valor de l, há $2l + 1$ valores permitidos de m_l.

Justificativa 8C.3 As soluções da equação de Schrödinger para uma partícula sobre uma esfera

Como r é constante, desaparecem do laplaciano os termos com as derivadas em relação a r, e a equação de Schrödinger simplifica-se para

$$-\frac{\hbar^2}{2mr^2}\Lambda^2\psi = E\psi$$ *Partícula em uma esfera* Equação de Schrödinger (8C.18)

Aparece, então, o momento de inércia, $I = mr^2$. A expressão pode ser reescrita como:

$$\Lambda^2\psi = -\varepsilon\psi \quad \varepsilon = \frac{2IE}{\hbar^2}$$

Para verificar se essa equação é separável, substituímos $\psi = \Theta\Phi$ e usamos a forma do legendriano na Tabela 7B.1:

$$\Lambda^2\Theta\Phi = \frac{1}{\text{sen}^2\theta}\frac{\partial^2(\Theta\Phi)}{\partial\phi^2} + \frac{1}{\text{sen}\,\theta}\frac{\partial}{\partial\theta}\text{sen}\,\theta\frac{\partial(\Theta\Phi)}{\partial\theta} = -\varepsilon\Theta\Phi$$

Como as funções Θ e Φ são funções de apenas uma variável, as derivadas parciais tornam-se derivadas ordinárias:

$$\frac{\Theta}{\text{sen}^2\theta}\frac{d^2\Phi}{d\phi^2}+\frac{\Phi}{\text{sen}\,\theta}\frac{d}{d\theta}\text{sen}\,\theta\frac{d\Theta}{d\theta}=-\varepsilon\Theta\Phi$$

A divisão dessa expressão por $\Theta\Phi$ e a multiplicação por $\text{sen}^2\theta$ levam a

$$\frac{1}{\Phi}\frac{d^2\Phi}{d\phi^2}+\frac{\text{sen}\,\theta}{\Theta}\frac{d}{d\theta}\text{sen}\,\theta\frac{d\Theta}{d\theta}=-\varepsilon\,\text{sen}^2\theta$$

e, após pequenos rearranjos,

$$\frac{1}{\Phi}\frac{d^2\Phi}{d\phi^2}+\frac{\text{sen}\,\theta}{\Theta}\frac{d}{d\theta}\text{sen}\,\theta\frac{d\Theta}{d\theta}+\varepsilon\,\text{sen}^2\theta=0$$

O primeiro termo à esquerda depende somente de ϕ e os dois termos restantes dependem somente de θ. Pelo argumento apresentado na *Revisão de matemática* 4, cada termo é igual a uma constante. Assim, o primeiro termo é igualado a uma constante numérica $-m_l^2$ (a constante tem essa forma pelo desenvolvimento que virá a seguir); as equações separadas são

$$\frac{1}{\Phi}\frac{d^2\Phi}{d\phi^2}=-m_l^2 \qquad \frac{\text{sen}\,\theta}{\Theta}\frac{d}{d\theta}\text{sen}\,\theta\frac{d\Theta}{d\theta}+\varepsilon\,\text{sen}^2\theta=m_l^2$$

A primeira dessas duas equações é a mesma encontrada na partícula em um anel, de modo que ela tem as mesmas soluções:

$$\Phi=\frac{1}{(2\pi)^{1/2}}e^{im_l\phi} \qquad m_l=0,\pm1,\pm2,\ldots$$

(Logo a seguir veremos que m_l é, de fato, limitado para um sistema tridimensional.) A segunda é nova, mas as soluções são bem conhecidas pelos matemáticos como "funções associadas de Legendre". A condição de contorno periódica de que a função de onda deve coincidir em $\phi = 0$ e 2π restringe m_l a valores inteiros positivos e negativos (inclusive 0), como para uma partícula em um anel. A exigência adicional de que a função de onda deva coincidir sobre os polos (Fig. 8C.7) leva à introdução de um segundo número quântico, l, com valores inteiros não negativos. No entanto, a presença do número quântico m_l na segunda equação faz com que a faixa de valores dos dois números quânticos esteja relacionada e, para um dado valor de l, m_l varia em um intervalo de números inteiros que vai de $-l$ a $+l$, conforme mencionado no texto.

As funções de onda normalizadas $\psi(\theta,\phi)$ para um dado l e m_l são normalmente simbolizadas por $Y_{l,m_l}(\theta,\phi)$ e são chamadas de **harmônicos esféricos** (Tabela 8C.1). Eles são tão importantes para a descrição de ondas sobre superfícies esféricas quanto as funções harmônicas (seno e cosseno) o são para a descrição de ondas em retas e planos. Estas importantes funções satisfazem à equação[1]

$$\Lambda^2 Y_{l,m_l}(\theta,\phi)=-l(l+1)Y_{l,m_l}(\theta,\phi) \tag{8C.19}$$

[1]Para uma descrição completa da solução, veja *Molecular quantum mechanics* (Atkins e Friedman, 2011).

Tabela 8C.1 Os harmônicos esféricos, $Y_{l,m_l}(\theta,\phi)$

l	m_l	$Y_{l,m_l}(\theta,\phi)$
0	0	$\left(\frac{1}{4\pi}\right)^{1/2}$
1	0	$\left(\frac{3}{4\pi}\right)^{1/2}\cos\theta$
	±1	$\mp\left(\frac{3}{8\pi}\right)^{1/2}\text{sen}\,\theta\, e^{\pm i\phi}$
2	0	$\left(\frac{5}{16\pi}\right)^{1/2}(3\cos^2\theta-1)$
	±1	$\mp\left(\frac{15}{8\pi}\right)^{1/2}\cos\theta\,\text{sen}\,\theta\, e^{\pm i\phi}$
	±2	$\left(\frac{15}{32\pi}\right)^{1/2}\text{sen}^2\theta\, e^{\pm 2i\phi}$
3	0	$\left(\frac{7}{16\pi}\right)^{1/2}(5\cos^3\theta-3\cos\theta)$
	±1	$\mp\left(\frac{21}{64\pi}\right)^{1/2}(5\cos^2\theta-1)\text{sen}\,\theta\, e^{\pm i\phi}$
	±2	$\left(\frac{105}{32\pi}\right)^{1/2}\text{sen}^2\theta\cos\theta\, e^{\pm 2i\phi}$
	±3	$\mp\left(\frac{35}{64\pi}\right)^{1/2}\text{sen}^3\theta\, e^{\pm 3i\phi}$

A Fig. 8C.8 é uma representação dos harmônicos esféricos para l = 0 até 4 e m_l = 0; o uso de diferentes tonalidades de sombreamento, que correspondem a diferentes sinais da função de onda,

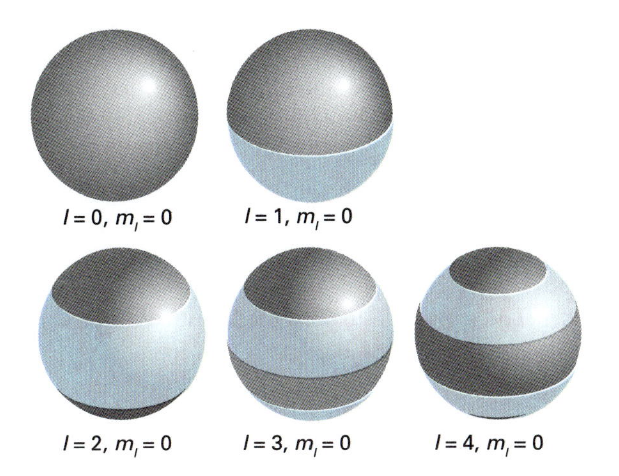

Figura 8C.8 Representação das funções de onda de uma partícula sobre a superfície de uma esfera que realça a localização dos nós angulares: a mudança do sombreado de claro para escuro corresponde à mudança no sinal da função de onda. Observe que o número de nós aumenta com o aumento do número quântico l. Todas essas funções de onda correspondem a m_l = 0. Qualquer trajetória em torno do eixo dos z não passa por nenhum nó.

enfatiza a localização dos nós angulares (as posições nas quais a função de onda passa pelo zero). Observe que:

- Não existem nós angulares em torno do eixo z para funções com $m_l = 0$. O harmônico esférico com $l = 0$ não tem nós: trata-se de uma "onda" de altura constante em todas as posições sobre a superfície.
- O harmônico esférico com $l = 1$, $m_l = 0$ tem um único nó angular em $\theta = \pi/2$; portanto, o plano equatorial é um plano nodal.
- O harmônico esférico com $l = 2$, $m_l = 0$ tem dois nós angulares.

Interpretação física

Breve ilustração 8C.2 Os nós angulares dos harmônicos esféricos

Para o harmônico esférico com $l = 2$, $m_l = 0$, os nós angulares correspondem a ângulos em que (veja a Tabela 8C.1) $3\cos^2\theta - 1 = 0$, ou $\cos\theta = \pm 1/3^{1/2}$. Assim, os nós angulares estão em 54,7° e 125,3°.

Exercício proposto 8C.3 Determine os nós angulares do harmônico esférico $l = 3$, $m_l = 0$.

Resposta: θ = 39,2°, 90°, 140,8°

(b) As energias

Em geral, o número de nós angulares é igual a l. Com o aumento do número de nós, as funções de onda ficam mais curvas, e, com esse aumento da curvatura, podemos prever que a energia cinética da partícula (e, portanto, sua energia total, pois a energia potencial é nula) aumenta.

Com as funções de onda ψ identificadas como os harmônicos esféricos Y, Eq. 8C.18, a equação de Schrödinger para a partícula em uma esfera pode ser escrita como

$$-\frac{\hbar^2}{2\underbrace{mr^2}_{I}}\overbrace{\Lambda^2 Y_{l,m_l}}^{-l(l+1)Y_{l,m_l}} = E\psi, \text{ou } l(l+1)\frac{\hbar^2}{2I}Y_{l,m_l} = E_{l,m_l}Y_{l,m_l}$$

em que levamos em consideração a possibilidade de as energias dependerem dos dois números quânticos. Igualando os termos em azul podemos concluir que as energias permitidas da partícula são

$$E_{l,m_l} = l(l+1)\frac{\hbar^2}{2I} \quad \textit{Partícula em uma esfera} \quad \text{Níveis de energia} \quad (8C.20)$$

Segundo essa equação:

- As energias são quantizadas porque $l = 0, 1, 2, \ldots$.
- As energias são independentes do valor de m_l, e, daqui por diante, as simbolizaremos simplesmente como E_l.
- Como há $2l + 1$ diferentes funções de onda (uma para cada valor de m_l) que correspondem à mesma energia, segue-se que um nível com número quântico l é $(2l + 1)$ vezes degenerado.
- Não há energia do ponto zero, e $E_0 = 0$.

Interpretação física

Exemplo 8C.2 Uso dos níveis de energia de rotação

Em determinadas circunstâncias, a partícula sobre uma esfera é um modelo razoável para a descrição da rotação de moléculas diatômicas. Considere, por exemplo, a rotação de uma molécula de $^{1}H^{127}I$. Devido à grande diferença de massas atômicas, é apropriado considerar o átomo de ^{1}H descrevendo uma órbita estacionária em torno do átomo de ^{127}I a uma distância r = 160 pm, o comprimento da ligação de equilíbrio. Determine as energias e degenerescências dos quatro níveis mais baixos de energia de uma molécula de $^{1}H^{127}I$ com rotação livre em três dimensões. Qual é a frequência da transição entre os dois níveis rotacionais mais baixos?

Método Como neste modelo o átomo de ^{127}I é estacionário, o momento de inércia é $I = m_{^1H}r^2$, com r = 160 pm. As energias de rotação são dadas na Eq. 8C.20, mas, por motivos que serão apresentados na Seção 12B, o número quântico do momento angular de moléculas em rotação é simbolizado por J em lugar de l, e utilizaremos esse símbolo aqui. A degenerescência de um nível com número quântico J é $2J + 1$, o análogo de $2l + 1$. Uma transição entre esses dois níveis rotacionais da molécula pode ocorrer pela emissão ou absorção de um fóton com uma frequência dada pela condição de frequência de Bohr (Seção 7A, $h\nu = \Delta E$).

Resposta O momento de inércia é

$$I = \overbrace{(1{,}675\times10^{-27}\,\text{kg})}^{m_{^1H}}\times\overbrace{(1{,}60\times10^{-12}\,\text{m})^2}^{r^2} = 4{,}29\times10^{-47}\,\text{kg m}^2$$

Segue que

$$\frac{\hbar^2}{2I} = \frac{(1{,}055\times10^{-34}\,\text{J s})^2}{2\times(4{,}29\times10^{-47}\,\text{kg m}^2)} = 1{,}30\times10^{-22}\,\text{J}$$

ou 0,130 zJ. Agora construímos a tabela vista a seguir, em que as energias molares são obtidas por meio da multiplicação das energias individuais pela constante de Avogadro:

J	E/zJ	E/(J mol^{-1})	Degenerescência
0	0	0	1
1	0,260	156	3
2	0,780	470	5
3	1,56	939	7

A separação de energia entre os dois níveis mais baixos de energia rotacional (J = 0 e 1) é $2{,}60 \times 10^{-22}$ J, que corresponde à frequência de um fóton de

$$\nu = \frac{\Delta E}{h} = \frac{2{,}60\times10^{-22}\,\text{J}}{6{,}626\times10^{-34}\,\text{J s}} = 3{,}92\times10^{11}\,\overbrace{\text{s}^{-1}}^{\text{Hz}} = 392\ \text{GHz}$$

A radiação com essa frequência pertence à região de micro-ondas do espectro eletromagnético, de modo que a espectroscopia de micro-ondas é um método adequado para o estudo das rotações das moléculas (Seção 12C). Como as frequências de transição dependem do momento de inércia e as frequências podem ser medidas com grande precisão, a espectroscopia de micro-ondas é uma técnica muito precisa para a determinação dos comprimentos das ligações.

Exercício proposto 8C.4 Qual é a frequência da transição entre os dois níveis rotacionais mais baixos no $^{7}H^{127}I$? (Que tem o mesmo comprimento de ligação do $^{1}H^{127}I$.)

Resposta: 196 GHz

(c) Momento angular

A energia de uma partícula em rotação está classicamente relacionada ao seu momento angular J por $E = J^2/2I$ (Eq. 8C.1). Então, comparando-se esta equação com a Eq. 8C.20, podemos deduzir que, em virtude de a energia ser quantizada, também o módulo do momento angular está quantizado e restrito aos valores

$$\{l(l+1)\}^{1/2}\hbar \qquad l=0,1,2,\ldots \qquad \text{Partícula em uma esfera} \qquad \text{Módulo do momento angular} \qquad (8C.21a)$$

Mostramos na *Justificativa* 8C.4 que o momento angular em torno do eixo dos z é quantizado e tem os valores

$$m_l\hbar \qquad m_l=l,l-1,\ldots,-l \qquad \text{Partícula em uma esfera} \qquad \text{Componente } z \text{ do momento angular} \qquad (8C.21b)$$

Justificativa 8C.4 A componente z do momento angular de uma partícula em uma esfera

O operador da componente z do momento angular em coordenadas polares é

$$\hat{l}_z=\frac{\hbar}{\mathrm{i}}\frac{\partial}{\partial\phi}$$

Com esse operador disponível, podemos testar se a função de onda na Eq. 8C.17 é uma autofunção:

$$\hat{l}_z\psi=\hat{l}_z\Theta\Phi=\frac{\hbar}{\mathrm{i}}\frac{\partial}{\partial\phi}\Theta\Phi=\Theta\frac{\hbar}{\mathrm{i}}\overbrace{\frac{\mathrm{d}}{\mathrm{d}\phi}\Phi}^{\mathrm{i}m_l\Phi}=\Theta\times m_l\hbar\Phi=m_l\hbar\psi$$

A derivada parcial foi substituída anteriormente por uma derivada ordinária porque Θ é independente de ϕ e usamos o resultado, conforme dado na *Justificativa* 8C.1, de que $\Phi\propto e^{\mathrm{i}m_l\phi}$. Portanto, as funções de onda são autofunções de $\hat{l}_z$ e correspondem a um momento angular em torno do eixo z de $m_l\hbar$, de acordo com a Eq. 8C.21b.

Breve ilustração 8C.3 A magnitude do momento angular

Os quatro níveis mais baixos de energia de rotação da molécula de $^{1}H^{127}I$ do *Exemplo* 8C.2 correspondem a J = 0, 1, 2, 3. Usando as Eqs. 8C.21a e 8C.21b, podemos construir a tabela vista a seguir:

J	Magnitude do momento angular/$\hbar$	Degenerescência	Componente z do momento angular/$\hbar$
0	0	1	0
1	$2^{1/2}$	3	+1, 0, −1
2	$6^{1/2}$	5	+2, +1, 0, −1, −2
3	$12^{1/2}$	7	+3, +2, +1, 0, −1, −2, −3

Exercício proposto 8C.5 Quais são a degenerescência e a magnitude do momento angular para J = 5?

Resposta: 11, $30^{1/2}\hbar$

(d) Quantização espacial

O fato de m_l estar restrito aos valores $l, l-1, \ldots, -l$, para um dado valor de l, significa que a componente do momento angular sobre o eixo dos z – a contribuição para o momento angular total em torno desse eixo – só pode assumir um dos $2l+1$ valores. Se o momento angular for representado por um vetor com o comprimento $\{l(l+1)\}^{1/2}$, então o vetor deve estar orientado de modo que sua projeção sobre o eixo dos z seja m_l e que ele possa ter apenas $2l+1$ orientações em vez do intervalo contínuo de orientações de um corpo rotativo clássico (Fig. 8C.9). Esta notável conclusão mostra que *as orientações de um corpo em rotação são quantizadas*.

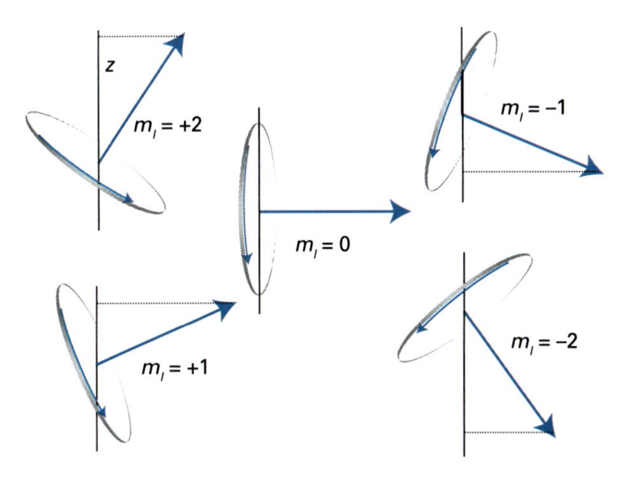

Figura 8C.9 Orientações permitidas do momento angular com $l=2$. Veremos, logo adiante, que esta representação é um tanto falsa, pois a orientação azimutal do vetor (isto é, o ângulo em relação a z) é indeterminada.

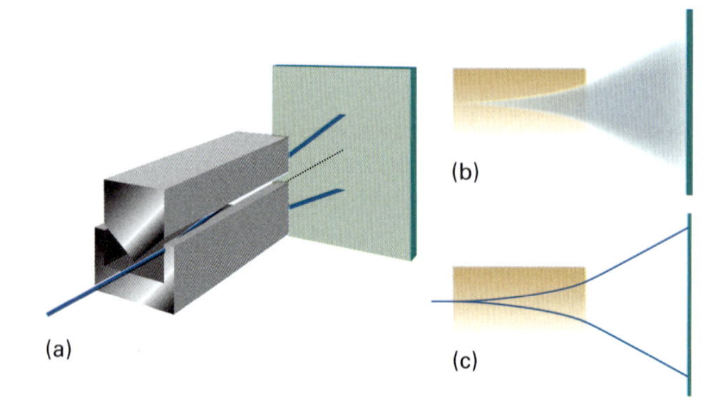

Figura 8C.10 (a) Montagem da experiência de Stern-Gerlach: o ímã proporciona um campo magnético não homogêneo. (b) O efeito que se espera classicamente. (c) O efeito observado usando-se átomos de prata.

O resultado da mecânica quântica de que um corpo em rotação pode não ter uma orientação arbitrária em relação a um determinado eixo (por exemplo, o eixo definido pela direção de um campo elétrico ou de um campo magnético externo) é chamada de **quantização espacial**. Esse resultado já tinha sido observado experimentalmente por Otto Stern e Walther Gerlach, em 1921, ao fazerem a experiência em que um feixe de átomos de prata passava através de um campo magnético não homogêneo (Fig. 8C.10). A ideia da experiência era a de que um átomo de prata se comportava como um ímã e interagia com o campo magnético aplicado (um ponto que é explorado com mais detalhes na discussão sobre o "spin", na Seção 9B). De acordo com a mecânica clássica, como o momento angular tinha qualquer orientação, o ímã constituído pelo corpo podia tomar qualquer orientação no campo. Como a direção da força sobre o ímã, proveniente do campo magnético não uniforme, depende da orientação do ímã, uma ampla faixa de átomos deveria surgir da região onde o campo magnético atua. Entretanto, como pela mecânica quântica a orientação do momento angular é quantizada, o ímã associado tem uma série de orientações discretas; esperam-se, então, faixas estreitas de átomos.

Aparentemente, em seu primeiro experimento, Stern e Gerlach tinham confirmado essas previsões. No entanto, o experimento era de difícil execução, pois as colisões entre os átomos no feixe escurecem as bandas. Quando o experimento foi realizado com um feixe de intensidade muito baixa (de modo que as colisões fossem menos frequentes), eles observaram bandas discretas, confirmando assim a previsão da mecânica quântica.

(e) O modelo vetorial

Em toda a exposição anterior nos referimos à componente z do momento angular (a componente em relação a um eixo arbitrário, que se identificou por z) e não fizemos qualquer referência às componentes x e y (as componentes em relação a dois eixos perpendiculares a z). A razão dessa omissão é encontrada examinando-se os operadores das três componentes, cada um deles dado por uma expressão semelhante àquela da Eq. 8C.13a:

$$\hat{l}_x = \frac{\hbar}{\mathrm{i}}\left(y\frac{\partial}{\partial z} - z\frac{\partial}{\partial y}\right)$$
$$\hat{l}_y = \frac{\hbar}{\mathrm{i}}\left(z\frac{\partial}{\partial x} - x\frac{\partial}{\partial z}\right) \qquad \text{Operadores de momento angular} \qquad (8C.22)$$
$$\hat{l}_z = \frac{\hbar}{\mathrm{i}}\left(x\frac{\partial}{\partial y} - y\frac{\partial}{\partial x}\right) = \frac{\hbar}{\mathrm{i}}\frac{\partial}{\partial \phi}$$

Na demonstração solicitada no Problema 8C.11, verifica-se que esses três operadores não são mutuamente comutativos:

$$[\hat{l}_x,\hat{l}_y] = \mathrm{i}\hbar\hat{l}_z \quad [\hat{l}_y,\hat{l}_z] = \mathrm{i}\hbar\hat{l}_x \quad [\hat{l}_z,\hat{l}_x] = \mathrm{i}\hbar l_y \qquad \text{Relações de comutação de momento angular} \qquad (8C.23)$$

Portanto, não podemos especificar mais de uma componente do momento angular (a menos de $l = 0$). Em outras palavras, l_x, l_y e l_z são observáveis complementares. Por outro lado, o operador para o quadrado da magnitude do momento angular é

$$\hat{l}^2 = \hat{l}_x^2 + \hat{l}_y^2 + \hat{l}_z^2 \qquad \text{Operador do quadrado da magnitude do momento angular} \qquad (8C.24)$$

Esse operador comuta com todas as três componentes (veja o Problema 8C.11):

$$[\hat{l}^2,\hat{l}_q] = 0 \qquad q = x, y \text{ e } z \qquad \text{Comutadores dos operadores do momento angular} \qquad (8C.25)$$

Portanto, embora possamos especificar a magnitude do momento angular e qualquer uma das suas componentes, se l_z for conhecido, então é impossível atribuir valores às duas outras componentes. Assim, a ilustração da Fig. 8C.9, que é resumida na Fig. 8C.11a, dá uma impressão falsa do estado do sistema, pois sugere que se possam ter os valores definidos das componentes x e y do momento angular. É preciso ter uma imagem melhor que reflita a impossibilidade de se terem l_x e l_y uma vez conhecido l_z.

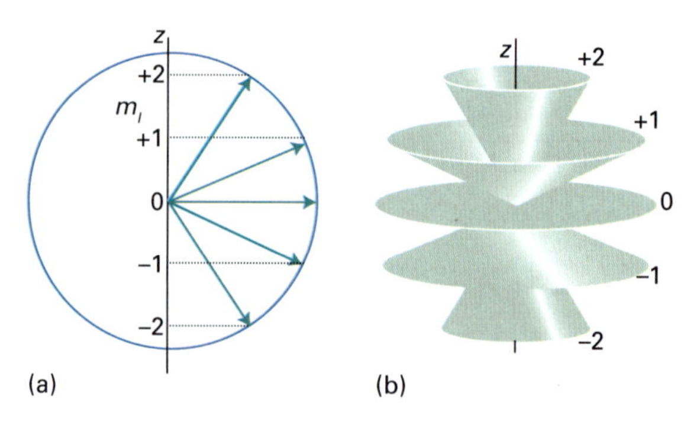

Figura 8C.11 (a) Resumo da Fig. 8C.9. Porém, como o azimute do vetor em torno do eixo dos z é indeterminado, a melhor representação é a que está em (b), onde cada vetor está sobre uma folha de cone com o ângulo do azimute não determinado.

O **modelo vetorial** do momento angular usa representações como a da Fig. 8C.11b. Os cones são traçados pelas geratrizes de comprimento $\{l(l+1)\}^{1/2}$ unidades e representam o módulo do momento angular. Cada cone tem uma projeção bem-definida (de altura m_l unidades) sobre o eixo dos z, e representa um valor bem-determinado de l_z. As projeções l_x e l_y são, porém, indefinidas. Pode-se imaginar que o estado do momento angular seja representado pelo vetor com a sua extremidade em qualquer ponto da boca do cone. Nesta altura da exposição não precisamos imaginar o vetor varrendo cada cone. Este aspecto do modelo será adicionado mais adiante, quando tivermos mais informações sobre suas consequências (Seções 9B e 9C).

Breve ilustração 8C.4 O modelo vetorial do momento angular

Se a função de onda de uma molécula em rotação é dada pelo harmônico esférico $Y_{3,+2}$, então o momento angular pode ser representado por um cone

- com um lado de comprimento $12^{1/2}$ (representando a magnitude de $12^{1/2}\hbar$); e
- com uma projeção de +2 no eixo dos z (representando a componente z de $+2\hbar$).

Exercício proposto 8C.6 Analise o modelo vetorial do momento angular se a função de onda é dada pelo harmônico esférico $Y_{3,-1}$.

Resposta: o comprimento é $12^{1/2}$, a projeção é −1.

Conceitos importantes

- ☐ 1. A energia e o momento angular de uma partícula em rotação em duas ou três dimensões são quantizados; a quantização resulta da exigência de a função de onda satisfazer a uma **condição de contorno periódica**.
- ☐ 2. Todos os níveis de energia de uma partícula em rotação em duas dimensões são duplamente degenerados, exceto para o nível mais baixo ($m_l = 0$).
- ☐ 3. Não existe energia do ponto zero para uma partícula em rotação em um plano ou em uma esfera.
- ☐ 4. É impossível especificar simultaneamente e com precisão arbitrária o momento angular e a posição da partícula girando em duas dimensões.
- ☐ 5. Para uma partícula em rotação em três dimensões, as condições de contorno periódicas implicam que a magnitude e a componente z do momento angular são quantizadas.
- ☐ 6. A **quantização espacial** refere-se ao resultado da mecânica quântica de que um corpo em rotação pode não assumir uma orientação arbitrária em relação a um eixo especificado.
- ☐ 7. Momento angular e orientação são observáveis complementares.
- ☐ 8. Como as componentes do momento angular não comutam, apenas a magnitude do momento angular e uma das suas componentes podem ser especificadas simultaneamente.
- ☐ 9. No **modelo vetorial** do momento angular, o momento angular é representado por um cone com uma geratriz de comprimento $\{l(l+1)\}^{1/2}$ e uma projeção de m_l sobre o eixo dos z. Pode-se imaginar o vetor como tendo sua extremidade sobre um ponto indeterminado na folha do cone.

Equações importantes

Propriedade	Equação	Comentário	Número da equação
Função de onda de uma partícula em um anel	$\psi_{m_l}(\phi)=e^{im_l\phi}/(2\pi)^{1/2}$	$m_l=0, \pm1, \pm2, \ldots$	8C.6a
Níveis de energia de uma partícula em um anel	$E_{m_l}=m_l^2\hbar^2/2I$	$m_l=0, \pm1, \pm2, \ldots; I=mr^2$	8C.6b
Componente z do momento angular de uma partícula em um anel	$l_z=m_l\hbar$	$m_l=0, \pm1, \pm2, \ldots$	8C.14
Função de onda de uma partícula em uma esfera	$\psi(\theta,\phi)=Y_{l,m_l}(\theta,\phi)$	Y é um harmônico esférico	
Níveis de energia de uma partícula em uma esfera	$E_{l,m_l}=l(l+1)\hbar^2/2I$	$l=0, 1, 2, \ldots$	8C.20

(Continua)

(*Continuação*)

Propriedade	Equação	Comentário	Número da equação
Módulo do momento angular	$\{l(l+1)\}^{1/2}\hbar$	$l=0, 1, 2, \ldots$	8C.21a
Componente z do momento angular	$m_l\hbar$	$m_l=l, l-1, \ldots, -l$	8C.21b
Relações de comutação de momento angular	$[l_x,l_y]=\mathrm{i}\hbar l_z$		8C.23
	$[l_y,l_z]=\mathrm{i}\hbar l_x$		
	$[l_z,l_x]=\mathrm{i}\hbar l_y$		
	$[l^2,l_q]=0, \quad q=x, y$ e z		8C.25

CAPÍTULO 8 Teoria quântica do movimento

SEÇÃO 8A Translação

Questões teóricas

8A.1 Discuta a origem física da quantização da energia para uma partícula confinada a se mover dentro de uma caixa unidimensional.

8A.2 Descreva as características da solução da partícula em uma caixa unidimensional que aparecem nas soluções da partícula em caixas bidimensionais e tridimensionais. Que conceito se aplica às últimas e não se aplica a uma caixa unidimensional?

8A.3 Discuta as origens físicas do tunelamento na mecânica quântica. Por que o tunelamento é mais provável de ocorrer nos mecanismos de transferência de elétrons e nos processos de transferência de prótons do que nos mecanismos de reações de transferência de grupos, do tipo AB + C → A + BC (em que A, B e C são grupos moleculares grandes)?

Exercícios

8A.1(a) Determine o momento linear e a energia cinética de um elétron livre descrito pela função de onda e^{ikx} com $k = 3\ nm^{-1}$.

8A.1(b) Determine o momento linear e a energia cinética de um elétron livre descrito pela função de onda e^{ikx} com $k = 5\ nm^{-1}$.

8A.2(a) Escreva a função de onda de uma partícula de massa 2,0 g se deslocando para a esquerda com uma energia cinética de 20 J.

8A.2(b) Escreva a função de onda de uma partícula de massa 1,0 g se deslocando para a direita a $10\ m\ s^{-1}$.

8A.3(a) Calcule a separação entre os níveis de energia (i) com $n = 2$ e $n = 1$ e (ii) com $n = 6$ e $n = 5$ de um elétron em uma caixa de 1,0 nm de comprimento, em joules, quilojoules por mol, elétrons-volt e centímetros recíprocos.

8A.3(b) Calcule a separação entre os níveis de energia (i) com $n = 3$ e $n = 1$ e (ii) com $n = 7$ e $n = 6$ de um elétron em uma caixa de 1,50 nm de comprimento, em joules, quilojoules por mol, elétrons-volt e centímetros recíprocos.

8A.4(a) Calcule a probabilidade de se encontrar uma partícula entre $0{,}49L$ e $0{,}51L$, em uma caixa de comprimento L, quando (i) $n = 1$ e (ii) $n = 2$. Admita que a função de onda seja constante no intervalo mencionado.

8A.4(b) Calcule a probabilidade de se encontrar uma partícula entre $0{,}65L$ e $0{,}67L$, em uma caixa de comprimento L, quando (i) $n = 1$ e (ii) $n = 2$. Admita que a função de onda seja constante no intervalo mencionado.

8A.5(a) Calcule os valores esperados de $\hat{p}$ e de $\hat{p}^2$ de uma partícula no estado $n = 1$, em um poço unidimensional de potencial quadrado.

8A.5(b) Calcule os valores esperados de $\hat{p}$ e de $\hat{p}^2$ de uma partícula no estado $n = 2$, em um poço unidimensional de potencial quadrado.

8A.6(a) Calcule os valores esperados de $\hat{x}$ e de $\hat{x}^2$ de uma partícula no estado $n = 1$, em um poço unidimensional de potencial quadrado.

8A.6(b) Calcule os valores esperados de $\hat{x}$ e de $\hat{x}^2$ de uma partícula no estado $n = 2$, em um poço unidimensional de potencial quadrado.

8A.7(a) Um elétron está confinado em uma caixa quadrada de comprimento L. Qual seria o comprimento da caixa em que a energia do elétron do ponto zero fosse igual à sua energia de repouso, m_ec^2? Expresse a sua resposta em termos do parâmetro $\lambda_C = h/m_ec$, o "comprimento de onda Compton" do elétron.

8A.7(b) Repita o Exercício 8A.7a para uma partícula geral de massa m em uma caixa cúbica.

8A.8(a) Quais as posições mais prováveis de uma partícula em uma caixa de comprimento L, no estado $n = 3$?

8A.8(b) Quais as posições mais prováveis de uma partícula em uma caixa de comprimento L, no estado $n = 5$?

8A.9(a) Calcule a variação percentual de certo nível de energia de uma partícula em uma caixa unidimensional quando o comprimento da caixa aumenta de 10%.

8A.9(b) Calcule a variação percentual de certo nível de energia de uma partícula em uma caixa cúbica quando o comprimento da aresta do cubo diminui de 10% em cada direção.

8A.10(a) Qual é o valor de n de uma partícula em uma caixa unidimensional tal que a separação entre níveis adjacentes seja igual à energia do movimento térmico $(\frac{1}{2}kT)$.

8A.10(b) Uma molécula de nitrogênio está confinada em uma caixa cúbica de volume $1{,}00\ m^3$. (i) Admitindo que a energia da molécula seja $\frac{3}{2}kT$, a $T = 300$ K, qual o valor de $n = (n_x^2 + n_y^2 + n_z^2)^{1/2}$ para esta partícula nesse estado? (ii) Qual a separação entre as energias dos níveis n e $n + 1$? (iii) Qual o comprimento de onda de De Broglie?

8A.11(a) Para uma partícula em uma caixa retangular com arestas de comprimento $L_1 = L$ e $L_2 = 2L$, determine um estado que seja degenerado com o estado $n_1 = n_2 = 2$. A degenerescência geralmente é associada à simetria; então, por que esses dois estados degeneram?

8A.11(b) Para uma partícula em uma caixa retangular com arestas de comprimento $L_1 = L$ e $L_2 = 2L$, determine um estado que seja degenerado com o estado $n_1 = 2$, $n_2 = 8$. A degenerescência geralmente é associada à simetria; então, por que esses dois estados degeneram?

8A.12(a) Considere uma partícula em uma caixa cúbica. Qual é a degenerescência do nível que tem uma energia três vezes a do nível mais baixo?

8A.12(b) Considere uma partícula em uma caixa cúbica. Qual é a degenerescência do nível que tem uma energia $\frac{14}{3}$ vezes a do nível mais baixo?

8A.13(a) Suponha que a junção entre dois semicondutores possa ser representada por uma barreira com altura de 2,0 eV e comprimento de 100 pm. Calcule a probabilidade de transmissão de um elétron com energia de 1,5 eV.

8A.13(b) Suponha que um próton de um átomo de hidrogênio ácido seja confinado em um ácido que pode ser representado por uma barreira de 2,0 eV de altura e comprimento de 100 pm. Calcule a probabilidade de um próton com energia de 1,5 eV poder escapar do ácido.

Problemas

8A.1 Calcule a separação entre os dois níveis mais baixos de uma molécula de O_2 numa caixa unidimensional de 5,0 cm de comprimento. Em que valor de n a energia da molécula atinge o valor de $\frac{1}{2}kT$, a 300 K? Qual a separação entre este nível e o que lhe fica imediatamente abaixo?

8A.2 Quando o β-caroteno (**1**) é oxidado nos seres vivos, ele quebra pela metade e forma duas moléculas de retinal (vitamina A), que é um precursor do pigmento na retina responsável pela visão.

1 β-caroteno

O sistema conjugado retinal consiste em 11 átomos de C e um átomo de O. No estado fundamental do retinal, cada nível até $n = 6$ está ocupado por dois elétrons. Supondo uma distância média internuclear de 140 pm, calcule (a) a separação de energia entre o estado fundamental e o primeiro estado excitado, em que um elétron ocupa o estado com $n = 7$, e (b) a frequência da radiação necessária para produzir uma transição entre esses dois estados. (c) Usando seus resultados deste problema, escolha dentre as palavras entre parênteses as necessárias para gerar uma regra para a predição dos deslocamentos de frequência nos espectros de absorção de polienos lineares:

> O espectro de absorção de um polieno linear se desloca para uma (maior/menor) frequência quando o número de átomos conjugados (aumenta/diminui).

8A.3‡ Uma partícula está restrita a deslocar-se em uma caixa unidimensional de comprimento L. (a) Se a partícula for clássica, mostre que o valor médio de x é igual a $\frac{1}{2}L$ e que o valor médio quadrático é $L/3^{1/2}$. (b) Mostre que, nos valores grandes de n, a partícula quântica tem comportamento semelhante ao da partícula clássica. Este resultado é exemplo do princípio da correspondência, que estabelece que, para números quânticos muito grandes, as previsões da mecânica quântica se aproximam das previsões da mecânica clássica.

8A.4 Exploramos neste problema a ideia de que os efeitos quânticos devem ser levados em conta na descrição das propriedades eletrônicas de nanocristais metálicos, modelados aqui como caixas tridimensionais. (a) Obtenha a equação de Schrödinger para uma partícula de massa m numa caixa tridimensional retangular de lados L_1, L_2 e L_3. Mostre que a equação de Schrödinger é separável. (b) Mostre que a função de onda e a energia são definidas por três números quânticos. (c) Use o resultado da parte (b) para um elétron se movendo numa caixa cúbica de lado $L = 5$ nm e trace o diagrama de energia semelhante à Fig. 8A.2 mostrando os 15 primeiros níveis de energia. Observe que cada nível de energia pode consistir em estados de energia degenerados. (d) Compare o diagrama de níveis de energia da parte (c) com o diagrama de níveis de energia de uma caixa unidimensional de comprimento $L = 5$ nm. Os níveis de energia ficam mais ou menos esparsamente distribuídos na caixa cúbica do que na caixa unidimensional?

8A.5 Muitas reações de transferência de elétron em sistemas biológicos, tais como aquelas que estão associadas à conversão de energia em sistemas biológicos, podem ser visualizadas como surgindo do tunelamento de elétrons entre cofatores ligados a proteínas, como citocromos, quinonas, flavinas e clorofilas. Esse tunelamento ocorre em distâncias que são, frequentemente, maiores que 1,0 nm, com seções de proteína separando o doador de elétrons do aceptor. Para uma combinação específica de doador e aceptor, a velocidade de tunelamento do elétron é proporcional à probabilidade de transmissão, com $\kappa \approx 7\ \text{nm}^{-1}$ (Eq. 8A.23). De que fator a velocidade de tunelamento do elétron entre dois cofatores aumenta quando a distância entre eles muda de 2,0 nm para 1,0 nm?

8A.6 Deduza a Eq. 8A.23a, a expressão para a probabilidade de transmissão e mostre que quando $\kappa L \gg 1$ ela se reduz à Eq. 8A.23b.

8A.7‡ Considere o espaço unidimensional no qual uma partícula pode experimentar um de três potenciais, mostrados a seguir, que dependem de sua posição. Eles são: $V = 0$ para $-\infty < x \leq 0$, $V = V_2$ para $0 \leq x \leq L$ e $V = V_3$ para $L \leq x < \infty$. Na região 1 ($-\infty < x \leq 0$), a função de onda da partícula tem uma componente direta e^{ik_1x}, que é incidente na barreira V_2, e uma componente inversa e^{-ik_1x}. Na região 2 ($0 \leq x \leq L$) a função de onda tem componentes e^{k_2x} e e^{-k_2x}. Na região 3, a função de onda tem somente uma componente direta, e^{ik_3x}, que representa uma partícula que atravessou a barreira. A energia da partícula, E, tem algum valor no intervalo $V_2 > E > V_3$. A probabilidade de transmissão, T, é a razão entre o quadrado do módulo da amplitude da região 3 e o quadrado do módulo da amplitude incidente. (a) Fundamente seu cálculo na continuidade das amplitudes e na continuidade do coeficiente angular da função de onda na fronteira entre as regiões e obtenha uma equação geral para T. (b) Mostre que a equação geral para T se reduz à Eq. 8A.23b no limite alto da barreira larga quando $V_1 = V_3 = 0$. (c) Faça um gráfico da probabilidade de tunelamento de um próton quando $V_3 = 0$, $L = 50$ pm e $E = 10\ \text{kJ mol}^{-1}$ no intervalo da barreira $E < V_2 < 2E$.

8A.8 A função de onda no interior de uma barreira espessa, de altura V, é $\psi = Ne^{-\kappa x}$. Calcule (a) a probabilidade de a partícula estar no interior da barreira e (b) a distância média de penetração da partícula na barreira.

SEÇÃO 8B Movimento de vibração

Questões teóricas

8B.1 Descreva a variação da separação entre os níveis de energia vibracional com a massa e a constante de força do oscilador harmônico.

8B.2 De que maneiras a descrição da mecânica quântica de um oscilador harmônico se funde com a descrição clássica em altos números quânticos?

8B.3 Qual é a razão física para a existência de uma energia vibracional do ponto zero?

Exercícios

8B.1(a) Calcule a energia do ponto zero de um oscilador harmônico com uma partícula de massa de $2{,}33 \times 10^{-26}$ kg e constante de força de $155\ \text{N m}^{-1}$.

8B.1(b) Calcule a energia do ponto zero de um oscilador harmônico com uma partícula com massa de $5{,}16 \times 10^{-26}$ kg e constante de força de $285\ \text{N m}^{-1}$.

8B.2(a) Em um oscilador harmônico constituído por uma partícula de massa de $1{,}33 \times 10^{-25}$ kg, a diferença entre os níveis de energia adjacentes é 4,82 zJ. Calcule a constante de força do oscilador.

8B.2(b) Em um oscilador harmônico constituído por uma partícula de massa de $2{,}88 \times 10^{-25}$ kg, a diferença entre os níveis de energia adjacentes é 3,17 zJ. Calcule a constante de força do oscilador.

‡ Estes problemas foram propostos por Charles Trapp e Carmen Giunta.

8B.3(a) Calcule o comprimento de onda de um fóton capaz de excitar uma transição entre níveis de energia vizinhos de um oscilador harmônico com a massa de um próton (1,0078 m_u) e constante de força 855 N m^{-1}.
8B.3(b) Calcule o comprimento de onda de um fóton capaz de excitar uma transição entre níveis de energia vizinhos de um oscilador harmônico cuja massa é a de um átomo de oxigênio (15,9949 m_u) e constante de força 544 N m^{-1}.

8B.4(a) A frequência de vibração do H_2 é 131,9 THz. Qual é a frequência vibracional do D_2 (D = ^{2}H)?
8B.4(b) A frequência de vibração do H_2 é 131,9 THz. Qual é a frequência vibracional do T_2 (T = ^{3}H)?

8B.5(a) Calcule as energias mínimas de excitação de (i) um pêndulo com o comprimento de 1,0 m na superfície da Terra e (ii) do balancim de um relógio (ν = 5 Hz).
8B.5(b) Calcule as energias mínimas de excitação de (i) um cristal de quartzo de relógio que vibra a 33 kHz e (ii) da ligação entre dois átomos de O na molécula de O_2, na qual k_f = 1177 N m^{-1}.

8B.6(a) Admitindo que as vibrações de uma molécula de $^{35}Cl_2$ são equivalentes às de um oscilador harmônico com a constante de força k_f = 329 N m^{-1}, qual a energia do ponto zero da vibração desta molécula? A massa efetiva de uma molécula diatômica homonuclear é a metade da sua massa total e $m(^{35}Cl)$ é 34,9688 m_u.
8B.6(b) Admitindo que as vibrações de uma molécula de $^{14}N_2$ são equivalentes às de um oscilador harmônico com a constante de força k = 2293,8 N m^{-1}, qual a energia do ponto zero da vibração desta molécula? A massa efetiva de uma molécula diatômica homonuclear é a metade da sua massa total, e $m(^{14}N)$ é 14,0031 m_u.

8B.7(a) Localize os nós da função de onda do oscilador harmônico com v = 4.
8B.7(b) Localize os nós da função de onda do oscilador harmônico com v = 5.

8B.8(a) Quais são os deslocamentos mais prováveis de um oscilador harmônico com v = 1?
8B.8(b) Quais são os deslocamentos mais prováveis de um oscilador harmônico com v = 3?

8B.9(a) Calcule a probabilidade de uma ligação O–H tratada como um oscilador harmônico ser encontrada em uma extensão classicamente proibida quando v = 1.
8B.9(b) Calcule a probabilidade de uma ligação O–H tratada como um oscilador harmônico ser encontrada em uma extensão classicamente proibida quando v = 2.

Problemas

8B.1 A massa que aparece na expressão da frequência de vibração de uma molécula diatômica é a massa efetiva $\mu = m_A m_B/(m_A + m_B)$, em que m_A e m_B são as massas dos átomos. Os seguintes dados dos números de onda (em cm^{-1}) das linhas de absorção de infravermelho são extraídos de *Spectra of diatomic molecules*, G. Herzberg, van Nostrand (1950):

$H^{35}Cl$	$H^{81}Br$	HI	CO	NO
2990	2650	2310	2170	1904

Calcule as constantes de força das ligações e arrume-as na ordem da rigidez crescente.

8B.2 O monóxido de carbono se liga fortemente ao íon Fe^{2+} do grupo heme da proteína mioglobina. Estime a frequência de vibração do CO ligado à mioglobina usando os dados do Problema 8B.1 e fazendo as seguintes suposições: o átomo que se liga ao grupo heme é imobilizado, a proteína é infinitamente mais volumosa que o átomo de C ou o átomo de O, o átomo de C se liga ao íon Fe^{2+} e a ligação do CO à proteína não altera a constante de força da ligação C=O.

8B.3 Das quatro suposições feitas no Problema 8B.2, as duas últimas são questionáveis. Suponha que as duas primeiras suposições ainda sejam razoáveis e que você tenha uma fonte de mioglobina à sua disposição, um tampão adequado para solubilizar a proteína, $^{12}C^{16}O$, $^{13}C^{16}O$, $^{12}C^{18}O$, $^{13}C^{18}O$, e um espectrômetro de infravermelho. Supondo que a substituição isotópica não afeta a constante de força da ligação C=O, descreva um conjunto de experiências que: (a) prove qual átomo, C ou O, se liga ao grupo heme da mioglobina e (b) permita a determinação da constante de força da ligação C=O para o monóxido de carbono ligado à mioglobina.

8B.4 Verifique que uma função com a forma e^{-gx^2} é solução da equação de Schrödinger do oscilador harmônico no estado fundamental. Ache a expressão de g em termos da massa e da constante de força do oscilador.

8B.5 Calcule a energia cinética média do oscilador harmônico aproveitando as relações na Tabela 8B.1.

8B.6 Calcule os valores de $\langle x^3\rangle$ e de $\langle x^4\rangle$ para o oscilador harmônico usando as relações da Tabela 8B.1.

8B.7 Estenda o cálculo do *Exemplo* 8B.4 usando um software matemático e calcule a probabilidade de que um oscilador harmônico possa ser encontrado fora da região classicamente permitida para um v geral. Faça um gráfico da probabilidade como uma função de v.

8B.8 As intensidades das transições espectroscópicas entre os estados de vibração de uma molécula são proporcionais ao quadrado da integral $\int \psi_{v'} x \psi_v dx$ sobre todo o espaço. Com as relações entre os polinômios de Hermite, dadas na Tabela 8B.1, mostre que as únicas transições permitidas são aquelas em que $v' = v \pm 1$, e estime a integral nestes casos.

8B.9 Use um software matemático para construir um pacote de ondas de um oscilador harmônico da forma

$$\Psi(x,t) = \sum_{v=0}^{N} c_v \psi_v(x) e^{-iE_v t/\hbar}$$

em que as funções de onda e energias são as de um oscilador harmônico e com coeficientes de sua escolha (por exemplo, todos iguais). Explore como o pacote de ondas oscila com o tempo.

8B.10 Mostre que, independentemente da superposição dos estados do oscilador harmônico que são usados para construir um pacote de onda (conforme o Problema 8B.9), ele está localizado no mesmo lugar nos instantes 0, T, $2T$, ..., em que T é o período clássico do oscilador.

8B.11 A energia potencial da rotação de um grupo CH_3 em relação ao seu vizinho no etano pode ser expressa como $V(\phi) = V_0 \cos 3\phi$. Mostre que para pequenos deslocamentos o movimento do grupo é quantizado e calcule a energia de excitação de v = 0 para v = 1. O que você espera que ocorra com os níveis de energia e as funções de onda quando a excitação aumenta?

8B.12 Com o teorema do virial, determine uma expressão para a relação entre a energia cinética média e a energia potencial média do elétron em um átomo de hidrogênio.

SEÇÃO 8C Movimento de rotação

Questões teóricas

8C.1 Discuta a origem física da quantização de energia de uma partícula confinada a se mover em torno de um anel.

8C.2 Descreva as características da solução de uma partícula em um anel que aparece na solução da partícula em uma esfera. Que conceito se aplica à última, mas não à primeira?

8C.3 Descreva o modelo vetorial do momento angular na mecânica quântica. Que características ele captura? Qual é sua importância como modelo?

Exercícios

8C.1(a) A rotação de uma molécula pode ser representada pelo movimento de uma massa pontual que se move sobre a superfície de uma esfera. Calcule a magnitude do seu momento angular quando $l = 1$ e as componentes possíveis do momento angular em um eixo arbitrário. Expresse seus resultados como múltiplos de $\hbar$.
8C.1(b) A rotação de uma molécula pode ser representada pelo movimento de uma massa pontual que se move sobre a superfície de uma esfera com número quântico do momento angular $l = 2$. Calcule a magnitude do seu momento angular quando $l = 1$ e as componentes possíveis do momento angular em um eixo arbitrário. Expresse seus resultados como múltiplos de $\hbar$.

8C.2(a) A função de onda, $\psi(\phi)$, do movimento de uma partícula num anel tem a forma $\psi = Ne^{im\phi}$. Determine a constante de normalização, N.
8C.2(b) Verifique que as funções de onda de uma partícula em um anel circular, com diferentes valores do número quântico m_l, são mutuamente ortogonais.

8C.3(a) Calcule a energia de excitação mínima de um próton restrito a girar em um círculo de raio 100 pm em torno de um ponto fixo.
8C.3(b) Calcule o valor de $|m_l|$ para o sistema descrito no exercício anterior correspondente a uma energia de rotação equivalente à energia média clássica (que é igual a $\frac{1}{2}kT$) a 25 °C.

8C.4(a) O momento de inércia de uma molécula de CH_4 é $5{,}27 \times 10^{-47}$ kg m^2. Qual é a energia mínima para que ela comece a girar?
8C.4(b) O momento de inércia de uma molécula de SF_6 é $3{,}07 \times 10^{-45}$ kg m^2. Qual é a energia mínima para que ela comece a girar?

8C.5(a) Use os dados do Exercício 8C.4(a) para calcular a energia necessária para excitar uma molécula de CH_4 de um estado com $l = 1$ para um estado com $l = 2$.
8C.5(b) Use os dados do Exercício 8C.4(b) para calcular a energia necessária para excitar uma molécula de SF_6 de um estado com $l = 2$ para um estado com $l = 3$.

8C.6(a) Qual é o módulo do momento angular de uma molécula de CH_4 quando ela gira com sua energia mínima?
8C.6(b) Qual é o módulo do momento angular de uma molécula de SF_6 quando ela gira com sua energia mínima?

8C.7(a) Esboce, em escala, os diagramas vetoriais que representam os estados (i)$l = 1$, $m_l = +1$, (ii) $l = 2$, $m_l = 0$.
8C.7(b) Esboce o diagrama vetorial de todos os estados permitidos de uma partícula com $l = 6$.

8C.8(a) O número de estados correspondentes a uma dada energia desempenha um papel crucial na estrutura atômica e nas propriedades termodinâmicas. Determine a degenerescência de um corpo em rotação com $l = 3$.
8C.8(b) O número de estados correspondentes a uma dada energia desempenha um papel crucial na estrutura atômica e nas propriedades termodinâmicas. Determine a degenerescência de um corpo em rotação com $l = 4$.

Problemas

8C.1 A partícula num anel é um modelo útil para o movimento dos elétrons em torno do anel de uma porfina (**2**), o macrociclo conjugado que forma a base estrutural do grupo heme e da clorofila.

2 Anel de porfina

Podemos considerar o grupo como um anel circular de raio 440 pm, com 22 elétrons no sistema conjugado movendo-se ao longo do perímetro do anel. No estado fundamental da molécula, cada estado está ocupado por dois elétrons. (a) Calcule a energia e o momento angular de um elétron no nível ocupado mais alto. (b) Calcule a frequência da radiação que pode induzir uma transição entre o nível mais alto ocupado e o nível mais baixo desocupado.

8C.2 Use um software matemático para construir um pacote de ondas para uma partícula girando em um círculo da forma

$$\Psi(\phi,t)=\sum_{m_l=0}^{m_{l,\max}} c_{m_l}\,e^{i(m_l\phi - E_{m_l}t/\hbar)} \qquad E_{m_l}=m_l^2\hbar^2/2I$$

com coeficientes c de sua escolha (por exemplo, todos iguais). Explore como o pacote migra sobre o anel, mas se espalha com o tempo.

8C.3 Estime a componente z do momento angular e a energia cinética de uma partícula anel quando a função de onda (não normalizada) é (a) $e^{i\phi}$, (b) $e^{-2i\phi}$, (c) $\cos\phi$, e (d) $(\cos\chi)\,e^{i\phi} + (\text{sen}\,\chi)\,e^{-i\phi}$.

8C.4 A equação de Schrödinger para uma partícula num anel elíptico com semieixos a e b é separável? *Sugestão*: A dependência entre r e ϕ é dada por $r^2 = a^2\,\text{sen}^2\phi + b^2\cos^2\phi$.

8C.5 Calcule as energias dos quatro primeiros níveis de rotação da molécula de $^{1}H^{127}I$ livre para girar em três dimensões, com o momento de inércia $I = \mu R^2$, com $\mu = m_H m_I/(m_H + m_I)$ e $R = 160$ pm.

8C.6 Verifique que os harmônicos esféricos (a) $Y_{0,0}$, (b) $Y_{2,-1}$ e (c) $Y_{3,+3}$ satisfazem à equação de Schrödinger de uma partícula que tem movimento de rotação em três dimensões e ache a energia e o momento angular em cada caso.

8C.7 Verifique que a função $Y_{3,+3}$ está normalizada. (A integração se faz sobre a superfície de uma esfera.)

8C.8 Mostre que a função $f = \cos ax \cos by \cos cz$ é uma autofunção de ∇^2 e determine o seu autovalor.

8C.9 Deduza (em coordenadas cartesianas) os operadores quânticos das três componentes do momento angular, partindo da definição clássica $\boldsymbol{l} = \boldsymbol{r} \times \boldsymbol{p}$. Mostre que quaisquer duas componentes não são comutativas e encontre, em cada caso, o respectivo comutador.

8C.10 A partir do operador $\hat{l}_z = \hat{x}\hat{p}_y - \hat{y}\hat{p}_x$, prove que em coordenadas esféricas polares $\hat{l}_z = -i\hbar\partial/\partial\phi$.

8C.11 Mostre que $[l^2, l_z] = 0$, e, então, sem qualquer cálculo adicional, justifique a generalização de que $\hat{l}^2, \hat{l}_q = 0$ para $q = x, y$ e z.

8C.12 Uma partícula no interior de uma cavidade esférica é um ponto de partida razoável para a discussão das propriedades eletrônicas de nanopartículas metálicas esféricas. Mostre, em uma série de etapas, que os níveis de energia com $l = 0$ de um elétron em uma cavidade esférica de raio R são quantizados e dados por

$$E_n = \frac{n^2 h^2}{8 m_e R^2}$$

(a) O hamiltoniano da partícula livre para se mover no interior de uma esfera de raio a é

$$\hat{H} = -\frac{\hbar^2}{2m}\nabla^2$$

Mostre que a equação de Schrödinger é separável nas componentes radial e angular. Ou seja, comece escrevendo $\psi(r,\theta,\phi) = R(r)Y(\theta,\phi)$, em que $R(r)$ depende apenas da distância da partícula ao centro da esfera e $Y(\theta,\phi)$ é um harmônico esférico. Mostre, então, que a equação de Schrödinger pode ser separada em duas equações, uma para $R(r)$, a equação radial, e outra para $Y(\theta,\phi)$, a equação angular. (b) Considere o caso $l = 0$. Mostre, por derivação, que a solução da equação radial tem a forma

$$R(r) = (2\pi a)^{-1/2}\frac{\operatorname{sen}(n\pi r/a)}{r}$$

(c) Mostre agora (indicando as condições de contorno apropriadas) que as energias permitidas são dadas por $E_n = n^2h^2/8ma^2$. Com a substituição de m por m_e e de a por R, esta é a equação dada anteriormente para a energia.

Atividades integradas

8.1 Descreva as características que surgem em dimensões em escala nanométrica e que não são encontradas em objetos macroscópicos.

8.2 Explique por que a partícula em uma caixa e o oscilador harmônico são modelos úteis para os sistemas quânticos: que sistemas quimicamente significativos eles podem ser usados para representar?

8.3 Admita que todas as moléculas de 1,0 mol de um gás perfeito ocupam o menor nível de energia de uma caixa cúbica. (a) Quanto trabalho deve ser feito para variar o volume da caixa de ΔV? (b) O trabalho seria diferente se todas as moléculas ocupassem um estado com $n \neq 1$? (c) Qual é a relevância desta discussão para o trabalho de expansão discutido na Seção 2.A? (d) Você pode identificar uma distinção entre uma expansão adiabática e uma expansão isotérmica?

8.4 Determine o valor de $\Delta x = (\langle x^2\rangle - \langle x\rangle^2)^{1/2}$ e $\Delta p = (\langle p^2\rangle - \langle p\rangle^2)^{1/2}$ para o estado fundamental de (a) uma partícula em uma caixa de comprimento L e (b) um oscilador harmônico. Discuta essas grandezas com referência ao princípio da incerteza.

8.5 Repita o Problema 8.4 para (a) uma partícula em uma caixa e (b) um oscilador harmônico em um estado quântico geral (n e v, respectivamente).

8.6 Use um programa matemático ou uma planilha eletrônica para os exercícios a seguir.

(a) Faça o gráfico da densidade de probabilidade para uma partícula numa caixa com $n = 1, 2, \ldots 5$ e $n = 50$. Como esses gráficos ilustram o princípio da correspondência?

(b) Faça o gráfico da probabilidade T em função de E/V para a passagem de (i) uma molécula de hidrogênio, (ii) uma proteína e (iii) um elétron através de uma barreira de altura V.

(c) Para ganhar algum entendimento sobre as origens dos nós no oscilador harmônico, faça o gráfico dos polinômios de Hermite $H_v(y)$ desde $v = 0$ até 5.

(d) Use um programa matemático para gerar gráficos tridimensionais das funções de onda de uma partícula confinada a uma superfície retangular com (i) $n_1 = 1$, $n_2 = 1$, o estado de menor energia, (ii) $n_1 = 1$, $n_2 = 2$, (iii) $n_1 = 2$, $n_2 = 1$ e (iv) $n_1 = 2$, $n_2 = 2$. Deduza uma regra para o número de linhas nodais em uma função de onda como função dos valores de n_1 e n_2.

Revisão de Matemática 4 Equações diferenciais

Uma **equação diferencial** é uma relação entre uma função e suas derivadas, como em

$$a\frac{d^2f}{dx^2}+b\frac{df}{dx}+cf=0 \qquad \text{(RM4.1)}$$

em que f é uma função da variável x e os fatores a, b, c podem ser constantes ou funções de x. Se a função desconhecida depender somente de uma variável, como neste exemplo, a equação é chamada de **equação diferencial ordinária**; se depender de mais de uma variável, como em

$$a\frac{\partial^2f}{\partial x^2}+b\frac{\partial^2f}{\partial y^2}+cf=0 \qquad \text{(RM4.2)}$$

ela é chamada de **equação diferencial parcial**. Aqui, f é uma função de x e y e os fatores a, b, c podem ser constantes ou funções de ambas as variáveis. Observe que a mudança no símbolo de d para ∂ significa uma *derivada parcial* (veja *Revisão de matemática* 2).

RM4.1 A estrutura de equações diferenciais

A **ordem** da equação diferencial é a ordem da derivada mais alta que aparece nela: ambos os exemplos anteriores são de equações de segunda ordem. Em ciências, é muito raro se encontrar uma equação diferencial de ordem superior a 2.

Uma **equação diferencial linear** é aquela em que, se f é uma solução, então uma constante $\times f$ também o será. Os dois exemplos anteriores são de equações lineares. Se o 0 no lado direito fosse trocado por um número diferente, ou uma função diferente de f, então elas deixariam de ser lineares.

Resolver uma equação diferencial é algo diferente de resolver uma equação algébrica. No último caso, a solução é um valor da variável x (como na solução $x = 2$ da equação quadrática $x^2 - 4 = 0$). A solução de uma equação diferencial é a função completa que satisfaz à equação, como em

$$\frac{d^2f}{dx^2}+f=0, \quad f(x)=A\operatorname{sen}x+B\cos x \qquad \text{(RM4.3)}$$

com A e B constantes. O processo de obter uma solução de uma equação diferencial é chamado de **integração** da equação. A solução na Eq. RM4.3 é um exemplo de uma **solução geral** de uma equação diferencial; ou seja, ela é a solução mais geral da equação e é expressa em termos de um número de constantes (A e B nesse caso). Quando as constantes são escolhidas de acordo com certas **condições iniciais** especificadas (se uma variável for o tempo), ou certas **condições de contorno** (para satisfazer a certas restrições espaciais nas soluções), obtemos a **solução particular** da equação. A solução particular de uma equação diferencial de primeira ordem requer uma dessas condições; uma equação diferencial de segunda ordem requer duas.

Breve ilustração RM4.1 Soluções particulares

Se formos informados de que $f(0) = 0$, então pela Eq. RM4.3, segue-se que $f(0) = B$, podendo-se concluir que $B = 0$. Isso ainda deixa A indeterminado. Se também for mencionado que $df/dx = 2$ em $x = 0$ (isto é, $f'(0) = 2$, em que o apóstrofo representa a derivada primeira), então, pelo fato de a solução geral (não com $B = 0$) implicar que $f'(x) = A \cos x$, sabemos que $f'(0) = A$ e, consequentemente, $A = 2$. A solução particular é, portanto, $f(x) = 2 \operatorname{sen} x$. A Fig. RM4.1 mostra uma série de soluções particulares correspondentes a diferentes condições de contorno.

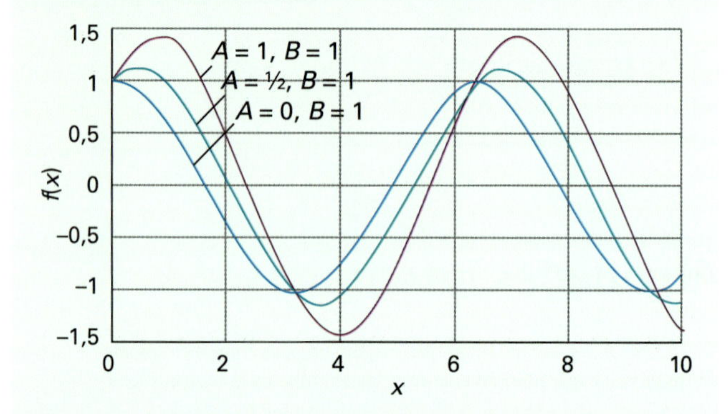

Figura RM4.1 A solução da equação diferencial na *Breve ilustração* RM.4.1 com três diferentes condições de contorno (conforme indicado pelos valores resultantes das constantes *A* e *B*).

RM4.2 A solução de equações diferenciais ordinárias

A equação diferencial linear de primeira ordem

$$\frac{df}{dx}+af=0 \qquad \text{(RM4.4a)}$$

com a sendo uma função de x ou uma constante, pode ser resolvida por integração direta. Para fazer isso, usamos o fato de que as grandezas df e dx (chamadas *diferenciais*) podem ser tratadas algebricamente como qualquer grandeza, e rearranjamos a equação para

$$\frac{df}{f}=-a dx \qquad \text{(RM4.4b)}$$

e integramos ambos os lados. Para o lado esquerdo, usamos o resultado familiar $\int dy/y = \ln y + \text{constante}$. Depois de juntar todas as constantes em uma única constante A, obtemos:

$$\ln f(x)=-\int a\,dx+C \qquad \text{(RM4.4c)}$$

Breve ilustração RM4.2 A solução de uma equação de primeira ordem

Suponha que na Eq. RM4.4a o fator $a = 2x$; então, a solução geral, Eq. RM4.4c, é

$$\ln f(x) = -2\int x\,dx + C = -x^2 + C$$

(Absorvemos a constante de integração na constante C.) Logo,

$$f(x) = Ne^{-x^2}, \quad N = e^C$$

Se formos informados que $f(0) = 1$, então podemos inferir que $A = 0$ e, por conseguinte, que $f(x) = e^{-x^2}$.

Mesmo a resolução de equações diferenciais de primeira ordem pode rapidamente se tornar um processo mais complicado. Uma equação não linear de primeira ordem, da forma,

$$\frac{df}{dx} + af = b \quad \text{(RM4.5a)}$$

com a e b funções de x (ou constantes), apresenta uma solução da forma

$$f(x)e^{\int a\,dx} = \int e^{\int a\,dx} b\,dx + C \quad \text{(RM4.5b)}$$

como pode ser verificado por diferenciação. Softwares matemáticos comerciais frequentemente podem fazer as integrações requeridas.

Equações diferenciais de segunda ordem são, em geral, muito mais difíceis de resolver do que equações de primeira ordem. Uma técnica poderosa comumente usada na resolução de equações diferenciais de segunda ordem consiste em expressar a solução como uma série de potências:

$$f(x) = \sum_{n=0}^{\infty} c_n x^n \quad \text{(RM4.6)}$$

e então usar a equação diferencial para encontrar uma relação entre os coeficientes. Essa abordagem resulta, por exemplo, nos polinômios de Hermite, que formam parte da solução da equação de Schrödinger para o oscilador harmônico (Seção 8B). Muitas das equações diferenciais de segunda ordem que aparecem neste texto são tabeladas em compilações de soluções de equações diferenciais ou podem ser resolvidas com softwares matemáticos. As técnicas especializadas que são necessárias para estabelecer a forma das soluções podem ser encontradas em livros de matemática.

RM4.3 A solução de equações diferenciais parciais

As únicas equações diferenciais parciais que necessitamos resolver são aquelas que podem ser separadas em duas ou mais equações diferenciais ordinárias pela técnica conhecida como **separação de variáveis**. Para descobrir se a equação diferencial na Eq. RM4.2 pode ser resolvida por esse método, supomos que a solução completa pode ser fatorada em funções que dependam somente de x ou somente de y e escrevemos $f(x,y) = X(x)Y(y)$. Nessa etapa, não há qualquer garantia de que a solução possa ser escrita dessa maneira. Substituindo essa solução tentativa na equação e reconhecendo que

$$\frac{\partial^2 XY}{\partial x^2} = Y\frac{d^2X}{dx^2} \quad \frac{\partial^2 XY}{\partial y^2} = X\frac{d^2Y}{dy^2}$$

obtemos

$$aY\frac{d^2X}{dx^2} + bX\frac{d^2Y}{dy^2} + cXY = 0$$

Estamos usando d em vez de ∂ nessa etapa para representar diferenciais porque cada uma das funções X e Y depende de apenas uma variável, x e y, respectivamente. A divisão por XY transforma essa equação em

$$\frac{a}{X}\frac{d^2X}{dx^2} + \frac{b}{Y}\frac{d^2Y}{dy^2} + c = 0$$

Suponha, agora, que a seja função somente de x, b uma função de y e c uma constante. (Existem várias outras possibilidades que permitem prosseguir com o argumento.) Então, o primeiro termo depende somente de x e o segundo, somente de y. Se x variar, somente o primeiro termo poderá variar. Mas, como os outros dois termos não variam e a soma dos três termos é uma constante (0), até mesmo o primeiro termo deve ser uma constante. O mesmo se aplica ao segundo termo. Dessa forma, como cada termo é igual a uma constante, podemos escrever

$$\frac{a}{X}\frac{d^2X}{dx^2} = c_1 \quad \frac{b}{Y}\frac{d^2Y}{dy^2} = c_2 \quad \text{com}\, c_1 + c_2 = -c$$

Temos agora duas equações diferenciais ordinárias para resolver pelas técnicas descritas na Seção RM4.2. Um exemplo desse procedimento é dado na Seção 8A, para uma partícula em uma região bidimensional.

CAPÍTULO 9

Estrutura atômica e espectros

Neste capítulo veremos como aproveitar a mecânica quântica para descrever e investigar a estrutura eletrônica dos átomos, a disposição dos elétrons em torno do núcleo. Os conceitos que encontraremos têm muita importância para o entendimento das estruturas e reações dos átomos e moléculas e amplas aplicações de natureza química.

9A Átomos hidrogenoides

Nesta seção, aproveitamos os princípios da mecânica quântica expostos nos Capítulos 7 e 8 para descrever a estrutura interna dos átomos. Iniciamos com o mais simples dos átomos. Um "átomo hidrogenoide" é um átomo ou um íon com um elétron, tendo um número atômico qualquer Z; como exemplos temos o H, o He^{+}, o Li^{2}, o O^{7+} e até mesmo o U^{91+}. Os átomos hidrogenoides são importantes porque suas equações de Schrödinger podem ser resolvidas exatamente. Eles também proporcionam vários conceitos que são usados para descrever as estruturas dos átomos polieletrônicos e também, como veremos nas seções do Capítulo 10, as estruturas das moléculas. Veremos que informações experimentais estão disponíveis a partir do estudo do espectro do hidrogênio atômico. Depois trabalharemos com a equação de Schrödinger de um elétron em um átomo, separando-a em uma parte angular e outra radial. As funções de onda que obteremos são os "orbitais atômicos" dos átomos hidrogenoides.

9B Átomos polieletrônicos

Um "átomo polieletrônico" é um átomo ou um íon com mais de um elétron. Os exemplos, neste caso, incluem todos os átomos neutros diferentes do H. Assim, mesmo o He, com apenas dois elétrons, é um átomo polieletrônico. Nesta seção, utilizamos os orbitais atômicos hidrogenoides para descrever as estruturas dos átomos polieletrônicos. Então, com o apoio do conceito de spin e do princípio da exclusão de Pauli, explicamos a periodicidade das propriedades atômicas e a estrutura da tabela periódica.

9C Espectros atômicos

Os espectros dos átomos polieletrônicos são mais complicados do que os do hidrogênio atômico, mas sujeitam-se aos mesmos princípios. Nesta seção, veremos a descrição dos espectros em função dos termos espectrais e a origem dos detalhes finos desses espectros.

Qual é o impacto deste material?

Em *Impacto* I9.1, estudamos que com o uso da espectroscopia atômica podemos examinar as estrelas. Pela análise de seus espectros, podemos determinar a composição de suas camadas externas e dos gases que as envolvem, e determinar aspectos de seus estados físicos.

9A Átomos hidrogenoides

Tópicos

➤ Por que você precisa saber este assunto?

Um entendimento da estrutura do átomo de hidrogênio é essencial para a compreensão de todos os outros átomos da tabela periódica e da ligação química. Todas as explicações sobre as estruturas das moléculas estão baseadas na linguagem e nos conceitos que ali são apresentados.

➤ Qual é a ideia fundamental?

Os orbitais atômicos são identificados por três números quânticos que especificam a energia e o momento angular do elétron em um átomo hidrogenoide.

➤ O que você já deve saber?

Você precisa estar familiarizado com o conceito de função de onda (Seção 7B) e sua interpretação. Você precisa saber montar a equação de Schrödinger e como as condições de contorno limitam as suas soluções (Seção 8A).

Quando uma descarga elétrica passa através do hidrogênio gasoso, as moléculas de H_2 se dissociam e os átomos de H excitados que são produzidos emitem luz de frequências discretas, produzindo um espectro constituído por uma série de "linhas" (Fig. 9A.1). O espectroscopista sueco Johannes Rydberg mostrou (em 1890) que todas elas se ajustavam à expressão do tipo

$$\tilde{\nu}=\tilde{R}_{\mathrm{H}}\left(\frac{1}{n_1^2}-\frac{1}{n_2^2}\right)\qquad \text{Linhas espectrais de um átomo de hidrogênio} \qquad (9A.1)$$

com n_1 = 1 (*série de Lyman*), 2 (*série de Balmer*) e 3 (*série de Paschen*), e, em todos os casos, $n_2 = n_1 + 1, n_1 + 2, \ldots$. A constante $\tilde{R}_{\mathrm{H}}$ é agora denominada **constante de Rydberg** para o átomo de hidrogênio, e seu valor, obtido experimentalmente, é de 109.677 $\mathrm{cm^{-1}}$.

A forma da Eq. 9A.1 sugere, com ênfase, que cada linha espectral pode ser expressa como a diferença de dois **termos**, cada qual com a forma

$$T_n=\frac{\tilde{R}_{\mathrm{H}}}{n^2} \qquad (9A.2)$$

O **princípio da combinação de Ritz** afirma que *o número de onda de qualquer linha espectral (de qualquer átomo, não só de átomos hidrogenoides) é a diferença entre dois termos*. Dizemos então que dois termos T_1 e T_2 se 'combinam' para dar uma linha espectral com o número de onda

$$\tilde{\nu}=T_1-T_2 \qquad \text{Princípio da combinação de Ritz} \qquad (9A.3)$$

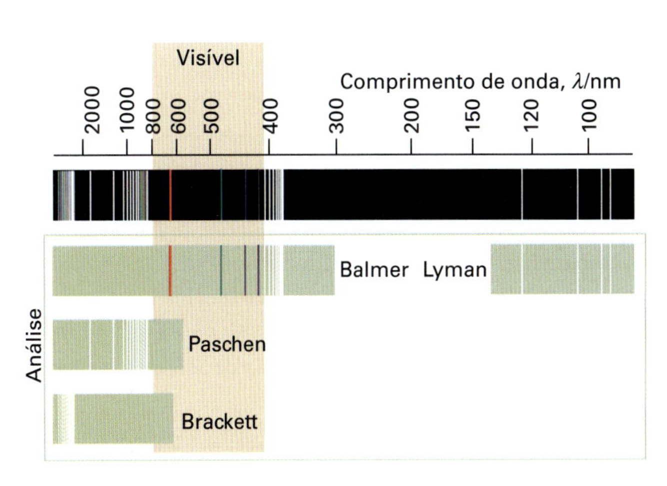

Figura 9A.1 Espectro do hidrogênio atômico. Aparecem o espectro completo e sua divisão (resolução) nas séries que se superpõem. Observe que a série de Balmer está na região do visível.

Assim, se cada termo espectroscópico representa uma energia hcT, a diferença de energia quando o átomo sofre uma transição entre dois termos é $\Delta E = hcT_1 - hcT_2$, e, de acordo com a condição de frequência de Bohr ($\Delta E = h\nu$, Seção 7.A), a frequência da radiação emitida é dada por $\nu = cT_1 - cT_2$. Esta expressão, quando escrita em função do número de onda (dividindo-se por c, $\tilde{\nu} = \nu/c$), se transforma na fórmula de Ritz. O princípio da combinação de Ritz aplica-se a todo tipo de átomo ou de molécula, mas somente no caso dos átomos hidrogenoides os termos têm a forma simples (constante)/n^2.

Como as observações espectroscópicas mostram que a radiação eletromagnética é absorvida e emitida somente em certos números de onda, segue que somente determinados estados de energia são permitidos para os átomos. O nosso objetivo, nesta seção, é determinar a origem dessa quantização da energia, achar os níveis de energia permitidos e explicar o valor de $\tilde{R}_H$. Os espectros de átomos mais complexos são tratados na Seção 9C.

9A.1 A estrutura dos átomos hidrogenoides

A energia potencial coulombiana de um elétron em um átomo hidrogenoide de número atômico Z e, portanto, de carga nuclear Ze é

$$V(r) = -\frac{Ze^2}{4\pi\varepsilon_0 r} \qquad (9A.4)$$

em que r é a distância entre o elétron e o núcleo e ε_0 é a permissividade do vácuo. O hamiltoniano do elétron e de um núcleo de massa m_N é, portanto,

$$\hat{H} = \hat{E}_{k,\text{elétron}} + \hat{E}_{k,\text{núcleo}} + \hat{V}(r) = -\frac{\hbar^2}{2m_e}\nabla_e^2 - \frac{\hbar^2}{2m_N}\nabla_N^2 - \frac{Ze^2}{4\pi\varepsilon_0 r} \qquad (9A.5)$$

Hamiltoniano para um átomo hidrogenoide

Os índices e e N de ∇^2 indicam a derivada em relação às coordenadas do elétron ou do núcleo, respectivamente.

(a) A separação de variáveis

A percepção física sugere que a equação de Schrödinger completa seja separada em duas, uma para o movimento do átomo como um todo através do espaço, e outra para o movimento do elétron em relação ao núcleo. Mostramos na *Justificativa* 9A.1 como esta separação pode ser feita, e que a equação de Schrödinger para o movimento do elétron em relação ao núcleo é

$$-\frac{\hbar^2}{2\mu}\nabla^2\psi - \frac{Ze^2}{4\pi\varepsilon_0 r}\psi = E\psi \qquad \frac{1}{\mu} = \frac{1}{m_e} + \frac{1}{m_N} \qquad (9A.6)$$

Equação de Schrödinger para um átomo hidrogenoide

em que a derivada é tomada em relação às coordenadas do elétron relativas ao núcleo. A grandeza μ é a **massa reduzida**, que é quase igual à massa do elétron, pois m_N, a massa do núcleo, é muito maior do que a massa do elétron, e assim $1/\mu \approx 1/m_e$ e, portanto, $\mu \approx m_e$. Em todos os casos, exceto nos trabalhos de grande precisão, a massa reduzida pode ser substituída por m_e.

Justificativa 9A.1 A separação dos movimentos interno e externo

Considere um sistema unidimensional em que a energia potencial é função somente da distância entre duas partículas. A energia total é

$$E = \frac{p_1^2}{2m_1} + \frac{p_2^2}{2m_2} + V(x_1 - x_2)$$

em que $p_1 = m_1(\mathrm{d}x_1/\mathrm{d}t)$ e $p_2 = m_2(\mathrm{d}x_2/\mathrm{d}t)$. O centro de massa (Fig. 9A.2) está localizado em

$$X = \frac{m_1}{m}x_1 + \frac{m_2}{m}x_2 \qquad m = m_1 + m_2$$

e a distância ente as partículas é $x = x_1 - x_2$. Segue-se que

$$x_1 = X + \frac{m_2}{m}x \qquad x_2 = X - \frac{m_1}{m}x$$

O momento linear das partículas pode ser expresso em termos das variações de x e X:

$$p_1 = m_1\frac{\mathrm{d}x_1}{\mathrm{d}t} = m_1\frac{\mathrm{d}X}{\mathrm{d}t} + \frac{m_1 m_2}{m}\frac{\mathrm{d}x}{\mathrm{d}t}$$

$$p_2 = m_2\frac{\mathrm{d}x_2}{\mathrm{d}t} = m_2\frac{\mathrm{d}X}{\mathrm{d}t} - \frac{m_1 m_2}{m}\frac{\mathrm{d}x}{\mathrm{d}t}$$

Assim, temos que

$$\frac{p_1^2}{2m_1} + \frac{p_2^2}{2m_2} = \tfrac{1}{2}m\left(\frac{\mathrm{d}X}{\mathrm{d}t}\right)^2 + \tfrac{1}{2}\mu\left(\frac{\mathrm{d}x}{\mathrm{d}t}\right)^2$$

em que μ é dado pela Eq. 9A.6. Escrevendo $P = m(\mathrm{d}X/\mathrm{d}t)$ para o momento linear do sistema como um todo e p como $\mu(\mathrm{d}x/\mathrm{d}t)$, encontramos

$$E = \frac{P^2}{2m} + \frac{p^2}{2\mu} + V(x)$$

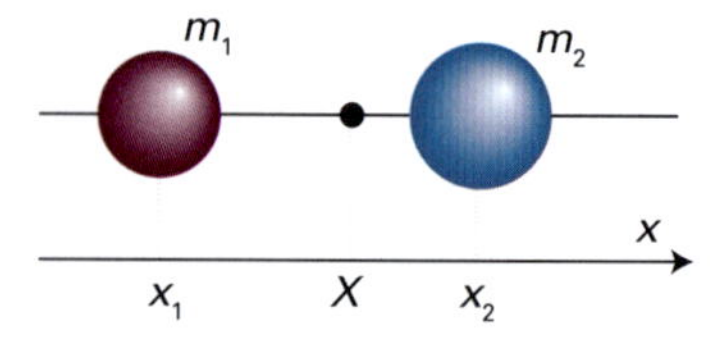

Figura 9A.2 As coordenadas usadas na discussão da separação do movimento relativo de duas partículas a partir do movimento do centro de massa.

O hamiltoniano correspondente (generalizado para três dimensões) é, portanto,

$$\hat{H}=-\frac{\hbar^2}{2m}\nabla^2_{\text{c.m.}}-\frac{\hbar^2}{2\mu}\nabla^2$$

em que no primeiro termo as derivadas são feitas com respeito às coordenadas do centro de massa e no segundo termo são feitas com respeito às coordenadas relativas das partículas.

Escrevemos agora a função de onda total como o produto $\psi_{\text{total}}(X,x) = \psi_{\text{c.m.}}(X)\psi(x)$, em que o primeiro termo é função somente das coordenadas do centro de massa e o segundo somente das coordenadas relativas. A equação de Schrödinger total, $H\psi_{\text{total}} = E_{\text{total}}\psi_{\text{total}}$, pode então ser separada por meio do mesmo procedimento que usamos nas Seções 8A e 8C, com $E_{\text{total}} = E_{\text{c.m.}} + E$.

Como a energia potencial é esferossimétrica (não depende dos ângulos), podemos imaginar que essa equação seja separável nas componentes radial e angular. Portanto, escrevemos

$$\psi(r,\theta,\phi)=R(r)Y(\theta,\phi) \tag{9A.7}$$

e examinamos se a equação de Schrödinger pode ser separada em duas equações, uma para a **função de onda radial** $R(r)$ e a outra para a **função de onda angular** $Y(\theta,\phi)$. Como mostramos na *Justificativa* 9A.2, a equação separa-se realmente, e as equações que devemos resolver são

$$\Lambda^2 Y=-l(l+1)Y \tag{9A.8a}$$

$$-\frac{\hbar^2}{2\mu}\frac{\mathrm{d}^2u}{\mathrm{d}r^2}+V_{\text{ef}}u=Eu \tag{9A.8b}$$

em que $u(r) = rR(r)$ e

$$V_{\text{ef}}(r)=-\frac{Ze^2}{4\pi\varepsilon_0 r}+\frac{l(l+1)\hbar^2}{2\mu r^2} \tag{9A.8c}$$

Justificativa 9A.2 A separação dos movimentos radial e angular

O laplaciano em três dimensões é dado na Tabela 7B.1. Segue-se que a equação de Schrödinger na Eq. 9A.6 é

$$-\frac{\hbar^2}{2\mu}\nabla^2 RY+VRY=-\frac{\hbar^2}{2\mu}\left(\frac{\partial^2}{\partial r^2}+\frac{2}{r}\frac{\partial}{\partial r}+\frac{1}{r^2}\Lambda^2\right)RY+VRY=ERY$$

Como R depende somente de r e Y depende somente das coordenadas angulares, essa equação fica

$$-\frac{\hbar^2}{2\mu}\left(Y\frac{\mathrm{d}^2R}{\mathrm{d}r^2}+\frac{2Y}{r}\frac{\mathrm{d}R}{\mathrm{d}r}+\frac{R}{r^2}\Lambda^2 Y\right)+VRY=ERY$$

em que as derivadas parciais em relação a r foram substituídas por derivadas ordinárias porque R depende somente de r. Se multiplicamos todos os termos por r^2/RY, temos

$$-\frac{\hbar^2}{2\mu R}\left(r^2\frac{\mathrm{d}^2R}{\mathrm{d}r^2}+2r\frac{\mathrm{d}R}{\mathrm{d}r}\right)+Vr^2-\overbrace{\frac{\hbar^2}{2\mu Y}\Lambda^2 Y}^{\text{Depende de }\theta,\phi}=Er^2$$

Neste momento usamos o argumento usual. O termo em Y é o único que depende das variáveis angulares, de modo que ele deve ser uma constante. Quando escrevemos esta constante como $\hbar^2 l(l+1)/2\mu$, obtemos imediatamente a Eq. 9A.8.

A Eq. 9A.8 é a equação de Schrödinger para uma partícula que se move em torno de um ponto central, e é considerada na Seção 8C. Suas soluções são os harmônicos esféricos (Tabela 8C.1) e se caracterizam pelos números quânticos l e m_l. Vamos analisá-las com mais detalhes daqui a pouco. A Eq. 9A.8b é a **equação de onda radial**. A equação de onda radial é a descrição analítica do movimento de uma partícula de massa μ numa região unidimensional $0 < r < \infty$ com a energia potencial $V_{\text{ef}}(r)$.

(b) As soluções radiais

Podemos deduzir algumas características das formas das funções de onda radiais pela análise da forma de V_{ef}. A primeira parcela na Eq. 9A.8c é a energia potencial coulombiana do elétron no campo do núcleo. A segunda provém do que a física clássica denomina força centrífuga proporcionada pelo momento angular do elétron em torno do núcleo. Quando $l = 0$, o elétron não tem momento angular e a energia potencial efetiva é puramente coulombiana e atrativa em todos os raios (Fig. 9A.3). Quando $l \neq 0$, o termo da força centrífuga dá uma contribuição positiva (repulsiva) à energia potencial efetiva. Quando o elétron está nas vizinhanças do núcleo ($r \approx 0$), este termo repulsivo, que é proporcional a $1/r^2$, domina a componente coulombiana atrativa, que é proporcional a $1/r$, e o efeito resultante é o de uma repulsão real do elétron pelo núcleo. As duas energias potenciais efetivas, a que corresponde a $l = 0$ e a correspondente a $l \neq 0$, são qualitativamente muito diferentes nas proximidades do núcleo, mas semelhantes a grandes distâncias do núcleo, pois a contribuição centrífuga tende a zero mais rapidamente (segundo $1/r^2$) do que a contribuição coulombiana (segundo $1/r$). Então, as soluções com $l = 0$ e com $l \neq 0$ devem ser bastante diferentes nas proximidades do núcleo, mas semelhantes a grandes distâncias do núcleo. Há dois aspectos importantes da função de onda radial:

- Próximo ao núcleo, a função de onda radial é proporcional a r^l, e quanto maior o valor do momento angular, menor a chance de o elétron ser encontrado lá (Fig. 9A.4).

Interpretação física

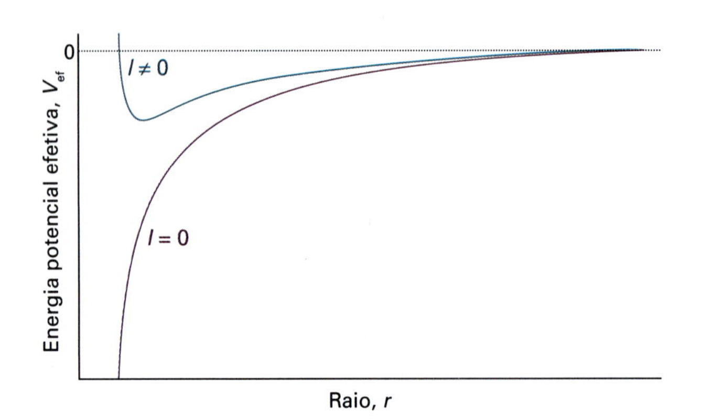

Figura 9A.3 Energia potencial efetiva do elétron no átomo de hidrogênio. Quando o momento angular orbital do elétron é nulo, a energia potencial efetiva é a energia potencial coulombiana. Quando o momento angular orbital do elétron é diferente de zero, o efeito centrífugo proporciona uma contribuição positiva que é muito grande nas vizinhanças do núcleo. Por isso é razoável que as funções de onda com $l \neq 0$ e com $l = 0$ sejam muito diferentes nas proximidades do núcleo.

- Todas as funções de onda tendem exponencialmente a zero a grandes distâncias do núcleo.

Não abordaremos as etapas técnicas da resolução da equação radial para toda a faixa de valores dos raios, e também não veremos como a forma r^l, que descreve o comportamento da função próxima ao núcleo, se combina com a forma exponencial decrescente, que descreve o comportamento da função a grandes distâncias do núcleo. Basta saber que os dois limites só podem ser atingidos para valores inteiros de um número quântico n e que as energias permitidas, que correspondem às soluções permitidas, são

$$E_n = -\frac{\mu e^4}{32\pi^2\varepsilon_0^2\hbar^2} \times \frac{Z^2}{n^2}$$ Energias dos estados ligados (9A.9)

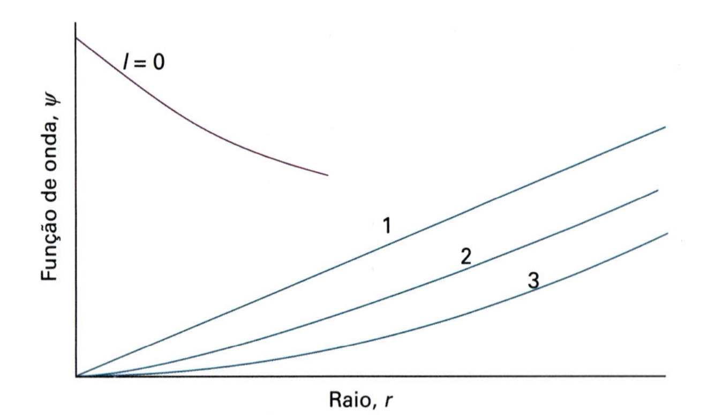

Figura 9A.4 Próximo ao núcleo, orbitais com $l = 1$ são proporcionais a r, orbitais com $l = 2$ são proporcionais a r^2 e orbitais com $l = 3$ são proporcionais a r^3. Elétrons são excluídos progressivamente das vizinhanças do núcleo quando l aumenta. Um orbital com $l = 0$ tem um valor finito, diferente de zero, no núcleo.

com $n = 1, 2, \ldots$. Da mesma forma, as funções de onda radiais dependem de n e de l (mas não de m_l, pois somente l aparece na equação de onda radial), e todas elas têm a forma

$$R(r) = \overbrace{r^l}^{\text{Dominante próximo ao núcleo}} \times \overbrace{(\text{polinômio em } r)}^{\text{Liga as duas extremidades da função}} \times \overbrace{(\text{decréscimo exponencial em } r)}^{\text{Dominante distante do núcleo}} \qquad (9A.10)$$

tendo, portanto, a forma

$$R(r) = r^l L(r) \mathrm{e}^{-r}$$

com várias constantes e onde $L(r)$ é um polinômio de ligação. Essas funções escrevem-se de forma mais simples em termos de uma grandeza adimensional simbolizada por ρ (rô), em que

$$\rho = \frac{2Zr}{na} \qquad a = \frac{m_e}{\mu} a_0 = \frac{m_e + m_N}{m_N} a_0 \qquad a_0 = \frac{4\pi\varepsilon_0\hbar^2}{m_e e^2} \qquad (9A.11)$$

O **raio de Bohr**, a_0, tem o valor 52,9 pm. Ele é assim denominado porque era o raio da órbita do elétron com menor energia no modelo primitivo de Bohr para o átomo de hidrogênio. Na prática, como $m_e \ll m_N$, há pouca diferença entre a e a_0, e é seguro usar a_0 na definição de ρ para todos os átomos (mesmo para o ^{1}H, $a = 1{,}0005a_0$). Especificamente, as funções de onda radiais para o elétron com os números quânticos n e l são as funções (reais)

$$R_{n,l}(r) = N_{n,l}\rho^l L_{n-l-1}^{2l+1}(\rho)\mathrm{e}^{-\rho/2}$$ Funções de onda radial (9A.12)

em que $L(\rho)$ é um *polinômio associado de Laguerre*. A notação pode parecer assustadora, mas os polinômios têm formas simples, como 1, ρ, e $2 - \rho$ (eles podem ser vistos na Tabela 9A.1). O fator N garante que a função de onda radial está normalizada, no sentido de que

$$\int_0^\infty R_{n,l}(r)^2 r^2 \mathrm{d}r = 1 \qquad (9A.13)$$

O r^2 vem do elemento de volume em coordenadas esféricas (*Ferramentas do químico* 7B.1). Especificamente, podemos interpretar os componentes da Eq. 9A.12 como se segue:

- O fator exponencial assegura que a função de onda tende a zero longe do núcleo.
- O fator ρ^l assegura que (desde que $l > 0$) a função de onda desaparece no núcleo. O zero em $r = 0$ não é um nó radial porque a função de onda radial não passa por zero nesse ponto (pois r não pode ser negativo). Os nós no núcleo são todos angulares.
- O polinômio associado de Laguerre é uma função que oscila de valores positivos até valores negativos e que é responsável pela presença de nós radiais.

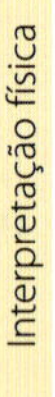

Tabela 9A.1 Funções de onda radiais de átomos hidrogenoides, $R_{n,l}(r)$

n	l	$R_{n,l}(r)$
1	0	$2\left(\frac{Z}{a}\right)^{3/2} e^{-\rho/2}$
2	0	$\frac{1}{8^{1/2}}\left(\frac{Z}{a}\right)^{3/2} (2-\rho)e^{-\rho/2}$
2	1	$\frac{1}{24^{1/2}}\left(\frac{Z}{a}\right)^{3/2} \rho e^{-\rho/2}$
3	0	$\frac{1}{243^{1/2}}\left(\frac{Z}{a}\right)^{3/2} (6-6\rho+\rho^2)e^{-\rho/2}$
3	1	$\frac{1}{486^{1/2}}\left(\frac{Z}{a}\right)^{3/2} (4-\rho)\rho e^{-\rho/2}$
3	2	$\frac{1}{2430^{1/2}}\left(\frac{Z}{a}\right)^{3/2} \rho^2 e^{-\rho/2}$

$\rho=(2Z/na)r$ com $a=4\pi\varepsilon_0\hbar^2/\mu e^2$. Para um núcleo infinitamente pesado (ou um que possa ser assumido como tal), $\mu=m_e$ e $a=a_0$, o raio de Bohr.

As expressões para algumas funções de onda radiais são dadas na Tabela 9A.1 e ilustradas na Fig. 9A.5.

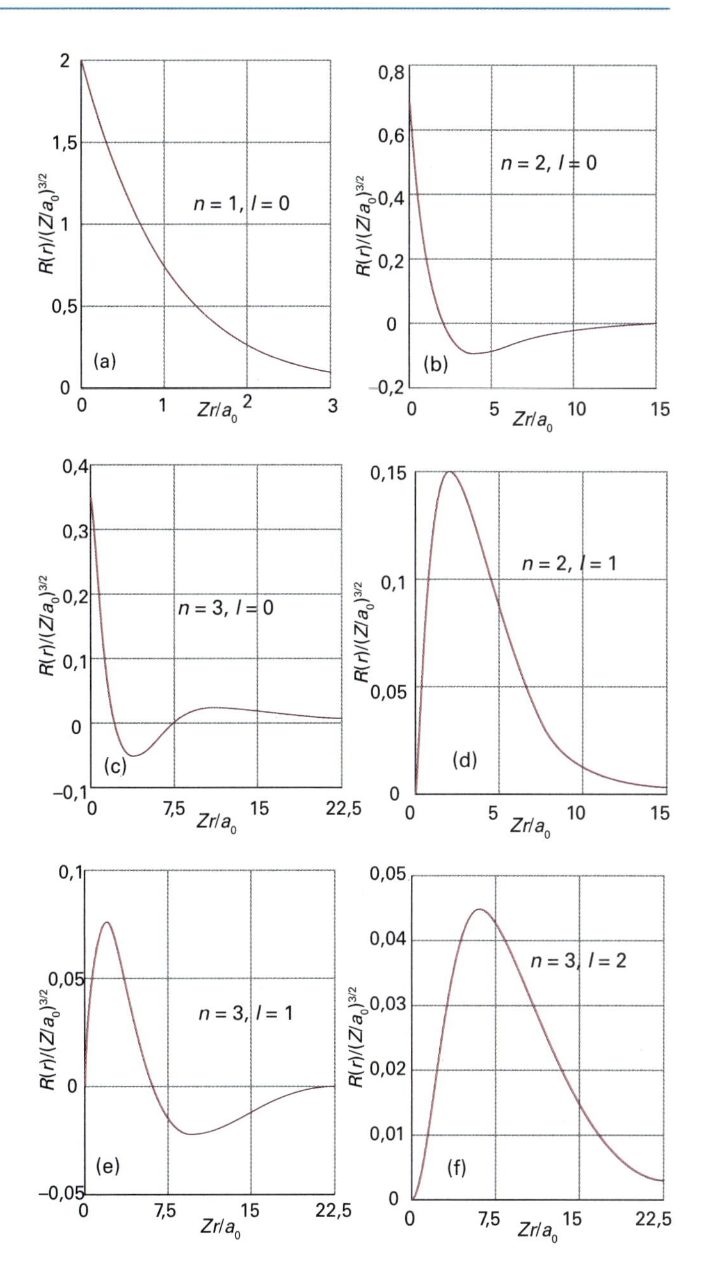

Figura 9A.5 As funções de onda radiais dos primeiros estados dos átomos hidrogenoides com o número atômico Z. Observe que os orbitais com $l = 0$ têm valor finito não nulo no núcleo. As escalas horizontais, em cada caso, são diferentes. Os orbitais com os números quânticos principais elevados estão relativamente distantes do núcleo.

Breve ilustração 9A.1 Densidade de probabilidade

Para calcular a densidade de probabilidade no núcleo de um elétron com $n = 1$, $l = 0$ e $m_l = 0$, calculamos ψ em $r = 0$:

$$\psi_{1,0,0}(0,\theta,\phi)=R_{1,0}(0)Y_{0,0}(\theta,\phi)=2\left(\frac{Z}{a_0}\right)^{3/2}\left(\frac{1}{4\pi}\right)^{1/2}$$

A densidade de probabilidade é, portanto,

$$\psi_{1,0,0}(0,\theta,\phi)^2=\frac{Z^3}{\pi a_0^3}$$

que vale $2{,}15\times 10^{-6}$ pm^{-3} quando $Z = 1$.

Exercício proposto 9A.1 Estime a densidade de probabilidade no núcleo de um elétron com $n = 2$, $l = 0$, $m_l = 0$.

Resposta: $(Z/a_0)^3/8\pi$

9A.2 Orbitais atômicos e suas respectivas energias

Um **orbital atômico** é uma função de onda de um elétron para um elétron em um átomo. Cada orbital atômico de um átomo hidrogenoide é definido por três números quânticos, identificados por n, l e m_l. Quando o elétron está descrito por uma destas funções de onda dizemos que ele "ocupa" o orbital. Podemos também dizer que o elétron está no estado $|n,l,m_l\rangle$. Por exemplo, um elétron descrito pela função de onda ψ_{100} e no estado $|1,0,0\rangle$ ocupa o orbital com $n = 1$, $l = 0$ e $m_l = 0$.

(a) A especificação dos orbitais

O número quântico n é denominado **número quântico principal**; ele pode assumir os valores n = 1, 2, 3, ... e determina a energia do elétron:

- Um elétron em um orbital com número quântico principal n tem energia dada pela Eq. 9A.9. Os dois outros números quânticos, l e m_l, provêm das soluções angulares e especificam o momento angular do elétron em torno do núcleo.

Interpretação física

- Um elétron em um orbital com número quântico l tem um momento angular cuja magnitude é $\{[l(l+1)]\}^{1/2}\hbar$, com $l = 0, 1, 2, \ldots, n-1$.
- Um elétron em um orbital com número quântico m_l tem a componente z do momento angular igual a $m_l\hbar$, com $m_l = 0, \pm1, \pm2, \ldots, \pm l$.

Interpretação física

Observe como o valor do número quântico principal, n, controla o valor máximo de l, que, por sua vez, controla a faixa de valores de m_l.

Para definir completamente o estado do elétron em um átomo hidrogenoide precisamos especificar não apenas o orbital que ele ocupa, mas também seu estado do spin. Na Seção 8C, mencionamos que um elétron possui um momento angular intrínseco, seu 'spin'. Vamos desenvolver esta propriedade com mais detalhes na Seção 9B e mostrar que o spin é descrito por dois números quânticos, s e m_s (análogos aos números quânticos l e m_l). O valor de s é fixo em $\frac{1}{2}$ para o elétron, de modo que não necessitamos considerá-lo posteriormente. O número quântico m_s, porém, pode ser $+\frac{1}{2}$ ou $-\frac{1}{2}$, e para especificar o estado do elétron em um átomo hidrogenoide precisamos indicar qual dos dois valores ele assume. Segue-se então que, para especificar o estado de um elétron em um átomo hidrogenoide, devemos ter os valores de quatro números quânticos, n, l, m_l e m_s.

(b) Os níveis de energia

Os níveis de energia previstos pela Eq. 9A.9 estão representados na Fig. 9A.6. As energias, e também a separação entre os níveis vizinhos, são proporcionais a Z^2, de modo que os níveis no He^+ ($Z = 2$) ficam quatro vezes mais espaçados (e o estado fundamental quatro vezes mais baixo em energia) do que no H ($Z = 1$). Todas as energias dadas pela Eq. 9A.9 são negativas. Referem-se a **estados ligados** do átomo, nos quais a energia do átomo é mais baixa do que a do elétron e do núcleo, estacionários, infinitamente distantes um do outro (o que corresponde ao estado de energia nula). Há também soluções da equação de Schrödinger com energias positivas. Estas soluções correspondem a **estados não ligados** do elétron, estados que correspondem ao elétron quando ele é expelido de um átomo em uma colisão de alta energia ou por um fóton de alta energia. As energias do elétron não ligado não são quantizadas e formam um contínuo de estados do átomo.

A Eq. 9A.9, que pode ser escrita como

$$E_n = -\frac{hcZ^2\tilde{R}_N}{n^2} \qquad \tilde{R}_N = \frac{\mu e^4}{32\pi^2\varepsilon_0^2\hbar^2} \qquad \text{Energias dos estados ligados} \qquad (9A.14)$$

é compatível com os resultados da espectroscopia resumidos na Eq. 9A.1, e podemos identificar a constante de Rydberg do átomo como

$$\tilde{R}_N = \frac{\mu}{m_e} \times \tilde{R}_\infty \qquad \tilde{R}_\infty = \frac{m_e e^4}{8\varepsilon_0^2 h^3 c} \qquad \text{Constante de Rydberg} \qquad (9A.15)$$

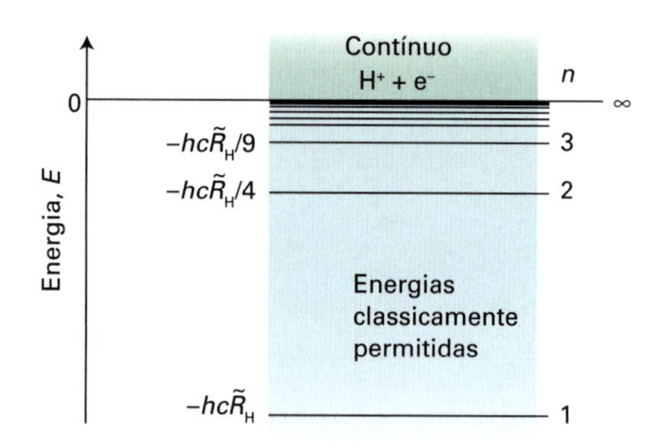

Figura 9A.6 Níveis de energia do átomo de hidrogênio. Os valores são relativos ao elétron e ao próton, estacionários, infinitamente distantes um do outro.

em que μ é a massa reduzida do átomo e $\tilde{R}_\infty$ é a **constante de Rydberg**. Substituindo os valores das constantes fundamentais nessa expressão de $\tilde{R}_H$, chega-se a um valor que concorda quase exatamente com o valor experimental para o hidrogênio. A única discrepância provém do abandono de correções relativísticas, que a equação de Schrödinger, não relativista, ignora.

Breve ilustração 9A.2 Os níveis de energia

O valor de $\tilde{R}_\infty$ é dado no verso da capa e vale 109.737 cm^{-1}. A massa reduzida do átomo de hidrogênio, com $m_p = 1{,}672 \times 10^{-27}$ kg e $m_e = 9{,}109\ 38 \times 10^{-31}$ kg, é

$$\mu = \frac{m_e m_p}{m_e + m_p} = \frac{(9{,}109\ 38\times10^{-31}\ \text{kg})\times(1{,}672\ 62\times10^{-27}\ \text{kg})}{(9{,}109\ 38\times10^{-31}\ \text{kg})+(1{,}672\ 62\times10^{-27}\ \text{kg})}$$
$$= 9{,}104\ 42\times10^{-31}\ \text{kg}$$

Segue então que

$$\tilde{R}_H = \frac{9{,}104\ 42\times10^{-31}\ \text{kg}}{9{,}109\ 38\times10^{-31}\ \text{kg}} \times 109\ 737\ \text{cm}^{-1} = 109\ 677\ \text{cm}^{-1}$$

e que o estado fundamental do elétron ($n = 1$) tem uma energia de

$$E = -hc\tilde{R}_H = -(6{,}626\ 08\times10^{-34}\ \text{J s})\times(2{,}997\ 945\times10^{10}\ \text{cm s}^{-1})$$
$$\times(109\ 677\ \text{cm}^{-1}) = -2{,}178\ 69\times10^{-18}\ \text{J}\ \ (-2{,}178\ 69\ \text{aJ})$$

Essa energia corresponde a −13,598 eV.

Exercício proposto 9A.2 Qual é o valor correspondente para o átomo de deutério? Considere $m_D = 2{,}013\ 55m_u$.

Resposta: −13,602 eV

(c) Energias de ionização

A **energia de ionização**, I, de um elemento é a energia mínima necessária para remover um elétron do estado fundamental, o estado de energia mais baixa, de um dos seus átomos em fase gasosa. Como o estado fundamental do hidrogênio é o estado com $n = 1$, cuja energia é $E_1 = -hc\tilde{R}_H$, e o átomo fica ionizado quando o elétron é excitado até o nível correspondente a $n = \infty$ (veja Fig. 9A.6), a energia que deve ser fornecida é

$$I = hc\tilde{R}_H \tag{9A.16}$$

O valor de I é 2,179 aJ (1 aJ = 10^{-18} J), o que corresponde a 13,60 eV.

Uma nota sobre a boa prática As energias de ionização são algumas vezes chamadas de *potenciais de ionização*. Isso é incorreto, mas não é incomum. Se o termo é usado genericamente, ele deve denotar a diferença de potencial através da qual um elétron tem que se mover para que a sua energia potencial mude de um valor igual à energia de ionização, e deve ser dado em volts.

Exemplo 9A.1 Medida espectroscópica da energia de ionização

O espectro do hidrogênio atômico exibe as seguintes linhas, com os números de onda em cm^{-1}: 82.259, 97.492, 102.824, 105.292, 106.632 e 107.440; todas correspondem a transições ao mesmo estado de mais baixa energia. Determine (a) a energia de ionização do estado de mais baixa energia, (b) o valor da constante de Rydberg para o hidrogênio.

Método A determinação espectroscópica das energias de ionização depende da medida do limite da série, isto é, do número de onda em que a série termina e se torna um contínuo. Se a energia do estado mais alto for $-hc\tilde{R}_H/n^2$, então, quando o átomo fizer uma transição para um estado de menor energia, $E_{menor} = -I$, haverá emissão de um fóton com o número de onda

$$\tilde{\nu} = -\frac{\tilde{R}_H}{n^2} - \frac{E_{menor}}{hc} = -\frac{\tilde{R}_H}{n^2} + \frac{I}{hc}$$

O gráfico dos números de onda contra $1/n^2$ deve ser uma reta, com o coeficiente angular $-\tilde{R}_H$ e coeficiente linear I/hc. Para ter um resultado que reflita a precisão dos dados vale a pena fazer um ajuste de mínimos quadrados, com um computador.

Resposta Os números de onda estão lançados contra $1/n^2$ na Fig. 9A.7. (a) O coeficiente linear (pelos mínimos quadrados) é 109.679 cm^{-1}, de modo que (b) a energia de ionização é

$$I = hc\tilde{R}_H = (6{,}626\,08\times10^{-34}\,\mathrm{J\,s})\times(2{,}997\,945\times10^{10}\,\mathrm{cm\,s^{-1}})$$
$$\times 109\,679\,\mathrm{cm^{-1}} = 2{,}1787\times10^{-18}\,\mathrm{J}$$

ou 2,1787 aJ, correspondendo a 1312,1 kJ mol^{-1} (o negativo do valor de E calculado na *Breve ilustração* 9A.2).

Exercício proposto 9A.3 O espectro do deutério atômico exibe linhas em 15.238, 20.571, 23.039 e 24.380 cm^{-1}, correspondentes a transições para o mesmo estado de mais baixa energia. Determine (a) a energia de ionização do estado de energia mais baixa, (b) a energia de ionização do estado fundamental, (c) a massa do dêuteron (exprimindo a constante de Rydberg em termos da massa reduzida do elétron e do dêuteron, e depois resolvendo a expressão na massa do dêuteron).

Resposta: (a) 328,1 kJ mol^{-1}, (b) 1312,4 kJ mol^{-1}, (c) $2{,}8\times10^{-27}$ kg, um resultado muito sensível a $\tilde{R}_D$

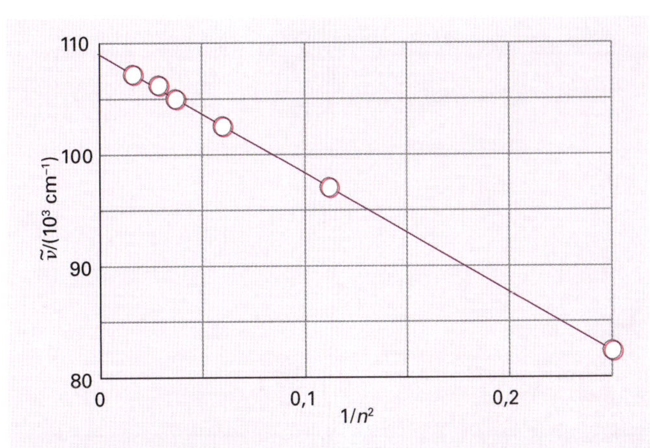

Figura 9A.7 Gráfico dos dados do Exemplo 9A.1 para a determinação da energia de ionização de um átomo (no caso, do átomo de H).

(d) Camadas e subcamadas

Todos os orbitais com o mesmo valor de n formam uma **camada** do átomo. Num átomo hidrogenoide (e somente nos átomos hidrogenoides), todos os orbitais com o mesmo n, e, portanto, pertencentes a certa camada, têm a mesma energia. É comum simbolizar as camadas sucessivas por letras:

$n =$	1	2	3	4...
	K	L	M	N...

Designação das camadas

Assim, todos os orbitais com $n = 2$ formam a camada L do átomo e assim por diante.

Os orbitais com o mesmo valor de n mas diferentes valores de l formam uma **subcamada** de determinada camada. As subcamadas também são identificadas por letras:

$l =$	0	1	2	3	4	5	6...
	s	p	d	f	g	h	i...

Designação das subcamadas

Todos os orbitais da mesma subcamada têm a mesma energia tanto nos átomos hidrogenoides quanto nos átomos polieletrônicos. As letras seguem-se em ordem alfabética (o j não é incluído porque em algumas línguas não há distinção entre i e j). A Fig. 9A.8 é uma versão da Fig. 9A.6 que mostra as subcamadas explicitamente. Como l pode variar de 0 até $n - 1$, dando n valores ao todo, há n subcamadas numa camada com o número quântico principal n. Na Fig. 9A.9 está resumida a organização dos orbitais em camadas. Em geral, o número de orbitais em uma camada de número quântico principal n é n^2, de modo que num átomo hidrogenoide cada nível de energia tem degenerescência n^2.

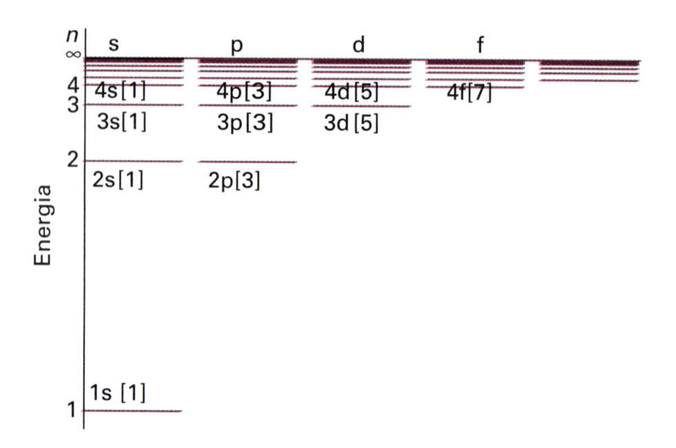

Figura 9A.8 Níveis de energia do átomo de hidrogênio mostrando as subcamadas e (entre colchetes) os números de orbitais em cada camada. Nos átomos hidrogenoides todos os orbitais de uma mesma camada têm a mesma energia.

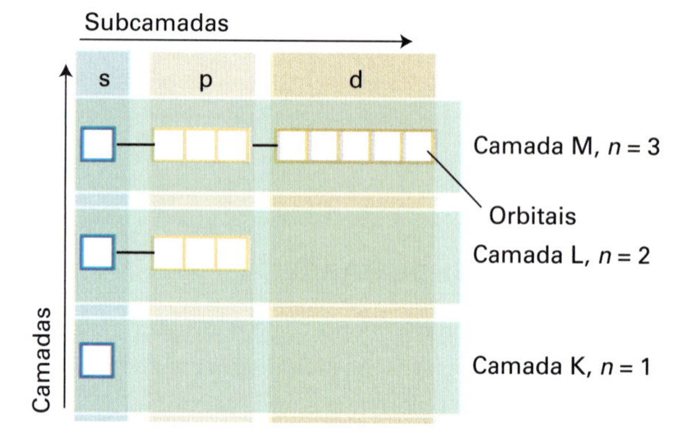

Figura 9A.9 Organização dos orbitais (quadrados brancos) em subcamadas (identificadas pelo número quântico l) e em camadas (identificadas pelo n).

Breve ilustração 9A.3 Camadas, subcamadas e orbitais

Quando $n = 1$, só há uma subcamada, a que tem $l = 0$, e esta subcamada contém um único orbital, com $m_l = 0$ (o único valor permitido de m_l). Quando $n = 2$, há quatro orbitais, um para a subcamada s, com $l = 0$ e $m_l = 0$, e três na subcamada com $l = 1$, com $m_l = +1, 0$ e -1. Quando $n = 3$ são nove os orbitais (um com $l = 0$, três com $l = 1$ e cinco com $l = 2$).

Exercício proposto 9A.4 Quantas subcamadas e orbitais existem na camada N?

Resposta: s (1), p (3), d (5) e f (7)

(e) Orbitais s

O orbital ocupado no estado fundamental é o que tem $n = 1$ (e, portanto, $l = 0$ e $m_l = 0$, os únicos valores possíveis desses números quânticos quando $n = 1$). Pela Tabela 9A.1, e com $Y_{0,0} = 1/2\pi^{1/2}$, podemos escrever (para $Z = 1$):

$$\psi = \frac{1}{(\pi a_0^3)^{1/2}} e^{-r/a_0} \qquad (9A.17)$$

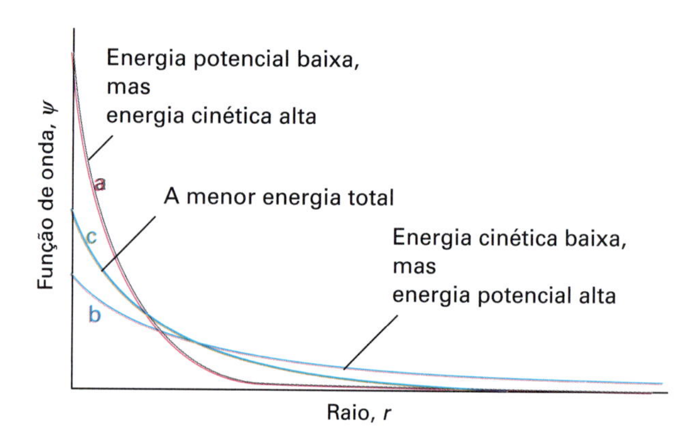

Figura 9A.10 O equilíbrio entre as energias cinética e potencial que explica a estrutura do estado fundamental dos átomos hidrogenoides. (a) O orbital fortemente curvo, porém localizado, tem energia cinética alta, mas energia potencial baixa. (b) A energia cinética média é baixa, mas a energia potencial não é muito favorável. (c) O meio-termo de energia cinética moderada e energia potencial moderadamente favorável.

Essa função de onda não depende de coordenadas angulares e tem o mesmo valor em todos os pontos para o raio constante. O orbital 1s, portanto, é "esferossimétrico". A função de onda cai exponencialmente a partir de um valor $1/(\pi a_0^3)^{1/2}$ no núcleo (em $r = 0$). Segue-se que o ponto mais provável de se encontrar o elétron é no próprio núcleo, onde tem o valor $1/\pi a_0^3 = 2{,}15 \times 10^{-6}$ pm^{-3}.

Podemos entender a forma geral da função de onda no estado fundamental pela análise das contribuições das energias potencial e cinética à energia total do átomo. Quanto mais perto do núcleo estiver o elétron, mais baixa, em média, será a sua energia potencial. Esta dependência sugere que a energia potencial mais baixa seja conseguida com uma função de onda com um máximo muito agudo, com amplitude grande no núcleo e nula nos outros pontos (Fig. 9A.10). Essa forma, porém, envolve energia cinética muito acentuada, pois a função de onda tem curvatura média muito grande. O elétron teria energia cinética baixa se a função de onda tivesse curvatura média muito baixa. Esta função de onda, porém, atinge grandes distâncias do núcleo e a energia potencial média do elétron será alta. A função de onda real do átomo no estado fundamental é um compromisso entre estes dois extremos: a função de onda atinge pontos distantes do núcleo (de modo que os valores esperados da energia potencial não são tão baixos quanto no primeiro exemplo, mas também não são muito altos) e tem uma curvatura média razoavelmente pequena (de modo que os valores esperados da energia cinética não são muito baixos, mas não tão altos quanto no primeiro exemplo).

Uma forma de mostrar a densidade de probabilidade do elétron é representar $|\psi|^2$ pela densidade de sombreamento (Fig. 9A.11). Um procedimento mais simples é o de exibir somente a **superfície de contorno**, a superfície que encerra uma alta proporção (tipicamente cerca de 90%) da probabilidade de localização do elétron. No caso do orbital 1s, a superfície de contorno é uma esfera centrada no núcleo (Fig. 9A.12).

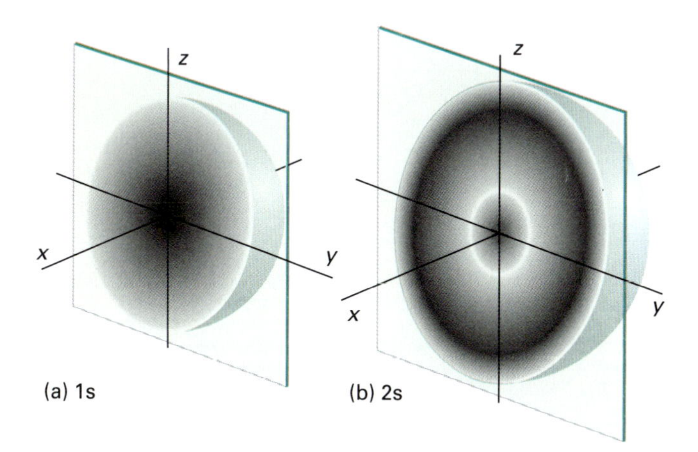

Figura 9A.11 Representação dos orbitais atômicos (a) 1s e (b) 2s dos átomos hidrogenoides em termos das densidades eletrônicas (representadas pela intensidade do sombreamento).

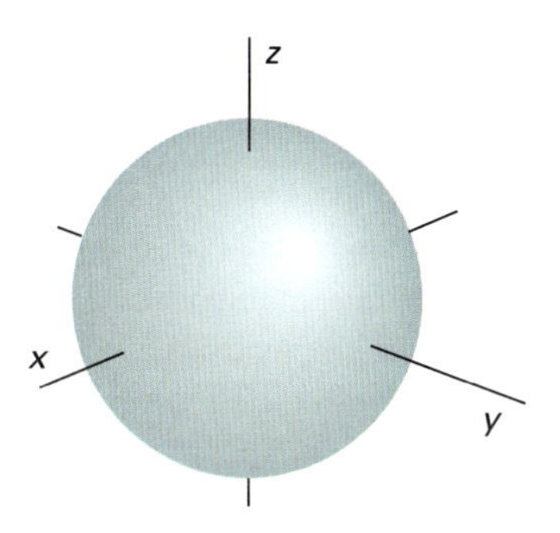

Figura 9A.12 A superfície de contorno de um orbital s, dentro da qual há 90% de probabilidade de estar o elétron. Todos os orbitais s são esferossimétricos.

Exemplo 9A.2 Cálculo do raio médio de um orbital

Com os orbitais de um átomo hidrogenoide, calcule o raio médio de um orbital 1s.

Método O raio médio é o valor esperado

$$\langle r\rangle = \int \psi^* r \psi \,\mathrm{d}\tau = \int r|\psi|^2 \,\mathrm{d}\tau$$

Precisamos então estimar a integral com as funções de onda dadas na Tabela 9A.1, sendo $\mathrm{d}\tau = r^2\, \mathrm{d}r\, \mathrm{sen}\theta\, \mathrm{d}\theta\, \mathrm{d}\phi$. As partes angulares da função de onda (Tabela 8C.1) estão normalizadas no sentido de que

$$\int_0^{\pi}\int_0^{2\pi} |Y_{l,m_l}|^2 \,\mathrm{sen}\,\theta\, \mathrm{d}\theta \mathrm{d}\phi = 1$$

A integral sobre r se encontra na *Seção de dados*.

Resposta Com a função de onda na forma $\psi = RY$, a integração (com a integral sobre as variáveis angulares igual a 1, em azul) é

$$\langle r\rangle = \int_0^{\infty}\int_0^{\pi}\int_0^{2\pi} rR_{n,l}^2 |Y_{l,m_l}|^2 r^2 \mathrm{d}r\, \mathrm{sen}\,\theta\, \mathrm{d}\theta \mathrm{d}\phi = \int_0^{\infty} r^3 R_{n,l}^2 \mathrm{d}r$$

Para o orbital 1s,

$$R_{1,0} = 2\left(\frac{Z}{a_0}\right)^{3/2} \mathrm{e}^{-Zr/a_0}$$

Então

$$\langle r\rangle = \frac{4Z^3}{a_0^3}\int_0^{\infty} r^3 \mathrm{e}^{-2Zr/a_0}\mathrm{d}r \overset{\text{Integral E.1}}{=} \frac{4Z^3}{a_0^3} \times \frac{3!}{(2Z/a_0)^4} = \frac{3a_0}{2Z}$$

Exercício proposto 9A.5 Estime o raio médio de um orbital 3s por integração.

Resposta: $27a_0/2Z$

Todos os orbitais s são esferossimétricos, mas diferem no número de nós radiais. Por exemplo, os orbitais 1s, 2s e 3s têm 0, 1 e 2 nós radiais, respectivamente. Em geral, um orbital ns tem $n - 1$ nós radiais. À medida que n cresce, o raio da superfície de contorno esférica que contém certa fração da probabilidade também cresce.

Breve ilustração 9A.4 A localização dos nós radiais

Os nós radiais de um orbital 2s estão em posições onde o fator polinomial de Legendre (Tabela 9A.1) é igual a zero. Neste caso, o fator é simplesmente $2 - \rho$, logo há um nó em $\rho = 2$. Para um orbital 2s, $\rho = Zr/a_0$, então o nó radial ocorre em $r = 2a_0/Z$ (veja a Fig. 9A.5).

Exercício proposto 9A.6 Localize os dois nós de um orbital 3s.

Resposta: $1{,}90a_0/Z$ e $7{,}10a_0/Z$

(f) Funções de distribuição radiais

A função de onda nos dá, pelo valor de $|\psi|^2$, a probabilidade de encontrar o elétron em qualquer região do espaço. Como já foi mencionado, $|\psi|^2$ é uma *densidade* de probabilidade (dimensões: 1/volume), e pode ser interpretada como uma probabilidade (adimensional) quando multiplicada pelo volume (infinitesimal) de interesse. Imaginemos uma ponta de prova, sensível aos elétrons, com um volume fixo $\mathrm{d}\tau$, que se desloque nas vizinhanças do núcleo de um átomo de hidrogênio. Uma vez que a densidade de probabilidade no estado fundamental do átomo é proporcional a e^{-2Zr/a_0}, a leitura do instrumento de detecção diminuirá exponencialmente quando a ponta de prova se afastar radialmente do núcleo, mas será constante quando a ponta de prova descrever um círculo em torno do núcleo (Fig. 9A.13).

Vejamos agora a probabilidade de se encontrar o elétron *em um ponto qualquer* entre as duas paredes de uma casca esférica,

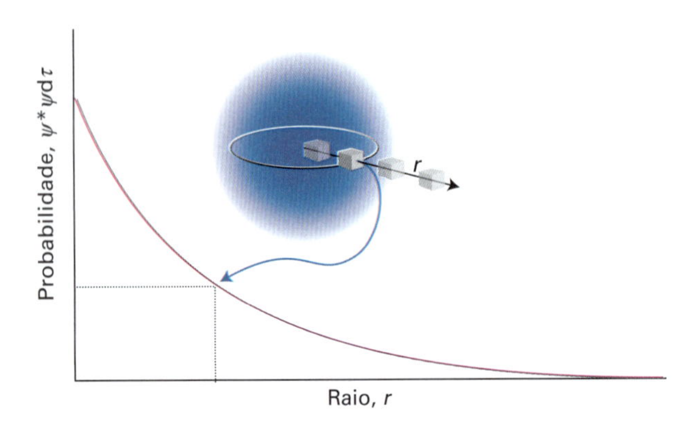

Figura 9A.13 Detector de volume constante sensível aos elétrons (o cubo pequeno). A maior leitura aparece junto ao núcleo, e menores leituras a distâncias maiores. A mesma leitura é obtida em qualquer ponto de um círculo centrado no núcleo, com raio constante. O orbital s é esferossimétrico.

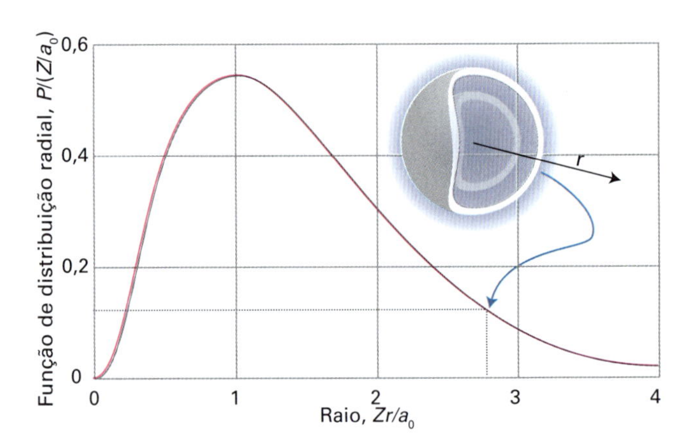

Figura 9A.14 A função de distribuição radial *P* dá a densidade de probabilidade de o elétron estar no interior de uma casca esférica de raio *r*. A probabilidade é $P(r)dr$, em que d*r* é a espessura da casca. Para o elétron 1s de um átomo de hidrogênio, *P* é máxima quando *r* é igual ao raio de Bohr, a_0. O valor de $P(r)dr$ seria equivalente a uma leitura de um detector que tivesse a forma da casca esférica centrada no núcleo com o raio variável.

de espessura d*r*, a uma distância *r* do núcleo. O volume sensível da ponta de prova é o volume da casca (Fig. 9A.14), que é $4\pi r^2 dr$ (o produto de sua área, $4\pi r^2$, e da espessura da casca, d*r*). Observe que o volume a ser investigado aumenta com a distância a partir do núcleo, e é zero no próprio núcleo quando $r = 0$. A probabilidade de o elétron estar entre as superfícies interna e externa da casca é a densidade de probabilidade na distância *r* multiplicada pelo volume da casca, ou $|\psi|^2 \times 4\pi r^2 dr$. Esta expressão tem a forma $P(r)$ d*r*, em que se tem

$$P(r)=4\pi r^2|\psi|^2 \quad (9A.18a)$$

A expressão mais geral, que também se aplica a orbitais que não têm simetria esférica, é

$$P(r)=r^2R(r)^2 \quad \text{Função de distribuição radial} \quad (9A.18b)$$

em que $R(r)$ é a função de onda radial do orbital considerado.

Justificativa 9A.3 Forma geral da função de distribuição radial

A probabilidade de encontrar um elétron em um elemento de volume $d\tau$ quando sua função de onda é $\psi = RY$ é $|RY|^2 d\tau$, com $d\tau = r^2 dr\,\text{sen}\theta\, d\theta\, d\phi$. A probabilidade total de encontrar o elétron em um ângulo qualquer a um raio constante é a integral desta probabilidade sobre a superfície de uma esfera de raio *r*, e se escreve como $P(r)dr$; assim,

$$P(r)dr=\int_0^{\pi}\int_0^{2\pi} R(r)^2|Y_{l,m_l}|^2 r^2 dr\,\text{sen}\theta\, d\theta d\phi = r^2R(r)^2$$

A última equação surge do fato de que os harmônicos esféricos são funções normalizadas (a integração em azul, como no *Exemplo* 9A.1).

A **função de distribuição radial**, $P(r)$, é uma densidade de probabilidade no sentido de que, multiplicada por d*r*, dá a probabilidade de se encontrar o elétron entre duas paredes de uma casca esférica de espessura d*r* à distância *r* do núcleo. No caso de um orbital 1s,

$$P(r)=\frac{4Z^3}{a_0^3}r^2e^{-2Zr/a_0} \quad (9A.19)$$

Vamos interpretar essa expressão:

Interpretação física

- Como $r^2 = 0$ no núcleo, no núcleo $P(0) = 0$. O volume da casca de prova é zero quando $r = 0$.
- Quando $r \to \infty$, $P(r) \to 0$ por causa do termo exponencial. A função de onda tende a zero a grandes distâncias do núcleo.
- O aumento de r^2 e a diminuição do fator exponencial significam que *P* passa por um máximo em um certo raio finito (veja Fig. 9A.14).

O máximo de $P(r)$, que se encontra facilmente fazendo-se a derivada, assinala o raio mais provável de se encontrar o elétron. Para o orbital 1s do átomo de hidrogênio, este raio é $r = a_0$, o raio de Bohr. Repetindo o cálculo da função de distribuição radial para o orbital 2s do hidrogênio, encontramos que o raio mais provável é $5{,}2a_0 = 275$ pm. Esse maior valor reflete a expansão do átomo à medida que a sua energia aumenta.

Exemplo 9A.3 Cálculo do raio mais provável

Calcule o raio mais provável, r^*, onde se encontrará o elétron que ocupa um orbital 1s de um átomo hidrogenoide com o número atômico Z, e tabule os valores para todas as espécies monoeletrônicas entre H e Ne^{9+}.

Método Obtemos o valor do raio que corresponde ao máximo da função de distribuição radial do orbital 1s do átomo hidrogenoide pela solução da equação $dP/dr = 0$. Se existem vários máximos, então escolhemos aquele que corresponde à maior amplitude.

Resposta A função de distribuição radial é dada pela Eq. 9A.19a. Vem então que

$$\frac{dP}{dr}=\frac{4Z^3}{a_0^3}\left(2r-\frac{2Zr^2}{a_0}\right)e^{-2Zr/a_0}$$

Essa função é zero onde o termo entre parênteses é zero (em outra posição diferente de $r = 0$), que é em

$$r^*=\frac{a_0}{Z}$$

Assim, com $a_0 = 52{,}9$ pm, o raio mais provável se localiza em

	H	He^+	Li^{2+}	Be^{3+}	B^{4+}	C^{5+}	N^{6+}	O^{7+}	F^{8+}	Ne^{9+}
r^*/pm	52,9	26,5	17,6	13,2	10,6	8,82	7,56	6,61	5,88	5,29

Observe como o orbital 1s é atraído para o núcleo à medida que a carga nuclear aumenta. No urânio, o raio mais provável é apenas 0,58 pm, cerca de 100 vezes menor que o do hidrogênio. (Em escala, $r^* = 10$ cm para o H, $r^* = 1$ mm para o U.) Precisamos ter cuidado ao estender esses resultados a átomos muito pesados, pois os efeitos relativísticos são importantes e tornam o cálculo complicado.

Exercício proposto 9A.7 Determine a distância mais provável de um elétron 2s em relação ao núcleo de um átomo hidrogenoide.

Resposta: $(3 + 5^{1/2})a_0/Z = 5{,}24a_0/Z$

(g) Orbitais p

Os três orbitais 2p distinguem-se pelos três valores diferentes de m_l quando $l = 1$. Como o número quântico m_l nos dá o momento angular em relação a um eixo arbitrário, esses valores diferentes de m_l identificam orbitais nos quais o elétron tem momentos angulares diferentes em relação a um eixo z arbitrário, mas tem o mesmo módulo do momento angular (pois l é comum aos três orbitais). O orbital com $m_l = 0$, por exemplo, tem momento angular nulo em relação ao eixo dos z. Sua variação angular é dada pelo harmônico esférico $Y_{1,0}$, que é proporcional a cos θ (veja a Tabela 8C.1), de modo que a densidade de probabilidade, que é proporcional a $\cos^2\theta$, tem pontos de máximo de um e outro lado do núcleo, sobre o eixo dos z (em $\theta = 0$ e $\theta = 180°$). A função de onda de um orbital 2p com $m_l = 0$ é

$$\psi_{2,1,0}=R_{2,1}(r)Y_{1,0}(\theta,\phi)=\frac{1}{4(2\pi)^{1/2}}\left(\frac{Z}{a_0}\right)^{5/2} r\cos\theta\, e^{-Zr/2a_0}$$
$$=r\cos\theta\, f(r) \qquad (9A.20a)$$

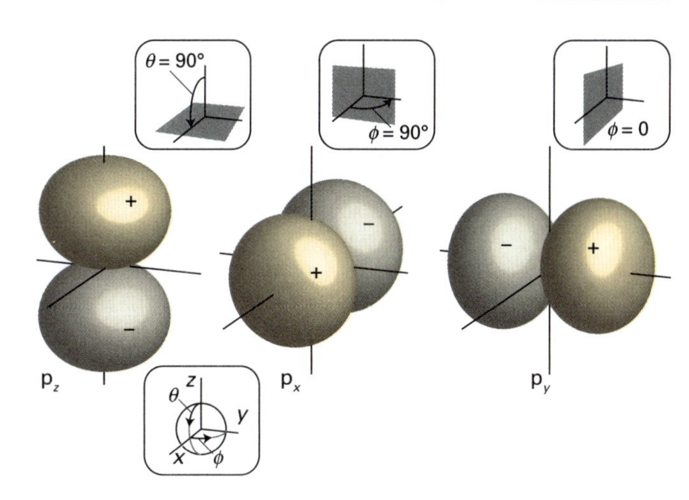

Figura 9A.15 Superfícies de contorno dos orbitais 2p. Um plano nodal passa pelo núcleo e divide qualquer dos orbitais em dois lobos. As regiões escuras e claras representam regiões onde as funções de onda têm sinais contrários. Os ângulos do sistema de coordenadas polares esféricas são também mostrados. Todos os orbitais p têm superfícies de contorno semelhantes às mostradas nesta figura.

em que $f(r)$ é função exclusiva de r. Como nas coordenadas esféricas $z = r\cos\theta$, esta função de onda também se escreve

$$\psi_{2,1,0}=zf(r) \qquad (9A.20b)$$

Todos os orbitais p com $m_l = 0$ têm funções de onda com essa forma, mas $f(r)$ depende do valor de n. Essa maneira de se representar o orbital é a origem da denominação "orbital p_z": sua superfície de contorno é vista na Fig. 9A.15. A função de onda é nula em qualquer ponto do plano xy, em que $z = 0$, de modo que o plano xy é um **plano nodal** do orbital: a função de onda troca de sinal ao passar de um para o outro lado do plano.

As funções de onda dos orbitais 2p com $m_l = \pm1$ têm a seguinte forma:

$$\psi_{2,1,\pm1}=R_{2,1}(r)Y_{1,\pm1}(\theta,\phi)$$
$$=\mp\frac{1}{8\pi^{1/2}}\left(\frac{Z}{a_0}\right)^{5/2} r\,\mathrm{sen}\,\theta\, e^{\pm i\phi}\, e^{-Zr/2a_0} \qquad (9A.21)$$
$$=\mp\frac{1}{2^{1/2}}r\,\mathrm{sen}\,\theta\, e^{\pm i\phi} f(r)$$

Vimos na Seção 8A que uma partícula se movendo pode ser descrita por uma função de onda complexa. Neste caso, as funções correspondem a momentos angulares diferentes de zero em relação ao eixo dos z: $e^{+i\phi}$ corresponde a uma rotação horária, vista de baixo para cima, e $e^{-i\phi}$ corresponde a uma rotação anti-horária (vista da mesma forma). As funções têm amplitude zero em $\theta = 0$ e em $\theta = 180°$ (sobre o eixo dos z) e amplitude máxima a 90°, que se encontra no plano xy. Para traçar as funções, é comum representá-las como ondas estacionárias. Para fazer isso, usamos combinações lineares reais

$$\psi_{2p_x}=\frac{1}{2^{1/2}}(\psi_{2,1,+1}-\psi_{2,1,-1})=r\,\text{sen}\,\theta\cos\phi f(r)=xf(r)$$
$$\psi_{2p_y}=\frac{i}{2^{1/2}}(\psi_{2,1,+1}+\psi_{2,1,-1})=r\,\text{sen}\theta\,\text{sen}\,\phi\, f(r)=yf(r) \qquad (9A.22)$$

(Veja a *Justificativa* 9A.4.) Essas combinações lineares são ondas estacionárias sem momento angular líquido em relação ao eixo dos z, pois são constituídas por funções com valores iguais, porém opostos, de m_l. O orbital p_x tem a mesma forma que o orbital p_z, mas está orientado sobre o eixo dos x (veja Fig. 9A.15). O orbital p_y é semelhante, orientado sobre o eixo dos y. A função de onda de qualquer orbital p em uma certa camada pode ser escrita como o produto de x, y ou z e uma mesma função radial (que depende do valor de n).

Justificativa 9A.4 A combinação linear de funções de onda degeneradas

Justificamos aqui a etapa da tomada de combinações lineares de orbitais degenerados quando queremos indicar um determinado ponto. A base do procedimento é a consideração de que qualquer combinação linear de duas ou mais funções de onda correspondentes à mesma energia é uma solução igualmente válida da equação de Schrödinger, como vamos mostrar a seguir.

Imaginemos que ψ_1 e ψ_2 sejam soluções da equação de Schrödinger com a energia E; então sabemos que $\hat{H}\psi_1=E\psi_1$ e $\hat{H}\psi_2=E\psi_2$. Consideremos agora a combinação linear em que $\psi=c_1\psi_1+c_2\psi_2$ e c_1 e c_2 são constantes arbitrárias. Vem então que

$$\hat{H}\psi=\hat{H}(c_1\psi_1+c_2\psi_2)=c_1\hat{H}\psi_1+c_2\hat{H}\psi_2=c_1E\psi_1+c_2E\psi_2=E\psi$$

Portanto, a combinação linear também é solução correspondente à mesma energia E.

(h) Orbitais d

Quando n = 3, o número quântico l pode ser 0, 1 ou 2. A camada então é constituída por um orbital 3s, três orbitais 3p e cinco orbitais 3d. Cada um dos valores do número quântico m_l = +2, +1, 0, −1 e −2, corresponde a um valor diferente do momento angular em relação ao eixo dos z. Como no caso dos orbitais p, os orbitais d com valores opostos de m_l (e, portanto, com sentidos opostos de movimento em torno do eixo dos z) podem ser combinados aos pares para darem ondas estacionárias reais. As superfícies de contorno das formas resultantes aparecem na Fig. 9A.16. As combinações lineares reais têm as seguintes formas, em que a função f depende do valor de n:

$$\psi_{d_{xy}}=xyf(r) \quad \psi_{d_{yz}}=yzf(r) \quad \psi_{d_{zx}}=zxf(r)$$
$$\psi_{d_{x^2-y^2}}=\tfrac{1}{2}(x^2-y^2)f(r) \quad \psi_{d_{z^2}}=\frac{3^{1/2}}{2}(3z^2-r^2)f(r) \qquad (9A.23)$$

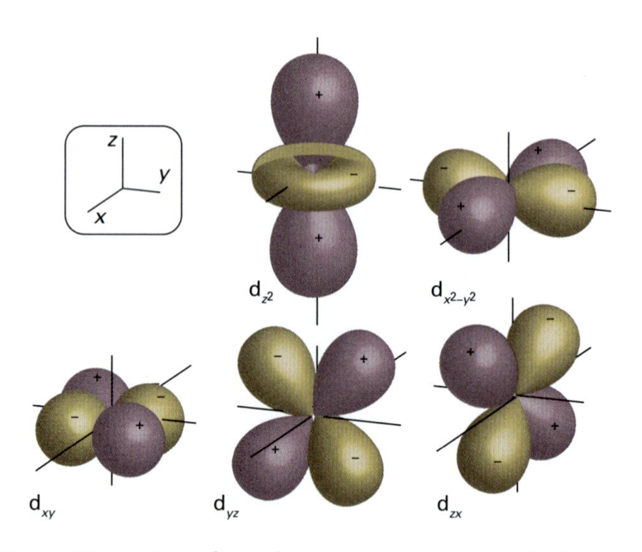

Figura 9A.16 Superfícies de contorno dos orbitais 3d. Os dois planos nodais de cada orbital passam pelo núcleo e separam os lobos correspondentes. As regiões claras e escuras representam regiões onde as funções de onda têm sinais contrários. Todos os orbitais d têm superfícies de contorno semelhantes às que são mostradas nesta figura.

Conceitos importantes

- ☐ 1. O **princípio da combinação de Ritz** afirma que o número de onda de qualquer linha espectral é a diferença entre dois termos.
- ☐ 2. A equação de Schrödinger para átomos hidrogenoides é separável em duas equações: as soluções de uma dão a variação angular da função de onda e a solução da outra dá a dependência radial.
- ☐ 3. Próximo ao núcleo, a função de onda radial é proporcional a r^l; afastadas do núcleo, todas as funções de onda se aproximam exponencialmente de zero.
- ☐ 4. Um **orbital atômico** é uma função de onda de um elétron para o elétron em um átomo.
- ☐ 5. Os orbitais atômicos são especificados pelos números quânticos n, l e m_l.
- ☐ 6. As energias dos estados ligados de átomos hidrogenoides são proporcionais a Z^2/n^2.
- ☐ 7. A **energia de ionização** de um elemento é a energia mínima necessária para remover um elétron do estado fundamental de um de seus átomos.

☐ 8. Orbitais com um dado valor de n formam uma **camada** de um átomo, e, dentro dessa camada, orbitais com mesmo valor de l formam uma **subcamada**.

☐ 9. Todos os orbitais de uma mesma camada têm a mesma energia em átomos hidrogenoides; orbitais de uma mesma subcamada de uma camada são degenerados em todos os tipos de átomos.

☐ 10. Os **orbitais s** são esferossimétricos é têm densidade de probabilidade não nula no núcleo.

☐ 11. A **função de distribuição radial** é a densidade de probabilidade para a distribuição do elétron em função da distância em relação ao núcleo.

☐ 12. Há três **orbitais p** em uma dada subcamada; cada um tem um nó angular.

☐ 13. Há cinco **orbitais d** em uma dada subcamada; cada um tem dois nós angulares.

Equações importantes

Propriedade	Equação	Comentário	Número da equação
Números de onda das linhas espectrais do átomo de hidrogênio	$\tilde{\nu}=\tilde{R}_H(1/n_1^2-1/n_2^2)$	$\tilde{R}_H$ é a constante de Rydberg para o hidrogênio (expressa como um número de onda)	9A.1
Funções de onda dos átomos hidrogenoides	$\psi(r,\theta,\phi)=R(r)Y(\theta,\phi)$	Y são harmônicos esféricos	9A.7
Raio de Bohr	$a_0=4\pi\varepsilon_0\hbar^2/m_e e^2$	$a_0=52{,}9$ pm; o raio mais provável de um elétron 1s no hidrogênio	9A.11
Constante de Rydberg para um átomo N	$\tilde{R}_N=\mu e^4/32\pi^2\varepsilon_0^2\hbar^2$	$\tilde{R}_N\approx\tilde{R}_\infty$, a constante de Rydberg; $\mu=m_e m_N/(m_e+m_N)$	9A.14
Energias de átomos hidrogenoides	$E_n=-hcZ^2\tilde{R}_N/n^2$	$\tilde{R}_N$ é a constante de Rydberg para o átomo N	9A.14
Função de distribuição radial	$P(r)=r^2R(r)^2$	$P(r)=4\pi r^2\psi^2$ para orbitais s	9A.18b

9B Átomos polieletrônicos

Tópicos

➤ Por que você precisa saber este assunto?

Os átomos polieletrônicos são os blocos construtores de todos os compostos; para entender suas propriedades, incluindo sua capacidade de participar de ligações químicas, é essencial entender sua estrutura eletrônica. Além disso, um conhecimento dessa estrutura explica a estrutura da tabela periódica e tudo que ela encerra.

➤ Qual é a ideia fundamental?

Os elétrons ocupam o orbital de mais baixo nível de energia disponível sujeito aos requisitos do princípio da exclusão de Pauli.

➤ O que você já deve saber?

Esta seção é construída com base na estrutura dos átomos hidrogenoides (Seção 9A), em especial na sua estrutura de camadas. Na discussão das energias de ionização e afinidades ao elétron, são utilizadas as propriedades da entalpia padrão de reação (Seção 2C).

A equação de Schrödinger dos átomos polieletrônicos é muito complicada, pois todos os elétrons interagem uns com os outros. Uma consequência importante dessas interações é que os orbitais com o mesmo valor de n, mas diferentes valores de l, não são mais degenerados em um átomo polieletrônico. Mesmo no caso de um átomo de hélio, com apenas dois elétrons, não se pode chegar à expressão analítica dos orbitais e das energias, e é indispensável lançar mão de aproximações. Adotaremos uma abordagem simples com base no que já sabemos sobre a estrutura dos átomos hidrogenoides (Seção 9A). Na seção final veremos o tipo de cálculo numérico que se usa para chegar a valores acurados das funções de onda e respectivas energias.

9B.1 A aproximação orbital

A função de onda de um átomo polieletrônico é função muito complicada das coordenadas de todos os elétrons, e podemos exprimi-la por $\Psi(\boldsymbol{r}_1, \boldsymbol{r}_2, \ldots)$, em que $\boldsymbol{r}_i$ é o vetor do núcleo ao elétron i (o Ψ maiúsculo geralmente representa uma função polieletrônica) com a origem no núcleo. Entretanto, na **aproximação orbital**, imaginamos que uma primeira aproximação razoável para essa função de onda exata é obtida quando se admite que cada elétron ocupa seu "próprio" orbital, e se escreve então

$$\Psi(\boldsymbol{r}_1,\boldsymbol{r}_2,\ldots)=\psi(\boldsymbol{r}_1)\psi(\boldsymbol{r}_2)\ldots \qquad \text{Aproximação orbital} \qquad (9B.1)$$

Podemos imaginar que os orbitais individuais sejam parecidos com os orbitais dos átomos hidrogenoides, porém com as cargas nucleares modificadas pela presença de todos os outros elétrons do átomo. Esta descrição é apenas aproximada, como revela a *Justificativa* a seguir, mas proporciona um modelo útil para a apreciação das propriedades químicas dos átomos e é o ponto de partida de modelos mais aperfeiçoados da estrutura atômica.

Justificativa 9B.1 A aproximação orbital

A aproximação orbital seria exata se não houvesse interações entre os elétrons. Para demonstrar a validade desta afirmação, basta analisar um sistema cujo hamiltoniano para a energia seja a soma de duas contribuições, uma pertinente a um elétron 1 e outra a outro elétron 2: $\hat{H}=\hat{H}_1+\hat{H}_2$. Nos átomos reais (como o de hélio) há um termo adicional (proporcional a $1/r_{12}$) correspondente à interação dos dois elétrons;

$$\hat{H}=\overbrace{-\frac{\hbar^2}{2m_e}\nabla_1^2-\frac{2e^2}{4\pi\varepsilon_0 r_1}}^{\hat{H}_1}\overbrace{-\frac{\hbar^2}{2m_e}\nabla_2^2-\frac{2e^2}{4\pi\varepsilon_0 r_2}}^{\hat{H}_2}+\frac{e^2}{4\pi\varepsilon_0 r_{12}}$$

mas estamos ignorando esse termo. Mostraremos agora que se $\psi(\boldsymbol{r}_1)$ for uma autofunção de $\hat{H}_1$, com a energia E_1, e se $\psi(\boldsymbol{r}_2)$ for uma autofunção de $\hat{H}_2$, com a energia E_2, então o produto $\Psi(\boldsymbol{r}_1,\boldsymbol{r}_2) = \psi(\boldsymbol{r}_1)\psi(\boldsymbol{r}_2)$ é uma autofunção do hamiltoniano $\hat{H}$. Para isso basta escrever

$$\begin{aligned}\hat{H}\Psi(r_1,r_2)&=(\hat{H}_1+\hat{H}_2)\psi(r_1)\psi(r_2)=\hat{H}_1\psi(r_1)\psi(r_2)+\psi(r_1)\hat{H}_2\psi(r_2)\\&=E_1\psi(r_1)\psi(r_2)+\psi(r_1)E_2\psi(r_2)=(E_1+E_2)\psi(r_1)\psi(r_2)\\&=E\Psi(r_1,r_2)\end{aligned}$$

em que $E = E_1 + E_2$. Este é o resultado que queríamos demonstrar. Se os elétrons interagem uns com os outros (como na realidade o fazem) a prova não é válida.

(a) O átomo de hélio

A aproximação orbital nos permite exprimir a estrutura de um átomo pela sua **configuração**, isto é, pela listagem dos orbitais ocupados (geralmente, mas não necessariamente, no estado fundamental). Assim, como o estado fundamental de um átomo hidrogenoide tem o único elétron no orbital 1s, a sua configuração é $1s^1$ (lê-se "um esse um").

O átomo de He tem dois elétrons. Podemos imaginar que se forme o átomo pela adição sucessiva dos elétrons nos orbitais do núcleo exposto (com a carga $2e$). O primeiro elétron ocupa um orbital hidrogenoide 1s, porém mais compacto do que no H, pois a carga agora corresponde a $Z = 2$. O segundo elétron junta-se ao primeiro no orbital 1s, e a configuração eletrônica do estado fundamental do He é $1s^2$.

Breve ilustração 9B.1 Funções de onda do hélio

Segundo a aproximação orbital, cada elétron ocupa um orbital hidrogenoide 1s do tipo dado na Seção 9A. Se imaginarmos (veja a seguir) que os elétrons sentem uma carga nuclear efetiva $Z_{ef}e$ em vez de sua carga real Ze (especificamente, como veremos, 1,69e em lugar de $2e$), então a função de onda dos dois elétrons do átomo é

$$\begin{aligned}\Psi(r_1,r_2)&=\overbrace{\frac{Z_{ef}^{3/2}}{(\pi a_0^3)^{1/2}}e^{-Z_{ef}r_1/a_0}}^{\psi_{1s}(r_1)}\times\overbrace{\frac{Z_{ef}^{3/2}}{(\pi a_0^3)^{1/2}}e^{-Z_{ef}r_2/a_0}}^{\psi_{1s}(r_2)}\\&=\frac{Z_{ef}^3}{\pi a_0^3}e^{-Z_{ef}(r_1+r_2)/a_0}\end{aligned}$$

Como pode ser visto, não há nada particularmente misterioso sobre a função de dois elétrons: neste caso, ela é uma simples função exponencial das distâncias dos dois elétrons ao núcleo.

Exercício proposto 9B.1 Construa a função de onda para um estado excitado do átomo de He com configuração $1s^12s^1$. Use $Z_{ef} = 2$ para o elétron 1s e $Z_{ef} = 1$ para o elétron 2s. O porque desses valores ficará claro dentro em breve.

Resposta: $\Psi(r_1,r_2)=(1/2\pi a_0^3)(2-r_2/a_0)e^{-(2r_1+r_2/2)/a_0}$

Ficamos tentados a supor que as configurações eletrônicas dos átomos de elementos sucessivos com números atômicos $Z = 3, 4, \ldots$, e portanto com Z elétrons, seja simplesmente $1s^Z$. No entanto, esse não é o caso. A razão está em dois aspectos da natureza: os elétrons têm "spin" e devem obedecer ao "princípio de Pauli", que é fundamental.

(b) Spin

A propriedade quântica do spin do elétron, um momento angular intrínseco que o elétron possui, foi identificada pelo experimento realizado em 1921 por Otto Stern e Walther Gerlach, que lançaram um feixe de átomos de prata através de um campo magnético não homogêneo, como foi explicado na Seção 8C. Stern e Gerlach observaram duas bandas de átomos de Ag nas suas experiências. Esta observação parece contradizer uma das predições da mecânica quântica, pois, uma vez que o momento angular l dá origem a $2l + 1$ orientações, só se podem ter duas orientações se $l=\frac{1}{2}$, contrariando a exigência de l ser um inteiro. O conflito foi resolvido pela sugestão de que o momento angular que estavam observando não era devido ao momento angular orbital (o do movimento do elétron em torno do núcleo), mas sim ao movimento do elétron em torno do seu próprio eixo. Esse momento angular intrínseco do elétron, ou o "spin", também surgiu quando Dirac combinou a mecânica quântica com a teoria da relatividade especial, estabelecendo então a teoria da mecânica quântica relativística.

A rotação de um elétron em torno de seu eixo (o spin do elétron) não cumpre as mesmas condições de contorno que se impõem sobre uma partícula que gira em torno de um ponto central, e por isso o número quântico do momento angular de spin está sujeito a diferentes restrições. Para distinguir o momento angular de spin do momento angular orbital usamos o **número quântico do spin** s (em lugar de l da Seção 9A; como l, o número quântico s é um número não negativo) e m_s, o **número quântico magnético do spin**, para a projeção sobre o eixo dos z. O módulo do momento angular de spin é $\{s(s + 1)\}^{1/2}\hbar$ e a componente $m_s\hbar$ está restrita aos $2s + 1$ valores $m_s = s, s - 1, \cdots, -s$. Para explicar as observações de Stern e Gerlach, $s=\frac{1}{2}$ e $m_s=\pm\frac{1}{2}$.

Uma nota sobre a boa prática Você encontrará às vezes o número quântico s usado no lugar de m_s, e escrito como $s=\pm\frac{1}{2}$. Isso está errado: tal como l, s nunca é negativo e indica o módulo do momento angular de spin. Para a componente z, use m_s.

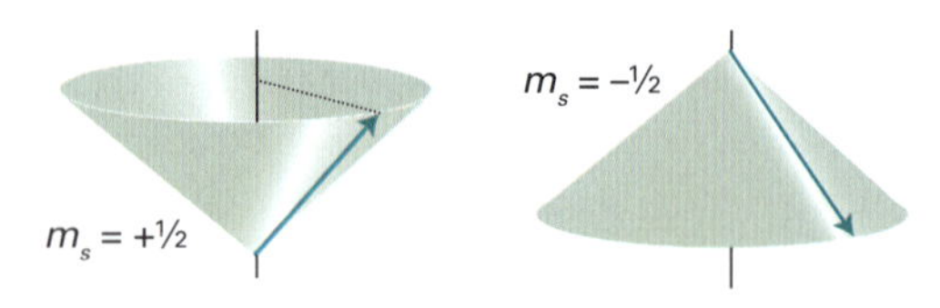

Figura 9B.1 Representação vetorial do spin do elétron. O comprimento da geratriz do cone é $3^{1/2}/2$ unidades e suas projeções são de $\pm\frac{1}{2}$ unidades.

A análise detalhada do spin de uma partícula é complicada e mostra que não se deve imaginá-lo como se fosse um verdadeiro movimento de rotação. É preferível considerar o "spin" uma propriedade intrínseca semelhante à massa e à carga: todo elétron tem exatamente o mesmo valor desse momento angular, e o módulo do spin não pode ser mudado. Entretanto, a imagem de um movimento de rotação tem a sua utilidade quando usada com bastante cuidado. No modelo vetorial do momento angular (Seção 8C), o spin pode ter duas diferentes orientações (Fig. 9B.1). Uma delas corresponde a $m_s = +\frac{1}{2}$ (simbolizada por α ou por ↑), e a outra corresponde a $m_s = -\frac{1}{2}$ (simbolizada por β ou por ↓).

Outras partículas elementares têm spins característicos. Por exemplo, os prótons e os nêutrons são partículas com spin $\frac{1}{2}$ (isto é, $s = \frac{1}{2}$) e o momento angular de spin é, invariavelmente, o mesmo. Como as massas de um próton ou de um nêutron são muito maiores do que a massa de um elétron, e como as três partículas têm o mesmo momento angular de spin, a imagem clássica que se teria é a de as duas partículas maiores girando muito mais lentamente que o elétron. Alguns mésons são partículas com spin 1 (isto é, $s = 1$), assim como também certos núcleos atômicos. Para os nossos propósitos, porém, a partícula mais importante com spin 1 é o fóton. A importância do spin do fóton em espectroscopia é explicada na Seção 12A; o spin do próton é a base da Seção 14A (ressonância magnética).

Breve ilustração 9B.2 Spin

O módulo do momento angular de spin, como o de qualquer momento angular, é $\{s(s+1)\}^{1/2}\hbar$. Para qualquer partícula com spin $\frac{1}{2}$, não só o elétron, esse momento angular é $(\frac{3}{4})^{1/2}\hbar = 0{,}866\hbar$, ou $9{,}13 \times 10^{-35}$ J s. O componente sobre o eixo z é $m_s\hbar$, que, para uma partícula com spin $\frac{1}{2}$, é $\pm\frac{1}{2}\hbar$, ou $\pm 5{,}27 \times 10^{-35}$ J s.

Exercício proposto 9B.2 Determine o momento angular de spin do fóton.

Resposta: $2^{1/2}\hbar = 1{,}49 \times 10^{-34}$ J s

As partículas com spin fracionário são denominadas **férmions**, e as que têm spin inteiro (inclusive 0) são denominadas **bósons**. Assim, elétrons e prótons são férmions e fótons são bósons. É característica muito profunda da natureza a de que todas as partículas elementares que constituem a matéria sejam férmions, enquanto as partículas responsáveis pelas forças que unem os férmions sejam bósons. Os fótons, por exemplo, transmitem a força eletromagnética que une as partículas eletricamente carregadas. A matéria, portanto, é um conjunto de férmions que são mantidos juntos pelas forças transmitidas pelos bósons.

(c) O princípio de Pauli

Com o conceito do spin estabelecido, podemos prosseguir em nossa discussão sobre a estrutura eletrônica dos átomos. O lítio, com $Z = 3$, tem três elétrons. Os dois primeiros ocupam um orbital 1s, que está mais compactamente aglomerado do que no He em torno do núcleo de carga mais elevada. O terceiro elétron, porém, não se junta aos primeiros dois nesse orbital 1s, pois a configuração resultante é proibida pelo **princípio da exclusão de Pauli**:

> Um orbital não pode ser ocupado por mais de dois elétrons, e, no caso de haver dois elétrons, os spins destes elétrons têm que estar emparelhados.

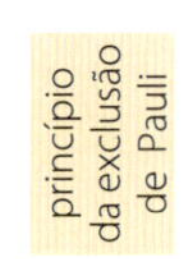

Elétrons com spins emparelhados, simbolizados por ↑↓, têm o momento angular de spin resultante igual a zero, pois o spin de um dos elétrons cancela o do outro. Se um elétron tiver $m_s = +\frac{1}{2}$, o outro terá $m_s = -\frac{1}{2}$, e, no modelo vetorial, os dois estão orientados sobre os respectivos cones de modo que o spin resultante seja sempre nulo (Fig. 9B.2). O principio da exclusão é a chave da estrutura dos átomos complexos, da periodicidade química e da estrutura molecular. Foi sugerido por Wolfgang Pauli, em 1924, ao tentar explicar a ausência de certas linhas no espectro do hélio. Depois, Pauli deduziu uma forma muito geral do princípio a partir de considerações teóricas.

O princípio da exclusão de Pauli aplica-se, na realidade, a qualquer par de férmions idênticos. Assim, aplica-se a prótons, a nêutrons e a núcleos de ^{13}C (todos têm spin $\frac{1}{2}$) e a núcleos de ^{35}Cl (que têm spin $\frac{3}{2}$). Não se aplica a bósons idênticos (partículas com spin inteiro), por exemplo, aos fótons (spin 1) e aos núcleos de ^{12}C (spin 0). Qualquer número de bósons idênticos pode ocupar o mesmo estado (isto é, ser descrito pela mesma função de onda).

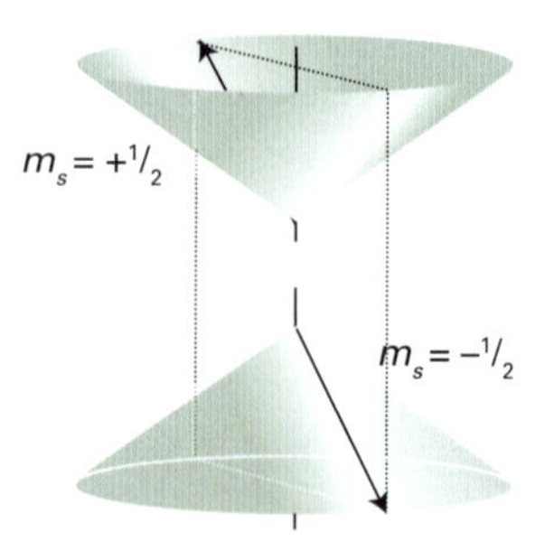

Figura 9B.2 Elétrons com spins emparelhados têm momento angular de spin resultante igual a zero. Podem ser representados por dois vetores que estão em uma posição indeterminada sobre as folhas dos cones, mas sempre que um, na sua folha, aponta numa direção, o outro aponta na direção oposta; a resultante é sempre nula.

O princípio *da exclusão* de Pauli é um caso especial do **Princípio de Pauli**:

> Quando os índices de dois férmions idênticos são permutados, a função de onda total troca de sinal. Quando os índices de quaisquer dois bósons idênticos são permutados, a função de onda total mantém seu sinal original.
>
> princípio de Pauli

Por "função de onda total" entendemos a função de onda completa, incluindo o spin das partículas.

Para ver que o princípio de Pauli implica o princípio da exclusão de Pauli, consideramos a função de onda de dois elétrons $\Psi(1,2)$. O princípio de Pauli afirma, traduzindo comportamento natural (cuja explicação tem suas raízes na teoria da relatividade), que a função de onda muda de sinal se os índices 1 e 2 forem permutados, sempre que aparecerem na função:

$$\Psi(1,2)=-\Psi(2,1) \qquad (9B.2)$$

Suponhamos que dois elétrons em um átomo ocupam um orbital ψ; então, na aproximação orbital, a função de onda geral é $\psi(1)\psi(2)$. Para aplicar o princípio de Pauli, devemos analisar a função de onda *total*, que inclui o spin. Há diversas possibilidades para os dois spins: ambos α, simbolizados por $\alpha(1)\alpha(2)$, ambos β, simbolizados por $\beta(1)\beta(2)$, um α e outro β, simbolizados por $\alpha(1)\beta(2)$ ou por $\alpha(2)\beta(1)$. Como não podemos saber qual é o elétron α e qual o β, no último caso é conveniente exprimir os estados do spin como as seguintes combinações lineares (normalizadas)

$$\begin{aligned}\sigma_+(1,2)&=(1/2^{1/2})\{\alpha(1)\beta(2)+\beta(1)\alpha(2)\}\\ \sigma_-(1,2)&=(1/2^{1/2})\{\alpha(1)\beta(2)-\beta(1)\alpha(2)\}\end{aligned} \qquad (9B.3)$$

(Uma justificativa mais contundente para tomar essas combinações lineares é que elas correspondem a autofunções dos operadores de spin total S^2 e S_z, com $M_S = 0$ e, respectivamente, $S = 1$ e 0.) Essas combinações permitem a um spin ser α ou β com a mesma probabilidade. A função de onda total do sistema é, portanto, o produto da parte orbital e uma das quatro funções do estado do spin:

$$\begin{aligned}&\psi(1)\psi(2)\alpha(1)\alpha(2) \quad \psi(1)\psi(2)\beta(1)\beta(2)\\ &\psi(1)\psi(2)\sigma_+(1,2) \quad \psi(1)\psi(2)\sigma_-(1,2)\end{aligned} \qquad (9B.4)$$

O princípio de Pauli afirma que, para uma função de onda ser aceitável (no caso de elétrons), é preciso que mude de sinal quando os elétrons forem permutados. Em qualquer dos casos mencionados, a troca dos índices 1 e 2 converte o fator $\psi(1)\psi(2)$ em $\psi(2)\psi(1)$, o que não provoca qualquer alteração, pois a ordem de multiplicação das funções não altera o produto. O mesmo acontece com os produtos $\alpha(1)\alpha(2)$ e $\beta(1)\beta(2)$. Assim, os dois primeiros produtos não são funções permitidas, pois não têm o sinal alterado. A combinação $\sigma_+(1,2)$ se altera para

$$\sigma_+(2,1)=(1/2^{1/2})\{\alpha(2)\beta(1)+\beta(2)\alpha(1)\}=\sigma_+(1,2)$$

pois é simplesmente a função original escrita de maneira diferente. O terceiro produto, portanto, também é recusado. Finalmente, vejamos $\sigma_-(1,2)$:

$$\begin{aligned}\sigma_-(2,1)&=(1/2^{1/2})\{\alpha(2)\beta(1)-\beta(2)\alpha(1)\}\\ &=-(1/2^{1/2})\{\alpha(1)\beta(2)-\beta(1)\alpha(2)\}=-\sigma_-(1,2)\end{aligned}$$

Essa combinação muda de sinal (é "antissimétrica"). O produto $\psi(1)\psi(2)\sigma_-(1,2)$ também troca de sinal na permutação das partículas e, por isso, é uma função aceitável.

Vemos então que apenas um dos quatro estados possíveis é permitido pelo princípio de Pauli, e o sobrevivente é o que tem os spins α e β emparelhados. Este é o conteúdo do princípio da exclusão de Pauli. O princípio da exclusão (mas não o princípio de Pauli, mais geral) é irrelevante quando os orbitais ocupados pelos elétrons são diferentes, e os dois elétrons podem então ter (embora não necessariamente) os mesmos estados do spin. Porém, mesmo nesse caso, a função de onda global deve ser antissimétrica e satisfazer ao próprio princípio de Pauli.

Uma consideração final a respeito do que foi dito é que o produto $\psi(1)\psi(2)\sigma_-(1,2)$ pode ser escrito como um determinante (veja *Ferramentas do químico* 9B.1):

$$\begin{aligned}&\frac{1}{2^{1/2}}\begin{vmatrix}\psi(1)\alpha(1) & \psi(2)\alpha(2)\\ \psi(1)\beta(1) & \psi(2)\beta(2)\end{vmatrix}\\ &=\frac{1}{2^{1/2}}\{\psi(1)\alpha(1)\psi(2)\beta(2)-\psi(2)\alpha(2)\psi(1)\beta(1)\}\\ &=\psi(1)\psi(2)\sigma_-(1,2)\end{aligned}$$

Qualquer função de onda aceitável para uma espécie de camada fechada pode ser expressa por um **determinante de Slater**, como são conhecidos esses determinantes. De modo geral, para N elétrons em orbitais ψ_a, ψ_b, ...

$$\Psi(1,2,\ldots,N)=\frac{1}{(N!)^{1/2}}\begin{vmatrix}\psi_a(1)\alpha(1) & \psi_a(2)\alpha(2) & \psi_a(3)\alpha(3)\ldots\psi_a(N)\alpha(N)\\ \psi_a(1)\beta(1) & \psi_a(2)\beta(2) & \psi_a(3)\beta(3)\ldots\psi_a(N)\beta(N)\\ \psi_b(1)\alpha(1) & \psi_b(2)\alpha(2) & \psi_b(3)\alpha(3)\ldots\psi_b(N)\alpha(N)\\ \vdots & \vdots & \vdots \quad \ldots\\ \psi_z(1)\beta(1) & \psi_z(2)\beta(2) & \psi_z(3)\beta(3)\ldots\psi_z(N)\beta(N)\end{vmatrix} \qquad (9B.5a)$$

Escrever dessa forma uma função de onda de átomos polieletrônicos garante que ela seja antissimétrica sob a troca de qualquer par de elétrons (veja o Problema 9B.2). Como um determinante de Slater ocupa muito espaço, ele é geralmente representado pela sua diagonal principal, como em

$$\Psi(1,2,\ldots N)=(1/N!)^{1/2}\det|\psi_a^{\alpha}(1)\psi_a^{\beta}(2)\psi_b^{\alpha}(3)\ldots\psi_z^{\beta}(N)|$$

Notação para um determinante de Slater (9B.5b)

Ferramentas do químico 9B.1 Determinantes

Um determinante 2×2 é avaliado como

$$\begin{vmatrix} a & b \\ c & d \end{vmatrix} = ad - bc \qquad \text{Determinante } 2\times 2$$

Um determinante 3×3 é avaliado expandindo-o como uma soma de determinantes 2×2:

$$\begin{vmatrix} a & b & c \\ d & e & f \\ g & h & i \end{vmatrix} = a\begin{vmatrix} e & f \\ h & i \end{vmatrix} - b\begin{vmatrix} d & f \\ g & i \end{vmatrix} + c\begin{vmatrix} d & e \\ g & h \end{vmatrix} \qquad \text{Determinante } 3\times 3$$

$$= a(ei - fh) - b(di - fg) + c(dh - eg)$$

Observe a troca de sinal em colunas alternadas (b ocorre com um sinal negativo na expansão). Uma propriedade importante é que, se quaisquer duas linhas ou colunas são trocadas, o determinante troca de sinal:

$$\text{Troca de colunas: } \begin{vmatrix} b & a \\ d & c \end{vmatrix} = bc - ad = -(ad - bc) = -\begin{vmatrix} a & b \\ c & d \end{vmatrix}$$

$$\text{Troca de linhas: } \begin{vmatrix} c & d \\ a & b \end{vmatrix} = cd - da = -(ad - bc) = -\begin{vmatrix} a & b \\ c & d \end{vmatrix}$$

Podemos agora retornar ao lítio. No Li ($Z = 3$), o terceiro elétron não pode ir para o orbital 1s, que está cheio: dizemos que a camada K (o orbital com $n = 1$, Seção 9A) está *completa* e os dois elétrons formam uma **camada fechada**. Como uma camada desse tipo é semelhante à camada fechada característica do átomo de He, representamo-la por [He]. O terceiro elétron não pode entrar na camada K e deve ocupar o orbital seguinte disponível, que tem $n = 2$ e pertence à camada L (que consiste em quatro orbitais com $n = 2$). Temos, porém, que saber se o orbital mais favorável à ocupação é o orbital 2s ou um dos orbitais 2p, para saber qual das duas configurações $[He]2s^1$ ou $[He]2p^1$ é a de menor energia.

(d) Penetração e blindagem

Diferentemente do que acontece nos átomos hidrogenoides, os orbitais 2s e 2p (e, em geral, todas as subcamadas de certa camada) não são degenerados nos átomos polieletrônicos. Um elétron em um átomo polieletrônico sofre repulsão coulombiana de todos os outros elétrons presentes. Se estiver à distância r do núcleo, sofre uma repulsão que pode ser representada por uma carga puntiforme negativa localizada no núcleo e igual, em módulo, à carga total dos elétrons que estão no interior de uma esfera de raio r (Fig. 9B.3). O efeito dessa carga puntiforme negativa, promediada para todas as localizações do elétron, é reduzir a carga do núcleo de Ze para $Z_{ef}e$, a chamada **carga nuclear efetiva**. Na linguagem cotidiana, o próprio Z_{ef} é normalmente chamado de "carga nuclear efetiva". Dizemos que o elétron sofre o efeito de uma carga nuclear **blindada**, e a diferença entre Z e Z_{ef} é a **constante de blindagem**, σ:

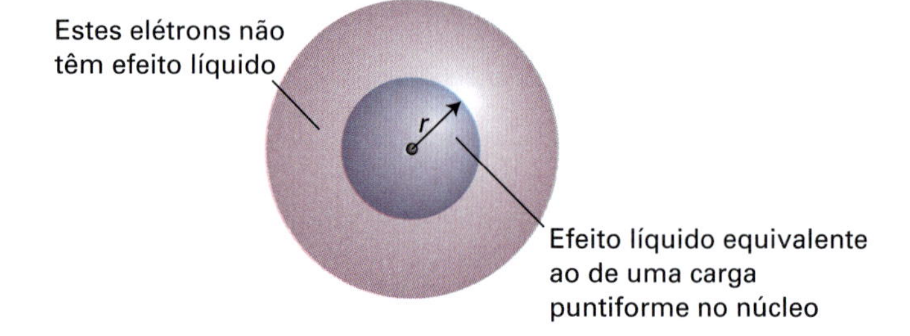

Figura 9B.3 Um elétron, a uma distância r do núcleo, sofre repulsão coulombiana de todos os elétrons que estão numa esfera de raio r e que são equivalentes a uma carga puntiforme negativa localizada no núcleo. A carga negativa reduz a carga nuclear do seu valor Ze para $Z_{ef}e$.

$$Z_{ef} = Z - \sigma \qquad \text{Carga nuclear efetiva} \qquad (9B.6)$$

Os elétrons, na realidade, não "bloqueiam" a atração coulombiana do núcleo. A constante de blindagem é uma maneira simples de explicar o efeito líquido da atração nuclear e das repulsões eletrônicas em termos de uma única carga equivalente localizada no centro do átomo.

A constante de blindagem é diferente para os elétrons s e p, pois são diferentes as respectivas distribuições radiais (Fig. 9B.4). Um elétron s tem maior **penetração** através das camadas internas do que um elétron p da mesma camada, tendo maior probabilidade de ser encontrado próximo ao núcleo do que

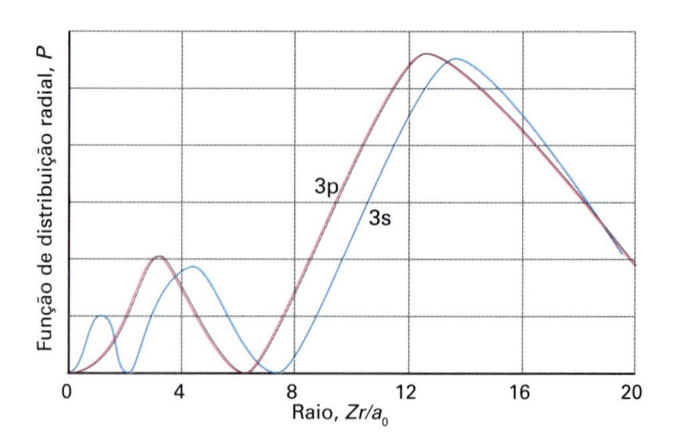

Figura 9B.4 Um elétron num orbital s (no caso um orbital 3s) encontra-se mais provavelmente junto ao núcleo do que um elétron num orbital p da mesma camada (observe a pequena distância entre o núcleo e o máximo mais interno do orbital 3s em $r = 0$). Por isso, um elétron s é menos blindado em relação ao núcleo do que outro elétron p e é mais firmemente ligado.

um elétron p da mesma camada (a função de onda do orbital p, como vimos, é nula no núcleo). Como somente os elétrons no interior da esfera definida pela posição do elétron contribuem para a blindagem, um elétron s sofre blindagem menor do que um elétron p. Por isso, pelos efeitos combinados da penetração e da blindagem, um elétron s está mais fortemente ligado do que um elétron p da mesma camada. Similarmente, um elétron d penetra menos do que um elétron p da mesma camada (a função de onda de um orbital d varia com r^2 nas vizinhanças do núcleo, enquanto um orbital p varia com r), e por isso sofre blindagem mais acentuada.

As constantes de blindagem dos diferentes tipos de elétrons nos átomos foram calculadas pelas funções de onda obtidas na resolução numérica da equação de Schrödinger do átomo (Tabela 9B.1). Vemos que, em geral, os elétrons s da camada de valência sofrem ação da carga nuclear efetiva maior do que os elétrons p, embora existam discrepâncias episódicas. Voltaremos a este ponto brevemente.

Tabela 9B.1* Carga nuclear efetiva, $Z_{ef} = Z - \sigma$

Elemento	Z	Orbital	Z_{ef}
He	2	1s	1,6875
C	6	1s	5,6727
		2s	3,2166
		2p	3,1358

* Mais valores são dados na *Seção de dados*.

Breve ilustração 9B.3 Penetração e blindagem

As cargas nucleares efetivas dos elétrons 1s, 2s e 2p em um átomo de carbono são 5,6727, 3,2166 e 3,1358, respectivamente. As funções de distribuição radial para esses orbitais (Seção 9A) são geradas a partir de $P(r) = r^2R(r)^2$, em que $R(r)$ é uma função radial, dada na Tabela 9A.1. As três funções de distribuição radial são representadas graficamente na Fig. 9B.5. Como pode ser visto, o orbital s tem uma penetração maior que o orbital p. Os raios médios dos orbitais 2s e 2p são 99 pm e 84 pm, respectivamente; isso mostra que a distância média de um elétron 2s ao núcleo é maior que a de um orbital 2p. Para explicar a energia mais baixa do orbital 2s, vemos que a extensão da penetração é mais importante que a distância média.

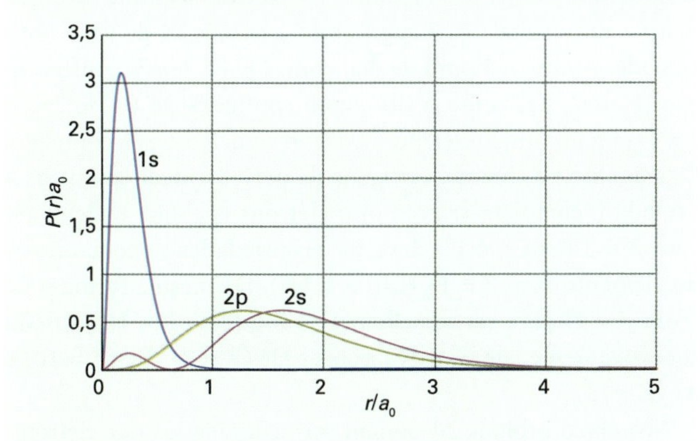

Figura 9B.5 As funções de distribuição radial dos elétrons em um átomo de carbono, calculadas na *Breve ilustração* 9B.3.

Exercício proposto 9B.3 Confirme os valores dos raios médios. Em lugar de realizar as integrações, talvez você prefira usar a fórmula geral $\langle r \rangle_{n,l} = (n^2a_0/Z)\{1+\frac{1}{2}[1-l(l+1)/n^2]\}$.

Resposta: 2s: $1{,}865a_0$; 2p: $1{,}595a_0$

Em virtude da penetração e da blindagem, as energias das subcamadas de uma camada nos átomos polieletrônicos (aquelas com o mesmo valor de n, mas diferentes valores de l) estão, em geral, na ordem s < p < d < f. Os orbitais de uma dada subcamada (aqueles com o mesmo l, mas diferentes valores de m_l) continuam a ser degenerados, pois todos têm as mesmas características radiais e sentem a mesma carga nuclear efetiva.

Podemos completar agora a história do Li. Como a camada com $n = 2$ tem duas subcamadas não degeneradas, com a energia do orbital 2s mais baixa que a dos três orbitais 2p, o terceiro elétron ocupa o orbital 2s. Esta ocupação leva à configuração do estado fundamental $1s^22s^1$, com o núcleo central envolvido por uma camada completa, semelhante à do hélio, com dois elétrons 1s, e, em torno dela, o elétron 2s, numa subcamada mais difusa. Os elétrons nas camadas mais externas do átomo, no respectivo estado fundamental, são os **elétrons de valência**, pois são os responsáveis, em grande parte, pelas ligações químicas que o átomo pode efetuar. O elétron de valência do Li é, portanto, um elétron 2s, e os outros dois elétrons pertencem ao núcleo do átomo.

9B.2 O princípio da estruturação

A generalização do argumento usado para explicar a estrutura do H, do He e do Li é chamada **princípio da estruturação**, ou *princípio do Aufbau*, conforme denominação original em alemão. Este princípio normalmente é apresentado nos cursos introdutórios. Imaginamos o núcleo exposto de número atômico Z e depois vamos ocupando os orbitais, sucessivamente, com os Z elétrons. A ordem de ocupação é

1s 2s 2p 3s 3p 4s 3d 4p 5s 4d 5p 6s

Cada orbital pode acomodar até dois elétrons.

Breve ilustração 9B.4 O princípio da estruturação

Consideremos o átomo de carbono, para o qual $Z = 6$ e são seis os elétrons a acomodar. Dois elétrons entram e ocupam o orbital 1s, dois outros ocupam o orbital 2s, e restam dois elétrons para ocupar os orbitais da subcamada 2p. Desta forma, a configuração do C no estado fundamental é $1s^22s^22p^2$, ou, um pouco mais sucintamente, $[He]2s^22p^2$. O símbolo [He] representa o cerne $1s^2$ semelhante ao do hélio.

Exercício proposto 9B.4 Qual é a configuração do estado fundamental do átomo de Mg?

Resposta: $[Ne]3s^2$

(a) Regras de Hund

Podemos, porém, ser mais precisos sobre a configuração do átomo de carbono do que fomos na *Breve ilustração* 9B.4: podemos imaginar que os dois últimos elétrons ocupem orbitais 2p diferentes, pois assim ficam, em média, mais afastados um do outro e repelem-se menos do que se estivessem num mesmo orbital. Assim, podemos imaginar que um elétron ocupe um orbital $2p_x$ e o outro o orbital $2p_y$ (as identificações *x*, *y* e *z* são arbitrárias; seria igualmente conveniente usar as formas complexas desses orbitais). Então, a configuração de mais baixa energia do átomo é $[He]2s^22p_x^12p_y^1$. A mesma regra vale sempre que forem disponíveis para ocupação de orbitais degenerados de uma subcamada. Assim, outra regra para o princípio da estruturação é:

Os elétrons ocupam orbitais diferentes de uma subcamada antes de ocupar duplamente qualquer um deles.

Por exemplo, o nitrogênio ($Z = 7$) tem a configuração do estado fundamental $[He]2s^22p_x^12p_y^12p_z^1$, e somente quando chegamos ao oxigênio ($Z = 8$) aparece um orbital 2p duplamente ocupado, dando $[He]2s^22p_x^22p_y^12p_z^1$.

Quando os elétrons ocupam isoladamente um orbital usamos a **regra da multiplicidade máxima de Hund**:

Um átomo no seu estado fundamental adota uma configuração com o maior número possível de elétrons não emparelhados.

Regra da multiplicidade máxima de Hund

A explicação da regra de Hund é delicada e reflete a propriedade quântica da **correlação de spins**, pela qual, como será demonstrado na *Justificativa* 9B.2, os elétrons com spins paralelos comportam-se como se tivessem a tendência de permanecerem bem afastados e, assim, de se repelirem mutuamente com menor intensidade. Em essência, o efeito da correlação de spins é o de permitir que o átomo encolha levemente, de modo que a interação elétron-núcleo se intensifica quando os spins estão paralelos. Podemos então concluir que, no respectivo estado fundamental, o átomo de carbono tem os dois elétrons 2p com o mesmo spin, o átomo de N tem todos os três elétrons 2p com o mesmo spin e que os dois elétrons 2p em diferentes orbitais do átomo de O têm também o mesmo spin (é claro que os dois no orbital $2p_x$ estão, obrigatoriamente, emparelhados).

Justificativa 9B.2 Correlação de spin

Seja um elétron 1 descrito pela função de onda $\psi_a(\boldsymbol{r}_1)$ e um elétron 2 descrito pela função de onda $\psi_b(\boldsymbol{r}_2)$. Na aproximação orbital, a função de onda conjunta é o produto $\Psi = \psi_a(\boldsymbol{r}_1)\psi_b(\boldsymbol{r}_2)$. Esta função de onda, porém, não é aceitável, pois sugere que seja bem conhecido o elétron que ocupa certo orbital, mas é evidente que não podemos identificar especificamente cada elétron. Desta forma, a descrição correta da função de onda, compatível com a mecânica quântica, é uma das duas expressões seguintes:

$$\Psi_{\pm} = (1/2^{1/2})\{\psi_a(\boldsymbol{r}_1)\psi_b(\boldsymbol{r}_2) \pm \psi_b(\boldsymbol{r}_1)\psi_a(\boldsymbol{r}_2)\}$$

Conforme o princípio de Pauli, como a função Ψ_+ é simétrica na permuta das partículas, tem que ser multiplicada por uma função do spin antissimétrica (que simbolizamos por σ_-). Esta combinação corresponde a um estado de spins emparelhados. A outra função, Ψ_-, é antissimétrica e deve ser multiplicada por uma das três funções simétricas do estado do spin. Esses três estados simétricos correspondem a elétrons com spins paralelos (veja a Seção 9C.2 para a explicação deste ponto).

Vejamos agora os valores das duas combinações quando um elétron se aproxima do outro e $\boldsymbol{r}_1 = \boldsymbol{r}_2$. A função Ψ_- se anula, e então é nula a probabilidade de os dois elétrons estarem muito próximos quando os respectivos spins forem paralelos. A outra combinação não é nula quando os dois elétrons estiverem muito próximos. Como os dois elétrons têm distribuições espaciais relativas diferentes, conforme os spins sejam ou não paralelos, conclui-se que a interação coulombiana será diferente e que os dois estados têm energias diferentes.

O neônio, com $Z = 10$, tem a configuração $[He]2s^22p^6$, e a camada L está completa. Esta configuração com a camada completa é simbolizada por [Ne] e comporta-se como o núcleo dos átomos dos elementos seguintes. O elétron seguinte tem que ocupar um orbital 3s, inaugurando a ocupação de uma nova camada. Assim, o átomo de Na, com $Z = 11$, tem a configuração $[Ne]3s^1$. Tal como o lítio, cuja configuração é $[He]2s^1$, o sódio tem um único elétron s externo a núcleo cerne completo. Esta análise nos levou às origens da periodicidade química. A camada L completa-se com oito elétrons e, então, o elemento com $Z = 3$ (isto é, o Li) deve ter propriedades semelhantes às do elemento com $Z = 11$ (isto é, o Na). Da mesma forma o Be (com $Z = 4$) deve ser semelhante ao Mg (com $Z = 12$) e assim sucessivamente, até os gases nobres He ($Z = 2$), Ne ($Z = 10$) e Ar ($Z = 18$).

Nos cinco orbitais 3d podem ser acomodados dez elétrons, o que explica a configuração eletrônica do escândio até o zinco. Cálculos do tipo a ser discutido na Seção 9C.3 mostram que, para esses átomos, as energias dos orbitais 3d são sempre mais baixas do que as dos orbitais 4s. Entretanto, os resultados espectroscópicos mostram que o Sc tem a configuração $[Ar]3d^14s^2$, em vez de $[Ar]3d^3$ ou $[Ar]3d^24s^1$. Para entendermos estas observações, temos que considerar a natureza das repulsões intereletrônicas nos orbitais 3d e 4s. A distância mais provável de um elétron 3d ao núcleo é menor que a de um elétron 4s, logo dois elétrons 3d se repelem mais fortemente que dois elétrons 4s. Como resultado, o Sc tem configuração $[Ar]3d^14s^2$ e não as duas alternativas, pois assim ficam minimizadas as fortes repulsões nos orbitais 3d. A energia total do átomo é menor, mesmo com a ocupação de elétrons no orbital 4s, de mais alta energia (Fig. 9B.6). O efeito que acabamos de descrever é geralmente válido desde o escândio até o zinco, o que faz suas configurações eletrônicas terem a forma $[Ar]3d^n4s^2$, com $n = 1$ para o escândio e $n = 10$ para o zinco. Duas exceções notáveis, observadas experimentalmente, são o Cr, com a configuração eletrônica $[Ar]3d^54s^1$, e o Cu, com a configuração $[Ar]3d^{10}4s^1$.

No gálio, o princípio da estruturação é usado da mesma forma que nos períodos anteriores. Agora, as subcamadas 4s e 4p constituem a camada de valência, e o período termina no criptônio. Como 18 elétrons intervieram desde o argônio, este período é o primeiro "período longo" da tabela periódica. A existência dos elementos do bloco d (os "metais de transição") reflete a ocupação sucessiva dos orbitais 3d. As pequenas diferenças de energias e efeitos de repulsão intereletrônica ao longo da sequência são a origem da rica complexidade da química inorgânica dos metais do bloco d. Participação semelhante dos orbitais f, nos Períodos 6 e 7, explica a formação do bloco f (lantanoides e actinoides) da tabela periódica.

Obtemos as configurações dos cátions dos elementos dos blocos s, p e d da tabela periódica pela remoção de elétrons da configuração dos átomos neutros, no estado fundamental, obedecendo a certa ordem. Inicialmente, removem-se os elétrons de valência p, depois os elétrons de valência s e finalmente tantos elétrons d quantos forem necessários para atingir a carga do íon. As configurações dos ânions dos elementos do bloco p se deduzem pela continuação do processo de estruturação e adição de elétrons ao átomo neutro até que se tenha atingido a configuração do gás nobre seguinte na tabela periódica.

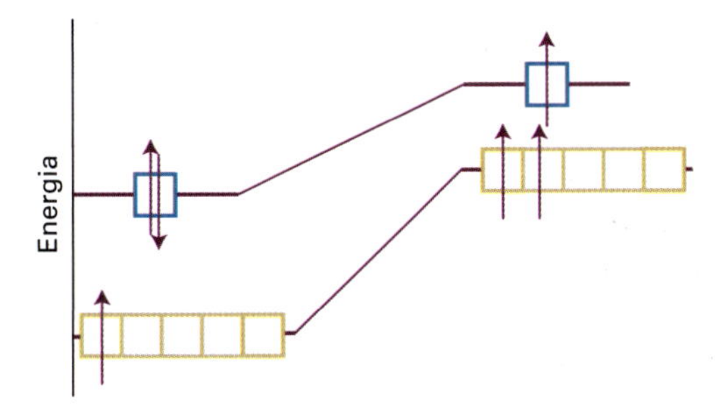

Figura 9B.6 As fortes repulsões intereletrônicas nos orbitais 3d são minimizadas no estado fundamental do Sc se o átomo tiver a configuração $[Ar]3d^14s^2$ (mostrada à esquerda), em vez da configuração $[Ar]3d^24s^1$ (mostrada à direita). A energia total do átomo é menor quando ele tem a configuração $[Ar]3d^14s^2$, mesmo com a ocupação do orbital 4s, de energia mais alta.

Breve ilustração 9B.5 Configurações de íons

Como a configuração do V é $[Ar]3d^34s^2$, o cátion V^{2+} tem a configuração $[Ar]3d^3$. É razoável que se removam os elétrons 4s, mais energéticos, para a formação do cátion; não é óbvio, no entanto, o porquê de a configuração $[Ar]3d^3$ do íon V^{2+} ser preferível à configuração $[Ar]3d^14s^2$, encontrada no átomo isoeletrônico Sc. Os cálculos mostram que a diferença de energia entre $[Ar]3d^3$ e $[Ar]3d^14s^2$ depende do valor de Z_{ef}. À medida que Z_{ef} aumenta, a transferência de um elétron 4s para um orbital 3d é favorecida, pois as repulsões intereletrônicas são compensadas por interações atrativas entre o núcleo e os elétrons no orbital espacialmente compacto 3d. De fato, os cálculos mostram que, para um valor suficientemente alto de Z_{ef}, a configuração $[Ar]3d^3$ tem energia mais baixa que $[Ar]3d^14s^2$. Esta conclusão explica por que o V^{2+} tem uma configuração $[Ar]3d^3$ e também explica as configurações $[Ar]4s^03d^n$ observadas nos íons M^{2+} do Sc ao Zn.

Exercício proposto 9B.5 Escreva a configuração do estado fundamental do íon O^{2-}.

Resposta: $[He]2s^22p^6$

(b) Energias de ionização e afinidades ao elétron

A energia mínima necessária para remover um elétron de um átomo polieletrônico em fase gasosa é a **energia da primeira ionização**, I_1, do elemento. A **energia da segunda ionização**, I_2, é a energia mínima para remover um segundo elétron (do cátion com carga unitária). A variação de energia da primeira ionização, ao longo da tabela periódica, aparece na Fig. 9B.7, e alguns dados numéricos estão na Tabela 9B.2. Na análise termodinâmica é necessária, muitas vezes, a **entalpia padrão de ionização**, $\Delta_{ion}H^{\ominus}$. Como se demonstra na *Justificativa* 9B.3, as duas grandezas estão relacionadas por

$$\Delta_{ion}H^{\ominus}(T) = I + \tfrac{5}{2}RT \quad \text{Entalpia de ionização} \quad (9B.7a)$$

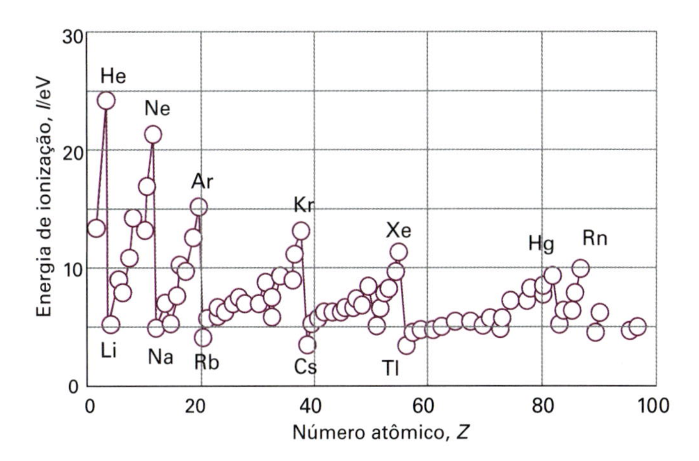

Figura 9B.7 Energias da primeira ionização dos elementos em função do número atômico.

Tabela 9B.2* Energias da primeira e da segunda ionização, I/(kJ mol^{-1})

Elemento	I_1/(kJ mol^{-1})	I_2/(kJ mol^{-1})
H	1312	
He	2372	5251
Mg	738	1451
Na	496	4562

* Mais valores são apresentados na *Seção de dados.*

A 298 K, a diferença entre a entalpia de ionização e a correspondente energia de ionização é de 6,20 kJ mol^{-1}. A mesma expressão vale para cada etapa de ionização sucessiva, de modo que a entalpia de ionização global para a formação do M^{2+} é

$$\Delta_{\text{ion}}H^{\ominus}(T)=I_1+I_2+5RT \qquad \text{(9B.7b)}$$

Justificativa 9B.3 Entalpia e energia de ionização

A lei de Kirchhoff (Seção 2C e Eq. 2C.7a) mostra que a entalpia da reação, a entalpia de ionização, para

$$M(g)\rightarrow M^{+}(g)+e^{-}(g)$$

à temperatura T está relacionada com o valor em $T = 0$ por

$$\Delta_{\text{ion}}H^{\ominus}(T)=\overbrace{\Delta_{\text{ion}}H^{\ominus}(0)}^{I}+\int_0^T \Delta_{\text{ion}}C_p^{\ominus}\,dT$$

A capacidade calorífica molar, a pressão constante, de cada espécie na reação é $\frac{5}{2}R$, de modo que $\Delta_{\text{ion}}C_p^{\ominus}=+\frac{5}{2}R$. A integral desta expressão, portanto, é $\frac{5}{2}RT$. A entalpia da reação a $T = 0$ coincide com a energia de ionização (molar), I. Deduz-se então a Eq. 9B.7.

A **afinidade ao elétron,** ou **afinidade eletrônica,** E_{ae}, é a energia desprendida quando um elétron se liga ao átomo em fase gasosa (Tabela 9B.3). Numa convenção trivial, lógica (a que aderimos), porém não geral, a afinidade eletrônica é positiva se houver desprendimento de energia na ligação do elétron ao átomo (ou seja, se $E_{\text{ae}} > 0$, a reação de ligação é exotérmica). Por um raciocínio semelhante ao que se fez na *Justificativa* anterior, a **entalpia padrão de ganho de elétron,** $\Delta_{\text{ge}}H^{\ominus}$, à temperatura T está relacionada com a afinidade eletrônica pela equação

Tabela 9B.3* Afinidades ao elétron, E_{ae}/(kJ mol^{-1})

Cl	349		
F	322		
H	73		
O	141	O^-	−844

* Mais valores são dados na *Seção de dados.*

$$\Delta_{\text{ge}}H^{\ominus}(T)=-E_{\text{ae}}-\tfrac{5}{2}RT \qquad \text{Entalpia do ganho de elétron} \qquad \text{(9B.8)}$$

Observe a mudança de sinais. Nos ciclos termodinâmicos, a parcela $\frac{5}{2}RT$ que aparece na Eq. 9B.7 cancela-se com a parcela semelhante à da Eq. 9B.8, de modo que se podem usar, diretamente, as energias de ionização e as afinidades eletrônicas. Outro ponto a assinalar é que a entalpia do ganho de elétron de uma espécie X é o negativo da entalpia de ionização do seu íon negativo:

$$\Delta_{\text{ge}}H^{\ominus}(X)=-\Delta_{\text{ion}}H^{\ominus}(X^{-}) \qquad \text{(9B.9)}$$

Como a energia de ionização é, frequentemente, mais fácil de medir do que a afinidade eletrônica, esta relação pode ser usada para se determinar valores numéricos da afinidade eletrônica.

Breve ilustração 9B.6 Energia de ionização e afinidade ao elétron

Tabelas de dados termodinâmicos dão as entalpias padrão de formação do Na(g) e do Na^{+}(g) a 298,15 K como +107,32 kJ mol^{-1} e +609,358 kJ mol^{-1}, respectivamente. Portanto, a entalpia de ionização é a diferença, +502,04 kJ mol^{-1}. A energia de ionização é, então,

$$\begin{aligned}I&=\Delta_{\text{ion}}H^{\ominus}(298{,}15\,\text{K})-\tfrac{5}{2}R\times(298{,}15\,\text{K})\\&=502{,}04\,\text{kJ mol}^{-1}-6{,}197\,\text{kJ mol}^{-1}\\&=495{,}84\,\text{kJ mol}^{-1}\ (\text{ou } 5{,}139\ \text{eV})\end{aligned}$$

conforme está na Tabela 9B.2.

Exercício proposto 9B.6 As entalpias padrão de formação do Cl(g) e do Cl^{-}(g) a 298,15 K são +121,679 kJ mol^{-1} e −233,13 kJ mol^{-1}, respectivamente. Qual é a afinidade ao elétron dos átomos de cloro?

Resposta: +348,61 kJ mol^{-1}, +3,613 eV

Como já é familiar dos cursos introdutórios, as energias de ionização e as afinidades ao elétron exibem periodicidades. As primeiras são mais regulares do que as últimas, e vamos nos concentrar nelas. O lítio tem uma energia de primeira ionização baixa: seu elétron mais externo está bem blindado em relação ao núcleo pela estrutura do cerne atômico (Z_{ef} = 1,3 enquanto Z = 3). A energia de ionização do berílio (Z = 4) é mais elevada, mas a do boro é menor, pois nele o elétron mais externo ocupa um orbital 2p e está menos ligado do que se estivesse num orbital 2s. A energia de ionização aumenta do boro para o nitrogênio, levando em conta o aumento da carga nuclear. Entretanto, a energia de ionização do oxigênio é menor do que seria esperado por simples extrapolação. A explicação é que o oxigênio tem um orbital 2p duplamente ocupado, e as repulsões elétron-elétron aumentam mais do que se esperaria pela simples extrapolação ao longo da linha. Além disso, a perda de um elétron 2p pelo oxigênio provoca uma configuração com uma subcamada completa pela metade (como no N), e esta configuração tem baixa energia. Por isso, a energia do $O^+ + e^-$ é mais baixa do que seria esperado, e a energia de ionização correspondente é também mais baixa. (A mesma queda, no período seguinte, entre o fósforo e o enxofre, é semelhante, mas menos pronunciada, pois os orbitais são mais difusos.) Os valores da energia de ionização para o oxigênio, o flúor e o neônio estão quase sobre uma mesma reta, e o crescimento destas energias traduz a atração crescente entre os núcleos mais carregados e os elétrons mais externos.

O elétron mais externo no sódio ($Z = 11$) é 3s. Está bem distante do núcleo, cuja carga está blindada por um núcleo compacto, blindado, com a configuração do neônio, que resulta em $Z_{ef} \approx 2{,}5$. Devido a isso, a energia de ionização do sódio é bem menor do que a do neônio ($Z = 10$, $Z_{ef} \approx 5{,}8$). O ciclo periódico recomeça no sódio, e as variações das energias de ionização podem ser justificadas com razões semelhantes às já apresentadas.

As afinidades ao elétron são maiores nas vizinhanças do flúor, pois o elétron subsidiário entra numa vacância de uma camada de valência compacta e pode interagir fortemente com o núcleo. A ligação de um elétron a um ânion (como na formação do O^{2-} a partir do O^-) é invariavelmente endotérmica, de modo que E_{ae} é negativa. O elétron subsidiário é repelido pela carga já presente. As afinidades ao elétron são também pequenas e podem ser negativas quando o elétron ocupa um orbital afastado do núcleo (como no caso dos átomos dos metais alcalinos mais pesados) ou quando, em consequência do princípio de Pauli, o elétron tem que ocupar uma nova camada (como é o caso com os átomos de gás nobre).

9B.3 Orbitais do campo autoconsistente

A dificuldade central da equação de Schrödinger dos átomos polieletrônicos são os termos das interações dos elétrons. A energia potencial de todos os elétrons em um átomo de N elétrons é

$$V = -\overbrace{\sum_{i=1}^{N} \frac{Ze^2}{4\pi\varepsilon_0 r_i}}^{\text{Atração ao núcleo}} + \tfrac{1}{2}\overbrace{\sum_{i,j=1}^{N}{}' \frac{e^2}{4\pi\varepsilon_0 r_{ij}}}^{\text{Repulsão entre os elétrons}} \qquad (9B.10)$$

O primeiro somatório é o total das interações atrativas dos elétrons pelo núcleo. O segundo é a interação repulsiva total; r_{ij} é a distância entre os elétrons i e j. A linha (′) no segundo somatório indica que as contribuições com $i = j$ foram excluídas, e o fator de um meio impede a contagem dupla das repulsões entre pares de elétrons (1 interagindo com 2 é o mesmo que 2 com 1). Não se podem achar soluções analíticas da equação de Schrödinger com esse termo tão complicado da energia potencial, mas é possível lançar mão de técnicas computacionais que propiciam soluções numéricas detalhadas e confiáveis para as funções de onda e para as energias. As técnicas foram imaginadas por D. R. Hartree (antes da existência de computadores) e depois modificadas por V. Fock, para levar em conta, corretamente, o princípio de Pauli. Em linhas gerais, o procedimento do **campo autoconsistente de Hartree-Fock** (sigla inglesa HF-SCF) é o seguinte.

Imagine que se tenha uma ideia inicial sobre a estrutura do átomo. Por exemplo, para o átomo de Ne, a aproximação orbital sugere a configuração $1s^22s^22p^6$, com os orbitais aproximados por orbitais atômicos hidrogenoides. Consideramos agora um dos elétrons 2p. Podemos admitir uma equação de Schrödinger para este elétron atribuindo-lhe uma energia potencial devida à atração do núcleo e uma repulsão provocada pelos outros elétrons. Esta equação tem a forma

$$\begin{aligned} &\hat{H}(1)\psi_{2p}(1) + V(\text{outros elétrons})\psi_{2p}(1) \\ &\quad - V(\text{correção de troca})\psi_{2p}(1) \\ &\quad = E_{2p}\psi_{2p}(1) \end{aligned} \qquad (9B.11)$$

Embora a equação seja para o orbital 2p no neônio, ela depende das funções de onda de todos os outros orbitais ocupados no átomo. Uma equação semelhante pode ser escrita para os orbitais 1s e 2s do átomo. Os vários termos são os seguintes:

Interpretação física

- O primeiro termo na esquerda é a contribuição da energia cinética e da atração do elétron pelo núcleo, exatamente como no átomo hidrogenoide.
- O segundo termo leva em conta a energia potencial do elétron de interesse devido aos elétrons nos outros orbitais ocupados.
- O terceiro termo é uma *correção de troca* que leva em conta os efeitos da correlação de spin discutidos anteriormente.

Não podemos nem pensar em resolver analiticamente a Eq. 9B.11. Podemos, porém, resolvê-la numericamente admitindo formas aproximadas para as funções de onda de todos os outros orbitais,

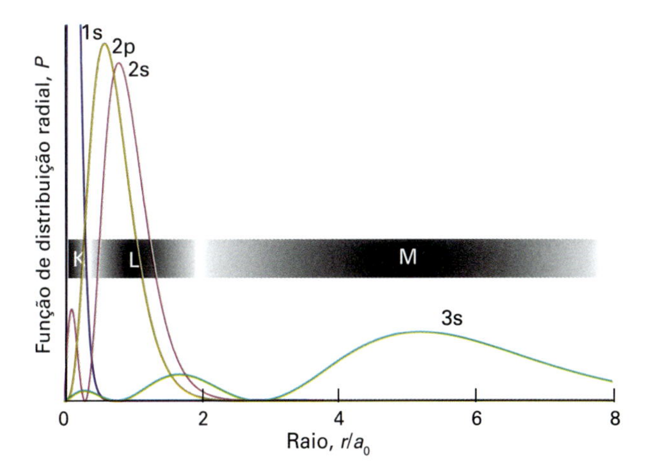

Figura 9B.8 Funções de distribuição radial dos orbitais do Na com base nos cálculos do método do campo autoconsistente. Veja a estruturação em camadas, com o orbital 3s externo às camadas internas K e L.

exceto o 2p que estamos examinando. O procedimento pode ser repetido para os outros orbitais do átomo, os orbitais 1s e 2s. A sequência de cálculos leva à forma dos orbitais 2p, 2s e 1s, e, em geral, essas formas são diferentes das que se admitiram inicialmente. Estes orbitais mais aproximados podem ser adotados para um segundo ciclo de cálculo, e chega-se a um segundo conjunto de orbitais. O procedimento iterativo continua até que os orbitais e as energias calculadas em um ciclo sejam desprezivelmente diferentes dos que se obtiveram no ciclo anterior. As soluções são, então, autoconsistentes e aceitas como a solução do problema.

A Fig. 9B.8 mostra os gráficos das funções de distribuição radial HF-SCF obtidas para o sódio. As curvas mostram o agrupamento das densidades dos elétrons em camadas, como admitem há muito tempo os químicos, e exibem também as diferenças de penetração que mencionamos anteriormente. Os cálculos do procedimento do campo autoconsistente proporcionam, então, suporte quantitativo às discussões qualitativas que serviram de base para explicar a periodicidade química. Consolidam também a discussão, pois oferecem funções de onda detalhadas e energias precisas.

Conceitos importantes

- ☐ 1. Na **aproximação orbital**, cada elétron ocupa o seu próprio orbital.
- ☐ 2. Uma **configuração** é uma lista dos orbitais ocupados.
- ☐ 3. O **princípio da exclusão de Pauli**, um caso especial do princípio de Pauli, limita a dois o número de elétrons que podem ocupar um dado orbital.
- ☐ 4. Nos átomos polieletrônicos, os orbitais s têm energia mais baixa que os orbitais p da mesma camada devido aos efeitos de **penetração e blindagem**.
- ☐ 5. O **princípio da estruturação** é um procedimento para predizer a configuração eletrônica do estado fundamental de um átomo.
- ☐ 6. Os elétrons ocupam os diferentes orbitais de uma dada subcamada antes de ocuparem duplamente qualquer um deles.
- ☐ 7. Um átomo em seu estado fundamental adota uma configuração com o maior número de elétrons desemparelhados.
- ☐ 8. A **energia de ionização** e a **afinidade ao elétron** variam periodicamente ao longo da tabela periódica.
- ☐ 9. A equação de Schrödinger para átomos polieletrônicos é resolvida numérica e iterativamente até que as soluções sejam autoconsistentes.

Equações importantes

Propriedade	Equação	Comentário	Número da equação
Aproximação orbital	$\Psi(r_1,r_2,\ldots)=\psi(r_1)\psi(r_2)\ldots$		9B.1
Carga nuclear efetiva	$Z_{ef}=Z-\sigma$	A carga é este número multiplicado por e	9B.6
Relação entre entalpia de ionização e energia de ionização	$\Delta_{ion}H^{\ominus}(T)=I+\frac{5}{2}RT$		9B.7a
Relação entre entalpia do ganho de elétron e afinidade ao elétron	$\Delta_{ge}H^{\ominus}(T)=-E_{ae}-\frac{5}{2}RT$		9B.8
Relação entre entalpias	$\Delta_{ge}H^{\ominus}(X)=-\Delta_{ion}H^{\ominus}(X^-)$		9B.9

9C Espectros atômicos

Tópicos

➤ Por que você precisa saber este assunto?

O conhecimento da energia dos elétrons nos átomos é essencial para se entender muitas propriedades e conceitos químicos, como a ligação química e a tabela periódica.

➤ Qual é a ideia fundamental?

A frequência e o número de onda da radiação emitida quando ocorrem as transições dão informações sobre os estados de energia eletrônica dos átomos.

➤ O que você já deve saber?

Esta seção aproveita o conhecimento dos níveis de energia dos átomos hidrogenoides (Seção 9A) e as configurações dos átomos polieletrônicos (Seção 9B). Em alguns lugares são utilizadas as propriedades do momento angular (Seção 8C).

A ideia geral por trás da espectroscopia atômica é simples: as linhas do espectro (de emissão ou de absorção) aparecem quando a distribuição eletrônica em um átomo sofre uma transição com variação $|\Delta E|$ de energia e emite ou absorve um fóton de frequência $\nu = |\Delta E|/h$ e número de onda $\tilde{\nu} = |\Delta E|/hc$. Esperamos, portanto, que os espectros forneçam informações sobre as energias dos elétrons nos átomos.

9C.1 Os espectros dos átomos hidrogenoides

As energias dos átomos hidrogenoides são dadas na Seção 9A ($E_n = -hcZ^2\tilde{R}_N/n^2$). Quando o elétron sofre uma **transição**, uma mudança de estado, passando de um orbital com os números quânticos n_1, l_1, m_{l1} para outro orbital (de energia mais baixa) com os números quânticos n_2, l_2, m_{l2}, ele sofre uma variação de energia ΔE e o excesso de energia aparece como um fóton de radiação eletromagnética com a frequência ν dada pela condição de frequência de Bohr (Seção 7A, Eq. 7A.12, $\Delta E = h\nu$).

Nem todas as transições são observadas. Um fóton tem um momento angular de spin intrínseco correspondente a $s = 1$ (Seção 9B). Como o momento angular total se conserva, a variação do momento angular do elétron deve compensar o momento angular levado pelo fóton. Por exemplo, um elétron num orbital d (com $l = 2$) não pode fazer uma transição para um orbital s (com $l = 0$), pois o fóton não tem como levar o momento angular em excesso. Analogamente, um elétron s não pode fazer uma transição para outro orbital s, pois não haveria mudança do momento angular capaz de compensar o momento angular levado pelo fóton. Por isso, algumas transições espectroscópicas são **permitidas**, isto é, podem ocorrer, enquanto outras são **proibidas**, isto é, não podem ocorrer.

Uma **regra de seleção** é um enunciado das condições sob as quais as transições são permitidas. São deduzidas (para os átomos) pela identificação das transições que conservam o momento angular quando um fóton é emitido ou absorvido. Mostramos na *Justificativa* a seguir que as regras de seleção dos átomos hidrogenoides são

$$\Delta l = \pm 1 \quad \Delta m_l = 0, \pm 1 \qquad \text{Regras de seleção para átomos hidrogenoides} \qquad (9C.1)$$

O número quântico principal n pode se alterar arbitrariamente, de maneira compatível com Δl, pois não se relaciona diretamente com o momento angular.

Breve ilustração 9C.1 Regras de seleção

A fim de identificar os orbitais para onde um elétron 4d pode efetuar transições radiativas, identificamos inicialmente o valor de l e depois aplicamos a regra de seleção para este número quântico. Como $l = 2$, o orbital final deve ter $l = 1$ ou 3. Então, o elétron pode fazer uma transição do orbital 4d para qualquer orbital np (com a restrição $\Delta m_l = 0, \pm 1$) ou para qualquer orbital nf (com a mesma restrição mencionada). Não pode, porém, fazer uma transição para nenhum outro orbital, e assim uma transição para um orbital ns ou para outro orbital nd é proibida.

Exercício proposto 9C.1 Para que orbitais um elétron 4s pode fazer transições radiativas?

Resposta: somente para orbitais np

Justificativa 9C.1 Regras de seleção

A ideia clássica por trás de uma transição espectroscópica é que, para um átomo ou molécula ser capaz de interagir com o campo eletromagnético e absorver ou criar um fóton de frequência ν, ele deve ter, pelo menos transientemente, um dipolo que oscila na mesma frequência. Este dipolo transiente é expresso quanticamente em termos do **momento de dipolo da transição**, μ_{fi}, entre os estados inicial e final, em que[1]

$$\mu_{fi} = \int \psi_f^* \hat{\mu}\, \psi_i \, d\tau \qquad (9C.2)$$

e $\hat{\mu}$ é o operador do momento de dipolo elétrico. No caso de um átomo monoeletrônico, $\hat{\mu}$ é multiplicado por $-er$, tendo as componentes $\mu_x = -ex$, $\mu_y = -ey$ e $\hat{\mu}_z = -ez$. Se o momento de dipolo da transição for nulo, a transição é proibida. Se não for nulo, a transição é permitida.

Para calcular o momento de dipolo da transição, analisamos cada componente isoladamente. Por exemplo, para a componente z,

$$\mu_{z,fi} = -e\int \psi_f^* z \psi_i \, d\tau$$

Para calcular a integral, observamos, pela Tabela 8C.1, que $z = r\cos(\theta) = (4\pi/3)^{1/2} r Y_{1,0}$, de modo que

$$\int \psi_f^* z \psi_i \, d\tau =$$

$$\int_0^{\infty}\int_0^{2\pi}\int_0^{\pi} \overbrace{R_{n_f,l_f} Y_{l_f,m_{l,f}}^*}^{\psi_f^*} \overbrace{\left(\frac{4\pi}{3}\right)^{1/2} r Y_{1,0}}^{z} \overbrace{R_{n_i,l_i} Y_{l_i,m_{l,i}}}^{\psi_i} \overbrace{r^2 dr \,\text{sen}\theta\, d\theta d\phi}^{d\tau}$$

Essa integral múltipla é o produto de três termos, uma integral em r e duas integrais (em azul) nos ângulos, de modo que os termos na direita podem ser agrupados do seguinte modo:

$$\int \psi_f^* z \psi_i \, d\tau =$$

$$\left(\frac{4\pi}{3}\right)^{1/2} \int_0^{\infty} R_{n_f,l_f} r^3 R_{n_i,l_i} dr \int_0^{2\pi}\int_0^{\pi} Y_{l_f,m_{l,f}}^* Y_{1,0} Y_{l_i,m_{l,i}} \,\text{sen}\theta\, d\theta d\phi$$

De acordo com as propriedades dos harmônicos esféricos a integral

$$I = \int_0^{2\pi}\int_0^{\pi} Y_{l_f,m_{l,f}}^* Y_{l,m} Y_{l_i,m_{l,i}} \,\text{sen}\theta\, d\theta d\phi$$

é nula a menos que $l_f = l_i \pm 1$ e $m_{l,f} = m_{l,i} + m$. Como estamos admitindo $m = 0$ neste caso, a integral sobre os ângulos, e portanto a componente z do momento de dipolo da transição, é nula, a menos que $\Delta l = \pm 1$ e $\Delta m_l = 0$, o que é parte das regras de seleção. O mesmo procedimento, mas com as componentes x e y, leva ao conjunto completo das regras.

[1]Veja nosso *Quanta, matéria e mudança* (LTC, 2011) para uma dedução detalhada da forma da Eq. 9C.2.

As regras de seleção explicam a estrutura do **diagrama de Grotrian** (Fig. 9C.1), que resume as energias dos estados e das transições entre eles. No diagrama, as espessuras das linhas das transições simbolizam as intensidades relativas das linhas espectrais.

9C.2 Os espectros dos átomos complexos

Os espectros dos átomos tornam-se muito complicados à medida que o número de elétrons aumenta, mas há algumas características importantes e relativamente simples que fazem a espectroscopia atômica útil no estudo da composição de amostras tão grandes e tão complexas quanto as estrelas. Acontece, porém, que os níveis reais de energia não são dados somente pelas energias dos orbitais, pois os elétrons interagem mutuamente, de diferentes formas, e há contribuições à energia, além das que já consideramos.

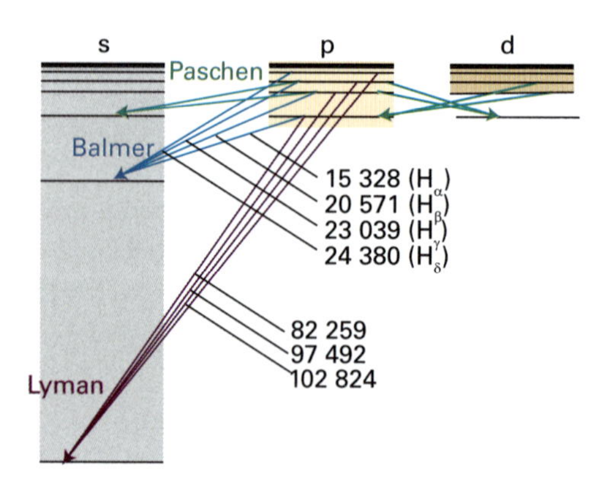

Figura 9C.1 Diagrama de Grotrian resumindo a origem e a natureza do espectro do hidrogênio atômico. As transições são caracterizadas pelos seus números de onda (em cm^{-1}).

(a) Estados simpleto e tripleto

Imaginemos que estamos interessados nos níveis de energia do átomo de He com seus dois elétrons. Sabemos que a configuração do estado fundamental é $1s^2$, e podemos prever que uma configuração de estado excitado será aquela com um dos elétrons promovido para um orbital 2s. O átomo fica com a configuração $1s^12s^1$. Os dois elétrons não estão obrigatoriamente emparelhados, pois ocupam orbitais diferentes. De acordo com a regra de Hund (Seção 9B) da máxima multiplicidade, o estado do átomo com os spins paralelos tem energia mais baixa do que o estado com os elétrons emparelhados. Os dois estados são permitidos, e ambos contribuem para o espectro do átomo.

Os spins paralelos ou antiparalelos (emparelhados) diferem pelo momento angular de spin total. No caso antiparalelo, os dois momentos do spin cancelam-se mutuamente, e o spin resultante é nulo (como mostra a Fig. 9B.2). Esta configuração com os spins antiparalelos é chamada um **simpleto**. O seu estado de spin é o simbolizado por σ_- na discussão do princípio de Pauli:

$$\sigma_-(2,1)=(1/2^{1/2})\{\alpha(2)\beta(1)-\beta(2)\alpha(1)\} \quad \text{Função de spin simpleto} \quad (9C.3a)$$

Os momentos angulares de dois spins paralelos se somam, dando um spin total diferente de zero, e o estado resultante é um **tripleto**. Como mostra a Fig. 9C.2, há três maneiras de o spin total não ser nulo, mas apenas uma maneira de o spin total ser nulo. Os três estados do spin são as combinações simétricas que vimos anteriormente:

$$\begin{aligned}&\alpha(1)\alpha(2)\\ &\sigma_+(1,2)=(1/2^{1/2})\{\alpha(1)\beta(2)+\beta(1)\alpha(2)\}\\ &\beta(1)\beta(2)\end{aligned} \quad \text{Funções de spin tripleto} \quad (9C.3b)$$

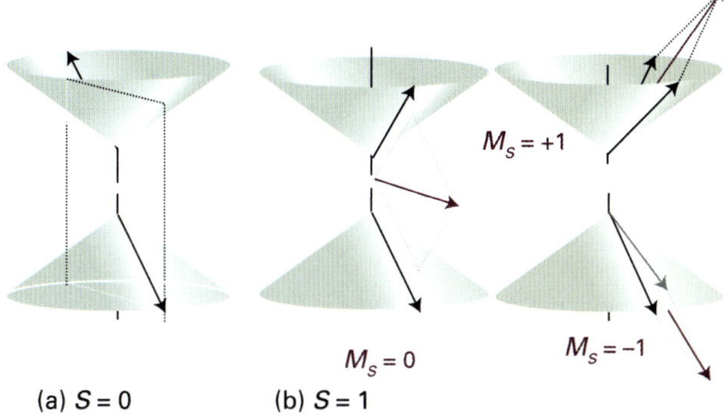

Figura 9C.2 (a) Elétrons com spins paralelos têm momento angular de spin total nulo ($S = 0$). Eles podem ser representados por dois vetores que estão em uma posição indeterminada sobre as folhas dos cones mostrados na figura, mas sempre que um aponta em uma direção o outro aponta na direção oposta; a resultante é nula. (b) Quando dois elétrons têm os spins paralelos, o momento angular de spin total não é nulo ($S = 1$). Há três formas de fazer a combinação de spins, que são indicadas nas representações vetoriais mostradas na figura. Veja que, enquanto os spins emparelhados são exatamente antiparalelos, os spins "paralelos" não são estritamente paralelos.

O fato de a configuração dos spins paralelos na configuração eletrônica $1s^12s^1$ do átomo de He ter energia mais baixa que a configuração antiparalela pode ser expresso ao se dizer que o estado tripleto da configuração $1s^12s^1$ do He tem energia mais baixa do que o estado simpleto. Esta é uma conclusão geral que se aplica a outros átomos (ou moléculas): *em geral, entre os estados provenientes da mesma configuração, o estado tripleto está mais baixo, em energia, do que o estado simpleto*. A origem da diferença de energias está no efeito da correlação de spins sobre as interações coulombianas dos elétrons, como vimos no caso da regra de Hund para as configurações do estado fundamental (Seção 9B). Em virtude de a interação coulombiana entre os elétrons de um átomo ser forte, a diferença de energias entre os estados tripleto e simpleto de uma mesma configuração pode ser grande. Os dois estados $1s^12s^1$ do He, por exemplo, têm uma diferença de 6421 cm^{-1} (equivalente a 0,80 eV).

O espectro do hélio atômico é mais complicado do que o do hidrogênio atômico, mas há dois aspectos que o simplificam. Um deles é o da suficiência de se considerarem configurações excitadas com a forma $1s^1nl^1$, isto é, configurações com apenas um elétron excitado. A excitação dos dois elétrons exige energia superior à energia de ionização do átomo, de modo que se forma o He^+ em lugar do átomo duplamente excitado. O outro é o da inexistência de transições radiativas entre estados simpleto e tripleto, pois a orientação relativa dos spins dos dois elétrons não pode se alterar na transição. Assim, um conjunto de linhas do espectro provém de transições entre estados simpleto (entre os quais o estado fundamental) e outro conjunto provém de transições entre estados tripleto; não há transições entre as componentes dos dois conjuntos. O hélio comporta-se espectroscopicamente como se fosse constituído por duas espécies diferentes, e os espectroscopistas pensavam no hélio como se existisse o "para-hélio" e o "orto-hélio". O diagrama de Grotrian do hélio na Fig. 9C.3 evidencia os dois conjuntos de transições.

(b) Acoplamento spin-órbita

Um elétron tem um momento magnético gerado pelo seu spin. Analogamente, um elétron com um momento angular orbital (isto é, um elétron em um orbital com $l > 0$) é, na realidade, uma corrente circulando, e possui um momento magnético provocado pelo seu momento angular orbital. A interação entre o momento

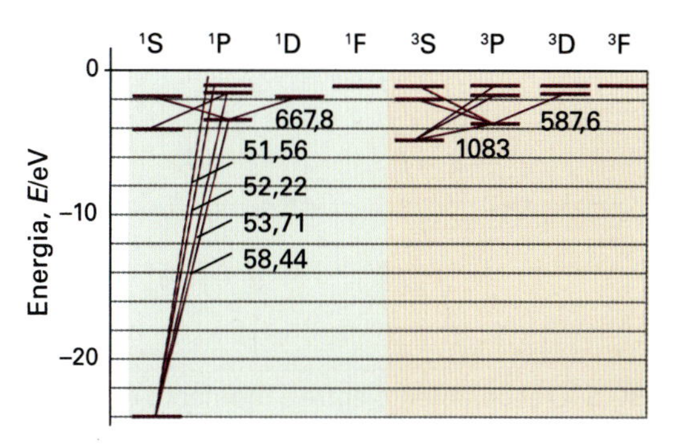

Figura 9C.3 As transições responsáveis pelo espectro do átomo de hélio.

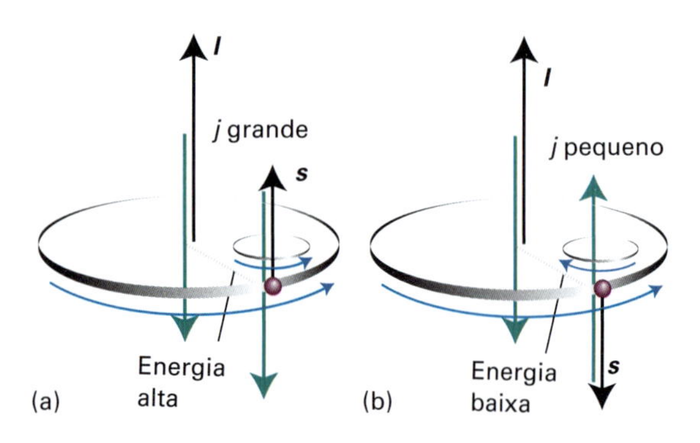

Figura 9C.4 O acoplamento spin-órbita é uma interação magnética entre os momentos magnéticos do spin e do momento angular orbital. Quando os momentos angulares são paralelos, como em (a), os momentos magnéticos têm alinhamento desfavorável; quando são opostos, como em (b), a interação é favorável. Este acoplamento é a razão do desdobramento de uma configuração em níveis.

magnético do spin e o campo magnético que surge do momento angular orbital é o **acoplamento spin-órbita**. A intensidade deste acoplamento e o seu efeito sobre os níveis de energia do átomo dependem das orientações relativas do momento magnético do spin e do momento magnético orbital; portanto, dependem das orientações dos dois momentos angulares (Fig. 9C.4).

Uma maneira de exprimir a dependência da interação spin-órbita em relação à orientação relativa do momento do spin e do momento orbital é dizer que ela depende do momento angular total do elétron, isto é, da soma vetorial do momento do spin com o momento orbital. Assim, quando os dois momentos são quase paralelos, o momento angular total é elevado; quando são opostos, o momento angular total é pequeno.

O momento angular total de um elétron é descrito pelos números quânticos j e m_j, com $j = l + \frac{1}{2}$ (quando os dois momentos angulares têm a mesma direção) ou $j = l - \frac{1}{2}$ (quando os dois têm direções opostas, Fig. 9C.5). Os diferentes valores de j que provêm de certo valor de l identificam os **níveis** de um termo. Para $l = 0$, o único valor permitido é $j = \frac{1}{2}$ (o momento angular total coincide com o momento angular de spin, pois o átomo não tem outra fonte de momento angular). Quando $l = 1$, j pode ser ou $\frac{3}{2}$ (momento angular de spin e momento angular orbital no mesmo sentido) ou $\frac{1}{2}$ (quando os dois momentos angulares têm sentidos opostos).

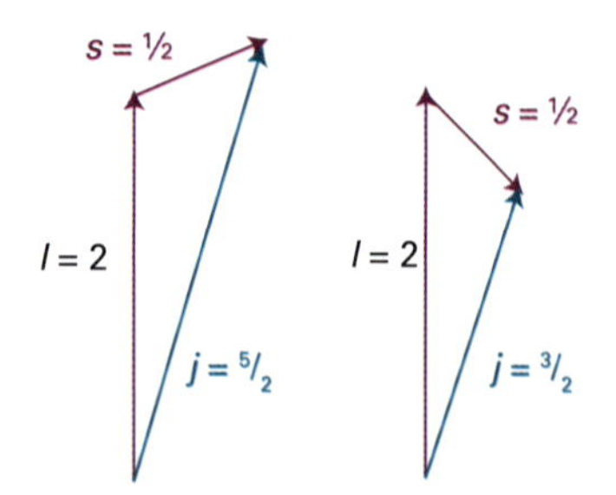

Figura 9C.5 O acoplamento entre o momento do spin e o momento angular orbital de um elétron d ($l = 2$) dá dois valores possíveis para j dependendo das orientações relativas do spin e dos momentos angulares orbitais do elétron.

Breve ilustração 9C.2 Os níveis de uma configuração

Para identificar os níveis que podem existir na configuração (a) d^1, (b) s^1, precisamos identificar em cada caso o valor de l e os valores possíveis de j. (a) Para um elétron d, $l = 2$ e são dois os níveis da configuração, um com $j = 2 + \frac{1}{2} = \frac{5}{2}$ e outro com $j = 2 - \frac{1}{2} = \frac{3}{2}$. (b) Para o elétron s tem-se $l = 0$, e o único nível possível é $j = \frac{1}{2}$.

Exercício proposto 9C.2 Identifique os níveis das configurações (a) p^1 e (b) f^1.

Resposta: (a) $\frac{3}{2}, \frac{1}{2}$; (b) $\frac{7}{2}, \frac{5}{2}$

A dependência entre a interação spin-órbita e o valor de j exprime-se em termos da **constante de acoplamento spin-órbita**, $\tilde{A}$ (que se exprime comumente como um número de onda). Um cálculo apresentado na *Justificativa* 9C.2 mostra que as energias dos níveis com os números quânticos s, l e j são dadas por

$$E_{l,s,j} = \tfrac{1}{2}hc\tilde{A}\{j(j+1) - l(l+1) - s(s+1)\} \qquad (9C.4)$$

Breve ilustração 9C.3 Acoplamento spin-órbita

O elétron não emparelhado no estado fundamental de um átomo de metal alcalino tem $l = 0$, então, $j = \frac{1}{2}$. Como o momento angular orbital deste estado é nulo, a energia do acoplamento spin-órbita é nula (como se confirma fazendo $j = s$ e $l = 0$, na Eq. 9C.4). Quando o elétron é excitado até um orbital $l = 1$, seu momento angular orbital provoca um campo magnético que interage com o spin. Nesta configuração, o elétron pode ter $j = \frac{3}{2}$ e $j = \frac{1}{2}$, e as energias dos níveis são

$$E_{1,1/2,3/2} = \tfrac{1}{2}hc\tilde{A}\{\tfrac{3}{2}\times\tfrac{5}{2} - 1\times 2 - \tfrac{1}{2}\times\tfrac{3}{2}\} = \tfrac{1}{2}hc\tilde{A}$$
$$E_{1,1/2,1/2} = \tfrac{1}{2}hc\tilde{A}\{\tfrac{1}{2}\times\tfrac{3}{2} - 1\times 2 - \tfrac{1}{2}\times\tfrac{3}{2}\} = -hc\tilde{A}$$

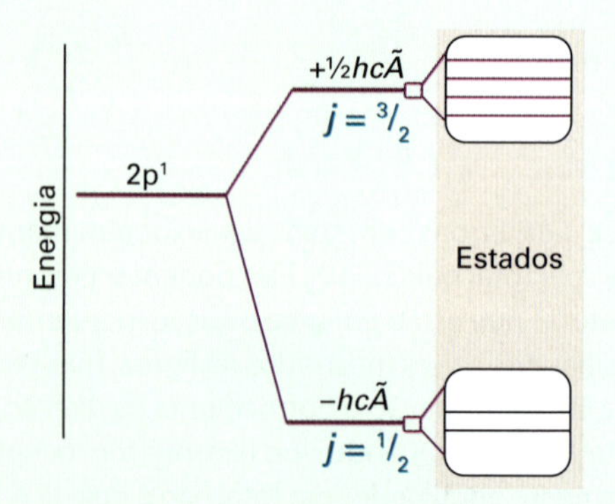

Figura 9C.6 Os níveis de um termo ^2P gerados pelo acoplamento spin-órbita. Observe que o nível com j pequeno fica abaixo do nível com j maior.

As energias correspondentes aparecem na Fig. 9C.6. Observe que o baricentro (o "centro de massa") dos níveis não se altera, pois há quatro estados de energia $\frac{1}{2}hc\tilde{A}$ e dois de energia $-hc\tilde{A}$.

Exercício proposto 9C.3 Quais são as energias dos dois termos que podem surgir a partir de uma configuração d[1]?

Resposta: $E_{2,1/2,5/2} = 2hc\tilde{A}$, $E_{2,1/2,3/2} = -3hc\tilde{A}$

Justificativa 9C.2 A energia da interação spin-órbita

A energia de um momento magnético $\boldsymbol{\mu}$ em um campo magnético $\boldsymbol{\mathcal{B}}$ é dada pelo produto escalar $-\boldsymbol{\mu}\cdot\boldsymbol{\mathcal{B}}$. Se o campo magnético for provocado pelo momento angular orbital do elétron, ele é proporcional a $\boldsymbol{l}$. Se o momento magnético $\boldsymbol{\mu}$ for o do spin do elétron, ele é proporcional a $\boldsymbol{s}$. Assim, a energia da interação é proporcional ao produto escalar de $\boldsymbol{s}$ por $\boldsymbol{l}$:

$$\text{Energia de interação} = -\boldsymbol{\mu}\cdot\boldsymbol{\mathcal{B}} \propto \boldsymbol{s}\cdot\boldsymbol{l}$$

(Para as várias manipulações de vetores usadas nesta seção, veja a *Revisão de matemática* 5.) Notamos então que o momento angular total é a soma vetorial dos momentos do spin e do orbital: $\boldsymbol{j} = \boldsymbol{l} + \boldsymbol{s}$. O módulo do vetor $\boldsymbol{j}$ é calculado por

$$\boldsymbol{j}\cdot\boldsymbol{j} = (\boldsymbol{l}+\boldsymbol{s})\cdot(\boldsymbol{l}+\boldsymbol{s}) = \boldsymbol{l}\cdot\boldsymbol{l} + \boldsymbol{s}\cdot\boldsymbol{s} + 2\boldsymbol{s}\cdot\boldsymbol{l}$$

De forma que

$$j^2 = l^2 + s^2 + 2\boldsymbol{s}\cdot\boldsymbol{l}$$

Ou seja,

$$\boldsymbol{s}\cdot\boldsymbol{l} = \tfrac{1}{2}\{j^2 - l^2 - s^2\}$$

Essa equação é o resultado clássico. Para ter a resolução quântica, substituímos todas as grandezas à direita por seus valores quânticos (Seção 8C):

$$\boldsymbol{s}\cdot\boldsymbol{l} = \tfrac{1}{2}\{j(j+1) - l(l+1) - s(s+1)\}\hbar^2$$

Então, entrando com essa expressão na fórmula da energia de interação ($E \propto \boldsymbol{s}\cdot\boldsymbol{l}$) e escrevendo a constante de proporcionalidade como $hc\tilde{A}/\hbar^2$, obtemos a Eq. 9C.4.

A intensidade do acoplamento spin-órbita depende da carga do núcleo. Para entender este efeito, imaginemos que estamos orbitando juntamente com o elétron e observando o núcleo, que aparentemente circula à nossa volta (como o Sol em torno da Terra). Assim, estamos no centro de uma corrente circular. Quanto maior a carga do núcleo, mais intensa a corrente e, por isso, mais intenso o campo magnético que percebemos. Como o momento magnético do spin do elétron interage com este campo magnético orbital, conclui-se que quanto maior for a carga do núcleo maior será a interação spin-órbita. O acoplamento aumenta fortemente com o número atômico (como Z^4). Ele é muito pequeno no H (provocando deslocamentos de não mais do que 0,4 cm^{-1} nos níveis de energia), porém muito grande nos átomos pesados, como no Pb, por exemplo (provocando deslocamentos da ordem de milhares de centímetros recíprocos).

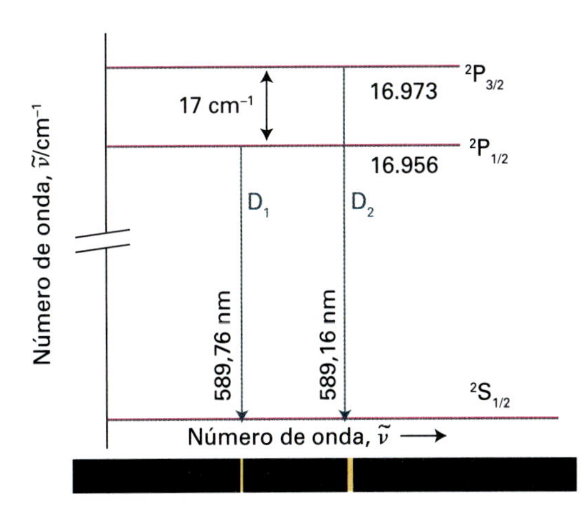

Figura 9C.7 O diagrama de níveis de energia na formação das linhas D do sódio. O desdobramento da linha espectral (em 17 cm^{-1}) reflete o desdobramento dos níveis do termo ^2P.

Observam-se duas linhas espectrais quando um elétron p de um átomo de metal alcalino eletronicamente excitado sofre uma transição e cai para um orbital s de energia mais baixa. Uma linha corresponde à transição que principia num nível $j = \frac{3}{2}$ e a outra linha se deve à transição que principia no nível $j = \frac{1}{2}$ da mesma configuração. As duas linhas exemplificam a **estrutura fina** de um espectro, a estrutura no espectro devida ao acoplamento spin-órbita. Esta estrutura fina pode ser vista sem dificuldade no espectro de emissão do vapor de sódio excitado por uma descarga elétrica (por exemplo, em certo tipo de lâmpada de iluminação urbana). A linha amarela em 589 nm (cerca de 17.000 cm^{-1}) é, na realidade, um dupleto composto por uma linha a 589,76 nm (16.956,2 cm^{-1}) e outra a 589,16 nm (16.973,4 cm^{-1}). As componentes deste dupleto são as "linhas D" do espectro do sódio (Fig. 9C.7). Assim, no Na, o acoplamento spin-órbita afeta as energias das transições em cerca de 17 cm^{-1}.

Exemplo 9C.1 Análise de um espectro para determinação da constante de acoplamento spin-órbita

A origem das linhas D do espectro do sódio atômico está esquematizada na Fig. 9C.7. Calcule a constante do acoplamento spin-órbita para a configuração superior do átomo de Na.

Método Vemos, pela Fig. 9C.7, que o desdobramento das linhas é igual à separação entre as energias dos níveis $j = \frac{3}{2}$ e $\frac{1}{2}$ da configuração excitada. Esta separação pode ser expressa em função de $\tilde{A}$ pela Eq. 9C.4. Portanto, igualando a separação observada à separação calculada pela Eq. 9C.4 e resolvendo a equação resultante em $\tilde{A}$, calculamos essa constante.

Resposta Os dois níveis desdobram-se por

$$\Delta\tilde{\nu}=\left(E_{0,\frac{1}{2},\frac{3}{2}}-E_{0,\frac{1}{2},\frac{1}{2}}\right)/hc=\tfrac{1}{2}\tilde{A}\left\{\tfrac{3}{2}\left(\tfrac{3}{2}+1\right)-\tfrac{1}{2}\left(\tfrac{1}{2}+1\right)\right\}=\tfrac{3}{2}\tilde{A}$$

O valor observado de $\Delta\tilde{\nu}$ é 17,2 cm^{-1}; portanto,

$$\tilde{A}=\tfrac{2}{3}\times(17{,}2\,\text{cm}^{-1})=11{,}5\,\text{cm}^{-1}$$

O mesmo cálculo, repetido com átomos de outros metais alcalinos, dá o seguinte: para o Li, 0,23 cm^{-1}; para o K, 38,5 cm^{-1}; para o Rb, 158 cm^{-1} e para o Cs, 370 cm^{-1}. Observe o crescimento de Ã com o número atômico dos elementos (crescimento, porém mais lento do que Z^4 para esses átomos polieletrônicos).

Exercício proposto 9C.4 A configuração ... $4p^65d^1$ do rubídio tem dois níveis, a 25.700,56 cm^{-1} e a 25.703,52 cm^{-1}, acima do estado fundamental. Qual o valor da constante de acoplamento spin-órbita nesse estado excitado?

Resposta: 1,18 cm^{-1}

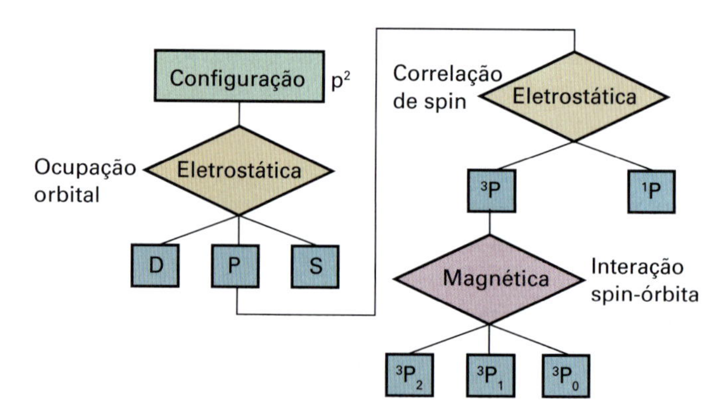

Figura 9C.8 Resumo dos tipos de interações responsáveis pelas diversas espécies de desdobramentos dos níveis de energia dos átomos. Com os átomos leves, as interações magnéticas são pequenas, mas com os pesados elas podem dominar sobre as interações eletrostáticas (de carga para carga).

(c) Símbolos dos termos

Até agora usamos expressões como "o nível $j=\frac{3}{2}$ de termo dupleto com L = 1". Um **símbolo de um termo**, algo como $^2P_{3/2}$ ou $^3D_2$, proporciona as mesmas informações, especificamente o spin total, o momento angular orbital total e o momento angular total, de maneira mais sucinta.

O símbolo de um termo oferece três informações:

- Uma letra (por exemplo, P ou D) simboliza o número quântico do momento angular orbital total, L.
- O índice superior à esquerda (por exemplo, o 2 em $^2P_{3/2}$) dá a multiplicidade do termo.
- O índice inferior à direita (por exemplo, o $\frac{3}{2}$ em $^2P_{3/2}$) é o valor do número quântico do momento angular total, J.

Vejamos agora o significado de cada informação. Na Fig. 9C.8 resumem-se as contribuições à energia dos fatores que vamos analisar.

Quando são vários os elétrons presentes, é preciso saber como os momentos angulares orbitais de cada um se somam ou se opõem uns aos outros. O **número quântico do momento angular orbital total**, L, nos dá o módulo do momento angular pela fórmula $\{L(L+1)\}^{1/2}\hbar$. Este momento angular total tem $2L+1$ orientações, que se identificam pelo número quântico M_L, que pode assumir os valores $L, L-1, ..., -L$. Observações semelhantes valem para o **número quântico do spin total**, S, para o número quântico M_S, para o **número quântico do momento angular total**, J, e para o número quântico M_J.

O valor de L (que é um inteiro não negativo) se obtém pelo acoplamento dos momentos angulares orbitais dos elétrons, regulado pela **série de Clebsch-Gordan**:

$$L=l_1+l_2,\, l_1+l_2-1,\ldots,|l_1-l_2| \qquad \text{Série de Clebsch-Gordan} \quad (9C.5)$$

Observe que a série fica limitada pelo módulo de $l_1 - l_2$ porque L é não negativo. O valor máximo, $L = l_1 + l_2$, aparece quando os dois momentos angulares orbitais têm a mesma direção; o valor mínimo, $L = |l_1 - l_2|$, aparece quando estão em direções opostas. Os valores intermediários são proporcionados pelas posições relativas intermediárias dos dois momentos (Fig. 9C.9). No caso de dois elétrons p (com $l_1 = l_2 = 1$), tem-se L = 2, 1, 0. O código de conversão do valor de L numa letra coincide com o da nomenclatura dos orbitais, s, p, d, f, ... porém com maiúsculas romanas (a convenção de usar letras minúsculas para identificar orbitais e maiúsculas para identificar os estados globais se aplica em toda a espectroscopia, não somente a átomos):

L:	0	1	2	3	4	5	6...
	S	P	D	F	G	H	I...

Desta forma, a configuração p^2, para a qual L = 2, 1 e 0, pode dar origem aos termos D, P e S. As energias destes termos são

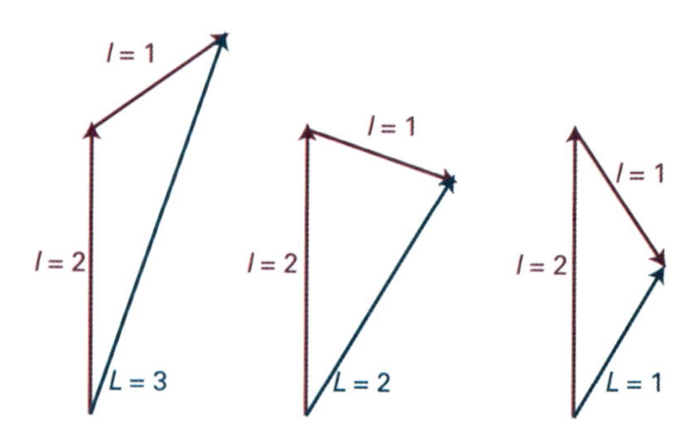

Figura 9C.9 Os momentos angulares orbitais totais de um elétron p e um d correspondem a L = 3, 2, 1 e refletem as diferentes orientações que podem assumir os dois momentos.

diferentes em virtude das diferenças das distribuições espaciais dos elétrons e, portanto, das diferenças das repulsões entre eles.

Uma camada fechada tem momento angular orbital nulo, pois a soma dos momentos angulares orbitais dos seus elétrons é igual a zero. Por isso, para determinar os símbolos dos termos, basta considerar os elétrons que estão em camadas incompletas. No caso de um único elétron externo a uma camada fechada, o valor de L coincide com o de l; assim, a configuração $[Ne]3s^1$ só tem o termo S.

Exemplo 9C.2 Dedução do momento angular orbital total de uma configuração

Encontre os termos das configurações (a) d^2 e (b) p^3.

Método Usamos a série de Clebsch-Gordan e começamos por calcular o valor mínimo de L (de modo a saber onde acaba a série). Quando forem mais de dois os elétrons a acoplar, usamos duas séries sucessivamente: a primeira para o acoplamento de dois deles, a seguinte para o acoplamento com o terceiro elétron, e assim por diante.

Resposta (a) O valor mínimo de L é $|l_1 - l_2| = |2 - 2| = 0$. Portanto:

$$L = 2+2, 2+2-1, \ldots, 0 = 4, 3, 2, 1, 0$$

correspondendo aos termos G, F, D, P, S, respectivamente.
(b) Acoplando dois elétrons obtemos o valor mínimo de L: $|1 - 1| = 0$. Portanto:

$$L' = 1+1, 1+1-1, \ldots, 0 = 2, 1, 0$$

Agora, acoplamos l_3 a $L' = 2$ e obtemos $L = 3, 2, 1$; com $L' = 1$ chegamos a $L = 2, 1, 0$; com $L' = 0$ chegamos a $L = 1$. O resultado final é

$$L = 3, 2, 2, 1, 1, 1, 0$$

com um termo F, dois termos D, três termos P e um termo S.

Exercício proposto 9C.5 Repita o exercício anterior para as configurações (a) f^1d^1 e (b) d^3.

Resposta: (a) H, G, F, D. P; (b) I, 2H, 3G, 4F, 5D, 3P, S

Uma nota sobre a boa prática Ao longo da nossa discussão sobre a espectroscopia atômica, é importante distinguir o S em itálico, para o número quântico do spin total, do S romano, símbolo de um termo.

Quando diversos elétrons estão envolvidos no cálculo, é preciso ter o número quântico do momento angular de spin total, S (um inteiro não negativo ou um semi-inteiro não negativo). Aparece, novamente, a série de Clebsch-Gordan na forma

$$S = s_1 + s_2, s_1 + s_2 - 1, \ldots, |s_1 - s_2| \qquad (9C.6)$$

para se obterem os valores de S. Cada elétron tem $s = \frac{1}{2}$, o que dá, no caso de dois elétrons, $S = 1, 0$ (Fig. 9C.10). Se forem três

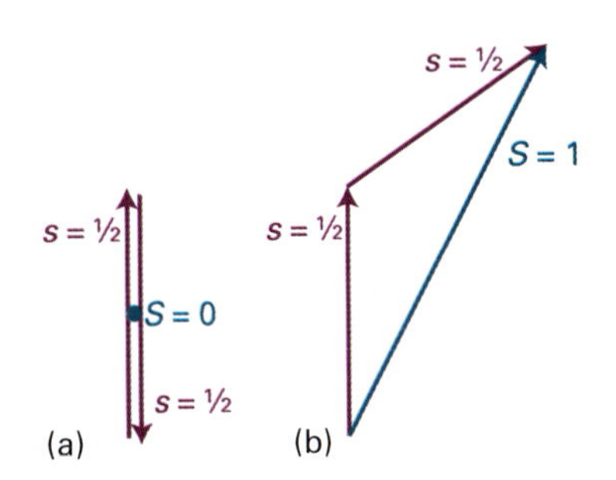

Figura 9C.10 Com dois elétrons (cada qual com $s = \frac{1}{2}$) somente são permitidos dois estados de spin ($S = 0, 1$). (a) O estado com $S = 0$ só pode ter um valor de M_S ($M_S = 0$) e é um simpleto. (b) O estado com $S = 1$ pode ter três valores de MS (MS = +1, 0, −1) e é um tripleto. A representação vetorial dos estados simpleto e tripleto aparece na Fig. 9C.2.

os elétrons, o momento angular de spin total se obtém pelo acoplamento do terceiro spin a cada valor de S dos dois primeiros, e temos então $S = \frac{3}{2}$ e $S = \frac{1}{2}$.

A **multiplicidade** de um termo é o valor $2S + 1$. Quando $S = 0$ (como numa camada fechada, semelhante a $1s^2$) os elétrons estão todos emparelhados e não há spin resultante; esta configuração dá um único termo, ^1S. Com um só elétron, temos $S = s = \frac{1}{2}$, e uma configuração como $[Ne]3s^1$ leva a um termo dupleto, ^2S. Uma configuração como $[Ne]3p^1$ também é um dupleto, ^2P. Quando forem dois os elétrons não emparelhados, $S = 1$, de modo que $2S + 1 = 3$, se tem um termo tripleto, como ^3D. Nas seções anteriores vimos as energias relativas dos simpletos e tripletos e observamos que as diferenças de energia provêm da diferença entre os efeitos da correlação dos spins.

Como já vimos, o número quântico j nos dá a orientação relativa entre o momento do spin e o momento angular orbital de um só elétron. O **número quântico do momento angular total**, J (um inteiro não negativo ou um semi-inteiro não negativo) tem a mesma função no caso de vários elétrons. Se for apenas um o número de elétrons fora de uma camada fechada, $J = j$, com j sendo ou $l = \frac{1}{2}$ ou $\left|l - \frac{1}{2}\right|$. A configuração $[Ne]3s^1$ tem $j = \frac{1}{2}$ (pois $l = 0$ e $s = \frac{1}{2}$), e então o termo ^2S tem um único nível, que representamos por $^2S_{1/2}$. A configuração $[Ne]3p^1$ tem $l = 1$, e, portanto, $j = \frac{3}{2}$ e $\frac{1}{2}$. O termo ^2P tem, portanto, dois níveis, $^2P_{3/2}$ e $^2P_{1/2}$. Estes dois níveis têm energias diferentes em virtude da interação magnética spin-órbita.

Se existirem diversos elétrons fora de uma camada fechada, temos que analisar o acoplamento de todos os spins e de todos os momentos angulares orbitais. Este problema, bastante complicado, simplifica-se quando o acoplamento spin-órbita é fraco (caso de átomos de número atômico baixo), porque então podemos adotar o chamado **acoplamento Russell-Saunders**. Este acoplamento admite que, se a interação spin-órbita for fraca, só haverá efeito quando todos os momentos orbitais estiverem atuando cooperativamente. Imaginamos então que todos os momentos angulares orbitais dos elétrons se acoplem para dar um L total e que todos os spins se acoplem da mesma forma para dar um S total. Somente então imaginamos o acoplamento das duas espécies de momentos, mediante a interação spin-órbita, para se ter o J total. Os valores permitidos de J são dados pela série de Clebsch-Gordan

$$J = L+S, L+S-1, \ldots, |L-S| \quad (9C.7)$$

Por exemplo, no caso do termo ^3D da configuração $[Ne]2p^13p^1$, os valores permitidos de J são 3, 2, 1 (pois ^3D tem $L = 2$ e $S = 1$), de modo que o termo tem três níveis, $^3D_3$, $^3D_2$ e $^3D_1$.

Quando $L \geq S$, a multiplicidade é igual ao número de níveis. Por exemplo, um termo em ^2P ($L=1>S=\frac{1}{2}$) tem dois níveis, $^2P_{3/2}$ e $^2P_{1/2}$, e o termo ^3D ($L = 2 > S = 1$) tem três níveis, $^3D_3$, $^3D_2$ e $^3D_1$. Não é o que acontece quando $L < S$. Por exemplo, o termo ^2S ($L=0<S=\frac{1}{2}$), tem só um nível, $^2S_{1/2}$.

Exemplo 9C.3 Dedução dos símbolos dos termos

Dê os símbolos dos termos das configurações do (a) Na e (b) do F, no estado fundamental, e (c) da configuração excitada $1s^22s^22p^13p^1$ do C.

Método Escrevem-se as configurações ignorando as camadas fechadas internas. Depois, acoplam-se os momentos orbitais para ter L e os spins para ter S. Em seguida acoplam-se L e S para ter J. Finalmente, exprime-se o termo como $^{2S+1}\{L\}_J$, com a letra apropriada para $\{L\}$. No caso do flúor, cuja configuração é $2p^5$, trata-se a vacância na subcamada fechada $2p^6$ como se fosse uma partícula com spin $\frac{1}{2}$.

Resposta (a) Para o Na, a configuração é $[Ne]3s^1$, e basta analisar o elétron 3s. Como $L = l = 0$ e $S=s=\frac{1}{2}$, só é possível ter $J=j=s=\frac{1}{2}$. Então o símbolo do termo é $^2S_{1/2}$. (b) Para o F, a configuração é [He] $2s^22p^5$, que podemos analisar como $[Ne]2p^{-1}$ (em que o símbolo $2p^{-1}$ representa a ausência de um elétron 2p na camada completa). Então, $L = 1$ e $S=s=\frac{1}{2}$. São possíveis dois valores de $J = j$: $J=\frac{3}{2},\frac{1}{2}$. Então, os símbolos dos dois níveis do termo são $^2P_{3/2}$ e $^2P_{1/2}$. (c) Estamos tratando de uma configuração excitada do carbono porque, na configuração fundamental, $2p^2$, o princípio de Pauli proíbe alguns termos, e decidir quais os que sobrevivem (^1D, ^3P, ^1S, na verdade) é bastante complicado. Isto é, existe uma distinção entre "elétrons equivalentes", que são elétrons que ocupam os mesmos orbitais e "elétrons não equivalentes", os que ocupam orbitais diferentes. A configuração excitada de C sob consideração é efetivamente $2p^13p^1$. Temos então um problema de dois elétrons e $l_1=l_2=1$, $s_1=s_2=\frac{1}{2}$. Vem então que $L = 2, 1, 0$ e $S = 1, 0$. Os termos são então ^3D e ^1D, ^3P e ^1P e ^3S e ^1S. Para o ^3D, temos $L = 2$ e $S = 1$. Portanto $J = 3, 2, 1$ e os níveis são $^3D_3$, $^3D_2$ e $^3D_1$. Para o ^1D, $L = 2$ e $S = 0$, e então o único nível é $^1D_2$. Os níveis de tripleto do ^3P são $^3P_2$, $^3P_1$, e $^3P_0$ e o do simpleto é $^1P_1$. Para o termo ^3S só há um nível, $^3S_1$ (pois $J = 1$ apenas) e o termo do simpleto é $^1S_0$.

Exercício proposto 9C.6 Dê os termos provenientes das configurações (a) $2s^12p^1$ e (b) $2p^13d^1$.

Resposta: (a) $^3P_2$, $^3P_1$, $^3P_0$, $^1P_1$; (b) $^3F_4$, $^3F_3$, $^3F_2$, $^1F_3$, $^3D_3$, $^3D_2$, $^3D_1$, $^1D_2$, $^3P_1$, $^3P_0$, $^1P_1$

O acoplamento Russell-Saunders falha quando o acoplamento spin-órbita é muito forte (nos átomos pesados, aqueles com Z elevado). Neste caso, o momento angular de spin do elétron e o momento angular orbital do mesmo elétron se acoplam, dando valores individualizados de j; estes momentos então se combinam num grande total, J. Esta forma de acoplamento é o **acoplamento *jj***. Por exemplo, numa configuração p^2, os valores de j são $\frac{3}{2}$ e $\frac{1}{2}$ para cada elétron. Se o momento do spin e o momento angular de cada elétron estiverem fortemente acoplados, é melhor considerar cada elétron como uma partícula de momento angular $j = \frac{3}{2}$ ou $\frac{1}{2}$. Estes momentos totais dos elétrons se combinam então como segue:

j_1	j_2	J
$\frac{3}{2}$	$\frac{3}{2}$	3, 2, 1, 0
$\frac{3}{2}$	$\frac{1}{2}$	2, 1
$\frac{1}{2}$	$\frac{3}{2}$	2, 1
$\frac{3}{2}$	$\frac{3}{2}$	1, 0

Nos átomos pesados, em que o acoplamento jj é vigente, é melhor discutir as respectivas energias mediante esses números quânticos.

Embora o acoplamento jj deva ser usado para se ter as energias dos termos nos átomos pesados, os símbolos deduzidos no acoplamento Russell-Saunders podem ser usados para identificar cada um deles. Para perceber a razão deste procedimento, basta examinar como as energias dos estados atômicos se transformam à medida que o acoplamento spin-órbita aumenta de intensidade. Um desses **diagramas de correlação** aparece na Fig. 9C.11. O gráfico mostra que há uma correspondência de um para um entre o acoplamento spin-órbita fraco (acoplamento Russell-Saunders) e o acoplamento spin-órbita forte (acoplamento jj), de modo que os símbolos gerados no acoplamento Russell-Saunders podem ser adotados para identificar os termos do acoplamento jj.

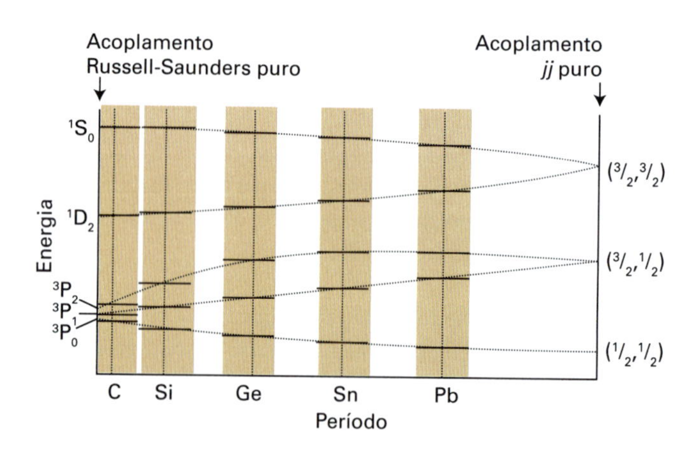

Figura 9C.11 Diagrama de correlação de alguns estados de sistemas com dois elétrons. Todos os átomos ficam entre os dois extremos, mas quanto mais pesados mais perto ficam do caso do acoplamento jj puro.

(d) Regras de Hund

Como já foi mencionado, os termos oriundos de dada configuração diferem em energia porque eles representam diferentes orientações relativas dos momentos angulares dos elétrons e, portanto, diferentes distribuições espaciais. Os termos oriundos da configuração do estado fundamental de um átomo (e, com menor confiabilidade, de outras configurações) podem ser ordenados em valor crescente de energia usando-se as **regras de Hund**, que resumem a discussão precedente:

1. Para uma dada configuração, o termo de maior multiplicidade é o de mais baixa energia.

Como discutido na Seção 9B, esta regra é uma consequência da correlação dos spins dos elétrons, a tendência quântica dos elétrons de mesma orientação de spin de se afastarem mutuamente.

2. Para uma dada multiplicidade, o termo com maior valor de L é o de mais baixa energia.

Esta regra pode ser explicada classicamente observando-se que dois elétrons têm momento angular elevado se eles circulam na mesma direção, caso em que eles podem ficar afastados. Se circulam em direções opostas, eles se encontram. Assim, deve-se esperar que um termo D tenha energia menor do que um termo S de mesma multiplicidade.

3. Para átomos com menos da metade das camadas cheias, o nível com o menor valor de J é o de mais baixa energia; para camadas mais da metade cheias, o de mais baixa energia é o de maior J.

Esta regra surge de considerações sobre o acoplamento spin-órbita. Assim, para um estado de baixo valor de J, os momentos angulares orbital e do spin estão em direções opostas, como também estão os momentos magnéticos correspondentes. Classicamente, os momentos magnéticos são antiparalelos, com o polo N de um próximo ao polo S do outro, sendo esta uma disposição de baixa energia.

(e) Regras de seleção

Qualquer estado do átomo e qualquer transição espectral podem ser identificados mediante os símbolos dos respectivos termos. Por exemplo, as transições que geram o dupleto amarelo do sódio (que vimos na Fig. 9C.7) são

$$3p^1\ {}^2P_{3/2} \rightarrow 3s^1\ {}^2S_{1/2} \quad 3p^1\ {}^2P_{1/2} \rightarrow 3s^1\ {}^2S_{1/2}$$

Convencionalmente, o termo de energia mais alta precede o de energia mais baixa. As absorções, por isso, são simbolizadas por ${}^2P_{3/2} \leftarrow {}^2S_{1/2}$ e ${}^2P_{1/2} \leftarrow {}^2S_{1/2}$. (As configurações foram omitidas.)

Vimos (na Seção 9C.1) que as regras de seleção provêm da conservação do momento angular durante uma transição e do fato de que um fóton tem um spin igual a 1. Podemos exprimi-las, portanto, em função dos símbolos dos termos, pois estes têm informação sobre o momento angular. Uma análise detalhada do problema leva às seguintes regras:

$$\Delta S = 0 \quad \Delta L = 0, \pm 1 \quad \Delta J = 0, \pm 1 \quad \text{mas } J = 0 \leftarrow\!\!|\!\!\rightarrow J = 0$$

Regras de seleção para átomos (9C.8)

em que o símbolo $\leftarrow\!|\!\rightarrow$ representa uma transição proibida. A regra sobre ΔS (não há alteração do spin total) é consequência de a luz não afetar diretamente o spin. As regras sobre ΔL e Δl exprimem o fato de o momento angular orbital de um elétron individual dever se modificar (por isso $\Delta l = \pm 1$), mas se essa modificação leva ou não a uma modificação geral do momento angular orbital depende do acoplamento.

As regras de seleção mencionadas aplicam-se quando o acoplamento Russell-Saunders é válido (nos átomos leves, com Z baixo). Se insistirmos em identificar os termos dos átomos pesados por símbolos como ${}^3D$, veremos que as regras de seleção ficam inoperantes à medida que o número atômico aumenta, pois os números quânticos S e L ficam menos definidos, enquanto o acoplamento *jj* se torna mais apropriado. Como explicamos, os símbolos do acoplamento Russell-Saunders são somente uma maneira conveniente de identificar os termos dos átomos pesados, mas não têm relação direta com os momentos angulares reais dos elétrons nestes átomos. Por isso, as transições entre os estados simpleto e tripleto (para as quais $\Delta S = \pm 1$) são proibidas nos átomos leves, mas permitidas nos átomos pesados.

Conceitos importantes

- ☐ 1. Dois elétrons com spins emparelhados formam um **estado simpleto**; se seus spins estão desemparelhados, eles formam um **estado tripleto**.
- ☐ 2. Os momentos angulares orbital e do spin interagem magneticamente.
- ☐ 3. O **acoplamento spin-órbita** faz com que os níveis de um termo tenham energias diferentes.
- ☐ 4. A estrutura fina de um espectro se deve às transições entre diferentes níveis de um termo.
- ☐ 5. Um **símbolo de um termo** especifica os estados de momento angular de um átomo.
- ☐ 6. Os momentos angulares se combinam em um resultante através da **regra de Clebsch-Gordan**.
- ☐ 7. A **multiplicidade** de um termo é o valor de $2S + 1$.
- ☐ 8. O momento angular total em átomos leves é obtido com base no **acoplamento Russell-Saunders**; em átomos pesados, é usado o **acoplamento *jj***.

☐ 9. As **regras de seleção** para átomos leves consideram o fato de que não ocorre mudança no spin total.

☐ 10. As **regras de Hund** podem ser expressas como:

- O termo com a maior multiplicidade é o de mais baixa energia.
- Para uma dada multiplicidade, o termo com o maior valor de L é o de mais baixa energia.
- Para átomos com menos da metade das camadas cheias, o nível com o menor valor de J é o de mais baixa energia; para camadas mais da metade cheias, o de mais baixa energia é o de maior J.

Equações importantes

Propriedade	Equação	Comentário	Número da equação
Energias do acoplamento spin-órbita	$E_{l,s,j} = \frac{1}{2}hc\tilde{A}\{j(j+1)-l(l+1)-s(s+1)\}$		9C.4
Série de Clebsch-Gordan	$J=j_1+j_2, j_1+j_2-1, \ldots, \lvert j_1-j_2\rvert$	J, j representa qualquer tipo de momento angular	9C.5
Regras de seleção	$\Delta S=0$, $\Delta L=0, \pm1$, $\Delta l=\pm1$, $\Delta J=0, \pm1$, mas $J=0 \leftarrow\mid\rightarrow J=0$	Átomos leves	9C.8

CAPÍTULO 9 Estrutura atômica e espectros atômicos

SEÇÃO 9A Átomos hidrogenoides

Questões teóricas

9A.1 Descreva o processo de separação de variáveis a ser aplicado para simplificar a descrição do átomo hidrogenoide livre para se mover pelo espaço.

9A.2 Liste e dê o significado dos números quânticos necessários para especificar o estado interno de um átomo hidrogenoide.

9A.3 Explique o significado de (a) uma superfície de contorno e (b) a função de distribuição radial para os orbitais hidrogenoides.

Exercícios

9A.1(a) Dê a degenerescência orbital dos níveis em um átomo de hidrogênio que tem energia (i) $-hc\tilde{R}_H$; (ii) $-\frac{1}{9}hc\tilde{R}_H$; (iii) $-\frac{1}{25}hc\tilde{R}_H$.
9A.1(b) Dê a degenerescência orbital dos níveis em um átomo hidrogenoide (com Z entre parênteses) que tem energia (i) $-4hc\tilde{R}_N$, (2); (ii) $-\frac{1}{4}hc\tilde{R}_N$ (4); (iii) $-hc\tilde{R}_N$ (5).

9A.2(a) A função de onda do estado fundamental do átomo de hidrogênio é Ne^{-r/a_0}. Determine a constante de normalização N.
9A.2(b) A função de onda do orbital 2s do átomo de hidrogênio é $N(2-r/a_0)e^{-r/2a_0}$. Determine a constante de normalização N.

9A.3(a) Mostre, derivando, que a função de onda radial 2s tem dois extremos na sua amplitude. Localize cada um deles.
9A.3(b) Mostre, derivando, que a função de onda radial 3s tem três extremos na sua amplitude. Localize cada um deles.

9A.4(a) Em que raio a probabilidade de se encontrar um elétron num ponto de um átomo de H cai para 50% do seu valor máximo?
9A.4(b) Em que raio, no átomo de H, a função de distribuição radial do estado fundamental tem (i) 50%, (ii) 75% do seu valor máximo?

9A.5(a) Localize os nós radiais no orbital 3s do átomo de H.
9A.5(b) Localize os nós radiais no orbital 4p de um átomo de H. Um orbital 4p é proporcional a $(20 - 10\rho + \rho^2)\rho e^{-\rho/2}$.

9A.6(a) Calcule a energia cinética média e a energia potencial média de um elétron no estado fundamental do átomo de hidrogênio.
9A.6(b) Calcule a energia cinética média e a energia potencial média de um elétron num orbital 2s de átomo hidrogenoide com o número atômico Z.

9A.7(a) Escreva a expressão da função de distribuição radial de um elétron 2s num átomo hidrogenoide de número atômico Z, e determine o raio em que é mais provável encontrar o elétron.
9A.7(b) Escreva a expressão da função de distribuição radial de um elétron 3s num átomo hidrogenoide de número atômico Z, e determine o raio em que é mais provável encontrar o elétron.

9A.8(a) Escreva a expressão para a função de distribuição radial de um elétron 2p num átomo hidrogenoide e determine o raio em que é mais provável encontrar o elétron.
9A.8(b) Escreva a expressão para a função de distribuição radial de um elétron 3p num átomo hidrogenoide, e determine o raio em que é mais provável encontrar o elétron.

9A.9(a) Qual o momento angular orbital de um elétron nos orbitais (i) 1s (ii) 3s (iii) 3d? Dê o número de nós angulares e radiais em cada caso.
9A.9(b) Qual o momento angular orbital de um elétron nos orbitais (i) 4d, (ii) 2p, (iii) 3p? Dê o número de nós angulares e radiais em cada caso.

9A.10(a) Localize os nós angulares e os planos nodais de cada um dos orbitais 2p de um átomo hidrogenoide de número atômico Z. Para localizar os nós angulares, dê o ângulo que o plano faz com o eixo z.
9A.10(b) Localize os nós angulares e os planos nodais de cada um dos orbitais 3d de um átomo hidrogenoide de número atômico Z. Para localizar os nós angulares, dê o ângulo que o plano faz com o eixo z.

Problemas

9A.1 Qual o ponto mais provável (o ponto, não o raio) de se encontrar um elétron 2p de um átomo de hidrogênio?

9A.2 Mostre, por integração, que os orbitais hidrogenoides (a) 1s e 2s e (b) $2p_x$ e $2p_y$ são mutuamente ortogonais.

9A.3 As expressões para alguns orbitais hidrogenoides são dadas nas Tabelas 8C.1 (para a componente angular) e 9A.1 (para a componente radial). (a) Verifique que o orbital $3p_x$ está normalizado e que é ortogonal ao orbital $3d_{xy}$. (b) Determine as posições dos nós radiais e dos planos nodais dos orbitais 3s, $3p_x$ e $3d_{xy}$. (c) Determine o raio médio do orbital 3s. (d) Faça um gráfico da função de distribuição radial dos três orbitais (da parte (b)) e discuta o significado desses gráficos na interpretação das propriedades dos átomos polieletrônicos. (e) Construa os gráficos polares no plano xy e as superfícies de contorno para esses orbitais. Construa os contornos de forma que a distância da origem à superfície seja igual ao valor absoluto da parte angular da função de onda. Compare o desenho das superfícies de contorno dos orbitais s, p e d com a superfície de contorno de um orbital f; e.g. $\psi_f \propto x(5z^2 - r^2) \propto \text{sen}\,\theta\,(5\cos^2\theta - 1)\cos\phi$.

9A.4 Determine se os orbitais p_x e p_y são autofunções de l_z. Se não forem, haverá combinação linear que seja autofunção de l_z?

9A.5 Mostre que l_z e l^2 comutam com o hamiltoniano de um átomo de hidrogênio. Qual o significado desses resultados?

9A.6 O "tamanho" de um átomo é considerado, às vezes, o raio de uma esfera que contém 90% da densidade de carga dos elétrons que ocupam o orbital mais externo. Calcule o "tamanho" do átomo de hidrogênio no seu estado fundamental de acordo com esta definição. Explore como o "tamanho" varia quando a definição muda para outras porcentagens, e faça um gráfico das suas conclusões.

9A.7 Algumas propriedades atômicas dependem do valor médio de $1/r$ em vez do valor médio de r. Calcule o valor médio de $1/r$ para (a) o orbital 1s do átomo de hidrogênio, (b) o orbital 2s de um átomo hidrogenoide, (c) o orbital 2p de um átomo hidrogenoide.

9A.8 Uma das mais famosas teorias, hoje obsoletas, sobre o átomo de hidrogênio foi a proposta por Bohr. Foi substituída pela teoria da mecânica quântica, mas por uma coincidência notável (que se repete outras vezes em questões envolvendo o potencial coulombiano) as energias que ele prevê concordam exatamente com as obtidas pela equação de Schrödinger. No átomo de Bohr, o elétron percorre uma órbita circular em torno do núcleo. A força de atração coulombiana ($Ze^2/4\pi\varepsilon_0 r^2$) é equilibrada pelo efeito centrífugo do movimento orbital. Bohr propôs que o momento angular fosse limitado a múltiplos inteiros de $\hbar$. Quando as duas forças mencionadas se equilibram, o átomo fica num estado estacionário até fazer uma transição espectral. Calcule as energias de um átomo hidrogenoide com esse modelo de Bohr.

9A.9 O modelo de Bohr do átomo foi mencionado no Problema 9A.8. (a) Que aspectos do modelo são inadmissíveis pela mecânica quântica? (b) Em que o estado fundamental do átomo de Bohr difere do estado fundamental real? (c) Há diferenças experimentais entre o modelo de Bohr para o estado fundamental e o modelo quântico do mesmo estado?

9A.10 As unidades atômicas de comprimento e de energia podem se basear nas propriedades de certo átomo. A escolha mais comum é a do átomo de hidrogênio, com a unidade de comprimento coincidindo com o raio de Bohr, a_0, e a unidade de energia sendo o "hartree", E_h, que é igual a duas vezes o (negativo do) valor da energia do orbital 1s (mais precisamente, $E_h = 2hc\tilde{R}_\infty$). Se em lugar do átomo de hidrogênio fosse adotado o positrônio (e^+, e^-) com definições semelhantes das unidades de comprimento e de energia, quais seriam as relações entre os dois conjuntos de unidades atômicas?

9A.11 A distribuição dos isótopos de um elemento pode fornecer informações sobre as reações nucleares que ocorrem no interior de uma estrela. Mostre que é possível usar a espectroscopia para confirmar a presença de $^4He^+$ e $^3He^+$ numa estrela calculando os números de onda das transições $n = 3 \rightarrow n = 2$ e $n = 2 \rightarrow n = 1$ para cada isótopo.

SEÇÃO 9B Átomos polieletrônicos

Questões teóricas

9B.1 Dê as configurações eletrônicas dos átomos polieletrônicos em função de suas localizações na tabela periódica.

9B.2 Descreva e explique a variação das energias da primeira ionização ao longo do Período 2 da tabela periódica. Você esperaria a mesma variação no Período 3?

9B.3 Descreva a aproximação dos orbitais atômicos para a função de onda de um átomo polieletrônico. Quais são as limitações dessa aproximação?

Exercícios

9B.1(a) (a) Escreva a configuração eletrônica do estado fundamental dos metais d do escândio ao zinco.
9B.1(b) (a) Escreva a configuração eletrônica do estado fundamental dos metais d do ítrio ao cádmio.

9B.2(a) (a) Escreva a configuração eletrônica do íon Ni^{2+}. (b) Quais os valores possíveis dos números quânticos do spin total S e M_S deste íon?
9B.2(b) (a) Escreva a configuração eletrônica do íon V^{2+}. (b) Quais os valores possíveis dos números quânticos do spin total S e M_S deste íon?

Problemas

9B.1 Em 1976 foi anunciada, erroneamente, a descoberta do primeiro elemento "superpesado", em uma amostra de mica. O seu número atômico seria 126. Ignorando os efeitos relativísticos, calcule a distância mais provável entre o núcleo de um átomo deste elemento e os elétrons mais internos. Seu resultado sugere que os efeitos relativísticos devam ser incluídos no cálculo?

9B.2 A função de onda de um átomo polieletrônico de camada fechada pode ser expressa como um determinante de Slater. Uma propriedade útil dos determinantes é que a troca de duas linhas ou colunas do determinante altera o seu sinal; assim, o determinante se anula quando duas linhas ou colunas são iguais. Use esta propriedade para mostrar que (a) a função de onda é antissimétrica em relação à troca de duas partículas, (b) dois elétrons não podem ocupar o mesmo orbital com o mesmo spin.

9B.3 Os metais do bloco d – ferro, cobre e manganês – formam cátions com diversos estados de oxidação. Esta é a razão de eles serem encontrados em muitas oxirredutases e em diversas proteínas da fosforilação oxidativa e da fotossíntese. Explique por que muitos metais de transição formam cátions com diferentes estados de oxidação.

9B.4 O tálio, uma neurotoxina, é o membro mais pesado do Grupo 13 da tabela periódica e encontra-se mais comumente no estado de oxidação +1. O alumínio, causador de anemia e demência, também é um membro desse grupo, mas suas propriedades químicas são dominadas pelo estado de oxidação +3. Analise esta afirmação fazendo o gráfico das energias de primeira, segunda e terceira ionizações para os elementos do Grupo 13 em função do número atômico. Explique as tendências observadas. *Sugestão*: A energia de terceira ionização, I_3, é a energia mínima necessária para remover um elétron de um cátion duplamente carregado: $E^{2+}(g) \rightarrow E^{3+}(g) + e^-(g)$, $I_3 = E(E^{3+}) - E(E^{2+})$. Obtenha os dados relevantes nos sites referentes aos assuntos deste livro.

SEÇÃO 9C Espectros atômicos

Questões teóricas

9C.1 Discuta a origem das séries de linhas no espectro de emissão do hidrogênio. Que região do espectro eletromagnético está associada a cada uma das séries na Figura 9C.1?

9C.2 Especifique e justifique as regras de seleção para as transições nos átomos hidrogenoides.

9C.3 Explique a origem do acoplamento spin-órbita e como ele afeta a aparência de um espectro.

Exercícios

9C.1(a) Determine as linhas de comprimento de onda mais curto e mais longo na série de Lyman.
9C.1(b) A série de Pfund tem $n_1 = 5$. Determine as linhas de comprimento de onda mais curto e mais longo na série de Pfund.

9C.2(a) Calcule o comprimento de onda, a frequência e o número de onda da transição $n = 2 \rightarrow n = 1$ no He^+.
9C.2(b) Calcule o comprimento de onda, a frequência e o número de onda da transição $n = 5 \rightarrow n = 4$ no Li^{+2}.

9C.3(a) Quando se faz incidir radiação ultravioleta de comprimento de onda de 58,4 nm, proveniente de uma lâmpada de hélio, sobre uma amostra de criptônio, observa-se a emissão de elétrons com a velocidade de 1,59 Mm s^{-1}. Determine a energia de ionização do criptônio.
9C.3(b) Quando se faz incidir radiação ultravioleta de comprimento de onda de 58,4 nm, proveniente de uma lâmpada de hélio, sobre uma amostra de xenônio, observa-se a emissão de elétrons com a velocidade de 1,79 Mm s^{-1}. Determine a energia de ionização do xenônio.

9C.4(a) Dentre as transições seguintes, quais as permitidas no espectro de emissão normal de um átomo? (i) 2s → 1s, (ii) 2p → 1s, (iii) 3d → 2p.
9C.4(b) Dentre as transições seguintes, quais as permitidas no espectro de emissão normal de um átomo? (i) 5d → 2s, (ii) 5p → 3s, (iii) 6p → 4f.

9C.5(a) Calcule os valores permitidos de j para (i) um elétron d e (ii) de um elétron f.
9C.5(b) Calcule os valores permitidos de j para (i) um elétron p e (ii) para um elétron h.

9C.6(a) Um elétron, em dois estados diferentes de um átomo, tem $j=\frac{3}{2}$ e $\frac{1}{2}$. Qual é, em cada caso, o número quântico do momento angular orbital?
9C.6(b) Quais os números quânticos do momento angular total permitidos para um sistema composto com $j_1 = 5$ e $j_2 = 3$?

9C.7(a) Que informação o símbolo $^1D_2$ proporciona sobre o momento angular do átomo?
9C.7(b) Que informação o símbolo $^3F_4$ proporciona sobre o momento angular do átomo?

9C.8(a) Suponha que um átomo tenha (i) 2, (ii) 3 elétrons em diferentes orbitais. Quais os valores possíveis do número quântico do spin total S? Qual a multiplicidade em cada caso?
9C.8(b) Imagine que um átomo tenha (i) 4, (ii) 5 elétrons em orbitais diferentes. Quais os valores possíveis do número quântico do spin total S? Qual a multiplicidade em cada caso?

9C.9(a) Que termos atômicos são possíveis com a configuração eletrônica ns^1nd^1? Que termo terá, possivelmente, energia mais baixa?
9C.9(b) Que termos atômicos são possíveis com a configuração eletrônica np^1nd^1? Que termo terá, possivelmente, energia mais baixa?

9C.10(a) Que valores de J podem ocorrer nos termos (i) ^1S, (ii) ^2P, (iii) ^3P? Quantos estados (diferenciados pelo número quântico M_J) pertencem a cada nível?
9C.10(b) Que valores de J podem ocorrer nos termos (i) ^3D, (ii) ^4D, (iii) ^2G? Quantos estados (diferenciados pelo número quântico M_J) pertencem a cada nível?

9C.11(a) Dê os possíveis símbolos dos termos para (i) Li [He]2s^1, (ii) Na [Ne]3p^1.
9C.11(b) Dê os possíveis símbolos dos termos para (i) Sc [Ar] 3d^{1}4s^2, (ii) Br [Ar] 3d^{10}4s^{2}4p^5.

9C.12(a) Quais das seguintes transições entre termos são permitidas no espectro eletrônico de emissão normal de um átomo polieletrônico: (i) $^3D_2 \rightarrow {}^3P_1$, (ii) $^3P_2 \rightarrow {}^1S_0$, (iii) $^3F_4 \rightarrow {}^3D_3$?
9C.12(b) Quais das seguintes transições entre termos são permitidas no espectro eletrônico de emissão normal de um átomo polieletrônico: (i) $^2P_{3/2} \rightarrow {}^2S_{1/2}$, (ii) $^3P_0 \rightarrow {}^3S_1$, (iii) $^3D_3 \rightarrow {}^1P_1$?

Problemas

9C.1 A *série de Humphreys* é outro grupo de linhas do espectro do hidrogênio. Principia em 12.368 nm e aparece até 3281,4 nm. Quais as transições envolvidas nesta série? Quais os comprimentos de onda das transições intermediárias?

9C.2 Uma série de linhas do espectro do hidrogênio atômico é constituída pelos comprimentos de onda 656,46 nm, 486,27 nm, 434,17 nm e 410,29 nm. Qual o comprimento de onda da linha seguinte nessa série? Qual a energia de ionização do átomo no estado mais baixo dessas transições?

9C.3 O íon Li^{2+} é hidrogenoide e tem uma série de Lyman com as linhas em 740.747 cm^{-1}, 877.924 cm^{-1}, 925.933 cm^{-1} e outras adiante. Mostre que os níveis de energia têm a forma $-hc\tilde{R}_{Li}/n^2$ e ache o valor de $\tilde{R}_{Li}$ para esse íon. Estime os números de onda das duas transições da série de Balmer com maior comprimento de onda e estime a energia de ionização do íon.

9C.4 Uma série de linhas do espectro dos átomos de Li neutros provém das combinações de 1s^{2}2p^1 ^{2}P com 1s^2nd^1 ^{2}D e tem os comprimentos de onda 610,36 nm, 460,29 nm e 413,23 nm. Os orbitais d são hidrogenoides. Sabe-se que o termo ^{2}P está 670,78 nm acima do estado fundamental, que é 1s^{2}2s^1 ^{2}S. Calcule a energia de ionização do estado fundamental do átomo.

9C.5‡ W.P. Wijesundera *et al.* (*Phys. Rev.* A **51**, 278 (1995)) tentaram determinar a configuração eletrônica do estado fundamental do lawrêncio, elemento 103. As duas configurações propostas são [Rn]5f^{14}7s^{2}7p^1 e [Rn]5f^{14}6d^{7}s^2. Dê os símbolos dos termos de cada configuração e identifique o termo de energia mais baixa em cada uma delas. Que termo seria o mais baixo de acordo com uma estimativa simples do acoplamento spin-órbita?

9C.6 A linha característica da emissão dos átomos de K tem duas componentes muito próximas, uma a 766,70 e outra a 770,11 nm. Explique esta estrutura da linha e deduza outras informações pertinentes.

‡ Estes problemas foram propostos por Charles Trapp e Carmen Giunta.

9C.7 Calcule a massa do dêuteron sabendo que a primeira linha da série de Lyman do H está a 82.259,098 cm^{-1} enquanto a linha correspondente do espectro do D está a 82.281,476 cm^{-1}. Calcule a razão entre as energias de ionização do H e do D.

9C.8 O positrônio é constituído por um elétron e um pósitron (mesma massa que o elétron, carga de sinal oposto) que orbitam em torno de um centro de massa comum. Os traços gerais do espectro dessa entidade serão, possivelmente, semelhantes aos do hidrogênio, e as diferenças serão provocadas, principalmente, pelas diferenças das massas envolvidas. Estime os números de onda das primeiras três linhas da série de Balmer do positrônio. Qual a energia de ligação do estado fundamental do positrônio?

9C.9 O *efeito Zeeman* é a modificação de um espectro atômico pela aplicação de um campo magnético forte. Ele surge da interação entre os campos aplicados e os momentos magnéticos devidos ao momento angular orbital e de spin (recorde a experiência de Stern-Gerlach, Seção 8C, que evidenciou a existência do spin). Para que tenhamos alguma compreensão do chamado *efeito Zeeman normal*, que é observado em transições que envolvem estados simpletos, considere um elétron p, com $l = 1$ e $m_l = 0, \pm 1$. Na ausência de um campo magnético, esses três estados são degenerados. Quando um campo magnético de intensidade $\mathcal{B}$ está presente, a degenerescência é removida e se observa que o estado com $m_l = +1$ tem sua energia aumentada de $\mu_B\mathcal{B}$, o estado com $m_l = 0$ tem sua energia inalterada e o estado com $m_l = -1$ tem a energia diminuída de $\mu_B\mathcal{B}$, em que $\mu_B = e\hbar/2m_e = 9{,}274\times10^{-24}$ J T^{-1} é o "magnéton de Bohr". Portanto, uma transição entre um termo $^1S_0$ e um termo $^1P_1$ consiste em três linhas espectrais na presença de um campo magnético, e em apenas uma linha na ausência do campo. (a) Calcule o espaçamento, em centímetros recíprocos, das três linhas espectrais de uma transição entre um termo $^1S_0$ e um termo $^1P_1$ na presença de um campo magnético de 2 T (1 T = 1 kg s^{-2} A^{-1}). (b) Compare o valor obtido em (a) com os números de onda típicos de uma transição óptica, como os da série de Balmer para o átomo de H. O espaçamento das linhas provocado pelo efeito Zeeman normal é relativamente pequeno ou é relativamente grande?

9C.10 Algumas das regras de seleção para os átomos hidrogenoides foram obtidas na *Justificativa* 9C.1. Complete a derivação considerando as componentes x e y do operador de momento de dipolo elétrico.

9C.11‡ A divisão dos feixes atômicos na experiência de Stern-Gerlach é pequena e se opera ou com grandes gradientes do campo magnético ou com ímãs compridos, para se ter boas observações. Com um feixe de átomos de momento angular orbital nulo, como H ou Ag, o desvio é dado por $x = \pm(\mu_B L^2/4E_k)\mathrm{d}\mathcal{B}/\mathrm{d}z$, em que μ_B é o magnéton de Bohr (Problema 9C.9), L é o comprimento do ímã, E_k é a energia cinética média dos átomos do feixe e $\mathrm{d}\mathcal{B}/\mathrm{d}z$ é o gradiente do campo magnético. (a) Com a distribuição de velocidades de Maxwell-Boltzmann (Eq. 1B.4 na Seção 1B), mostre que a energia cinética de translação média dos átomos que emergem num feixe através de orifício nas paredes de um forno, na temperatura T, é $2kT$. (b) Calcule o gradiente de campo magnético capaz de provocar a separação de 1,00 mm em um feixe de átomos de Ag provenientes de um forno a 1000 K, com um ímã de 50 cm de comprimento.

9C.12 O hidrogênio é o material mais abundante em todas as estrelas. Entretanto, as linhas de absorção ou de emissão devidas ao hidrogênio são de muito pouca intensidade nos espectros de estrelas com temperaturas efetivas maiores que 25.000 K. Explique esta observação.

Atividades integradas

9.1 Um elétron no estado fundamental do íon He^+ sofre uma transição para um estado descrito pela função de onda $R_{4,1}(r)Y_{1,1}(\theta,\phi)$. (a) Descreva a transição usando os símbolos dos termos. (b) Calcule o comprimento de onda, a frequência e o número de onda da transição. (c) De quanto varia o raio médio do elétron devido à transição?

9.2‡ Os átomos em estados muito excitados têm os elétrons com números quânticos principais muito grandes. Esses átomos de *Rydberg* têm propriedades peculiares e de bastante interesse na astrofísica. (a) Deduza uma relação que dê a separação dos níveis de energia nos átomos de hidrogênio com grandes valores de n. (b) Calcule esta separação para $n = 100$. Calcule também, no mesmo caso, o raio mais provável, a seção reta geométrica e a energia de ionização. (c) Uma colisão térmica com outro átomo de hidrogênio seria capaz de ionizar esse átomo de Rydberg? (d) Que velocidade mínima teria esse segundo átomo ionizante? (e) Poderia um átomo neutro de H, normal, passar através de um átomo de Rydberg sem perturbá-lo? (f) Como seria a função de onda radial do orbital 100s?

Revisão de Matemática 5 Vetores

Uma **grandeza escalar** (como a temperatura) varia, em geral, através do espaço e é representada por um único valor em cada ponto do espaço. Uma **grandeza vetorial** (tal como a velocidade ou o campo elétrico) também varia através do espaço, porém tem, em geral, direção e módulo diferentes em cada ponto.

RM5.1 Definições

Um **vetor** $\boldsymbol{v}$ tem a forma geral (em três dimensões):

$$\boldsymbol{v}=v_x\boldsymbol{i}+v_y\boldsymbol{j}+v_z\boldsymbol{k} \qquad \text{(RM5.1)}$$

em que $\boldsymbol{i}$, $\boldsymbol{j}$ e $\boldsymbol{k}$ são **vetores unitários**, vetores de módulo 1, que apontam ao longo das direções positivas dos eixos dos x, y e z, e v_x, v_y e v_z são as **componentes** do vetor em cada eixo (Fig. RM5.1). O **módulo** do vetor é simbolizado por v ou $|\boldsymbol{v}|$ e é dado por

$$v=(v_x^2+v_y^2+v_z^2)^{1/2} \qquad \text{Módulo} \quad \text{(RM5.2)}$$

O vetor faz um ângulo θ com o eixo dos z e ϕ com o eixo dos x no plano xy. Segue que

$$v_x=v\operatorname{sen}\theta\cos\phi \quad v_y=v\operatorname{sen}\theta\operatorname{sen}\phi \quad v_z=v\cos\theta \qquad \text{Orientação} \quad \text{(RM5.3a)}$$

e, portanto, que

$$\theta=\arccos(v_z/v) \quad \phi=\arctan(v_y/v_x) \qquad \text{(RM5.3b)}$$

Breve ilustração RM5.1 Orientação de um vetor

O vetor v = 2**i** + 3**j** − **k** tem módulo

$$v=\{2^2+3^2+(-1)^2\}^{1/2}=14^{1/2}=3{,}74$$

Sua direção é dada por

$$\theta=\arccos\left(-1/14^{1/2}\right)=105{,}5° \quad \phi=\arctan(3/2)=56{,}3°$$

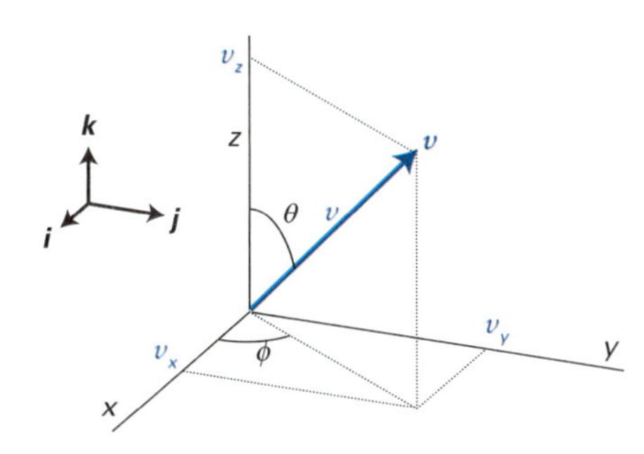

Figura RM5.1 O vetor v tem componentes v_x, v_y e v_z segundo os eixos x, y e z, respectivamente. Ele tem um módulo v e faz um ângulo θ com o eixo dos z e θ com o eixo dos x no plano xy.

RM5.2 Operações

Considere os dois vetores

$$\boldsymbol{u}=u_x\boldsymbol{i}+u_y\boldsymbol{j}+u_z\boldsymbol{k} \qquad \boldsymbol{v}=v_x\boldsymbol{i}+v_y\boldsymbol{j}+v_z\boldsymbol{k}$$

As operações de adição, subtração e multiplicação são dadas por:

1. *Adição*

$$\boldsymbol{v}+\boldsymbol{u}=(v_x+u_x)\boldsymbol{i}+(v_y+u_y)\boldsymbol{j}+(v_z+u_z)\boldsymbol{k} \qquad \text{(RM5.4a)}$$

2. *Subtração*

$$\boldsymbol{v}-\boldsymbol{u}=(v_x-u_x)\boldsymbol{i}+(v_y-u_y)\boldsymbol{j}+(v_z-u_z)\boldsymbol{k} \qquad \text{(RM5.4b)}$$

Breve ilustração RM5.2 Adição e subtração

Considere os vetores $\boldsymbol{u}$ = **i** − 4**j** + **k** (de módulo 4,24) e $\boldsymbol{v}$ = −4**i** + 2**j** + 3**k** (de módulo 5,39). A soma dos dois vetores é

$$\boldsymbol{u}+\boldsymbol{v}=(1-4)\boldsymbol{i}+(-4+2)\boldsymbol{j}+(1+3)\boldsymbol{k}=-3\boldsymbol{i}-2\boldsymbol{j}+4\boldsymbol{k}$$

O módulo do vetor resultante é $29^{1/2}$ = 5,39. A diferença entre os dois vetores é

$$\boldsymbol{u}-\boldsymbol{v}=(1+4)\boldsymbol{i}+(-4-2)\boldsymbol{j}+(1-3)\boldsymbol{k}=5\boldsymbol{i}-6\boldsymbol{j}-2\boldsymbol{k}$$

O módulo do vetor resultante é 8,06. Observe que, neste caso, a diferença é maior que cada um dos vetores individuais.

3. *Multiplicação*

(a) O **produto escalar**, ou *produto interno*, de dois vetores $\boldsymbol{u}$ e $\boldsymbol{v}$ é definido por

$$\boldsymbol{u}\cdot\boldsymbol{v}=u_xv_x+u_yv_y+u_zv_z \qquad \text{Produto escalar} \quad \text{(RM5.4c)}$$

e é uma grandeza escalar. Podemos sempre escolher um novo sistema de coordenadas – vamos representá-las como X, Y, Z – no qual o eixo dos Z é paralelo a $\boldsymbol{u}$, de forma que $\boldsymbol{u} = u\boldsymbol{K}$, em que $\boldsymbol{K}$ é um vetor unitário paralelo a $\boldsymbol{u}$. Segue, então, da Eq. RM5.4c, que $\boldsymbol{u}\cdot\boldsymbol{v} = uv_z$. Então, com $v_z = v\cos\theta$, em que θ é o ângulo entre $\boldsymbol{u}$ e $\boldsymbol{v}$, obtemos

$$\boldsymbol{u}\cdot\boldsymbol{v}=uv\cos\theta \qquad \text{Produto escalar} \quad \text{(RM5.4d)}$$

(b) O **produto vetorial, ou** *produto cruzado*, de dois vetores é

$$\boldsymbol{u}\times\boldsymbol{v}=\begin{vmatrix}\boldsymbol{i} & \boldsymbol{j} & \boldsymbol{k}\\ u_x & u_y & u_z\\ v_x & v_y & v_z\end{vmatrix}$$

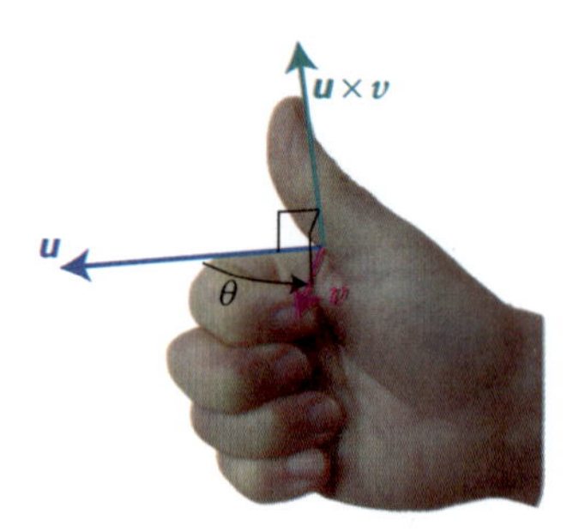

Figura RM5.2 Representação da "regra da mão direita". Quando os dedos da mão direita giram de $\boldsymbol{u}$ para $\boldsymbol{v}$, o polegar aponta no sentido de $\boldsymbol{u}\times\boldsymbol{v}$.

$$= (u_y v_z - u_z v_y)\boldsymbol{i} - (u_x v_z - u_z v_x)\boldsymbol{j} + (u_x v_y - u_y v_x)\boldsymbol{k}$$

Produto vetorial (RM5.4e)

(Determinantes são discutidos nas *Ferramentas do químico* 9B.1.) Novamente, escolhendo o sistema de coordenadas tal que $\boldsymbol{u} = u\boldsymbol{K}$, obtemos a expressão simples

$$\boldsymbol{u}\times\boldsymbol{v} = (uv\,\text{sen}\,\theta)\boldsymbol{l}$$

Produto vetorial (RM5.4f)

em que θ é o ângulo entre os vetores e $\boldsymbol{l}$ é um vetor unitário perpendicular tanto a $\boldsymbol{u}$ quanto a $\boldsymbol{v}$, com o sentido determinado pela "regra da mão direita", como na Fig. RM5.2. Um caso especial é quando cada vetor é um vetor unitário, pois então

$$\boldsymbol{i}\times\boldsymbol{j} = \boldsymbol{k} \quad \boldsymbol{j}\times\boldsymbol{k} = \boldsymbol{i} \quad \boldsymbol{k}\times\boldsymbol{i} = \boldsymbol{j} \qquad \text{(RM5.5)}$$

É importante observar que a ordem da multiplicação dos vetores é importante e que $\boldsymbol{u}\times\boldsymbol{v} = -\boldsymbol{v}\times\boldsymbol{u}$.

Breve ilustração RM5.3 Produto escalar e produto vetorial

O produto escalar e o produto vetorial dos vetores considerados na *Breve ilustração* RM5.2, $\boldsymbol{u} = \mathbf{i} - 4\mathbf{j} + \mathbf{k}$ (de módulo 4,24) e $\boldsymbol{v} = -4\mathbf{i} + 2\mathbf{j} + 3\mathbf{k}$ (de módulo 5,39), são

$$\boldsymbol{u}\cdot\boldsymbol{v} = \{1\times(-4)\} + \{(-4)\times 2\} + \{1\times 3\} = -9$$

$$\boldsymbol{u}\times\boldsymbol{v} = \begin{vmatrix} \boldsymbol{i} & \boldsymbol{j} & \boldsymbol{k} \\ 1 & -4 & 1 \\ -4 & 2 & 3 \end{vmatrix}$$

$$= \{(-4)(3)-(1)(2)\}\boldsymbol{i} - \{(1)(3)-(1)(-4)\}\boldsymbol{j} + \{(1)(2)-(-4)(-4)\}\boldsymbol{k}$$

$$= -14\boldsymbol{i} - 7\boldsymbol{j} - 14\boldsymbol{k}$$

O produto vetorial é um vetor de módulo 21,00 que aponta na direção perpendicular ao plano definido pelos dois vetores individuais.

RM5.3 Representação gráfica das operações com vetores

Considere dois vetores $\boldsymbol{v}$ e $\boldsymbol{u}$ fazendo um ângulo θ entre si (Fig. RM5.3). A primeira etapa para a adição de $\boldsymbol{u}$ a $\boldsymbol{v}$ consiste em ligar a extremidade final (a ponta, ou "cabeça") de $\boldsymbol{u}$ à extremidade inicial (a "cauda") de $\boldsymbol{v}$. Na segunda etapa, desenhamos um vetor $\boldsymbol{v}_{\text{res}}$, o **vetor resultante**, que vai da cauda de $\boldsymbol{u}$ até a cabeça de $\boldsymbol{v}$. A inversão da ordem de adição conduz ao mesmo resultado. Isto é, obtemos o mesmo vetor resultante independentemente de se adicionamos $\boldsymbol{u}$ a $\boldsymbol{v}$ ou $\boldsymbol{v}$ a $\boldsymbol{u}$. Para calcular o módulo de $\boldsymbol{v}_{\text{res}}$, observamos que

$$v_{\text{res}}^2 = (\boldsymbol{u}+\boldsymbol{v})\cdot(\boldsymbol{u}+\boldsymbol{v}) = \boldsymbol{u}\cdot\boldsymbol{u} + \boldsymbol{v}\cdot\boldsymbol{v} + 2\boldsymbol{u}\cdot\boldsymbol{v} = u^2 + v^2 + 2uv\cos\theta$$

em que θ é o ângulo entre $\boldsymbol{u}$ e $\boldsymbol{v}$. Em termos do ângulo $\theta' = \pi - \theta$ mostrado na figura, e $\cos(\pi - \theta) = -\cos\theta$, obtemos a **lei dos cossenos**:

$$v_{\text{res}}^2 = u^2 + v^2 - 2uv\cos\theta$$

Lei dos cossenos (RM5.6)

para a relação entre os comprimentos dos lados de um triângulo.

A subtração de $\boldsymbol{v}$ de $\boldsymbol{u}$ é equivalente à adição de $-\boldsymbol{v}$ a $\boldsymbol{u}$. Segue que na primeira etapa da subtração desenhamos $-\boldsymbol{v}$ invertendo o

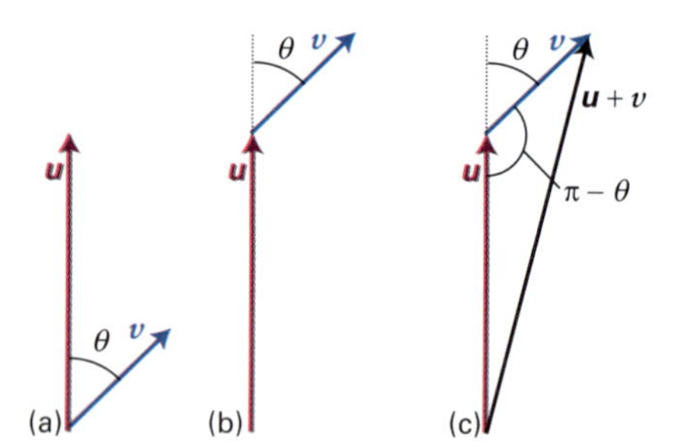

Figura RM5.3 (a) Vetores $\boldsymbol{v}$ e $\boldsymbol{u}$ fazendo um ângulo θ entre si. (b) Para somar $\boldsymbol{u}$ a $\boldsymbol{v}$, primeiro ligamos a extremidade final de $\boldsymbol{u}$ à extremidade inicial de $\boldsymbol{v}$, tendo certeza de que o ângulo θ entre os vetores permanece constante. (c) Para terminar a operação, desenhamos o vetor resultante ligando a extremidade final de $\boldsymbol{u}$ à extremidade inicial de $\boldsymbol{v}$.

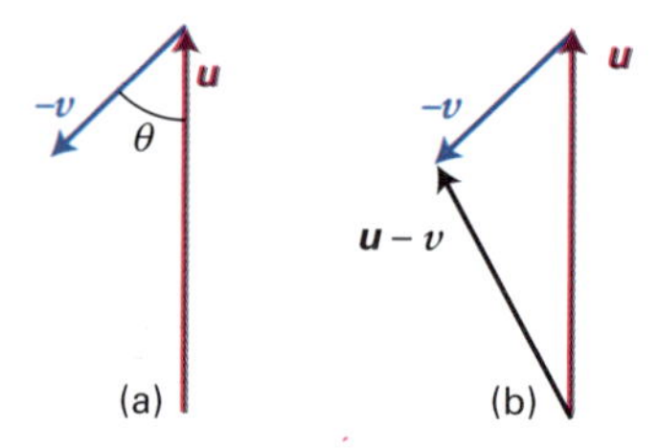

Figura RM5.4 O método gráfico para subtração do vetor $\boldsymbol{v}$ do vetor $\boldsymbol{u}$ consiste em duas etapas (como mostrado na Fig. RM5.3a): (a) inversão do sentido de $\boldsymbol{v}$ para formar $-\boldsymbol{v}$, e (b) adição de $-\boldsymbol{v}$ a $\boldsymbol{u}$.

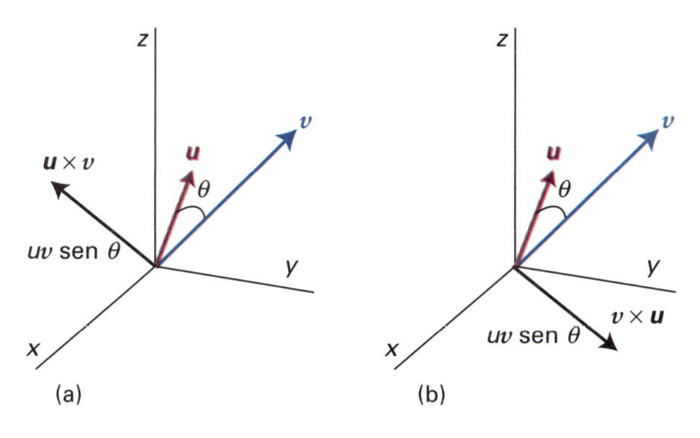

Figura RM5.5 Sentido do produto vetorial de dois vetores $\boldsymbol{u}$ e $\boldsymbol{v}$ com um ângulo θ entre eles: (a) $\boldsymbol{u} \times \boldsymbol{v}$ e (b) $\boldsymbol{v} \times \boldsymbol{u}$. Observe que o produto vetorial e o vetor unitário l da Eq. RM5.4f são perpendiculares a $\boldsymbol{u}$ e $\boldsymbol{v}$, mas o sentido depende da ordem em que o produto é feito. O módulo do produto vetorial é, em ambos os casos, igual a uv sen θ.

sentido de v (Fig. RM5.4). A segunda etapa consiste então na adição de $-\boldsymbol{v}$ a $\boldsymbol{u}$ usando a mesma estratégia mostrada na figura; desenhamos o vetor resultante $\boldsymbol{v}_{res}$ unindo a cauda de $-v$ à cabeça de $\boldsymbol{u}$.

A multiplicação de vetores é representada graficamente traçando-se um vetor (usando a regra da mão direita) perpendicular ao plano definido pelos vetores $\boldsymbol{u}$ e $\boldsymbol{v}$, como mostrado na Fig. RM5.5. Seu comprimento é igual a uv sen θ, em que θ é o ângulo entre $\boldsymbol{u}$ e $\boldsymbol{v}$.

RM5.4 Diferenciação de vetores

A derivada $\mathrm{d}\boldsymbol{v}/\mathrm{d}t$, em que as componentes v_x, v_y, e v_z são elas mesmas funções de t, é

$$\frac{\mathrm{d}\boldsymbol{v}}{\mathrm{d}t}=\left(\frac{\mathrm{d}v_x}{\mathrm{d}t}\right)\boldsymbol{i}+\left(\frac{\mathrm{d}v_y}{\mathrm{d}t}\right)\boldsymbol{j}+\left(\frac{\mathrm{d}v_z}{\mathrm{d}t}\right)\boldsymbol{k} \quad \text{Derivada} \quad \text{(RM5.7)}$$

As derivadas dos produtos escalar e vetorial são obtidas utilizando-se as regras de derivação de um produto:

$$\frac{\mathrm{d}\boldsymbol{u}\cdot\boldsymbol{v}}{\mathrm{d}t}=\left(\frac{\mathrm{d}\boldsymbol{u}}{\mathrm{d}t}\right)\cdot\boldsymbol{v}+\boldsymbol{u}\cdot\left(\frac{\mathrm{d}\boldsymbol{v}}{\mathrm{d}t}\right) \quad \text{(RM5.8a)}$$

$$\frac{\mathrm{d}\boldsymbol{u}\times\boldsymbol{v}}{\mathrm{d}t}=\left(\frac{\mathrm{d}\boldsymbol{u}}{\mathrm{d}t}\right)\times\boldsymbol{v}+\boldsymbol{u}\times\left(\frac{\mathrm{d}\boldsymbol{v}}{\mathrm{d}t}\right) \quad \text{(RM5.8b)}$$

No segundo caso, observe a importância de manter a ordem dos vetores.

O **gradiente** de uma função $f(x,y,z)$, simbolizado grad f ou ∇f, é

$$\nabla f=\left(\frac{\partial f}{\partial x}\right)\boldsymbol{i}+\left(\frac{\partial f}{\partial y}\right)\boldsymbol{j}+\left(\frac{\partial f}{\partial z}\right)\boldsymbol{k} \quad \text{Gradiente} \quad \text{(RM5.9)}$$

em que as derivadas parciais foram mencionadas na *Revisão de matemática* 2. Observe que o gradiente de uma função escalar é um vetor. Podemos tratar ∇ como um operador vetorial (no sentido de que ele opera numa função e resulta num vetor), e escrever

$$\nabla=\boldsymbol{i}\frac{\partial}{\partial x}+\boldsymbol{j}\frac{\partial}{\partial y}+\boldsymbol{k}\frac{\partial}{\partial z} \quad \text{(RM5.10)}$$

O produto escalar de ∇ e ∇f, usando as Eqs. RM5.9 e RM5.10, é

$$\begin{aligned}\nabla\cdot\nabla f&=\left(\boldsymbol{i}\frac{\partial}{\partial x}+\boldsymbol{j}\frac{\partial}{\partial y}+\boldsymbol{k}\frac{\partial}{\partial z}\right)\cdot\left(\boldsymbol{i}\frac{\partial}{\partial x}+\boldsymbol{j}\frac{\partial}{\partial y}+\boldsymbol{k}\frac{\partial}{\partial z}\right)f\\&=\frac{\partial^2 f}{\partial x^2}+\frac{\partial^2 f}{\partial y^2}+\frac{\partial^2 f}{\partial z^2} \quad \text{Laplaciano} \quad \text{(RM5.11)}\end{aligned}$$

A Eq. RM5.11 define o **Laplaciano** ($\nabla^2 = \nabla \cdot \nabla$) de uma função.

CAPÍTULO 10

Estrutura molecular

Os conceitos desenvolvidos no Capítulo 9, especialmente os de orbitais, podem ser generalizados para a descrição da estrutura eletrônica das moléculas. Há duas teorias quânticas principais para a estrutura eletrônica molecular. Na "teoria da ligação de valência", o ponto de partida é o conceito de par de elétrons compartilhados.

10A Teoria da ligação de valência

Nessa seção veremos como determinar a função de onda para um par de elétrons compartilhados e como se pode generalizá-la para explicar as estruturas de muitas moléculas. A teoria introduz os conceitos de ligações s e de ligações p, de promoção e de hibridização de orbitais, bastante usados na química.

10B Princípios da teoria do orbital molecular

Quase todo trabalho computacional moderno utiliza a teoria do orbital molecular (teoria OM), na qual vamos nos concentrar neste capítulo. Na teoria OM, generaliza-se o conceito de orbital atômico para o de "orbital molecular", que é uma função de onda pertinente a todos os átomos de uma molécula. A seção inicia-se com uma descrição da molécula de hidrogênio, que forma a base para a aplicação da teoria OM a moléculas mais complicadas.

10C Moléculas diatômicas homonucleares

Os princípios estabelecidos para a molécula de hidrogênio são facilmente generalizados para outras moléculas diatômicas homonucleares, e a principal diferença é a inclusão de mais tipos de orbitais atômicos para oferecer um conjunto mais variado de orbitais moleculares. O princípio da estruturação para os átomos é generalizado à ocupação dos orbitais moleculares e usado para prever a estrutura eletrônica de moléculas.

10D Moléculas diatômicas heteronucleares

A teoria OM das moléculas diatômicas heteronucleares introduz a possibilidade de os orbitais atômicos dos dois átomos contribuírem de forma desigual para o orbital molecular. Como resultado, a molécula é polar. A polaridade pode ser expressa em termos do conceito de eletronegatividade.

10E Moléculas poliatômicas

A maioria das moléculas é poliatômica, então, é importante ser capaz de discutir sua estrutura eletrônica. Uma abordagem inicial para a estrutura eletrônica de polienos conjugados planos é o "método de Hückel". Esse procedimento inclui severas aproximações, mas forma a base para procedimentos mais sofisticados. Esses procedimentos mais sofisticados deram origem ao que é essencialmente uma enorme e vibrante indústria da química teórica em que são usados cálculos elaborados para prever propriedades moleculares. Nessa seção veremos um pouco de como esses cálculos são formulados.

Qual é o impacto deste material?

Os conceitos introduzidos neste capítulo permeiam toda a química e são encontrados ao longo de todo o livro. Focamos aqui em dois aspectos bioquímicos. No *Impacto* I10.1, vemos como conceitos simples explicam a reatividade de moléculas pequenas que ocorrem nos organismos. No *Impacto* I10.2, vemos um pouco da contribuição da química computacional para a explicação da termodinâmica e das propriedades espectroscópicas de diversas moléculas biologicamente significantes.

10A Teoria da ligação de valência

Tópicos

➤ Por que você precisa saber este assunto?

A teoria da ligação de valência foi a primeira teoria quântica da ligação a ser desenvolvida. A linguagem que ela introduziu, que inclui conceitos como emparelhamento de spin, ligações σ e π e hibridização, é amplamente utilizada em toda a química, principalmente na descrição das propriedades e reações de compostos orgânicos.

➤ Qual é a ideia fundamental?

Uma ligação se forma quando um elétron em um orbital atômico de um átomo emparelha seu spin com o de um elétron em um orbital atômico de outro átomo.

➤ O que você já deve saber?

Você precisa saber a respeito de orbitais atômicos (Seção 9A) e dos conceitos de normalização e ortogonalidade (Seção 7C). Esta seção também faz uso do princípio de Pauli (Seção 9B).

A seguir, apresentamos de forma resumida os tópicos essenciais da teoria da ligação de valência (VB) que são familiares dos cursos introdutórios de química e que formam a base para o desenvolvimento da teoria OM. No entanto, há um importante ponto preliminar. Todas as teorias da estrutura molecular principiam com uma simplificação inicial. A equação de Schrödinger pode ser resolvida exatamente para o átomo de hidrogênio, mas não se tem uma solução exata para nenhuma molécula, pois a molécula mais simples tem três partículas (dois núcleos e um elétron). Por isso, adota-se a **aproximação de Born-Oppenheimer**, na qual se admite que os núcleos, por serem muito mais pesados do que um elétron, têm movimentos relativamente lentos e podem ser considerados estacionários, enquanto os elétrons se movem no campo dos núcleos. Podemos então imaginar que os núcleos estejam fixos em posições arbitrárias e resolver a equação de Schrödinger para ter as funções de onda somente dos elétrons.

A aproximação de Born-Oppenheimer permite que se fixe uma determinada separação entre os núcleos em uma molécula diatômica e que, então, se resolva a equação de Schrödinger para os elétrons correspondentes a essa separação nuclear. Depois, escolhe-se outra separação e repete-se o cálculo, e assim por diante. Desta forma, pode-se explorar como a energia da molécula varia com o comprimento da ligação e obter uma **curva de energia potencial molecular** (Fig. 10A.1). Ela é chamada de curva de energia *potencial* porque a energia cinética dos núcleos estacionários é nula. Uma vez que esta curva tenha sido calculada ou determinada experimentalmente (com as técnicas espectroscópicas que descreveremos nas Seções 12C a 12E e 13A), podemos determinar o **comprimento da ligação no equilíbrio**, R_e, a separação internuclear no mínimo da curva, e a **energia de dissociação da ligação**, D_0, que está intimamente relacionada à profundidade do mínimo da curva, D_e, em relação à energia dos átomos estacionários infinitamente distantes uns dos outros. Quando mais de um parâmetro de uma molécula poliatômica é alterado, tal como seus vários comprimentos e ângulos de ligação, obtém-se uma *superfície* de energia potencial; a forma de equilíbrio global da molécula corresponde ao mínimo global da superfície.

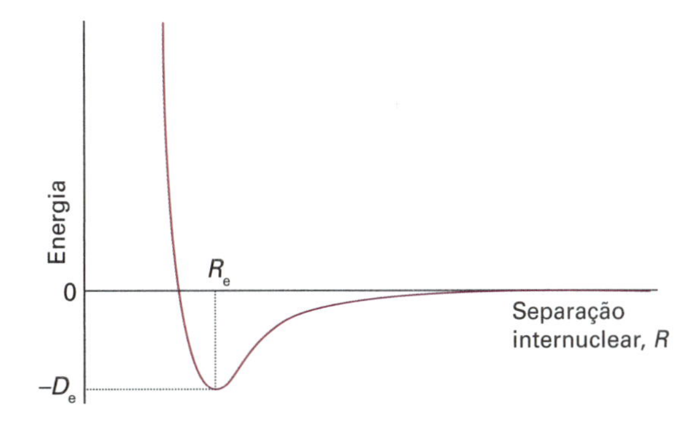

Figura 10A.1 Curva da energia potencial de uma molécula. O comprimento de equilíbrio da ligação R_e corresponde ao mínimo de energia.

10A.1 Moléculas diatômicas

Começamos nossa discussão sobre a teoria VB considerando a ligação química mais simples possível, a ligação no hidrogênio molecular, H_2.

(a) A formulação básica

A função de onda espacial de um elétron em cada um dos dois átomos de H bastante separados um do outro é

$$\Psi(1,2)=\chi_{\mathrm{H1s_A}}(r_1)\chi_{\mathrm{H1s_B}}(r_2) \quad (10A.1)$$

no caso de o elétron 1 estar no átomo A e o elétron 2 no átomo B; neste capítulo utilizaremos χ (qui) para representar os orbitais atômicos. Para simplificar, escreveremos esta função de onda como $\Psi(1,2) = A(1)B(2)$. Quando os átomos estão próximos um do outro, não é possível saber se o elétron 1 está ligado a A ou se é o elétron 2 que está ligado. Portanto, uma descrição igualmente válida seria $\Psi(1,2) = A(2)B(1)$, com o elétron 2 em A e o 1 em B. Quando duas situações são igualmente prováveis, a abordagem quântica descreve o estado do sistema como uma superposição das funções de onda de cada uma das situações (Seção 7C). Assim, uma descrição mais exata da função de onda da molécula, em vez das funções de onda individuais, é uma das combinações lineares (não normalizadas) $\Psi(1,2) = A(1)B(2) \pm A(2)B(1)$. A combinação com energia mais baixa é a que corresponde ao sinal +, de modo que a função de onda da ligação de valência da molécula de H_2 é

$$\Psi(1,2)=A(1)B(2)+A(2)B(1) \quad \text{Uma função de onda da ligação de valência} \quad (10A.2)$$

A razão de essa combinação linear ter mais baixa energia que os átomos separados ou que a combinação linear com sinal negativo se deve à interferência construtiva entre as ondas representadas pelos termos $A(1)B(2)$ e $A(2)B(1)$, havendo, assim, um aumento da densidade eletrônica na região internuclear (Fig. 10A.2).

Breve ilustração 10.A1 Uma função de onda da ligação de valência

A função de onda na Eq. 10A.2 pode parecer abstrata, mas, na verdade, ela pode ser expressa em termos de funções exponenciais simples. Assim, se usarmos a função de onda para um orbital H1s ($Z = 1$) dado na Seção 9A, então, com os raios medidos a partir de seus respectivos núcleos (**1**),

$$\Psi(1,2)=\overbrace{\frac{1}{(\pi a_0^3)^{1/2}}e^{-r_{A1}/a_0}}^{A(1)}\times\overbrace{\frac{1}{(\pi a_0^3)^{1/2}}e^{-r_{B2}/a_0}}^{B(2)}+\overbrace{\frac{1}{(\pi a_0^3)^{1/2}}e^{-r_{A2}/a_0}}^{A(2)}\times\overbrace{\frac{1}{(\pi a_0^3)^{1/2}}e^{-r_{B1}/a_0}}^{B(1)}=\frac{1}{\pi a_0^3}\{e^{-(r_{A1}+r_{B2})/a_0}+e^{-(r_{A2}+r_{B1})/a_0}\}$$

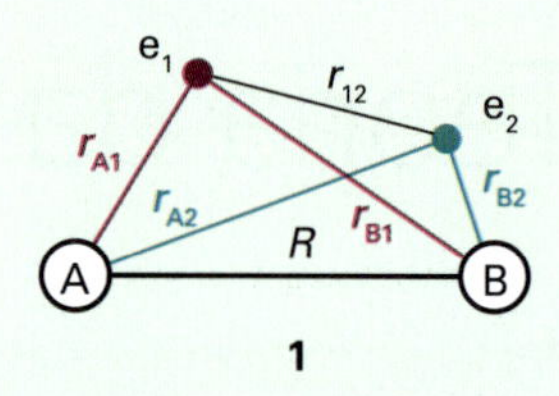

Exercício proposto 10A.1 Expresse essa função de onda em termos das coordenadas cartesianas de cada elétron, dado que a separação internuclear (ao longo do eixo dos z) é R.

Resposta: $r_{Ai}=(x_i^2+y_i^2+z_i^2)^{1/2}$, $r_{Bi}=(x_i^2+y_i^2+(z_i-R)^2)^{1/2}$

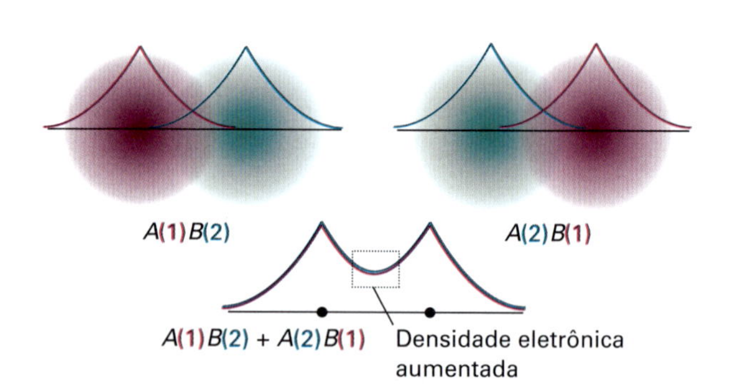

Figura 10A.2 É muito difícil representar as funções de onda da ligação de valência, pois elas se referem aos dois elétrons simultaneamente. Entretanto, esta figura é uma tentativa. O orbital atômico do elétron 1 é representado pelo sombreamento roxo e o do elétron 2 é representado pelo sombreamento verde. A ilustração de cima representa a função $A(1)B(2)$, e a do meio, a função $A(2)B(1)$. Quando as duas contribuições se superpõem, há interferência entre uma e outra e a densidade eletrônica (dos dois elétrons) é reforçada na região internuclear.

A distribuição eletrônica descrita pela função de onda da Eq. 10A.2 é chamada de uma **ligação σ**. Ela tem simetria cilíndrica em torno do eixo internuclear e é denominada dessa forma porque se parece com um par de elétrons num orbital s (σ é a letra grega equivalente a s) quando é observada na direção desse eixo.

Uma imagem química de uma ligação covalente é aquela em que os spins dos dois elétrons se emparelham quando os orbitais atômicos se superpõem. A origem do papel do spin, como mostrado na *Justificativa* 10.A1, é que a função de onda dada na Eq. 10A.2 pode ser formada somente por um par de elétrons com spins opostos. O emparelhamento dos spins não é um fim em si mesmo; ele é um meio de se obter uma função de onda (e a distribuição de probabilidade associada) que corresponde a uma baixa energia.

Justificativa 10.A1 Emparelhamento de elétrons na teoria VB

O princípio de Pauli exige que a função de onda global de dois elétrons, a função de onda incluindo o spin, troque de sinal quando os símbolos dos elétrons são permutados (Seção 9B). A função de onda VB completa para dois elétrons é

$$\Psi(1,2)=\{A(1)B(2)+A(2)B(1)\}\sigma(1,2)$$

na qual σ representa a componente do spin na função de onda. Quando se permutam os símbolos 1 e 2 dos elétrons, esta função de onda fica

$$\Psi(2,1)=\{A(2)B(1)+A(1)B(2)\}\sigma(2,1)$$
$$=\{A(1)B(2)+A(2)B(1)\}\sigma(2,1)$$

O princípio de Pauli exige que $\Psi(2,1) = -\Psi(1,2)$, o que só pode ocorrer se $\sigma(2,1) = -\sigma(1,2)$. A combinação de dois spins que tem esta propriedade é

$$\sigma_{-}(1,2)=(1/2^{1/2})\{\alpha(1)\beta(2)-\beta(1)\alpha(2)\}$$

que corresponde ao emparelhamento dos spins dos elétrons (Seção 9C). Portanto, concluímos que o estado de energia mais baixa (logo, o de formação de uma ligação química) é aquele em que os spins dos elétrons estão emparelhados.

A descrição VB do H_2 pode ser aplicada a outras moléculas diatômicas homonucleares. Para o N_2, por exemplo, imaginamos a configuração eletrônica de valência de cada átomo, que é dada por $2s^2 2p_x^1 2p_y^1 2p_z^1$. É uma convenção geral tomar o eixo dos z como o eixo internuclear, de modo que podemos imaginar cada átomo como tendo um orbital $2p_z$ que aponta para um orbital $2p_z$ do outro átomo (Fig. 10A.3), com os orbitais $2p_x$ e $2p_y$ perpendiculares ao eixo. Forma-se uma ligação σ pelo emparelhamento dos dois elétrons nos orbitais $2p_z$. A função de onda espacial é dada pela Eq. 10A.2, mas agora A e B representam os dois orbitais $2p_z$.

Os orbitais N2p restantes não se combinam para dar uma ligação σ, pois não têm simetria cilíndrica em relação ao eixo internuclear. Os elétrons nesses orbitais se combinam para formar duas ligações π. Uma **ligação π** se forma pelo emparelhamento de elétrons em dois orbitais p que se aproximam lateralmente um do outro (Fig. 10A.4). Este nome é dado porque, observada ao longo do eixo internuclear, a ligação π assemelha-se a um par de elétrons num orbital p (e π é a letra grega equivalente a p).

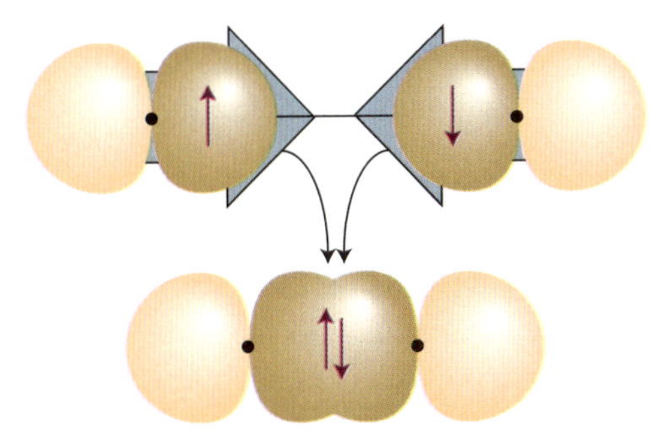

Figura 10A.3 Sobreposição de orbitais e emparelhamento de spins de elétrons em dois orbitais p colineares resultando na formação de uma ligação σ.

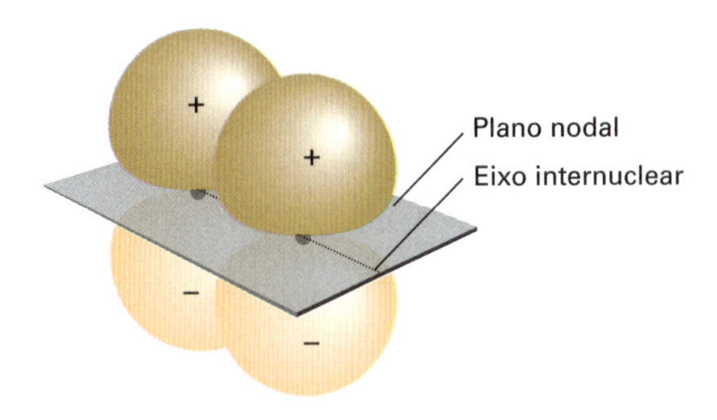

Figura 10A.4 Forma-se uma ligação π quando há sobreposição de orbitais e emparelhamento de spins entre elétrons em orbitais p com seus eixos perpendiculares ao eixo internuclear. A ligação tem dois lobos de densidade eletrônica separados por um plano nodal.

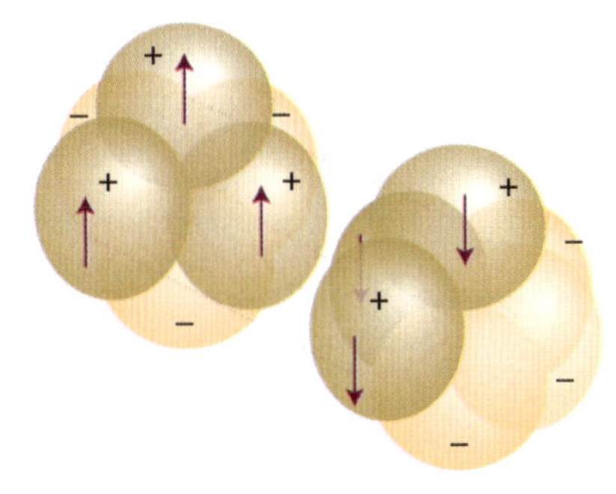

Figura 10A.5 Estrutura das ligações na molécula de nitrogênio. Há uma ligação σ e duas π. A densidade eletrônica global tem simetria cilíndrica em torno do eixo internuclear.

Existem duas ligações π no N_2, uma formada pelo emparelhamento de spins em dois orbitais $2p_x$ vizinhos e a outra pelo emparelhamento de spins em dois orbitais $2p_y$ vizinhos. O padrão global de ligação no N_2 é, portanto, uma ligação σ mais duas ligações π (Fig. 10A.5), o que é consistente com a estrutura de Lewis do nitrogênio, :N≡N:.

(b) Ressonância

Outro termo introduzido na química pela teoria VB é a **ressonância**, a sobreposição das funções de onda que representam diferentes distribuições eletrônicas na mesma estrutura nuclear. Para entender o que isso significa, considere a descrição VB de uma molécula de HCl com ligações puramente covalentes, que poderiam ser escritas como $\Psi = A(1)B(2) + A(2)B(1)$, com A sendo agora um orbital H1s e B, um orbital Cl2p. No entanto, tal descrição é fisicamente improvável: ela permite que o elétron 1 esteja no átomo de H quando o elétron 2 está no átomo de Cl, e vice-versa, mas não considera a possibilidade de ambos os elétrons estarem no átomo de Cl ($\Psi = B(1)B(2)$, representando o H^+Cl^-) ou mesmo no átomo de H ($\Psi = A(1)A(2)$, representando o H^-Cl^+, muito menos provável). Uma descrição melhor da função de onda para a molécula é a de uma superposição das descrições covalente e iônica, e escrevemos (com uma notação ligeiramente simplificada, e ignorando a possibilidade H^-Cl^+, menos provável) $\Psi_{HCl} = \Psi_{H-Cl} + \lambda\Psi_{H^+Cl^-}$, sendo λ (lambda) um coeficiente numérico. Em geral, escrevemos

$$\Psi = \Psi_{covalente} + \lambda\Psi_{iônica} \qquad (10A.3)$$

em que $\Psi_{\text{covalente}}$ é a função de onda de dois elétrons da forma puramente covalente da ligação e $\Psi_{\text{iônica}}$ é a função de onda de dois elétrons da forma iônica da ligação. A abordagem resumida na Eq. 10A.3, em que expressamos uma função de onda como a sobreposição de funções de onda correspondente a uma variedade de estruturas *com os núcleos nos mesmos locais*, é chamada de **ressonância**. Neste caso, ela se chama **ressonância iônica-covalente**. A interpretação da função de onda, que é chamada de **híbrido de ressonância**, é que, se tivéssemos de inspecionar a molécula, então a probabilidade de ela ser encontrada com uma estrutura iônica seria proporcional a λ^2. Se λ^2 é muito pequeno, a descrição covalente é dominante. Se λ^2 é muito grande, a descrição iônica é dominante. Ressonância não é uma oscilação entre os estados contribuintes: trata-se da mistura das suas características, assim como uma mula é uma mistura de cavalo e jumento. É apenas um dispositivo matemático para se obter uma melhor aproximação da função de onda verdadeira da molécula do que aquela representada por qualquer estrutura contribuinte isolada.

Uma maneira sistemática de calcular o valor de λ é dada pelo **princípio variacional**, que é demonstrado na Seção 10C:

> Se uma função de onda arbitrária é usada para calcular a energia, então o valor calculado nunca é menor do que a energia verdadeira. — *Princípio da variação*

A função de onda é chamada de **função de onda hipotética**. O princípio implica que, se variarmos o parâmetro λ na função de onda hipotética até ser obtida a menor energia (por cálculo do valor esperado do hamiltoniano para a função de onda), então esse valor de λ será o melhor, e, por meio de λ^2, ele representa a contribuição apropriada da função de onda iônica para o híbrido de ressonância.

Breve ilustração 10A.2 Híbridos de ressonância

Considere uma ligação descrita pela Eq. 10A.3. Poderíamos observar que a energia mais baixa é atingida quando $\lambda = 0{,}1$; dessa forma, a melhor descrição da ligação na molécula seria uma estrutura de ressonância descrita pela função $\Psi = \Psi_{\text{covalente}} + 0{,}1\,\Psi_{\text{iônica}}$. Esta função de onda implica que as probabilidades de se encontrar a molécula em suas formas covalente e iônica estão na proporção de 100:1 (porque $0{,}1^2 = 0{,}01$).

10A.2 Moléculas poliatômicas

Cada ligação σ em uma molécula poliatômica é formada pelo emparelhamento dos spins dos elétrons em quaisquer orbitais atômicos que tenham simetria cilíndrica em torno do eixo internuclear relevante. Da mesma forma, as ligações π se formam pelo emparelhamento de elétrons que ocupam os orbitais atômicos com simetria apropriada.

Breve ilustração 10A.3 Uma molécula poliatômica

A descrição VB da H_2O esclarece o procedimento. A configuração eletrônica de valência do átomo de O é $2s^2 2p_x^2 2p_y^1 2p_z^1$. Os dois elétrons não emparelhados nos orbitais O2p podem, cada um deles, se emparelhar com um elétron no orbital H1s e cada combinação forma uma ligação σ (cada ligação tem simetria cilíndrica em torno do respectivo eixo O–H). Como os orbitais $2p_y$ e $2p_z$ estão a 90° um do outro, as duas ligações σ também estão a 90° uma da outra (Fig. 10A.6). Podemos então dizer que a H_2O deve ser uma molécula angular, o que ela realmente é. A teoria prevê, no entanto, um ângulo de 90° entre as ligações, mas o ângulo real é de 104,5°.

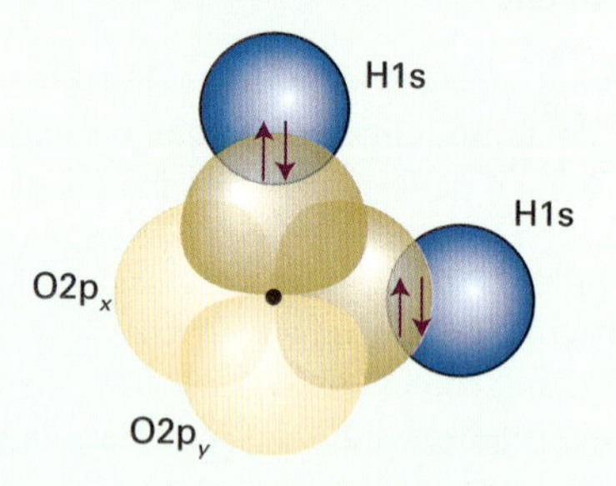

Figura 10A.6 Uma molécula de H_2O em uma primeira aproximação. Cada ligação é formada pela sobreposição e emparelhamento de spin de um elétron H1s com um elétron O2p.

Exercício proposto 10A.2 Use a teoria VB para sugerir a forma da molécula de amônia, NH_3.

Resposta: Piramidal triangular, com o ângulo HNH igual a 90°; o experimental é 107°

A ressonância desempenha um importante papel na descrição da ligação de valência das moléculas poliatômicas. Um dos exemplos mais famosos de ressonância está na descrição VB do benzeno, em que a função de onda da molécula é escrita como uma sobreposição das funções de onda polieletrônicas das duas estruturas covalentes de Kekulé:

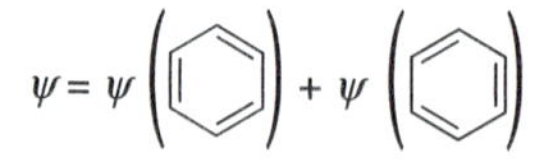

$$\psi = \psi\left(\;\right) + \psi\left(\;\right) \qquad (10A.4)$$

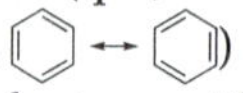

As duas estruturas contribuintes têm energias idênticas, logo elas contribuem igualmente para a sobreposição. O efeito da ressonância (que, neste caso, é representada por uma seta de ponta dupla, ⟷) é distribuir caráter de ligação dupla em torno do anel e tornar idênticos os comprimentos e as forças de todas as ligações carbono–carbono. A função de onda é melhorada admitindo-se a ressonância, pois ela oferece uma descrição mais precisa da localização dos elétrons e, em particular, a distribuição pode ajustar-se em um estado de mais baixa energia. Esse abaixamento é chamado de **estabilização por ressonância** da molécula e, no contexto da teoria VB, é o grande responsável pela estabilidade incomum dos anéis aromáticos. A ressonância sempre faz diminuir a energia, e a diminuição é maior quando as estruturas contribuintes têm energias semelhantes. A função de onda do benzeno é aprimorada ainda mais, e a energia calculada da molécula torna-se ainda mais baixa, se admitirmos também a ressonância iônica–covalente pela admissão de estruturas como (benzeno com carga + e −).

(a) Promoção

Conforme destacamos na *Breve ilustração* 10A.3, a teoria VB simples prevê um ângulo de ligação de 90°, enquanto o ângulo de ligação real é 104,5°. Outra deficiência da teoria VB é a incapacidade de explicar a tetravalência do carbono (isto é, a capacidade do átomo de carbono formar quatro ligações). A configuração do estado fundamental do C é $2s^2 2p_x^1 2p_y^1$, que sugere a possibilidade da formação de duas ligações, não de quatro.

Essa deficiência pode ser superada graças à **promoção**, isto é, a excitação de um elétron para orbital de maior energia. No carbono, por exemplo, a promoção de um elétron 2s para um orbital 2p pode ser imaginada como se houvesse a formação da configuração $2s^1 2p_x^1 2p_y^1 2p_z^1$, com quatro elétrons não emparelhados em orbitais separados. Estes elétrons podem emparelhar com outros quatro elétrons em orbitais proporcionados por outros quatro átomos (por exemplo, os quatro orbitais H1s se a molécula é o CH_4) e assim formar quatro ligações σ. Embora a promoção do elétron necessite de energia, este consumo é mais do que recuperado pela capacidade do átomo promovido em formar quatro ligações no lugar das duas que formaria sem a promoção.

A promoção, e a formação de quatro ligações, é uma característica do átomo de carbono, porque a energia de promoção é muito pequena. O elétron promovido abandona um orbital 2s duplamente ocupado e entra num orbital 2p vazio, o que diminui significativamente a repulsão entre os elétrons no orbital 2s anteriormente ocupado. Entretanto, devemos lembrar que a promoção não é um processo "real", que ocorre com a excitação do átomo e a formação de ligações; é uma abstração que contribui para explicar a variação global de energia que ocorre quando as ligações se formam.

Breve ilustração 10A.4 Promoção

O enxofre pode formar seis ligações (um "octeto expandido"), tal como na molécula SF_6. Considerando que a configuração eletrônica no estado fundamental do enxofre é $[Ne]3s^2 3p^4$, esse padrão de ligação requer a promoção de um elétron 3s e um elétron 3p para dois orbitais 3d diferentes, os quais têm energia próxima, para produzir a configuração fictícia $[Ne]3s^1 3p^3 3d^2$ com todos os seis elétrons de valência em diferentes orbitais e capaz de formar ligação com seis elétrons fornecidos por seis átomos de F.

Exercício proposto 10A.3 Descreva a capacidade do fósforo de formar cinco ligações, como no PF_5.

Resposta: Promoção de um elétron 3s de $[Ne]3s^2 3p^3$ para $[Ne]3s^1 3p^3 3d^1$

(b) Hibridização

A descrição das ligações no CH_4 (e em outros alcanos) ainda está incompleta, pois parece envolver a presença de três ligações σ de um tipo (formadas pelos orbitais H1s e C2p) e uma quarta ligação σ de caráter distintamente diferente (formada pelos orbitais H1s e C2s). Este problema é resolvido imaginando-se que a distribuição da densidade eletrônica no átomo com o elétron promovido é equivalente a uma distribuição de densidades na qual cada elétron ocupa um **orbital híbrido** formado pela interferência entre os orbitais C2s e C2p do mesmo átomo. A origem da hibridização pode ser apreciada imaginando-se os quatro orbitais atômicos centrados em um núcleo como ondas que interferem destrutiva e construtivamente em diferentes regiões e que propiciam a formação de quatro novas formas no espaço.

Como é mostrado na *Justificativa* 10A.2, as combinações lineares específicas que levam aos quatro orbitais híbridos equivalentes são

$$\begin{aligned} h_1 &= s + p_x + p_y + p_z \quad & h_2 &= s - p_x - p_y + p_z \\ h_3 &= s - p_x + p_y - p_z \quad & h_4 &= s + p_x - p_y - p_z \end{aligned} \qquad \text{Orbitais híbridos } sp^3 \qquad (10A.5)$$

Em virtude da interferência entre os orbitais componentes, cada orbital híbrido tem um grande lobo que aponta na direção do vértice de um tetraedro regular (Fig. 10A.7). O ângulo entre os eixos dos orbitais híbridos é o ângulo do tetraedro, arccos(−1/3) = 109,47°. Como cada híbrido é formado por um orbital s e outros três orbitais p, é chamado de um **orbital híbrido sp³**.

Justificativa 10A.2 Determinação da forma dos híbridos tetraédricos

Começamos supondo que cada orbital híbrido possa ser escrito na forma $h = as + b_x p_x + b_y p_y + b_z p_z$. O híbrido h_1, que aponta para o vértice (1,1,1) de um cubo, deve ter iguais contribuições de todos os três orbitais p; assim, os três coeficientes b são iguais, e podemos escrever $h_1 = as + b_x(p_x + p_y + p_z)$. Os outros três híbridos têm a mesma composição (eles são equivalentes, salvo suas direções no espaço), mas são ortogonais a h_1. Esta ortogonalidade é obtida escolhendo-se diferentes sinais para os orbitais p, mas com a mesma composição global. Por exemplo, podemos escolher $h_2 = as + b(-p_x - p_y + p_z)$, em que a condição de ortogonalidade é

$$\int h_1 h_2 \mathrm{d}\tau = \int (as + b(p_x + p_y + p_z))(as + b(-p_x - p_y + p_z))\mathrm{d}\tau$$

$$= a^2 \overbrace{\int s^2 \mathrm{d}\tau}^{1} - b^2 \overbrace{\int p_x^2 \mathrm{d}\tau}^{1} - \cdots - ab \overbrace{\int s p_x \mathrm{d}\tau}^{0} - \cdots$$

$$- b^2 \overbrace{\int p_x p_y \mathrm{d}\tau}^{0} + \cdots = a^2 - b^2 - b^2 + b^2 = a^2 - b^2 = 0$$

Concluímos que a solução é $a = b$ (a solução alternativa $a = -b$ corresponde simplesmente a escolher fases absolutas diferentes para os orbitais p) e os dois orbitais híbridos são o h_1 e o h_2 na Eq. 10A.3. Um argumento semelhante, mas com $h_3 = as + b(-p_x + p_y - p_z)$ ou $h_4 = as + b(p_x - p_y - p_z)$, leva aos outros dois híbridos na Eq. 10A.3.

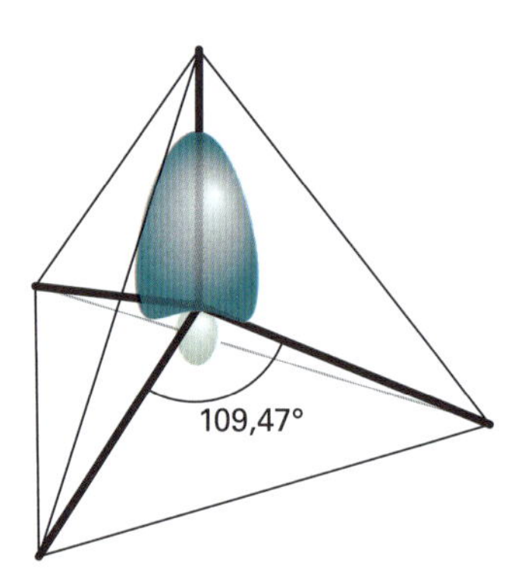

Figura 10A.7 Orbital híbrido sp³ formado pela sobreposição de orbitais s e p de um mesmo átomo. Há quatro híbridos deste tipo e cada qual se orienta segundo os eixos de um tetraedro regular. A densidade eletrônica global é esferossimétrica.

É fácil ver agora como a descrição da teoria da ligação de valência da molécula de CH_4 leva a uma molécula tetraédrica com quatro ligações C–H equivalentes. Cada orbital híbrido do átomo de carbono promovido tem um único elétron não emparelhado. O elétron do orbital H1s pode se emparelhar com cada um deles, propiciando a formação de uma ligação σ orientada na direção dos eixos do tetraedro. Por exemplo, a função de onda (não normalizada) da ligação formada pelo orbital híbrido h_1 e o orbital $1s_A$ (com função de onda que simbolizaremos por A) é

$$\Psi(1,2) = h_1(1)A(2) + h_1(2)A(1) \qquad (10A.6)$$

Assim como no H_2, para termos essa função de onda os dois elétrons devem estar emparelhados. Como cada orbital híbrido sp^3 tem a mesma composição, todas as quatro ligações σ são idênticas, a menos da orientação no espaço (Fig.10A.8).

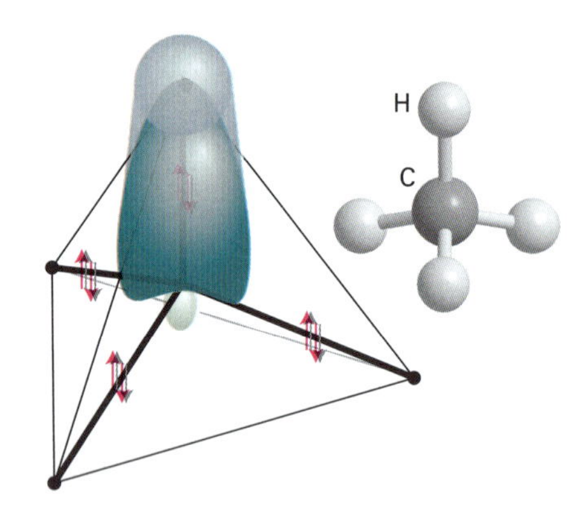

Figura 10A.8 Cada orbital híbrido sp³ forma uma ligação σ sobrepondo-se a um orbital H1s localizado no vértice do tetraedro. Este modelo explica a equivalência das quatro ligações no CH_4.

Um orbital híbrido tem amplitude significativa na região internuclear, que provém da interferência construtiva entre o orbital s e os lobos positivos dos orbitais p. Então, graças a essa amplitude maior na região internuclear, a força da ligação é maior do que a de uma ligação com os orbitais s ou p isolados. Esse aumento da força da ligação é um dos fatores que proporcionam a restituição da energia da promoção.

A hibridização também pode ser usada para descrever a estrutura da molécula do eteno, $H_2C{=}CH_2$, e a rigidez da dupla ligação em relação à torção. Uma molécula de eteno é plana, com os ângulos HCH e HCC quase iguais a 120°. Para reproduzir a ligação σ, promovemos cada átomo de C à configuração $2s^12p^3$. Entretanto, em lugar de usar os quatro orbitais para formar orbitais híbridos, formamos **orbitais híbridos sp²**:

$$\begin{aligned} h_1 &= s + 2^{1/2}p_y \\ h_2 &= s + \left(\tfrac{3}{2}\right)^{1/2}p_x - \left(\tfrac{1}{2}\right)^{1/2}p_y \\ h_3 &= s - \left(\tfrac{3}{2}\right)^{1/2}p_x - \left(\tfrac{1}{2}\right)^{1/2}p_y \end{aligned} \qquad \text{Orbitais híbridos sp}^2 \qquad (10A.7)$$

Esses híbridos estão em um plano e apontam para os vértices de um triângulo equilátero (Fig.10A.9 e Problema 10A.3). O terceiro orbital 2p ($2p_z$) não participa da hibridização; seu eixo é perpendicular ao plano em que estão os orbitais híbridos. Os sinais diferentes dos coeficientes asseguram que a interferência construtiva ocorre em regiões distintas do espaço, resultando nos padrões apresentados na ilustração. Os átomos de C hibridizados em sp^2 formam, cada um deles, três ligações σ pelo emparelhamento de spins, seja com o híbrido h_1 do outro átomo de C, seja com os orbitais H1s. O esqueleto de ligações σ é constituído por ligações σ C–H e C–C, a 120° umas das outras. Quando os dois grupos CH_2 estão num mesmo plano, os dois elétrons nos orbitais p não hibridizados podem formar uma ligação π (Fig. 10A.10). A formação desta ligação firma o esqueleto numa configuração plana, pois a rotação de um grupo CH_2 em relação ao outro levaria ao enfraquecimento da ligação π (e, consequentemente, a um aumento da energia da molécula).

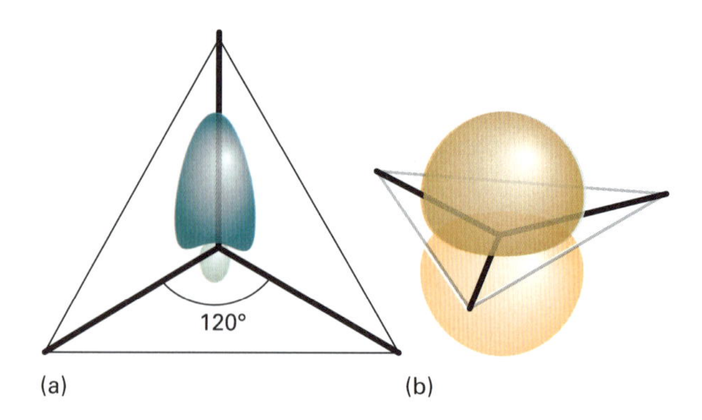

Figura 10A.9 (a) Um orbital s e dois orbitais p podem ser hibridizados e formar três orbitais equivalentes orientados segundo os eixos de um triângulo equilátero. (b) O orbital p remanescente, não hibridizado, é perpendicular ao plano do triângulo.

Figura 10A.10 Representação da estrutura de uma ligação dupla no eteno; somente a ligação π é mostrada explicitamente.

Uma descrição semelhante vale para o etino (acetileno), HC≡CH, uma molécula linear. Agora, os átomos de C estão **hibridizados em sp** e as ligações σ se formam com os orbitais atômicos híbridos da forma

$$h_1 = s + p_z \quad h_2 = s - p_z \qquad \text{Orbitais híbridos sp} \qquad (10A.8)$$

Esses dois orbitais híbridos ficam ao longo do eixo internuclear. Os elétrons em cada um deles se emparelham com um elétron no orbital híbrido correspondente no outro átomo de C, ou com um elétron em um dos orbitais H1s. Os elétrons nos dois orbitais p remanescentes de cada átomo, perpendiculares ao eixo molecular, emparelham-se, formando duas ligações π, em planos perpendiculares (Fig. 10A.11).

Outras formas de hibridização, particularmente envolvendo orbitais d, são invocadas em descrições elementares de estrutura molecular para explicar outras geometrias moleculares (Tabela 10A.1). A hibridização de *N* orbitais atômicos leva sempre à formação de *N* orbitais híbridos, os quais tanto podem formar ligações ou podem conter pares isolados de elétrons.

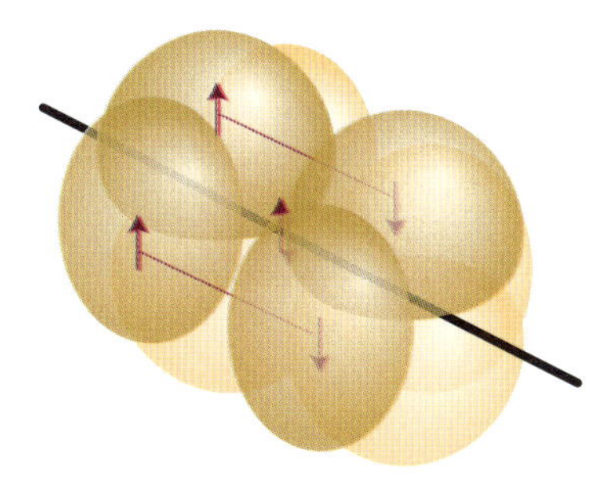

Figura 10A.11 Representação da estrutura de uma ligação tripla no etino. Somente as ligações π são mostradas explicitamente. A densidade eletrônica global tem simetria cilíndrica em torno do eixo da molécula.

Tabela 10A.1 Algumas formas de hibridização

Número de coordenação	Geometria da molécula	Composição
2	Linear	sp, pd, sd
	Angular	sd
3	Plana triangular	sp^2, p^2d
	Plana assimétrica	spd
	Piramidal triangular	pd^2
4	Tetraédrica	sp^3, sd^3
	Tetraédrica irregular	spd^2, p^3d, dp^3
	Plana quadrada	p^2d^2, sp^2d
5	Bipiramidal triangular	sp^3d, spd^3
	Piramidal tetragonal	sp^2d^2, sd^4, pd^4, p^3d^2
	Plana pentagonal	p^2d^3
6	Octaédrica	sp^3d^2
	Prismática triangular	spd^4, pd^5
	Antiprismática triangular	p^3d^3

Breve ilustração 10A.5 Estruturas híbridas

Por exemplo, a hibridização em sp^3d^2 leva a seis orbitais híbridos equivalentes orientados ao longo dos eixos de um octaedro regular. Esta forma de hibridização octaédrica é invocada, por exemplo, para explicar a estrutura de moléculas octaédricas, como a do SF_6 (lembre-se da promoção dos elétrons do enxofre na *Breve ilustração* 10A.4). Os orbitais híbridos nem sempre formam ligações: eles também podem conter pares isolados de elétrons. Por exemplo, na molécula de peróxido de hidrogênio, H_2O_2, cada átomo de O pode ser considerado como com hibridização sp^3. Dois dos orbitais híbridos formam ligações, uma ligação O–O e uma ligação O–H a aproximadamente 109° (o valor experimental é muito menor, 94,8°). Os dois híbridos restantes em cada átomo acomodam pares isolados de elétrons. A rotação em torno da ligação O–O é possível; assim, a molécula é móvel em termos conformacionais.

Exercício proposto 10A.4 Explique a estrutura da metilamina, CH_3NH_2.

Resposta: C, N ambos com hibridização sp^3; um par isolado no N

Conceitos importantes

☐ 1. A **aproximação de Born–Oppenheimer** considera os núcleos estacionários, enquanto os elétrons movem-se no seu campo.

☐ 2. Uma **curva de energia potencial molecular** ilustra a variação da energia da molécula em função do comprimento da ligação.

- ☐ 3. O **comprimento da ligação no equilíbrio** é a separação internuclear no mínimo da curva.
- ☐ 4. A **energia de dissociação da ligação** é a energia mínima necessária para separar os dois átomos de uma molécula.
- ☐ 5. Uma ligação se forma quando um elétron em um orbital atômico de um átomo emparelha seu spin com o de um elétron em um orbital atômico de outro átomo.
- ☐ 6. Uma **ligação** σ tem simetria cilíndrica em torno do eixo internuclear.
- ☐ 7. Uma **ligação** π tem simetria como a de um orbital p perpendicular ao eixo internuclear.
- ☐ 8. **Promoção** é a excitação fictícia de um elétron para um orbital vazio a fim de possibilitar a formação de ligações adicionais.
- ☐ 9. **Hibridização** é a mistura de orbitais atômicos no mesmo átomo para atingir as propriedades direcionais apropriadas e melhorar a sobreposição.
- ☐ 10. **Ressonância** é a sobreposição de estruturas com diferentes distribuições eletrônicas, mas com o mesmo arranjo nuclear.

Equações importantes

Propriedades	Equação	Comentário	Número da equação
Função de onda da ligação de valência	$\Psi = A(1)B(2) + A(2)B(1)$		10A.2
Ressonância	$\Psi = \Psi_{\text{covalente}} + \lambda\Psi_{\text{iônica}}$	Ressonância iônica-covalente	10A.3
Hibridização	$h = \sum_i c_i \chi_i$	Todos os orbitais atômicos no mesmo átomo; formas específicas no texto	10A.5 10A.6

10B Princípios da teoria do orbital molecular

Tópicos

➤ Por que você precisa saber este assunto?

A teoria do orbital molecular é a base de quase todas as descrições das ligações químicas, inclusive a das moléculas individuais e dos sólidos. É a base de quase todas as técnicas computacionais para a previsão e a análise das propriedades das moléculas.

➤ Qual é a ideia fundamental?

Os orbitais moleculares são funções de onda que se estendem sobre todos os átomos de uma molécula, e cada um pode acomodar até dois elétrons.

➤ O que você já deve saber?

Você precisa estar familiarizado com as formas dos orbitais atômicos (Seção 9B) e como a energia é calculada a partir da função de onda (Seção 7C). Toda a discussão é feita no contexto da aproximação de Born–Oppenheimer (Seção 10A.)

Na **teoria do orbital molecular** (OM), admite-se que os elétrons não pertencem a determinadas ligações, mas que devem ser tratados como pertencentes à totalidade da molécula. Essa teoria foi mais bem desenvolvida do que a teoria da ligação de valência (VB) (Seção 10A) e proporciona os conceitos amplamente usados nas discussões modernas sobre as ligações. Para introduzi-la, vamos proceder como na Seção 9B, onde começamos pelo átomo de H, com um só elétron, como a espécie fundamental para a discussão de estrutura atômica e depois passamos para a discussão dos átomos polieletrônicos. Neste capítulo vamos analisar, inicialmente, a espécie molecular mais simples de todas, o íon do hidrogênio molecular, H_2^+, para introduzir as características essenciais da ligação; depois aproveitaremos os resultados para investigar as estruturas de sistemas mais complicados.

10B.1 Combinações lineares de orbitais moleculares

O hamiltoniano do elétron único do H_2^+ é

$$\hat{H}=-\frac{\hbar^2}{2m_e}\nabla_1^2+V \qquad V=-\frac{e^2}{4\pi\varepsilon_0}\left(\frac{1}{r_{A1}}+\frac{1}{r_{B1}}-\frac{1}{R}\right) \qquad (10B.1)$$

no qual r_{A1} e r_{B1} são as distâncias entre o elétron a cada um dos núcleos A e B (**1**) e R é a distância entre os dois núcleos. Na expressão para V, os dois primeiros termos entre parênteses representam a contribuição atrativa da interação entre o elétron e cada um dos núcleos; o termo remanescente é a interação repulsiva entre os núcleos. O conjunto de constantes fundamentais $e^2/4\pi\varepsilon_0$ ocorre frequentemente ao longo deste capítulo, e o representaremos por j_0.

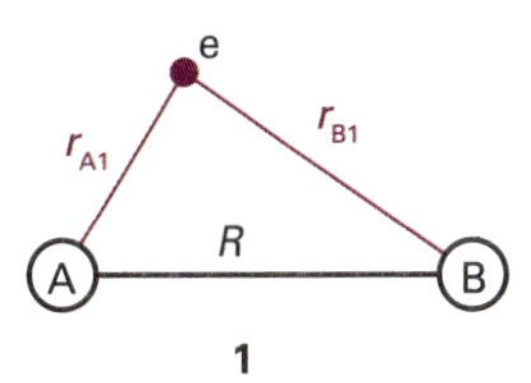

1

As funções de onda do elétron obtidas pela resolução da equação de Schrödinger $H\psi = E\psi$ são os **orbitais moleculares** (OM). Um orbital molecular ψ fornece, por intermédio de $|\psi|^2$, a distribuição do elétron na molécula; é semelhante a um orbital atômico, mas se espalha por toda a molécula.

(a) A construção de combinações lineares

A equação de Schrödinger pode ser resolvida analiticamente para o H_2^+ (dentro da aproximação de Born-Oppenheimer), mas as funções de onda são muito complicadas. Além disso, as soluções não se generalizam para sistemas poliatômicos. Por isso, vamos adotar um procedimento mais simples, que, embora aproximado, pode ser aplicado com facilidade a outras moléculas.

Se um elétron puder ser encontrado em um orbital atômico do átomo A e também em um outro orbital atômico de um átomo B, a função de onda geral é uma sobreposição dos dois orbitais atômicos:

$$\psi_{\pm} = N(A \pm B) \quad \text{Combinação linear de orbitais atômicos} \quad (10B.2)$$

em que, no caso do H_2^+, A simboliza (como na Seção 10A) a função χ_{H1s_A}, B simboliza a função χ_{H1s_B} e N simboliza um fator de normalização. O termo técnico para a sobreposição na Eq. 10B.2 é uma **combinação linear de orbitais atômicos** (CLOA; sigla em inglês LCAO). Um orbital molecular aproximado formado pela combinação linear de orbitais atômicos é chamado um **OM-CLOA**. Se um orbital molecular tiver simetria cilíndrica em relação ao eixo internuclear, como o que estamos discutindo, tem-se um **orbital σ**, pois se parece com um orbital s quando observado ao longo do eixo; mais exatamente, assim como um orbital s, tem momento angular nulo em relação ao eixo internuclear.

Exemplo 10.B1 Normalização de um orbital molecular

Normalize o orbital molecular ψ_+ da Eq. 10B.2.

Método Precisamos encontrar o fator N tal que $\int \psi^* \psi \, d\tau = 1$, em que a integração é sobre todo o espaço. Para operar, substituímos a expressão da CLOA nesta integral e aproveitamos o fato de que cada orbital atômico está normalizado.

Resposta Entrando com a função de onda na integral vem

$$\int \psi^* \psi \, d\tau = N^2 \left\{ \overbrace{\int A^2 d\tau}^{1} + \overbrace{\int B^2 d\tau}^{1} + 2\overbrace{\int AB d\tau}^{S} \right\} = 2(1+S)N^2$$

em que $S = \int AB d\tau$ e tem um valor que depende da separação nuclear (esta "integral de sobreposição" será muito importante adiante). Para a integral ser igual a 1, é necessário que

$$N = \frac{1}{\{2(1+S)\}^{1/2}}$$

No H_2^+, $S \approx 0{,}59$, logo $N = 0{,}56$.

Exercício proposto 10B.1 Normalize o orbital ψ_- da Eq. 10B.2.

Resposta: $N = 1/\{2(1-S)\}^{1/2}$, logo, $N = 1{,}10$

A Fig. 10B.1 mostra as curvas de amplitude constante do orbital molecular ψ_+ da Eq. 10B.2. Gráficos como esses são facilmente obtidos com programas de computador comercialmente disponíveis. O cálculo é direto, pois tudo o que se precisa é entrar com a forma matemática dos dois orbitais atômicos e deixar o programa fazer o resto.

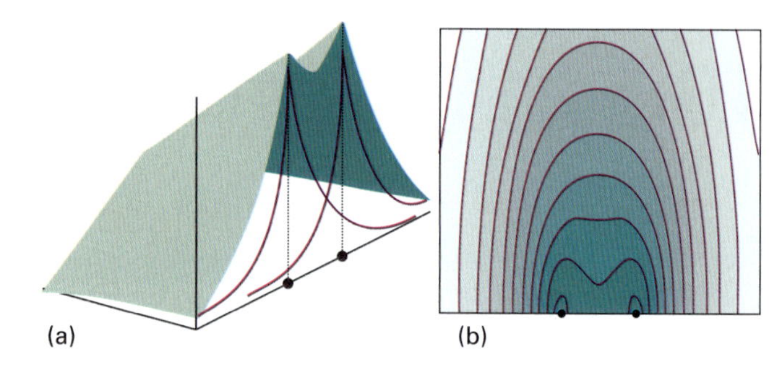

Figura 10B.1 (a) A amplitude do orbital molecular ligante de um íon de hidrogênio molecular no plano que contém os dois núcleos. (b) Representação dos contornos da amplitude.

Breve ilustração 10B.1 Um orbital molecular

Podemos usar os mesmos dois orbitais H1s que os da Seção 10A, isto é,

$$A = \frac{1}{(\pi a_0^3)^{1/2}} e^{-r_{A1}/a_0} \qquad B = \frac{1}{(\pi a_0^3)^{1/2}} e^{-r_{B1}/a_0}$$

e observamos que r_A e r_B não são independentes (**1**), mas, quando expressos em coordenadas cartesianas centradas no átomo A (**2**), estão relacionados por $r_{A1} = \{x^2 + y^2 + z^2\}^{1/2}$, em que R é o comprimento da ligação. As superfícies de amplitude constante resultantes são mostradas na Fig. 10B.2.

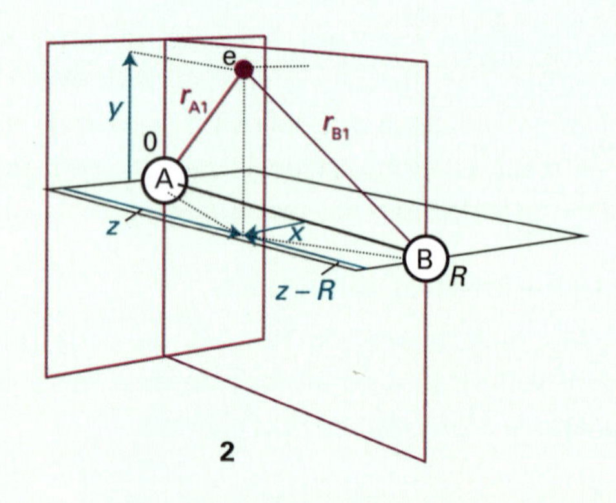

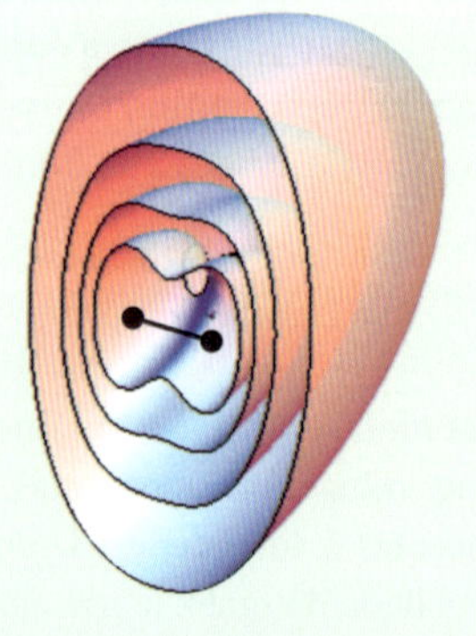

Figura 10B.2 Superfície de amplitude constante da função de onda ψ_+ do íon do hidrogênio molecular.

Exercício proposto 10B.2 Repita a análise para ψ_-.

Resposta: Veja a Fig. 10B.3.

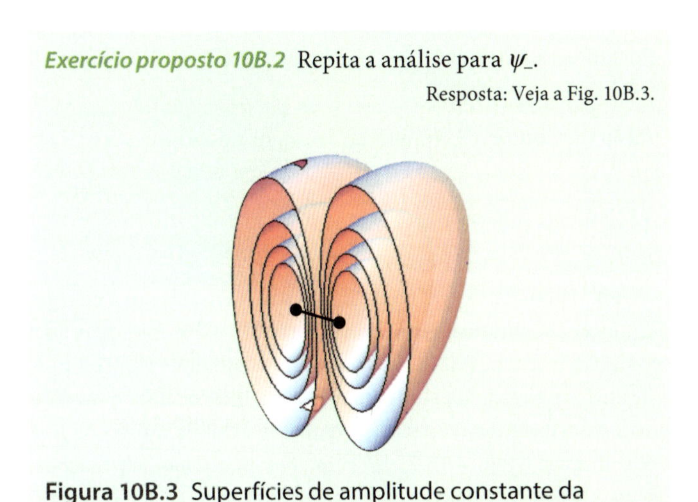

Figura 10B.3 Superfícies de amplitude constante da função de onda ψ_- do íon do hidrogênio molecular.

(b) Orbitais ligantes

De acordo com a interpretação de Born, a densidade de probabilidade do elétron no íon H_2^+ é proporcional ao quadrado do módulo da respectiva função de onda naquele ponto. A densidade de probabilidade correspondente à função de onda (real) ψ_+ da Eq. 10B.2 é

$$\psi_+^2 = N^2(A^2 + B^2 + 2AB) \quad \text{Densidade de probabilidade ligante} \quad (10B.3)$$

Essa densidade de probabilidade é representada graficamente na Fig. 10B.4. Uma importante característica da densidade de probabilidade fica ressaltada ao examinarmos a região internuclear, onde os dois orbitais atômicos têm amplitudes semelhantes. De acordo com a Eq. 10B.3, a densidade de probabilidade total é proporcional à soma de três parcelas:

- A^2, a densidade de probabilidade de o elétron estar confinado no orbital atômico de A.
- B^2, a densidade de probabilidade de o elétron estar confinado no orbital atômico de B.
- $2AB$, uma contribuição extra à densidade de ambos os orbitais atômicos.

Interpretação física

Essa última contribuição, a **densidade de sobreposição**, é decisiva, pois representa um aumento da probabilidade de se encontrar o elétron na região internuclear. O aumento pode ser relacionado à interferência construtiva entre os dois orbitais atômicos: cada qual tem amplitude positiva na região internuclear, de modo que a amplitude total é maior do que a correspondente a um só orbital atômico.

Frequentemente faremos uso da observação de que *ligações se formam quando elétrons se acumulam em regiões onde os orbitais atômicos se sobrepõem e interferem construtivamente*. A explicação convencional é baseada na noção de que a acumulação da densidade eletrônica na região entre os núcleos coloca o elétron em uma posição em que ele interage fortemente com

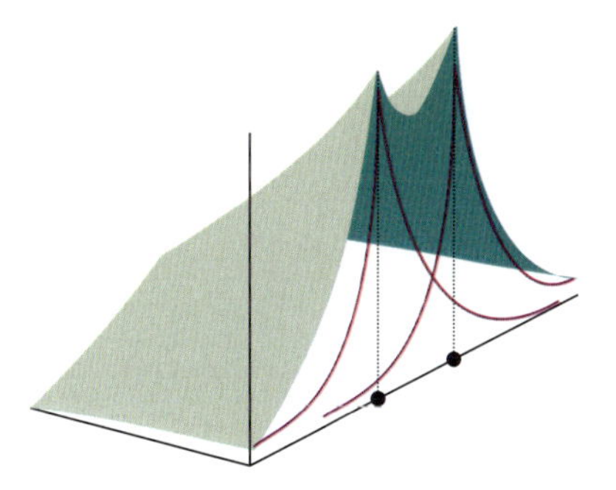

Figura 10B.4 Densidade eletrônica calculada pelo quadrado da função de onda da Fig. 10B.3. Observe o acúmulo da densidade eletrônica na região internuclear.

ambos os núcleos. Logo, a energia da molécula é mais baixa que a dos átomos separados, onde cada elétron interage fortemente somente com um dos núcleos. Esta explicação convencional, no entanto, tem sido questionada, pois o deslocamento do elétron para longe de um núcleo, a fim de ficar na região internuclear, *eleva* a energia potencial do elétron. A explicação moderna (e ainda controvertida) não aparece no tratamento simples da CLOA que estamos fazendo aqui. Parece que, simultaneamente ao deslocamento do elétron para a região internuclear, há uma contração dos orbitais atômicos. Esta contração aumenta mais a atração elétron–núcleo do que a diminuição provocada pelo deslocamento para a região internuclear, de modo que há uma diminuição líquida da energia potencial. A energia cinética do elétron também se modifica, pois a curvatura da função de onda se altera, mas essa modificação é amplamente dominada pela variação da energia potencial. Ao longo da exposição seguinte vamos atribuir a força das ligações químicas à acumulação da densidade eletrônica na região internuclear. Fica em aberto a questão de saber se nas moléculas mais complicadas do que o H_2^+ a verdadeira fonte do abaixamento da energia é a própria acumulação ou algum efeito indireto a ela relacionado.

O orbital σ que descrevemos é um exemplo de um **orbital ligante**, um orbital que, quando ocupado, contribui para a ligação dos dois átomos. Especificamente, identificamos esse orbital pelo símbolo 1σ, pois é o orbital σ de energia mais baixa. Um elétron que ocupa um orbital σ é chamado de **elétron σ**, e, se é o único elétron presente na molécula (como no estado fundamental do H_2^+), então representamos a configuração da molécula como $1\sigma^1$.

A energia $E_{1\sigma}$ do orbital 1σ é (veja Problema 10B.13):

$$E_{1\sigma} = E_{\text{H1s}} + \frac{j_0}{R} - \frac{j+k}{1+S} \quad \text{Energia do orbital ligante} \quad (10B.4)$$

em que E_{H1s} é a energia do orbital H1s, j_0/R é a energia potencial de repulsão entre os núcleos (lembre-se de que j_0 é a abreviatura de $e^2/4\pi\varepsilon_0$), e

$$S = \int AB\,d\tau = \left\{1 + \frac{R}{a_0} + \frac{1}{3}\left(\frac{R}{a_0}\right)^2\right\} e^{-R/a_0} \quad (10B.5a)$$

$$j = j_0 \int \frac{A^2}{r_B} d\tau = \frac{j_0}{R}\left\{1 - \left(1 + \frac{R}{a_0}\right)e^{-2R/a_0}\right\} \quad (10B.5b)$$

$$k = j_0 \int \frac{AB}{r_B} d\tau = \frac{j_0}{a_0}\left(1 + \frac{R}{a_0}\right)e^{-R/a_0} \quad (10B.5c)$$

Para expressar $j_0/a_0 = e^2/4\pi\varepsilon_0 a_0$ em elétron-volt, divida esse termo por e para chegarmos, então, a

$$\frac{j_0}{ea_0} = \frac{e}{4\pi\varepsilon_0 a_0} = \frac{e}{4\pi\varepsilon_0} \times \frac{\pi m_e e^2}{\varepsilon_0 h^2} = \frac{m_e e^3}{4\varepsilon_0^2 h^2} = 27{,}211\ldots \text{V} \quad (10B.5d)$$

Esse valor deve ser identificado como $2hc\tilde{R}_\infty$. As integrais são representadas graficamente na Fig. 10B.5. Podemos interpretar estas integrais da seguinte maneira:

Interpretação física

- Todas as três integrais são positivas e tendem a zero para valores grandes da separação internuclear (S e k devido ao termo exponencial e j devido ao termo $1/R$). A integral S é discutida mais detalhadamente na Seção 10B.4c.
- A integral j é uma medida da interação entre um núcleo e a densidade eletrônica centrada no outro núcleo.
- A integral k é uma medida da interação entre um núcleo e o excesso de densidade eletrônica na região internuclear que surge devido à sobreposição.

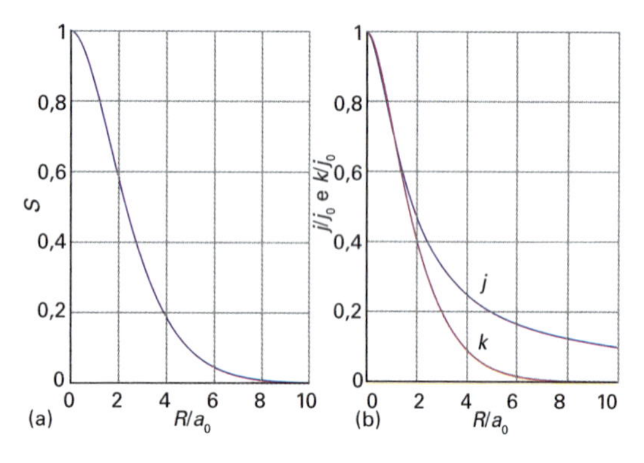

Figura 10B.5 As integrais (a) S, (b) j e k calculadas para o H_2^+ em função da distância internuclear.

Breve ilustração 10B.2 Integrais moleculares

Observa-se que (veja o próximo parágrafo do texto) o valor mínimo de $E_{1\sigma}$ ocorre em $R = 2{,}45a_0$. Com essa separação

$$S = \left\{1 + 2{,}45 + \frac{2{,}45^2}{3}\right\}e^{-2{,}45} = 0{,}47$$

$$j = \frac{j_0/a_0}{2{,}45}\{1 - 3{,}45e^{-4{,}90}\} = 0{,}40\, j_0/a_0$$

$$k = \frac{j_0}{a_0}(1 + 2{,}45)e^{-2{,}45} = 0{,}30\, j_0/a_0$$

Portanto, da Eq. 10B.5d, $j = 11$ eV e $k = 8{,}2$ eV.

Exercício proposto 10B.3 Calcule as integrais quando a separação internuclear é o dobro do seu valor no mínimo.

Resposta: 0,10, 5,5 eV, 1,2 eV

A Fig. 10B.6 é um gráfico de $E_{1\sigma}$ contra R em relação à energia dos átomos separados. A energia do orbital 1σ diminui quando a separação internuclear diminui a partir de grandes valores, pois a densidade eletrônica aumenta na região internuclear à medida que a interferência construtiva entre os orbitais atômicos fica mais intensa (Fig. 10B.7). Porém, em pequenas separações, há muito pouco espaço entre os núcleos para se ter acúmulo significativo da densidade eletrônica. Além disso, a repulsão entre os núcleos (que é proporcional a $1/R$) torna-se grande. Por isso, a energia da molécula se eleva para distâncias curtas e há um mínimo na curva da energia potencial. Os cálculos para o H_2^+ dão para esse mínimo $R_e = 2{,}45a_0 = 130$ pm e $D_e = 1{,}76$ eV (171 kJ mol^{-1}). Os valores experimentais são, respectivamente,

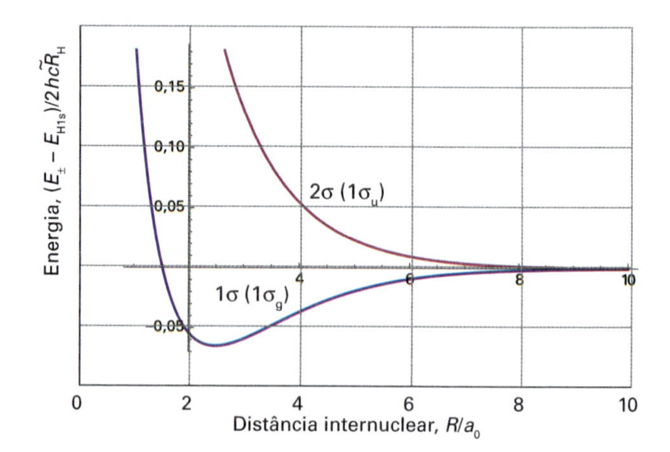

Figura 10B.6 As curvas da energia potencial molecular calculadas do íon do hidrogênio molecular, mostrando a variação da energia dos orbitais ligantes e antiligantes quando o comprimento da ligação varia. A notação alternativa dos orbitais é explicada mais adiante.

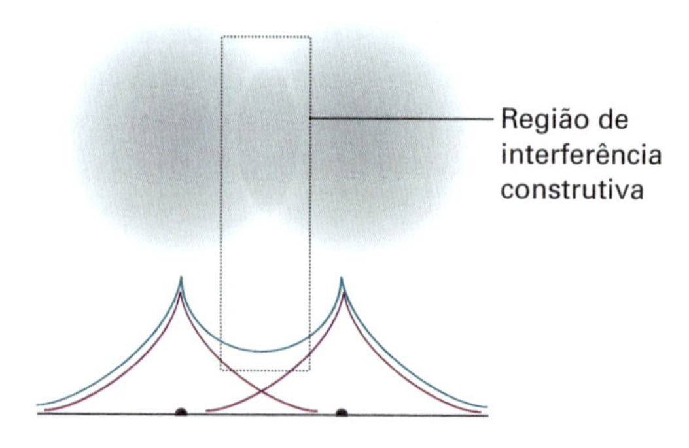

Figura 10B.7 Representação da interferência construtiva que ocorre quando dois orbitais H1s se sobrepõem e formam um orbital □ ligante.

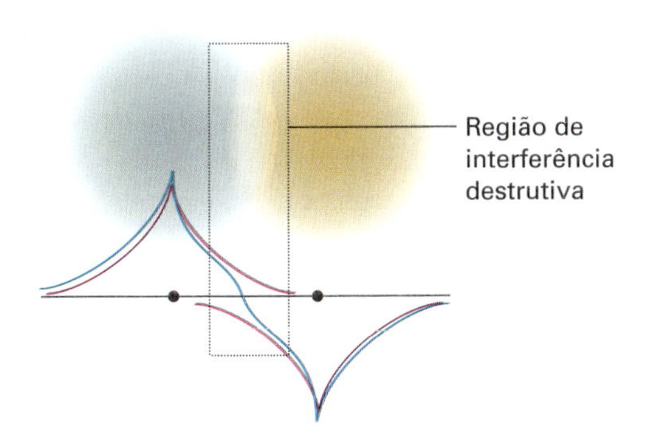

Figura 10B.8 Representação da interferência destrutiva que ocorre quando dois orbitais H1s se sobrepõem e formam um orbital 2□ antiligante.

106 pm e 2,6 eV. Assim, a descrição simples do OM–CLOA para a molécula, embora inexata, não é absurda.

(c) Orbitais antiligantes

A combinação linear ψ_- na Eq. 10B.2 corresponde a uma energia mais elevada do que de ψ_+. Como ela também é um orbital σ, recebe a identificação 2σ. Esse orbital tem um plano nodal internuclear no ponto em que *A* e *B* se cancelam exatamente (Figs. 10B.8 e 10B.9). A densidade de probabilidade é

$$\psi_-^2 = N^2(A^2 + B^2 - 2AB) \qquad \text{Densidade de probabilidade antiligante} \qquad (10B.6)$$

Há uma diminuição da densidade de probabilidade entre os dois núcleos em virtude da parcela $-2AB$ (Fig. 10B.10). Fisicamente, essa diminuição corresponde à interferência destrutiva dos dois orbitais atômicos que se sobrepõem. O orbital 2σ é um exemplo de um **orbital antiligante**, isto é, de um orbital que, quando ocupado, contribui para a redução da coesão entre os dois átomos e proporciona elevação da energia da molécula em relação à energia dos átomos separados.

A energia $E_{2\sigma}$ do orbital antiligante 2σ é dada por (veja Problema 10B.3):

$$E_{2\sigma} = E_{\mathrm{H1s}} + \frac{j_0}{R} - \frac{j-k}{1-S} \qquad (10B.7)$$

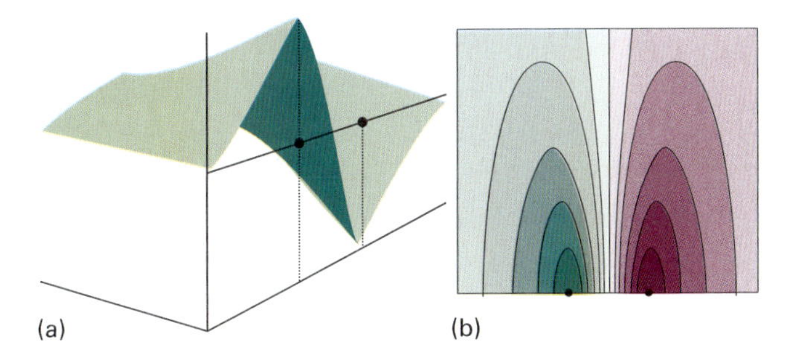

Figura 10B.9 (a) Amplitude do orbital molecular antiligante do íon do hidrogênio molecular num plano contendo os dois núcleos. (b) Representação do contorno da amplitude. Observe o nó entre os dois núcleos.

Figura 10B.10 Densidade eletrônica calculada pelo quadrado da função de onda da Fig. 10B.9. Observe a redução da densidade eletrônica na região internuclear.

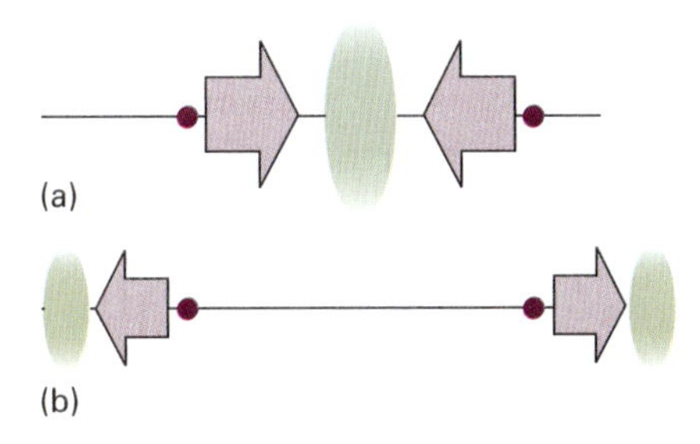

Figura 10B.11 Explicação parcial da origem dos efeitos ligante e antiligante. (a) Num orbital ligante, os núcleos são atraídos pela acumulação da densidade eletrônica na região internuclear. (b) No orbital antiligante, os núcleos são atraídos por uma acumulação de densidade eletrônica externa à região internuclear.

em que as integrais *S*, *j* e *k* são as mesmas definidas anteriormente (Eq. 10B.5). A variação de $E_{2\sigma}$ com *R* é mostrada na Fig. 10B.6, em que vemos o efeito desestabilizador de um elétron antiligante. O efeito é parcialmente devido ao fato de que um elétron antiligante é excluído da região internuclear e, consequentemente, é distribuído, em grande parte, fora da região ligante. Na realidade, enquanto um elétron ligante aglutina os dois núcleos, o elétron antiligante os afasta (Fig. 10B.11). A ilustração mencionada mostra também outra característica que veremos mais adiante: $|E_- - E_{\mathrm{H1s}}| > |E_+ - E_{\mathrm{H1s}}|$, indicando que *o orbital antiligante é mais antiligante do que o ligante é ligante.* Esta importante conclusão provém, em parte, da presença da repulsão entre os núcleos (j_0/R), que eleva a energia dos dois orbitais moleculares. Os orbitais antiligantes são identificados, muitas vezes, por um asterisco (*), de modo que o orbital 2σ podia ser também simbolizado por 2σ* (lê-se "2 sigma estrela").

Breve ilustração 10B.3 Energias antiligantes

No mínimo de energia do orbital ligante vimos que $R = 2{,}45a_0$, e da *Breve ilustração* 10B.2 sabemos que $S = 0{,}60$, $j = 11$ eV e $k = 8{,}2$ eV. Segue-se que, nessa separação, a energia do orbital antiligante em relação à do orbital 1s do átomo de hidrogênio é

$$(E_{2\sigma}-E_{\mathrm{H1s}})/\mathrm{eV}=\frac{27{,}2}{2{,}45}-\frac{11-8{,}2}{1-0{,}60}=4{,}1$$

Isto é, o orbital antiligante localiza-se (4,1 + 1,76) eV = 5,9 eV acima do orbital ligante nessa separação internuclear.

Exercício proposto 10B.4 Qual é a separação em duas vezes essa distância internuclear?

Resposta: 1,4 eV

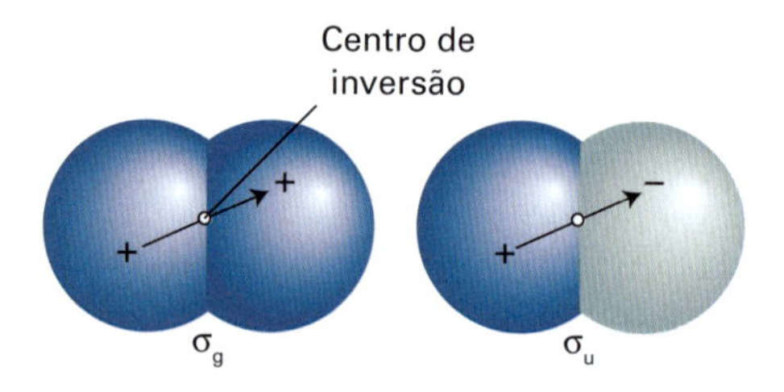

Figura 10B.12 A paridade de um orbital é par (g) se a sua função de onda não se altera sob inversão através do centro de simetria da molécula, mas é ímpar (u) se a função de onda muda de sinal. Moléculas diatômicas heteronucleares não têm centro de inversão, de modo que para elas a classificação g ou u é irrelevante.

10B.2 Notação de orbitais

Para moléculas diatômicas homonucleares (que consistem em dois átomos do mesmo elemento, tal como N_2), é útil descrever um orbital molecular identificando sua **simetria de inversão**, o comportamento da função de onda quando ela é invertida através do centro (mais formalmente do centro de inversão) da molécula. Assim, se considerarmos qualquer ponto no orbital σ ligante e então projetarmos esse ponto através do centro da molécula, de modo que ele fique a uma distância igual do outro lado, obtemos um valor idêntico da função de onda (Fig. 10B.12). Essa **simetria *gerade*** (da palavra alemã para "par") é representada pelo índice g, como em σ_g. O mesmo procedimento aplicado ao orbital antiligante 2σ resulta em uma função de onda de mesmo tamanho, mas de sinal oposto. Essa **simetria *ungerade*** ("simetria ímpar") é representada pelo índice u, como em σ_u.

Quando a notação g,u é utilizada, cada conjunto de orbitais de mesma simetria é simbolizado separadamente, de modo que, enquanto 1σ se torna $1\sigma_g$, seu par antiligante, que temos chamado de 2σ e que é o primeiro orbital de uma simetria diferente, é simbolizado por $1\sigma_u$. A regra geral é que *cada conjunto de orbitais de mesma simetria é simbolizado separadamente*. Este ponto será desenvolvido na Seção 10C. Essa classificação para a simetria de inversão não se aplica a moléculas diatômicas heteronucleares (formadas por átomos de dois elementos diferentes, tal como o CO) porque essas moléculas não têm centro de inversão.

Conceitos importantes

☐ 1. Um **orbital molecular** é construído como uma combinação linear de orbitais atômicos.

☐ 2. Um **orbital ligante** surge da sobreposição construtiva de orbitais atômicos vizinhos.

☐ 3. Um **orbital antiligante** surge da sobreposição destrutiva de orbitais atômicos vizinhos.

☐ 4. **Orbitais σ** têm simetria cilíndrica e momento angular orbital nulo em torno do eixo internuclear.

☐ 5. Um orbital molecular de uma molécula diatômica homonuclear é simbolizado por "*gerade*" (g) ou "*ungerade*" (u) segundo seu comportamento sob **simetria de inversão**.

Equações importantes

Propriedade	Equação	Comentário	Número da equação
Combinação linear de orbitais atômicos	$\psi_\pm = N(A\pm B)$	Molécula diatômica homonuclear	10B.2
Energia de orbitais σ	$E_{1\sigma}=E_{\mathrm{H1s}}+j_0/R-(j+k)/(1+S)$	$S=\int AB\,\mathrm{d}\tau$,	10B.4
		$j=j_0\int(A^2/r_\mathrm{B})\mathrm{d}\tau$	10B.5
	$E_{2\sigma}=E_{\mathrm{H1s}}+j_0/R-(j-k)/(1-S)$	$k=j_0\int(AB/r_\mathrm{B})\mathrm{d}\tau$	10B.7

10C Moléculas diatômicas homonucleares

Tópicos

➤ Por que você precisa saber este assunto?

Embora o íon do hidrogênio molecular estabeleça a abordagem básica para a construção de orbitais moleculares, quase todas as moléculas quimicamente significativas têm mais de um elétron, e precisamos verificar como construir suas configurações eletrônicas. As moléculas diatômicas homonucleares são um bom ponto de partida, não apenas porque são simples de descrever, mas porque incluem espécies importantes como o H_2, o N_2, o O_2 e os di-halogênios.

➤ Qual é a ideia fundamental?

Cada orbital molecular pode acomodar até dois elétrons.

➤ O que você já deve saber?

Você precisa estar familiarizado com a discussão das combinações lineares ligantes e antiligantes de orbitais atômicos na Seção 10B e o princípio da estruturação dos átomos (Seção 9B).

Na Seção 9C usamos os orbitais atômicos dos átomos hidrogenoides e o princípio da estruturação para deduzir e prever as configurações eletrônicas dos átomos polieletrônicos no estado fundamental. Adotaremos o mesmo procedimento com as moléculas diatômicas polieletrônicas, aproveitando os orbitais moleculares do H_2^+ desenvolvidos na Seção 10B como base para sua discussão.

10C.1 Configurações eletrônicas

O ponto de partida do princípio da estruturação de moléculas diatômicas é a construção de orbitais moleculares pela combinação dos orbitais atômicos disponíveis. Uma vez disponíveis, adotamos o procedimento visto a seguir, que é essencialmente o mesmo que o princípio da estruturação de átomos (Seção 9B):

- Os elétrons dos átomos são acomodados nos orbitais, de modo que a energia global da configuração seja a mais baixa possível, sujeita à restrição do princípio da exclusão de Pauli, de não se ter mais do que dois elétrons num mesmo orbital (e neste caso os elétrons têm que estar emparelhados).
- Se existirem diversos orbitais moleculares degenerados, os elétrons vão sucessivamente ocupando um a um os orbitais e só há ocupação dupla depois de se esgotarem as possibilidades da ocupação simples (pois assim tornam-se mínimas as repulsões entre os elétrons).
- Segundo a regra de Hund da máxima multiplicidade (Seção 9.B), se dois elétrons ocupam orbitais degenerados diferentes, a menor energia corresponde ao estado em que os spins são paralelos.

Princípio da estruturação para moléculas

(a) Orbitais σ e π

Consideremos o H_2, a molécula diatômica polieletrônica mais simples. Cada átomo de H contribui com um orbital 1s (como no caso do H_2^+), e então podemos formar, como já vimos na Seção 10B, os orbitais $1\sigma_g$ e $1\sigma_u$. Na separação internuclear que se mede experimentalmente, estes orbitais têm as energias que aparecem no diagrama da Fig. 10C.1, que é denominado **diagrama de níveis de energia de orbitais moleculares**. Veja que dois orbitais atômicos formam dois orbitais moleculares. Em geral, de *N* orbitais atômicos obtêm-se *N* orbitais moleculares.

Há dois elétrons para ocupar os orbitais, e ambos podem entrar no $1\sigma_g$ emparelhando seus spins, como imposto pelo princípio de Pauli (tal como nos átomos, Seção 9B). A configuração da molécula no estado fundamental é, portanto, $1\sigma_g^2$ e os átomos ficam unidos por uma ligação constituída por um par de elétrons num orbital σ ligante. Esta análise mostra que o par de elétrons, que constitui o centro do modelo de Lewis para a ligação química, representa o número máximo de elétrons que podem ocupar um orbital molecular ligante.

Raciocínio semelhante mostra a razão de o He não formar moléculas diatômicas. Cada átomo de He contribui com um orbital 1s, de modo que podemos construir os orbitais moleculares $1\sigma_g$ e $1\sigma_u$.

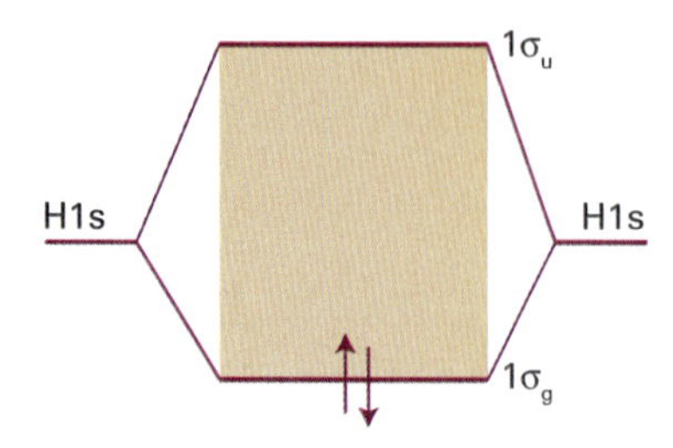

Figura 10C.1 Diagrama dos níveis de energia dos orbitais moleculares formados pela sobreposição dos orbitais H1s. A separação dos níveis corresponde à que existe no comprimento de equilíbrio da ligação. A configuração do H_2 no estado fundamental é obtida pela ocupação do orbital disponível de energia mais baixa (o orbital ligante) por dois elétrons.

Embora estes orbitais moleculares sejam diferentes dos orbitais do H_2, a forma geral é a mesma, e podemos usar qualitativamente o mesmo diagrama de níveis de energia para analisar a molécula. Há quatro elétrons para acomodar nos dois orbitais. Dois deles podem ocupar o orbital $1\sigma_g$, que fica então completo. Os outros dois devem entrar no orbital $1\sigma_u$ (Fig. 10C.2). A configuração eletrônica fundamental do He_2 seria então $1\sigma_g^2 1\sigma_u^2$. Há uma ligação e uma antiligação. Como $1\sigma_u$ tem a energia mais elevada em relação aos átomos separados do que $1\sigma_g$ tem a energia mais baixa em relação aos átomos separados, a molécula de He_2 tem energia mais elevada do que os átomos separados e é instável em relação a esses átomos.

Vejamos agora como os conceitos expostos aplicam-se às moléculas diatômicas homonucleares em geral. Em abordagens elementares, analisam-se exclusivamente os orbitais da camada de valência para a formação dos orbitais moleculares, de modo que, para moléculas formadas com átomos do segundo período, somente os orbitais atômicos 2s e 2p são considerados. Faremos também essa aproximação no tratamento a seguir.

Um princípio geral da teoria dos orbitais moleculares é o de que *todos os orbitais com a simetria apropriada* contribuem para um orbital molecular. Assim, para ter os orbitais σ, formamos as combinações lineares de todos os orbitais atômicos que têm simetria cilíndrica em torno do eixo internuclear. Esses orbitais compreendem os orbitais 2s em cada átomo e os orbitais $2p_z$ nos dois átomos (Fig. 10C.3). Portanto, a forma geral dos orbitais σ que se podem formar é

$$\psi = c_{A2s}\chi_{A2s} + c_{B2s}\chi_{B2s} + c_{A2p_z}\chi_{A2p_z} + c_{B2p_z}\chi_{B2p_z} \quad (10C.1)$$

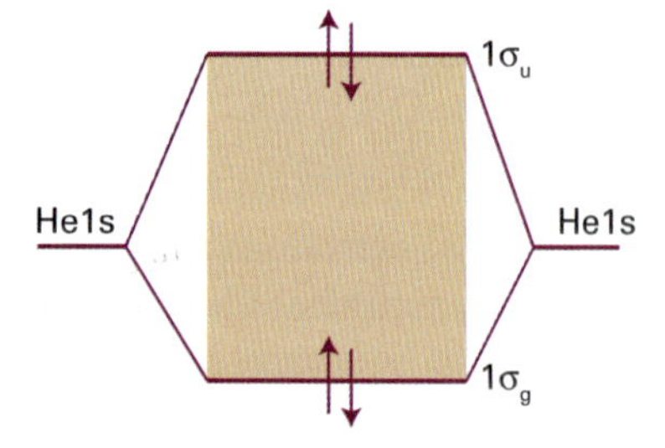

Figura 10C.2 Configuração eletrônica da molécula hipotética de He_2, no estado fundamental, com quatro elétrons. Dois elétrons são ligantes e dois outros são antiligantes. A energia da configuração é mais elevada do que a dos dois átomos separados e o sistema é instável.

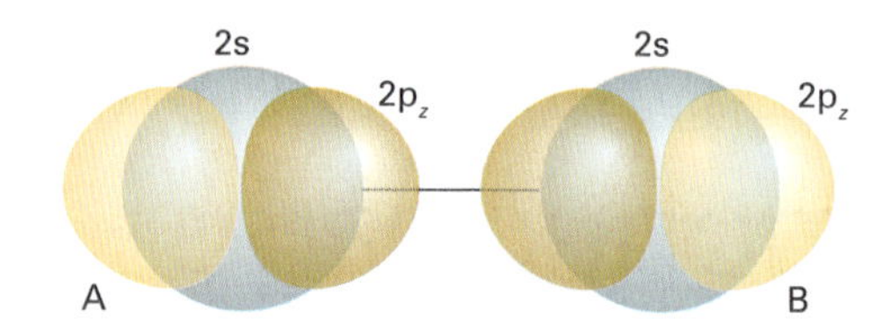

Figura 10C.3 De acordo com a teoria dos orbitais moleculares, os orbitais σ se formam com todos os orbitais que têm a simetria apropriada. Nas moléculas diatômicas homonucleares dos elementos do segundo período, isso quer dizer que participam dois orbitais 2s e dois orbitais $2p_z$. Com estes quatro orbitais formam-se quatro orbitais moleculares.

Com esses quatro orbitais atômicos podemos formar quatro orbitais moleculares de simetria σ por uma escolha apropriada dos coeficientes *c*.

Na Seção 10.D e, com mais detalhes, na Seção 10.E, descrevemos o procedimento para o cálculo dos coeficientes. Neste momento adotamos uma via mais simples. Como os dois orbitais 2s e $2p_z$ têm energias distintamente diferentes, vamos tratá-los separadamente. Isto é, os quatro orbitais σ caem aproximadamente em dois conjuntos, um deles constituído pelos dois orbitais moleculares com a forma

$$\psi = c_{A2s}\chi_{A2s} + c_{B2s}\chi_{B2s} \quad (10C.2a)$$

e outro conjunto constituído por dois orbitais com a forma

$$\psi = c_{A2p_z}\chi_{A2p_z} + c_{B2p_z}\chi_{B2p_z} \quad (10C.2b)$$

Como os átomos A e B são idênticos, as energias dos seus orbitais 2s são idênticas, e os coeficientes são iguais (exceto quanto a possíveis diferenças de sinais); o mesmo vale para os orbitais $2p_z$. Portanto, os dois conjuntos de orbitais têm as formas $\chi_{A2s} \pm \chi_{B2s}$ e $\chi_{A2p_z} \pm \chi_{B2p_z}$.

Os orbitais 2s dos dois átomos se sobrepõem e formam um orbital σ ligante e um orbital σ antiligante ($1\sigma_g$ e $1\sigma_u$, respectivamente) da mesma forma que vimos anteriormente para os orbitais 1s. Os dois orbitais $2p_z$, direcionados ao longo do eixo internuclear, se sobrepõem fortemente. Eles podem interferir entre si construtivamente ou destrutivamente e formar, em cada caso, um orbital σ ligante ou um orbital σ antiligante (Fig. 10C.4). Esses dois orbitais σ são identificados por $2\sigma_g$ e $2\sigma_u$, respectivamente. Em geral, observe como a numeração acompanha a ordem das energias crescentes. Numeramos somente os orbitais moleculares formados a partir de orbitais atômicos na camada de valência e ignoramos quaisquer combinações de orbitais atômicos do caroço.

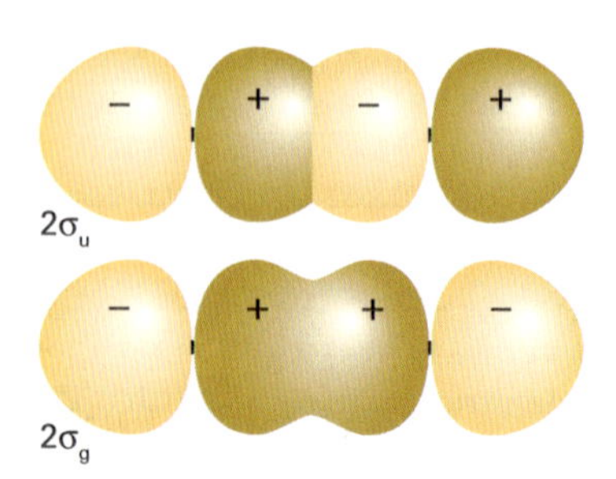

Figura 10C.4 Representação da composição dos orbitais σ ligantes e antiligantes construídos pela sobreposição dos orbitais p. Estas ilustrações são esquemáticas.

Breve ilustração 10C.1 Configurações do estado fundamental

A configuração de valência do átomo de sódio é [Ne]3s^1, então, os orbitais 3s e 3p são usados para construir orbitais moleculares. Nesse nível de aproximação, consideramos as sobreposições (3s,3s) e (3p,3p) separadamente. Na verdade, como só há dois elétrons para acomodar (um de cada orbital 3s), precisamos considerar apenas a primeira sobreposição. Essa sobreposição resulta em orbitais moleculares $1\sigma_g$ e $1\sigma_u$. Os únicos dois elétrons de valência ocupam o primeiro, então a configuração do Na_2 no estado fundamental é $1\sigma_g^2$.

Exercício proposto 10C.1 Identifique a configuração do Be_2 no estado fundamental.

Resposta: $1\sigma_g^2 1\sigma_u^2$ construídos a partir de orbitais Be2s

Vejamos agora os orbitais $2p_x$ e $2p_y$ de cada átomo. Estes orbitais são perpendiculares ao eixo internuclear e podem se sobrepor lateralmente. Esta sobreposição pode ser construtiva ou destrutiva, e o resultado é um **orbital π** ligante ou antiligante (Fig. 10C.5). A notação π é análoga à notação p nos átomos, pois, quando visto ao longo do eixo da molécula, um orbital π é parecido com um orbital p e tem momento angular orbital unitário em relação ao eixo internuclear. Os dois orbitais $2p_x$ vizinhos se sobrepõem para dar um orbital π_x ligante e outro orbital π_x antiligante. Os dois orbitais $2p_y$ também se sobrepõem para dar dois orbitais π_y. Os orbitais π_x e π_y ligantes são degenerados. O mesmo ocorre com os antiligantes correspondentes. Vemos também da Fig. 10C.5 que um orbital π ligante tem paridade ímpar (Seção 10B) e é identificado como π_u e um orbital π antiligante tem paridade par, identificado por π_g.

(b) Integral de sobreposição

O grau de sobreposição de dois orbitais atômicos de átomos diferentes é medido pela **integral de sobreposição,** S:

$$S=\int \chi_A^* \chi_B \, d\tau \quad \textit{Definição} \quad \text{Integral de sobreposição} \quad (10C.3)$$

Já encontramos essa integral na Seção 10B (no *Exemplo* 10B.1 e na Eq. 10B.5a). Se o orbital atômico χ_A de A for pequeno sempre que o orbital χ_B de B for grande, ou vice-versa, o produto das respectivas amplitudes será sempre pequeno e a integral – a soma dos produtos – será pequena (Fig. 10C.6). Se χ_A e χ_B forem simultaneamente grandes numa certa região do espaço, então S pode ser grande. Se os dois orbitais atômicos normalizados forem idênticos (por exemplo, orbitais 1s em um mesmo núcleo), então $S = 1$. Em alguns casos é possível ter fórmulas simples para as integrais de sobreposição. Por exemplo, a variação de S com a separação internuclear para orbitais 1s hidrogenoides em átomos de número atômico Z é dada por

$$S(1s,1s)=\left\{1+\frac{ZR}{a_0}+\frac{1}{3}\left(\frac{ZR}{a_0}\right)^2\right\}e^{-ZR/a_0} \quad \text{Integral de sobreposição (1s,1s)} \quad (10C.4)$$

e é representada graficamente na Fig. 10C.7 (a Eq. 10C.4 é uma generalização da Eq. 10B.5a, que era para orbitais H1s).

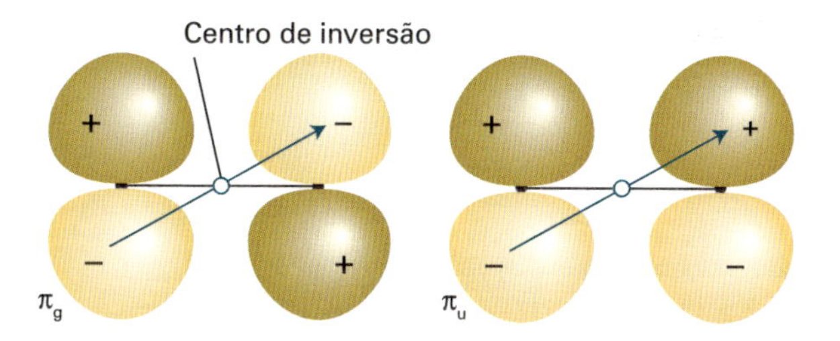

Figura 10C.5 Uma representação esquemática da estrutura de orbitais moleculares π ligante e antiligante. A figura também mostra que o orbital π ligante tem paridade ímpar, enquanto o orbital π antiligante tem paridade par.

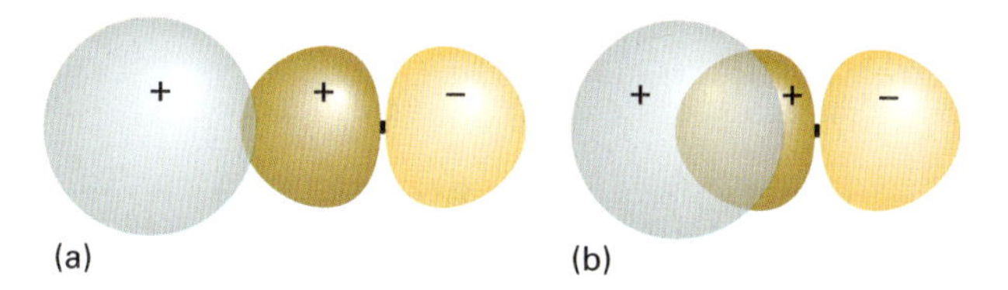

Figura 10C.6 (a) Quando os dois orbitais estão em átomos muito separados, as funções de onda são pequenas onde elas se sobrepõem, de modo que S é pequena. (b) Quando os átomos estão mais próximos um do outro, os dois orbitais têm amplitudes significativas na região de sobreposição e S pode se aproximar de 1. Observe que S diminui se os dois átomos se aproximarem ainda mais do que é mostrado na figura, pois a região de amplitude negativa do orbital p principia a se sobrepor à região positiva do orbital s. Quando os centros dos átomos coincidem, $S = 0$.

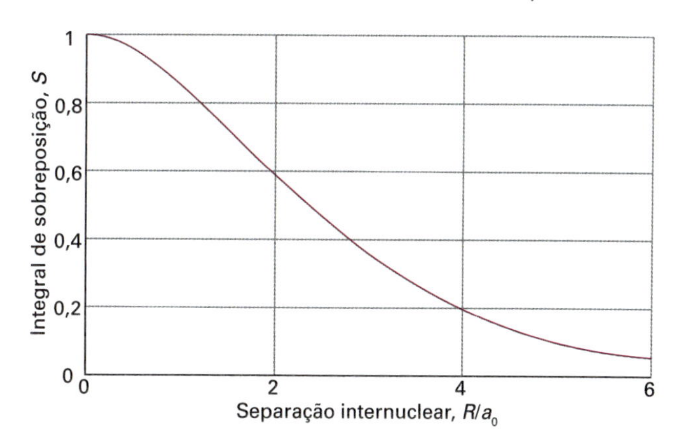

Figura 10C.7 A integral de sobreposição, S, entre dois orbitais H1s em função da separação entre eles, R.

Breve ilustração 10C.2 Integrais de sobreposição

A familiaridade com as magnitudes das integrais de sobreposição é útil quando consideramos a capacidade de ligação dos átomos, e os orbitais hidrogenoides dão uma indicação dos seus valores. A integral de sobreposição entre dois orbitais hidrogenoides 2s é

$$S(2s,2s)=\left\{1+\frac{ZR}{2a_0}+\frac{1}{12}\left(\frac{ZR}{a_0}\right)^2+\frac{1}{240}\left(\frac{ZR}{a_0}\right)^4\right\}e^{-ZR/2a_0}$$

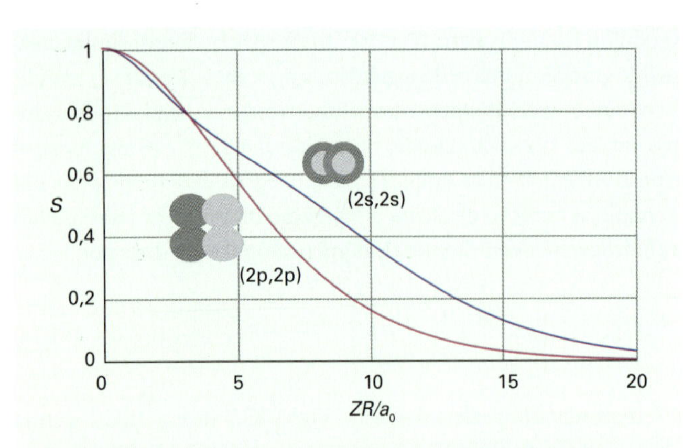

Figura 10C.8 A integral de sobreposição, *S*, entre dois orbitais hidrogenoides 2s e entre dois orbitais 2p lado a lado em função da sua separação *R*.

Essa expressão é representada graficamente na Fig. 10C.8. Para uma distância internuclear de $8a_0/Z$, $S(2s,2s) = 0,50$.

Exercício proposto 10C.2 A sobreposição lado a lado de dois orbitais 2p de átomos de número atômico *Z* é

$$S(2p,2p)=\left\{1+\frac{ZR}{2a_0}+\frac{1}{10}\left(\frac{ZR}{a_0}\right)^2+\frac{1}{120}\left(\frac{ZR}{a_0}\right)^3\right\}e^{-ZR/2a_0}$$

Calcule essa integral de sobreposição para $R = 8a_0/Z$.

Resposta: Veja a Fig. 10C.8, 0,29

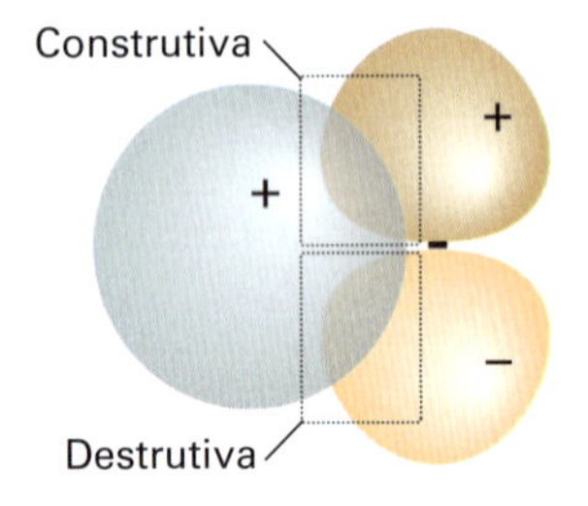

Figura 10C.9 Um orbital p com a orientação mostrada na figura tem sobreposição líquida nula ($S = 0$) com o orbital s, qualquer que seja a separação internuclear.

Imaginemos agora uma configuração em que um orbital s se sobrepõe a um orbital p_x de um átomo diferente (Fig. 10C.9). A integral sobre a região onde o produto dos orbitais é positivo é exatamente cancelada pela integral sobre a região onde o produto é negativo, e a soma é exatamente $S = 0$. Portanto, não há sobreposição entre os orbitais s e p nesta configuração.

(c) Moléculas diatômicas do 2º Período

Para construir o diagrama de níveis de energia dos orbitais moleculares para moléculas diatômicas homonucleares do 2º Período, formamos oito orbitais moleculares a partir de oito orbitais atômicos de camada de valência (quatro de cada átomo). Em alguns casos os

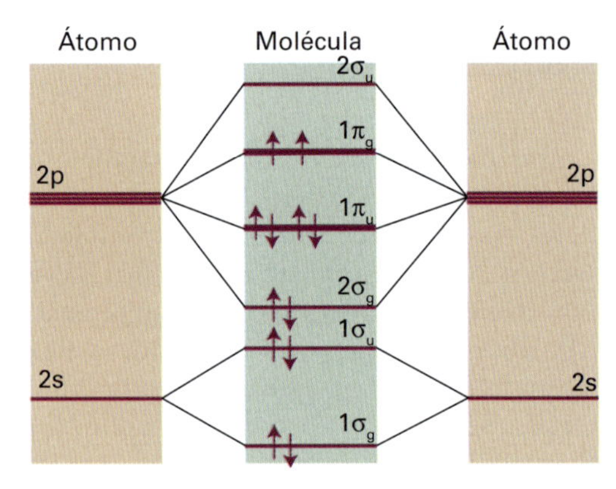

Figura 10C.10 Diagrama de níveis de energia dos orbitais moleculares de moléculas diatômicas homonucleares. As linhas no meio são uma indicação das energias dos orbitais moleculares que podem ser formados pela sobreposição dos orbitais atômicos. Como destacado no texto, este diagrama vale para o O_2 (a configuração que é mostrada na figura) e o F_2.

orbitais π são menos fortemente ligantes do que os orbitais σ, pois sua superposição máxima ocorre fora do eixo. Essa fraqueza relativa sugere que o diagrama de níveis de energia dos orbitais moleculares deve ser conforme é mostrado na Fig. 10C.10. Entretanto, devemos lembrar que admitimos que os orbitais 2s e $2p_z$ contribuem para diferentes conjuntos de orbitais moleculares, enquanto na realidade todos os quatro orbitais atômicos possuem a mesma simetria em torno do eixo internuclear e contribuem juntamente para os quatro orbitais σ. Consequentemente, não há nenhuma garantia de que essa ordem de energias deva prevalecer, e encontra-se experimentalmente (por espectroscopia) e por cálculos detalhados que a ordem varia ao longo do segundo período (Fig. 10C.11). A ordem mostrada na Fig. 10C.12 é apropriada até o N_2, e a Fig. 10C.10 se aplica para o O_2 e o F_2. A ordem relativa é controlada pela separação dos orbitais 2s e 2p nos átomos. Esta separação aumenta pelo grupo. A consequente inversão na ordem ocorre em torno do N_2.

Com o diagrama de níveis de energia dos orbitais moleculares conhecido, podemos deduzir as configurações prováveis das moléculas no estado fundamental adicionando o número apropriado de elétrons aos orbitais de acordo com as regras do

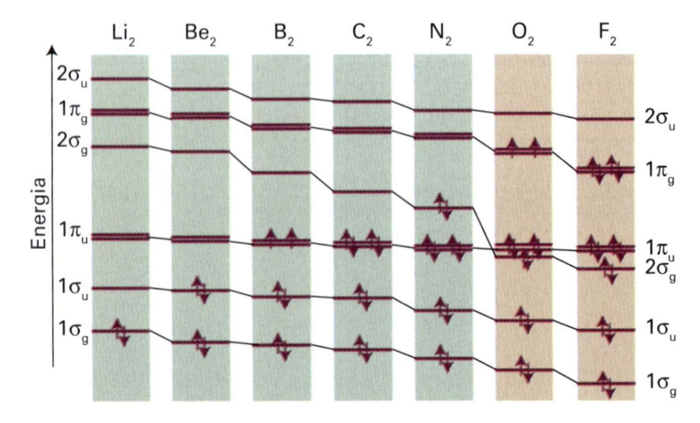

Figura 10C.11 Variação das energias dos orbitais das moléculas diatômicas homonucleares do 2º Período.

Figura 10C.12 Diagrama alternativo de níveis de energia dos orbitais moleculares de moléculas diatômicas homonucleares. Como se observa no texto, este diagrama vale até o N_2 (a configuração que é mostrada na figura) inclusive.

princípio da estruturação. As espécies aniônicas (por exemplo, o íon peróxido, O_2^{2-}) precisam de mais elétrons do que as moléculas neutras iniciais. As espécies catiônicas (como o O_2^+) precisam de menos.

Vejamos o N_2, que tem 10 elétrons de valência. Dois pares de elétrons ocupam e completam o orbital $1\sigma_g$; os próximos dois ocupam e completam o orbital $1\sigma_u$. Restam seis elétrons. Há dois orbitais $1\pi_u$ que podem receber quatro elétrons. Os dois últimos entram no orbital $2\sigma_g$. Portanto, a configuração do N_2 no estado fundamental é $1\sigma_g^2 1\sigma_u^2 1\pi_u^4 2\sigma_g^2$. É às vezes instrutivo incluir um asterisco para simbolizar um orbital antiligante; neste caso, a configuração seria representada por $1\sigma_g^2 1\sigma_u^{*2} 1\pi_u^4 2\sigma_g^2$.

Uma medida da ligação resultante em uma molécula diatômica é sua **ordem de ligação**, *b*:

$$b=\frac{1}{2}(N-N^*) \qquad \text{Definição} \quad \text{Ordem de ligação} \qquad (10C.5)$$

em que *N* é o número de elétrons nos orbitais ligantes e N^* é o número de elétrons nos orbitais antiligantes.

Breve ilustração 10C.3 Ordem de ligação

Cada par de elétrons em um orbital ligante aumenta a ordem de ligação de 1 e cada par em um orbital antiligante diminui *b* de 1. Para o H_2, $b = 1$, correspondendo a uma única ligação, H–H, entre os dois átomos. No He_2, $b = 0$, e não existe nenhuma ligação. No N_2, $b=\frac{1}{2}(8-2)=3$. Essa ordem coincide com a da estrutura de Lewis da molécula (:N≡N:).

Exercício proposto 10C.3 Calcule as ordens de ligação do O_2, O_2^+ e O_2^-.

Resposta: 2, $\frac{5}{2}$, 1

A configuração eletrônica do O_2 no estado fundamental, com 12 elétrons de valência, é baseada na Fig. 10C.10, e é $1\sigma_g^2 1\sigma_u^2 2\sigma_g^2 1\pi_u^4 1\pi_g^2$ (ou $1\sigma_g^2 1\sigma_u^{*2} 2\sigma_g^2 1\pi_u^4 1\pi_g^{*2}$). Sua ordem da ligação é 2. No entanto, conforme o princípio da estruturação, os dois elétrons $1\pi_g$ ocupam orbitais diferentes: um elétron entra no orbital $1\pi_{u,x}$ e o outro entra no $1\pi_{u,y}$. Como estão em orbitais diferentes, têm spins paralelos. Podemos então dizer que a molécula de O_2 terá um momento angular do spin $S = 1$ e que, na linguagem da Seção 9C, está num estado tripleto. Como o spin do elétron é uma fonte de momento magnético, podemos dizer que o oxigênio é paramagnético, uma substância que tem a tendência a se mover na direção do campo magnético (veja a Seção 18C). Esta conclusão, que não é obtida da teoria da ligação de valência elementar, é confirmada pela experiência.

Uma molécula de F_2 tem dois elétrons a mais do que a do O_2. A sua configuração é, portanto, $1\sigma_g^2 1\sigma_u^{*2} 2\sigma_g^2 1\pi_u^4 1\pi_g^{*4}$ e $b = 1$. Concluímos que F_2 é uma molécula com uma ligação simples, em concordância com a estrutura de Lewis. A molécula hipotética do dineônio, Ne_2, tem dois elétrons a mais. Sua configuração seria $1\sigma_g^2 1\sigma_u^{*2} 2\sigma_g^2 1\pi_u^4 1\pi_g^{*4} 2\sigma_u^{*2}$ e $b = 0$. A ordem de ligação nula é compatível com a natureza monoatômica do Ne.

A ordem da ligação é um parâmetro útil para discutir as características das ligações, pois está correlacionada com o comprimento das ligações e com a força das ligações. Para ligações entre átomos de um determinado par de elementos:

- Quanto mais elevada for a ordem da ligação, menor será o comprimento da ligação.
- Quanto mais elevada a ordem da ligação, maior a força da ligação.

Interpretação física

A Tabela 10C.1 registra alguns comprimentos típicos de ligação de moléculas diatômicas e poliatômicas. A força da ligação é medida pela energia de dissociação da ligação, D_0, a energia necessária para separar os átomos para distância infinita, ou pela profundidade do poço D_e, com $D_0 = D_e - \frac{1}{2}\hbar\omega$. A Tabela 10C.2 apresenta alguns valores experimentais de D_0.

Exemplo 10C.1 Avaliação das forças relativas das ligações de moléculas e íons

Verifique se o N_2^+ tem energia de dissociação maior ou menor do que a energia de dissociação do N_2.

Método Como a molécula com ordem de ligação maior tem, provavelmente, energia de dissociação maior, compare suas configurações eletrônicas e calcule as respectivas ordens das ligações.

Resposta Pela Fig. 10C.12, as configurações eletrônicas e as ordens das ligações são

$$N_2 \quad 1\sigma_g^2 1\sigma_u^{*2} 1\pi_u^4 2\sigma_g^2 \quad b=3$$
$$N_2^+ \quad 1\sigma_g^2 1\sigma_u^{*2} 1\pi_u^4 2\sigma_g^1 \quad b=2\tfrac{1}{2}$$

Como o cátion tem ordem de ligação mais baixa, a sua energia de dissociação será, possivelmente, mais baixa. As energias de dissociação experimentais são 945 kJ mol^{-1} para o N_2 e 842 kJ mol^{-1} para o N_2^+.

Exercício proposto 10C.4 Qual terá energia de dissociação mais elevada, o F_2 ou o F_2^+?

Resposta: F_2^+

Tabela 10C.1* Comprimentos de ligações, R_e/pm

Ligação	Ordem	R_e/pm
HH	1	74,14
NN	3	109,76
HCl	1	127,45
CH	1	*114*
CC	1	*154*
CC	2	*134*
CC	3	*120*

* Mais valores são fornecidos na *Seção de dados*. Os números em itálico são valores médios para moléculas poliatômicas.

Tabela 10C.2* Energias de dissociação de ligações, D_0/(kJ mol^{-1})

Ligação	Ordem	D_0/(kJ mol^{-1})
HH	1	432,1
NN	3	941,7
HCl	1	427,7
CH	1	*435*
CC	1	*368*
CC	2	*720*
CC	3	*962*

* Mais valores são fornecidos na *Seção de dados*. Os números em itálico são valores médios para moléculas poliatômicas.

10C.2 Espectroscopia de fotoelétrons

Até agora, tratamos os orbitais moleculares como construções puramente teóricas, mas há evidência experimental para a sua existência? A **espectroscopia de fotoelétrons** (PES na sigla em inglês) mede as energias de ionização das moléculas quando os elétrons são ejetados a partir de diferentes orbitais pela absorção de um fóton com energia conhecida. As informações conseguidas levam à determinação das energias dos orbitais moleculares. A técnica também é usada na investigação de sólidos. Na Seção 22A vemos a sua importância no estudo sobre as superfícies das amostras ou sobre substâncias fixas nas superfícies.

Como há conservação de energia na ionização de uma amostra por um fóton, a energia do fóton incidente, $h\nu$, é igual à soma da energia de ionização, I, da amostra com a energia cinética do **fotoelétron**, isto é, do elétron ejetado da amostra (Fig. 10C.13):

$$h\nu = \frac{1}{2}m_e v^2 + I \qquad \text{(10C.6)}$$

Essa equação (que é semelhante à do efeito fotoelétrico, Eq. 7A.13 da Seção 7A, $E_k = \frac{1}{2}m_e v^2 = h\nu - \Phi$, escrita como $h\nu = \frac{1}{2}m_e v^2 + \Phi$) pode ser refinada de duas maneiras. Na primeira, os fotoelétrons podem se originar de diversos orbitais e cada um deles tem uma energia de ionização diferente. Consequentemente, serão obtidas diversas energias cinéticas diferentes dos fotoelétrons, cada qual obedecendo a $h\nu = \frac{1}{2}m_e v^2 + I_i$, em que I_i é a energia de ionização para ejeção de um

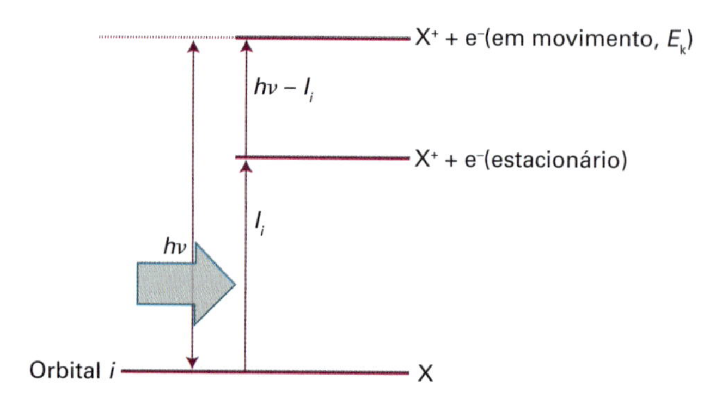

Figura 10C.13 Um fóton transportando uma energia $h\nu$ é absorvido; uma energia I_i é necessária para remover um elétron de um orbital i, e a diferença de energia aparece como a energia cinética do elétron.

elétron de um orbital i. Portanto, pela medida das energias cinéticas dos fotoelétrons e pelo conhecimento de ν, é possível determinar as energias de ionização. Os espectros dos fotoelétrons são interpretados em termos de uma aproximação denominada **teorema de Koopmans**, que estabelece a igualdade entre a energia de ionização I_i e a energia do orbital de onde o elétron é ejetado (formalmente, $I_i = -\varepsilon_i$). Isto é, podemos identificar a energia de ionização com a energia do orbital de onde provém o elétron ejetado. O teorema é somente uma aproximação, pois ignora o fato de que os elétrons remanescentes se reorganizam depois de a ionização ocorrer.

As energias de ionização das moléculas são de diversos elétrons-volt, mesmo no caso de elétrons de valência, por isso é essencial trabalhar pelo menos na região do ultravioleta do espectro e com radiação de comprimento de onda menor do que aproximadamente 200 nm. Numerosos trabalhos foram feitos com a radiação gerada por uma descarga através de hélio: a linha da transição ($1s^12p^1 \rightarrow 1s^2$) do He(I) está localizada em 58,43 nm e corresponde à energia da ordem de 21,22 eV para o fóton. É nessa linha que se baseia a técnica da **espectroscopia de fotoelétrons no ultravioleta** (UPS na sigla em inglês). Para investigar os elétrons

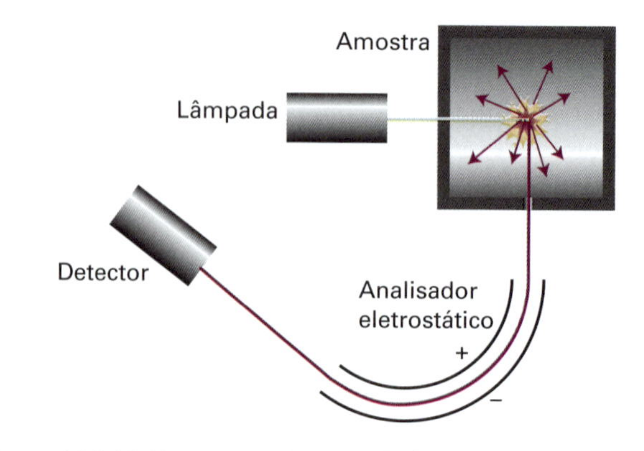

Figura 10C.14 Um espectrômetro de fotoelétrons é constituído de uma fonte de radiação ionizante (por exemplo, uma lâmpada de descarga de hélio para UPS e uma fonte de raios X para XPS), um analisador eletrostático e um detector de elétrons. O desvio da trajetória do elétron provocado pelo analisador depende da velocidade do elétron.

do caroço do átomo são necessários fótons de energia ainda mais elevada para se ter a ionização. Usam-se então raios X, e a técnica é conhecida pela sigla XPS.

As energias cinéticas dos fotoelétrons são medidas usando-se um defletor eletrostático que produz desvios diferentes nas trajetórias dos fotoelétrons quando eles passam entre placas carregadas (Fig. 10C.14). À medida que a intensidade do campo entre as placas aumenta, elétrons com velocidades diferentes, e, portanto, com energias cinéticas diferentes, atingem o detector. O fluxo de elétrons pode ser registrado e representado graficamente contra a energia cinética, obtendo-se assim o respectivo espectro de fotoelétrons.

Breve ilustração 10C.4 Espectro de fotoelétrons

Os fotoelétrons ejetados a partir do N_2 pela radiação do He(I) têm energia cinética de 5,63 eV (1 eV = 8065,5 cm^{-1}, Fig. 10C.15). A radiação do hélio(I), com o comprimento de onda de 58,43 nm, tem número de onda de $1{,}711 \times 10^5$ cm^{-1} e, portanto, corresponde a uma energia de 21,22 eV. Então, pela Eq. 10C.6, com I_i em lugar de I, 21,22 eV = 5,63 eV + I_i, de modo que I_i = 15,59 eV. Essa energia de ionização é a energia necessária para remover um elétron do orbital molecular ocupado que tem a maior energia da molécula de N_2, o orbital ligante $2\sigma_g$.

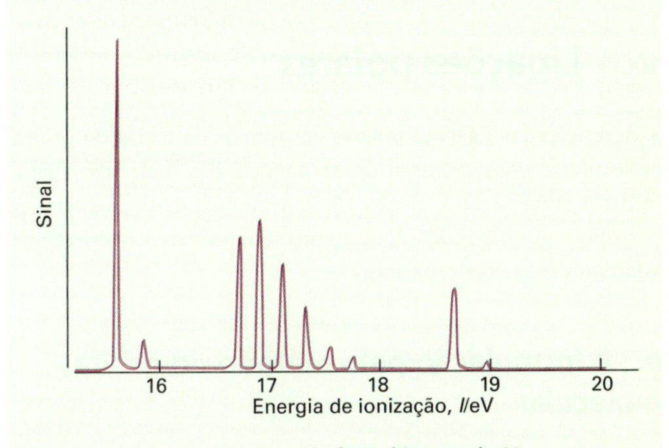

Figura 10C.15 O espectro de fotoelétrons do N_2.

Exercício proposto 10C.5 Nas mesmas circunstâncias, observam-se também fotoelétrons em 4,53 eV. A que energia de ionização correspondem? Sugira um orbital de origem.

Resposta: 16,7 eV, $1\pi_u$

Observa-se frequentemente que a fotoionização leva à formação de cátions vibracionalmente excitados. Como energias distintas são necessárias para excitar estados vibracionais diferentes do íon, os fotoelétrons aparecem com energias cinéticas diferentes. O resultado é uma **estrutura fina vibracional**, uma progressão de linhas com espaçamento de frequências correspondentes à frequência vibracional da molécula. A Fig. 10C.16 mostra um exemplo de estrutura fina vibracional no espectro de fotoelétrons do HBr.

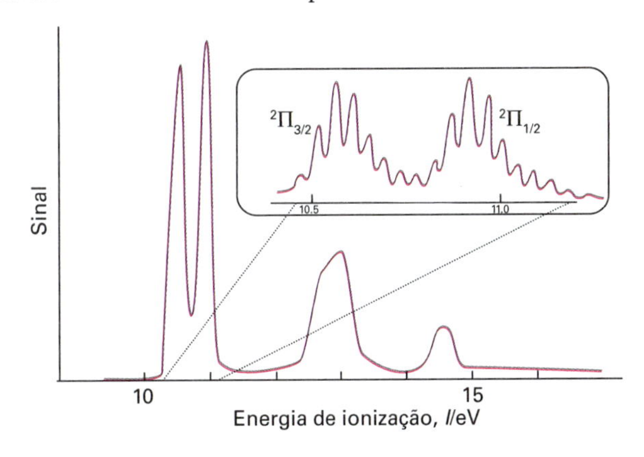

Figura 10C.16 O espectro de fotoelétrons do HBr.

Conceitos importantes

☐ 1. Os elétrons são adicionados a orbitais moleculares disponíveis de forma a se obter a menor energia total.

☐ 2. Em uma primeira aproximação, os orbitais σ são construídos separadamente dos orbitais s e p de valência.

☐ 3. Uma **integral de sobreposição** é uma medida da extensão da sobreposição de orbitais.

☐ 4. Quanto maior a **ordem de ligação** de uma molécula, mais curta e mais forte é a ligação.

☐ 5. **Espectroscopia de fotoelétrons** é uma técnica para a determinação das energias dos elétrons nos orbitais moleculares.

Equações importantes

Propriedade	Equação	Comentário	Número da equação
Integral de sobreposição	$S=\int \chi_A^* \chi_B \, d\tau$	Integração sobre todo o espaço	10C.3
Ordem de ligação	$b=\frac{1}{2}(N-N^*)$	N e N^* são os números de elétrons nos orbitais ligantes e antiligantes, respectivamente	10C.5
Espectroscopia de fotoelétrons	$h\nu=\frac{1}{2}m_e v^2+I$	Interprete I como I_i, a energia de ionização do orbital i.	10C.6

10D Moléculas diatômicas heteronucleares

Tópicos

➤ Por que você precisa saber este assunto?

A maior parte das moléculas é heteronuclear, por isso você precisa reconhecer as diferenças em sua estrutura eletrônica em relação às espécies homonucleares e como tratar tais diferenças quantitativamente.

➤ Qual é a ideia fundamental?

O orbital molecular ligante de uma molécula diatômica heteronuclear é constituído, em sua maior parte, do orbital atômico do átomo mais eletronegativo; o oposto é válido para o orbital antiligante.

➤ O que você já deve saber?

Você precisa saber a respeito dos orbitais moleculares de moléculas diatômicas homonucleares (Seção 10C) e dos conceitos de normalização e ortogonalidade (Seção 7C). Esta seção faz uso de determinantes (*Ferramentas do químico* 9B.1) e das regras de diferenciação (*Revisão de matemática* 1).

A distribuição eletrônica em uma ligação covalente em uma molécula diatômica heteronuclear não é igualmente compartilhada pelos átomos, pois é mais favorável, do ponto de vista da energia, que o par de elétrons esteja mais perto de um dos átomos do que do outro. Esse desequilíbrio provoca a formação de uma **ligação polar**, isto é, de uma ligação covalente em que o par de elétrons é compartilhado desigualmente pelos dois átomos. A ligação no HF, por exemplo, é polar, com o par de elétrons mais próximo do átomo de F. A acumulação do par de elétrons nas vizinhanças do átomo de F faz com que este átomo tenha uma carga negativa líquida, denominada **carga negativa parcial** e simbolizada por $\delta-$. No átomo de H, há uma **carga positiva parcial**, $\delta+$, compensadora (Fig. 10D.1).

10D.1 Ligações polares

A descrição das ligações polares em termos da teoria do orbital molecular é uma extensão direta daquela das moléculas diatômicas homonucleares (Seção 10C), sendo a principal diferença os orbitais atômicos dos dois átomos terem diferentes energias e diferentes extensões espaciais.

(a) A formulação pelo método do orbital molecular

Uma ligação polar é constituída por dois elétrons em um orbital com a forma

$$\psi = c_A A + c_B B \quad \text{Função de onda de uma ligação polar} \quad (10D.1)$$

com coeficientes diferentes. A proporção do orbital atômico A na ligação é $|c_A|^2$ e do B é $|c_B|^2$. Uma ligação apolar tem $|c_A|^2 = |c_B|^2$ e uma ligação iônica pura tem um dos coeficientes nulo (por exemplo, a

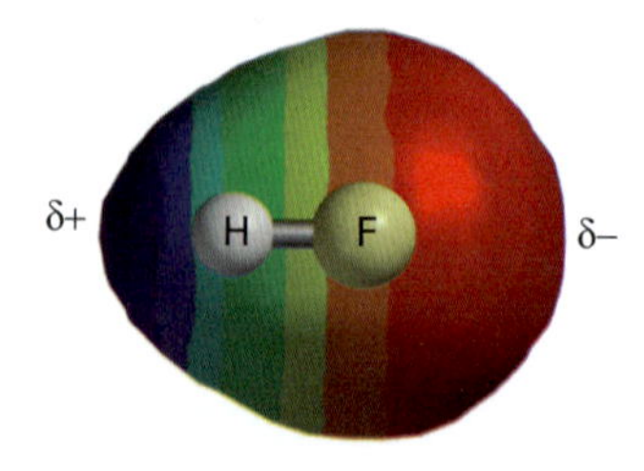

Figura 10D.1 A densidade eletrônica da molécula de HF, calculada com um dos métodos descritos na Seção 10E. As diferentes cores mostram a distribuição do potencial eletrostático e, portanto, da carga líquida, com o azul representando a região com a maior carga positiva parcial e o vermelho, a região com a maior carga negativa parcial.

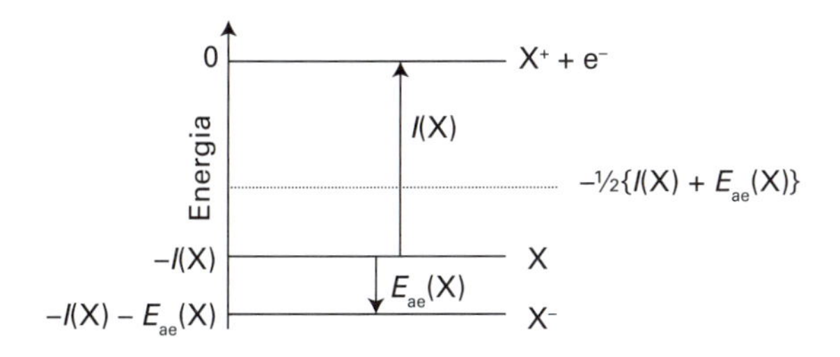

Figura 10D.2 Procedimento para estimar a energia de um orbital atômico em uma molécula.

espécie A^+B^- teria $c_A = 0$ e $c_B = 1$). O orbital atômico com a energia mais baixa proporciona a maior contribuição ao orbital molecular ligante. O oposto é válido para o orbital antiligante, no qual a componente dominante provém do orbital atômico de maior energia.

A decisão quanto a que valores usar para as energias dos orbitais atômicos na Eq. 10D.1 apresenta um dilema, pois eles são conhecidos somente após ter sido realizado um complicado cálculo do tipo descrito na Seção 10E. Uma alternativa, a que dá alguma compreensão da origem das energias, é estimar esses valores a partir das energias de ionização e afinidades ao elétron. Desse modo, os casos extremos de um átomo X em uma molécula são X^+, se ele tiver perdido o controle do elétron que forneceu, X se estiver compartilhando o par de elétrons igualmente com seu parceiro ligado, e X^- se tiver ganhado o controle de ambos os elétrons da ligação. Se o zero de energia for tomado como o de X^+, então X localiza-se em $-I(X)$ e X^- localiza-se em $-\{I(X) + E_{ae}(X)\}$, em que I é a energia de ionização e E_{ae} é a afinidade ao elétron (Fig. 10D.2). A energia real do orbital fica em um valor intermediário, e, na ausência de mais informações, vamos estimá-la como estando a meio caminho em direção ao mais baixo desses valores, ou seja, $-\frac{1}{2}\{I(X)+E_{ea}(X)\}$. Em seguida, para estabelecer a composição e energias do OM, formamos combinações lineares de orbitais atômicos com esses valores da energia e prevemos que o átomo com o valor mais negativo de $-\frac{1}{2}\{I(X)+E_{ea}(X)\}$ contribui mais substancialmente para o orbital ligante. Conforme veremos adiante, a grandeza $\frac{1}{2}\{I(X)+E_{ea}(X)\}$ também tem maior significância.

Breve ilustração 10D.1 Moléculas diatômicas heteronucleares 1

Estes pontos podem ser ilustrados considerando-se o HF. A forma geral do orbital molecular é $\psi = c_H\chi_H + c_F\chi_F$, em que χ_H é um orbital H1s e χ_F é um orbital F2p$_z$ (com z ao longo do eixo internuclear, a convenção para moléculas lineares). Os dados relevantes são os que seguem:

	I/eV	E_{ae}/eV	$\frac{1}{2}\{I+E_{ae}\}$/eV
H	13,6	0,75	7,2
F	17,4	3,34	10,4

Vemos que a distribuição de elétrons no HF provavelmente está predominantemente no átomo de F. Baixamos mais ainda o cálculo (em *Breves ilustrações* 10D.3 e 10D.4).

Exercício proposto 10D.1 Que orbital atômico, H1s ou N2p$_z$, faz a contribuição dominante para o orbital σ ligante no radical molecular HN? Para dados, veja as Tabelas 9B.2 e 9B.3.

Resposta: N2p$_z$

(b) Eletronegatividade

A distribuição de carga nas ligações é discutida, comumente, em termos da **eletronegatividade**, χ (qui), dos elementos envolvidos (deve ser tomado cuidado para não confundir esse uso de χ com seu uso para representar um orbital atômico, que é outra convenção comum). A eletronegatividade é um parâmetro introduzido por Linus Pauling como uma medida da capacidade de um átomo em atrair elétrons para si ao fazer parte de um composto. Pauling usou argumentos da teoria da ligação de valência para sugerir que uma escala numérica apropriada de eletronegatividades podia ser definida em termos das energias de dissociação das ligações, D_0, e propôs que a diferença entre eletronegatividades podia ser expressa como:

$$|\chi_A-\chi_B| = \{D_0(AB)-\tfrac{1}{2}[D_0(AA)+D_0(BB)]\}^{1/2}$$

Definição Eletronegatividade de Pauling (10D.2)

na qual D_0(AA) e D_0(BB) são as energias de dissociação das ligações A–A e B–B e D_0(AB) é a energia de dissociação de uma ligação A–B, todas em elétrons-volt. (Em trabalhos posteriores, Pauling usou a média geométrica das energias de dissociação, em vez da média aritmética.) Essa expressão dá a diferença de eletronegatividades; para estabelecer um valor absoluto, Pauling escolheu valores individuais que davam a melhor concordância com os valores da Eq. 10D.2. As eletronegatividades baseadas nessa definição são chamadas de **eletronegatividades de Pauling** (Tabela 10D.1). Os elementos mais eletronegativos estão nas proximidades do F (excluindo os gases nobres); os menos eletronegativos estão nas proximidades do Cs. Observa-se que quanto maior a diferença entre as eletronegatividades, maior o caráter polar da ligação. A diferença no HF é, por exemplo, 1,78; uma ligação C–H, comumente considerada quase apolar, tem uma diferença de eletronegatividade de 0,51.

Tabela 10D.1* Eletronegatividades de Pauling

Elemento	χ_P
H	2,2
C	2,6
N	3,0
O	3,4
F	4,0
Cl	3,2
Cs	0,79

* Mais valores são fornecidos na *Seção de dados*.

Breve ilustração 10D.2 Eletronegatividade

As energias de dissociação das ligações do hidrogênio, cloro e cloreto de hidrogênio são 4,52 eV, 2,51 eV e 4,47 eV, respectivamente. Da Eq. 10D.2 obtemos que

$$|\chi_{\text{Pauling}}(\text{H}) - \chi_{\text{Pauling}}(\text{Cl})| = \{4{,}47 - \tfrac{1}{2}(4{,}52 + 2{,}51)\}^{1/2} = 0{,}98 \approx 1{,}0$$

Exercício proposto 10D.2 Repita a análise para o HBr. Use os dados da Tabela 10D.1.

Resposta: $|\chi_{\text{Pauling}}(\text{H}) - \chi_{\text{Pauling}}(\text{Br})| = 0{,}73$

O espectroscopista Robert Mulliken propôs outra definição de eletronegatividade. Ele argumentou que um elemento provavelmente seria muito eletronegativo se tivesse energia de ionização elevada (de modo que fosse difícil que liberasse elétrons) e uma afinidade eletrônica também elevada (de modo que fosse energeticamente favorável capturar elétrons). A **escala de eletronegatividades de Mulliken** é, portanto, baseada na definição

$$\chi = \tfrac{1}{2}(I + E_{\text{ae}}) \qquad \textit{Definição} \quad \text{Eletronegatividade de Mulliken} \qquad (10\text{D}.3)$$

na qual I é a energia de ionização do elemento e E_{ae} é a afinidade eletrônica (ambas em elétrons-volt). Podemos observar que essa combinação de energias é precisamente a que utilizamos para calcular a energia de um orbital atômico em uma molécula; portanto, verificamos que quanto maior o valor da eletronegatividade de Mulliken, maior é a contribuição desse átomo para a distribuição eletrônica na ligação. Uma palavra de cautela: os valores de I e E_{ae} na Eq. 10D.3 são rigorosamente os de um "estado de valência" especial do átomo, não um estado espectroscópico verdadeiro. Neste ponto ignoraremos essa complicação. As duas escalas de eletronegatividades, a de Mulliken e a de Pauling, têm, aproximadamente, a mesma sequência. Uma relação razoavelmente confiável entre as duas é

$$\chi_{\text{Pauling}} = 1{,}35\chi_{\text{Mulliken}}^{1/2} - 1{,}37 \qquad (10\text{D}.4)$$

10D.2 O princípio variacional

Uma maneira mais sistemática de discutir a polaridade de uma ligação e de se encontrarem os coeficientes na combinação linear usada para construir os orbitais moleculares é a proporcionada pelo **princípio variacional**, demonstrado na *Justificativa* 10D.1:

Se uma função de onda arbitrária é usada para calcular a energia, o valor calculado nunca é menor que o da energia verdadeira.

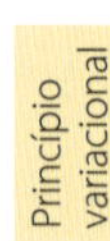

Esse princípio é a base de todos os cálculos modernos de estrutura molecular. A função de onda arbitrária é denominada **função de onda hipotética**. O princípio afirma que, se variarmos os coeficientes na função de onda hipotética até atingir a energia mais baixa (pelo cálculo do valor esperado do hamiltoniano para cada função de onda), os coeficientes assim calculados serão os melhores para aquela forma particular de função hipotética. Podemos obter uma energia ainda mais baixa com outras funções de onda mais complicadas (por exemplo, tomando a combinação linear de diversos orbitais atômicos de cada átomo), mas o orbital molecular que se construiu, com o dado conjunto de orbitais atômicos tomados como **base**, é o melhor que se pode ter (por ser o de energia mínima).

Justificativa 10D.1 O princípio variacional

Para justificar o princípio variacional, considere uma função de onda hipotética (normalizada) escrita na forma de uma combinação linear $\psi_{\text{hipotética}} = \sum_n c_n \psi_n$ das autofunções verdadeiras (porém desconhecidas), normalizadas e ortogonais, do hamiltoniano, $\hat{H}$. A energia associada a essa função hipotética é o valor esperado:

$$E = \int \psi^*_{\text{hipotética}} \hat{H} \psi_{\text{hipotética}} \, \mathrm{d}\tau$$

A energia mais baixa verdadeira do sistema é E_0, o autovalor correspondente a ψ_0. Considere a diferença a seguir:

$$\begin{aligned}
E - E_0 &= \int \psi^*_{\text{hipotética}} \hat{H} \psi_{\text{hipotética}} \, \mathrm{d}\tau - E_0 \overbrace{\int \psi^*_{\text{hipotética}} \psi_{\text{hipotética}} \, \mathrm{d}\tau}^{1} \\
&= \int \psi^*_{\text{hipotética}} \hat{H} \psi_{\text{hipotética}} \, \mathrm{d}\tau - \int \psi^*_{\text{hipotética}} E_0 \psi_{\text{hipotética}} \, \mathrm{d}\tau \\
&= \int \psi^*_{\text{hipotética}} (\hat{H} - E_0) \psi_{\text{hipotética}} \, \mathrm{d}\tau \\
&= \int \left(\sum_n c_n^* \psi_n^* \right) (\hat{H} - E_0) \left(\sum_{n'} c_{n'} \psi_{n'} \right) \mathrm{d}\tau \\
&= \sum_{n,n'} c_n^* c_{n'} \int \psi_n^* (\hat{H} - E_0) \psi_{n'} \, \mathrm{d}\tau
\end{aligned}$$

Como $\int \psi_n^* \hat{H} \psi_{n'} \, \mathrm{d}\tau = E_{n'} \int \psi_n^* \psi_{n'} \, \mathrm{d}\tau$ e $\int \psi_n^* E_0 \psi_{n'} \, \mathrm{d}\tau = E_0 \int \psi_n^* \psi_{n'} \, \mathrm{d}\tau$, escrevemos

$$\int \psi_n^* (\hat{H} - E_0) \psi_{n'} \, \mathrm{d}\tau = (E_{n'} - E_0) \int \psi_n^* \psi_{n'} \, \mathrm{d}\tau$$

e

$$E - E_0 = \sum_{n,n'} c_n^* c_{n'} (E_{n'} - E_0) \overbrace{\int \psi_n^* \psi_{n'} \, \mathrm{d}\tau}^{0 \text{ a menos que } n' = n}$$

As autofunções são ortogonais, assim, somente $n' = n$ contribui para esse somatório, e, como cada autofunção é normalizada, cada integral diferente de zero é 1. Consequentemente,

$$E - E_0 = \sum_n \overbrace{c_n^* c_n}^{\geq 0} \overbrace{(E_n - E_0)}^{\geq 0} \geq 0$$

Isto é, $E \geq E_0$ conforme estabelecemos para comprovar.

(a) O procedimento

O método pode ser ilustrado com a função de onda hipotética da Eq. 10D.1. Veremos, na *Justificativa* 10D.2, que os coeficientes são dados pela resolução das duas **equações seculares**[1]

$$(\alpha_A - E)c_A + (\beta - ES)c_B = 0 \tag{10D.5a}$$

$$(\beta - ES)c_A + (\alpha_A - E)c_B = 0 \tag{10D.5b}$$

em que

$$\alpha_A = \int A\hat{H}A\,d\tau \quad \alpha_B = \int B\hat{H}B\,d\tau \quad \text{Integrais coulombianas} \tag{10D.5c}$$

$$\beta = \int A\hat{H}B\,d\tau = \int B\hat{H}A\,d\tau \quad \text{Integral de ressonância} \tag{10D.5d}$$

O parâmetro α é denominado uma **integral coulombiana**. É interpretado como a energia do elétron ao ocupar A (símbolo α_A) ou B (símbolo α_B), e é negativo. Em uma molécula diatômica homonuclear, $\alpha_A = \alpha_B$. O parâmetro β é denominado uma **integral de ressonância** (por motivos clássicos). Ele é nulo quando os orbitais não se sobrepõem, e nos comprimentos de equilíbrio das ligações é normalmente negativo.

Justificativa 10D.2 O princípio variacional aplicado a uma molécula diatômica heteronuclear

A função de onda hipotética da Eq. 10D.1 é real, mas não está normalizada, pois neste ponto os coeficientes podem assumir valores arbitrários. Podemos escrever $\psi^* = \psi$, mas não $\int\psi^2 d\tau = 1$. Quando uma função de onda não está normalizada, escrevemos a expressão da energia como

$$E = \frac{\int \psi^* \hat{H}\psi\,d\tau}{\int \psi^*\psi\,d\tau} \xrightarrow{\psi\ \text{real}} \frac{\int \psi \hat{H}\psi\,d\tau}{\int \psi^2\,d\tau} \quad \text{Energia} \tag{10D.6}$$

Devemos agora procurar os valores dos coeficientes na função hipotética que tornem mínimo o valor de E. Este é um problema bem conhecido do cálculo e é resolvido determinando-se os coeficientes para os quais

$$\frac{\partial E}{\partial c_A} = 0 \qquad \frac{\partial E}{\partial c_B} = 0$$

A primeira etapa é exprimir as duas integrais na Eq. 10D.6 em termos dos coeficientes. O denominador é

$$\int \psi^2 d\tau = \int (c_A A + c_B B)^2 d\tau$$

$$= c_A^2 \overbrace{\int A^2 d\tau}^{1} + c_B^2 \overbrace{\int B^2 d\tau}^{1} + 2c_A c_B \overbrace{\int AB\,d\tau}^{S} = c_A^2 + c_B^2 + 2c_A c_B S$$

pois os orbitais atômicos individuais estão normalizados e a terceira integral é a integral de sobreposição S (Eq. 10C.3, $S = \int\chi_A\chi_B d\tau$). O numerador é

$$\int \psi\hat{H}\psi\,d\tau = \int (c_A A + c_B B)\hat{H}(c_A A + c_B B)d\tau$$

$$= c_A^2 \overbrace{\int A\hat{H}A\,d\tau}^{\alpha_A} + c_B^2 \overbrace{\int B\hat{H}B\,d\tau}^{\alpha_B} + c_A c_B \overbrace{\int A\hat{H}B\,d\tau}^{\beta} + c_A c_B \overbrace{\int B\hat{H}A\,d\tau}^{\beta}$$

Com as integrais escritas na forma apresentada (as duas integrais β são iguais por hermiticidade, Seção 7C), o numerador é

$$\int \psi\,\hat{H}\,\psi\,d\tau = c_A^2\alpha_A + c_B^2\alpha_B + 2c_A c_B\beta$$

Neste ponto podemos escrever a expressão completa para E como

$$E = \frac{c_A^2\alpha_A + c_B^2\alpha_B + 2c_A c_B\beta}{c_A^2 + c_B^2 + 2c_A c_B S}$$

Seu mínimo é determinado derivando-se em relação aos dois coeficientes e igualando-se os resultados a zero. Após uma pequena manipulação, obtemos

$$\frac{\partial E}{\partial c_A} = \frac{2\{(\alpha_A - E)c_A + (\beta - SE)c_B\}}{c_A^2 + c_B^2 + 2c_A c_B S}$$

$$\frac{\partial E}{\partial c_B} = \frac{2\{(\alpha_B - E)c_B + (\beta - SE)c_A\}}{c_A^2 + c_B^2 + 2c_A c_B S}$$

Para as derivadas se anularem, os numeradores das expressões anteriores têm que se anular. Ou seja, temos que determinar os valores de c_A e c_B que satisfazem às condições

$$(\alpha_A - E)c_A + (\beta - SE)c_B = 0$$
$$(\alpha_B - E)c_B + (\beta - SE)c_A = 0$$

que são as equações seculares (Eq. 10D.5).

Para resolver as equações seculares de modo a obter os coeficientes precisamos da energia E do orbital. Como para qualquer sistema de equações simultâneas, as equações seculares têm uma solução não nula se o **determinante secular**, o determinante dos coeficientes, for nulo; isto é, se

$$\begin{vmatrix} \alpha_A - E & \beta - SE \\ \beta - SE & \alpha_B - E \end{vmatrix} = (\alpha_A - E)(\alpha_B - E) - (\beta - SE)^2$$
$$= (1 - S^2)E^2 + \{2\beta S - (\alpha_A + \alpha_B)\}E + (\alpha_A\alpha_B - \beta^2)$$
$$= 0 \tag{10D.7}$$

Como uma equação quadrática da forma $ax_2 + bx + c = 0$ tem as soluções

$$x = \frac{-b \pm (b^2 - 4ac)^{1/2}}{2a}$$

[1] A denominação "secular" é de origem latina, significando era ou geração, e vem da astronomia, na qual as mesmas equações aparecem na análise da acumulação lenta (secular) das modificações das órbitas planetárias.

essa equação quadrática para E com $a = 1 - S^2$, $b = 2\beta S - (\alpha_A + \alpha_B)$ e $c = \alpha_A\alpha_B - \beta^2$ tem as soluções

$$E_{\pm} = \frac{\alpha_A + \alpha_B - 2\beta S \pm \{(\alpha_A + \alpha_B - 2\beta S)^2 - 4(1-S^2)(\alpha_A\alpha_B - \beta^2)\}^{1/2}}{2(1-S^2)} \quad (10D.8a)$$

que são as energias dos orbitais moleculares ligantes e antiligantes formados a partir dos dois orbitais atômicos.

A Eq. 10D.8a torna-se mais fácil de ser compreendida em dois casos. Para *moléculas diatômicas homonucleares*, podemos fazer $\alpha_A = \alpha_B = \alpha$ e obter

$$E_{\pm} = \frac{2\alpha - 2\beta S \pm \left\{\overbrace{(2\alpha - 2\beta S)^2 - 4(1-S^2)(\alpha^2 - \beta^2)}^{(2\beta - 2\alpha S)^2}\right\}^{1/2}}{\underbrace{2(1-S^2)}_{(1+S)(1-S)}}$$
$$= \frac{\alpha - \beta S \pm (\beta - \alpha S)}{(1+S)(1-S)} = \frac{(\alpha \pm \beta)(1 \mp S)}{(1+S)(1-S)}$$

e, portanto,

$$E_+ = \frac{\alpha_A + \beta}{1+S} \qquad E_- = \frac{\alpha_A - \beta}{1-S} \quad (10D.8b)$$

Moléculas diatômicas homonucleares — Energias de orbitais moleculares

Para $\beta < 0$, E_+ é a solução de mais baixa energia. Para *moléculas diatômicas heteronucleares*, podemos fazer a aproximação de que $S = 0$ (simplesmente para termos uma expressão mais transparente), e obter

$$E_{\pm} = \tfrac{1}{2}(\alpha_A + \alpha_B) \pm \tfrac{1}{2}(\alpha_A - \alpha_B)\left\{1 + \left(\frac{2\beta}{\alpha_A - \alpha_B}\right)^2\right\}^{1/2} \quad (10D.8c)$$

Aproximação da sobreposição nula

Breve ilustração 10D.3 Moléculas diatômicas heteronucleares 2

Na *Breve ilustração* 10D.1 calculamos as energias dos orbitais H1s e F2p no HF como −7,2 eV e −10,4 eV, respectivamente. Portanto, fazemos $\alpha_H = -7{,}2$ eV e $\alpha_F = -10{,}4$ eV. Tomamos $\beta = -1{,}0$ eV como um valor típico e $S = 0$. A substituição desses valores na Eq. 10D.8c nos dá

$$E_{\pm}/\text{eV} = \tfrac{1}{2}(-7{,}2 - 10{,}4) \pm \tfrac{1}{2}(-7{,}2 + 10{,}4)\left\{1 + \left(\frac{-2{,}0}{-7{,}2 + 10{,}4}\right)^2\right\}^{1/2}$$
$$= -8{,}8 \pm 1{,}9 = -10{,}7 \text{ e } -6{,}9$$

Esses valores, representantes de um orbital ligante em −10,7 eV e de um orbital antiligante em −6,9 eV, são mostrados na Fig. 10D.3.

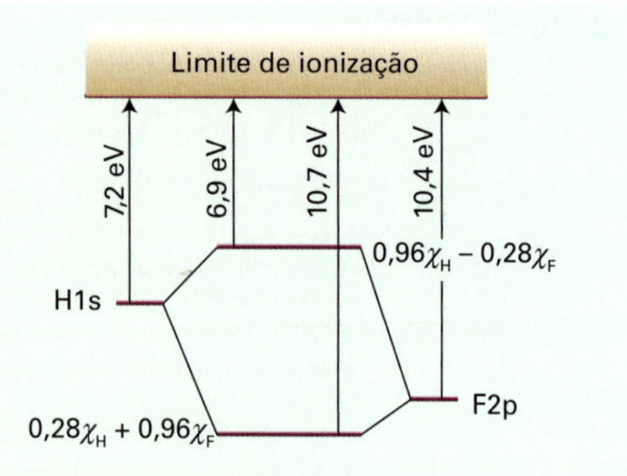

Figura 10D.3 As energias calculadas dos orbitais atômicos no HF e os orbitais moleculares que elas formam.

Exercício proposto 10D.3 Ignorar a sobreposição faz muita diferença? Use $S = 0{,}20$ (um valor típico) para determinar as duas energias.

Resposta: $E_+ = -10{,}8$ eV, $E_- = -7{,}1$ eV

(b) As características das soluções

Um aspecto importante da Eq. 10D.8c é o fato de que, à medida que a diferença de energia $|\alpha_A - \alpha_B|$ entre os orbitais atômicos interagindo aumenta, os efeitos ligante e antiligante diminuem (Fig. 10D.4). Assim, quando $|\alpha_B - \alpha_A| \gg 2|\beta|$, podemos fazer a aproximação $(1+x)^{1/2} \approx 1 + \tfrac{1}{2}x$ e obter

$$E_+ \approx \alpha_A + \frac{\beta^2}{\alpha_A - \alpha_B} \qquad E_- \approx \alpha_B - \frac{\beta^2}{\alpha_A - \alpha_B} \quad (10D.9)$$

Como essas expressões indicam, e como pode ser visto do gráfico, quando a diferença de energia é muito grande, as energias dos orbitais moleculares resultantes diferem apenas levemente das dos orbitais atômicos, o que implica serem pequenos os efeitos ligante e antiligante. Ou seja:

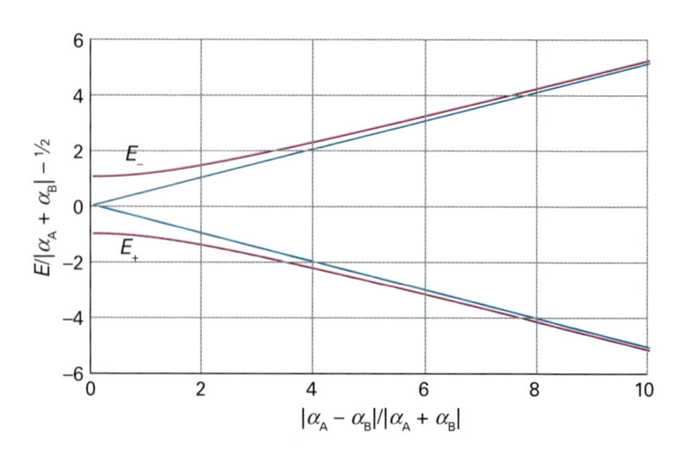

Figura 10D.4 Variação das energias dos orbitais moleculares à medida que a diferença de energias dos orbitais atômicos contribuintes varia. As curvas são para $\beta = -1$; as linhas azuis correspondem às energias na ausência de mistura (isto é, $\beta = 0$).

Os efeitos ligante e antiligante mais fortes são obtidos quando os orbitais /contribuintes têm energias semelhantes.

Critério de contribuição para um orbital

A grande diferença de energia entre os orbitais do caroço do átomo e os orbitais de valência é a justificativa para se desprezar a contribuição dos orbitais do caroço para os orbitais moleculares construídos a partir de orbitais atômicos de valência. Os orbitais do caroço de um átomo têm energias semelhantes às dos orbitais do caroço do outro átomo. Porém, a interação entre os caroços é em grande parte desprezível, pois a sobreposição entre eles (e, portanto, o valor de β) é muito pequena.

Os valores dos coeficientes na combinação linear da Eq. 10D.1 são obtidos resolvendo-se as equações seculares usando as duas energias obtidas do determinante secular. A energia mais baixa, E_+, dá os coeficientes do orbital molecular ligante, e a energia mais alta, E_-, dá os coeficientes do orbital molecular antiligante. As equações seculares dão expressões para a razão entre os coeficientes. Assim, a primeira das equações seculares na Eq. 10D.5a $(\alpha_A - E)c_A + (\beta - ES)c_B = 0$, dá

$$c_B = -\left(\frac{\alpha_A - E}{\beta - ES}\right)c_A \qquad (10D.10)$$

A função de onda deve, também, estar normalizada. Essa condição indica que devemos também garantir que o termo $c_A^2 + c_B^2 + 2c_Ac_BS$ estabelecido na *Justificativa* precedente satisfaça

$$c_A^2 + c_B^2 + 2c_Ac_BS = 1 \qquad (10D.11)$$

Quando a relação precedente é substituída nesta expressão, obtemos

$$c_A = \frac{1}{\left\{1 + \left(\frac{\alpha_A - E}{\beta - ES}\right)^2 - 2S\left(\frac{\alpha_A - E}{\beta - ES}\right)\right\}^{1/2}} \qquad (10D.12)$$

que, juntamente com a Eq. 10D.10, dá expressões explícitas para os coeficientes, desde que façamos a substituição dos valores apropriados de $E = E_\pm$ dados na Eq. 10D.8a.

Como antes, essa expressão torna-se mais transparente em dois casos. Primeiro, para uma molécula diatômica homonuclear, com $\alpha_A = \alpha_B = \alpha$ e $E_\pm$ dada pela Eq. 10D.8b, encontramos

$$E_+ = \frac{\alpha + \beta}{1 + S}, \quad c_A = \frac{1}{\{2(1+S)\}^{1/2}}, \quad c_B = c_A \quad \text{Homonuclear} \qquad (10D.13a)$$

$$E_- = \frac{\alpha - \beta}{1 - S}, \quad c_A = \frac{1}{\{2(1-S)\}^{1/2}}, \quad c_B = -c_A \quad \text{Moléculas diatômicas} \qquad (10D.13b)$$

Para uma molécula diatômica heteronuclear com $S = 0$, os coeficientes são dados por

$$c_A = \frac{1}{\left\{1 + \left(\frac{\alpha_A - E}{\beta}\right)^2\right\}^{1/2}}, \quad c_B = \frac{1}{\left\{1 + \left(\frac{\beta}{\alpha_A - E}\right)^2\right\}^{1/2}}$$

$$\text{Aproximação da sobreposição nula} \qquad (10D.14)$$

com os valores apropriados de $E = E_\pm$ obtidos da Eq. 10D.8c.

Breve ilustração 10D.4 Moléculas diatômicas heteronucleares 3

Vamos prosseguir com a *Breve ilustração* precedente usando o HF. Com $\alpha_H = -7{,}2$ eV, $\alpha_F = -10{,}4$ eV, $\beta = -1{,}0$ eV e $S = 0$, as duas energias orbitais obtidas são $E_+ = -10{,}7$ eV e $E_- = -6{,}9$ eV. Quando esses valores são substituídos na Eq. 10D.14, obtemos os seguintes coeficientes:

$$E_+ = -10{,}7\ \text{eV} \qquad \psi_+ = 0{,}28\chi_H + 0{,}96\chi_F$$
$$E_- = -6{,}9\ \text{eV} \qquad \psi_- = 0{,}96\chi_H - 0{,}28\chi_F$$

Veja como o orbital de energia mais baixa (o que tem a energia –10,7 eV) tem uma composição que provém mais do orbital F2p do que do H1s, enquanto o contrário ocorre no orbital de maior energia, no orbital antiligante.

Exercício proposto 10D.4 Ache as formas e as energias dos orbitais σ da molécula de HCl com $\beta = -1{,}0$ eV e $S = 0$. Use os dados das Tabelas 9C.2 e 9C.3.

Resposta: $E_+ = -8{,}9$ eV, $E_- = -6{,}6$ eV; $\psi_- = -0{,}86\chi_H - 0{,}51\chi_{Cl}$; $\psi_+ = 0{,}51\chi_H + 0{,}86\chi_{Cl}$

Conceitos importantes

- ☐ 1. Uma **ligação polar** pode ser considerada como a que surge de um orbital molecular que é concentrado mais em um átomo do que no seu parceiro.
- ☐ 2. A **eletronegatividade** de um elemento é uma medida do poder que um átomo tem de atrair elétrons para si quando é parte de um composto.

- ☐ 3. O **princípio variacional** é um critério que indica se uma função de onda aproximada é aceitável.
- ☐ 4. Uma **base** é um conjunto de orbitais atômicos a partir do qual são construídos os orbitais moleculares.
- ☐ 5. Os efeitos ligante e antiligante são mais fortes quando orbitais atômicos contribuintes têm energias semelhantes.

Equações importantes

Propriedade	Equação	Comentário	Número da equação
Orbital molecular	$\psi = c_A A + c_B B$		10D.1
Eletronegatividade de Pauling	$\lvert\chi_A - \chi_B\rvert = \{D_0(AB) - \frac{1}{2}[D_0(AA) + D_0(BB)]\}^{1/2}$	Todos os D_0 em elétrons-volt	10D.2
Eletronegatividade de Mulliken	$\chi = \frac{1}{2}(I + E_{ea})$	I e E_{ae} em elétrons-volt	10D.3
Integral coulombiana	$\alpha_A = \int A\hat{H}A\,d\tau$	Definição	10D.5c
Integral de ressonância	$\beta = \int A\hat{H}B\,d\tau = \int B\hat{H}A\,d\tau$	Definição	10D.5d
Energia	$E = \int \psi\hat{H}\psi\,d\tau / \int \psi^2\,d\tau$	Função de onda real não normalizada	10D.6
Princípio variacional	$\partial E/\partial c = 0$	Minimização da energia	

10E Moléculas poliatômicas

Tópicos

➤ Por que você precisa saber este assunto?

A maioria das moléculas de interesse em química é poliatômica, por isso é importante estar apto a discutir sua estrutura eletrônica. Embora os procedimentos computacionais hoje em dia estejam amplamente disponíveis, para entendê-los é útil ver como eles surgiram a partir da abordagem mais elementar que descreveremos aqui.

➤ Qual é a ideia fundamental?

Os orbitais moleculares podem ser expressos na forma de combinações lineares de todos os orbitais atômicos de simetria apropriada.

➤ O que você já deve saber?

Esta seção estende a abordagem empregada para moléculas diatômicas heteronucleares na Seção 10D, especialmente os conceitos de determinantes seculares e equações seculares. A principal técnica matemática utilizada é a álgebra matricial (*Revisão de matemática* 6); você deverá estar ou tornar-se familiarizado com o uso de softwares matemáticos para manipular as matrizes numericamente.

Os orbitais moleculares das moléculas poliatômicas são construídos da mesma forma que os das moléculas diatômicas (Seção 10D). A única diferença está no emprego de maior número de orbitais atômicos para a construção dos orbitais moleculares das moléculas poliatômicas. Como nas moléculas diatômicas, os orbitais moleculares poliatômicos espalham-se por toda a molécula. Um orbital molecular tem a forma geral

$$\psi = \sum_{o} c_o \chi_o \qquad \text{Forma geral da CLOA} \qquad (10E.1)$$

em que χ_o é um orbital atômico e a soma se estende sobre todos os orbitais de valência de todos os átomos da molécula. Para achar os coeficientes, devemos ter as equações seculares e o determinante secular, como nas moléculas diatômicas. Depois, resolve-se o determinante, obtendo as energias, e com estas, nas equações seculares, calculam-se os coeficientes dos orbitais atômicos em cada orbital molecular.

A principal diferença entre moléculas diatômicas e poliatômicas está na maior variedade de formas possíveis. Uma molécula diatômica é necessariamente linear, mas uma molécula triatômica, por exemplo, pode ser linear ou angular, com um ângulo de ligação característico. A forma de uma molécula poliatômica – a especificação dos comprimentos das ligações e dos ângulos das ligações – pode ser prevista pelo cálculo da energia total da molécula em diversas posições dos núcleos e pela identificação da configuração que corresponde à energia mais baixa. Tais cálculos são realizados com maior exatidão com o uso de softwares mais recentes, mas uma abordagem mais elementar dá uma boa compreensão dos polienos conjugados, em que há uma alternância de ligações simples e duplas ao longo de uma cadeia de átomos de carbono. Vamos discuti-los mais adiante nos dois primeiros tópicos desta seção, para montar o cenário para as abordagens mais sofisticadas mencionadas na Seção 10E.3.

A planaridade dos polienos conjugados é um aspecto da sua simetria, e as considerações de simetria molecular desempenham um papel vital na construção e na identificação dos orbitais moleculares (veja a Seção 11B). No presente caso, a planaridade permite uma distinção entre os orbitais σ e π da molécula, e, em abordagens elementares, essas moléculas são comumente discutidas em termos das características dos seus orbitais π, com as ligações σ oferecendo um esqueleto rígido que determina a forma geral da molécula.

10E.1 A aproximação de Hückel

Os diagramas dos níveis de energia dos orbitais moleculares π das moléculas conjugadas podem ser construídos mediante uma sequência de aproximações sugeridas por Erich Hückel em 1931. Todos os átomos de C são considerados equivalentes, de modo que as integrais coulombianas α dos orbitais atômicos, que contribuem para os orbitais π, são consideradas iguais. No eteno, por exemplo, que utilizamos para apresentar o método, admite-se que as ligações σ sejam fixas e procura-se determinar a energia da única ligação π e da sua antiligação correspondente.

(a) Introdução ao método

Os orbitais π são expressos como uma combinação linear dos orbitais atômicos C2p que são perpendiculares ao plano da molécula. No eteno, por exemplo, teríamos

$$\psi = c_A A + c_B B \qquad (10E.2)$$

em que A é um orbital C2p do átomo A, e assim sucessivamente. Depois determinamos os coeficientes e as energias ótimas pelo princípio variacional, como vimos na Seção 10D. Isto é, temos que resolver o determinante secular que, no caso do eteno, é a Eq. 10D.7 com $\alpha_A = \alpha_B = \alpha$:

$$\begin{vmatrix} \alpha - E & \beta - ES \\ \beta - ES & \alpha - E \end{vmatrix} = 0 \qquad (10E.3)$$

Em um cálculo moderno, automatizado, todas as integrais de ressonância e de superposição são incluídas. Podemos, no entanto, ter uma indicação sobre o diagrama de níveis de energia do orbital molecular, com facilidade, se admitirmos as seguintes **aproximações de Hückel**:

- Todas as integrais de sobreposição são nulas.
- Todas as integrais de ressonância entre átomos que não sejam vizinhos são nulas.
- Todas as integrais de ressonância remanescentes são iguais entre si (e iguais a β).

aproximação de Hückel

É evidente que essas aproximações são bastante severas, mas permitem que se calcule pelo menos uma imagem geral dos níveis de energia do orbital molecular sem grande trabalho. Com as aproximações mencionadas, o determinante secular tem a seguinte estrutura:

- Todos os elementos da diagonal principal são iguais a $\alpha - E$.
- Todos os elementos fora da diagonal principal correspondentes a átomos vizinhos são iguais a β.
- Todos os outros elementos são nulos.

Essas aproximações convertem a Eq. 10E.3 em

$$\begin{vmatrix} \alpha - E & \beta \\ \beta & \alpha - E \end{vmatrix} = (\alpha - E)^2 - \beta^2 = (\alpha - E + \beta)(\alpha - E - \beta) = 0 \qquad (10E.4)$$

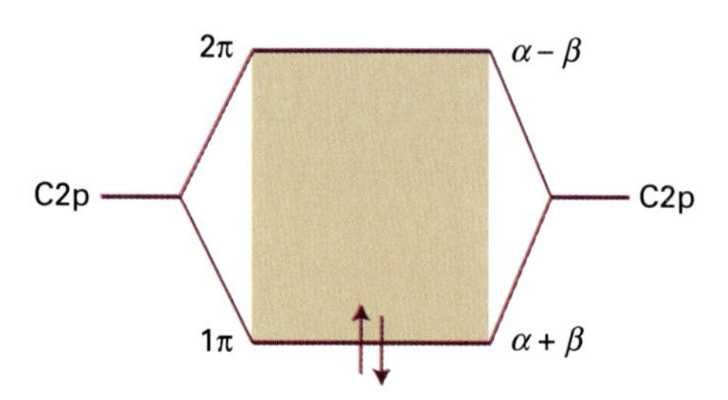

Figura 10E.1 Níveis de energia dos orbitais moleculares de Hückel para o eteno. Dois elétrons ocupam o orbital π mais baixo.

As raízes dessa equação são $E_{\pm} = \alpha \pm \beta$. O sinal + corresponde à combinação ligante (β é negativa) e o sinal – corresponde à combinação antiligante (Fig. 10E.1).

O princípio da estruturação leva então à configuração $1\pi^2$, pois cada átomo de carbono fornece um elétron para o sistema π e ambos os elétrons podem ocupar o orbital ligante. O **orbital molecular ocupado mais alto** (HOMO na sigla inglesa) no eteno é o orbital 1π. O **orbital molecular não ocupado mais baixo** (LUMO na sigla inglesa) é o orbital 2π (ou, como é algumas vezes representado, $2\pi^*$). Esses dois orbitais, em conjunto, constituem os **orbitais de fronteira** da molécula. Os orbitais de fronteira são importantes porque são os principais responsáveis por muitas das propriedades químicas e espectroscópicas da molécula.

Breve ilustração 10E.1 Eteno

Podemos estimar que a energia de excitação $\pi^* \leftarrow \pi$ do eteno é $2|\beta|$, a energia necessária para excitar um elétron do orbital 1π para o 2π. Essa transição ocorre em torno de 40.000 cm^{-1}, correspondendo a 4,8 eV. Segue-se que um valor plausível de β é cerca de –2,4 eV (–230 kJ mol^{-1}).

Exercício proposto 10E.1 A energia de ionização do eteno é 10,5 eV. Calcule α.

Resposta: –8,1 eV

(b) Formulação matricial do método

A fim de tornar o método de Hückel mais sofisticado e mais facilmente aplicável a moléculas maiores, precisamos reformulá-lo em termos de matrizes e vetores (veja a *Revisão de matemática* 6, que se segue a este capítulo). Nosso ponto de partida é o par de equações seculares desenvolvidas para uma molécula diatômica heteronuclear na Seção 10D:

$$(\alpha_A - E)c_A + (\beta - ES)c_B = 0$$
$$(\beta - ES)c_A + (\alpha_B - E)c_B = 0$$

Para preparar a generalização dessa expressão vamos escrever $\alpha_J = H_{JJ}$ (com J = A ou B), $\beta = H_{AB}$, e identificar as integrais de sobreposição com seus respectivos átomos, de modo que S se torna S_{AB}.

Podemos introduzir mais simetria nas equações (o que simplifica sua generalização) substituindo o E em $\alpha_J = E$ por ES_{JJ}, com $S_{JJ} = 1$. Neste ponto, as duas equações são

$$(H_{AA}-ES_{AA})c_A+(H_{AB}-ES_{AB})c_B=0$$
$$(H_{BA}-ES_{BA})c_A+(H_{BB}-ES_{BB})c_B=0$$

Há outra mudança de notação. Os coeficientes c_J dependem do valor de E, logo, precisamos distinguir os dois conjuntos correspondentes às duas energias, que simbolizamos como E_i com i = 1 e 2. Sendo assim, escrevemos os coeficientes como $c_{i,J}$, com i = 1 (os coeficientes c_{1A} e c_{2A} para a energia E_1) ou 2 (os coeficientes c_{2A} e c_{2B} para a energia E_2). Com essa mudança de notação, as duas equações ficam

$$(H_{AA}-E_iS_{AA})c_{i,A}+(H_{AB}-E_iS_{AB})c_{i,B}=0 \tag{10E.5a}$$

$$(H_{BA}-E_iS_{BA})c_{i,A}+(H_{BB}-E_iS_{BB})c_{i,B}=0 \tag{10E.5b}$$

com i = 1 e 2, dando quatro equações no total. Cada par de equações pode ser escrito em forma matricial como

$$\begin{pmatrix} H_{AA}-E_iS_{AA} & H_{AB}-E_iS_{AB} \\ H_{BA}-E_iS_{BA} & H_{BB}-E_iS_{BB} \end{pmatrix}\begin{pmatrix} c_{i,A} \\ c_{i,B} \end{pmatrix}=0 \tag{10E.5c}$$

porque a multiplicação das matrizes dá as duas expressões das Eqs. 10E.5a e 10E.5b. Se introduzimos as matrizes a seguir

$$\boldsymbol{H}=\begin{pmatrix} H_{AA} & H_{AB} \\ H_{BA} & H_{BB} \end{pmatrix} \quad \boldsymbol{S}=\begin{pmatrix} S_{AA} & S_{AB} \\ S_{BA} & S_{BB} \end{pmatrix} \quad \boldsymbol{c}_i=\begin{pmatrix} c_{i,A} \\ c_{i,B} \end{pmatrix} \tag{10E.6}$$

de modo que

$$\boldsymbol{H}-E_i\boldsymbol{S}=\begin{pmatrix} H_{AA}-E_iS_{AA} & H_{AB}-E_iS_{AB} \\ H_{BA}-E_iS_{BA} & H_{BB}-E_iS_{BB} \end{pmatrix}$$

então a Eq. 10E.5c pode ser escrita de modo mais sucinto como

$$(\boldsymbol{H}-E_i\boldsymbol{S})\boldsymbol{c}_i=0 \quad \text{ou} \quad \boldsymbol{H}\boldsymbol{c}_i=\boldsymbol{S}\boldsymbol{c}_iE_i \tag{10E.7}$$

Conforme mostrado na *Justificativa* 10E.1, esses dois conjuntos de equações (com i = 1 e 2) podem ser combinados em uma única equação matricial introduzindo-se as matrizes

$$\boldsymbol{c}=(\boldsymbol{c}_1 \quad \boldsymbol{c}_2)=\begin{pmatrix} c_{1,A} & c_{2,A} \\ c_{1,B} & c_{2,B} \end{pmatrix} \quad \boldsymbol{E}=\begin{pmatrix} E_1 & 0 \\ 0 & E_2 \end{pmatrix} \tag{10E.8}$$

pois, então, todas as quatro equações na Eq. 10E.7 são resumidas pela expressão simples

$$\boldsymbol{Hc}=\boldsymbol{ScE} \tag{10E.9}$$

Justificativa 10E.1 A formulação matricial

A substituição das matrizes definidas na Eq. 10E.8 para a Eq. 10E.9 dá

$$\underbrace{\begin{pmatrix} H_{AA} & H_{AB} \\ H_{BA} & H_{BB} \end{pmatrix}}_{H}\underbrace{\begin{pmatrix} c_{1,A} & c_{2,A} \\ c_{1,B} & c_{2,B} \end{pmatrix}}_{c}=\underbrace{\begin{pmatrix} S_{AA} & S_{AB} \\ S_{BA} & S_{BB} \end{pmatrix}}_{S}\underbrace{\begin{pmatrix} c_{1,A} & c_{2,A} \\ c_{1,B} & c_{2,B} \end{pmatrix}}_{c}\underbrace{\begin{pmatrix} E_1 & 0 \\ 0 & E_2 \end{pmatrix}}_{E}$$

O produto à esquerda é

$$\begin{pmatrix} H_{AA} & H_{AB} \\ H_{BA} & H_{BB} \end{pmatrix}\begin{pmatrix} c_{1,A} & c_{2,A} \\ c_{1,B} & c_{2,B} \end{pmatrix}=\begin{pmatrix} H_{AA}c_{1,A}+H_{AB}c_{1,B} & H_{AA}c_{2,A}+H_{AB}c_{2,B} \\ H_{BA}c_{1,A}+H_{BB}c_{1,B} & H_{BA}c_{2,A}+H_{BB}c_{2,B} \end{pmatrix}$$

O produto à direita é

$$\begin{pmatrix} S_{AA} & S_{AB} \\ S_{BA} & S_{BB} \end{pmatrix}\begin{pmatrix} c_{1,A} & c_{2,A} \\ c_{1,B} & c_{2,B} \end{pmatrix}\begin{pmatrix} E_1 & 0 \\ 0 & E_2 \end{pmatrix}=\begin{pmatrix} S_{AA} & S_{AB} \\ S_{BA} & S_{BB} \end{pmatrix}\begin{pmatrix} c_{1,A}E_1 & c_{2,A}E_2 \\ c_{1,B}E_1 & c_{2,B}E_2 \end{pmatrix}$$
$$=\begin{pmatrix} E_1S_{AA}c_{1,A}+E_1S_{AB}c_{1,B} & E_2S_{AA}c_{2,A}+E_2S_{AB}c_{2,B} \\ E_1S_{BA}c_{1,A}+E_1S_{BB}c_{1,B} & E_2S_{BA}c_{2,A}+E_2S_{BB}c_{2,B} \end{pmatrix}$$

A comparação dos termos que se combinam (como aqueles em azul) recria as quatro equações seculares (duas para cada valor de i).

Na aproximação de Hückel, $H_{AA} = H_{BB} = \alpha$, $H_{AB} = H_{BA} = \beta$, e desprezamos a sobreposição, fazendo $\boldsymbol{S} = \boldsymbol{1}$, a matriz unitária (com 1 na diagonal e 0 em todas as outras posições). Assim,

$$\boldsymbol{Hc}=\boldsymbol{cE}$$

Neste ponto, multiplicamos essa equação à esquerda pela matriz inversa $\boldsymbol{c}^{-1}$ e usando $\boldsymbol{c}^{-1}\boldsymbol{c} = \boldsymbol{1}$obtemos

$$\boldsymbol{c}^{-1}\boldsymbol{Hc}=\boldsymbol{E} \tag{10E.10}$$

Ou seja, para obter os autovalores E_i temos que encontrar uma transformação que leve $\boldsymbol{H}$ à forma diagonal. Esse procedimento é denominado **diagonalização da matriz**. Os elementos da diagonal correspondem então aos autovalores E_i e as colunas da matriz $\boldsymbol{c}$ que levam a essa diagonalização são os coeficientes dos membros da **base**, o conjunto de orbitais atômicos usados no cálculo, e dando, portanto, a composição dos orbitais moleculares.

Exemplo 10E.1 Obtenção dos orbitais moleculares por diagonalização de uma matriz

Construa e resolva as equações matriciais para os orbitais π do butadieno (**1**) na aproximação de Hückel.

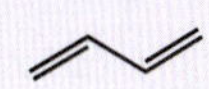

1 Butadieno

Método As matrizes para esse sistema de quatro átomos têm dimensão quatro. Despreze a sobreposição e construa a matriz $\boldsymbol{H}$ usando a aproximação de Hückel e os parâmetros α e β. Obtenha a matriz $\boldsymbol{c}$ que diagonaliza $\boldsymbol{H}$: para esta etapa, use um programa matemático. Detalhes podem ser encontrados na *Revisão de matemática* 6, mas observe que, se $\boldsymbol{H} = \alpha\boldsymbol{1} + \boldsymbol{M}$, em que $\boldsymbol{M}$ é uma matriz não diagonal, então, como $\alpha\boldsymbol{c}^{-1}\boldsymbol{1}\boldsymbol{c} = \alpha\boldsymbol{c}^{-1}\boldsymbol{c}\boldsymbol{1} = \alpha\boldsymbol{1}$, qualquer matriz $\boldsymbol{c}$ que diagonaliza $\boldsymbol{M}$ deixa $\alpha\boldsymbol{1}$ inalterado. Assim, para obter a diagonalização global de $\boldsymbol{H}$, precisamos diagonalizar apenas $\boldsymbol{M}$.

Resposta A matriz hamiltoniana $\boldsymbol{H}$ é

$$\boldsymbol{H}=\begin{pmatrix} \overbrace{H_{11}}^{\alpha} & \overbrace{H_{12}}^{\beta} & \overbrace{H_{13}}^{0} & \overbrace{H_{14}}^{0} \\ H_{21} & H_{22} & H_{23} & H_{24} \\ H_{31} & H_{32} & H_{33} & H_{34} \\ H_{41} & H_{42} & H_{43} & H_{44} \end{pmatrix} \xrightarrow{\text{Aproximação de Hückel}} \begin{pmatrix} \alpha & \beta & 0 & 0 \\ \beta & \alpha & \beta & 0 \\ 0 & \beta & \alpha & \beta \\ 0 & 0 & \beta & \alpha \end{pmatrix}$$

que podemos escrever como

$$\boldsymbol{H}=\alpha\boldsymbol{1}+\beta\overbrace{\begin{pmatrix} 0 & 1 & 0 & 0 \\ 1 & 0 & 1 & 0 \\ 0 & 1 & 0 & 1 \\ 0 & 0 & 1 & 0 \end{pmatrix}}^{\boldsymbol{M}}$$

porque a maioria dos programas matemáticos pode tratar apenas de matrizes numéricas. A forma diagonalizada da matriz $\boldsymbol{M}$ é

$$\begin{pmatrix} +1{,}62 & 0 & 0 & 0 \\ 0 & -0{,}62 & 0 & 0 \\ 0 & 0 & -0{,}62 & 0 \\ 0 & 0 & 0 & -1{,}62 \end{pmatrix}$$

assim, concluímos que a matriz do hamiltoniano diagonalizada é

$$\boldsymbol{E}=\begin{pmatrix} \alpha+1{,}62\beta & 0 & 0 & 0 \\ 0 & \alpha+0{,}62\beta & 0 & 0 \\ 0 & 0 & \alpha-0{,}62\beta & 0 \\ 0 & 0 & 0 & \alpha-1{,}62\beta \end{pmatrix}$$

A matriz que realiza a diagonalização é

$$\boldsymbol{c}=\begin{pmatrix} 0{,}372 & 0.602 & 0{,}602 & -0{,}372 \\ 0{,}602 & 0{,}372 & -0{,}372 & 0{,}602 \\ 0{,}602 & -0{,}372 & -0{,}372 & -0{,}602 \\ 0{,}372 & -0{,}602 & 0{,}602 & -0{,}372 \end{pmatrix}$$

em que cada coluna dá os coeficientes dos orbitais atômicos para o correspondente orbital molecular. Concluímos que as energias e os orbitais moleculares são

$$E_1=\alpha+1{,}62\beta \quad \psi_1=0{,}372\chi_A+0{,}602\chi_B+0{,}602\chi_C+0{,}372\chi_D$$
$$E_2=\alpha+0{,}62\beta \quad \psi_2=0{,}602\chi_A+0{,}372\chi_B-0{,}372\chi_C-0{,}602\chi_D$$
$$E_3=\alpha-0{,}62\beta \quad \psi_3=0{,}602\chi_A-0{,}372\chi_B-0{,}372\chi_C+0{,}602\chi_D$$
$$E_4=\alpha-1{,}62\beta \quad \psi_4=-0{,}372\chi_A+0{,}602\chi_B-0{,}602\chi_C+0{,}372\chi_D$$

em que os orbitais atômicos C2p são representados por $\chi_A, \ldots, \chi_D$. Observe que os orbitais são ortogonais e, com a sobreposição desprezada, normalizados.

Exercício proposto 10E.2 Repita o exercício para o radical alila, $\cdot CH_2{-}CH{=}CH_2$.

Resposta: $E = \alpha + 1{,}41\beta$, α, α, $\alpha - 1{,}41\beta$; $\psi_1 = 0{,}500\chi_A + 0{,}707\chi_B + 0{,}500\chi_C$; $\psi_2 = 0{,}707\chi_A - 0{,}707\chi_C$, $\psi_3 = 0{,}500\chi_A - 0{,}707\chi_B + 0{,}500\chi_C$

10E.2 Aplicações

Embora seja muito elementar, o método de Hückel pode ser utilizado para explicar algumas das propriedades dos polienos conjugados.

(a) Butadieno e energia de ligação do elétron π

Vimos no Exemplo 10E.1 que as energias dos quatro OM-CLOA do butadieno são

$$E=\alpha\pm1{,}62\beta, \quad \alpha\pm0{,}62\beta \tag{10E.11}$$

Esses orbitais e as respectivas energias aparecem na Fig. 10E.2. Observe que quanto maior o número de nós internucleares mais elevada é a energia do orbital. Há quatro elétrons para acomodar, de modo que a configuração do estado fundamental é $1\pi^2 2\pi^2$. Os orbitais de fronteira do butadieno são o orbital 2π (que é o HOMO, em grande parte ligante) e o orbital 3π (que é o LUMO, em grande parte antiligante). "Em grande parte ligante" significa que o orbital tem interações ligantes e antiligantes com os seus vizinhos, mas os efeitos ligantes predominam sobre os antiligantes. "Em grande parte antiligante" significa a predominância dos efeitos antiligantes.

Um importante aspecto aparece quando se calcula a **energia de ligação do elétron π**, E_π, que é a soma das energias de cada elétron π, e a comparamos com a que se encontrou no eteno. Essa energia total no eteno é

$$E_\pi=2(\alpha+\beta)=2\alpha+2\beta$$

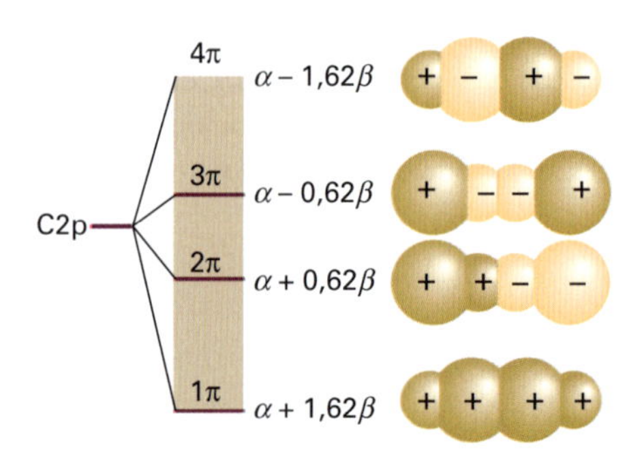

Figura 10E.2 Níveis de energia dos orbitais moleculares do butadieno, segundo Hückel, com a vista de topo dos orbitais p correspondentes. Os quatro elétrons p (um de cada C) ocupam os dois orbitais p mais baixos. Observe que os orbitais são deslocalizados.

No butadieno é

$$E_\pi = 2(\alpha+1{,}62\beta)+2(\alpha+0{,}62\beta)=4\alpha+4{,}48\beta$$

Portanto, a energia da molécula do butadieno está $0{,}48\beta$ (cerca de 110 kJ mol^{-1}) mais baixa do que a soma das duas ligações π separadas. Essa energia extra de estabilização num sistema conjugado, comparado com um conjunto de ligações π localizadas, é denominada **energia de deslocalização** da molécula.

Uma grandeza intimamente relacionada é a **energia de formação da ligação π**, a energia liberada quando uma ligação π é formada. Como a contribuição de α é a mesma, tanto na molécula como nos átomos, podemos obter a energia de formação da ligação π através da energia de ligação do elétron π escrevendo

$$E_{\text{fl}} = E_\pi - N_C\alpha \quad \textit{Definição} \quad \text{Energia de formação da ligação } \pi \qquad (10E.12)$$

em que N_C é o número de átomos de carbono na molécula. Por exemplo, a energia de formação da ligação π no butadieno é $4{,}48\beta$.

Exemplo 10E.2 Estimativa da energia de deslocalização

Use a aproximação de Hückel para determinar as energias dos orbitais π do ciclobutadieno e estime a energia de deslocalização.

Método Monta-se o determinante secular com a mesma base utilizada para o butadieno, mas sem esquecer que os átomos A e D são agora vizinhos também. Depois, calculam-se as raízes da equação secular e a energia total de ligação dos elétrons π. Para ter uma estimativa da energia de deslocalização, subtrai-se da energia total de ligação dos elétrons π a energia de duas ligações π.

Resposta A matriz do hamiltoniano é

$$H=\begin{pmatrix}\alpha & \beta & 0 & \beta\\ \beta & \alpha & \beta & 0\\ 0 & \beta & \alpha & \beta\\ \beta & 0 & \beta & \alpha\end{pmatrix}$$

$$=\alpha 1+\beta\begin{pmatrix}0 & 1 & 0 & 1\\ 1 & 0 & 1 & 0\\ 0 & 1 & 0 & 1\\ 1 & 0 & 1 & 0\end{pmatrix}\xrightarrow{\text{Diagonalizar}}\begin{pmatrix}2 & 0 & 0 & 0\\ 0 & 0 & 0 & 0\\ 0 & 0 & 0 & 0\\ 0 & 0 & 0 & -2\end{pmatrix}$$

A diagonalização fornece para as energias dos orbitais os valores

$$E=\alpha+2\beta, \alpha, \alpha, \alpha-2\beta$$

É preciso acomodar quatro elétrons. Dois deles ocupam o orbital mais baixo (de energia $\alpha + 2\beta$), e outros dois ocupam os orbitais duplamente degenerados (de energia α). A energia total é então $4\alpha + 4\beta$. Duas ligações π isoladas teriam a energia de $4\alpha + 4\beta$; portanto, neste caso, a energia de deslocalização é nula.

Exercício proposto 10E.3 Repita o cálculo para o benzeno (use um software!).

Resposta: Veja a subseção a seguir

(b) Benzeno e a estabilidade dos aromáticos

O exemplo mais notável de que a deslocalização da energia confere uma estabilidade extra à molécula é o do benzeno e das moléculas aromáticas com estrutura benzênica. É comum descrever a ligação no benzeno numa mistura de termos de ligação de valência e de orbitais moleculares, com uma linguagem tipicamente de ligação de valência usada para descrever seu esqueleto σ e uma linguagem de orbital molecular usada para descrever seus elétrons π.

Inicialmente, a descrição da ligação de valência. Os seis átomos de C são imaginados como hibridizados em sp^2, com um orbital 2p não hibridizado perpendicular ao plano dos outros orbitais. Um átomo de H liga-se por uma sobreposição (Csp^2,H1s) a cada átomo de C e os orbitais híbridos restantes se sobrepõem ordenadamente, formando um hexágono regular de átomos de carbono (Fig. 10E.3). O ângulo interno do hexágono regular é de 120°, de modo que a hibridização em sp^2 é perfeitamente apropriada para se formarem as ligações σ. Vemos que a forma hexagonal do benzeno permite que se tenha um esqueleto σ sem tensões nas ligações.

Vejamos agora a descrição dos orbitais moleculares. Os seis orbitais C2p se sobrepõem e constituem seis orbitais π que se estendem sobre o anel. As respectivas energias são calculadas, com as aproximações de Hückel, pela diagonalização da matriz hamiltoniana

$$H=\begin{pmatrix}\alpha & \beta & 0 & 0 & 0 & \beta\\ \beta & \alpha & \beta & 0 & 0 & 0\\ 0 & \beta & \alpha & \beta & 0 & 0\\ 0 & 0 & \beta & \alpha & \beta & 0\\ 0 & 0 & 0 & \beta & \alpha & \beta\\ \beta & 0 & 0 & 0 & \beta & \alpha\end{pmatrix}$$

$$=\alpha 1+\beta\begin{pmatrix}0 & 1 & 0 & 0 & 0 & 1\\ 1 & 0 & 1 & 0 & 0 & 0\\ 0 & 1 & 0 & 1 & 0 & 0\\ 0 & 0 & 1 & 0 & 1 & 0\\ 0 & 0 & 0 & 1 & 0 & 1\\ 1 & 0 & 0 & 0 & 1 & 0\end{pmatrix}\xrightarrow{\text{Diagonalizar}}\begin{pmatrix}2 & 0 & 0 & 0 & 0 & 0\\ 0 & 1 & 0 & 0 & 0 & 0\\ 0 & 0 & 1 & 0 & 0 & 0\\ 0 & 0 & 0 & -1 & 0 & 0\\ 0 & 0 & 0 & 0 & -1 & 0\\ 0 & 0 & 0 & 0 & 0 & -2\end{pmatrix}$$

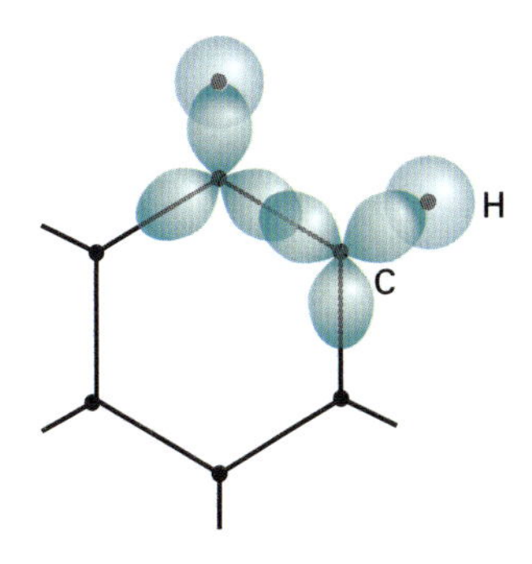

Figura 10E.3 O esqueleto σ do benzeno é formado pela sobreposição dos híbridos Csp^2, que se ajustam, sem tensões, num arranjo hexagonal.

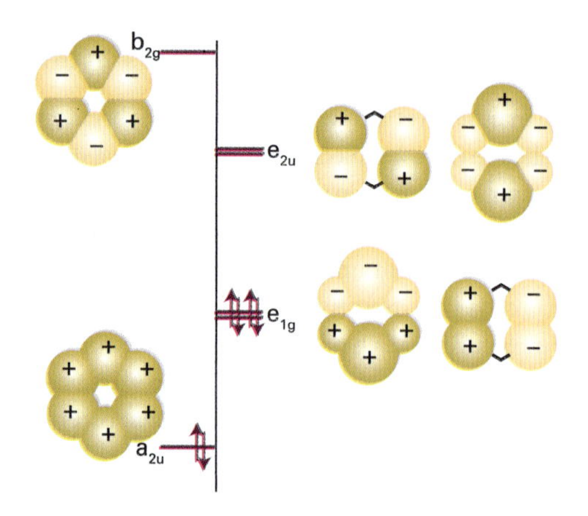

Figura 10E.4 Os orbitais de Hückel do benzeno e os níveis de energia correspondentes. As identificações de simetria estão explicadas na Seção 11B (Vol. 2). O caráter ligante ou antiligante dos orbitais deslocalizados se reflete no número de nós entre os átomos. No estado fundamental, somente estão ocupados os orbitais ligantes.

As energias OM, os autovalores dessa matriz, são simplesmente

$$E=\alpha\pm2\beta, \alpha\pm\beta, \alpha\pm\beta \qquad (10E.13)$$

como mostra a Fig. 10E.4. Os orbitais foram identificados por símbolos de simetria que serão explicados na Seção 11B (Vol. 2). Observe que o orbital de energia mais baixa é ligante entre todos os átomos vizinhos e o de energia mais alta é antiligante entre cada par de vizinhos. Os orbitais intermediários são uma mistura do caráter ligante, não ligante e antiligante entre os átomos vizinhos.

A forma simples dos autovalores na Eq. 10E.13 sugere que há uma forma mais direta de determiná-los do que usando um programa matemático. Este é, de fato, o caso, pois argumentos de simetria do tipo descrito na Seção 11B (Vol. 2) mostram que a matriz 6×6 pode ser fatorada em duas matrizes 1×1 e duas 2×2, que são mais fáceis de trabalhar.

Aplicamos agora o princípio da estruturação ao sistema π. Há seis elétrons para acomodar (um para cada átomo de C), de forma que os três orbitais mais baixos (a_{2u} e o par e_{1g} duplamente degenerado) ficam completamente ocupados, levando à configuração $a_{2u}^2e_{1g}^4$ para o estado fundamental. É importante ressaltar que os únicos orbitais ocupados têm caráter ligante predominante (deve-se notar a analogia com a molécula de N_2, muito estável, Seção 10B).

A energia dos elétrons π do benzeno é

$$E=2(\alpha+2\beta)+4(\alpha+\beta)=6\alpha+8\beta$$

Se ignorássemos a deslocalização e imaginássemos a molécula como tendo três ligações π isoladas, a energia dos elétrons seria somente de $3(2\alpha + 2\beta) = 6\alpha + 6\beta$. A energia de deslocalização é, portanto, de $2\beta \approx -460$ kJ mol^{-1}, bastante mais considerável do que a do butadieno. A energia de formação da ligação π no benzeno é 8β.

Essas considerações sugerem que a estabilidade aromática pode ser atribuída a duas contribuições principais. A primeira é a forma do hexágono regular do esqueleto da molécula, ideal para a formação de fortes ligações σ. Cada ligação σ está relaxada, sem sofrer tensões. A segunda são os orbitais π que acomodam todos os elétrons em orbitais ligantes, proporcionando energia de deslocalização elevada.

Exemplo 10E.3 Avaliação do caráter aromático de uma molécula

Decida se as moléculas C_4H_4 e o íon molecular $C_4H_4^{2+}$ são aromáticos ou não, quando planos.

Método Siga o procedimento usado para o benzeno. Monte e resolva as equações seculares na aproximação de Hückel, admitindo um esqueleto σ plano e, então, decida se o íon tem ou não energia de deslocalização não nula. Use um software matemático para diagonalizar o hamiltoniano (na Seção 11B mostra-se como usar a simetria para obter os autovalores de modo mais simples).

Resposta A matriz hamiltoniana é

$$H=\begin{pmatrix}\alpha & \beta & 0 & \beta\\ \beta & \alpha & \beta & 0\\ 0 & \beta & \alpha & \beta\\ \beta & 0 & \beta & \alpha\end{pmatrix}=\alpha 1+\beta\begin{pmatrix}0&1&0&1\\1&0&1&0\\0&1&0&1\\1&0&1&0\end{pmatrix}$$

O β multiplicador da matriz diagonaliza como segue:

$$\begin{pmatrix}0&1&0&1\\1&0&1&0\\0&1&0&1\\1&0&1&0\end{pmatrix}\xrightarrow{\text{Diagonalizar}}\begin{pmatrix}-2&0&0&0\\0&0&0&0\\0&0&0&0\\0&0&0&2\end{pmatrix}$$

Segue-se que os níveis de energia das duas espécies são $E = \alpha \pm 2\beta$, α, α. Há quatro elétrons π para acomodar no C_4H_4; sendo assim, a energia total de ligação π é $2(\alpha + 2\beta) + 2\alpha = 4(\alpha + \beta)$. A energia das duas ligações π localizadas é $4(\alpha + \beta)$. Portanto, a energia de deslocalização é nula, então a molécula não é aromática. Só há dois elétrons π para acomodar no $C_4H_4^{2+}$, então a energia total de ligação π é $2(\alpha + 2\beta) = 2\alpha + 4\beta$. A energia da única ligação π localizada é $2(\alpha + \beta)$, desse modo a energia de deslocalização é 2β e o íon molecular é aromático.

Exercício proposto 10E.4 Qual é a energia total de ligação π do $C_3H_3^-$?

Resposta: $4\alpha + 2\beta$

10E.3 Química computacional

As aproximações severas do método de Hückel são agora fáceis de evitar, utilizando-se diversos programas computacionais não somente para calcular as formas e as energias dos orbitais moleculares, mas também para predizer com exatidão razoável a estrutura e a reatividade das moléculas. O tratamento completo da estrutura eletrônica molecular recebeu muita atenção por parte dos químicos e se tornou uma pedra fundamental da pesquisa química moderna. No entanto, os cálculos são muito complexos, e tudo que se procura fazer nesta seção é oferecer uma rápida introdução.[2] Em todo caso, os procedimentos concentram-se no cálculo ou na estimativa de integrais como H_{JJ} e H_{IJ} em vez de torná-las iguais às constantes α ou β ou ignorá-las inteiramente.

Em todos os casos a equação de Schrödinger é resolvida de maneira iterativa e autoconsistente, assim como na abordagem do campo autoconsistente (SCF na sigla em inglês) de átomos (Seção 9B). Inicialmente, os orbitais moleculares dos elétrons presentes na molécula são formulados como CLOA. Um orbital molecular, então, é selecionado e todos os outros são usados para montar a expressão para a energia potencial de um elétron no orbital escolhido. A equação de Schrödinger resultante é, então, resolvida numericamente para obter uma versão melhor do orbital molecular escolhido e sua energia. O procedimento é repetido para todos os outros orbitais moleculares e usado para calcular a energia total da molécula. O processo é repetido até os orbitais e a energia calculados serem constantes dentro de certa tolerância.

(a) Métodos semiempíricos e métodos *ab initio*

Nos **métodos semiempíricos,** muitas das integrais são estimadas mediante dados da espectroscopia ou de propriedades físicas, como as energias de ionização, adotando-se uma série de regras que permitem anular certas integrais. Vimos esse procedimento em uma forma primitiva (*Breve ilustração* 10D.1 da Seção 10D) quando identificamos a integral α com uma combinação da energia de ionização e afinidade ao elétron de um átomo. Nos **métodos *ab initio***, procura-se calcular todas as integrais, inclusive as integrais de sobreposição. Os dois procedimentos envolvem grande carga de computação, daí os químicos teóricos, juntamente com os criptógrafos e os meteorologistas, serem os maiores usuários dos computadores rápidos. Pode-se perceber que, se há algumas dezenas de orbitais atômicos usados na formação dos orbitais moleculares, haverá dezenas de milhares de integrais dessa forma a calcular (o número de integrais aumenta com a quarta potência do número de orbitais atômicos na base). Algum esquema de aproximação se torna necessário.

Uma aproximação bastante severa usada nos primeiros dias da química computacional é a do **completo abandono da sobreposição diferencial** (CNDO na sigla em inglês), na qual todas as integrais são nulas, a menos que A e B sejam os mesmos orbitais centrados num mesmo núcleo, e o mesmo para C e D. As integrais que sobrevivem são então ajustadas até que os níveis de energia estejam em boa concordância com os resultados experimentais, ou que a entalpia de formação calculada para um composto concorde com o valor experimental. Os métodos semiempíricos mais recentes fazem simplificações menos rigorosas sobre o abandono de integrais, mas são todos descendentes da técnica primitiva do CNDO.

Também existem pacotes comerciais para cálculos *ab initio*. O problema, neste caso, é calcular, da maneira mais eficiente possível, milhares de integrais que surgem da interação coulombiana entre dois elétrons e têm a forma

$$(AB|CD)=j_0\int\int A(1)B(1)\frac{1}{r_{12}}C(2)D(2)\mathrm{d}\tau_1\mathrm{d}\tau_2$$

Notação Integral molecular (10E.14a)

com $j_0 = e^2/4\pi\varepsilon_0$, e a possibilidade de cada um dos orbitais atômicos A, B, C, D estar centrado em um átomo diferente, a chamada "integral de quatro centros". Essa tarefa é muito facilitada pela expressão dos orbitais atômicos utilizados nas CLOA como combinações lineares de orbitais do tipo gaussiano. Um **orbital do tipo gaussiano** (GTO na sigla em inglês) é uma função da forma e^{-r^2}. A vantagem de um orbital do tipo gaussiano sobre os orbitais exatos (que para sistemas hidrogenoides são proporcionais a e^{-r}) é que o produto de duas funções gaussianas é também uma função gaussiana que está entre os centros das duas funções que se multiplicam (Fig. 10E.5). Desta maneira, as integrais com quatro centros como essas transformam-se em integrais com dois centros da forma

$$(AB|CD)=j_0\int\int X(1)\frac{1}{r_{12}}Y(2)\mathrm{d}\tau_1\mathrm{d}\tau_2 \qquad (10E.14b)$$

em que X é a gaussiana correspondente ao produto AB e Y é a gaussiana correspondente a CD. As integrais com essa forma são muito mais fáceis e mais rápidas de calcular numericamente do que as integrais originais, com quatro centros. Embora seja necessário maior número de orbitais do tipo gaussiano para simular os orbitais atômicos, consegue-se aumento global significativo na velocidade de computação.

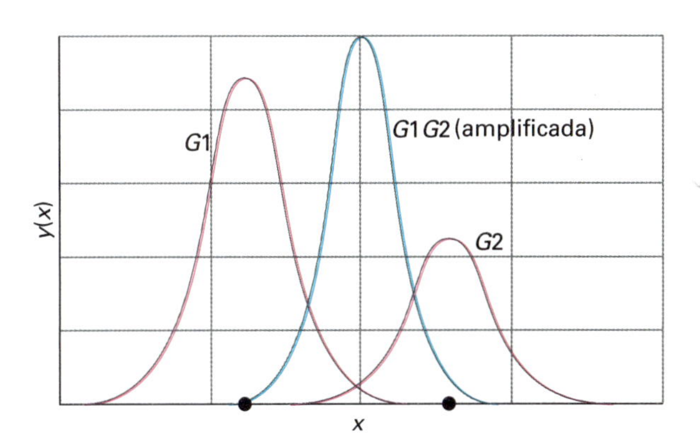

Figura 10E.5 O produto de duas funções gaussianas em diferentes centros é também uma função gaussiana, que fica localizada entre as duas gaussianas contribuintes. A escala do produto foi aumentada em relação à dos seus dois componentes.

[2]Uma visão completa, com exemplos detalhados, pode ser encontrada no nosso livro *Quanta, matéria e mudança* (LTC, 2011).

Breve ilustração 10E.2 Orbitais do tipo gaussiano

Consideremos um sistema "homonuclear" unidimensional, com gaussianas da forma e^{-ax^2} localizadas em 0 e R. Então, uma das integrais que devem ser calculadas inclui o termo

$$\chi_A(1)\chi_B(1) = e^{-ax^2} e^{-a(x-R)^2} = e^{-2ax^2+2axR-aR^2}$$

A seguir notamos que $-2a(x-\frac{1}{2}R)^2 = -2ax^2 + 2axR - \frac{1}{2}aR^2$, logo podemos escrever

$$\chi_A(1)\chi_B(1) = e^{-2a(x-\frac{1}{2}R)^2 - \frac{1}{2}aR^2} = e^{-2a(x-\frac{1}{2}R)^2} e^{-\frac{1}{2}aR^2}$$

que é proporcional a uma única gaussiana (o termo em azul) centrada no ponto médio da distância internuclear, em $x = \frac{1}{2}R$.

Exercício proposto 10E.5 Repita a análise para uma espécie heteronuclear com orbitais do tipo gaussiano da forma e^{-ax^2} e e^{-bx^2}.

Resposta: v$\chi_A(1)\chi_B(1) = e^{-(cx-bR/c)^2 - a^2R^2/c^2}$, $c = (a+b)^{1/2}$

(b) Teoria do funcional da densidade

Uma técnica que ganhou considerável fundamentação nos últimos anos, tornando-se uma das técnicas mais amplamente utilizadas nos cálculos de estrutura molecular, é a **teoria do funcional da densidade** (DFT na sigla em inglês). Suas vantagens incluem um menor esforço computacional, consumindo menos tempo de computação e, em alguns casos (particularmente em complexos de metais-d), um melhor acordo com os valores experimentais que o obtido por outros procedimentos.

O foco central da DFT é na densidade eletrônica, ρ, e não a função de onda ψ. O termo "funcional" que aparece no nome vem do fato de a energia de uma molécula ser uma função da densidade eletrônica, representada por $E[\rho]$; a densidade eletrônica, por sua vez, é uma função da posição, $\rho(\boldsymbol{r})$, e, em matemática, uma função de uma função é denominada um *funcional*. Os orbitais ocupados são usados para construir a densidade eletrônica a partir da expressão

$$\rho(\boldsymbol{r}) = \sum_{m,\text{ocupado}} |\psi_m(\boldsymbol{r})|^2 \quad \text{Densidade de probabilidade eletrônica} \quad (10E.15)$$

e são calculados a partir de versões modificadas da equação de Schrödinger conhecidas como **equações de Kohn-Sham**.

As equações de Kohn–Sham são resolvidas por processo iterativo e autoconsistente. Inicialmente imaginamos uma forma para a densidade eletrônica. Para esta etapa, é comum utilizarmos uma sobreposição de densidades eletrônicas atômicas. A seguir, as equações de Kohn-Sham são resolvidas para se obter um conjunto inicial de orbitais. Este conjunto de orbitais é usado para se obter uma aproximação melhor da densidade eletrônica, e o procedimento é repetido até que a densidade e a energia calculada fiquem constantes dentro de uma margem de tolerância.

(c) Representações gráficas

Um dos mais significativos desenvolvimentos da química computacional foi a introdução das representações gráficas dos orbitais moleculares e das densidades eletrônicas. A saída de um cálculo de estrutura molecular é uma lista dos coeficientes dos orbitais atômicos em cada orbital molecular e das energias desses orbitais. A representação gráfica de um orbital molecular usa formas estilizadas para representar a base, escalonando o seu tamanho para indicar o coeficiente na combinação linear. Sinais distintos nas funções de onda são representados por cores diferentes.

Uma vez conhecidos os coeficientes, podemos construir uma representação da densidade eletrônica na molécula observando quais são os orbitais ocupados e tomando, então, o quadrado destes orbitais. A densidade eletrônica total em qualquer ponto é a soma dos quadrados das funções de onda calculados naquele ponto (conforme a Eq. 10E.15). A saída é normalmente representada por uma **superfície de isodensidade**, uma superfície em que a densidade eletrônica total é constante (Fig. 10E.6). Como a ilustração indica, há várias maneiras de se representar uma superfície de isodensidade: como uma forma sólida, como uma forma transparente que contém, em seu interior, a molécula, representada por esferas e bastões, ou, ainda, como uma malha. Uma representação relacionada a essas é a da **superfície acessível ao solvente**. A forma desta superfície representa a forma de uma molécula imaginado-se uma esfera que representa o solvente rolando pela superfície da molécula; faz-se então o gráfico das posições do centro dessa esfera.

Um dos aspectos mais importantes de uma molécula, além de sua forma geométrica, é a distribuição de carga sobre sua superfície, que é comumente ilustrada como uma **superfície de potencial eletrostático** (uma "superfície elpot"). A energia potencial, E_p, de uma carga positiva imaginária Q, em um ponto, é calculada levando-se em conta sua interação com os núcleos e a densidade eletrônica em toda a molécula. Então, como $E_p = Q\phi$, em que ϕ é o potencial elétrico, a energia potencial pode ser interpretada como um potencial e é mostrada em uma cor apropriada (Fig. 10E.7). As regiões ricas em elétrons geralmente têm potenciais negativos, e as regiões deficientes em elétrons geralmente têm potenciais positivos.

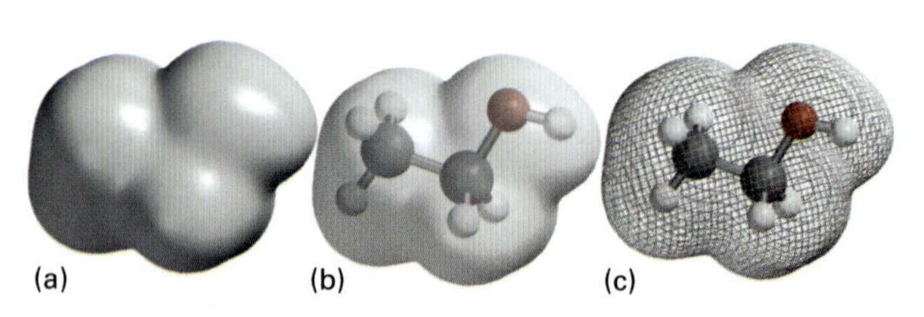

Figura 10E.6 Representações diversas de uma superfície de isodensidade do etanol: (a) como uma superfície sólida; (b) como uma superfície transparente e (c) como uma malha.

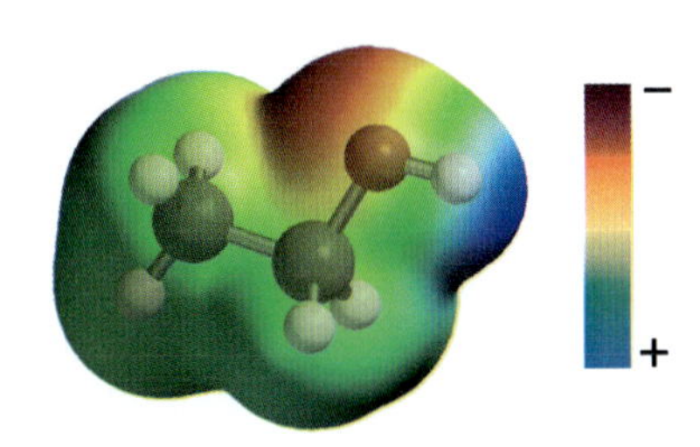

Figura 10E.7 Um diagrama elpot do etanol; a molécula tem a mesma orientação que na Fig. 10E.6. Regiões em vermelho são de potencial eletrostático negativo e as em azul, de potencial positivo (como em $^{\delta-}$O–H$^{\delta+}$).

Representações como as que ilustramos são de importância crítica em muitos campos. Por exemplo, elas podem ser usadas para identificar uma região pobre de elétrons de uma molécula que é passível de se associar ou atacar quimicamente uma região rica de elétrons de outra molécula. Tais considerações são importantes para verificar a atividade farmacológica de potenciais fármacos.

Conceitos importantes

- ☐ 1. O **método de Hückel** despreza a sobreposição e as interações entre os átomos que não são vizinhos.
- ☐ 2. O método de Hückel pode ser expresso de uma maneira compacta introduzindo-se matrizes.
- ☐ 3. A **energia de formação de ligação π** é a energia liberada quando é formada uma ligação π.
- ☐ 4. A **energia de ligação dos elétrons π** é o somatório das energias de cada elétron π.
- ☐ 5. A **energia de deslocalização** é a diferença entre a energia dos elétrons π e a energia da mesma molécula com ligações π localizadas.
- ☐ 6. O orbital molecular ocupado mais alto (HOMO) e o orbital molecular não ocupado mais baixo (LUMO) formam os **orbitais de fronteira** de uma molécula.
- ☐ 7. A estabilidade do benzeno vem da geometria do anel e da alta energia de deslocalização.
- ☐ 8. **Cálculos semiempíricos** aproximam integrais calculando-as pelo uso de dados empíricos; **métodos *ab initio*** calculam todas as integrais numericamente.
- ☐ 9. A **teoria do funcional da densidade** desenvolve equações baseadas na densidade eletrônica e não na função de onda em si.
- ☐ 10. São utilizadas técnicas gráficas para representar uma variedade de superfícies baseadas em cálculos de estrutura eletrônica.

Equações importantes

Propriedades	Equação	Comentário	Número da equação
CLOA	$\psi = \sum_o c_o \chi_o$	χ_o são orbitais atômicos	10E.1
Equações de Hückel	$\boldsymbol{Hc} = \boldsymbol{ScE}$	Aproximação de Hückel: $S = 0$, exceto entre vizinhos	10E.9
Diagonalização	$\boldsymbol{c}^{-1}\boldsymbol{Hc} = \boldsymbol{E}$		10E.10
Energia de formação da ligação π	$E_{bf} = E_\pi - N_C\alpha$	Definição: N_C é o número de átomos de carbono	10E.12
Integrais moleculares	$(AB\|CD) = j_0 \int\int A(1)B(1)(1/r_{12})C(2)D(2)\,d\tau_1 d\tau_2$	A, B, C, D são orbitais atômicos	10E.14a
Densidade de probabilidade de elétrons	$\rho(r) = \sum_{m,\text{occ}} \|\psi_m(r)\|^2$	Soma sobre orbitais moleculares ocupados m	10E.15

CAPÍTULO 10 Estrutura molecular

SEÇÃO 10A Teoria da ligação de valência

Questões teóricas

10A.1 Discuta o papel da aproximação de Born-Oppenheimer no cálculo de uma curva ou superfície de energia potencial molecular.

10A.2 Por que promoção e hibridização são utilizadas na teoria da ligação de valência?

10A.3 Descreva os vários tipos de orbitais híbridos e como eles são utilizados para descrever a ligação nos alcanos, alquenos e alquinos. Como a hibridização explica que, no aleno, os grupos CH_2=C=CH_2 ficam em planos perpendiculares?

10A.4 Por que o emparelhamento de spins é uma característica tão comum da formação de ligações (no contexto da teoria da ligação de valência)?

10A.5 Quais são as consequências da ressonância?

Exercícios

10A.1(a) Escreva a função de onda da ligação de valência para a ligação simples no HF.
10A.1(b) Escreva a função de onda da ligação de valência para a ligação tripla no N_2.

10A.2(a) Escreva a função de onda da ligação de valência para o híbrido de ressonância HF ↔ H^+F^- ↔ H^-F^+ (explique as diferentes contribuições de cada estrutura).
10A.2(b) Escreva a função de onda da ligação de valência para o híbrido de ressonância N_2 ↔ N^+N^- ↔ $N^{2-}N^{2+}$ ↔ estruturas de energia semelhante.

10A.3(a) Descreva a estrutura de uma molécula de P_2 em termos da ligação de valência. Por que o P_4 é uma forma mais estável do fósforo molecular do que o P_2?
10A.3(b) Descreva a estrutura do SO_2 e SO_3 em termos da teoria da ligação de valência.

10A.4(a) Descreva a ligação no 1,3-butadieno utilizando orbitais híbridos.
10A.4(b) Descreva a ligação no 1,3-pentadieno utilizando orbitais híbridos.

10A.5(a) Mostre que as combinações lineares $h_1 = s + p_x + p_y + p_z$ e $h_2 = s - p_x - p_y + p_z$ são mutuamente ortogonais.
10A.5(b) Mostre que as combinações lineares $h_1 = (\text{sen}\,\zeta)s + (\cos\zeta)p$ e $h_2 = (\cos\zeta)s - (\text{sen}\,\zeta)p$ são mutuamente ortogonais para todos os valores do ângulo ζ (zeta).

10A.6(a) Normalize o orbital híbrido sp² $h = s + 2^{1/2}p$, dado que os orbitais s e p são, cada um deles, normalizados a 1.
10A.6(b) Normalize as combinações lineares do Exercício 10A.5b, dado que os orbitais s e p são, cada um deles, normalizados para 1.

Problemas

10A.1 Um orbital híbrido sp² que fica no plano *xy* e faz um ângulo de 120° com o eixo dos *x* tem a forma

$$\psi = \frac{1}{3^{1/2}}\left(s - \frac{1}{2^{1/2}}p_x + \frac{3^{1/2}}{2^{1/2}}p_y\right)$$

Use orbitais atômicos hidrogenoides para escrever a forma explícita do orbital híbrido. Mostre que ele tem sua amplitude máxima no sentido especificado.

10A.2 Confirme que os orbitais híbridos na Eq. 10A.5 fazem ângulos de 120° um com o outro.

10A.3 Mostre que se dois orbitais híbridos da forma sp$^\lambda$ fazem um ângulo θ um com o outro, então, $\lambda = -1/\cos\theta$. Represente graficamente λ em função de θ e confirme que $\theta = 180°$ quando não há inclusão de qualquer orbital s e $\theta = 120°$ quando $\lambda = 2$.

SEÇÃO 10B Princípios da teoria do orbital molecular

Questões teóricas

10B.1 Que característica da teoria do orbital molecular é responsável pela formação da ligação?

10B.2 Por que o emparelhamento de spins é uma característica comum da formação da ligação (no contexto da teoria do orbital molecular)?

Exercícios

10B.1(a) Normalize o orbital molecular $\psi = \psi_A + \lambda\psi_B$ em termos do parâmetro λ e da integral de sobreposição *S*.
10B.1(b) Uma descrição melhor da molécula do Exercício 10B.1(a) poderia ser obtida incluindo-se mais orbitais de cada átomo na combinação linear. Normalize o orbital molecular $\psi = \psi_A + \lambda\psi_B + \lambda'\psi_B'$ em termos dos parâmetros λ e λ' e das integrais de sobreposição apropriadas *S*, em que ψ_B e ψ_B' são orbitais mutuamente ortogonais no átomo B.

10B.2(a) Suponha que um orbital molecular tenha a forma (não normalizada) $0{,}145A + 0{,}844B$. Encontre uma combinação linear dos orbitais A e B que seja ortogonal a esta combinação e determine as constantes de normalização de ambas as combinações usando $S = 0{,}250$.

10B.2(b) Suponha que um orbital molecular tenha a forma (não normalizada) $0{,}727A + 0{,}144B$. Encontre uma combinação linear dos orbitais A e B que seja ortogonal a esta combinação e determine as constantes de normalização de ambas as combinações usando $S = 0{,}117$.

10B.3(a) A energia do H_2^+ com separação internuclear R é dada pela Eq. 10B.4. Os valores das contribuições são dados a seguir. Represente graficamente a curva de energia potencial molecular e determine a energia de dissociação das ligações (em elétrons-volt) e o comprimento da ligação em equilíbrio.

R/a_0	0	1	2	3	4
j/E_h	1,000	0,729	0,472	0,330	0,250
k/E_h	1,000	0,736	0,406	0,199	0,092
S	1,000	0,858	0,587	0,349	0,189

em que $E_h = 27{,}2$ eV, $a_0 = 52{,}9$ pm e $E_H = -\frac{1}{2}E_h$.

10B.3(b) Os mesmos dados do Exercício 10B.3(a) podem ser usados para calcular a curva de energia potencial molecular para o orbital antiligante, que é dada pela Eq. 10B.7. Represente a curva.

10B.4(a) Identifique o caráter g ou u dos orbitais π ligante e antiligante formados pela sobreposição lateral de orbitais atômicos p.

10B.4(b) Identifique o caráter g ou u dos orbitais δ ligante e antiligante formados pela sobreposição frontal de orbitais atômicos d.

Problemas

10B.1 Calcule a energia (molar) da repulsão eletrostática entre dois núcleos de hidrogênio na separação do H_2 (74,1 pm). O resultado é a energia que deve ser vencida pela atração dos elétrons que formam a ligação. A atração gravitacional entre eles desempenha algum papel significativo? *Sugestão:* A energia potencial gravitacional de duas massas é igual a $-Gm_1m_2/r$; G está listada no verso da capa.

10B.2 Imagine uma pequena sonda sensível a elétrons de volume 1,00 pm^3 inserida em um íon molecular H_2^+ no estado fundamental. Calcule a probabilidade de ela registrar a presença de um elétron nas posições a seguir: (a) no núcleo A, (b) no núcleo B, (c) a meio caminho entre A e B, (d) em um ponto a 20 pm ao longo da ligação a partir de A e 10 pm perpendicularmente. Faça o mesmo para o íon molecular no instante depois de o elétron ter entrado no CLOA-OM antiligante.

10B.3 Obtenha as Eq. 10B.4 e 10B.7 usando os CLOA-OM normalizados do íon molecular H_2^+. Prossiga avaliando o valor esperado do hamiltoniano para o íon. Use o fato de A e B satisfazerem, cada um deles, à equação de Schrödinger para um átomo de H isolado.

10B.4 Examine se a ocupação do orbital ligante com um elétron (conforme calculada no problema anterior) tem um efeito ligante maior ou menor do que a ocupação do orbital antiligante com um elétron. Isto é válido em todas as separações internucleares?

10B.5‡ A abordagem CLOA-OM descrita no texto pode ser utilizada para introduzir métodos numéricos necessários na química quântica. Neste problema calcule a sobreposição, as integrais coulombianas e de ressonância numericamente e compare os resultados com as equações analíticas (Eq. 10B.5). (a) Use a função de onda CLOA-OM e o hamiltoniano do H_2^+ para obter equações para as integrais relevantes e use um software matemático ou uma planilha eletrônica para calcular a sobreposição, as integrais coulombianas e de ressonância numericamente e a energia total para o OM $1s\sigma_g$ na faixa de $a_0 < R < 4a_0$. Compare os resultados obtidos por integração numérica com os resultados obtidos analiticamente. (b) Use os resultados das integrações numéricas para representar graficamente a energia total, $E(R)$, e determine o mínimo de energia total, a distância internuclear de equilíbrio e a energia de dissociação (D_0).

10B.6 (a) Calcule a amplitude total dos CLOA-MO ligante e antiligante normalizados formados pela combinação linear de dois orbitais H1s separados por $2a_0 = 106$ pm. Faça o gráfico das duas amplitudes em função das posições sobre o eixo molecular, na região internuclear e fora desta região. (b) Faça o gráfico das densidades de probabilidade dos dois orbitais. Depois, represente graficamente a *diferença de densidade*, a diferença entre ψ^2 e $\frac{1}{2}(\psi_A^2+\psi_B^2)$.

SEÇÃO 10C Moléculas diatômicas homonucleares

Questões teóricas

10C.1 Desenhe diagramas que mostrem as várias orientações em que um orbital p e um orbital d em átomos adjacentes podem formar orbitais moleculares ligantes e antiligantes.

10C.2 Descreva as regras do princípio da estruturação para moléculas diatômicas homonucleares.

10C.3 Qual é o papel da aproximação de Born–Oppenheimer na teoria do orbital molecular?

10C.4 Qual é a justificativa para tratar separadamente as contribuições dos orbitais atômicos s e p para os orbitais moleculares?

10C.5 Até que ponto a sobreposição de orbitais pode estar relacionada à força de uma ligação?

Exercícios

10C.1(a) Dê as configurações eletrônicas no estado fundamental e ordens de ligação do (i) Li_2, (ii) Be_2 e (iii) C_2.

10C.1(b) Dê as configurações eletrônicas no estado fundamental do (i) F_2^-, (ii) N_2 e (iii) O_2^{2-}.

10C2(a) A partir das configurações eletrônicas no estado fundamental do B_2 e C_2, preveja qual molécula deverá ter a maior energia de dissociação.

10C2(b) A partir das configurações eletrônicas no estado fundamental do Li_2 e Be_2, preveja qual molécula deverá ter a maior energia de dissociação.

‡Estes problemas foram propostos por Charles Trapp e Carmen Giunta.

10C.3(a) Quem tem a maior energia dissociação: F_2 ou Fe_2^+?
10C.3(b) Disponha as espécies químicas $O_2^+, O_2, O_2^-, O_2^{2-}$ na ordem crescente do comprimento da ligação.

10C.4(a) Calcule a ordem de ligação de cada molécula diatômica homonuclear do 2º. Período.
10C.4(b) Calcule a ordem de ligação de cada cátion, X_2^+, e ânion, X_2^-. diatômico homonuclear do 2º. Período.

10C.5(a) Para cada uma das espécies no Exercício 10C.4(b), especifique que orbital molecular é o HOMO.
10C.5(b) Para cada uma das espécies no Exercício 10C.4(b), especifique que orbital molecular é o LUMO.

10C.6(a) Qual é a velocidade de um fotoelétron ejetado de um orbital de energia de ionização de 12,0 eV por um fóton de radiação de comprimento de onda de 100 nm?
10C.6(b) Qual é a velocidade de um fotoelétron ejetado de um orbital de energia de ionização de 21 eV e que se sabe ser proveniente de um orbital de energia de ionização de 12 eV?

10C.7(a) A integral de sobreposição entre dois orbitais 1s hidrogenoides sobre os núcleos separados por uma distância R é dada pela Eq. 10C.4. Para que separação $S = 0{,}20$ para o (i) H_2, (ii) He_2?
10C.7(b) A integral de sobreposição entre dois orbitais 2s hidrogenoides sobre os núcleos separados por uma distância R é dada pela expressão na *Breve ilustração* 10C.2. Para que separação $S = 0{,}20$ para o (i) H_2, (ii) He_2?

Problemas

10C.1 Antes de efetuar o cálculo visto a seguir, faça um esquema de como se pode esperar que a sobreposição entre um orbital 1s e um orbital 2p orientado em sua direção dependa da sua separação. A integral de sobreposição entre um orbital H1s e um orbital H2p orientado em sua direção nos núcleos separados por uma distância R é $S=(R/a_0)\{1+(R/a_0)+\frac{1}{3}(R/a_0)^2\}e^{-R/a_0}$. Faça o gráfico dessa função e determine a separação para a qual a sobreposição é um máximo.

10C.2‡ Use os orbitais atômicos hidrogenoides $2p_x$ e $2p_z$ para obter uma descrição simples, por CLOA, dos orbitais moleculares $2p\sigma$ e $2p\pi$. (a) Faça um gráfico da densidade de probabilidade e de diagramas de contorno e de superfície das amplitudes dos orbitais moleculares $2p_z\sigma$ e $2p_z\sigma^*$ no plano xz. (b) Faça os diagramas de contorno e de superfície dos orbitais moleculares $2p_x\pi$ e $2p_x\pi^*$ no plano xz. Os gráficos devem ser feitos para duas separações internucleares, R, uma a $10a_0$ e outra a $3a_0$, em que $a_0 = 52{,}9$ pm. Interprete os gráficos, explicando por que esse tipo de informação gráfica é útil.

10C.3 Mostre, no caso de a sobreposição ser ignorada, que (a) qualquer orbital molecular expresso como uma combinação linear de dois orbitais atômicos pode ser escrito na forma $\psi = \psi_A \cos\theta + \psi_B \operatorname{sen}\theta$, em que θ é um parâmetro que varia entre 0 e π, e, (b) se ψ_A e ψ_B são ortogonais e normalizados, então ψ também está normalizado. (c) Para que valores de θ correspondem os orbitais ligantes e antiligantes de uma molécula diatômica homonuclear?

10C.4 Num espectro de fotoelétrons obtido com fótons de 21,21 eV, os elétrons foram ejetados com energia cinética de 11,01 eV, 8,23 eV e 5,22 eV. Construa o diagrama de níveis de energia dos orbitais moleculares para a espécie, indicando as energias de ionização dos três orbitais identificáveis.

SEÇÃO 10D Moléculas diatômicas heteronucleares

Questões teóricas

10D.1 Descreva as escalas de eletronegatividade de Pauling e de Mulliken. Por que elas devem estar aproximadamente ajustadas?

10D.2 Por que a energia de ionização e a afinidade ao elétron são importantes na estimativa da energia de um orbital atômico a ser usado em um cálculo de estrutura molecular?

10D.3 Discuta as etapas envolvidas no cálculo da energia de um sistema pelo uso do princípio variacional. Há alguma suposição envolvida?

10D.4 Qual é o significado físico das integrais coulombianas e de ressonância?

10D.5 Discuta como as propriedades do carbono explicam os aspectos da ligação que o tornam o bloco construtor biológico ideal.

Exercícios

10D.1(a) Dê as configurações eletrônicas do estado fundamental do (i) CO, (ii) NO e (iii) CN^-.
10D.1(b) Dê as configurações eletrônicas do estado fundamental do (i) XeF, (ii) PN e (iii) SO^-.

10D.2(a) Dê o diagrama de níveis de energia dos orbitais moleculares do XeF e a respectiva configuração eletrônica do estado fundamental. É provável que a ligação no XeF seja mais curta do que a ligação no XeF^+?
10D.2(b) Dê o diagrama de níveis de energia dos orbitais moleculares do IF e a respectiva configuração eletrônica do estado fundamental. É provável que a ligação no IF seja mais curta do que a ligação no IF^- ou IF^+?

10D3.(a) Use as configurações eletrônicas do NO^- e NO^+ para prever qual deles tem provavelmente o menor comprimento de ligação.
10D.3(b) Use as configurações eletrônicas do SO^- e SO^+ para prever qual deles tem provavelmente o menor comprimento de ligação.

10D.4(a) Uma conversão razoavelmente confiável entre as escalas de eletronegatividade de Mulliken e de Pauling é dada pela Eq. 10D.4. Utilize a Tabela 10D.1 na *Seção de dados* para avaliar se a fórmula de conversão é boa para os elementos do 2º Período.
10D.4(b) Uma conversão razoavelmente confiável entre as escalas de eletronegatividade de Mulliken e de Pauling é dada pela Eq. 10D.4. Utilize a Tabela 10D.1 na *Seção de dados* para avaliar se a fórmula de conversão é boa para os elementos do 3º Período.

10D.5(a) Estime as energias dos orbitais a serem usados no cálculo dos orbitais moleculares do HCl. Para os dados, veja as Tabelas 9B.2 e 9B.3.
10D.5(b) Estime as energias dos orbitais a serem usados no cálculo dos orbitais moleculares do HBr. Para os dados, veja as Tabelas 9B.2 e 9B.3.

10D.6(a) Use os valores obtidos no Exercício 10D.5(a) para calcular as energias dos orbitais moleculares do HCl. Use $S = 0$.

10D.6(b) Use os valores obtidos no Exercício 10D.5(b) para calcular as energias dos orbitais moleculares do HBr. Use $S = 0$.

10D.7(a) Repita agora o Exercício 10D.6(a), porém com $S = 0{,}20$.
10D.7(b) Repita agora o Exercício 10D.6(b), porém com $S = 0{,}20$.

Problemas

10D.1 A Eq. 10D.9 vem da Eq. 10D.8a, fazendo a aproximação $|\alpha_B - \alpha_A| \gg 2|\beta|$ e fazendo $S = 0$. Explore as consequências de não fazer $S = 0$.

10D.2 Suponha que um orbital molecular de uma molécula diatômica heteronuclear seja construído a partir da base de orbitais *A*, *B* e *C*, em que *B* e *C* pertencem ambos a um átomo (eles podem ser considerados como F2s e F2p no HF, por exemplo). Dê as equações seculares para os valores ótimos dos coeficientes e o determinante secular correspondente.

10D.3 Continue o problema anterior fazendo $\alpha_A = -7{,}2$ eV, $\alpha_B = -10{,}4$ eV, $\alpha_C = -8{,}4$ eV, $\beta_{AB} = -1{,}0$ eV, $\beta_{AC} = -0{,}8$ eV, e calcule as energias dos orbitais e coeficientes com (i) ambos com $S = 0$, (ii) ambos com $S = 0{,}2$.

10D.4 Como uma variação do problema anterior, explore as consequências de aumentar a separação de energias dos orbitais *B* e *C* (use $S = 0$ para este estágio do cálculo). É justificável ignorar o orbital *C* em qualquer estágio?

SEÇÃO 10E Moléculas poliatômicas

Questões teóricas

10E.1 Discuta o objetivo, as consequências e as limitações das aproximações em que está baseado o método de Hückel.

10E.2 Faça a distinção entre energia de deslocalização, energia de ligação do elétron π e energia de formação da ligação π. Explique como cada conceito é empregado.

10E.3 Descreva as etapas computacionais empregadas na abordagem do campo autoconsistente dos cálculos de estrutura eletrônica.

10E.4 Explique por que o uso de orbitais do tipo gaussiano geralmente é preferido ao uso de orbitais hidrogenoides (exponenciais) como bases.

10E.5 Faça a distinção entre métodos empírico, *ab initio* e da teoria do funcional da densidade na determinação da estrutura eletrônica.

Exercícios

10E.1(a) Escreva os determinantes seculares do (i) H_3 linear, (ii) H_3 cíclico, admitindo as aproximações de Hückel.
10E.1(b) Escreva os determinantes seculares do (i) H_4 linear, (ii) H_4 cíclico, admitindo as aproximações de Hückel.

10E.2(a) Dê as configurações eletrônicas (i) do ânion benzeno, (ii) do cátion benzeno. Estime, em cada caso, a energia de ligação do elétron π.
10E.2(b) Dê as configurações eletrônicas (i) do radical alila, (ii) do cátion ciclobutadieno. Estime, em cada caso, a energia de ligação do elétron π.

10E.3(a) Calcule a energia de deslocalização e a energia de formação da ligação π (i) do ânion benzeno, (ii) do cátion benzeno.
10E.3(b) Calcule a energia de deslocalização e a energia de formação da ligação π do (i) radical alila, (ii) do cátion ciclobutadieno.

10E.4(a) Escreva os determinantes seculares do (i) antraceno (**1**), do (ii) fenantreno (**2**) admitindo as aproximações de Hückel e utilizando os orbitais C2p como base.

1 Antraceno

2 Fenantreno

10E.4(b) Dê os determinantes seculares do (i) azuleno (**3**), do (ii) acenaftaleno (**4**), admitindo as aproximações de Hückel e utilizando os orbitais C2p como a base.

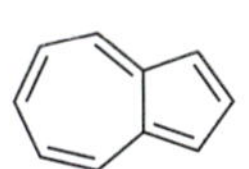

3 Azuleno

4 Acenaftaleno

10E.5(a) Use um programa matemático para calcular a energia de ligação do elétron π para (i) o antraceno (**1**), (ii) o fenantreno (**2**), admitindo as aproximações de Hückel.
10E.5(b) Use um programa matemático para calcular a energia de ligação do elétron π (i) do azuleno (**3**), (ii) do acenaftaleno (**4**), admitindo as aproximações de Hückel.

10E.6(a) Escreva o hamiltoniano eletrônico do HeH^+.
10E.6(b) Escreva o hamiltoniano eletrônico do LiH^{2+}.

Problemas

10E.1 Construa e resolva as equações seculares de Hückel para os elétrons π do CO_3^{2-}. Expresse as energias em termos das integrais coulombianas α_O e α_C e da integral de ressonância β. Determine a energia de deslocalização do íon.

10E.2 Para os polienos conjugados monocíclicos (como o ciclobutadieno e o benzeno), com cada um dos N átomos de carbono contribuindo com um elétron num orbital 2p, a teoria simples de Hückel fornece a seguinte expressão para as energias E_k dos orbitais moleculares π:

$$E_k = \alpha + 2\beta\cos\frac{2k\pi}{N} \quad k = 0, \pm 1, \ldots \pm N/2 \text{ para } N \text{ par}$$

$$k = 0, \pm 1, \ldots \pm (N-1)/2 \text{ para } N \text{ ímpar}$$

(a) Calcule as energias dos orbitais moleculares π do benzeno e do ciclo-octatetraeno (**5**). Comente sobre a presença ou não de níveis de energia degenerados. (b) Calcule e compare as energias de deslocalização do benzeno (usando a expressão anterior) e do hexatrieno. O que você conclui dos seus resultados? (c) Calcule e compare as energias de deslocalização do ciclo-octatetraeno e do octatetraeno. Suas conclusões sobre esse par de moléculas são as mesmas que para o par investigado no item (b)?

5 Ciclo-octatetraeno

10E.3 Construa os determinantes seculares para a série homóloga formada pelo eteno, butadieno, hexatrieno e octatetraeno e diagonalize-os utilizando um programa matemático. Use seus resultados para mostrar que os orbitais moleculares π dos polienos lineares obedecem às regras a seguir:

- O orbital molecular π com a menor energia é deslocalizado sobre todos os átomos de carbono da cadeia.
- O número de planos nodais entre os orbitais C2p aumenta com a energia do orbital molecular π.

10E.4 Construa os determinantes seculares do ciclobutadieno, benzeno e ciclo-octatetraeno e diagonalize-os usando um programa matemático. Use seus resultados para mostrar que os orbitais moleculares π dos polienos monocíclicos com um número par de átomos de carbono seguem um padrão no qual:

- Os orbitais moleculares π com a menor e a maior energia são não degenerados.
- Os orbitais moleculares π restantes existem na forma de pares degenerados.

10E.5 A excitação eletrônica de uma molécula pode enfraquecer ou reforçar algumas ligações, porque as características ligantes e antiligantes diferem entre o HOMO e o LUMO. Por exemplo, uma ligação carbono–carbono num polieno linear pode ter um caráter ligante no HOMO e antiligante no LUMO. Neste caso, a promoção de um elétron do HOMO para o LUMO enfraquece a ligação carbono–carbono no estado eletronicamente excitado em relação ao estado fundamental. Consulte as Figs. 10E.2 e 10E.4 e discuta em detalhes quaisquer variações na ordem da ligação quando da absorção no ultravioleta correspondente à transição $\pi^* \leftarrow \pi$ nessas moléculas.

10E.6‡ Prove que, para uma cadeia aberta de N carbonos conjugados, o polinômio característico do determinante secular (o polinômio obtido pela expansão do determinante), $P_N(x)$, em que $x = (\alpha - \beta)/\beta$, obedece à relação de recorrência $P_N = xP_{N-1} - PN_{-2}$, com $P_1 = x$ e $P_0 = 1$.

10E.7 O potencial-padrão de um par redox é uma medida da tendência termodinâmica de um átomo, íon ou molécula de aceitar um elétron (Seção 6D). Estudos indicam que existe uma correlação entre a energia do LUMO e o potencial-padrão dos hidrocarbonetos aromáticos. Você espera que o potencial-padrão aumente ou diminua à medida que a energia do LUMO diminui? Explique sua resposta.

10E.8‡ No Exercício 10E.1(a) você montou os determinantes seculares de Hückel do H_3 linear e cíclico. O mesmo determinante vale para os íons moleculares H_3^+ e D_3^+. O íon molecular H_3^+ foi descoberto há muito tempo, em 1912, por J.J. Thomson, mas é recente a confirmação da sua estrutura triangular equilátera por M. J. Gaillard *et al.* (*Phys. Rev. A* **17**, 1797 (1978)). O íon molecular H_3^+ é a espécie poliatômica mais simples de existência confirmada e tem papel importante nas reações químicas que ocorrem nas nuvens interestelares e que podem levar à formação de água, monóxido de carbono e álcool etílico. O íon H_3^+ também foi encontrado nas atmosferas de Júpiter, Saturno e Urano. (a) Resolva as equações seculares de Hückel para as energias do sistema H_3 em termos dos parâmetros α e β, trace o diagrama de níveis de energia dos orbitais e determine as energias de ligação das espécies H_3^+, H_3 e H_3^-. (b) Cálculos quânticos exatos, de G.D. Carney e R.N. Porter (*J. Chem. Phys.* **65**, 3547 (1976)) dão a energia de dissociação do processo $H_3^+ \rightarrow H + H + H^+$ como 849 kJ mol^{-1}. Com esta informação e com os dados da Tabela 10C.2, calcule a entalpia da reação $H^+(g) + H_2(g) \rightarrow H_3^+(g)$. (c) Com as equações estabelecidas e as informações dadas, estime o valor da integral de ressonância β do H_3^+. Depois, estime as energias de ligação das outras espécies H_3 mencionadas em (a).

10E.9‡ Há indícios de que outros compostos e íons, com anéis de hidrogênio, além do H_3 e do D_3, também participam da química do espaço interestelar. De acordo com J.S. Wright e G.A. DiLabio (*J. Phys. Chem.* **96**, 10793 (1992)), são particularmente estáveis o H_5^-, o H_6 e o H_7^+ enquanto o H_4 e o H_5^+ não são estáveis. Confirme esta afirmação mediante cálculos com as aproximações de Hückel.

10.E10 Escolha você ou seu orientador um programa de estrutura eletrônica apropriado e uma base e efetue cálculos do campo autoconsistente para os estados eletrônicos fundamentais do H_2 e F_2. Determine as energias e as geometrias de equilíbrio do estado fundamental. Compare os comprimentos de ligação de equilíbrio calculados com valores experimentais.

10E.11 Use um método semiempírico apropriado para calcular os comprimentos de ligação e as entalpias-padrão de formação (a) do etanol, C_2H_5OH, (b) do 1,4-diclorobenzeno, $C_6H_4Cl_2$. Compare com os valores experimentais e sugira razões para quaisquer discrepâncias.

10E.12 Os métodos de estrutura eletrônica molecular podem ser usados para estimar a entalpia-padrão de formação de moléculas em fase gasosa. (a) Use um método semiempírico de sua escolha ou do seu orientador para calcular a entalpia-padrão de formação do eteno, do butadieno, do hexatrieno e do octatetraeno em fase gasosa. (b) Consulte um banco de dados de propriedades termoquímicas, e, para cada molécula da parte (a), calcule o erro relativo entre os valores calculados e os experimentais da entalpia-padrão de formação. (c) Um bom banco de dados termoquímicos fornece a incerteza no valor experimental da entalpia-padrão de formação. Compare as incertezas experimentais com os erros relativos calculados na parte (b) e discuta a confiabilidade do método semiempírico escolhido em estimar as propriedades termoquímicas de polienos lineares.

10E.13 Cálculos com orbitais moleculares baseados em métodos semiempíricos, *ab initio* ou DFT descrevem melhor as propriedades espectroscópicas de moléculas conjugadas do que a simples teoria de Hückel. (a) Use o método computacional de sua escolha (semiempírico, *ab initio* ou funcional de densidade) ou o que seu orientador sugerir para calcular a diferença de energia entre o HOMO e o LUMO do eteno, do butadieno, do hexatrieno e do octatetraeno. (b) Faça um gráfico das diferenças de energia HOMO–LUMO contra as frequências experimentais de absorção no ultravioleta correspondente à transição $\pi^* \leftarrow \pi$ para essas moléculas (61.500, 46.080, 39.750 e 32.900 cm^{-1}, respectivamente). Use um programa matemático para obter a equação polinomial que melhor se ajusta aos dados. (c) Use o polinômio de ajuste obtido na parte (b) para estimar o número de onda e o comprimento de onda da frequência de absorção no ultravioleta correspondente à transição $\pi^* \leftarrow \pi$ do decapentaeno, a partir da diferença de energia HOMO–LUMO calculada. (d) Discuta por que o processo de calibração da parte (b) é necessário.

Atividades integradas

10.1 As linguagens da teoria da ligação de valência e da teoria do orbital molecular geralmente são combinadas quando se discutem compostos orgânicos insaturados. Construa diagramas de níveis de energia dos orbitais moleculares do eteno com base em que a molécula é formada a partir dos fragmentos de CH_2 ou CH devidamente hibridizados.

10.2 Vamos desenvolver neste problema um tratamento do grupo peptídio (**6**), que liga os aminoácidos em proteínas, através da teoria do orbital molecular. Especificamente, vamos descrever os fatores que estabilizam a conformação plana do grupo peptídeo. (a) Deve ser familiar dos cursos introdutórios de química que a teoria da ligação de valência explica a conformação plana do grupo peptídio pela deslocalização da ligação π entre os átomos de oxigênio, carbono e nitrogênio por ressonância.

6 Grupo peptídeo

Assim, podemos modelar o grupo peptídio através da teoria do orbital molecular, formando OM–CLOA com os orbitais 2p perpendiculares ao plano definido pelos átomos de O, C e N. As três combinações têm a forma:

$$\psi_1 = a\psi_O + b\psi_C + c\psi_N \quad \psi_2 = d\psi_O - e\psi_N \quad \psi_3 = f\psi_O - g\psi_C + h\psi_N$$

em que os coeficientes a até h são todos positivos. Represente os orbitais ψ_1, ψ_2 e ψ_3, caracterizando-os como orbitais moleculares ligantes, não ligantes ou antiligantes. Em um orbital molecular não ligante, um par de elétrons fica praticamente confinado em um átomo, não estando notadamente envolvido na formação da ligação. (b) Mostre que esse tratamento só é consistente com a conformação plana da ligação peptídica. (c) Construa um diagrama que mostre as energias relativas desses orbitais moleculares e determine a ocupação dos orbitais. *Sugestão*: Você deve se convencer de que há quatro elétrons para serem distribuídos entre os orbitais moleculares. (d) Considere agora uma conformação fora do plano da ligação peptídica, na qual os orbitais O2p e C2p são perpendiculares ao plano formado pelos átomos de O, C e N, mas o orbital N2p fica no plano. Os OM–CLOA são dados por

$$\psi_4 = a\psi_O + b\psi_C \quad \psi_5 = e\psi_N \quad \psi_6 = f\psi_O - g\psi_C$$

Tal como antes, represente esses orbitais e classifique-os como ligantes, não ligantes ou antiligantes. Construa também um diagrama de energia e determine a ocupação dos orbitais. (e) Por que esse arranjo dos orbitais atômicos é consistente com uma conformação não plana da ligação peptídica? (f) Os OM ligantes associados à conformação plana têm a mesma energia que aqueles associados à conformação não plana? Em caso negativo, que orbitais ligantes têm a mais baixa energia? Repita a análise para os orbitais não ligantes e antiligantes. (g) Use seus resultados das partes (a) a (f) para desenvolver argumentos que corroborem o modelo plano para a ligação peptídica.

10.3 Cálculos com orbitais moleculares podem ser utilizados para predizer tendências nos potenciais-padrão de moléculas conjugadas, tais como quinonas e flavinas, envolvidas nas reações biológicas de transferência de elétrons. Admite-se geralmente que a diminuição da energia do LUMO reforça a habilidade da molécula em aceitar um elétron no LUMO, provocando um aumento no valor do potencial-padrão da molécula. Além disso, alguns estudos indicam que existe uma correlação linear entre a energia do LUMO e o potencial de redução de hidrocarbonetos aromáticos. (a) Os potenciais padrões em pH = 7 para a redução de um elétron de substituintes metilados das 1,4-benzoquinonas (**7**) aos respectivos ânions do radical semiquinona são:

R_2	R_3	R_5	R_6	$E^{\ominus}/V$
H	H	H	H	0,078
CH_3	H	H	H	0,023
CH_3	H	CH_3	H	−0,067
CH_3	CH_3	CH_3	H	−0,165
CH_3	CH_3	CH_3	CH_3	−0,260

7

Use um método computacional de sua escolha (semiempírico, *ab initio* ou funcional da densidade) para calcular E_{LUMO}, a energia do LUMO de cada uma das 1,4-benzoquinonas substituídas. Faça o gráfico de E_{LUMO} contra $E^{\ominus}$. Os seus cálculos dão suporte a uma relação linear entre E_{LUMO} e $E^{\ominus}$? (b) A 1,4-benzoquinona em que $R_2 = R_3 = CH_3$ e $R_5 = R_6 = OCH_3$ é um modelo adequado de ubiquinona, um componente da cadeia de transporte de elétrons na respiração (*Impacto* I17.3, Vol. 2). Determine E_{LUMO} dessa quinona e use os resultados da parte (a) para determinar o seu potencial-padrão. (c) A 1,4-benzoquinona em que $R_2 = R_3 = R_5 = CH_3$ e $R_6 = H$ é um modelo adequado de plastoquinona, um componente da cadeia de transporte de elétrons na fotossíntese. Determine E_{LUMO} dessa quinona e use os resultados da parte (a) para determinar o seu potencial-padrão. Será a plastoquinona um agente oxidante melhor ou pior que a ubiquinona?

10.4 O princípio variacional pode ser utilizado para formular as funções de onda de elétrons em átomos bem como em moléculas. Suponha que a função $\psi_{\text{experimental}} = N(\alpha)e^{-\alpha r^2}$, com $N(\alpha)$ sendo a constante de normalização e α um parâmetro ajustável, seja usada como uma função de onda experimental para o orbital 1s do átomo de hidrogênio. Mostre que

$$E(\alpha) = \frac{3\alpha\hbar^2}{2\mu} - 2e^2\left(\frac{2\alpha}{\pi}\right)^{1/2}$$

em que e é a carga fundamental e μ é a massa reduzida para o átomo de H. Qual é a energia mínima associada a essa função de onda experimental?

10.5 As funções de onda da partícula em uma caixa podem ser usadas como uma aproximação grosseira dos orbitais moleculares de polienos conjugados, quando é conhecida como o método do "orbital molecular do elétron livre" (FEMO na sigla inglesa). (a) Para um polieno conjugado linear com cada um dos N átomos de carbono contribuindo com um elétron num orbital 2p, as energias E_k dos orbitais moleculares π resultantes são dadas por

$$E_k = \alpha + 2\beta\cos\frac{k\pi}{N+1} \qquad k = 1, 2, \ldots, N$$

Use essa expressão para fazer uma estimativa empírica razoável da integral de ressonância β para a série homóloga formada pelo eteno, butadieno, hexatrieno e octatetraeno, sabendo que a absorção no ultravioleta correspondente à transição $\pi^* \leftarrow \pi$ do HOMO para o LUMO ocorre em 61.500, 46.080, 39.750 e 32.900 cm^{-1}, respectivamente. (b) Calcule a energia de deslocalização π, $E_{desl} = E_\pi - N_\pi(\alpha + \beta)$, do octatetraeno, em que E_π é a energia total da ligação π e n é o número de elétrons π. (c) No contexto desse modelo de Hückel, os orbitais moleculares π são escritos como combinações lineares dos orbitais atômicos 2p do carbono. O coeficiente do j-ésimo orbital atômico no k-ésimo orbital molecular é dado por:

$$c_{kj}=\left(\frac{2}{N+1}\right)^{1/2}\operatorname{sen}\frac{jk\pi}{N+1}\quad j=1,2,\ldots,N$$

Determine os valores dos coeficientes de cada um dos seis orbitais 2p em cada um dos seis orbitais moleculares p do hexatrieno. Associe cada conjunto de coeficientes (isto é, cada orbital molecular) a um valor da energia calculada através da expressão dada na parte (a) do orbital molecular. Comente as tendências que relacionam a energia de um orbital molecular a sua "forma", que pode ser inferida a partir das magnitudes e dos sinais dos coeficientes na combinação linear que descreve o orbital molecular.

10.6 Usando um programa matemático ou uma planilha eletrônica,

(a) Faça o gráfico do orbital 1σ (Eq. 10B.2, com os orbitais atômicos dados na *Breve ilustração* 10B.1) para valores diferentes da distância internuclear. Aponte as características do orbital 1σ que conduzem ao efeito ligante.
(b) Represente graficamente o orbital 2σ (Eq. 10B.2, com os orbitais atômicos dados na *Breve ilustração* 10B.1) para diferentes distâncias internucleares. Identifique os aspectos do orbital 2σ que levam ao caráter antiligante.

Revisão de Matemática 6 Matrizes

Uma **matriz** é um arranjo de números. Iremos considerar apenas matrizes quadradas, que têm esses números distribuídos no mesmo número de linhas e colunas. Ao utilizarmos matrizes, podemos manipular, simultaneamente, um grande número de números ordinários. Um **determinante** é uma combinação particular dos números que aparecem numa matriz e é usado para manipular a matriz.

Matrizes podem ser combinadas por adição ou multiplicação de acordo com generalizações das regras para números ordinários. Embora descrevamos a seguir os procedimentos algébricos mais importantes envolvendo matrizes, é importante observar que a maioria das operações numéricas envolvendo matrizes é atualmente feita com o uso de programas matemáticos. Você é encorajado a recorrer a tais programas caso disponha deles.

RM6.1 Definições

Considere uma matriz quadrada $\boldsymbol{M}$ com n^2 números distribuídos em n colunas e n linhas. Estes n^2 números são os **elementos** da matriz e podem ser especificados sabendo-se a linha, r, e a coluna, c, onde eles estão. Cada elemento é, portanto, simbolizado por M_{rc}. Uma **matriz diagonal** é uma matriz na qual os únicos elementos diferentes de zero ficam na diagonal principal (a diagonal de M_{11} até M_{nn}). Assim, a matriz

$$D=\begin{pmatrix}1 & 0 & 0\\ 0 & 2 & 0\\ 0 & 0 & 1\end{pmatrix}$$

é uma matriz diagonal 3 × 3. A condição para que uma matriz seja diagonal pode ser escrita como

$$M_{rc}=m_r\delta_{rc} \qquad \text{(RM6.1)}$$

em que δ_{rc} é o **delta de Kronecker**, que é igual a 1 para $r = c$ e 0 para $r \neq c$. No exemplo citado, $m_1 = 1$, $m_2 = 2$, e $m_3 = 1$. A **matriz unidade**, **1** (às vezes representada por **I**), é um caso especial da matriz diagonal em que todos os elementos diferentes de zero são iguais a 1.

A **transposta** de uma matriz $\boldsymbol{M}$ é simbolizada por $\boldsymbol{M}^{\mathrm{T}}$ e é definida por

$$M^{\mathrm{T}}_{mn}=M_{nm} \qquad \text{Transposta} \quad \text{(RM6.2)}$$

Ou seja, o elemento na linha n, coluna m da matriz original se torna o elemento da linha m e coluna n da matriz transposta (na realidade, os elementos são refletidos através da diagonal). O **determinante**, $|\boldsymbol{M}|$, de uma matriz $\boldsymbol{M}$ é um número real que surge de um procedimento específico resultante de somas e diferenças de produtos de elementos da matriz, conforme descrito em *Ferramentas do químico* 9B.1. Por conveniência, a discussão é repetida aqui. Por exemplo, um determinante 2 × 2 é avaliado como

$$\begin{vmatrix}a & b\\ c & d\end{vmatrix}=ad-bc \qquad \text{Determinante } 2\times 2 \quad \text{(RM6.3a)}$$

e um determinante 3 × 3 é avaliado pela sua expansão como uma soma de determinantes 2 × 2:

$$\begin{vmatrix}a & b & c\\ d & e & f\\ g & h & i\end{vmatrix}=a\begin{vmatrix}e & f\\ h & i\end{vmatrix}-b\begin{vmatrix}d & f\\ g & i\end{vmatrix}+c\begin{vmatrix}d & e\\ g & h\end{vmatrix}$$
$$=a(ei-fh)-b(di-fg)+c(dh-eg)$$

$$\text{Determinante } 3\times 3 \quad \text{(RM6.3b)}$$

Observe a troca de sinais em colunas alternadas (b aparece com um sinal negativo na expansão). Uma propriedade importante de um determinante é que, se quaisquer duas linhas ou quaisquer duas colunas forem trocadas, então o determinante troca de sinal.

Breve ilustração RM6.1 Manipulações de matrizes

A tabela a seguir ilustra as características abordadas até este ponto:

Matriz	Transposta	Determinante
$\boldsymbol{M}$	$\boldsymbol{M}^{\mathrm{T}}$	$\lvert\boldsymbol{M}\rvert$
$\begin{pmatrix}1 & 2\\ 3 & 4\end{pmatrix}$	$\begin{pmatrix}1 & 3\\ 2 & 4\end{pmatrix}$	$\begin{vmatrix}1 & 2\\ 3 & 4\end{vmatrix}=1\times4-2\times3=-2$

RM6.2 Adição e multiplicação de matrizes

Duas matrizes $\boldsymbol{M}$ e $\boldsymbol{N}$ podem ser somadas para dar a soma $\boldsymbol{S} = \boldsymbol{M} + \boldsymbol{N}$, de acordo com a regra

$$S_{rc}=M_{rc}+N_{rc} \qquad \text{Adição de matrizes} \quad \text{(RM6.4)}$$

Ou seja, somam-se os elementos correspondentes. Duas matrizes também podem ser multiplicadas para dar o produto $\boldsymbol{P} = \boldsymbol{MN}$, de acordo com a regra

$$P_{rc}=\sum_n M_{rn}N_{nc} \qquad \text{Multiplicação de matrizes} \quad \text{(RM6.5)}$$

Esses procedimentos estão ilustrados na Fig. RM6.1. Deve ser observado que, em geral, $\boldsymbol{MN} \neq \boldsymbol{NM}$, ou seja, a multiplicação de matrizes é, em geral, não comutativa (isto é, depende da ordem de multiplicação).

Breve ilustração RM6.2 Adição e multiplicação de matrizes

Considere as matrizes

$$\boldsymbol{M}=\begin{pmatrix}1 & 2\\ 3 & 4\end{pmatrix} \quad \text{e} \quad \boldsymbol{N}=\begin{pmatrix}5 & 6\\ 7 & 8\end{pmatrix}$$

A soma delas é

$$S=\begin{pmatrix}1 & 2\\ 3 & 4\end{pmatrix}+\begin{pmatrix}5 & 6\\ 7 & 8\end{pmatrix}=\begin{pmatrix}6 & 8\\ 10 & 12\end{pmatrix}$$

e o produto delas é

$$P=\begin{pmatrix}1 & 2\\ 3 & 4\end{pmatrix}\begin{pmatrix}5 & 6\\ 7 & 8\end{pmatrix}=\begin{pmatrix}1\times5+2\times7 & 1\times6+2\times8\\ 3\times5+4\times7 & 3\times6+4\times8\end{pmatrix}=\begin{pmatrix}19 & 22\\ 43 & 50\end{pmatrix}$$

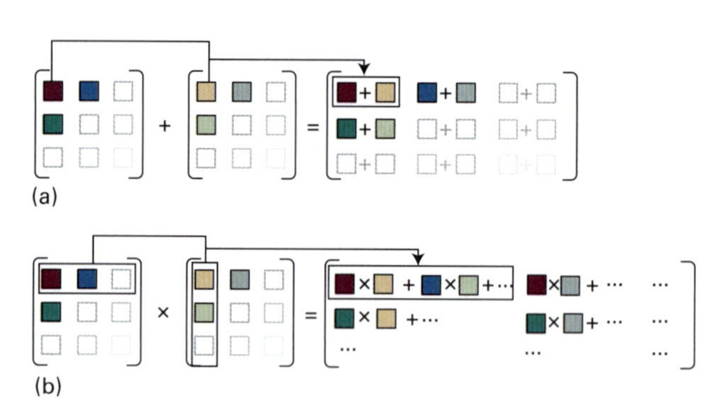

Figura RM6.1 Representação diagramática (a) da adição de matrizes, (b) da multiplicação de matrizes.

A **inversa** de uma matriz $\boldsymbol{M}$ é simbolizada por $\boldsymbol{M}^{-1}$ e é definida de forma que

$$MM^{-1}=M^{-1}M=1 \quad \text{Inversa} \quad \text{(RM6.6)}$$

A inversa de uma matriz pode ser construída usando-se um programa matemático, de modo que a tediosa abordagem analítica raramente é necessária.

Breve ilustração RM6.3 Inversão

Um programa matemático dá a seguinte inversa de M:

Matriz	Inversa
M	M^{-1}
$\begin{pmatrix}1 & 2\\ 3 & 4\end{pmatrix}$	$\begin{pmatrix}-2 & 1\\ \frac{3}{2} & -\frac{1}{2}\end{pmatrix}$

RM6.3 Equações de autovalor

Uma **equação de autovalor** é uma equação da forma

$$Mx=\lambda x \quad \text{Equação de autovalor} \quad \text{(RM6.7a)}$$

em que $\boldsymbol{M}$ é uma matriz quadrada com n linhas e n colunas, λ é uma constante, o **autovalor**, e $\boldsymbol{x}$ é o **autovetor**, uma matriz $n \times 1$ (coluna) que satisfaz às condições da equação de autovalor e tem a forma:

$$\boldsymbol{x}=\begin{pmatrix}x_1\\ x_2\\ \vdots\\ x_n\end{pmatrix}$$

Em geral, há n autovalores $\lambda^{(i)}$, i = 1, 2,...n, e n autovetores correspondentes $\boldsymbol{x}^{(i)}$. Escrevemos a Eq. RM6.8a como (notando que $\mathbf{1}\boldsymbol{x}=\boldsymbol{x}$)

$$(M-\lambda\mathbf{1})x=0 \quad \text{(RM6.7b)}$$

A Eq. RM6.7b tem uma solução somente se o determinante $|M-\lambda\mathbf{1}|$ dos coeficientes da matriz $M-\lambda\mathbf{1}$ for zero. Segue então que os n autovalores podem ser encontrados a partir da solução da **equação secular**:

$$|M-\lambda\mathbf{1}|=0 \quad \text{(RM6.8)}$$

Se a inversa de uma matriz $\boldsymbol{M}-\lambda\mathbf{1}$ existe, então, da Eq. RM6.7b, $(M-\lambda\mathbf{1})^{-1}(M-\lambda\mathbf{1})x = x = 0$, uma solução trivial. Para uma solução não trivial, $(M-\lambda\mathbf{1})^{-1}$ não pode existir, caso em que a Eq. RM6.9 é válida.

Breve ilustração RM6.4 Equações simultâneas

Usamos mais uma vez a matriz $\boldsymbol{M}$ da *Breve ilustração* RM6.1, e escrevemos a equação RM6.7a como

$$\begin{pmatrix}1 & 2\\ 3 & 4\end{pmatrix}\begin{pmatrix}x_1\\ x_2\end{pmatrix}=\lambda\begin{pmatrix}x_1\\ x_2\end{pmatrix} \text{ se rearranja em } \begin{pmatrix}1-\lambda & 2\\ 3 & 4-\lambda\end{pmatrix}\begin{pmatrix}x_1\\ x_2\end{pmatrix}=0$$

Expandimos essa última equação usando as regras de multiplicação matricial para obter

$$\begin{pmatrix}(1-\lambda)x_1+2x_2\\ 3x_1+(4-\lambda)x_2\end{pmatrix}=0$$

que simplesmente estabelece a existência de duas equações simultâneas

$$(1-\lambda)x_1+2x_2=0 \quad \text{e} \quad 3x_1+(4-\lambda)x_2=0$$

A condição para que essas duas equações apresentem soluções é

$$|M-\lambda\mathbf{1}|=\begin{vmatrix}1-\lambda & 2\\ 3 & 4-\lambda\end{vmatrix}=(1-\lambda)(4-\lambda)-6=0$$

Essa condição corresponde à equação quadrática

$$\lambda^2-5\lambda-2=0$$

com soluções λ = +5,372 e λ = −0,372, os dois autovalores da equação original.

Os n autovalores da equação secular podem ser usados para encontrar os n autovetores correspondentes. Para fazer isso, começamos por considerar uma matriz $\boldsymbol{X}$ de dimensão $n \times n$ que será formada pelos autovetores correspondentes a todos os autovalores. Assim, se os autovalores são $\lambda_1, \lambda_2, \ldots$, e os n autovetores correspondentes são

$$\boldsymbol{x}^{(1)} = \begin{pmatrix} x_1^{(1)} \\ x_2^{(1)} \\ \vdots \\ x_n^{(1)} \end{pmatrix} \quad \boldsymbol{x}^{(2)} = \begin{pmatrix} x_1^{(2)} \\ x_2^{(2)} \\ \vdots \\ x_n^{(2)} \end{pmatrix} \quad \cdots \quad \boldsymbol{x}^{(n)} = \begin{pmatrix} x_1^{(n)} \\ x_2^{(n)} \\ \vdots \\ x_n^{(n)} \end{pmatrix} \qquad \text{(RM6.9a)}$$

a matriz $\boldsymbol{X}$ é

$$\boldsymbol{X} = (\boldsymbol{x}^{(1)} \boldsymbol{x}^{(2)} \cdots \boldsymbol{x}^{(n)}) = \begin{pmatrix} x_1^{(1)} & x_1^{(2)} & \cdots & x_1^{(n)} \\ x_2^{(1)} & x_2^{(2)} & \cdots & x_2^{(n)} \\ \vdots & \vdots & & \vdots \\ x_n^{(1)} & x_n^{(2)} & \cdots & x_n^{(n)} \end{pmatrix} \qquad \text{(RM6.9b)}$$

De forma semelhante, formamos uma matriz $\boldsymbol{\Lambda}$ de dimensão $n \times n$ com os autovalores λ ao longo da diagonal e o valor zero em todas as demais posições:

$$\boldsymbol{\Lambda} = \begin{pmatrix} \lambda_1 & 0 & \cdots & 0 \\ 0 & \lambda_2 & \cdots & 0 \\ \vdots & \vdots & \vdots & \\ 0 & 0 & \cdots & \lambda_n \end{pmatrix} \qquad \text{(RM6.10)}$$

Podemos agora agrupar todas as equações de autovalor $\boldsymbol{M}\boldsymbol{x}^{(i)} = \lambda_i \boldsymbol{x}^{(i)}$ em uma única equação matricial

$$\boldsymbol{MX} = \boldsymbol{X\Lambda} \qquad \text{(RM6.11)}$$

Breve ilustração RM6.5 Equações de autovalores

Estabelecemos na *Breve ilustração* RM6.4 que, se $\boldsymbol{M} = \begin{pmatrix} 1 & 2 \\ 3 & 4 \end{pmatrix}$ então $\lambda_1 = +5{,}372$ e $\lambda_2 = -0{,}372$, com autovetores $\boldsymbol{x}^{(1)} = \begin{pmatrix} x_1^{(1)} \\ x_2^{(1)} \end{pmatrix}$ e $\boldsymbol{x}^{(2)} = \begin{pmatrix} x_1^{(2)} \\ x_2^{(2)} \end{pmatrix}$ respectivamente. Obtemos

$$\boldsymbol{X} = \begin{pmatrix} x_1^{(1)} & x_1^{(2)} \\ x_2^{(1)} & x_2^{(2)} \end{pmatrix} \quad \boldsymbol{\Lambda} = \begin{pmatrix} 5{,}372 & 0 \\ 0 & -0{,}372 \end{pmatrix}$$

A expressão $\boldsymbol{MX} = \boldsymbol{X\Lambda}$ se torna

$$\begin{pmatrix} 1 & 2 \\ 3 & 4 \end{pmatrix}\begin{pmatrix} x_1^{(1)} & x_1^{(2)} \\ x_2^{(1)} & x_2^{(2)} \end{pmatrix} = \begin{pmatrix} x_1^{(1)} & x_1^{(2)} \\ x_2^{(1)} & x_2^{(2)} \end{pmatrix}\begin{pmatrix} 5{,}372 & 0 \\ 0 & -0{,}372 \end{pmatrix}$$

que se expande em

$$\begin{pmatrix} x_1^{(1)} + 2x_2^{(1)} & x_1^{(2)} + 2x_2^{(2)} \\ 3x_1^{(1)} + 4x_2^{(1)} & 3x_1^{(2)} + 4x_2^{(2)} \end{pmatrix} = \begin{pmatrix} 5{,}372x_1^{(1)} & -0{,}372x_1^{(2)} \\ 5{,}372x_2^{(1)} & -0{,}372x_2^{(2)} \end{pmatrix}$$

Esta é uma forma compacta de se escrever as quatro equações

$$x_1^{(1)} + 2x_2^{(1)} = 5{,}372x_1^{(1)} \quad x_1^{(2)} + 2x_2^{(2)} = -0{,}372x_1^{(2)}$$
$$3x_1^{(1)} + 4x_2^{(1)} = 5{,}372x_2^{(1)} \quad 3x_1^{(2)} + 4x_2^{(2)} = -0{,}372x_2^{(2)}$$

correspondentes às duas equações simultâneas originais e suas duas raízes.

Por fim, obtemos $\boldsymbol{X}^{-1}$ a partir de $\boldsymbol{X}$ e multiplicarmos a Eq. RM6.13 por $\boldsymbol{X}^{-1}$ à esquerda:

$$\boldsymbol{X}^{-1}\boldsymbol{MX} = \boldsymbol{X}^{-1}\boldsymbol{X\Lambda} = \boldsymbol{\Lambda} \qquad \text{(RM6.12)}$$

A estrutura da forma $\boldsymbol{X}^{-1}\boldsymbol{MX}$ é chamada de uma **transformação de similaridade**. Neste caso, a transformação de similaridade $\boldsymbol{X}^{-1}\boldsymbol{MX}$ torna $\boldsymbol{M}$ diagonal (porque $\boldsymbol{\Lambda}$ é diagonal). Segue que, se a matriz $\boldsymbol{X}$ que faz com que $\boldsymbol{X}^{-1}\boldsymbol{MX}$ seja diagonal é conhecida, então o problema está resolvido: a matriz diagonal, obtida desse modo, tem como autovalores os seus elementos diferentes de zero, e a matriz $\boldsymbol{X}$, usada na transformação, tem os autovetores correspondentes como suas colunas. De forma geral, é melhor achar as soluções de equações de autovalores com o uso de um programa matemático que esteja disponível.

Breve ilustração RM6.6 Transformação de similaridade

Para aplicar a transformação de similaridade, Eq. RM6.12, à matriz $\begin{pmatrix} 1 & 2 \\ 3 & 4 \end{pmatrix}$ da *Breve ilustração* RM6.1 é melhor usar um programa matemático para encontrar a forma de $\boldsymbol{X}$. O resultado é

$$\boldsymbol{X} = \begin{pmatrix} 0{,}416 & 0{,}825 \\ 0{,}909 & -0{,}566 \end{pmatrix} \quad \boldsymbol{X}^{-1} = \begin{pmatrix} 0{,}574 & 0{,}837 \\ 0{,}922 & -0{,}422 \end{pmatrix}$$

Esse resultado pode ser verificado efetuando-se a multiplicação

$$\boldsymbol{X}^{-1}\boldsymbol{MX} = \begin{pmatrix} 0{,}574 & 0{,}837 \\ 0{,}922 & -0{,}422 \end{pmatrix}\begin{pmatrix} 1 & 2 \\ 3 & 4 \end{pmatrix}\begin{pmatrix} 0{,}416 & 0{,}825 \\ 0{,}909 & -0{,}566 \end{pmatrix} = \begin{pmatrix} 5{,}372 & 0 \\ 0 & -0{,}372 \end{pmatrix}$$

O resultado é, de fato, a matriz diagonal $\boldsymbol{\Lambda}$ calculada na *Breve ilustração* RM6.4. Segue-se que os autovetores $\boldsymbol{x}^{(1)}$ e $\boldsymbol{x}^{(2)}$ são

$$\boldsymbol{x}^{(1)} = \begin{pmatrix} 0{,}416 \\ 0{,}909 \end{pmatrix} \quad \boldsymbol{x}^{(2)} = \begin{pmatrix} 0{,}825 \\ -0{,}566 \end{pmatrix}$$

SEÇÃO DE DADOS

Tópicos

PARTE 1 Integrais usuais

Funções algébricas

A.1 $\int x^n \mathrm{d}x = \frac{x^{n+1}}{n+1} + \text{constante},\ n \neq -1$

A.2 $\int \frac{1}{x} \mathrm{d}x = \ln x + \text{constante}$

Funções exponenciais

E.1 $\int_0^\infty x^n e^{-ax} \mathrm{d}x = \frac{n!}{a^{n+1}},\quad n! = n(n-1)\ldots 1;\ 0! \equiv 1$

E.2 $\int_0^\infty \frac{x^4 e^x}{(e^x - 1)^2} \mathrm{d}x = \frac{\pi^4}{15}$

Funções gaussianas

G.1 $\int_0^\infty e^{-ax^2} \mathrm{d}x = \frac{1}{2}\left(\frac{\pi}{a}\right)^{1/2}$

G.2 $\int_0^\infty x e^{-ax^2} \mathrm{d}x = \frac{1}{2a}$

G.3 $\int_0^\infty x^2 e^{-ax^2} \mathrm{d}x = \frac{1}{4}\left(\frac{\pi}{a^3}\right)^{1/2}$

G.4 $\int_0^\infty x^3 e^{-ax^2} \mathrm{d}x = \frac{1}{2a^2}$

G.5 $\int_0^\infty x^4 e^{-ax^2} \mathrm{d}x = \frac{3}{8a^2}\left(\frac{\pi}{a}\right)^{1/2}$

G.6 $\mathrm{erf}\, z = \frac{2}{\pi^{1/2}} \int_0^z e^{-x^2} \mathrm{d}x \qquad \mathrm{erfc}\, z = 1 - \mathrm{erf}\, z$

G.7 $\int_0^\infty x^{2m+1} e^{-ax^2} \mathrm{d}x = \frac{m!}{2a^{m+1}}$

G.8 $\int_0^\infty x^{2m} e^{-ax^2} \mathrm{d}x = \frac{(2m-1)!!}{2^{m+1} a^m}\left(\frac{\pi}{a}\right)^{1/2}$

$(2m-1)!! = 1 \times 3 \times 5 \cdots \times (2m-1)$

Funções trigonométricas

T.1 $\int \mathrm{sen}\, ax\, \mathrm{d}x = -\frac{1}{a}\cos ax + \text{constante}$

T.2 $\int \mathrm{sen}^2\, ax\, \mathrm{d}x = \frac{1}{2}x - \frac{\mathrm{sen}\, 2ax}{4a} + \text{constante}$

T.3 $\int \mathrm{sen}^3\, ax\, \mathrm{d}x = -\frac{(\mathrm{sen}^2\, ax + 2)\cos ax}{3a} + \text{constante}$

T.4 $\int \mathrm{sen}^4\, ax\, \mathrm{d}x = \frac{3x}{8} - \frac{3}{8a}\mathrm{sen}\, ax \cos ax - \frac{1}{4a}\mathrm{sen}^3\, ax \cos ax + \text{constante}$

T.5 $\int \mathrm{sen}\, ax\, \mathrm{sen}\, bx\, \mathrm{d}x = \frac{\mathrm{sen}(a-b)x}{2(a-b)} - \frac{\mathrm{sen}(a+b)x}{2(a+b)} + \text{constante},\ a^2 \neq b^2$

T.6 $\int_0^L \mathrm{sen}\, nax\, \mathrm{sen}^2\, ax\, \mathrm{d}x = -\frac{1}{2a}\left\{\frac{1}{n} - \frac{1}{2(n+2)} - \frac{1}{2(n-2)}\right\} \times \{(-1)^n - 1\}$

T.7 $\int \mathrm{sen}\, ax \cos ax\, \mathrm{d}x = \frac{1}{2a}\mathrm{sen}^2\, ax + \text{constante}$

T.8 $\int \mathrm{sen}\, bx \cos ax\, \mathrm{d}x = \frac{\cos(a-b)x}{2(a-b)} - \frac{\cos(a+b)x}{2(a+b)} + \text{constante},\ a^2 \neq b^2$

T.9 $\int x\, \mathrm{sen}\, ax\, \mathrm{sen}\, bx\, \mathrm{d}x = -\frac{\mathrm{d}}{\mathrm{d}a}\int \mathrm{sen}\, bx \cos ax\, \mathrm{d}x$

T.10 $\int \cos^2 ax\, \mathrm{sen}\, ax\, \mathrm{d}x = -\frac{1}{3a}\cos^3 ax + \text{constante}$

T.11 $\int x\, \mathrm{sen}^2\, ax\, \mathrm{d}x = \frac{x^2}{4} - \frac{x\, \mathrm{sen}\, 2ax}{4a} - \frac{\cos 2ax}{8a^2} + \text{constante}$

T.12 $\int x^2 \mathrm{sen}^2\, ax\, \mathrm{d}x = \frac{x^3}{6} - \left(\frac{x^2}{4a} - \frac{1}{8a^3}\right)\mathrm{sen}\, 2ax - \frac{x \cos 2ax}{4a^2} + \text{constante}$

T.13 $\int x \cos ax\, \mathrm{d}x = \frac{1}{a^2}\cos ax + \frac{x}{a}\mathrm{sen}\, ax + \text{constante}$

PARTE 2 Unidades

Tabela A.1 Algumas unidades comuns

Grandeza física	Nome da unidade	Símbolo da unidade	Valor*
Tempo	minuto	min	60 s
	hora	h	3600 s
	dia	d	86.400 s
	ano	a	31.556.952 s
Comprimento	ångström	Å	10^{-10} m
Volume	litro	L, l	1 dm^3
Massa	tonelada	t	10^3 kg
Pressão	bar	bar	10^5 Pa
	atmosfera	atm	101,325 kPa
Energia	elétron-volt	eV	$1{,}602\ 177\ 33 \times 10^{-19}$ J 96,485 31 kJ mol^{-1}

* Todos os valores são exatos, exceto a definição de 1 eV, que depende do valor medido de *e*, e a definição de ano, que não é uma constante, dependendo de diversas hipóteses astronômicas.

Tabela A.2 Prefixos comuns do SI

Prefixo	y	z	a	f	p	n	μ	m	c	d
Nome	ioto	zepto	ato	femto	pico	nano	micro	mili	centi	deci
Fator	10^{-24}	10^{-21}	10^{-18}	10^{-15}	10^{-12}	10^{-9}	10^{-6}	10^{-3}	10^{-2}	10^{-1}
Prefixo	da	h	k	M	G	T	P	E	Z	Y
Nome	deca	hecto	quilo	mega	giga	tera	peta	exa	zeta	iota
Fator	10	10^2	10^3	10^6	10^9	10^{12}	10^{15}	10^{18}	10^{21}	10^{24}

Tabela A.3 As unidades básicas do SI

Grandeza física	Símbolo da grandeza	Unidade básica
Comprimento	l	metro, m
Massa	m	quilograma, kg
Tempo	t	segundo, s
Corrente elétrica	I	ampere, A
Temperatura termodinâmica	T	kelvin, K
Quantidade de substância	n	mol, mol
Intensidade luminosa	I_v	candela, cd

Tabela A.4 Algumas unidades derivadas

Grandeza física	Unidade derivada*	Nome da unidade derivada
Força	1 kg m s^{-2}	newton, N
Pressão	1 kg m^{-1} s^{-2} 1 N m^{-2}	pascal, Pa
Energia	1 kg m^2 s^{-2} 1 N m 1 Pa m^3	joule, J
Potência	1 kg m^2 s^{-3} 1 J s^{-1}	watt, W

* Definições equivalentes em termos de unidades derivadas são dadas logo após a definição em termos de unidades básicas.

PARTE 3 Dados

A seguir encontra-se uma relação de todas as tabelas constantes do texto; as que foram incluídas nesta *Seção de dados* são marcadas com um asterisco. As demais tabelas reproduzem e expandem os dados fornecidos nas tabelas simplificadas do texto e seguem sua numeração. Os estados-padrão referem-se a uma pressão de $p^{\ominus} = 1$ bar. As referências gerais são as que se seguem:

AIP: D.E. Gray (ed.), *American Institute of Physics Handbook*. McGraw-Hill, New York (1972).

E: J. Emsley, *The Elements*. Oxford University Press, Oxford (1991).

HCP: D.R. Lide (ed.), *Handbook of Chemistry and Physics*. CRC Press, Boca Raton (2000).

JL: A.M. James and M.P. Lord, *Macmillan's Chemical and Physical Data*. Macmillan, London (1992).

KL: G.W.C. Kaye and T.H. Laby (ed.), *Tables of Physical and Chemical Constants*. Longman, London (1973).

LR: G.N. Lewis and M. Randall, revised by K.S. Pitzer and L. Brewer, *Thermodynamics*. McGraw-Hill, New York (1961).

NBS: *NBS Tables of Chemical Thermodynamic Properties*, published as *J. Phys. Chem. Reference Data*, **11**, Supplement 2 (1982).

RS: R.A. Robinson and R.H. Stokes, *Electrolyte Solutions*, Butterworth, London (1959).

TDOC: J.B. Pedley, J.D. Naylor, and S.P. Kirby, *Thermochemical Data of Organic Compounds*. Chapman & Hall, London (1986).

Tabela 0.1 Propriedades físicas de materiais selecionados

	$\rho/(\text{g cm}^{-3})$ a 293 K†	T_f/K	T_{eb}/K		$\rho/(\text{g cm}^{-3})$ a 293 K†	T_f/K	T_{eb}/K
Elementos				**Compostos inorgânicos**			
Alumínio(s)	2,698	933,5	2740	$CaCO_3$(s, calcita)	2,71	1612	1171^d
Argônio(g)	1,381	83,8	87,3	$CuSO_4 \cdot 5H_2O$(s)	2,284	383($-H_2O$)	423($-5H_2O$)
Boro(s)	2,340	2573	3931	HBr(g)	2,77	184,3	206,4
Bromo(l)	3,123	265,9	331,9	HCl(g)	1,187	159,0	191,1
Carbono(s, gr)	2,260	3700^s		HI(g)	2,85	222,4	237,8
Carbono(s, d)	3,513			H_2O(l)	0,997	273,2	373,2

(Continua)

Tabela 0.1 (Continuação)

	ρ/(g cm^{-3}) a 293 K†	T_f/K	T_{eb}/K
Elementos (Continuação)			
Cloro(g)	1,507	172,2	239,2
Cobre(s)	8,960	1357	2840
Flúor(g)	1,108	53,5	85,0
Ouro(s)	19,320	1338	3080
Hélio(g)	0,125		4,22
Hidrogênio(g)	0,071	14,0	20,3
Iodo(s)	4,930	386,7	457,5
Ferro(s)	7,874	1808	3023
Criptônio(g)	2,413	116,6	120,8
Chumbo(s)	11,350	600,6	2013
Lítio(s)	0,534	453,7	1620
Magnésio(s)	1,738	922,0	1363
Mercúrio(l)	13,546	234,3	629,7
Neônio(g)	1,207	24,5	27,1
Nitrogênio(g)	0,880	63,3	77,4
Oxigênio(g)	1,140	54,8	90,2
Fósforo(s, b)	1,820	317,3	553
Potássio(s)	0,862	336,8	1047
Prata(s)	10,500	1235	2485
Sódio(s)	0,971	371,0	1156
Enxofre(s, α)	2,070	386,0	717,8
Urânio(s)	18,950	1406	4018
Xenônio(g)	2,939	161,3	166,1
Zinco(s)	7,133	692,7	1180

	ρ/(g cm^{-3}) a 293 K†	T_f/K	T_{eb}/K
Compostos inorgânicos (Continuação)			
D_2O(l)	1,104	277,0	374,6
NH_3(g)	0,817	195,4	238,8
KBr(s)	2,750	1003	1708
KCl(s)	1,984	1049	1773[s]
NaCl(s)	2,165	1074	1686
H_2SO_4(l)	1,841	283,5	611,2
Compostos orgânicos			
Acetaldeído, CH_3CHO(l)	0,788	152	293
Ácido acético, CH_3COOH(l)	1,049	289,8	391
Acetona, $(CH_3)_2CO$(l)	0,787	178	329
Anilina, $C_6H_5NH_2$(l)	1,026	267	457
Antraceno, $C_{14}H_{10}$(s)	1,243	490	615
Benzeno, C_6H_6(l)	0,879	278,6	353,2
Tetracloreto de carbono, CCl_4(l)	1,63	250	349,9
Clorofórmio, $CHCl_3$(l)	1,499	209,6	334
Etanol, C_2H_5OH(l)	0,789	156	351,4
Formaldeído, HCHO(g)		181	254,0
Glicose, $C_6H_{12}O_6$(s)	1,544	415	
Metano, CH_4(g)		90,6	111,6
Metanol, CH_3OH(l)	0,791	179,2	337,6
Naftaleno, $C_{10}H_8$(s)	1,145	353,4	491
Octano, C_8H_{18}(l)	0,703	216,4	398,8
Fenol, C_6H_5OH(s)	1,073	314,1	455,0
Sacarose, $C_{12}H_{22}O_{11}$(s)	1,588	457[d]	

d: decompõe-se; s: sublima; Dados: AIP, E, HCP, KL. † Para gases, em seus pontos de ebulição.

Tabela 0.2 Massas e abundâncias naturais de alguns nuclídeos

Nuclídeo		m/m_u	Abundância/%
H	^{1}H	1,0078	99,985
	^{2}H	2,0140	0,015
He	^{3}He	3,0160	0,000 13
	^{4}He	4,0026	100
Li	^{6}Li	6,0151	7,42
	^{7}Li	7,0160	92,58
B	^{10}B	10,0129	19,78
	^{11}B	11,0093	80,22
C	^{12}C	12*	98,89
	^{13}C	13,0034	1,11
N	^{14}N	14,0031	99,63
	^{15}N	15,0001	0,37
O	^{16}O	15,9949	99,76
	^{17}O	16,9991	0,037
	^{18}O	17,9992	0,204
F	^{19}F	18,9984	100
P	^{31}P	30,9738	100
S	^{32}S	31,9721	95,0
	^{33}S	32,9715	0,76

(Continua)

Tabela 0.2 (Continuação)

	Nuclídeo	m/m_u	Abundância/%
	^{34}S	33,9679	4,22
Cl	^{35}Cl	34,9688	75,53
	^{37}Cl	36,9651	24,4
Br	^{79}Br	78,9183	50,54
	^{81}Br	80,9163	49,46
I	^{127}I	126,9045	100

* Valor exato.

Tabela 1B.1 Seções eficazes de colisão, σ/nm^2

Ar	0,36
C_2H_4	0,64
C_6H_6	0,88
CH_4	0,46
Cl_2	0,93
CO_2	0,52
H_2	0,27
He	0,21
N_2	0,43
Ne	0,24
O_2	0,40
SO_2	0,58

Dados: KL.

Tabela 1C.1 Segundo coeficiente do virial, B/(cm^3 mol^{-1})

	100 K	273 K	373 K	600 K
Air	−167,3	−13,5	3,4	19,0
Ar	−187,0	−21,7	−4,2	11,9
CH_4		−53,6	−21,2	8,1
CO_2		−142	−72,2	−12,4
H_2	−2,0	13,7	15,6	
He	11,4	12,0	11,3	10,4
Kr		−62,9	−28,7	1,7
N_2	−160,0	−10,5	6,2	21,7
Ne	−6,0	10,4	12,3	13,8
O_2	−197,5	−22,0	−3,7	12,9
Xe		−153,7	−81,7	−19,6

Dados: AIP, JL. Os valores são relativos à expressão da Eq. 1C.3, Seção 1C; converta à Eq. 1C.3 usando $B'=B/RT$.
Para o Ar, a 273 K, C = 1200 cm^6 mol^{-1}.

Tabela 1C.2 Constantes críticas dos gases

	p_c/atm	V_c/(cm^3 mol^{-1})	T_c/K	Z_c	T_B/K
Ar	48,0	75,3	150,7	0,292	411,5
Br_2	102	135	584	0,287	
C_2H_4	50,50	124	283,1	0,270	
C_2H_6	48,20	148	305,4	0,285	
C_6H_6	48,6	260	562,7	0,274	
CH_4	45,6	98,7	190,6	0,288	510,0
Cl_2	76,1	124	417,2	0,276	
CO_2	72,9	94,0	304,2	0,274	714,8
F_2	55	144			
H_2	12,8	34,99	33,23	0,305	110,0
H_2O	218,3	55,3	647,4	0,227	
HBr	84,0	363,0			
HCl	81,5	81,0	324,7	0,248	
He	2,26	57,8	5,2	0,305	22,64
HI	80,8	423,2			
Kr	54,27	92,24	209,39	0,291	575,0
N_2	33,54	90,10	126,3	0,292	327,2
Ne	26,86	41,74	44,44	0,307	122,1

(*Continua*)

Tabela 1C.2 (Continuação)

	p_c/atm	V_c/(cm³ mol⁻¹)	T_c/K	Z_c	T_B/K
NH_3	111,3	72,5	405,5	0,242	
O_2	50,14	78,0	154,8	0,308	405,9
Xe	58,0	118,8	289,75	0,290	768,0

Dados: AIP, KL.

Tabela 1C.3 Coeficientes de van der Waals

	a/(atm dm^6 mol^{-2})	b/(10^{-2} dm^3 mol^{-1})		a/(atm dm^6 mol^{-2})	b/(10^{-2} dm^3 mol^{-1})
Ar	1,337	3,20	H_2S	4,484	4,34
C_2H_4	4,552	5,82	He	0,0341	2,38
C_2H_6	5,507	6,51	Kr	5,125	1,06
C_6H_6	18,57	11,93	N_2	1,352	3,87
CH_4	14,61	4,31	Ne	0,205	1,67
Cl_2	6,260	5,42	NH_3	4,169	3,71
CO	1,453	3,95	O_2	1,364	3,19
CO_2	3,610	4,29	SO_2	6,775	5,68
H_2	0,2420	2,65	Xe	4,137	5, 16
H_2O	5,464	3,05			

Dados: HCP.

Tabela 2B.1 Variação da capacidade calorífica molar com a temperatura, $C_{p,m}$/(J K^{-1} mol^{-1}) = $a + bT + c/T^2$

	a	b/(10^{-3} K^{-1})	c/(10^5 K^2)
Gases monoatômicos			
	20,78	0	0
Outros gases			
Br_2	37,32	0,50	−1,26
Cl_2	37,03	0,67	−2,85
CO_2	44,22	8,79	−8,62
F_2	34,56	2,51	−3,51
H_2	27,28	3,26	0,50
I_2	37,40	0,59	−0,71
N_2	28,58	3,77	−0,50
NH_3	29,75	25,1	−1,55
O_2	29,96	4,18	−1,67
Líquidos (da fusão à ebulição)			
$C_{10}H_8$, naftaleno	79,5	0,4075	0
I_2	80,33	0	0
H_2O	75,29	0	0
Sólidos			
Al	20,67	12,38	0
C (grafita)	16,86	4,77	−8,54
$C_{10}H_8$, naftaleno	−110	936	0
Cu	22,64	6,28	0
I_2	40,12	49,79	0
NaCl	45,94	16,32	0
Pb	22,13	11,72	0,96

Fonte: Principalmente LR.

Tabela 2C.1 Entalpias-padrão de fusão e vaporização à temperatura de transição, $\Delta_{trs}H^{\ominus}/(kJ\ mol^{-1})$

	T_f/K	Fusão	T_{eb}/K	Vaporização		T_f/K	Fusão	T_{eb}/K	Vaporização
Elementos					**Compostos inorgânicos**				
Ag	1234	11,30	2436	250,6	CO_2	217,0	8,33	194,6	25,23[s]
Ar	83,81	1,188	87,29	6,506	CS_2	161,2	4,39	319,4	26,74
Br_2	265,9	10,57	332,4	29,45	H_2O	273,15	6,008	373,15	40,656
Cl_2	172,1	6,41	239,1	20,41					44,016 a 298 K
F_2	53,6	0,26	85,0	3,16	H_2S	187,6	2,377	212,8	18,67
H_2	13,96	0,117	20,38	0,916	H_2SO_4	283,5	2,56		
He	3,5	0,021	4,22	0,084	NH_3	195,4	5,652	239,7	23,35
Hg	234,3	2,292	629,7	59,30	**Compostos orgânicos**				
I_2	386,8	15,52	458,4	41,80	CH_4	90,68	0,941	111,7	8,18
N_2	63,15	0,719	77,35	5,586	CCl_4	250,3	2,47	349,9	30,00
Na	371,0	2,601	1156	98,01	C_2H_6	89,85	2,86	184,6	14,7
O_2	54,36	0,444	90,18	6,820	C_6H_6	278,61	10,59	353,2	30,8
Xe	161	2,30	165	12,6	C_6H_{14}	178	13,08	342,1	28,85
K	336,4	2,35	1031	80,23	$C_{10}H_8$	354	18,80	490,9	51,51
					CH_3OH	175,2	3,16	337,2	35,27
									37,99 a 298 K
					C_2H_5OH	158,7	4,60	352	43,5

Dados: AIP; s significa sublimação.

Tabela 2C.3 Entalpias de rede a 298 K, $\Delta H_L/(kJ\ mol^{-1})$. Veja a Tabela 18B.4

Tabela 2C.4 Dados termodinâmicos para compostos orgânicos a 298 K

	$M/(g\ mol^{-1})$	$\Delta_f H^{\ominus}/(kJ\ mol^{-1})$	$\Delta_f G^{\ominus}/(kJ\ mol^{-1})$	$S^{\ominus}_m/(J\ K^{-1}\ mol^{-1})$	$C^{\ominus}_{p,m}/(J\ K^{-1}\ mol^{-1})$	$\Delta_c H^{\ominus}/(kJ\ mol^{-1})$
C(s) (grafita)	12,011	0	0	5,740	8,527	−393,51
C(s) (diamante)	12,011	+1,895	+2,900	2,377	6,113	−395,40
CO_2(g)	44,040	−393,51	−394,36	213,74	37,11	
Hidrocarbonetos						
CH_4(g), metano	16,04	−74,81	−50,72	186,26	35,31	−890
CH_3(g), metila	15,04	+145,69	+147,92	194,2	38,70	
C_2H_2(g), etino	26,04	+226,73	+209,20	200,94	43,93	−1300
C_2H_4(g), eteno	28,05	+52,26	+68,15	219,56	43,56	−1411
C_2H_6(g), etano	30,07	−84,68	−32,82	229,60	52,63	−1560
C_3H_6(g), propeno	42,08	+20,42	+62,78	267,05	63,89	−2058
C_3H_6(g), ciclopropano	42,08	+53,30	+104,45	237,55	55,94	−2091
C_3H_8(g), propano	44,10	−103.85	−23,49	269,91	73,5	−2220
C_4H_8(g), 1-buteno	56,11	−0,13	+71,39	305,71	85,65	−2717
C_4H_8(g), *cis*-2-buteno	56,11	−6,99	+65,95	300,94	78,91	−2710
C_4H_8(g), *trans*-2-buteno	56,11	−11,17	+63,06	296,59	87,82	−2707
C_4H_{10}(g), butano	58,13	−126,15	−17,03	310,23	97,45	−2878

(*Continua*)

Tabela 2C.4 (Continuação)

	M/(g mol^{-1})	$\Delta_f H^\ominus$/(kJ mol^{-1})	$\Delta_f G^\ominus$/(kJ mol^{-1})	$S_m^\ominus$/(J K^{-1} mol^{-1})†	$C_{p,m}^\ominus$/(J K^{-1} mol^{-1})	$\Delta_c H^\ominus$/(kJ mol^{-1})
C_5H_{12}(g), pentano	72,15	−146,44	−8,20	348,40	120,2	−3537
C_5H_{12}(l)	72,15	−173,1				
C_6H_6(l), benzeno	78,12	+49,0	+124,3	173,3	136,1	−3268
C_6H_6(g)	78,12	+82,93	+129,72	269,31	81,67	−3302
C_6H_{12}(l), ciclo-hexano	84,16	−156	+26,8	204,4	156,5	−3920
C_6H_{14}(l), hexano	86,18	−198,7		204,3		−4163
$C_6H_5CH_3$(g), metilbenzeno (tolueno)	92,14	+50,0	+122,0	320,7	103,6	−3953
C_7H_{16}(l), heptano	100,21	−224,4	+1,0	328,6	224,3	
C_8H_{18}(l), octano	114,23	−249,9	+6,4	361,1		−5471
C_8H_{18}(l), iso-octano	114,23	−255,1				−5461
$C_{10}H_8$(s), naftaleno	128,18	+78,53				−5157
Álcoois e fenóis						
CH_3OH(l), metanol	32,04	−238,66	−166,27	126,8	81,6	−726
CH_3OH(g)	32,04	−200,66	−161,96	239,81	43,89	−764
C_2H_5OH(l), etanol	46,07	−277,69	−174,78	160,7	111,46	−1368
C_2H_5OH(g)	46,07	−235,10	−168,49	282,70	65,44	−1409
C_6H_5OH(s), fenol	94,12	−165,0	−50,9	146,0		−3054
Ácidos carboxílicos, hidroxiácidos e ésteres						
HCOOH(l), fórmico	46,03	−424,72	−361,35	128,95	99,04	−255
CH_3COOH(l), acético	60,05	−484,5	−389,9	159,8	124,3	−875
CH_3COOH(aq)	60,05	−485,76	−396,46	178,7		
$CH_3CO_2^-$(aq)	59,05	−486,01	−369,31	+86,6	−6,3	
$(COOH)_2$(s), oxálico	90,04	−827,2			117	−254
C_6H_5COOH(s), benzoico	122,13	−385,1	−245,3	167,6	146,8	−3227
$CH_3CH(OH)COOH$(s), lático	90,08	−694,0				−1344
$CH_3COOC_2H_5$(l), acetato de etila	88,11	−479,0	−332,7	259,4	170,1	−2231
Alcanais e alcanonas						
HCHO(g), metanal	30,03	−108,57	−102,53	218,77	35,40	−571
CH_3CHO(l), etanal	44,05	−192,30	−128,12	160,2		−1166
CH_3CHO(g)	44,05	−166,19	−128,86	250,3	57,3	−1192
CH_3COCH_3(l), propanona	58,08	−248,1	−155,4	200,4	124,7	−1790
Açúcares						
$C_6H_{12}O_6$(s), α-D-glicose	180,16	−1274				−2808
$C_6H_{12}O_6$(s), β-D-glicose	180,16	−1268	−910	212		
$C_6H_{12}O_6$(s), β-D-frutose	180,16	−1266				−2810
$C_{12}H_{22}O_{11}$(s), sacarose	342,30	−2222	−1543	360,2		−5645
Compostos nitrogenados						
$CO(NH_2)_2$(s), ureia	60,06	−333,51	−197,33	104,60	93,14	−632
CH_3NH_2(g), metilamina	31,06	−22,97	+32,16	243,41	53,1	−1085
$C_6H_5NH_2$(l), anilina	93,13	+31,1				−3393
$CH_2(NH_2)COOH$(s), glicina	75,07	−532,9	−373,4	103,5	99,2	−969

Dados: NBS, TDOC. † Entropias-padrão de íons podem ser positivas ou negativas, pois os valores são relativos à entropia do íon hidrogênio.

Tabela 2C.5 Dados termodinâmicos para elementos e compostos inorgânicos a 298 K

	$M/(g\ mol^{-1})$	$\Delta_f H^\ominus/(kJ\ mol^{-1})$	$\Delta_f G^\ominus/(kJ\ mol^{-1})$	$S_m^\ominus/(J\ K^{-1}\ mol^{-1})^\dagger$	$C_{p,m}^\ominus/(J\ K^{-1}\ mol^{-1})$
Alumínio					
Al(s)	26,98	0	0	28,33	24,35
Al(l)	26,98	+10,56	+7,20	39,55	24,21
Al(g)	26,98	+326,4	+285,7	164,54	21,38
Al^{3+}(g)	26,98	+5483,17			
Al^{3+}(aq)	26,98	−531	−485	−321,7	
Al_2O_3(s, α)	101,96	−1675,7	−1582,3	50,92	79,04
$AlCl_3$(s)	133,24	−704,2	−628,8	110,67	91,84
Antimônio					
Sb(s)	121,75	0	0	45.69	25,23
SbH_3(g)	124,77	+145,11	+147,75	232,78	41,05
Argônio					
Ar(g)	39,95	0	0	154,84	20,786
Arsênico					
As(s, α)	74,92	0	0	35,1	24,64
As(g)	74,92	+302,5	+261,0	174,21	20,79
As_4(g)	299,69	+143,9	+92,4	314	
AsH_3(g)	77,95	+66,44	+68,93	222,78	38,07
Bário					
Ba(s)	137,34	0	0	62,8	28,07
Ba(g)	137,34	+180	+146	170,24	20,79
Ba^{2+}(aq)	137,34	−537,64	−560,77	+9,6	
BaO(s)	153,34	−553,5	−525,1	70,43	47,78
$BaCl_2$(s)	208,25	−858,6	−810,4	123,68	75,14
Berílio					
Be(s)	9,01	0	0	9,50	16,44
Be(g)	9,01	+324,3	+286,6	136,27	20,79
Bismuto					
Bi(s)	208,98	0	0	56,74	25,52
Bi(g)	208,98	+207,1	+168,2	187,00	20,79
Bromo					
Br_2(l)	159,82	0	0	152,23	75,689
Br_2(g)	159,82	+30,907	+3,110	245,46	36,02
Br(g)	79,91	+111,88	+82,396	175,02	20,786
Br^-(g)	79,91	−219,07			
Br^-(aq)	79,91	−121,55	−103,96	+82,4	−141,8
HBr(g)	90,92	−36,40	−53,45	198,70	29,142
Cádmio					
Cd(s, γ)	112,40	0	0	51,76	25,98
Cd(g)	112,40	+112,01	+77,41	167,75	20,79
Cd^{2+}(aq)	112,40	−75,90	−77,612	−73,2	
CdO(s)	128,40	−258,2	−228,4	54,8	43,43
$CdCO_3$(s)	172,41	−750,6	−669,4	92,5	

(*Continua*)

Tabela 2C.5 (Continuação)

	$M/(g\ mol^{-1})$	$\Delta_f H^\ominus/(kJ\ mol^{-1})$	$\Delta_f G^\ominus/(kJ\ mol^{-1})$	$S_m^\ominus/(J\ K^{-1}\ mol^{-1})$†	$C_{p,m}^\ominus/(J\ K^{-1}\ mol^{-1})$
Cálcio					
Ca(s)	40,08	0	0	41,42	25,31
Ca(g)	40,08	+178,2	+144,3	154,88	20,786
$Ca^{2+}(aq)$	40,08	−542,83	−553,58	−53,1	
CaO(s)	56,08	−635,09	−604,03	39,75	42,80
$CaCO_3(s)$ (calcita)	100,09	−1206,9	−1128,8	92,9	81,88
$CaCO_3(s)$ (aragonita)	100,09	−1207,1	−1127,8	88,7	81,25
$CaF_2(s)$	78,08	−1219,6	−1167,3	68,87	67,03
$CaCl_2(s)$	110,99	−795,8	−748,1	104,6	72,59
$CaBr_2(s)$	199,90	−682,8	−663,6	130	
Carbono (para compostos 'orgânicos' do carbono, veja a Tabela 2C.4)					
C(s) (grafita)	12,011	0	0	5,740	8,527
C(s) (diamante)	12,011	+1,895	+2,900	2,377	6,113
C(g)	12,011	+716,68	+671,26	158,10	20,838
$C_2(g)$	24,022	+831,90	+775,89	199,42	43,21
CO(g)	28,011	−110,53	−137,17	197,67	29,14
$CO_2(g)$	44,010	−393,51	−394,36	213,74	37,11
$CO_2(aq)$	44,010	−413,80	−385,98	117,6	
$H_2CO_3(aq)$	62,03	−699,65	−623,08	187,4	
$HCO_3^-(aq)$	61,02	−691,99	−586,77	+91,2	
$CO_3^{2-}(aq)$	60,01	−677,14	−527,81	−56,9	
$CCl_4(l)$	153,82	−135,44	−65,21	216,40	131,75
$CS_2(l)$	76,14	+89,70	+65,27	151,34	75,7
HCN(g)	27,03	+135,1	+124,7	201,78	35,86
HCN(l)	27,03	+108,87	+124,97	112,84	70,63
$CN^-(aq)$	26,02	+150,6	+172,4	+94,1	
Césio					
Cs(s)	132,91	0	0	85,23	32,17
Cs(g)	132,91	+76,06	+49,12	175,60	20,79
$Cs^+(aq)$	132,91	−258,28	−292,02	+133,05	−10,5
Chumbo					
Pb(s)	207,19	0	0	64,81	26,44
Pb(g)	207,19	+195,0	+161,9	175,37	20,79
$Pb^{2+}(aq)$	207,19	−1,7	−24,43	+10,5	
PbO(s, amarelo)	223,19	−217,32	−187,89	68,70	45,77
PbO(s, vermelho)	223,19	−218,99	−188,93	66,5	45,81
$PbO_2(s)$	239,19	−277,4	−217,33	68,6	64,64
Cloro					
$Cl_2(g)$	70,91	0	0	223,07	33,91
Cl(g)	35,45	+121,68	+105,68	165,20	21,840
$Cl^-(g)$	34,45	−233,13			
$Cl^-(aq)$	35,45	−167,16	−131,23	+56,5	−136,4
HCl(g)	36,46	−92,31	−95,30	186,91	29,12
HCl(aq)	36,46	−167,16	−131,23	56,5	−136,4

(*Continua*)

Tabela 2C.5 (Continuação)

	M/(g mol^{-1})	$\Delta_f H^{\ominus}$/(kJ mol^{-1})	$\Delta_f G^{\ominus}$/(kJ mol^{-1})	$S_m^{\ominus}$/(J K^{-1} mol^{-1})†	$C_{p,m}^{\ominus}$/(J K^{-1} mol^{-1})
Cobre					
Cu(s)	63,54	0	0	33,150	24,44
Cu(g)	63,54	+338,32	+298,58	166,38	20,79
Cu^{+}(aq)	63,54	+71,67	+49,98	+40,6	
Cu^{2+}(aq)	63,54	+64,77	+65,49	−99,6	
Cu_2O(s)	143,08	−168,6	−146,0	93,14	63,64
CuO(s)	79,54	−157,3	−129,7	42,63	42,30
$CuSO_4$(s)	159,60	−771,36	−661,8	109	100,0
$CuSO_4 \cdot H_2O$(s)	177,62	−1085,8	−918,11	146,0	134
$CuSO_4 \cdot 5H_2O$(s)	249,68	−2279,7	−1879,7	300,4	280
Criptônio					
Kr(g)	83,80	0	0	164,08	20,786
Cromo					
Cr(s)	52,00	0	0	23,77	23,35
Cr(g)	52,00	+396,6	+351,8	174,50	20,79
CrO_4^{2-}(aq)	115,99	−881,15	−727,75	+50,21	
$Cr_2O_7^{2-}$(aq)	215,99	−1490,3	−1301,1	+261,9	
Deutério					
D_2(g)	4,028	0	0	144,96	29,20
HD(g)	3,022	+0,318	−1,464	143,80	29,196
D_2O(g)	20,028	−249,20	−234,54	198,34	34,27
D_2O(l)	20,028	−294,60	−243,44	75,94	84,35
HDO(g)	19,022	−245,30	−233,11	199,51	33,81
HDO(l)	19,022	−289,89	−241,86	79,29	
Enxofre					
S(s, α) (rômbico)	32,06	0	0	31,80	22,64
S(s, β) (monoclínico)	32,06	+0,33	+0,1	32,6	23,6
S(g)	32,06	+278,81	+238,25	167,82	23,673
S_2(g)	64,13	+128,37	+79,30	228,18	32,47
S^{2-}(aq)	32,06	+33,1	+85,8	−14,6	
SO_2(g)	64,06	−296,83	−300,19	248,22	39,87
SO_3(g)	80,06	−395,72	−371,06	256,76	50,67
H_2SO_4(l)	98,08	−813,99	−690,00	156,90	138,9
H_2SO_4(aq)	98,08	−909,27	−744,53	20,1	−293
SO_4^{2-}(aq)	96,06	−909,27	−744,53	+20,1	−293
HSO_4^{-}(aq)	97,07	−887,34	−755,91	+131,8	−84
H_2S(g)	34,08	−20,63	−33,56	205,79	34,23
H_2S(aq)	34,08	−39,7	−27,83	121	
HS^{-}(aq)	33,072	−17,6	+12,08	+62,08	
SF_6(g)	146,05	−1209	−1105,3	291,82	97,28
Estanho					
Sn(s, β)	118,69	0	0	51,55	26,99
Sn(g)	118,69	+302,1	+267,3	168,49	20,26
Sn^{2+}(aq)	118,69	−8,8	−27,2	−17	
SnO(s)	134,69	−285,8	−256,9	56,5	44,31
SnO_2(s)	150,69	−580,7	−519,6	52,3	52,59

(Continua)

Tabela 2C.5 (Continuação)

	M/(g mol^{-1})	$\Delta_f H^\ominus$/(kJ mol^{-1})	$\Delta_f G^\ominus$/(kJ mol^{-1})	$S_m^\ominus$/(J K^{-1} mol^{-1})†	$C_{p,m}^\ominus$/(J K^{-1} mol^{-1})
Ferro					
Fe(s)	55,85	0	0	27,28	25,10
Fe(g)	55,85	+416,3	+370,7	180,49	25,68
Fe^{2+}(aq)	55,85	−89,1	−78,90	−137,7	
Fe^{3+}(aq)	55,85	−48,5	−4,7	−315,9	
Fe_3O_4(s) (magnetita)	231,54	−1118,4	−1015,4	146,4	143,43
Fe_2O_3(s) (hematita)	159,69	−824,2	−742,2	87,40	103,85
FeS(s, α)	87,91	−100,0	−100,4	60,29	50,54
FeS_2(s)	119,98	−178,2	−166,9	52,93	62,17
Flúor					
F_2(g)	38,00	0	0	202,78	31,30
F(g)	19,00	+78,99	+61,91	158,75	22,74
F^-(aq)	19,00	−332,63	−278,79	−13,8	−106,7
HF(g)	20,01	−271,1	−273,2	173,78	29,13
Fósforo					
P(s, branco)	30,97	0	0	41,09	23,840
P(g)	30,97	+314,64	+278,25	163,19	20,786
P_2(g)	61,95	+144,3	+103,7	218,13	32,05
P_4(g)	123,90	+58,91	+24,44	279,98	67,15
PH_3(g)	34,00	+5,4	+13,4	210,23	37,11
PCl_3(g)	137,33	−287,0	−267,8	311,78	71,84
PCl_3(l)	137,33	−319,7	−272,3	217,1	
PCl_5(g)	208,24	−374,9	−305,0	364,6	112,8
PCl_5(s)	208,24	−443,5			
H_3PO_3(s)	82,00	−964,4			
H_3PO_3(aq)	82,00	−964,8			
H_3PO_4(s)	94,97	−1279,0	−1119,1	110,50	106,06
H_3PO_4(l)	94,97	−1266,9			
H_3PO_4(aq)	94,97	−1277,4	−1018,7	−222	
PO_4^{3-}(aq)	94,97	−1277,4	−1018,7	−221,8	
P_4O_{10}(s)	283,89	−2984,0	−2697,0	228,86	211,71
P_4O_6(s)	219,89	−1640,1			
Hélio					
He(g)	4,003	0	0	126,15	20,786
Hidrogênio (veja também deutério)					
H_2(g)	2,016	0	0	130,684	28,824
H(g)	1,008	+217,97	+203,25	114,71	20,784
H^+(aq)	1,008	0	0	0	0
H^+(g)	1,008	+1536,20			
H_2O(s)	18,015			37,99	
H_2O(l)	18,015	−285,83	−237,13	69,91	75,291
H_2O(g)	18,015	−241,82	−228,57	188,83	33,58
H_2O_2(l)	34,015	−187,78	−120,35	109,6	89,1

(*Continua*)

Tabela 2C.5 (Continuação)

	M/(g mol^{-1})	$\Delta_f H^\ominus$/(kJ mol^{-1})	$\Delta_f G^\ominus$/(kJ mol^{-1})	$S_m^\ominus$/(J K^{-1} mol^{-1})†	$C_{p,m}^\ominus$/(J K^{-1} mol^{-1})
Iodo					
I_2(s)	253,81	0	0	116,135	54,44
I_2(g)	253,81	+62,44	+19,33	260,69	36,90
I(g)	126,90	+106,84	+70,25	180,79	20,786
I^-(aq)	126,90	−55,19	−51,57	+111,3	−142,3
HI(g)	127,91	+26,48	+1,70	206,59	29,158
Lítio					
Li(s)	6,94	0	0	29,12	24,77
Li(g)	6,94	+159,37	+126,66	138,77	20,79
Li^+(aq)	6,94	−278,49	−293,31	+13,4	68,6
Magnésio					
Mg(s)	24,31	0	0	32,68	24,89
Mg(g)	24,31	+147,70	+113,10	148,65	20,786
Mg^{2+}(aq)	24,31	−466,85	−454,8	−138,1	
MgO(s)	40,31	−601,70	−569,43	26,94	37,15
$MgCO_3$(s)	84,32	−1095,8	−1012,1	65,7	75,52
$MgCl_2$(s)	95,22	−641,32	−591,79	89,62	71,38
Mercúrio					
Hg(l)	200,59	0	0	76,02	27,983
Hg(g)	200,59	+61,32	+31,82	174,96	20,786
Hg^{2+}(aq)	200,59	+171,1	+164,40	−32,2	
Hg_2^{2+}(aq)	401,18	+172,4	+153,52	+84,5	
HgO(s)	216,59	−90,83	−58,54	70,29	44,06
Hg_2Cl_2(s)	472,09	−265,22	−210,75	192,5	102
$HgCl_2$(s)	271,50	−224,3	−178,6	146,0	
HgS(s, preto)	232,65	−53,6	−47,7	88,3	
Neônio					
Ne(g)	20,18	0	0	146,33	20,786
Nitrogênio					
N_2(g)	28,013	0	0	191,61	29,125
N(g)	14,007	+472,70	+455,56	153,30	20,786
NO(g)	30,01	+90,25	+86,55	210,76	29,844
N_2O(g)	44,01	+82,05	+104,20	219,85	38,45
NO_2(g)	46,01	+33,18	+51,31	240,06	37,20
N_2O_4(g)	92,1	+9,16	+97,89	304,29	77,28
N_2O_5(s)	108,01	−43,1	+113,9	178,2	143,1
N_2O_5(g)	108,01	+11,3	+115,1	355,7	84,5
HNO_3(l)	63,01	−174,10	−80,71	155,60	109,87
HNO_3(aq)	63,01	−207,36	−111,25	146,4	−86,6
NO_3^-(aq)	62,01	−205,0	−108,74	+146,4	−86,6
NH_3(g)	17,03	−46,11	−16,45	192,45	35,06
NH_3(aq)	17,03	−80,29	−26,50	111,3	
NH_4^+(aq)	18,04	−132,51	−79,31	+113,4	79,9
NH_2OH(s)	33,03	−114,2			

(Continua)

Tabela 2C.5 (Continuação)

	M/(g mol^{-1})	$\Delta_f H^\ominus$/(kJ mol^{-1})	$\Delta_f G^\ominus$/(kJ mol^{-1})	$S_m^\ominus$ /(J K^{-1} mol^{-1})†	$C_{p,m}^\ominus$ /(J K^{-1} mol^{-1})
HN_3(l)	43,03	+264,0	+327,3	140,6	43,68
HN_3(g)	43,03	+294,1	+328,1	238,97	98,87
N_2H_4(l)	32,05	+50,63	+149,43	121,21	139,3
NH_4NO_3(s)	80,04	−365,56	−183,87	151,08	84,1
NH_4Cl(s)	53,49	−314,43	−202,87	94,6	
Potássio					
K(s)	39,10	0	0	64,18	29,58
K(g)	39,10	+89,24	+60,59	160,336	20,786
K^+(g)	39,10	+514,26			
K^+(aq)	39,10	−252,38	−283,27	+102,5	21,8
KOH(s)	56,11	−424,76	−379,08	78,9	64,9
KF(s)	58,10	−576,27	−537,75	66,57	49,04
KCl(s)	74,56	−436,75	−409,14	82,59	51,30
KBr(s)	119,01	−393,80	−380,66	95,90	52,30
KI(s)	166,01	−327,90	−324,89	106,32	52,93
Prata					
Ag(s)	107,87	0	0	42,55	25,351
Ag(g)	107,87	+284,55	+245,65	173,00	20,79
Ag^+(aq)	107,87	+105,58	+77,11	+72,68	21,8
AgBr(s)	187,78	−100,37	−96,90	107,1	52,38
AgCl(s)	143,32	−127,07	−109,79	96,2	50,79
Ag_2O(s)	231,74	−31,05	−11,20	121,3	65,86
$AgNO_3$(s)	169,88	−129,39	−33,41	140,92	93,05
Silício					
Si(s)	28,09	0	0	18,83	20,00
Si(g)	28,09	+455,6	+411,3	167,97	22,25
SiO_2(s, α)	60,09	−910,94	−856,64	41,84	44,43
Sódio					
Na(s)	22,99	0	0	51,21	28,24
Na(g)	22,99	+107,32	+76,76	153,71	20,79
Na^+(aq)	22,99	−240,12	−261,91	+59,0	46,4
NaOH(s)	40,00	−425,61	−379,49	64,46	59,54
NaCl(s)	58,44	−411,15	−384,14	72,13	50,50
NaBr(s)	102,90	−361,06	−348,98	86,82	51,38
NaI(s)	149,89	−287,78	−286,06	98,53	52,09
Xenônio					
Xe(g)	131,30	0	0	169,68	20,786
Zinco					
Zn(s)	65,37	0	0	41,63	25,40
Zn(g)	65,37	+130,73	+95,14	160,98	20,79
Zn^{2+}(aq)	65,37	−153,89	−147,06	−112,1	46
ZnO(s)	81,37	−348,28	−318,30	43,64	40,25

Fonte: NBS. † Entropias-padrão de íons podem ser positivas ou negativas, pois os valores são relativos à entropia do íon hidrogênio.

Tabela 2C.6 Entalpias-padrão de formação de compostos orgânicos a 298 K, $\Delta_f H^{\ominus}/(\text{kJ mol}^{-1})$. Veja a Tabela 2C.4.

Tabela 2D.1 Coeficientes de expansão (α) e compressibilidade isotérmica (κ_T) a 298 K

	$\alpha/(10^{-4}\ \text{K}^{-1})$	$\kappa_T/(10^{-6}\ \text{atm}^{-1})$
Líquidos		
Benzeno	12,4	92,1
Tetracloreto de carbono	12,4	90,5
Etanol	11,2	76,8
Mercúrio	1,82	38,7
Água	2,1	49,6
Sólidos		
Cobre	0,501	0,735
Diamante	0,030	0,187
Ferro	0,354	0,589
Chumbo	0,861	2,21

Os valores referem-se a 20 °C.
Dados: AIP(α), KL(κ_T).

Tabela 2D.2 Temperaturas de inversão (T_I), pontos de fusão (T_f) e de ebulição (T_{eb}), normais e coeficientes Joule–Thomson (μ) a 1 atm e 298 K

	T_I/K	T_f/K	T_{eb}/K	μ/(K atm^{-1})
Ar	603			0,189 a 50 °C
Argônio	723	83,8	87,3	
Dióxido de carbono	1500	194,7^s		1,11 a 300 K
Hélio	40		4,22	−0,062
Hidrogênio	202	14,0	20,3	−0,03
Criptônio	1090	116,6	120,8	
Metano	968	90,6	111,6	
Neônio	231	24,5	27,1	
Nitrogênio	621	63,3	77,4	0,27
Oxigênio	764	54,8	90,2	0,31

s: sublima.
Dados: AIP, JL e M.W. Zemansky, *Heat and Thermodynamics*, McGraw-Hill, New York (1957).

Tabela 3A.1 Entropias-padrão (e temperaturas) de transições de fase, $\Delta_{trs}S^{\ominus}/(\text{J K}^{-1}\ \text{mol}^{-1})$

	Fusão (a T_f)	Vaporização (a T_{eb})
Ar	14,17 (a 83,8 K)	74,53 (a 87,3 K)
Br_2	39,76 (a 265,9 K)	88,61 (a 332,4 K)
C_6H_6	38,00 (a 278,6 K)	87,19 (a 353,2 K)
CH_3COOH	40,4 (a 289,8 K)	61,9 (a 391,4 K)
CH_3OH	18,03 (a 175,2 K)	104,6 (a 337,2 K)
Cl_2	37,22 (a 172,1 K)	85,38 (a 239,0 K)
H_2	8,38 (a 14,0 K)	44,96 (a 20,38 K)
H_2O	22,00 (a 273,2 K)	109,1 (a 373,2 K)
H_2S	12,67 (a 187,6 K)	87,75 (a 212,0 K)
He	4,8 (a 1,8 K e 30 bar)	19,9 (a 4,22 K)
N_2	11,39 (a 63,2 K)	75,22 (a 77,4 K)
NH_3	28,93 (a 195,4 K)	97,41 (a 239,73 K)
O_2	8,17 (a 54,4 K)	75,63 (a 90,2 K)

Dados: AIP.

Tabela 3A.2 Entalpias e entropias-padrão de vaporização de líquidos em seus pontos de ebulição normais

	$\Delta_{vap}H^{\ominus}/(\text{kJ mol}^{-1})$	θ_{eb}/°C	$\Delta_{vap}S^{\ominus}/(\text{J K}^{-1}\ \text{mol}^{-1})$
Benzeno	30,8	80,1	+87,2
Dissulfeto de carbono	26,74	46,25	+83,7
Tetracloreto de carbono	30,00	76,7	+85,8
Ciclo-hexano	30,1	80,7	+85,1
Decano	38,75	174	+86,7
Dimetil éter	21,51	−23	+86
Etanol	38,6	78,3	+110,0
Sulfeto de hidrogênio	18,7	−60,4	+87,9
Mercúrio	59,3	356,6	+94,2
Metano	8,18	−161,5	+73,2
Metanol	35,21	65,0	+104,1
Água	40,7	100,0	+109,1

Dados: JL.

Tabela 3B.1 Entropias-padrão da Terceira Lei, a 298 K, $S_m^\ominus/(J K^{-1} mol^{-1})$. Veja as Tabelas 2C.4 e 2C.5

Tabela 3C.1 Energias de Gibbs padrão de formação a 298 K, $\Delta_f G^\ominus/(kJ mol^{-1})$. Veja as Tabelas 2C.4 e 2C.5

Tabela 3D.2 Coeficientes de fugacidade do nitrogênio a 273 K, ϕ

p/atm	ϕ	p/atm	ϕ
1	0,999 55	300	1,0055
10	0,9956	400	1,062
50	0,9912	600	1,239
100	0,9703	800	1,495
150	0,9672	1000	1,839
200	0,9721		

Para converter para fugacidades, use $f=\phi p$
Dados: LR.

Tabela 5A.1 Constantes da lei de Henry para gases a 298 K, K/(kPa kg mol^{-1})

	Água	Benzeno
CH_4	$7,55\times10^4$	$44,4\times10^3$
CO_2	$3,01\times10^3$	$8,90\times10^2$
H_2	$1,28\times10^5$	$2,79\times10^4$
N_2	$1,56\times10^5$	$1,87\times10^4$
O_2	$7,92\times10^4$	

Dados: convertidos de R.J. Silbey e R.A. Alberty, *Physical chemistry*. Wiley, New York (2001).

Tabela 5B.1 Constante crioscópica (K_f) e constante ebulioscópica (K_{eb})

	K_f/(K kg mol^{-1})	K_{eb}/(K kg mol^{-1})
Ácido acético	3,90	3,07
Benzeno	5,12	2,53
Cânfora	40	
Dissulfeto de carbono	3,8	2,37
Tetracloreto de carbono	30	4,95
Naftaleno	6,94	5,8
Fenol	7,27	3,04
Água	1,86	0,51

Dados: KL.

Tabela 5F.2 Coeficientes médios de atividade em água a 298 K

$b/b^\ominus$	HCl	KCl	$CaCl_2$	H_2SO_4	$LaCl_3$	$In_2(SO_4)_3$
0,001	0,966	0,966	0,888	0,830	0,790	
0,005	0,929	0,927	0,789	0,639	0,636	0,16
0,01	0,905	0,902	0,732	0,544	0,560	0,11
0,05	0,830	0,816	0,584	0,340	0,388	0,035
0,10	0,798	0,770	0,524	0,266	0,356	0,025
0,50	0,769	0,652	0,510	0,155	0,303	0,014
1,00	0,811	0,607	0,725	0,131	0,387	
2,00	1,011	0,577	1,554	0,125	0,954	

Dados: RS, HCP e S. Glasstone, *Introduction to electrochemistry*. Van Nostrand (1942).

Tabela 6D.1 Potenciais-padrão a 298 K, $E^{\ominus}$/V. (a) Em ordem eletroquímica

Meia-reação de redução	$E^{\ominus}$/V	Meia-reação de redução	$E^{\ominus}$/V
Fortemente oxidante		$Cu^+ + e^- \rightarrow Cu$	+0,52
$H_4XeO_6 + 2\ H^+ + 2\ e^- \rightarrow XeO_3 + 3\ H_2O$	+3,0	$NiOOH + H_2O + e^- \rightarrow Ni(OH)_2 + OH^-$	+0,49
$F_2 + 2\ e^- \rightarrow 2\ F^-$	+2,87	$Ag_2CrO_4 + 2e^- \rightarrow 2Ag + CrO_4^{2-}$	+0,45
$O_3 + 2\ H^+ + 2\ e^- \rightarrow O_2 + H_2O$	+2,07	$O_2 + 2\ H_2O + 4\ e^- \rightarrow 4\ OH^-$	+0,40
$S_2O_8^{2-} + 2e^- \rightarrow 2\ SO_4^{2-}$	+2,05	$ClO_4^- + H_2O + 2e^- \rightarrow ClO_3^- + 2OH^-$	+0,36
$Ag^{2+} + e^- \rightarrow Ag^+$	+1,98	$[Fe(CN)_6]^{3-} + e^- \rightarrow [Fe(CN)_6]^{4-}$	+0,36
$Co^{3+} + e^- \rightarrow Co^{2+}$	+1,81	$Cu^{2+} + 2\ e^- \rightarrow Cu$	+0,34
$H_2O_2 + 2\ H^+ + 2\ e^- \rightarrow 2\ H_2O$	+1,78	$Hg_2Cl_2 + 2\ e^- \rightarrow 2\ Hg + 2\ Cl^-$	+0,27
$Au^+ + e^- \rightarrow Au$	+1,69	$AgCl + e^- \rightarrow Ag + Cl^-$	+0,22
$Pb^{4+} + 2\ e^- \rightarrow Pb^{2+}$	+1,67	$Bi^{3+} + 3\ e^- \rightarrow Bi$	+0,20
$2\ HClO + 2\ H^+ + 2\ e^- \rightarrow Cl_2 + 2\ H_2O$	+1,63	$Cu^{2+} + e^- \rightarrow Cu^+$	+0,16
$Ce^{4+} + e^- \rightarrow Ce^{3+}$	+1,61	$Sn^{4+} + 2\ e^- \rightarrow Sn^{2+}$	+0,15
$2\ HBrO + 2\ H^+ + 2\ e^- \rightarrow Br_2 + 2\ H_2O$	+1,60	$NO_3^- + H_2O + 2e^- \rightarrow NO_2^- + 2OH^-$	+0,10
$MnO_4^- + 8H^+ + 5\ e^- \rightarrow Mn^{2+} + 4H_2O$	+1,51	$AgBr + e^- \rightarrow Ag + Br^-$	+0,0713
$Mn^{3+} + e^- \rightarrow Mn^{2+}$	+1,51	$Ti^{4+} + e^- \rightarrow Ti^{3+}$	0,00
$Au^{3+} + 3\ e^- \rightarrow Au$	+1,40	$2\ H^+ + 2\ e^- \rightarrow H_2$	0, por definição
$Cl_2 + 2\ e^- \rightarrow 2\ Cl^-$	+1,36	$Fe^{3+} + 3\ e^- \rightarrow Fe$	−0,04
$Cr_2O_7^{2-} + 14H^+ + 6e^- \rightarrow 2Cr^{3+} + 7H_2O$	+1,33	$O_2 + H_2O + 2\ e^- \rightarrow HO_2^- + OH^-$	−0,08
$O_3 + H_2O + 2\ e^- \rightarrow O_2 + 2\ OH^-$	+1,24	$Pb^{2+} + 2\ e^- \rightarrow Pb$	−0,13
$O_2 + 4\ H^+ + 4\ e^- \rightarrow 2\ H_2O$	+1,23	$In^+ + e^- \rightarrow In$	−0,14
$ClO_4^- + 2H^+ + 2e^- \rightarrow ClO_3^- + H_2O$	+1,23	$Sn^{2+} + 2\ e^- \rightarrow Sn$	−0,14
$MnO_2 + 4\ H^+ + 2\ e^- \rightarrow Mn^{2+} + 2\ H_2O$	+1,23	$AgI + e^- \rightarrow Ag + I^-$	−0,15
$Pt^{2+} + 2\ e^- \rightarrow Pt$	+1,20	$Ni^{2+} + 2\ e^- \rightarrow Ni$	−0,23
$Br_2 + 2\ e^- \rightarrow 2Br^-$	+1,09	$V^{3+} + e^- \rightarrow V^{2+}$	−0,26
$Pu^{4+} + e^- \rightarrow Pu^{3+}$	+0,97	$Co^{2+} + 2\ e^- \rightarrow Co$	−0,28
$NO_3^- + 4H^+ + 3e^- \rightarrow NO + 2H_2O$	+0,96	$In^{3+} + 3\ e^- \rightarrow In$	−0,34
$2Hg^{2+} + 2e^- \rightarrow Hg_2^{2+}$	+0,92	$Tl^+ + e^- \rightarrow Tl$	−0,34
$ClO^- + H_2O + 2\ e^- \rightarrow Cl^- + 2\ OH^-$	+0,89	$PbSO_4 + 2\ e^- \rightarrow Pb + SO_4^{2-}$	−0,36
$Hg^{2+} + 2\ e^- \rightarrow Hg$	+0,86	$Ti^{3+} + e^- \rightarrow Ti^{2+}$	−0,37
$NO_3^- + 2H^+ + e^- \rightarrow NO_2 + H_2O$	+0,80	$Cd^{2+} + 2\ e^- \rightarrow Cd$	−0,40
$Ag^+ + e^- \rightarrow Ag$	+0,80	$In^{2+} + e^- \rightarrow In^+$	−0,40
$Hg_2^{2+} + 2e^- \rightarrow 2Hg$	+0,79	$Cr^{3+} + e^- \rightarrow Cr^{2+}$	−0,41
$AgF + e^- \rightarrow Ag + F^-$	+0,78	$Fe^{2+} + 2\ e^- \rightarrow Fe$	−0,44
$Fe^{3+} + e^- \rightarrow Fe^{2+}$	+0,77	$In^{3+} + 2\ e^- \rightarrow In^+$	−0,44
$BrO^- + H_2O + 2\ e^- \rightarrow Br^- + 2\ OH^-$	+0,76	$S + 2\ e^- \rightarrow S^{2-}$	−0,48
$Hg_2SO_4 + 2e^- \rightarrow 2Hg + SO_4^{2-}$	+0,62	$In^{3+} + e^- \rightarrow In^{2+}$	−0,49
$MnO_4^{2-} + 2H_2O + 2e^- \rightarrow MnO_2 + 4OH^-$	+0,60	$O_2 + e^- \rightarrow O_2^-$	−0,56
$MnO_4^- + e^- \rightarrow MnO_4^{2-}$	+0,56	$U^{4+} + e^- \rightarrow U^{3+}$	−0,61
$I_2 + 2\ e^- \rightarrow 2\ I^-$	+0,54	$Cr^{3+} + 3\ e^- \rightarrow Cr$	−0,74
$I_3^- + 2e^- \rightarrow 3I^-$	+0,53	$Zn^{2+} + 2\ e^- \rightarrow Zn$	−0,76

(Continua)

Tabela 6D.1 (Continuação)

Meia-reação de redução	$E^{\ominus}$/V	Meia-reação de redução	$E^{\ominus}$/V
$Cd(OH)_2 + 2e^- \rightarrow Cd + 2OH^-$	−0,81	$Ce^{3+} + 3e^- \rightarrow Ce$	−2,48
$2H_2O + 2e^- \rightarrow H_2 + 2OH^-$	−0,83	$La^{3+} + 3e^- \rightarrow La$	−2,52
$Cr^{2+} + 2e^- \rightarrow Cr$	−0,91	$Na^+ + e^- \rightarrow Na$	−2,71
$Mn^{2+} + 2e^- \rightarrow Mn$	−1,18	$Ca^{2+} + 2e^- \rightarrow Ca$	−2,87
$V^{2+} + 2e^- \rightarrow V$	−1,19	$Sr^{2+} + 2e^- \rightarrow Sr$	−2,89
$Ti^{2+} + 2e^- \rightarrow Ti$	−1,63	$Ba^{2+} + 2e^- \rightarrow Ba$	−2,91
$Al^{3+} + 3e^- \rightarrow Al$	−1,66	$Ra^{2+} + 2e^- \rightarrow Ra$	−2,92
$U^{3+} + 3e^- \rightarrow U$	−1,79	$Cs^+ + e^- \rightarrow Cs$	−2,92
$Be^{2+} + 2e^- \rightarrow Be$	−1,85	$Rb^+ + e^- \rightarrow Rb$	−2,93
$Sc^{3+} + 3e^- \rightarrow Sc$	−2,09	$K^+ + e^- \rightarrow K$	−2,93
$Mg^{2+} + 2e^- \rightarrow Mg$	−2,36	$Li^+ + e^- \rightarrow Li$	−3,05

Tabela 6D.1 Potenciais-padrão a 298 K, $E^{\ominus}$/V. (b) Em ordem alfabética

Meia-reação de redução	$E^{\ominus}$/V	Meia-reação de redução	$E^{\ominus}$/V
$Ag^+ + e^- \rightarrow Ag$	+0,80	$Cr^{2+} + 2e^- \rightarrow Cr$	−0,91
$Ag^{2+} + e^- \rightarrow Ag^+$	+1,98	$Cr_2O_7^{2-} + 14H^+ + 6e^- \rightarrow 2Cr^{3+} + 7H_2O$	+1,33
$AgBr + e^- \rightarrow Ag + Br^-$	+0,0713	$Cr^{3+} + 3e^- \rightarrow Cr$	−0,74
$AgCl + e^- \rightarrow Ag + Cl^-$	+0,22	$Cr^{3+} + e^- \rightarrow Cr^{2+}$	−0,41
$Ag_2CrO_4 + 2e^- \rightarrow 2Ag + CrO_4^{2-}$	+0,45	$Cs^+ + e^- \rightarrow Cs$	−2,92
$AgF + e^- \rightarrow Ag + F^-$	+0,78	$Cu^+ + e^- \rightarrow Cu$	+0,52
$AgI + e^- \rightarrow Ag + I^-$	−0,15	$Cu^{2+} + 2e^- \rightarrow Cu$	+0,34
$Al^{3+} + 3e^- \rightarrow Al$	−1,66	$Cu^{2+} + e^- \rightarrow Cu^+$	+0,16
$Au^+ + e^- \rightarrow Au$	+1,69	$F_2 + 2e^- \rightarrow 2F^-$	+2,87
$Au^{3+} + 3e^- \rightarrow Au$	+1,40	$Fe^{2+} + 2e^- \rightarrow Fe$	−0,44
$Ba^{2+} + 2e^- \rightarrow Ba$	−2,91	$Fe^{3+} + 3e^- \rightarrow Fe$	−0,04
$Be^{2+} + 2e^- \rightarrow Be$	−1,85	$Fe^{3+} + e^- \rightarrow Fe^{2+}$	+0,77
$Bi^{3+} + 3e^- \rightarrow Bi$	+0,20	$[Fe(CN)_6]^{3-} + e^- \rightarrow [Fe(CN)_6]^{4-}$	+0,36
$Br_2 + 2e^- \rightarrow 2Br^-$	+1,09	$2H^+ + 2e^- \rightarrow H_2$	0, por definição
$BrO^- + H_2O + 2e^- \rightarrow Br^- + 2OH^-$	+0,76	$2H_2O + 2e^- \rightarrow H_2 + 2OH^-$	−0,83
$Ca^{2+} + 2e^- \rightarrow Ca$	−2,87	$2HBrO + 2H^+ + 2e^- \rightarrow Br_2 + 2H_2O$	+1,60
$Cd(OH)_2 + 2e^- \rightarrow Cd + 2OH^-$	−0,81	$2HClO + 2H^+ + 2e^- \rightarrow Cl_2 + 2H_2O$	+1,63
$Cd^{2+} + 2e^- \rightarrow Cd$	−0,40	$H_2O_2 + 2H^+ + 2e^- \rightarrow 2H_2O$	+1,78
$Ce^{3+} + 3e^- \rightarrow Ce$	−2,48	$H_4XeO_6 + 2H^+ + 2e^- \rightarrow XeO_3 + 3H_2O$	+3,0
$Ce^{4+} + e^- \rightarrow Ce^{3+}$	+1,61	$Hg_2^{2+} + 2e^- \rightarrow 2Hg$	+0,79
$Cl_2 + 2e^- \rightarrow 2Cl^-$	+1,36	$Hg_2Cl_2 + 2e^- \rightarrow 2Hg + 2Cl^-$	+0,27
$ClO^- + H_2O + 2e^- \rightarrow Cl^- + 2OH^-$	+0,89	$Hg^{2+} + 2e^- \rightarrow Hg$	+0,86
$ClO_4^- + 2H^+ + 2e^- \rightarrow ClO_3^- + H_2O$	+1,23	$2Hg^{2+} + 2e^- \rightarrow Hg_2^{2+}$	+0,92
$ClO_4^- + H_2O + 2e^- \rightarrow ClO_3^- + 2OH^-$	+0,36	$Hg_2SO_4 + 2e^- \rightarrow 2Hg + SO_4^{2-}$	+0,62
$Co^{2+} + 2e^- \rightarrow Co$	−0,28	$I_2 + 2e^- \rightarrow 2I^-$	+0,54
$Co^{3+} + e^- \rightarrow Co^{2+}$	+1,81	$I_3^- + 2e^- \rightarrow 3I^-$	+0,53

(Continua)

Tabela 6D.1a (Continuação)

Meia-reação de redução	$E^{\ominus}$/V	Meia-reação de redução	$E^{\ominus}$/V
$In^{+} + e^{-} \rightarrow In$	−0,14	$O_3 + 2\,H^{+} + 2\,e^{-} \rightarrow O_2 + H_2O$	+2,07
$In^{2+} + e^{-} \rightarrow In^{+}$	−0,40	$O_3 + H_2O + 2\,e^{-} \rightarrow O_2 + 2\,OH^{-}$	+1,24
$In^{3+} + 2\,e^{-} \rightarrow In^{+}$	−0,44	$Pb^{2+} + 2\,e^{-} \rightarrow Pb$	−0,13
$In^{3+} + 3\,e^{-} \rightarrow In$	−0,34	$Pb^{4+} + 2\,e^{-} \rightarrow Pb^{2+}$	+1,67
$In^{3+} + e^{-} \rightarrow In^{2+}$	−0,49	$PbSO_4 + 2e^{-} \rightarrow Pb + SO_4^{2-}$	−0,36
$K^{+} + e^{-} \rightarrow K$	−2,93	$Pt^{2+} + 2\,e^{-} \rightarrow Pt$	+1,20
$La^{3+} + 3\,e^{-} \rightarrow La$	−2,52	$Pu^{4+} + e^{-} \rightarrow Pu^{3+}$	+0,97
$Li^{+} + e^{-} \rightarrow Li$	−3,05	$Ra^{2+} + 2\,e^{-} \rightarrow Ra$	−2,92
$Mg^{2+} + 2\,e^{-} \rightarrow Mg$	−2,36	$Rb^{+} + e^{-} \rightarrow Rb$	−2,93
$Mn^{2+} + 2\,e^{-} \rightarrow Mn$	−1,18	$S + 2\,e^{-} \rightarrow S^{2-}$	−0,48
$Mn^{3+} + e^{-} \rightarrow Mn^{2+}$	+1,51	$S_2O_8^{2-} + 2e^{-} \rightarrow 2SO_4^{2-}$	+2,05
$MnO_2 + 4\,H^{+} + 2\,e^{-} \rightarrow Mn^{2+} + 2\,H_2O$	+1,23	$Sc^{3+} + 3\,e^{-} \rightarrow Sc$	−2,09
$MnO_4^{2-} + 8H^{+} + 5e^{-} \rightarrow Mn^{2+} + 4H_2O$	+1,51	$Sn^{2+} + 2\,e^{-} \rightarrow Sn$	−0,14
$MnO_4^{-} + e^{-} \rightarrow MnO_4^{2-}$	+0,56	$Sn^{4+} + 2\,e^{-} \rightarrow Sn^{2+}$	+0,15
$MnO_4^{2-} + 2H_2O + 2\,e^{-} \rightarrow MnO_2 + 4OH^{-}$	+0,60	$Sr^{2+} + 2\,e^{-} \rightarrow Sr$	−2,89
$Na^{+} + e^{-} \rightarrow Na$	−2,71	$Ti^{2+} + 2\,e^{-} \rightarrow Ti$	−1,63
$Ni^{2+} + 2\,e^{-} \rightarrow Ni$	−0,23	$Ti^{3+} + e^{-} \rightarrow Ti^{2+}$	−0,37
$NiOOH + H_2O + e^{-} \rightarrow Ni(OH)_2 + OH^{-}$	+0,49	$Ti^{4+} + e^{-} \rightarrow Ti^{3+}$	0,00
$NO_3^{-} + 2H^{+} + e^{-} \rightarrow NO_2 + H_2O$	+0,80	$Tl^{+} + e^{-} \rightarrow Tl$	−0,34
$NO_3^{-} + 4H^{+} + 3e^{-} \rightarrow NO + 2H_2O$	+0,96	$U^{3+} + 3\,e^{-} \rightarrow U$	−1,79
$NO_3^{-} + H_2O + 2e^{-} \rightarrow + NO_2^{-} + 2OH^{-}$	+0,10	$U^{4+} + e^{-} \rightarrow U^{3+}$	−0,61
$O_2 + 2\,H_2O + 4\,e^{-} \rightarrow 4\,OH^{-}$	+0,40	$V^{2+} + 2\,e^{-} \rightarrow V$	−1,19
$O_2 + 4\,H^{+} + 4\,e^{-} \rightarrow 2\,H_2O$	+1,23	$V^{3+} + e^{-} \rightarrow V^{2+}$	−0,26
$O_2 + e^{-} \rightarrow O_2^{-}$	−0,56	$Zn^{2+} + 2\,e^{-} \rightarrow Zn$	−0,76
$O_2 + H_2O + 2e^{-} \rightarrow HO_2^{-} + OH^{-}$	−0,08		

Tabela 9B.1 Carga nuclear efetiva, $Z_{ef} = Z - \sigma$*

	H							**He**
1s	1							1,6875
	Li	**Be**	**B**	**C**	**N**	**O**	**F**	**Ne**
1s	2,6906	3,6848	4,6795	5,6727	6,6651	7,6579	8,6501	9,6421
2s	1,2792	1,9120	2,5762	3,2166	3,8474	4,4916	5,1276	5,7584
2p			2,4214	3,1358	3,8340	4,4532	5,1000	5,7584
	Na	**Mg**	**Al**	**Si**	**P**	**S**	**Cl**	**Ar**
1s	10,6259	11,6089	12,5910	13,5745	14,5578	15,5409	16,5239	17,5075
2s	6,5714	7,3920	8,3736	9,0200	9,8250	10,6288	11,4304	12,2304
2p	6,8018	7,8258	8,9634	9,9450	10,9612	11,9770	12,9932	14,0082
3s	2,5074	3,3075	4,1172	4,9032	5,6418	6,3669	7,0683	7,7568
3p			4,0656	4,2852	4,8864	5,4819	6,1161	6,7641

* A carga real é $Z_{ef}e$.
Dados: E. Clementi e D.L. Raimondi, *Atomic screening constants from SCF functions.* IBM Res. Note NJ-27 (1963). *J. Chem. Phys.* **38**, 2686 (1963).

Tabela 9B.2 Energias da primeira ionização e das subsequentes, $I/(\text{kJ mol}^{-1})$

H							He
1312,0							2372,3
							5250,4
Li	Be	B	C	N	O	F	Ne
513,3	899,4	800,6	1086,2	1402,3	1313,9	1681	2080,6
7298,0	1757,1	2427	2352	2856,1	3388,2	3374	3952,2
Na	Mg	Al	Si	P	S	Cl	Ar
495,8	737,7	577,4	786,5	1011,7	999,6	1251,1	1520,4
4562,4	1450,7	1816,6	1577,1	1903,2	2251	2297	2665,2
		2744,6		2912			
K	Ca	Ga	Ge	As	Se	Br	Kr
418,8	589,7	578,8	762,1	947,0	940,9	1139,9	1350,7
3051,4	1145	1979	1537	1798	2044	2104	2350
		2963	2735				
Rb	Sr	In	Sn	Sb	Te	I	Xe
403,0	549,5	558,3	708,6	833,7	869,2	1008,4	1170,4
2632	1064,2	1820,6	1411,8	1794	1795	1845,9	2046
		2704	2943,0	2443			
Cs	Ba	Tl	Pb	Bi	Po	At	Rn
375,5	502,8	589,3	715,5	703,2	812	930	1037
2420	965,1	1971,0	1450,4	1610			
		2878	3081,5	2466			

Dados: E.

Tabela 9B.3 Afinidades ao elétron, $E_{ae}/(\text{kJ mol}^{-1})$

H							He
72,8							−21
Li	Be	B	C	N	O	F	Ne
59,8	≤0	23	122,5	−7	141	322	−29
					−844		
Na	Mg	Al	Si	P	S	Cl	Ar
52,9	≤0	44	133,6	71,7	200,4	348,7	−35
					−532		
K	Ca	Ga	Ge	As	Se	Br	Kr
48,3	2,37	36	116	77	195,0	324,5	−39
Rb	Sr	In	Sn	Sb	Te	I	Xe
46,9	5,03	34	121	101	190,2	295,3	−41
Cs	Ba	Tl	Pb	Bi	Po	At	Rn
45,5	13,95	30	35,2	101	186	270	−41

Dados: E.

Tabela 10C.1 Comprimentos de ligação, R_e/pm

(a) Comprimentos de ligação em moléculas específicas	
Br_2	228,3
Cl_2	198,75
CO	112,81
F_2	141,78
H_2^+	106
H_2	74,138
HBr	141,44
HCl	127,45
HF	91,680
HI	160,92
N_2	109,76
O_2	120,75

(b) Comprimentos médios de ligação a partir de raios covalentes*							
H	37						
C	77(1)	N	74(1)	O	66(1)	F	64
	67(2)		65(2)		57(2)		
	60(3)						
Si	118	P	110	S	104(1)	Cl	99
					95(2)		
Ge	122	As	121	Se	104	Br	114
		Sb	141	Te	137	I	133

* Os valores são para ligações simples, exceto onde indicado em contrário (valores entre parênteses). O comprimento de uma ligação covalente A–B (de uma ordem dada) é a soma dos raios covalentes correspondentes.

Tabela 10C.2a Entalpias de dissociação de ligações, $\Delta H^{\ominus}$(A–B)/(kJ mol^{-1}) a 298 K*

Moléculas diatômicas									
H–H	436	F–F	155	Cl–Cl	242	Br–Br	193	I–I	151
O=O	497	C=O	1076	N≡N	945				
H–O	428	H–F	565	H–Cl	431	H–Br	366	H–I	299

Moléculas poliatômicas							
H–CH_3	435	H–NH_2	460	H–OH	492	H–C_6H_5	469
H_3C–CH_3	368	H_2C=CH_2	720	HC≡CH	962		
HO–CH_3	377	Cl–CH_3	352	Br–CH_3	293	I–CH_3	237
O=CO	531	HO–OH	213	O_2N–NO_2	54		

* Em boa aproximação as entalpias de dissociação e as energias de dissociação estão relacionadas por $\Delta H^{\ominus} = D_e + \frac{3}{2}RT$ com $D_e = D_0 + \frac{1}{2}\hbar\omega$. Para valores precisos de D_0 para moléculas diatômicas, veja a Tabela 12D.1.

Dados: HCP, KL.

Tabela 10C.2b Entalpias médias de ligação, $\Delta H^{\ominus}(\text{A–B})/(\text{kJ mol}^{-1})$*

	H	C	N	O	F	Cl	Br	I	S	P	Si
H	436										
C	412	348(i)									
		612(ii)									
		838(iii)									
		518(a)									
N	388	305(i)	163(i)								
		613(ii)	409(ii)								
		890(iii)	946(iii)								
O	463	360(i)	157	146(i)							
		743(ii)		497(ii)							
F	565	484	270	185	155						
Cl	431	338	200	203	254	242					
Br	366	276				219	193				
I	299	238				210	178	151			
S	338	259			496	250	212		264		
P	322									201	
Si	318		374	466							226

* As entalpias médias de ligação são uma medida tão aproximada da força de ligação que não necessitam ser distinguidas das energias de dissociação. (i) Ligação simples, (ii) ligação dupla, (iii) ligação tripla, (a) aromático.

Dados: HCP e L. Pauling, *The nature of the chemical bond*. Cornell University Press (1960).

Tabela 10D.1 Eletronegatividades de Pauling (em *itálico*) e de Mulliken

H							He
2,20							
3,06							
Li	Be	B	C	N	O	F	Ne
0,98	*1,57*	*2,04*	*2,55*	*3,04*	*3,44*	*3,98*	
1,28	1,99	1,83	2,67	3,08	3,22	4,43	4,60
Na	Mg	Al	Si	P	S	Cl	Ar
0,93	*1,31*	*1,61*	*1,90*	*2,19*	*2,58*	*3,16*	
1,21	1,63	1,37	2,03	2,39	2,65	3,54	3,36
K	Ca	Ga	Ge	As	Se	Br	Kr
0,82	*1,00*	*1,81*	*2,01*	*2,18*	*2,55*	*2,96*	*3,0*
1,03	1,30	1,34	1,95	2,26	2,51	3,24	2,98
Rb	Sr	In	Sn	Sb	Te	I	Xe
0,82	*0,95*	*1,78*	*1,96*	*2,05*	*2,10*	*2,66*	*2,6*
0,99	1,21	1,30	1,83	2,06	2,34	2,88	2,59
Cs	Ba	Tl	Pb	Bi			
0,79	*0,89*	*2,04*	*2,33*	*2,02*			

Dados: Valores de Pauling: A.L. Allred, *J. Inorg. Nucl. Chem.* **17**, 215 (1961); L.C. Allen e J.E. Huheey, ibid., **42**, 1523 (1980). Valores de Mulliken: L.C. Allen, *J. Am. Chem. Soc.* **111**, 9003 (1989). Os valores de Mulliken foram normalizados para a faixa dos valores de Pauling.

Tabela 11B.1 Tabela de caracteres C_{3v}; veja a Parte 4

Tabela 11B.2 Tabela de caracteres C_{2v}; veja a Parte 4

Tabela 12D.1 Propriedades de moléculas diatômicas

	$\tilde{\nu}/cm^{-1}$	θ^V/K	$\tilde{B}/cm^{-1}$	θ^R/K	R_e/pm	$k_f/(N\,m^{-1})$	$hc\tilde{D}_0/(kJ\,mol^{-1})$	σ
$^1H_2^+$	2321,8	3341	29,8	42,9	106	160	255,8	2
$^1H_2$	4400,39	6332	60,864	87,6	74,138	574,9	432,1	2
$^2H_2$	3118,46	4487	30,442	43,8	74,154	577,0	439,6	2
$^1H^{19}F$	4138,32	5955	20,956	30,2	91,680	965,7	564,4	1
$^1H^{35}Cl$	2990,95	4304	10,593	15,2	127,45	516,3	427,7	1
$^1H^{81}Br$	2648,98	3812	8,465	12,2	141,44	411,5	362,7	1
$^1H^{127}I$	2308,09	3321	6,511	9,37	160,92	313,8	294,9	1
$^{14}N_2$	2358,07	3393	1,9987	2,88	109,76	2293,8	941,7	2
$^{16}O_2$	1580,36	2274	1,4457	2,08	120,75	1176,8	493,5	2
$^{19}F_2$	891,8	1283	0,8828	1,27	141,78	445,1	154,4	2
$^{35}Cl_2$	559,71	805	0,2441	0,351	198,75	322,7	239,3	2
$^{12}C^{16}O$	2170,21	3122	1,9313	2,78	112,81	1903,17	1071,8	1
$^{79}Br^{81}Br$	323,2	465	0,0809	10,116	283,3	245,9	190,2	1

Dados: AIP.

Tabela 12E.1 Números de onda vibracionais típicos, $\tilde{\nu}/cm^{-1}$

C–H Estiramento	2850–2960
C–H Deformação angular	1340–1465
C–C Estiramento, deformação angular	700–1250
C=C Estiramento	1620–1680
C≡C Estiramento	2100–2260
O–H Estiramento	3590–3650
Ligações H	3200–3570
C=O Estiramento	1640–1780
C≡N Estiramento	2215–2275
N–H Estiramento	3200–3500
C–F Estiramento	1000–1400
C–Cl Estiramento	600–800
C–Br Estiramento	500–600
C–I Estiramento	500
CO_3^{2-}	1410–1450
NO_3^-	1350–1420
NO_2^-	1230–1250
SO_4^{2-}	1080–1130
Silicatos	900–1100

Dados: L.J. Bellamy, *The infrared spectra of complex molecules* e *Advances in infrared group frequencies*. Chapman and Hall.

Tabela 13A.1 Cor, comprimento de onda, frequência e energia da luz

Cor	λ/nm	$\nu/(10^{14}$ Hz)	$\tilde{\nu}/(10^4\,cm^{-1})$	E/eV	$E/(kJ\,mol^{-1})$
Infravermelho	>1000	<3,00	<1,00	<1,24	<120
Vermelha	700	4,28	1,43	1,77	171
Laranja	620	4,84	1,61	2,00	193
Amarela	580	5,17	1,72	2,14	206
Verde	530	5,66	1,89	2,34	226
Azul	470	6,38	2,13	2,64	254
Violeta	420	7,14	2,38	2,95	285
Ultravioleta	<400	>7,5	>2,5	>3,10	>300

Dados: J.G. Calvert e J.N. Pitts, *Photochemistry*. Wiley, New York (1966).

Tabela 13A.2 Características de absorção de alguns grupos e moléculas

Grupo	$\tilde{\nu}_{máx}/(10^4\ cm^{-1})$	$\lambda_{máx}/nm$	$\varepsilon_{máx}/(dm^3\ mol^{-1}\ cm^{-1})$
C=C (π*←π)	6,10	163	$1,5\times10^4$
	5,73	174	$5,5\times10^3$
C=O (π*←n)	3,7–3,5	270–290	10–20
–N=N–	2,9	350	15
	>3,9	<260	Forte
$-NO_2$	3,6	280	10
	4,8	210	$1,0\times10^4$
C_6H_5-	3,9	255	200
	5,0	200	$6,3\times10^3$
	5,5	180	$1,0\times10^5$
$[Cu(OH_2)_6]^{2+}(aq)$	1,2	810	10
$[Cu(NH_3)_4]^{2+}(aq)$	1,7	600	50
H_2O (π*←n)	6,0	167	$7,0\times10^3$

Tabela 14A.2 Propriedades do spin nuclear

Nuclídeo	Abundância natural, %	Spin, I	Momento magnético, μ/μ_N	Valor g	$\gamma/(10^7\ T^{-1}s^{-1})$	Frequência de RMN a 1 T, ν/MHz
^1n*		$\frac{1}{2}$	−1,9130	−3,8260	−18,324	29,164
^1H	99,9844	$\frac{1}{2}$	2,792 85	5,5857	26,752	42,576
^2H	0,0156	1	0,857 44	0,857 44	4,1067	6,536
^3H*		$\frac{1}{2}$	2,978 96	−4,2553	−20,380	45,414
^{10}B	19,6	3	1,8006	0,6002	2,875	4,575
^{11}B	80,4	$\frac{3}{2}$	2,6886	1,7923	8,5841	13,663
^{13}C	1,108	$\frac{1}{2}$	0,7024	1,4046	6,7272	10,708
^{14}N	99,635	1	0,403 56	0,403 56	1,9328	3,078
^{17}O	0,037	$\frac{5}{2}$	−1,893 79	−0,7572	−3,627	5,774
^{19}F	100	$\frac{1}{2}$	2,628 87	5,2567	25,177	40,077
^{31}P	100	$\frac{1}{2}$	1,1316	2,2634	10,840	17,251
^{33}S	0,74	$\frac{3}{2}$	0,6438	0,4289	2,054	3,272
^{35}Cl	75,4	$\frac{3}{2}$	0,8219	0,5479	2,624	4,176
^{37}Cl	24,6	$\frac{3}{2}$	0,6841	0,4561	2,184	3,476

* Radioativo.
μ é o momento magnético do estado de spin com o maior valor de m_I: $\mu=g_I\mu_N I$ e μ_N é o magnéton nuclear (veja verso da capa).
Dados: KL e HCP.

Tabela 14D.1 Constantes de acoplamento hiperfino para átomos, a/mT

Nuclídeo	Spin	Acoplamento isotrópico	Acoplamento anisotrópico
^{1}H	$\frac{1}{2}$	50,8(1s)	
^{2}H	1	7,8(1s)	
^{13}C	$\frac{1}{2}$	113,0(2s)	6,6(2p)
^{14}N	1	55,2(2s)	4,8(2p)
^{19}F	$\frac{1}{2}$	1720(2s)	108,4(2p)
^{31}P	$\frac{1}{2}$	364(3s)	20,6(3p)
^{35}Cl	$\frac{3}{2}$	168(3s)	10,0(3p)
^{37}Cl	$\frac{3}{2}$	140(3s)	8,4(3p)

Dados: P.W. Atkins e M.C.R. Symons, *The structure of inorganic radicals*. Elsevier, Amsterdam (1967).

Tabela 16A.1 Magnitudes de momentos de dipolo (μ), polarizabilidades (α) e polarizabilidades volumares (α')

	$\mu/(10^{-30}$ C m)	μ/D	$\alpha'/(10^{-30}$ m^3)	$\alpha/(10^{-40}$ J^{-1} C^2 m^2)
Ar	0	0	1,66	1,85
C_2H_5OH	5,64	1,69		
$C_6H_5CH_3$	1,20	0,36		
C_6H_6	0	0	10,4	11,6
CCl_4	0	0	10,3	11,7
CH_2Cl_2	5,24	1,57	6,80	7,57
CH_3Cl	6,24	1,87	4,53	5,04
CH_3OH	5,70	1,71	3,23	3,59
CH_4	0	0	2,60	2,89
$CHCl_3$	3,37	1,01	8,50	9,46
CO	0,390	0,117	1,98	2,20
CO_2	0	0	2,63	2,93
H_2	0	0	0,819	0,911
H_2O	6,17	1,85	1,48	1,65
HBr	2,67	0,80	3,61	4,01
HCl	3,60	1,08	2,63	2,93
He	0	0	0,20	0,22
HF	6,37	1,91	0,51	0,57
HI	1,40	0,42	5,45	6,06
N_2	0	0	1,77	1,97
NH_3	4,90	1,47	2,22	2,47
1,2-$C_6H_4(CH_3)_2$	2,07	0,62		

Dados: HCP e C.J.F. Böttcher e P. Bordewijk, *Theory of electric polarization*. Elsevier, Amsterdam (1978).

Tabela 16B.2 Parâmetros do potencial de Lennard-Jones (12,6)

	(ε/k)/K	r_0/pm
Ar	111,84	362,3
C_2H_2	209,11	463,5
C_2H_4	200,78	458,9
C_2H_6	216,12	478,2
C_6H_6	377,46	617,4
CCl_4	378,86	624.1
Cl_2	296,27	448,5
CO_2	201,71	444,4
F_2	104,29	357,1
Kr	154,87	389,5
N_2	91,85	391,9
O_2	113,27	365,4
Xe	213,96	426,0

Fonte: F. Cuadros, I. Cachadiña e W. Ahamuda, *Molec. Engineering* **6**, 319 (1996).

Tabela 16C.1 Tensão superficial de alguns líquidos a 293 K, γ/(mN m^{-1})

	γ/(mN m^{-})
Benzeno	28,88
Tetracloreto de carbono	27,0
Etanol	22,8
Hexano	18,4
Mercúrio	472
Metanol	22,6
Água	72,75
	72,0 a 25 °C
	58,0 a 100 °C

Dados: KL.

Tabela 17D.1 Raio de giração

	M/(kg mol^{-1})	R_g/nm
Albumina do soro	66	2,98
Miosina	493	46,8
Poliestireno	$3,2\times10^3$	50†
DNA	4×10^3	117
Vírus do mosaico do tabaco	$3,9\times10^4$	92,4

† Em um solvente fraco.

Tabela 17D.2 Coeficientes de atrito e geometria das moléculas

a/b	Prolato	Oblato
2	1,04	1,04
3	1,18	1,17
4	1,18	1,17
5	1,25	1,22
6	1,31	1,28
7	1,38	1,33
8	1,43	1,37
9	149	1,42
10	1,54	1,46
50	2,95	2,38
100	4,07	2,97

Dados: K.E. Van Holde, *Physical biochemistry*. Prentice-Hall, Englewood Cliffs (1971)

Esfera; raio a, $c=af_0$

Elipsoide prolato; eixo maior $2a$, eixo menor $2b$, $c=(ab)^{1/3}$

$$f=\left\{\frac{(1-b^2/a^2)^{1/2}}{(b/a)^{2/3}\ln\{\left[1+(1-b^2/a^2)^{1/2}\right]/(b/a)\}}\right\}f_0$$

Elipsoide oblato, eixo maior $2a$, eixo menor $2b$, $c=(a^2b)^{1/3}$

$$f=\left\{\frac{(a^2/b^2-1)^{1/2}}{(a/b)^{2/3}\arctan[(a^2/b^2-1)^{1/2}]}\right\}f_0$$

Haste longa, comprimento l, raio a, $c=(3a^2/4)^{1/3}$

$$f=\left\{\frac{(1/2a)^{2/3}}{(3/2)^{1/3}\{2\ln(l/a)-0,11\}}\right\}f_0$$

Em cada $f_0=6\pi\eta c$ com o valor apropriado de c.

Tabela 17D.3 Viscosidade intrínseca

Macromolécula	Solvente	θ/°C	K/(10^{-3} cm^3 g^{-1})	a
Poliestireno	Benzeno	25	9,5	0,74
	Ciclobutano	34†	81	0,50
Poli-isobutileno	Benzeno	23†	83	0,50
	Ciclo-hexano	30	26	0,70
Amilose	0,33 M KCl(aq)	25†	113	0,50
Várias proteínas‡	Cloreto de guanidina + $HSCH_2CH_2OH$		7,16	0,66

† A temperatura θ.
‡ Use $[\eta] = KN^a$; N é o número de resíduos de aminoácidos.
Dados: K.E. Van Holde, *Physical biochemistry*. Prentice-Hall, Englewood Cliffs (1971).

Tabela 18B.2 Raios iônicos, r/pm*

Li^+(4)	Be^{2+}(4)	B^{3+}(4)	N^{3-}	O^{2-}(6)	F^-(6)
59	27	12	171	140	133
Na^+(6)	Mg^{2+}(6)	Al^{3+}(6)	P^{3-}	S^{2-}(6)	Cl^-(6)
102	72	53	212	184	181
K^+(6)	Ca^{2+}(6)	Ga^{3+}(6)	As^{3-}(6)	Se^{2-}(6)	Br^-(6)
138	100	62	222	198	196
Rb^+(6)	Sr^{2+}(6)	In^{3+}(6)		Te^{2-}(6)	I^-(6)
149	116	79		221	220
Cs^+(6)	Ba^{2+}(6)	Tl^{3+}(6)			
167	136	88			

Elementos do bloco d (íons de alto spin)

Sc^{3+}(6)	Ti^{4+}(6)	Cr^{3+}(6)	Mn^{3+}(6)	Fe^{2+}(6)	Co^{3+}(6)	Cu^{2+}(6)	Zn^{2+}(6)
73	60	61	65	63	61	73	75

* Os números entre parênteses são os números de coordenação dos íons. Os valores para íons sem número de coordenação são estimativas.
Dados: R.D. Shannon and C.T. Prewitt, *Acta Cryst.* **B25**, 925 (1969).

Tabela 18B.4 Entalpias de rede a 298 K, ΔH_L/(kJ mol^{-1})

	F	Cl	Br	I
Haletos				
Li	1037	852	815	761
Na	926	787	752	705
K	821	717	689	649
Rb	789	695	668	632
Cs	750	676	654	620
Ag	969	912	900	886
Be		3017		
Mg		2524		
Ca		2255		
Sr		2153		

Óxidos

MgO	3850	CaO	3461	SrO	3283	BaO	3114

Sulfetos

MgS	3406	CaS	3119	SrS	2974	BaS	2832

Os registros referem-se a $MX(s) \rightarrow M^+(g) + X^-(g)$.
Dados: Principalmente D. Cubicciotti et al., *J. Chem. Phys.* **31**, 1646 (1959).

Tabela 18C.1 Suscetibilidades magnéticas a 298 K

	$\chi/10^{-6}$	$\chi_m/(10^{-10}\ m^3\ mol^{-1})$
$H_2O(l)$	−9,02	−1,63
$C_6H_6(l)$	−8,8	−7,8
$C_6H_{12}(l)$	−10,2	−11,1
$CCl_4(l)$	−5,4	−5,2
NaCl(s)	−16	−3,8
Cu(s)	−9,7	−0,69
S(rômbico)	−12,6	−1,95
Hg(l)	−28,4	−4,21
Al(s)	+20,7	+2,07
Pt(s)	+267,3	+24,25
Na(s)	+8,48	+2,01
K(s)	+5,94	+2,61
$CuSO_4 \cdot 5H_2O(s)$	+167	+183
$MnSO_4 \cdot 4H_2O(s)$	+1859	+1835
$NiSO_4 \cdot 7H_2O(s)$	+355	+503
$FeSO_4(s)$	+3743	+1558

Fonte: Principalmente HCP, com $\chi_m = \chi V_m = \chi\rho/M$.

Tabela 19A.1 Propriedades de transporte dos gases a 1 atm

	$\kappa/(mW\ K^{-1}\ m^{-1})$	$\eta/\mu P$	
	273 K	273 K	293 K
Ar	24,1	173	182
Ar	16,3	210	223
C_2H_4	16,4	97	103
CH_4	30,2	103	110
Cl_2	7,9	123	132
CO_2	14,5	136	147
H_2	168,2	84	88
He	144,2	187	196
Kr	8,7	234	250
N_2	24,0	166	176
Ne	46,5	298	313
O_2	24,5	195	204
Xe	5,2	212	228

Dados: KL.

Tabela 19B.1 Viscosidades dos líquidos a 298 K, $\eta/(10^{-3}\ kg\ m^{-1}\ s^{-1})$

Benzeno	0,601
Tetracloreto de carbono	0,880
Etanol	1,06
Mercúrio	1,55
Metanol	0,553
Pentano	0,224
Ácido sulfúrico	27
Água†	0,891

† A viscosidade da água sobre toda a sua faixa líquida é representada com menos de 1% de erro pela expressão $\log(\eta_{20}/\eta) = A/B$,
$A = 1{,}370\ 23(t-20) + 8{,}36 \times 10^{-4}(t-20)^2$
$B = 109 + t \quad t = \theta/°C$
Converta kg m^{-1} s^{-1} em centipoise (cP) multiplicando por 10^3 (de modo que $\eta \approx 1$ cP para a água).
Dados: AIP, KL.

Tabela 19B.2 Mobilidades iônicas na água a 298 K, $u/(10^{-8}\ m^2\ s^{-1}\ V^{-1})$

Cátions		Ânions	
Ag^+	6,24	Br^-	8,09
Ca^{2+}	6,17	$CH_3CO_2^-$	4,24
Cu^{2+}	5,56	Cl^-	7,91
H^+	36,23	CO_3^{2-}	7,46
K^+	7,62	F^-	5,70
Li^+	4,01	$[Fe(CN)_6]^{3-}$	10,5
Na^+	5,19	$[Fe(CN)_6]^{4-}$	11,4
NH_4^+	7,63	I^-	7,96
$[N(CH_3)_4]^+$	4,65	NO_3^-	7,40
Rb^+	7,92	OH^-	20,64
Zn^{2+}	5,47	SO_4^{2-}	8,29

Dados: Principalmente a Tabela 19B.2 e $u = \lambda/zF$.

Tabela 19B.3 Coeficientes de difusão em líquidos a 298 K, $D/(10^{-9}\ m^2\ s^{-1})$

Moléculas em líquidos				Íons em água			
I_2 em hexano	4,05	H_2 em $CCl_4(l)$	9,75	K^+	1,96	Br^-	2,08
em benzeno	2,13	N_2 em $CCl_4(l)$	3,42	H^+	9,31	Cl^-	2,03
CCl_4 em heptano	3,17	O_2 em $CCl_4(l)$	3,82	Li^+	1,03	F^-	1,46
Glicina em água	1,055	Ar em $CCl_4(l)$	3,63	Na^+	1,33	I^-	2,05
Dextrose em água	0,673	CH_4 em $CCl_4(l)$	2,89			OH^-	5,03
Sacarose em água	0,5216	H_2O em água	2,26				
		CH_3OH em água	1,58				
		C_2H_5OH em água	1,24				

Dados: AIP.

Tabela 20B.1 Dados cinéticos de reações de primeira ordem

	Fase	θ/°C	k_r/s^{-1}	$t_{1/2}$
$2\ N_2O_5 \rightarrow 4\ NO_2 + O_2$	g	25	$3{,}38 \times 10^{-5}$	5,70 h
	HNO_3(l)	25	$1{,}47 \times 10^{-6}$	131 h
	Br_2(l)	25	$4{,}27 \times 10^{-5}$	4,51 h
$C_2H_6 \rightarrow 2\ CH_3$	g	700	$5{,}36 \times 10^{-4}$	21,6 min
Ciclopropano → propeno	g	500	$6{,}71 \times 10^{-4}$	17,2 min
$CH_3N_2CH_3 \rightarrow C_2H_6 + N_2$	g	327	$3{,}4 \times 10^{-4}$	34 min
Sacarose → glicose + frutose	aq(H^+)	25	$6{,}0 \times 10^{-5}$	3,2 h

g: Limite de alta pressão na fase gasosa.
Dados: Principalmente K.J. Laidler, *Chemical kinetics*. Harper & Row, New York (1987); M.J. Pilling e P.W. Seakins, *Reaction kinetics*. Oxford University Press (1995); J. Nicholas, *Chemical kinetics*. Harper & Row, New York (1976). Veja também JL.

Tabela 20B.2 Dados cinéticos de reações de segunda ordem

	Fase	θ/°C	$k_r/(dm^3\ mol^{-1}\ s^{-1})$
$2\ NOBr \rightarrow 2\ NO + Br_2$	g	10	0,80
$2\ NO_2 \rightarrow 2\ NO + O_2$	g	300	0,54
$H_2 + I_2 \rightarrow 2\ HI$	g	400	$2{,}42 \times 10^{-2}$
$D_2 + HCl \rightarrow DH + DCl$	g	600	0,141
$2\ I \rightarrow I_2$	g	23	7×10^{9}
	hexano	50	$1{,}8 \times 10^{10}$
$CH_3Cl + CH_3O^-$	metanol	20	$2{,}29 \times 10^{-6}$
$CH_3Br + CH_3O^-$	metanol	20	$9{,}23 \times 10^{-6}$
$H^+ + OH^- \rightarrow H_2O$	água	25	$1{,}35 \times 10^{11}$
	gelo	−10	$8{,}6 \times 10^{12}$

Dados: Principalmente K.J. Laidler, *Chemical kinetics*. Harper & Row, New York (1987); M.J. Pilling e P.W. Seakins, *Reaction kinetics*. Oxford University Press, (1995); J. Nicholas, *Chemical kinetics*. Harper & Row, New York (1976).

Tabela 20D.1 Parâmetros de Arrhenius

Reações de primeira ordem	A/s^{-1}	$E_a/(kJ\ mol^{-1})$
Ciclopropano → propeno	$1{,}58 \times 10^{15}$	272
$CH_3NC \rightarrow CH_3CN$	$3{,}98 \times 10^{13}$	160
cis-CHD=CHD → *trans*-CHD=CHD	$3{,}16 \times 10^{12}$	256
Ciclobutano → $2\ C_2H_4$	$3{,}98 \times 10^{13}$	261
$C_2H_5I \rightarrow C_2H_4 + HI$	$2{,}51 \times 10^{17}$	209
$C_2H_6 \rightarrow 2\ CH_3$	$2{,}51 \times 10^{7}$	384
$2\ N_2O_5 \rightarrow 4\ NO_2 + O_2$	$4{,}94 \times 10^{13}$	103, 4
$N_2O \rightarrow N_2 + O$	$7{,}94 \times 10^{11}$	250
$C_2H_5 \rightarrow C_2H_4 + H$	$1{,}0 \times 10^{13}$	167

(*Continua*)

Tabela 20D.1 (Continuação)

Segunda ordem, fase gasosa	A/(dm^3 mol^{-1} s^{-1})	E_a/(kJ mol^{-1})
$O+N_2 \rightarrow NO+N$	1×10^{11}	315
$OH+H_2 \rightarrow H_2O+H$	8×10^{10}	42
$Cl+H_2 \rightarrow HCl+H$	8×10^{10}	23
$2\ CH_3 \rightarrow C_2H_6$	2×10^{10}	*ca.*0
$NO+Cl_2 \rightarrow NOCl+Cl$	$4{,}0\times10^{9}$	85
$SO+O_2 \rightarrow SO_2+O$	3×10^{8}	27
$CH_3+C_2H_6 \rightarrow CH_4+C_2H_5$	2×10^{8}	44
$C_6H_5+H_2 \rightarrow C_6H_6+H$	1×10^{8}	*ca.*25
Segunda ordem, solução	A/(dm^3 mol^{-1} s^{-1})	E_a/(kJ mol^{-1})
$C_2H_5ONa+CH_3I$ em etanol	$2{,}42\times10^{11}$	81,6
$C_2H_5Br+OH^-$ em água	$4{,}30\times10^{11}$	89,5
$C_2H_5I+C_2H_5O^-$ em etanol	$1{,}49\times10^{11}$	86,6
$C_2H_5Br+OH^-$ em etanol	$4{,}30\times10^{11}$	89,5
CO_2+OH^- em água	$1{,}5\times10^{10}$	38
$CH_3I+S_2O_3^{2-}$ em água	$2{,}19\times10^{12}$	78,7
Sacarose+H_2O em água ácida	$1{,}50\times10^{15}$	107,9
$(CH_3)_3CCl$ solvólise		
em água	$7{,}1\times10^{16}$	100
em metanol	$2{,}3\times10^{13}$	107
em etanol	$3{,}0\times10^{13}$	112
em ácido acético	$4{,}3\times10^{13}$	111
em clorofórmio	$1{,}4\times10^{4}$	45
$C_6H_5NH_2 + C_6H_5COCH_2Br$ em benzeno	91	34

Dados: Principalmente J. Nicholas, *Chemical kinetics*. Harper & Row, New York (1976) e A.A. Frost and R.G. Pearson, *Kinetics and mechanism*. Wiley, New York (1961).

Tabela 21A.1 Parâmetros de Arrhenius de reações em fase gasosa

	A/(dm^3 mol^{-1} s^{-1})			
	Experimento	**Teoria**	E_a/(kJ mol^{-1})	P
$2\ NOCl \rightarrow 2\ NO+Cl_2$	$9{,}4\times10^{9}$	$5{,}9\times10^{10}$	102,0	0,16
$2\ NO_2 \rightarrow 2\ NO+O_2$	$2{,}0\times10^{9}$	$4{,}0\times10^{10}$	111,0	$5{,}0\times10^{-2}$
$2\ ClO \rightarrow Cl_2+O_2$	$6{,}3\times10^{7}$	$2{,}5\times10^{10}$	0,0	$2{,}5\times10^{-3}$
$H_2+C_2H_4 \rightarrow C_2H_6$	$1{,}24\times10^{6}$	$7{,}4\times10^{11}$	180	$1{,}7\times10^{-6}$
$K+Br_2 \rightarrow KBr+Br$	$1{,}0\times10^{12}$	$2{,}1\times10^{11}$	0,0	4,8

Dados: Principalmente M.J. Pilling e P.W. Seakins, *Reaction kinetics*. Oxford University Press (1995).

Tabela 21B.1 Parâmetros de Arrhenius para reações em solução. Veja a Tabela 20D.1

Tabela 21F.1 Densidades de corrente de troca e coeficientes de transferência (α) a 298 K

Reação	Eletrodo	j_0/(A cm^{-2})	α
$2\,H^+ + 2\,e^- \rightarrow H_2$	Pt	$7{,}9\times10^{-4}$	
	Cu	1×10^{-6}	
	Ni	$6{,}3\times10^{-6}$	0,58
	Hg	$7{,}9\times10^{-13}$	0,50
	Pb	$5{,}0\times10^{-12}$	
$Fe^{3+} + e^- \rightarrow Fe^{2+}$	Pt	$2{,}5\times10^{\,3}$	0,58
$Ce^{4+} + e^- \rightarrow Ce^{3+}$	Pt	$4{,}0\times10^{-5}$	0,75

Dados: Principalmente J.O'M. Bockris e A.K.N. Reddy, *Modern electrochemistry*. Pleanum, New York (1970).

Tabela 22A.1 Entalpias-padrão máximas de fisissorção, $\Delta_{ad}H^{\ominus}$/(kJ mol^{-1}) observadas, a 298 K

C_2H_2	−38	H_2	−84
C_2H_4	−34	H_2O	−59
CH_4	−21	N_2	−21
Cl_2	−36	NH_3	−38
CO	−25	O_2	−21
CO_2	−25		

Dados: D.O. Haywood e B.M.W. Trapnell, *Chemisorption*. Butterworth (1964).

Tabela 22A.2 Entalpias-padrão de quimissorção, $\Delta_{ad}H^{\ominus}$/(kJ mol^{-1}) a 298 K

Adsorvato	Adsorvente (substrato)											
	Ti	Ta	Nb	W	Cr	Mo	Mn	Fe	Co	Ni	Rh	Pt
H_2		−188			−188	−167	−71	−134			−117	
N_2		−586						−293				
O_2						−720					−494	−293
CO	−640							−192	−176			
CO_2	−682	−703	−552	−456	−339	−372	−222	−225	−146	−184		
NH_3				−301				−188		−155		
C_2H_4		−577		−427	−427			−285		−243	−209	

Dados: D.O. Haywood e B.M.W. Trapnell, *Chemisorption*. Butterworth (1964).

PARTE 4 Tabelas de caracteres

Os grupos C_1, C_s, C_i

C_1 (1)	E	$h=1$
A	1	

$C_s = C_h$ m	E	σ_h	$h=2$	
A′	1	1	x, y, R_z	x^2, y^2, z^2, xy
A″	1	−1	z, R_x, R_y	yz, zx

$C_i = S_2$ $\bar{1}$	E	i	$h=2$	
A_g	1	1	R_x, R_y, R_z	$x^2, y^2, z^2, xy, yz, zx$
A_u	1	−1	x, y, z	

Os grupos C_{nv}

C_{2v}, $2mm$	E	C_2	σ_v	σ_v'	$h=4$	
A_1	1	1	1	1	z, z^2, x^2, y^2	
A_2	1	1	−1	−1	xy	R_z
B_1	1	−1	1	−1	x, zx	R_y
B_2	1	−1	−1	1	y, yz	R_x

C_{3v}, $3m$	E	$2C_3$	$3\sigma_v$	$h=6$	
A_1	1	1	1	z, z^2, x^2+y^2	
A_2	1	1	−1		R_z
E	2	−1	0	$(x, y), (xy, x^2-y^2)$ (yz, zx)	(R_x, R_y)

C_{4v}, $4mm$	E	C_2	$2C_4$	$2\sigma_v$	$2\sigma_d$	$h=8$	
A_1	1	1	1	1	1	z, z^2, x^2+y^2	
A_2	1	1	1	−1	−1		R_z
B_1	1	1	−1	1	−1	x^2-y^2	
B_2	1	1	−1	−1	1	xy	
E	2	−2	0	0	0	$(x, y), (yz, zx)$	(R_x, R_y)

C_{5v}	E	$2C_5$	$2C_5^2$	$5\sigma_v$	$h=10, \alpha=72°$	
A_1	1	1	1	1	z, z^2, x^2+y^2	
A_2	1	1	1	−1		R_z
E_1	2	$2\cos\alpha$	$2\cos 2\alpha$	0	$(x, y), (yz, zx)$	(R_x, R_y)
E_2	2	$2\cos 2\alpha$	$2\cos\alpha$	0	(xy, x^2-y^2)	

C_{6v}, $6mm$	E	C_2	$2C_3$	$2C_6$	$3\sigma_d$	$3\sigma_v$	$h=12$	
A_1	1	1	1	1	1	1	z, z^2, x^2+y^2	
A_2	1	1	1	1	−1	−1		R_z
B_1	1	−1	1	−1	−1	1		
B_2	1	−1	1	−1	1	−1		
E_1	2	−2	−1	1	0	0	$(x, y), (yz, zx)$	(R_x, R_y)
E_2	2	2	−1	−1	0	0	(xy, x^2-y^2)	

$C_{\infty v}$	E	$2C_\phi$†	$\infty\sigma_v$	$h=\infty$	
$A_1(\Sigma^+)$	1	1	1	z, z^2, x^2+y^2	
$A_2(\Sigma^-)$	1	1	−1		R_z
$E_1(\Pi)$	2	$2\cos\phi$	0	$(x, y), (yz, zx)$	(R_x, R_y)
$E_2(\Delta)$	2	$2\cos 2\phi$	0	(xy, x^2-y^2)	

† Só existe um membro desta classe, se $\phi=\pi$.

Os grupos D_n

D_2, 222	E	C_2^z	C_2^y	C_2^x	$h=4$	
A_1	1	1	1	1	x^2, y^2, z^2	
B_1	1	1	−1	−1	z, xy	R_z
B_2	1	−1	1	−1	y, zx	R_y
B_3	1	−1	−1	1	x, yz	R_x

D_3, 32	E	$2C_3$	$3C_2'$	$h=6$	
A_1	1	1	1	z^2, x^2+y^2	
A_2	1	1	−1	z	R_z
E	2	−1	0	$(x, y), (yz, zx), (xy, x^2-y^2)$	(R_x, R_y)

D_4, 422	E	C_2	$2C_4$	$2C_2'$	$2C_2''$	$h=8$	
A_1	1	1	1	1	1	z^2, x^2+y^2	
A_2	1	1	1	−1	−1	z	R_z
B_1	1	1	−1	1	−1	x^2-y^2	
B_2	1	1	−1	−1	1	xy	
E	2	−2	0	0	0	$(x, y), (yz, zx)$	(R_x, R_y)

Os grupos D_{nh}

D_{3h}, $\bar{6}2m$	E	σ_h	$2C_3$	$2S_3$	$3C_2'$	$3\sigma_v$	$h=12$	
A_1'	1	1	1	1	1	1	z^2, x^2+y^2	
A_2'	1	1	1	1	−1	−1		R_z
A_1''	1	−1	1	−1	1	−1		
A_2''	1	−1	1	−1	−1	1	z	
E'	2	2	−1	−1	0	0	$(x, y), (xy, x^2-y^2)$	
E''	2	−2	−1	1	0	0	(yz, zx)	(R_x, R_y)

D_{4h}, $4/mmm$	E	$2C_4$	C_2	$2C_2'$	$2C_2''$	i	$2S_4$	σ_h	$2\sigma_v$	$2\sigma_d$	$h=16$	
A_{1g}	1	1	1	1	1	1	1	1	1	1	x^2+y^2, z^2	
A_{2g}	1	1	1	−1	−1	1	1	1	−1	−1		R_z
B_{1g}	1	−1	1	1	−1	1	−1	1	1	−1	x^2-y^2	
B_{2g}	1	−1	1	−1	1	1	−1	1	−1	1	xy	
E_g	2	0	−2	0	0	2	0	−2	0	0	(yz, zx)	(R_x, R_y)
A_{1u}	1	1	1	1	1	−1	−1	−1	−1	−1		
A_{2u}	1	1	1	−1	−1	−1	−1	−1	1	1	z	
B_{1u}	1	−1	1	1	−1	−1	1	−1	−1	1		
B_{2u}	1	−1	1	−1	1	−1	1	−1	1	−1		
E_u	2	0	−2	0	0	−2	0	2	0	0	(x, y)	

D_{5h}	E	$2C_5$	$2C_5^2$	$5C_2$	σ_h	$2S_5$	$2S_5^3$	$5\sigma_v$	$h=20$	$\alpha=72°$
A_1'	1	1	1	1	1	1	1	1	x^2+y^2, z^2	
A_2'	1	1	1	−1	1	1	1	−1		R_z
E_1'	2	$2\cos\alpha$	$2\cos 2\alpha$	0	2	$2\cos\alpha$	$2\cos 2\alpha$	0	(x, y)	
E_2'	2	$2\cos 2\alpha$	$2\cos\alpha$	0	2	$2\cos 2\alpha$	$2\cos\alpha$	0	(x^2-y^2, xy)	
A_1''	1	1	1	1	−1	−1	−1	−1		
A_2''	1	1	1	−1	−1	−1	−1	1	z	
E_1''	2	$2\cos\alpha$	$2\cos 2\alpha$	0	−2	$-2\cos\alpha$	$-2\cos 2\alpha$	0	(yz, zx)	(R_x, R_y)
E_2''	2	$2\cos 2\alpha$	$2\cos\alpha$	0	−2	$-2\cos 2\alpha$	$-2\cos\alpha$	0		

$D_{\infty h}$	E	$2C_\phi$	...	$\infty\sigma_v$	i	$2S_\infty$	...	$\infty C_2'$	$h=\infty$	
$A_{1g}(\Sigma_g^+)$	1	1	...	1	1	1	...	1	z^2, x^2+y^2	
$A_{1u}(\Sigma_u^+)$	1	1	...	1	−1	−1	...	−1	z	
$A_{2g}(\Sigma_g^-)$	1	1	...	−1	1	1	...	−1		R_z
$A_{2u}(\Sigma_u^-)$	1	1	...	−1	−1	−1	...	1		
$E_{1g}(\Pi_g)$	2	$2\cos\phi$	...	0	2	$-2\cos\phi$	...	0	(yz, zx)	(R_x, R_y)
$E_{1u}(\Pi_u)$	2	$2\cos\phi$	...	0	−2	$2\cos\phi$	...	0	(x, y)	
$E_{2g}(\Delta_g)$	2	$2\cos 2\phi$	...	0	2	$2\cos 2\phi$	...	0	(xy, x^2-y^2)	
$E_{2u}(\Delta_u)$	2	$2\cos 2\phi$	...	0	−2	$-2\cos 2\phi$	...	0		
⋮	⋮	⋮	...	⋮	⋮	⋮	...	⋮		

Os grupos cúbicos

T_d, $\bar{4}3m$	E	$8C_3$	$3C_2$	$6\sigma_d$	$6S_4$	$h=24$	
A_1	1	1	1	1	1	$x^2+y^2+z^2$	
A_2	1	1	1	−1	−1		
E	2	−1	2	0	0	$(3z^2-r^2, x^2-y^2)$	
T_1	3	0	−1	−1	1		(R_x, R_y, R_z)
T_2	3	0	−1	1	−1	(x, y, z), (xy, yz, zx)	

O_h, $m3m$	E	$8C_3$	$6C_2$	$6C_4$	$3C_2(=C_4^2)$	i	$6S_4$	$8S_6$	$3\sigma_h$	$6\sigma_d$	$h=48$	
A_{1g}	1	1	1	1	1	1	1	1	1	1	$x^2+y^2+z^2$	
A_{2g}	1	1	−1	−1	1	1	−1	1	1	−1		
E_g	2	−1	0	0	2	2	0	−1	2	0	$(2z^2-x^2-y^2, x^2-y^2)$	
T_{1g}	3	0	−1	1	−1	3	1	0	−1	−1		(R_x, R_y, R_z)
T_{2g}	3	0	1	−1	−1	3	−1	0	−1	1	(xy, yz, zx)	
A_{1u}	1	1	1	1	1	−1	−1	−1	−1	−1		
A_{2u}	1	1	−1	−1	1	−1	1	−1	−1	1		
E_u	2	−1	0	0	2	−2	0	1	−2	0		
T_{1u}	3	0	−1	1	−1	−3	−1	0	1	1	(x, y, z)	
T_{2u}	3	0	1	−1	−1	−3	1	0	1	−1		

Os grupos icosaédricos

I	E	$12C_5$	$12C_5^2$	$20C_3$	$15C_2$	$h=60$	
A	1	1	1	1	1	$x^2+y^2+z^2$	
T_1	3	$\frac{1}{2}(1+5^{1/2})$	$\frac{1}{2}(1-5^{1/2})$	0	−1	(x, y, z)	(R_x, R_y, R_z)
T_2	3	$\frac{1}{2}(1-5^{1/2})$	$\frac{1}{2}(1+5^{1/2})$	0	−1		
G	4	−1	−1	1	0		
H	5	0	0	−1	1	$(2z^2-x^2-y^2, x^2-y^2, xy, yz, zx)$	

Mais informações: P.W. Atkins, M.S. Child e C.S.G. Phillips, *Tables for group theory*. Oxford University Press, 1970. Nesta fonte, que se encontra entre os Materiais Suplementares que acompanham este livro, há outras tabelas de caracteres como D_2, D_4, D_{2d}, D_{3d} e D_{5d}.

ÍNDICE

O

P

Q

R

S

T

V

2021
10
1
2
3
4
5
6
7
8
9